# 有机化学

（第二版）

主　编　于跃芹　刘永军
副主编　武　杰　于凤丽
郭维斯　胡志强

科学出版社
北　京

## 内 容 简 介

本书是山东省有机化学精品课程和山东省优秀教学团队建设的配套教材，是为了适应新时期学科发展和人才培养的需要编写的。本书按官能团分类，采用脂肪族和芳香族混编体系，以基本知识、基本理论和基本反应为基础，强化结构与性质的构效关系，将各类有代表性的有机物结构特征、反应规律和反应机理紧密地结合起来讨论。在内容上进行整合，将有机化合物的命名在第 2 章详细系统地讨论；增加元素有机化合物的内容(包括硼、硅、磷、硫)，以顺应学科发展的需求；引进绿色化学的概念和成功实例，在有关章节中增加一些与各类专业有关的化学知识。

本书可作为高等学校化学、应用化学、化学工程与工艺、材料科学、生命科学、高分子材料科学与工程、海洋科学、环境科学、药学及生物工程等相关专业本科生的有机化学基础课程教材，也可供相关工程技术人员参考。

**图书在版编目（CIP）数据**

有机化学 / 于跃芹，刘永军主编. —2 版. —北京：科学出版社，2018.8
ISBN 978-7-03-058367-3

I. ①有… II. ①于… ②刘… III. ①有机化学-高等学校-教材 IV. ①O62

中国版本图书馆 CIP 数据核字（2018）第 167682 号

责任编辑：陈雅娴 / 责任校对：何艳萍
责任印制：张 伟 / 封面设计：陈 敬

科学出版社 出版
北京东黄城根北街 16 号
邮政编码：100717
http://www.sciencep.com
北京九州迅驰传媒文化有限公司 印刷
科学出版社发行 各地新华书店经销
*
2010 年 7 月第 一 版 开本：787 × 1092 1/16
2018 年 8 月第 二 版 印张：32 1/2
2023 年 8 月第十九次印刷 字数：826 000

**定价：79.00 元**

（如有印装质量问题，我社负责调换）

# 《有机化学》(第二版)
## 编写委员会


**主　编**　于跃芹　刘永军

**副主编**　武　杰　于凤丽　郭维斯　胡志强

**编　委**(按姓氏笔画排序)

于凤丽　于跃芹　王鲲鹏　刘永军　刘香兰
孙桂春　李一楠　李风起　辛飞飞　宋　然
宋修艳　张林宝　张晓茹　陈绍晋　武　杰
胡志强　袁　瑾　郭维斯　温永红

# 第二版前言

本书第一版于 2010 年 7 月出版，是山东省有机化学精品课程和山东省优秀教学团队建设的配套教材，在教学过程中已经使用了近八年。从学生的使用效果看，能够满足不同专业的需求，得到了诸多同行专家和读者的一致好评。近年来，随着国家科技发展与社会进步，特别是随着基础研究和原始创新不断加强，一些关键核心技术实现突破，新能源技术、生物医药等战略性新兴产业取得重大成果，绿色、循环、低碳发展理念深入人心，作为一门基础学科，有机化学知识体系需要与时俱进。

第二版的编写原则坚持问题导向，坚持系统观念，以第一版为基础，强化构效关系，内容的表述采用相似类比法。通过揭示各类有机化合物之间从结构到性质的相似性进行类比，提高基本结构理论、重要的性质与反应在教学全过程中再现的次数，使整个教学内容在不断地前后联系、对比中向前推进，有利于增强教学效果，这是编者将长期教学改革实践中所取得的研究成果反映到教材建设中的尝试。为适应新时期高等教育改革的发展趋势，创新有机化学课程教学思路，将课程目标的知识、能力与素质进行有机融合，全面地反映学科的核心知识点和基本特点，编者结合兄弟院校特别是使用本书教师的建议，对第一版进行了修订和完善：

(1) 调整部分章节的框架，修改一些知识点的引入和展开方式。增加元素有机化合物的内容(包括硼、硅、磷、硫)，补充部分人名反应，以顺应学科发展的需求。增加有机合成与反应机理综合解析，特别是电子推动法(EPM)推测反应机理，提高学生对所学知识的综合运用能力。将第一版第 8～10 章整合为第 8 章(有机波谱基础)，加强波谱分析在有机化合物结构分析中的综合运用。更新每章后的阅读材料，包括百年诺贝尔化学奖、著名有机化学家简介、有机化学发展的一些新领域等，旨在开阔学生视野，提高学生的学习兴趣。

(2) 科技的快速发展对传统课堂教学形式形成冲击的同时，也提供了突破和创新的平台。以大规模开放在线课程(massive open online course，MOOC)为代表的新型教学模式带来了新的教学方式。为此，编者所在有机化学课程组于 2016 年初启动了有机化学网络视频公开课的建设，以本书第一版为参考，完成了视频的录制和其他教学资源的制作，并于 2017 年底完成了初步上线工作。随着该网络课程的试用和本书第二版的出版，有机化学视频公开课的教学资源会持续改进。课程组全体教师参与课程制作，刘永军副教授负责统稿。

本次修订由于跃芹教授负责整体框架修订和统稿工作。编写分工为：于跃芹(第 1、2、18、19 章)、于凤丽(第 3、4、5 章)、武杰(第 6、7、14 章)、刘永军(第 8、9、10、16、20 章)、胡志强(第 12、13、15 章)、郭维斯(第 11、17、20 章)。参加编写工作的还有王鲲鹏、刘香兰、孙桂春、李一楠、李风起、辛飞飞、宋修艳、宋然、陈绍晋、张林宝、张晓茹、袁瑾、温永红。

在本书的修订过程中，编者参考了已出版的有关教材，并引用了部分图表、例题和习题，主要参考书列于书后，在此说明并致谢。在修订过程中，得到青岛科技大学教务处和化学与分子工程学院的热情支持，在此表示衷心的感谢！

限于编者水平，书中疏漏之处在所难免，恳请同行专家和读者批评指正。

编　者

2023 年 7 月修改

# 第一版前言

进入 21 世纪以来，全世界每年在美国化学文摘(CA)登录的新有机化合物上百万种。如今有机化学不仅是化学、化工、生物、材料、制药、食品、环境与安全等专业的必修基础课，而且还渗透到企业管理、艺术(绘画与颜料性能的关系密切)和体育(增加体质、食品安全及反兴奋剂方面的内容)等专业。学科的迅速发展，为有机化学提供了难得的发展机遇和挑战。为了适应新时期学科发展和人才培养的需要，我们吸取了国内外优秀教材的经验，对原有的教材和讲义进行了认真的整理、删改、充实和提高，编写了本书。因此，它既是前人经验的总结，也是我们多年从事有机化学教学改革的成果。编写过程中我们力图在课程体系、教学内容和指导学生学习方法上有所创新，希望写出广大读者喜欢的教材。本书是山东省有机化学精品课程建设的一项研究成果，主要特点如下：

(1) 强化构效关系。各章节较详细地分析有机化合物的结构特征，根据结构特征推断可能具有的某些性质，然后详细介绍化合物的性质。

(2) 内容的表述采用相似类比法。通过揭示各类有机化合物之间从结构到性质的相似性进行类比，提高基本结构理论、重要的性质与反应在教学全过程中再现的次数，使整个教学内容在不断的前后联系、对比中向前推进，有利于增强教学效果。这是我们将长期教改实践中所取得的研究成果反映到教材建设中的尝试。

(3) 在第 2 章对有机化合物的命名进行了详细系统的讨论，有利于学生掌握 IUPAC 系统命名总则。加强了光谱分析内容，除在第 8～10 章集中介绍紫外光谱、红外光谱、核磁共振谱和质谱外，以后的各章也具体介绍了各类化合物的光谱性质。

(4) 有机化学是从原子水平上变革物质，与当前人类面临的生态危机息息相关，因此，本书注意通过一些重大、典型的生态问题与有机化学的关系，增强学生的环境意识，让学生懂得发展科学与技术必须遵循可持续发展的正确方向。

(5) 针对不同专业的需要和教学要求，加强与相关学科的交融和渗透。在有关章节增加了一些相关的化学应用知识，将药物、材料、染料等相关内容融入其中，起到学以致用、拓展知识面的作用。每章结尾部分增加了阅读材料，包括百年诺贝尔化学奖、著名有机化学家简介、21 世纪有机化学发展的一些新领域等，旨在开阔学生视野，提高学生的学习兴趣。

(6) 章后附有习题，学生可以用学到的理论知识解决实际问题，巩固课堂学习效果。

本书由于跃芹、袁瑾、胡志强、刘永军编著，参加编写的包括：于跃芹(第 1、2、13 章)、刘香兰(第 3 章)、于凤丽(第 4、18 章)、宋修艳(第 5 章)、李风起(第 6、7 章)、袁瑾(第 8、9、10 章)、刘永军(第 11、12、21 章)、胡志强(第 14、15、17 章)、孙桂春(第 16 章)、张晓茹(第 19、20 章)，最后由于跃芹统稿。在本书的编写过程中，我们参考了已出版的有关教材，并引用了部分图表、例题和习题，主要参考书列于书后，在此说明并致谢。在编写过程中，得到青岛科技大学教务处、化学与分子工程学院和有机化学教研室的热情支持，张书圣教授、李明教授和钟惠民教授对本书的编写也提出了宝贵的意见，在此一并致谢！

限于编者水平，书中疏漏和不妥之处在所难免，恳请读者批评指正。

编　者

2010 年 2 月

# 目　录

# 第1章 绪　　论

## 1.1 有机化合物和有机化学

有机化学是化学的一个重要分支，是研究有机化合物的来源、制备、组成、结构、性质及其变化规律的科学。

作为一门独立的学科，有机化学奠基于 18 世纪中叶，但直到 19 世纪初，许多化学家还对有机化学和有机化合物的含义有不正确的理解，即认为有机化合物只能在有生机的生物体中制造得到。生物是具有生命力的，因此生命力的存在是制造有机物的必要条件(生命力学说)。这种“生命力学说”的思想曾一度牢固地统治着有机化学界，阻碍了有机化学的发展。1828 年，德国化学家韦勒(F. Wöhler)首先发现：在实验室中可以由公认为无机物的氰酸铵制得原来只能从动物体的排泄物尿中取得的有机化合物尿素。

$$(NH_4)_2SO_4 + 2KOCN \xrightarrow{\triangle} 2NH_4OCN + K_2SO_4$$

$$NH_4OCN \xrightarrow{\triangle} NH_2\overset{\overset{\displaystyle O}{\|}}{C}NH_2$$

氰酸铵(无机物)　　　　尿素(有机物)

随后，更多的有机化合物陆续被合成得到，如 1845 年科尔伯(H. Kolbe)合成了乙酸，1854 年柏赛罗(M. Berthelot)合成出油脂等，“生命力学说”彻底被否定了。从此有机化学进入了合成的时代，1850～1900 年期间，成千上万的药品、染料是以煤焦油中得到的化合物为原料合成的。20 世纪 40 年代开始，有机合成的研究又迅速地发展了以石油为主要原料的有机化学工业，特别是以生产合成纤维、合成橡胶、合成树脂和塑料为主的有机合成材料工业，促进了现代工业和科学技术的迅速发展。

我们已经清楚地知道，有机化合物的主要特征是它们都含有碳元素，即都是碳的化合物。历史遗留下来的“有机化学”和“有机化合物”这些名词，虽然仍在使用，可含义已经发生了变化。绝大多数有机化合物也都含有氢元素。从结构上看，所有的有机化合物都可以看作碳氢化合物以及由碳氢化合物衍生而得的化合物，因此有机化学也就是研究碳氢化合物及其衍生物的化学。

## 1.2 有机化合物的特点

组成有机化合物的元素种类并不多，绝大多数有机化合物只是由碳、氢、氧、氮、卤素、硫、磷等少数元素组成，而且一个有机化合物分子中只含有其中少数元素。但是，有机化合物的数量却非常庞大，已知由合成或分离方法获得，并已确定其结构和性质的有机化合物估计已经有几千万种，远远超过无机化合物的总和(其他 100 多种元素形成的无机物估计只有几十万种)，且每年又有数以万计的新的有机化合物出现。除了数量特别多之外，有机化合物在结构和性质上有许多与一般无机化合物不同的特点。

### 1.2.1 有机化合物的结构特点

1. 以共价键相结合

由于有机化合物是含碳的化合物，碳元素位于周期表的第二周期第ⅣA 族，介于电负性很强的卤素和电负性很弱的碱金属之间，这就决定了碳原子难以得失电子形成离子键，碳原子之间以及碳原子与其他原子之间主要通过共用电子对而形成共价键。因此，原子之间主要以共价键相结合是有机化合物基本的、共同的特征。

2. 同分异构现象普遍存在

有机化合物的数量之多，首先是因为碳原子相互结合的能力很强。碳原子可以相互结合成不同碳原子数目的碳链或碳环。一个有机化合物分子中所含的碳原子数目可以从一个至数万个，几乎没有限制。另外，即使含有相同原子数(分子式相同)，也可由于原子间的连接顺序和连接方式不同(构造不同)，而形成性质不同的多种物质。分子式相同，而结构和性质不同的化合物称为同分异构体，这种现象称为同分异构现象。例如，分子式 $C_2H_6O$ 就可以代表乙醇和甲醚两种不同的化合物，它们互为同分异构体。

| $CH_3CH_2OH$ | $CH_3OCH_3$ |
|---|---|
| 乙醇,沸点78.3℃ | 甲醚,沸点–24.9℃ |

显然，一个有机化合物含有的碳原子数越多，原子种类越多，分子中原子间的可能排列方式也越多，它的同分异构体数目也越多。例如，分子式为 $C_{10}H_{22}$ 的同分异构体数可达 75 个。同分异构现象的存在是有机化合物之所以众多的主要原因，而同分异构现象在无机化合物中并不多见。

在有机化学中，化合物的结构是指分子中原子间的排列次序和结合方式、原子相互间的立体位置以及分子中电子的分布状态等各项内容的总称。这些将在以后陆续讨论。

### 1.2.2 有机化合物的性质特点

与无机化合物相比，有机化合物一般有如下性质特点：

(1) 大多数有机化合物都容易燃烧，例如汽油、乙醇等。而多数无机化合物耐高温，不易燃烧。

(2) 一般有机化合物的热稳定性较差，受热易分解。许多有机化合物在 200～300℃即逐渐分解。

(3) 有机化合物的熔点、沸点较低。有机化合物分子中原子间以共价键相键合，分子与分子之间靠微弱的范德华引力相结合，这就使固态有机物熔化或液态有机物气化所需要的能量较低；而无机分子间的排列是受强极性的离子间静电引力作用，要破坏无机分子间的排列，所需的能量要高得多。因此，有机物的熔点和沸点比无机物要低得多。

(4) 大多数有机化合物难溶于水，易溶于有机溶剂。化合物的溶解性能通常遵循“相似相溶”规则，即极性化合物易溶于极性溶剂中，非极性或极性较弱的化合物易溶于非极性溶剂中。一般有机化合物的极性较弱或没有极性，而水分子的极性较强，所以一般有机化合物难溶于水，而易溶于极性较弱或非极性的有机溶剂中，如苯、乙醚、丙酮、石油醚等。但一些极性较强的有机化合物，如低级醇、羧酸、磺酸等也易溶于水。

(5) 有机化合物的化学反应速率较慢。除了某些反应(多数为放热的自由基反应)的反应速率极快外，多数有机反应速率缓慢。为了加速反应，往往需要加热、加催化剂或光照等手段来增加分子动能、降低活化能或改变反应历程来提高反应速率。

(6) 有机反应的副反应较多，产物复杂。由于有机反应涉及共价键的断裂和生成，专一性的断键很难控制，当有机化合物和试剂反应时，分子中各个原子部位都有可能受到影响，因而导致反应产物的多样化。在一定条件下，生成目标产物的反应称为主反应，其余的反应称为副反应。选择最有利的反应条件以减少副反应来提高主产品的产率也是有机化学家的一项重要任务。所以书写有机化学反应式时，一般只写主反应，用箭头“$\longrightarrow$”代替等号“$=\!=$”，也不需要配平。

需要说明的是，有机化合物与无机化合物的性质差别并不是绝对的。例如，有些有机物(如四氯化碳)不但不能燃烧，而且可用作灭火剂；有些有机化合物可耐高温；有些有机化合物可作为超导材料等。随着金属有机化学的发展以及各学科间的相互渗透，有机化合物与无机化合物之间的差别逐步缩小。

## 1.3 有机化合物中共价键的性质

有机化合物中原子之间主要以共价键相结合，在学习和使用过程中经常要用到共价键的参数。为了在学习过程中使用方便，现将共价键的键长、键角、键能和键的极性作简要介绍。

### 1. 键长

形成共价键的两原子核间的平均距离称为共价键的键长。X 射线衍射法、电子衍射法、光谱法等都可以用于测定键长。表 1-1 列出了有机化合物中一些常见共价键的键长。

表 1-1 有机化合物中一些常见共价键的键长

| 共价键 | 键长/nm | 共价键 | 键长/nm | 共价键 | 键长/nm |
|---|---|---|---|---|---|
| C–H(烷) | 0.109 | C–C(烷) | 0.154 | C–I(碘烷) | 0.212 |
| C–H(烯) | 0.107 | C–N(胺) | 0.147 | C=C(烯) | 0.134 |
| C–H(炔) | 0.105 | C–O(醇) | 0.143 | C≡C(炔) | 0.120 |
| C–H(苯) | 0.108 | C–F(氟烷) | 0.141 | C≡N(腈) | 0.115 |
| N–H(胺) | 0.109 | C–Cl(氯烷) | 0.177 | C=O(酮) | 0.122 |
| O–H(醇) | 0.096 | C–Br(溴烷) | 0.191 | C=C(苯) | 0.139 |

### 2. 键角

分子中某一原子与另外两原子形成的两个共价键之间的夹角称为键角。键角反映了分子的空间构型。表 1-2 列出了一些烃类化合物的键角。

**表 1-2　一些烃类化合物的键角**

| 化合物 | 角 | 键角 | 化合物 | 角 | 键角 |
|---|---|---|---|---|---|
| 甲烷 | ∠HCH | 109.5° | 乙炔 | ∠HCC | 180° |
| 乙烯 | ∠HCC | 122°±2° | 苯 | ∠HCC | 120° |
| | ∠HCH | 116°±2° | 环己烷 | ∠CCC | 109.5° |

3. 键的解离能和平均键能

断裂或形成某一化学键所吸收或放出的能量称为键的解离能。标准状况下，双原子分子的键解离能就是它的键能，是该化学键强度的一种量度。对于多原子分子，由于每一根键的解离能并不总是相等，因此，键能是指分子中同一种共价键解离能的平均值。例如，甲烷分子中第一个 C–H 键解离能为 439.3 $kJ \cdot mol^{-1}$，第二、第三个 C–H 键解离能均为 442 $kJ \cdot mol^{-1}$，第四个 C–H 键解离能为 338.6 $kJ \cdot mol^{-1}$，所以甲烷分子中 C–H 键的键能为(439.3 + 442 + 442 + 338.6)/ 4 = 415.5($kJ \cdot mol^{-1}$)。一些常见共价键的键能列于表 1-3。

**表 1-3　常见共价键的键能**

| 共价键 | 键能/($kJ \cdot mol^{-1}$) | 共价键 | 键能/($kJ \cdot mol^{-1}$) | 共价键 | 键能/($kJ \cdot mol^{-1}$) |
|---|---|---|---|---|---|
| C–H | 415.5 | C–C | 347.3 | C=C | 611 |
| O–H | 464.4 | C–N | 305.4 | C≡C(炔) | 837 |
| N–H | 389.1 | C–O | 359.8 | C≡N(腈) | 891 |
| S–H | 347.4 | C–Cl | 338.9 | C=O | 737(醛)；749(酮) |
| H–H | 435.2 | C–Br | 284.5 | | |

4. 键的极性和分子的偶极矩

对于两个相同原子形成的共价键来说(如 H–H)，可以认为成键电子云对称分布于两原子之间，这样的共价键没有极性。但当两个不同的原子形成共价键时，由于两原子对成键电子云的引力不完全一样，分子的一端电子云密度高些，另一端电子云密度低些。可以认为一个原子带部分负电荷，另一个原子则带部分正电荷。这种由于电子云的不完全对称而呈现极性的共价键称为极性共价键。可以用箭头表示这种极性键，也可以用“$\delta^+$”和“$\delta^-$”来表示构成极性共价键的原子带电情况。例如：

$$\overset{\delta^+}{H} \longrightarrow \overset{\delta^-}{Cl} \qquad \overset{\delta^+}{CH_3} \longrightarrow \overset{\delta^-}{Cl}$$

一种元素吸引电子的能力称为这种元素的电负性。表 1-4 列出了一些常见元素的电负性，电负性数值大的原子具有较强的吸引电子的能力。极性共价键就是构成共价键的两原子电负性不同的结果(一般相差 0.6～1.7)。电负性相差越大，共价键的极性也越大。

表 1-4 常见元素的电负性

| 元素 | H | C | N | O | Si | P | S | F | Cl | Br | I |
|---|---|---|---|---|---|---|---|---|---|---|---|
| 电负性 | 2.2 | 2.5 | 3.0 | 3.5 | 1.9 | 2.2 | 2.5 | 4.0 | 3.0 | 2.9 | 2.6 |

极性共价键的电荷分布不均匀，正电中心和负电中心不相重合，这就构成了一个偶极。正电中心或负电中心的电荷数量 $q$ 与两中心之间的距离 $d$ 的乘积称为偶极矩 $\mu$。

$$\mu = qd$$

偶极矩 $\mu$ 的单位为 C · m(库 · 米)①，其大小表示一个键或一个分子的极性。偶极矩有方向性，一般用“$+\!\!\longrightarrow$”表示。箭头表示从正电荷到负电荷的方向。在双原子分子中，键的极性就是分子的极性，键的偶极矩就是分子的偶极矩。在多原子分子中，分子的偶极矩是分子中各个键偶极矩的矢量和。

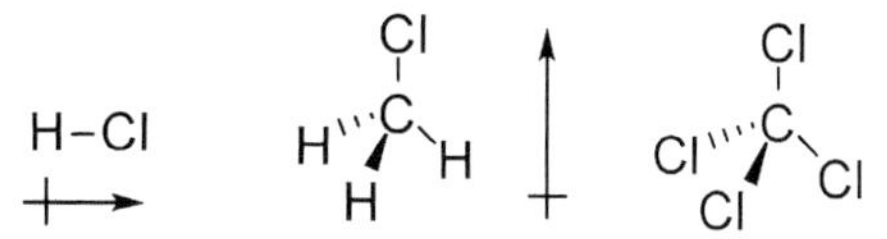

$\mu/(10^{-30}\,C\cdot m)$ 3.4 6.47 0

偶极矩为零的分子是非极性分子，反之为极性分子。偶极矩越大，分子的极性越大。

5. 键的可极化性

极化是指在外加电场的作用下，共价键的电子云分布发生变化，从而引起键极性的改变。例如，在外加电场下，无极性的氧气分子的正、负电荷中心发生分离，产生诱导偶极矩。这个诱导偶极矩与极性共价键的固有偶极矩不同，前者是暂时的，而后者是永久的。

$$\underset{\mu=0}{O—O} \longrightarrow \underset{\mu>0}{\overset{\delta^+}{O}—\overset{\delta^-}{O}}$$

不同化合物的共价键感受外界电场的影响而产生极化的能力不同，这种能力称为可极化性。原子的电负性越大，原子半径越小，那么原子核对外层电子的束缚力就越强，该原子形成的共价键的可极化性也就越小。相反，则共价键的可极化性就越大。键的可极化性与分子的反应活性密切相关。

6. 诱导效应

因分子中原子或基团的电负性不同而引起成键电子云沿着分子链向某一方向移动的效应称为诱导效应(inductive effect)。诱导效应沿着分子链传递，并迅速减弱，一般经过三个共价键后可忽略不计。

$$\overset{\delta\delta\delta^+}{CH_3}\longrightarrow\overset{\delta\delta^+}{CH_2}\longrightarrow\overset{\delta^+}{CH_2}\longrightarrow\overset{\delta^-}{Cl}$$

① 偶极矩的 SI 制单位为 C · m，曾用德拜(Debye, deb)表示，1 deb = $10^{-18}$ esu · cm(静电单位 · 厘米) = $3.33564\times10^{-30}$ C · m(库 · 米)。

吸电子诱导效应用“–I”表示，供电子诱导效应用“+I”表示。

## 1.4 共价键的断裂方式和有机化学反应的类型

共价键的断裂方式有两种。一种方式是将成键电子对平均分给两个原子或原子团，这种断裂方式称为均裂。

$$A{:}B \longrightarrow A\cdot + \cdot B$$

均裂生成的带有单电子的原子或原子团称为自由基(或游离基)。自由基一般不稳定，迅速发生反应。由自由基引起的反应称为自由基型反应或游离基型反应。产生均裂反应的条件是光照或加热等；有时，容易产生自由基的含低键能共价键的分子作引发剂(如过氧化物、偶氮化合物等)也能引发均裂反应。

另一种共价键的断裂方式是将成键电子对转移给其中的一个原子或原子团，形成负离子，另一个原子或原子团为正离子，即

$$A{:}B \longrightarrow A^{+} + B^{-}$$

这种断裂方式称为异裂。异裂反应一般在酸、碱的催化下，或在极性溶剂中进行。当成键的两原子之一是碳原子时，异裂既可生成碳正离子，也可以生成碳负离子。

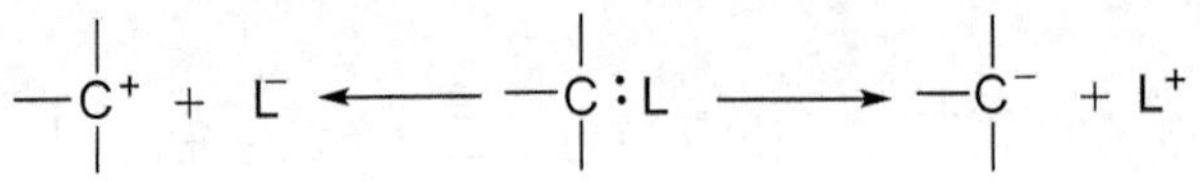

自由基、碳正离子、碳负离子都是在反应过程中暂时生成的、瞬间存在的活性中间体。在有机化学反应中，根据生成活性中间体的不同，将反应分为自由基反应和离子型反应两大类。通过共价键均裂生成自由基活性中间体的反应，属于自由基反应。通过共价键异裂生成碳正离子、碳负离子活性中间体而进行的反应，属于离子型反应。大多数有机反应都是属于离子型反应或自由基反应。此外还有协同反应，在协同反应中，既无自由基生成，也无离子生成，共价键的断裂和形成是同时进行的。

## 1.5 有机化学中的酸碱理论简介

酸碱概念的发展在化学的发展过程中占有重要的地位，并与有机化合物的分析测定、分离提纯及有机反应条件的确立和有机理论的发展密切相关，是化学变化中应用最为广泛的概念之一。

### 1.5.1 Arrhenius 酸碱理论

1889 年，S. A. Arrhenius(阿伦尼乌斯)根据电离理论指出，电解质在水溶液中电离生成正、负离子。酸是在水溶液中能电离产生 $H^+$的物质；碱是在水溶液中能电离产生 $OH^-$的物质。这种酸碱概念在水溶液中还一直在使用，在水溶液中酸度是指水合质子($H_3^+O$)的浓度，常用 pH 表示。

### 1.5.2 Brönsted 质子理论

有机化合物的许多酸碱催化反应，如醇类的酸催化脱水、醚键断裂以及一系列亲电(核)加成、亲电(核)取代等，一般均在浓酸或非水介质中进行。这样，Arrhenius 酸碱概念就不适应，必须进行修改和补充。

1923 年，丹麦化学家 J. N. Brönsted(布朗斯特)提出质子论，凡是能给出质子的物质为酸，而能与质子结合的物质即为碱。酸放出质子后产生该酸的共轭碱，同样碱结合质子后形成该碱的共轭酸。例如：

酸 碱

$$CH_3COOH \rightleftharpoons CH_3COO^- + H^+$$

$$CH_3CH_2OH \rightleftharpoons CH_3CH_2O^- + H^+$$

$$H_2O \rightleftharpoons OH^- + H^+$$

$$NH_4^+ \rightleftharpoons NH_3 + H^+$$

从质子论可以看出，一个物质是酸还是碱是相对而言的，视反应对象不同而不同。例如，乙醇在浓酸中接受 $H^+$，属于碱；它与强碱作用放出 $H^+$，因此属于酸。酸的强度就是它给出质子的能力。同样，碱的强度也就是它接受质子的能力。一个酸的酸性越强，它的共轭碱的碱性越弱；相反一个酸的酸性越弱，它的共轭碱的碱性越强。质子论大大扩展了酸碱的一般范围，得到了广泛应用。但是质子论不能说明 $BF_3$、$AlCl_3$ 之类物质的酸碱性。

### 1.5.3 Lewis 电子对理论

1923 年美国化学家 G. N. Lewis(路易斯)提出电子对理论。他从化学键理论出发，以接受或给出电子为判据，定义凡能接受电子对的物质是酸，凡能给出电子对的物质是碱。也就是说酸和碱分别是电子对的受体和供体，酸碱反应实际上是形成配位键的过程，生成酸碱加合物。例如：

$$NH_3 + HCl \longrightarrow NH_4Cl$$

式中的 $NH_3$ 可以接受质子，所以是 Brönsted 碱，但它在和 $H^+$结合时，是它的氮原子给予一对电子而与 $H^+$成键，所以它又是 Lewis 碱。Lewis 酸则和 Brönsted 酸略有不同。例如质子 $H^+$，按 Brönsted 定义它不是酸，按 Lewis 定义它能接受外来电子对所以是酸。又例如按 Brönsted 定义，HCl 是酸，但按 Lewis 定义，它本身不是酸，它所给出的质子才是酸。

$$H^+ + Cl^- \longrightarrow HCl$$

另外，有些化合物按 Brönsted 定义不是酸，但按 Lewis 定义却是酸。例如，在有机化学中常用的试剂三氯化铝。

$$AlCl_3 + Cl^- \longrightarrow AlCl_4^-$$

由此可以看出，不仅含有未共用电子对的物质是供体，视为 Lewis 碱，而且含 π 电子的不饱和化合物(如烯烃、芳烃等)也是供体，也为 Lewis 碱。不仅 $BF_3$、$AlCl_3$、$Ag^+$等因具有空轨道可以接受电子对，为 Lewis 酸，而且三硝基苯、四氰基乙烯等含有缺电子 π 键也能接受电子对，称为 Lewis 酸。从而可理解，分子中电子云密度低的部位都可看作酸，而电子云密度高的部位都可看作碱。

Lewis 酸能接受外来电子对，因此它们具有亲电性。当参与反应时，它们都有亲近另一分子的负电荷中心的倾向，所以从有机反应的角度出发，它们又称为亲电试剂。常见的有 $H^+$、$BF_3$、$SO_3$、$AlCl_3$、$ZnCl_2$、$SnCl_2$、$R^+$、$^+NO_2$ 等。Lewis 碱能给予电子对，因此它们具有亲核性，即它们在反应时都有亲近另一分子的正电荷中心的倾向(有机化学中常习惯地把原子核的“核”作为正电荷的同义词)，所以从有机反应的角度出发，它们又称为亲核试剂。常见的有 $OH^-$、$X^-$、$CN^-$、$NO_3^-$、$RO^-$、$R^-$、$NH_3$、$RNH_2$ 等。

有机化学中，常把一个有机反应发生的原因，归于两个分子或离子的不同电性部分(亲核部分和亲电部分)相互作用的结果。所以，Lewis 酸碱概念以及亲电亲核概念，都是学习有机化学时必须掌握的基本概念。

## 1.6 有机化合物的分类

有机化合物数目众多，为了便于系统学习和研究，必须对有机化合物进行科学分类。有机化合物一般是根据分子中的碳架和特征官能团分类。

### 1.6.1 根据碳架分类

按照碳的骨架可以把有机化合物分成下列 3 类。

1. 开链化合物

这类化合物中碳架为链状，不形成闭合的环。例如：

$$\underset{\text{2-甲基丁烷}}{CH_3CH_2\underset{\underset{CH_3}{|}}{C}HCH_3} \qquad \underset{\text{丙烯}}{CH_3CH{=}CH_2} \qquad \underset{\text{正丁醇}}{CH_3CH_2CH_2CH_2OH}$$

由于开链化合物最初是从油脂中发现的，因此开链化合物也称为脂肪族化合物。

2. 碳环化合物

这类化合物分子中含有由碳原子组成的环状结构。根据碳环的特点又可分为以下两类：

1) 脂环族化合物

脂环族化合物是性质与脂肪族化合物相似的碳环化合物，在结构上也可看作开链化合物首尾相连而成的。例如：

环己烷

环戊二烯

2) 芳香族化合物

分子中大多含有苯环或与苯具有相似性质的碳环。它们在性质上与脂肪族化合物有较大区别。例如：

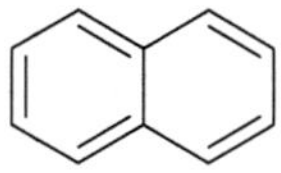

苯　　萘

3. 杂环化合物

这类化合物分子中的环是由碳原子和其他元素的原子(主要是 O、S、N 等)组成的。例如：

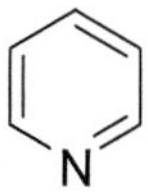

呋喃　　吡啶

### 1.6.2　根据官能团分类

官能团是指分子中比较活泼、容易发生某些特征反应的原子、原子团或某些特征的化学键。它们对化合物的性质起着决定性的作用。显然，含有相同官能团的有机化合物都具有类似的性质。表 1-5 是常见化合物的类别和官能团的结构与名称。

**表 1-5　常见化合物的类别和官能团的结构与名称**

| 官能团名称 | 官能团结构 | 化合物类别 | 实例 |
|---|---|---|---|
| 羧基 | $-\overset{O}{\overset{\parallel}{C}}-OH$ | 羧酸 | $CH_3COOH$　乙酸 |
| 磺酸基 | $-SO_3H$ | 磺酸 | 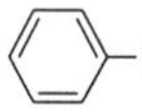$-SO_3H$　苯磺酸 |
| 烃氧羰基(酯基) | $-\overset{O}{\overset{\parallel}{C}}-OR$ | 酯 | $CH_3\overset{O}{\overset{\parallel}{C}}OC_2H_5$　乙酸乙酯 |
| 卤甲酰基 | $-\overset{O}{\overset{\parallel}{C}}-X$ | 酰卤 | $CH_3\overset{O}{\overset{\parallel}{C}}Cl$　乙酰氯 |
| 氨基甲酰基 | $-\overset{O}{\overset{\parallel}{C}}-NH_2$ | 酰胺 | $CH_3\overset{O}{\overset{\parallel}{C}}NH_2$　乙酰胺 |
| 氰基 | $-CN$ | 腈 | $CH_3CN$　乙腈 |
| 醛基(甲酰基) | $-\overset{O}{\overset{\parallel}{C}}-H$ | 醛 | $CH_3\overset{O}{\overset{\parallel}{C}}H$　乙醛 |
| 羰基 | $-\overset{O}{\overset{\parallel}{C}}-$ | 酮 | $CH_3\overset{O}{\overset{\parallel}{C}}CH_3$　丙酮 |
| 羟基 | $-OH$ | 醇，酚 | $CH_3OH$　甲醇，$-OH$　苯酚 |
| 巯基 | $-SH$ | 硫醇，硫酚 | $CH_3SH$　甲硫醇，$-SH$　苯硫酚 |
| 氨基 | $-NH_2$ | 胺 | $CH_3NH_2$　甲胺 |
| 烷氧基 | $-OR$ | 醚 | $CH_3OCH_3$　甲醚 |
| 卤原子 | X | 卤代烃 | $CH_3I$　碘甲烷 |
| 硝基 | $-NO_2$ | 硝基化合物 | $CH_3NO_2$　硝基甲烷 |

续表

| 官能团名称 | 官能团结构 | 化合物类别 | 实例 |
|---|---|---|---|
| 碳碳单键 | C–C | 烷烃 | $CH_3CH_3$ 乙烷 |
| 碳碳双键 | C=C | 烯烃 | $CH_2=CH_2$ 乙烯 |
| 碳碳叁键 | C≡C | 炔烃 | CH≡CH 乙炔 |
| 芳环 |  | 芳烃 |  苯 |

在有机化学教科书中，通常把上述两种分类方法结合起来应用。本书将采用两种方法结合的方式对各类化合物分别进行讨论。

## 1.7 有机化合物构造式的写法

构造是指有机分子中原子相互连接的次序和方式。分子的构造通过构造式来表示，一般有电子式、蛛网式和键线式三种表达方式。

### 1. 电子式

电子式也称 Lewis 式(路易斯式)，使用原子的元素符号和电子符号来表示分子的构造。书写电子式需要写出原子的最外层电子，一般用一对电子表示单键，两对电子表示双键。除了成键电子外，未成键电子也要表示出来。例如：

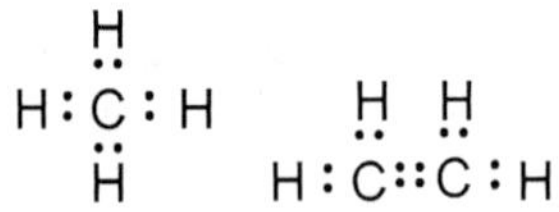

### 2. 蛛网式及结构简式

蛛网式也称 Kekulé 式(凯库勒式)，使用原子的元素符号和价键符号来表示分子的构造。书写蛛网式时，使用一根短横线表示一个共价键。例如：

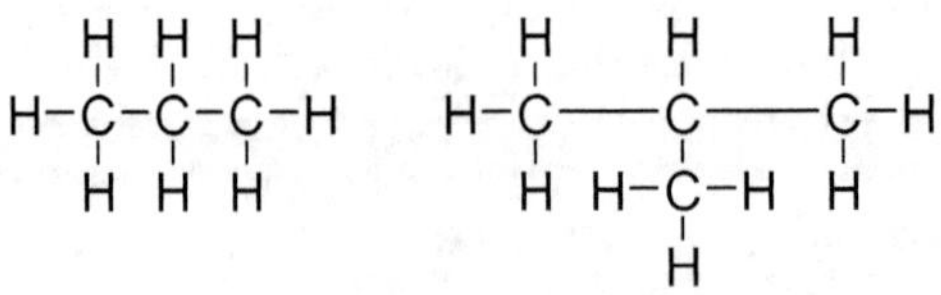

为了书写方便，可以将蛛网式的共价键符号省略，称为结构简式。例如：

$CH_3CH_2CH_3$ 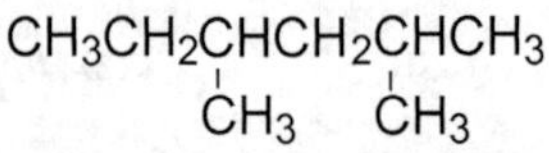

更进一步，可以将侧链写入括号内，并合并主链上的相同结构单元。

$CH_3(CH_2)_3CH_3$ $(CH_3)_2CHCH_2C(CH_3)_3$ $CH_3CH_2CH(CH_3)CH_2CH(CH_3)_2$

侧链简写的规则是：当最末端的碳链有数个相同的侧链基团时，将侧链加括号合并，写在所连碳的左侧或右侧。

3. 键线式

键线式将碳氢原子的元素符号进一步省略，只保留碳原子的锯齿形骨架，每个端点及每个拐点都代表一个碳原子。需要注意的是，碳氢之外的元素符号不能省略。单线表示单键，双线表示双键，三线表示叁键。例如：

## 阅读材料

### 百年来Nobel(诺贝尔)化学奖获得者

1901年，Jacobus Henricus van't Hoff(范特霍夫，1852—1911)，荷兰人，化学动力学、溶液的渗透压等方面的成就。

1902年，Emil Fischer(费歇尔，1852 1919)，德国人，糖和嘌呤衍生物的合成。

1903年，Svante August Arrhenius(阿伦尼乌斯，1859—1927)，瑞典人，提出电离学说。

1904年，William Ramsay(拉姆塞，1852—1916)，英国人，发现稀有气体元素并确定了它们在周期表内的位置。

1905年，Adolf von Baeyer(拜耳，1835—1917)，德国人，有机染料的合成和氢化芳香族化合物方面的贡献。

1906年，Henri Moissan(摩瓦桑，1852—1907)，法国人，发现了氟元素及其制取的电解法，发明了电弧炉。

1907年，Edward Buchner(布赫纳，1860—1907)，德国人，发现了无细胞发酵及在生物化学上的研究。

1908年，Ernest Rutherford(卢瑟福，1871—1937)，英国人，研究元素蜕变和放射性物质化学。

1909年，Friedrich Wilhelm Ostwald(奥斯特瓦尔德，1853—1932)，德国人，在催化作用、化学平衡理论与反应速率方面的研究。

1910年，Otto Wallach(瓦拉赫，1847—1931)，德国人，对萜类脂环族化合物的首创性研究，在研究核酸和生理化学上的成就。

1911年，Marie Curie(居里夫人，1867—1934，女)，法国人，发现钋和镭、提纯它们的化合物，元素蜕变系统的研究。

1912年，Victor Grignard(格利雅，1871—1935)，法国人，在有机金属镁化合物的研究及成就，金属催化剂和加氢反应在有机化学的应用；Paul Sabatier(萨巴蒂埃，1854—1941)，法国人，研究有机脱氧催化反应。

1913年，Alfred Werner(维尔纳，1866—1919)，瑞士人，研究分子中原子的配位，提出配位理论。

1914年，Theodore William Richards(理查兹，1868—1928)，美国人，精确测量大量元素的相对原子质量。

1915年，Richard Willstater(威尔斯泰特，1872—1924)，德国人，在植物色素特别是对叶绿素(a、b)方面的研究。

1916年、1917年，未授奖。

1918 年，Fritz Haber(哈伯，1868—1930)，德国人，氨的合成方面的成就并解决了工业生产的实际问题。

1919 年，未授奖。

1920 年，Walter Nernst(能斯特，1864—1941)，德国人，提出并阐明热力学第三定律等热力学理论和实验应用等成就。

1921 年，Frederick Soddy(索迪，1877—1956)，英国人，放射化学、同位素产生的理论和性质的研究。

1922 年，Francis Willian Aston(阿斯顿，1877—1945)，英国人，发明质谱仪并发现了非放射性元素的同位素及其整数定律。

1923 年，Fritz Pregl(普雷格尔，1869—1930)，奥地利人，研究有机化合物的微量分析法。

1924 年，未授奖。

1925 年，Richard Zsigmondy(齐格蒙迪，1865—1929)，奥地利人，胶体溶液的多相性及现代胶体化学研究法。

1926 年，Theodor Svedberg(斯维德伯格，1884—1971)，瑞典人，发明高速离心机，用于分散体系的研究。

1927 年，Heinrich Wieland(维兰德，1877—1957)，德国人，研究胆酸的组成。

1928 年，Adolf Windaus(温道斯，1876—1959)，德国人，研究胆固醇的组成及其与维生素的关系。

1929 年，Arthur Harden(哈登，1865—1940)，英国人，对糖的发酵及其酶作用的研究。

1930 年，Uails Fischer(费歇尔，1881—1945)，德国人，研究血红素和叶绿素，合成血红素。

1931 年，Carl Bosch(波施，1874—1940)，德国人，高压方法在化学中的应用，氨的合成、煤高压下氢化液化等方面的研究。

1932 年，Irving Langmuir(朗缪尔，1881—1957)，美国人，表面化学、气体吸附作用及热离子发射。

1933 年，未授奖。

1934 年，Harold Clayton Urey(尤里，1893—1981)，美国人，发现重氢同位素。

1935 年，Frédéric Joliot Curie(约里奥·居里，1900—1958)，Irène Joliot Curie(伊伦·居里，1897—1956)，法国人，合成人工放射性元素。

1936 年，Peter Debye(德拜，1884—1971)，荷兰人，研究偶极矩和 X 射线衍射法。

1937 年，Walter Haworth(霍沃思，1883—1950)，英国人，研究碳水化合物和维生素 C；Paul Karrer(卡雷，1889—1971)，瑞士人，研究类胡萝卜素、核黄素、维生素 A。

1938 年，Richard Kuhn(库恩，1900—1967)，德国人，研究类胡萝卜素和维生素 B。

1939 年，Adolf Butenandt(布泰南特，1903—1955)，德国人，Leopold Ruzicka(卢齐卡 1887—1976)，瑞士人，对性激素的研究。

1940～1942 年，因第二次世界大战停止评奖。

1943 年，Gyorgy Hevesy(海维西，1885—1966)，匈牙利人，放射性同位素的示踪在化学反应中的应用。

1944 年，Otto Hahn(哈恩，1879—1968)，德国人，重核裂变及制造超铀元素方面的研究成就。

1945 年，Aatturi Virtanen(维尔塔宁, 1895—1973)，芬兰人，对农业化学和营养化学的研究，发明饲料保藏法。

1946 年，James Batcheller Sumner(萨姆纳,1887—1955)，John Howard Northrop(诺思罗普，1891—)，Wendell Meredith Stanley(斯坦利，1904—1971)，美国人，发现结晶蛋白酶，制备绩效状

态的酶和病毒蛋白质。

1947 年，Robert Robinson(鲁宾逊，1886—1975)，英国人，研究生物碱和其他植物制品。

1948 年，Arme Wilhelm Kaurin Tiselius(梯塞留斯，1902—1971)，瑞典人，对电泳、吸附作用分析及对血清蛋白的研究。

1949 年，William Francis Giauque(乔克，1895—1982)，美国人，研究超低温下物质的性质。

1950 年，Otto Diels(第尔斯，1876—1954)，Kurt Alder(阿尔德，1902—1958)，德国人，发现双烯合成。

1951 年，Edwin Mattison McMillan(麦克米伦，1907—)，Glenn Theodore Seaborg(西博格，1912—)，美国人，发现并研究蜕变元素——镎和钚。

1952 年，Archer Martin(马丁，1910—)，Richard Synge(辛格，1914—)，英国人，纸上层析分析方法的发现和研究。

1953 年，Hermann Staudinger(施陶丁格，1881—1965)，德国人，对链状高分子化合物的研究及成就。

1954 年，Linus Pauling(鲍林，1901—)，美国人，研究化学键的本质。

1955 年，Vincent Du Vigneaud(维格诺德，1901—1978)，美国人，合成多肽和激素。

1956 年，Nikolay Senyonov(西蒙诺夫，1896—)，苏联人，Cyril Hinshelwood(欣谢尔伍德，1897—1967)，英国人，对动力学理论和链反应的研究。

1957 年，Alexander Robertus Todd(托德，1907—)，英国人，研究核苷酸和核苷酸辅酶。

1958 年，Frederick Sanger(桑格，1918—)，英国人，测定胰岛素分子结构。

1959 年，Jaroslav Heyrovsky(海洛夫斯基，1890—1967)，捷克人，发明极谱分析法。

1960 年，Willard Frank Libby(利比，1908—1980)，美国人，发明用放射性碳-14 测定地质年代的方法。

1961 年，Melvin Calvin(开尔文，1911—)，美国人，研究光合作用的化学过程。

1962 年，John Cowdery Kendrew(肯德鲁，1917—)，Max Ferdinand Perutz(佩鲁兹，1914—)，英国人，测定血红蛋白的结构。

1963 年，Karl Ziegler(齐格勒，1898—1973)，德国人，Giulio Natta(纳塔，1903—1979)，意大利人，研究乙烯和丙烯的催化聚合反应。

1964 年，Dorothy Crowfoot Hodgkin(霍奇金，1910—，女)，英国人，测定抗恶性贫血症的生化化合物维生素 $B_{12}$ 的结构。

1965 年，Robert Burns Woodward(伍德沃德，1917—1979)，美国人，人工合成胆固醇、叶绿素、维生素 $B_{12}$ 和其他只存在于生物体中的物质。

1966 年，Robert Sanderson Mulliken(米利肯，1896—)，美国人，用分子轨道法研究化学键和分子结构。

1967 年，Manfred Eigen(艾根，1927—)，德国人，Ronald George Wreyford Norrish(诺里什，1897—1978)，英国人，George Porter(波特，1920—)，英国人，在极端快速化学反应方面的研究。

1968 年，Lars Onsager(昂萨格，1903—1976)，美国人，建立不可逆热力学的理论基础。

1969 年，Derek Harold Richard Barton(巴顿，1918—)，英国人，Odd Hassel(哈塞尔，1897—)，挪威人，研究有机化合物的三维构象。

1970 年，Luis Federico Leloir(莱洛伊尔，1906—)，阿根廷人，在糖合成中核苷酸辅酶的发现及其作用的研究。

1971 年，Gerhard Herzberg(赫茨伯格，1904—)，加拿大人，研究分子光谱，特别是自由基的电子结构。

1972 年，Christian Borhmer Anfinsen(安芬林，1916—)，Stanford Moore(摩雷，1913—1982)，William H. Stein(斯坦，1911—1980)，美国人，对核糖核酸酶分子结构的研究。

1973 年，Wrnst Otto Fischer(费歇尔，1918—)，德国人，Cerffrey Wilkinson(威尔金森，1921—)，英国人，研究金属有机化合物。

1974 年，Faul John Flory(弗洛里，1910—1985)，美国人，研究长链分子，制成尼龙 66。

1975 年，John Warcup Cornforth(康福思，1917—)，英国人，Vladumir Prelog(普雷洛格，1906—)，瑞士人，对有机物、有机化学反应的立体化学方面的研究。

1976 年，Wihiam Nunn Lipscomb(利普斯科姆，1919—)，美国人，对硼烷结构的研究。

1977 年，Llya Prigogine(普里戈金，1917—)，比利时人，研究热力学中的耗散结构理论。

1978 年，Peter D . Mitchell(米切尔，1920—)，英国人，研究生物系统中利用能量转移过程。

1979 年，Herbert Charles Brown(布朗，1912—)，美国人，Georg Wittig(魏悌希，1897—)，德国人，发展了硼化物、磷化物等作为重要试剂在有机化学中的应用。

1980 年，Walter Gilbert(吉尔伯特，1932—)，美国人，第一次制备出混合脱氧核糖核酸。Paul Berg(伯特，1926—)，美国人，Frederick Sanger(桑格，1918—)，英国人，建立脱氧核糖核酸结构的化学和生物分析法。

1981 年，K. Fukui(福井谦一，1918—)，日本人，Roald Hoffmann(霍夫曼，1937—)，美国人，在边缘轨道理论(前沿轨道理论、分子轨道对称守恒原理)上的研究成就。

1982 年，Aaron Klug(克卢格，1926—)，英国人，对晶体电子显微镜和核酸——蛋白质复合体的研究和贡献。

1983 年，Henry Taube(陶布，1915—)，美国人，研究络合物和固氮反应机理。

1984 年，Brace Merrifield(梅里菲尔德，1921—)，美国人，在多肽和蛋白质合成新方法方面的贡献。

1985 年，Herbert A . Hauptman(豪普特曼，1917—)，Jerome Karle(卡尔勒，1918—)，美国人，因发展了直接测定晶体结构的方法而共同获奖。

1986 年，Dudley R . Hercshbach(赫希巴赫，1932—)，美国人，李远哲(1936—)，美籍华裔，研究交叉分子束方法；John C. Polanyi(波拉尼，1929—)，德国人，发明红外线化学研究方法而共同获奖。

1987 年，Charles Pedersen(佩德森，1904—)，美国人，Jean Marie Lehn(莱恩，1939—)，法国人，Donald Cram(克拉姆，1919—)，美国人，合成了具有特殊性能的低相对分子质量的有机化合物，在分子的研究和应用方面作出贡献。

1988 年，Robert Huber(休伯)，Johann Deisenhofer(戴森霍弗)，Hartmut Michel(米歇尔)，德国人，首次确定了光合作用反应中心的立体结构，揭示了蛋白质配合物的结构特征。

1989 年，S. Altman(奥尔特曼，1939—)，加拿大人，T. R. Cech(切赫，1947—)，美国人，因发现 RNA 的生物催化作用共同获奖。

1990 年，E. J. Corey(科里，1928—)，美国人，创建了独特的有机合成理论——逆合成分析理论，使有机合成方案系统化并符合逻辑。

1991 年，R. Ernst(恩斯特，1933—)，瑞士人，发明了傅里叶变换核磁共振分光法和二维核磁共振技术。

1992 年，R. Marcus(马库斯，1923—)，加拿大裔美国科学家，因对化学系统中的电子转移反应理论作出贡献获奖。

1993 年，M. Smith(史密斯，1932—2000)，加拿大人，发明了重新编组 DNA 的“寡聚核苷酸定点突变”法，即定向基因的“定向诱变”；K. B. Mullis(穆利斯，1944—)，美国人，发明了高效复制 DNA 片段的“聚合酶链式反应(PCR)”方法。

1994 年，G. A. Olah(欧拉，1927—)，匈牙利裔美国人，发现了使碳阳离子保持稳定的方法，因在碳正离子化学方面的研究而获奖。

1995 年，F. S. Rowland(罗兰，1927—)，M.Molina(莫利纳，1943—)，美国人，P. Crutzen(克鲁岑，1933—)，荷兰人，研究并解释了大气中臭氧形成、分解的过程及机制，指出臭氧层对某些化合物极为敏感，空调器和冰箱使用的氟利昂、喷气式飞机和汽车尾气中所含的氮氧化物都会导致臭氧层空洞扩大。

1996 年，H. W. Kroto(克鲁托，1939—)，英国人，R. E. Smalley(斯莫利，1943—)，R. F. Carl(柯尔，1933—)，美国人，因发现碳元素的第三种存在形式——$C_{60}$(又称富勒烯)而获奖。

1997 年，Jens C. Skou(因斯 · 斯寇，1918—)，丹麦人，John E.Walker(约翰 · 沃克，1941—)，英国人，Panl D. Boyer(保罗 · 波耶尔，1918—)，美国人，因发现人体细胞内负责储藏转移能量的离子传输酶而共同获奖。

1998 年，John A. Pople(包普尔，1925—)，美国人，提出波函数方法；Walter Kohn(科恩，1923—)，美国人，提出密度函数理论。

1999 年，Ahmed H. Zewail(泽维尔，1946—)，埃及人，应用超短激光闪光成照技术(飞秒化学)观看到分子中的原子在化学反应中如何运动，从而有助于人们理解和预期重要的化学反应，为整个化学及其相关科学带来了一场革命。

2000 年，Alan J. Heeger(黑格，1936—)，美国人，Alan G. MacDiarmid(马克迪尔米德，1929—)，新西兰人，Hideki Shirakawa(白川英树，1936—)，日本人，因发现导电聚合物共同获奖。

2001 年，W. S. Knowles(诺尔斯，1917—)，美国人，R. Noyori(野依良治，1938—)，日本人，K.Barry Sharpless(夏普雷斯，1941—)，美国人，因在不对称合成方面所取得的成绩共同获奖。

2002 年，John B. Fenn(芬恩，1917—)，美国人，Koichi Tanaka(田中耕一，1959—)，日本人，Kurt Wüthrich(维特里希，1938—)，瑞士人，因在生物大分子研究领域的贡献而获奖。

2003 年，Peter Agre(阿格雷，1949—)和 Roderick MacKinnon(麦金农，1956—)，美国人，发现细胞膜水通道，以及对离子通道结构和机理研究作出的开创性贡献。

2004 年，Aaron Ciechanover(切哈诺沃，1947—)，Avram Hershko(赫什科，1937—)，以色列人，Irwin Rose(罗斯，1926—)，美国人，发现了泛素调节的蛋白质降解，即发现了一种蛋白质“死亡”的重要机理。

2005 年，Yves Chauvin(肖万，1931—)，法国人，Robert H. Grubbs(格拉布，1942—)，美国人，Richard R. Schrock(施罗克，1945—)，美国人，因在有机化学的烯烃复分解反应研究方面作出的贡献而获奖。

2006 年，Roger D. Kornberg(科恩伯格，1947—)，美国人，因在“真核转录的分子基础”研究领域所作出的贡献获奖。

2007 年，Gerhard Ertl(埃特尔，1936—)，德国人，因“固体表面化学过程”研究中作出的贡献而获奖。

2008 年，Roger Y. Tsien(钱永健，1952—)，美籍华裔，Osamu Shimomura(下村修，1928—)，日本人，Martin Chalfie(沙尔菲，1947—)，美国人，因发现并发展了绿色荧光蛋白(GFP)而获奖。

2009 年，Venkatraman Ramakrishnan(拉马克里希南，1952—)，美国人，Thomas Steitz(施泰茨，

1940—)，美国人，Ada Yonath(约纳特，1939—)，以色列人，因对核糖体结构和功能方面的研究而获奖。

2010 年，Richard Heck(赫克，1931—2015)，美国人，Eiichi Negishi(根岸英一，1935—)，日本人，Akira Suzuki(铃木章，1930—)，日本人，因对有机合成中钯催化偶联反应的研究而获奖。

2011 年，Danielle Shechtman(谢赫特曼，1941—)，以色列人，因准晶体的发现而获奖。

2012 年，Robert Lefkowitz(莱夫科维茨，1943—)，美国人，Brian K. Kobilka(科比尔卡，1955—)，美国人，因对 G 蛋白偶联受体的研究而获奖。

2013 年，Martin Karplus(卡普拉斯，1930—)，美籍奥地利人，Michael Levitt(莱维特，1947—)，美籍英国人，Arieh Warshel(瓦谢尔，1940—)，美籍以色列人，因给复杂化学体系设计了多尺度模型而获奖。

2014 年，Eric Betzig(白兹格，1960—)，美国人，Stefan W. Hell(赫尔，1962—)，德国人，William Esco Moerner(莫尔纳尔，1953—)，美国人，因其在超分辨率荧光显微技术领域取得的成就而获奖。

2015 年，Tomas Robert Lindahl(林达尔，1931—)，英国人，Paul Modrich(莫德里奇，1946—)，美国人，Aziz Sancar(桑贾尔，1946—)，土耳其人，因对 DNA 修复的细胞机制研究而获奖。

2016 年，Jean-Pierre Sauvage(索维奇，1944—)，法国人，James Fraser Stoddart(司徒塔特，1942—)，英国人，Bernard L. Feringa(费林加，1951—)，荷兰人，因分子机器的设计和合成而获奖。

2017 年，Jacques Dubochet(杜波谢，1941—)，瑞士人，Joachim Frank(弗兰克，1940—)，美国人，Richard Henderson(亨德森，1945—)，英国人，因开发冷冻电子显微镜用于溶液中生物分子的高分辨率结构测定而获奖。

# 第 2 章　有机化合物的命名

有机化合物种类繁多、数目庞大，即使同一分子式，也有不同的异构体。若没有一个完整的命名方法来区分各个化合物，在文献中会造成极大的混乱，因此认真学习每一类化合物的命名是有机化学的一项重要内容。现在书籍、期刊中经常使用普通命名法和国际纯粹与应用化学联合会(International Union of Pure and Applied Chemistry)命名法，后者简称 IUPAC 命名法。我国的命名法是中国化学会结合 IUPAC 的命名原则和我国的文字特点而制定的，在 1960 年制定了《有机化学物质的系统命名原则》。1980 年由中国化学会组织的“有机化学名词小组”参考了 IUPAC 1979 年公布的命名原则，对我国 1960 年制定的命名原则进行了增补和修订，并正式公布了《有机化学命名原则》。本章在此基础上主要介绍烃类及其衍生物的系统命名法，杂环化合物和天然产物的命名见相关各章，对某些特殊化合物也涉及一些习惯命名法或衍生物命名法。

需要说明的是，2017 年由中国化学会专门组织有机化合物命名审定委员会，结合 IUPAC-2013 指导意见，增补修订了《有机化学命名原则》(1980)，出版了《有机化合物命名原则》(科学出版社，2017 年)，其中改动较大的是取代基列出顺序。在 IUPAC 英文命名法中，各支链取代基名称按英文字母顺序在前缀中依次排列；但《有机化学命名原则》(1980)中则按取代基优先次序规则中的大小，自小至大在前缀中依次排列。考虑到某些基团无法按次序规则确定大小，且便于中英文命名的转换，2017 版修订建议也按取代基英文名称的字母顺序在前缀中依次排列。例如：

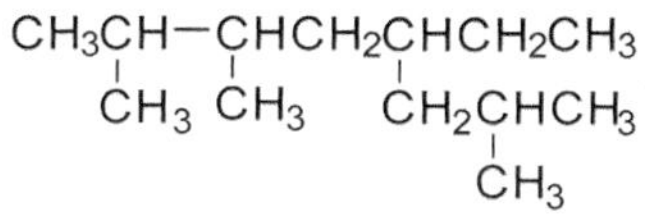

IUPAC: 5-ethyl-2,3,7-trimethyloctane

1980版：2,3,7-三甲基-5-乙基辛烷

2017版：5-乙基-2,3,7-三甲基辛烷

考虑到有机化学基础学科的延续性和与后续课程的衔接，本教材所涉及有机化合物的命名仍然沿用 1980 版《有机化学命名原则》。

## 2.1　有机化合物系统命名法

有机化合物系统命名通常按照以下步骤进行：

(1) 根据化合物中所含官能团的情况，确定母体，即确定该化合物属于哪一类。如果一个化合物中含有多个官能团，则按照表 2-1 中官能团顺序选择主官能团。习惯上把排在前面的官能团选为主官能团，命名时用词尾名称表示；排在后面的官能团看成取代基，命名时用词头名称表示。表 2-1 列出了一些常见官能团的词头、词尾名称。$-NO_2$ 和卤素没有列入该表，因为它们通常只作为取代基而不作为母体。例如，$HOCH_2CH_2COOH$ 和 $HOCH_2CH_2NH_2$ 的主要官能团分别是$-COOH$ 和$-OH$，分别称为 3-羟基丙酸和 2-氨基乙醇。

表 2-1　常见官能团的词头、词尾名称

| 基团 | $-\overset{O}{\overset{\|}{C}}-OH$ | $-SO_3H$ | $-\overset{O}{\overset{\|}{C}}-OR$ | $-\overset{O}{\overset{\|}{C}}-X$ | $-\overset{O}{\overset{\|}{C}}-NH_2$ | $-\overset{O}{\overset{\|}{C}}-O-\overset{O}{\overset{\|}{C}}-$ | $-CN$ |
|---|---|---|---|---|---|---|---|
| 词头名称 | 羧基 | 磺酸基 | 烃氧羰基 | 卤甲酰基 | 氨基甲酰基 | | 氰基 |
| 词尾名称 | 酸 | 磺酸 | 酯 | 酰卤 | 酰胺 | 酸酐 | 腈 |
| 基团 | $-\overset{O}{\overset{\|}{C}}-H$ | $-\overset{O}{\overset{\|}{C}}-$ | $-OH$ | $-OH$ | $-NH_2$ | $-OR$ | $-R$ |
| 词头名称 | 甲酰基 | | 羟基 | 羟基 | 氨基 | 烃氧基 | 烃基 |
| 词尾名称 | 醛 | 酮 | 醇 | 酚 | 胺 | 醚 | |

(2) 选择含有主官能团及尽可能含较多官能团的最长碳链为主链，从靠近官能团的一端开始，对主链碳原子进行编号并用阿拉伯数字标示。当具有相同长度的碳链可作为主链时，应选择具有支链最多的碳链作为主链。当主链长度和支链数目相同时，应遵循“最低系列原则”。所谓最低系列原则是指碳链以不同方向编号，得到两种或两种以上的不同编号系列，比较各系列不同位次，最先遇到的位次最小者，定为“最低系列”。

(3) 主链上其他支链全部作为取代基。取代基有官能团基、烃基、芳基等。烃基和芳基分别是相应的烷(烯、炔)烃和芳烃去掉氢原子后剩余的部分，分别称为某基(英文常缀以词尾-yl)，烷基常用“R–”表示。例如：

$CH_3-$ 甲基(Me)　$CH_3CH_2-$ 乙基(Et)　$CH_3CH_2CH_2-$ 正丙基(*n*-Pr)　$(CH_3)_2CH-$ 异丙基(*i*-Pr)

$CH_3CH_2CH_2CH_2-$ 正丁基(*n*-Bu)　$(CH_3)_2CHCH_2-$ 异丁基(*i*-Bu)　$CH_3CH_2\underset{\underset{CH_3}{|}}{CH}-$ 仲丁基(*s*-Bu)　$(CH_3)_3C-$ 叔丁基(*t*-Bu)

$CH_2=CH-$ 乙烯基　$CH_3CH=CH-$ 丙烯基　$H_2C=\overset{\overset{CH_3}{|}}{C}-$ 异丙烯基　$CH_2=CHCH_2-$ 烯丙基

(4) 书写时根据主链碳原子数目的多少和母体官能团的类型进行命名。当主链碳原子数在10以内时，分别用甲、乙、丙、丁、戊、己、庚、辛、壬、癸表示，而当主链碳原子数超过10时，则用中文数字十一、十二……表示分子中碳原子数目。母体官能团所在的位置用阿拉伯数字标明，放在母体名称前面。数字与母体名称用连字符“-”连接。如果母体官能团的编号为1，则“1”字省略不写。例如：

$CH_3CH_2CH_2\underset{\underset{OH}{|}}{CH}CH_3$ 2-戊醇　　$CH_3CH_2CH_2CH_2CH_2CHO$ 己醛

(5) 取代基的名称放在母体名称的前面，并用阿拉伯数字标明取代基的位置。如果在主链上同时连有多个取代基，应分别按照取代基的优先顺序书写，“较优”基团后列出。如果有相同的取代基，可以合并书写，合并的取代基个数用中文数字表示。

取代基优先顺序确定的原则：

(1) 各种取代基按其第一个原子的原子序数大小排列，原子序数大者为较优基团。若为同位素，则质量重的定为较优基团。例如：

$$I > Br > Cl > F > O > N > C > H > :\text{(指孤对电子)};\ D > H$$

(2) 如果两个基团的第一个原子相同，则比较与之相连的第二个原子，依此类推。比较时，按原子序数排列，先比较各组中原子序数最大者，若仍相同，再依次比较第二个、第三个。例如：

$$-CH_2Cl > -CH_3 \qquad CH_3OCH_2- > CH_3CH_2-$$

$$CH_3CH_2CH_2CH_2- > CH_3CH_2CH_2-$$

(3) 如果含有双键或叁键基团，可以分解为连有两个或三个相同原子。例如：

$CH_2$=CH—　相当于 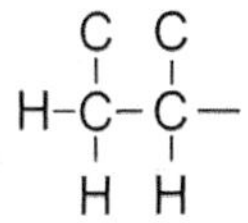　　HC≡C—　相当于 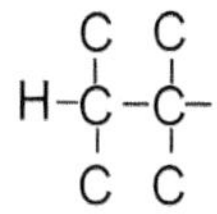

所以HC≡C－＞$CH_2$=CH－＞$CH_3CH_2$－。

例如，命名下列化合物：

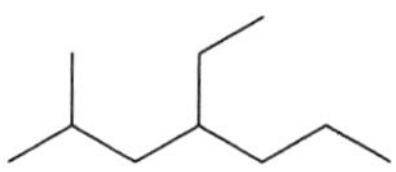

2-甲基-4-乙基庚烷

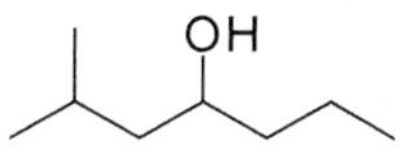

2-甲基-4-庚醇

下面重点介绍烃类和烃类衍生物的系统命名方法。

## 2.2　烷烃的命名

分子中碳原子间均以单键相连，其余价键被氢原子所饱和的烃称为烷烃，也称为饱和烃，其中没有环状结构的烷烃称为开链烷烃，有环状结构的烷烃称为环烷烃。

### 2.2.1　开链烷烃的命名

1. 系统命名法

直链烷烃按照分子中碳原子数命名为某烷。例如：

$$CH_3CH_2CH_2CH_2CH_2CH_3 \qquad CH_3(CH_2)_{10}CH_3$$

己烷　　　十二烷

带有支链的烷烃可看作直链烷烃的烃基衍生物，命名时需遵循以下原则：

(1) 选择最长的碳链作为主链，按照主链碳原子数命名为某烷。若有两条或两条以上等长的最长碳链时，则选择连有较多取代基且侧链具有最低位次的碳链为主链。

(2) 根据最低系列原则对主链进行编号，使取代基的位次尽可能小，若有多个取代基，逐个比较，直至比出高低为止。

(3) 命名取代基时，把它们在母体链上的位次作为取代基的前缀，之间用“-”相隔。如果带有几个相同的取代基，则可以合并，但应在取代基名称之前写明位次和数目，各个位次数字之间用“，”分隔，取代基数目须用汉字二、三、四……表示。

(4) 书写化合物名称时，按优先基团顺序规则，将较优基团后列出。

**【例 2.1】**

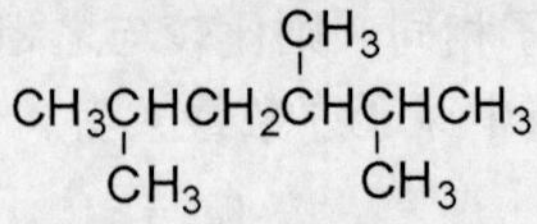

1 2 3 4 5 6 　2, 4, 5

6 5 4 3 2 1 　2, 3, 5*

**解析** 选六碳链为主链。主链有两种编号方向，第一行编号，取代基位号为 2, 4, 5；第二行编号，取代基位号为 2, 3, 5。根据最低系列原则，用第二行编号。该化合物的名称为 2, 3, 5-三甲基己烷。

**【例 2.2】**

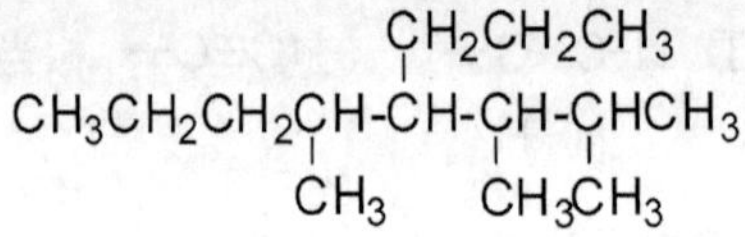

1 2 3 4 5 6 7 8 　4, 5, 6, 7

8 7 6 5 4 3 2 1 　2, 3, 4, 5*

该化合物有两根八个碳的最长链，因此通过比较取代基数目来确定主链。横向长链有四个取代基，弯曲的长链有两个取代基，多的优先，所以选横向长链为主链。主链有两种编号方向，第一行取代基位号为 4, 5, 6, 7；第二行取代基位号为 2, 3, 4, 5。根据最低系列原则，用第二行编号。该化合物的名称为 2, 3, 5-三甲基-4-丙基辛烷。当一个化合物中有两种或两种以上的取代基时，按取代基的顺序规则确定次序，小的基团放在前面，所以甲基放在丙基的前面。又如，下面两个化合物的全称为

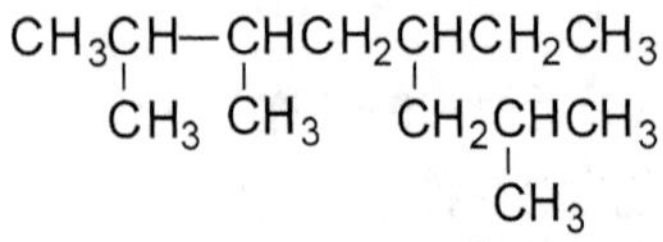

2,3,7-三甲基-5-乙基辛烷

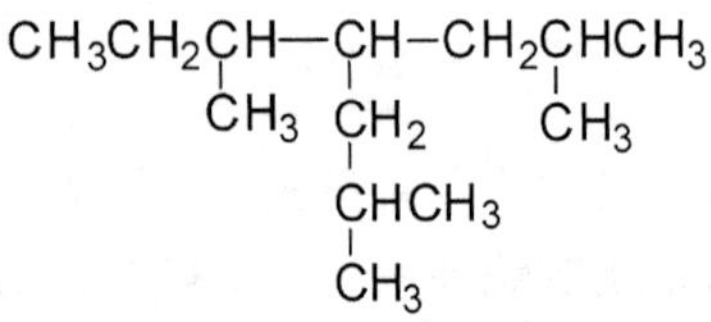

2,5-二甲基-4-异丁基庚烷

2. 普通命名法

直链烷烃的普通命名法与系统命名法相同。命名有支链的烷烃时，用“正”表示无分支，用“异”表示端基有$(CH_3)_2CH$–结构，用“新”表示端基有$(CH_3)_3C$–结构。例如，戊烷的三个同分异构体的普通命名如下：

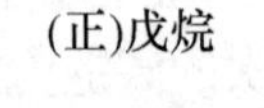

(正)戊烷

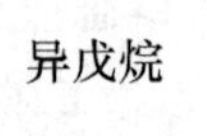

异戊烷

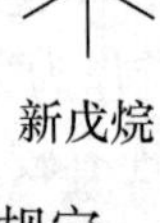

新戊烷

普通命名法中，工业上常用的异辛烷是一个特例，不符合上述规定：

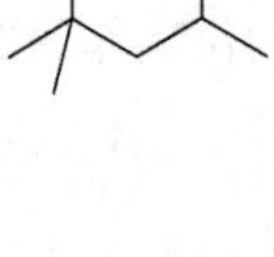

异辛烷

用正、异、新可以区分烷烃中具有五个碳原子以下的同分异构体，但命名多于五个碳原子的烷烃时就困难了。例如，六个碳原子的烷烃有五个同分异构体，除用正、异、新表示其中三个异构体外，另外两个无法加以区别，故普通命名法只适用于简单的化合物。

3. 衍生物命名法

烷烃的衍生物命名法以甲烷为母体，其他部分则作为甲烷的取代基来命名。例如：

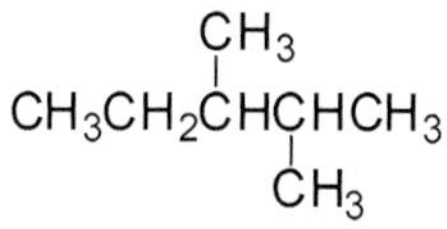
甲基乙基异丙基甲烷

在衍生物命名法中，为了方便，一般总是选择连有取代基最多的碳原子作为甲烷的碳原子，取代基按照最低系列原则，较优基团后列出。

### 2.2.2　环烷烃的命名

1. 单环烷烃的命名

只有一个环的环烷烃称为单环烷烃。环上没有取代基的环烷烃命名时只需在相应的烷烃前加“环”字。例如：

环丙烷

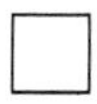
环丁烷

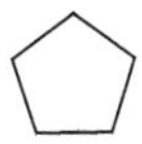
环戊烷

环上有取代基的单环烷烃命名分两种情况。环上的取代基比较复杂时，应将侧链作为母体，将环作为取代基，按照开链烷烃的命名方法命名。例如：

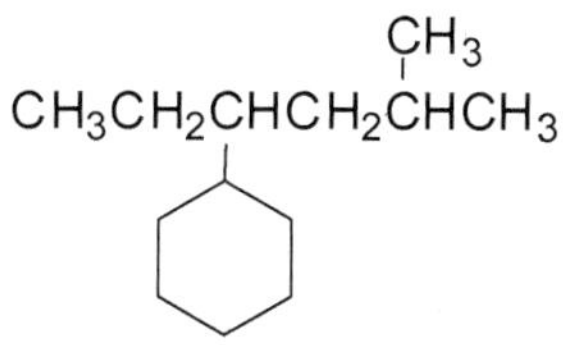
2-甲基-4-环己基己烷

而当环上的取代基比较简单时，通常将环作为母体来命名。当环上有多个取代基时，则给母体环编号，编号时遵循最低系列编号原则。

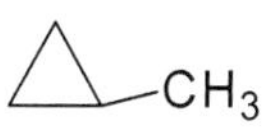
甲基环丙烷

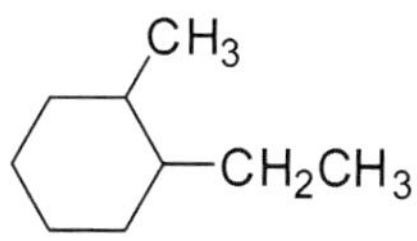
1-甲基-2-乙基环己烷

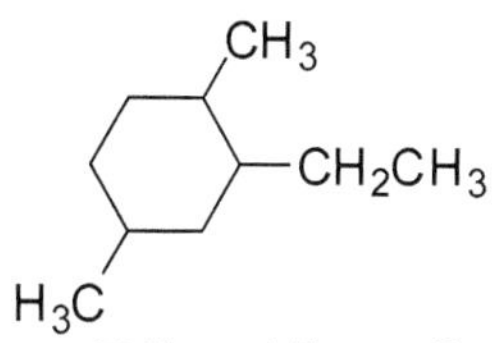
1,4-二甲基-2-乙基环己烷

若将环烷烃近似看作平面型分子，当环上两个或两个以上取代基分别处于不同碳原子上时，存在构型异构体，可用顺反命名法予以注明(参见 4.2)。例如：

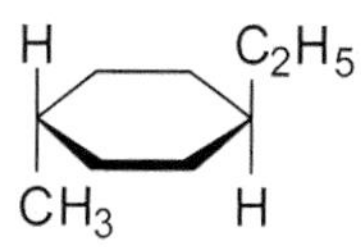
反-1-甲基-4-乙基环己烷

选择其中位次最低者为参照基团，在位次前加“r”(reference)标记，其余取代基位次前用顺或反表示它们与参照基团的立体关系。例如：

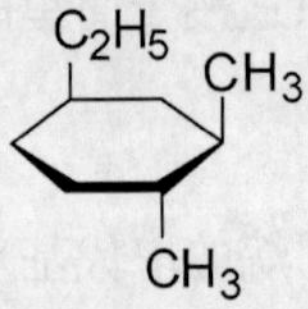


*r*-1,反-1,2-二甲基-反-4-乙基环己烷

2. 桥环和螺环烷烃的命名

桥环烷烃是指共用两个或两个以上碳原子的多环烷烃，共用的碳原子称为桥头碳，两个桥头碳之间可以是碳链，也可以是一个键，称为桥。将桥环烷烃变为链型化合物时，要断裂碳链，根据断裂碳链的次数确定环数。如需断两次的桥环烷烃称为二环，断三次的称为三环等。

桥环化合物命名原则为：

(1) 环的编号从某一桥头碳开始，沿最长的桥编至另一个桥头碳，随后继续编较长的桥至起始桥头碳，最后编最短的桥，且应使取代基的位次尽可能小。

(2) 命名时将取代基位次和名称写在前面，桥头碳之间的碳原子数目(不包括桥头碳)从大到小写在方括号中，中间用下角圆点隔开，根据组成桥环烷烃的成环碳原子总数称为某烷。例如：

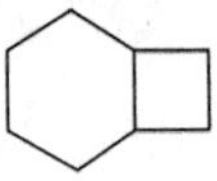

双环[4.2.0]辛烷

6-甲基双环[3.2.1]辛烷

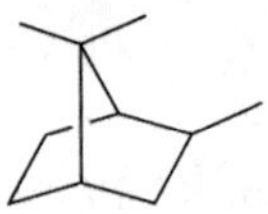

2,7,7-三甲基双环[2.2.1]庚烷

对一些结构复杂的桥环烃化合物，常用俗名：

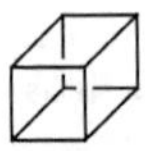

立方烷

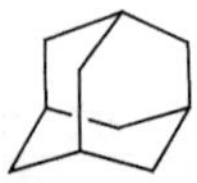

金刚烷

螺环烷烃是指单环之间共用一个碳原子的多环烷烃，共用的碳原子称为螺原子。螺环的编号先从小环上与螺原子相邻的碳原子开始，沿小环经螺原子编到大环。编号时取代基的位次应尽可能小。命名时先写词头螺，再在方括号内先写除螺原子外的小环上碳原子数目，再写大环上的碳原子数目，数字之间用下角圆点隔开，最后写出包括螺原子在内的碳原子数的烷烃名称，取代基的位次和名称列在整个名称的最前面。例如：

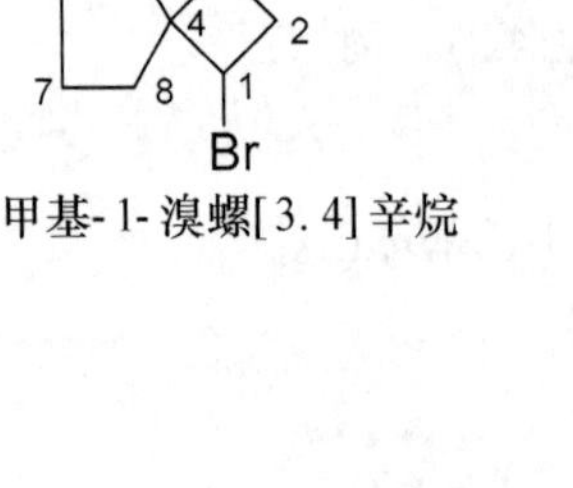


5-甲基-1-溴螺[3.4]辛烷

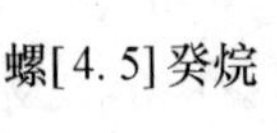

螺[4.5]癸烷

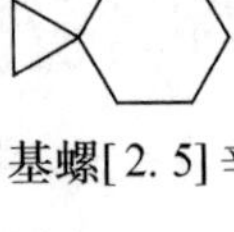

5-甲基螺[2.5]辛烷

## 2.3　烯烃和炔烃的命名

单烯烃的命名原则如下：

(1) 选取含有双键的最长碳链作为主链，按主链碳原子数称为“某烯”。

(2) 从主链靠近双键的一端开始，依次将主链上的碳原子编号。把双键碳原子的最小编号写在烯的名称的前面。

(3) 支链作为取代基，其位次、数目和名称应写在烯的名称之前，排列次序也按优先基团顺序规则排列，较优的基团后列出。例如：

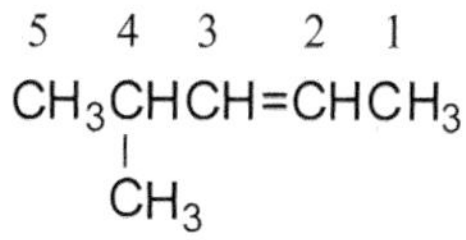

4-甲基-2-戊烯

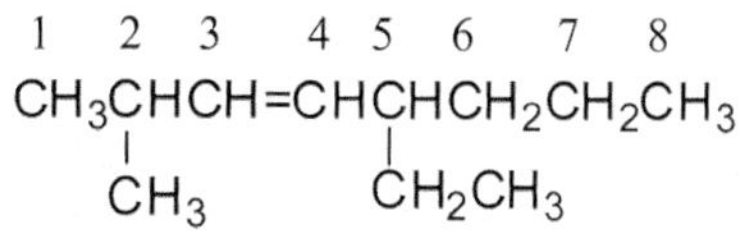

2-甲基-5-乙基-3-辛烯

分析以下实例：

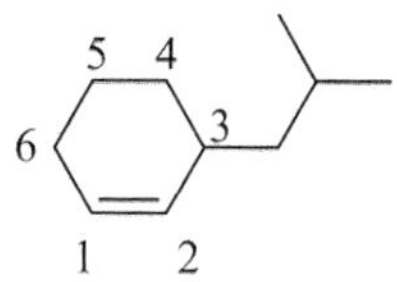

3-异丁基环己烯

该化合物的双键在环中，所以母体是环己烯。编号时，首先要使官能团的位次尽可能小，所以环中主官能团的位次为“1”。其次，取代基的位次尽可能小，因此，本题按逆时针方向编号。所以，该化合物的系统名称为：3-异丁基环己烯。

单炔烃的系统命名法与单烯烃相似，选取含有叁键的最长碳链作为主链，编号时使叁键的位次最小，并使取代基的位次尽可能小。例如：

$CH_3CH_2C\equiv CCH_3$

2-戊炔

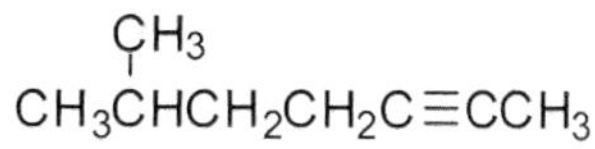

6-甲基-2-庚炔

多烯烃的系统命名按下列步骤进行：

选取含有双键最多的最长碳链作为主链，按主链碳原子数称为“某几烯”。从主链靠近双键的一端开始，依次将主链上的碳原子编号，双键的位次由小到大排列，写在母体名称前。支链作为取代基，其位次、数目和名称应写在母体的名称之前，排列次序也按最低系列原则，较优的基团后列出。例如：

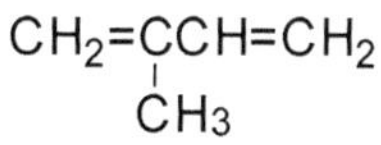

2-甲基-1,3-丁二烯

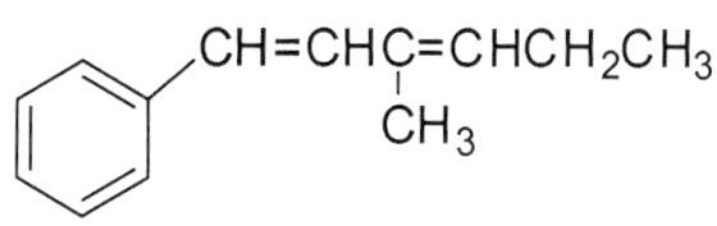

3-甲基-1-苯基-1,3-己二烯

多炔烃的系统命名和多烯烃相似。例如：

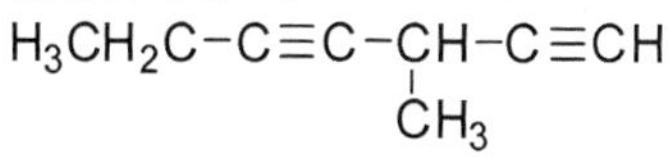

3-甲基-1,4-庚二炔

若分子中同时含有双键和叁键，可用烯炔作词尾。给双键和叁键以尽可能小的编号，如果处于对称位置，应使双键的位次尽可能小，书写时先烯后炔。例如：

$CH_2{=}CHCH_2C{\equiv}CCH_3$　　$CH_2{=}CH\underset{\displaystyle CH_3}{C}HC{\equiv}CH$　　$HC{\equiv}CCH_2CH{=}CHCH_2CH_2CH{=}CH_2$

1-己烯-4-炔　　3-甲基-1-戊烯-4-炔　　4,8-壬二烯-1-炔

## 2.4 芳烃的命名

芳烃一般是指分子中含有苯环的烃。广义的芳烃则包括非苯芳烃。

### 2.4.1 单环芳烃的命名

分子中含有一个苯环的芳烃称为单环芳烃。单环芳烃的命名原则：

(1) 以苯环为母体，支链作为取代基，称为某烷基苯。按取代基的多少，又可分为一元、二元、三元取代物等。在二元取代苯中，可用数字 1, 2-或邻(*ortho-*)、1,3-或间(*meta-*)、1, 4-或对(*para-*)表示取代基的相对位置。在三元取代苯中，可用数字 1, 2, 3-或连(*vic-*)、1, 2, 4-或偏(*unsym-*)、1, 3, 5-或均(*sym-*)来表示取代基的相对位置，应注意的是，连、均、偏等多用于三个取代基都相同的情况下。苯环上有多个取代基时，编号时应遵循最低系列原则。例如：

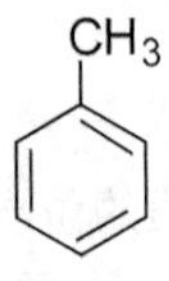
甲苯

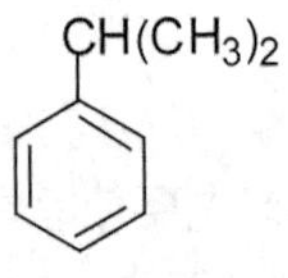
异丙苯

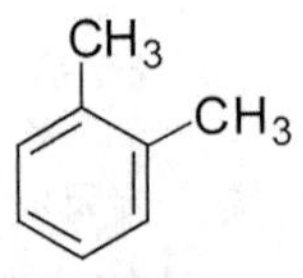
邻二甲苯
*o*-二甲苯
1,2-二甲苯

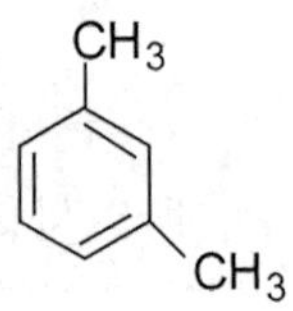
间二甲苯
*m*-二甲苯
1,3-二甲苯

对二甲苯
*p*-二甲苯
1,4-二甲苯

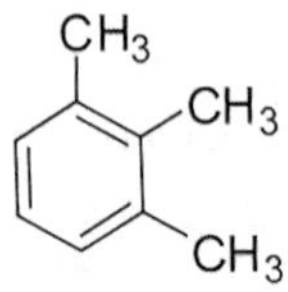
连三甲苯
1, 2, 3- 三甲苯

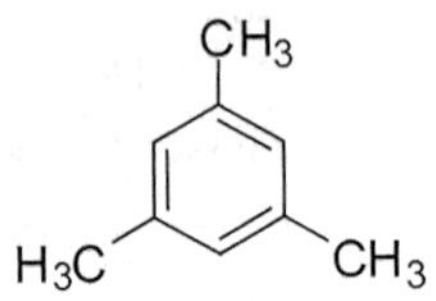
均三甲苯
1, 3, 5- 三甲苯

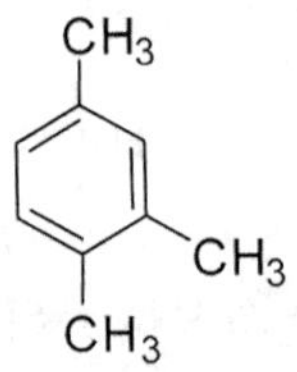
偏三甲苯
1, 2, 4- 三甲苯

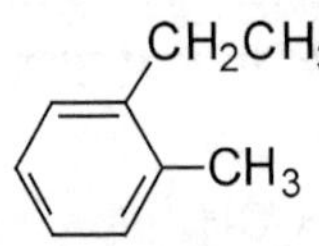
邻甲基乙苯

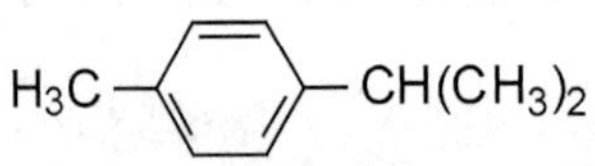
对甲基异丙苯

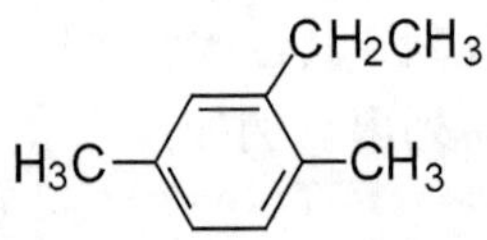
1, 4- 二甲基- 2- 乙基苯

(2) 侧链较复杂或者当苯环上连有其他特征官能团时，以苯环作为取代基。例如：

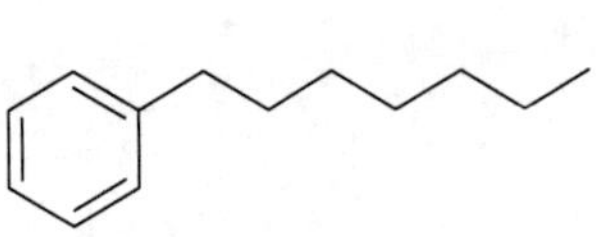
1- 苯基庚烷

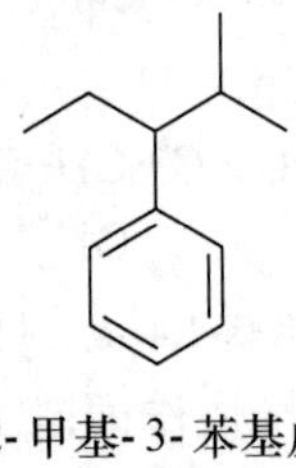
2- 甲基- 3- 苯基戊烷

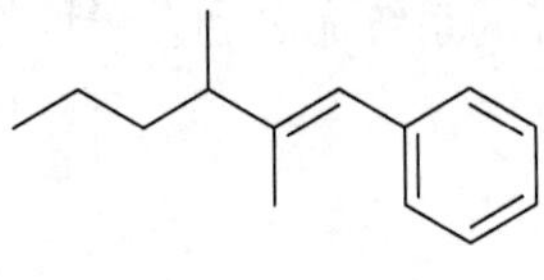
2, 3- 二甲基- 1- 苯基- 1- 己烯

芳烃分子的芳环上失去氢原子剩余部分称为芳基，常用“Ar-”表示。

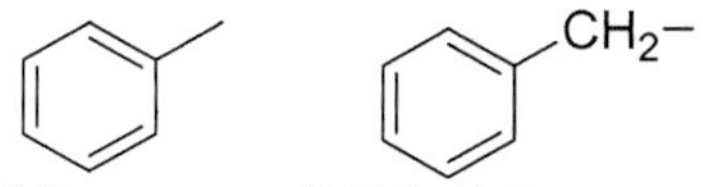

苯基(Ph-)　　苯甲基(苄基，Bn-)

### 2.4.2　多环芳烃的命名

多环芳烃是指分子中含有两个或两个以上苯环的烃，分为联苯或联多苯类、多苯代脂烃和稠环芳烃三种类型。

1. 联苯型化合物的命名

两个或多个苯环以单键直接相连的化合物称为联苯型化合物。联苯型化合物命名时用中文数字表示苯环数目，用化学介词“联”表示环间的关系；取两环单键连接处为最低位次，分别对苯环编号。取代基位次较大的苯环，其编号数字右上角加撇“′”。例如：

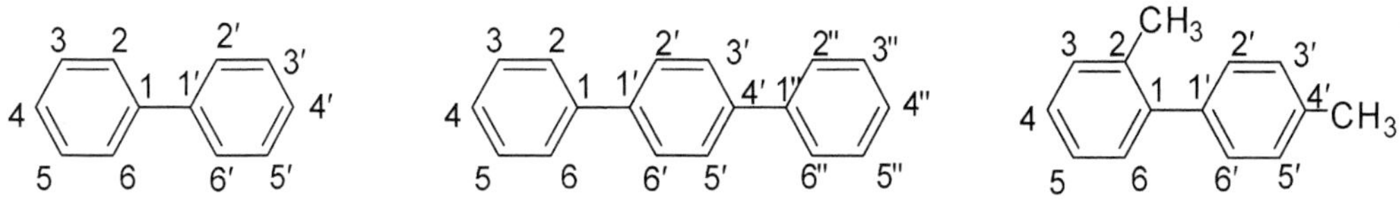

联苯　　对联三苯　　2, 4′-二甲基联苯

2. 多苯代脂烃的命名

多苯代脂烃的命名是将苯环作为取代基，脂烃作为母体。例如：

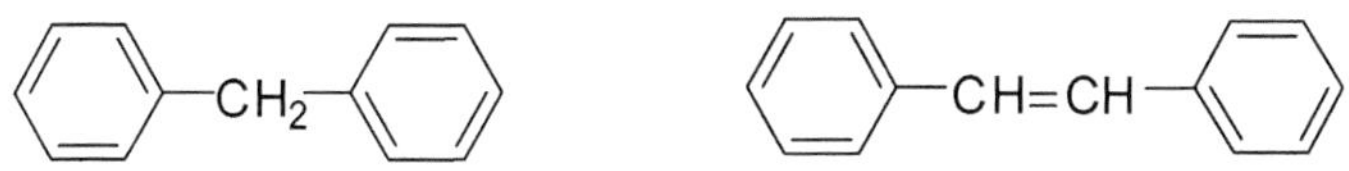

二苯甲烷　　1,2-二苯基乙烯

3. 稠环芳烃的命名

分子中两个或两个以上的苯环以共用两个相邻碳原子的方式结合的化合物称为稠环芳烃。最简单最重要的稠环芳烃是萘、蒽、菲，其编号如下所示：

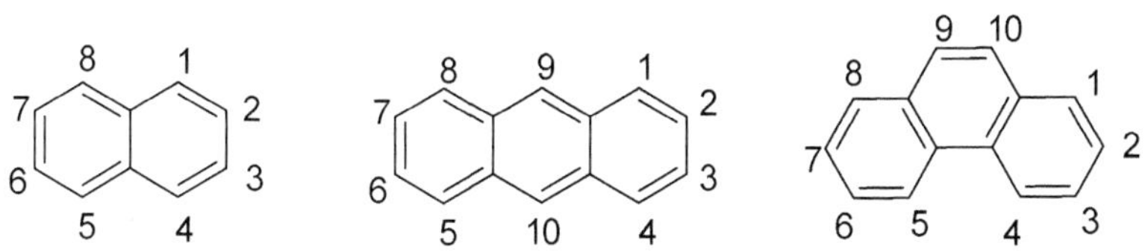
萘　　蒽　　菲

萘和蒽分子中的 1, 4, 5, 8 四个位置等同，均称为 $\alpha$ 位；2, 3, 6, 7 四个位置等同，均称为 $\beta$ 位；蒽分子中的 9, 10 两个位置等同，均称为 $\gamma$ 位。菲分子中分别有五对等同的位置，1 和 8，2 和 7，3 和 6，4 和 5，9 和 10。

需要指出的是，稠环芳烃的编号方法是确定的，只要确定了环上一个位置的编号，则其余位置的编号也就确定了。有取代基的稠环芳烃的命名与单环芳烃相似。例如：

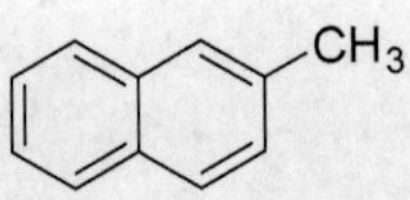

2-甲基萘(β-甲基萘)

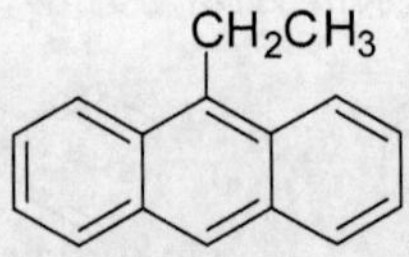

9-乙基蒽

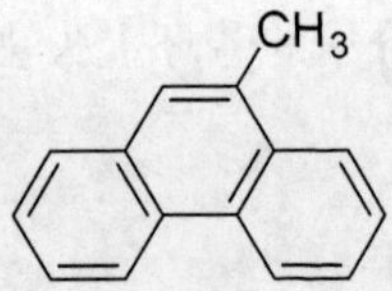

9-甲基菲

## 2.5 卤代烃的命名

卤代烃的命名一般是将卤素作为取代基，仍以烃的命名方法命名。例如：

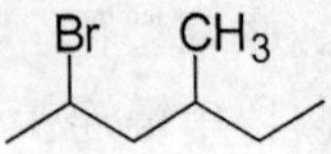

4-甲基-2-溴己烷

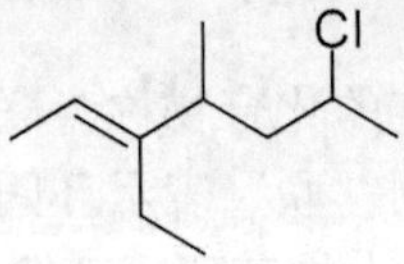

4-甲基-3-乙基-6-氯-2-庚烯

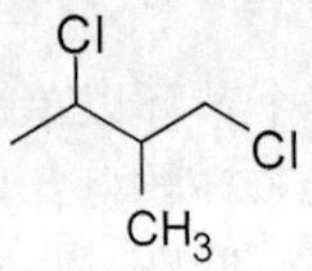

2-甲基-1, 3-二氯丁烷

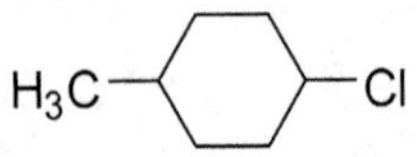

1-甲基-4-氯环己烷

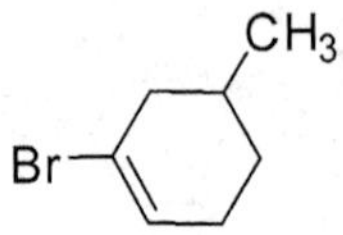

5-甲基-1-溴环己烯

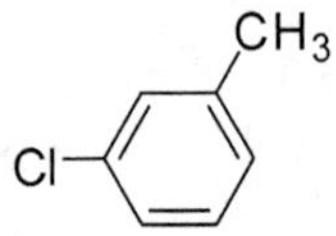

3-氯甲苯

有些简单的卤代烃，俗称卤代某烃或某烃基卤。例如：

$CH_3Cl$

甲基氯
氯甲烷

正丁基氯
正氯丁烷

$CH_2=CHCH_2Br$

烯丙基溴

有些多卤代烷给以俗称，如 $CHCl_3$ 称为氯仿，$CHI_3$ 称为碘仿。

## 2.6 含氧衍生物的命名

含氧衍生物主要包括醇(R–OH)、酚(Ar–OH)、醚(R–O–R′)、醛($R-\overset{\overset{O}{\|}}{C}-H$)、酮($R-\overset{\overset{O}{\|}}{C}-R'$)、羧酸($R-\overset{\overset{O}{\|}}{C}-OH$)、羧酸衍生物($R-\overset{\overset{O}{\|}}{C}-X$)等。这些基团都是有机化合物中有代表性的官能团，它们的命名有相似之处，一般规律为：首先按照表 2-1 中官能团顺序确定主官能团，选择含有主官能团的最长碳链作为母体主链，编号时使主官能团的位次尽可能小。若分子中有碳碳不饱和键，则选择同时含有主官能团和不饱和键的最长碳链作为母体主链，编号时应使主官能团的位次尽可能小。但由于各类化合物结构的不同，其命名时又各有不同的特点。

### 2.6.1 醇的命名

醇的命名一般根据烃基结构不同称为“某醇”，并注明羟基位次。根据含羟基的多少，醇类又可分为一元醇、二元醇、多元醇等。多元醇的命名应选择连有尽可能多的羟基的烃链作为主链，并把羟基的位次放在醇名之前。例如：

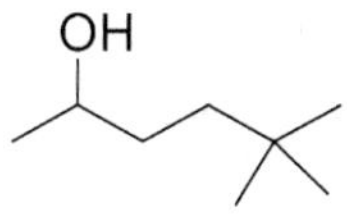
5,5-二甲基-2-己醇

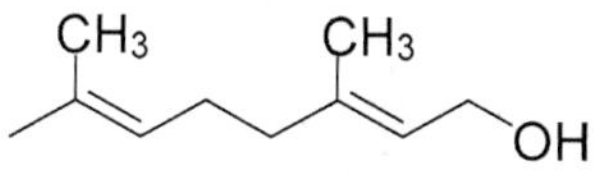
3,7-二甲基-2,6-辛二烯-1-醇

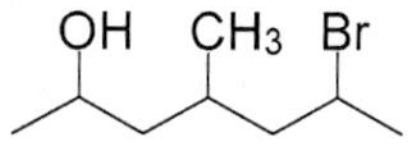
4-甲基-6-溴-2-庚醇

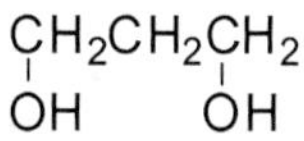
1, 3- 丙二醇

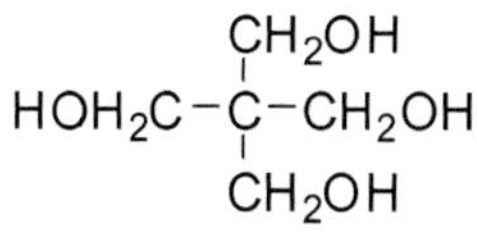
2, 2- 二羟甲基- 1, 3- 丙二醇(季戊四醇)

芳醇的命名，把芳环作为取代基。例如：

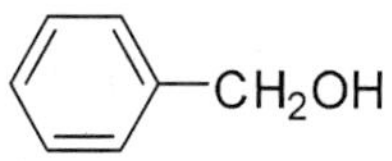
苯甲醇 (苄醇)

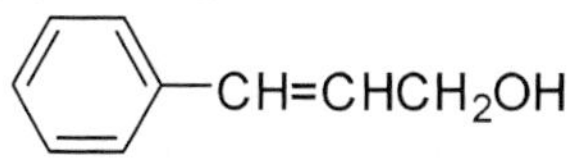
3- 苯基- 2- 丙烯- 1- 醇(肉桂醇)

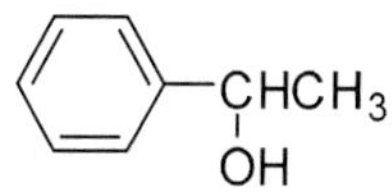
1- 苯乙醇 ($\alpha$-苯乙醇)

对于一些结构简单的醇通常也采用习惯命名法给予命名。例如：

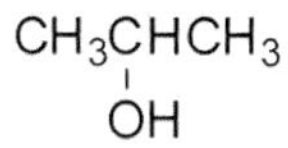
异丙醇

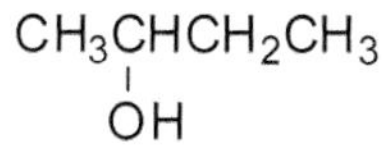
仲丁醇

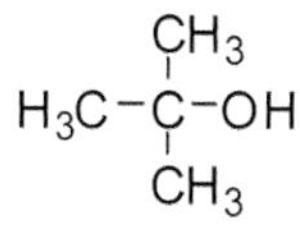
叔丁醇

### 2.6.2　酚的命名

羟基直接连在芳环上的化合物称为酚。酚的命名一般根据芳烃结构的不同称为“某酚”，并注明位次。当芳环上有多种取代基时，必须按照表 2-1 中各官能团作为主官能团的优先次序进行选择，只有当羟基优先时，才能称为酚。否则，羟基只能被看作取代基，编号从优先官能团开始。例如：

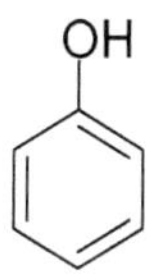
苯酚

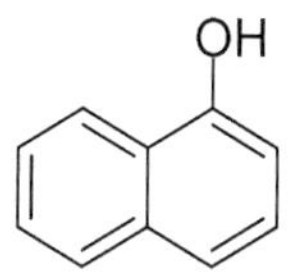
$\alpha$-萘酚(1-萘酚)

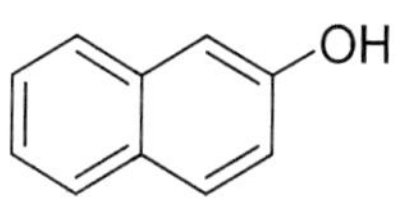
$\beta$-萘酚(2-萘酚)

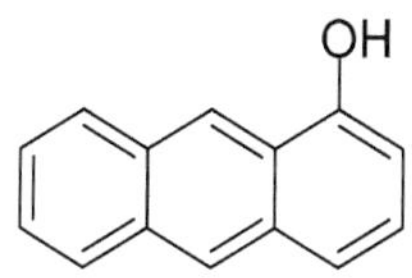
$\alpha$-蒽酚

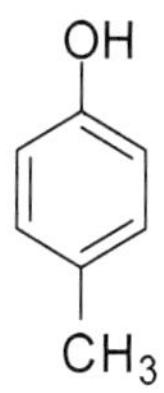
4- 甲基苯酚
(对甲苯酚)

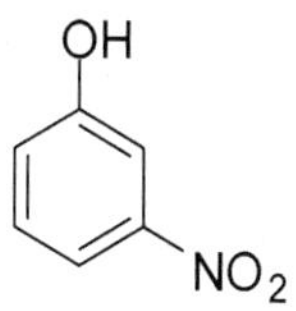
3- 硝基苯酚
(间硝基苯酚)

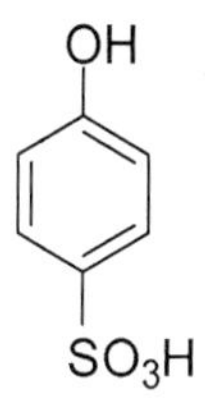
4- 羟基苯磺酸
(对羟基苯磺酸)

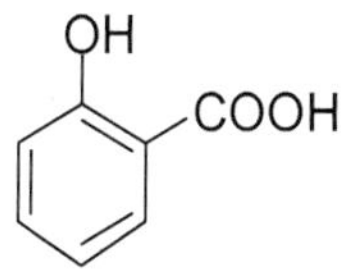
2- 羟基苯甲酸
(邻羟基苯甲酸，水杨酸)

多元酚的位次编号与多取代烷基苯的命名相似。例如：

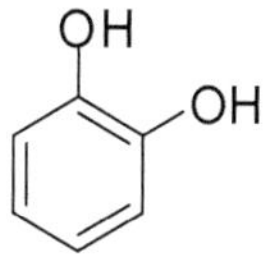
邻苯二酚
(1,2-苯二酚)

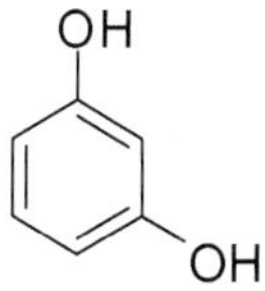
间苯二酚
(1,3-苯二酚)

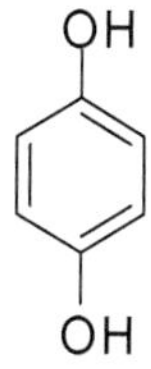
对苯二酚
(1,4-苯二酚)

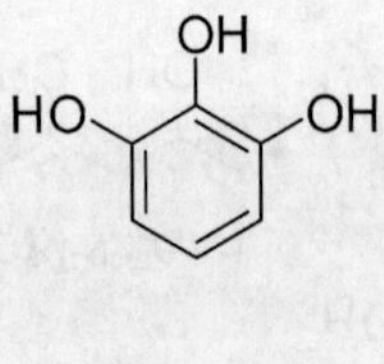

连苯三酚
(1,2,3-苯三酚)

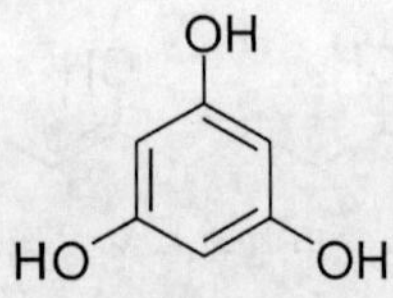

均苯三酚
(1,3,5-苯三酚)

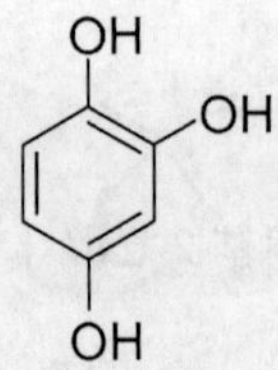

偏苯三酚
(1,2,4-苯三酚)

### 2.6.3 醚的命名

简单的醚命名时将氧原子所分隔的两个烃基名称以较优基团放在后边的顺序依次写在醚字前。对于芳醚则将芳基放在烷基前面。若为单醚，则命名为“二某醚”，通常“二”字可省略。

$CH_3OCH_2CH_3$
甲乙醚

$CH_3CH_2OCH{=}CH_2$
乙基乙烯基醚

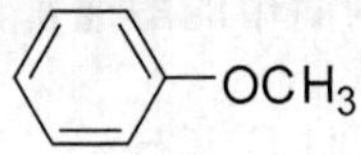

苯甲醚(茴香醚)

$CH_3CH_2OCH_2CH_3$
乙醚

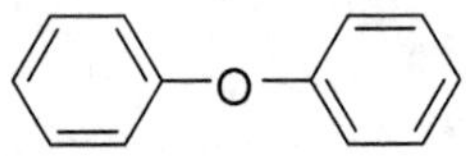

二苯醚

结构较为复杂的醚可采用系统命名法。选取较复杂的烃基或含有不饱和键的烃基作为母体，把余下的碳数较少的烃氧基(RO–)作为取代基。烃氧基的命名可在烃基名称之后加上字尾“氧”字。

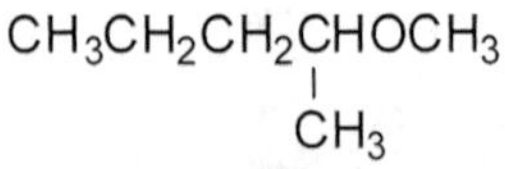

2- 甲氧基戊烷

$CH_3OCH_2CH_2OCH_3$
1, 2- 二甲氧基乙烷

$CH_3CH_2CH_2OCH{=}CH_2$
丙氧基乙烯

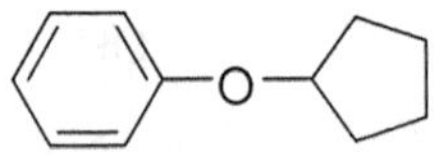

环戊氧基苯

当氧原子是成环原子时，称为环氧化物。命名时以“环氧”作词头，冠在母体烃名前面。

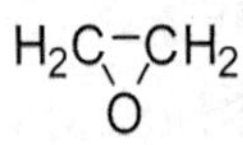

环氧乙烷

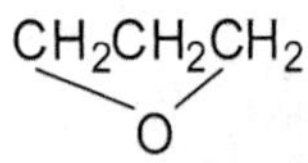

1, 3- 环氧丙烷

分子中有多个氧原子的大环多醚称为冠醚，冠醚因其结构的特殊性而采用简化命名，即根据成环的总原子数 *m* 和其中所含的氧原子数 *n* 称之为 *m*-冠-*n*。例如：

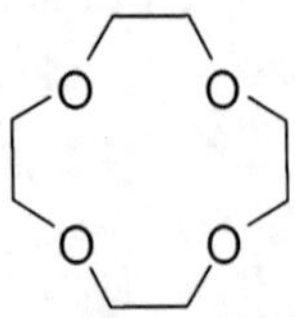

12-冠-4

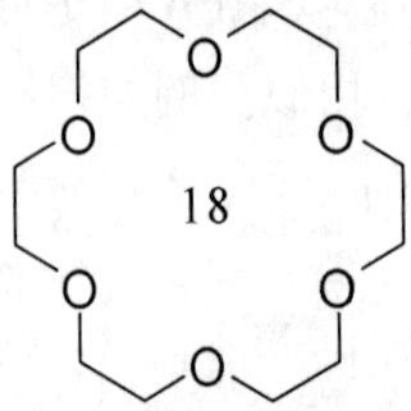


18-冠-6

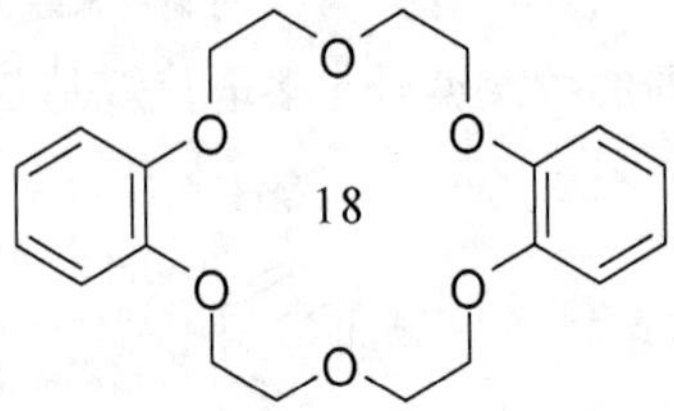


二苯并-18-冠-6

### 2.6.4 醛、酮的命名

醛、酮命名与醇相似，即命名时选择含羰基的最长碳链为母体，编号时使羰基的位次尽可能小。因为醛基总是在分子的链端，所以不必标明其位置序号，而酮羰基则需要标明位次。例如：

$CH_3CHO$

乙醛

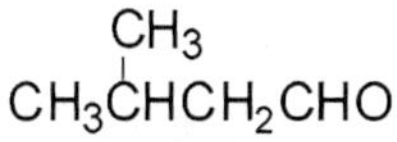

3-甲基丁醛

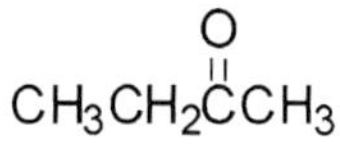

2-丁酮

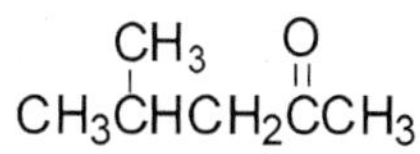

4-甲基-2-戊酮

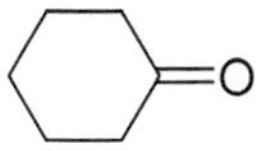

环己酮

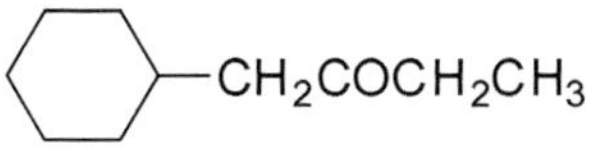

1-环己基-2-丁酮

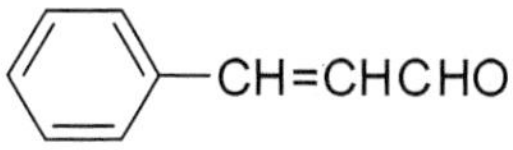

3-苯基丙烯醛(肉桂醛)

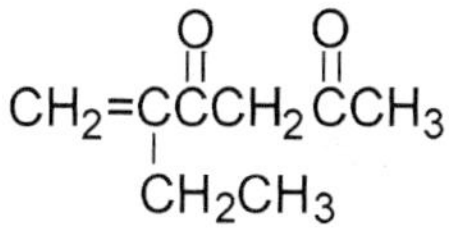

5-乙基-5-己烯-2,4-二酮

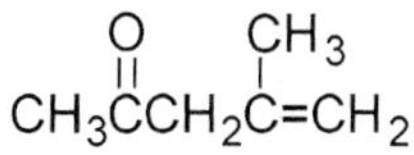

4-甲基-4-戊烯-2-酮

醛、酮命名时主链中的碳原子的位次除了用阿拉伯数字表示外，有时也用希腊字母表示，如 $\alpha$ 表示靠近羰基的碳原子，其次是 $\beta$、$\gamma$ 等。例如：

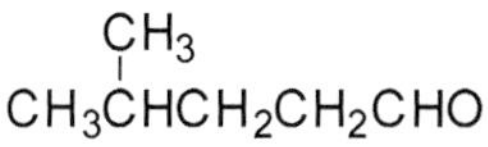

4-甲基戊醛($\gamma$-甲基戊醛)

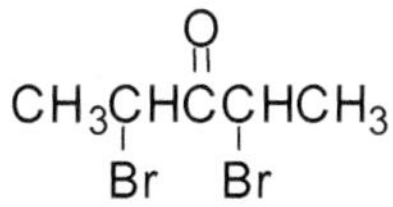

2,4-二溴-3-戊酮($\alpha,\alpha'$-二溴-3-戊酮)

### 2.6.5 羧酸的命名

羧酸的官能团位于链端，因而其系统命名法与醛相似。其编号除了用阿拉伯数字外，也可用希腊字母来标明取代基的位置。例如：

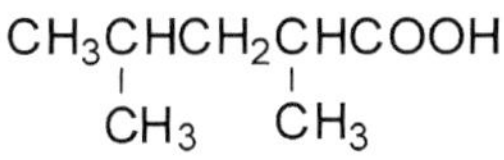

2, 4-二甲基戊酸 ($\alpha,\gamma$-二甲基戊酸)

$CH_3CH{=}CHCOOH$

2-丁烯酸(巴豆酸)

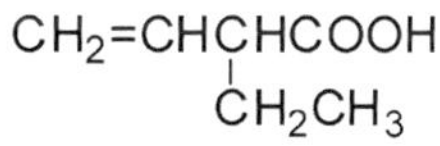

2-乙基-3-丁烯酸

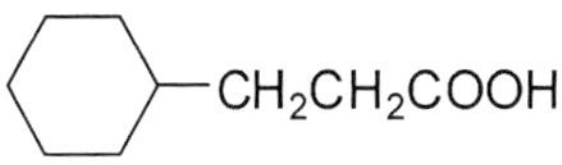

3-环己基丙酸

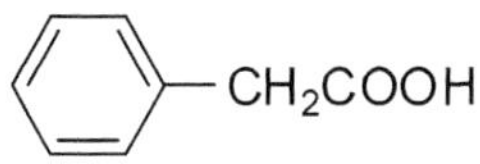

苯乙酸

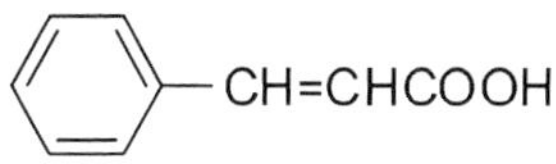

3-苯基丙烯酸（肉桂酸）

当羧基直接连在芳环或脂环上时，芳环或脂环作为取代基，它们的名称之后加“甲酸”或“羧酸”。

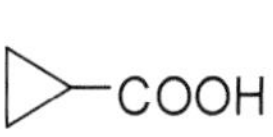

环丙基甲酸

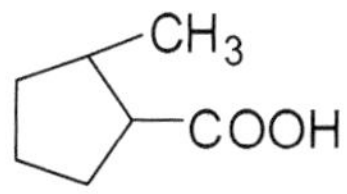

2-甲基环戊基甲酸

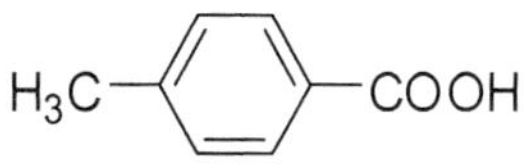

对甲苯甲酸

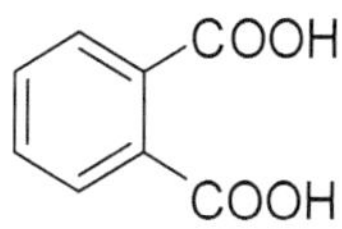

邻苯二甲酸(酞酸)

脂肪族二元酸的命名是选取分子中含有两个羧基的最长碳链作为主链，称为某二酸。

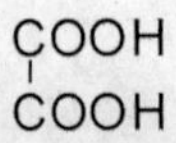

乙二酸(草酸)

$HOOCCH_2COOH$

丙二酸(胡萝卜酸)

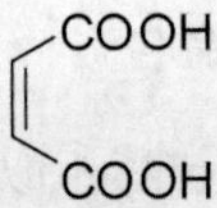

顺丁烯二酸(马来酸)

许多羧酸都来自自然界，往往根据其来源以俗名命名。上述例子中已列举了部分羧酸的俗名，常见的还有：甲酸(蚁酸)、乙酸(醋酸)、丙酸(初油酸)、丁酸(酪酸)、己酸(羊油酸)、十二酸(月桂酸)、十六酸(软脂酸)、十八酸(硬脂酸)、顺十八碳-9-烯酸(油酸)、反丁烯二酸(富马酸)等。

### 2.6.6 羧酸衍生物的命名

羧酸衍生物一般是指羧基中的羟基被其他原子或基团取代后所生成的化合物，主要有以下四种：酰卤($R-\overset{\overset{O}{\|}}{C}-X$)、酸酐($R-\overset{\overset{O}{\|}}{C}-O-\overset{\overset{O}{\|}}{C}-R$)、酯($R-\overset{\overset{O}{\|}}{C}-OR'$)、酰胺($R-\overset{\overset{O}{\|}}{C}-NH_2$)。

酰卤和酰胺的命名，可把相应的羧酸名称去掉“酸”字后，加上“酰卤”、“酰胺”等名词。酰胺分子中氮上的氢原子被烃基取代后所生成的取代酰胺，称为*N*-烃基“某”酰胺。

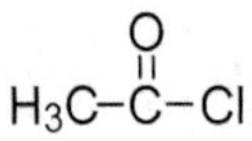

乙酰氯

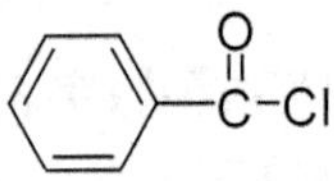

苯甲酰氯

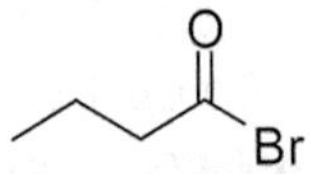

丁酰溴

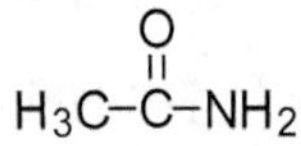

乙酰胺

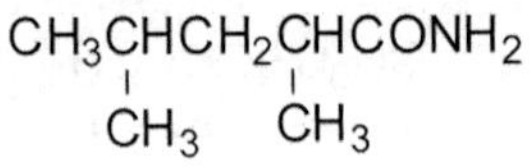

2,4-二甲基戊酰胺

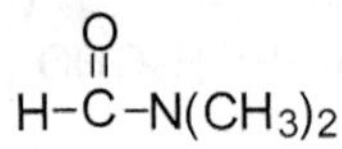

*N*,*N*-二甲基甲酰胺(DMF)

酸酐是以形成产物的羧酸来命名，称为“某(酸)某(酸)酐”。

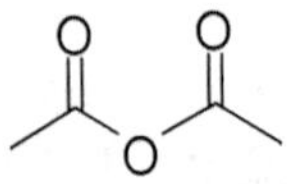

乙酸酐

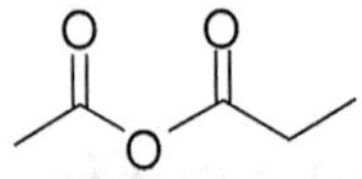

乙(酸)丙(酸)酐

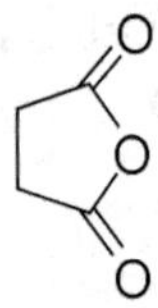

丁二酸酐

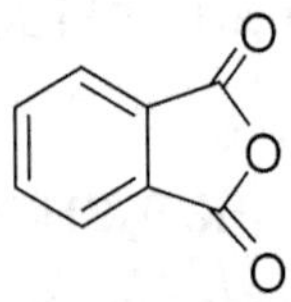

邻苯二甲酸酐

酯的命名，可在“酯”之前加上相应的羧酸和醇的名字来称呼。“醇”字一般省略，称为“某酸某酯”。但多元醇的酯，一般把酸名放在后面，称为“某醇某酸酯”。例如：

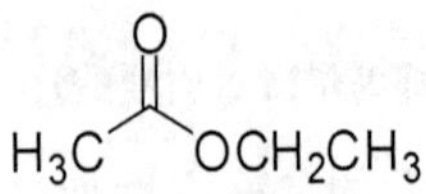

乙酸乙酯

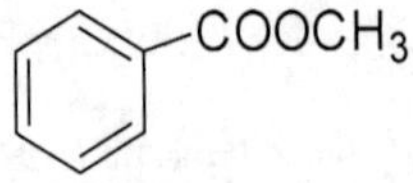

苯甲酸甲酯

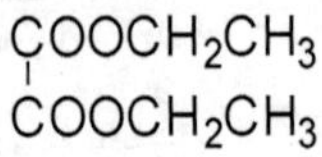

乙二酸二乙酯

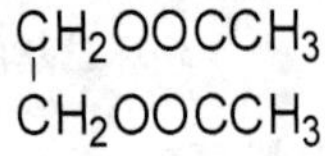

乙二醇二乙酸酯

## 2.7 胺的命名

简单胺的命名与醚相似，将胺作为官能团写在字尾，所含的烃基名称和数目写在前面，称为“某(基)某(基)胺”，取代基中较优基团后列出。若烃基相同，则用二或三表示基团的数目。当氮原子上同时连有脂烃基和芳基时，则称为“*N*-某基某芳胺”。

$CH_3NH_2$ 甲胺

$CH_3NHCH_2CH_3$ 甲基乙基胺

$(CH_3CH_2)_2NH$ 二乙胺

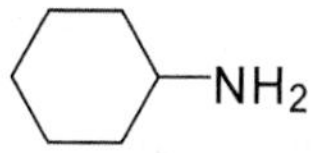

环己胺

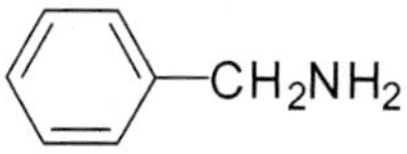

苯甲胺

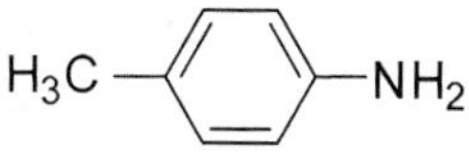

对甲苯胺

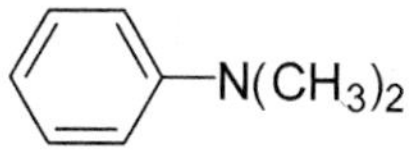

*N*,*N*-二甲基苯胺

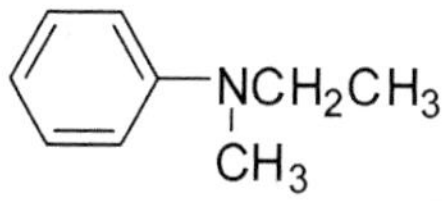

*N*-甲基-*N*-乙基苯胺

含有多个氨基的化合物，在胺字前面加上二、三……表示氨基的数目。

$NH_2CH_2CH_2NH_2$ 乙二胺

$NH_2CH_2(CH_2)_4CH_2NH_2$ 1,6-己二胺

对苯二胺

对于结构比较复杂的胺，按照系统命名法命名，即将氨基作为取代基，以烃或其他官能团为母体，取代基按照优先顺序规则排列，较优基团后列出。例如：

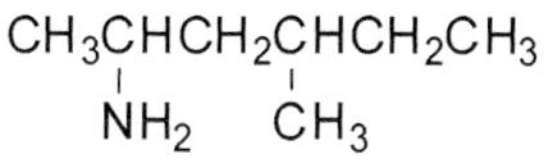

4-甲基-2-氨基己烷

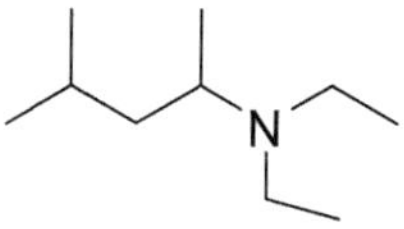

2-甲基-4-(二乙胺基)戊烷

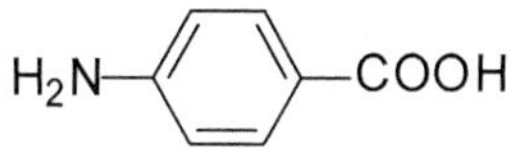

对氨基苯甲酸

## 阅读材料

### 国际纯粹与应用化学联合会

国际纯粹与应用化学联合会(International Union of Pure and Applied Chemistry，IUPAC)，又译国际理论(化学)与应用化学联合会，是一个致力于促进化学相关的非政府组织，也是各国化学会的一个联合组织，以公认的化学命名权威著称。命名及符号分支委员会每年都会修改 IUPAC 命名法，以力求提供化合物命名的准确规则。IUPAC 也是国际科学理事会的会员之一。

1. 成立

1911 年，在英国伦敦成立了国际化学会联盟(International Association of Chemistry Societies)，它实际上是欧洲几个已成立的联盟组织。

1919 年，国际化学会联盟在法国巴黎改组为“国际纯粹与应用化学联合会”(International Union of Pure and Applied Chemistry)，简称 IUPAC。1930 年，国际纯粹与应用化学联合会缩简为“国际化学联合会”(International Union of Chemistry)。1951 年，又恢复“国际纯粹与应用化学联合会”全称。法定永久地址和总部设在瑞士苏黎世，依照瑞士法律登记注册。

2. 宗旨

IUPAC 是非政府、非营利、代表各国化学工作者组织的联合会，其宗旨是促进会员国(member countries)化学家之间的持续合作；研究和推荐对纯粹和应用化学的国际重要课题所需的规范、标准或法规汇编；与其他涉及化学本性有关课题的国际组织合作；对促进纯粹和应用化学全部有关

方面的发展做出贡献。在实现上述宗旨中尊重非政治歧视原则，维护各国化学工作者参加国际学术活动的权力，不得因种族、宗教或政治信仰而遭受歧视。

### 3. 组织机构

联合会由理事长领导，下设会员代表大会、理事会、常务理事会，并由秘书长和司库组织秘书处。理事会领导七个专业委员会：物理化学专业委员会、无机化学专业委员会、有机化学专业委员会、高分子化学专业委员会、分析化学专业委员会、应用化学专业委员会、临床化学委员会。

其领导机构为理事会，由理事长、秘书长、司库、前任理事长、各专业委员会主席和不少于十名的当选理事组成。理事长任期两年，任满后由副理事长升任，副理事长由选举产生。

### 4. 成员

各国仅可通过一个全国性的组织(国家化学理事会、化学会、科学院或是任意一种科技团体或机构)代表该国化学工作者参加 IUPAC。设国家会员组织(National Adhering Organization)、观察员国家(Observer Country)和联系会员(Associated Organization)等。以下国家的学术组织为 IUPAC 会员：埃及、阿根廷、澳大利亚、奥地利、比利时、巴西、保加利亚、加拿大、智利、中国、克罗地亚、捷克、丹麦、德国、芬兰、法国、希腊、匈牙利、印度、爱尔兰、以色列、意大利、日本、科威特、荷兰、新西兰、挪威、巴基斯坦、波兰、葡萄牙、波多黎各、韩国、南非、俄国、沙特阿拉伯、斯洛伐克、斯洛文尼亚、西班牙、瑞典、瑞士、土耳其、英国、美国。截至 1998 年底，有国家会员组织 43 个，观察员 15 个，联系会员 32 个以及公司会员 140 个(从属化学工业委员会)。

### 5. 主要活动

国际纯粹与应用化学联合会的权力机构为它的代表大会，每两年召开一次会员代表大会(GC)和国际学术大会(Congress)，规模 1000 人；每年还组织召开 30 多个国际会议。

## 习 题

用系统命名法命名下列各类化合物或写出化合物的结构式。

2-1 烷烃的命名。

(1) 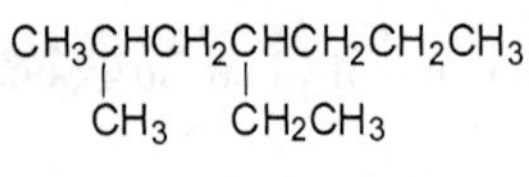　(2) 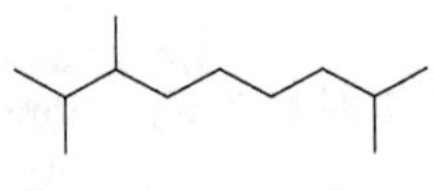　(3) 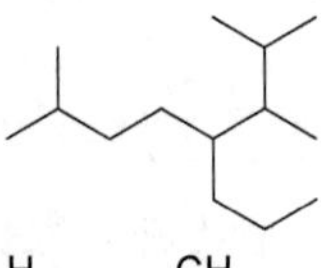

(4) 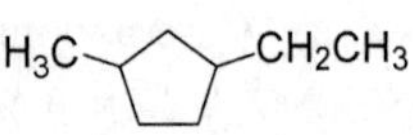　(5) 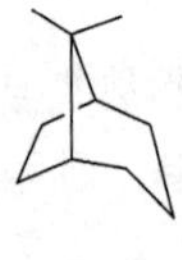　(6) 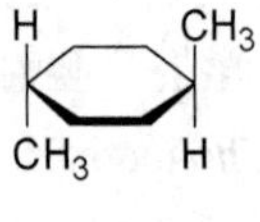

(7) 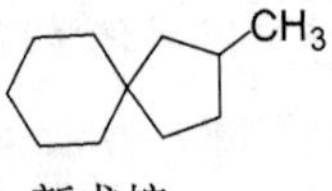　(8) 2,5-二甲基-3,4-二己基己烷　(9) 2, 4-二甲基-4-乙基辛烷

(10) 新戊烷　(11) 甲基乙基异丙基甲烷　(12) 顺-1-甲基-3-乙基环己烷

(13) 1,4-二甲基双环[2.2.2]辛烷　(14) 螺[2.2]戊烷　(15) 双环[4.4.0]癸烷

2-2 烯烃和炔烃的命名。

(1) 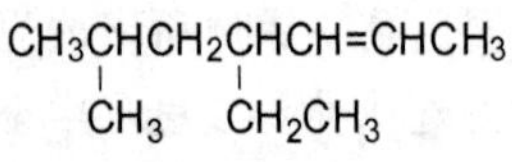　(2) 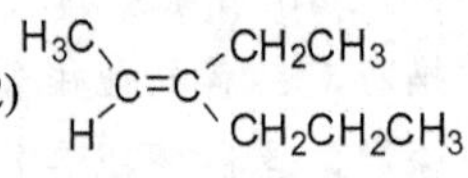　(3) 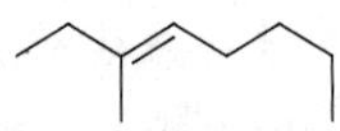

(4) 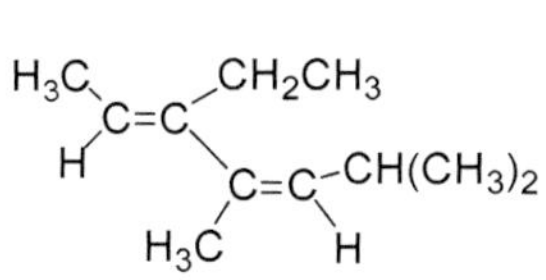
(5) 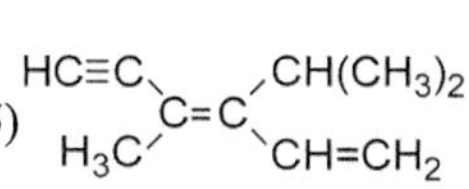
(6) 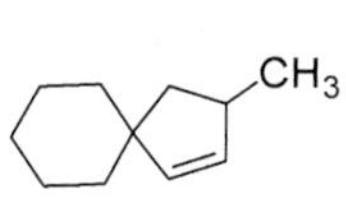

(7) 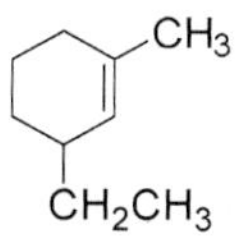
(8) 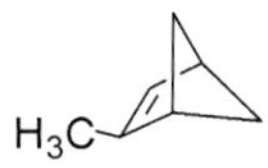
(9) 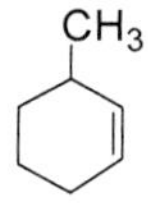

(10) 反-4-甲基-2-戊烯 (11) 2,3-二甲基-1-丁烯 (12) 2, 4, 5, 6-四甲基-3-乙基-3, 5-辛二烯
(13) 2-辛炔 (14) 2, 2, 5, 5-四甲基-3-己炔 (15) 6-甲基-4-乙基-5-辛烯-2-炔
(16) 乙烯基 (17) 烯丙基 (18) 丙烯基
(19) 异丙烯基 (20) 螺[4. 5]-1, 6-癸二烯

2-3 芳烃及其衍生物的命名。

(1) 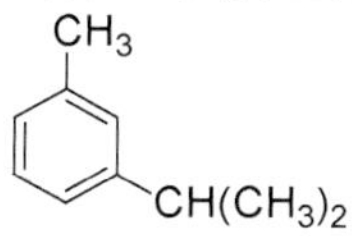
(2) 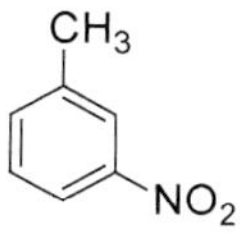
(3) 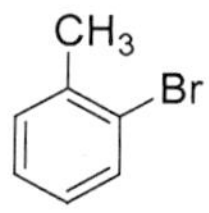

(4) 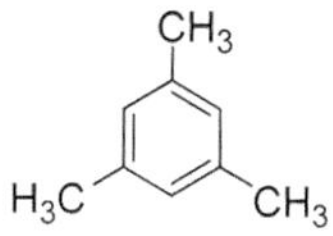
(5) 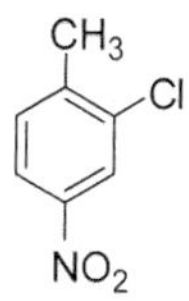
(6) 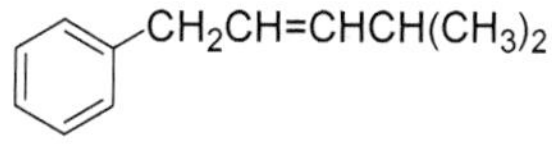

(7) 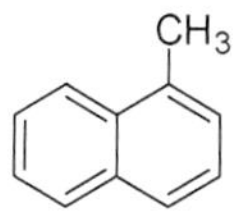
(8) 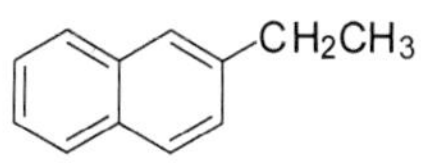
(9) 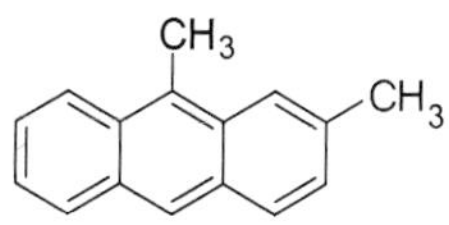

(10) 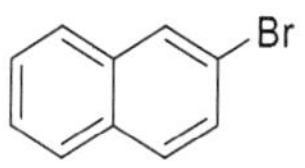
(11) 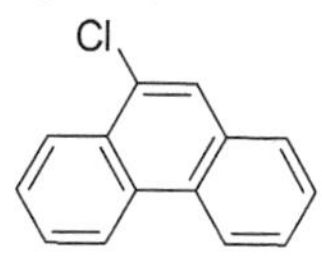
(12) 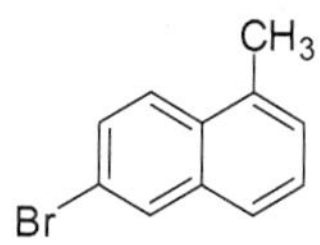

(13) 对二硝基苯 (14) 间氯苯基乙炔 (15) 异丙苯
(16) 邻二甲苯 (17) 间二乙烯基苯 (18) 2-硝基-3'-氯联苯
(19) 3-环己基甲苯 (20) 1,5-二硝基萘 (21) 2, 4, 6-三硝基甲苯
(22) 9-溴菲 (23) 3-苯基-1-丙炔 (24) 2, 3-二甲基-1-苯基己烯

2-4 卤代烃的命名。

(1) 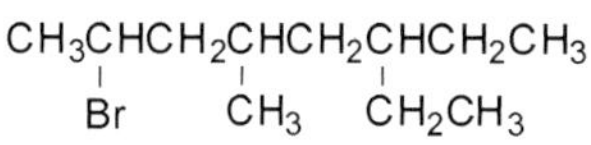
(2) $CH_2ClCH_2CH_2CH_2Cl$
(3) 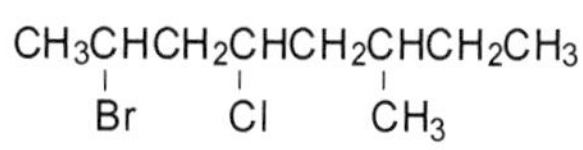

(4) 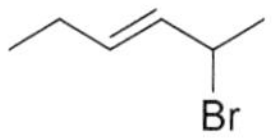
(5) 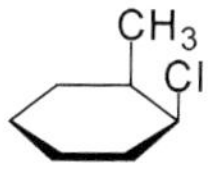
(6) 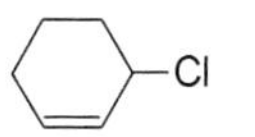

(7) 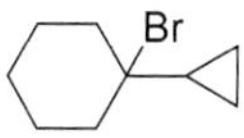
(8) 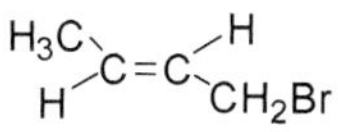
(9) 

(10) 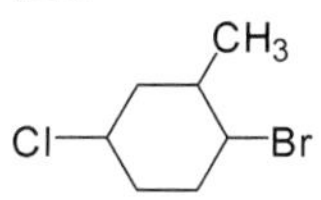
(11) 烯丙基氯 (12) 叔丁基溴

(13) 4-甲基-5-氯-2-戊炔 (14) 偏二氯乙烯 (15) 二氟二氯甲烷
(16) 1-苯基-2-溴乙烷 (17) 苄氯 (18) 3-溴乙基-4-溴-3-戊烯-1-炔

2-5 醇、酚、醚的命名。

(1) 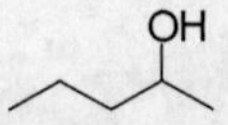
(2) 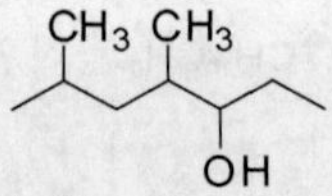
(3) 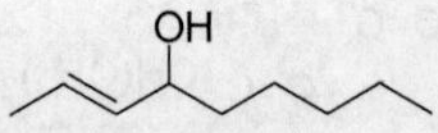

(4) 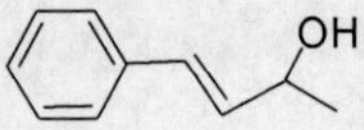
(5) 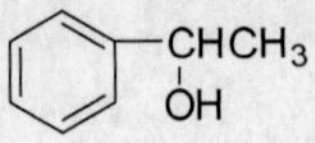
(6) $(CH_3)_2CHCH_2\underset{CH_3}{CH}CH_2OH$

(7) 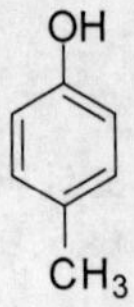
(8) 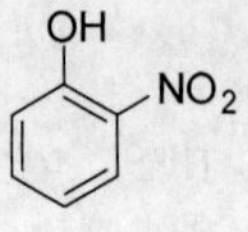
(9) 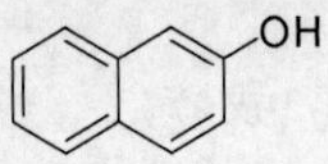

(10) 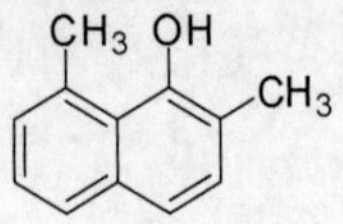
(11) 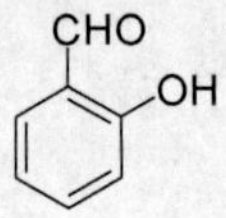
(12) 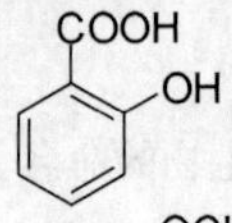

(13) $CH_3OCH(CH_3)_2$
(14) $CH_3CH_2CH_2\underset{OCH_3}{CH}CH_2CH_3$
(15) 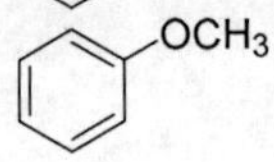

(16) $C_6H_5CH_2OCH_2CH=CH_2$
(17) 异戊醇
(18) 4-溴-2, 3-二甲基-2-戊烯-1-醇
(19) 5-硝基-1-萘酚
(20) 邻甲苯酚
(21) α-萘酚
(22) 对硝基苄基丙基醚
(23) α, β-二苯基乙醇
(24) 季戊四醇
(25) 1-甲氧基- 2, 2 -二甲基丁烷

2-6 醛、酮的命名。

(1) 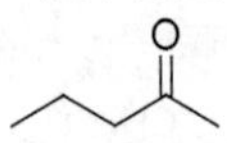
(2) 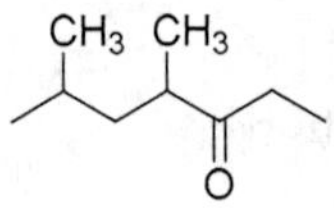
(3) 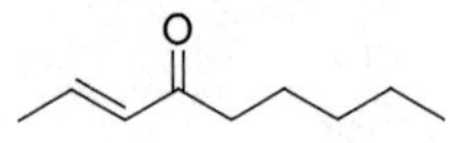

(4) 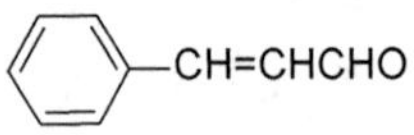
(5) 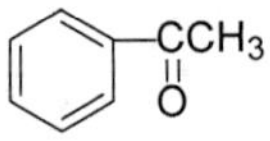
(6) $(CH_3)_2CHCH_2\underset{CH_3}{CH}CHO$

(7) 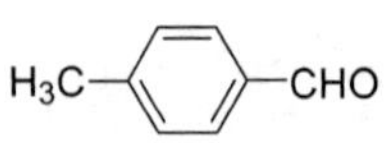
(8) 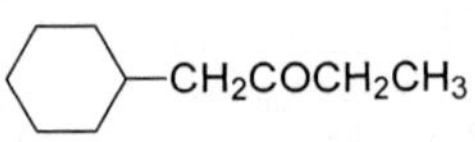
(9) $CH_3\overset{O}{\overset{\|}{C}}CH_2\overset{O}{\overset{\|}{C}}CH_2CH_3$

(10) 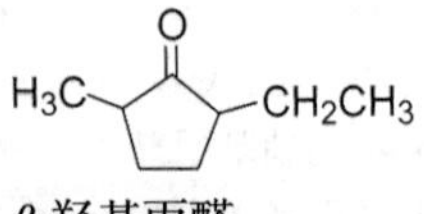
(11) 4-羟基-3-甲氧基苯甲醛
(12) 水杨醛
(13) β-羟基丙醛
(14) 反-2-氯-4-甲氧基环戊酮
(15) 2, 4-戊二烯醛
(16) 二苯甲酮
(17) 1, 3-环己二酮
(18) 环己基甲醛

2-7 羧酸及其衍生物的命名。

(1) 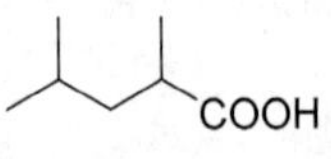
(2) 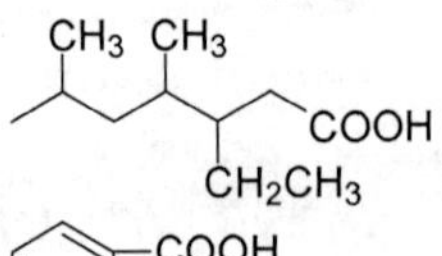
(3) 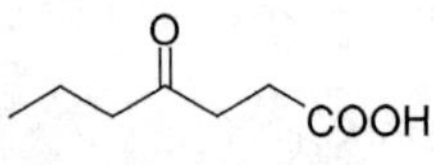

(4) 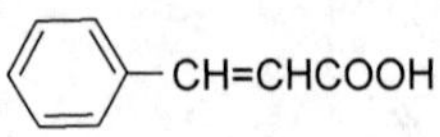
(5) 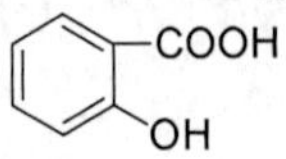
(6) $(CH_3)_2CHCH_2\underset{CH_3}{CH}CH_2COOH$

(7) 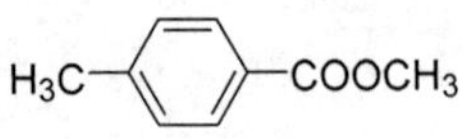
(8) 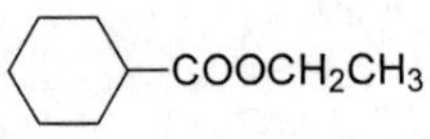
(9) 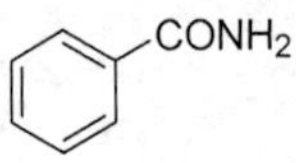

(10) 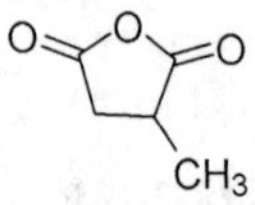
(11) 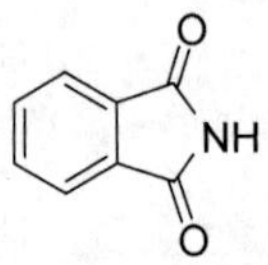
(12) $CH_3\overset{O}{\overset{\|}{C}}-N(CH_3)_2$

(13) 草酸
(14) 苯乙酸苯甲酯
(15) 3-苯基丙酸

(16) ε-己内酰胺　(17) 4-乙基-6-溴-4-己烯酸　(18) 醋酸苯酯

(19) *N*-苯基苯甲酰胺　(20) *N*-甲基邻苯二甲酰亚胺

2-8　含氮化合物的命名。

(1) 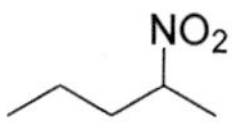　(2) 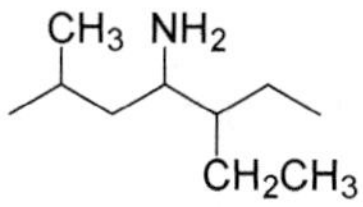　(3) 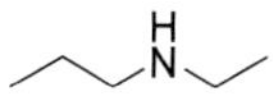

(4) 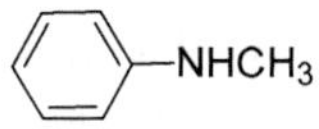　(5) 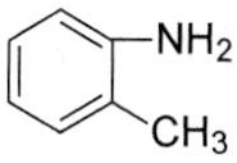　(6) $NH_2CH_2CH_2NH_2$

(7) 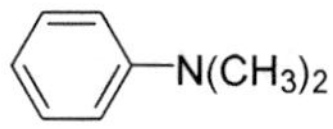　(8) 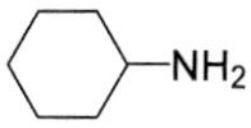　(9) 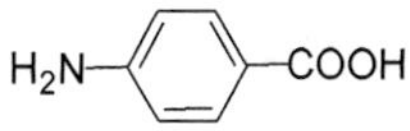

(10) 间硝基乙酰苯胺　(11) 甲胺硫酸盐　(12) *N*-甲基-*N*-乙基苯胺

(13) 对甲苄胺　(14) 1, 6-己二胺　(15) β-萘胺

(16) 2-氨基-4-甲胺基己烷　(17) *N*-环己基乙酰胺

# 第3章 饱 和 烃

只有碳、氢两种元素组成的有机化合物称为碳氢化合物，简称为烃。根据烃分子中氢原子的饱和程度，烃可分为饱和烃和不饱和烃。饱和烃是指分子中的碳除了碳碳单键相连外，碳的其他价键都为氢原子所饱和。饱和烃分子中所有的化学键均为单键，包括链烷烃(常简称烷烃)和环烷烃。

## (一) 烷 烃

## 3.1 烷烃的结构

### 3.1.1 碳原子的正四面体结构

甲烷是最简单的烷烃，分子式为 $CH_4$。用物理方法测得甲烷分子为正四面体结构(图 3-1)，碳原子位于正四面体的中心，四个氢原子在正四面体的四个顶点上，四个 C–H 键长都为 0.109 nm，所有 H–C–H 键角都是 109.5°。

为了更形象地表明分子的立体形象，通常使用 Kekulé(凯库勒)模型(或称球棍模型)[图 3-2(a)]和 Stuart(斯陶特)模型(或称比例模型)[图 3-2(b)]等表示。由于 Kekulé 模型能很好地表明原子在空间的相对位置和几何特性，所以目前应用较为普遍。但 Stuart 模型能更真实地反映分子中原子的相互关系和分子的立体形象，只是价键的分布情况不如前者明显。

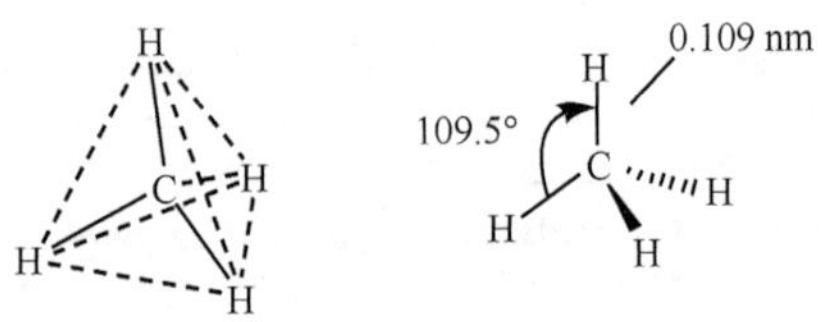


图 3-1 甲烷的正四面体结构

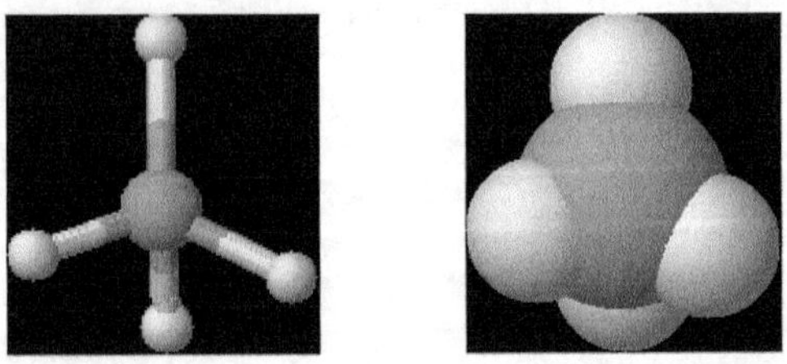

(a) 球棍模型

(b) 比例模型

图 3-2 甲烷的立体结构

### 3.1.2 碳原子的 $sp^3$ 杂化轨道

碳原子的基态电子排布是$1s^2 2s^2 2p_x^1 2p_y^1 2p_z^0$，未成对电子的数目是两个，但在烷烃分子中碳原子可以形成四个共价键。杂化轨道理论认为，在有机物分子中碳原子都是以杂化轨道参与成键。当烷烃中的碳原子参与成键时，首先是一个 2s 电子激发跃迁到 2p 轨道上，使碳原子具有 4 个未成对电子，然后由一个 s 轨道和 3 个 p 轨道混合起来重新组成 4 个能量相等的新轨道，称为 $sp^3$ 杂化轨道。在烷烃分子中碳原子均是以 $sp^3$ 杂化轨道成键。

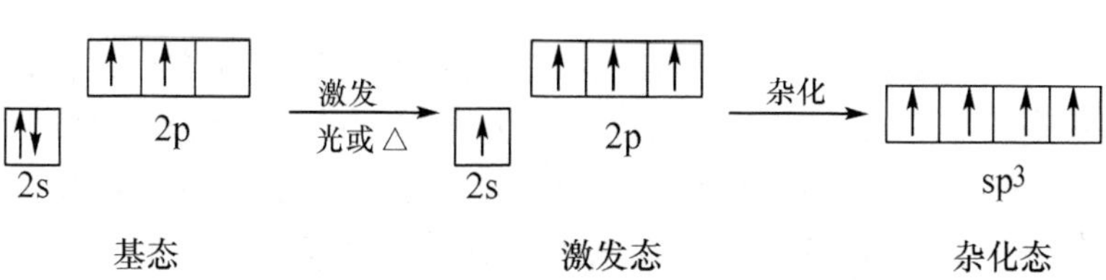


四个 $sp^3$ 杂化轨道对称的分布在碳原子的四周，分别指向正四面体的四个顶角，对称轴之间的夹角为 109.5°，这样可使价电子尽可能彼此离得最远，相互间的斥力最小，有利于成键。$sp^3$ 杂化轨道有方向性，图形为一头大，一头小，如图 3-3 所示。

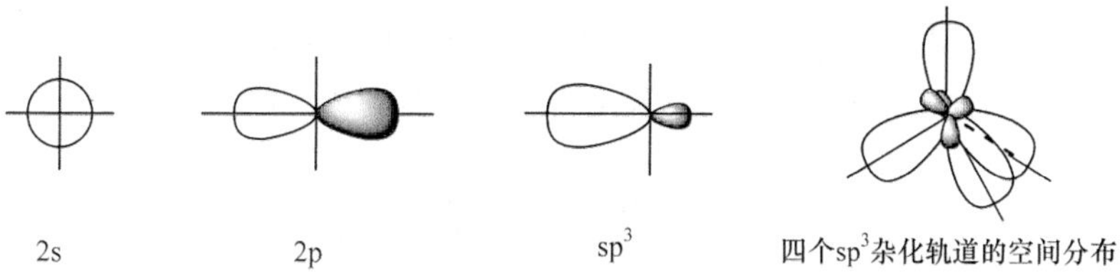


图 3-3 $sp^3$ 杂化轨道的形成过程

$sp^3$ 杂化轨道具有以下特点：①具有更强的方向性，能更有效地与其他的原子轨道重叠形成稳定的化学键，每个 $sp^3$ 杂化轨道，各含 1/4 s 成分和 3/4 p 成分；②$sp^3$ 杂化轨道的能级介于 s 轨道和 p 轨道之间；③$sp^3$ 杂化轨道的空间取向指向正四面体的顶点，杂化轨道轴线间夹角是 109.5°，使四个键之间尽可能地远离。

### 3.1.3 烷烃分子的形成

甲烷的形成示意图见图 3-4。在形成甲烷分子时，4 个氢原子的 s 轨道分别沿着碳原子的 $sp^3$ 杂化轨道的对称轴靠近碳原子，当它们之间的吸引力与斥力达到平衡时，以"头碰头"的方式发生电子云交盖，形成 4 个等同的碳氢键，化学上把这种成键电子云沿键轴方向呈圆柱形对称重叠而形成的化学键称为 σ 键。

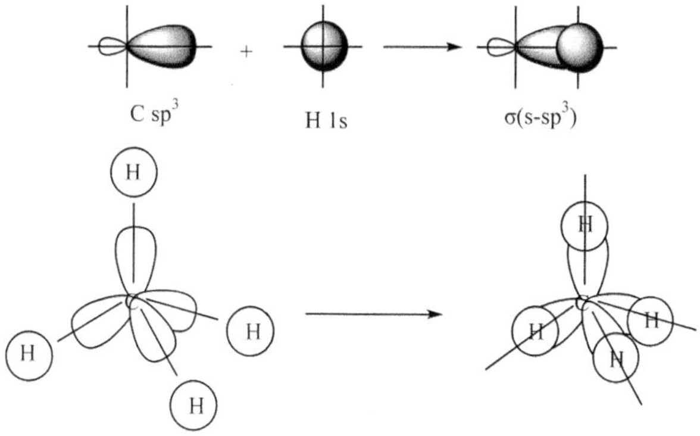


图 3-4 甲烷的形成示意图

σ键具有以下特点：①电子云重叠程度较大，结合得较牢固，不容易断裂，例如，C–H 键键能 415.3 $kJ \cdot mol^{-1}$，C–C 键键能 345.6 $kJ \cdot mol^{-1}$；②成键电子云沿键轴呈圆柱形对称分布；③成键原子可绕键轴做自由旋转而不影响电子云重叠的程度。

其他烷烃中的碳原子都是以 $sp^3$ 杂化轨道与其他原子形成 σ 键。由于 $sp^3$ 杂化轨道的夹角要求保持 109.5°，因此烷烃分子中的键角也必须保持在 109.5°左右。这样，烷烃分子中的 C–C–C 键角并不是 180°，而是 109.5°左右，所以烷烃分子的碳链是锯齿形而不是直线形，碳链一般是曲折地排布在空间，在晶体状态时碳链排列整齐。在气、液态时，由于σ键能绕键轴自由旋转，碳链呈多种曲折排列形式。例如，正戊烷的碳链可以有以下几种代表形式：

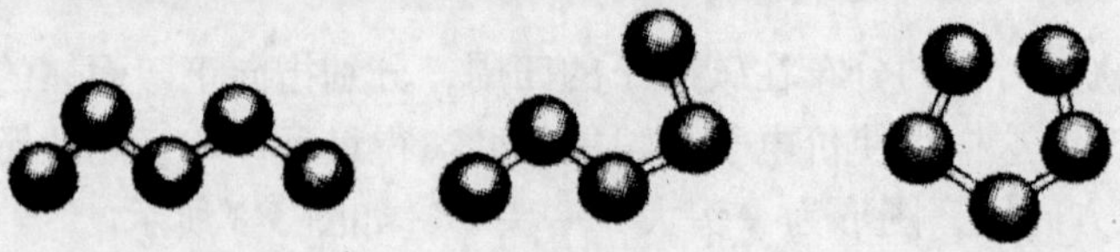

虽然烷烃分子的碳链呈锯齿状，但为了书写方便，通常写成直链形式。另外，烷烃分子中的 C–C 键长均为 0.154 nm 左右，C–H 键长均为 0.109 nm 左右。

## 3.2 烷烃的同分异构现象

### 3.2.1 烷烃的同系列和同分异构现象

1. 烷烃的同系列

链烷烃的通式为 $C_nH_{2n+2}$。最简单的烷烃是甲烷，依次是乙烷、丙烷、丁烷、戊烷等，它们的分子式、构造式和构造简式分别如下：

| | 分子式 | 构造式 | 构造简式 |
|---|---|---|---|
| 甲烷 | $CH_4$ | 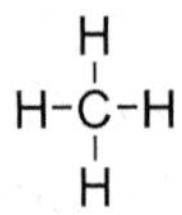 | $CH_4$ |
| 乙烷 | $C_2H_6$ | 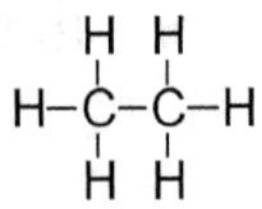 | $CH_3CH_3$ |
| 丙烷 | $C_3H_8$ | 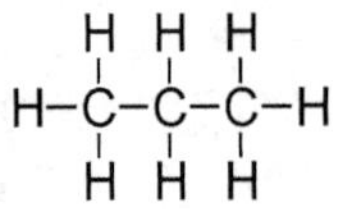 | $CH_3CH_2CH_3$ |
| 丁烷 | $C_4H_{10}$ | 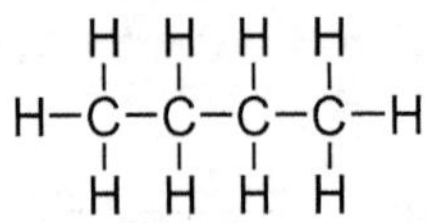 | $CH_3CH_2CH_2CH_3$ |

结构和化学性质相似，组成上相差一个或多个 $CH_2$ 的一系列化合物称为同系列。同系列中的化合物互称为同系物。同系物间有相似的化学性质，物理性质也显示出一定规律性，所以掌握了同系列中几个典型化合物的化学性质，就可推知同系列中其他化合物的一般化学性质，为研究庞大的有机物提供了方便。

在应用同系列概念时，除了注意同系物的共性外，还要注意它们的个性(因共性易见，个性则比较特殊)，要根据分子结构上的差异来理解性质上的异同，这是学习有机化学的基本方法之一。

2. 烷烃的同分异构现象

由于碳原子间成键方式多种多样，因此具有相同分子式组成的化合物，可能有不同的结构，这种现象称为同分异构现象。分子式相同、结构和性质不同的化合物彼此称为同分异构体，简称异构体。分子的同分异构现象主要包括构造异构和立体异构。

- 异构体
  - 构造异构
    - 碳链异构，例如：$CH_3CH_2CH_2CH_3$和$CH_3CH(CH_3)_2$
    - 位置异构，例如：$CH_3CH_2CH_2OH$ 和$CH_3CH(OH)CH_3$
    - 官能团异构，例如：$CH_3CH_2OH$ 和$CH_3OCH_3$
  - 立体异构
    - 构象异构
    - 构型异构
      - 旋光异构
      - 顺反异构

仅由分子中原子的连接次序和方式不同引起的异构，称为构造异构。例如，丁烷分子有两种构造异构体：

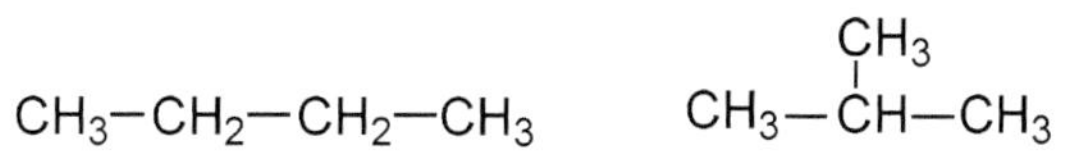

正丁烷　　　　异丁烷

烷烃分子中，随着碳原子数目的增多，构造异构体的数目也越多。例如，$C_7H_{16}$ 有 9 个构造异构体，$C_8H_{18}$ 有 18 个构造异构体。表 3-1 列出了一些不同碳原子数目的烷烃构造异构体数目。

**表 3-1　烷烃构造异构体的数目**

| 碳原子数 | 6 | 7 | 8 | 9 | 10 | 15 | 20 |
|---|---|---|---|---|---|---|---|
| 异构体数目 | 5 | 9 | 18 | 35 | 75 | 4347 | 366319 |

构造异构只反映分子中原子的连接次序和方式，没有反映出原子在空间位置上的关系。立体异构指的是分子中原子连接次序和方式相同，只是原子在空间伸展方向不同而产生的异构。

3. 碳原子和氢原子的分类

在烷烃分子中，碳原子根据所处的位置不同分为四类。分子中仅与一个碳相连的碳原子称为伯碳原子(或一级碳原子，用 1°表示)；与两个碳相连的碳原子称为仲碳原子(或二级碳原子，用 2°表示)；与三个碳相连的碳原子称为叔碳原子(或三级碳原子，用 3°表示)；与四个碳相连的碳原子称为季碳原子(或四级碳原子，用 4°表示)。例如：

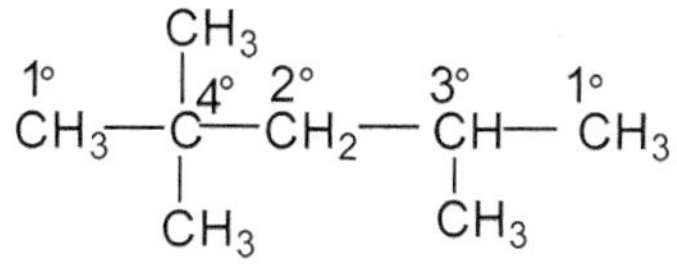

与伯、仲、叔碳原子相连的氢原子，分别称为伯氢原子(1°)、仲氢原子(2°)、叔氢原子(3°)。不同类型的氢原子的反应性能有所不同。

### 3.2.2 烷烃的构象异构

1. 乙烷的构象

σ键可以绕键轴自由旋转，使分子中原子或基团在空间产生不同的排布方式，这种特定的排列形式称为构象(conformation)。每一个排列形式称为一种构象式，不同的排列形式称为构象异构。乙烷的两个碳原子绕键轴自由旋转可以产生无数个构象，其中有两种极限构象：重叠式构象和交叉式构象。两种极限构象的球棍模型如图 3-5 所示。重叠式构象是指两个碳原子上的各个氢原子正好处于相互重叠的位置上；交叉式构象是指一个碳原子上的每个氢原子正好处于另一个碳原子上的两个氢原子正中间。

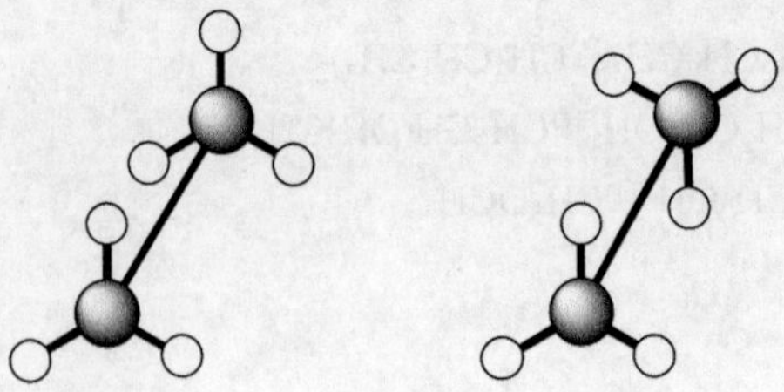

重叠式构象　　交叉式构象

图 3-5　乙烷分子的两种极限构象

烷烃的极限构象可以用透视式、锯架式和 Newman(纽曼)投影式来表示。

透视式也称为伞形式，取 H–C–C–H 为平面投影，眼睛垂直于 C–C 键轴方向观察分子。处于纸平面上的原子用实线相连，在纸平面前方的原子用楔形线相连，在纸平面后方的原子用虚线连接，即“楔前虚后实平面”。

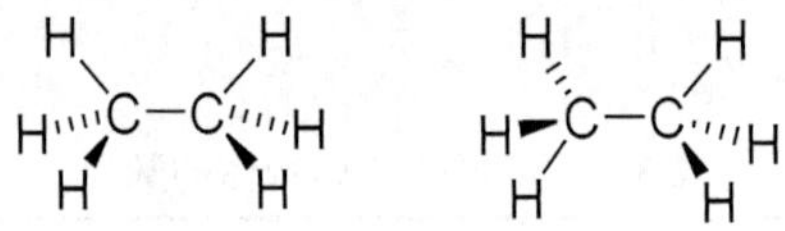

重叠式　　交叉式

锯架式是从 C–C 键轴斜 45°方向观察分子，即从斜侧面观察到的分子构象形式，每个碳原子上的其他三根键夹角均为 120°。

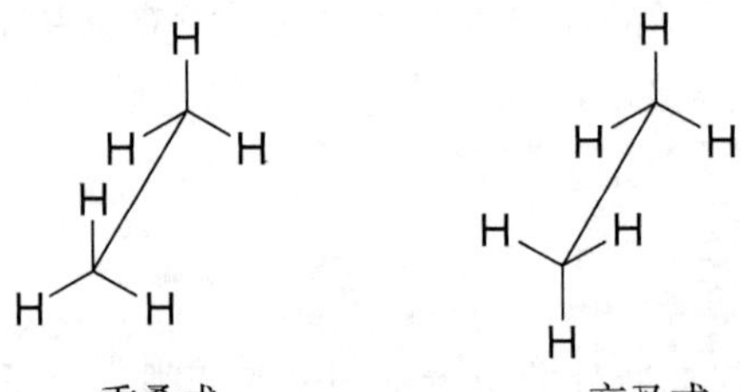

重叠式　　交叉式

Newman 投影式是按照 Newman 提出的投影原则，观察到的分子立体结构。Newman 投影式的投影原则是：沿 C–C 键的轴线方向观察分子，向垂直于 C–C 键的平面进行投影。前面碳上的三个碳氢键可以从圆心出发，彼此以 120°夹角向外伸展的三根线表示。后面碳上的三个碳氢键则从圆周出发，彼此以 120°夹角向外伸展的三根线表示。

重叠式　　交叉式

重叠式构象中，由于前后碳上的氢原子间的距离最近，相互间斥力最大，因此重叠式构象能量最高；交叉式构象中，前后碳上的氢原子间的距离最远，相互间斥力最小，因此交叉式构象的能量最低。处在这两种构象之间的无数构象，其能量都在交叉式和重叠式构象之间。如果以能量为纵坐标，以 C–C 键的旋转角度为横坐标作图，乙烷的能量变换如图 3-6 所示。

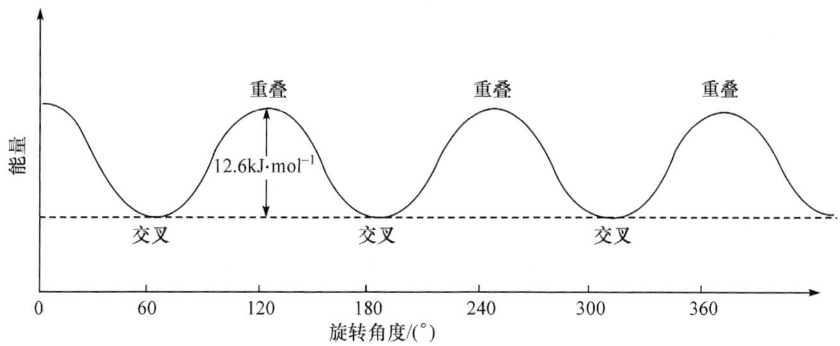


图 3-6　乙烷各种构象的能量关系示意图

由图 3-6 可以看出，从一种交叉式构象转变为另一种交叉式构象，中间必须经过能量比交叉式高 12.6 kJ · $mol^{-1}$的重叠式构象，也就是说，它必须克服 12.6 kJ · $mol^{-1}$ 的能垒才能完成这种旋转。由此可见，乙烷单键的旋转并不是完全自由的。可以把这个能垒看作克服氢原子间的斥力，以及碳氢σ电子云间的斥力所需的能量。重叠式构象中，由于前后碳上的氢原子间的距离最近，碳氢σ电子云间的斥力最大，因此重叠式构象能量最高；交叉式构象中，前后碳上的氢原子间的距离最远，碳氢σ电子云间的斥力最小，因此交叉式构象的能量最低，是乙烷的优势构象。可以认为重叠式和交叉式之间的能量差代表了乙烷的一种张力，这种张力是由于乙烷的重叠式构象要趋向最稳定的交叉式构象而产生的键的扭转，故这种张力称为扭转张力。因此旋转乙烷分子中的碳碳单键所需能量称为扭转能。任何一种中间构象的相对不稳定性，都可以认为是由于它的扭转张力引起的。

单键旋转的能垒一般在 12.6～41.8 kJ · $mol^{-1}$ 范围内，在室温下分子的热运动即可越过此能垒，而使各种构象迅速互变。因此，乙烷分子是无数种构象异构体的动态平衡混合物，但并不能把某一构象异构体分离出来。一般情况下，乙烷分子主要以最稳定的交叉式构象形式存在。

2. 丁烷的构象

丁烷的构象较乙烷复杂，以 C2–C3 键为旋转轴进行旋转时几种典型构象的 Newman 式如图 3-7 所示。

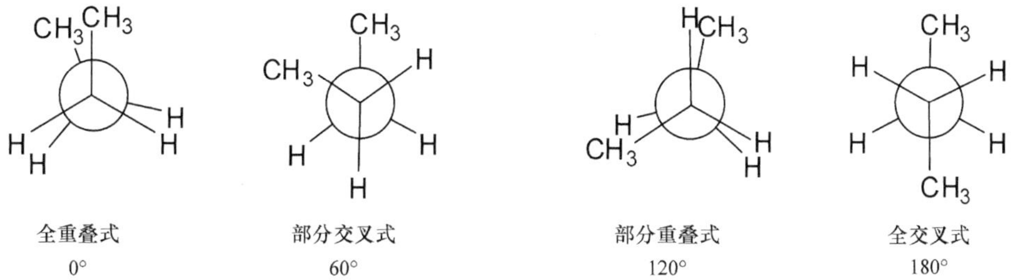


图 3-7　丁烷分子的典型构象

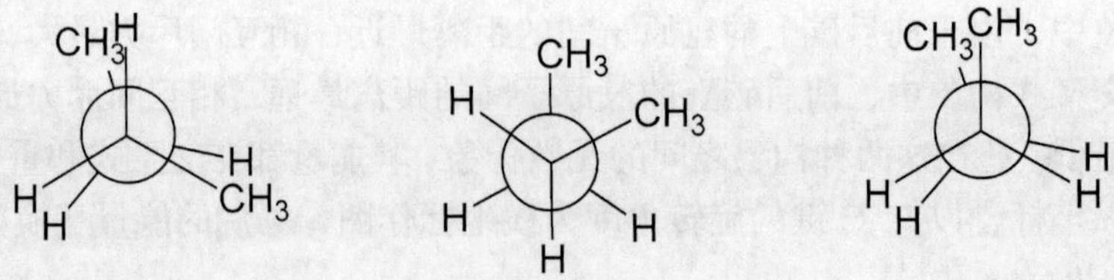

部分重叠式 240°　　部分交叉式 300°　　全重叠式 360°

图 3-7(续)

从图 3-7 中可以看出，在全交叉式中，两个体积大的甲基相距最远，能量最低，是丁烷的优势构象；在部分交叉式构象中，两个甲基距离较近，存在扭转张力；在部分重叠式构象中，一对氢原子重叠和两对“甲基和氢重叠”，使分子产生扭转张力，能量升高；在全重叠式构象中，两个大基团甲基重叠，扭转张力增大，同时两对氢原子重叠也增加了扭转张力，能量最高，最不稳定。所以丁烷的几种典型构象的能量高低次序为：全重叠式>部分重叠式>部分交叉式>全交叉式。

丁烷构象的能量变化示意图如图 3-8 所示。在室温下分子的热运动可以越过各种扭转能垒，因此，这些构象异构体可以互相转化而不能分离。在各种构象异构体的动态平衡中，丁烷分子主要以稳定的全交叉式和部分交叉式构象形式存在。

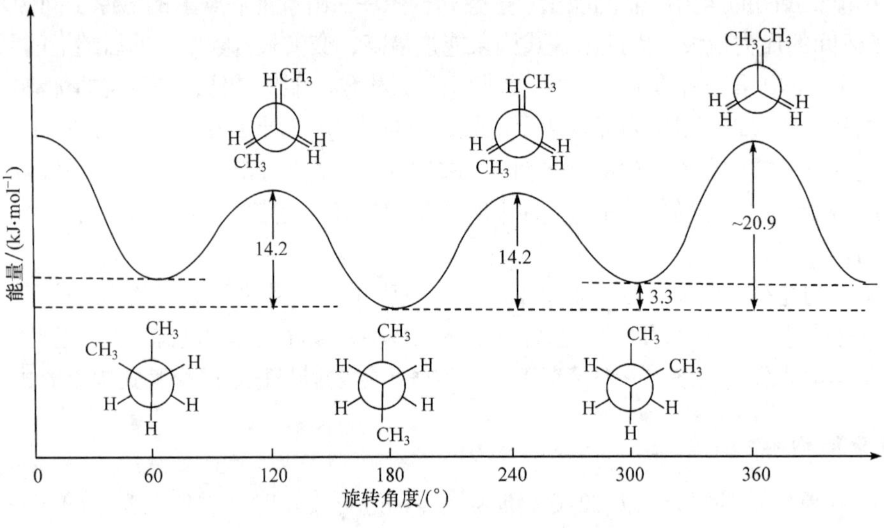


图 3-8　丁烷 C2–C3 键旋转引起的各种构象的能量变化示意图

结构更复杂的烷烃，它们的构象也更复杂，但主要以交叉式优势构象存在。

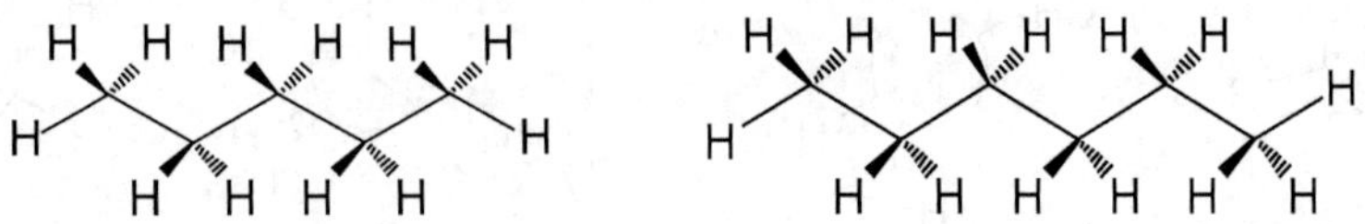

戊烷　　己烷

## 3.3 烷烃的物理性质

1. 物态

室温(25℃)和 1 个大气压(0.1 MPa)下，$C_1$～$C_4$ 的烷烃为气体，$C_5$～$C_{17}$ 的直链烷烃为液体，$C_{17}$ 以上的直链烷烃为固体。

2. 沸点

直链烷烃的沸点随着相对分子质量(碳数)的增加而有规律地升高，并且升高的趋势渐缓。烷烃的同分异构体中，支链越多的沸点越低。因为支链较多的烷烃结构较松散，分子间接触面积较小，分子间作用力较小。例如戊烷分子的三种异构体中，沸点随支链增多而下降：

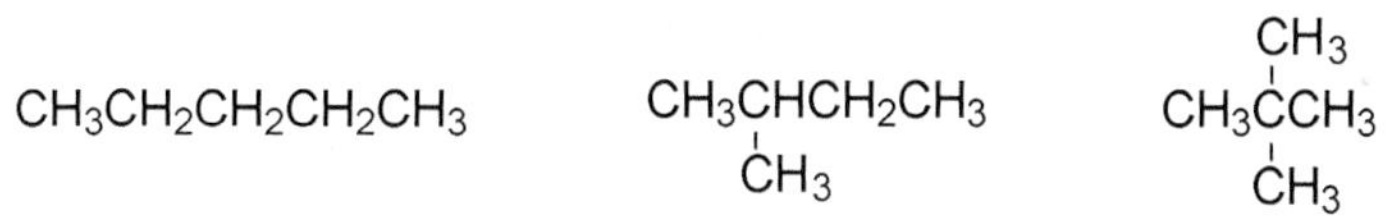

正戊烷 (b.p. 36.5℃) 异戊烷 (b.p. 28℃) 新戊烷( b.p. 9.5℃)

3. 熔点

烷烃的熔点除随相对分子质量增加而升高外，还与分子在固体晶格中的排列有关。分子的对称性越高，排列越紧密整齐，分子间引力越大，熔点越高。直链烷烃的熔点与分子中所含 C 原子数的关系如图 3-9 所示。

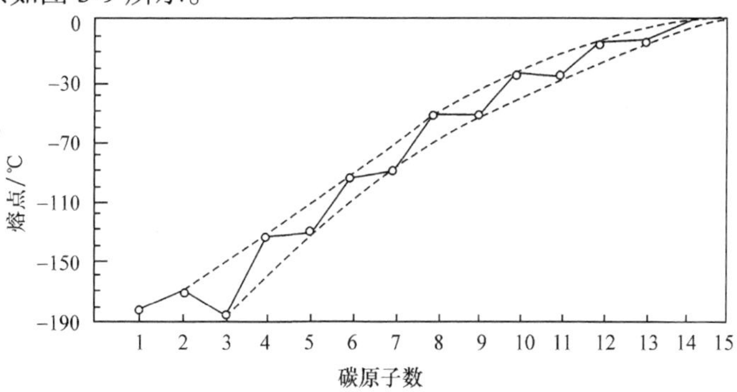


图 3-9 直链烷烃的熔点与分子中所含 C 原子数的关系

图 3-9 表明在低相对分子质量的直链烷烃中，偶数碳比相邻的奇数碳烷烃熔点高。这是因为在固体中，直链烷烃为锯齿状，奇数碳烷烃的两端甲基处在同侧，而偶数碳烷烃的两端甲基处在异侧。因此，偶数碳链彼此靠近的程度大于奇数碳链，故相互作用力大，熔点高。

烷烃的熔点变化除与相对分子质量有关外，还与分子的对称性有关。一般来说，分子的对称性越大，分子的排列越紧密，分子间的作用力越大，其熔点越高。例如，在戊烷的三种异构体中，对称性高的新戊烷熔点明显高于正戊烷和异戊烷；另外，由于异戊烷结构中含有一个支链，分子的对称性下降，因此熔点比正戊烷低。

正戊烷 (m.p. −130℃) 异戊烷 (m.p. −160℃) 新戊烷(m.p. −17℃)

4. 相对密度

烷烃的相对密度都小于 1，且随相对分子质量的增加而增加。由于分子间作用力随着相对分子质量的增加而增大，分子间的距离相对减小，从而相对密度增加。

5. 溶解性

烷烃的极性较小，根据相似相溶原理，烷烃易溶于低极性溶剂如 $CCl_4$、乙醚等有机溶剂，不溶于水等强极性溶剂。

6. 折光率

折光率反映了分子中电子被光极化的程度，折光率越大，表示分子被极化程度越大。直链烷烃中，随着碳链长度的增加，折光率逐渐增大。一些直链烷烃的物理常数列于表 3-2。

**表 3-2　直链烷烃的物理常数**

| 名称 | 沸点/℃ | 熔点/℃ | 相对密度 $d_4^{20}$ | 折光率 $n_D^{20}$ |
|---|---|---|---|---|
| 甲烷 | −161.7 | −182.5 | 0.424 | |
| 乙烷 | −88.6 | −172.0 | 0.456 | |
| 丙烷 | −42.1 | −187.7 | 0.501 | |
| 丁烷 | −0.5 | −138.3 | 0.579 | |
| 戊烷 | 36.1 | −129.8 | 0.626 | 1.3575 |
| 己烷 | 68.7 | −95.3 | 0.659 | 1.3749 |
| 庚烷 | 98.4 | −90.6 | 0.684 | 1.3876 |
| 辛烷 | 125.7 | −56.8 | 0.703 | 1.3974 |
| 壬烷 | 150.8 | −53.5 | 0.718 | 1.4054 |
| 癸烷 | 174.0 | −29.7 | 0.730 | 1.4119 |
| 十一烷 | 195.8 | −25.6 | 0.740 | 1.4176 |
| 十二烷 | 216.3 | −9.6 | 0.749 | 1.4216 |
| 十三烷 | 235.4 | −5.5 | 0.756 | 1.4233 |
| 十四烷 | 253.7 | 5.9 | 0.763 | 1.4290 |
| 十五烷 | 270.6 | 10.0 | 0.769 | 1.4315 |
| 十六烷 | 287 | 18.2 | 0.773 | 1.4345 |
| 十七烷 | 301.8 | 22.0 | 0.778 | 1.4369 |
| 十八烷 | 316.1 | 28.2 | 0.777 | 1.4349 |
| 十九烷 | 329 | 32.1 | 0.777 | 1.4409 |
| 二十烷 | 343 | 36.8 | 0.786 | 1.4425 |

## 3.4 烷烃的化学性质

烷烃的化学性质稳定，在一般条件下(常温、常压)与大多数试剂如强酸、强碱、强氧化剂、强还原剂及活泼金属等都不发生反应。这是由于烷烃分子内的共价键都为σ键，键能较大，需要较高的能量才能使之断裂。另外碳和氢的电负性差别很小(C：2.5，H：2.1)，因而分子中的共价键不易极化，整个分子中的电子云分布较均匀，不易与反应试剂发生作用。但在高温、高压、光照或有催化剂存在时，烷烃也可以发生一些化学反应。这些反应在石油化工中占有重要的地位。

### 3.4.1 卤代反应及自由基反应机理

烷烃与某些试剂可以发生反应，烷烃分子中的氢原子可被其他原子或原子团所取代，这种反应称为取代反应。

1. 卤代反应

卤代反应是指烷烃分子中的氢原子被卤素原子所取代的反应，也称为卤化反应。

$$R{-}H + X_2 \xrightarrow{\text{光照或加热}} R{-}X + HX$$

烷烃卤代反应一般指氯代和溴代反应，氟代反应过于剧烈(爆炸性反应)，而碘代反应很难直接发生反应。卤素的反应活性次序为：$F_2 > Cl_2 > Br_2 > I_2$。

将甲烷与氯气混合，在漫射光或适当加热的条件下，甲烷分子中的氢原子能逐个被氯原子取代，得到多种氯代甲烷和氯化氢的混合物。

$$CH_4 + Cl_2 \xrightarrow{\text{漫射光}} CH_3{-}Cl + HCl$$

甲烷的氯代反应很难得到一取代物，一般得到多取代烷的混合物。

$$CH_4 \xrightarrow[\text{漫射光}]{Cl_2} CH_3Cl \xrightarrow[\text{漫射光}]{Cl_2} CH_2Cl_2 \xrightarrow[\text{漫射光}]{Cl_2} CHCl_3 \xrightarrow[\text{漫射光}]{Cl_2} CCl_4$$

工业上采用控制原料配比，可得到以某一种卤代烷为主的产品。例如控制原料配比 $CH_4 : Cl_2 = 10 : 1$，主要产物为一氯甲烷；控制原料配比 $CH_4 : Cl_2 = 0.263 : 1$，主要产物为四氯化碳。

高碳烷烃的氯代反应在工业上具有重要的应用价值。例如：

$$\text{石蜡} \xrightarrow{\text{氯代}} \text{氯化石蜡}$$

└→ 阻燃剂、增塑剂、合成加脂剂

$$\text{聚乙烯} \xrightarrow{\text{氯代}} \text{氯化聚乙烯}$$

└→ 耐热、耐候、耐燃、耐腐蚀<br>可用作涂料或塑料

2. 卤代反应的机理

反应机理是根据反应事实，对反应做出的详细描述和理论解释，又称为反应历程。反应机理是在综合大量实验事实后提出的理论假设，这种假设能够合理地解释实验事实，并在实践中得到进一步证实。要认识化学反应，首先要研究反应机理，了解影响反应的各种因素，认清反应本质，掌握反应规律，才能进行深入的研究，最大限度地提高反应的产率，达到利用和控制反应的目的。

1) 甲烷氯代反应机理

实验证明，甲烷的卤代反应机理为自由基反应，或称为自由基型的链反应。这种反应的特点是反应物需要在光照或加热条件下，化学键发生均裂，产生一个活泼的自由基。自由基反应一般都经过链引发、链增长(或称链传递)、链终止三个阶段。链引发阶段是产生自由基的阶段。由于键的均裂需要能量，所以链引发阶段需要加热或光照。

链引发：在光照或加热至250～400℃时，氯分子吸收光能而发生共价键的均裂，产生两个氯原子自由基，使反应引发。

$$Cl_2 \xrightarrow{h\nu} 2\,Cl\cdot$$

链增长：氯原子自由基能量高，反应性能活泼。当它与体系中浓度很高的甲烷分子碰撞时，从甲烷分子中夺取一个氢原子，结果生成了氯化氢分子和一个新的自由基——甲基自由基。

$$Cl\cdot + CH_4 \longrightarrow HCl + CH_3\cdot$$

甲基自由基非常活泼，当与体系中的氯分子碰撞时，夺取氯原子生成一氯甲烷和新的氯原子自由基。

$$CH_3\cdot + Cl_2 \longrightarrow CH_3Cl + Cl\cdot$$

这个新的氯自由基与反应体系中甲烷分子碰撞时，又可以重复进行上述反应，反应周而复始地传递下去。这样每步反应都生成一个新的自由基，因而使反应可以不断继续进行下去的反应称为自由基链反应。

随着反应体系中甲烷不断参与反应而消耗，甲烷的浓度逐渐下降而一氯甲烷含量增加，氯自由基与一氯甲烷碰撞的概率也随之增加，从而生成二氯甲烷并进一步生成三氯甲烷、四氯化碳。

$$\begin{aligned}
CH_3Cl + Cl\cdot &\longrightarrow \dot{C}H_2Cl + HCl\\
\dot{C}H_2Cl + Cl_2 &\longrightarrow CH_2Cl_2 + Cl\cdot\\
CH_2Cl_2 + Cl\cdot &\longrightarrow \dot{C}HCl_2 + HCl\\
\dot{C}HCl_2 + Cl_2 &\longrightarrow CHCl_3 + Cl\cdot\\
CHCl_3 + Cl\cdot &\longrightarrow \dot{C}Cl_3 + HCl\\
\dot{C}Cl_3 + Cl_2 &\longrightarrow CCl_4 + Cl\cdot
\end{aligned}$$

链终止：随着反应的进行，氯气和甲烷迅速消耗，自由基的浓度不断增加，自由基与自由基之间发生碰撞结合生成分子的机会就会增加。

$$Cl\cdot + Cl\cdot \longrightarrow Cl_2$$
$$CH_3\cdot + CH_3\cdot \longrightarrow CH_3CH_3$$
$$CH_3\cdot + Cl\cdot \longrightarrow CH_3Cl$$

两个自由基结合生成了稳定的分子，消耗了体系的自由基，使链反应不再传递进行，反应至此终止。

2) 甲烷氯代反应过程中的能量变化——过渡态理论

一个反应能否发生或是否容易发生，在很大程度上取决于反应物和产物之间的能量变化。要发生一个化学反应，总是要有旧键的断裂，并形成新的化学键，得到产物，同时伴随着能量的变化，如吸热反应或放热反应。从宏观热力学的观点来看，一个化学反应只需考虑反应的起始状态和最终完成状态，也就是始态和终态的能量变化，这部分能量变化称为反应热，用$\Delta H$表示。$\Delta H > 0$为吸热反应；$\Delta H < 0$为放热反应。在甲烷氯代形成氯甲烷的反应中，断裂了两个共价键，即 $CH_3$–H 和 Cl–Cl 键，同时反应中也形成了两个共价键，即 $CH_3$–Cl 和 H–Cl 键。

| | $CH_3$–H | + | Cl–Cl | $\longrightarrow$ | $CH_3$–Cl | + | H–Cl |
|---|---|---|---|---|---|---|---|
| 键能/(kJ · mol$^{-1}$) | 435.1 | | 242.5 | | 351.4 | | 431.0 |

断裂键需吸收的能量：435.1+242.5 = 677.6 (kJ · mol$^{-1}$)；形成键放出的能量：–(431.0 + 351.5) = –782.5 (kJ · mol$^{-1}$)。反应热$\Delta H$ = 677.6 –782.5 = –104.9 (kJ · mol$^{-1}$)。所以甲烷的氯代反应为放热反应。

不过，反应热的大小并不能说明反应发生的难易程度。一个很简单的例子：氢气和氧气发生反应，即氢气燃烧，放出大量的热，但在通常状况下，这个反应并不能自发进行。这说明只从热力学的角度并不能解释反应在微观上的进行情况。反应发生的过程中存在着动力学方面的因素。

关于动力学理论，目前流行的仍然是碰撞理论和过渡态理论。根据分子运动论，要使两种分子之间发生反应，一定要发生碰撞，而且只有足够能量和适当取向的分子的碰撞才能有效地发生反应，这种分子称为活化分子。简单碰撞理论将分子看作硬球，这种硬球无内部结构和相互作用，反应物分子必须通过碰撞，且能量达到或超过某一定值才能发生反应。过渡态理论则认为反应中共价键的断裂和形成也必须通过分子间的碰撞，这种碰撞除了要有一个适当的位置和方向外，中间还要形成一个过渡状态。

过渡态理论是 1935 年由美国科学家 H. Eyring(艾林)和英国科学家 J. C. Polany(波兰尼)等提出的，其理论基础是统计热力学和量子力学。过渡态理论认为，反应物在相互接近的过程中，先形成一种介于反应物和产物之间的以一定的构型存在的过渡态(图 3-10)，形成这个过渡态需要吸收一定的能量，称为活化能 $E_a$，即过渡态与反应物之间的能量差。过渡态理论认为活化能是发生化学反应所需要的最低能量。活化能与反应速率密切相关，活化能越小，反应速率越大，反应越容易发生。

$$A + B\text{-}C \longrightarrow [A\cdots B\cdots C] \longrightarrow A\text{-}B + C$$

由图 3-10 可以看出，决定反应速率的是活化能($E_a$)，是能垒高度，而不是反应物与产物两个能谷的高度差$\Delta H$。

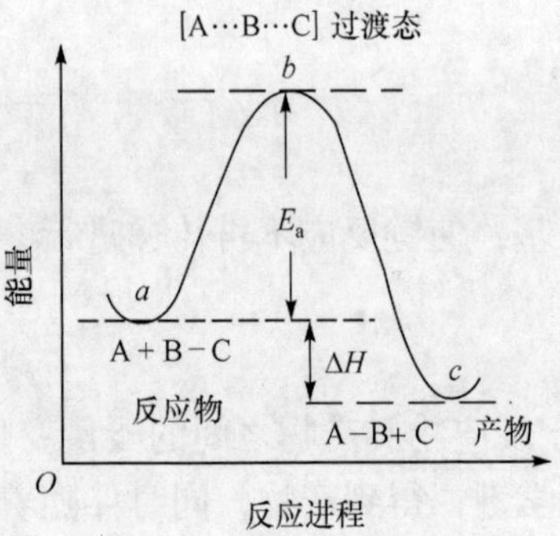


图 3-10 反应进程中的能量变化

过渡态是反应物和生成物之间的高能态，是一种假设状态，它的存在无法证实，所以其“寿命”接近于零。一般认为它的结构和与其能量相近的分子(反应物、中间体和产物分子)结构相似，如正反应活化能大于逆反应活化能，说明过渡态能量和产物的内能接近，所以过渡态的结构近似于产物的结构。

如果一个反应中存在多步反应，就会存在多次能量变化，有多个过渡态存在，那么该反应的反应速率由活化能最大的一步反应决定，称为决速步骤。

因此，在甲烷的氯代反应中，仅讨论反应总的热效应是不够的，应该进一步讨论微观上各步反应的反应热$\Delta H$ 来说明反应进行的具体情况。下面是各步反应的反应热数值：

(1) $Cl_2 \longrightarrow 2\,Cl\cdot \qquad \Delta H = +243\ kJ\cdot mol^{-1}$

(2) $Cl\cdot + CH_4 \longrightarrow HCl + CH_3\cdot \qquad \Delta H = +7.5\ kJ\cdot mol^{-1}$

(3) $CH_3\cdot + Cl_2 \longrightarrow CH_3Cl + Cl\cdot \qquad \Delta H = -106\ kJ\cdot mol^{-1}$

反应(1)是链引发阶段，需要吸收相当大的能量(243 kJ · $mol^{-1}$)才能使反应进行。因此虽然氯代反应是放热反应，但只有在高温或光照的情况下，反应才能开始。在反应(2)中，按照计算只需供给 7.5 kJ · $mol^{-1}$ 的能量即能进行反应，但实验结果表明，要使这步反应发生，必须供给 17 kJ · $mol^{-1}$ 以上的能量。根据过渡态理论，这里的 17 kJ · $mol^{-1}$ 的能量就是反应物粒子发生有效碰撞生成不稳定过渡态所需要的能量，即活化能。此时甲烷的 C–H 键伸长变弱(或称部分断裂)，H–Cl 键部分形成，体系的能量升高至最大值，最后 H–Cl 键形成，C–H 键完全断裂，体系能量降低。产物的能量比反应物的能量高出 7.5 kJ · $mol^{-1}$，即该步反应的反应热$\Delta H$ = 7.5 kJ · $mol^{-1}$，见图 3-11(a)。反应(3)是甲基自由基与氯分子碰撞而生成氯甲烷和氯自由基的反应。实验表明，这个反应虽然是个放热反应($\Delta H$ = –106 kJ · $mol^{-1}$)，仍需要一定的活化能来形成过渡态，这里活化能数值较小，只有 4 kJ · $mol^{-1}$。由于这步反应是高度放热的，而且活化能又小，因此这步反应容易进行，见图 3-11(b)。

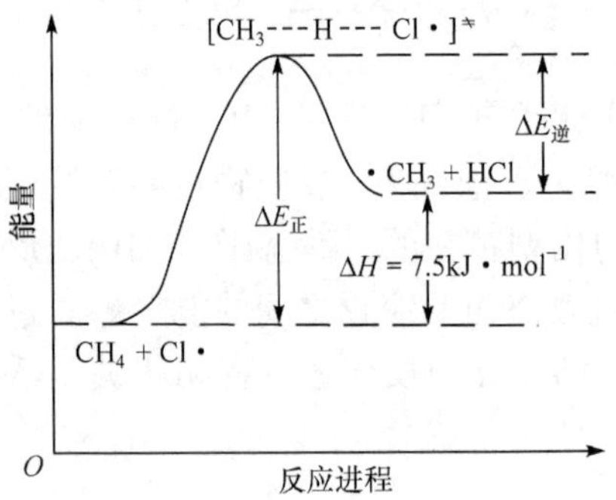


(a) 为反应(2)

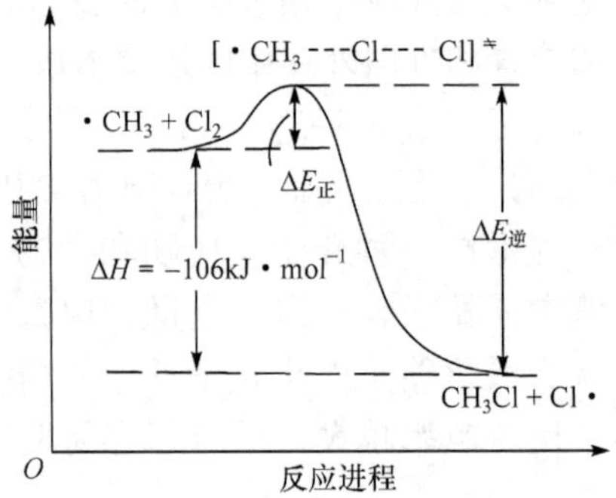


(b) 为反应(3)

图 3-11 甲烷氯代反应能量变化示意图

3. 一般烷烃的卤代反应历程和自由基的稳定性

和甲烷卤代反应历程一样，一般烷烃的卤代反应都是自由基取代反应，也包括链引发、链增长和链终止三个阶段。

链引发 $X_2 \xrightarrow{h\nu} 2X\cdot$

链增长 $\begin{cases} X\cdot + RH \longrightarrow HX + R\cdot \\ R\cdot + X_2 \longrightarrow RX + X\cdot \end{cases}$

链终止 $\begin{cases} X\cdot + X\cdot \longrightarrow X_2 \\ R\cdot + R\cdot \longrightarrow R\text{-}R \\ R\cdot + X\cdot \longrightarrow RX \end{cases}$

一般烷烃的卤代反应条件与甲烷的氯代反应相同(光照或加热)，反应历程都是自由基取代反应。但产物更为复杂，因氯可取代不同碳原子上的氢，而各种氢的活性又不相同，因此得到的各种一氯代或多氯代产物的产率也不相同。例如：

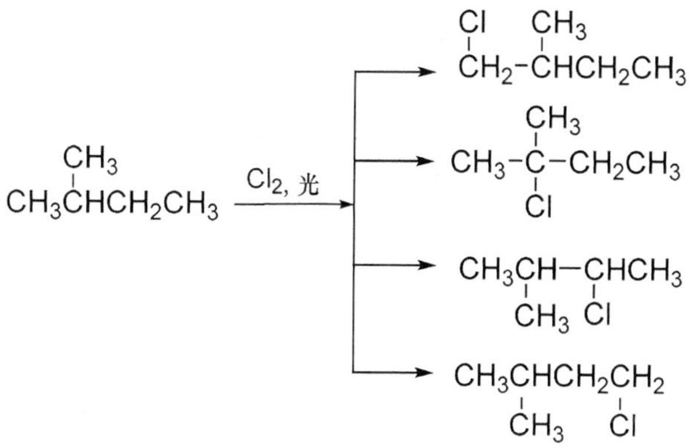

伯、仲、叔氢的活性与其 C–H 键的解离能有关。键的解离能越小，C–H 键的解离速度越快，生成的自由基也越稳定，因此生成相应产物的反应速度越快，反应也就越容易进行。有关 C–H 键的解离能如表 3-3 所示。

**表 3-3 不同烷烃分子中 C–H 键的解离能**

| 化学键 | $CH_3$–H | $CH_3CH_2CH_2$–H | $(CH_3)_2CH$–H | $(CH_3)_3C$–H |
|---|---|---|---|---|
| 键解离能/($kJ \cdot mol^{-1}$) | 435.1 | 410 | 395 | 380 |

由表 3-3 可以看出，断裂 C–H 键形成自由基所需的能量大小顺序为 $CH_3$–H > 1° H > 2° H > 3° H，因此所形成的自由基稳定性顺序为：

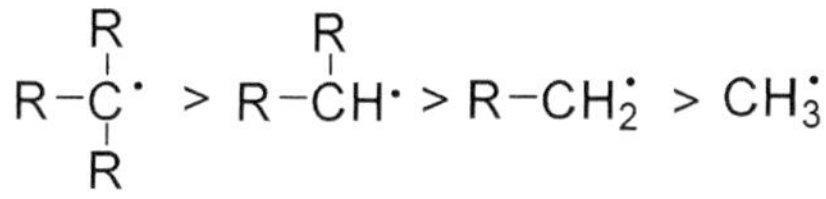

例如，丙烷氯代可以得到 1-氯丙烷和 2-氯丙烷：

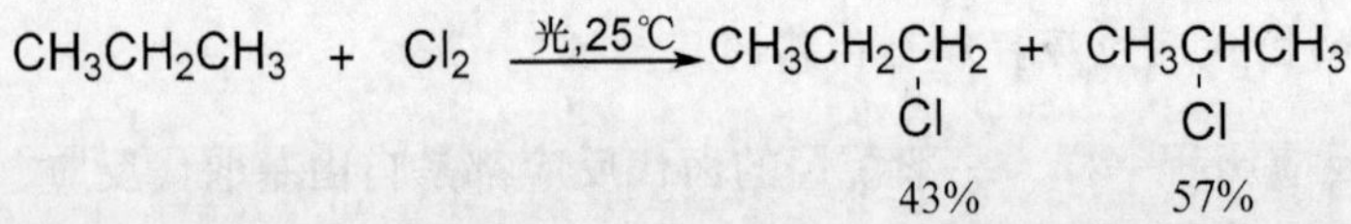


丙烷分子中，有六个等价伯氢，两个等价仲氢。氢的相对活性用下式进行简单估算：

$$\frac{\text{仲氢的相对活性}}{\text{伯氢的相对活性}}=\frac{57/2}{43/6}\approx\frac{4}{1}$$

即仲氢与伯氢的相对活性为 4 : 1。

异丁烷进行一氯代反应可得到叔丁基氯和异丁基氯：

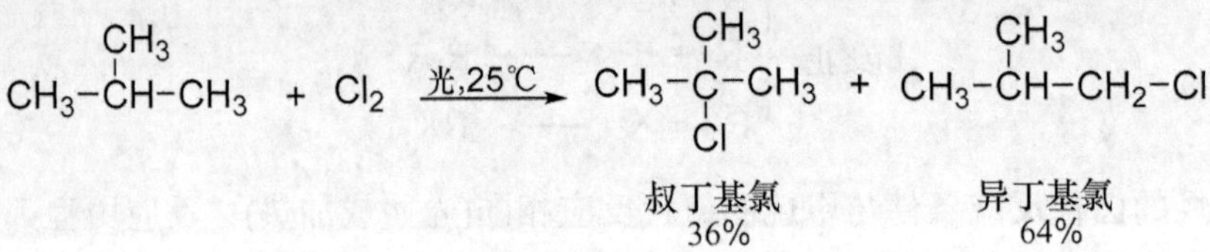


在异丁烷分子中，叔氢原子只有一个，伯氢原子有九个，则：

$$\frac{\text{叔氢的相对活性}}{\text{伯氢的相对活性}}=\frac{36/1}{64/9}=\frac{5.1}{1}$$

即叔氢的反应活性为伯氢的 5 倍。

由此，可以看出烷烃氯代反应中三种氢 3° H、2° H、1° H 的相对活性约为 5 : 4 : 1。

在光、热、催化剂的影响下，烷烃也能与溴进行溴代反应，但烷烃的溴代反应比氯代反应速率慢。溴的反应活性比氯小，但溴更具有选择性，溴总是尽量取代烷烃分子中的叔氢原子或仲氢原子。

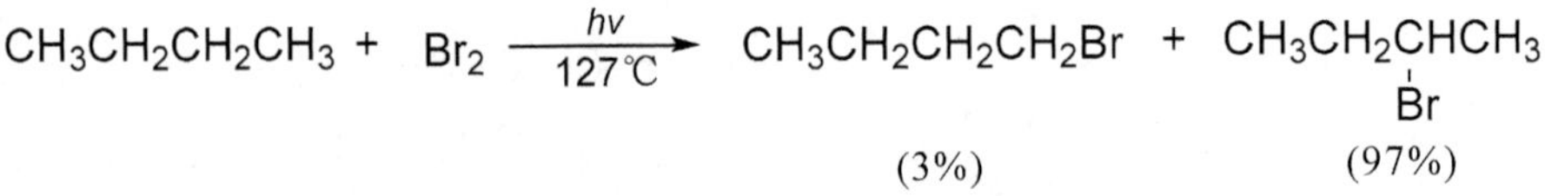


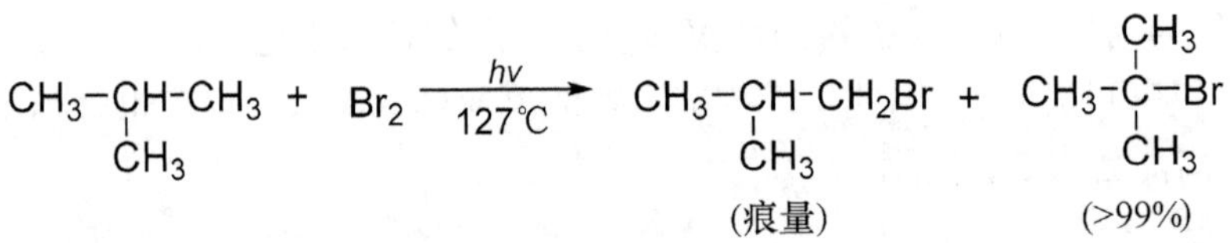


由于选择性好，溴代反应在有机合成中常比氯代反应更有用。表 3-4 为不同卤原子与不同氢原子反应的相对速率(以伯氢为标准)。可以看出，烷烃卤化时，卤原子的选择性大小顺序为 I > Br > Cl > F。

**表 3-4 不同卤原子与不同氢原子反应的相对速率**

| 卤原子 | 伯氢 | 仲氢 | 叔氢 |
|---|---|---|---|
| F | 1 | 1.3 | 1.8 |
| Cl | 1 | 4.4 | 6.7 |
| Br | 1 | 80 | 1600 |
| I | 1 | 1850 | 210000 |

### 3.4.2 氧化反应

烷烃在常温常压下不与氧气发生反应，但在加热、加压和催化剂的作用下，烷烃可被完全氧化或部分氧化。

如果点火引发，烷烃可以完全燃烧生成二氧化碳和水，同时放出大量的热。这是天然气和石油等用作能源的基本原理。

$$CH_4 + O_2 \xrightarrow{\text{燃烧}} CO_2 + H_2O \qquad \Delta H = -891\ kJ \cdot mol^{-1}$$

$$C_2H_6 + O_2 \xrightarrow{\text{燃烧}} CO_2 + H_2O \qquad \Delta H = -1560\ kJ \cdot mol^{-1}$$

低碳烷烃($C_1$～$C_6$)的蒸气与空气混合至一定比例时，遇到火花会发生爆炸。众所周知的瓦斯爆炸原因就是空气中混有甲烷，在极短的时间放出大量的热而又不能迅速消散。甲烷的爆炸极限是 5.53%～14%。

在一定的条件下，烷烃也可以被部分氧化，生成含氧有机化合物。例如，在锰盐的催化作用下，小心地用空气或氧气氧化高级烷烃，可制得高级脂肪酸。

$$RCH_2CH_2R' \xrightarrow[\text{Mn盐, 1.5～3.0 MPa}]{O_2,\ 120℃} RCOOH + R'COOH$$

高级烷烃($C_{20}$～$C_{30}$)氧化得到的高级脂肪酸，可代替动物油脂制肥皂。

利用烷烃的部分氧化反应制备化工产品，原料便宜、易得，但产物选择性差，副产物多，分离提纯困难。

### 3.4.3 裂化反应

烷烃在隔绝空气下加强热，分子中的碳碳键或碳氢键发生断裂，生成较小的分子，这种反应称为裂化，属于自由基型反应。例如：

$$CH_3CH_2CH_2CH_3 \xrightarrow{500℃} \begin{cases} CH_4 + CH_3CH{=}CH_2 \\ CH_2{=}CH_2 + CH_3CH_3 \\ H_2 + CH_3CH_2CH{=}CH_2 \end{cases}$$

$$CH_3CH_3 \xrightarrow{600℃} CH_2{=}CH_2 + H_2$$

裂化反应是一个复杂的过程，主要用于提高汽油的产量和质量。烷烃分子中所含有的碳原子数越多，裂化产物也越复杂。根据反应条件的不同，可将裂化反应分为三种：

(1) 热裂化：5.0 MPa，500～700℃，可提高汽油产量。

(2) 催化裂化：450～500℃，常压，硅酸铝催化，除断 C–C 键外还有异构化、环化、脱氢等反应，生成带有支链的烷、烯、芳烃等，使汽油、柴油的产量、质量提高。

(3) 深度裂化：温度高于 700℃，又称为裂解反应，主要是提高烯烃(如乙烯)的产量。

### 3.4.4 异构化反应

由化合物的一种异构体转变为另一种异构体的反应，称为异构化反应。例如，在适当条件下，直链烷烃可以发生异构化转变为支链烷烃。

$$CH_3CH_2CH_2CH_3 \xrightleftharpoons[95\sim150^{\circ}C,1.0\sim2.0\ MPa]{AlCl_3,HCl} CH_3\overset{\overset{CH_3}{|}}{C}HCH_3$$

石油化工中常利用烷烃的异构化来提高汽油的质量。表示汽油抗爆性的辛烷值就是以异辛烷和正庚烷为基准的，汽油中异辛烷的比例越大，辛烷值就越大，表明汽油的抗爆性能越强。

## (二) 环 烷 烃

分子中具有碳环骨架结构的饱和烃，称为环烷烃(cycloalkane)。按照分子中所含碳环的个数，可分为单环烷烃、双环烷烃和多环烷烃；按照分子中所含碳环的大小，可分为小环烷烃(三、四元环)、普通环烷烃(五～七元环)、中环烷烃(八～十一元环)和大环烷烃(十二元环以上)。

## 3.5 环烷烃的同分异构现象

环烷烃的同分异构现象主要包括：构造异构、顺反异构和构象异构。

### 3.5.1 环烷烃的构造异构

单环烷烃的通式为 $C_nH_{2n}$，与碳原子数相同的单烯烃互为同分异构体。环烷烃中由于环的大小及取代基位置的不同，也产生构造异构现象。例如，含五个碳原子的环烷烃有五种构造异构体。

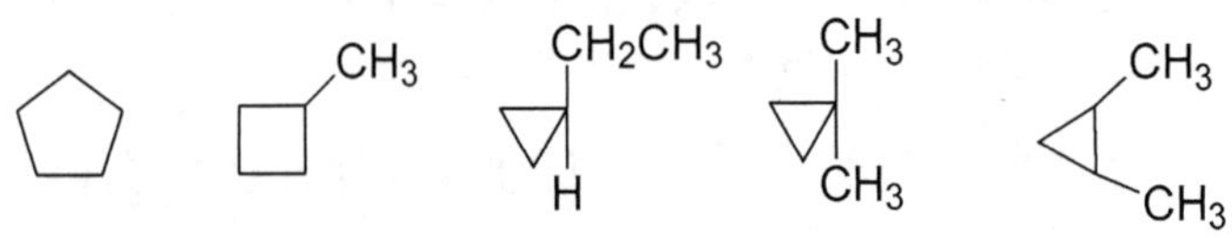

### 3.5.2 环烷烃的顺反异构

环烷烃由于成环碳原子不能绕键轴自由旋转，环上如果连有两个或两个以上的取代基，就有可能出现顺反异构。若不同碳上的两个取代基在环平面的同侧，则称为“顺式”，在异侧则称为“反式”。例如：

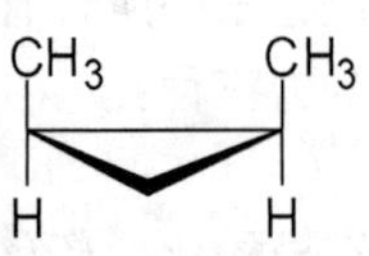

顺-1,2-二甲基环丙烷

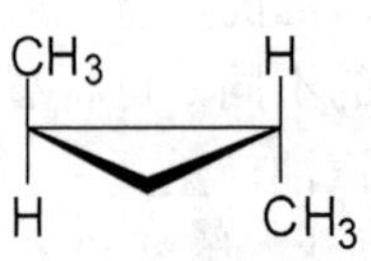

反-1,2-二甲基环丙烷

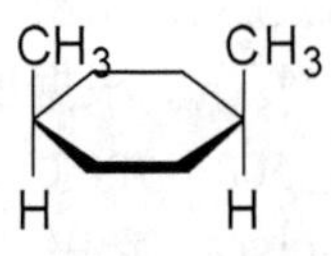

顺-1,4-二甲基环己烷

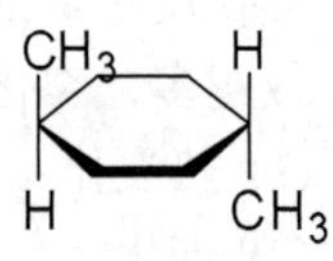

反-1,4-二甲基环己烷

### 3.5.3 环烷烃的构象异构

1. 环烷烃的相对稳定性

环烷烃的相对稳定性可以通过测量环烷烃燃烧时每个$-CH_2-$放出的热量来确定。1 mol 化合物完全燃烧生成二氧化碳和水所放出的热量称为燃烧热，用$\Delta H_c$ 表示。燃烧热的大小可以反映分子能量的高低。燃烧热越大，说明分子的能量越高，分子越不稳定。开链烷烃中每个 $CH_2$ 的燃烧热平均为 658.6 kJ · mol⁻¹。一些环烷烃中每个–$CH_2$–的燃烧热$\Delta H_c/n$ 列于表 3-5。

**表 3-5 部分环烷烃的燃烧热** (单位：kJ · mol⁻¹)

| 环烷烃 | $\Delta H_c$ | $\Delta H_c/n$ | 与开链烷烃燃烧热的差值 | 总张力能 |
|---|---|---|---|---|
| 环丙烷 | 2091.3 | 697.1 | 38.5 | 115.5 |
| 环丁烷 | 2744.1 | 686.0 | 27.4 | 109.6 |
| 环戊烷 | 3320.1 | 664.0 | 5.4 | 27.0 |
| 环己烷 | 3951.7 | 658.6 | 0 | 0 |
| 环庚烷 | 4636.7 | 662.7 | 4.1 | 28.7 |
| 环辛烷 | 5310.3 | 663.86 | 5.2 | 41.6 |
| 环壬烷 | 5981.0 | 664.74 | 6.1 | 54.9 |
| 环癸烷 | 6635.8 | 663.6 | 5.0 | 50.0 |
| 环十五烷 | 9884.7 | 658.6 | 0 | 0 |

表 3-5 中，热量差值是以最稳定的开链烷烃的–$CH_2$–燃烧热值为基准的，它的数值体现了环烷烃分子的相对稳定程度。大部分环烷烃的燃烧热都高于开链烷烃。这表明环烷烃比开链烷烃具有较高的能量，高出的能量称为张力能。例如，环丙烷分子的每个 $CH_2$ 的燃烧热为 697.1 kJ · mol⁻¹，比开链烷烃中每个–$CH_2$–的燃烧热平均值(658.6 kJ · mol⁻¹)高 38.5 kJ · mol⁻¹。这个差值就是环丙烷分子中每个–$CH_2$–的张力能，因此环丙烷分子的总张力能为 115.5 kJ · mol⁻¹。不同的环烷烃张力能不同(见表 3-5)。环烷烃的张力能越大，能量越高，分子越不稳定。环丙烷和环丁烷的张力能比其他的环烷烃都大很多，因此它们不稳定，容易开环。环戊烷、环庚烷等的张力能不太大，比较稳定。环己烷和 $C_{12}$ 以上的大环化合物的张力能很小或等于零，因此它们都是很稳定的化合物。

2. 环丙烷的结构

物理方法测得，环丙烷分子中三个碳原子共平面，C–C–C 夹角为 105.5°，H–C–H 夹角为 114°，C–C 键长为 0.151 nm，C–H 键长为 0.108 nm。

为了解释环丙烷、环丁烷的不稳定性，1895 年 J. Baeyer(拜尔，1835—1917)提出了张力学说：环丙烷中三个碳原子处在同一个平面内，理论上讲，三元环 C–C–C 键角应是 60°，但环上碳原子是 $sp^3$ 杂化，其夹角要求保持接近 109.5°。这样，在三元环中，每个碳碳单键向内压缩以适应环的几何构造。

实验表明，环丙烷中碳碳键的电子云重叠不在键的轴线上，而是在环外形成了“弯曲键”(也称为香蕉键)，见图 3-12。图 3-12 中显示出弯曲键的重叠不是最大重叠，不牢固，同时键具有向外反弹力，产生张力作用。这种由于键角偏离正常键角而引起的张力作用称为角张力。因此，环丙烷不稳定，易开环。另外，由于环中三个碳位于同一平面内，相邻的 C–H 键互相处于重叠式构象，存在扭转张力。因此环丙烷分子中同时存在较大的角张力和扭转张力，分子内能高，环不稳定，容易发生开环。环丙烷的总张力能为 115.4 kJ · mol⁻¹。

3. 环丁烷的结构

环丁烷分子中的 C–C 键也是“弯曲键”，但弯曲程度较小，角张力比环丙烷小。而且，环丁烷中四个碳原子不共平面，这样可使部分张力得以缓解。根据结晶学和光谱学的结果，环丁烷是以折叠式构象存在的，这种非平面型结构可以减少 C–H 的重叠，使扭转张力减小(图 3-13)。所以环丁烷比环丙烷要稳定，但仍有相当大的张力，属不稳定环，易发生开环反应。环丁烷总张力能为 109.6 kJ · mol$^{-1}$。

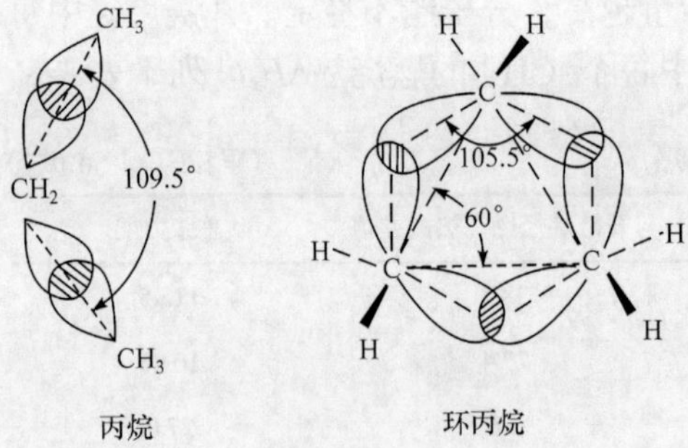

图 3-12 丙烷及环丙烷分子中碳碳键原子轨道交盖示意图

环丁烷构象式是一个“蝴蝶式”构象，其中一个亚甲基伸出平面，两平面夹角为 25°，这样可以减小氢原子相互重叠引起的能量升高。其构象式可以发生变化，“两翼”上下摆动，两个构象迅速变换，如图 3-13。

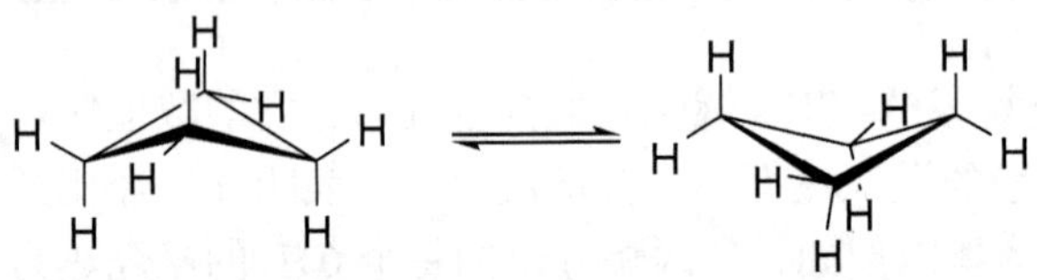
图 3-13 环丁烷的构象

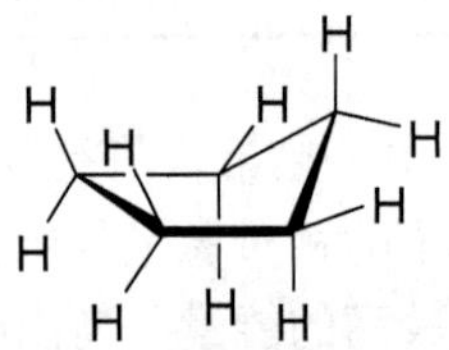
图 3-14 环戊烷的构象

4. 环戊烷的结构

环戊烷分子中的五个碳原子亦不共平面，而是以“信封式”构象存在，见图 3-14。其中有四个碳原子在同一平面，另外一个碳原子在平面之外，成“信封式”构象。

这种构象的扭转张力很小，且环戊烷分子内 C–C–C 键夹角 109.5°，角张力甚微，总张力能为 27 kJ · mol$^{-1}$，是比较稳定的环，不易开环。所以，环戊烷的性质与开链烷烃相似。

5. 环己烷的构象

环己烷的结构单元在自然界广泛存在。1918 年，E. Mohr(莫尔)提出非平面、无张力环学说。他认为：环己烷的六个碳原子不在同一平面上，而是形成了椅式(chair form)和船式(boat form)两种折叠的环系。在这两种环系中，碳原子可以保持 sp$^3$ 的正常键角。图 3-15 为环己烷椅式构象和船式构象的球棍模型。

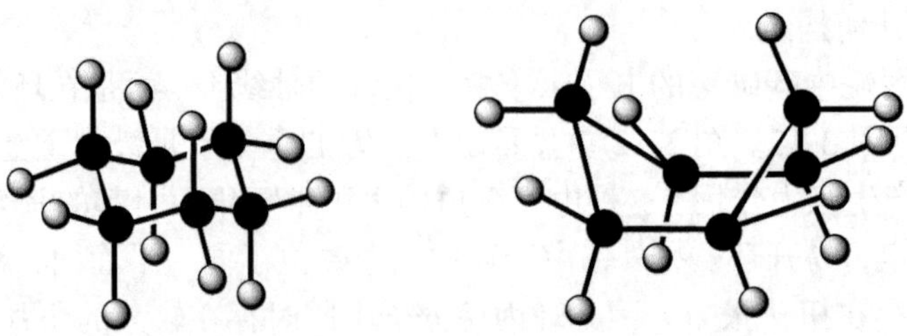
图 3-15 环己烷椅式构象和船式构象的球棍模型

图 3-16 是环己烷的椅式构象和船式构象的透视式和 Newman 投影式。在椅式构象中，所

有 C–C–C 键角基本保持 109.5°，而任何相邻两个碳原子上的 C–H 键都是交叉式。所以环己烷的椅式构象是个无张力环，为环己烷的优势构象。在船式构象中，所有 C–C–C 键角也都接近 109.5°，故也没有角张力，但其相邻两个碳上的 C–H 键并非全是交叉式。图 3-16 的船式构象中，C2 和 C3 上的 C–H 键，以及 C5 和 C6 上的 C–H 键，都是重叠式，存在扭转张力。另外在船式构象中，船头 C1 和 C4 上向内伸的两个氢原子之间，由于距离较近而互相排斥，这也使分子能量有所升高。所以环己烷的船式构象比椅式构象能量高。许多物理方法已经证实，在常温下，环己烷的椅式构象和船式构象是相互转化的，在平衡混合物中，主要以椅式构象的形式存在(占 99.9%以上)。椅式构象无张力，所以环己烷具有与烷烃类似的稳定性。

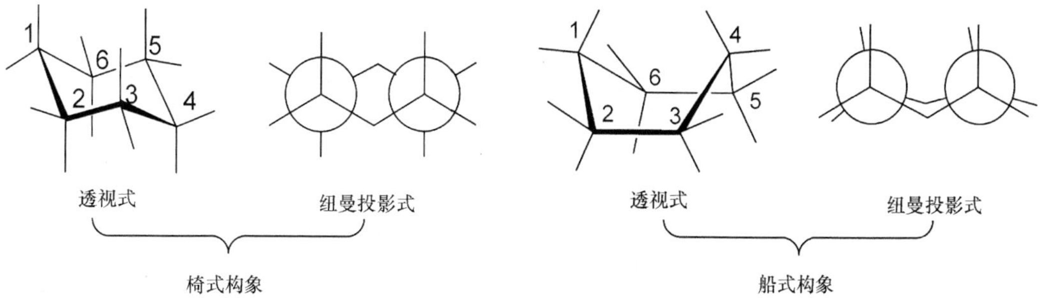


图 3-16 环己烷的椅式构象和船式构象

在环己烷的椅式构象中，12 个碳氢键分为两种情况。一种是 6 个碳氢键与环己烷分子的对称轴平行，称为直键(或称直立键)，简称 a 键；另一种是 6 个碳氢键与对称轴成 109.5°的夹角，称为平键(或称平伏键)，简称 e 键。环己烷的 6 个 a 键中，3 个向上、3 个向下交替排列；6 个 e 键中，3 个向上斜伸，3 个向下斜伸，交替排列。

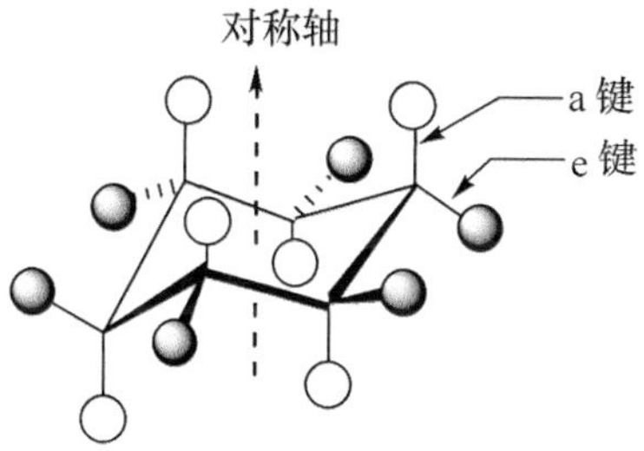


在室温时，环己烷的椅式构象可通过 C–C 键的扭动，由一种椅式构象转变为另一种椅式构象。在相互转变中，原来的 a 键变成了 e 键，而原来的 e 键变成了 a 键。

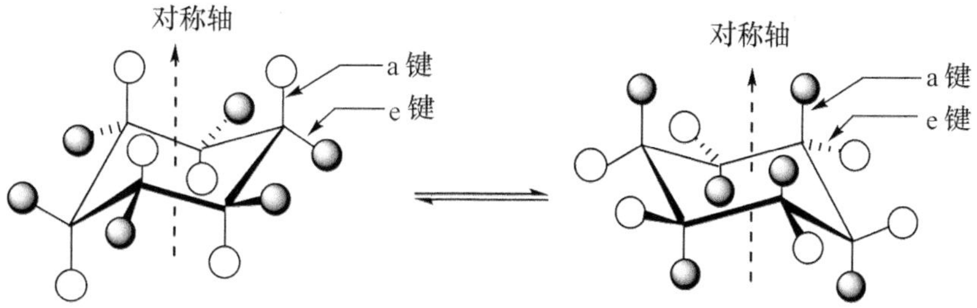


两个椅式构象的互相转变

需要说明的是，椅式构象和船式构象只是环己烷的两种典型的构象，实际上随着碳碳单键的旋转，环己烷也可以产生无数个构象异构体。

6. 取代环己烷的构象

1) 一取代环己烷的构象

一取代环己烷可以有两种椅式构象，一种椅式构象是取代基占据 a 键，另一种椅式构象是取代基占据 e 键。以甲基环己烷为例加以说明：

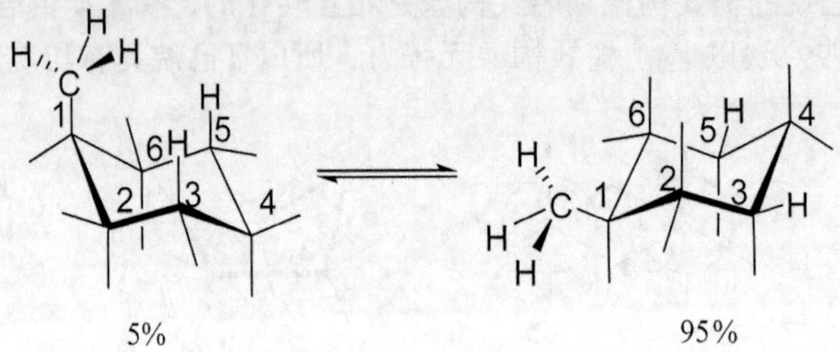

在甲基环己烷分子中，当甲基处在 a 键时，由于甲基的体积较大，与 C3 和 C5 上的 a 键氢之间距离较小，存在相互作用力(排斥力)，这种作用称为 1, 3-二直键的相互作用，也可以看作是直键甲基与 C3 和 C5 有两个邻位交叉式相互作用。而甲基处在 e 键时，甲基与 C3 和 C5 均为对位交叉式，相互作用力较小。所以，在甲基环己烷的椅式构象中，甲基处在 e 键的稳定性比处在 a 键要高。实验表明，甲基处在 a 键上的能量比处在 e 键上高 7.1 kJ · mol$^{-1}$。因此，在一元取代环己烷的椅式构象中，取代基处在 e 键上是最稳定的构象式(优势构象)，且取代基体积越大，e 键椅式构象为主的趋势越明显。

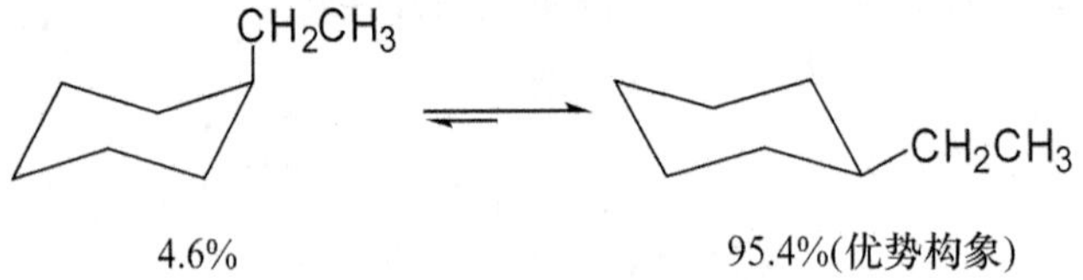

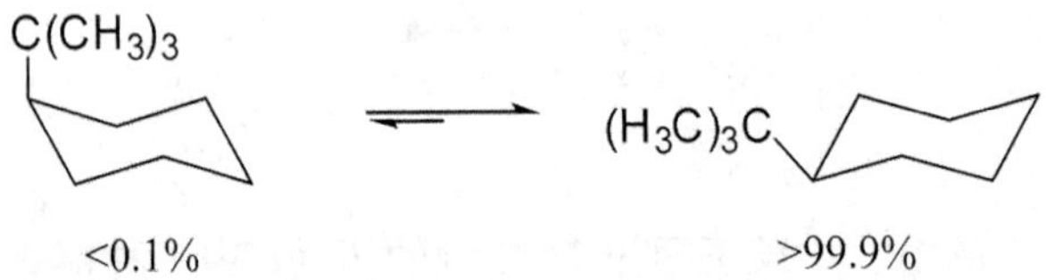

2) 二取代环己烷的构象

二取代环己烷有顺式和反式两种顺反异构体。两个取代基相同时，例如顺-1, 2-二甲基环己烷的构象：

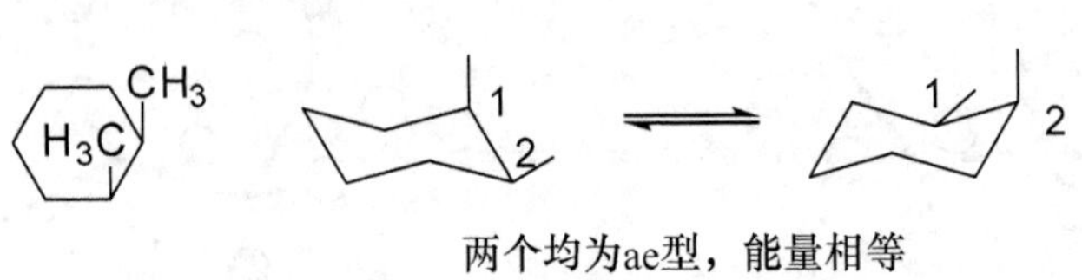

反-1, 2-二甲基环己烷的构象：

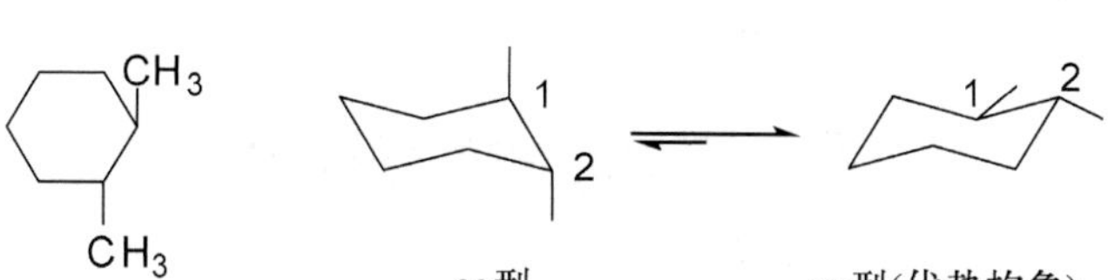


aa型　　ee型(优势构象)

由于反式结构中两个甲基可以形成全 e 键取代的 ee 型构象，因此反-1, 2-二甲基环己烷主要是以两个甲基都在 e 键上的构象存在，其稳定性比只能形成 ae 型构象的顺式异构体高。

同理，比较顺-1, 3-二甲基环己烷和反-1, 3-二甲基环己烷的构象可知，顺式比反式稳定。

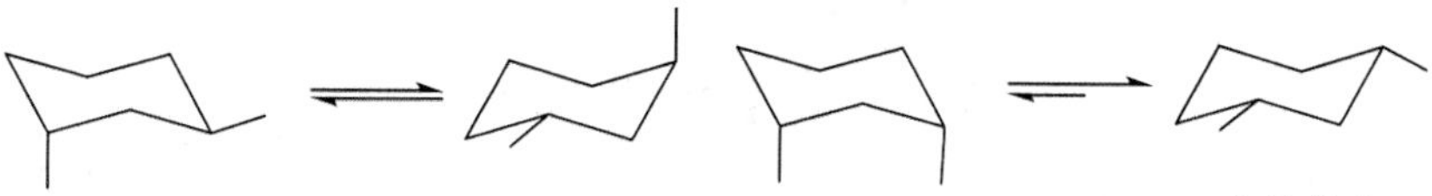

ae　　ae　　aa　　ee(优势构象)

反-1,3-二甲基环己烷　　顺-1,3-二甲基环己烷

两个取代基不同时，由于两个取代基不同，体积有差异，体积大的取代基占据 a 键的构象能量相对较高，稳定性差。例如，顺-1-叔丁基-4-氯环己烷的两种椅式构象中，叔丁基在 e 键上的构象要比在 a 键上的构象稳定得多。

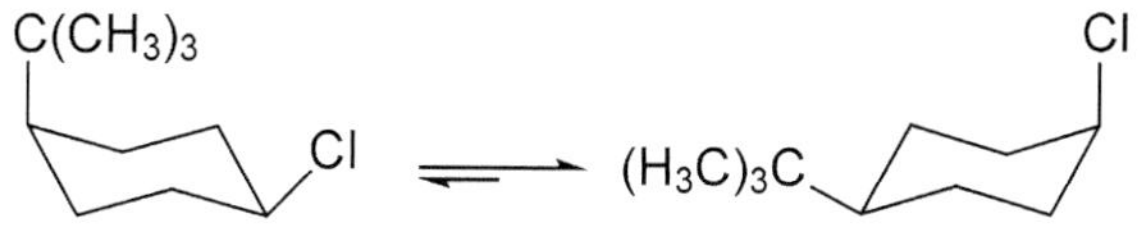


优势构象

根据构象分析可以看出，当环上有不同取代基时，体积较大的取代基连在 e 键上最稳定，这种构象属于优势构象。对于多取代环己烷，e 键上连的取代基越多越稳定，所以 e 键上取代基最多的构象是它的优势构象。

7. 十氢化萘的构象

十氢化萘简称十氢萘，是双环[4.4.0]癸烷广为采用的习惯名称。它有顺式和反式两种构型。

顺十氢化萘　　反十氢化萘

顺式和反式十氢化萘中的六元碳环都是采取椅式构象。顺式结构中，由于环下方几个 a 键上的氢原子距离较近，互相排斥，故分子的能量较高，较不稳定。反式十氢化萘的结构比较平展，稳定性比顺式高。顺式十氢化萘比反式的能量高约 11.4 kJ · mol$^{-1}$。

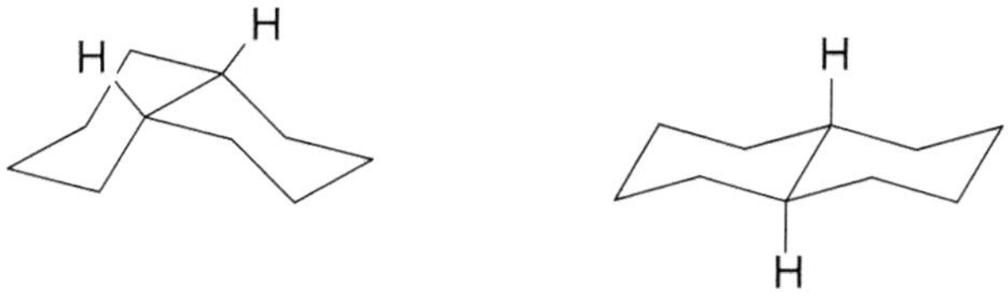


顺十氢化萘　　反十氢化萘

## 3.6 环烷烃的物理性质

环烷烃的物理性质与烷烃相似，在常温下，小环烷烃如环丙烷、环丁烷是气体，普通环烷烃如环戊烷、环己烷是液体，大环烷烃呈固态。

环烷烃的沸点、熔点、密度均比含同碳数的链烷烃高。这是由于环状化合物头尾相连，结构较紧密。表 3-6 列出了部分环烷烃的一些物理常数。

**表 3-6 部分环烷烃的物理常数**

| 化合物 | 沸点/℃ | 熔点/℃ | 相对密度 $d_4^{20}$ |
|---|---|---|---|
| 环丙烷 | −32.7 | −127.6 | 0.7201(−79℃) |
| 环丁烷 | 12.5 | −80 | 0.7301(0℃) |
| 环戊烷 | 49.3 | −93.9 | 0.7457 |
| 环己烷 | 80.7 | 6.6 | 0.7786 |
| 环庚烷 | 118.5 | −12.0 | 0.8098 |
| 环辛烷 | 150.0 | 14.3 | 0.8349 |

## 3.7 环烷烃的化学性质

普通环烷烃的化学性质与相应的链烷烃相似，化学性质稳定，在一般条件下与大多数试剂都不发生反应。但在特殊条件下，可以发生取代、氧化、裂化和异构化等反应。另外，小环烷烃如环丙烷、环丁烷，由于分子中存在较大的张力，化学性质相对活泼，具有一些特殊的反应。

### 3.7.1 卤代反应

环烷烃与链烷烃相似，在光照或高温条件下可以发生自由基卤代反应。例如：

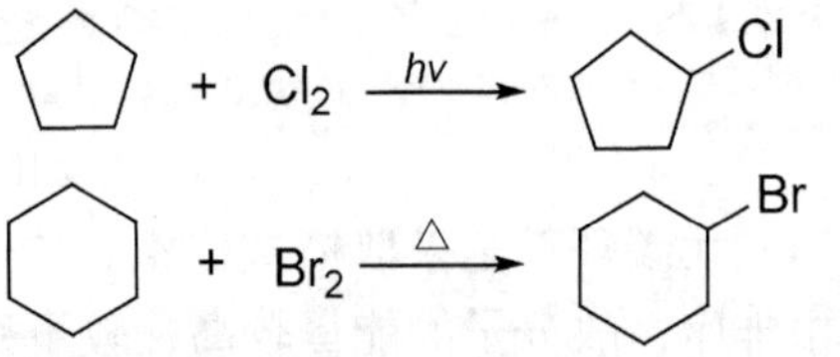


### 3.7.2 氧化反应

环烷烃完全燃烧生成二氧化碳和水，同时放出大量的热。

 $+ O_2 \xrightarrow{\text{燃烧}} CO_2 + H_2O \quad \Delta H = -3954\ \text{kJ}\cdot\text{mol}^{-1}$

在一定的条件下，环烷烃也可以被部分氧化，生成含氧有机化合物。例如，使用钴催化剂，在一定的温度和压力下，环己烷可被部分氧化为环己醇和环己酮。

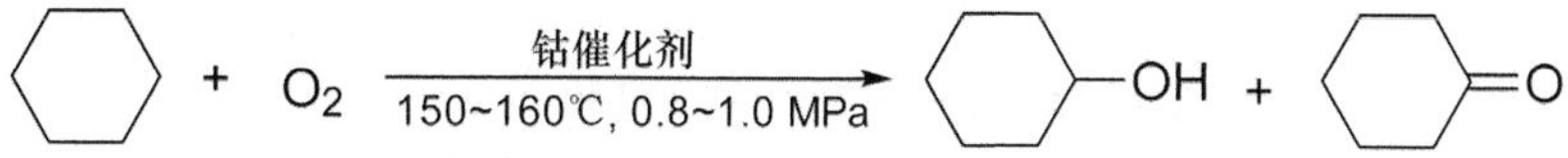


环己醇和环己酮是制造己二酸的原料。

### 3.7.3 异构化反应

环烷烃的异构化包括侧链异构、烷基位置异构和环的异构。例如，乙基环戊烷的异构化：

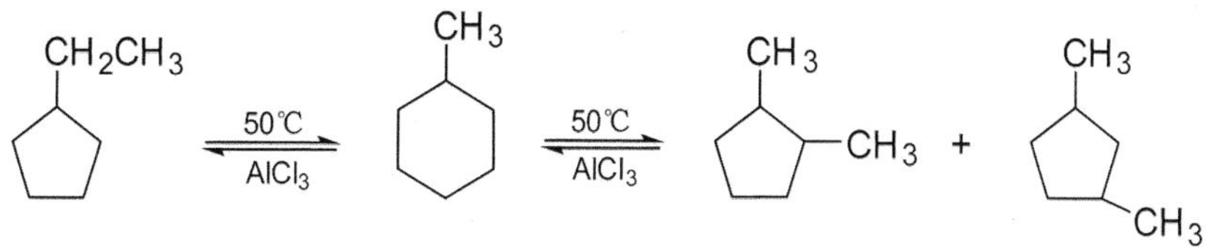


金刚烷是由椅式环己烷拼合而成的一个笼状结构的烷烃，是一个特别稳定的分子，与金刚石在结构上相似，由此而得名金刚烷。

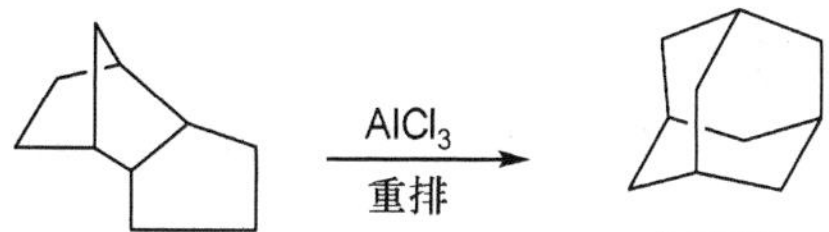


金刚烷

### 3.7.4 小环烷烃的加成反应

小环烷烃分子中同时存在较大的角张力和扭转张力，分子热力学能高，不稳定，容易发生开环加成反应。

1. 催化加氢

环烷烃在催化剂存在下与氢作用，可以开环而与两个氢原子相结合生成链烷烃。但由于环的大小不同，催化加氢的难易程度不同。环丙烷很容易加氢，环丁烷需要在较高温度下加氢，而环戊烷和环己烷则必须在更强烈的条件下，例如在300℃以上用铂催化，才能加氢。

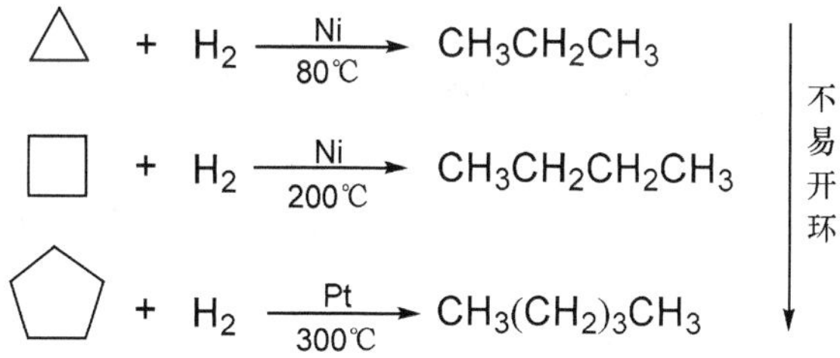


由催化加氢可以看出，三元碳环和四元碳环都比较容易开环。

2. 与卤素加成

环丙烷很容易与卤素发生加成反应，生成相应的卤代烃。环丁烷常温下不与卤素加成，加热才起反应。环戊烷、环己烷则不能与卤素发生开环加成，只与卤素发生取代反应。

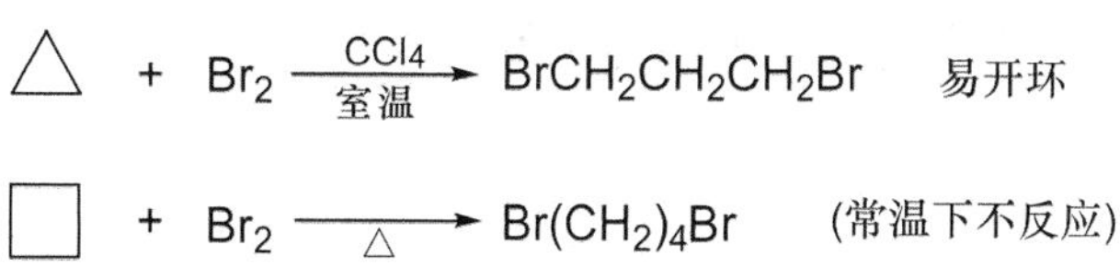

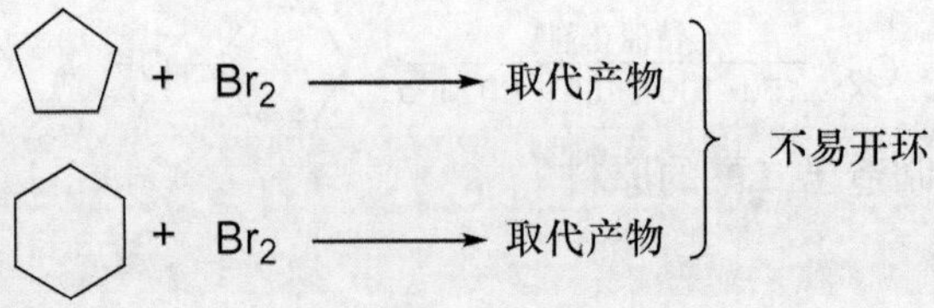


多环烷烃的开环加成反应，开环的方向选择在环张力最大的环，且生成的产物最稳定。例如：

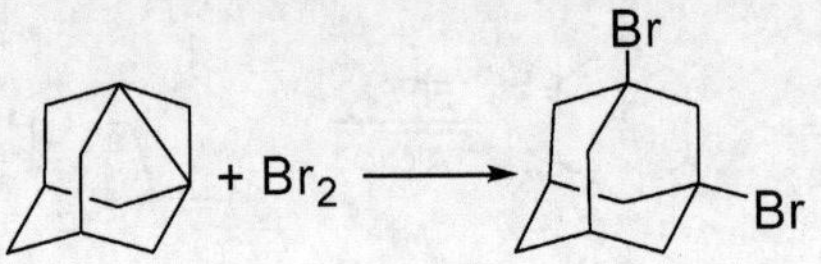


3. 加卤化氢

环丙烷容易与卤化氢发生加成反应，生成卤代烃。环丙烷的烷基衍生物与卤化氢(或卤素)加成时，环的破裂发生在含氢最多和含氢最少的两个碳原子之间，并且氢加到含氢较多的碳原子上，卤素则加到含氢较少的碳原子上。这种加成规律称为马氏规则(参见 4.4.1)。环丁烷以上的环烷烃在常温下则难与卤化氢进行开环加成反应。

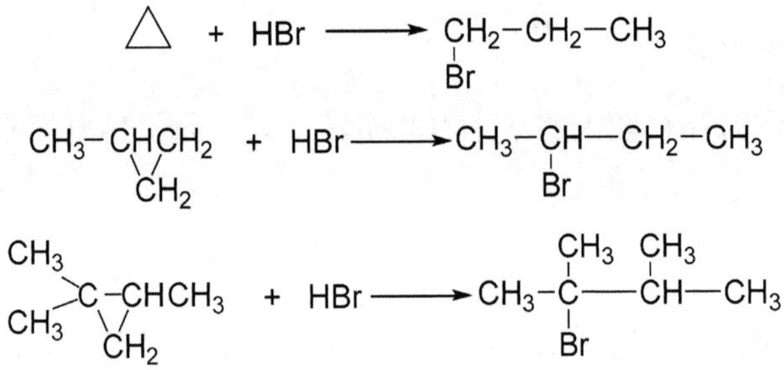


## 3.8 饱和烃的来源和制法

烷烃和环烷烃的天然来源主要是石油和天然气。石油是由几百种碳氢化合物组成的混合物，经分馏可以得到各种不同用途的馏分。天然气的主要成分是甲烷，其次是乙烷和丙烷，此外还含有少量的其他烷烃。另外，在动植物蜡中也含有多种高级烷烃。例如，苹果皮和烟叶上分别含有 $C_{27}$～$C_{29}$ 和 $C_{27}$～$C_{31}$ 的高级烷烃。

烷烃的一个特殊用途是作为“昆虫外激素”。例如有一种蚁，分泌一种有气味的物质来传递警戒信息，这种有气味的物质中含有正十一烷和正十三烷；雌性的蘑菇蝇中分泌直链的 $C_{15}$～$C_{30}$ 烷烃的混合物，其中 $C_{17}H_{36}$ 活性最大，能引诱雄蝇；雌虎蛾引诱雄虎蛾的性外激素是 2-甲基十七烷。昆虫激素的作用往往是专一的，人们利用昆虫激素的专一性，用人工合成的性引诱剂来诱杀害虫，这种性引诱剂只针对性地杀死某一种昆虫而不伤害其他昆虫，是新兴的第三代农药，在农业应用上具有重大意义。

由于烷烃的制取成本较高(一般要用烯烃催化加氢)，在工业上不用合成的方法制取烷烃，而是直接从石油中提取。

## 阅读材料

### 石油的馏分及应用

烷烃的主要来源是石油和天然气。天然石油通常是淡黄色到黑色、流动或半流动的黏稠液体，相对密度一般小于1，大部分介于0.8～0.98，我国一些主要油田的原油密度都在0.86以上。石油不是一种单纯的化学物质，而是由几百种碳氢化合物组成的混合物，此外还有少量含氧、硫和氮的化合物。从油田开采得到的原油通常是深褐色的黏稠液体，经分馏而得到各种不同用途的馏分。现已确定原油中主要含有烷烃、环烷烃和芳香烃这三种烃类，一般未发现烯烃，炔烃也极少见。

1. 石油中的烷烃

石油中的烷烃包括正构烷烃和异构烷烃，其含量和石油的类型有关。一般正构烷烃含量较高。例如，我国大庆油田原油在60～140℃汽油馏分中，正构烷烃含量为38%，而异构烷烃总量只有15%。在145～350℃的煤柴油馏分中，正构烷烃含量为41%，而异构烷烃总量仅占21.6%。在异构烷烃中，以带有两个或三个甲基的衍生物含量最多，而带四个甲基及其他高分支的异构烷烃含量较少。一般来说，随沸点升高，正构烷烃和异构烷烃的含量均逐渐降低。

2. 石油中的环烷烃

环烷烃是环状的饱和烃，其性能比较稳定。在石油中大量存在的有环戊烷系和环己烷系。从我国几种主要原油的单体烃组成来看，一般是环己烷系多于环戊烷系。石油中的环烷烃除了单环环烷烃外，还有双环、三环及多环环烷烃。

3. 石油中的芳烃

苯系芳烃在石油中普遍存在。据资料记载，从美国邦加石油的汽煤油馏分中分离出带有不同碳数烷基侧链的苯同系物有 40 余种，侧链有烷基的，也有环烷基的。至于更高稠环数的芳烃主要存在于减压渣油中，其中多数含有不同数量的S、N、O等杂原子，已属非烃化合物之列。

原油一般可按沸点不同分馏成不同的馏分，把不同馏分进行再加工，可获得高质量的汽油、煤油、柴油、润滑油、石蜡、凡士林、沥青等重要的能源和化工原料，如表3-7所示。

**表3-7 石油的馏分及应用**

| 名称 | 组成范围 | 沸点范围/℃ | 用途 |
|---|---|---|---|
| 气体 | $C_1$～$C_4$ | 40以下 | 燃料、化工原料 |
| 石油醚 | $C_5$～$C_6$ | 40～60 | 溶剂 |
| 汽油 | $C_7$～$C_9$ | 60～205 | 机车燃料、溶剂 |
| 溶剂油 | $C_9$～$C_{11}$ | 150～200 | (橡胶、油漆等)溶剂 |
| 航空煤油 | $C_{10}$～$C_{15}$ | 145～245 | 飞机燃料 |
| 煤油 | $C_{11}$～$C_{16}$ | 160～310 | 燃料、照明等 |

续表

| 名称 | 组成范围 | 沸点范围/℃ | 用途 |
| --- | --- | --- | --- |
| 柴油 | $C_{16}$～$C_{18}$ | 180～350 | 柴油机燃料 |
| 机械油 | $C_{16}$～$C_{20}$ | 350 以上 | 机械润滑油 |
| 凡士林 | $C_{18}$～$C_{22}$ | 350 以上 | 制药、防锈、涂料 |
| 石蜡 | $C_{20}$～$C_{24}$ | 350 以上 | 蜡烛、蜡纸、脂肪酸等 |
| 燃料油 | — | 350 以上 | 船用燃料、锅炉燃料 |
| 沥青 | — | 350 以上 | 防腐绝缘材料、铺路及建筑材料 |
| 石油焦 | — | — | 碳纤维、制电石、冶金工业 |

## 习　题

3-1　写出分子式为 $C_6H_{14}$ 烷烃和 $C_6H_{12}$ 环烷烃的所有构造异构体。

3-2　下列结构式中，哪些代表同一化合物的相同构象？哪些代表同一化合物的不同构象？哪些彼此是构造异构体？

(1) 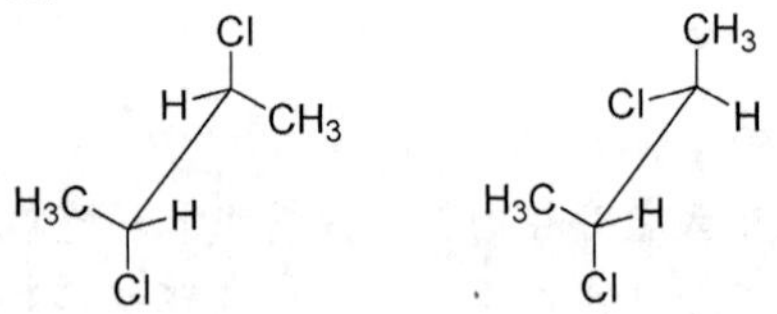

(2) 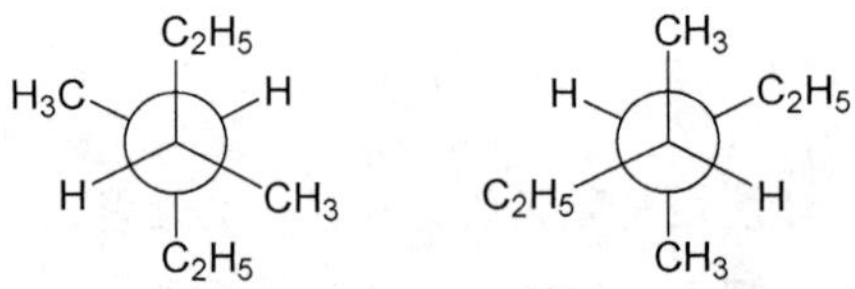

(3) 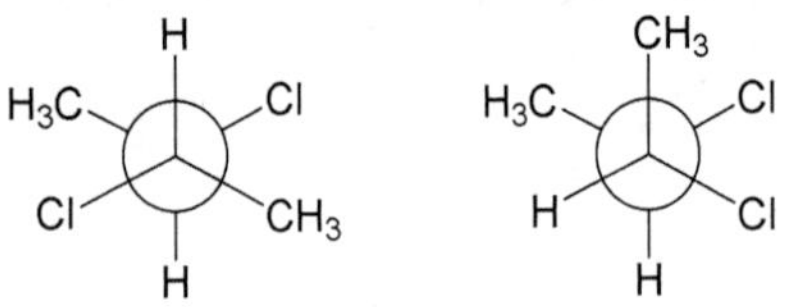

(4) 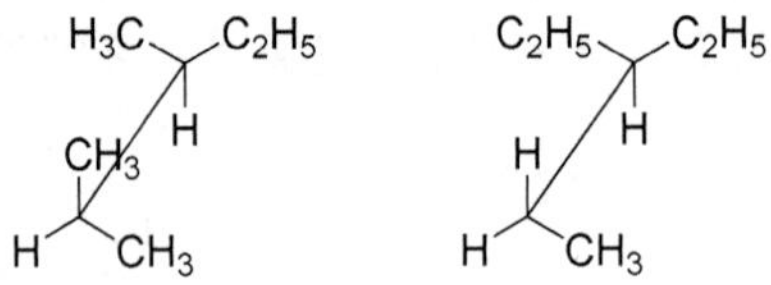

(5) 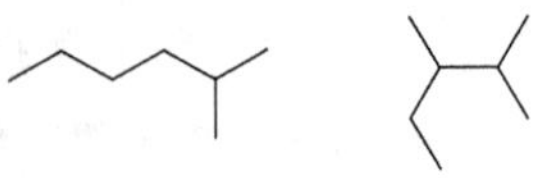

(6) 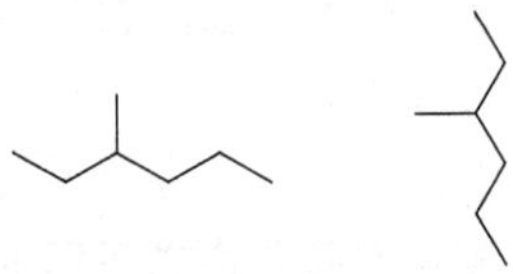

(7) 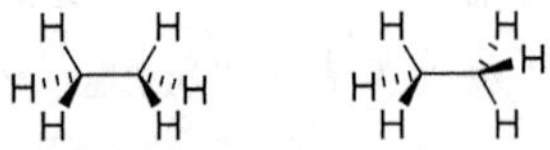

3-3　已知环烷烃的分子式为 $C_5H_{10}$，根据氯化反应产物的不同，试推测各环烷烃的结构。

(1) 一元氯代产物只有一种　　(2) 一元氯代产物可以有三种

3-4　写出 2,3-二甲基丁烷的主要构象式(用 Newman 投影式表示)。

3-5　用 Newman 投影式写出 1, 2-二溴乙烷最稳定及最不稳定的构象，并写出该构象的名称。

3-6　写出下列化合物最稳定的构象式。

(1) 异丙基环己烷　　(2) 顺-1-甲基-2-异丙基环己烷

(3) 反-1-甲基-2-异丙基环己烷　　(4) 反-1-乙基-3-叔丁基环己烷

3-7　写出下列各对二甲基环己烷可能的椅式构象，并比较两种异构体的稳定性，说明原因。

(1) 顺-1,2-，反-1,2-　　(2) 顺-1,3-，反-1,3-　　(3) 顺-1,4-，反-1,4-

3-8　按题意回答下列各题。

(1) 写出符合分子式 $C_8H_{18}$ 中沸点最高和最低的结构式。

(2) 下列化合物中，哪个是张力较小、能量较低、最稳定的化合物？

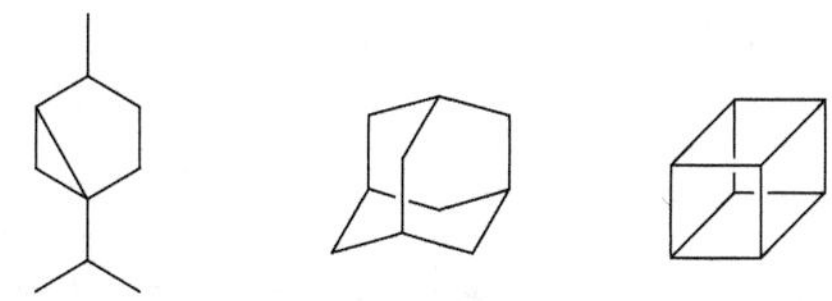

(3) 写出分子式为 $C_5H_{12}$、光照氯代只能生成一种单氯代产物的结构式。

3-9 考虑假设的两步反应：

$$A \underset{K_2}{\overset{K_1}{\rightleftharpoons}} B \underset{K_4}{\overset{K_3}{\rightleftharpoons}} C$$

它是用下面的能量轮廓图来描述的，回答：(1) 总的反应(A→C)是放热还是吸热？(2) 哪个过渡状态是决定反应速率的？(3) 哪一个是最稳定的化合物？(4) 哪一个是最不稳定的化合物？

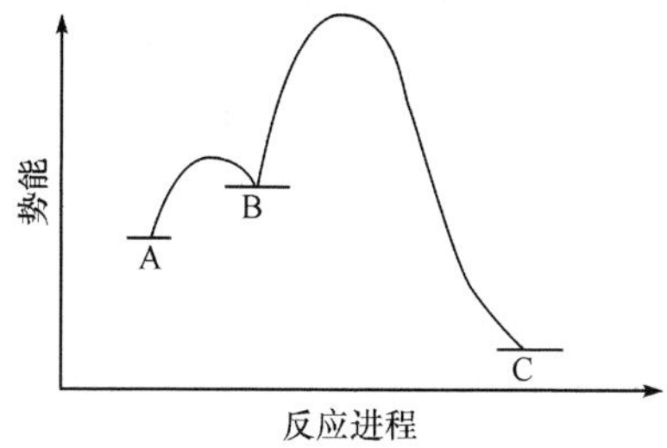


3-10 甲烷氯化时观察到下列现象，试解释。

(1) 将氯气先用光照，在黑暗中放置一段时间后，再与甲烷混合，不生成甲烷氯代产物。

(2) 将氯气先用光照，立即在黑暗中与甲烷混合，生成甲烷的氯代产物。

(3) 甲烷用光照后，立即在黑暗中与氯气混合，不生成甲烷氯代产物。

3-11 甲烷与氯气通常需要加热到 250℃以上才能反应，但加入少量(0.02%)四乙铅[$Pb(C_2H_5)_4$]后，则在 140℃就能发生反应，试解释。(提示：Cl–Cl 键和 C–Pb 键的解离能分别为 242 $kJ \cdot mol^{-1}$ 和 205 $kJ \cdot mol^{-1}$)

3-12 以等物质的量的甲烷和乙烷混合物进行一元氯化反应时，产物中氯甲烷与氯乙烷物质的量之比为 1∶400，则：(1) 如何解释这样的事实？(2) 根据这样的事实，你认为 $CH_3\cdot$ 和 $CH_3CH_2\cdot$ 哪一个稳定？

3-13 完成下列反应。

(1) 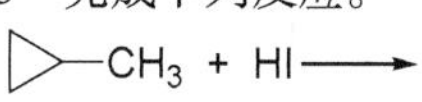


(2) 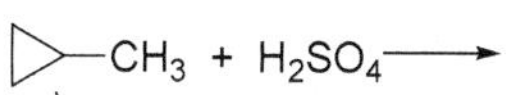


(3) 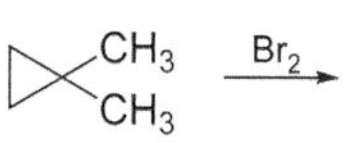


(4) 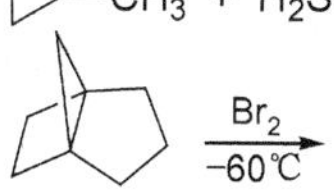

# 第 4 章 不饱和脂肪烃

分子中含有碳碳双键(C=C)或碳碳叁键(C≡C)的烃称为不饱和烃。不饱和烃通常分为不饱和脂肪烃、不饱和脂环烃和芳香烃三大类。不饱和脂肪烃是指含有 C=C 或 C≡C 的开链不饱和烃；不饱和脂环烃是指含有 C=C 或 C≡C 的环状不饱和烃；而芳香烃作为一类特殊的不饱和烃将在第 5 章进行讨论。不饱和脂肪烃一般包括烯烃、炔烃和二烯烃等，不饱和脂环烃一般包括环烯烃和环炔烃等。能稳定存在的不饱和脂环烃与不饱和脂肪烃性质相似，本章重点讨论不饱和脂肪烃。

## (一) 烯　　烃

通常情况下，分子中含有碳碳双键的开链不饱和烃称为烯烃(alkenes)。与同碳数的烷烃相比，烯烃少了两个氢原子，其通式为 $C_nH_{2n}$。环烯烃与相应的烯烃相比，又少了两个氢原子，其通式为 $C_nH_{2n-2}$。碳碳双键是烯烃的特征结构，也称为烯烃的官能团。

### 4.1 烯烃的结构

烯烃的结构特征是碳碳双键，碳碳双键是指两个碳原子之间以两对共用电子对形成的两个共价键，在书写上一般以“C=C”表示。最简单的烯烃是乙烯，分子式为 $C_2H_4$。以乙烯为例讨论烯烃双键的结构。

现代物理方法证明：乙烯是平面型分子，两个碳原子和四个氢原子均在同一平面上。∠HCH 和∠HCC 分别为 117.2°和 121.7°，碳碳键的键长为 0.133 nm，碳氢键的键长为 0.108 nm。另外，C=C 双键的键能为 610 $kJ \cdot mol^{-1}$，小于两个 C–C 单键键能之和[$347 \times 2 = 694$ ($kJ \cdot mol^{-1}$)]，说明 C=C 双键并不是由两个 C–C 单键简单的加和而成，而是由两种不同的键组成。

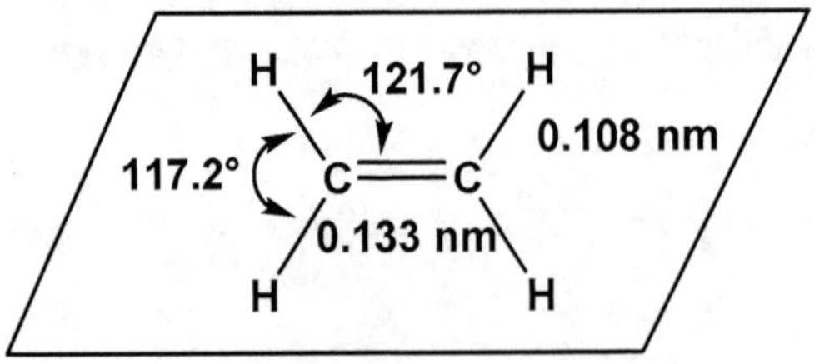


杂化轨道理论认为，碳原子在形成双键时是以 $sp^2$ 杂化方式进行的，图 4-1 为碳原子的 $sp^2$ 杂化示意图。碳原子的 2s 轨道上的一个电子跃迁到 2p 轨道中，然后 2s 轨道和两个 2p 轨道进行杂化，形成三个能量等同的 $sp^2$ 杂化轨道，剩余一个未参与杂化的 2p 轨道。四个价电子分别分布在三个 $sp^2$ 杂化轨道和未杂化的 2p 轨道上。三个 $sp^2$ 杂化轨道的对称轴处于同一平面，其轴线间夹角为 120°。未参与杂化的 2p 轨道垂直于这三个 $sp^2$ 杂化轨道组成的平面，$sp^2$ 杂化碳原子的轨道分布如图 4-2 所示。

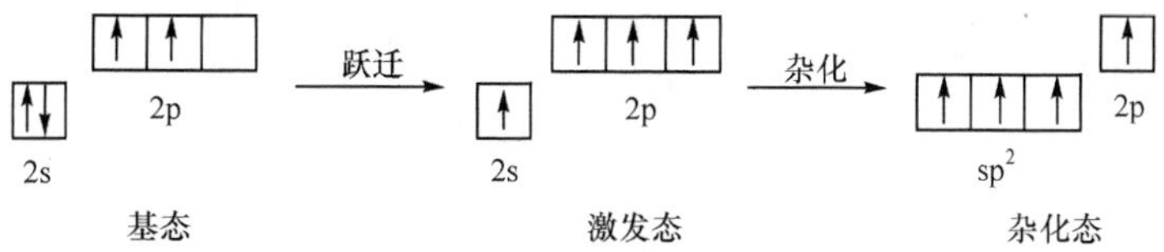


图 4-1　碳原子的 $sp^2$ 杂化示意图

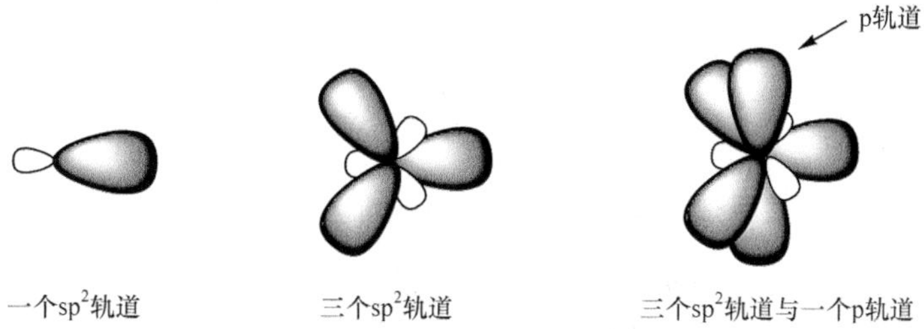


图 4-2　$sp^2$ 杂化碳原子的轨道分布

乙烯分子的两个碳原子均为 $sp^2$ 杂化，两个碳原子各以一个 $sp^2$ 杂化轨道“头碰头”交盖形成 C–C σ 键，其余四个 $sp^2$ 杂化轨道分别和四个氢原子的 1s 轨道交盖形成四个 C–H σ 键，这样形成的五个 σ 键的轨道对称轴都在同一平面内。两个 $sp^2$ 杂化碳上各剩余一个未参与杂化的 p 轨道，这两个 p 轨道互相平行，因此可以进行侧面“肩并肩”的交盖，这种方式形成的键称为 π 键。和 σ 键的电子云分布情况不同，π 键电子云是对称地分布于分子平面的上方和下方，如图 4-3 所示。可见，乙烯分子的 C=C 双键是由一个 σ 键和一个 π 键组成。

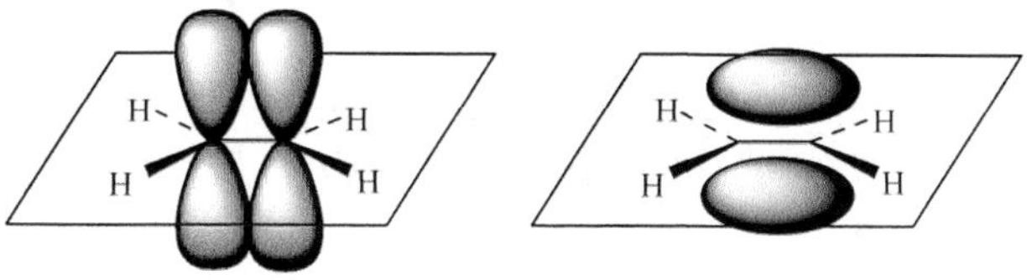


图 4-3　乙烯分子中 π 键的形成和 π 键电子云分布示意图

其他烯烃的双键碳也均以 $sp^2$ 杂化方式成键，因此与双键相连的原子都在同一平面上。C=C 双键与相邻键的夹角都在 120°左右，由于键的不等性其键角略微有些差别。C=C 双键均由一个 σ 键和一个 π 键组成，π 键垂直分布于 $sp^2$ 杂化轨道对称轴所在平面，其交盖程度要比 σ 键小，因此 π 键比 σ 键结合弱，不牢固，π 键键能($264\ kJ \cdot mol^{-1}$)小于 σ 键键能($347\ kJ \cdot mol^{-1}$)。此外，由于 π 键电子云暴露于分子平面的上下方，容易受到外界的影响，特别是容易受到亲电试剂的进攻而发生反应，因此 π 键的存在使烯烃具有较大的反应活性。

π 键的成键方式决定它不能像 σ 键那样可以绕键轴自由地旋转。π 键以 p 轨道的侧面交盖而成，只有当两个 p 轨道的对称轴平行时，其交盖程度最大。如果将两个平行的 p 轨道相对旋转，则使 p 轨道的交盖程度减小，使 π 键削弱或破坏。所以，在一般条件下 π 键是不能自由旋转的。另外，π 键不能独立存在，它与 σ 键并存。

## 4.2　烯烃的同分异构现象

由于 C=C 双键的存在，烯烃的异构比烷烃复杂，包括碳链异构、位置异构和顺反异构。其中碳链异构和位置异构属于构造异构，而顺反异构属于构型异构。

与烷烃的异构相似，烯烃也可以产生碳链异构。例如：

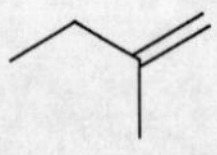 

2-甲基-1-丁烯　　1-戊烯

对于碳链相同的烯烃，由于官能团(C=C 双键)的位置不同而产生的异构称为位置异构。例如：

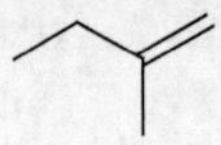 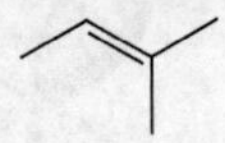

2-甲基-1-丁烯　　2-甲基-2-丁烯

烯烃双键碳上所连接的四个原子或基团处于同一平面上，由于双键中 π 键的存在，双键碳原子不能绕 σ 键轴自由旋转，因此当双键的两个碳原子上各连接两个不同的原子或基团时，这些原子或基团将产生不同的空间取向。这种由于双键碳上原子或基团的不同空间位置而产生的异构称为顺反异构，也称为几何异构。例如，2-丁烯的顺反异构：

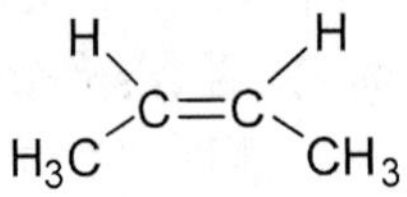 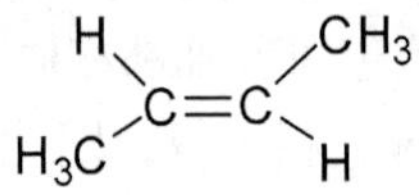

| | 顺式异构体 | 反式异构体 |
|---|---|---|
| m.p. | –138.9℃ | –106.5℃ |
| b.p. | 3.7℃ | 0.9℃ |

当双键两端相同的原子或基团处于双键的同侧时称为顺式(*cis*-)异构体，处于异侧时称为反式(*trans*-)异构体。由 2-丁烯的顺反异构体的物理常数可以看出，它们的物理性质不同，因此顺反异构体是不同的化合物。

烯烃顺反异构现象的起因是 C=C 双键不能自由旋转，而产生顺反异构体的必要条件是两个双键碳原子中的任何一个所连接的两个原子或基团不相同。例如，2-丁烯具有顺反异构体，而 1-丁烯因有一个双键碳上连有两个相同的氢原子而无顺反异构体。

顺反异构体可采用顺反命名法，即顺式异构体在系统名称前加“顺”字，反式异构体加“反”字，中间用连字符“-”连接。例如：

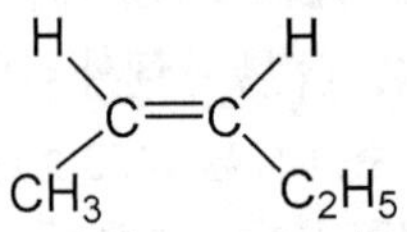 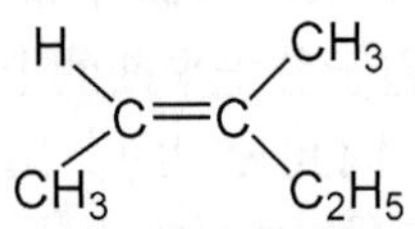

顺-2-戊烯　　反-3-甲基-2-戊烯

顺反命名法具有局限性，它只适用于双键两端含有相同的原子或基团的烯烃，对于双键两端连有的四个原子或基团完全不相同时则无法利用其命名。为此，IUPAC 命名法规定了 *Z*/*E* 命名法。

Z/*E* 命名法首先要比较双键两端的两个原子或基团的优先次序(参见 2.1)。依次比较与双键碳相连的原子或基团的原子序数，原子序数大的为优先基团。

如果两个双键碳上连接的“较优”原子或基团处于双键的同侧称为 *Z* 式，在异侧称为 *E* 式。*Z* 和 *E* 分别取自德文 Zusammen(共同)和 Entgegen(相反)的第一个字母。命名时，判断出是 Z 式或 E 式后，把 Z 或 E 写在括号内，放在系统名称的前面。例如：

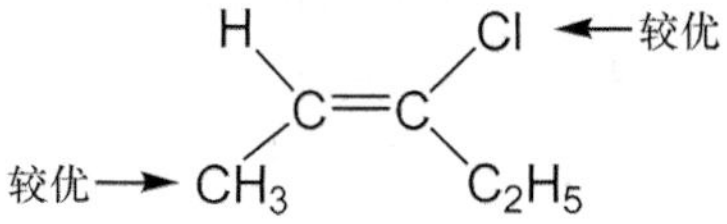


(E)-3-氯-2-戊烯

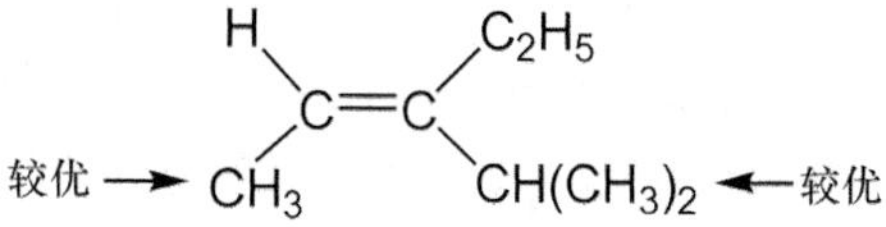


(Z)-4-甲基-3-乙基-2-戊烯

可见，Z/E 命名法适用于所有烯烃几何异构体的命名。需要注意的是，Z/E 命名法和顺反命名法之间没有必然的联系，顺式构型不一定是 Z 构型，反式构型也不一定是 E 构型。例如，反-3-甲基-2-戊烯利用 Z/E 命名法命名为(Z)-3-甲基-2-戊烯。

## 4.3 烯烃的物理性质

烯烃的物理性质和烷烃相似。沸点随着碳原子数目的增多而升高，支链化使沸点降低。另外，末端烯烃的沸点比相应的内烯烃略低。在常温下，含 2～4 个碳原子的烯烃为气体，含 5～17 个碳原子的烯烃为液体，含 18 个碳原子以上的烯烃为固体。烯烃的相对密度小于 1，但较相应的烷烃略高。烯烃难溶于水，易溶于非极性的有机溶剂，如苯、乙醚、四氯化碳等。部分烯烃的物理常数列于表 4-1。

**表 4-1 部分烯烃的物理常数**

| 名称 | 构造式 | 熔点/℃ | 沸点/℃ | 相对密度 $d_4^{20}$ |
|---|---|---|---|---|
| 乙烯 | $CH_2$=$CH_2$ | −169.1 | −103.7 | 0.57(沸点时) |
| 丙烯 | $CH_2$=$CHCH_3$ | −185.2 | −47.4 | 0.61(沸点时) |
| 1-丁烯 | $CH_2$=$CHCH_2CH_3$ | −184.3 | −6.3 | 0.643 |
| 顺-2-丁烯 | 顺-$CH_3CH$=$CHCH_3$ | −138.9 | 3.7 | 0.621 |
| 反-2-丁烯 | 反-$CH_3CH$=$CHCH_3$ | −106.5 | 0.9 | 0.604 |
| 异丁烯 | $CH_2$=$C(CH_3)_2$ | −140.3 | -6.9 | 0.627(−10℃) |
| 1-戊烯 | $CH_2$=$CH(CH_2)_2CH_3$ | −138.0 | 30.0 | 0.641 |
| 顺-2-戊烯 | 顺-$CH_3CH$=$CHCH_2CH_3$ | −151.4 | 36.9 | 0.656 |
| 反-2-戊烯 | 反-$CH_3CH$=$CHCH_2CH_3$ | −136.0 | 36.4 | 0.648 |
| 2-甲基-1-丁烯 | $CH_2$=$C(CH_3)CH_2CH_3$ | −137.6 | 31.1 | 0.650 |
| 3-甲基-1-丁烯 | $CH_2$=$CHCH(CH_3)_2$ | −168.5 | 20.7 | 0.627 |
| 2-甲基-2-丁烯 | $(CH_3)_2C$=$CHCH_3$ | −133.8 | 38.5 | 0.662 |
| 1-己烯 | $CH_2$=$CH(CH_2)_3CH_3$ | −139.8 | 63.3 | 0.673 |
| 1-庚烯 | $CH_2$=$CH(CH_2)_4CH_3$ | −119.0 | 93.6 | 0.697 |
| 1-辛烯 | $CH_2$=$CH(CH_2)_5CH_3$ | −101.7 | 121.3 | 0.715 |

在顺反异构体中，往往顺式异构体具有较高的沸点和较低的熔点。例如表 4-1 中所列的顺-2-丁烯和反-2-丁烯。一般来讲，杂化轨道中 s 成分越多，原子核对核外电子的吸引能力越

强，碳原子的电负性就越大。因为烯烃中不饱和碳原子($sp^2$)的电负性大于与之相连的饱和碳原子($sp^3$)的电负性，在顺式异构体中两个相同的原子或基团处于双键的同侧，分子通常具有一定的偶极矩，是极性分子；而在反式异构体中两个相同的原子或基团处于双键相反的位置，偶极矩通常可以相互抵消，分子无极性或呈弱极性。因此，顺式异构体的极性大于反式异构体，使得顺式异构体的分子间作用力大，沸点较高。但是顺式异构体分子的对称性较低，在晶格中不易紧密排布，因此熔点较低。

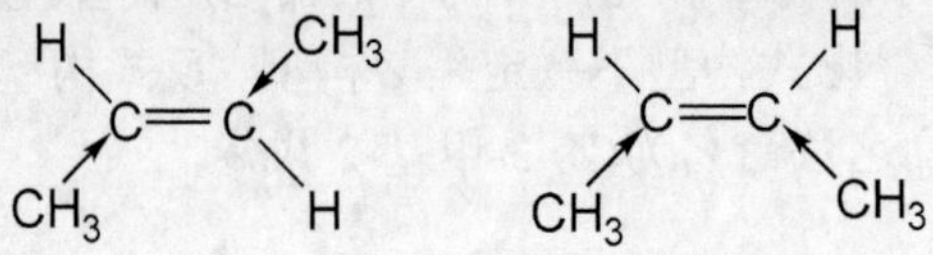

$\mu = 0\ C{\cdot}m$　　　$\mu = 1.10 \times 10^{-30} C{\cdot}m$

## 4.4 烯烃的化学性质

烯烃的特征官能团 C=C 决定了烯烃是一类化学性质活泼的有机化合物，能发生一系列的化学反应。C=C 由 σ 键和 π 键组成。σ 键结合较牢固，键能大，不易断裂；而 π 键结合不牢固，键能较小，易断裂。基于 π 键的断裂，烯烃可以发生加成、氧化和聚合等反应。另外，由于双键的影响，与双键直接相连的碳原子(*α*-C)上的氢原子(*α*-H)也具有一定的活泼性，可以发生一些反应(如卤代和氧化反应)。

### 4.4.1 加成反应

不饱和烃中的 π 键在试剂的作用下发生断裂，两个不饱和碳原子分别与试剂中的原子或基团结合，形成两个 σ 键的反应称为加成反应(addition reaction)。在烯烃的加成反应中，碳原子的杂化状态由 $sp^2$ 变成了 $sp^3$，不饱和烃变成了饱和化合物。烯烃可以和多种试剂发生加成反应，但是试剂不同，发生加成反应的机理也不同。

1. 催化加氢反应

在金属催化剂的作用下，烯烃和氢气加成生成相应烷烃的反应称为催化加氢反应，又称为催化氢化反应(catalytic hydrogenation)。

$$RCH=CH_2 + H_2 \xrightarrow[(Pt或Pd)]{Ni} RCH_2CH_3$$

常用于氢化反应的催化剂有铂(Pt)、钯(Pd)和镍(Ni)等金属，其催化活性 Pt > Pd > Ni。通常 Pt 和 Pd 被吸附在惰性材料(如活性炭)上使用，它们的催化活性较高，但成本也高。Ni 的催化活性较低，但价格便宜。工业上常采用 Raney Ni 催化剂，是镍铝(1∶1)合金经氢氧化钠溶液处理，溶去铝后制成的多孔性、活性较高的 Ni 粉。Raney Ni 催化剂的比表面积很大，使用这种催化剂，加氢反应可以在室温下进行。

一般认为催化氢化反应是在催化剂的表面以化学吸附的机理进行的。金属 Pt、Pd 和 Ni 对氢气有很好的吸附作用，金属可以提供电子，与氢原子结合形成金属-氢键，因此氢气在金属的作用下分裂成氢原子而被吸附在催化剂的表面。当烯烃分子靠近催化剂表面时，烯烃的

π 键也因吸附而松弛，这种活化了的烯烃与氢原子在催化剂媒介的撮合下，打开 π 键，生成两个 C–H σ 键，最后生成烷烃。示意图如下：

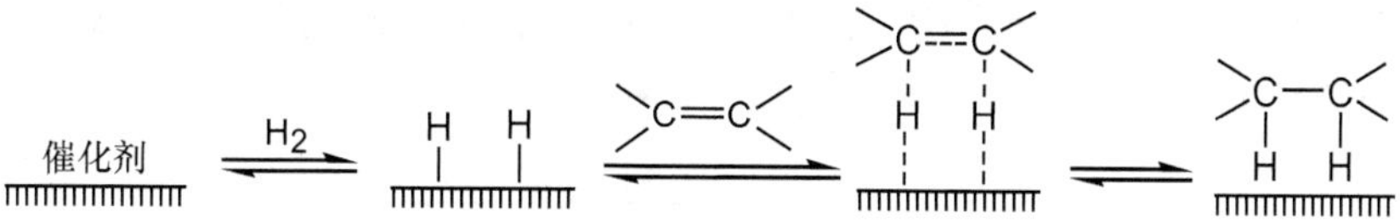


在催化氢化反应中，催化剂的作用是降低了反应的活化能，从而使反应更容易进行。以乙烯的催化氢化反应为例，其能量变化如图 4-4 所示。

由图 4-4 可知，烯烃的加氢反应是放热反应。这是因为反应过程中新形成两个 C–H σ 键放出的能量大于断裂一个 π 键和一个 H–H 键所需要的能量，这也说明了烷烃比烯烃稳定。1 mol 烯烃催化加氢放出的能量称为氢化热(Δ*H*)。利用氢化热的测定，可以比较不同烯烃的相对稳定性。例如：

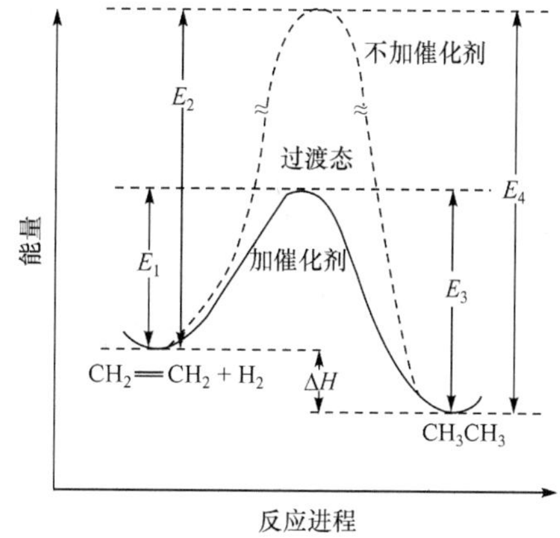


图 4-4　乙烯的催化氢化反应能量变化示意图

$$CH_3CH_2CH{=}CH_2 + H_2 \xrightarrow{Ni} CH_3CH_2CH_2CH_3 \qquad \Delta H = -127\ kJ\cdot mol^{-1}$$

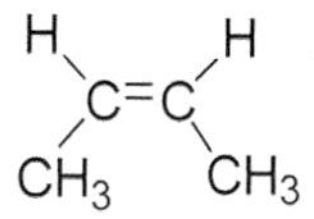

$$+ H_2 \xrightarrow{Ni} CH_3CH_2CH_2CH_3 \qquad \Delta H = -120\ kJ\cdot mol^{-1}$$

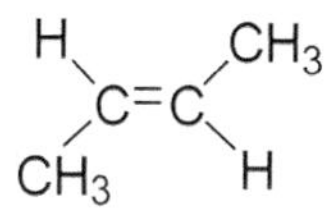

$$+ H_2 \xrightarrow{Ni} CH_3CH_2CH_2CH_3 \qquad \Delta H = -116\ kJ\cdot mol^{-1}$$

丁烯的三个异构体加氢反应都生成丁烷，即产物的能量相同，则氢化热越高，说明原反应物烯烃所含有的能量越高，越不稳定。从上述反应不难看出，末端烯烃的稳定性最差，顺-2-丁烯的稳定性小于反-2-丁烯，这是因为两个甲基在双键的同侧，相互排斥导致热力学能升高。一般情况下，反式烯烃都比顺式烯烃稳定。另外，从下面的例子可以看出，双键碳原子连接的烷基越多，烯烃的氢化热就越低，相应的烯烃稳定性就越高。

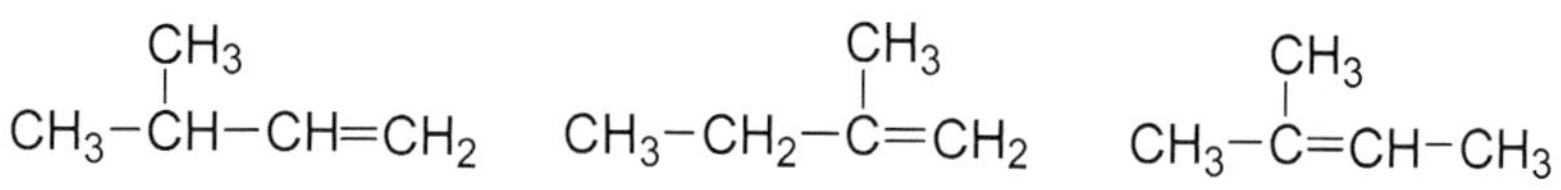

Δ*H*/(kJ · mol⁻¹)　　−126.8　　−119.2　　−112.5

实验证明，一般情况下各类烯烃的相对稳定性次序如下：

$R_2C{=}CR_2 > R_2C{=}CHR > R_2C{=}CH_2$, RCH=CHR (反 > 顺) $> RCH{=}CH_2 > CH_2{=}CH_2$

与烯烃的稳定性次序不同，双键碳上连接的烷基越多，空间位阻越大，越不利于双键在催化剂表面的吸附，因此催化加氢反应速率将下降。一般情况下烯烃的催化加氢活性次序如下：

$CH_2{=}CH_2 > RCH{=}CH_2 > R_2C{=}CH_2, RCH{=}CHR > R_2C{=}CHR > R_2C{=}CR_2$

由于双键碳原子在同一平面内，π 键电子在催化剂表面上主要是同向吸附，两个氢原子在同一方向加成到双键碳上，即新形成的两个 C–H σ 键都处在双键的同一侧，所以在立体化学上大部分烯烃的催化加氢表现为顺式加成。例如：

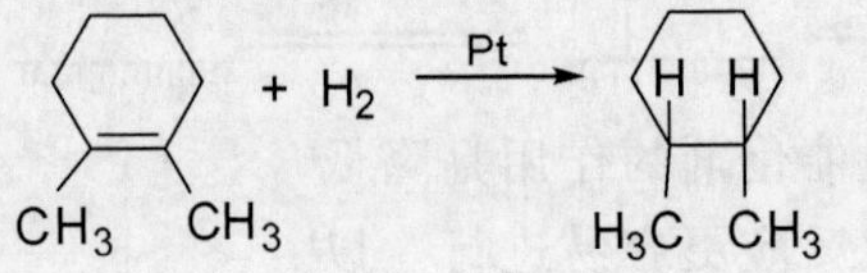

顺式产物

烯烃的催化氢化反应在理论上和实际应用中都十分重要。利用烯烃的催化氢化可以制备具有特殊作用的烷烃。例如，在油脂工业中，常把含有不饱和键的液态油脂经氢化处理后，变成固态或半固态的油脂，即为人造奶油。又如在石油加工中，将粗汽油中少量的烯烃进行氢化处理，可避免活泼的烯烃发生氧化、聚合等反应产生杂质，从而提高油品的质量。另外，由于烯烃的催化氢化反应定量进行，可根据氢气的吸收量计算分析试样中烯烃的含量或计算烯烃分子中双键的数目。

2. 亲电加成反应

烯烃中双键的 π 键电子云分布在 σ 键所在平面的上下方，受原子核的束缚力较小，所以 π 键电子云容易流动，易极化，容易受到带正电荷或带部分正电荷的原子或基团(缺电子试剂)的进攻而发生反应。在化学反应中，具有亲电性能的缺电子试剂称为亲电试剂(参见 1.5.3)。由亲电试剂作用而引起的加成反应称为亲电加成反应。常用的亲电试剂有 HX、$H_2O$、$H_2SO_4$、$X_2$、HOX 等。

1) 与卤化氢加成

烯烃与卤化氢气体或浓的氢卤酸如 HI、HBr、HCl 等发生亲电加成反应，生成相应的卤代烃。这是制备卤代烃的重要方法。例如：

$$CH_3CH{=}CHCH_3 + HCl \longrightarrow CH_3CH_2\underset{\displaystyle Cl}{\underset{|}{C}}HCH_3$$

烯烃与 HX 的亲电加成反应历程分为两步：

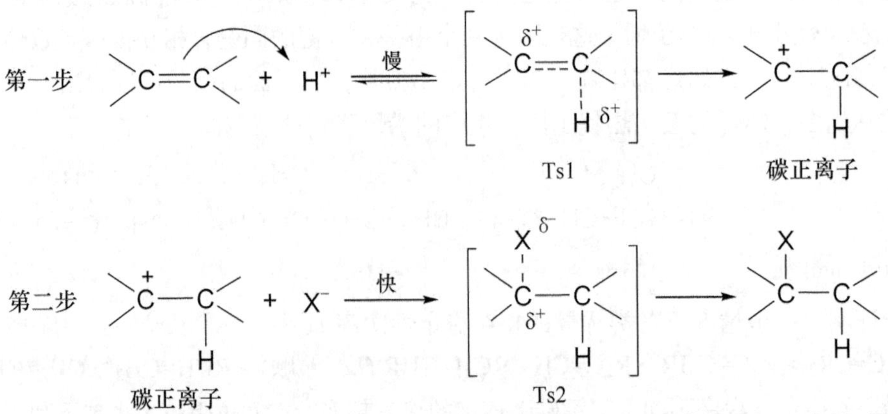


第一步：卤化氢分子解离出的 $H^+$ 首先进攻双键碳原子，经过渡态 Ts1，生成中间体碳正离子($C^+$)。

第二步：碳正离子迅速与 $X^-$ 结合，经过渡态 Ts2，生成卤代烃。

反应过程中弯箭头的方向是指成键或断键过程中电子的流动方向。其中第一步反应速率较慢，是决定整个反应速率的控制步骤；第二步反应迅速。碳正离子中间体的中心碳原子为 $sp^2$ 杂化，不含电子的空 p 轨道垂直于三个 $sp^2$ 杂化轨道所在的平面，因此碳正离子也具有平面型结构。

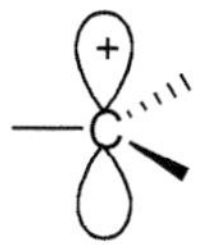

碳正离子

当 $X^-$ 与 $C^+$ 成键时，$X^-$ 可以从平面的上方或下方进攻 $C^+$，如果没有明显的空间障碍，在两个方向上进攻的概率是相等的。因此，加成产物常为顺式加成和反式加成的混合物。例如：

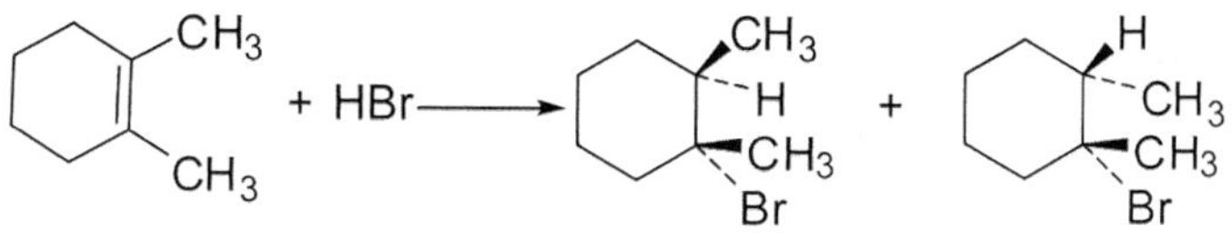

从酸碱概念来看，反应历程中的第一步可以看作一个酸碱反应，其中烯烃为碱(电子给予体)，$H^+$ 为酸(电子受体)。因为第一步是决定整个反应速率的控制步骤，因此可以得出以下结论：

(1) HX 的酸性越强，亲电加成反应速率越快，即 HX 的反应活性次序为：HI > HBr > HCl。HF 因酸性太弱，一般不与烯烃发生加成反应。

(2) 烯烃的“碱性”越强，即双键碳上电子云密度越大，亲电加成反应速率越快。因此，当双键碳上连有供电子基(如烷基–R)时，双键碳上电子云密度增大，反应速率加快；当双键碳上连有吸电子基(如卤素–X)时，则反应速率减慢。所以，烯烃与 HX 的亲电加成反应活性一般有以下次序：

$R_2C{=}CR_2 > R_2C{=}CHR > R_2C{=}CH_2, RCH{=}CHR > RCH{=}CH_2 > CH_2{=}CH_2 > CH_2{=}CHCl$

当 HX 与不对称烯烃加成时，通常可以得到两种产物。例如：

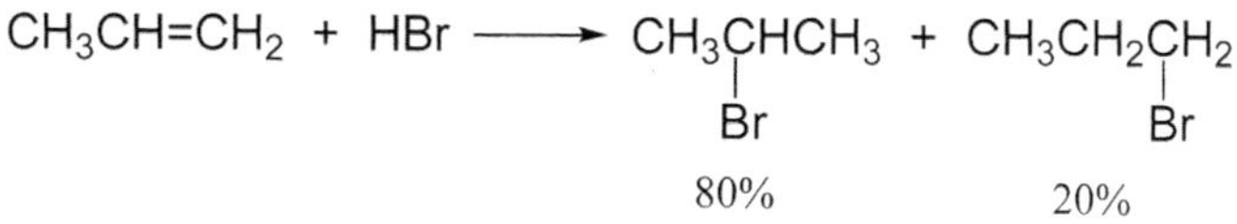

丙烯与 HBr 加成生成 1-溴丙烷和 2-溴丙烷，其中以 2-溴丙烷为主。根据大量的实验结果，总结出一个经验规律：不对称烯烃与极性试剂(如 HX)发生亲电加成反应时，试剂中带正电部分(如 $H^+$)总是加到含氢较多的双键碳原子上，带负电部分(如 $X^-$)则加到含氢较少的双键碳原子上。这个经验规律是由俄国化学家 Markovnikov(马尔科夫尼科夫)总结出来的，因此称为马尔科夫尼科夫规律，简称马氏规则，也称不对称加成规则。应用这个规律可以预测各种不对称烯烃的加成产物(或主产物)。

对于马氏规则，可以从反应中间体碳正离子的稳定性和电子效应两方面进行解释：

(1) 碳正离子的稳定性。

不同结构的烯烃进行亲电加成反应，生成不同结构的碳正离子中间体。碳正离子的稳定性越高，越容易生成，其亲电加成反应速率就越快；反之，碳正离子的稳定性越低，越不容易生成，其亲电加成反应速率就越慢。

根据静电学原理，带电体系的电荷分散程度越大，体系能量越低，稳定性越高；相反，电荷越集中，体系能量越高，稳定性越差。烷基(–R)为供电子基团，碳正离子上的烷基越多，相当于正电荷的分散程度越大，体系的稳定性越高(参见 4.11.2)。因此，碳正离子的稳定性次序为：

$$3°C^+ > 2°C^+ > 1°C^+ > CH_3^+$$

不对称烯烃与 HX 加成时，在反应历程的第一步，质子可分别与两个双键碳原子结合，生成两种不同的碳正离子中间体。然后碳正离子再和卤素负离子结合，得到两种加成产物。例如：

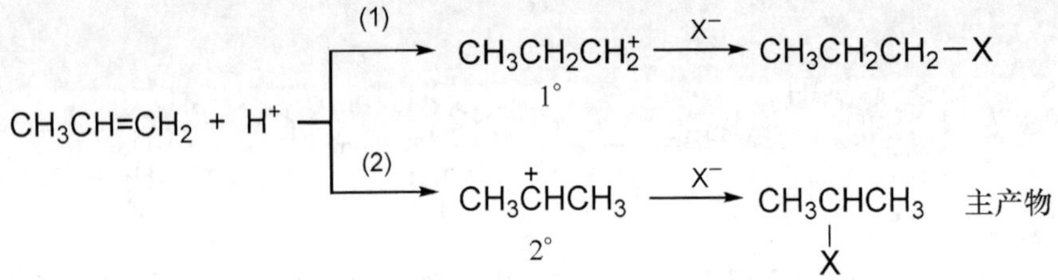

第一步是整个反应速率的控制步骤，因此加成反应究竟采取哪种途径取决于第一步生成碳正离子的难易程度(活化能大小)和稳定性(能量高低)。碳正离子的稳定性越大，越容易生成，反应越容易进行。

在上述反应中，途径(1)生成 $1°C^+$，途径(2)生成 $2°C^+$，而 $2°C^+$ 的稳定性大于 $1°C^+$ 的稳定性，因此反应主要按途径(2)进行，主产物为符合马氏规则的产物。

(2) 电子效应——诱导效应对亲电加成反应的影响。

由于组成单键(σ 键)的两个原子的电负性不同，而引起共用电子对偏向其中一个原子的极化现象称为诱导效应(参见 1.3 节)。诱导效应的本质是 σ 电子云的偏移，一般用“→”符号表示极性键，箭头表示电子云偏移的方向。诱导效应的特点是可以沿着 σ 碳链进行传递，并且随着距离的增加作用减弱，一般超过三个单键距离可视为作用消失。例如：

$$CH_3-\overset{\delta\delta\delta^+}{CH_2}\rightarrow\overset{\delta\delta^+}{CH_2}\rightarrow\overset{\delta^+}{CH_2}\rightarrow\overset{\delta^-}{Cl}$$

诱导效应可分为吸电子诱导效应(–*I* )和供电子诱导效应(+*I* )。卤素一般表现为吸电子诱导效应，且电负性越大，诱导效应越强。诱导效应会对整个分子的电子云分布产生影响，在烯烃分子中，则会对 π 键电子云的分布产生影响。

在丙烯分子中由于双键碳原子为 $sp^2$ 杂化，甲基碳原子为 $sp^3$ 杂化，$sp^2$ 杂化碳的电负性大于 $sp^3$ 杂化碳，因此，甲基表现为供电子的诱导效应。又因为 π 电子云更易极化，甲基的供电子诱导效应会使 π 电子云向着离甲基较远的那个双键碳原子偏移。因此，在丙烯分子中 π 电子云重新分布的结果是末端碳原子带部分负电荷，与甲基相连的双键碳原子带部分正电荷。

$$CH_3\rightarrow\overset{\delta^+}{CH}=\overset{\delta^-}{CH_2}$$

这样丙烯与 HX 发生亲电加成反应时，带正电的质子便加到带部分负电荷的双键碳原子

(含氢较多的碳)上，而 $X^-$ 则和带部分正电荷的双键碳(含氢较少的碳)结合。所以加成产物符合马氏规则。

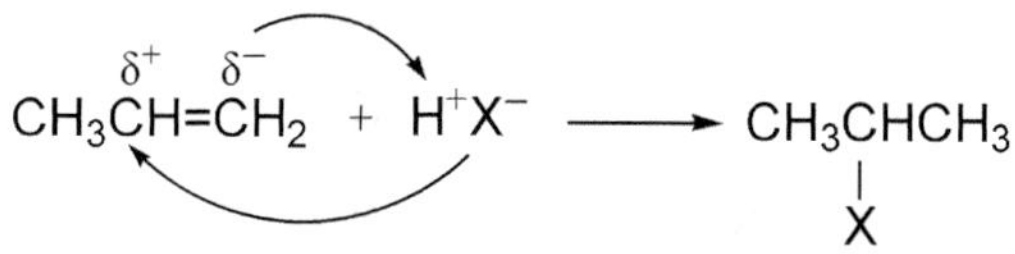

当双键碳上连有其他烷基时，与甲基相似，也表现为供电子的诱导效应(R→CH=CH$_2$)，使末端碳带部分负电荷，加成产物符合马氏规则。

马氏规则为一经验总结，学习时要理解反应本质。当双键碳上连有强吸电子基($-NO_2$、$-CX_3$、$-NR_3^+$等)时，表现为吸电子的诱导效应，使末端碳带部分正电荷，最终会得到反马氏加成产物。例如：

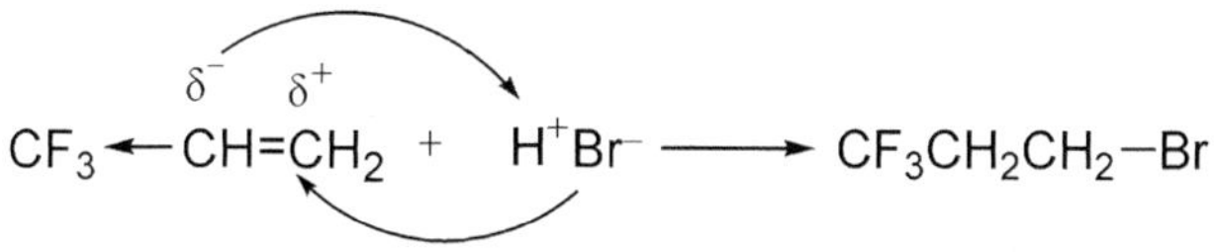

以上从中间体碳正离子的稳定性和电子效应两方面对马氏规则进行了解释。根据马氏规则，可以预测各种不对称烯烃的加成产物。

但是，有些烯烃在与亲电试剂(如 HX、$H_2O$、$H_2SO_4$ 等)发生反应时，并不仅仅得到正常的加成产物，还往往有异构化(重排)产物出现。例如：

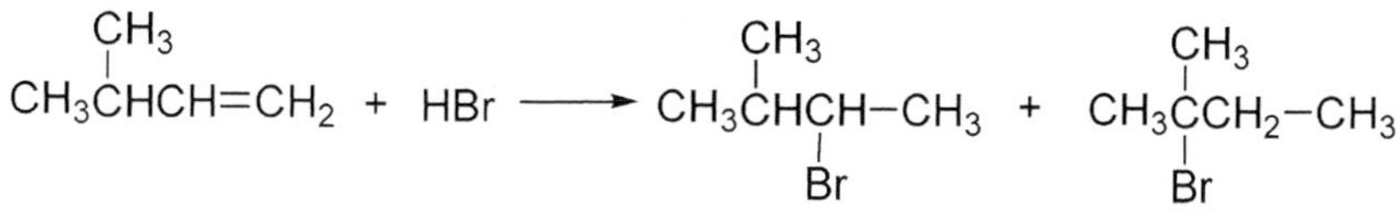

Ⅰ　　　　Ⅱ

在上述反应中，产物Ⅰ为正常的马氏加成产物，产物Ⅱ为重排产物。

上述反应首先生成 2°碳正离子中间体，与 $Br^-$ 结合得到产物Ⅰ。但该 2°碳正离子可以通过相邻碳原子上的负 H 迁移(重排)得到稳定性更高的 3°碳正离子，这个过程可以“自发”进行。3°碳正离子再与 $Br^-$结合，即得到了重排产物Ⅱ。

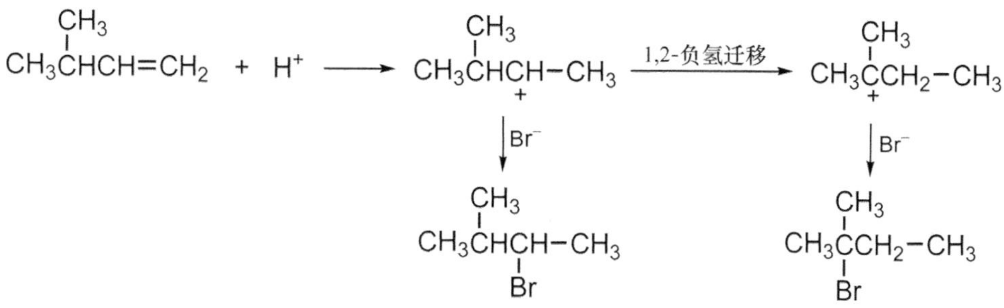


Ⅰ　　　　Ⅱ

同理，3,3-二甲基-1-丁烯与 HCl 的加成产物，也涉及碳正离子的重排。2°碳正离子通过相邻碳原子上$-CH_3$的迁移得到更稳定的 3°碳正离子，且重排产物为主产物。

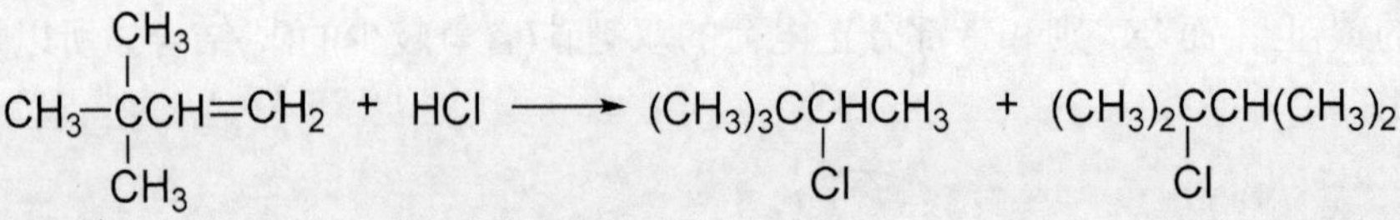

17%　　83%

碳正离子重排在有机反应中时常会遇到，但是碳正离子一般在酸性或中性条件下重排，在碱性条件下不发生重排。判断重排反应能否发生的依据是碳正离子的稳定性。经重排后的碳正离子必须比原碳正离子具有更高的稳定性，并且重排通常只发生在相邻的碳原子上，即只发生 1,2-迁移。

再如：

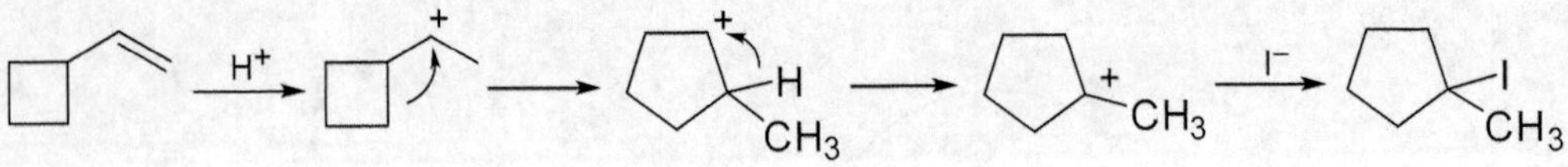

在此反应中，先生成的碳正离子首先发生四元环的开环邻位重排，生成稳定性更好的五元环 2°碳正离子，再进一步重排生成 3°碳正离子，进而得到相应的产物。

2) 与水加成

烯烃与水不能直接发生加成反应。这是因为水是一种很弱的酸，其解离生成的质子浓度很低，难以与烯烃双键进行亲电加成反应。通常烯烃与水的加成需在酸($H_2SO_4$、$H_3PO_4$ 等)催化下进行。例如：

$$CH_3CH{=}CH_2 + H_2O \xrightarrow{H^+} CH_3\underset{\displaystyle OH}{\underset{|}{C}}HCH_3$$

烯烃与水加成生成醇，称为烯烃的直接水合法制醇。不对称烯烃与水的加成遵循马氏规则。在酸催化下反应历程也经过碳正离子中间体，因此往往有重排产物存在。

工业上乙烯也可以直接水合。乙烯在高温高压下，以载于硅藻土上的磷酸为催化剂，与过量的水蒸气作用，即可以加水而得乙醇。

$$CH_2{=}CH_2 + H_2O \xrightarrow[300℃,\ 7\sim8\ MPa]{H_3PO_4,硅藻土} CH_3CH_2OH$$

3) 与硫酸加成

烯烃可与浓 $H_2SO_4$ 反应，生成烷基硫酸(也称为烷基硫酸酯)。

$$CH_2{=}CH_2 + HO{-}SO_2{-}OH \longrightarrow \underset{乙基硫酸酯}{CH_3CH_2OSO_3H}$$

反应历程与 HX 的加成一样，第一步是烯烃与质子的加成，生成碳正离子，然后碳正离子再与硫酸氢根结合。烯烃与硫酸的加成，经过碳正离子中间体，有重排产物产生。不对称烯烃与硫酸的加成，产物遵循马氏规则。例如：

主产物

烷基硫酸酯和水共热，则水解而得到醇。通过加成和水解两个反应，结果是烯烃分子中加了一分子水，所以又称为烯烃的间接水合，工业上可利用这一过程来制备醇类。

乙醇、异丙醇和叔丁醇的工业制备方法为：相应的烯烃通入不同浓度的硫酸中(如液态的烯烃与酸一起搅拌)，即得烷基硫酸的澄清溶液，然后用水稀释，加热即得相应的醇。

$$CH_2{=}CH_2 \xrightarrow{98\%\ H_2SO_4} CH_3CH_2OSO_3H \xrightarrow[90\,^\circ C]{H_2O} CH_3CH_2OH + H_2SO_4$$

$$CH_3CH{=}CH_2 \xrightarrow{80\%\ H_2SO_4} CH_3CH(OSO_3H)CH_3 \xrightarrow[\triangle]{H_2O} CH_3CH(OH)CH_3 + H_2SO_4$$

$$(CH_3)_2C{=}CH_2 \xrightarrow{63\%\ H_2SO_4} (CH_3)_2C(OSO_3H)CH_3 \xrightarrow[\text{常温}]{H_2O} (CH_3)_3COH + H_2SO_4$$

烯烃和硫酸的加成也常用来使烯烃和烷烃分离。由石油工业得到的烷烃中常杂有烯烃，如果使它们通过硫酸，烯烃即被硫酸吸收生成可溶于硫酸的烷基硫酸，而烷烃不溶于硫酸，从而使它们分离。

4) 与卤素加成

烯烃与卤素加成生成邻二卤代烃。例如：

$$CH_3CH{=}CH_2 + Cl_2 \longrightarrow CH_3CH(Cl)CH_2Cl$$

卤素的反应活性次序为：氟 > 氯 > 溴 > 碘。通常氟与烯烃的反应太剧烈，难以控制，往往得到碳链断裂的各种产物，无实用意义。碘与烯烃的加成反应速率非常慢，且为可逆反应，又往往逆反应占优势，故不常用。因此，烯烃与卤素的加成反应实际上是指与氯和溴的加成。

烯烃与溴的反应通常以四氯化碳为溶剂，在室温下即可发生反应，反应现象非常明显(溴的红色褪去)，因此可利用该性质鉴别烯烃。另外，反应定量进行，可用于烯烃中双键含量的测定。例如：

$$(CH_3)_2CHCH{=}CHCH_3 + Br_2 \xrightarrow{CCl_4} (CH_3)_2CHCH(Br){-}CH(Br)CH_3$$

研究表明，烯烃与卤素($Cl_2$、$Br_2$)的加成反应分两步进行。以加溴为例说明其反应机理：

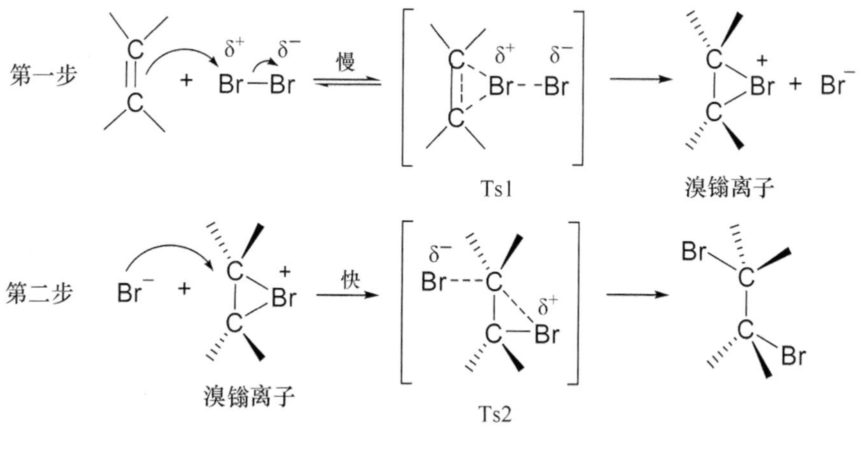

第一步：当溴分子接近烯烃分子时，受烯烃 π 电子的影响，溴分子发生极化，一个溴原子带部分正电荷，另一个溴原子带部分负电荷。带部分正电荷的溴原子进一步接近烯烃时，溴的极化程度加深，经过渡态 Ts1，结果使溴分子发生了不均等的异裂，带正电荷的溴原子和烯烃的一对 π 电子结合生成环状的溴鎓正离子。在溴鎓正离子中，正电荷可由组成三元环的三个原子共同分担。

第二步：由于空间阻碍作用，溴负离子只能从溴鎓正离子的背面(鎓离子中 Br–C 键的反方向)进攻带部分正电荷的碳原子，经过渡态 Ts2，鎓离子的三元环开环，最终生成邻二溴产物。

在两步反应历程中，其中第一步反应速率较慢，是决定整个反应速率的关键步骤。第二步反应较快，加成方式为反式加成。例如：

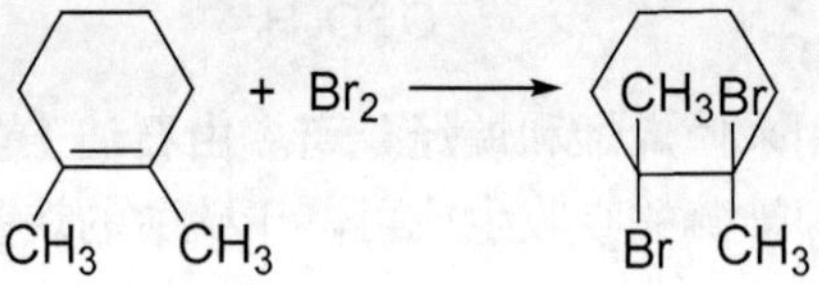


反式产物

5) 与次卤酸加成

烯烃和卤素(溴或氯)在水溶液中进行的加成反应，主要产物为卤代醇，同时也有部分二卤化物生成。例如：

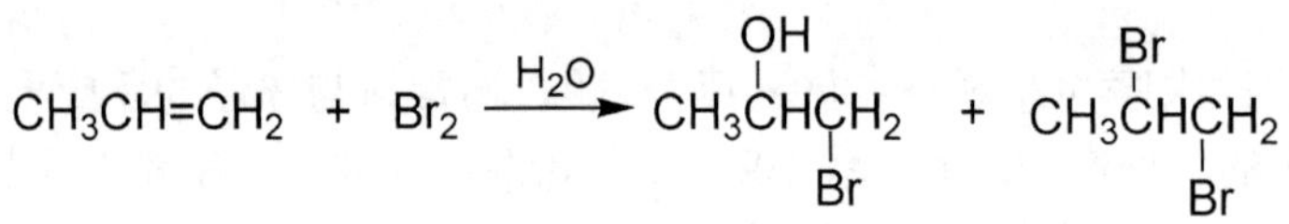


主产物

反应的第一步与加卤素时相同，首先形成卤鎓离子；第二步是水分子从卤鎓离子的背面进攻，形成鉾盐(羟基氧上的孤对电子结合质子形成的盐)，鉾盐再脱掉质子生成反式加成产物卤代醇。

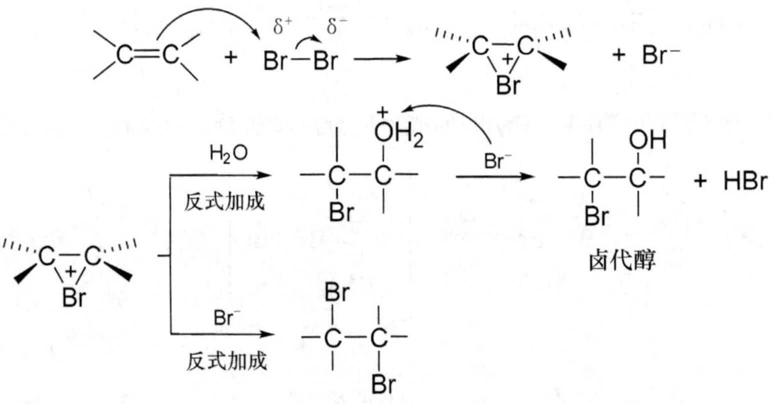


产物卤代醇的生成相当于在双键上加上了一分子次溴酸或次氯酸，所以有时也称为烯烃与次卤酸的加成，但实际上只是烯烃和卤素在水溶液中进行反应的结果。

3. 硼氢化-氧化反应

烯烃与硼烷加成生成烷基硼的反应称为烯烃的硼氢化反应。在硼烷分子中，B–H 键为一弱的极性键，硼的电负性(2.0)略小于氢(2.1)，因此硼原子带部分正电荷，而氢原子带部分负电荷。更重要的是硼烷分子中硼原子缺电子，只有六个价电子。所以，硼烷可与烯烃发生加成反应。由于甲硼烷极不稳定，目前尚未分离得到，实际使用的是它的二聚体乙硼烷的醚溶液。与烯烃反应时，乙硼烷迅速解离为甲硼烷与溶剂如四氢呋喃(THF)的配合物，与烯烃能定量地进行加成反应。

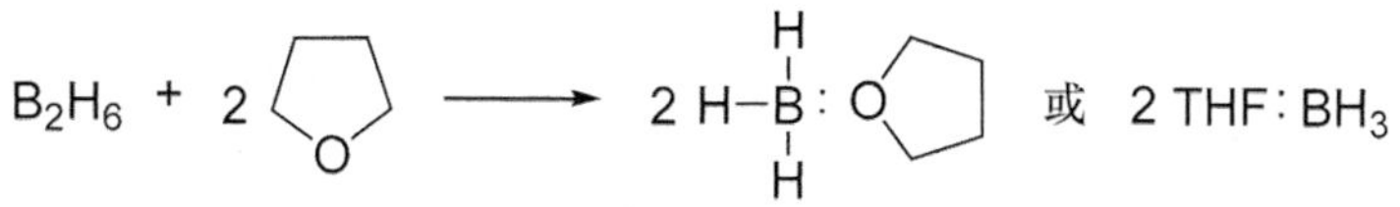

$$RCH{=}CH_2 \xrightarrow{B_2H_6} \underset{\text{一烷基硼}}{RCH_2CH_2BH_2} \xrightarrow{RCH=CH_2} \underset{\text{二烷基硼}}{(RCH_2CH_2)_2BH} \xrightarrow{RCH=CH_2} \underset{\text{三烷基硼}}{(RCH_2CH_2)_3B}$$

由于 B–H 键的极性较弱，不易解离。当烯烃双键与之作用时，B–H 键在双键的同侧进行顺式加成，一般认为反应是经过一个四元环的过渡态，新键的形成和旧键的断裂同时进行。这种相互协调一步完成的反应称为协同反应，其机理可表示为：

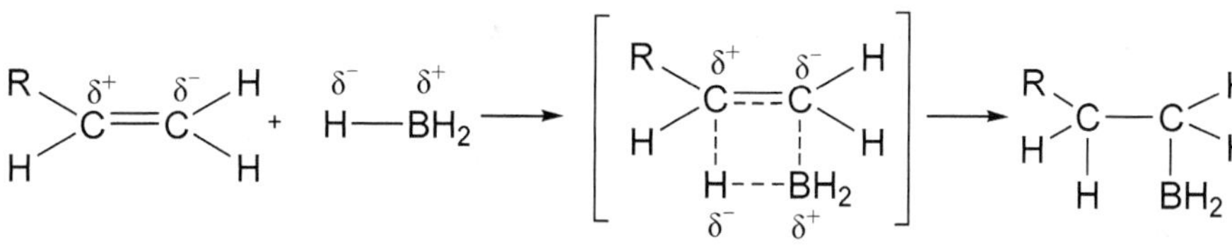

Ts

反应首先生成一烷基硼，在该分子中硼原子仍然带部分正电荷，而氢原子带部分负电荷，因此它可再与一分子烯烃加成生成二烷基硼。同理，二烷基硼也可再与一分子烯烃加成最终生成三烷基硼。硼氢化反应迅速，一般情况下只能分出最终产物三烷基硼。但是如果烯烃双键碳上含有空间位阻较大的取代基，反应也可以停止在一烷基硼或二烷基硼的阶段。

在不对称烯烃的硼氢化反应中，硼原子加到含氢较多的碳原子上，而氢原子加到含氢较少的碳原子上，这可以从上式的反应机理中的电子效应上得到很好的解释(硼原子带部分正电荷，而氢原子带部分负电荷)，因此硼氢化反应为反马氏加成产物。另外，硼原子总是加到取代基体积较小的碳原子上，这可能是反应受空间因素影响所致，同时又符合电子效应。

由反应机理可知，硼氢化反应为顺式加成产物。反应一步完成，不经过碳正离子中间体，故无重排产物生成，并且在产物中各碳原子的取代基仍保持原来的相对位置。

硼氢化产物三烷基硼在碱性条件下，用过氧化氢氧化，可以生成三烷基硼酸酯(三烷氧基硼)，后者水解得到相应的醇。例如：

$$(CH_3CH_2CH_2)_3B \xrightarrow{H_2O_2} (CH_3CH_2CH_2O)_3B \xrightarrow[OH^-]{H_2O} CH_3CH_2CH_2OH + B(OH)_3$$

上述反应和硼氢化反应结合，总称为烯烃的硼氢化-氧化反应。硼氢化反应后所得的反应混合物不必分离直接和过氧化氢的碱性水溶液作用，反应混合物中的三烷基硼即被氧化、水解为相应的醇。

$$3RCH{=}CH_2 \xrightarrow{B_2H_6} (RCH_2CH_2)_3B \xrightarrow[OH^-/H_2O]{H_2O_2} 3RCH_2CH_2OH$$

硼氢化-氧化反应的最终产物是醇，总的结果是在双键上加上了一分子水，加成的特点是反马氏加成，–OH 通常在含氢较多的碳上。因此，这是制备末端醇(伯醇)的好方法。

在硼氢化-氧化反应中，中间产物烷基硼中和硼连接的碳原子的构型转移到醇中保持不变。由于烯烃的硼氢化反应为顺式加成，因此硼氢化-氧化反应的最终产物也可以看作顺式加成 $H_2O$ 的产物(羟基和氢原子处于原有双键的同侧)。例如：

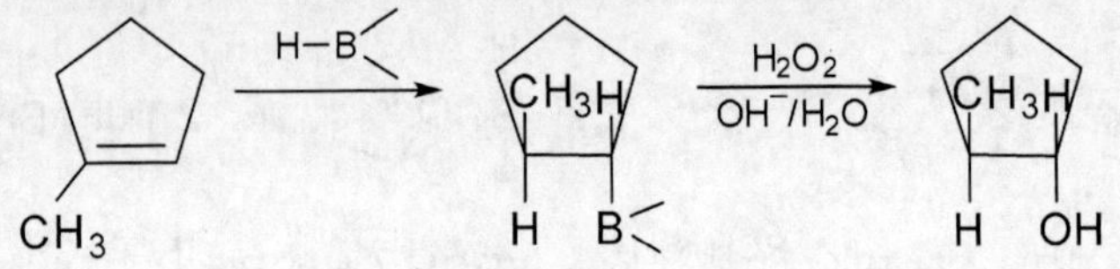

4. 自由基加成反应

烯烃与 HBr 的加成，正常得到马氏加成产物。若反应过程中进行光照或有过氧化物存在，主产物则成为反马氏加成产物。1933 年 M. S. Kharasch(卡拉施)等发现这种“不正常”的加成，是因为过氧化物在光照下发生均裂产生自由基，烯烃受自由基进攻而引起的，因此称这种反应为自由基加成反应(free radical addition)，这种现象称为过氧化物效应(peroxide effect)，或者称 Kharasch 效应。

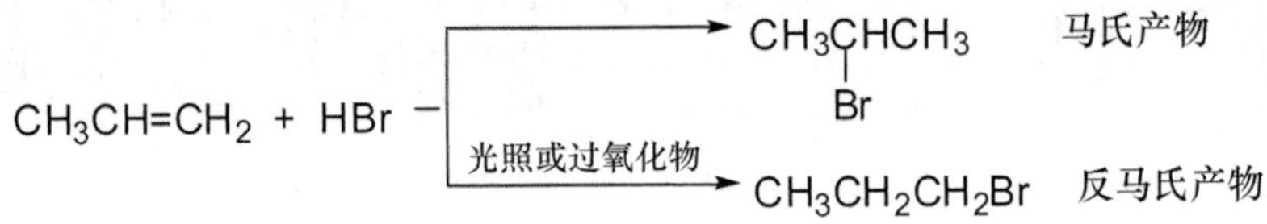

烯烃与 HBr 产生过氧化物效应的原因在于反应并不是按正常的亲电加成历程进行，而是按照自由基加成历程进行。过氧化物容易分解产生自由基，这个自由基又可以和 HBr 作用产生溴自由基 Br·。

$$RO{-}OR \longrightarrow 2RO\cdot$$

$$RO\cdot + HBr \longrightarrow ROH + Br\cdot$$

Br·进攻双键碳，生成烷基自由基，此时可以产生两种烷基自由基。比较这两种烷基自由基的稳定性，可以判断反应发生的主要途径。在下面的机理中，Br·进攻含氢较多的碳原子生成的仲碳自由基[途径(2)]的稳定性大于进攻含氢较少的碳原子生成的伯碳自由基[途径(1)]的稳定性，所以反应主要按途径(2)进行。生成的仲碳自由基接着从 HBr 分子中夺取氢原子，由此得到的主产物为反马氏产物。另外，得到产物的同时又重新产生一个 Br·。这样，反应周而复始，直至两个自由基相互结合使链反应终止。

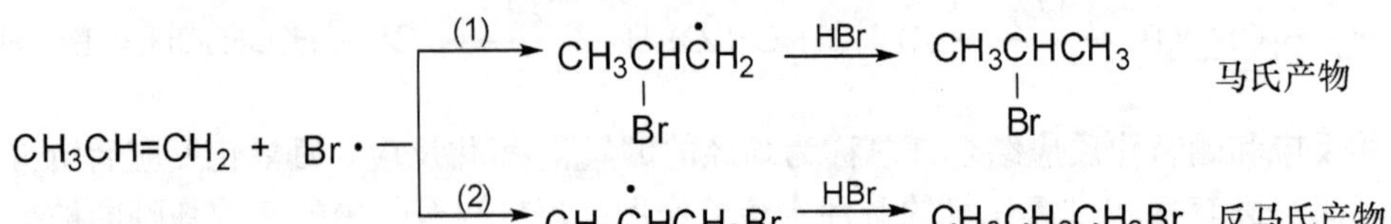

光也能促使 HBr 解离为 Br·，所以在光照条件下，烯烃和 HBr 的反应也是自由基加成反

应，得到反马氏加成产物。

需要注意的是，烯烃只能和 HBr 发生自由基加成反应。HCl、HI 和烯烃都不能发生自由基加成。这是因为 H–Cl 键太强，需要较高的能量才能使 H–Cl 键均裂产生 Cl·；而 HI 虽然容易产生 I·，但是 I·与烯烃的结合是吸热反应，另外 I·易自相结合成 $I_2$。

5. 与卡宾的加成反应

卡宾(carbene)是含二价碳的电中性化合物。卡宾碳原子与两个原子或基团以共价键结合形成，碳上还有两个电子。卡宾有两种结构，一种是单线态结构，一种是三线态结构。单线态结构的中心碳原子为 $sp^2$ 杂化，两个 $sp^2$ 杂化轨道与两个基团成键，还有一个 $sp^2$ 杂化轨道容纳一对自旋反平行的孤电子；三线态结构的中心碳原子为 sp 杂化，两个 sp 杂化轨道与两个基团成键，碳上还有两个互相垂直的 p 轨道，每个 p 轨道容纳一个电子，这两个电子自旋平行。根据分子轨道计算，单线态结构的能量高于三线态结构的能量。

最简单的卡宾是亚甲基卡宾(:$CH_2$)，它的两种结构为：

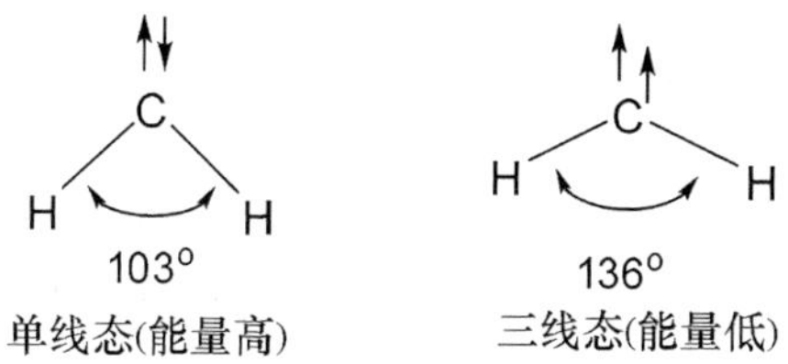


由于卡宾碳原子周围只有六个电子，是缺电子的碳原子，因此卡宾具有高度的反应性能。卡宾可与烯烃加成生成含有三元环的化合物。

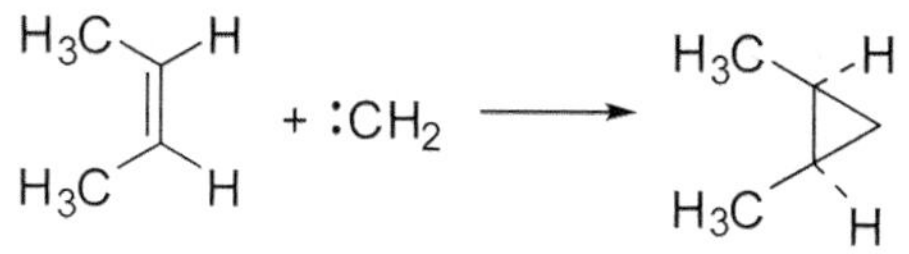

单线态卡宾与烯烃的加成是立体专一的顺式加成，反应经三元环过渡态一步完成，无反应中间体存在。

卡宾的能量高，稳定性很差，是瞬间存在而不能分离得到的活性中间体，通常为原位合成。亚甲基卡宾可由二卤化碳在锌粉作用下制备。例如：

$$CH_2I_2 + Zn \longrightarrow ICH_2ZnI \longrightarrow :CH_2 + ZnI_2$$

在研究中通常以二卤卡宾为主。二卤卡宾可由卤仿在强碱作用下发生$\alpha$-消除制备。例如：

$$CHCl_3 \xrightarrow{NaOH} \bar{C}Cl_3 \longrightarrow :CCl_2$$

二卤卡宾与烯烃的加成也是顺式加成。例如：

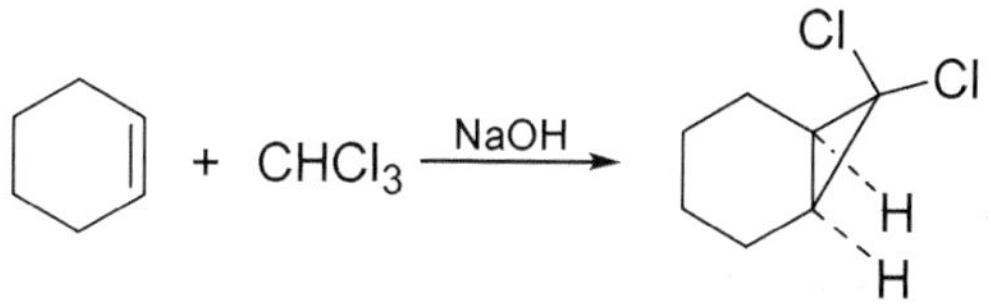

### 4.4.2 氧化反应

烯烃的活泼性还表现在 C=C 双键容易被氧化，并且氧化剂不同，产物不同。在氧化剂作用下，首先是 π 键发生断裂，若氧化条件较强烈，σ 键也可以断裂。

1. 催化氧化

在特定的催化剂存在下，烯烃与 $O_2$ 作用可被氧化成环氧化合物或羰基化合物。乙烯或丙烯在活性银或氧化银催化作用下，可经空气氧化生成环氧乙烷或 1,2-环氧丙烷，这是工业上合成这两种重要环氧化合物的方法。

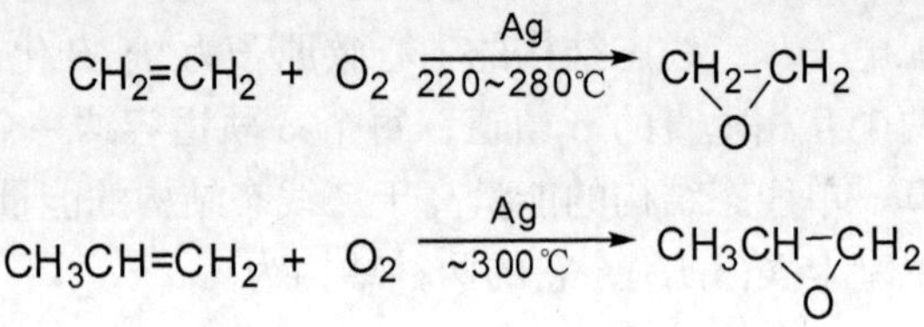

乙烯或丙烯在氯化钯和氯化铜的水溶液中，可被 $O_2$ 氧化生成乙醛或丙酮，它们都是重要的化工原料。

$$CH_2{=}CH_2 + O_2 \xrightarrow[100\sim125℃]{PdCl_2\text{-}CuCl_2} CH_3CHO$$

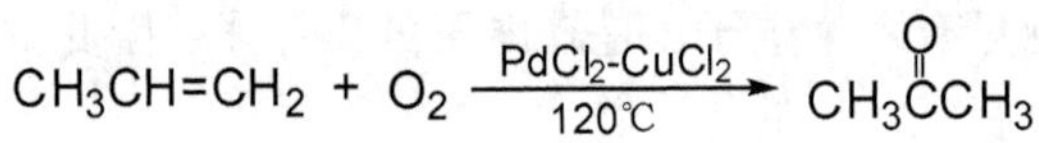

在 $PdCl_2$-$CuCl_2$ 水溶液中，除乙烯被氧化成乙醛外，其他较简单的端烯烃都被氧化成甲基酮，此催化氧化法称为 Wacker(瓦克)法。

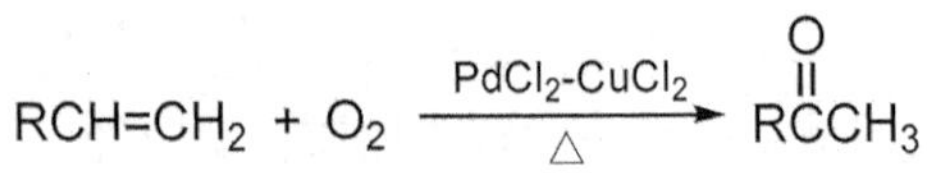

2. 环氧化反应

烯烃在有机过氧酸或过氧化氢的作用下，生成环氧化合物的反应称为环氧化反应。这是制备环氧化合物(又称环氧化物)的一种很好的方法。例如：

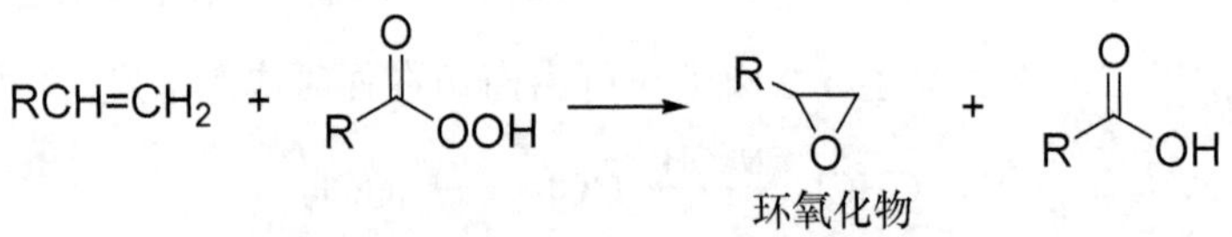


常用的过氧酸有：过氧乙酸、过氧苯甲酸、过氧间氯苯甲酸、过氧三氟乙酸等，其中以过氧三氟乙酸最有效。由于环氧化合物比较活泼，遇酸或碱均会发生开环反应，尤其容易与含有活泼氢的化合物反应。因此，环氧化反应一般在非水溶剂中进行。

环氧化反应是顺式加成氧化，并且可以在双键平面的任一侧进行，当平面两侧的空间位阻不同时，位阻较小的一侧反应较快。例如：

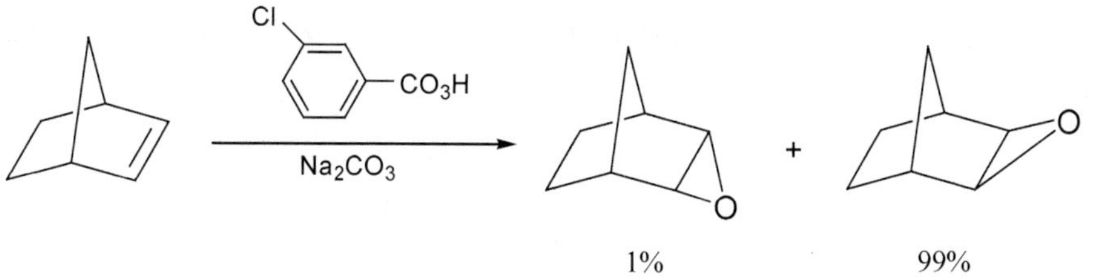

环氧化物经水解可得到反式的邻二醇。这是由烯烃制备反式邻二醇的好方法。例如：

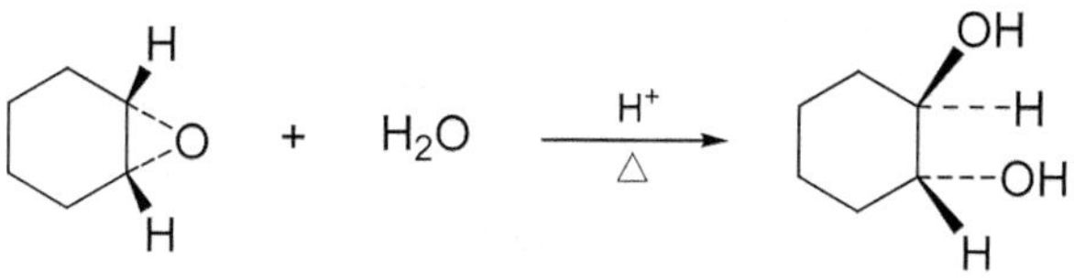

3. 高锰酸钾氧化

在稀、冷的中性或碱性 $KMnO_4$ 溶液中，烯烃被氧化生成邻二醇，立体化学表现为顺式加成氧化。在反应中，烯烃双键中的 π 键打开，与 $MnO_4^-$ 结合生成一个环状中间体，此环状中间体很快水解得到顺式邻二醇。例如环己烯的氧化：

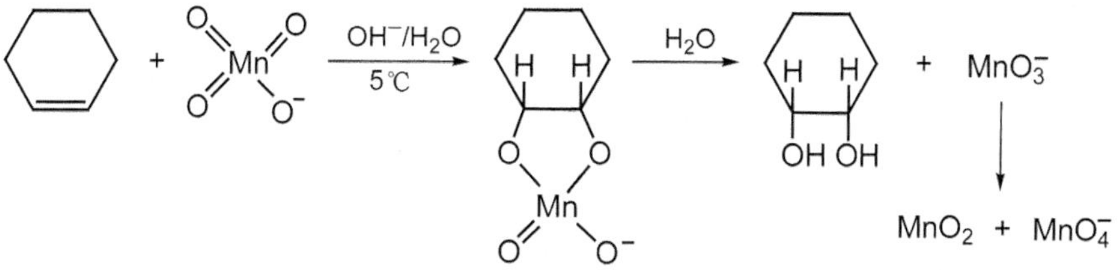

此反应是实验室制备顺式邻二醇的一种方法，但收率一般不高，因为生成的邻二醇会进一步氧化裂解为酮、酸或酮酸的混合物。用四氧化锇($OsO_4$)代替高锰酸钾，可得到高产率的顺式邻二醇。但是 $OsO_4$ 毒性较大，价格昂贵，因此极少使用。

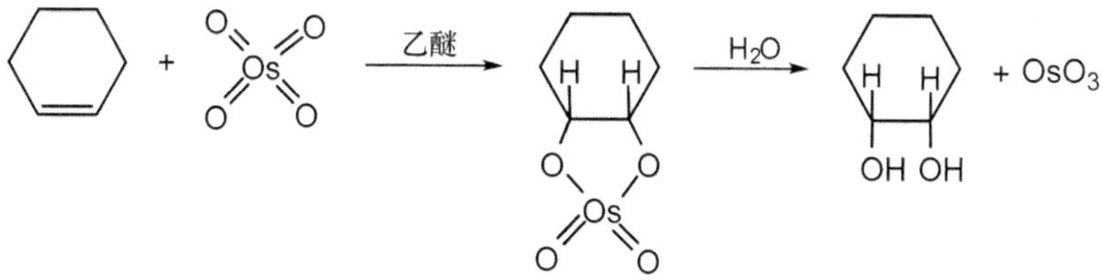

如果使用高锰酸钾浓溶液，或在酸性或加热等较剧烈的条件下，则烯烃被氧化，双键完全断裂，生成醛或酮。若生成醛，则进一步被氧化生成酸。例如：

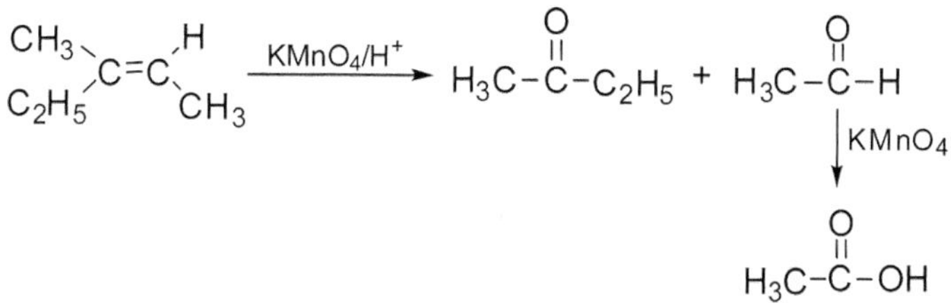

可见，用 $KMnO_4/H^+$ 氧化烯烃，不同结构的烯烃得到不同结构的产物。双键碳上有两个

氢($CH_2$=)生成 $CO_2$ 和 $H_2O$；有一个氢(RCH=)生成羧酸；无氢($R_2C$=)则生成酮。烯烃结构与产物的对应关系如下：

$$\begin{array}{lcl} CH_2= & & CO_2 + H_2O \\ RCH= & \xrightarrow{KMnO_4/H^+} & RCOOH \\ R_2C= & & R_2C=O \end{array}$$

因此，可根据氧化产物推断原来烯烃的结构。例如某烯烃分子式为 $C_6H_{12}$，经 $KMnO_4/H^+$ 氧化后得到一种酸和一种不对称的酮，推测烯烃的结构。

根据氧化产物，可知烯烃的构造类型为 RCH=CR′R″，$C_6H_{12}$ 的构造式为：

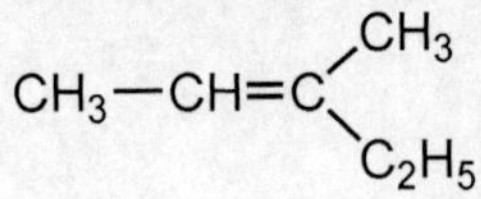

用 $KMnO_4/H^+$ 氧化烯烃，反应现象明显，紫红色的高锰酸钾溶液迅速褪色，因此利用此反应可鉴别烯烃。

4. 臭氧化-分解反应

在低温和惰性溶剂中，烯烃能被臭氧迅速而定量地氧化生成臭氧化物，称为烯烃的臭氧化反应。臭氧化物在游离状态下极不稳定，容易发生爆炸，故一般不经分离而直接用水分解生成醛或酮，同时生成 $H_2O_2$，称为臭氧化物的分解反应。两者结合起来总称为臭氧化-分解反应。

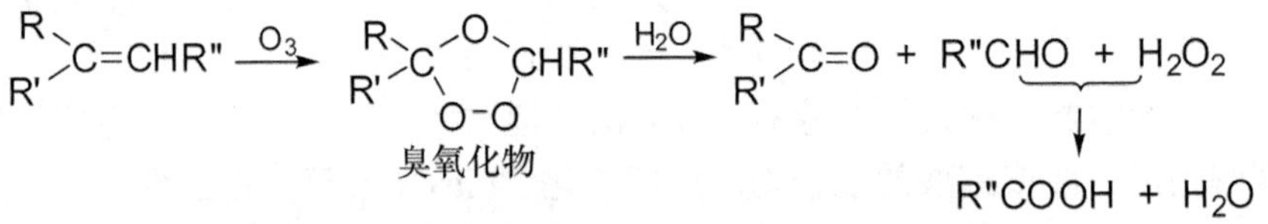


反应生成的 $H_2O_2$ 可将醛进一步氧化生成酸，为了避免产物的进一步氧化，通常在水解的反应体系中加入还原剂(锌粉或亚硫酸氢钠等)来分解反应过程中产生的 $H_2O_2$。例如：

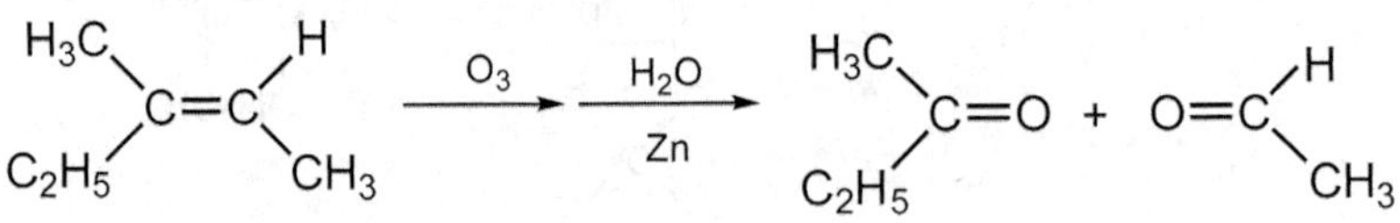

不同结构的烯烃经臭氧化、还原水解后，产物不同。烯烃结构与产物的对应关系如下：

$$\begin{array}{lcl} CH_2= & & H_2C=O \\ RCH= & \xrightarrow[2)\ Zn,\ H_2O]{1)\ O_3} & RCH=O \\ R_2C= & & R_2C=O \end{array}$$

同样，也可以根据氧化产物推断原来烯烃的结构。例如，某烯烃分子式为 $C_4H_8$，经臭氧化、还原水解后仅得到一种醛，可知烯烃的结构式应为 $CH_3CH=CHCH_3$。

### 4.4.3 聚合反应

小分子烯烃及其衍生物在特定条件(催化剂、温度、压力)下，π 键断裂，分子间相互以 σ 键连接，成千上万个烯烃小分子首尾连接可形成相对分子质量几十万到几百万的大分子，这一过程称为烯烃的聚合反应(polymerization)。

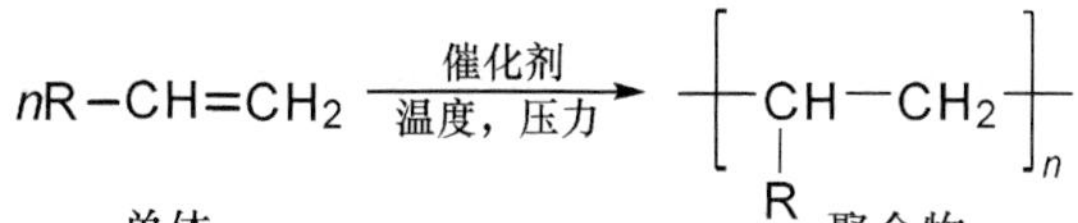

单体　　聚合物

参与反应的烯烃小分子称为单体(monomer)，生成的大分子化合物称为高分子聚合物(polymer)，参与聚合反应的单体数目称为聚合度，用 $n$ 表示。

烯烃的聚合反应在高分子工业中起着关键性作用，如塑料制品、纤维织物等都是各种烯烃的聚合物。在上式聚合反应的产物中，R = H 为聚乙烯，可以加工成很薄的薄膜，无毒且耐酸碱、抗腐蚀，广泛用于食品包装和地膜材料；R = Cl 为聚氯乙烯，也可以加工成薄膜，但有毒，不能用于食品包装，只能用于其他塑料制品如唱片、塑料管、塑钢门窗等；R = CN 为聚丙烯腈，是一种纤维织物(俗称腈纶)的主要成分。

聚合反应的机理属于链式聚合，链式聚合又可分为自由基聚合、阳离子聚合、阴离子聚合和配位聚合等。在过氧化物存在下，是自由基聚合机理；在酸碱作用下，是离子型聚合机理；用金属有机配合物引发聚合，是配位聚合机理。无论哪种聚合机理，都包括链引发、链增长和链终止三个阶段。常用的金属有机配合物为 $TiCl_4$-$Al(C_2H_5)_3$，这一催化剂是由德国化学家 K. Ziegler(齐格勒)和意大利化学家 G. Natta(纳塔)在 1953 年同时独立发现的，因此又称为 Ziegler-Natta(齐格勒-纳塔)催化剂。1959 年两人利用此催化剂首次合成了立体定向高分子——人造天然橡胶，为有机合成做出了巨大的贡献。为此，两人共享了 1963 年的诺贝尔化学奖。

在聚合反应中若只有一种单体，称为均聚；有时也可以用两种或两种以上的单体进行聚合，称为共聚。例如，工业上常用的乙丙橡胶就是一种高分子共聚物，由乙烯和丙烯按一定比例共聚而成。

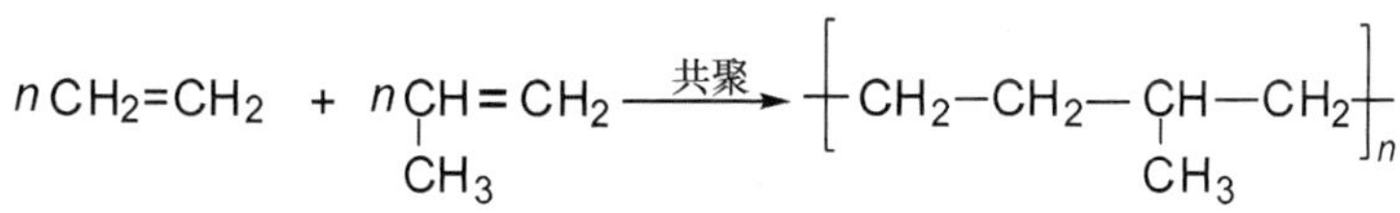

乙丙橡胶

### 4.4.4 α-氢原子的反应

1. 卤代反应

烯烃与卤素在常温下发生双键的亲电加成反应，但在高温(500～600℃)或光照条件下发生的则是 α-H 的自由基卤代反应。例如：

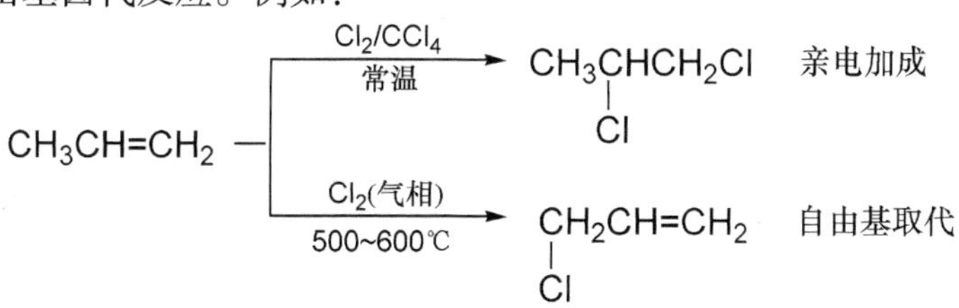

在高温或光照条件下，有利于卤素自由基的生成，所以在此条件下进行的是和烷烃卤代类似的自由基型卤代反应。由于 α-H 最活泼，优先被卤代。

α-H 卤代的中间体是烯丙型自由基($CH_2$=CH–$CH_2$·)，由于结构中 p-π 共轭效应的存在，该类型自由基的稳定性很高(参见 4.11.2)。自由基稳定性次序为：烯丙型自由基 ⩾ 3°C · > 2°C · > 1°C · > $CH_3$ · 。

若烯烃中含有两种 α-H，则能生成较稳定烯丙型自由基的氢优先被取代。例如：

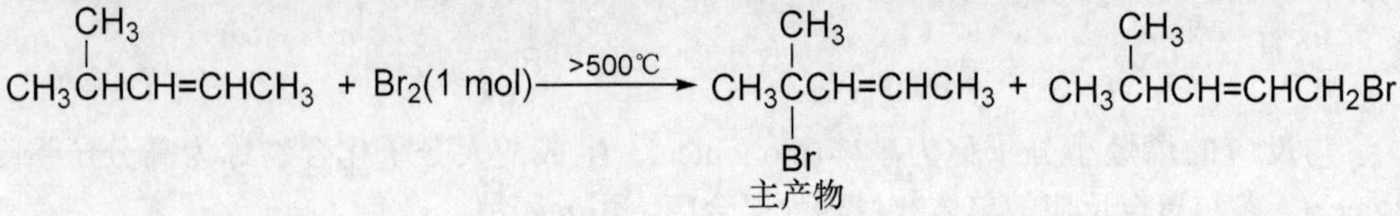

在实验室中，常用 *N*-溴代丁二酰亚胺(*N*-bromosuccinimide，简称 NBS)作为溴化试剂，在惰性溶剂中光照条件下，烯烃的 α-H 溴代反应可在室温下进行。例如：

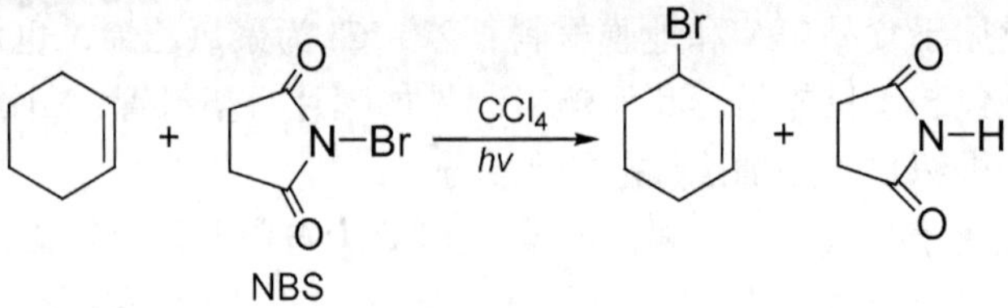

2. 氧化反应

在一定温度和压力下，用氧化亚铜为催化剂，丙烯与空气中的氧作用可被氧化成丙烯醛；若用含铈的磷钼酸铋为催化剂，丙烯在 $NH_3$ 气氛中，可被 $O_2$ 氧化成丙烯腈。这两种产物都是重要的有机合成中间体。丙烯醛可用于制造甘油、饲料添加剂、蛋氨酸等，还可用作油田注水的杀虫剂。丙烯腈是合成纤维、树脂和橡胶的重要原料。

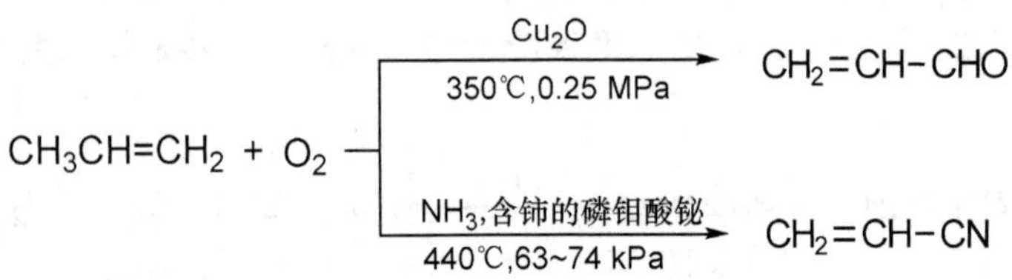

## 4.5 烯烃的来源和制法

乙烯、丙烯和丁烯等低级烯烃都是化学工业的重要原料，目前它们的工业来源主要是通过石油的各种馏分裂解和原油直接裂解获得，原料不同或裂解条件不同(热裂解或催化裂解，以及裂解温度和催化剂不同等)，得到各种烯烃的比例也不同。例如：

$$C_6H_{14} \xrightarrow{700\sim900℃} \underset{15\%}{CH_4} + \underset{40\%}{CH_2{=}CH_2} + \underset{20\%}{CH_3CH{=}CH_2} + \underset{25\%}{其他}$$

烯烃的实验室制法主要是通过醇脱水和卤代烃脱卤化氢获得。醇容易在浓酸(硫酸、磷酸等)或氧化铝催化下脱水生成烯烃。卤代烃在碱的醇溶液中易脱去卤化氢而得到烯烃。详细知识将在醇和卤代烃章节中介绍。

$$\mathrm{RCH_2CH_2OH \xrightarrow[\triangle]{浓H_2SO_4} RCH{=}CH_2 + H_2O}$$

$$\mathrm{RCH_2CH_2Cl \xrightarrow{C_2H_5OH/OH^-} RCH{=}CH_2 + HCl}$$

## (二) 炔　　烃

通常情况下，分子中含有碳碳叁键(C≡C)的开链不饱和烃称为炔烃(alkynes)。炔烃与相应的烯烃相比少了两个氢原子，其通式为 $C_nH_{2n-2}$。炔烃与同碳数的环烯烃和二烯烃互为同分异构体。碳碳叁键(C≡C)为炔烃的官能团。

## 4.6　炔烃的结构

最简单的炔烃为乙炔，分子式为 $C_2H_2$。研究表明，乙炔是一个线型分子，两个碳原子和两个氢原子均在同一直线上。碳碳叁键的键长比双键还短，为 0.120 nm，碳氢键的键长为 0.106 nm。另外，C≡C 叁键的键能为 837 kJ · mol$^{-1}$，小于三个 C–C 单键键能之和。

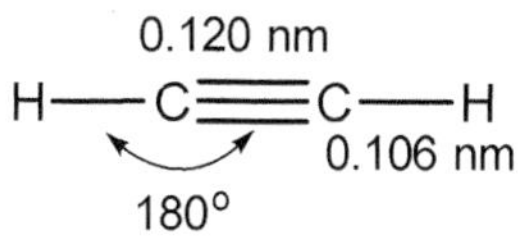


杂化轨道理论认为，碳原子在形成叁键时的轨道杂化方式为 sp 杂化，如图 4-5 所示。碳原子的 1 个 2s 电子跃迁到 2p 轨道上后，一个 2s 轨道和一个 2p 轨道进行杂化，形成两个 sp 杂化轨道，剩余两个未参与杂化的 p 轨道。四个价电子分别分布在两个 sp 杂化轨道和两个未参与杂化的 p 轨道上。两个 sp 杂化轨道的对称轴在同一直线上，两个未参与杂化的 p 轨道互相垂直，且均垂直于 sp 杂化轨道的对称轴，如图 4-6 所示。

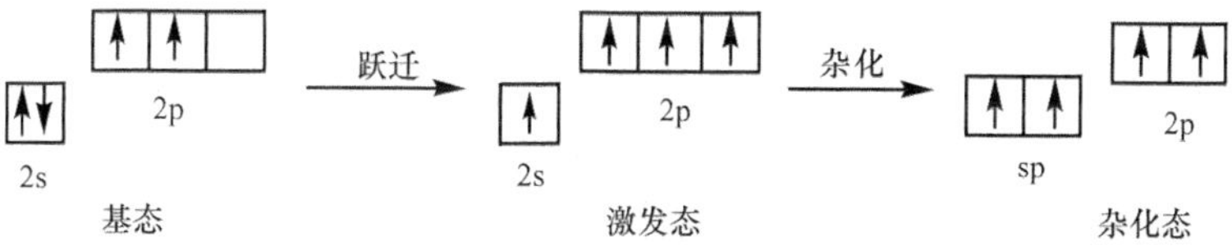


图 4-5　碳原子的 sp 杂化示意图

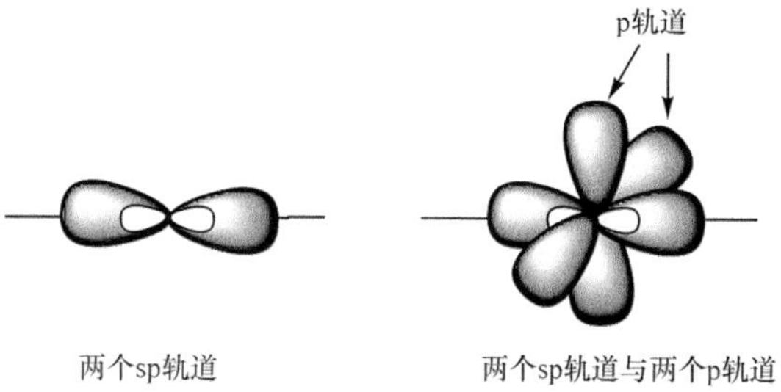


图 4-6　sp 杂化碳原子的轨道分布

乙炔分子中两个碳原子均为 sp 杂化，两个 sp 杂化的碳原子各以一个 sp 杂化轨道“头碰头”交盖形成一个C–C σ键，而另一个sp杂化轨道分别和一个氢原子的s轨道“头碰头”交盖形成两个C–H σ键。三个σ键在同一直线上，这就是乙炔分子呈直线型结构的原因。两个碳原子各剩下两个相互垂直的p轨道，相互垂直的p轨道又两两相互平行，因此可以“肩并肩”交盖形成两个互相垂直的π键，并且这两个π键分别垂直于C–C σ键。两个π键的电子云以σ键轴为对称轴旋转而成圆筒形分布。乙炔分子中π键的形成及π电子云的分布如图4-7所示。

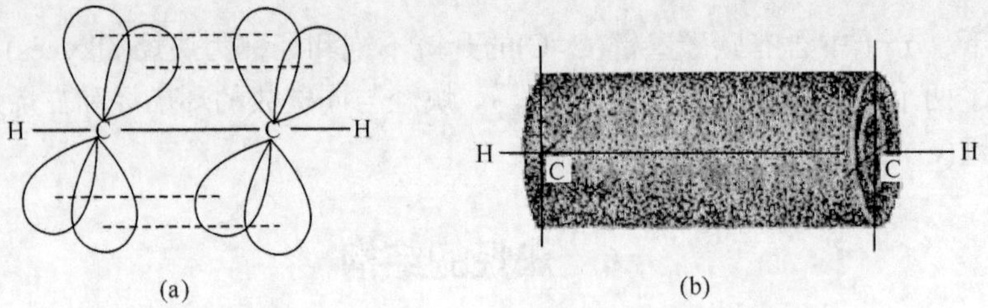

图4-7 乙炔分子中π键的形成(a)及π电子云的分布(b)示意图

可见，乙炔分子的C≡C叁键是由一个σ键和两个π键组成。π键键能小于σ键，因此C≡C的键能小于三个C–C σ键键能之和。其他炔烃的叁键碳也均为sp杂化，因此与叁键碳直接相连的原子都在同一直线上。炔烃的C≡C叁键均由一个σ键和两个互相垂直的π键组成，π键不能自由旋转，且不能独立存在。

与$sp^2$和$sp^3$杂化轨道相比，sp杂化轨道所含的s成分较多，碳原子核对sp杂化轨道中电子的束缚能力较强，所以炔烃分子中叁键碳原子的电负性较强。不同杂化碳的电负性顺序为：$C_{sp} > C_{sp^2} > C_{sp^3}$。

## 4.7 炔烃的物理性质

炔烃的物理性质和烷烃、烯烃基本相似。沸点随着碳原子数目的增多而升高，支链化使沸点降低，末端炔烃比内炔烃沸点低。炔烃的熔点、沸点和相对密度比相应的烷烃和烯烃高，这是由于炔烃分子较短小、细长，在液态和固态中，分子彼此接近，分子间的范德华作用力较强。另外，炔烃分子的极性大于烯烃，对称的炔烃无极性。

常温下，乙炔、丙炔和丁炔是气体，从戊炔开始为液体，高级炔烃为固体。炔烃的相对密度小于1，不溶于水，易溶于非极性的乙醚、四氯化碳等有机溶剂。部分炔烃的物理常数列于表4-2。

**表4-2 部分炔烃的物理常数**

| 名称 | 构造式 | 熔点/℃ | 沸点/℃ | 相对密度 $d_4^{20}$ |
|---|---|---|---|---|
| 乙炔 | HC≡CH | −82 | −84 | 0.618 |
| 丙炔 | $HC\equiv CCH_3$ | −101.5 | −23 | 0.671 |
| 1-丁炔 | $HC\equiv CCH_2CH_3$ | −122 | 8 | 0.668 |
| 2-丁炔 | $CH_3C\equiv CCH_3$ | −24 | 27 | 0.694 |

续表

| 名称 | 构造式 | 熔点/℃ | 沸点/℃ | 相对密度 $d_4^{20}$ |
|---|---|---|---|---|
| 1-戊炔 | $HC\equiv CCH_2CH_2CH_3$ | −98 | 40 | 0.695 |
| 2-戊炔 | $CH_3C\equiv CCH_2CH_3$ | −101 | 56 | 0.714 |
| 1-己炔 | $HC\equiv CCH_2CH_2CH_2CH_3$ | −124 | 71 | 0.720 |
| 2-己炔 | $CH_3C\equiv CCH_2CH_2CH_3$ | −88 | 84 | 0.731 |
| 3-己炔 | $CH_3CH_2C\equiv CCH_2CH_3$ | −105 | 82 | 0.726 |
| 1-庚炔 | $HC\equiv C(CH_2)_4CH_3$ | −80 | 100 | 0.733 |
| 1-辛炔 | $HC\equiv C(CH_2)_5CH_3$ | −70 | 126 | 0.747 |
| 1-壬炔 | $HC\equiv C(CH_2)_6CH_3$ | −50 | 151 | 0.763 |
| 1-癸炔 | $HC\equiv C(CH_2)_7CH_3$ | −36 | 174 | 0.770 |

## 4.8 炔烃的化学性质

炔烃的官能团是 C≡C 叁键，和烯烃的官能团 C=C 双键相似，都含有活泼易断裂的 π 键，因此炔烃也可以发生与烯烃相类似的许多化学反应，如催化氢化、亲电加成、氧化等反应。但两种官能团中碳原子的杂化方式不同、电负性不同，使炔烃又具有不同于烯烃的特殊性质，如炔烃可以进行亲核加成反应以及末端炔烃具有一定的酸性等。

### 4.8.1 末端炔烃的酸性

不同杂化碳的电负性顺序为：$sp > sp^2 > sp^3$(s 成分越多，电负性越强)，同炔氢相连的碳原子为 sp 杂化，其电负性较大，C–H 键的 σ 电子对更偏向于碳原子，导致 C–H 键更易于异裂，释放出质子，因此末端炔烃具有一定的弱酸性。

$$RC\equiv C-H \longrightarrow RC\equiv C^- + H^+$$

末端炔烃的酸性比水弱，但比氨强，因此末端炔烃可以和强碱如 $NaNH_2$ 反应，生成炔化钠和氨。

$$RC\equiv C-H + NaNH_2 \xrightarrow{\text{液氨}} RC\equiv CNa + NH_3$$

末端炔烃也可以和活泼的金属如 Na、K、Li 等反应，生成相应的金属炔化物，并释放出 $H_2$。例如：

$$RC\equiv C-H + Na(\text{熔融}) \longrightarrow RC\equiv CNa + H_2$$

在较高的温度下，乙炔中的两个氢都可以被活泼的金属如 Na 取代生成炔化二钠。炔化二钠很危险，遇水发生爆炸式反应。

$$HC\equiv CH \xrightarrow[110℃]{Na} HC\equiv CNa \xrightarrow[190\sim220℃]{Na} NaC\equiv CNa$$

金属炔化物是很有用的有机合成中间体。例如炔化钠与卤代烷反应，可制得较高级的炔烃。

$$RC\equiv CNa + R'-X \longrightarrow RC\equiv CR' + NaX$$

卤代烷一般采用伯卤代烷，因为金属炔化物为强碱，仲卤代烷和叔卤代烷在强碱作用下易发生消除反应。这是有机合成中增长碳链的方法之一(参见 7.2.1)。例如：

$$CH_3CH_2C\equiv CNa + CH_3CH_2CH_2Br \longrightarrow CH_3CH_2C\equiv CCH_2CH_2CH_3 + NaBr$$

此外，含活泼氢的末端炔烃还容易和硝酸银的氨溶液或氯化亚铜的氨溶液反应，迅速生成白色的炔化银沉淀或棕红色的炔化亚铜沉淀。这两个反应非常灵敏且现象明显，因此常用于鉴别末端炔烃。

$$HC\equiv CH + 2Ag(NH_3)_2NO_3 \longrightarrow \underset{\text{白色}}{AgC\equiv CAg\downarrow} + 2NH_4NO_3 + 2NH_3$$

$$RC\equiv CH + Cu(NH_3)_2Cl \longrightarrow \underset{\text{棕红色}}{RC\equiv CCu\downarrow} + NH_4Cl + NH_3$$

需要指出的是，上述反应生成的重金属炔化物(炔化银或炔化亚铜)与轻金属炔化物(如炔化钠)不同，前者在润湿时还比较稳定，但在干燥状态下遇撞击或受热极易发生爆炸。所以，反应完毕后要及时用 $HNO_3$ 处理，使之分解。分解后可得到原来的炔烃，利用这一性质可以分离、提纯末端炔烃。例如：

$$CH_3CH_2C\equiv CAg + HNO_3 \longrightarrow CH_3CH_2C\equiv CH + AgNO_3$$

### 4.8.2 加成反应

1. 催化加氢反应

在常规催化剂铂、钯或镍的作用下，炔烃与两分子氢加成生成烷烃，反应一般难以停留在烯烃的阶段。

$$RC\equiv CH \xrightarrow[\text{Pt(或Pd, Ni)}]{H_2} RCH=CH_2 \xrightarrow[\text{Pt(或Pd, Ni)}]{H_2} RCH_2CH_3$$

如果使用活性较低的催化剂，反应则可以停留在烯烃的阶段。常用活性较低的催化剂及其制备方法有：①将钯附着在碳酸钙表面上，然后加入少量醋酸铅或氧化铅使之毒化，得到 Lindlar(林德拉)催化剂；②将钯附着在硫酸钡表面上，然后加入少量喹啉使之毒化，得到 Cram(克拉姆)催化剂；③在乙醇溶液中，用硼氢化钠还原醋酸镍得到 $Ni_3B$(硼化镍)催化剂，常称 P-2 催化剂，又称 Brown(布朗)催化剂。例如：

$$(CH_3)(C_2H_5)C=CH-C\equiv CH + H_2 \xrightarrow[Pb(OAc)_2]{Pd-CaCO_3} (CH_3)(C_2H_5)C=CH-CH=CH_2$$

由于 C≡C 叁键比 C=C 双键更容易被吸附在催化剂的表面，因此炔烃比烯烃更容易发生催化加氢反应。这可以从反应的氢化热值反映出来。例如，乙炔的氢化热比乙烯的氢化热高，因此乙炔比乙烯更容易加氢。

$$CH_2{=}CH_2 + H_2 \longrightarrow CH_3CH_3 \qquad \Delta H = -137\ kJ\cdot mol^{-1}$$

$$HC{\equiv}CH + H_2 \longrightarrow CH_2{=}CH_2 \qquad \Delta H = -175\ kJ\cdot mol^{-1}$$

催化氢化为顺式加成，对于内炔烃，部分加氢后主要生成顺式烯烃。例如：

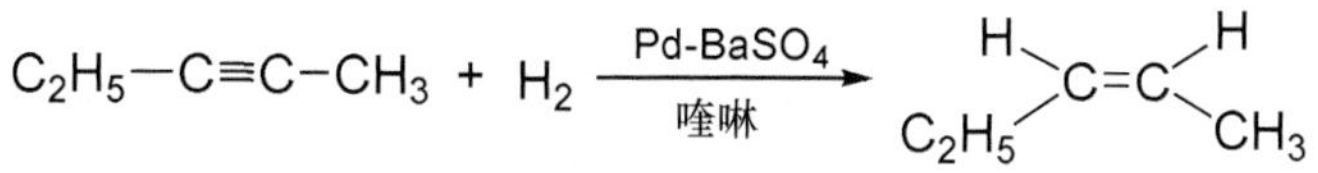

有机分子加氢或脱氧的反应称为还原反应；若加氧或脱氢则称为氧化反应。炔烃也可以用还原剂还原成烯烃，通常将炔烃置于液氨中用金属钠或锂还原，经过自由基碳负离子中间体，主要产物为反式烯烃。例如：

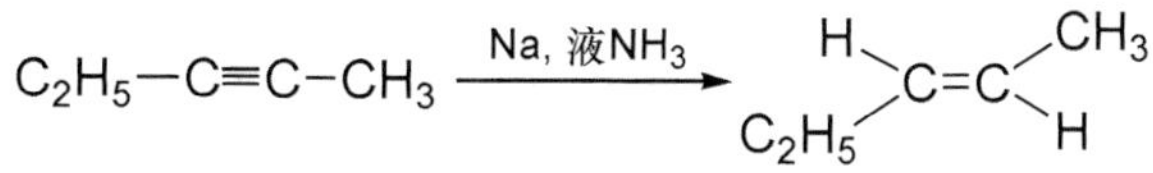

2. 亲电加成反应

与烯烃相似，炔烃也可以和 HX、$H_2O$、$X_2$ 等亲电试剂发生亲电加成反应。但是炔烃的叁键碳为 sp 杂化，电负性较大，对 π 电子的束缚能力较强，使之不易极化。因此，炔烃的亲电加成反应活性比烯烃低。

1) 与卤化氢加成

炔烃与卤化氢的加成反应分步进行，先生成一卤代烯烃，进一步反应生成偕二卤代烷(两个卤原子连在同一个碳上的烃)。例如：

$$HC{\equiv}CH + HCl \longrightarrow CH_2{=}CHCl \longrightarrow CH_3CHCl_2$$

在一卤代物中，卤原子的吸电子效应使双键碳上的电子云密度降低，不利于其进一步发生亲电加成，所以，炔烃与卤化氢的加成可以停留在烯烃阶段。若卤化氢过量，则反应可进行到底。

如果用亚铜盐或汞盐作为催化剂，可加速反应进行。不对称炔烃与卤化氢的加成遵循马氏规则。例如：

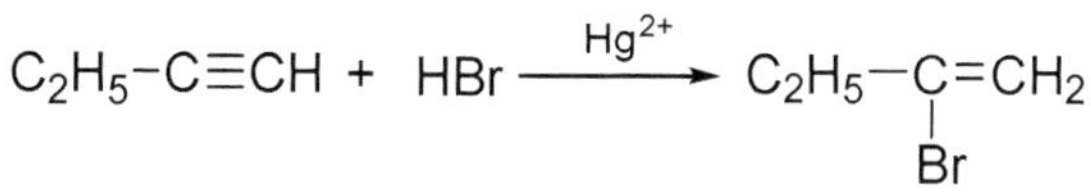

2) 与水加成

炔烃与水的加成通常在硫酸和硫酸汞的催化下进行，首先生成烯醇(–OH 与双键相连)，烯醇不稳定，容易重排成醛或酮，即羟基上的氢原子转移到双键的另一个碳原子上，使碳碳双键变成单键，同时碳氧单键变成双键。这种一个分子在反应过程中发生了原子或基团的转移和电子云的重新分布而最后生成较稳定分子的反应称为分子重排反应。该重排又称为烯醇式-醛(酮)式互变异构。

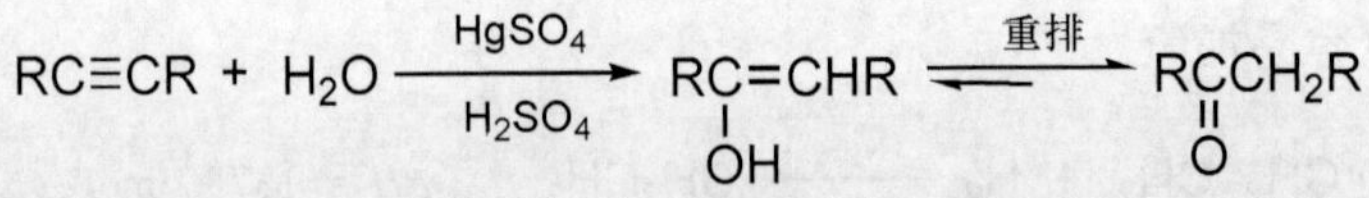

烯醇　　　　酮

乙炔与水加成生成乙醛，这是工业上生产乙醛的方法之一，称为乙炔直接水合法。其他炔烃水合都得到酮，末端炔烃水合得到甲基酮。

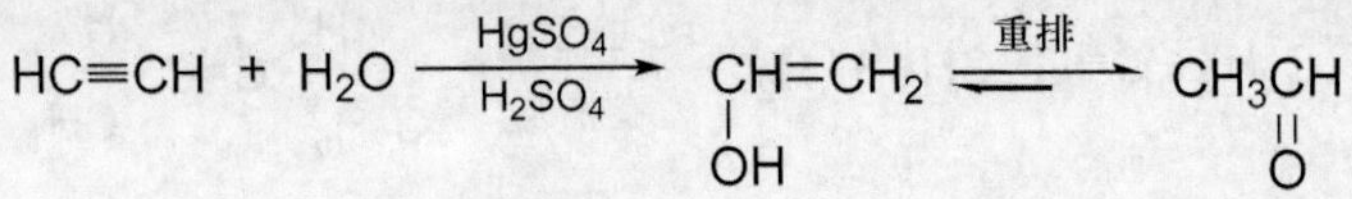

乙醛

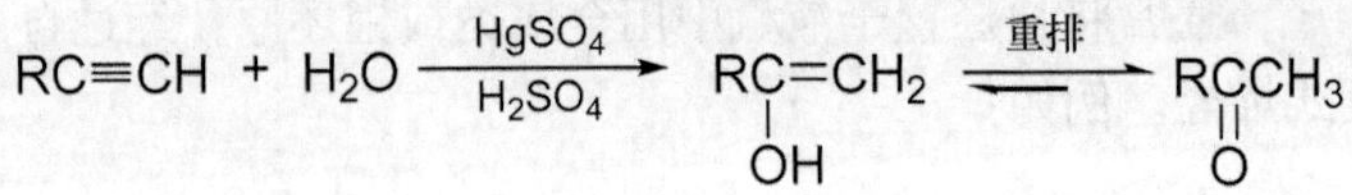

甲基酮

3) 与卤素加成

炔烃可以和一分子卤素加成生成二卤代物，也可以和二分子卤素加成生成四卤代物。反应可以控制在一分子加成的阶段。

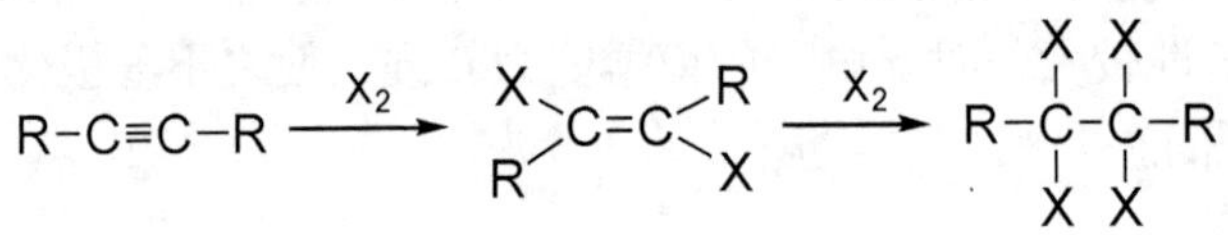

二卤代物　　　　四卤代物

炔烃与溴的加成同烯烃相似，反应现象明显，即溴的颜色立即褪去，利用此反应可鉴定叁键的存在，但不能区分烯烃和炔烃。

$$CH_3C\equiv CCH_3 + 2Br_2 \xrightarrow[\text{常温}]{CCl_4} CH_3CBr_2CBr_2CH_3$$

炔烃与卤素的加成比烯烃困难，如果分子中同时含有双键和叁键，在与限量的卤素作用时，双键优先与卤素加成。例如：

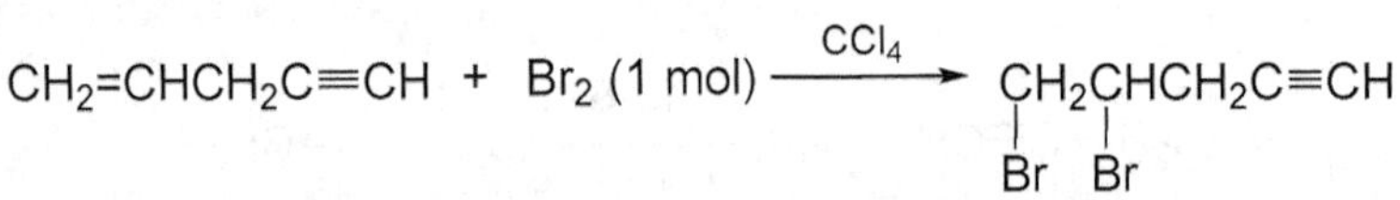

3. 硼氢化反应

炔烃与乙硼烷加成生成烯基硼，烯基硼经 $H_2O_2/OH^-$ 处理，发生氧化水解生成烯醇，后者接着重排成醛或酮。如果将烯基硼用乙酸处理，则发生还原反应生成顺式烯烃。例如：

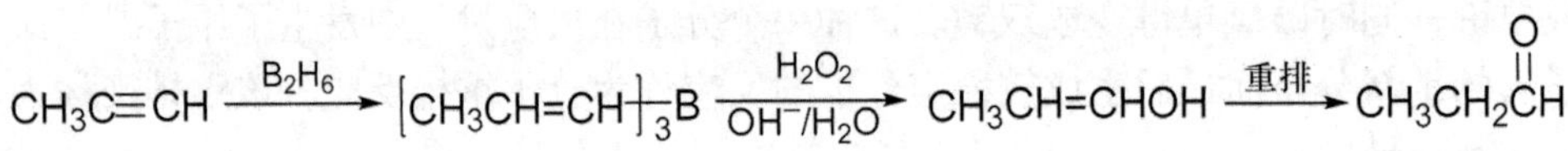

硼氢化-氧化反应

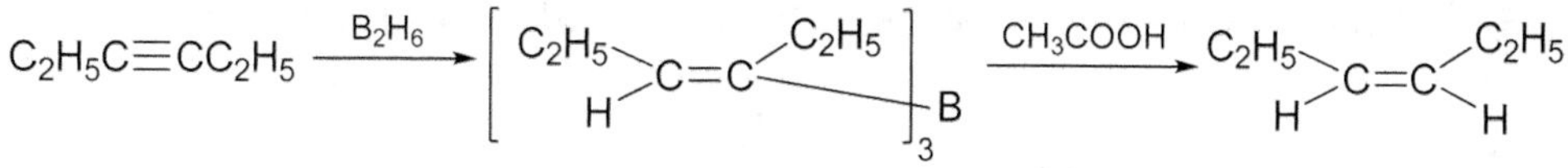


硼氢化-还原反应

炔烃的硼氢化反应为反马氏加成，所以末端炔烃经硼氢化-氧化水解后生成醛，而内炔烃则生成酮。

4. 亲核加成反应

炔烃和烯烃在化学性质上一个明显的区别是炔烃可以进行亲核加成反应，而烯烃不能。这是因为炔烃中叁键碳的电负性较大，有一定的接受电子能力，而烯烃双键碳的电负性相对较小，接受电子的能力较差。

炔烃可以和 ROH、RCOOH、HCN 等在一定条件下发生亲核加成反应，生成含有双键的产物。例如：

$$HC{\equiv}CH + CH_3OH \xrightarrow[\substack{160\sim165℃ \\ 2.0\sim2.5\ MPa}]{20\%\ KOH溶液} \underset{甲基乙烯基醚}{CH_2{=}CH{-}OCH_3}$$

$$HC{\equiv}CH + CH_3COOH \xrightarrow[70\sim80℃]{HgSO_4} \underset{乙酸乙烯酯}{CH_2{=}CH{-}O{-}\overset{\overset{\displaystyle O}{\|}}{C}CH_3}$$

$$HC{\equiv}CH + HCN \xrightarrow{Cu_2Cl_2\text{-}NH_4Cl} \underset{丙烯腈}{CH_2{=}CH{-}CN}$$

以上反应得到的产物都是乙烯的各种衍生物，相当于向试剂的分子中引进了一个乙烯基，故通常把这类反应称为乙烯基化反应。所以，乙炔是一个重要的乙烯基化试剂。上述反应的三种产物都是重要的化工原料，分子中含有双键，可聚合生成高分子聚合物，具有重要的用途。甲基乙烯基醚广泛用于制造黏合剂、油漆涂料、增塑剂等。乙酸乙烯酯用于合成纤维、涂料、乳胶黏合剂等，如白乳胶的主要成分就是聚乙酸乙烯酯。丙烯腈可用于合成纤维、塑料、橡胶等。

不对称炔烃的亲核加成反应也符合马氏规则，同时符合电子效应。例如：

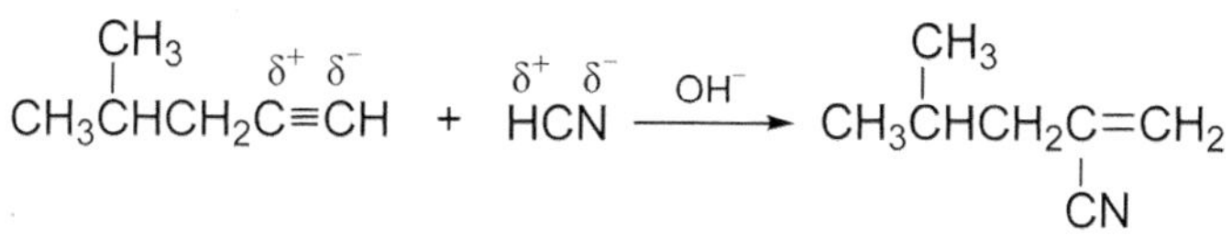


### 4.8.3 氧化反应

炔烃经高锰酸钾或臭氧氧化，一般 C≡C 叁键断键，产物均为羧酸或 $CO_2$。例如：

$$CH_3CH_2CH_2C{\equiv}CH \xrightarrow[H^+]{KMnO_4} CH_3CH_2CH_2COOH + CO_2$$

$$CH_3CH_2CH_2C{\equiv}CCH_3 \xrightarrow[CCl_4]{O_3} \xrightarrow{H_2O} CH_3CH_2CH_2COOH + CH_3COOH$$

在较为缓和的氧化条件下，内炔烃的氧化也可以停留在二酮的阶段。例如：

$$CH_3CH_2CH_2C\equiv CCH_2CH_2CH_3 \xrightarrow[H_2O,\ pH=7]{KMnO_4} CH_3CH_2CH_2\overset{\overset{\displaystyle O}{\|}}{C}-\overset{\overset{\displaystyle O}{\|}}{C}CH_2CH_2CH_3$$

利用 $KMnO_4$ 溶液的颜色变化可鉴别炔烃的存在，但不能区分烯烃和炔烃。另外，根据 $KMnO_4$ 或臭氧氧化产物的结构可推测原来炔烃的结构。

### 4.8.4 聚合反应

炔烃在一定条件下可以自身加成而发生聚合反应。烯烃的聚合一般生成高聚物，而炔烃的聚合一般为低聚物。

将乙炔通入氯化亚铜和氯化铵的溶液中，可生成乙炔的二聚体和三聚体。其中二聚体乙烯基乙炔可合成氯代丁二烯，氯代丁二烯是合成氯丁橡胶的单体，工业上用此方法合成氯丁橡胶。

$$2\,HC\equiv CH \xrightarrow[NH_4Cl]{Cu_2Cl_2} \underset{\text{乙烯基乙炔}}{CH_2=CH-C\equiv CH} \xrightarrow[Cu_2Cl_2,\ NH_4Cl]{HC\equiv CH} \underset{\text{二乙烯基乙炔}}{CH_2=CH-C\equiv C-CH=CH_2}$$

在特殊催化剂的作用下，乙炔还可以发生环状聚合生成三聚体苯和四聚体环辛四烯。这两个聚合反应没有生产意义，但对芳香族化合物的结构研究有着重要的作用。

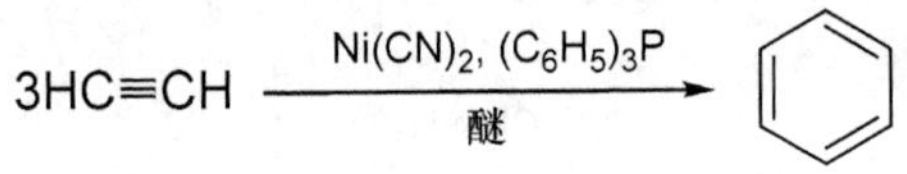


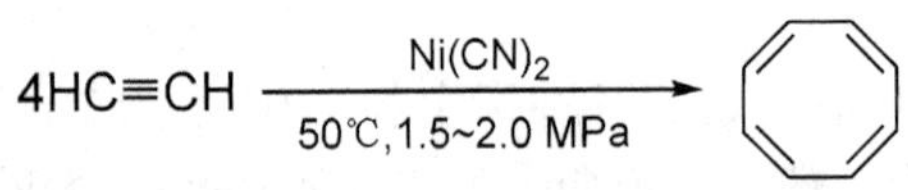


在 Ziegler-Natta 催化剂作用下，乙炔也可以直接聚合成链状、相对分子质量高的聚乙炔。聚乙炔分子具有单、双键交替的结构，呈现大 π 键，电子可以流动(参见 4.11)，因此具有很好的导电性。目前正致力于将聚乙炔作为太阳能电池、电极和半导体材料的研究。

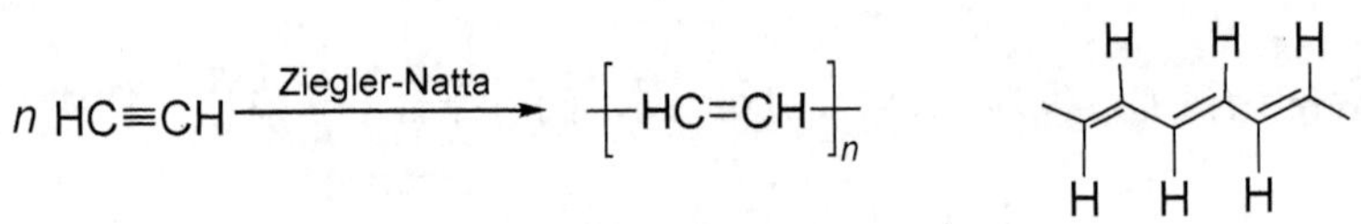


## 4.9 炔烃的制法

乙炔是最重要的炔烃，它不仅是有机合成的重要原料，而且大量地用作高温氧炔焰的燃料。乙炔通过叁键的反应可以转变成许多工业上有用的原料或单体。它在氧气中燃烧所形成的氧炔焰的最高温度可达 3000℃，因此被广泛用于焊接或切割金属。

工业上可用煤、石油或天然气为原料生产乙炔，重要的方法有下列几种。

1. 碳化钙法

焦炭和氧化钙经电弧高温加热，生成碳化钙(电石)，碳化钙再与水反应，即得到乙炔。

$$CaO + 3C \xrightarrow{2200℃} CaC_2 + CO$$

$$CaC_2 + 2H_2O \longrightarrow HC{\equiv}CH + Ca(OH)_2$$

此法在工业上使用已久，耗电量大，成本较高。现除少数国家外，已不采用此法。

2. 甲烷部分氧化法

甲烷是天然气的主要成分，在1500℃电弧中经极短时间加热，裂解成乙炔。该反应强烈吸热，因此工业上又使一部分甲烷同时被氧化(加入氧气)，甲烷氧化放出的热量供给甲烷合成乙炔所需要的热量。所以此法又称为甲烷部分氧化法。

$$CH_4 \xrightarrow[0.01\sim0.1s]{1500℃} HC{\equiv}CH + H_2 \qquad \Delta H = 397.4\ kJ\cdot mol^{-1}$$

$$CH_4 + O_2 \longrightarrow HC{\equiv}CH + CO + H_2$$

此法成本较低，在天然气资源丰富的国家非常适宜大规模生产。

3. 石油裂解法

目前，由于石油工业的飞速发展，采用石油低沸点馏分裂解制备乙炔，已逐步取代电石法制备乙炔。

## (三) 二 烯 烃

分子中含有多个 C=C 双键的开链不饱和烃称为多烯烃，其中含有两个 C=C 双键的称为二烯烃。二烯烃的通式为 $C_nH_{2n-2}$，与炔烃、环烯烃互为同分异构体，但它们的结构不同、性质各异。

### 4.10 二烯烃的分类

根据分子中两个双键相对位置的不同，二烯烃可分为下列三类。

1. 累积二烯烃

分子中的两个双键集中在相邻三个碳原子上的二烯烃称为累积二烯烃，其结构形式为 –C=C=C–，如丙二烯($CH_2$=C=$CH_2$)。该类二烯烃分子中三个碳原子在一条直线上，中间的碳原子为 sp 杂化，两边的碳原子为 $sp^2$ 杂化，且两边碳原子上未参与杂化的 p 轨道分别与中间碳原子上两个相互垂直的未参与杂化的 p 轨道重叠，形成两个互相垂直的 π 键，因此两个端碳上的取代基位于相互垂直的平面上，即累积二烯烃中两个 C=C 双键所在的平面互相垂直，丙二烯分子的结构示意图如图 4-8 所示。累积二烯烃一般不稳定，存在不多，实际应用也很

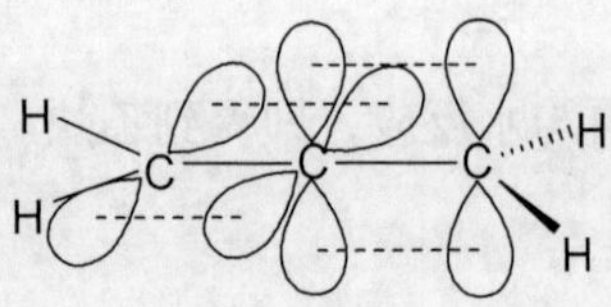


图 4-8 丙二烯分子的结构示意图

少。丙二烯加热时易发生重排形成丙炔。

2. 共轭二烯烃

分子中的两个双键通过一个单键相连的二烯烃称为共轭二烯烃，其结构形式为−CH=CH−CH=CH−，如 1,3-丁二烯($CH_2$=CH−CH=$CH_2$)。共轭二烯烃中两个双键相互影响，表现出特有的性质。因此，共轭二烯烃在理论研究和实际应用中占有特别重要的地位。本章节将重点讨论共轭二烯烃。

3. 孤立二烯烃

分子中的两个双键被两个或两个以上的单键隔开的二烯烃称为孤立二烯烃，其结构形式为−CH=CH($CH_2$)$_n$CH=CH−($n$≥1)，如 1,5-己二烯($CH_2$=CH−$CH_2$−$CH_2$−CH=$CH_2$)。孤立二烯烃中两个双键由于相距较远而互不影响，其性质与一般单烯烃相似。

## 4.11 共轭二烯烃的结构和共轭效应

### 4.11.1 共轭二烯烃的结构

1,3-丁二烯(简称丁二烯)是最简单的共轭二烯烃，它的结构体现了所有共轭二烯烃的结构特征。物理方法证明丁二烯($CH_2$=CH−CH=$CH_2$)为平面型分子，分子中所有的碳原子和氢原子均在同一平面上，相邻键的夹角都接近于 120°。C−C 单键的键长为 0.148 nm，比普通的 C−C 单键键长(0.154 nm)短，而 C=C 双键的键长为 0.135 nm，比普通的 C=C 双键键长(0.133 nm)略长。

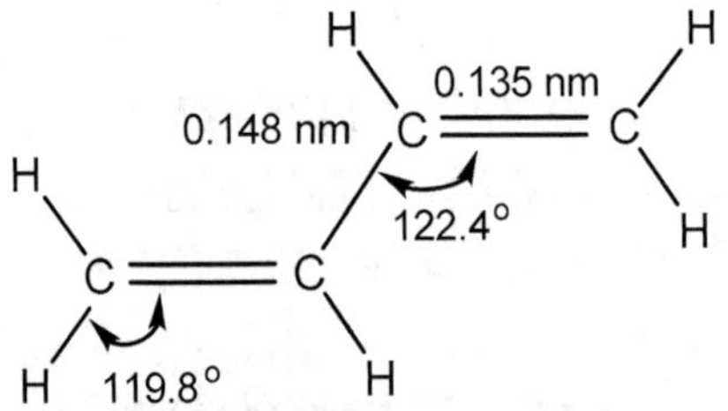


杂化轨道理论认为：丁二烯分子中的四个碳原子均为 $sp^2$ 杂化。相邻碳原子之间均以 $sp^2$ 杂化轨道沿轴线重叠形成 C−C σ 键，其余的 $sp^2$ 杂化轨道分别与氢原子的 1s 轨道形成 C−H σ 键。由于每个碳的三个 $sp^2$ 杂化轨道都处于同一平面上，所以 1,3-丁二烯是一个平面型分子，且相邻键的夹角都接近于 120°。每个碳原子上还剩下一个未参与杂化的 p 轨道，这些 p 轨道均垂直于分子平面且互相平行，“肩并肩”地重叠形成一个大 π 键，如图 4-9 所示。大 π 键的形成使 4 个 π 电子并不是两两分别定域在两个双键碳原子之间，而是离域在四个碳原子之间。这种 π 电子的离域称为共轭效应。

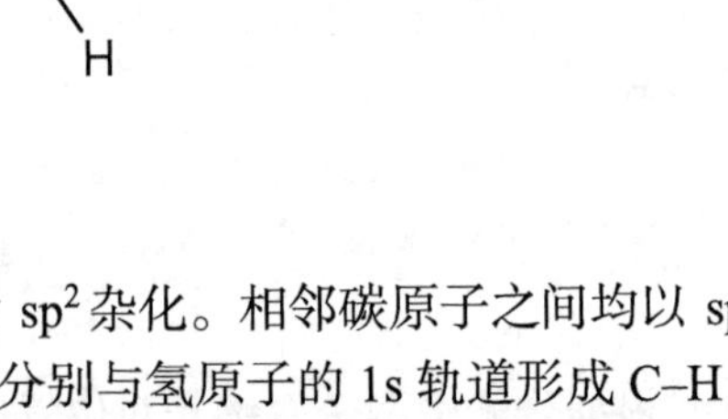


图 4-9 1,3-丁二烯分子中大 π 键的形成

共轭效应的结果是丁二烯分子中的单键具有了部分双键的性质，而双键具有了部分单键的性质，表

现为单键变短，而双键变长。另外，共轭效应使每个电子不只是受到两个原子核的束缚，而是受到了四个原子核的束缚，因此增强了分子的稳定性，分子的能量降低。共轭效应使分子的能量降低的部分称为共轭能、共振能或离域能。

具有共轭效应的分子、离子或自由基等都称为共轭体系。共轭体系的稳定性可从氢化热值反映出来。例如，1,3-戊二烯的氢化热值小于1,4-戊二烯的氢化热值，说明前者的稳定性大于后者的稳定性，而两者的氢化热值之差即为1,3-戊二烯的共轭能。

| | $CH_2{=}CH{-}CH{=}CH{-}CH_3$<br>1,3-戊二烯 | $CH_2{=}CH{-}CH_2{-}CH{=}CH_2$<br>1,4-戊二烯 |
|---|---|---|
| $\Delta H$ | $-226\ kJ\cdot mol^{-1}$ | $-254\ kJ\cdot mol^{-1}$ |

在共轭二烯烃中，如1,3-丁二烯，两个双键可以在C2–C3σ键的同侧，也可以在异侧。因为σ键可以旋转，所以这是两种不同的构象式，命名为*s*-顺式和*s*-反式(*s*指single bond)。

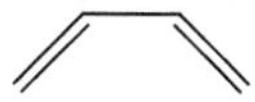

*s*-顺-1,3-丁二烯

*s*-反-1,3-丁二烯

### 4.11.2 共轭效应

p(或π)电子在较大范围轨道(超过两个相邻的轨道)内的流动(离域)称为共轭效应。共轭效应也属于电子效应，其不因离域轨道的增加而有所减弱，这一点与诱导效应不同。共轭效应可分为π-π共轭效应和p-π共轭效应。

1. π-π共轭效应

π-π共轭效应发生在单双键交替排列的体系，最简单的π-π共轭体系分子是1,3-丁二烯。构成共轭体系的分子骨架称为共轭链，共轭链上的双键可以是多个，形成双键的原子也不限于碳原子。例如：

$CH_2{=}CH{-}CH{=}CH{-}CH{=}CH_2$　　$CH_2{=}CH{-}C{=}O$　　$CH_2{=}CH{-}C{\equiv}N$

π-π共轭体系的结构特征是共轭链上所有的不饱和原子共处于同一平面内；形成π电子离域通道的p轨道是相互平行的，只有如此，才能使相邻的p轨道之间发生最大限度地侧面交盖重叠，构成一个含有偶数个原子的大π键共轭体系。

2. p-π共轭效应

与双键碳原子相连的$sp^2$杂化碳原子上的p轨道与π键的p轨道平行，可以进行侧面交盖重叠，产生p-π共轭效应。其共轭链上一般含有奇数个原子，最简单的p-π共轭体系是由三个原子组成的。例如：

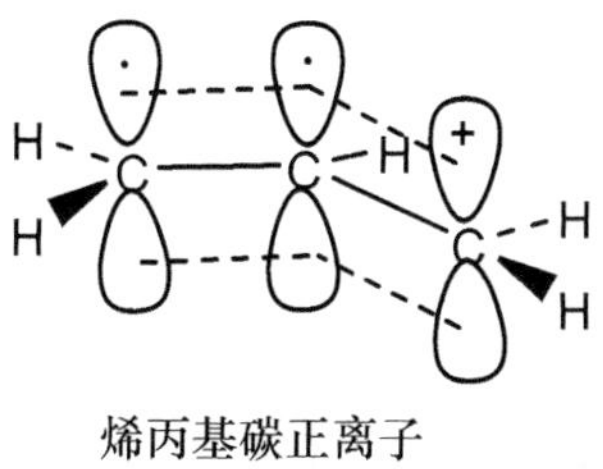


烯丙基碳正离子

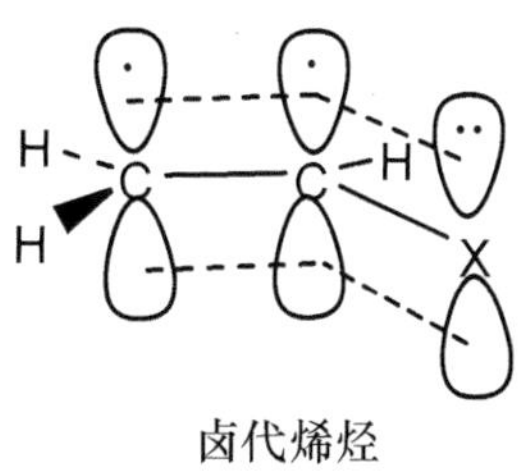


卤代烯烃

在烯丙基碳正离子中，中心碳正离子的 p 轨道与 π 键的 p 轨道平行，可以产生 p-π 共轭效应。由于 p-π 共轭效应的存在，π 电子向缺电子的空 p 轨道流动，其结果是中心碳原子上的正电荷密度减小，即相当于电荷得到了分散，因此体系的稳定性增加。

当双键碳原子上连有含孤电子对的杂原子(–X、–OR、$-NR_2$ 等)时，杂原子的 p 轨道和 π 键的 p 轨道近似平行，也可以产生 p-π 共轭效应。这是一种供电子的共轭效应。例如：

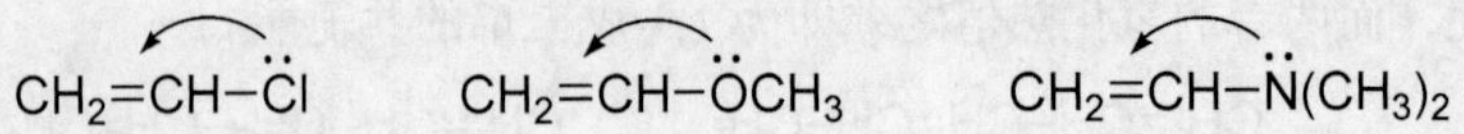


3. *超共轭效应*

超共轭效应是指 *α*-C–H 键的 σ 电子向 $sp^2$ 杂化轨道的离域(或流动)。*α*-C–H 键的轨道形状和能量与 $sp^2$ 杂化碳原子上的 p 轨道接近，且两轨道在空间位置上相邻，因此这两个轨道也可以发生部分交盖。超共轭效应分为 σ-p 超共轭效应和 σ-π 超共轭效应。例如，在 $CH_3CH_2^+$ 中，存在着 σ-p 超共轭效应；在 $CH_2$=CH–$CH_3$ 分子中，存在着 σ-π 超共轭效应。

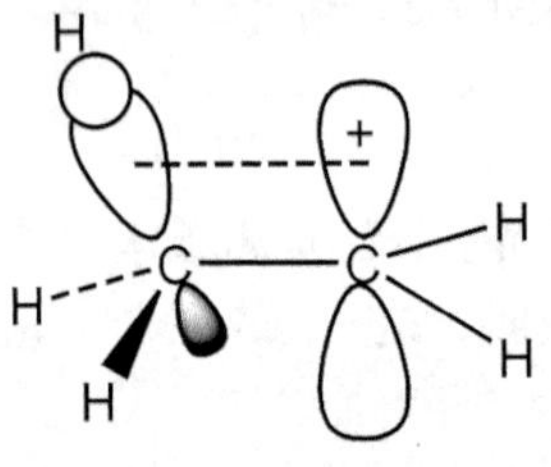


$CH_3CH_2^+$ 的 σ-p 超共轭效应

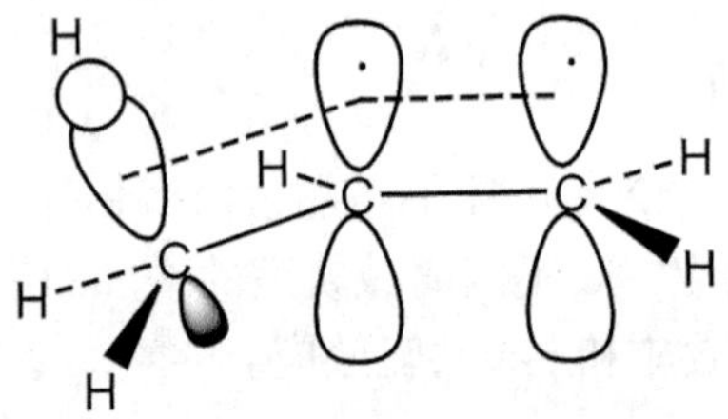


$CH_2$=CH–$CH_3$ 的 σ-π 超共轭效应

在烷基碳正离子中，存在着 σ-p 超共轭效应。*α*-C–H 键上的 σ 电子偏离原来的轨道，而向 p 轨道流动，中心碳原子上的正电荷得到分散，体系的稳定性增加。*α*-C–H 越多，电荷的分散程度越大，体系就越稳定。常见碳正离子的稳定性次序为：

$$\text{烯丙型碳正离子} > (CH_3)_3C^+ > (CH_3)_2CH^+ > CH_3CH_2^+ > CH_3^+$$

超共轭效应的本质是 *α*-C–H 键上 σ 电子的离域。另外，超共轭效应要比共轭效应弱得多，它只是一种弱的供电子作用。

共轭体系的特点：共轭体系键长平均化；共轭体系的热力学能降低，体系的稳定性增加；共轭效应沿着共轭链传递不衰减，当分子内存在极性基团或在反应过程中受外界试剂的影响时，在共轭体系内不仅会使相邻共价键发生极化，而且会影响整个共轭体系，使整个共轭体系的电子云发生变形，产生交替极化现象。例如：

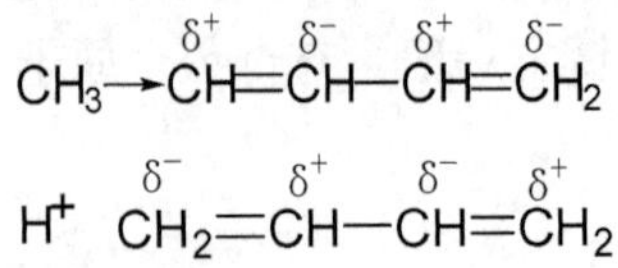


### 4.11.3 共振论

1931～1933 年，美国化学家 L. Pauling(鲍林)在经典价键理论的基础上，提出了共振论学说，并以经典结构式为基础提出了共振杂化体的概念，用来表示共轭体系的结构，可以充分地体现出共轭效应对结构的影响：电子离域、电荷分布、键长变化、稳定性增加等现象。

共振论的基本思想是：当一个共轭体系(分子、离子、自由基等)不能用一个经典结构式圆满地表达时，可以用若干个可能的经典结构式的共振来表达。各个可能的经典结构式称为极限结构式，又称为共振结构式。各极限结构式的融合(共振)构成共振杂化体。只有共振杂化体才能较全面地反映共轭体系的真实结构，任何一个极限结构式都不能完全代表共轭体系的真实结构。例如，1,3-丁二烯可看作下面 7 个极限结构共振形成的杂化体。

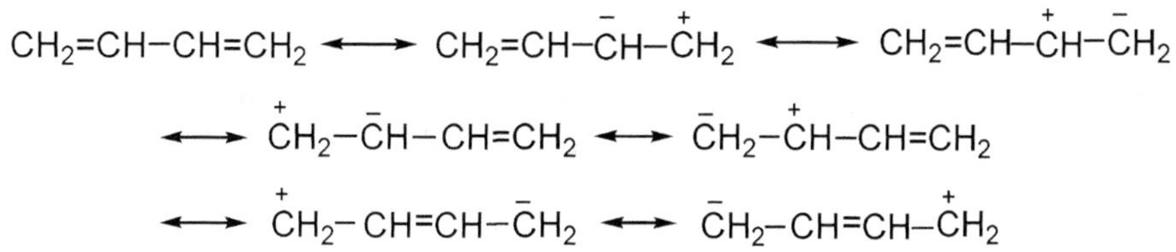

每一个极限结构式代表一种可用经典结构式表示出来的电子离域的极限情况(电子的瞬间运动状态)。需要强调的是，极限结构式是假设的，实际上并不存在。共轭体系的真实结构是各个极限结构式的融合(共振)，并不是简单的混合或加合。这样极限结构式之间既不是互变异构体，也不是处于一种动态平衡，一般用共振符号“⟷”相关联，以区别于“⇌”。

书写极限结构式应遵循以下原则：

(1) 极限结构式之间只允许共轭的 p 或 π 电子移动，而原子的位置不动。例如：

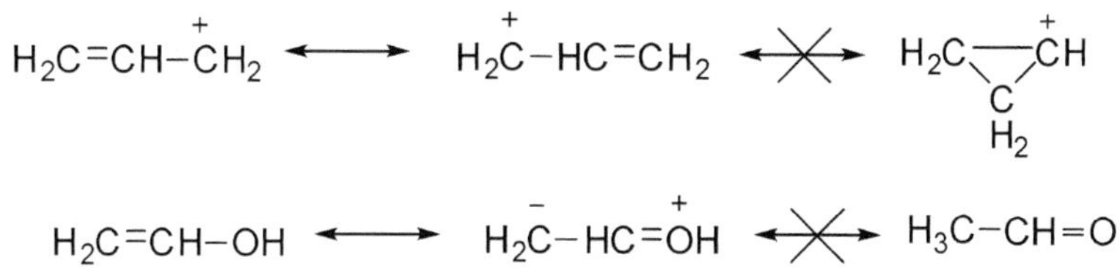

(2) 极限结构式应符合经典的价键理论和 Lewis 结构原则。例如，碳原子不得多于四价，第二周期原子的价电子数不能超过 8 个等。例如：

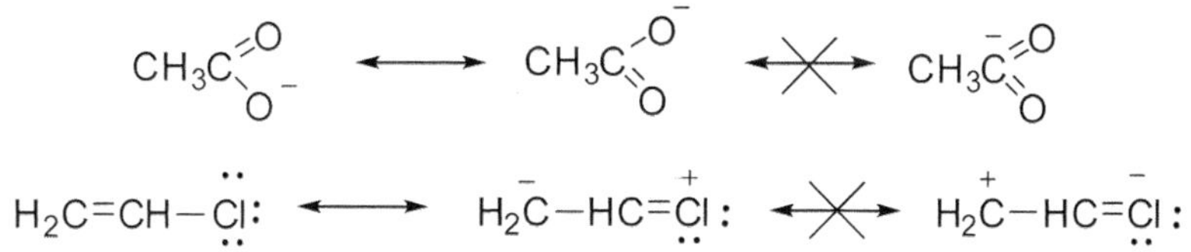

(3) 所有极限结构式必须保持相同数目的单电子和成对电子。例如：

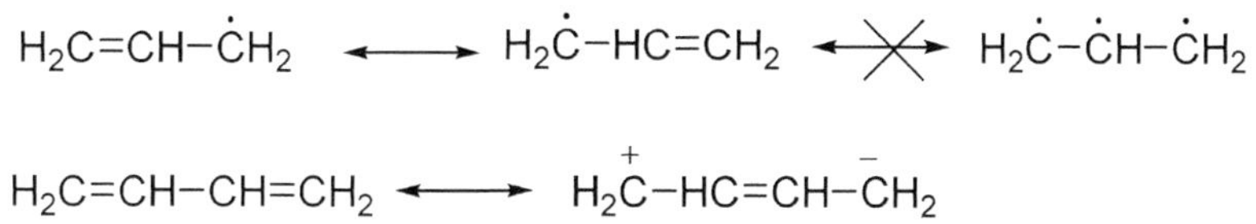

一个共轭体系能写出的极限结构式越多，说明电子离域的可能性越大，体系的稳定性就越高。但不同的极限结构式对共振杂化体的稳定性贡献不同，越稳定的极限结构式对体系的稳定性贡献越大，反之贡献越小。等价的极限结构式贡献亦相同。不同极限结构式(共振式)的稳定性比较如下：

(1) 没有正负电荷分离的共振式比有电荷分离的稳定，即共价键数目越多，共振式越稳定。例如：

$$H_2C{=}CH{-}CH{=}CH_2 \longleftrightarrow H_2\overset{+}{C}{-}CH{=}CH{-}\overset{-}{C}H_2$$

稳定

(2) 有正负电荷分离的共振式，电荷相距越远越不稳定。例如：

$$H_2\overset{+}{C}{-}CH{=}CH{-}\overset{-}{C}H_2 \longleftrightarrow H_2\overset{+}{C}{-}\overset{-}{C}H{-}CH{=}CH_2$$

稳定

(3) 电荷分离遵守电负性大小原则的共振式较稳定，即负电荷在电负性大的原子上的共振式较稳定。例如：

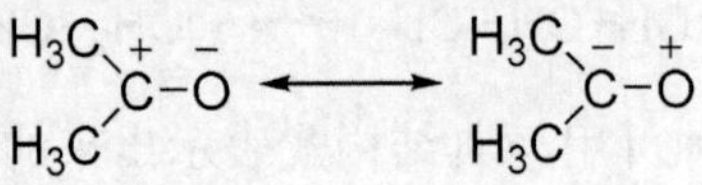

稳定

(4) 所有原子具有完整价电子(满足八电子体)的共振式稳定。例如：

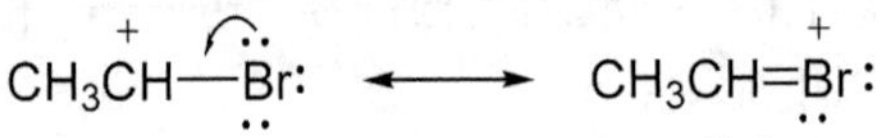

稳定

(5) 等价的或近似的共振式稳定性相同。例如：

$$H_2C{=}CH\overset{+}{C}H_2 \longleftrightarrow \overset{+}{C}H_2CH{=}CH_2$$

(6) 键长和键角变形小的共振式稳定，即相邻原子成键的比不相邻原子成键的共振式稳定。例如：

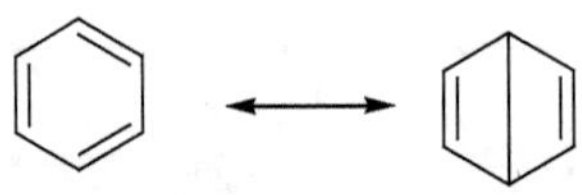

稳定

(7) 相邻两原子带有同性电荷的共振式不稳定。例如：

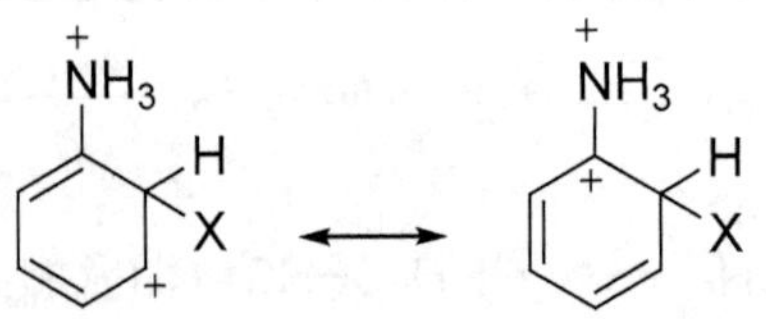

稳定

稳定性最好的极限结构式最接近共振杂化体的真实结构，也最大限度地反映共振杂化体所表示的分子(离子、自由基)的物理化学特性。1,3-丁二烯分子的结构式($CH_2{=}CH{-}CH{=}CH_2$)就是稳定性最好的极限结构式。

共振论在解释共轭体系分子具有的许多物理和化学特性是非常成功的，如解释分子的酸碱性强弱、偶极矩和键长的大小、光谱特性以及预测反应条件、产物比例及相对稳定性等方面都显示出优点。但是，共振结构理论在经典结构的基础上引入了一些人为规定，因此在应用上也有其局限性。例如，依照共振论观点，环丁二烯和环辛四烯分子与苯分子类似，应该是稳定的，但实际上这两种化合物非常活泼，极不稳定。因此，Pauling 本人也指出“共振论远非完善，大部分还是粗略的”。

## 4.12 共轭二烯烃的化学性质

共轭二烯烃的官能团是两个碳碳双键，因此具有一般烯烃的化学性质，但由于两个碳碳双键共轭，它又表现出一些特殊的化学性质。

### 4.12.1 亲电加成反应

共轭二烯烃的亲电加成活性比一般烯烃高，加成的特点是同时发生 1,2-加成和 1,4-加成，得到两种相应的产物。例如，1,3-丁二烯与 HBr 的加成：

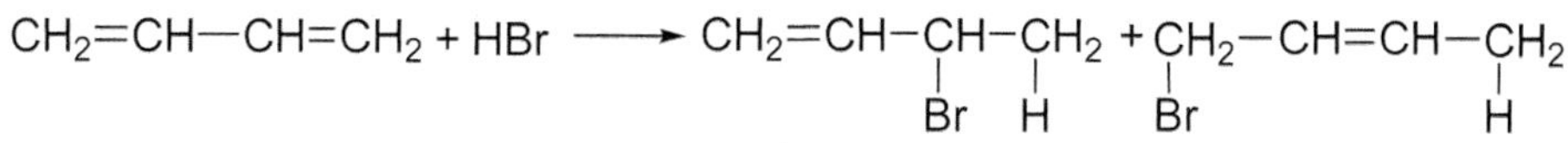


1,2-加成产物 1,4-加成产物

1,2-加成方式与一般烯烃相似，是发生在一个双键上的加成，得到 1,2-加成产物。1,4-加成是发生在共轭体系两端的加成，即加成到 C1 和 C4 上，C1 和 C4 之间原来的双键变成单键，同时 C2 和 C3 之间原来的单键变成双键，最终得到 1,4-加成产物。1,4-加成又称为共轭加成。

共轭二烯烃进行加成反应时，由于外界试剂或溶剂的影响，共轭体系产生极化，不仅一个双键产生极化，而且整个共轭体系的电子云发生形变，产生交替极化，如 1,3-丁二烯与溴化氢的加成。加成反应分为两步，第一步氢离子可以进攻 C1 或 C2，形成两种碳正离子中间体(Ⅰ)和(Ⅱ)。

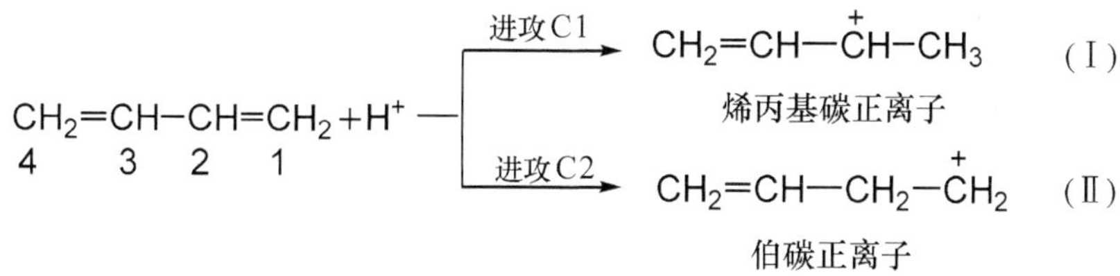


碳正离子(Ⅰ)是烯丙型的碳正离子，其中心碳为 $sp^2$ 杂化状态，中心碳的空 p 轨道与 π 键可发生 p-π 共轭效应，π 电子可以在 π 键的两个 p 轨道和空 p 轨道的范围内离域，使碳正离子的正电荷得到分散，增加了碳正离子的稳定性。碳正离子(Ⅱ)属于伯碳正离子，不存在电子离域效应，所以碳正离子(Ⅰ)要比碳正离子(Ⅱ)稳定。1,3-丁二烯的第一步加成总是要生成稳定的碳正离子(Ⅰ)。碳正离子(Ⅰ)的正电荷分散在 π 键和空 p 轨道形成的共轭体系中，根据共振论，碳正离子(Ⅰ)可与另外一种共振结构式共振，正电荷可以分布在端碳上。另外，根据量子化学的计算结果，在两端碳原子上带的正电荷更多一些，即 C2 和 C4 上带的正电荷更多一些。因此，在加成反应的第二步中，带负电荷的溴离子加在 C2 或 C4 上，分别生成 1,2-加成产物或 1,4-加成产物。

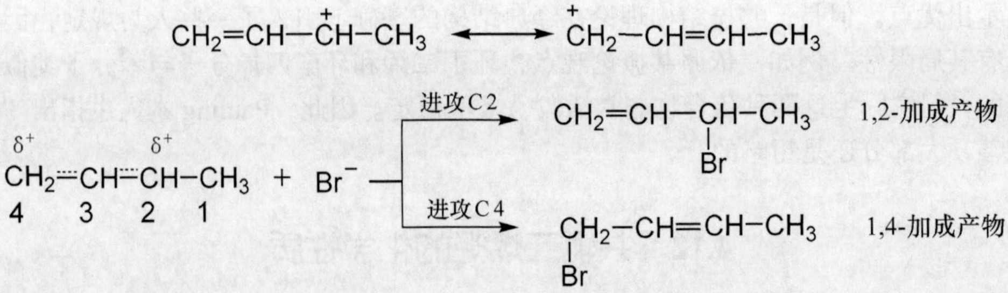


在共轭二烯烃的亲电加成反应中，究竟哪种加成方式占优势，主要受反应条件(如溶剂、温度、反应时间等)的影响。一般情况下，低温或非极性溶剂有利于1,2-加成，而高温或极性溶剂有利于1,4-加成。例如：

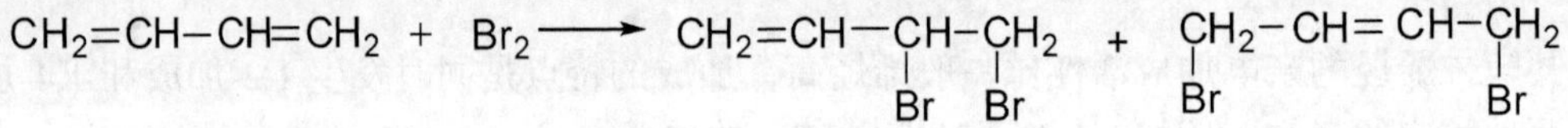

| 溶剂 | 1,2-加成产物 | 1,4-加成产物 |
|---|---|---|
| 正己烷 | 54% | 46% |
| $CHCl_3$ | 37% | 63% |

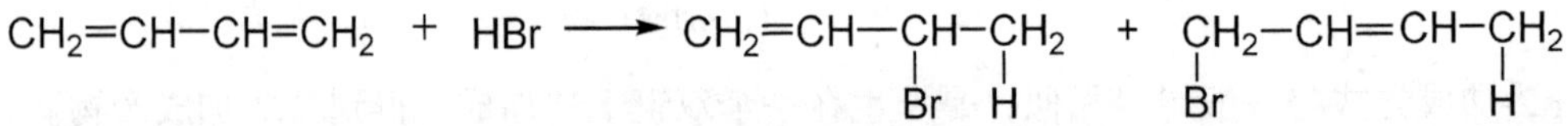

| 温度 | 1,2-加成产物 | 1,4-加成产物 |
|---|---|---|
| 0℃ | 71% | 29% |
| 40℃ | 15% | 85% |

虽然C2和C4都带有部分正电荷，但C2上的正电荷密度更大一些，所以1,2-加成反应速率比1,4-加成快。这也反映在图4-10所示的反应进程能量变化图中，1,2-加成反应的活化能比1,4-加成低。因此，在低温时，反应主要受动力学控制，即两产物之比主要由加成反应速度来决定，此时1,2-加成产物占优势。但当温度升高，或溶剂极性增加，反应时间延长时，碳正离子有条件获得更多的能量，以满足1,4-加成需要较高活化能的要求，而且生成的1,4-

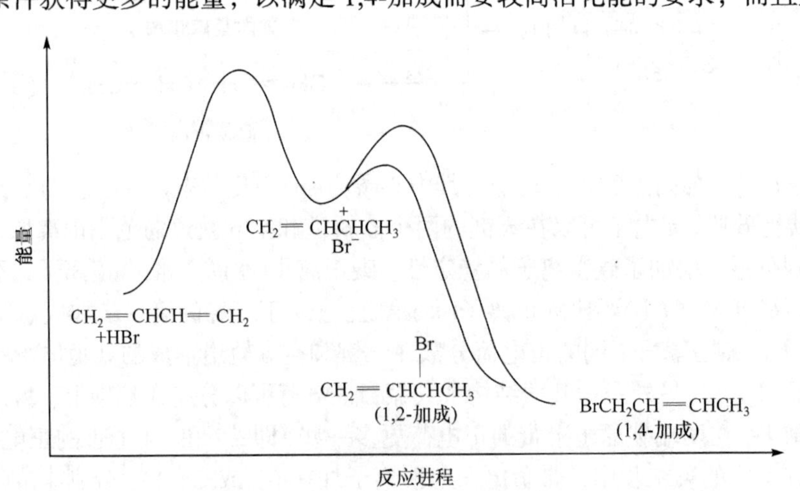


图4-10 1,3-丁二烯与HBr亲电加成反应进程的能量变化示意图

加成产物为内烯烃，稳定性较高，因此反应主要受热力学控制，即两产物之比主要由产物的稳定性来决定，此时 1,4-加成产物占优势。此外，在较高温度时 1,2-加成的逆反应速率也增加，先生成的 1,2-加成产物容易迅速逆转为烯丙型碳正离子，这就更利于 1,4-加成产物的生成。

### 4.12.2　双烯合成反应

共轭二烯烃与含有碳碳双键或碳碳叁键的不饱和化合物进行 1,4-加成，生成环己烯或环己二烯类化合物的反应，称为双烯合成反应。该反应于 1928 年由德国化学家 O. Diels(第尔斯) 和 K. Alder(阿尔德)共同发现，因此又称为 Diels-Alder 反应。双烯合成是共轭二烯烃所特有的反应，是合成六元碳环化合物的一种重要方法，在理论上和实际应用中都具有重要意义。Diels 和 Alder 两人由此共获 1950 年 Nobel(诺贝尔)化学奖。

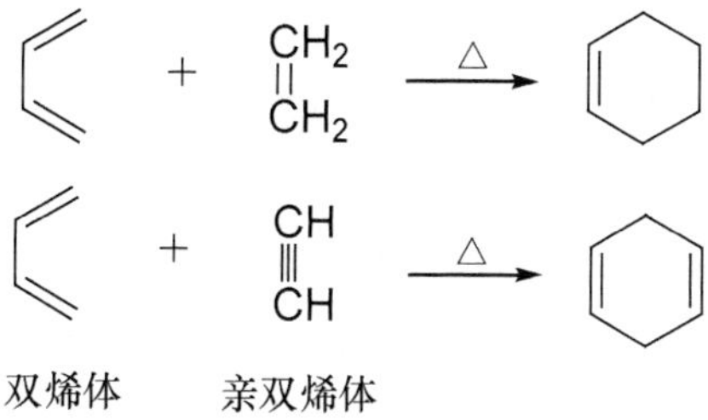

在这类反应中，通常把共轭二烯烃称为双烯体(diene)，与其进行反应的烯类或炔类化合物称为亲双烯体(dienophile)。

双烯合成反应为协同反应，一步完成，在反应过程中没有中间体生成，旧键的断裂和新键的生成同时完成。反应时，反应物分子彼此靠近，互相作用，形成一个六元环状的过渡态，然后逐渐转化为产物分子。因产物为环状化合物，又称为环加成反应(参见 16.1.2 和 16.2.4)。该反应为可逆反应，正向成环反应温度较低，逆向开环反应温度较高。

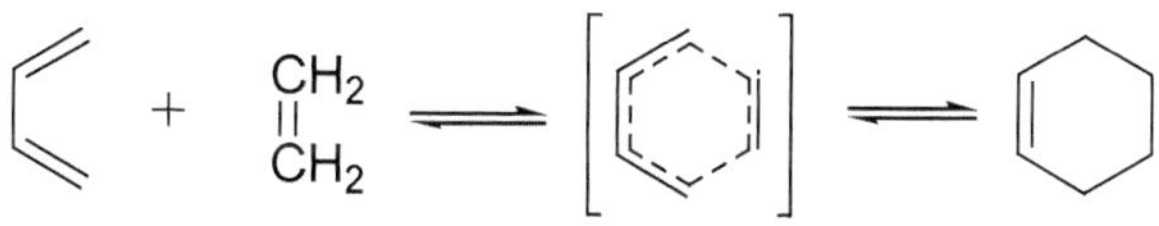

协同反应的机理要求双烯体均以 *s*-顺式的构象才能参与反应，若不能形成 *s*-顺式或 *s*-顺式的空间位阻较大时，反应不能发生。例如，下列共轭二烯烃不能发生双烯合成反应：

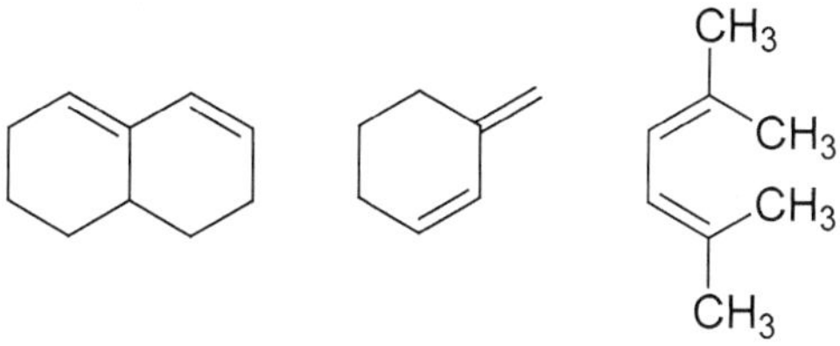

双烯合成为顺式加成反应，加成产物仍保持双烯体和亲双烯体原来的构型。例如：

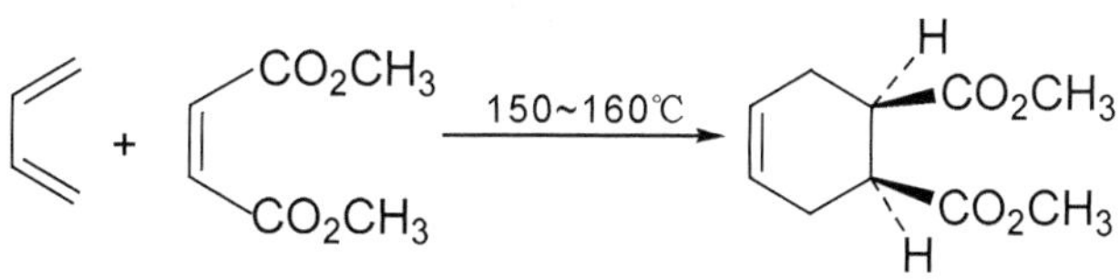

1,3-丁二烯与乙烯的双烯合成要在 200℃的条件下才能发生。研究表明，当双烯体上连有供电子基团(−R、−OR、$-NR_2$等)，亲双烯体上连有吸电子基团(−CHO、−COOH、−COR、$-NO_2$、−CN 等)时，反应容易进行。例如：

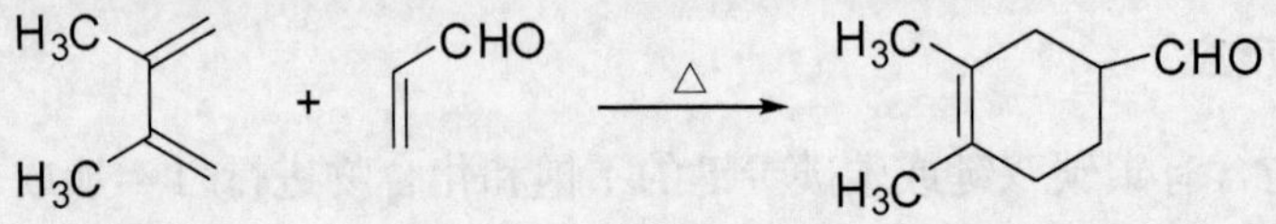

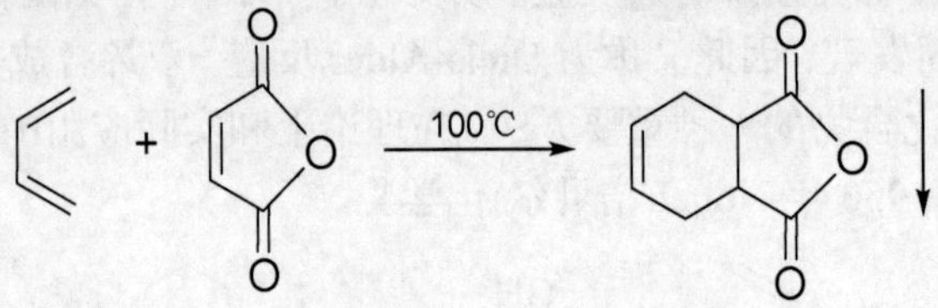

上述反应式中，1,3-丁二烯与马来酸酐(顺丁烯二酸酐)的反应，生成的环状化合物为固体，常用这一反应来鉴别共轭二烯烃。

当不对称双烯体与不对称亲双烯体进行反应时，虽然反应过程中没有带电体的中间体生成，但仍可根据电子效应进行产物的预测和解释。例如：

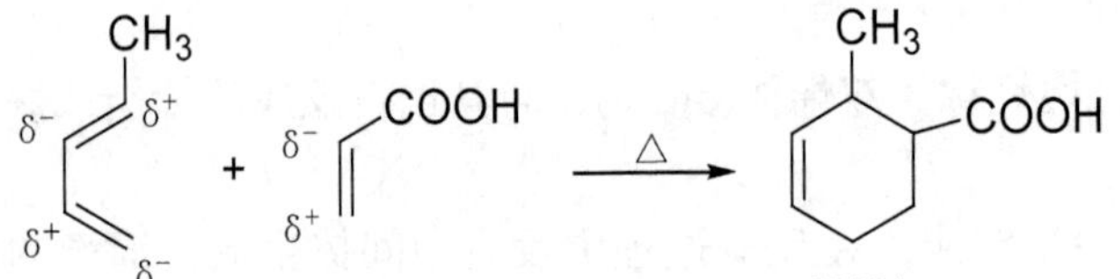

100%

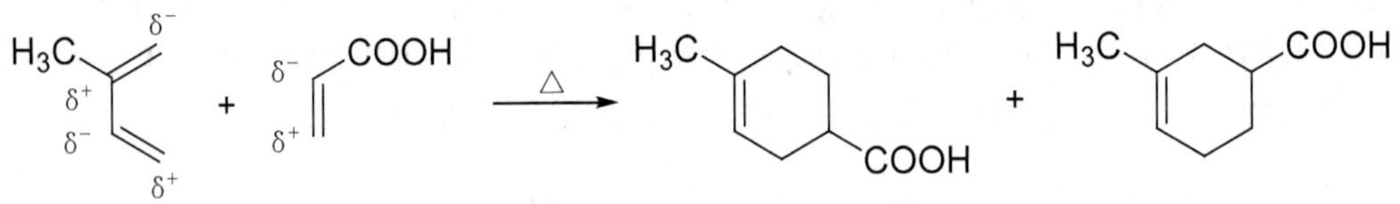

70%　　30%

双烯体(共轭二烯)可以是链状，也可以是环状。例如，环戊二烯、环己二烯等可以作为双烯体进行双烯合成反应。在有机合成上，常利用环状双烯体的双烯合成反应来制备含有六元环的桥环化合物。例如：

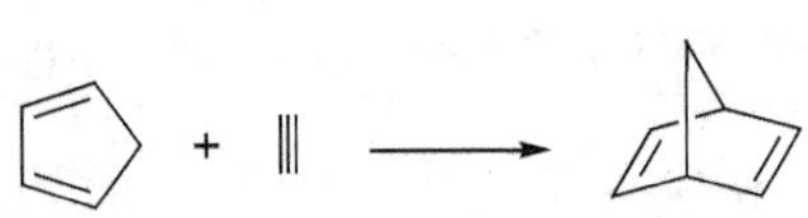

环戊二烯自身也可以发生双烯合成反应，一分子为双烯体，另一分子为亲双烯体，生成它的二聚体。该反应很容易进行，在室温下放置即可发生。因反应的可逆性，加热蒸馏后又重新分解成环戊二烯，可立即使用。

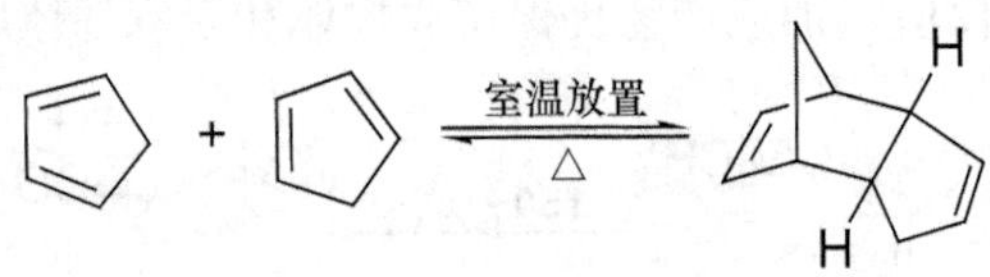


双烯体或亲双烯体的不饱和碳原子换成杂原子，仍能进行双烯合成，这也是合成杂环化合物的一个重要方法。

### 4.12.3　聚合反应和合成橡胶

与单烯烃相似，共轭二烯烃在催化剂作用下也可以发生聚合反应，生成高分子聚合物。聚合时，既可以发生 1,2-加成聚合，也可以发生 1,4-加成聚合。在 1,2-加成聚合时，既可以全同聚合，也可以间同聚合；在 1,4-加成聚合时，既可以顺式聚合，也可以反式聚合。例如：

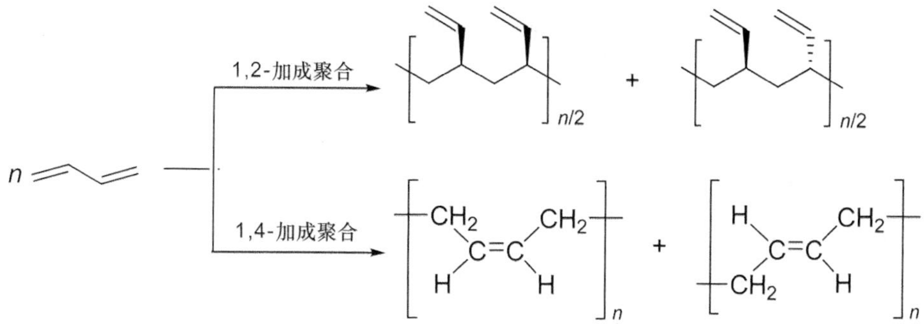


共轭二烯烃的聚合反应是合成橡胶的基本反应。例如，在 Ziegler-Natta 催化剂的作用下，1,3-丁二烯基本上都可以按 1,4-加成方式聚合，即发生定向聚合，制得顺-1,4-聚丁二烯高聚物，亦称为顺丁橡胶。

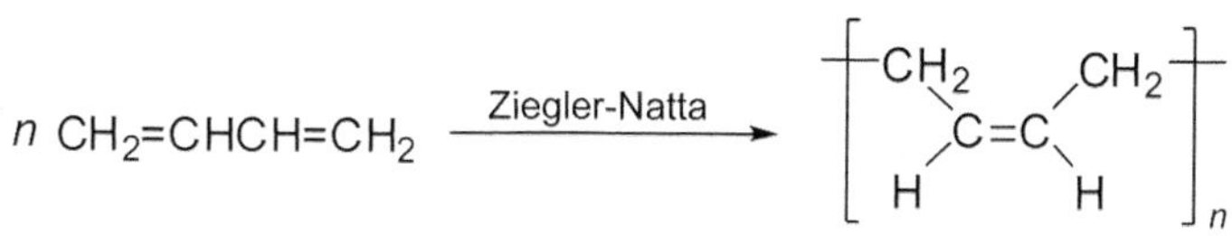


这种定向聚合所生成的顺丁橡胶，由于分子排列规整，具有耐磨、耐低温、耐老化、弹性良好等优异性能。顺丁橡胶的主要用途是制造轮胎，还可用于制造耐磨制品(如胶鞋、胶辊)、耐寒制品和防震制品，也可用于塑料的改性剂。

橡胶是具有高弹性的物质，在工农业生产、交通运输、国防及日常生活中的应用极为广泛。天然橡胶源自橡胶树分泌的白色胶乳，加入少量乙酸后即凝聚成块，再经加工压片成为生橡胶。生橡胶性软，机械强度和耐磨性均较差，必须经过“硫化”处理后才能进一步加工成橡胶制品。所谓“硫化”就是将天然橡胶与硫或某些有机硫化合物一起加热，可使天然橡胶由线形结构通过硫原子连接成网状结构。硫桥可以发生在双键处，也可以发生在双键旁的 $\alpha$-碳原子上。处理后的天然橡胶具有良好的弹性、机械性能、抗曲扰性、气密性和绝缘性，再进一步加工成各种各样的橡胶制品。

经过长期的研究认为，天然橡胶的化学成分是顺-1,4-聚异戊二烯，平均相对分子质量为 $8.0\times10^4$～$4.0\times10^5$，聚合度 $n$=1500～7500。

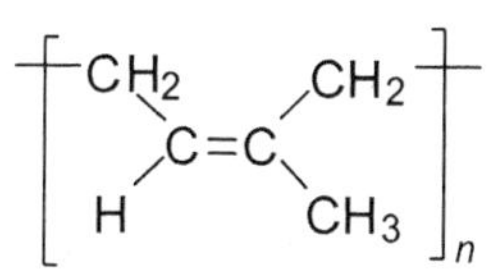

由于天然橡胶受自然条件限制产量有限，其性能也难以满足工农业、交通、国防的应用要求，从 20 世纪 30 年代起，各种性能优异的合成橡胶相继问世。目前，常用的合成橡胶除

了上述的顺丁橡胶，还有人造天然橡胶、丁苯橡胶、丁腈橡胶、氯丁橡胶等。

(1) 聚异戊二烯橡胶(人造天然橡胶)。异戊二烯(2-甲基-1,3-丁二烯)在 Ziegler-Natta 催化剂作用下也能发生定向聚合，得到顺-1,4-聚异戊二烯高聚物，其结构和性质均与天然橡胶相似，又称为人造天然橡胶。

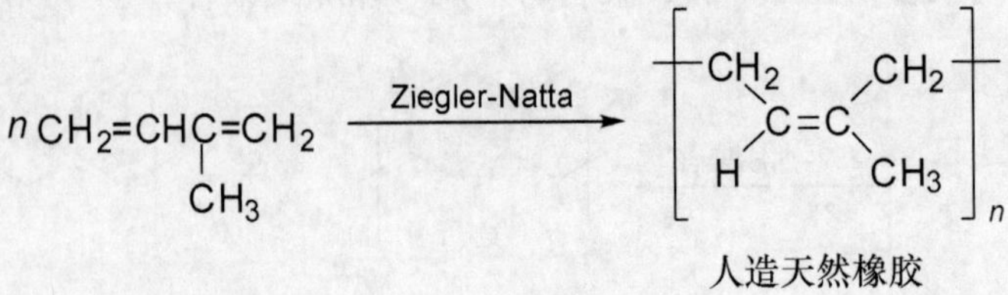

虽然目前许多合成橡胶各有特色，但从通用橡胶所要求的全面性能来看，还没有一种能超过天然橡胶，而顺-1,4-聚异戊二烯橡胶与天然橡胶的性能十分相似，是天然橡胶的最佳取代物，几乎在天然橡胶使用的场合都可代替天然橡胶使用。人造天然橡胶广泛用于工业制品、医疗器械、体育用品和日常生活用品。

(2)丁苯橡胶。1,3-丁二烯和苯乙烯进行共聚反应，得到聚 1,3-丁二烯-苯乙烯弹性体，又称为丁苯橡胶。

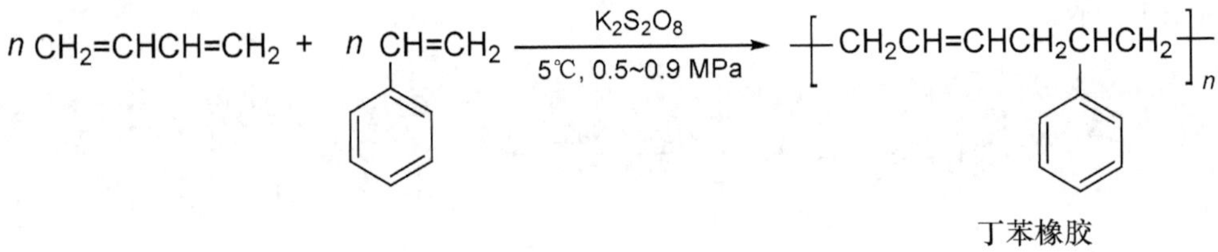

丁苯橡胶具有较好的综合性能，价格低廉，在多数场合可代替天然橡胶使用，在耐老化、耐腐蚀等方面均优于天然橡胶，但总体性能仍比不上天然橡胶。丁苯橡胶的产量约占目前世界上合成橡胶总量的 50%，是合成橡胶中产量最大的一个品种。它主要用于制造各种轮胎以及各种汽车部件、胶管、胶带、胶鞋、电线电缆等其他工业橡胶制品。

(3) 丁腈橡胶。丁腈橡胶是由 1,3-丁二烯和丙烯腈共聚合成的高聚物。

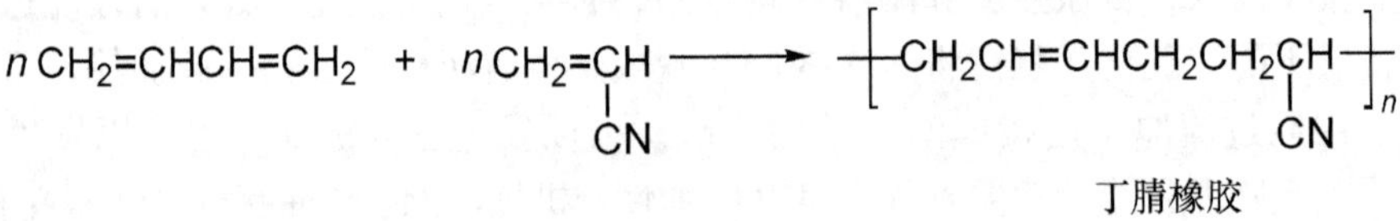

丁腈橡胶的耐油性能极好，是一种特种合成橡胶。另外，它的耐磨性较高，耐热性较好，黏结力强，但弹性和耐寒性较差。丁腈橡胶主要用于制造耐油橡胶制品如油管和油管衬里，在国防工业上应用非常重要。

(4) 氯丁橡胶。氯丁橡胶由 2-氯-1,3-丁二烯单体自聚而成。

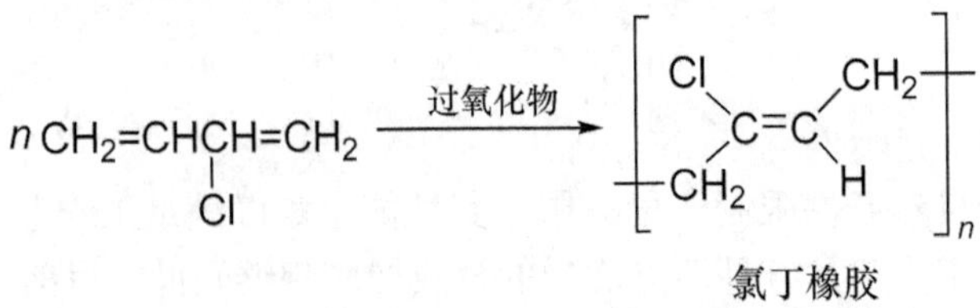

氯丁橡胶不仅具有良好的物理机械性能，而且具有良好的耐油和耐酸碱性能，因此它既是一种通用合成橡胶，也是一种特种合成橡胶。氯丁橡胶价格低廉，广泛用于制备耐油胶管、油箱、运输带、电线包皮材料等。

上述各种合成橡胶都是线型高分子化合物，都要经过硫化处理后才能应用。

## 4.13　共轭二烯烃的来源和制法

1,3-丁二烯和异戊二烯是最重要的共轭二烯烃，它们是合成橡胶的主要原料，目前工业上主要由石油裂解产物的 $C_4$ 或 $C_5$ 馏分分离精制取得。1,3-丁二烯由石油裂解气分离取得的丁烯和丁烷在催化剂存在下脱氢或氧化脱氢制备；异戊二烯则由异戊烷和异戊烯脱氢制备。例如：

$$CH_3CH_2CH_2CH_3 \xrightarrow[600℃]{Al_2O_3\text{-}Cr_2O_3} CH_2{=}CHCH{=}CH_2 + 2H_2$$

$$CH_3CH_2CH{=}CH_2 \xrightarrow[580\sim650℃]{\text{磷酸钙镍}} CH_2{=}CHCH{=}CH_2 + H_2$$

$$CH_3CH{=}CHCH_3 \xrightarrow[480\sim500℃]{\text{磷钼酸铋},O_2} CH_2{=}CHCH{=}CH_2 + H_2$$

第二次世界大战期间，由于合成橡胶的大量需求，发展了利用乙醇的脱水脱氢来制备 1,3-丁二烯的技术。

$$2CH_3CH_2OH \xrightarrow[360℃\text{以上}]{MgO\text{-}SiO_2} CH_2{=}CHCH{=}CH_2 + H_2O + H_2$$

其他共轭二烯烃可由烯烃 $\alpha$-H 卤代后，再消除 HX 的方法制备。例如：

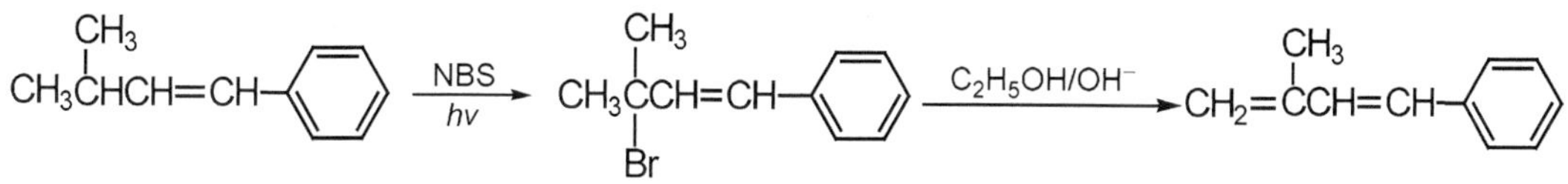

## 阅读材料

### 白色污染及可降解塑料

世界塑料制品年总产量现已超过 1.7 亿吨，用途渗透到国民经济和人民生活的各个领域，它和钢铁、木材、水泥并列为四大支柱材料。这些用途小到生活中经常使用的小塑料袋、塑料盆等，大到国防中的飞机、火箭等。然而，随着塑料产量不断增长，用途不断扩大，其废弃物也日益增多。由于它们用后在自然环境中难以降解、腐烂，严重污染环境。由大量的废弃塑料袋、一次性餐具引起的“白色垃圾”问题已成为“百年难题”，严重污染环境，影响人们的生活。“白色污染”即是人类对塑料垃圾污染环境的一种形象的称谓。

白色污染存在两种危害：视觉污染和潜在危害。视觉污染指的是塑料袋、盒、杯、碗等散落在环境中，给人们的视觉带来不良刺激，影响环境的美感。我们经常看到在城市、旅游区、水体和道路旁散落的废旧塑料包装物而且伴有刺鼻的恶臭味，影响城市、风景点的整体美感，破坏市容、景观。但是白色污染物对地球环境的影响远非如此简单，由于它们本身难以降解，还有着很多潜在的危害，这种潜在的危害会造成长期的(塑料类垃圾在自然界停留的时间一般可达100～200年)、深层次的生态环境污染问题。

白色污染物严重影响着人类的身体健康。当温度达到65℃时，一次性发泡塑料餐具和塑料包装袋等中的有害物质将渗入到食物中，会对人的肝脏、肾脏及中枢神经系统等造成损害。我们现在用来装食物的超薄塑料袋一般是聚氯乙烯塑料。早在四十年前，人们就发现聚氯乙烯塑料中残留有氯乙烯单体。当人们接触氯乙烯后，就会出现手腕、手指浮肿，皮肤硬化等症状，还可能出现脾肿大、肝损伤等症。每次在外就餐时，都会看到不少人用塑料袋装饭菜，但他们不知道这种行为不仅危害环境，也危害自己的身体。带来方便的同时也缩短了人类的寿命。

白色污染物还会使土壤环境恶化，严重影响农作物的生长。农田里的废农膜、塑料袋长期残留在田中，会影响农作物对水分、养分的吸收，抑制农作物的生长发育，造成农作物的减产。大量散落的塑料还容易造成动物误食，引起消化道疾病，甚至导致死亡(在动物园、牧区和海洋中，此类情况已屡见不鲜)。塑料易成团成捆，它甚至能堵塞水流，造成水利设施、城市设施故障，酿成灾害。

填埋作业仍是我国及其他一些经济欠发达国家处理城市垃圾的一个主要方法。由于塑料膜密度小、体积大，它能很快填满场地，降低填埋场地处理垃圾的能力；而且，填埋后的场地由于地基松软，垃圾中的细菌、病毒等有害物质很容易渗入地下，污染地下水，危及周围环境，严重危害着人类的生命健康。

在我国，目前还有很多地方把废塑料直接进行焚烧处理，这样将给环境造成严重的二次污染。塑料焚烧时，不但产生大量黑烟，而且会产生二噁英——迄今为止毒性最大的一类物质。二噁英进入土壤后至少需15个月才能逐渐分解，它会危害植物及农作物；二噁英对动物的肝脏及脑有严重的损害作用。焚烧垃圾排放出的二噁英对环境的污染，已经成为全世界关注的一个极敏感的问题。

目前，人们已经逐渐意识到白色污染的严重性，各国政府也都采取了一系列防治措施。如我国政府规定：从2008年6月1日开始，各超市不得再向顾客免费提供一次性购物塑料袋。虽然这一做法限制了白色污染物的使用，很明显，这不是一种长远之计，并不能从根本上解决白色污染问题。而且废弃的购物塑料袋只是白色污染源的一部分，白色污染物的来源渠道非常广泛。因此，标本兼治是解决问题的最好办法。专家认为，一方面应及时有效地处理既生垃圾，另一方面用能降解、易降解的制品代替塑料。为解决这个问题，高效可降解塑料的研究开发已成为塑料界、包装界的重要课题，而且成为全球热点。由于可降解塑料在一定条件下最终会转化成对环境无害的产物，因此又称其为“绿色塑料”。

可降解塑料是指在较短的时间内、在自然的条件下能够自行降解的塑料。可降解塑料一般分为四大类：

(1) 光降解塑料：在塑料中掺入光敏剂，在日照下使塑料逐渐分解。它属于较早的一代降解塑料，其缺点是降解时间因日照和气候变化难以预测，因而无法控制降解时间。

(2) 生物降解塑料：在自然界微生物(如细菌、霉菌和藻类)的作用下，可完全分解为低分子化合物的塑料。其特点是贮存运输方便，只要保持干燥，不需避光，应用范围广，不但可以用于农用地膜、包装袋，而且广泛用于医药领域。

(3) 光/生物降解：光降解和微生物相结合的一类塑料，它同时具有光和微生物降解塑料的特点。

(4) 水降解塑料：在塑料中添加吸水性物质，用完后弃于水中即能溶解掉，主要用于医药卫生用具方面(如医用手套)，便于销毁和消毒处理。随着现代生物技术的发展，生物降解塑料越来越受到重视，已经成为研究开发的新一代热点。

国外对可降解塑料的研究较早，其中光降解塑料的研究技术最成熟。光降解塑料在日本已实行工业化，主要用于农膜、发泡托盘、瓶子、包装材料等。光降解塑料的降解速度取决于光照时间和强度，因此在实际应用中不同地域会受到限制。而生物降解塑料则解决了这一难题，而且避免了二次污染，因此这类绿色塑料备受青睐。英国的帕罗格安公司研制成功一种可水解的塑料薄膜，它具有普通薄膜的力学性能和印刷性能，可有效保证包装袋内的农药气味不外泄，并能耐碳氢类化学品的腐蚀，而其最大的特点是用后可水解降解，解决了农药包装薄膜污染环境的难题。

我国可降解塑料的研究开发起始于 20 世纪 70 年代中期，90 年代随着环保呼声日益高涨，可降解塑料如雨后春笋般蓬勃发展。1998 年 11 月，一种以秸秆做成的一次性餐具首次摆上了北京百盛购物中心的快餐桌。这种餐具不但安全卫生，而且一次性使用后入土即为肥料，入水可成为鱼饲料，弃置路边，几天后就随风而去了。在 1998 年 12 月 13 日的“绿色一次性餐具交流会”上，100 多家企业展示了它们用稻壳、纸浆、淀粉等为原料制作的餐具。一种生物全降解一次性快餐盒经北京一轻研究院 30 多名研究人员近三年的研究，目前已通过检测。测试证实，该餐盒使用后暴露在大自然中，40 天内全部变为水和二氧化碳。这种餐盒以淀粉(玉米、木薯淀粉)为原料，加入一年生植物纤维粉和生物防水胶喷注到模具内加热发泡成型。各种新生的替代产品正处在起步阶段，但尚没有达到大规模生产推广的水平。

使用可降解塑料有四个不足：一是多消耗粮食；二是使用可降解塑料制品仍不能完全消除“视觉污染”；三是由于技术方面的原因，使用可降解塑料制品不能彻底解决对环境的“潜在危害”；四是可降解塑料由于含有特殊的添加剂而难以回收利用。

总之，可降解塑料作为高科技产品和环保产品正成为当今世界瞩目的研发热点，其发展不仅扩大了塑料的功能，而且一定程度上缓解了环境矛盾，对日益枯竭的石油资源是一个补充，因此可降解塑料的研究开发和推广应用适应了人类可持续发展的要求。虽然目前科学家们正在研制或已经研制成功的可降解塑料还存在一些不足，应用范围还比较窄，还无法取代大众塑料。但是我们相信，可降解塑料的使用必然会带给人类一个绿色的世界，一个美好的世界！

## 习　题

4-1　命名下列化合物。

(1) 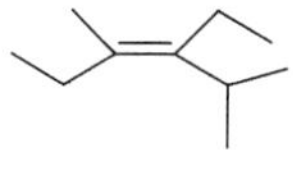

(2) 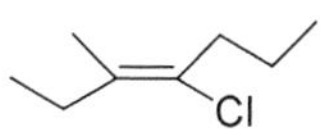


(3) 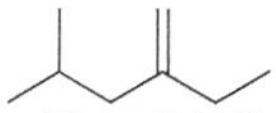

(4) 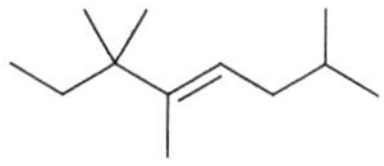

4-2　写出下列化合物的构型式。

(1) 反-4,4-二甲基-2-戊烯　　(2) (*Z*)-3-甲基-4-异丙基-3-庚烯

(3) (*Z*)-2-甲基-1-氟-1-氯-1-丁烯　　(4) (*E*)-4-甲基-2-戊烯

4-3　比较 2-丁烯的顺式和反式结构式下列物理常数的大小。

(1) 沸点　(2) 熔点　(3) 偶极矩　(4) 氢化热　(5) 稳定性

4-4　完成下列反应式(有*标注的，给出产物的构型)。

(1)* 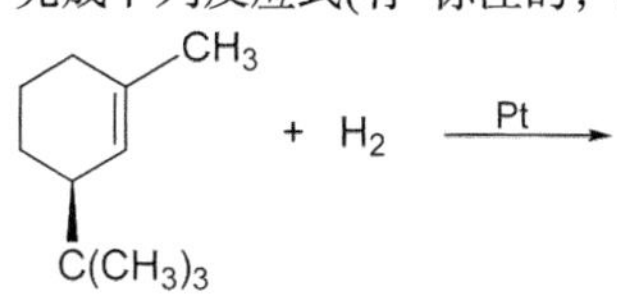

(2) 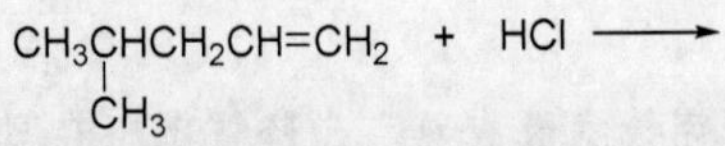

(3) 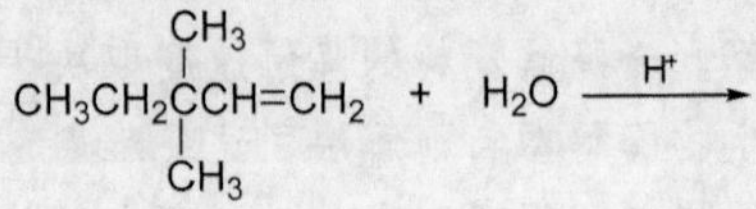

(4)* 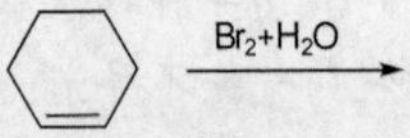

(5) 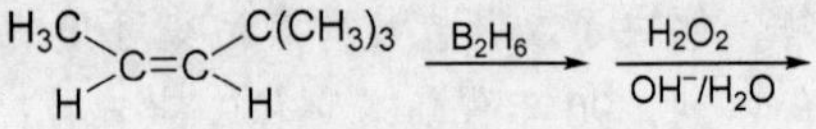

(6) 

(7)* 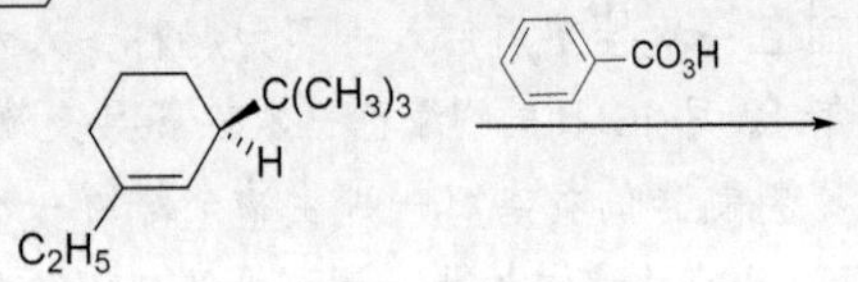

(8) 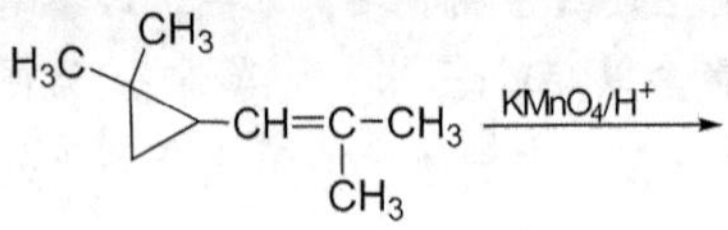

(9) 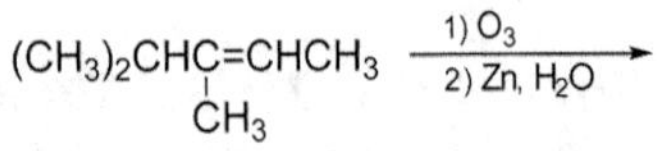

(10) 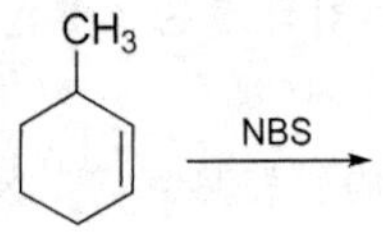

(11) 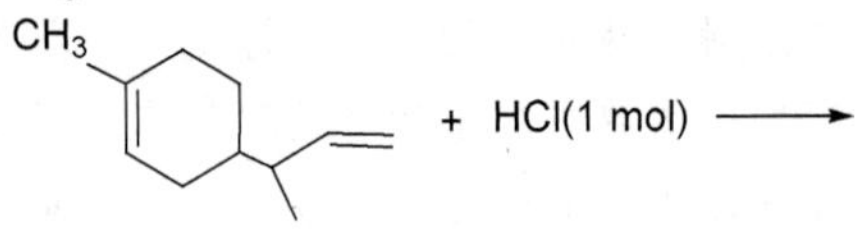

(12) $CH_3CH=CHC\equiv CH + H_2 \xrightarrow{Lindlar}$

(13) 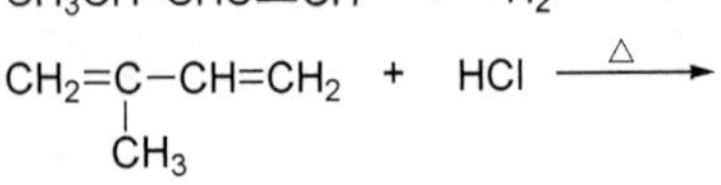

(14)* 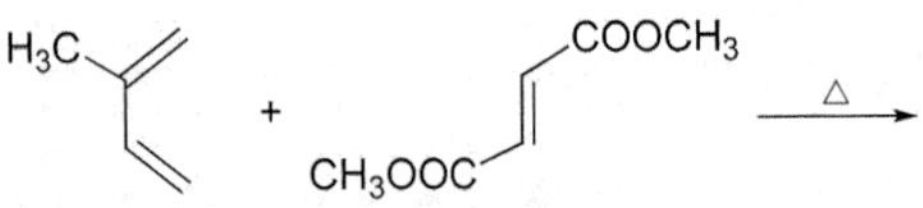

4-5 比较下列结构的稳定性。

(1) A 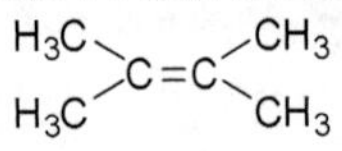 B 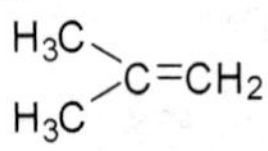 C 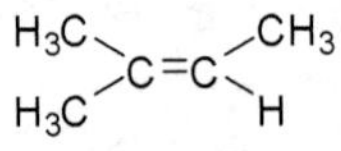 D $CH_3CH_2CH=CH_2$

(2) A 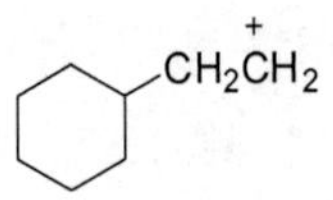 B 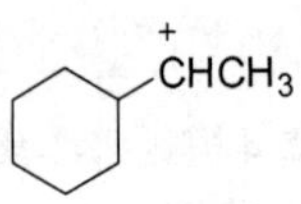 C 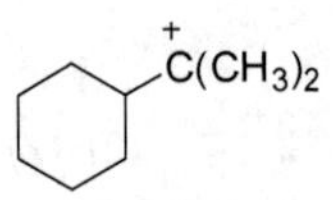 D 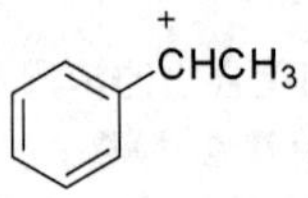

(3) A $CH_2=CH-\overset{+}{C}H_2$ B $(CH_3)_2C=CH\overset{+}{C}H_2$ C $CH_3CH=CH\overset{+}{C}H_2$ D $CH_2=CH-CH_2-\overset{+}{C}H_2$

(4) A 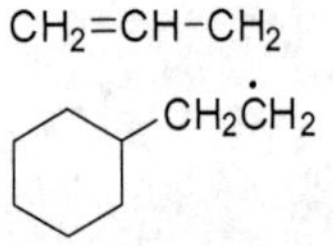 B 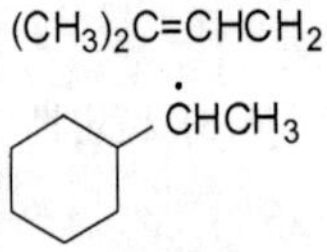 C 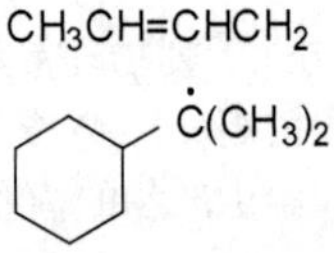 D 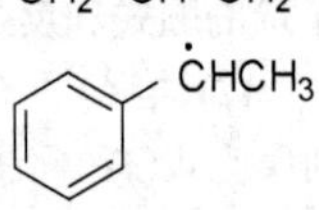

4-6 用化学方法鉴别下列各组化合物。

(1) 丙烷、环丙烷和丙烯

(2) 正丁烷、1-丁烯和 1-丁炔

(3) 1-戊炔和 2-戊炔

(4) 1,3-戊二烯和 1,4-戊二烯

4-7 经酸性 $KMnO_4$ 氧化后，分别得到下列化合物，推断原来烯烃的结构。

(1) $2CO_2 + 2H_2O$

(2) $(CH_3)_2CHCOOH + CH_3COOH$

(3) $(CH_3)_2CO + HOOCCH_2CH_2COOH + CO_2 + H_2O$

(4) $CH_3-\overset{\overset{O}{\|}}{C}-CH_2CH_2CH_2CH_2-\overset{\overset{O}{\|}}{C}-OH$

4-8 经臭氧化还原水解后，分别得到下列化合物，推断原来烯烃的结构。

(1) $CH_3-\overset{\overset{O}{\|}}{C}-CH_2CH_2CH_2CH_2-\overset{\overset{O}{\|}}{C}H$

(2) $CH_3\overset{\overset{O}{\|}}{C}CH_3$, $H\overset{\overset{O}{\|}}{C}CH_2\overset{\overset{O}{\|}}{C}H$, $HCHO$

4-9 推测下列反应的机理。

(1) $CH_3CH_2CH=CH_2 \xrightarrow[CH_3OH]{Br_2} CH_3CH_2\underset{\underset{OCH_3}{|}}{C}HCH_2Br + CH_3CH_2\underset{\underset{Br}{|}}{C}H-\underset{\underset{Br}{|}}{C}H_2$

(2) 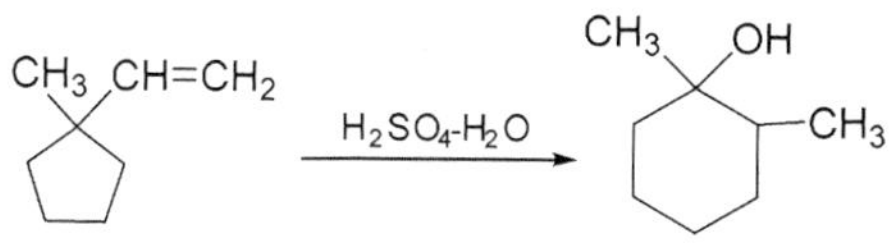

(3) 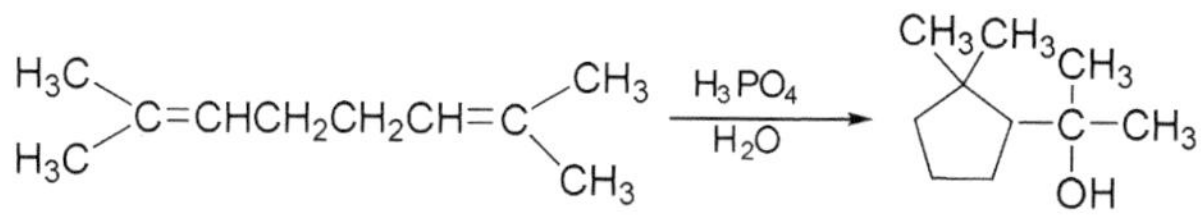

4-10 由指定原料合成下列各化合物(常用无机试剂任选)。

(1) $HC\equiv CH \longrightarrow CH_3CH_2CH_2CH_3$

(2) $HC\equiv CH \longrightarrow CH_3CH_2CH_2CH_2Br$

(3) $CH_3C\equiv CH \longrightarrow CH_3CH_2CH_2OH$

(4) $(CH_3)_2C=CH_2 \longrightarrow$ 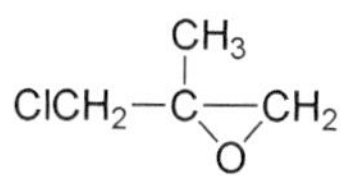

4-11 某化合物分子式为 $C_8H_{16}$，它能使溴水褪色，也可溶于浓硫酸。经臭氧化并在锌粉存在下水解，只得到一种产物丁醛。试写出该烯烃可能的结构式。

4-12 某化合物 A 的分子式为 $C_7H_{14}$，经酸性高锰酸钾溶液氧化后生成两个化合物 B 和 C，A 经臭氧化而后还原水解也得到产物 B 和 C。试写出 A 的结构式。

4-13 某化合物的相对分子质量为 82，每摩尔该化合物可吸收 2 mol 的 $H_2$，当它和硝酸银氨溶液作用时，没有沉淀生成；当它吸收 1 mol 的 $H_2$ 时，产物为 2,3-二甲基-1-丁烯，写出该化合物的结构式。

4-14 分子式为 $C_7H_{10}$ 的某开链烃 A，可发生下列反应：A 经催化加氢可生成 3-乙基戊烷；A 与硝酸银氨溶液反应可产生白色沉淀；A 在 $Pd/BaSO_4$ 催化下吸收 1 mol $H_2$ 生成化合物 B，B 能与顺丁烯二酸酐反应生成化合物 C。试写出 A、B、C 的结构式及各步反应式。

4-15 某化合物 A 的分子式为 $C_5H_8$，在液氨中与金属钠作用后，再与 1-溴丙烷作用，生成分子式为 $C_8H_{14}$ 的化合物 B，用高锰酸钾氧化 B 得到分子式为 $C_4H_8O_2$ 的两种不同的羧酸 C 和 D，A 在硫酸汞存在下与稀硫酸作用，可得到分子式为 $C_5H_{10}O$ 的酮 E。试写出 A～E 的结构式及各步反应式。

4-16 指出下列几对结构式中，哪些互为共振结构式。

(1) 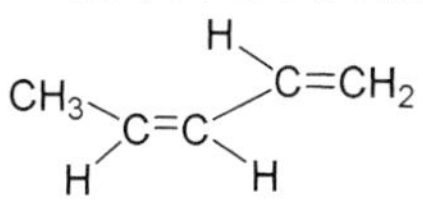 和 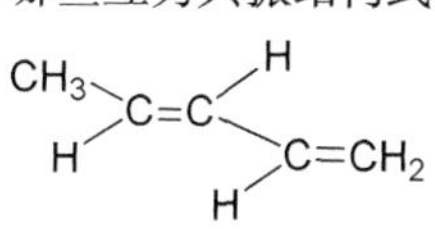

(2) 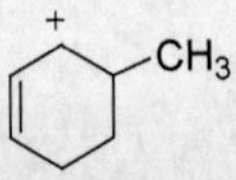 和 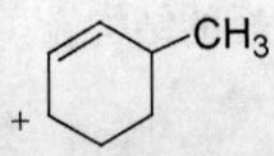

(3) $CH_2=CH-OH$ 和 $CH_3-CH=O$

4-17 选用适当原料，通过 Diels-Alder 反应合成下列化合物。

(1) 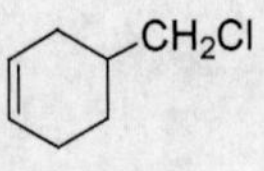 (2) 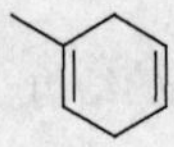 (3) 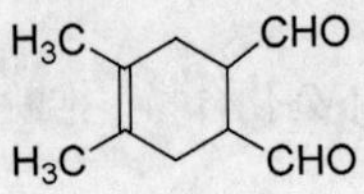 (4) 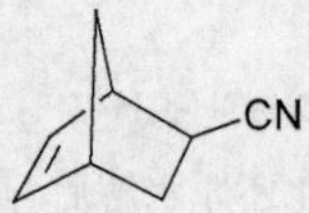

# 第5章 芳 香 烃

芳香烃(aromatic hydrocarbon)是芳香族碳氢化合物的简称，也称芳烃。“芳香”二字的由来，最初是指从天然的香树脂和香精油中获得的物质，具有芳香气味。它们的化学性质与烷烃、烯烃以及炔烃相比有很大的不同，其化学行为是：比较容易进行取代反应，不易进行加成反应和氧化反应，这种特殊的性质曾被作为芳香物质的标志，统称为芳香性。随着有机化学的进一步发展，发现一些不具有苯环结构的环状烃也具有芳香性。现在广义上的芳烃一般是指含有苯环结构的苯系芳烃和不含苯环但具有与苯环类似结构和性质的非苯芳烃。根据是否含有苯环以及所含苯环的数目和连接方式不同，芳烃可分类如下：

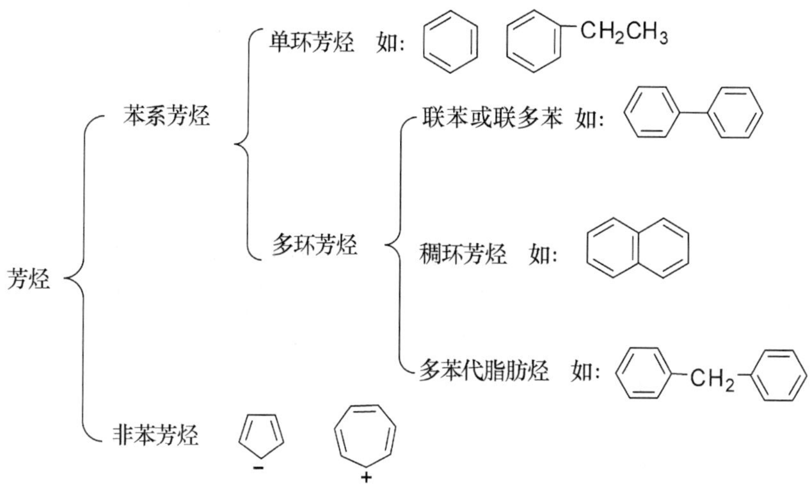


## 5.1 苯的结构

19世纪初人们在储运煤气的桶中发现一种油状的液体，命名为苯，1825年M. Faraday(法拉第)测定其实验式为CH，1833年Mitsherlich(米切利斯)确定其分子式为$C_6H_6$。此后，人们对苯的性质开始有较充分的认识：

(1) 在黑暗中苯不能使溴溶液褪色，也不能被冷稀的高锰酸钾氧化。

(2) 苯进行反应时主要发生取代反应，不易发生加成反应。

(3) 一元取代产物只有一种，二元取代产物有三种。

(4) 虽然苯通常不发生加成反应，但在特殊的条件下，也能发生加成反应。例如，一定的压力下可催化加氢生成环己烷；在太阳光或紫外光照射下，一分子苯与三分子溴加成产生六溴环己烷等。

根据一定的实验事实，结合当时已知碳为四价的理论，1865年德国化学家F. A. Kekulé(凯库勒)创造性地提出苯的结构是单双键间隔的六元环平面结构，每个碳原子和一个氢相连，他提出的结构如下：

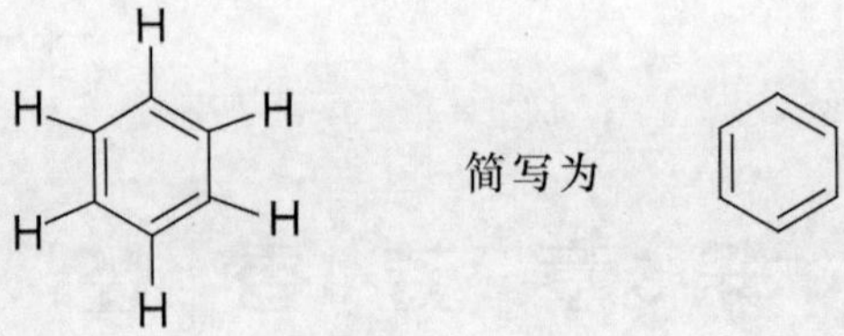

按照 Kekulé 提出的结构式，苯分子中的六个氢是等同的，因此它的一元取代产物只有一种；二元取代产物有三种：邻、间、对位取代物；对于苯和氢、溴的加成，Kekulé 结构式也可以给予很好的解释。但是按照 Kekulé 结构式，苯的邻位二元取代产物应该有两种，分别是：

(不同之处是双键和溴的相对位置)

而实际上，苯的邻位二元取代产物只有一种。为了解释这个问题，Kekulé 提出苯中的双键没有固定的位置，而是在快速地来回移动，这种单双键的“更迭作用”使得两个邻位二元取代物处于快速平衡中，因而不能分离开来。

这种解释在当时看来似乎不可理解，但也有人认为 Kekulé 当时已直觉地预感到了现代的电子离域概念。尽管如此，Kekulé 对于苯易于发生取代而不易加成和氧化却无法给以解释。另外，按 Kekulé 结构式，苯分子中有交替的单键和双键，单键和双键的键长应是不相等的，但实际上苯分子中碳碳键的键长完全相同，介于单键和双键之间，所以 Kekulé 提出的结构式并不完善，需要补充修改。

近代物理方法证明，苯分子的六个碳原子和六个氢原子都在同一平面上，其中六个碳原子构成平面正六边形，碳碳键长均为 0.140 nm，比碳碳单键 0.154 nm 短，比碳碳双键 0.134 nm 长，各键键角都是 120°，由此提出了苯结构的现代理论。

杂化轨道理论认为：苯分子中六个碳原子都是 $sp^2$ 杂化，每个碳原子都以 $sp^2$ 杂化轨道与相邻碳原子重叠，形成六个 C–C σ 键，同时每个碳原子以 $sp^2$ 杂化轨道与氢原子的 1s 轨道交盖，形成六个 C–H σ 键。所有碳原子和氢原子都处在同一个平面内，键角都是 120°。每个碳原子上各有一个未参与杂化的 p 轨道，与环平面垂直，这六个 p 轨道相互平行，侧面重叠形成闭合的环状大 π 键，π 电子云均匀地离域在大 π 键轨道中，分布于环的上下两侧，把环夹在中间，形成一个“夹心面包状”，见图 5-1。

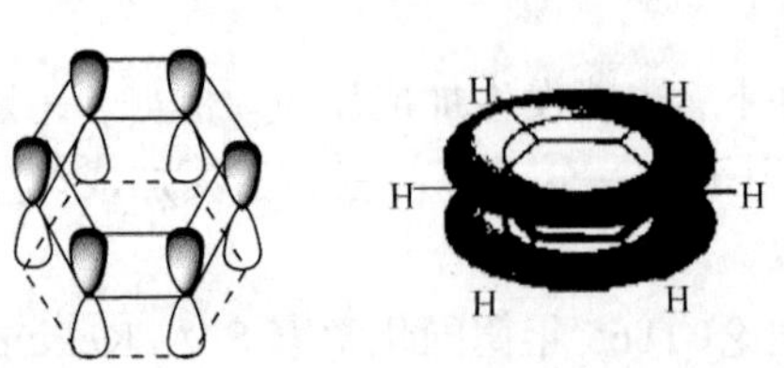

图 5-1　苯的 p 轨道交盖和离域 π 分子轨道

苯分子的这种结构式解释了 Kekulé 结构式所不能解释的实验事实。由于苯分子中形成闭合的环状大 π 键，π 电子云高度离域使得体系能量降低而稳定，因此，苯分子不易发生加成和氧化反应，而易发生取代反应。

共振论认为，苯分子可由下列极限结构式的共振表示。

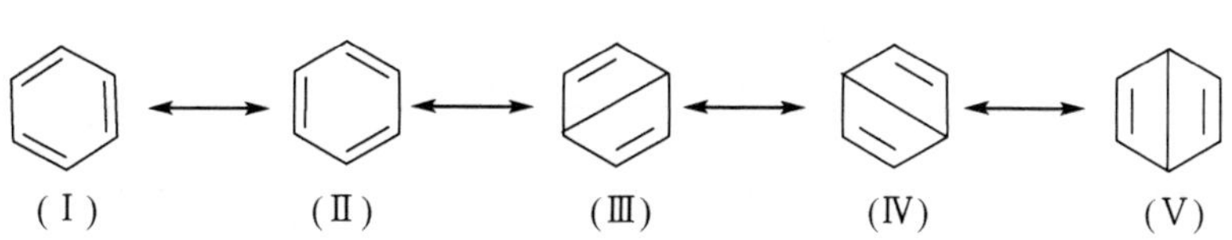

共振论对苯分子结构的解释：苯的真实结构不是其中任何一个，而是它们的共振杂化体。其中(Ⅲ)(Ⅳ)(Ⅴ)三个极限结构的键长和键角不等，贡献较小。(Ⅰ)(Ⅱ)是键长和键角完全相等的等价结构，贡献大，故苯的极限结构通常用(Ⅰ)和(Ⅱ)表示。苯的氢化热为 208.5 kJ · mol$^{-1}$，环己烯的氢化热为 119.5 kJ · mol$^{-1}$，假想的 1,3,5-环己三烯的氢化热应为 119.5×3= 358.5 (kJ · mol$^{-1}$)，苯的氢化热比假想的 1,3,5-环己三烯低 150 kJ · mol$^{-1}$，低的这部分能量即是共振能、共轭能或离域能，因此苯比较稳定。

由于共振的结果，苯分子中的碳碳键既不是单键也不是双键，而是介于两者之间，六个碳碳键完全相等，因此苯的一元取代物只有一种、二元取代物有三种，这与实验事实完全相符。

## 5.2 单环芳烃的物理性质

苯及其同系物多数为液体，不溶于水，易溶于有机溶剂。单环芳烃的相对密度小于 1，但比同碳数的脂肪烃和脂环烃大，一般为 0.8～0.9。单环芳烃有特殊的气味，蒸气有毒，对呼吸道、中枢神经和造血器官产生损害。由于苯及其同系物中含碳量比较多，燃烧时火焰带有黑烟。

苯的同系物中每增加一个 $CH_2$ 单位，沸点平均增高约 25℃。相同碳原子数的各种异构体的沸点很接近。在同分异构体中，结构对称的异构体具有较高的熔点，如邻、间、对二甲苯的熔点分别为–25.5℃、–47.9℃和 13.3℃，可用低温结晶的方法使对二甲苯分离出来。一些常见的苯及其衍生物的物理常数见表 5-1。

**表 5-1 苯及其衍生物的物理常数**

| 化合物 | 熔点/℃ | 沸点/℃ | 相对密度 $d_4^{20}$ | 折光率 $n_D^{20}$ |
|---|---|---|---|---|
| 苯 | 5.5 | 80.1 | 0.8786 | 1.5001 |
| 甲苯 | –95 | 110.6 | 0.8669 | 1.4961 |
| 乙苯 | –95 | 136.2 | 0.8670 | $1.4959^{10}$ |
| 丙苯 | –99.5 | 159.2 | 0.8620 | 1.4920 |
| 异丙苯 | –96 | 152.4 | 0.8618 | 1.4915 |
| 丁苯 | –88 | 183 | 0.8610 | |
| 氟苯 | –41.2 | 85.1 | 1.0225 | |
| 氯苯 | –45.6 | 132 | 1.1058 | |
| 溴苯 | –31 | 156 | 1.4950 | |
| 碘苯 | –31.2 | 188.3 | 1.8308 | |
| 邻二甲苯 | –25.5 | 144.4 | 0.8802 | 1.5055 |
| 间二甲苯 | –47.9 | 139.1 | 0.8642 | 1.4972 |

续表

| 化合物 | 熔点/℃ | 沸点/℃ | 相对密度 $d_4^{20}$ | 折光率 $n_D^{20}$ |
|---|---|---|---|---|
| 对二甲苯 | 13.3 | 138.2 | 0.8611 | 1.4958 |
| 邻氯甲苯 | −35.1 | 159.2 | 1.0825 | |
| 对氯甲苯 | 7.5 | 162 | 1.0697 | |
| 邻溴甲苯 | −27.7 | 181.7 | 1.4232 | |
| 间溴甲苯 | −39.8 | 183.7 | 1.4099 | |
| 对溴甲苯 | 28.5 | 184.3 | 1.3995 | |
| 邻硝基甲苯 | −9.6 | 220.4 | 1.1629 | |
| 间硝基甲苯 | 16 | 232.6 | 1.1571 | |
| 对硝基甲苯 | 54.5 | 238.3 | 1.1038 | |
| 1,2,3-三甲苯 | −25.4 | 176.1 | 0.8944 | |
| 1,2,4-三甲苯 | −43.8 | 169.4 | 0.8758 | |
| 1,3,5-三甲苯 | −44.7 | 164.7 | 0.8652 | |

## 5.3 单环芳烃的化学性质

单环芳烃的特征反应是芳环的亲电取代反应，反应前后芳环体系不变。由于芳环的稳定性，只有在特殊条件下才能发生加成反应和氧化反应。另外，受芳环的影响，芳环侧链的 *α*-H 表现出一定的活泼性，易发生侧链 *α*-H 的氧化和取代反应。

### 5.3.1 苯环上的亲电取代反应

由于苯环平面的上下方都集中分布着 π 电子，因此苯环容易向亲电试剂提供电子，即苯环容易受到亲电试剂的进攻，使苯环上的 H 原子被取代，生成相应的取代苯，这种反应称为亲电取代反应。

苯环亲电取代反应历程可表示如下：

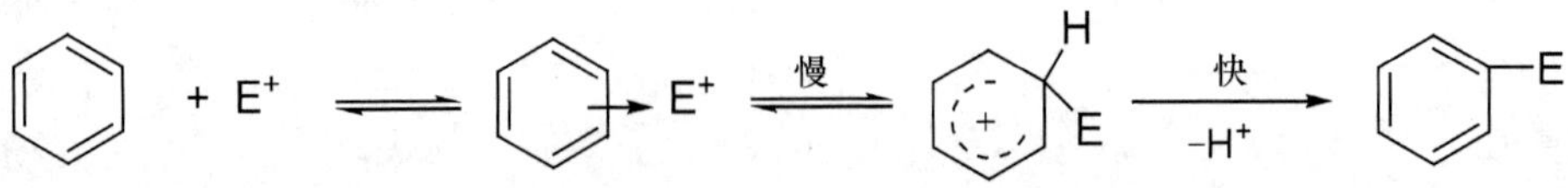


π 配合物　　σ 配合物

在亲电取代反应中，首先是亲电试剂 $E^+$ 进攻苯环，并与苯环形成 π 配合物，该 π 配合物仍保持苯环的结构。然后 π 配合物中的亲电试剂 $E^+$ 从苯环上夺取一对 π 电子与苯环的一个碳原子结合形成 σ 键，生成 σ 配合物。此时这个碳原子的杂化状态也由 $sp^2$ 杂化转变为 $sp^3$ 杂化。由于苯环原有的六个 π 电子中给出一对 π 电子，因此只剩下四个 π 电子，而且这四个 π 电子可以离域分布在五个碳原子所形成的(缺电子)共轭体系中，因此生成的 σ 配合物已不再是原来的苯环结构，它是碳正离子中间体，可以用以下三个共振式表示：

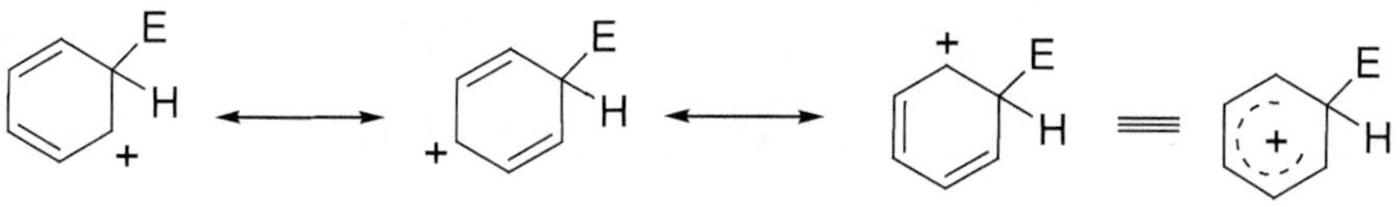

应该指出，σ 配合物的三个共振结构式，不仅表示了余下的五个碳原子仍是共轭体系，还可表示出在进攻试剂的邻位和对位碳原子上带有较多的正电荷。这符合量子化学处理的结果，也便于说明苯及其衍生物的许多化学事实。

σ 配合物是苯亲电取代反应的中间体，和烯烃的亲电加成反应生成的碳正离子相似。σ 配合物的生成涉及苯环共轭大 π 键的破裂和 σ 键的形成，所以反应速率比较慢，是决定整个反应速率的一步。与烯烃的加成反应不同的是：由烯烃生成的碳正离子接着迅速地和亲核试剂结合而形成加成产物；而由芳烃生成的 σ 配合物却是随即迅速失去一个质子，重新恢复为稳定的苯环结构，最后生成取代产物，这一步是放热反应。

如果 σ 配合物接着不是失去一个质子，而是和亲核试剂结合生成加成产物(环己二烯衍生物)，由于加成产物不再具有稳定的苯环结构，这一步将是吸热反应。例如：

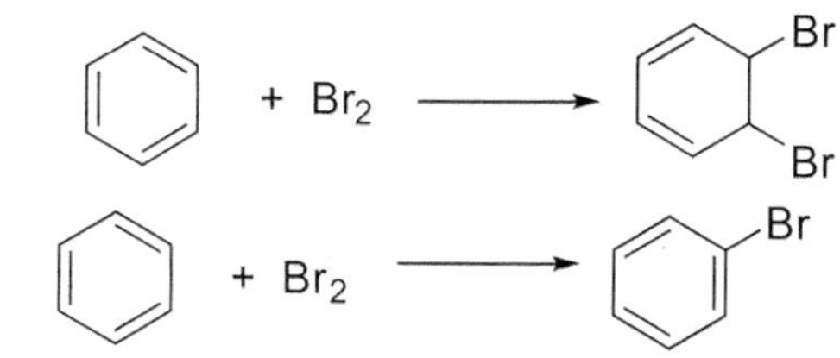

$\Delta H = -122.06\ kJ\cdot mol^{-1}$

$\Delta H = 8.36\ kJ\cdot mol^{-1}$

$\Delta H = -45.14\ kJ\cdot mol^{-1}$

所以芳烃发生取代反应比加成反应容易得多。事实上，芳烃并不发生上述加成反应，而易发生亲电取代反应，这是由苯环的稳定性所决定的。

单环芳烃重要的取代反应有卤化、硝化、磺化、烷基化和酰基化等，下面分别加以讨论。

1. 卤化反应

在三卤化铁或铁粉的催化下，单环芳烃很容易与卤素($Cl_2$、$Br_2$)作用生成卤代芳烃，该反应称为卤化反应。例如：

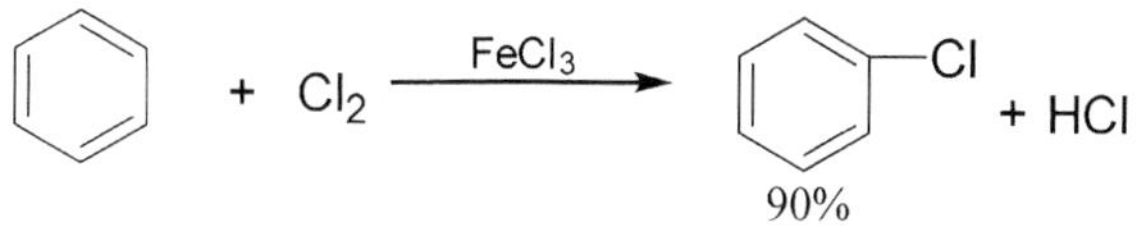

在卤代反应中，铁盐(如 $FeCl_3$)等催化剂的作用是与卤素(如 $Cl_2$)配合，促进卤素分子异裂，产生有效的亲电试剂($Cl^+$)，$Cl^+$进攻苯环，形成碳正离子中间体，随后从碳正离子中间体上失去一个质子，生成取代产物；同时脱下的质子与 $FeCl_4^-$作用，重新生成 $FeCl_3$。

$$FeCl_3 + Cl_2 \rightleftharpoons Cl^+ + FeCl_4^-$$

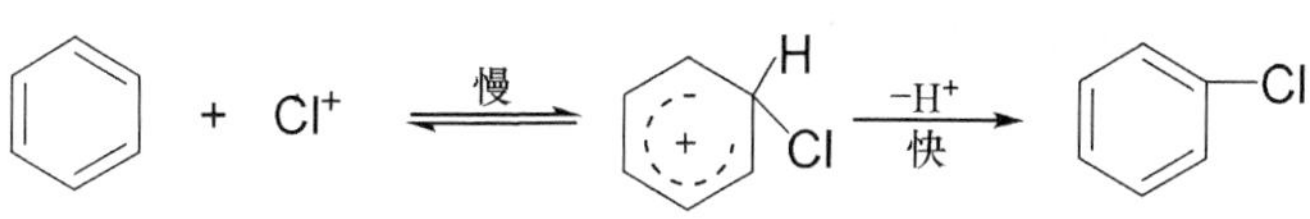

$$FeCl_4^- + H^+ \longrightarrow FeCl_3 + HCl$$

在比较强烈的条件下，卤苯继续与卤素作用，主要生成邻位和对位二卤代苯。

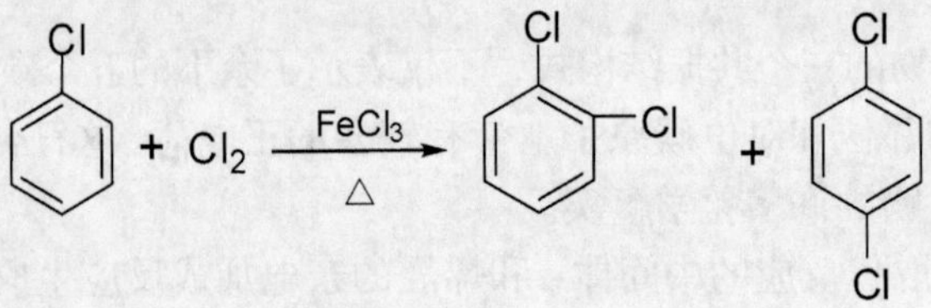


烷基苯的卤化比苯容易，也生成邻位和对位产物。例如：

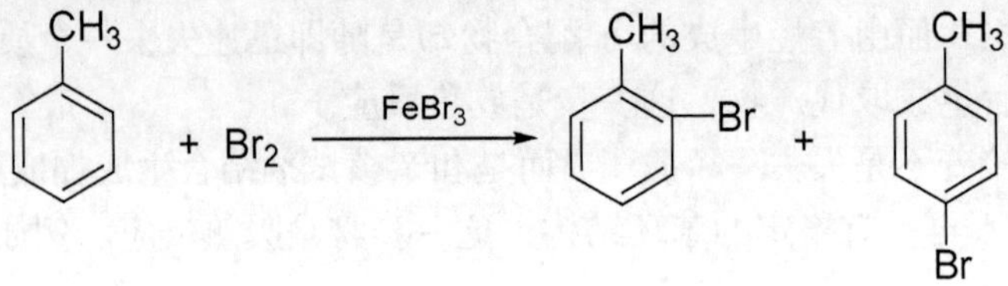


对于不同的卤素，亲电取代反应活性次序为：氟 > 氯 > 溴 > 碘。其中氟化反应很猛烈，不易控制。碘化反应较慢，生成的碘化氢是还原剂，使反应成为可逆反应，且以逆反应为主。因此氟化物和碘化物不用此法制备。通常意义上的卤化反应常指氯化和溴化反应。

2. 硝化反应

芳环上的氢原子被硝基取代的反应称为硝化反应。苯在浓硝酸和浓硫酸的混合物(常称为混酸)作用下，可以发生硝化反应，生成硝基苯。如只用浓硝酸作硝化试剂，反应速率很慢。

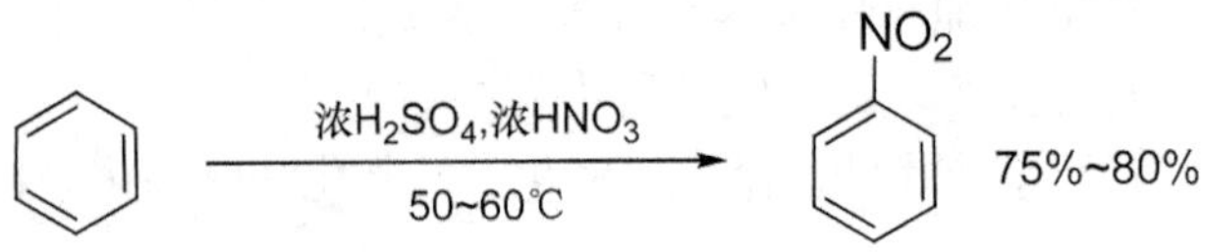


在硝化反应中，混酸中的硝酸作为 Lewis 碱从酸性更强的硫酸中获取一个质子，随后失去一分子水，形成有效的亲电试剂硝酰正离子 $NO_2^+$。

$$HNO_3 + H_2SO_4 \rightleftharpoons NO_2^+ + HSO_4^- + H_2O$$

硝酰正离子是一种强的亲电试剂，可以进攻苯环先生成 σ 配合物，然后 σ 配合物失去一个质子而生成硝基苯。硝化反应通常为放热反应。除硝酸和硫酸外，常用的硝化试剂还包括硝酸和发烟硫酸、发烟硝酸和发烟硫酸、硝酸和乙酸、硝酸和乙酸酐等。

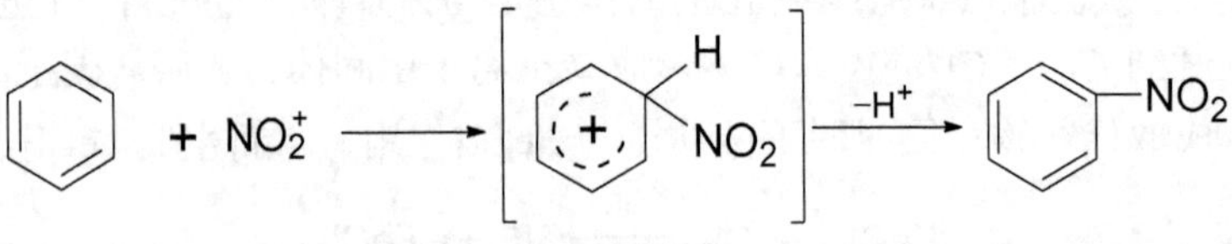


反应温度和酸的用量对硝化程度的影响很大。例如，当硝基苯在过量的混酸存在下继续硝化生成间二硝基苯。但是第二次硝化反应要比第一次慢得多，需要比较高的温度。导入第三个硝基更为困难。

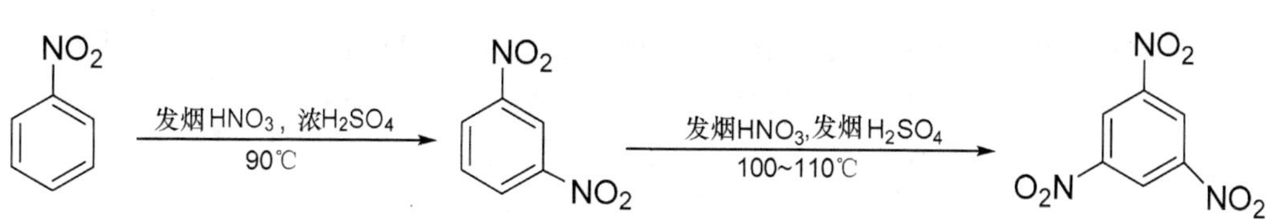

间二硝基苯　　三硝基苯(极少量)

烷基苯硝化比苯容易，产物主要为邻、对位产物。继续硝化，可得到二硝基产物和三硝基产物。通常，多硝化产物可作为炸药。例如，广泛使用的炸药2,4,6-三硝基甲苯(TNT)，它是由甲苯经多阶段硝化制备的，即三个硝基是在多次硝化反应中逐步引入的。

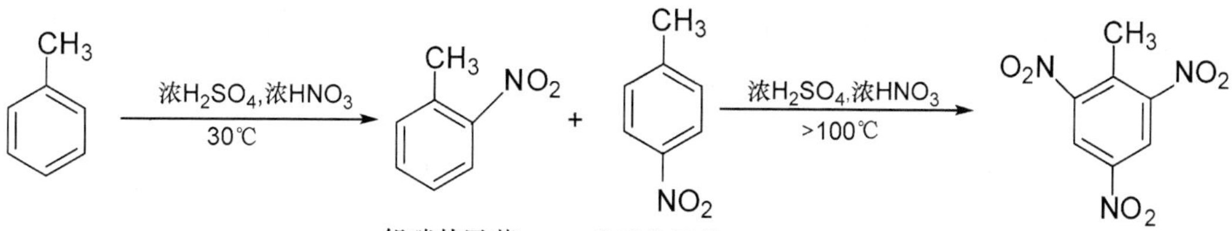

邻硝基甲苯　对硝基甲苯　(TNT)

3. 磺化反应

芳环上的氢原子被磺酸基取代的反应称为磺化反应。磺化试剂除浓 $H_2SO_4$、发烟 $H_2SO_4$ 外，还有 $SO_3$、$ClSO_3H$ 等。苯磺酸继续磺化比苯困难，生成间苯二磺酸。

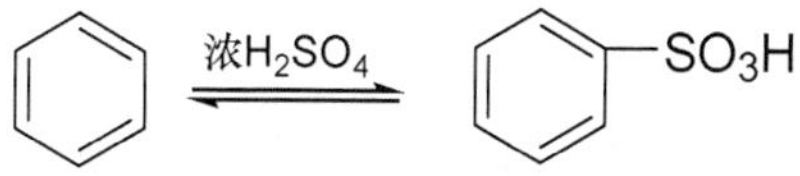

苯磺酸

上述磺化反应中，目前认为有效的亲电试剂是三氧化硫，其反应历程如下：

$$2H_2SO_4 \rightleftharpoons SO_3 + H_3\overset{+}{O} + HSO_4^-$$

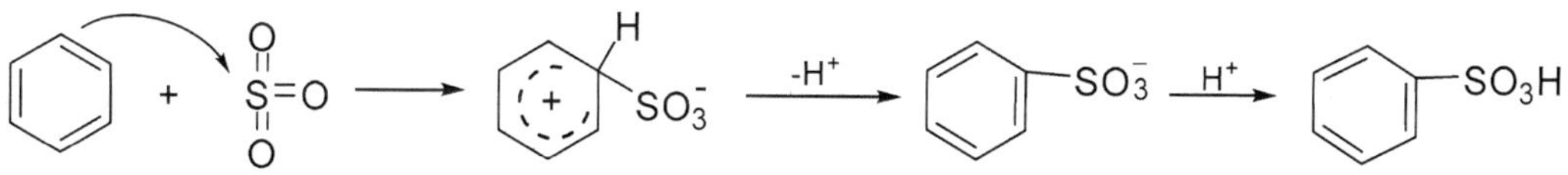

两分子硫酸脱水生成三氧化硫。在三氧化硫分子中，硫原子最外层只有六个电子，属于缺电子试剂，且氧的电负性大于硫。所以，反应中带部分正电荷的硫原子进攻苯环，发生亲电取代反应。

与硝化或卤化反应不同，由于活性中间体无论向正方向还是向逆方向反应时，活化能十分接近，因此苯的磺化反应是可逆反应。如果将苯磺酸和稀硫酸或盐酸在压力下加热，或在磺化反应所得到的混合物中通入过热水蒸气，可以使苯磺酸发生水解反应又生成苯。制备苯磺酸时，常使用过量的苯，反应时不断蒸出苯-水共沸物，以利于正反应的进行。

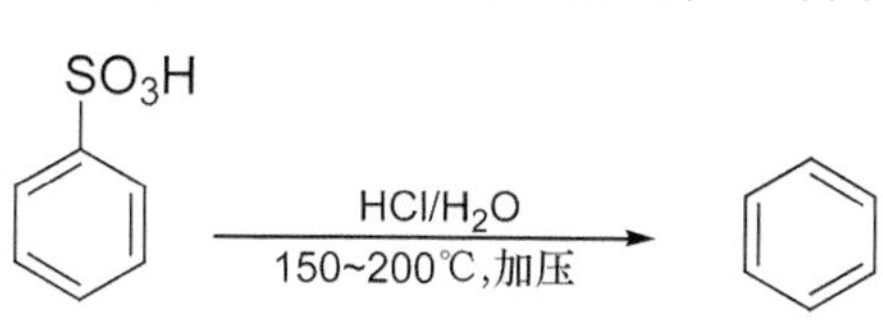

由于磺酸基容易除去，所以可利用磺酸基暂时占据苯环上的某些位置，使这个位置不再

被其他基团取代，或利用磺酸基的存在，影响其水溶性等，待其他反应完毕后，再经水解将磺酸基脱去。该性质被广泛用于有机合成及有机化合物的分离和提纯。例如：

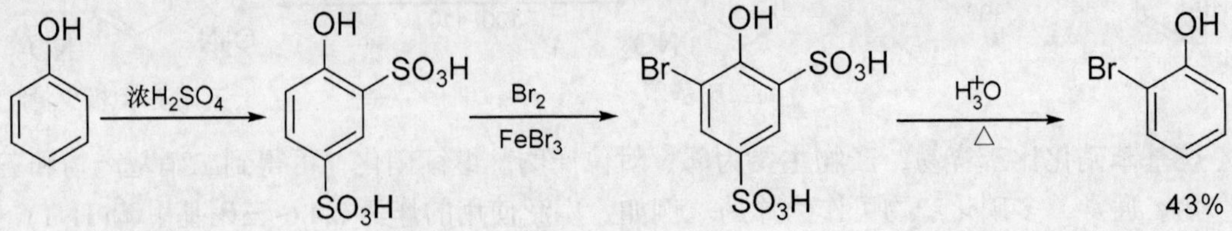

当用氯磺酸磺化时，可生成苯磺酸。在氯磺酸过量时，也可生成苯磺酰氯。通常把这个反应称为氯磺化反应。苯磺酰氯非常活泼，通过酯化反应可以制备苯磺酸酯，苯磺酸酯系苯磺酰基衍生物，在制备涂料、农药和医药时用途很广。

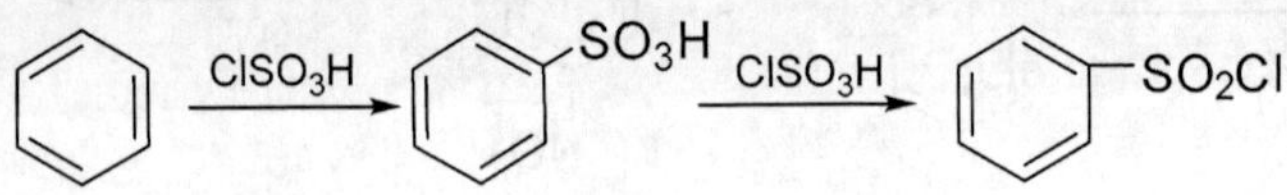

同样，烷基苯的磺化比苯容易，主要生成邻、对位取代物。

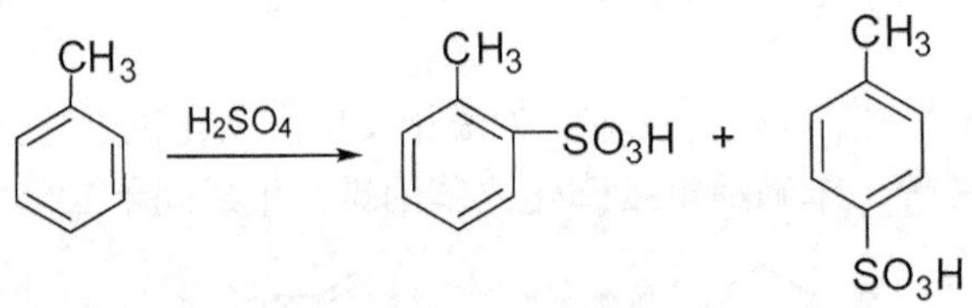

烷基苯经磺化所得邻位和对位异构体的比例，随温度不同而异。例如甲苯磺化所得邻、间和对位三种甲基苯磺酸的比例，在 0℃时分别为 43%、4%和 53%，在 100℃时则分别为 13%、8%和 79%。在较低温度时，生成的邻位和对位产物的数量相差不多。但磺酸基有较大的体积，在发生取代反应时，容易受到邻位取代基的空间阻碍，在较高温度反应达到平衡时，没有空间阻碍的对位，是取代的主要位置，因而对位异构体成为主要产物。这种空间效应亦称邻位效应。

4. Friedel-Crafts 烷基化反应

芳烃与卤代烷在无水 $AlCl_3$ 的催化下，生成芳烃的烷基衍生物。反应的结果是苯环上引入了烷基，这个反应称为 Friedel-Crafts(傅瑞德尔-克拉夫茨)烷基化反应，简称傅-克烷基化反应。

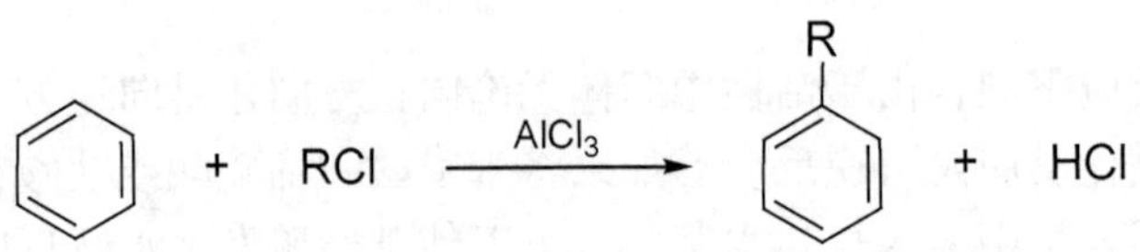

在反应中，三氯化铝作为路易斯酸，与卤代烷发生反应，生成有效的亲电试剂烷基碳正离子。

$$RCl + AlCl_3 \longrightarrow R^+ + AlCl_4^-$$

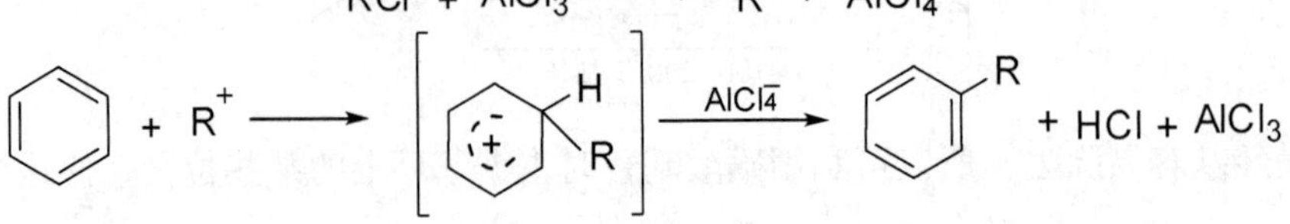

常用的催化剂有无水 $AlCl_3$、$FeCl_3$、$SnCl_4$、$ZnCl_2$、$BF_3$、$H_2SO_4$ 等，以无水 $AlCl_3$ 活性最高。烷基化试剂除卤代烷外，还有烯和醇等。例如：

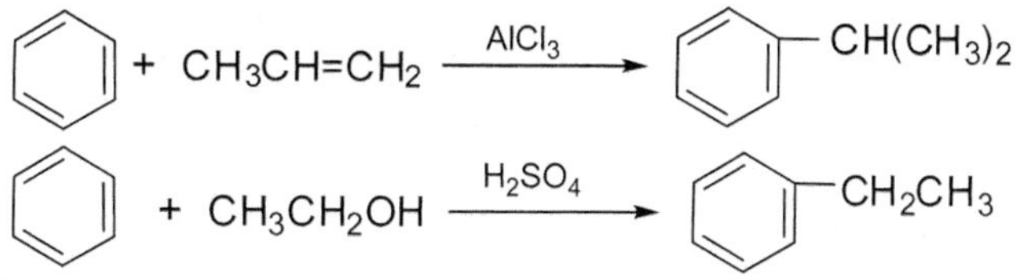

由于苯环上引入烷基后，生成的烷基苯比苯更容易进行亲电取代反应，因此烷基化反应中常有多烷基化产物生成。特别是当烷基为甲基、乙基这类体积较小的基团时更是如此。因此，该反应一般不适用于合成。通过严格控制反应条件、原料加入方式及配比等，可以改善这种情况。例如，要得到单取代苯，常需要过量的苯为反应原料。

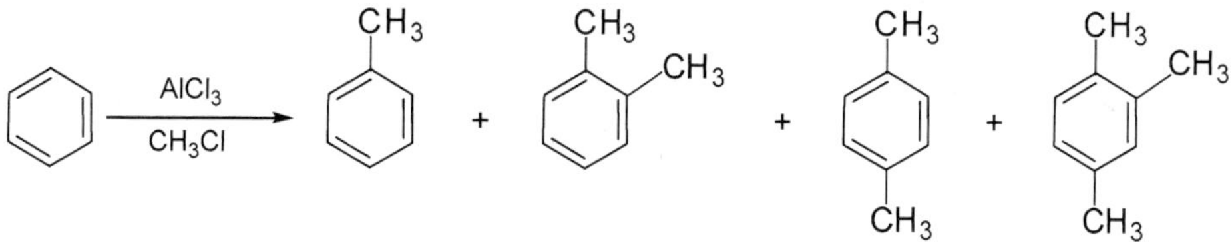

此外，由于烷基化反应的亲电试剂是烷基碳正离子 $R^+$，而碳正离子容易发生重排，因此，当所用的卤代烷具有三个碳以上的直链烷基时，就可得到由于碳正离子重排而生成的异构化产物。例如：

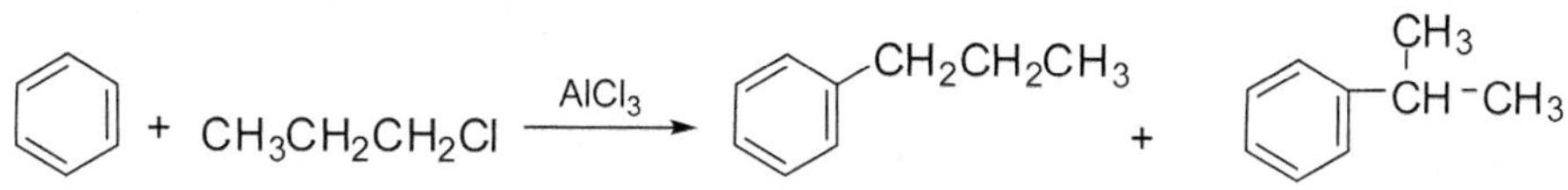

30%　　　70%

上述反应主要产物是异丙苯，而不是正丙苯，这是由于反应过程中生成的伯碳正离子容易重排生成比较稳定的仲碳正离子而后参与反应。

$$CH_3CH_2CH_2Cl \xrightarrow{AlCl_3} CH_3CH_2\overset{+}{C}H_2 \xrightarrow{\text{重排}} CH_3\overset{+}{C}HCH_3$$

傅-克烷基化反应是可逆的，在强活性催化剂的作用下，烷基苯既可以发生失烷基化反应，也可以再次发生烷基化反应。例如，工业上常利用甲苯的歧化反应来制备苯和二甲苯。

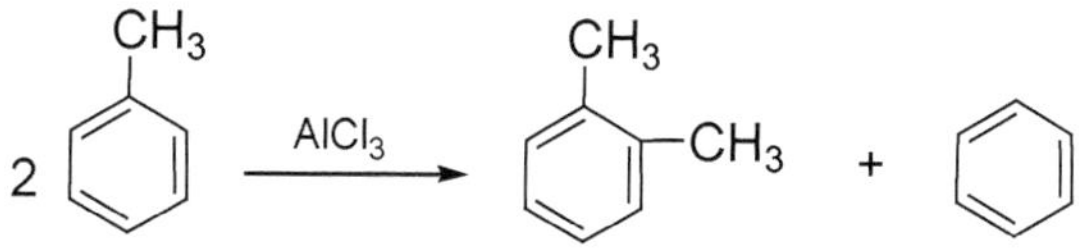

当苯环上有强的吸电子基团(如$-NO_2$、$-SO_3H$、$-COOH$、$-CN$ 等)时，烷基化反应不能进行。

5. Friedel-Crafts 酰基化反应

芳烃与酰卤(RCOX)在无水 $AlCl_3$ 等催化作用下生成芳酮，这个反应称为 Friedel-Craft 酰基化反应，简称为傅-克酰基化反应。这是制备芳酮的重要方法之一。常用的酰化试剂为酰卤、酸酐和羧酸等。

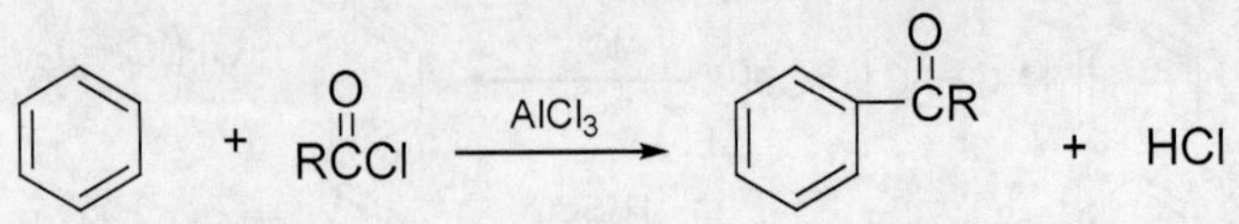

酰化反应的亲电试剂是酰基正离子。

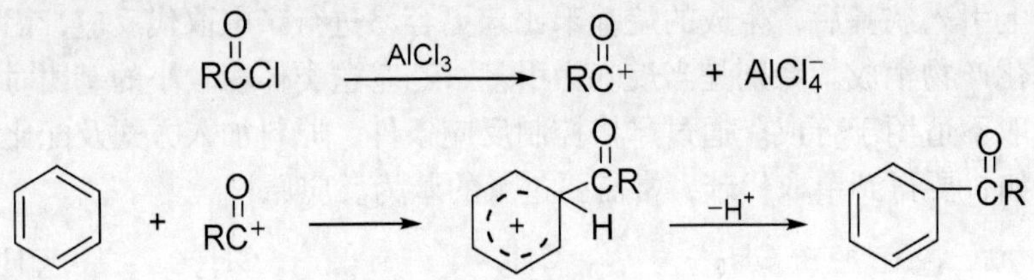

反应后生成的芳酮与 $AlCl_3$ 相络合，需再加稀酸处理，才能得到游离的酮。因此傅-克酰基化反应与烷基化反应不同，三氯化铝的用量必须过量。

由于羰基的钝化作用，酰基化反应没有重排产物，且不易生成多酰基化产物。例如：

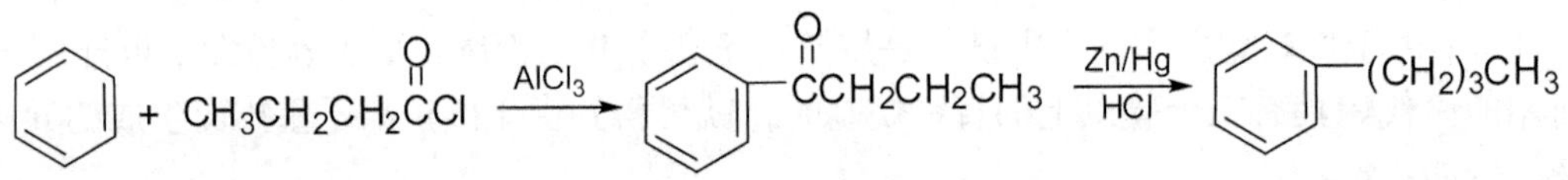

生成的酮可以用锌汞齐加盐酸将羰基还原为亚甲基。因此，酰基化反应也是芳环上引入正构烷基的一个重要方法。

苯环上如果有硝基、磺酸基等强吸电子取代基时，不能发生傅-克烷基化及酰基化反应，因为吸电子基会使苯环上电子云密度降低。硝基苯不能发生傅-克反应，因此硝基苯可以用作烷基化反应的溶剂。苯胺等化合物能与 $AlCl_3$ 等 Lewis 酸成盐，也不易发生傅-克反应。

6. 氯甲基化反应

在无水氯化锌催化下，芳烃与甲醛及氯化氢作用，芳环上的氢被氯甲基($-CH_2Cl$)取代，称为氯甲基化反应。实际操作时一般用三聚甲醛代替甲醛。例如：

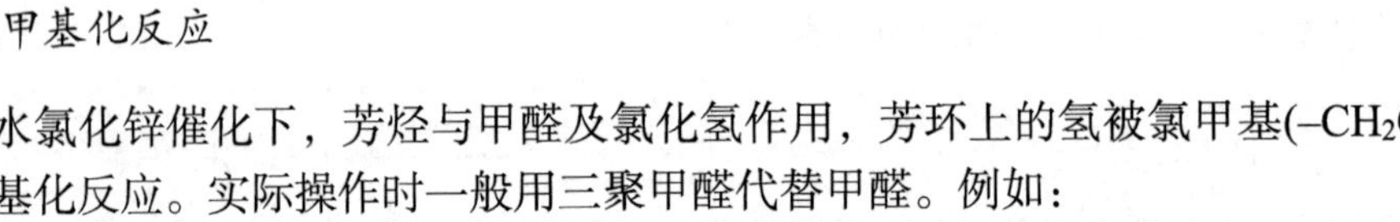

在反应中，首先甲醛与氯化氢作用，形成极限式如下的中间体：

$$[CH_2{=}\overset{+}{O}H]Cl^- \longleftrightarrow [\overset{+}{C}H_2-OH]Cl^-$$

中间体与苯发生亲电取代，生成苯甲醇，苯甲醇与体系中的氯化氢作用很快形成氯化苄。

氯甲基化反应也属于傅-克反应，凡是可以用作傅-克烷基化和酰基化反应的催化剂均可用于氯甲基化反应。氯甲基化反应对于苯、烷基苯、烷氧基苯和稠环芳烃等都是成功的。但当环上有强吸电子基团时，产率很低，甚至不反应。

氯甲基化反应很重要，因为氯甲基很容易转化成羟甲基($-CH_2OH$)、氰甲基($-CH_2CN$)、醛基($-CHO$)、羧甲基($-CH_2COOH$)、氨甲基($-CH_2NH_2$)等，这在有机合成上可方便地将芳烃转化成相应的衍生物。

### 5.3.2 苯环上亲电取代反应的定位规律

1. 定位规律

从前面讨论的一些苯环亲电取代反应中可以看出，当苯环上已有一个取代基，如再引入第二个取代基时，第二个取代基进入的位置主要由苯环上原有取代基的性质所决定。把芳环上原有的取代基称为定位基，把定位基支配第二个取代基进入芳环位置的能力称为定位效应。

大量实验结果表明(表 5-2)，不同一元取代苯在进行同一取代反应时，按所得产物的比例不同，可以分成两类。一类是取代反应产物中邻位和对位异构体占优势，反应速率有的比苯快些，有的比苯慢一些；另一类是间位异构体为主，而且反应速率比苯慢。因此，按所得取代产物与反应速率的不同来划分，可以把苯环上的取代基分为三大类。

**表 5-2 一元取代苯硝化时的相对速率和异构体的分布**

| 取代基 | 相对速率(与氢比较) | 异构体分布/% | | |
|---|---|---|---|---|
| | | 邻位 | 对位 | 间位 |
| $-H$ | 1 | | | |
| $-OCH_3$ | $\sim 2\times10^5$ | 74 | 15 | 11 |
| $-NHCOCH_3$ | 很快 | 19 | 79 | 2 |
| $-CH_3$ | 24.5 | 58 | 38 | 4 |
| $-C(CH_3)_3$ | 15.5 | 12 | 80 | 8 |
| $-CH_2Cl$ | $3.02\times10^{-1}$ | 32 | 52.5 | 15.5 |
| $-Cl$ | $3.3\times10^{-2}$ | 29.6 | 69.5 | 0.9 |
| $-Br$ | $3\times10^{-2}$ | 36 | 62.9 | 1.1 |
| $-COOC_2H_5$ | $3.67\times10^{-3}$ | 24 | 4 | 72 |
| $-COOH$ | $<10^{-3}$ | 18.5 | 1.3 | 80.2 |
| $-NO_2$ | $6\times10^{-8}$ | 6.4 | 0.3 | 93.3 |
| $-\overset{+}{N}(CH_3)_3$ | $1.2\times10^{-8}$ | 0 | 11 | 89 |

(1) 第一类定位基(活化苯环，邻对位定位)。第一类定位基是邻对位定位基，使第二个取代基主要进入它们的邻位和对位(邻+对>60%)。其定位能力由强到弱的次序大致如下：$-O^-$，$-NR_2$，$-NHR$，$-NH_2$，$-OH$，$-OCH_3$，$-NHCOR$，$-OCOR$，$-C_6H_5$，$-R$ 等。这类定位基在结构上的特点主要是，与苯环直接相连的原子一般是饱和的且多数有孤电子对或带负电荷。从电子效应来看，这类定位基是给电子基团，均使苯环上电子云密度升高，使苯环活化，因此这类定位基又称活化基。这些取代苯的亲电取代反应活性比苯高，反应速率比苯快。

(2) 第二类定位基(钝化苯环，间位定位)。第二类定位基是间位定位基，使第二个取代基主要进入它们的间位(间位 >40%)。其定位能力由强到弱的次序大致如下：$-NH_3^+$，$-NO_2$，$-CN$，$-CX_3$，$-SO_3H$，$-CHO$，$-COCH_3$，$-COOH$，$-COOCH_3$，$-CONH_2$ 等。这类定位基在结构上的特点主要是，与苯环直接相连的原子一般是不饱和的(重键的另一端是电负性大的元素)或带正电荷(也有例外，如$-CCl_3$)。从电子效应来看，这类定位基是吸电子基团，均能使苯环上电子云密度降低，使苯环钝化，因此这类定位基又称钝化基。这些取代苯的亲电取代反应活性比苯低，反应速率比苯慢。

(3) 第三类定位基(钝化苯环，邻对位定位)。第三类定位基也是邻对位定位基，使第二个取代基主要进入它们的邻位和对位。这类定位基主要是指卤素，其定位能力由强到弱的大概顺序是：–I、–Br、–Cl、–F。与第一类定位基不同的是，第三类定位基是吸电子基团，是钝化基，取代苯的亲电取代反应活性比苯低，反应速率比苯慢。

2. 定位规律的理论解释

1) 电子效应

苯是一个对称分子，环上的电子云密度因共轭(共振)而平均化。在苯环上引入一个取代基后，因取代基对苯环的影响(吸电子或供电子)会沿着苯环的共轭链传递，结果使苯环的电子云出现了交替极化的现象，也就使苯环上不同位置进行亲电取代反应的难易程度不同。另外，亲电试剂 $E^+$进攻一取代苯环的邻、对或间位时，生成的碳正离子 σ 配合物稳定性不同，所以不同位置被亲电取代的难易程度也就不同。

(1) 第一类定位基对苯环的影响(以甲苯和苯酚为例讨论)。

在甲苯分子中，因为甲基 $sp^3$ 杂化碳原子的电负性比苯环上 $sp^2$ 杂化碳原子的电负性小，甲基表现为推电子的诱导效应。另外，甲基上的 C–H σ 键与苯环的大 π 键还存在 σ-π 超共轭效应。这两种电子效应的影响都能使苯环的电子云密度升高，亲电取代反应比苯活泼。在共轭体系中电子的传递是以极性交替的方式进行，邻位和对位上电子云密度的增加比间位多些。所以，亲电取代反应主要发生在甲基的邻位和对位上。

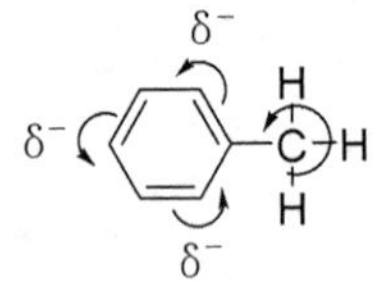

另外，从共振论观点来看，当 $E^+$进攻邻位时，生成碳正离子Ⅰ：

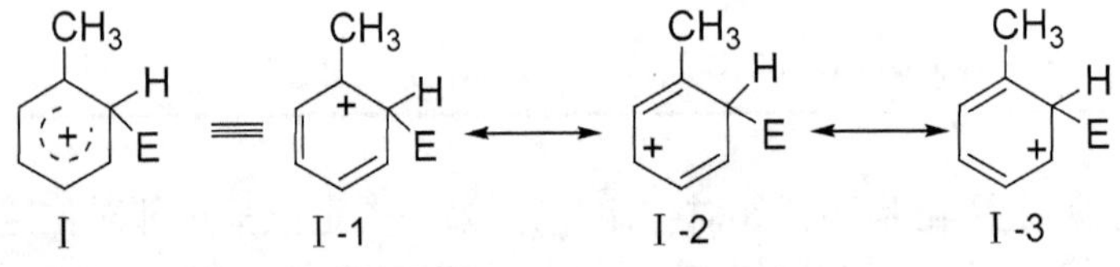

当 $E^+$进攻对位时，生成碳正离子Ⅱ：

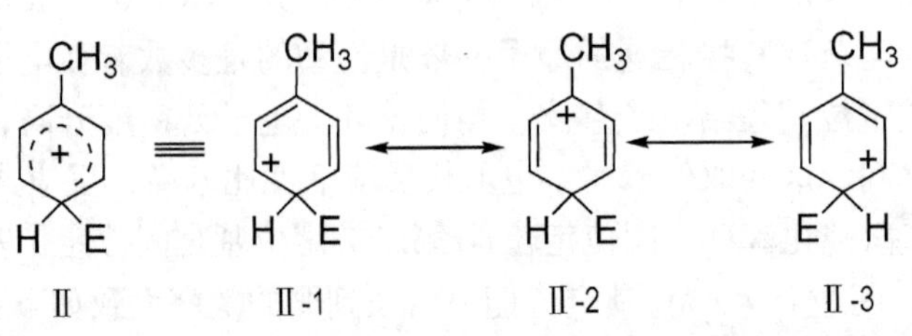

其中Ⅰ-1 和Ⅱ-2，带正电荷的碳原子与具有供电性的甲基直接相连，正电荷分散较好，能量较低，较稳定，是主要参与结构式，由此形成的共振杂化体碳正离子也较稳定，所以邻对位取代产物较易形成。

当 $E^+$进攻间位时，生成碳正离子Ⅲ：

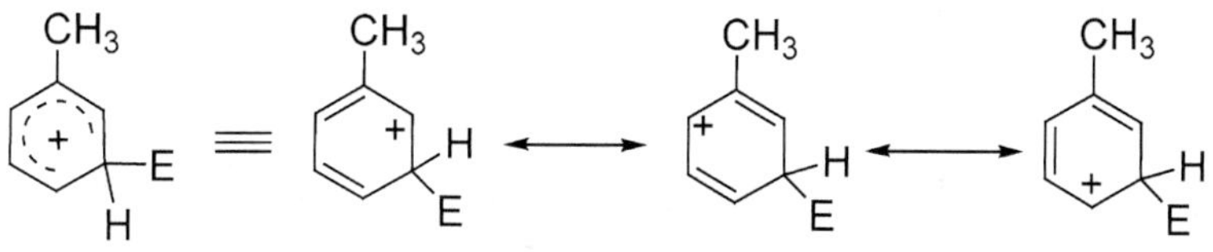

Ⅲ　　Ⅲ-1　　Ⅲ-2　　Ⅲ-3

Ⅲ-1、Ⅲ-2、Ⅲ-3 这三个共振结构式都是仲碳正离子，带正电荷的碳原子不与甲基直接相连，正电荷分散较差，能量较高，稳定性较差，故生成间位取代产物较困难。苯和甲苯在亲电取代反应中的能量变化关系如图 5-2 所示。

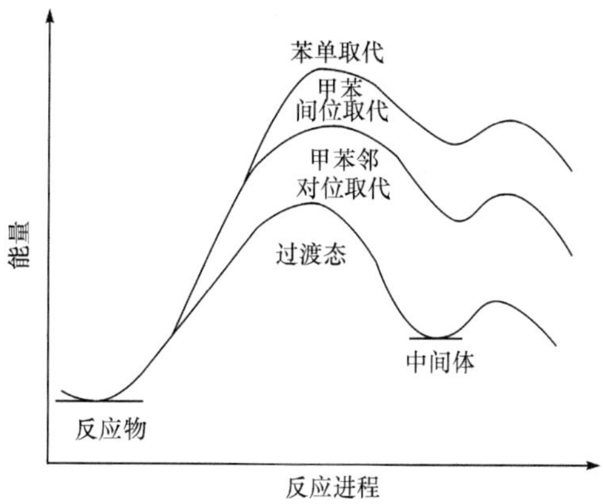


图 5-2　苯和甲苯在邻、对位和间位反应时的能量变化

在苯酚分子中，羟基氧的电负性比碳原子大，羟基表现为吸电子诱导效应。但羟基氧带有孤对电子的 p 轨道与苯环的 π 键之间存在 p-π 共轭效应，共轭效应的结果使氧上的电子云向苯环离域，使苯环的电子云密度升高。苯酚分子在亲电取代反应中总的电子效应表现为供电子的共轭效应大于吸电子的诱导效应，结果使苯环的电子云密度升高，特别是羟基的邻位和对位上增加得较多。因此当苯环进行亲电取代反应时，不仅比苯容易进行，且取代反应主要发生在羟基的邻位和对位。

用共振论方法分析，当羟基的邻位和对位受到亲电试剂进攻时，形成的中间体碳正离子的共振结构式中，除了具有与甲基的邻位和对位相似的共振结构式外，还应包括下列共振结构式：

$E^+$进攻邻位

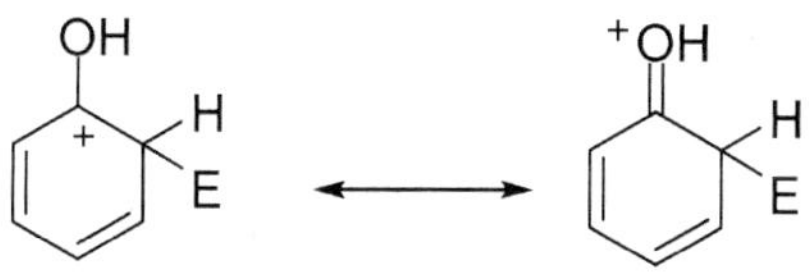

Ⅳ

$E^+$进攻对位

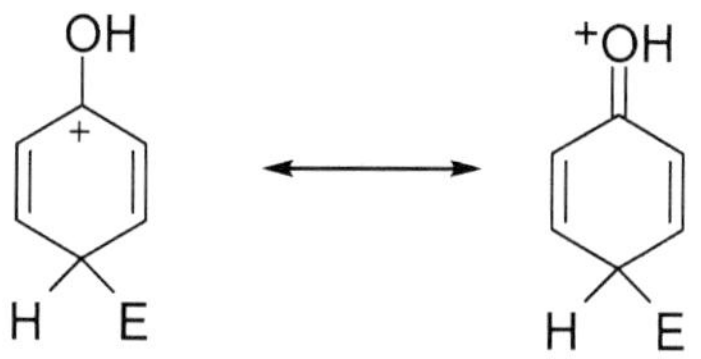

Ⅴ

从Ⅳ和Ⅴ两个共振结构式可以看出，参与共轭体系的原子都具有八隅体的结构，这样的结构特别稳定。它们在共振杂化体中的参与程度比其他的共振结构大得多，包含这些共振结构的共振杂化体碳正离子也特别稳定而且容易生成，因此羟基是强的邻对位定位基。

(2) 第二类定位基对苯环的影响(以硝基苯为例)。

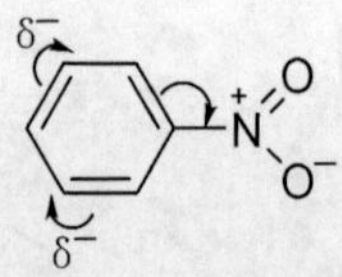

在硝基苯分子中，硝基上氮原子的电负性比碳原子大，硝基表现为吸电子诱导效应，使苯环的电子云密度降低。另外，硝基的 π 键与苯环的 π 键可形成 π-π 共轭体系，共轭效应的结果也使苯环的电子云密度降低，且主要影响硝基的邻位和对位。因此，硝基苯在进行亲电取代反应时，不仅比苯难进行，而且主要生成间位产物。

硝基苯在发生亲电取代反应时形成的碳正离子中间体可以用下列共振结构式表示：

亲电试剂进攻邻位 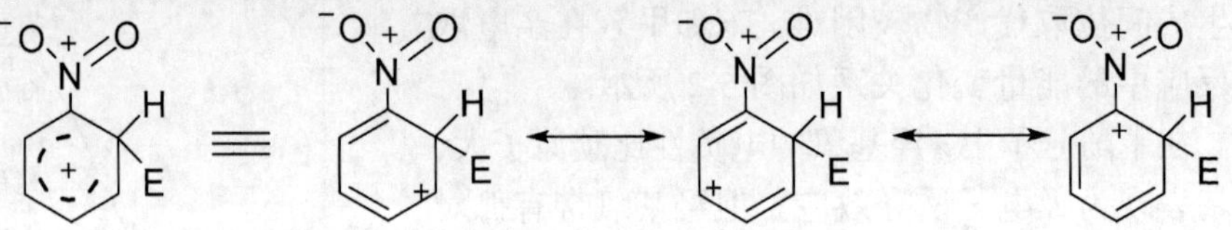

Ⅵ

亲电试剂进攻对位 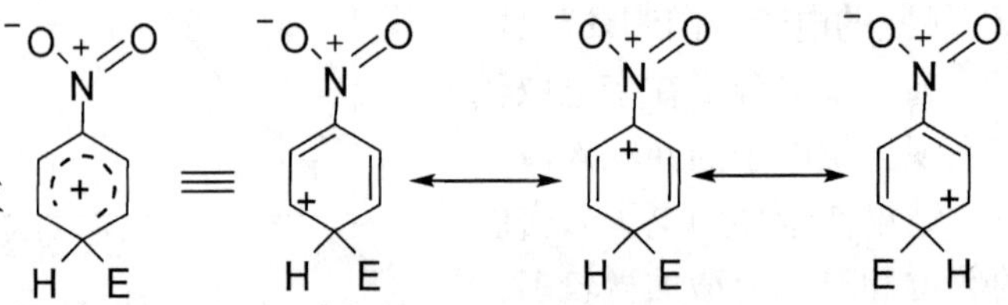

Ⅶ

亲电试剂进攻间位 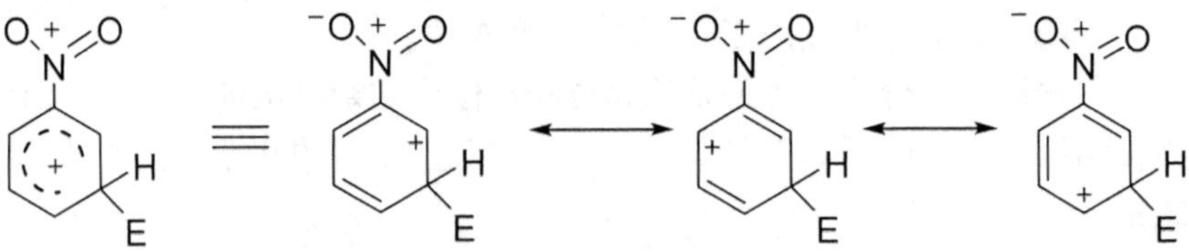

亲电试剂进攻硝基的邻位和对位所生成的碳正离子共振结构式(Ⅵ)和(Ⅶ)中，硝基的氮原子和与它直接相连的碳原子都带正电荷，能量特别高，因而是不稳定的共振结构。而亲电试剂进攻硝基的间位所生成的碳正离子的共振结构式中，却不存在这种结构。因此进攻硝基间位生成的碳正离子中间体要比进攻硝基的邻位和对位生成的碳正离子中间体的能量低、稳定，所以硝基苯的亲电取代反应以间位产物为主。间位定位基对苯环的钝化影响可以用苯和硝基苯的亲电取代反应过程中能量变化比较图表示，如图 5-3 所示。

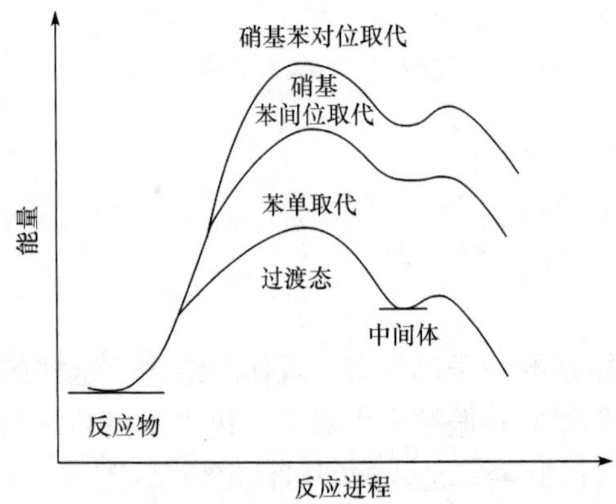


图 5-3 苯与硝基苯在邻、对和间位反应时的能量变化

(3) 第三类定位基对苯环的影响(以氯苯为例)。

氯苯因为直接与苯环相键合的氯原子的电负性比碳原子大，表现为吸电子诱导效应。同时氯原子上带有孤电子对的 p 轨道又与苯环的 π 键之间存在供电子的 p-π 共轭效应。电子效应的总结果是吸电子诱导效应大于供电子的共轭效应，使苯环的电子云密度降低。因此，氯苯的亲电取代反应活性比苯低。但是，共轭效应的结果使苯环上氯原子的邻位和对位上的电子云密度下降得比间位少，所以氯原子是一个邻对位定位基。

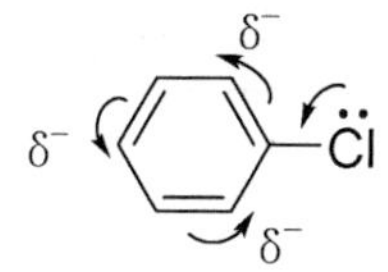

另外，从共振论的角度来分析，比较氯苯在亲电取代反应中生成邻、对位和间位碳正离子(σ 配合物)的共振杂化体的稳定性。

亲电试剂进攻邻位

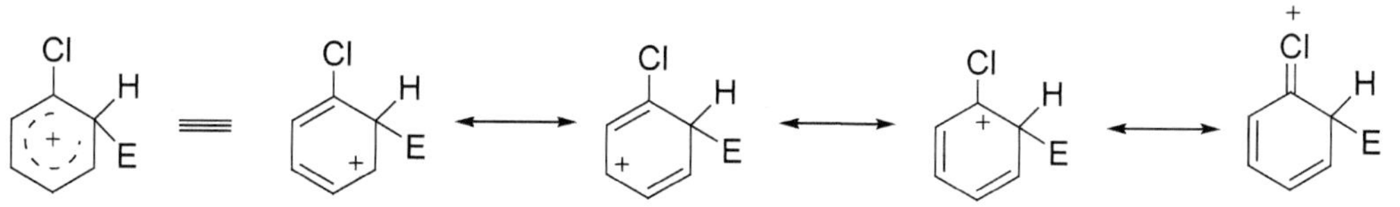

Ⅷ

亲电试剂进攻对位

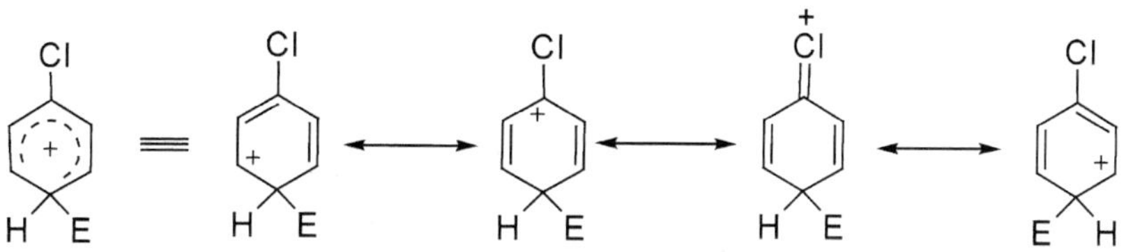

Ⅸ

亲电试剂进攻间位

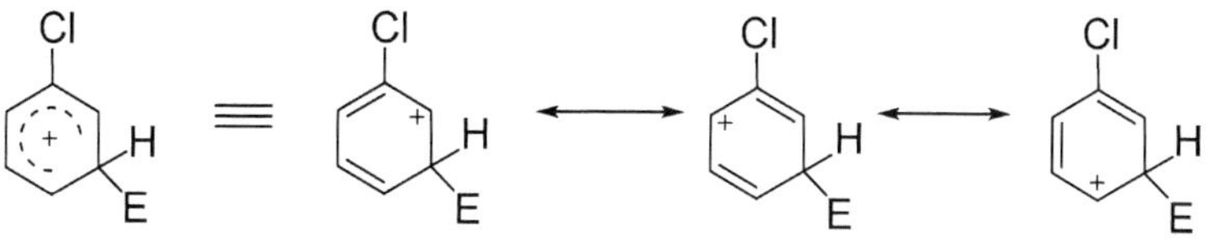

从以上共振结构式可以看出，在进攻邻位和对位形成的共振杂化体中，都有一个特别稳定的极限结构式(Ⅷ)和(Ⅸ)，参与共轭体系的原子都具有八隅体的结构。因此，亲电试剂进攻氯的邻位和对位比进攻氯的间位要容易。苯和氯苯的亲电取代反应过程中能量的变化关系，如图 5-4 所示。

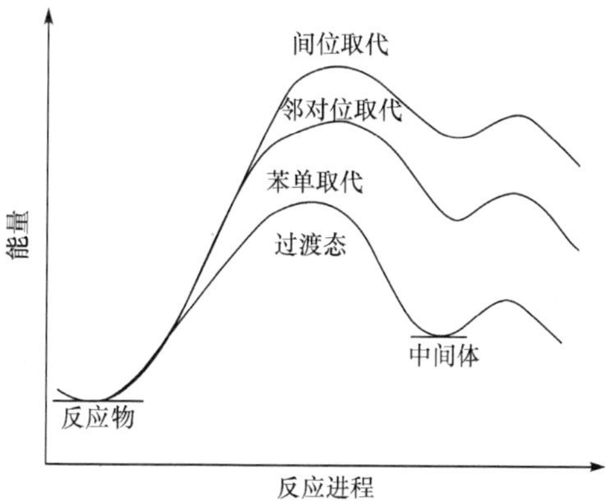


图 5-4　苯和氯苯在邻、对和间位反应时的能量变化

以上讨论的是苯环上原有取代基的电子效应对于新引入基团进入苯环位置的影响，是影响单环芳烃亲电取代反应定位效应的主要因素。除此之外，苯环上原有取代基的空间效应、新引入基团的空间效应和极化效应、温度、催化剂等对定位效应也有一定的影响。

2) 空间效应

苯环上原有定位基的空间位阻与新引入基团的空间位阻都对产物异构体的分布产生一定的影响。例如，当苯环上的定位基是邻对位定位基时，实验结果表明随着定位基空间位阻的增大，空间效应也增大。此时产物的邻位异构体减少，而对位异构体增加。

苯环上的定位基不变时，随着新引入基团的空间位阻的增大，空间效应也增大，对位异构体增加，而产物的邻位异构体减少，如表 5-3 所示。

**表 5-3　甲苯一烷基化时的异构体分布**

| 新引入基团 | 异构体分布/% | | |
|---|---|---|---|
| | 邻位 | 对位 | 间位 |
| 甲基 | 53.8 | 28.8 | 17.4 |
| 乙基 | 45 | 25 | 30 |
| 异丙基 | 37.5 | 32.7 | 29.8 |
| 叔丁基 | 0 | 93 | 7 |

3) 其他因素的影响

除以上讨论的电子效应和空间效应外，温度、催化剂等因素对单环芳烃的亲电取代反应产物的异构体也有一定的影响。例如甲苯的磺化反应，在较低温度时，生成的邻位和对位产物的数量相差不多，但在较高温度下对位异构体为主要产物。又如溴苯氯化时，分别用 $AlCl_3$ 和 $FeCl_3$ 作催化剂，所得产物的邻、对位异构体的比例不同。

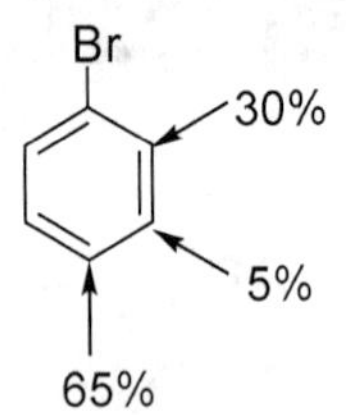


$AlCl_3$作催化剂

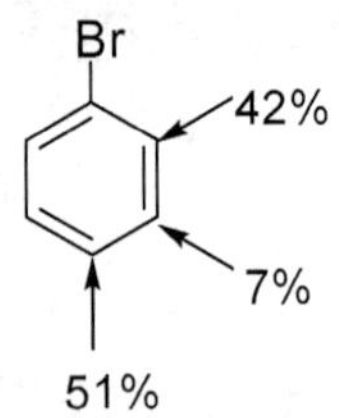


$FeCl_3$作催化剂

3. 二元取代苯的定位规律

苯环上已有两个取代基时，第三个取代基进入苯环的位置由苯环上原有的两个定位基共同决定。

(1) 若两个取代基的定位效应一致，则由定位规律决定。例如：

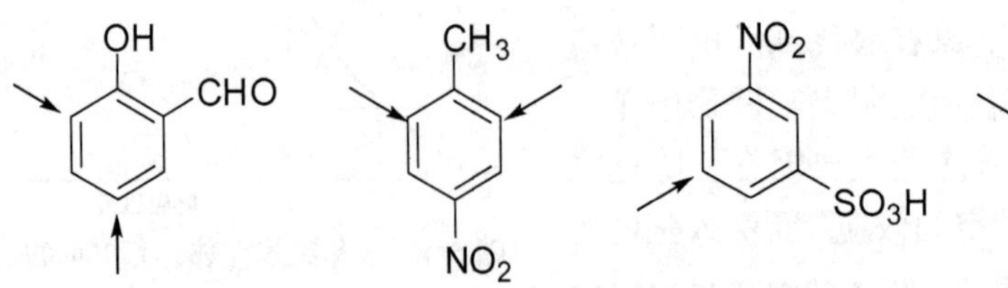


有时也受其他因素的影响，如间二甲苯，由于空间效应的影响，两个甲基之间的位置就很难引入取代基，虽然这个位置是两个甲基的邻位。

(2) 若两个取代基的定位效应不一致，则可分为两种情况：

(Ⅰ) 定位基属于同一类时，第三个取代基进入苯环的位置由定位效应强的定位基决定；

若定位效应相差不大时，则生成混合物。

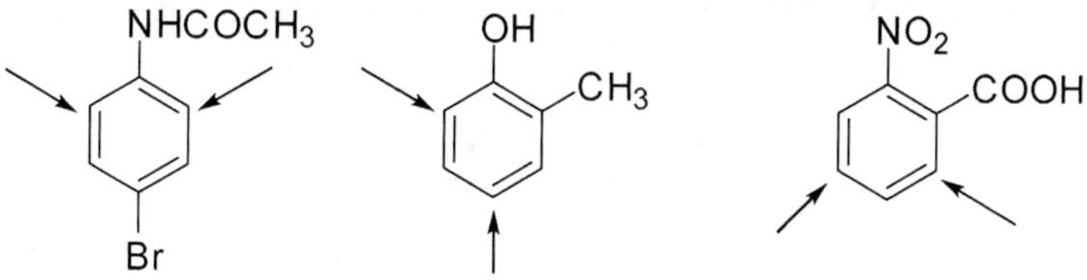

(Ⅱ) 定位基属于不同类时，第三个取代基进入苯环的位置由活化基决定。例如：

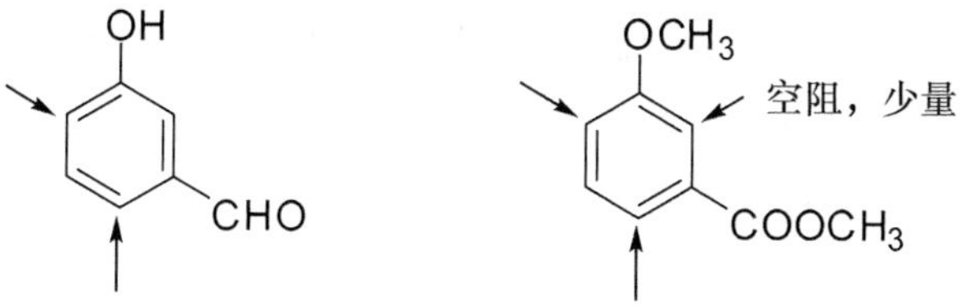

4. 多取代苯的定位规律

由二元取代苯的定位规律可知，多取代苯的定位规律主要由活化基来决定。定位控制能力：活化基团 > 钝化基团。因此，三大类定位基的定位控制能力顺序为：第一类定位基 > 第三类定位基 > 第二类定位基，同时受空间效应、温度、催化剂等因素的影响。

5. 定位规律的应用

单环芳烃的亲电取代定位规律，不仅可以解释一些实验事实，更重要的是应用定位规律来指导多取代苯的合成，包括预测反应主要产物和正确选择合成路线等。

1) 预测主要产物

当二元取代苯发生亲电取代反应时，若能综合考虑取代基的影响因素(电子效应、空间效应等)，就可以解释和预测所得的主要产物。例如，下列化合物进行硝化时，主要得到在乙酰氧基的邻位和对位取代的产物：

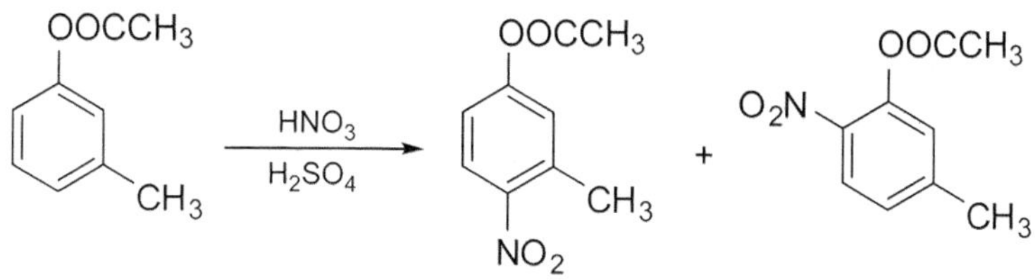

三种二甲苯进行磺化反应时，由于间二甲苯的定位作用一致，而邻、对位二甲苯的定位作用不一致，因此间二甲苯最易磺化。工业上利用这个规律将混合二甲苯经过磺化、分离和水解，得到纯的间二甲苯：

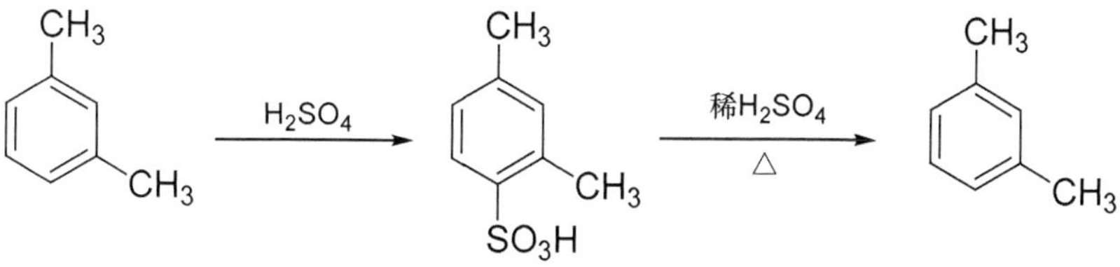

2) 选择合理的合成路线

应用定位规律可以选择合理可行的合成路线，得到较高的产率和避免复杂的分离。

【例 5.1】

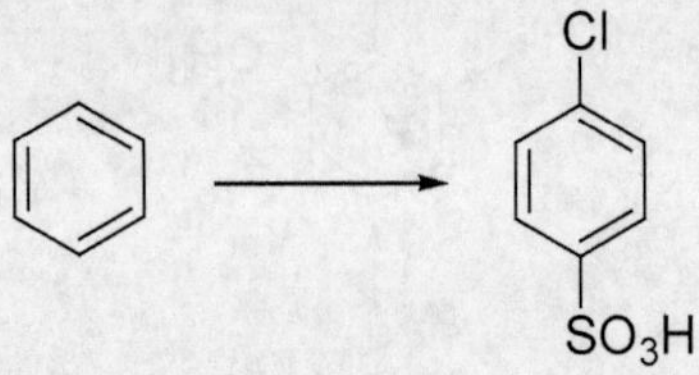

**分析** 由苯合成对氯苯磺酸，需要在苯环上引入两个取代基——氯和磺酸基。而氯是邻、对位定位基，磺酸基是间位定位基，所以，应先引入氯，再引入磺酸基，最后分离出邻位异构体，即得到符合要求的产物。

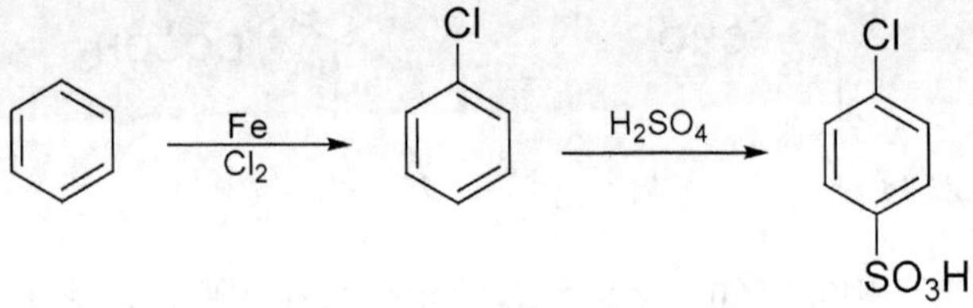

【例 5.2】

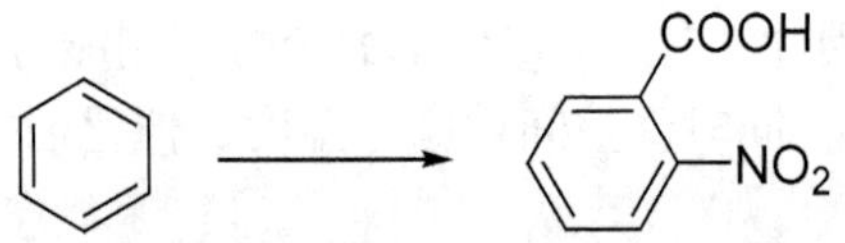

**分析** 从产物中看出，羧基和硝基处于邻位，而二者都是间位定位基，这时采用逆推的方法。考虑邻硝基甲苯经氧化可得到该产物，这样，似乎是甲苯硝化后分离出邻硝基甲苯再进行氧化就可以得到产物了(参见 5.3.5)。但仔细分析发现，若这样进行，硝化后所得的邻硝基甲苯的产率不足 60%。这时可以采用磺化占位，磺化反应是可逆的，在较高温度下磺化，磺酸基主要进入甲基的对位，再硝化，硝基只能进入甲基的邻位，最后水解除去磺酸基即得到邻硝基甲苯，再氧化便得到邻硝基苯甲酸。所以最佳合成路线如下：

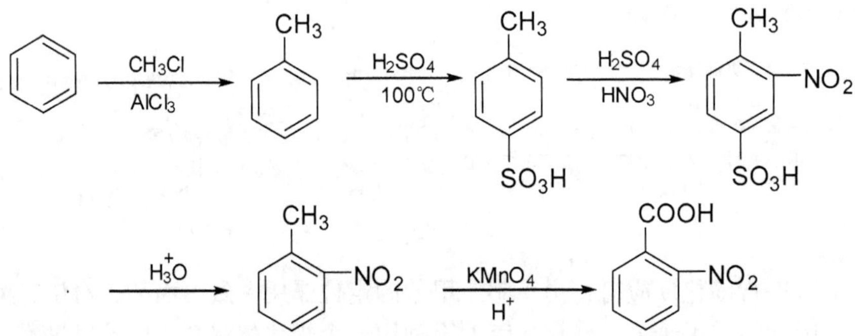

### 5.3.3 还原反应

1. 催化氢化

由于苯环的特殊结构，离域能大，较稳定，不易被一般的还原剂还原。只有在较为剧烈的条件下，苯环才可以进行催化氢化反应，生成环己烷。

2. Birch 还原

在液氨与醇的混合液中，用钠、钾或锂还原芳香烃化合物，生成1,4-环己二烯类化合物，这类反应称为Birch(伯奇)还原。

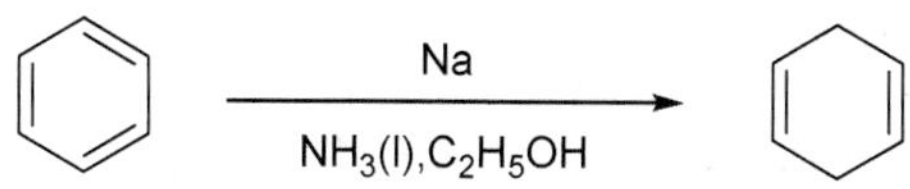


若苯环上有取代基时，取代基的电子效应决定还原位置。当连有吸电子基时，吸电子基连在饱和碳原子上；当连有供电子基时，供电子基连在不饱和碳原子上。

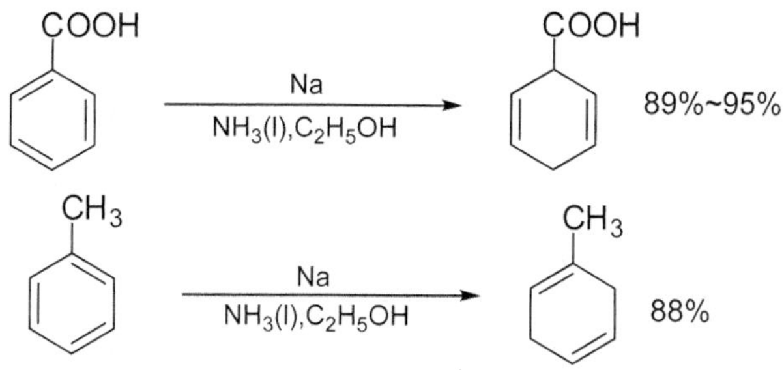


若取代基中有双键并和苯环共轭，Birch 还原首先还原共轭的环外双键；不与苯环共轭的双键，还原反应发生在苯环上。

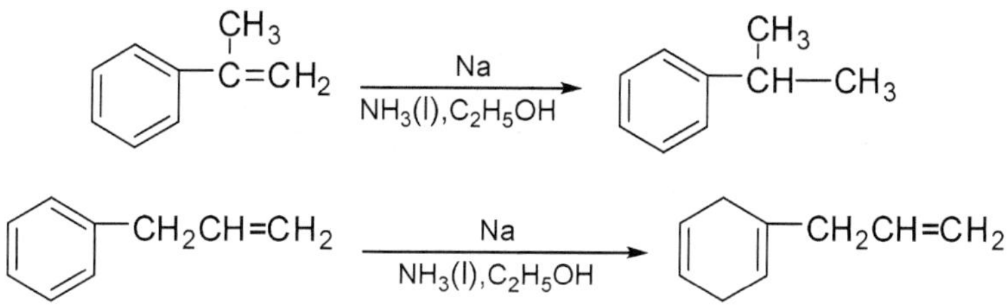


Birch 还原方法能将苯环部分还原为不饱和1,4-环己二烯，在合成上有着独特的应用。

### 5.3.4 氧化反应

苯环很稳定，在一般条件下不易被氧化开环。只有在高温、催化剂作用下，苯才可被空气氧化而生成顺丁烯二酸酐。

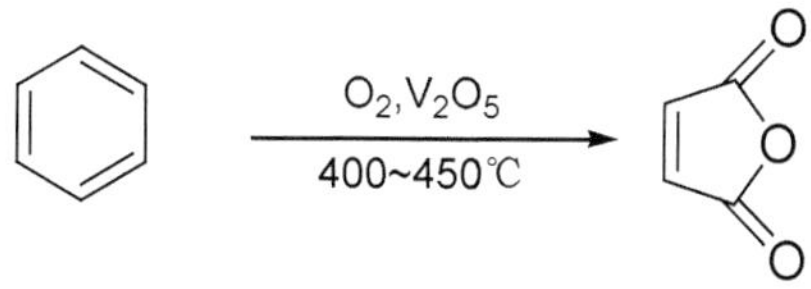


顺丁烯二酸酐

### 5.3.5 芳烃侧链的反应

1. 卤化反应

烷基苯分子中的 $\alpha$-H 因受苯环的影响活性增强，在较高温度下或光照条件下，与卤素发生 $\alpha$-H 被取代的反应。例如，甲苯在光照下与氯反应生成苄基氯。

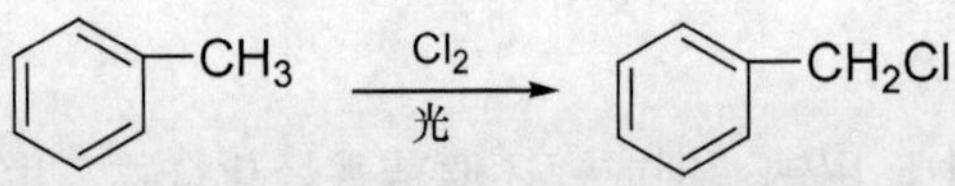

侧链氯化反应为自由基反应，其活性中间体为苄基自由基。苄基氯可以继续氯化，生成苯基二氯甲烷和苯基三氯甲烷。

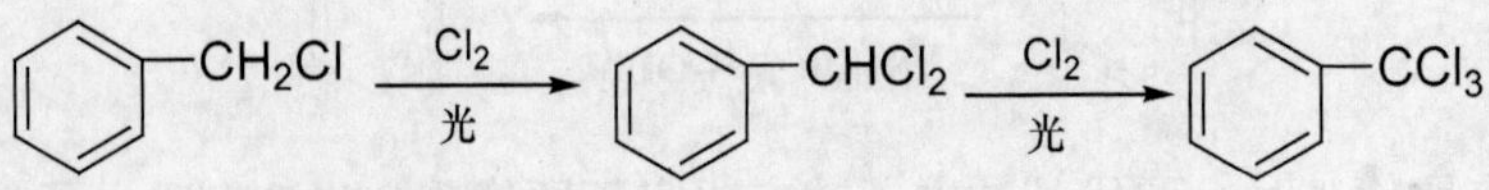

控制氯气的用量可以使反应停留在生成苄基氯的阶段。其他烷基苯的自由基卤化也是$\alpha$-H被卤代。例如：

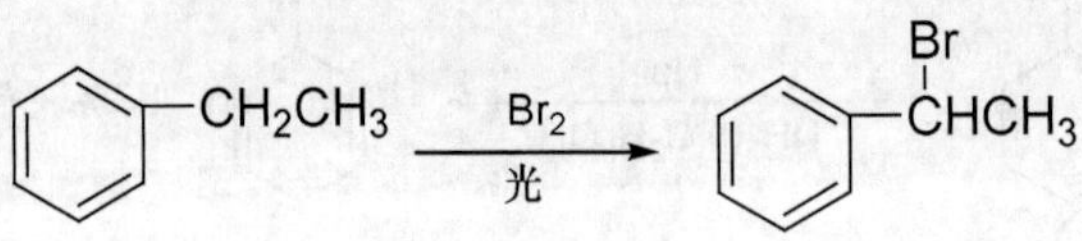

自由基溴化反应也可以用*N*-溴代丁二酰亚胺(NBS)作溴化试剂。

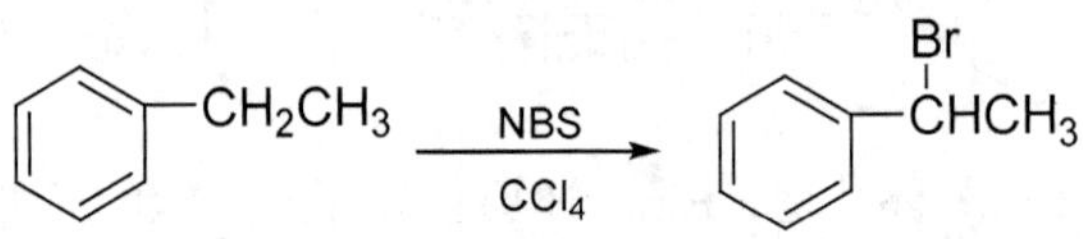

芳烃侧链卤化反应的主产物为$\alpha$-卤代产物，溴化反应比氯化反应的选择性好。

2. 氧化反应

烷基苯比苯容易被氧化，但通常是烷基被氧化，苯环比较稳定。在强氧化剂如高锰酸钾、重铬酸钾、硝酸的氧化下，或在催化剂作用下，用空气或氧气氧化，含有$\alpha$-H的烷基被氧化成羧基，而且不论烷基长短，一般都生成苯甲酸。例如：

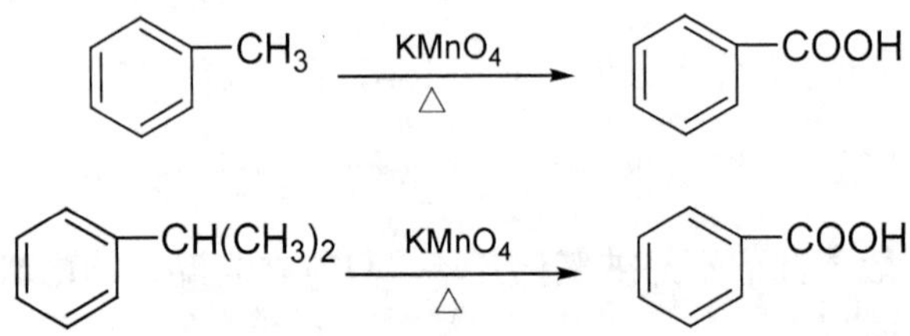

如果$\alpha$-碳上没有氢原子，则侧链不易被氧化。

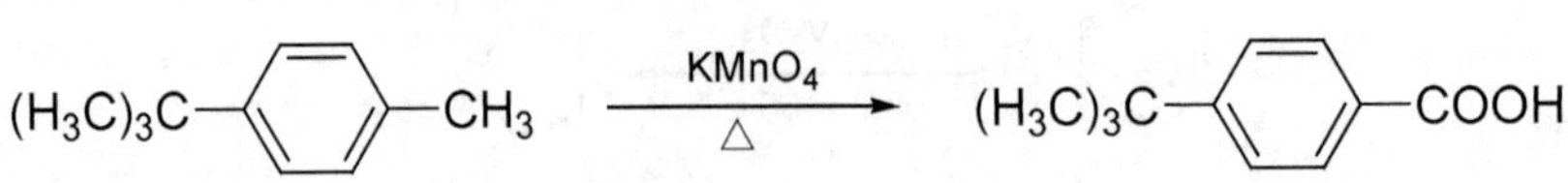

当苯环上有两个或多个烷基时，在强烈条件下，均可被氧化成羧基。若两个烷基处于邻位，氧化的最后产物是酸酐。例如：

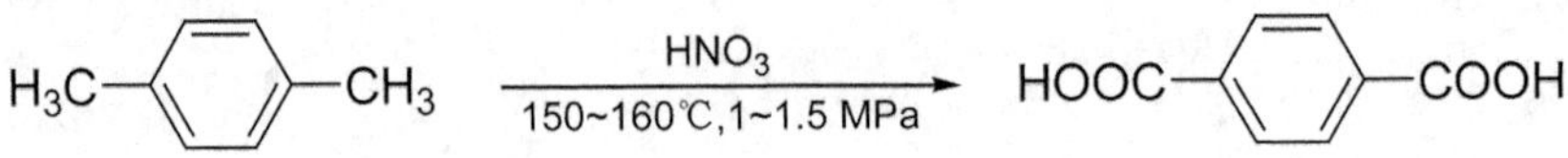

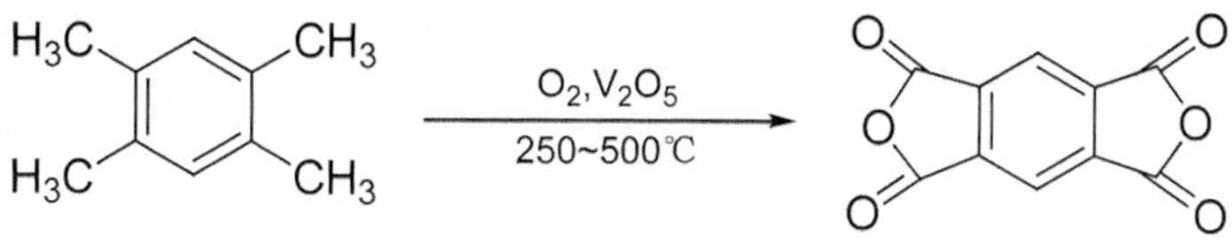


1,2,4,5-四甲苯　　　　　　　　均苯四甲酸二酐

上式是工业上生产对苯二甲酸和均苯四甲酸二酐的方法。前者是制造涤纶的原料，后者为白色结晶，工业上用作环氧树脂固化剂及制备聚酰亚胺树脂等。

异丙苯在过氧化物存在下，很容易被空气氧化生成氢过氧化异丙苯，后者在稀酸作用下分解为苯酚和丙酮。这是生产苯酚(联产丙酮)的重要方法(参见 10.4.1)。

烷基苯的烷基亦可进行脱氢。例如，工业上用乙苯经催化脱氢生产苯乙烯：

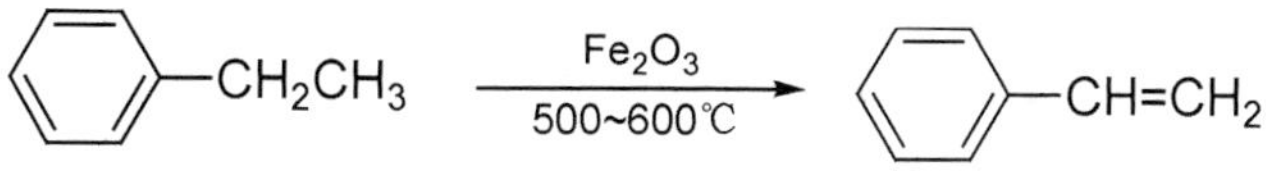


苯乙烯是合成丁苯橡胶和聚苯乙烯等高分子化合物的重要单体。

## 5.4 稠 环 芳 烃

由两个或多个苯环彼此间通过共用两个相邻的碳原子稠合而成的芳香烃，称为稠环芳香烃，简称稠环芳烃(polynuclear aromatic hydrocarbon)。比较重要的有萘(naphthalene)、蒽(anthracene)、菲(phenanthrene)三种，常存在于煤焦油中。注意许多稠环芳烃有致癌作用。

### 5.4.1 萘

1. 萘的结构

萘的分子式为 $C_{10}H_8$，物理方法已经证明，萘与苯相似，也是平面结构，即两个苯环在同一平面上。碳碳键键长既不等于碳碳单键的键长，也不等于碳碳双键的键长。但又与苯不同，碳碳键键长并不完全相等。

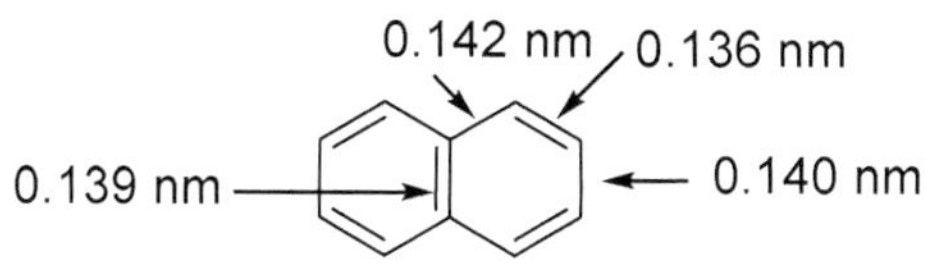


与苯相似，萘环上所有的碳原子都是 $sp^2$ 杂化，每个碳原子利用杂化轨道和氢原子及相邻的碳原子形成 σ 键，每个碳上还有一个未参与杂化的 p 轨道，这些与对称轴平行的 p 轨道相互侧面重叠，形成一个闭合的共轭体系，见图 5-5。由于π电子的离域，萘具有 255.2 $kJ \cdot mol^{-1}$ 的离域能(共振能)，小于苯的离域能的二倍[$2\times150.7=301.4\ (kJ \cdot mol^{-1})$]，故萘的稳定性比苯差。

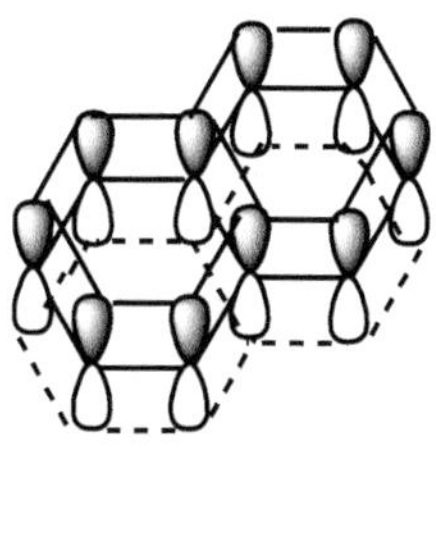

图 5-5　萘的 π 键形成示意图

共振论认为，萘分子可以写成以下三个共振结构式：

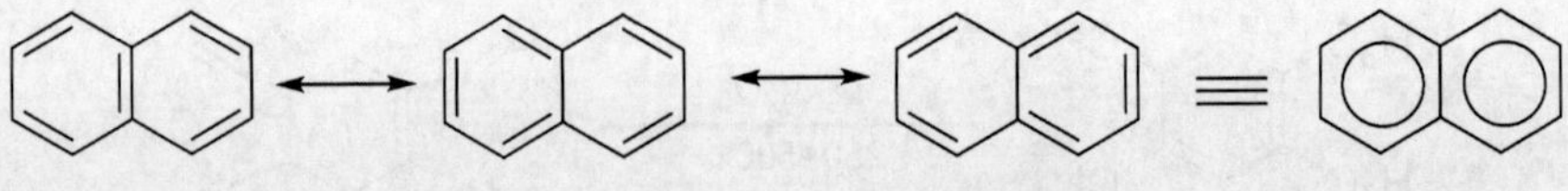

（Ⅰ）　　（Ⅱ）　　（Ⅲ）

其中共振式(Ⅰ)能充分反映萘分子结构中的单、双键与键长的对应关系，最具有代表性，一般用它代表萘分子的结构。萘分子 IUPAC 命名的编号如下：

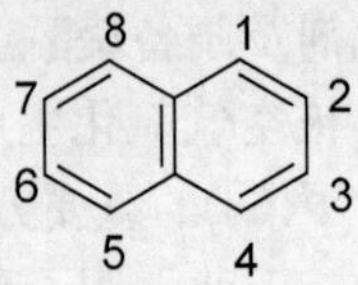


在萘分子中，1, 4, 5, 8 位相同，称为 $\alpha$-位；2, 3, 6, 7 位相同，称为 $\beta$-位。因此萘的一取代产物有两种：$\alpha$-取代物(1-取代物)和 $\beta$-取代物(2-取代物)。

2. 萘的性质

萘是无色片状结晶，熔点 80.2℃，沸点 218℃，有特殊的气味，易升华，不溶于水，易溶于热的乙醇及乙醚。萘是重要的化工原料，在染料合成中应用很广，也曾用作防蛀剂。

由于萘的结构与苯相似，因此萘具有和苯类似的化学性质。但萘比苯活泼，既比苯容易进行亲电取代反应，又比苯容易进行加成和氧化反应。这是因为萘的π电子云平均化并不彻底。在加成和氧化反应时，打开一个苯环所需的能量比苯小[2×150.7−255.2=46.2 (kJ · mol$^{-1}$)]。

1) 亲电取代反应

萘和苯类似，可以发生卤代、硝化、磺化等亲电取代反应，但反应条件比苯要温和一些。在萘环上，π电子的离域并不像苯环那样完全平均化，而是 $\alpha$-碳原子上的电子云密度较高，$\beta$-碳原子上的电子云密度次之，因此亲电取代主要发生在 $\alpha$-位。

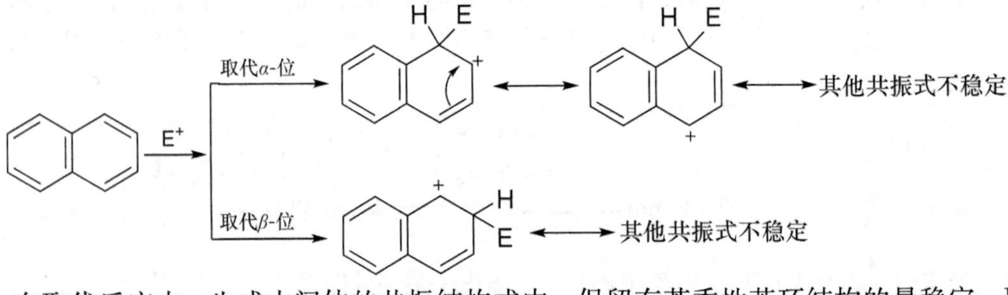


在取代反应中，生成中间体的共振结构式中，保留有芳香性苯环结构的最稳定。取代 $\alpha$-位的中间体有两个最稳定的共振结构式，而取代 $\beta$-位的中间体只有一个最稳定的共振结构式。显然取代 $\alpha$-位的中间体比较稳定，所以萘的亲电取代反应主要发生在 $\alpha$-位。

萘的氯代反应常用苯作溶剂，用碘作催化剂：

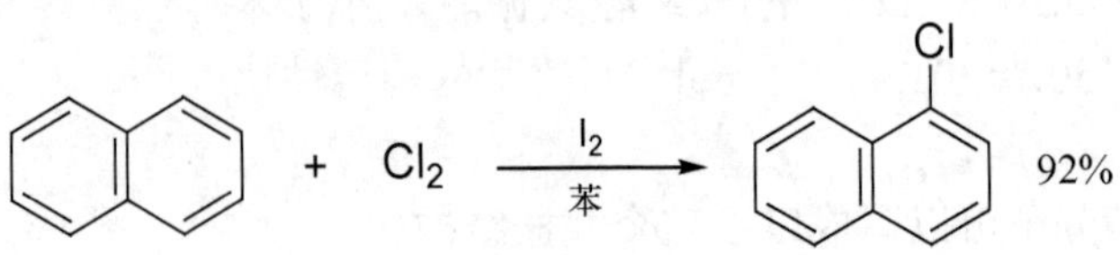


$\alpha$-氯化萘是无色液体，沸点 259℃，可用作高沸点溶剂和增塑剂。萘的溴化反应可得到相似结果。

萘的硝化，$\alpha$-位比苯快 750 倍，$\beta$-位比苯快 50 倍，故萘用混酸硝化时，室温即可进行。

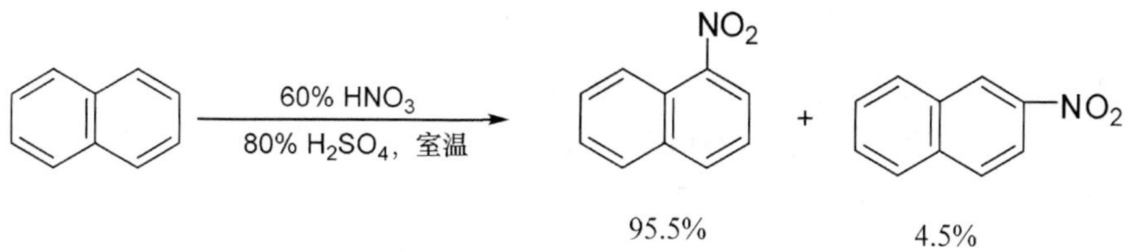


工业上通常在温热情况下进行，为防止二硝基萘的生成，所用混酸的浓度比苯硝化时低。$\alpha$-硝基萘是黄色针状结晶，熔点 61℃，不溶于水，可溶于有机溶剂，可用于制造 $\alpha$-萘胺等。

萘的磺化反应：

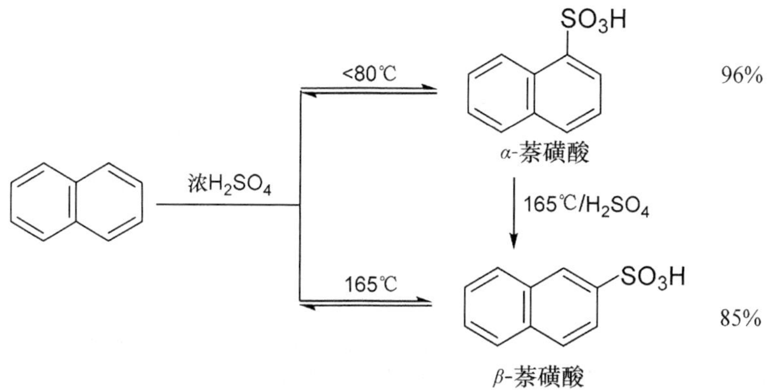


由于萘的 $\alpha$-位活性比 $\beta$-位大，萘在较低温度下磺化，反应产物主要是 $\alpha$-萘磺酸，但由于磺酸基的体积比较大，处在异环相邻 $\alpha$-位上氢原子的范德华半径之内，由于空间干扰，$\alpha$-萘磺酸的稳定性较差。虽然如此，在较低的磺化温度下，$\alpha$-萘磺酸的生成速率快，而且在低温时逆反应并不显著，$\alpha$-萘磺酸生成后不易转变成其他化合物，所以仍可以得到 $\alpha$-取代产物，这是动力学控制产物。当在较高温度下磺化时，先生成的 $\alpha$-萘磺酸也可发生显著的逆反应而转变为萘，即它的脱磺酸基反应速率也增加，此外，$\beta$-萘磺酸具有较大的热力学稳定性，该反应是热力学控制的反应。在较高温度下，$\beta$-萘磺酸也容易生成，且由于不存在磺酸基与邻环 $\alpha$-H 的空间位阻，它比 $\alpha$-萘磺酸稳定，生成后又不易脱去磺酸基，即它的逆反应很小，因此，高温下磺化时主要得到 $\beta$-萘磺酸。

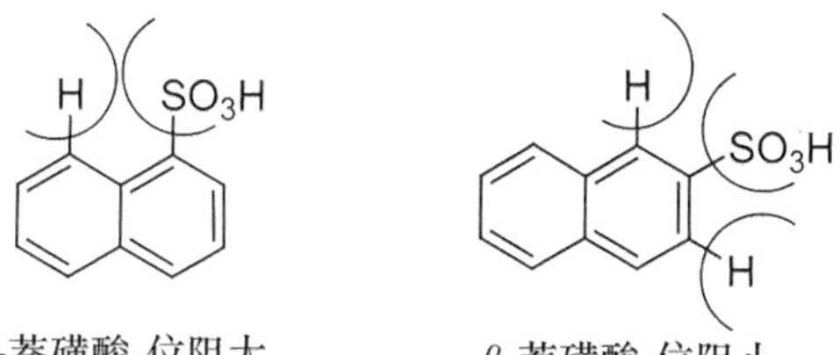


$\alpha$-萘磺酸,位阻大　　$\beta$-萘磺酸,位阻小

带一分子结晶水的 $\alpha$-萘磺酸是白色晶体，熔点 90℃。$\beta$-萘磺酸带一分子结晶水时是白色片状晶体，熔点 124～125℃。

在萘的亲电取代反应中，主要生成 $\alpha$-取代物。$\beta$-取代物只有 $\beta$-萘磺酸比较易得，故其他 $\beta$-取代物往往通过 $\beta$-萘磺酸来制备。例如：

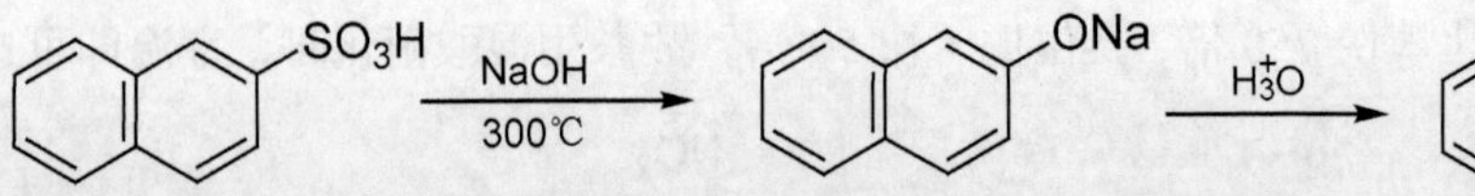

萘比较活泼，傅-克烷基化反应的产物比较复杂，因此用处不大。萘的酰基化反应产物较单一，定位效应与溶剂有关，在非极性溶剂中(如二硫化碳或四氯乙烷)，主要生成 $\alpha$-取代产物；在极性溶剂中(如硝基苯)，主要生成 $\beta$-取代产物。

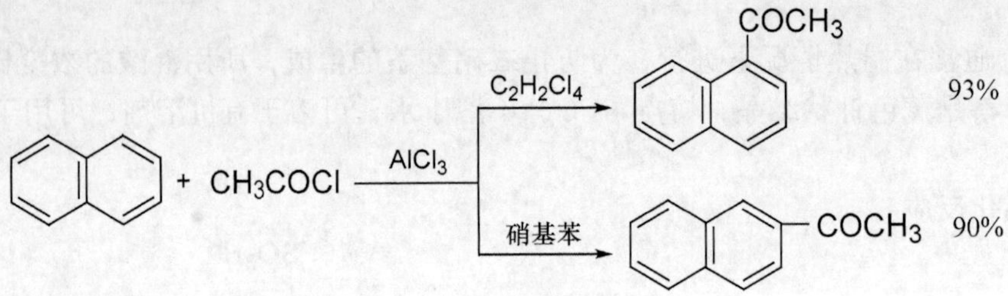

虽然萘的烷基化反应意义不大，但是，在萘的 $\alpha$-位引入羧甲基具有实用价值。例如，在加热和催化剂作用下，萘与氯乙酸反应，生成 $\alpha$-萘乙酸，这是生产 $\alpha$-萘乙酸的方法之一。

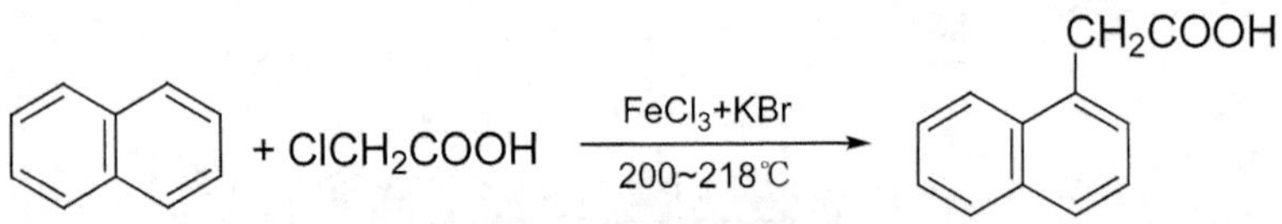

$\alpha$-萘乙酸简称 NAA，纯品为无色针状或粉末状晶体，熔点 134.5～135.5℃，难溶于冷水，易溶于热水、乙醇和乙酸等，是一种植物生长激素，能促使植物生根、开花、早熟、多产，对人畜无害。

2) 萘环上二元取代的定位规则

萘衍生物进行亲电取代反应的定位规律要比苯衍生物复杂些。原则上讲，在萘环上引入第二个取代基的位置，要由原有取代基的性质和位置以及反应时的条件来决定。

当原有的取代基是活化基时，能使和其相连的苯环活化，则第二个取代基进入该环，即“同环取代”。如果原来取代基是在 $\alpha$-位，则第二个取代基主要进入同环的另一 $\alpha$-位(4-位)。如果原来取代基在 $\beta$-位，由于它又是邻对位定位基，则第二个取代基主要进入与它相邻的 $\alpha$-位(1-位)。例如：

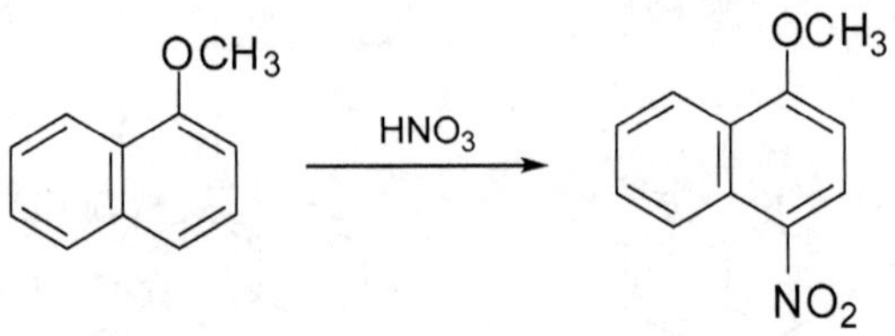

4-硝基-1-甲氧基萘

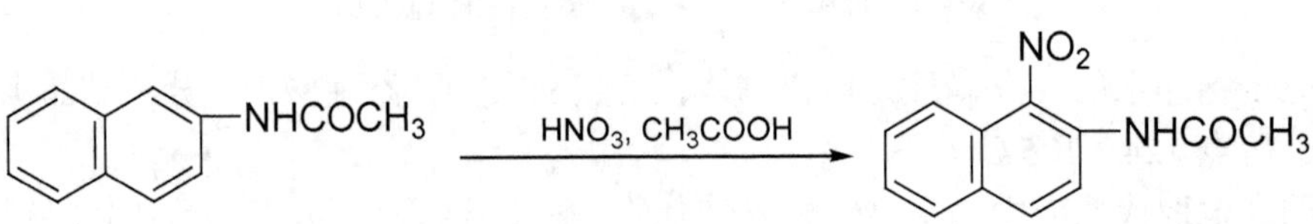

2-乙酰氨基-1-硝基萘

当原有的取代基是钝化基时，使与其相连的苯环钝化，第二个取代基主要进入另一个环上，发生“异环取代”。不论原有取代基是在 $\alpha$-位还是 $\beta$-位，第二个取代基一般进入另一环的 $\alpha$-位。例如：

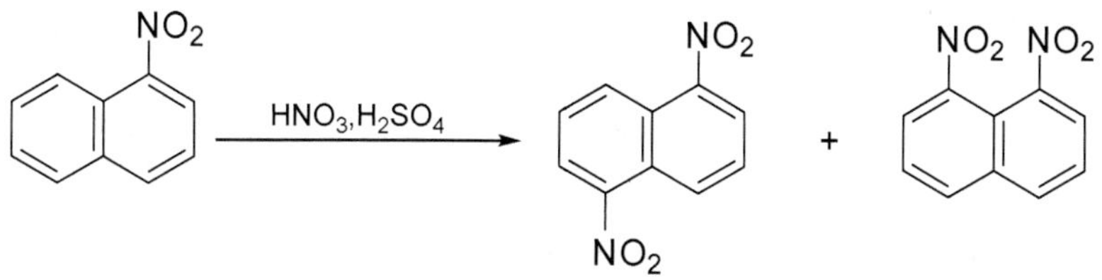

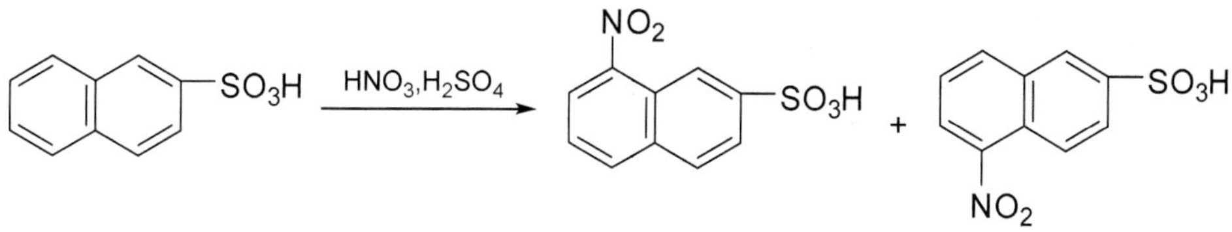

3) 氧化反应

萘比苯易氧化，萘的蒸气在五氧化二钒($V_2O_5$)催化下，可被完全氧化生成邻苯二甲酸酐：

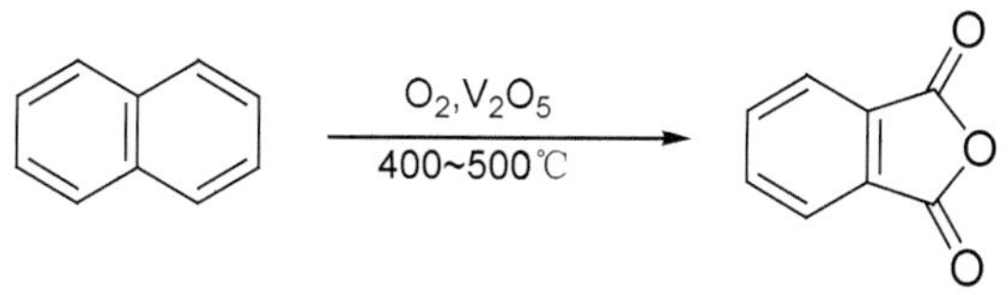

邻苯二甲酸酐

使用不同的氧化条件，可以得到不同的产物：

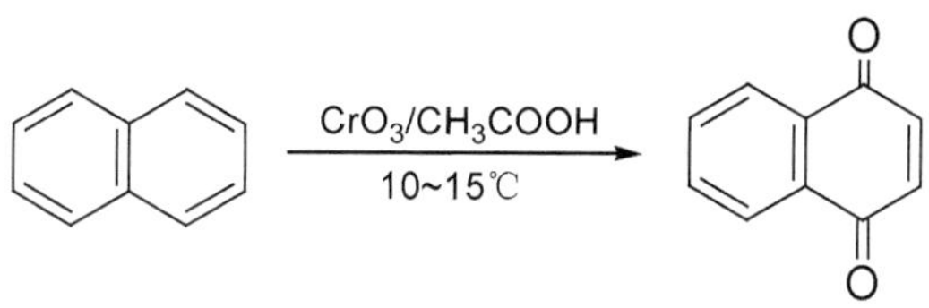

1,4-萘醌

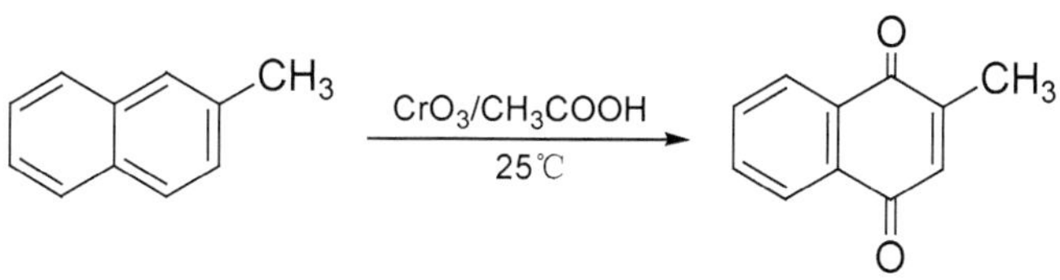

2-甲基-1,4-萘醌

因此不能像苯那样用氧化侧链的办法来制备萘甲酸。

取代萘氧化时，哪一个环氧化破裂，依赖于取代基的性质。

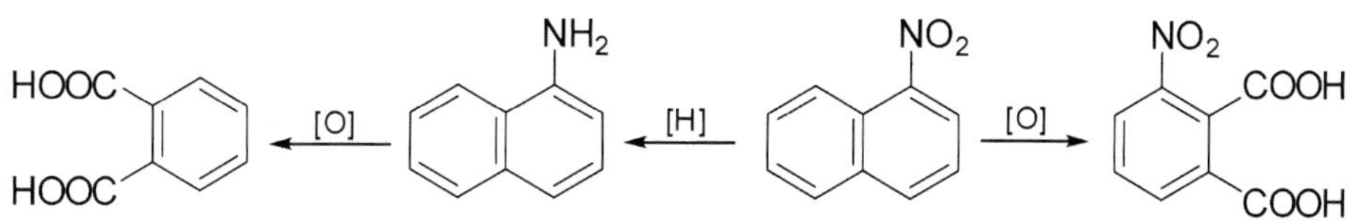

由上例可以看出，由于硝基是钝化基，使所在的苯环钝化，氨基是活化基，使所在的苯

环活化，所以当氧化时，两个环中比较活泼的环即电子云密度较高的环被氧化破裂。

4) 还原反应

萘比苯容易发生加成反应，在不同的条件下可以发生部分的加氢或全部加氢。

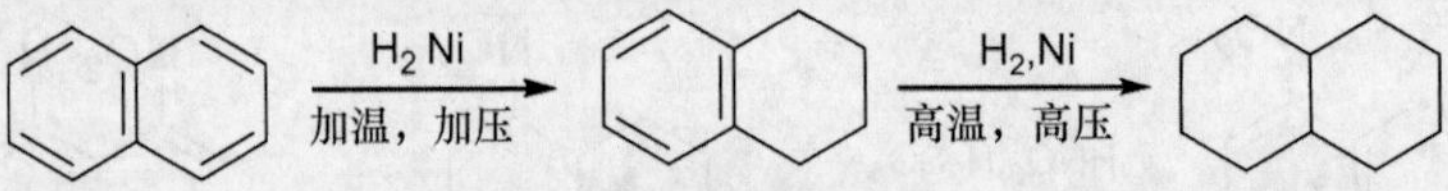


1,2,3,4-四氢化萘　　十氢化萘

1,2,3,4-四氢化萘(简称四氢化萘)沸点 207.2℃，十氢化萘沸点 191.7℃，两者都是无色液体，是良好的高沸点溶剂。

用醇和钠也可以还原萘。例如，在沸腾的萘的乙醇溶液中加金属钠，可还原成 1,4-二氢化萘，苯在同样条件下则不被还原。

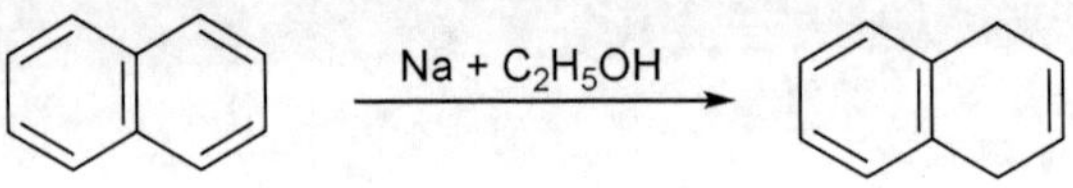


1,4-二氢化萘

### 5.4.2 蒽和菲

蒽存在于煤焦油中，分子式为 $C_{14}H_{10}$。蒽在煤焦油中的含量约为 0.25%，将蒽油冷却过滤，得到粗蒽。纯蒽为无色片状结晶，熔点 216℃，沸点 340℃，在紫外光照射下发强烈蓝色荧光。

蒽分子中三个苯环在同一个平面上，与萘相似，环上相邻碳原子上的 p 轨道侧面平行相互交盖，形成闭合共轭大π键。蒽环上键长的平均化也不彻底。各个碳碳键的键长并不相同。

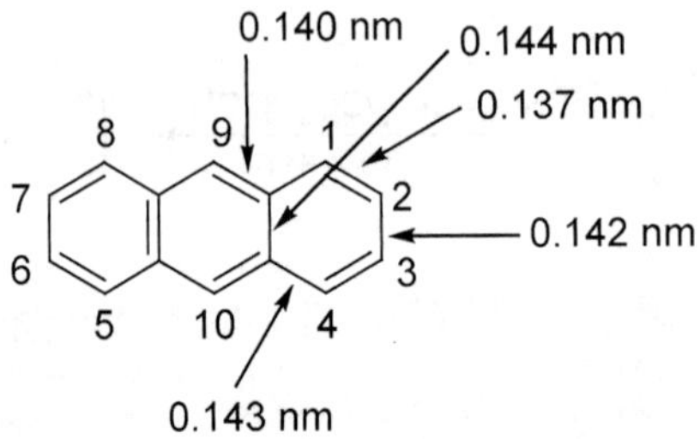


在蒽分子中，1, 4, 5, 8 位相同，称为 $\alpha$-位；2, 3, 6, 7 位相同，称为 $\beta$-位；9, 10 位相同，称为 $\gamma$-位。

蒽的共振能是 351 kJ · mol$^{-1}$。如果与苯、萘的共振能比较，可以看出，随着分子稠合环的数目增加，每个环的共振能数值却逐渐下降，所以稳定性也逐渐下降。与此相应，它们也越来越容易进行氧化和加成反应。

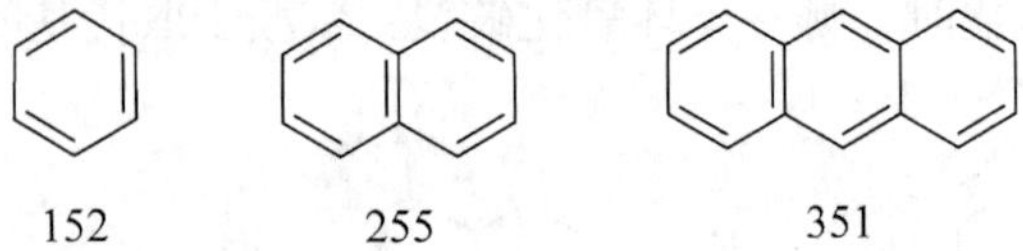

| | 苯 | 萘 | 蒽 |
|---|---|---|---|
| 共振能/(kJ·mol$^{-1}$) | 152 | 255 | 351 |
| 每个环共振能/(kJ·mol$^{-1}$) | 152 | 128 | 117 |
| 化学反应性能 | 活泼性增加 → | | |

蒽虽然也有一定的芳香性，但比苯活泼，可以发生氧化、还原、加成、取代等反应。反应试剂主要进攻 9-、10-位，以保持两个稳定的苯环不变。

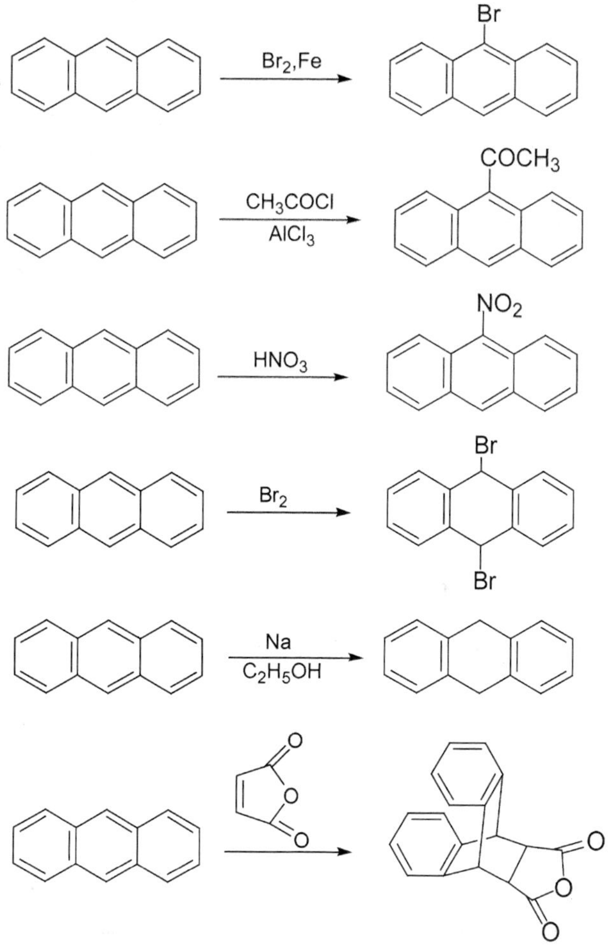


菲也存在于煤焦油的蒽油馏分中，分子式也为 $C_{14}H_{10}$，是蒽的同分异构体，但菲的三个苯环不是在一条直线上。

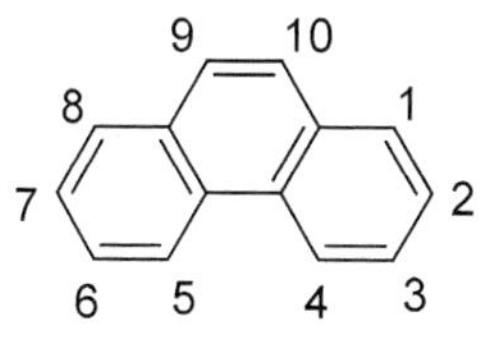


从上式可以看出，在菲分子中有五对相对应的位置，即 1、8，2、7，3、6，4、5 和 9、10，因而菲的一元取代物就有五种。菲是带光泽的无色片状晶体，熔点 100℃，沸点 340℃，不溶于水，溶于乙醇、苯和乙醚中，溶液有蓝色的荧光。

菲的离域能为 382 $kJ \cdot mol^{-1}$，芳香性与稳定性皆比蒽强，化学活性比蒽弱，性质与蒽相似，也可发生加成、氧化和取代等反应，并首先发生在 9-、10-位。

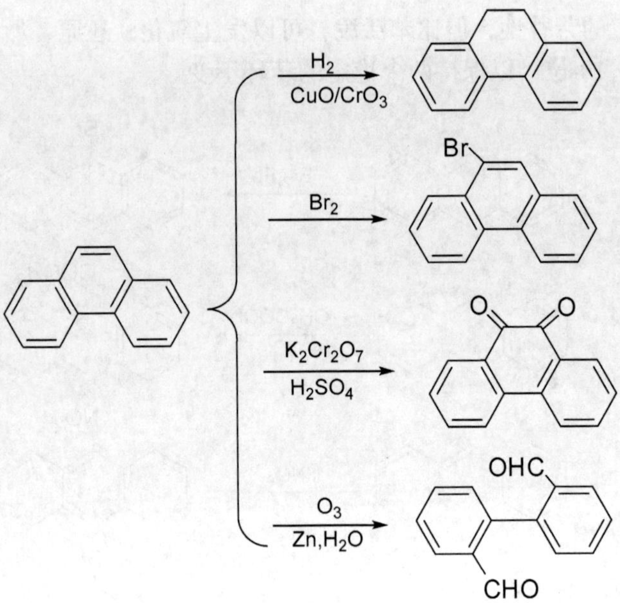


### 5.4.3 其他稠环芳烃

1. 苯并脂肪烃和稠苯并脂肪烃

这类稠环芳烃中重要的有茚、芴、苊等，构造如下：

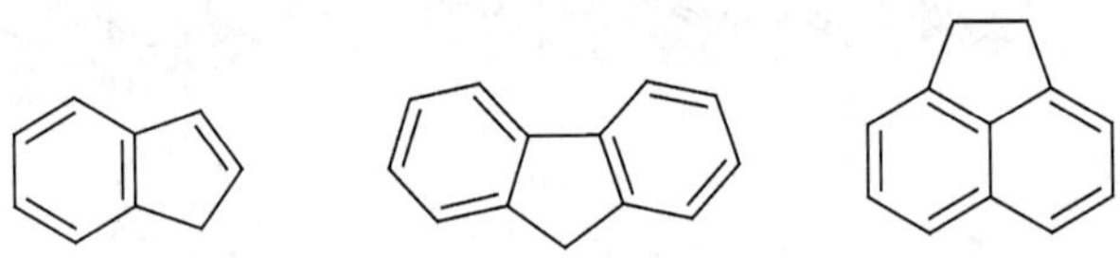

茚　　　　芴　　　　苊

茚可称为苯并环戊二烯，也是煤焦油内的产物，沸点 182℃，但非常不稳定，在空气中就变黑。茚分子中的环戊二烯含有一个活泼亚甲基，可发生各种反应。例如，亚甲基中的氢可被金属钠取代，和醛酮等发生羟醛缩合反应(参见 11.3.2)，很容易催化加氢生成二氢茚等。

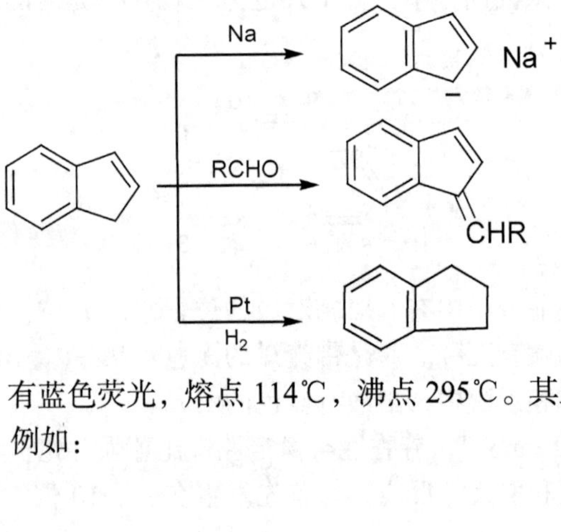


芴是无色片状结晶，有蓝色荧光，熔点 114℃，沸点 295℃。其亚甲基上的氢原子也相当活泼，可被碱金属取代。例如：

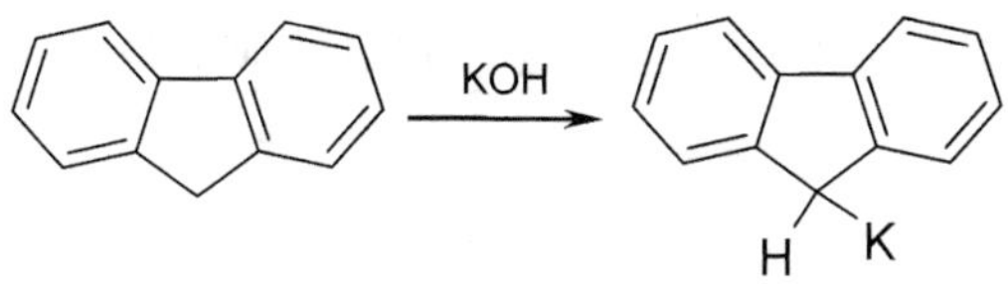


生成的钾盐加水分解则又得到原来的芴。利用这种性质可从煤焦油中分离芴。

芘是无色针状晶体，熔点 95℃，沸点 278℃，不溶于水，溶于有机溶剂，它也可以看作萘的衍生物。

2. 致癌烃

在 20 世纪初，人们已注意到在长期从事煤焦油作业的人员中有皮肤癌症的病例。后来用动物试验的方法(如在动物体上长期涂抹煤焦油)，也证实了煤焦油的某些高沸点馏分能引起癌肿，即具有致癌作用。经过一系列研究，发现用合成方法制得的 1,2,5,6-二苯并蒽有显著的致癌性。煤焦油中存在的微量 3,4-苯并芘也有着高度的致癌性。

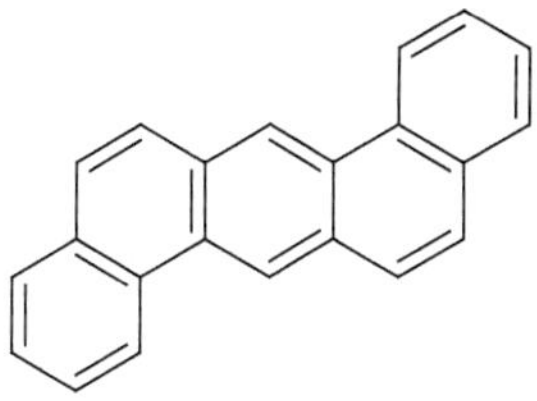
1,2,5,6-二苯并蒽

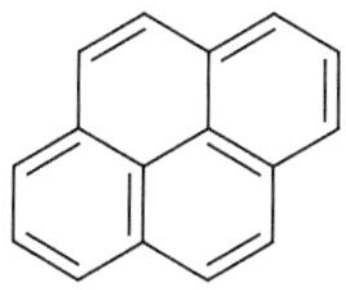
芘

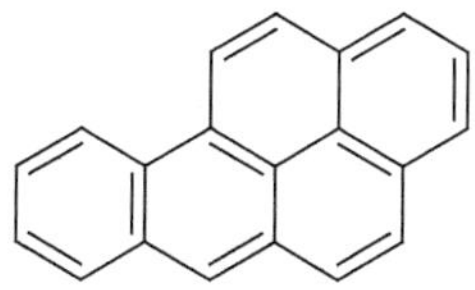
3,4-苯并芘

近年来的研究认为，致癌烃多为蒽和菲的衍生物，当蒽的 9-位或 10-位上有烃基时，其致癌性增强。例如，下列化合物都有显著致癌作用。

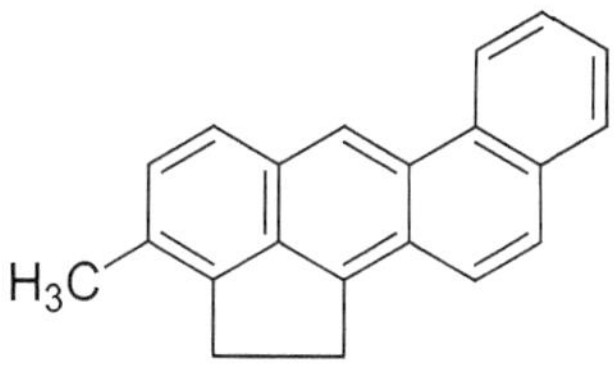

6-甲基-5, 10-亚乙基-1,2-苯并蒽

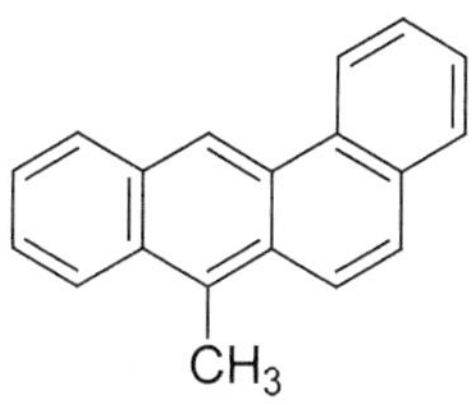

10-甲基-1,2-苯并蒽

## 5.5 Hückel 规则与非苯芳烃

### 5.5.1 Hückel 规则

前面所讨论的芳香烃都含有苯环结构，这些芳烃在不同程度上都有芳香性。从化学性质上讲，芳香性指的是含有 π 键，但是不易被氧化，也不易发生加成反应，而容易发生亲电取代反应的性质。

是不是具有芳香性的化合物一定含有苯环？1931 年，E. Hückel(休克尔)进行了大量研究，通过分子轨道理论计算得出，单环多烯烃要有芳香性，必须满足以下三个条件：①成环原子共平面；②环状闭合共轭体系；③环状大 π 键中 π 电子数为 $4n+2$($n$=0，1，2，3…)。符合上述三个条件的环状化合物具有芳香性，这就是 Hückel 规则。例如：

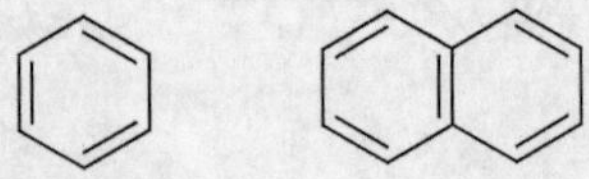

6个π电子　　10个π电子

不含苯环，环状大 π 键中 π 电子数为 $4n+2$，具有芳香性的环状多烯烃，称为非苯系芳烃。

### 5.5.2 非苯芳烃

1. 具有芳香性的离子

环丙烯不具有芳香性，环丙烯失去一个氢负离子后形成的环丙烯正离子具有平面环状的共轭结构，参与共轭的电子只有两个 π 电子，符合 Hückel($4n+2$，$n=0$)规则，具有芳香性。

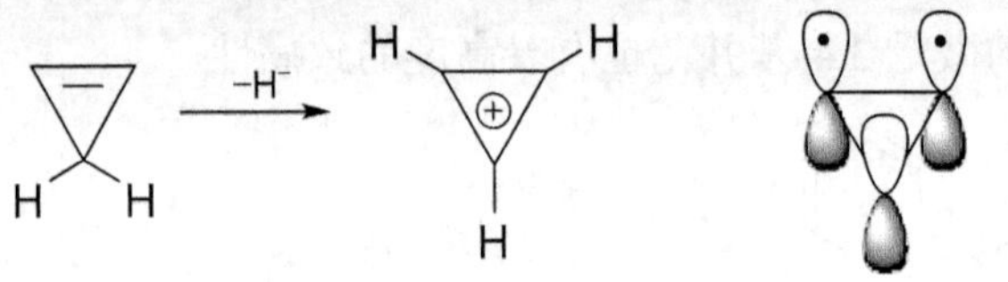


经测定，环丙烯正离子的三元环中，碳碳键的长度都是 0.140 nm，说明环丙烯正离子的两个 π 电子是完全离域而分布在三个碳原子上，形成三原子两电子的缺电子型 $\pi_3^2$ 大 π 键。基态时两个 π 电子正好填满一个成键轨道(参见 16.2.1)，很稳定。现已合成了一些具有一定稳定性的取代环丙烯正离子的盐。

此外，环丙烯酮因存在下列偶极形式而呈现芳香性。

环戊二烯无芳香性，但其亚甲基上的氢具有酸性，当用强碱如叔丁醇钾和它作用时，亚甲基上的氢被取代，生成钾盐，原来的环戊二烯转变为环戊二烯负离子：

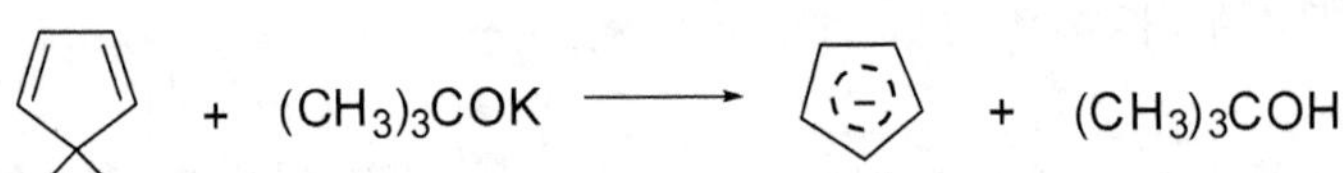


环戊二烯负离子具有平面结构，参与共轭的 6 个π电子离域分布在五个碳原子上，符合 Hückel($4n+2$)规则，因此它具有芳香性。

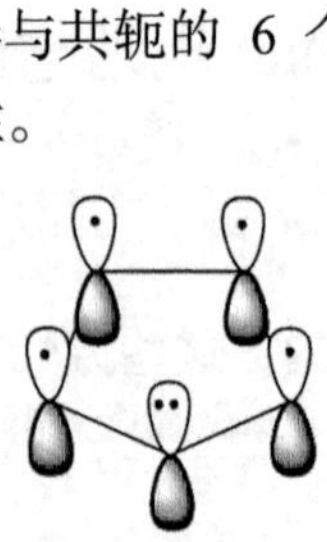

环庚三烯失去一个氢负离子后生成环庚三烯正离子，具有平面结构，有 6 个 π 电子离域分布在七个碳原子上，也符合 Hückel($4n+2$)规则，因此它也具有芳香性。

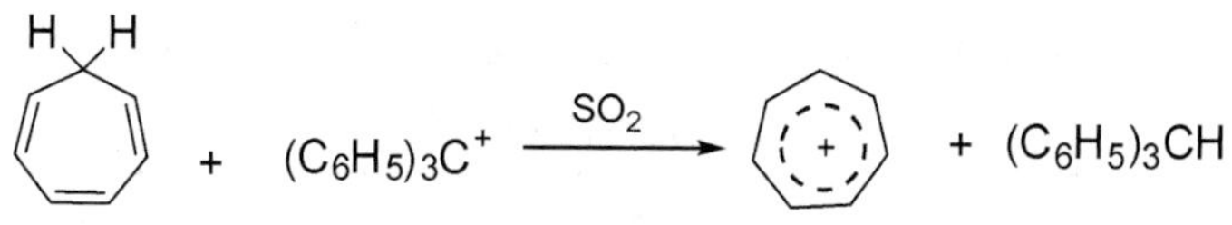

2. 薁

薁是一种青蓝色的片状物质，熔点 90℃，由一个七元环的环庚三烯和一个五元环的环戊二烯并合而成。薁是一个平面型分子，有 10 个 π 电子，符合(4*n* +2)规则。薁也可以视为由环戊二烯负离子和环庚三烯正离子稠合而成，因此具有芳香性。

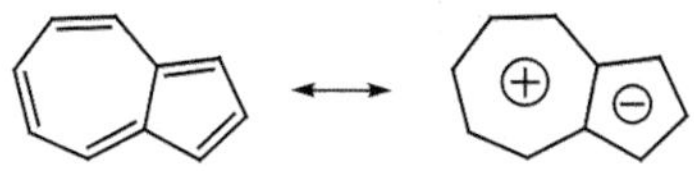

3. 轮烯

通常将含有十个碳原子以上的具有交替单双键的单环多烯烃 $C_nH_n$($n$≥10)称为轮烯(annulene)。例如，[18]轮烯就是具有环状闭合共轭体系的 18 个碳的单环化合物。由于它具有 18 个 π 电子，符合休克尔(4*n*+2)(*n*=4)规则，因此，[18]轮烯具有芳香性。

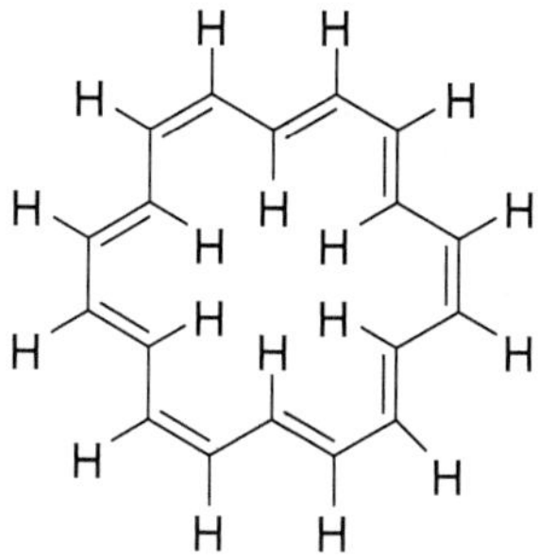

[18]轮烯

环中碳碳键长几乎相等，整个分子基本上处于同一平面，可发生溴代、硝化等反应，是一个典型的芳香大环化合物。

[10]轮烯中 π 电子数虽然符合(4*n* + 2)规则，但由于分子中环内氢原子具有强烈的排斥作用，不能处于同一平面内，因此没有芳香性。

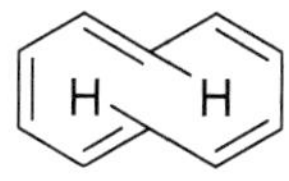

[10]轮烯

## 5.6 芳烃的来源及制法

### 5.6.1 煤的干馏

煤在隔绝空气的条件下加热到 1000～1300℃即分解成固态、液态和气态三种产物。固态产物是焦炭，主要用于炼钢；气态产物是焦炉煤气，其中含有很多氨和苯，先经过水吸收，制成氨水，再经重油吸收，苯溶于重油中，再将重油进行蒸馏，可得到含有苯、甲苯和二甲苯的粗产物；液态产物是煤焦油，它的组成十分复杂，目前已能分离出来的有机物有几百种，其中大部分是芳烃和其他芳香族化合物。分馏煤焦油得到的各种馏分如表 5-4 所示。

**表 5-4 煤焦油的分馏产物**

| 馏分 | 沸点范围/℃ | 产率/% | 主要成分 |
|---|---|---|---|
| 轻油 | <180 | 0.5～1.0 | 苯、甲苯、二甲苯 |
| 酚油 | 180～210 | 2～4 | 苯酚、甲苯酚、二甲酚 |
| 萘油 | 210～230 | 9～12 | 萘 |
| 洗油 | 230～300 | 6～9 | 萘、苊、芴 |
| 蒽油 | 300～360 | 20～24 | 蒽、菲 |
| 沥青 | >360 | 50～55 | 沥青、游离碳 |

### 5.6.2 石油的芳构化

随着有机合成工业的发展，对于芳香化合物的需求不断增加，从煤干馏产品中分离得到的芳烃远远不能满足需要，因此发展了以石油为原料来制取芳烃的方法。这个方法主要是将轻汽油馏分中含 6～8 个碳原子的烷烃和环烷烃在催化剂铂或钯的作用下，于 450～500℃进行脱氢，环化或异构化反应即转变为芳烃，这一过程称为铂或钯重整。在重整中所发生的由烷烃和环烷烃转变为芳烃的化学变化称为芳构化。例如：

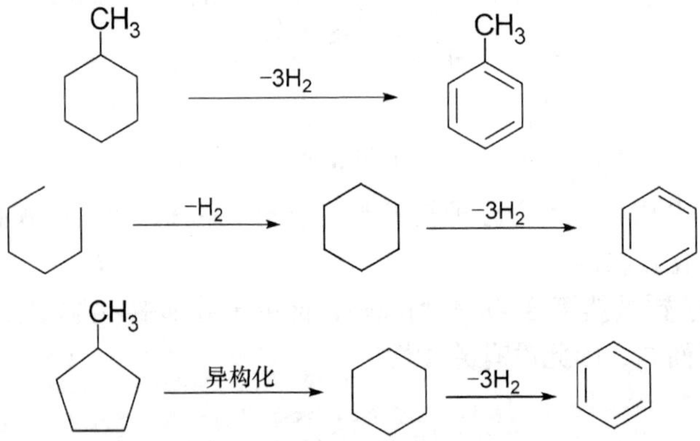


## 阅读材料

**足 球 烯**

足球烯(footballene)是单纯由碳元素结合形成的稳定分子，它具有 60 个顶点和 32 个面，其中 12 个面为正五边形，20 个面为正六边形，整个分子形似足球，因此得名。

足球烯的分子式为 $C_{60}$，60 个碳原子占据 60 个顶点，处于顶点的碳原子与相邻顶点的碳原子

各用 $sp^2$ 杂化轨道重叠形成 σ 键，每个碳原子的三个 σ 键分别为一个五边形的边和两个六边形的边。碳原子的三个 σ 键不是共平面的，键角约为 108°或 120°，因此整个分子为球状。每个碳原子用剩下的一个 p 轨道互相重叠形成一个含 60 个 π 电子的闭壳层电子结构，因此在近似球形的笼内和笼外都围绕着 π 电子云。分子轨道计算表明：足球烯具有较大的离域能，其稳定性约为苯的两倍。因此足球烯是一个具有芳香性的稳定体系。

足球烯是美国 Rice(赖斯)大学 H. W. Kroto(德克罗脱)和 R. E. Smalley(史沫莱)等人于 1985 年提出的。他们用大功率的激光束轰击石墨使其汽化，用 1 MPa 压力的氦气产生超声波，使被激光束汽化的碳原子通过一个小喷嘴进入真空膨胀，并迅速冷却形成新的碳原子，从而得到了 $C_{60}$，$C_{60}$ 已为质谱所证明。

经研究，在 $C_{60}$ 笼上掺杂金属原子后，有较好的超导性和光学性，可在光学材料和特殊的有机磁性材料中应用；$C_{60}$ 的水溶性磷脂衍生物能与癌细胞结合，具有一定的生物活性。预计此类化合物在新型材料、生物医学工程、计算机和通讯等高技术领域具有重要用途。

## 习 题

5-1 完成下列反应方程式。

(1) 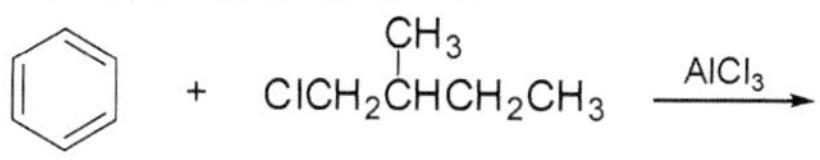

(2) 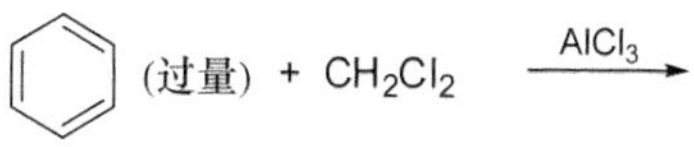

(3) 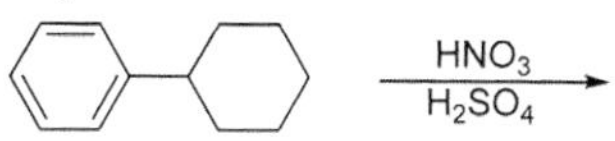

(4) 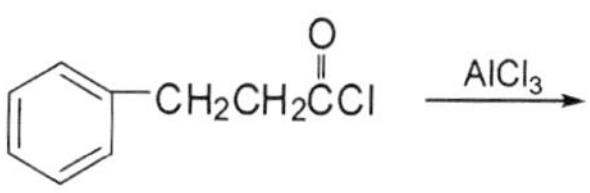

(5) 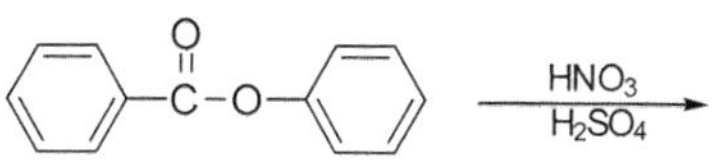

(6) 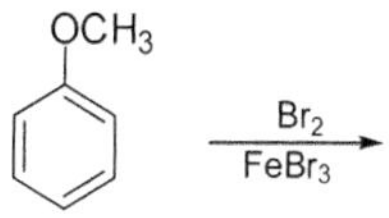

(7) 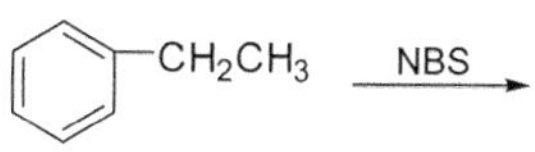

(8) 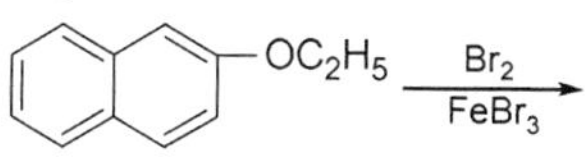

(9) 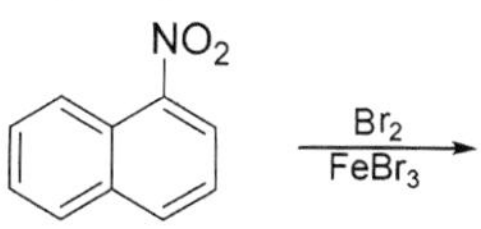

(10) 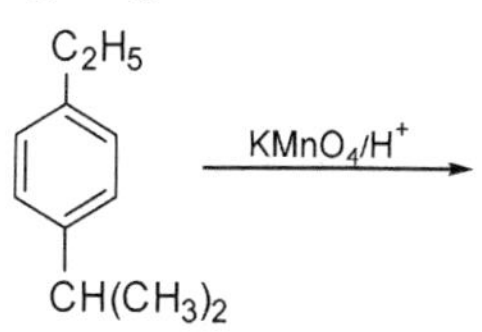

5-2 回答问题。

(1) 下列化合物发生亲电取代反应由易到难的次序为____________。

(A) 乙酰苯胺 (B) 甲苯 (C) 硝基苯 (D) 苯胺

(2) 写出下列化合物溴代反应时活性大小顺序为____________。

(A) 溴苯 (B) 苯甲醚 (C) 甲苯 (D) 苯甲酸

(3) 下面化合物进行亲电取代反应时速率顺序为____________。

(A) 苯 (B) 甲苯 (C) 苯胺 (D) 苯甲醛

5-3 用箭头表示下列化合物亲电取代反应的位置。

(1) 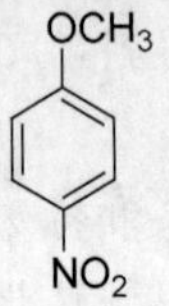


(2) 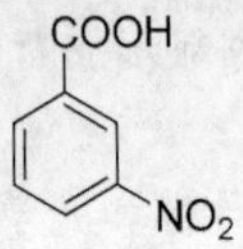


(3) 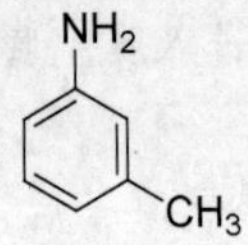


(4) 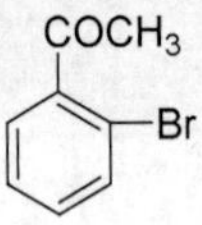


(5) 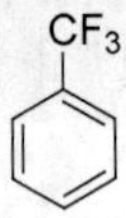


(6) 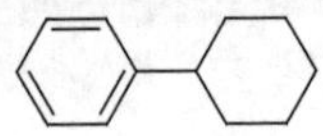

(7) 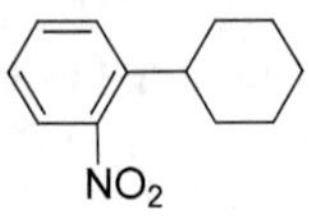


(8) 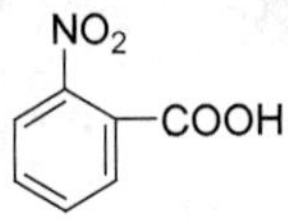


(9) 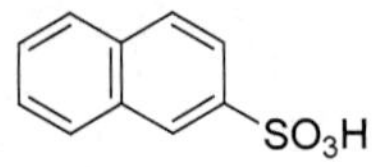


(10) 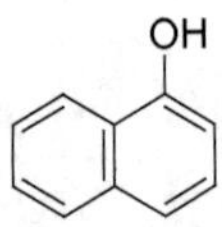


5-4 写出下列反应的可能历程。

(1) 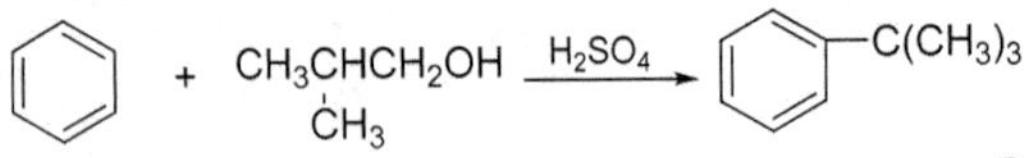


(2) 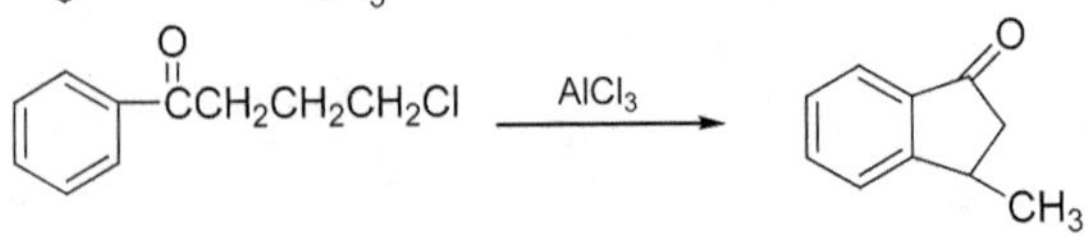


5-5 鉴别下列各组化合物。

(1) 甲苯，1-己烯，1,3-环己二烯

(2) 苯，乙苯，苯基乙炔

(3) 苯，异丙苯，苯乙烯

5-6 判断下列化合物或离子是否具有芳香性。

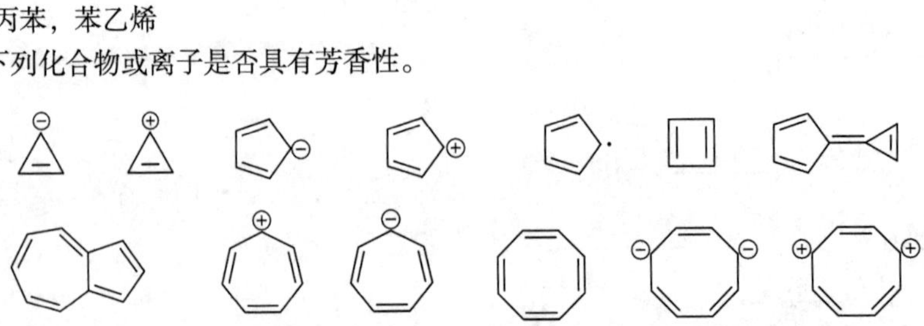

5-7 推测结构。

(1) 化合物 A 的分子式为 $C_9H_8$，在室温下能迅速使 $Br_2$-$CCl_4$ 溶液和稀的 $KMnO_4$ 溶液褪色，在温和条件下氢化时只吸收 1mol $H_2$，生成化合物 B，B 的分子式为 $C_9H_{10}$。A 在强烈的条件下氢化时可吸收 4 mol $H_2$，强烈氧化时可生成邻苯二甲酸。试写出 A、B 的结构式。

(2) 某芳烃(A)$C_9H_{12}$，在铁催化下溴代得一溴代物有两种 B 和 C，将 A 在剧烈条件下氧化生成一种酸(D)$C_8H_6O_4$，D 硝化只能有一种一硝基产物(E)$C_8H_5O_4NO_2$。试推测出 A～E 的结构式。

5-8　合成。

(1) 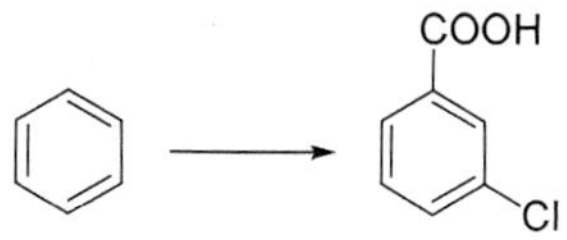

(2) 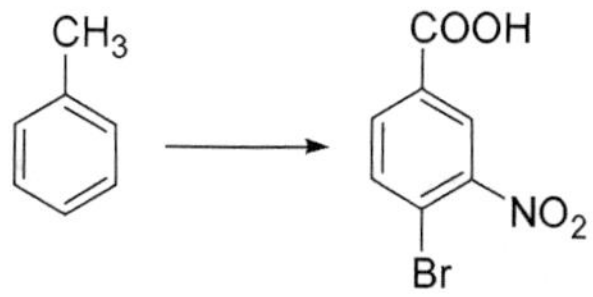

(3) 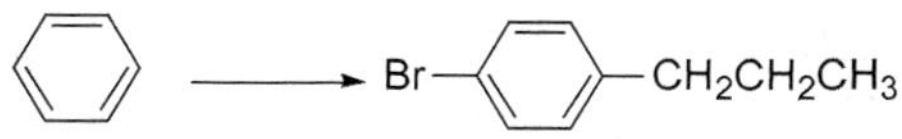

# 第6章　手性分子

宇宙是不对称的，是手性的，构成生命的生物大分子是手性的。100 多年前法国化学家 L. Pasteur(巴斯德，1822—1895)就曾经预言，所有生物物种在其结构及其外部形态上，究其本源都是宇宙不对称的产物。手性现象在自然界普遍存在，如生物碱、氨基酸、蛋白质、核酸、萜类化合物和糖类化合物等天然产物大多具有手性特征，人工合成的药物也与手性现象密切相关。因此，研究手性分子对阐明天然有机化合物的结构、指导有机合成、研究有机反应机理和探讨有机化合物结构与生理活性的关系等有着重要意义。

## 6.1　手性分子与对映异构

### 6.1.1　手性与手性分子

人的左、右手互为实物与镜像，但彼此不能叠合。手的这种特征在其他物质中也经常可以看到，如螺栓的螺纹、手套等。物质与其镜像不能叠合的特性称为手性或手征性。手性现象在分子结构中普遍存在。例如，2-丁烯水合得到两种 2-丁醇。

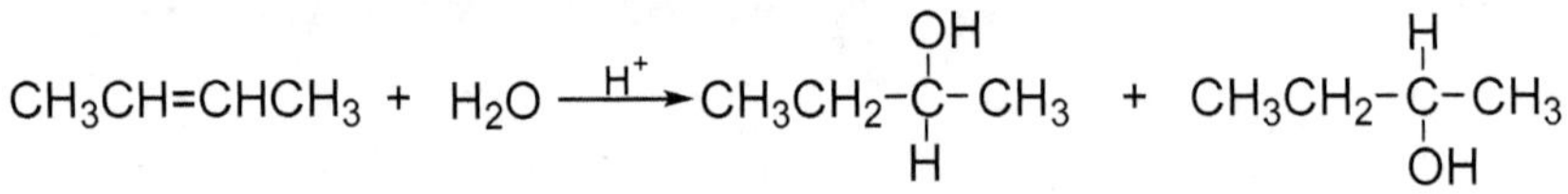

从结构上看，这两种 2-丁醇构造相同，但是 C2 所连四个原子或基团在空间的排列不相同。它们之间的关系就像人的左手和右手的关系，彼此互为实物和镜像，互相对映但不能叠合，具有这种特性的分子称为手性分子。

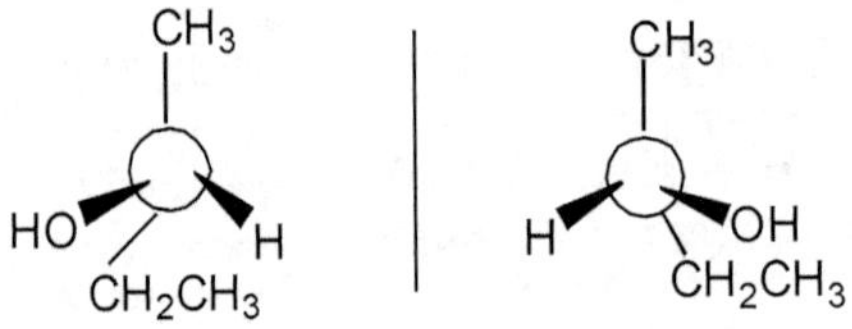

### 6.1.2　旋光性与对映异构

手性分子与其镜像互为同分异构体，称为对映异构体。对映异构体是互为镜像的立体异构体，彼此之间结构差别很小，其沸点、熔点、密度、折光率以及在一般溶剂中的溶解度都相同，而且在与非手性试剂作用时，化学性质也相同。但它们对平面偏振光的作用不同，一个可使平面偏振光向右旋，用符号“(+)”表示，称为右旋体(dextrorotatory)，另一个可使平面偏振光向左旋，用符号“(−)”表示，称为左旋体(levorotatory)。对映异构体属于旋光异构体。

1. 平面偏振光

光波是一种电磁波，它的振动方向与前进方向垂直。普通光在垂直于传播方向的所有平面上振动。如果在光前进的方向上放一个 Nicol(尼柯尔)棱镜或人造偏振片，只允许与棱镜晶轴互相平行的平面上振动的光线透过棱镜，而在其他平面上振动的光线则被挡住。这种只在一个平面上振动的光称为平面偏振光，简称偏振光或偏光。

当偏振光通过某种介质，如乙醇溶液时，该介质对偏振光没有作用，则透过介质的偏振光仍在原方向上振动。而当偏振光通过另一种介质，如单一异构体的乳酸溶液时，该介质能使偏振光的振动方向发生旋转。像乳酸这种使平面偏振光振动方向旋转的性质称为物质的旋光性。具有旋光性的物质称为旋光性物质，也称为光活性物质。

### 2. 旋光度

旋光性物质使偏振光振动方向旋转的角度称为旋光度，用“$\alpha$”表示。化合物的旋光度是用旋光仪测定的。旋光仪主要由两个 Nicol 棱镜(起偏棱镜和检偏棱镜)，一个盛液管和一个刻度盘组装而成。旋光仪的工作原理如图 6-1 所示，首先普通光通过起偏镜后变成平面偏振光，然后平面偏振光再通过含有待测样品的盛液管，当偏振光透过盛有旋光性物质的盛液管时，其振动方向就会向左或右旋转一定的角度，如要使旋转一定角度后的偏振光能透过检偏镜光栅，则必须将检偏镜旋转一定的角度，目镜处视野才明亮。检偏镜检测出旋转的角度和方向即为该物质的旋光度 $\alpha$。

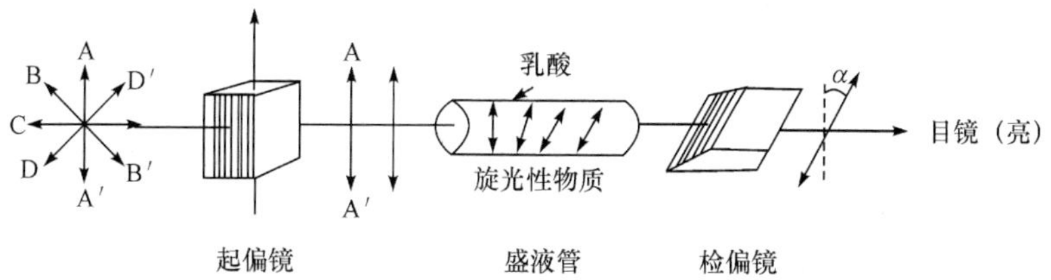


图 6-1 旋光仪工作原理示意图

### 3. 比旋光度

由旋光仪测得的旋光度，不仅与物质的结构有关，而且与被测样品的浓度以及盛样管的长度有关，同时也与测定的条件如测试温度、偏振光波长和所用溶剂等有关。因此用旋光度 $\alpha$ 表示物质的旋光能力使用起来很不方便，通常用比旋光度(specific rotation) $[\alpha]_\lambda^t$ 来表示旋光性物质的旋光性。比旋光度 $[\alpha]_\lambda^t$ 和旋光仪中读到的旋光度 $\alpha$ 有如下关系：

$$[\alpha]_\lambda^t = \frac{\alpha}{l \cdot c}$$

式中，$c$ 是溶液的浓度($g \cdot mL^{-1}$)；$l$ 是盛液管的长度(dm)。

比旋光度的物理意义是 1 mL 含 1 g 旋光性物质的溶液，放在 1 dm 长的盛样管中，利用一定波长的入射光(常用钠单色光，以 D 表示，$\lambda$ 为 589.3 nm)测得的旋光度。比旋光度与物质的熔点、沸点、相对密度、折射率一样，是旋光性物质的一个物理常数，可以定量地表示旋光物质的一个特征——旋光性。例如，葡萄糖水溶液在 25℃时用钠光作为光源，在 1 $g \cdot mL^{-1}$、1 dm 样品管长度条件下测得旋光度为+52.5°，则其比旋光度 $[\alpha]_D^{25} = +52.5°$ 。其中“D”代表钠光波长。

所用溶剂不同也会影响物质的旋光度。因此在不用水为溶剂时，需注明溶剂的名称。例如，右旋的酒石酸在5%的乙醇溶液中其比旋光度为：$[\alpha]_D^{25}=+3.79°$ (5%乙醇)。

由于许多物质的比旋光度都已测定并编入手册，在已知比旋光度的情况下，可利用上面介绍的公式测定物质的浓度及鉴定物质的纯度。例如有一未知浓度的葡萄糖溶液，在钠光灯源，25℃下测得其旋光度为+3.4°，从手册上查知葡萄糖的比旋光度$[\alpha]_D^{25}$为+52.5°，若管长为1 dm，则此葡萄糖溶液的浓度为：

$$c=\frac{\alpha}{[\alpha]_D^{25}\times 1}=\frac{3.4}{52.5\times 1}=0.0647\ (\mathrm{g\cdot mL^{-1}})$$

在制糖工业中常利用旋光度来控制溶液的浓度。

4. 旋光性与对映异构

1848年，L. Pasteur在研究酒石酸钠铵的晶体时，发现一个前人未曾注意到的现象：无旋光性的酒石酸钠铵在一定条件下结晶时生成两种不同的晶体，这两种晶体就像人的左手和右手的关系，互为实物和镜像，相似而不能完全叠合。如果将两种晶体分别溶于水中测定其旋光度，发现二者的旋光度大小相同，但方向相反，一个是左旋的，另一个是右旋的。L. Pasteur把这种互为实物和镜像对映关系的现象称为对映异构现象，并且进一步推断：构成这两种晶体的分子一定是不对称的。左旋体和右旋体之所以互为镜像，非常相似但不能完全叠合，就是由于其分子中原子在空间排列方式上是不对称的，对映异构现象是由分子中原子在空间的不同排列方式所引起的。

L. Pasteur的研究表明，如果一个化合物的分子与其镜像不能相互叠合，必然存在着一个与其镜像相应的化合物，这两个化合物之间的关系就像人的左手和右手，相互对映，却不能叠合。这种互为实物和镜像对映关系的异构体称为对映异构体，简称对映体。

L. Pasteur的推断后来被荷兰化学家J. H. van't Hoff (范特霍夫)和法国化学家J. A. Lebel (勒贝尔)所证实。1874年J. H. van't Hoff和J. A. Lebel分别提出碳的正四面体学说，他们从当时已知的旋光化合物如乳酸和酒石酸中发现，这些化合物中至少含有一个与四个互不相同的原子或基团相连的碳原子，即手性碳原子(chiral carbon)(参见6.3)。同时，他们也发现，一个碳原子结合的四个原子或基团中，只要任何两个是相同的，化合物就没有旋光性。可见，分子结构的不对称性是存在对映异构的充分必要条件。

### 6.1.3 对称因素与手性判断

手性分子的特征是不能与其镜像叠合。但是要判断一个化合物是否具有手性，不可能都用模型来考察它与镜像能否叠合起来，复杂分子很难利用这一标准来判断。分子的手性是由于分子内缺少对称因素引起的，因此可以利用分子的对称因素来判断分子是否具有手性特征。通常考察的对称因素是对称面与对称中心。

1. 对称面

假设分子中有一平面能把分子切成互为镜像的两半，该平面就是分子的对称面。如图6-2所示的分子都存在对称面。

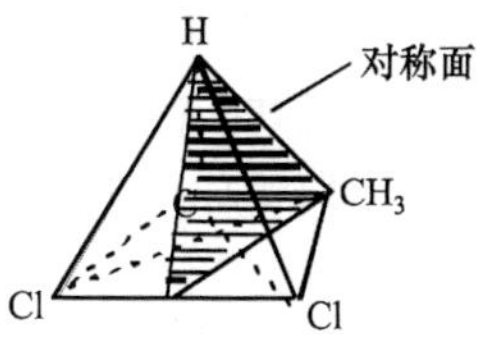


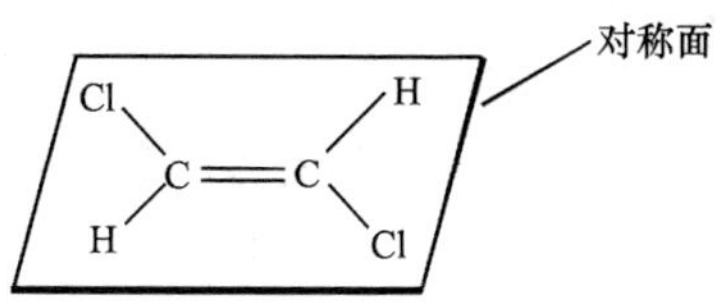


图 6-2 分子对称面示意图

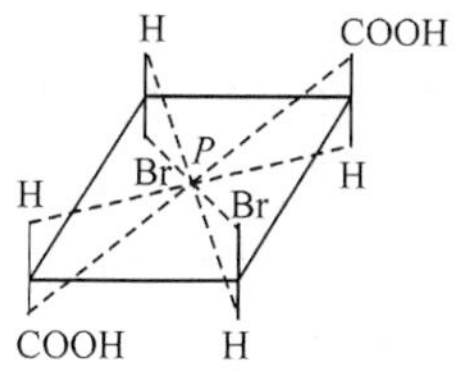


图 6-3 分子对称中心示意图

2. 对称中心

若分子中有一点 $P$，以分子任何一点与其连线，都能在延长线上找到自己的镜像，则点 $P$ 称为分子的对称中心。如图 6-3 所示的分子存在对称中心。

分子中存在对称面或对称中心，该分子就有对称性，不具备手性特征，是非手性分子。反之，则一般是手性分子。对称轴不能作为分子是否具有手性的判据。

## 6.2 对映异构体的书写与构型标记

### 6.2.1 构型的表示方法

对映异构体的手性碳原子具有四面体结构，为了准确直观地表示分子的构型，可采用分子模型的图形(球棍式)来表示。另外，还可在纸面上书写透视式、锯架式、Newman 投影式来表示对映异构体的立体结构式(参见 3.2.2)。透视式较为接近所要表示的分子的立体形状，比较直观，但书写很不方便；锯架式和 Newman 投影式较能确切地表示出两个直接相连的碳原子上的各个基团在空间的相对位置，但不适宜于表示含有多个手性碳原子化合物的构型。下面介绍的 Fischer (费歇尔)投影式是一种较为简单适用的表示方法，是用平面形式来表示具有手性碳原子分子立体构型的方式。以乳酸为例，用分子模型来说明 Fischer 投影式的表示方法。两种乳酸分子的模型图和 Fischer 投影式如图 6-4 所示。将乳酸分子模型中横键上的两个基团朝前，竖键上的两个基团朝后，这样摆放的分子模型投影到平面上，用“+”字交叉线表示，“+”字交叉点代表手性碳原子。这样的投影式即为 Fischer 投影式。

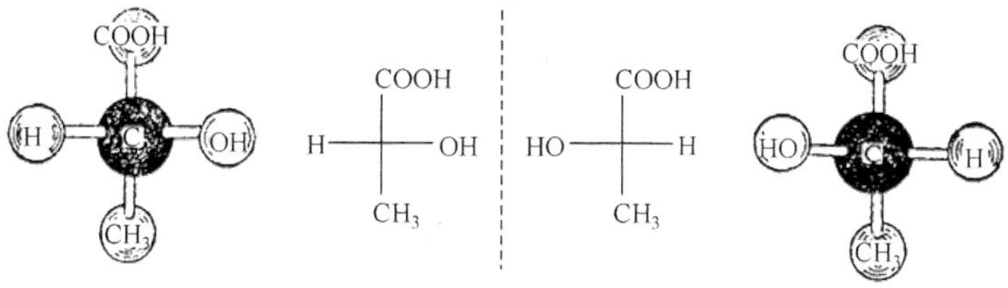


图 6-4 乳酸分子模型图和 Fischer 投影式

Fischer 投影式书写有如下规定：①横键表示该键伸向纸平面前方，竖键表示伸向纸平面后方，即横前竖后；②通常情况下，将碳链放在竖键上，并且命名时编号最小的碳原子或氧化态较高的碳原子始终在竖键的最上端；③横、竖两条直线的交叉点代表手性碳原子，位于纸平面上，手性碳原子可以写出来，也可以不写出来。

用 Fischer 投影式表示对映异构体，最方便之处就是将分子的三维立体模型转化为二维的平面图形。但使用 Fischer 投影式时应遵守有关规则，即“横键朝前，竖键朝后”。违背了这一规则，构型就要改变。例如，Fischer 投影式可以在纸面上旋转 180°，因为这样操作并不会改变基团的前后关系。但不能在纸面上旋转 90°或 270°，也不能离开纸面翻转 180°，因为这样正好变成“竖键朝前，横键朝后”，构型就要改变，得到的是它的对映体或镜像。任意对调两个基团的位置，对调偶数次构型不变，对调奇数次则为原构型的对映体。

Fischer 投影式、透视式、锯架式和 Newman 投影式都可用来表示分子的立体构型，而且各种表示式之间可以相互转换。例如：

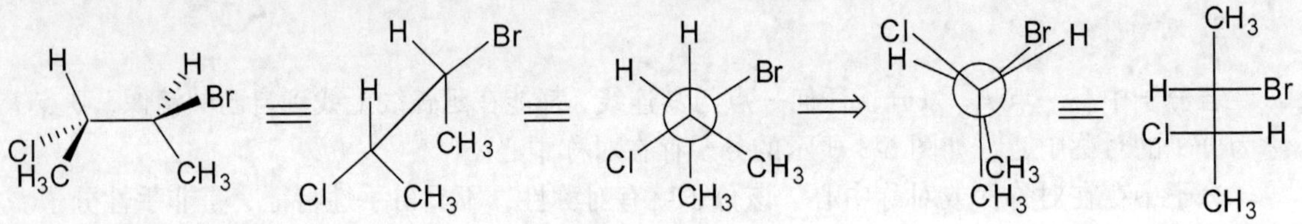

这里需要指出，与 Fischer 投影式等价的透视式、锯架式、Newman 投影式都是重叠式构象。要将透视式、锯架式、Newman 式的交叉式构象转换为 Fischer 投影式，必须先将其变成重叠式构象后再进行转换，即交叉式→重叠式→Fischer 投影式。交叉式转换成重叠式，虽然构象发生了改变，但构型保持不变。

### 6.2.2 构型的标记

一对对映异构体具有不同的构型，不同的旋光方向。可以用互为镜像的两个 Fischer 投影式表示，其中一个代表右旋体，另一个代表左旋体。右旋体或左旋体可以通过旋光仪测出。但是旋光方向与构型之间没有必然联系，对于对映异构体的构型，则常用 D/L 标记法和 *R*/*S* 标记法表示。

1. D/L 标记法

D/L 构型标记法是相对构型标记法。在 1951 年以前，还没有适当的方法测定旋光性物质的绝对构型，只能采用相对构型来表示化合物之间的构型关联。相对构型标记法是以甘油醛的构型为参照标准来进行标记的。Fischer 指定(+)-甘油醛的投影式是−CHO 在手性碳原子上方，$-CH_2OH$ 在下方，−OH 在右，−H 在左，构型用 D 标记；而它的对映体(−)-甘油醛的投影式则是−CHO 在手性碳原子上方，$-CH_2OH$ 在下方，−OH 在左，−H 在右，构型用 L 标记。因此，右旋甘油醛为 D-(+)-甘油醛，它的对映体左旋甘油醛为 L-(−)-甘油醛。

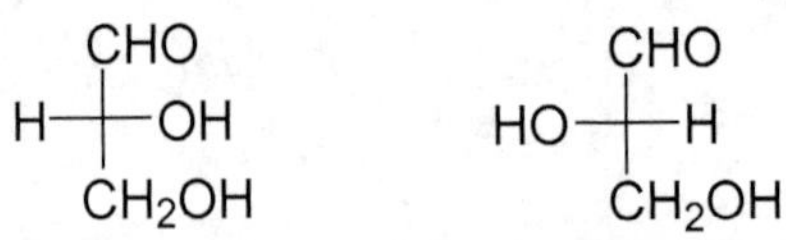

D-(+)-甘油醛　　　　L-(−)-甘油醛

D 是希腊文 Dextro 的字首，意为“右”；L 是希腊文 Leavo 的字首，意为“左”。其他化合物的构型一般是用通过化学反应与甘油醛相关联或相对照的方法来确定。即将未知构型的化合物经过某些化学反应转化成甘油醛，或者由甘油醛转化成未知构型的化合物。在这些化学转化中，一般是利用反应过程中与手性碳原子直接相连的键不发生断裂的反应，以保证手性碳原子的构型不发生变化。凡是通过化学反应与D-甘油醛相关的化合物，定义为D型；而通过化学反应与L-甘油醛相关的化合物，定义为L型。例如：

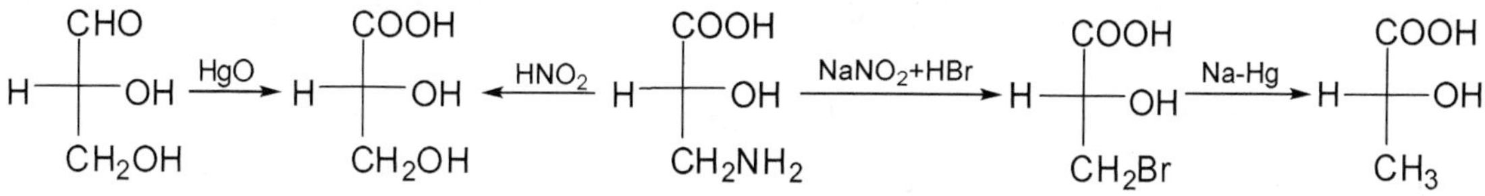

D-(+)-甘油醛　　D-(−)-乳酸

上式列出的各个反应都不涉及手性碳原子键的断裂，通过这些转化可以确定左旋乳酸具有与右旋甘油醛相同的构型，所以左旋乳酸为D型，即在左旋乳酸的投影式中也是羟基在手性碳原子的右边，氢原子在左边。通过这样的化学方法确定的各种旋光化合物的构型，是以甘油醛人为指定的构型为标准的，因此都是相对构型。

1951年，J. M. Bijvoet用X射线单晶衍射仪成功地测定了(+)-酒石酸钠铵的绝对构型，然后根据甘油醛与酒石酸构型之间的关系证实了D-甘油醛是右旋的，L-甘油醛是左旋的。这与原来人为确定的相对构型正好相吻合。

D/L构型标记法有一定的局限性，D/L构型标记法是与化学反应相关联的，许多手性化合物难以通过化学反应与甘油醛发生直接或间接的联系，而且这种标记只能表示分子中一个手性碳原子的构型，对于含有多个手性碳原子的化合物，这种标记法不能将每个手性碳原子的构型都表示出来。但是目前在氨基酸和糖类等天然化合物的命名中仍采用这种标记法。

2. *R*/*S* 标记法

有机化合物的绝对构型是指分子中各个原子或基团在空间排列的真实情况。1970年国际上根据IUPAC的建议，手性化合物的绝对构型采用*R*/*S*构型标记法。*R*/*S*标记法是基于手性碳原子所连的四个原子或基团在空间的真实排列来标记的。*R*/*S*标记法的规则如下：

(1) 首先将手性碳原子所连的四个基团(a、b、c、d)按“次序规则”的优先次序排序(参见2.1)。另外，当手性碳原子连接的原子团中有互为立体异构时，*Z*式优先于*E*式，*R*型优先于*S*型。

(2) 若a、b、c、d四个基团的优先次序为a>b>c>d，把排序最小的基团d放在离观察者眼睛最远的位置，观察其余三个基团由a→b→c的顺序，若是顺时针方向，则其构型为*R*(R是拉丁文Rectus的字头，右的意思)，若是逆时针方向，则构型为*S*(S是拉丁文Sinister的字头，左的意思)。确定*R*/*S*的方法如图6-5所示。

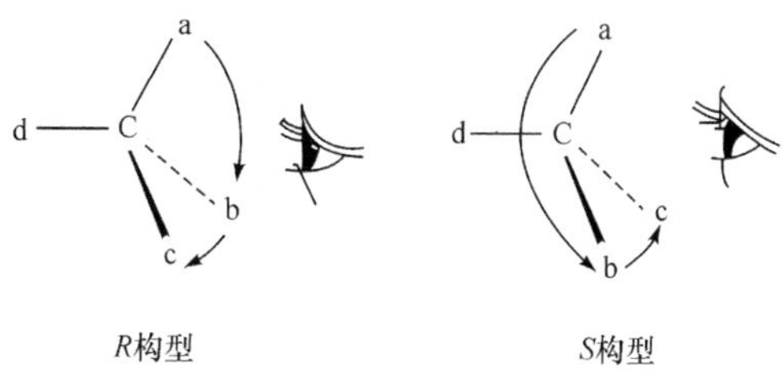


图6-5　确定*R*/*S*构型的方法

以乳酸为例，先将手性碳原子的四个基团排序，它们的先后次序是OH>COOH>$CH_3$>H，因此乳酸的构型可分别识别和标记如下：

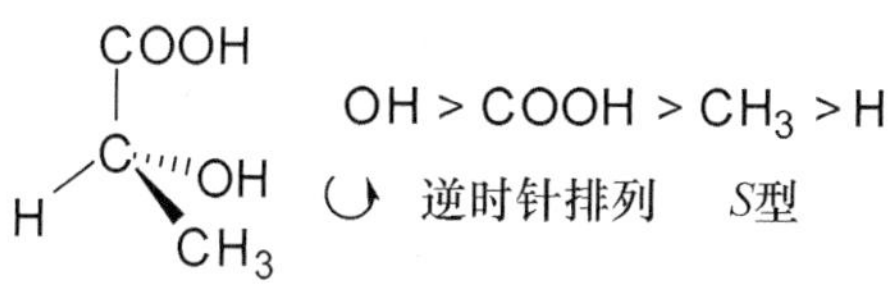

*R*/*S* 标记法也可直接应用于 Fischer 投影式。判断 Fischer 投影式构型的方法如下：

(1) 当最小基团 d 位于竖键上，表示最小基团在纸面后，观察者从前面看，若其余三个基团由 a→b→c 为顺时针方向排列的，则手性碳原子构型为 *R* 型；如果是逆时针方向排列的，则构型为 *S* 型。

(2) 当最小基团 d 位于横键上，表示最小基团在纸面前，观察者从前面看，此时最小基团离目视者最近，结论正好相反。若其余三个基团由 a→b→c 为顺时针方向排列的，则手性碳原子构型为 *S* 型；如果是逆时针方向排列的，则构型为 *R* 型。

最小基团d在竖键上　　最小基团d在横键上

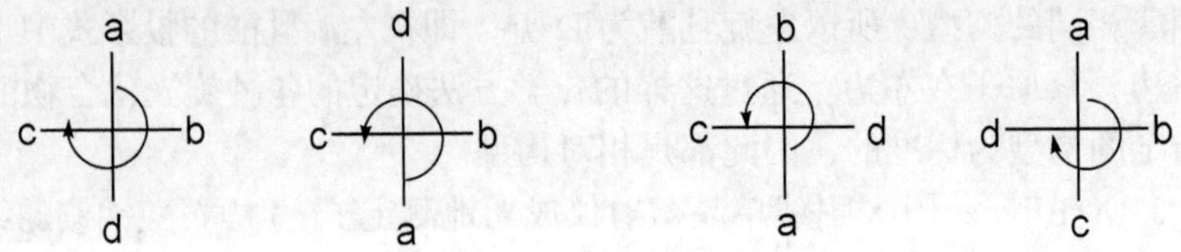

*R*构型　*S*构型　*R*构型　*S*构型

例如：

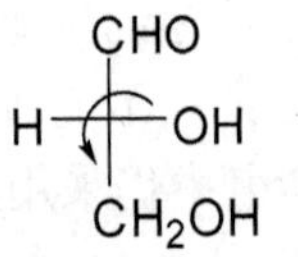

$OH>CHO>CH_2OH>H$

*R* 构型

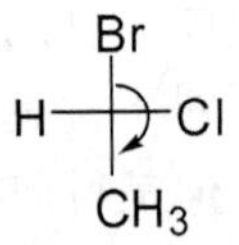

$Br>Cl>CH_3>H$

*S* 构型

含两个以上手性碳原子的化合物的构型标记，虽然透视式、锯架式、Newman 投影式用同样的 *R*/*S* 标记规则也可以进行标记，但如果没有建立起足够的空间概念，往往容易出错。如果先将其转化为 Fischer 投影式，就可以将三维立体标记简化为二维平面标记。命名时应对每一个手性碳原子逐一进行 *R*、*S* 标记，同时要注明各标记的是哪一个手性碳原子。例如：

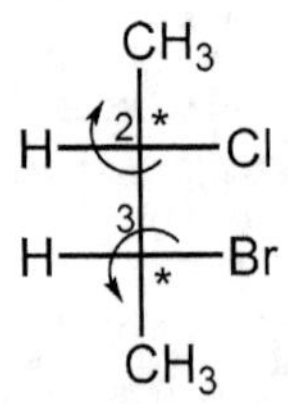

(2*S*,3*R*)-2-氯-3-溴丁烷

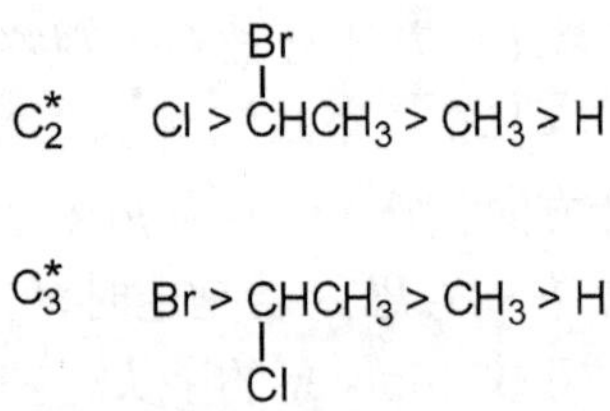

这里需要强调两点：一是 D/L 和 *R*/*S* 是两种不同的构型标记法，二者没有必然的联系，因为它们是建立在不同的参考点上的；二是化合物的旋光方向与 D/L 或 *R*/*S* 构型标记也没有必然的联系，旋光方向是化合物固有的性质，而构型标记是人为规定的。但是有一点是肯定的，对于一对对映异构体来说，一个异构体是右旋的，另一个必然是左旋的；一个异构体的构型是 *R* 型，另一个必然是 *S* 型。

## 6.3 含一个手性碳原子化合物的对映异构

手性分子大多都含有与四个互不相同的原子或基团相连的碳原子，这种碳原子没有任何对称因素，故称为不对称碳原子，也称手性碳原子或手性中心，通常用“C*”来表示。含一个手性碳原子的化合物一定是手性分子，必有互为镜像的两种构型，即一对对映异构体。乳酸分子就是含有一个手性碳原子的化合物，在空间有两种不同的排列方式，即以一对对映异构体的形式存在，一种是右旋乳酸[(*S*)-(+)-乳酸]，另一种是左旋乳酸[(*R*)-(−)-乳酸]。乳酸的一对对映异构体如图 6-6 所示。

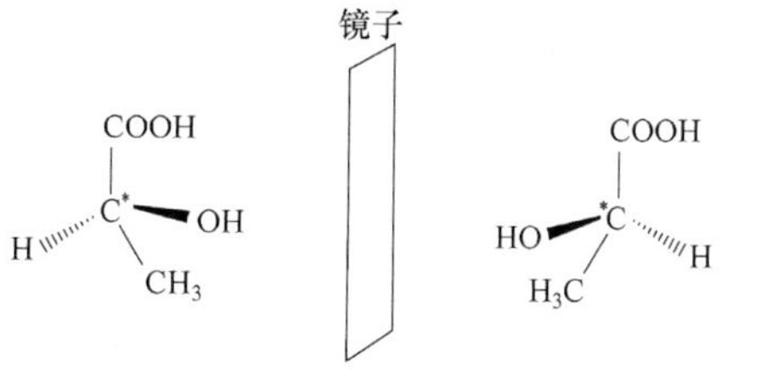


图 6-6 乳酸的一对对映异构体

肌肉运动产生的乳酸是右旋的，由乳糖经乳杆菌发酵得到的乳酸是左旋的，而从酸奶中得到的乳酸没有旋光性，它是等量的右旋体和左旋体的混合物，称为外消旋体，用(±)表示。右旋乳酸和左旋乳酸旋光方向相反，但旋光能力相等，所以等量混合时旋光性就会消失。外消旋体不仅没有旋光性，而且其他物理性质也往往与单纯的左旋体或右旋体不同。例如，外消旋体乳酸的熔点(18℃)比右旋或左旋乳酸的熔点(53℃)低。

旋光性化合物在物理因素或化学试剂作用下变成两个对映异构体的平衡混合物，失去旋光性的过程称为外消旋化。

## 6.4 含多个手性碳原子化合物的对映异构

许多化合物如碳水化合物、多肽和生物碱等，往往含有多个手性碳原子。分子中手性碳原子数目增加，对映异构体的数目随之增多。另外，分子含有的多个手性碳原子中有的可能相同，也可能不相同。因此，对映异构现象比较复杂，现分别讨论如下。

### 6.4.1 含有两个不同手性碳原子的化合物

2-羟基-3-氯丁二酸(氯代苹果酸)分子中含有两个互不相同的手性碳原子，有 4 个旋光异构体。用 Fischer 投影式可以写出下面四种构型：

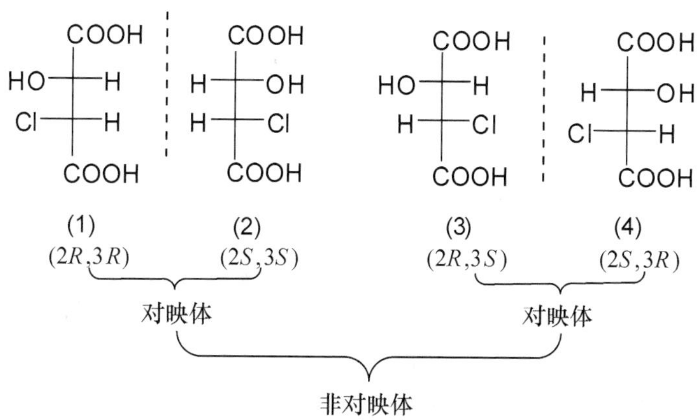

(1)与(2)、(3)与(4)组成两对对映异构体；(1)与(3)或(4)、(2)与(3)或(4)不呈镜像对映关系，这种不呈镜像对映关系的光学异构体称为非对映异构体，简称非对映体。等量的(1)和(2)、(3)和(4)分别组成两个外消旋体。

在一般情况下，对映体除旋光方向相反外，其他物理及化学性质都相同。但非对映体的旋光度不相同，旋光方向可能相同也可能不同，其他物理性质如熔点等也不同。氯代苹果酸的物理性质如表 6-1 所示。因此，非对映体混合在一起，可以用一般的物理方法将它们分离开来。

**表 6-1 氯代苹果酸的物理性质**

| 异构体 | 构型 | $[\alpha]_D^{25}$ | 熔点/℃ |
|---|---|---|---|
| (1) | (2*R*, 3*R*)- | −31.3°(乙酸乙酯) | 173 |
| (2) | (2*S*, 3*S*)- | +31.3°(乙酸乙酯) | 173，外消旋体 146 |
| (3) | (2*R*, 3*S*)- | −9.4°(水) | 167 |
| (4) | (2*S*, 3*R*)- | +9.4°(水) | 167，外消旋体 153 |

### 6.4.2 含有两个相同手性碳原子的化合物

酒石酸分子中含有两个相同的手性碳原子，用 Fischer 投影式也可以写出下面四种构型：

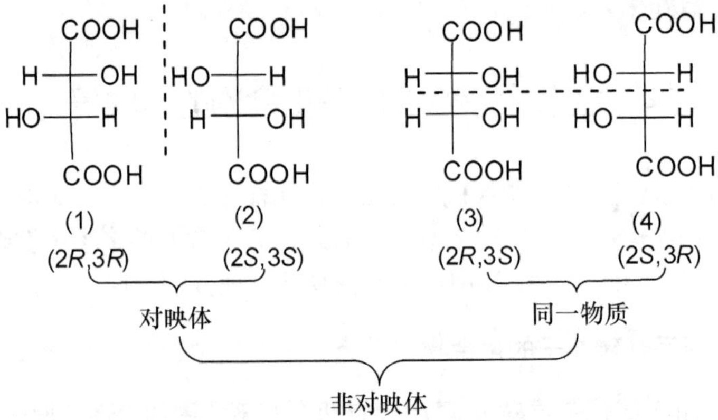


(1)和(2)是对映体。(3)和(4)表面上呈现镜像对映关系，但不是对映体，而是同一种化合物，因为它们可以互相叠合。只要把(3)在纸面上旋转 180°就得到(4)，可见(3)和(4)是同一构型。

(3)或(4)既然能与其镜像相叠合，它就不是手性分子，因为在(3)或(4)的分子中可以找到对称因素(对称面)。这种虽然含有手性碳原子，但不是手性分子，因而也没有旋光性的化合物称为内消旋体。内消旋体用“*meso-*”或“*m-*”表示，(3)命名为 *meso*-2,3-二羟基丁二酸。(3)与(1)或(2)互为非对映异构体。酒石酸的光学异构体有一个内消旋体，因此含两个相同手性碳原子的化合物只有 3 个光学异构体。

酒石酸之所以有内消旋体，是因为它的两个手性碳原子所连的四个基团都是一样的。这两个相同的手性碳原子构型相反，一个是 *R* 型，另一个是 *S* 型，旋光能力相同，旋光方向相反，相互抵消。因此，整个分子不具有旋光性。由此可见，虽然含有一个手性碳原子的分子必有手性，但是含有多个手性碳原子的分子却不一定都有手性，也就是说并非含有手性碳原子的化合物都是手性分子，都有旋光性。

内消旋酒石酸(3)不仅没有旋光性，并且物理性质也与(1)或(2)不相同(表 6-2)。

**表 6-2 酒石酸的物理性质**

| 酒石酸 | 熔点/℃ | $[\alpha]_D^{25}$ | 相对密度 $d_4^{20}$ |
|---|---|---|---|
| (*R*, *R*)-酸 | 170 | +12° | 1.760 |
| (*S*, *S*)-酸 | 170 | −12° | 1.760 |
| *meso*-酸 | 140 | 无 | 1.667 |
| (±)-酸 | 206 | 无 | 1.680 |

内消旋体不同于外消旋体，虽然二者都没有旋光性，但其本质不同。内消旋体是一个单纯的非手性分子，而外消旋体是两种互为对映体的手性分子的等量混合物。所以外消旋体可以用特殊的方法拆分成两个组分，而内消旋体只含有一种组分，无法拆分。

综上所述，每一个手性碳原子都会有对映的两种不同构型，因此，含一个手性碳原子的化合物应有两个互为对映的异构体，它们组成一个外消旋体。含有两个手性碳原子的化合物，最多应有 $2^2$ 个对映异构体，组成 $2^{2-1}$ 个外消旋体。可以预测，当分子中含有 $n$ 个手性碳时，那么对映异构体的最高总数应为 $2^n$ 个，外消旋体的数目为 $2^{n-1}$ 个。

## 6.5 环状化合物的对映异构

在脂环族化合物中若存在手性碳原子，也有对映异构体。如果构成脂环碳架中有两个手性碳原子，则立体异构现象就比较复杂，既有顺反异构，又有对映异构。例如，1,1-二甲基-2-溴环丙烷中有一个手性碳原子，有一对对映异构体，无顺反异构。1,4-二甲基环己烷中没有手性碳原子，分子中存在一个对称面(通过两个 $CH_3$ 和两个 3°碳的平面)，只有顺反异构而无对映异构；而 1-甲基-2-溴环丙烷中有两个不相同的手性碳，则有两对对映异构体，且有顺反异构。

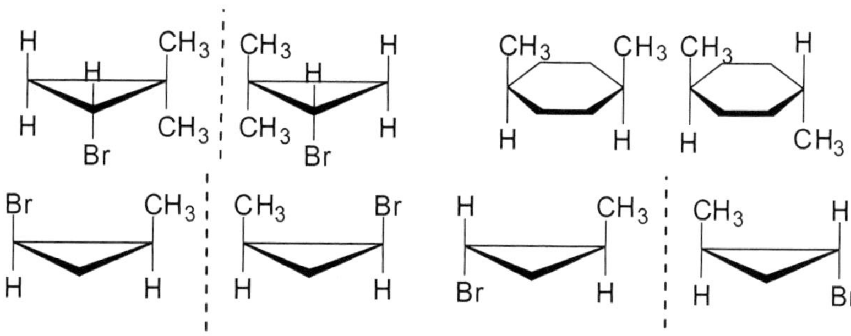

如果环状化合物中环上的两个手性碳原子的构型相同，则对映异构体总数将减少。例如1,2-环丙烷二甲酸，根据两个羧基在环平面的同侧和异侧有两个顺反异构体。而且反式异构体中又存在对映异构，顺式异构体(a)中有对称面，是一个内消旋体而无对映异构。所以该化合物只有 3 个立体异构体。

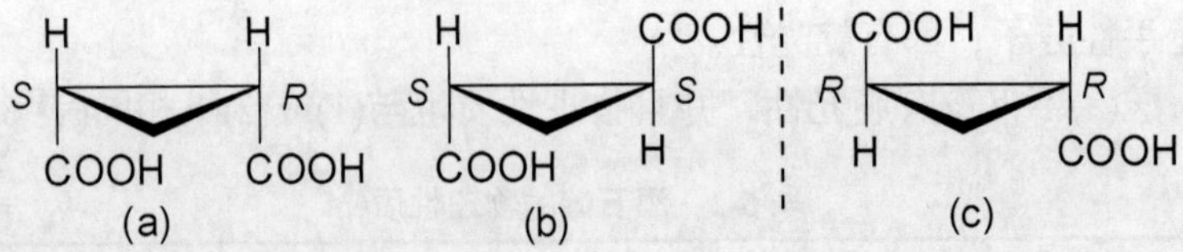

对于具有手性的环状化合物，只用顺反标记不能表明其构型，必须采用 *R*、*S* 标记其构型。例如，反-1,2-环丙烷二甲酸的命名，不能区分两个对映异构体，应采用 *R*、*S* 标记法，(b)命名为(1*S*,2*S*)-1,2-环丙烷二甲酸，(c)命名为(1*R*,2*R*)-1,2-环丙烷二甲酸。

含四个碳以上的环状化合物并不是平面型结构，但判断其手性时可视环上所有碳原子在同一平面。例如在相同二取代环己烷衍生物中，一般可将六元环看成是一个平面六边形，先判断其是否有顺反异构，然后判断其是否具有对称因素，就可判断其是否存在对映异构。

如果是多个不同的手性碳存在于环分子中，其立体异构体最高总数应为 $2^n$ 个。例如，薄荷醇有 3 个不同的手性中心，则有 $2^3$ 个立体异构体。

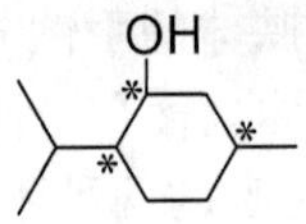

薄荷醇

## 6.6 不含手性碳原子化合物的对映异构

在有机化合物中，有些分子含有手性碳原子但不是手性分子，而另一些分子不含手性碳原子，但分子中没有对称面和对称中心，是手性分子，存在对映异构体。常见的有下列几类。

丙二烯是直线型分子，其两端碳原子上的四个基团分别处在相互垂直的两个平面上，如果丙二烯两端碳原子上各连两个不同基团(a≠b)时，分子没有对称面和对称中心，因而有手性；当两个基团相同(a=b)时，分子有对称面，是非手性分子：

例如，2,3-戊二烯已分离出对映异构体：

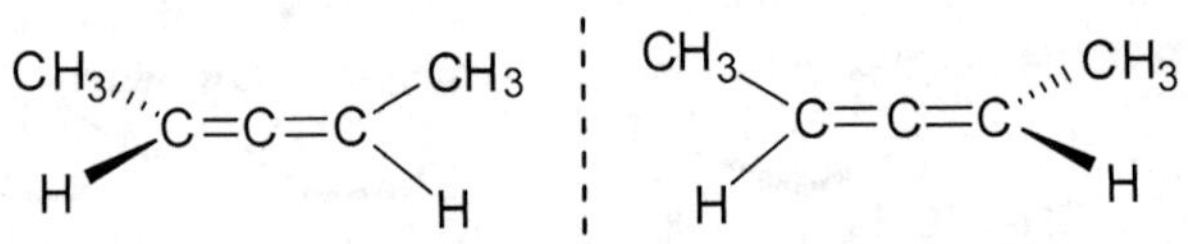

在螺环中，由于连在同一螺碳原子上的两个环的环平面也相互垂直，与丙二烯型化合物类似。例如，2,6-二甲基螺[3.3]庚烷也有一对对映异构体：

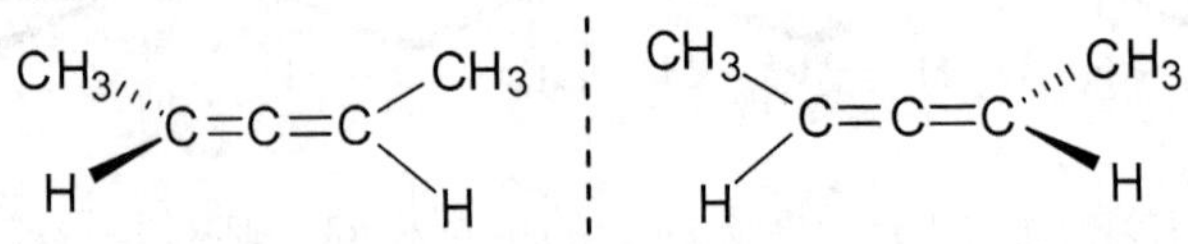

亚烷基环烃也有类似的情况：

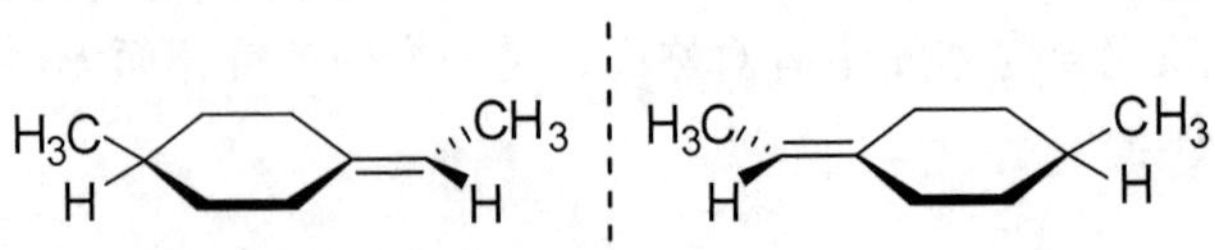

在联苯分子中，如果 2、2′、6、6′位置上的氢原子被较大基团取代后，2-位和 6-位，同时 2′-位和 6′-位上所连的取代基不同，由于空间位阻作用，连接两个苯环的 σ 键旋转受阻，两个苯环不共平面，整个分子没有对称面，也没有对称中心，因此是手性分子，存在一对对映异构体。例如，2,2′-二羧基-6,6′-二溴联苯存在一对对映体：

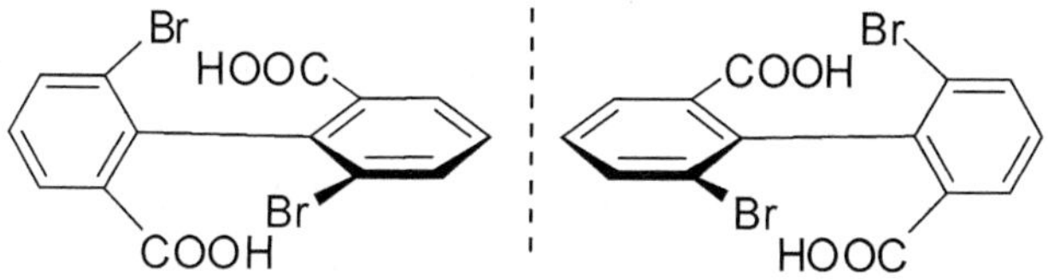


若在 2 位和 6 位或 2′位和 6′位上所连的取代基相同，则因存在对称性而分子无手性。例如，2,6-二硝基-2′,6′二溴联苯不存在对映体。

## 6.7 手性有机化合物的制法

对映异构体中分子内任何两个原子之间的距离都相同，其热力学能也相同，因此在没有外部手性条件(如手性试剂、手性溶剂、手性催化剂等手性环境)的影响时，对映异构体的物理性质和化学性质如熔点、沸点、溶解度及与非手性试剂反应的转化速率等都相同，只有对平面偏振光的旋光方向不同，所以，一般的物理方法如分馏、重结晶等，不能把外消旋体分开。但在手性环境中对映异构体所表现的性质则不同，如对映异构体在手性溶剂中的溶解度、与手性试剂反应及在手性催化剂或手性溶剂中的转化速率都不相同。对映异构体在生理活性上也有较大的差异，因为生物体内的各种酶和各种底物往往都是手性的，故与具有不同旋光方向的对映体作用差别很大。例如，左旋的氯霉素有疗效，而右旋的氯霉素没有疗效；左旋尼古丁的毒性比右旋尼古丁的毒性大得多；维生素 C 只有左旋体可以治疗坏血病；中药麻黄碱只有右旋体可以舒张血管、增高血压；右旋葡萄糖可以被动物代谢，具有营养价值，左旋葡萄糖则不能被动物代谢；右旋的谷氨酸钠是常用的调味品味精，而左旋的谷氨酸钠却是带苦味的。从制备的角度来看，无论是合成药物、香料，还是食品添加剂，如果在外消旋体中只有一种对映体是有用的，要把外消旋体混合物拆分开是很不经济的方法。因此不对称合成，即研究如何利用不对称试剂、生物酶和微生物等方法高选择性和高效地合成单一构型的手性化合物，是有机合成中非常活跃的研究领域。

### 6.7.1 外消旋体的拆分

利用一定的方法将外消旋体中的对映异构体分离开来，称为外消旋体的拆分。通常有下列几种拆分方法：

(1) 机械拆分法。利用外消旋体中对映体结晶形态上的差异，借助肉眼直接辨认或通过放大镜进行辨认，把两种结晶体挑拣分开。此法要求结晶形态有明显的不对称性，且结晶大小适宜。当年巴斯德就是从酒石酸钠铵的外消旋混合物中分离出左旋和右旋的酒石酸钠铵晶体。此法比较原始，目前极少应用，只在实验室中少量制备时偶然采用。

(2) 微生物拆分法。某些微生物或它们所产生的酶，对于对映体中的一种异构体有选择性的分解作用。利用微生物或酶的这种性质可以从外消旋体中把一种旋光体拆分出来。此法缺点是在分离过程中，外消旋体至少有一半被消耗掉了而无法回收。例如，青霉素菌在含有外消旋体的酒石酸培养液中生长时，右旋酒石酸被消耗掉，只余下左旋酒石酸。因此这一方法实际上也是利用生物化学手段进行的动力学拆分。

(3) 选择吸附拆分法。采用柱层析法，用某种旋光性物质作为吸附剂，使之选择性地吸附外消旋体中的一种异构体，左旋体和右旋体就会先后流出层析柱，从而达到拆分的目的。例如，以淀粉作为吸附剂，水作为洗脱剂，可以拆分 D, L-丙氨酸。以羊毛作为吸附剂，水作为洗脱剂，可以拆分 D, L-苦杏仁酸。

非光学活性的吸附剂也可用于旋光性物质的拆分。例如，右旋酒石酸吸附在多孔的氧化铝上，形成手性吸附剂，再以石油醚-丙酮(1 ∶ 1)作为洗脱剂，用于 D, L-苦杏仁酸的拆分，L-(+)苦杏仁酸先被洗脱。

(4) 诱导结晶拆分法。又称播种结晶拆分法，在外消旋体的过饱和溶液中加入一定量的某一种旋光体的纯晶体作为晶种，于是溶液中与晶种相同的旋光体含量较多，且在晶种的诱导下优先结晶析出。通过过滤将这种结晶滤出后，则另一种旋光体在滤液中的含量相对较多，滤液经浓缩或加入一些外消旋体制成过饱和溶液，再用另一种对映体的晶体作为晶种，于是另一种旋光体优先结晶析出。如此反复进行结晶，就可以把一对对映体完全分开。这种拆分法只需加入少量的一种旋光异构体即可进行，并且可以连续进行拆分，工艺简单，成本低，效果好。

(5) 化学拆分法。这种方法应用最广，其原理是通过化学反应将对映体转化为非对映体，然后再利用非对映体物理性质的不同将其分离。将对映体转化为非对映体的试剂称为拆分剂或析解剂。采用什么样的拆分剂，应根据被拆分的外消旋体的结构与性质而定，要求拆分剂容易分别与两个对映体形成化合物，而且容易被分解成原来的组分。不少拆分剂是从天然产物中分离提取获得的。化学拆分法最适用于(±)-酸或(±)-碱的外消旋体的拆分。例如对映体是有机酸，可用旋光性碱作拆分剂。有机酸与旋光性碱作用生成非对映体，采用分步结晶法将其分离，然后再加强酸使盐分解，就可以分别得到具有旋光性的有机酸。

对映体 { (+)-酸, (−)-酸 } + (−)-碱 ⟶ { (+)-酸·(−)-碱, (−)-酸·(−)-碱 } $\xrightarrow{HCl}$ (+)-酸 + (−)-碱·HCl ; (−)-酸 + (−)-碱·HCl

拆分(±)-酸时，常用的旋光性碱主要是生物碱，如(−)-奎宁、(−)-马钱子碱、(−)-番木鳖碱、麻黄碱、胺等。拆分(±)-碱时，常用的旋光性酸是酒石酸、樟脑-*β*-磺酸、苹果酸等。拆分既非酸又非碱的外消旋体时，可以设法在分子中引入酸(或碱)性基团，然后按拆分酸(或碱)的方法拆分。也可选择适当的旋光性物质与外消旋体作用形成非对映体的混合物，然后分离。例如拆分醇时，可使醇先与丁二酸酐或邻苯二甲酸酐作用生成外消旋的酸性酯，然后将这种含有羧基的酯与旋光性碱作用生成非对映体，分离后再进行水解。

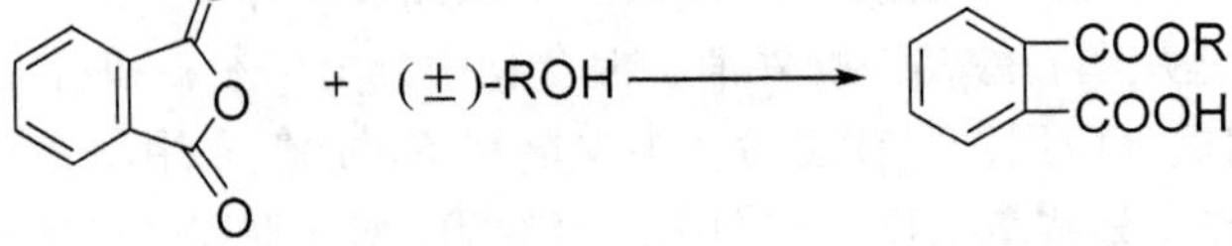

### 6.7.2 不对称合成

实验证明，在非手性条件下合成具有手性的化合物时，得到的都是外消旋体。因为在非手性条件下(原料、试剂、催化剂等都没有手性)，对映体分子的能量相同，生成左旋体和右旋体的过渡态能量相同，转化速率也相同，因此转化成两个对映体产物的产量也应相同。

拆分外消旋体虽然可以得到纯度很高的光学异构体，但操作很麻烦。通过有机合成直接制备出所需要的光学异构体(产物中对映异构体是不等量的)称为不对称合成，又称手性合成，是制备旋光性物质的重要方法之一。

手性合成是在手性条件下进行的，如手性反应物、手性试剂、手性催化剂、手性溶剂等。在手性条件下，新的手性碳原子形成时，两种构型的生成机会不一定相等。这样，最后得到的就可能是有旋光性的物质。但必须指出，由此得到的旋光性物质并非单纯的一种旋光性化合物，它仍然是对映体的混合物，只不过对映体之一的含量较多而已。

例如，由 $\alpha$-酮酸直接还原只能得到外消旋体的 $\alpha$-羟基酸，但若将酮酸先与旋光性的醇作用，生成旋光性的酮酸酯后再还原，最后水解，就可以得到旋光性的羟基酸。

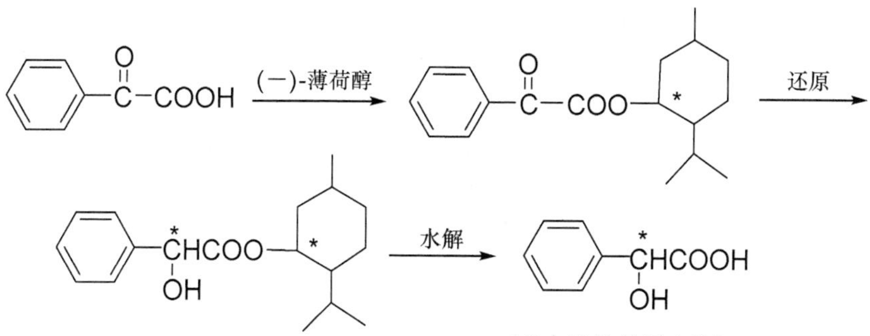


(有左旋性的混合物)

这是因为在酮酸分子中引入旋光性基团后，在这个手性基团的影响下，酮酸酯的羰基还原成仲醇时，新的手性碳原子两种构型的生成机会不是均等的。因此还原后再水解所得到的羟基酸也就不是外消旋体，而是左旋体含量超过右旋体的混合物，即产物具有左旋性。

在不对称合成的产物中，一种对映体超过另一种对映体量的百分数称为对映体过量百分数，用 ee(enantiomeric excess)表示，ee 值的大小可说明不对称合成反应效率的高低。也可用产物的光学纯度 $P$ 来表示不对称合成反应效率的高低。

$$ee = \frac{A_1 - A_2}{A_1 + A_2} \times 100\%$$

式中，$A_1$ 为产物对映体中过量的一个异构体的含量；$A_2$ 为产物对映体中另一个少量的异构体的含量。光学纯度 $P$ 可由测定样品的旋光度计算得到：

$$P = \frac{[\alpha]_{测定}}{[\alpha]_{max}} \times 100\%$$

式中，$[\alpha]_{测定}$为合成所得产物的比旋光度；$[\alpha]_{max}$ 为用于对照的光学纯化合物的比旋光度。不含有它的对映体，完全由一种对映异构体组成的化合物称为光学纯化合物。光学纯化合物的比旋光度最大，故用$[\alpha]_{max}$表示。

不对称合成的方法很多，主要分为两类：一类是选用手性化合物做起始反应物之一；另一类是起始反应物是对称的、非手性的，将其产物转化为不对称的手性物质。若起始反应物是对称的、非手性的，要将其产物转化为不对称的手性物质的方法有：①在反应物的分子中引入一个手性中心使之成为手性物进入反应；②选用不对称的试剂进行反应；③选用不对称的溶剂作为反应介质；④选用含有不对称因素的催化剂促进反应进行，只要原料易得，反应中手性原子的构型可以得到控制。另外，也可利用某些微生物或酶的高度选择性来进行不对称合成。在生物体内发生的酶催化反应都是立体专一性的。例如，反丁烯二酸(富马酸)水合反应生成(*R*/*S*)-苹果酸外消旋体，但在人体内反丁烯二酸在富马酸酶的作用下，和一分子的水加成生成的苹果酸都是 *S* 构型：

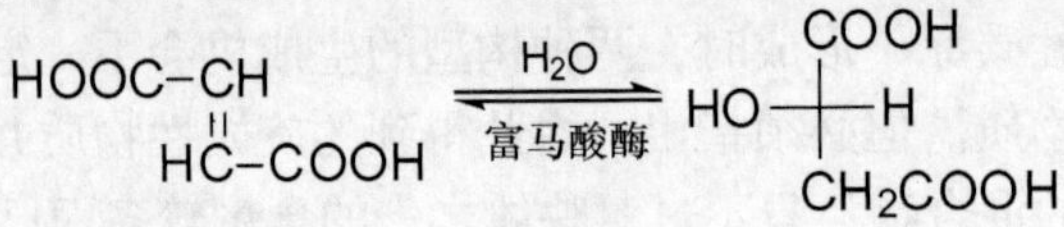


而且这个反应的选择性很强，在同样条件下，顺丁烯二酸(马来酸)不发生反应。富马酸(又称延胡索酸)与(*S*)-苹果酸之间的转化是人体糖代谢过程中重要环节之一。

在手性合成中，无论是选用不对称的反应物或试剂，还是含有不对称因素的催化剂或不对称溶剂以促成不对称反应发生，在整个合成过程中都有手性分子参加反应，故这些手性合成又称为“相对手性合成”。如果整个反应过程中没有手性分子参加，如利用物理因素，在偏振光的作用下进行手性合成，则称为“绝对手性合成”。但目前绝对手性合成的应用和研究远没有相对手性合成那么广泛和深入。手性合成反应广泛应用于有机化合物构型的测定和阐明有机反应机理以及研究酶催化活性等领域。

## 阅读材料

### 手性催化剂和手性药物

手性是自然界的本质属性之一。没有生物高分子结构单元的手性均一性及识别和信息处理的手性化合物，地球上的生命现象就不可能存在。手性化学是研究手性物质的合成、结构、识别、拆分、理化性质及应用的一门新兴热门边缘学科，近年来是物理、化学、材料、生命等多学科领域研究的热点。尤其是在医药领域，有半数以上的药物是手性分子。现代药物化学已使人类越来越认识到手性的重要性。正确地使用手性药物可以改善生活质量，提高生活水平；错误地使用手性药物会带来严重的毒副作用，甚至灾难性的后果。20 世纪 60 年代在欧洲发生的“反应停(halidomide)”事件，就是药物手性引起严重副作用的一个著名例子：联邦德国某制药公司研究了一种名为“沙利度胺”的新药，该药对孕妇的妊娠呕吐疗效极佳，该公司在 1957 年将该药以商品名“反应停”正式推向市场。两年之后，欧洲的医生开始发现，本地区畸形婴儿的出生率明显上升，此后又陆续发现 12 000 多名因母亲服用反应停而导致的海豹婴儿。后来研究表明，反应停是一种手性药物，*R*-异构体具有镇静和止吐作用，*S*-异构体却具有强烈的致畸作用。鉴于这种差异的严重性，欧洲各国、美国、日本的药政部门均做出相应的规定：具有手性的药物，必须对不同异构体分别给出药理毒性的数据，并倾向于以单一异构体出售。由于手性药物的巨大市场，已经引起了学术界、工业界的关注，在国际上兴起了手性技术热潮。手性物质的获得，除从天然产物中分离提取外，外消旋体的拆分、化学计量的不对称反应、不对称催化合成是以化学手段获取光学活性物质的三种途径。其中不对称催化合成可使用非手性底物合成手性产物，且由于高对映选择性、经济性、易于实现工业化等优点，成为最受青睐的合成方法。开发高效率、高选择性、高收率的手性催化剂已成为手性技术的核心问题。根据催化剂的种类可将不对称催化分为酶催化、金属有机催化和有机小分子催化。

几十年来，不对称催化取得了巨大的发展。2001 年，Nobel 化学奖授予了日本的 Noyori、美国的 Knowles 和 Sharpless 教授，以表彰他们在手性催化氢化反应和手性催化氧化反应领域所取得的成就。他们研制出的不对称催化反应的方法不仅推翻了前人的错误论断，而且促进了化学工业和制药工业的发展，对整个手性催化反应的研究领域、手性药物的研制和开发起了极大的推动作用，有许多技术已经应用于工业生产。1983 年日本高砂香料工业公司利用 Noyori 的研究成果，成为世界上最大的合成 L-薄荷醇的生产企业。20 世纪 70 年代孟山都公司以均相手性催化氢化反应为基础，完成了治疗帕金森氏症的药物 L-DOPA 的工业化生产。

我国在不对称合成研究领域起步较晚，总体水平与世界先进国家存在不少的差距。近年来，我国政府部门、研究机构及科研人员已经关注到手性科学及技术和手性药物的研究，特别是其中有关的基础研究。国家自然科学基金委分别在“九五”和“十五”期间支持了“手性药物的化学和生物学”及“手性和手性药物研究中的若干科学问题研究”的重大研究项目。中国科学院也将“手性药物的合成与拆分”列为重大项目。这对提升我国手性药物的开发和生产能力，直接面对国际竞争具有重要的现实意义。

## 习 题

6-1 命名下列化合物。

(1) 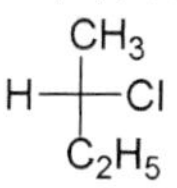
(2) 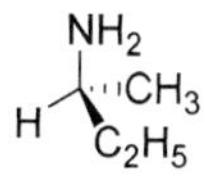
(3) 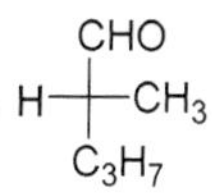

(4) 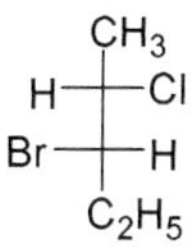
(5) 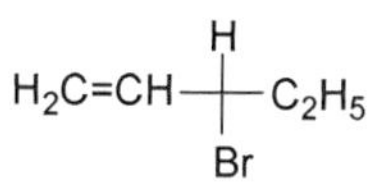
(6) 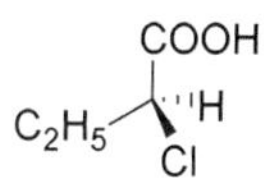

6-2 写出下列化合物的 Fischer 投影式。

(1) ($S$)-$\alpha$-氯代乙苯　(2) ($R$)-3-甲基-1-戊炔　(3) ($R$)-2-溴丁烷

(4) ($S$)-2-丁醇　(5) ($S$)-3-氯-3-甲基-1-戊烯　(6) ($R$)-2-甲基-1-溴丁烷

(7) ($R$)-2-羟基丙酸　(8) (2$S$,3$R$)-2-溴-3-碘丁烷　(9) (2$R$,3$R$)-2,3-二氯丁烷

(10) (2$S$,3$R$)-2,3-二溴戊烷

6-3 已知葡萄糖的$[\alpha] = +52.5°$。在 0.1m 长的样品管中盛有未知浓度的葡萄糖溶液，测得其旋光度为+3.4°。求此溶液的浓度。

6-4 将下列化合物结构式转变成 Fischer 投影式，并标明每个手性碳原子的绝对构型。

(1) 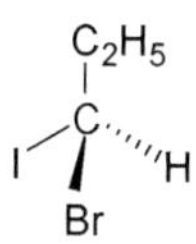
(2) 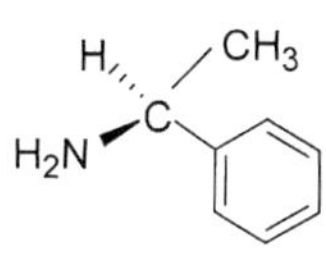
(3) 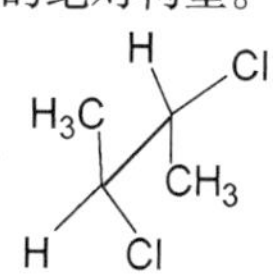

(4) 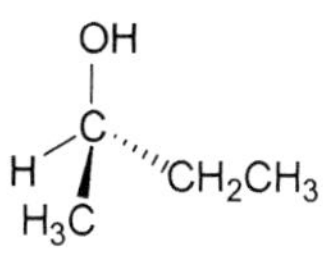
(5) 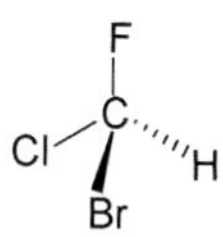
(6) 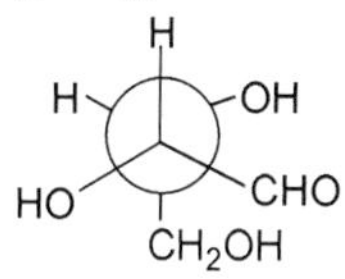

6-5 胆甾醇的结构如下，标出该结构式所有手性碳原子(用*标记)。

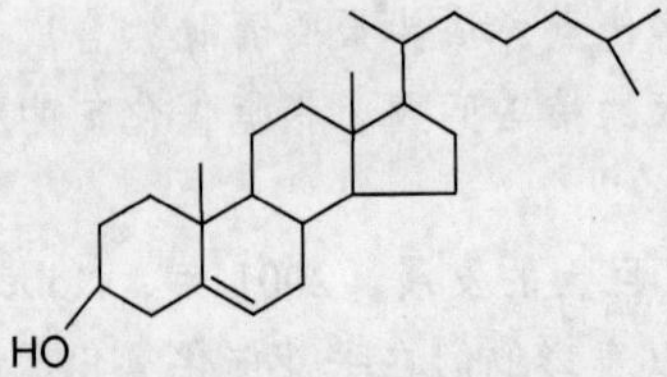

6-6 找出下列化合物的手性碳原子，并用 *R*/*S* 法标明手性碳原子的构型。

(1) 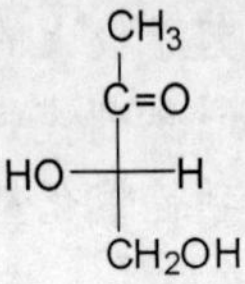

(2) 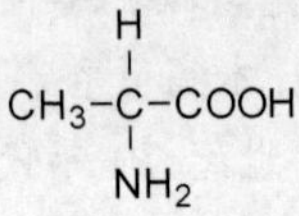

(3) 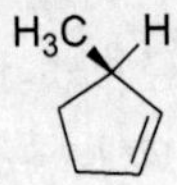

(4) 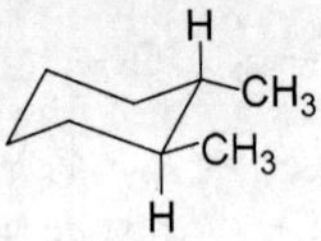

(5) 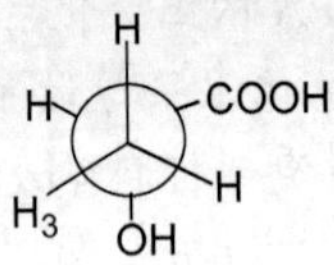

6-7 下列化合物哪些是手性分子?

(1) 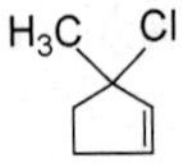

(2) 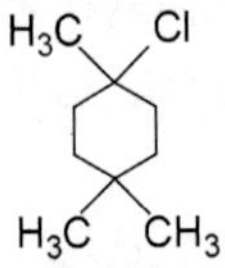

(3) 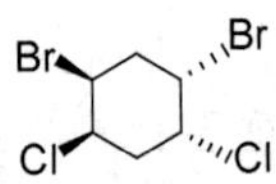

(4) 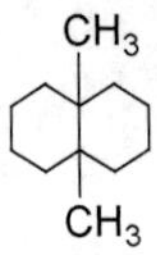

(5) 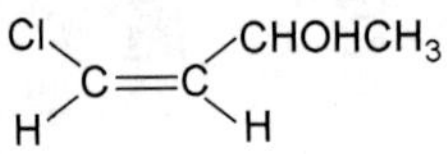

(6) 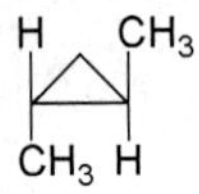

6-8 有二种烯烃 A 和 B，分子式均为 $C_7H_{14}$。它们都有旋光性，且旋光方向相同。分别催化加氢后都得到 C，C 也有旋光性。试推测 A～C 的结构式。

# 第7章 卤代烃

烃分子中的氢原子被卤素取代后的化合物称为卤代烃。通常用R−X或Ar−X表示(X = F、Cl、Br、I)，卤素是卤代烃的官能团。卤代烃分子中由于存在极性的碳卤键(C−X)，其性质比烃活泼得多，能发生多种化学反应，转化成其他化合物，在有机合成中起着桥梁作用。卤代烃在自然界存在很少，大多都是人工合成。卤代烃因种类不同而用途各异，可作为有机合成试剂、有机溶剂、制冷剂、阻燃剂、防腐剂、麻醉剂等。

卤代烃可根据分子中烃基的类别分为卤代烷烃、卤代烯烃及卤代芳烃；根据分子中卤原子的数目不同，分为一卤代烃、二卤代烃和多卤代烃；根据分子中卤原子的种类，分为氟代烃、氯代烃、溴代烃和碘代烃；根据与卤原子相连的碳原子的种类不同，可分为伯卤代烷、仲卤代烷和叔卤代烷。由于氟代烃的性质和制法比较特殊，本章主要介绍氯代烃、溴代烃和碘代烃。

## 7.1 卤代烃的物理性质

在常温常压下，大多数低级卤代烃为无色液体，$C_3$及以下的氟代烃、氯甲烷、氯乙烷、氯乙烯和溴甲烷等少数卤代烃是气体，$C_{15}$以上的卤代烷是固体。一卤代烷的沸点随着碳原子数的增加而升高。碳原子数相同的卤代烷，以碘代烷的沸点最高，其次是溴代烷、氯代烷。

卤代烷的相对密度大于同碳数的烷烃。一氯代烷的相对密度小于 1，一溴代烷、一碘代烷及多氯代烷的相对密度大于 1。随着分子中卤原子数的增加，卤代烷的相对密度增大，可燃性降低。一些低级的卤代烃(不包括氟代烃)在铜丝上燃烧时能产生绿色火焰，这可作为鉴定卤代烃的简便方法。

尽管卤代烷是极性分子，但不能和水分子形成氢键，故不溶于水而易溶于醇、醚、烃等有机溶剂，有些卤代烷本身就是很好的有机溶剂。

纯净的一卤代烷都是无色的，但碘代烷易分解产生游离碘，故久置的碘代烷逐渐变为红棕色。卤代烷的蒸气有毒，且有令人不愉快的气味。

部分卤代烷的物理常数见表 7-1。

**表 7-1 部分卤代烷的物理常数**

| 卤代烷 | RCl | | RBr | | RI | |
|---|---|---|---|---|---|---|
| | b.p./℃ | $d_4^{20}$ | b.p./℃ | $d_4^{20}$ | b.p./℃ | $d_4^{20}$ |
| $CH_3X$ | −24.2 | 0.9159 | 3.56 | 1.6755 | 42.4 | 2.2790 |
| $CH_3CH_2X$ | 12.27 | 0.8978 | 38.40 | 1.4604 | 72.4 | 1.9358 |
| $CH_3CH_2CH_2X$ | 46.60 | 0.8909 | 71.0 | 1.3537 | 102.45 | 1.7489 |
| $CH_3CH_2CH_2CH_2X$ | 78.44 | 0.8862 | 101.6 | 1.2758 | 130.53 | 1.6134 |
| $(CH_3)_2CHX$ | 35.74 | 0.8617 | 59.38 | 1.3140 | 89.45 | 1.7033 |

续表

| 卤代烷 | RCl | | RBr | | RI | |
|---|---|---|---|---|---|---|
| | b.p./℃ | $d_4^{20}$ | b.p./℃ | $d_4^{20}$ | b.p./℃ | $d_4^{20}$ |
| $(CH_3)_2CHCH_2X$ | 68.90 | 0.8750 | 91.45 | 1.2640 | 120.4 | 1.6050 |
| $CH_3CH_2CHXCH_3$ | 68.25 | 0.8732 | 91.2 | 1.2585 | 120.0 | 1.5920 |
| $(CH_3)_3CX$ | 52.0 | 0.8420 | 73.25 | 1.2209 | 100(分解) | |
| 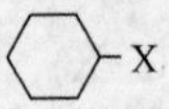 | 143.0 | 1.0000 | 166.2 | | 180(分解) | |

## 7.2 卤代烷烃的化学性质

卤代烷烃的官能团是卤原子，极性的 $C^{\delta^+}-X^{\delta^-}$ 键是卤代烷烃的结构特征，并且由此决定着卤代烃的化学性质。卤代烷烃分子中，由于卤素原子的电负性大于碳原子，因此与卤素直接相连的碳原子(*α*-C)带有部分正电荷，易与亲核试剂作用发生取代反应。在卤代烷烃分子中，卤原子的吸电子诱导效应还可以通过 *α*-C 传递到 *β*-C 上，进而影响到 *β*-H，使其具有一定的“酸性”。表现在化学性质上，则是在强碱的作用下，发生消除 HX 生成烯烃的反应。另外，卤代烷烃还能与某些活泼金属直接反应，生成有机金属化合物。这些有机金属化合物性质活泼，碳和金属之间的键容易断裂而发生多种化学反应，在有机合成上具有重要的意义。

### 7.2.1 卤代烷烃的亲核取代反应

在卤代烷分子中 $C^{\delta^+}-X^{\delta^-}$ 键是极性共价键，碳原子带有部分正电荷，卤原子带有部分负电荷，因此与卤素直接相连的碳原子容易被带有负电荷(如 $OH^-$、$RO^-$、$CN^-$等)或带有未共用电子对(如 $H_2O$、ROH、$NH_3$ 等)的试剂进攻，这些富电子试剂具有向缺电子的中心碳原子亲近的性质，故称为亲核试剂(nucleophile)，常用 Nu：或 $Nu^-$表示；而卤原子则带着一对电子离去，最后生成产物。这种由亲核试剂进攻中心碳原子而发生的取代反应，称为亲核取代反应(nucleophilic substitution)，以 $S_N$ 表示。被取代下来的卤素以负离子形式离去，称为离去基团(leaving group)，反应可用下列通式表示：

$$\underset{\text{底物}}{R-X} + \underset{\text{亲核试剂}}{Nu^-} \longrightarrow \underset{\text{产物}}{R-Nu} + \underset{\text{离去基团}}{X^-}$$

卤代烷能与许多试剂反应，分子中的卤素被其他原子或基团所取代，用于制备各种化合物。

1. 被羟基取代

卤代烷与强碱(NaOH 或 KOH)的水溶液共热，卤原子被羟基(—OH)取代生成醇。该反应也称为卤代烷的水解反应。

$$RX + NaOH \xrightarrow{H_2O} ROH + NaX$$

卤代烷与水作用，生成醇和卤化氢的反应是一个可逆反应(参见 9.2.3)，因为反应由弱酸

($H_2O$)生成强酸(HX)。如果卤代烷与 NaOH 水溶液作用，即在碱性条件下水解，此时是强碱($OH^-$)取代了弱碱($X^-$)，故反应可以进行到底。

卤代烷水解制备醇并不多见，因为一般情况下是由相应的醇制备卤代烷，这个反应似乎没有什么合成价值。但实际上在一些复杂分子中引入羟基往往比引入卤素要困难，因此在合成上，往往可以先引入卤素，然后通过卤代烷水解反应再转化为羟基。例如，工业上制备杂油醇就是由戊烷混合物经氯代生成一氯戊烷的各种异构体混合物，然后再经过水解制得戊醇各种异构体的混合物，以用作工业溶剂。

$$C_5H_{11}Cl + NaOH \xrightarrow{H_2O} C_5H_{11}OH + NaCl$$

2. 被烷氧基取代

卤代烷与醇钠在相应醇溶液中作用，卤原子被烷氧基(−OR)取代生成醚。该反应也称为卤代烷的醇解反应。

$$RX + NaOR' \longrightarrow ROR' + NaX$$

该反应是制备混合醚的重要方法，称为 Williamson(威廉姆森)合成反应(参见 9.9)。

3. 被氰基取代

卤代烷与氰化钠(或氰化钾)的醇溶液共热，卤原子被氰基(−CN)取代生成腈(RCN)。该反应也称为卤代烷的氰解反应。

$$RX + NaCN \longrightarrow RCN + NaX$$

腈水解可以生成羧酸、酰胺(参见 12.8.1)等，加氢还原可以生成胺(参见 14.8)。从反应物到产物，分子中增加了一个碳原子，是有机合成中重要的增长碳链的合成方法之一。

4. 被氨(胺)基取代

卤代烷与氨或胺作用，卤原子被氨(胺)基取代生成有机胺。该反应也称为卤代烷的氨解反应。

$$RX + NH_3 \longrightarrow RNH_2 + HX$$

生成的有机伯胺还可继续与卤代烷作用生成仲胺、叔胺和季铵盐。

$$RNH_2 \xrightarrow{RX} R_2NH \xrightarrow{RX} R_3N \xrightarrow{RX} R_4\overset{+}{N}X^-$$

5. 与羧酸钠反应

卤代烷与羧酸钠反应，卤原子被羧酸根($RCOO^-$)取代生成酯，该反应也称为卤代烷的酸解反应。

$$RX + R'COONa \longrightarrow R'COOR + NaX$$

6. 与炔钠反应

卤代烷与炔钠作用，发生炔烃的烷基化反应，生成高级炔烃。这是由低级炔烃制备高级炔烃的重要方法。

$$RX + R'C{\equiv}CNa \longrightarrow R'C{\equiv}CR + NaX$$

卤代烷的这些取代反应被广泛地应用于有机合成。通过水解、醇解、氰解、氨解、酸解等反应，分别可以制得相应的醇、醚、腈、胺和酯等化合物。但应指出，起始原料卤代烷应为伯卤代烷或仲卤代烷，叔卤代烷进行上述反应时易发生消除反应而影响产率。

7. 卤素交换反应

氯代烷或溴代烷在丙酮溶液中与碘化钠反应生成碘代烷。氯或溴原子被碘原子取代，进行了两种卤素的交换，故称为卤素交换反应。这是一个可逆反应，由于碘化钠溶于丙酮，而氯化钠和溴化钠不溶于丙酮，所以反应要在丙酮溶液中进行，利用溶解度不同将反应进行到底。

$$RX + NaI \longrightarrow RI + NaX\downarrow \quad X = Cl, Br$$

卤素交换反应是由比较便宜的氯代烷或溴代烷制备碘代烷的常用方法，操作方便，产率也高。

8. 与硝酸银作用

卤代烷与硝酸银的乙醇溶液作用生成硝酸酯，同时有卤化银沉淀生成。

$$RX + AgONO_2 \longrightarrow RONO_2 + AgX\downarrow$$

该反应现象明显，可用于鉴别不同结构的卤代烷。当烃基结构相同而卤素不同时，其反应活性次序是：RI > RBr > RCl，而且生成卤化银沉淀的颜色不同；当卤原子相同而烃基结构不同时，其反应活性次序为 3°RX > 2°RX > 1°RX。叔卤代烷在室温下即可与硝酸银的乙醇溶液反应生成卤化银沉淀，仲、伯卤代烷通常需要加热才能使反应进行。因此，可根据反应产生 AgX 速度的快慢和产生卤化银沉淀的颜色不同，来分析鉴别不同种类的卤代烷。

### 7.2.2 亲核取代反应历程

卤代烷的亲核取代反应是一类重要反应，可用于各种官能团的转变以及碳碳键的形成，在有机合成中具有广泛的应用。理论上对亲核取代反应机理也有较深入系统的研究。根据卤代烷的亲核取代反应动力学方程以及实验结果表明，卤代烷的亲核取代反应有两种经典反应机理，即双分子亲核取代反应历程(bimolecular nucleophilic substitution, $S_N2$)和单分子亲核取代反应历程(unimolecular nucleophilic substitution, $S_N1$)。

1. 双分子亲核取代反应

实验证明：伯卤代烷的水解反应速率不仅与卤代烷的浓度成正比，也与亲核试剂的浓度成正比，在动力学上称为二级反应。

$$CH_3Br + OH^- \longrightarrow CH_3OH + Br^-$$

$$v = k\,[CH_3Br][OH^-]$$

式中，$k$ 为反应速率常数。因为该反应中决定反应速率的步骤是由两种分子控制，所以称为双分子亲核取代反应，用 $S_N2$ 表示。

在 $S_N2$ 历程中，亲核试剂 $OH^-$受离去基团 $Br^-$电子效应和空间效应的影响，从离去基团的背后进攻带有部分正电荷的碳原子。当 $OH^-$与中心碳原子接近时，C—O 键逐渐形成，C—Br 键逐渐变弱，体系能量升高。当中心碳原子形成过渡态时，C—Br 键的异裂程度与 C—O 键的形成程度达到均衡态势，体系的能量达到最大值。随着反应的继续进行，C—O 键完全形成，C—Br 键完全断裂，体系的能量又逐渐降低，最终形成取代产物。反应过程表示如下：

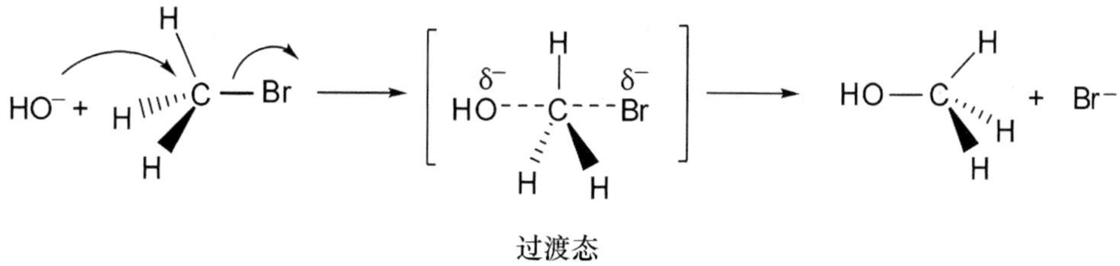

反应时亲核试剂只能从离去基团背后进攻中心碳原子，中心碳原子由底物中的 $sp^3$ 杂化转化为过渡态中的 $sp^2$ 杂化，三个 C—H 键在同一平面上，键角为 120°。剩余一个 p 轨道的两瓣分别与羟基和卤素部分键合，负电荷分散在羟基和卤素上。随着反应的继续进行，中心碳原子由 $sp^2$ 杂化转化为 $sp^3$ 杂化。所以在 $S_N2$ 反应中，中心碳原子经过了由 $sp^3$- $sp^2$- $sp^3$ 的轨道杂化变化过程。

$S_N2$ 历程是协同反应过程，旧键的断裂和新键的形成同步进行，反应经过一个过渡态而转化为产物，无活性中间体生成，属于一步反应。因为共价键的变化发生在两个分子中，所以该反应称为双分子亲核取代反应。

这也可以从反应进程的能量曲线图得到说明，参与过渡态(图中曲线最高点处)形成的是两种分子，既取决于 $OH^-$的浓度，又取决于 $CH_3Br$ 的浓度，整个反应是协同进行的。溴甲烷水解反应的能量曲线如图 7-1 所示。

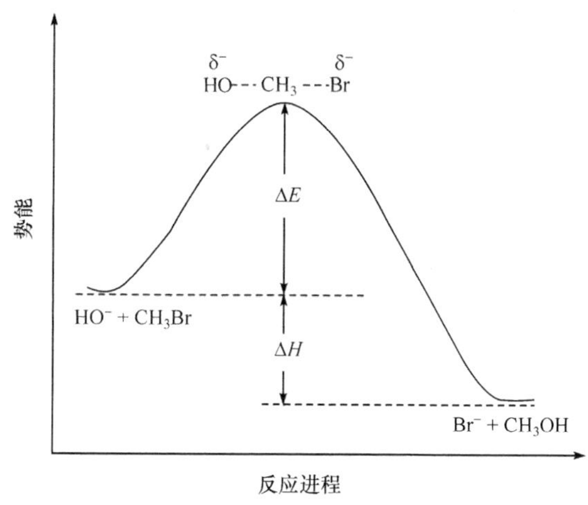


图 7-1 溴甲烷水解反应的能量曲线

图 7-1 中，$\Delta E$ 为反应的活化能，$\Delta H$ 为反应热。由于 $S_N2$ 反应是亲核试剂从离去基团的背后进攻中心碳原子的，如果中心碳原子是手性碳原子，产物的构型与原来反应物的构型相反。例如：

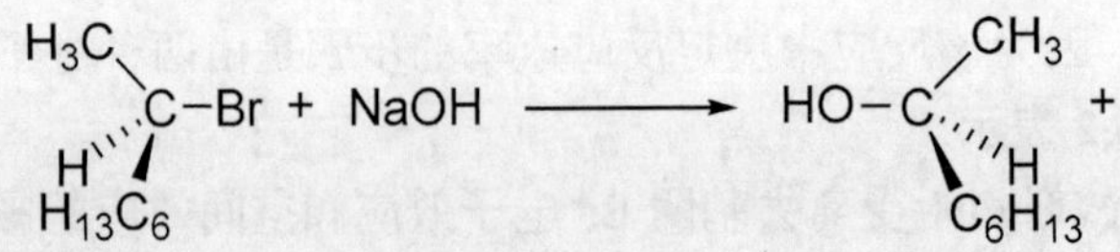

$[\alpha] = -34.25°$ $[\alpha] = +9.90°$

(*R*)-(−)-2-溴辛烷和(*S*)-(+)-2-辛醇的构型相反。化学反应中的构型转化现象是德国化学家 Walden(瓦尔登)在 1896 年首先发现的，因此这种构型转化称为 Walden 转化或 Walden 翻转。构型转化是双分子亲核取代反应的重要标志。

综上所述，$S_N2$ 反应的特点是：①双分子反应，反应速率既与卤代烷的浓度有关，又与亲核试剂的浓度有关；②反应一步完成，旧键的断裂和新键的形成是同时进行，反应只通过一个过渡态而无中间体生成，因此不存在重排产物；③反应过程中分子的构型发生 Walden 翻转。

2. 单分子亲核取代反应

实验证明叔卤代烷在碱性溶液中水解反应速率，仅与卤代烷的浓度成正比，而与亲核试剂碱的浓度无关，在动力学上称为一级反应。

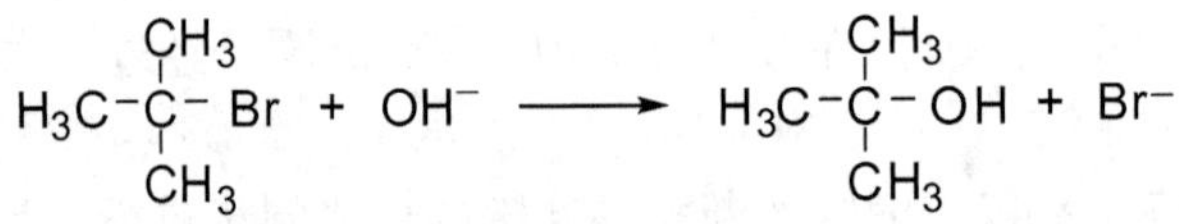

$$v = k\,[(CH_3)_3CBr]$$

式中，$k$ 为反应速率常数。因为该反应中决定反应速率的步骤是由一种分子控制，所以称为单分子亲核取代反应，用 $S_N1$ 表示。

在 $S_N1$ 历程中反应分为两步进行。第一步是叔丁基溴在溶剂中异裂生成叔丁基碳正离子和溴负离子，在解离过程中随着 C—Br 键的逐渐伸长体系能量上升，经过过渡态(1)以后，C—Br 键彻底断裂，生成活性中间体叔丁基碳正离子和溴负离子。由于 C—Br 键断裂需要较高的能量，这一步反应速率慢，是决定反应速率的关键步骤。

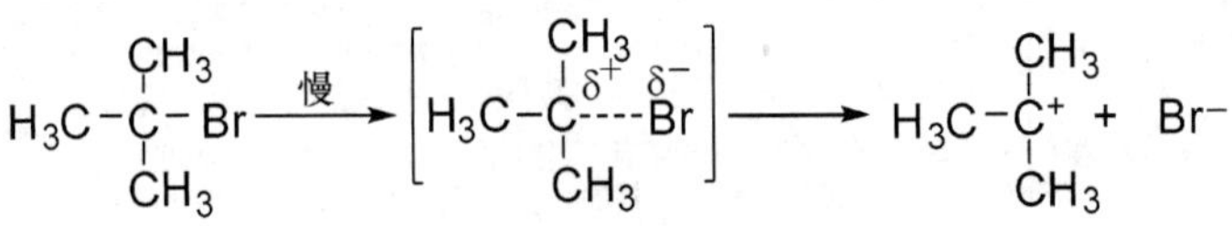

过渡态(1)

第二步是生成的叔丁基碳正离子立即与试剂 $OH^-$或水作用生成水解产物叔丁醇。

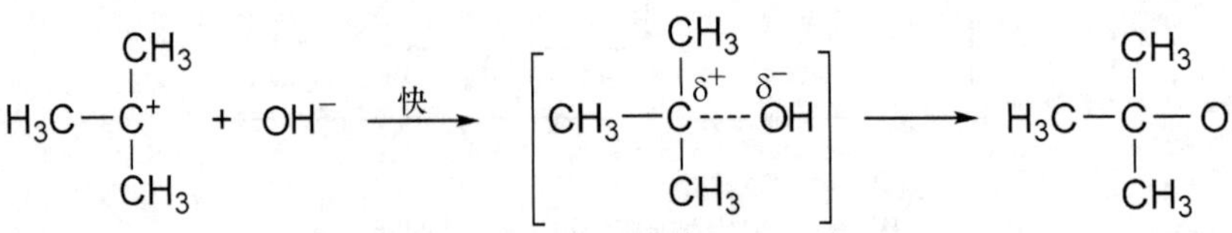

过渡态(2)

由于反应一般都是在溶剂中进行，当叔丁基碳正离子与亲核试剂 $OH^-$结合时，必须脱掉部分溶剂分子，因此体系能量再度上升，当达到过渡态(2)以后，随着 C—O 键的逐渐形成，体系能量又开始下降，一直降至生成取代产物的能量。

对于多步反应来讲，生成最终产物的速率由速率最慢的一步来决定。叔丁基溴的水解反应中，第一步反应是 C–Br 键解离生成活性中间体叔丁基碳正离子和溴负离子，这是化学键断裂的吸热反应，反应速率较慢。而第二步是生成的活性中间体叔丁基碳正离子与 $OH^-$结合，或与 $H_2O$ 结合后再解离去 $H^+$，生成叔丁醇，是生成化学键的放热反应，反应容易发生且反应速率较快，因此第一步反应是整个反应的速率控制步骤。在决定反应速率的这一步骤中，发生共价键变化的只有一种分子，所以称为单分子亲核取代反应。

这也可以从反应进程的能量曲线图得到说明，由于第一步反应的活化能$\Delta E_1$比第二步反应的活化能$\Delta E_2$高($\Delta E_1 > \Delta E_2$)，整个反应的速率取决于第一步反应的快慢。在这一步反应中只有一种分子参与过渡态的形成，所以是单分子反应历程。叔丁基溴水解反应的能量曲线如图 7-2 所示。

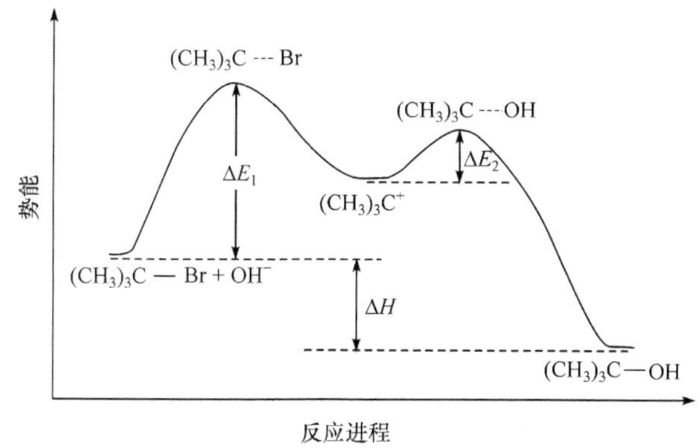


图 7-2　叔丁基溴水解反应的能量曲线

在 $S_N1$ 反应中，第一步反应中心碳原子解离成碳正离子时，碳原子由 $sp^3$ 杂化转变为 $sp^2$ 杂化。第二步反应碳原子又由 $sp^2$ 杂化转变为 $sp^3$ 杂化。由于 $sp^2$ 杂化的碳正离子是三角形的平面结构，带正电荷的碳原子上有一个空的 p 轨道垂直于 $sp^2$ 杂化平面，当亲核试剂($Nu^-$)在第二步和碳正离子结合时，从平面两边进攻的概率是均等的：

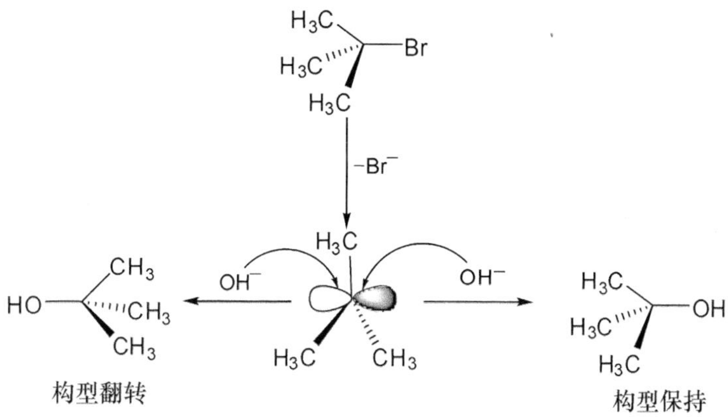


因此，如果中心碳原子是手性碳原子时，卤代烷发生 $S_N1$ 反应，得到的是“构型保持”和“构型翻转”几乎等量的两个化合物，即外消旋体混合物。例如，$\alpha$-溴代乙苯的水解：

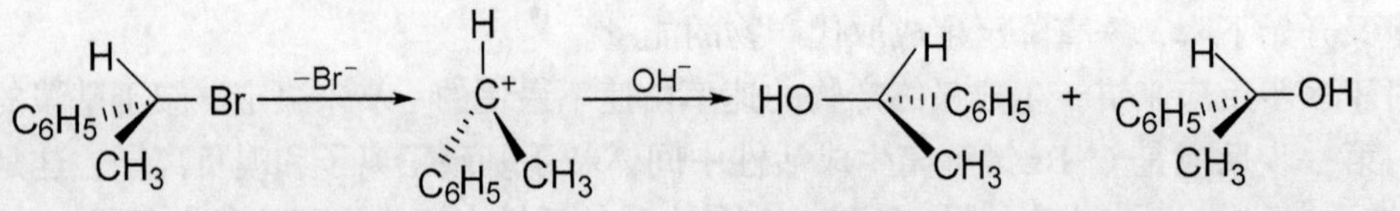

构型翻转(51%)　　构型保持(49%)

应该指出，中心碳原子是手性碳原子的卤代烷按 $S_N1$ 历程反应的产物并不是 100%的外消旋体。其中一个主要原因是先行离去的卤素负离子与生成的碳正离子以离子对的形式留存在原来的空间方位，从而对亲核试剂从正面进攻中心碳原子有一定的“屏蔽作用”，所以生成较多的构型翻转产物。例如，左旋 2-溴辛烷在 $S_N1$ 条件下水解，得到 67%构型翻转的右旋 2-辛醇，33%构型保持的左旋 2-辛醇，其中有 33%构型翻转的右旋 2-辛醇与左旋 2-辛醇组成外消旋体，还剩下 34%的右旋 2-辛醇。所以，其水解产物有旋光性。

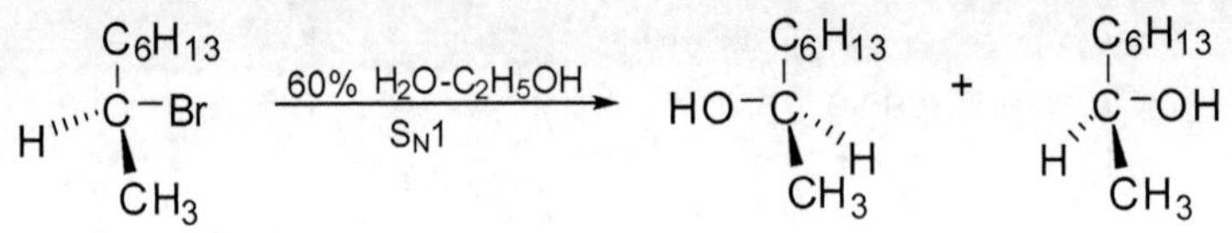

(−)-2-溴辛烷　　(+)-2-辛醇, 67%　　(−)-2-辛醇, 33%

另外，在 $S_N1$ 反应中，由于有碳正离子中间体的生成，有可能发生碳正离子的重排，生成一个更稳定的碳正离子中间体，所以 $S_N1$ 反应常伴有重排反应发生。这也是单分子亲核取代反应的一个重要特征。例如：

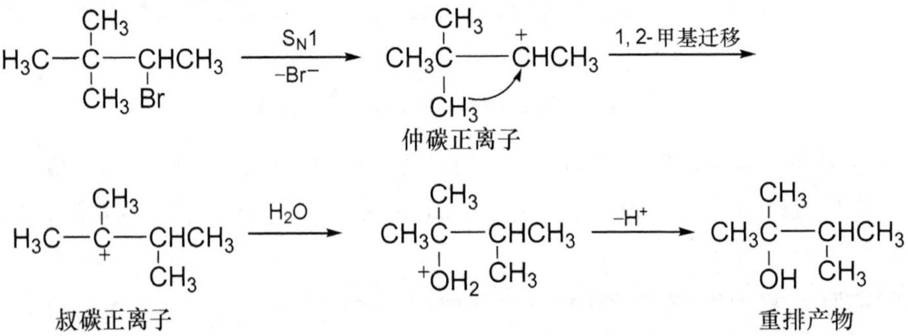


综上所述，$S_N1$ 反应的特点是：①单分子反应，反应速率只与卤代烷的浓度有关，而与亲核试剂的浓度无关；②反应分两步进行，生成碳正离子活性中间体的一步是整个反应的控制步骤；③由于有碳正离子中间体存在，常有重排产物生成；④如果卤代烷的中心碳原子是手性碳原子，则得到构型保持和构型翻转两种构型的产物。

3. 影响亲核取代反应的因素

卤代烷的亲核取代反应可以按 $S_N1$ 和 $S_N2$ 两种不同的历程进行。究竟按何种历程进行，则与卤代烷的结构、离去基团、亲核试剂和溶剂的性质等诸要素有关。

1) 烷基结构的影响

卤代烷分子中烷基的结构对亲核取代反应活性的影响主要表现在两个方面：一个是电子效应的影响，另一个是空间效应的影响。

$S_N1$ 反应的关键是生成碳正离子中间体的一步，中间体碳正离子越稳定，就越能降低生成它的反应活化能，越有利于提高 $S_N1$ 反应的速率。从电子效应来看，烷基对碳正离子有稳定作用，碳正离子上所连的烷基越多，碳正离子越稳定。由于叔卤代烷、仲卤代烷、伯卤代烷按 $S_N1$ 反应生成的中间体分别为叔、仲和伯碳正离子，因此，按 $S_N1$ 反应活性次序为：

$$3°RX > 2°RX > 1°RX > CH_3X$$

$S_N2$ 反应的关键是过渡态的稳定性。过渡态越稳定，就越能降低生成它的反应活化能，越有利于提高 $S_N2$ 反应的速率。在 $S_N2$ 反应中，亲核试剂进攻中心碳原子形成过渡态。从空间效应来看，如果中心碳原子上所连的烷基越多，体积越大，空间位阻就越大，越不利于亲核试剂的进攻。当反应达到过渡态时，如果中心碳原子上所连的烷基多，体积大，过渡态拥挤程度也大，基团间互相排斥，体系能量升高，反应活化能高，反应速率就慢。因此，按 $S_N2$ 反应卤代烷的活性次序为：

$$CH_3X > 1°RX > 2°RX > 3°RX$$

总之，进行 $S_N1$ 反应主要取决于中间体碳正离子的稳定性，能生成稳定的碳正离子的卤代烷反应速率快；进行 $S_N2$ 反应主要取决于空间效应的影响，空间位阻大，反应速率慢，空间位阻小，反应速率快。

综上所述，卤代烷的结构对亲核取代反应的影响可归纳如下：

$$\xrightarrow{S_N1\text{增大}}$$

$$CH_3X，\quad 1°RX，\quad 2°RX，\quad 3°RX$$

$$\xleftarrow[S_N2\text{增大}]{}$$

一般情况下，叔卤代烷倾向于 $S_N1$ 历程反应，伯卤代烷倾向于 $S_N2$ 历程反应，仲卤代烷则两种机理都有可能，主要取决于反应条件如亲核试剂及溶剂的性质。

2) 亲核试剂的影响

对于 $S_N1$ 反应，亲核试剂不参与速率控制步骤，因此亲核试剂对 $S_N1$ 反应影响不明显。而在 $S_N2$ 反应中，亲核试剂进攻中心碳原子促进卤素解离，所以亲核试剂对 $S_N2$ 反应影响较大。一般来讲，亲核试剂的亲核能力越强、浓度越大，反应按 $S_N2$ 历程进行的趋势越大。

亲核试剂一般为负离子或带有孤对电子的中性分子，它们都是 Lewis 碱。所以，大多数情况下，试剂的亲核能力和碱性顺序是一致的，即试剂的碱性越强，亲核性越强。试剂的亲核性与碱性顺序一致的有下列情况：

(1) 亲核试剂中亲核原子相同时，亲核性与碱性一致。试剂的碱性强，其亲核性也强。例如：

亲核性：$C_2H_5O^- > HO^- > C_6H_5O^- > CH_3COO^-$(与碱性相同)

(2) 带负电荷的亲核试剂比相应的中性试剂的亲核性强。例如：

亲核性：$RO^- > ROH$；　$HO^- > H_2O$；　$NH_2^- > NH_3$(与碱性相同)

(3) 同周期元素形成同一类型的亲核试剂，亲核性与碱性一致，随着原子序数增大，碱性减弱，亲核性减弱。例如：

亲核性：$R_3C^- > R_2N^- > RO^- > F^-$(与碱性相同)

但是，亲核性和碱性是两个不同的概念。碱性是指试剂与质子结合的能力，而亲核性是指试剂与带部分正电荷碳原子结合的能力。因此，试剂的亲核性强弱与其碱性大小并非完全一致。试剂的亲核能力还受到试剂的可极化性和空间效应的影响。下列情况试剂的亲核性与碱性顺序不同：

(1) 同族元素形成同一类型的亲核试剂，可极化性越大，亲核性越强。极性化合物在外界电场的影响下，分子中的电荷分布会产生相应的变化，这种现象称为可极化性(参见 1.3)。同一周期的元素，从左至右原子核对外层电子的吸引力增大，可极化性减少。同一族的元素，由上到下原子核对外层电子的约束力降低，外层电子在外界电场作用下，所占轨道容易变形，可极化性增大。例如，卤素负离子的亲核性顺序为：

亲核性：$I^- > Br^- > Cl^- > F^-$(与碱性相反)

(2) 试剂的亲核性还受空间因素的影响，体积越大的亲核试剂与中心碳原子结合时，空间位阻大，亲核性差。烷氧负离子亲核性顺序与碱性顺序不同。例如：

亲核性：$CH_3O^- > CH_3CH_2O^- > (CH_3)_2CHO^- > (CH_3)_3CO^-$(与碱性相反)

3) 离去基团的影响

在 $S_N1$ 和 $S_N2$ 反应中，C−X 键都要发生异裂，离去基团带着一对电子离开中心碳原子，与亲核试剂总是带着电子对向中心碳原子进攻的情况恰恰相反，因此离去基团的碱性越弱，形成的负离子越稳定，就越容易离开中心碳原子，卤代烷越容易被取代。

由于氢卤酸的酸性由强到弱次序为：HI > HBr > HCl > HF，则其共轭碱卤素负离子的碱性由强到弱次序为：$F^- > Cl^- > Br^- > I^-$，离去基团的离去倾向由强到弱次序为：$I^- > Br^- > Cl^- > F^-$，所以卤代烷的亲核取代反应相对活性次序为：RI > RBr > RCl > RF。

卤代烷的活性对 $S_N1$ 反应的影响比对 $S_N2$ 反应的影响大。因为在 $S_N2$ 反应中 $X^-$的离去是在亲核试剂的协助下完成的，反应活性还与试剂的亲核性有关，而在 $S_N1$ 反应中，$X^-$的离去生成碳正离子是反应的控速步骤。可以认为如果离去基团容易离去，碳正离子中间体就容易生成，反应就按 $S_N1$ 历程进行。如果离去基团不容易离去，就需要亲核试剂主动进攻中心碳原子，促进卤素解离，反应就按 $S_N2$ 历程进行。

离去基团的离去倾向还与可极化性有关，可极化性较大的基团，在外电场的作用下，电子云容易变形，离去能力增加。对于卤族元素，由上到下，原子体积增大，其原子核对外层电子的束缚力减少，可极化性增大，离去倾向也随着增大，即：可极化性 $I^- > Br^- > Cl^- > F^-$；离去能力 $I^- > Br^- > Cl^- > F^-$。由此可见，$I^-$ 既是一个好的亲核试剂，又是一个好的离去基团。因此，当伯卤代烷进行 $S_N2$ 反应时，常加入少量 $I^-$，使反应速率加快。

$$RCH_2Cl + H_2O \xrightarrow{\text{很慢}} RCH_2OH + HCl$$

$$RCH_2Cl + I^- \xrightarrow{\text{快}} RCH_2I + Cl^- \quad (I^-\text{作为亲核试剂})$$

$$RCH_2I + H_2O \xrightarrow{\text{快}} RCH_2OH + I^- \quad (I^-\text{作为离去基团})$$

4) 溶剂极性的影响

在 $S_N1$ 反应中，从反应物到过渡态，体系的极性增加。因为极性溶剂对过渡态的稳定化作用要比对反应物的稳定化作用更大，从而使活化能降低，使反应加快。在 $S_N2$ 反应中，亲核试剂电荷集中，过渡态电荷分散。这时极性溶剂对亲核试剂的稳定作用要比对过渡态的稳定作用大，对 $S_N2$ 过渡态的形成不利。所以，强极性溶剂有利于 $S_N1$ 反应。

总之，影响亲核取代反应的因素很多，要确定一个反应是 $S_N1$ 历程还是 $S_N2$ 历程需要综合考虑各种因素的影响。

### 7.2.3 消除反应

卤代烷与氢氧化钠(或氢氧化钾)的乙醇溶液共热脱去一分子卤化氢生成烯烃，这种从分子中失去一个简单分子生成不饱和键的反应称为消除反应(elimination reaction)，用 E 表示。消除反应是 $\alpha$-碳上消除卤素，$\beta$-碳上消除氢原子，故称为 1,2-消除反应或 $\beta$-消除反应，这是制备烯烃的重要方法之一。

$$\underset{\mathrm{H}}{\mathrm{RCH}}-\underset{\mathrm{X}}{\mathrm{CH_2}} + \mathrm{NaOH} \xrightarrow{\mathrm{C_2H_5OH}} \mathrm{RCH{=}CH_2}$$

如果卤代烷分子含有不止一种 $\beta$-H，消除反应的产物就不止一种。例如，2-溴丁烷和 KOH 的乙醇溶液反应，生成的烯烃中含有 2-丁烯和 1-丁烯：

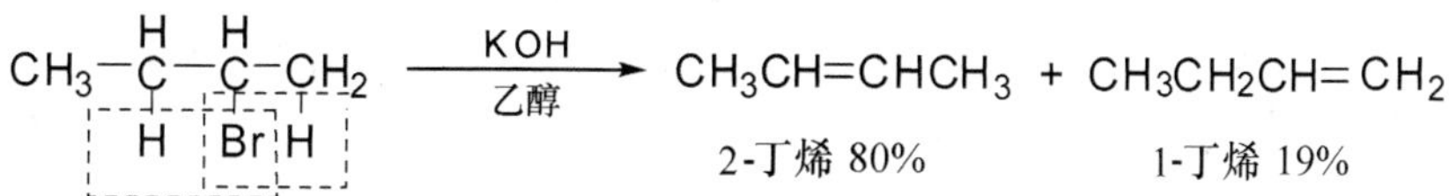

2-甲基-2 溴丁烷在消除反应中也生成两种烯烃：

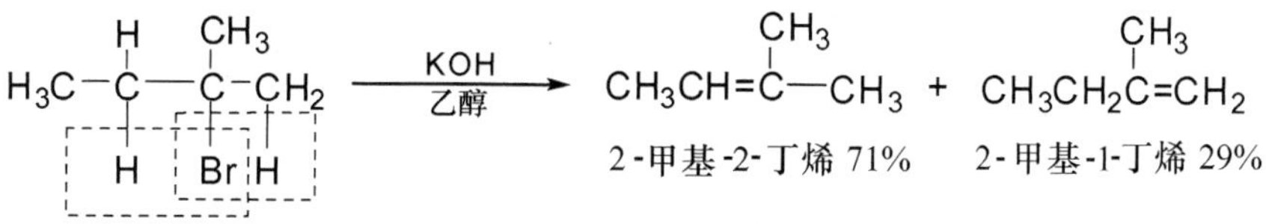

大量实验结果表明，卤代烷消除卤化氢时，氢原子总是从含氢最少的 $\beta$-碳原子上脱去，生成双键碳上烷基取代基最多的烯烃(结构稳定的烯烃)。这个经验规律称为 Saytzeff(查依采夫)规则，简称查氏规则。Saytzeff 规则的本质是消除反应朝着生成稳定的烯烃方向进行。所以，卤代烷的消除反应若能生成共轭烯烃，那么稳定的共轭产物总是占优势。例如：

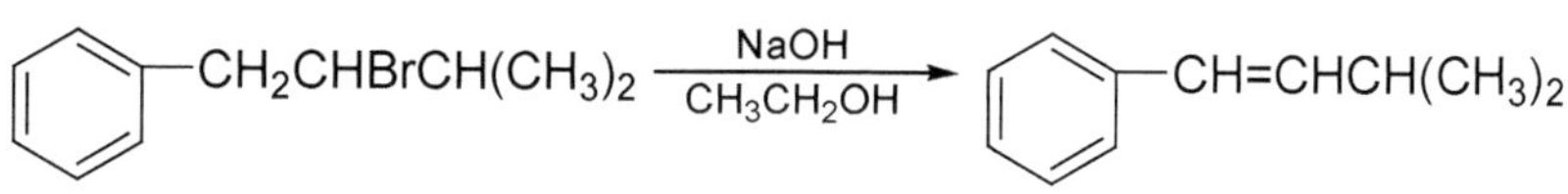

同碳二卤代烷在强碱的醇溶液中可消除两分子卤化氢生成炔烃：

$$\mathrm{R}-\overset{\mathrm{X}}{\underset{\mathrm{X}}{\mathrm{C}}}-\overset{\mathrm{H}}{\underset{\mathrm{H}}{\mathrm{C}}}-\mathrm{R'} \xrightarrow[\mathrm{C_2H_5OH}]{\mathrm{KOH},\triangle} \mathrm{R{-}C{\equiv}C{-}R'}$$

邻二卤代烷可以脱去两分子卤化氢生成共轭二烯烃：

$$\mathrm{RCH_2}\underset{\mathrm{X}}{\mathrm{CH}}\underset{\mathrm{X}}{\mathrm{CH}}\mathrm{CH_2R'} \xrightarrow[\mathrm{C_2H_5OH}]{\mathrm{KOH},\triangle} \mathrm{RCH{=}CHCH{=}CHR'}$$

在锌粉(或镍、镁粉)存在下，邻二卤代烷能脱去卤素生成烯烃。

$$\mathrm{R}-\overset{\mathrm{H}}{\underset{\mathrm{X}}{\mathrm{C}}}-\overset{\mathrm{H}}{\underset{\mathrm{X}}{\mathrm{C}}}-\mathrm{R'} \xrightarrow[\text{乙醇}]{\mathrm{Zn},\triangle} \mathrm{RCH{=}CHR'}$$

### 7.2.4 消除反应历程

与亲核取代反应相似，$\beta$-消除反应也有两种历程：双分子消除反应历程(bimolecular elimination reaction，E2)和单分子消除反应历程(unimolecular elimination reaction，E1)。

1. 双分子消除反应

实验证明，伯卤代烷在碱性溶液中发生消除反应，反应速率不仅与卤代烷的浓度成正比，也与进攻试剂碱的浓度成正比，反应是按双分子消除反应(E2)机理进行的，在动力学上称为二级反应。

$$RCH_2CH_2Br + OH^- \longrightarrow RCH{=}CH_2 + H_2O + Br^-$$

$$v = k\,[RCH_2CH_2Br][OH^-]$$

双分子消除反应与 $S_N2$ 反应机理类似，反应是一步完成的。进攻试剂(碱)在进攻卤代烷分子中 $\beta$-H 的同时，离去基团卤素带着一对电子离去。$\beta$-H 以质子的形式与碱成键，$\alpha$-碳与 $\beta$-碳原子之间电子云逐渐重新分配形成双键，中间经过一个能量较高的过渡态。

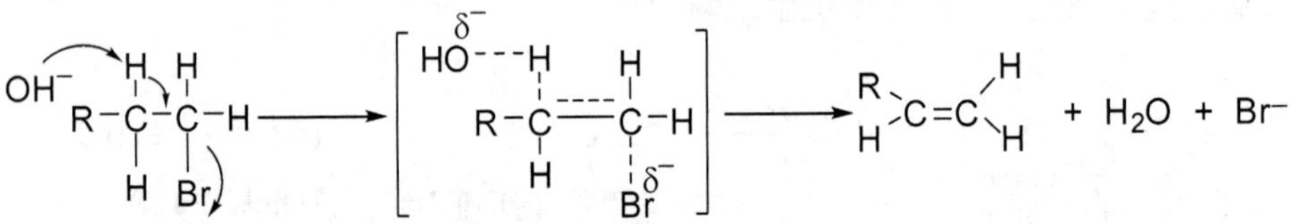

过渡态

E2 反应是协同进行的，旧键的断裂和新键的生成同时进行，卤代烷与进攻试剂碱同时参与了过渡态的形成，因此称为双分子消除反应。反应中形成的过渡态与 $S_N2$ 很相似，其区别在于碱性试剂在 E2 反应中进攻 $\beta$-H 原子，而在 $S_N2$ 反应中则进攻中心碳原子。

消除反应的结果是要生成一个 π 键，实际上在 E2 反应的过渡态中 π 键已部分形成，因此 H−C−C−X 四个原子在同一平面上，$\beta$-消除可能导致两种不同的顺反异构体。若 X 与 $\beta$-H 在 σ 键同侧被消除，称为顺式消除；若 X 与 $\beta$-H 在 σ 键的两侧(异侧)被消除，称为反式消除。

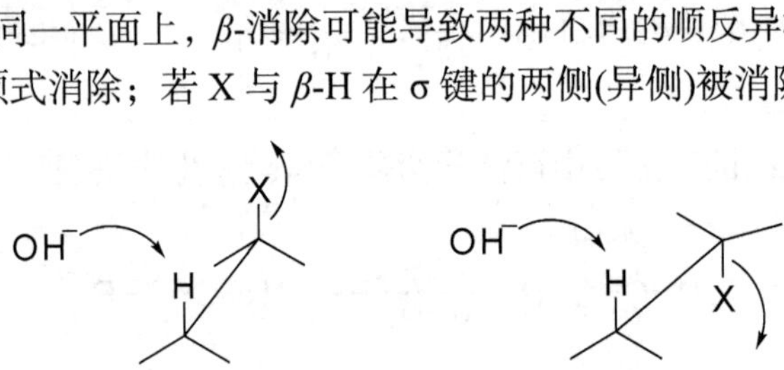

顺式消除　　　　反式消除

实验表明，在按 E2 机理进行的消除反应中，一般发生反式共平面消除。例如卤代环烷烃的单键旋转受阻，消除反应按反式消除方式进行。

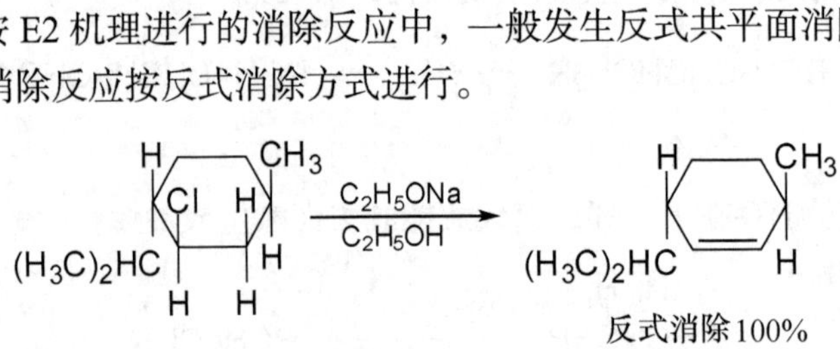

反式消除100%

形成反式共平面消除的原因可以根据 E2 机理分析。首先，从电子效应和空间效应来看，碱与离去基团的排斥力小，有利于碱进攻 $\beta$-H。

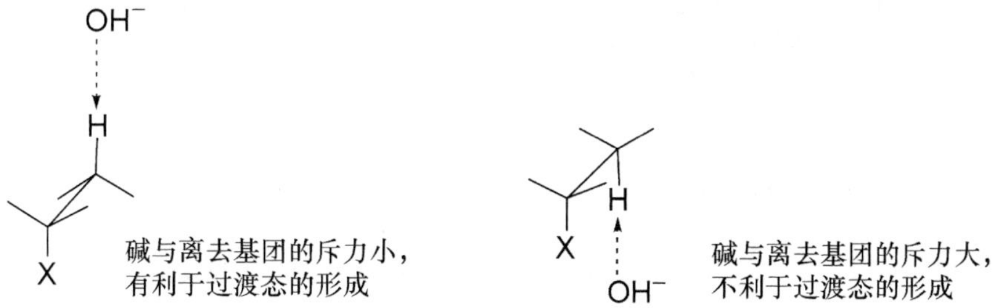


其次，形成 π 键时有利于轨道最大程度的电子云重叠，形成平面型烯烃分子。

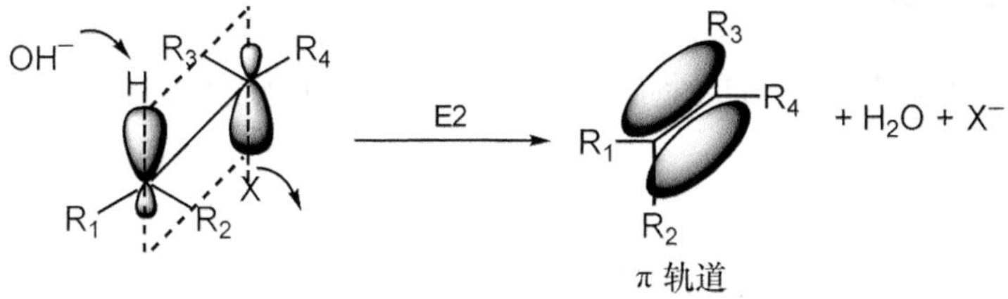


2. 单分子消除反应

尽管大多数卤代烷在碱作用下的消除反应都是按 E2 机理进行的，但叔卤代烷在碱性条件下的消除反应是按单分子消除反应(E1)机理进行的。反应速率仅与卤代烷的浓度成正比，而与碱的浓度无关，在动力学上称为一级反应。

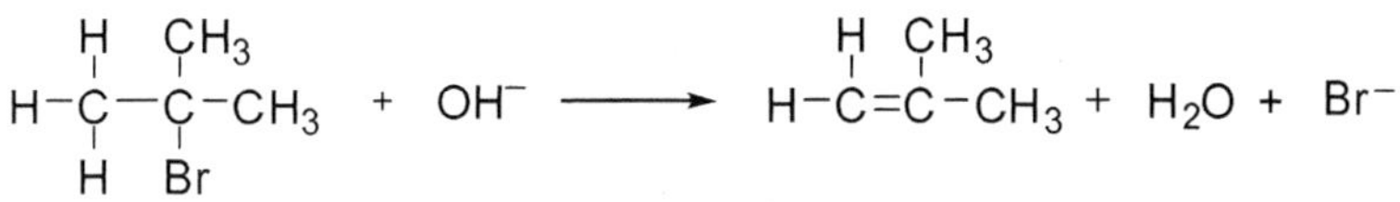

$$v = k\,[(CH_3)_3CBr]$$

单分子消除反应与 $S_N1$ 机理相似，也是分两步进行的。第一步是卤代烷在溶剂中解离成碳正离子和卤素负离子：

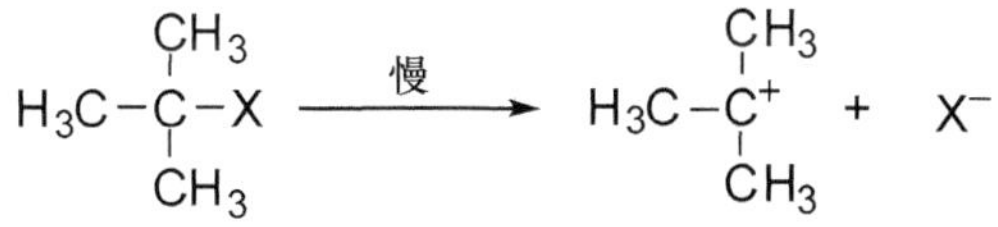


第二步是碱($OH^-$)夺取 $\beta$-碳原子上的氢，氢原子以质子的形式脱去生成烯烃：

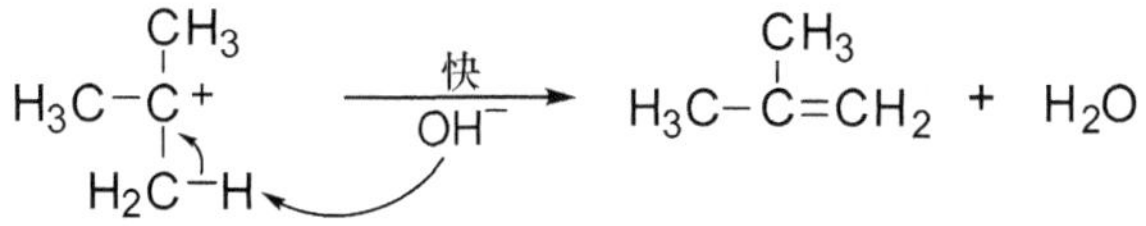


第一步生成碳正离子的反应速率较慢，是决定反应速率的一步，第二步反应速率较快。整个反应速率仅取决于卤代烷的浓度，而与试剂(如 $OH^-$)的浓度无关，称为单分子消除反应。

E1 反应机理和 $S_N1$ 反应机理类似，第一步均生成碳正离子中间体。所不同的是在第二步，E1 反应是碱($OH^-$)进攻 $\beta$-H 生成烯烃；$S_N1$ 反应是亲核试剂进攻中心碳原子，生成取代产物。

另外 E1 与 $S_N1$ 反应类似，由于有碳正离子中间体生成，可以发生重排而生成更稳定的碳正离子，然后再消除 $\beta$-H。例如：

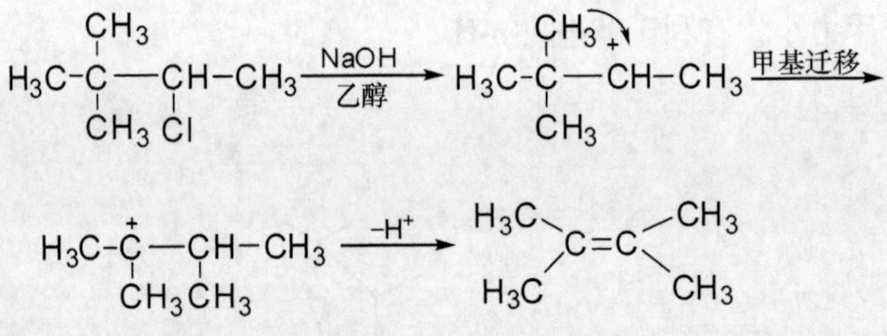

由于碳正离子的形成与重排反应有密切的关系，因此通常把重排反应作为E1或$S_N1$反应历程的标志之一。

3. 影响消除反应的因素

不同的卤代烷消除卤化氢的活性不同。实验证明，不同烷基结构的卤代烷，消除反应的活性为：3° RX > 2° RX > 1° RX。

对于E1消除，反应速率取决于碳正离子的稳定性，能生成稳定的碳正离子的卤代烷反应速率快。所以卤代烷E1反应相对速率是：3° RX > 2° RX > 1° RX。

对于E2消除，由于叔卤代烷生成的烯烃稳定性大，仲卤代烷生成的烯烃稳定性次之，伯卤代烷生成的烯烃稳定性最差，而产物越稳定，就越容易生成。另外E2反应中碱试剂进攻$\beta$-H，其空间效应没有$S_N2$反应中那么明显。而且，叔卤代烷$\beta$-H的数目多，受碱试剂进攻的概率增多，反应进行就快；仲卤代烷的$\beta$-H数目较少，伯卤代烷的$\beta$-H数目最少。所以卤代烷的E2反应相对速率也是：

3° RX > 2° RX > 1° RX

总之，卤代烷的消除反应无论按E1还是按E2历程进行，其活性次序都是3° RX > 2° RX > 1° RX。

同样C−X键断裂难易也影响消除反应速率。卤代烷C−X键的强度(键能)大小次序为C−F > C−Cl > C−Br > C−I；卤代烷C−X键的可极化性大小次序为C−F < C−Cl < C−Br < C−I。C−X键键能越小，越容易断裂；C−X键的可极化性越大，卤素越容易离去，所以卤代烷消除反应活性次序为：

RI > RBr > RCl > RF

进攻试剂的性质对消除反应也有影响。由于E1反应的决速步骤是卤代烷C−X键的异裂，因此进攻试剂对E1消除无影响。而E2反应是进攻试剂进攻$\beta$-H，进攻试剂的碱性越强，浓度越大，越有利于E2反应。

溶剂的性质对E1和E2反应均有影响。但溶剂极性增加更能稳定电荷比较集中的E1反应中间体碳正离子，所以强极性溶剂有利于E1反应。

### 7.2.5 取代反应和消除反应的竞争

卤代烷的消除反应常伴随着取代反应，因为卤代烷消除反应的碱性试剂又可作为取代反应的亲核试剂，所以取代和消除往往是同时存在的竞争反应。亲核试剂进攻中心碳原子是取代反应，进攻$\beta$-H是消除反应。取代反应和消除反应的比例受卤代烷结构、进攻试剂的性质、溶剂的极性和温度等因素的影响。

1. 烷基结构的影响

通常情况下，伯卤代烷的 $S_N2$ 反应较快，E2 反应较慢，但随着中心碳原子上支链增多，$S_N2$ 反应速率减慢，E2 反应速率加快。

$$\text{单分子历程}\quad \underset{\text{消除反应速率增加}}{\overset{\text{亲核取代反应速率增加}}{\xrightarrow{\quad 3°RX，2°RX，1°RX \quad}}}\quad \text{双分子历程}$$

中心碳原子上支链增加，试剂进攻 $\alpha$-碳原子时的空间位阻加大，相反进攻 $\beta$-H 的空间位阻较小，因而不利于亲核取代反应而有利于消除反应。另外，$\beta$-碳原子上有支链的伯卤代烷容易发生消除反应，因为 $\beta$-碳原子上的烷基会阻碍试剂从背面接近 $\alpha$-碳原子而不利于 $S_N2$ 的进行。

如果伯卤代烷 $\beta$-H 原子的酸性加大，有利于碱进攻 $\beta$-H 原子，因而容易发生 E2 消除反应，溴代烷在乙醇钠的乙醇溶液中 $S_N2$ 和 E2 反应产物比例见表 7-2。其中 $PhCH_2CH_2Br$ 的 E2 反应产物比例明显增大，一个原因是苯环影响 $\beta$-H 原子的酸性加大，另一个原因是 E2 消除反应的产物苯乙烯由于 $\pi$-$\pi$ 共轭作用其稳定性增大。

**表 7-2 溴代烷在乙醇钠的乙醇溶液中 $S_N2$ 和 E2 反应产物比例**

| 溴代烷 | 温度/℃ | $S_N2$ 产物/% | E2 产物/% |
|---|---|---|---|
| $CH_3CH_2Br$ | 55 | 99 | 1 |
| $(CH_3)_2CHBr$ | 25 | 19.7 | 80.3 |
| $(CH_3)_3CBr$ | 25 | <3 | >97 |
| $CH_3CH_2CH_2Br$ | 55 | 91 | 9 |
| $(CH_3)_2CHCH_2Br$ | 55 | 40.4 | 59.6 |
| $PhCH_2CH_2Br$ | 55 | 4.4 | 94.6 |

一般地，卤代烷的结构对消除和取代反应的影响有如下规律：

(1) 3°RX 在碱性溶液中易发生消除反应，即使是弱碱，如 $Na_2CO_3$ 水溶液也以消除为主。

(2) 1°RX 易发生亲核取代反应，只有在强碱(NaOH，KOH)的醇溶液中才发生消除反应，常以双分子历程($S_N2$ 或 E2)进行。

(3) 2°RX 情况比较复杂，介于 1°RX 和 3°RX 之间。在碱的醇溶液中以消除为主，碱的水溶液中以取代为主。$\beta$-碳原子上支链越多，越容易发生消除反应。

因此常用叔卤代烷制备烯烃，伯卤烷制备醇、醚等取代产物。

2. 亲核试剂的影响

亲核试剂对 E1 和 $S_N1$ 反应均无明显影响。试剂的亲核性大有利于 $S_N2$ 反应，试剂的碱性强有利于 E2 反应。例如：

$$CH_3CH_2Br \xrightarrow{NH_3} CH_3CH_2NH_2 \quad (\text{取代})$$

$$CH_3CH_2Br \xrightarrow{NaNH_2} CH_2{=}CH_2 \quad (\text{消除})$$

如果试剂碱性增强或碱浓度增大，E2 消除产物的量也相应增加。这是因为在消除反应中，$\beta$-H 以质子的形式离去需要更强的碱。另外，进攻试剂的体积越大，因空间位阻不易进

攻 $\alpha$-碳原子，而容易进攻 $\beta$-H 原子，所以有利于 E2 反应的进行。

3. 溶剂极性的影响

溶剂的极性对取代和消除的影响主要表现在双分子反应机理中。极性大的溶剂有利于取代反应($S_N2$)，极性小的溶剂有利于消除反应(E2)。这是因为在过渡态中，E2 的电荷分散程度比 $S_N2$ 大，故极性小的溶剂有利于 E2 反应过渡态的稳定。所以由卤代烃制备烯烃(消除)一般在 NaOH 醇溶液中(极性较小)进行，而由卤代烃制备醇(取代)则在 NaOH 水溶液中(极性较大)进行。

4. 反应温度的影响

升高温度更有利于消除反应，因为消除反应的过渡态需要拉长 $\beta$-碳氢键，所以消除反应的活化能要比取代反应大，因此提高反应温度往往增大消除产物的比例。

### 7.2.6 与金属的反应

卤代烃的另一个重要的性质是它能与 Li、Na、Mg、Zn、Al 等活泼金属作用生成有机金属化合物(organometallic compound)。所谓有机金属化合物是指分子中碳原子直接与金属成键的有机化合物。由于金属的电负性比碳小，所以有机金属化合物中的碳-金属键是极性键，碳端带部分负电荷，金属端带部分正电荷：$C^{\delta^-}-M^{\delta^+}$。通过卤代烃和活泼金属反应，可以将卤代烃分子中碳原子的极性转化，由缺电子的亲电性碳转化为富电子的亲核性碳。而且金属越活泼，生成的碳-金属键的极性就越强，碳原子上带有负电荷就越多，则烃基的碱性和亲核性就越强。有机金属化合物可以和许多试剂发生反应，在有机合成中有着重要的用途。

1. 卤代烃与金属镁的反应

在绝对乙醚(绝对无水乙醚，或称干醚)中，卤代烃与金属镁作用生成烃基卤化镁(RMgX)。

$$\mathrm{RX + Mg \xrightarrow{\text{绝对乙醚}} RMgX}$$

有机镁试剂是法国化学家 V. Grignard(格利雅，1871—1936)于 1900 年首次制备的，并在有机合成中得到了广泛应用，1912 年 Grignard 因此获得了 Nobel 化学奖。烃基卤化镁(RMgX)称为 Grignard 试剂，简称格氏试剂。

RMgX 分子中镁原子可以和乙醚分子中氧原子上的孤对电子形成配合物。配合物可溶解于乙醚中，使有机镁化合物稳定存在。

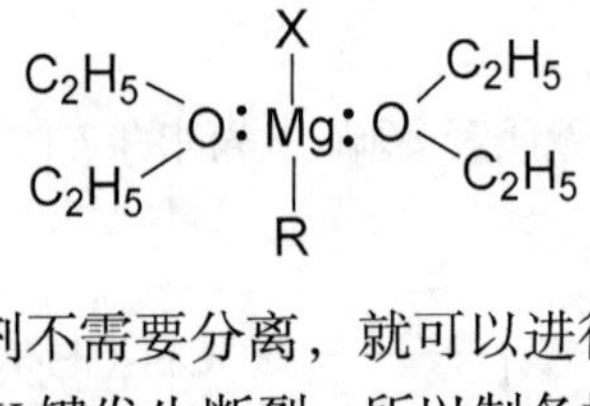

在制备格氏试剂时，反应溶剂不需要分离，就可以进行下一步反应。不同的卤代烃反应活性不同，由于在反应过程中 C−X 键发生断裂，所以制备格氏试剂的卤代烃活性次序为 RI > RBr > RCl。RI 与镁反应最容易，但价格较贵，RCl 反应虽慢，但价格便宜。通常实验室使用 RBr 制备格氏试剂。而且烃基结构不同，反应活性也有差异。可根据卤代烃活性来选择不同的醚作为溶剂。例如，用较低活性的氯乙烯或氯苯制备格氏试剂时，一般需要在较高的温度下才能进行，所以一般选用四氢呋喃(THF，b.p. = 64.5℃)作溶剂(参见 9.8)。

格氏试剂中 C–Mg 键是极性很强的键，格氏试剂非常活泼，能发生多种化学反应。格氏试剂遇到有活泼氢的化合物(如水、醇、氨等)则分解为烃。

$$RMgX \xrightarrow{H_2O} RH + Mg(OH)X$$
$$RMgX \xrightarrow{R'OH} RH + Mg(OR')X$$
$$RMgX \xrightarrow{NH_3} RH + Mg(NH_2)X$$
$$RMgX \xrightarrow{HX} RH + MgX_2$$
$$RMgX \xrightarrow{R'C\equiv CH} RH + R'C\equiv CMgX$$

格氏试剂与活泼氢化合物的反应制备烃没有意义，但可以在分子中引入同位素，制备氘代烃。

$$R{-}MgX + D_2O \longrightarrow RD + Mg(OD)X$$

炔基卤化镁可用于合成高级炔烃。

$$RC\equiv CMgX + R'X \longrightarrow RC\equiv CR' + MgX_2$$

格氏试剂与活泼氢化合物的反应是定量进行的。在有机分析中，常用一定量的甲基碘化镁($CH_3MgI$)和一定量的含活泼氢化合物作用，通过测定生成甲烷的体积，可以计算出化合物所含活泼氢的数量(活泼氢测定法)。

$$CH_3MgI + A{-}H \longrightarrow CH_4\uparrow + AMgI$$

格氏试剂在空气中易被氧化。

$$RMgX + O_2 \longrightarrow ROMgX \xrightarrow{H_2O} ROH$$

格氏试剂也能与二氧化碳在低温下反应，经水解生成增加一个碳的羧酸，这也是制备羧酸的重要方法之一(参见 12.3.4)。

$$RMgX + CO_2 \xrightarrow[\text{低温}]{} RCOOMgX \xrightarrow{H_2O} RCOOH$$

由于格氏试剂能与空气中的氧、二氧化碳和水等反应，因此制备格氏试剂时必须隔绝空气，并使用无水溶剂和干燥仪器，使用时现制现用。

烯丙型和苄基型等活泼卤代烃可与格氏试剂发生偶联反应合成末端烯烃和芳香烃。例如：

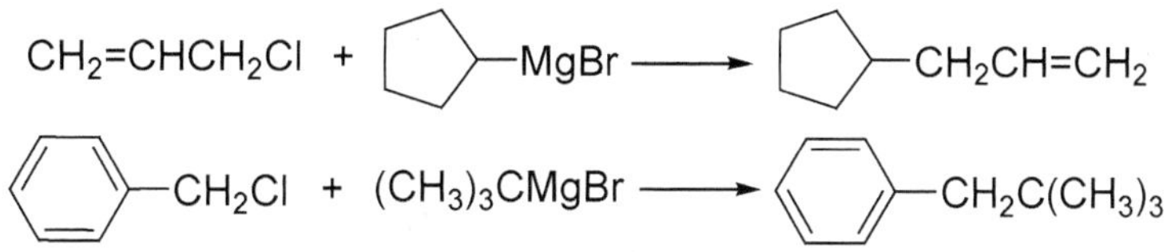


此外，格氏试剂还能和醛、酮、酯、环氧化合物等多种试剂反应，广泛用于有机合成。

2. 卤代烃与金属锂、钠的反应

卤代烃在惰性溶剂(如乙醚、THF、烷烃、苯)中与金属锂反应生成烃基锂。烃基锂比格氏试剂还要活泼，遇水、醇、酸等立即分解，溶剂和试剂使用前必须进行无水处理，反应需在氮气保护低温下进行。

$$RX + 2Li \xrightarrow{\text{无水乙醚}} RLi + LiX$$

烃基锂在无水乙醚或无水四氢呋喃中与卤化亚酮反应生成二烃基铜锂。

$$2RLi + CuI \xrightarrow{\text{无水乙醚}} R_2CuLi + LiI$$

二烃基铜锂是一个很好的烃基化试剂，具有较高的选择性。它能和伯卤代烃反应生成高产率的烃(Corey-House 合成法)。

$$R_2CuLi + R'X \longrightarrow R{-}R' + RCu + LiX$$

但应注意与二烃基铜锂发生反应的卤代烃(R'X)最好为伯卤代烃，也可以是烯丙型卤代烃或乙烯型卤代烃。因为 $R_2CuLi$ 为强碱，若使用叔、仲卤代烃则消除反应比例增加。反应后 R'的构型不变。R'X 中如有羟基、氨基、羰基、羧基、酯基等对该反应无影响。

二烃基铜锂($R_2CuLi$)中的 R 可以是伯烃基、仲烃基(叔烃基铜锂的反应活性较小)，还可以是烯丙基、苄基、乙烯基、芳基，因此，常用 Corey-House 反应合成各种高级烷烃、烯烃和芳烃。例如：

$$(CH_3)_2CuLi + CH_3(CH_2)_3CH_2I \longrightarrow \underset{98\%}{CH_3(CH_2)_4CH_3} + CH_3Cu + LiI$$

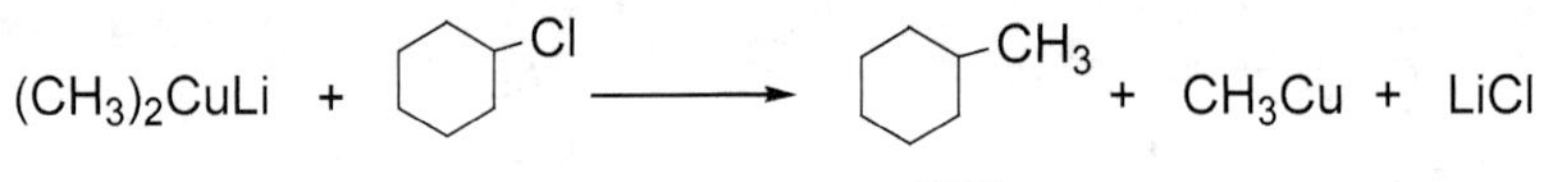

75%

由于钠比锂还要活泼，卤代烷与钠反应生成烷基钠时，会立即与另一分子卤代烷发生偶联反应(coupling reaction)生成高级烷烃。

$$RX + Na \xrightarrow{\triangle} R{-}R + NaX$$

这个偶联反应称为 Wurtz(武兹)反应，以前被用来制备烷烃，但是产率不高，现在已经很少应用，只有在合成高级的偶数碳烷烃时才用到。用此反应合成的烷烃所含碳原子数比所用卤代烷的碳原子多一倍。这个反应适用于相同的伯卤代烷(一般为溴代烷或碘代烷)，产率较高。此反应也可用来制备芳烃，如果把伯卤代烷和卤苯混合于干醚中，可以生成较好收率的烷基苯，称为 Wurtz-Fitting(武兹-费悌希)反应，有制备意义。例如：

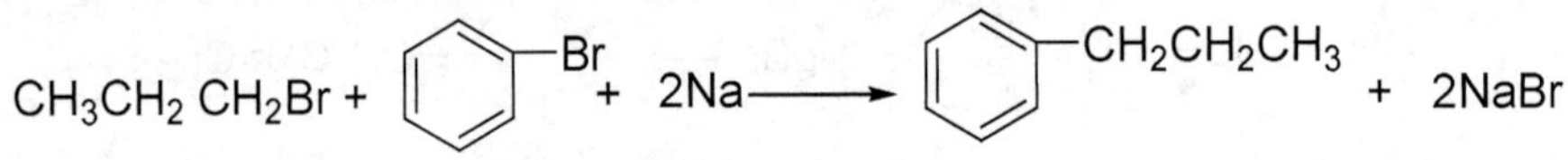

## 7.3 卤代烯烃和卤代芳烃

烯烃分子中的氢原子被卤素取代后的产物称为卤代烯烃，芳烃分子中的氢原子被卤素取代后的产物称为卤代芳烃。由于苯环与双键对卤原子的活性有类似的影响，这里一并进行讨论。根据双键(苯环)和卤素的相对位置不同，卤代烯烃(芳烃)可分为：

乙烯型（卤苯型）卤代烃，如$CH_2$=CHCl，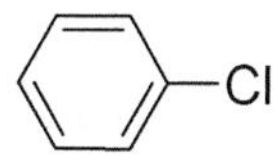

烯丙型（苄基型）卤代烃，如$CH_2$=$CHCH_2Cl$，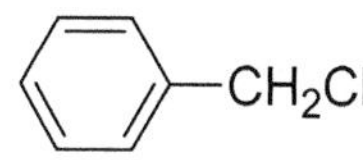

隔离型卤代烯烃（芳烃），如$CH_2$=$CH(CH_2)_nCl$，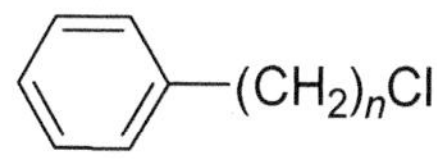　$n > 1$

### 7.3.1　结构对化学活性的影响

上述三类卤代烯烃和卤代芳烃，由于分子内双键或芳环与卤原子的相对位置不同，相互之间的影响不同，表现在化学性质上尤其是卤原子的活泼性上差别较大。卤原子的活泼性顺序为：烯丙型或苄基型 > 隔离型 > 乙烯型或卤苯型。

1. 乙烯型和卤苯型卤代烃

卤原子直接与双键或苯环碳原子相连的卤代烃称为乙烯型或卤苯型卤代烃。例如：

$CH_2$=CHCl　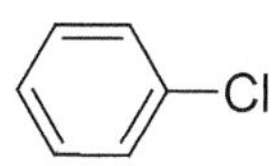

乙烯型或卤苯型卤代烃受双键或芳环的直接影响，卤素原子很不活泼，在一般条件下不发生取代反应。同时，由于卤原子电负性较大，受其影响，双键或芳环的活泼性降低，即双键的亲电加成或芳环的亲电取代反应活性比相应的烯烃或芳烃活性要低。这里以氯乙烯和氯苯为例讨论结构对其亲核取代反应活性的影响。

乙烯型卤代烃中最典型的化合物是氯乙烯，在氯乙烯分子中，氯原子上的孤电子对所处的 p 轨道和双键中的 π 轨道发生部分侧面交盖，形成 p-π 共轭体系，氯乙烯分子中的 p-π 共轭如图 7-3 所示。

p-π 共轭的结果是电子云分布趋向平均化，C—Cl 键极性减小，键长缩短，键能增大，反应活性降低。在一般条件下，氯乙烯分子中的氯原子不能被羟基、烃氧基、氨基、氰基所取代，即使在加热时，也很难与 $AgNO_3$ 的乙醇溶液反应生成 AgCl 沉淀。制备格氏试剂时不能以乙醚为溶剂，必须用四氢呋喃为溶剂。

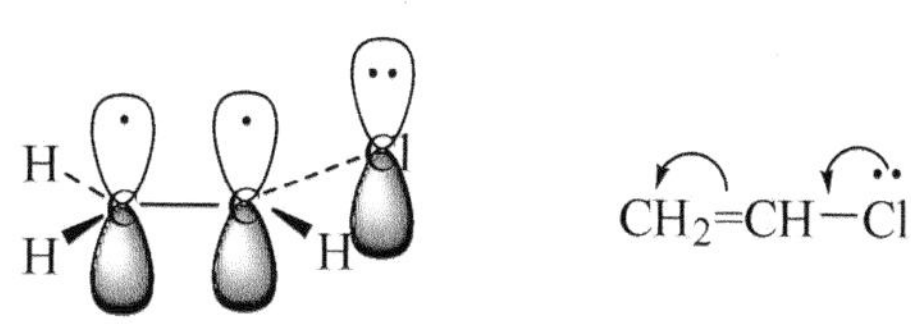

图 7-3　氯乙烯分子中的 p-π 共轭

卤苯型卤代烃中最典型的化合物是氯苯，与氯乙烯相似，氯苯分子中的氯原子直接与苯环上的 $sp^2$ 杂化碳原子相连，氯原子孤电子对所处的 p 轨道与苯环的 π 轨道形成 p-π 共轭体系。共轭的结果是电子从氯原子向苯环离域，C—Cl 键极性减小，键长缩短，键能增大，反应活性降低。所以卤代芳烃在一般条件下较难发生亲核取代反应。同样，氯苯制备格氏试剂时常用沸点较高的四氢呋喃为溶剂。

2. 烯丙型和苄基型卤代烃

卤素与双键或苯环相隔一个饱和碳原子的卤代烃称为烯丙型或苄基型卤代烃。例如：

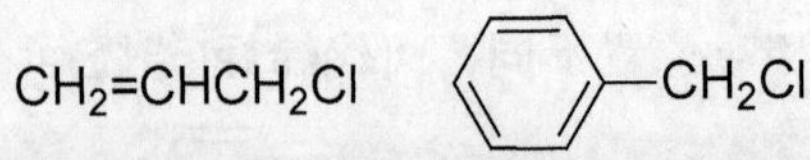

烯丙型和苄基型卤代烃的活性很高，很容易进行亲核取代反应。最典型的化合物是烯丙基氯和苄基氯。烯丙基氯中的氯原子非常活泼，在室温下烯丙基氯即可和 $AgNO_3$ 的乙醇溶液反应，很快生成 AgCl 沉淀。

烯丙基氯亲核取代反应不论是按 $S_N1$ 还是按 $S_N2$ 其反应速率都很快。对 $S_N1$ 反应来说，反应速率的快慢取决于碳正离子的稳定性。烯丙基氯中的氯解离后生成稳定的烯丙基碳正离子。烯丙基碳正离子结构中，带正电的碳原子是 $sp^2$ 杂化，其缺电子的空 p 轨道和相邻的碳碳双键的 π 轨道形成 p-π 共轭体系，使 π 电子云离域，正电荷分散在三个碳原子的 p 轨道上，降低了碳正离子的能量从而使其稳定，导致 $S_N1$ 反应活性增加。烯丙基碳正离子的 p-π 共轭体系如图 7-4 所示。

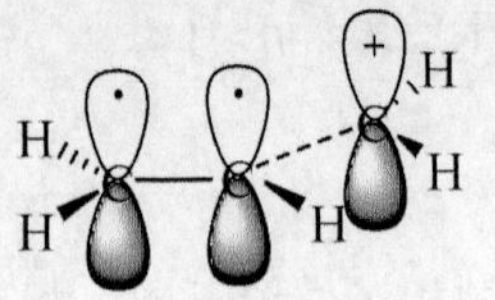

图 7-4 烯丙基碳正离子的 p-π 共轭体系

烯丙基碳正离子也可用共振结构式表示：

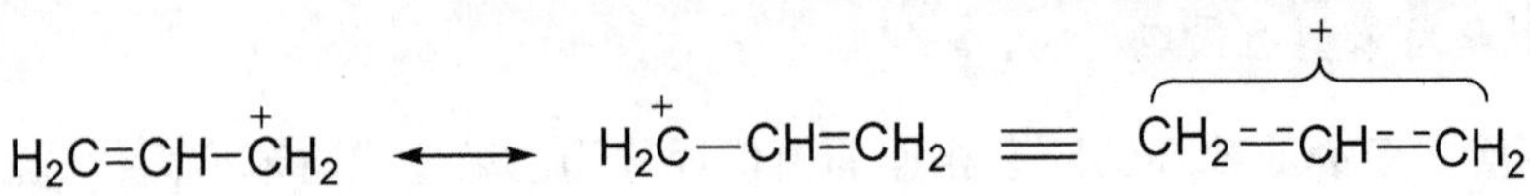

从烯丙基碳正离子的电子云分布来看，两端碳上都带有部分正电荷，当它遇到亲核试剂如 $OH^-$ 时有两种可能的进攻位置。所以某些烯丙型的卤代烃在进行 $S_N1$ 反应时，会发生烯丙位重排，得到两种产物。例如，1-氯-2-丁烯的碱性水解后就得到两种产物，其反应历程如下：

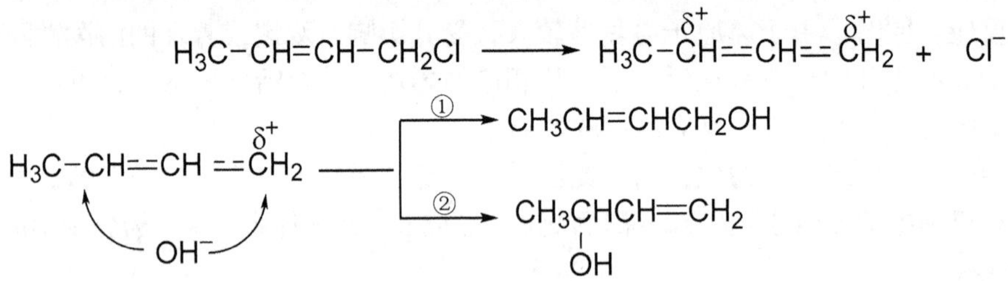

烯丙基氯按 $S_N2$ 历程进行亲核取代反应时，同样具有高的反应活性。这是因为在 $S_N2$ 反应的过渡态中，已有了初步的共轭体系结构。由于 $\alpha$-碳相邻 π 键的存在，可以和过渡态电子云交盖，使过渡态能量降低，因而也有利于 $S_N2$ 反应的进行。烯丙基氯 $S_N2$ 反应的过渡态如图 7-5 所示。

苄基型卤代烃中卤原子所处的位置与烯丙基卤代烃中卤原子所处的位置相似，因此卤原子具有较大的活泼性，$S_N1$ 和 $S_N2$ 反应都容易进行。

在进行 $S_N1$ 反应时，苄基氯易于解离成较稳定的苄基碳正离子。这时亚甲基上的碳原子是 $sp^2$ 杂化的，它的空 p 轨道与苯环上的 π 轨道发生交盖，形成 p-π 共轭体系，从而使电子离域，正电荷得到分散，所以苄基型碳正离子很稳定，容易生成。

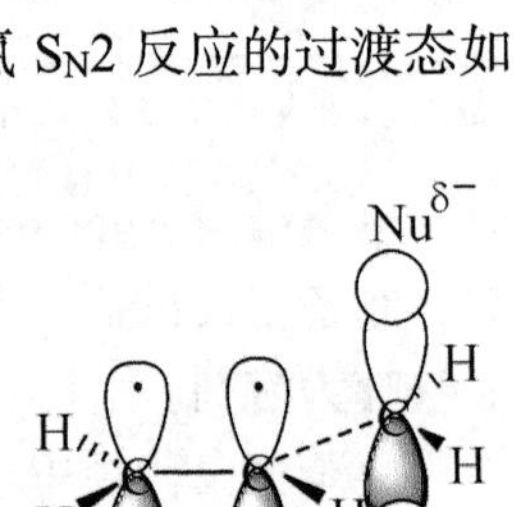

图 7-5 烯丙基氯 $S_N2$ 反应的过渡态

苄基氯按 $S_N2$ 历程进行亲核取代反应时，同样具有高的反应活性。这是因为在 $S_N2$ 反应的过渡态中，苯环的共轭大 π 键与正在形成和断裂的键轨道发生交盖，使负电荷更加分散，过渡态能量降低，反应速率较快。

3. 隔离型卤代烃

卤素与双键或苯环相隔两个或多个饱和碳原子的卤代烃为隔离型卤代烃。双键或苯环和卤原子相距两个或两个以上碳原子时，相互之间的影响较小。这类卤代烃中卤原子的活泼性基本上和卤代烷中的卤原子相同。

总之，对各类卤代烃的亲核取代反应，卤原子的活泼性一般有下列规律：

$S_N1$ 烯丙型(苄基型)卤代烃 > 3° RX > 2° RX > 1° RX >乙烯型(卤苯型)卤代烃

$S_N2$ 烯丙型(苄基型)卤代烃 > 1° RX > 2° RX > 3° RX >乙烯型(卤苯型)卤代烃

### 7.3.2 卤代芳烃的亲核取代反应

一般的卤代烃(如苄基卤代烃、烯丙型卤代烃、卤代烷烃)较容易发生亲核取代反应，但对于卤代芳烃，由于卤原子与苯环形成 p-π 共轭体系，C−X 键很难断裂。另外，由于芳环大 π 键的电子云影响，不易被亲核试剂进攻，因此，卤代芳烃很难发生亲核取代反应。例如，氯苯发生碱性水解或氨解，要在高温高压条件下才能进行：

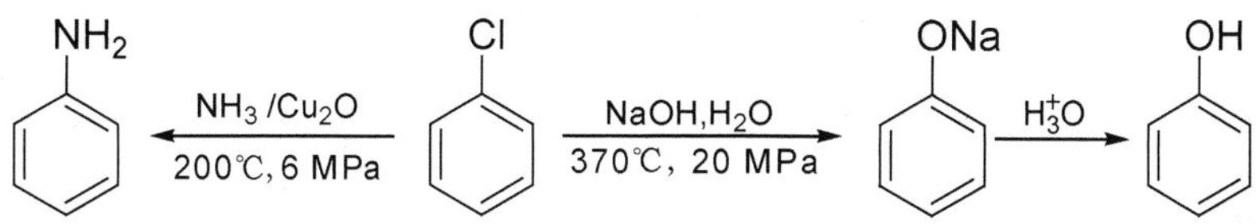


这是早期工业上制备苯酚和苯胺的方法，设备成本高，能耗大，“三废”排污严重。现在，工业上主要是由异丙苯氧化法生产苯酚(联产丙酮)，参见 10.4.1，由硝基苯加氢还原生产苯胺，参见 14.2.2。

卤代芳烃亲核取代反应历程可分为两种。

1. 加成-消除历程

氯苯在常压下与 NaOH 一起煮沸，几天也不反应，但当苯环上卤原子的邻位或对位有强的吸电子基团时，反应较容易进行。例如：

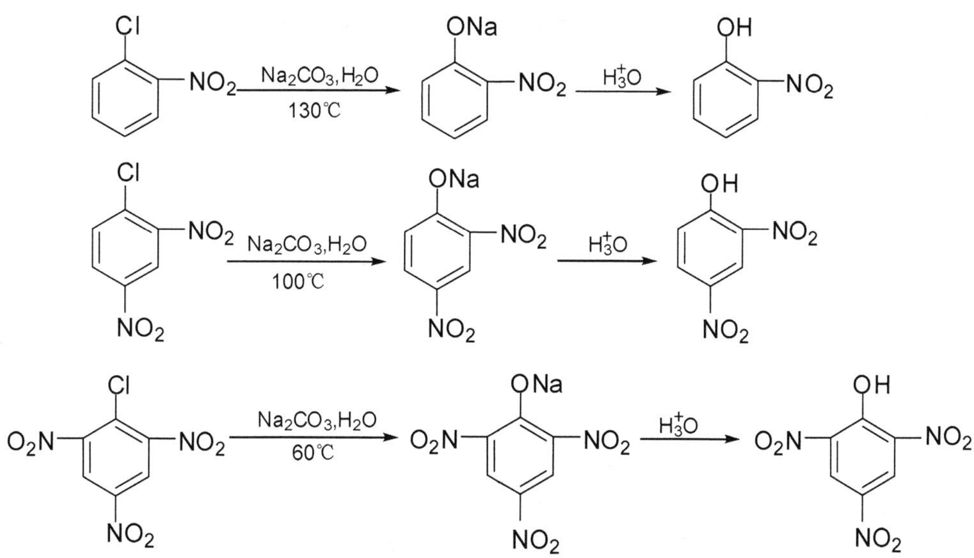

卤代芳烃的亲核取代反应是一个加成-消除历程：

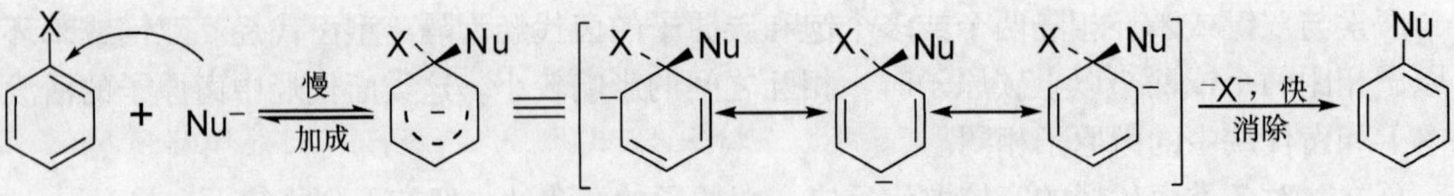

反应分两步进行：第一步，亲核试剂进攻苯环上与卤素直接相连的碳原子，生成一个带负电荷的σ-配合物，这是控制反应速率的步骤；第二步，卤原子以$X^-$形式从芳环上脱去生成产物。

从中间体的共振极限结构式可以看出，负电荷主要分布在卤原子的邻、对位碳原子上，所以当邻、对位有强的吸电子基团时，可以通过共轭和诱导效应，使中间体的负电荷得到分散，从而增加了中间体的稳定性，有利于亲核取代反应进行。

2. 消除-加成历程

当苯环上没有强的吸电子基团时，卤代芳烃不易进行亲核取代反应。例如，卤苯与氨在封管中长时间加热不能发生反应，但在液氨中与氨基钠反应，却很容易制得苯胺。表明卤苯必须是在强碱($NH_2^-$)的作用下才能发生亲核取代反应。但在这种反应中，亲核试剂不总取代离去基团所在的位置。例如用同位素碳 $^{14}C$(用*标示同位素碳 $^{14}C$)示踪研究表明，氯苯与氨基钾在液氨中反应可得两种苯胺，一种是$-NH_2$连在 $^{14}C$ 上，一种是$-NH_2$连在 $^{14}C$ 的邻位，且这两种苯胺的数量几乎相等。

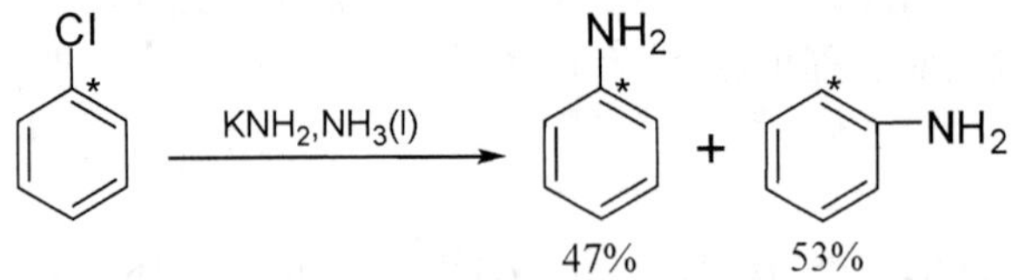

这是一个消除-加成反应历程。反应分两步进行：第一步氨基负离子($NH_2^-$)先从卤苯的卤原子邻位上夺取一个质子，然后失去卤负离子，生成一个高活性中间体苯炔(或称脱氢苯)，相当于从卤苯分子中消去一分子 HCl；第二步与$NH_2^-$加成生成苯负离子，再与 $NH_3$ 发生质子交换生成苯胺。因此称为消除-加成反应历程。由于反应中生成了苯炔，故又称为苯炔历程。

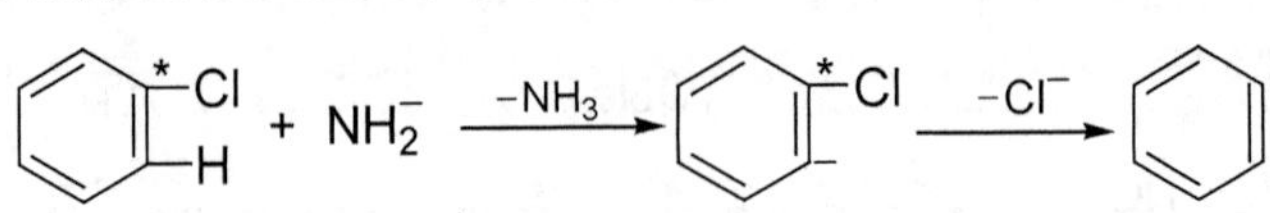

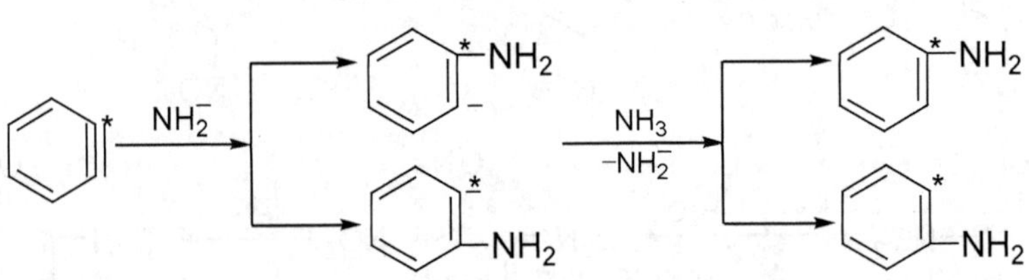

由于苯炔是对称的，氮原子可与两个叁键碳原子中的任何一个相连，而且连接概率相等，因而得到氨基位于 $^{14}C$ 和 $^{14}C$ 邻位的两种苯胺。这个历程合理地说明了上述反应结果，并经实验证明。如果卤苯中卤原子的两个邻位上都有取代基，则不能发生上述氨解反应，从而也证实苯炔历程与事实相符，即通过生成活性中间体苯炔的先消除后加成反应历程。

苯炔是一个高度不稳定的活性中间体。苯炔中含有一个“碳碳叁键”，新生成的键是由两个不平行的 $sp^2$ 杂化轨道部分交盖形成，这个键与苯环的碳架共平面，并与苯环的 π 键相互垂直，处在碳环外侧(图 7-6)，是一个高活性的不饱和键，可与亲电试剂、亲核试剂迅速反应，生成取代苯。因此，苯炔及其衍生物是合成多种化合物的活性中间体。

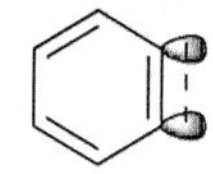

图 7-6　苯炔的结构

## 7.4　多卤代烃简介

含有多个卤原子的烃类化合物称为多卤代烃。多卤代烃中卤原子可以相同，也可以不同；它们可以连在同一个碳原子上，也可以连在不同的碳原子上。卤原子分别连在不同的碳原子上的多卤代烃，其性质和卤代烷相类似；多个卤原子连在同一碳原子上的多卤代烃，性质和用途比较特殊，现将其作一简单介绍。

1. 三氯甲烷

三氯甲烷又称氯仿，是一种无色而有甜味的液体，熔点−63.5℃，沸点 61.3℃，相对密度为 1.482，不溶于水，是一种不燃性有机溶剂，可溶解许多高分子化合物，如油脂、腊、有机玻璃和橡胶等，常用于干洗和脱脂溶剂的配制。在染料、杀虫剂、杀真菌剂的生产中作中间体，在医药工业上用作萃取剂和溶剂，还可配制熏蒸消毒剂等。

三氯甲烷具有麻醉作用，纯净的氯仿曾作为麻醉剂使用，但因其对心脏、肝脏毒性大，目前临床已很少使用。

氯仿由于三个氯原子的吸电子效应，它的 C–H 键较活泼，容易在光照条件下被空气中的氧氧化为剧毒性的光气，所以氯仿要用棕色瓶避光保存，加入 1%的乙醇可以将光气破坏。

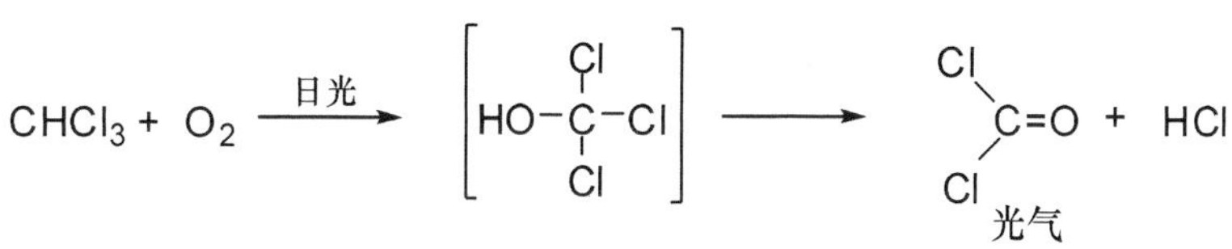


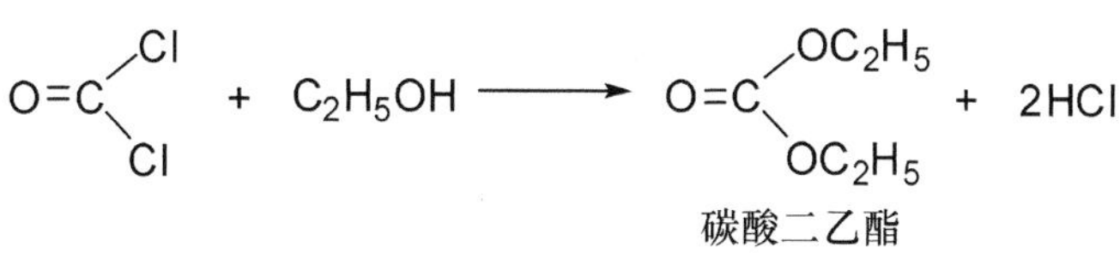


2. 四氯化碳

四氯化碳为无色油状液体，熔点−23.8℃，沸点 76.6℃，相对密度为 1.5940，有特殊的气味。四氯化碳主要用作合成原料和溶剂及萃取剂，能溶解脂肪、油漆、树脂、橡胶等物质，也常用作干洗剂，因其不燃，使用比较安全。

四氯化碳不能燃烧，沸点低，受热易挥发，蒸气比空气重，不导电，因此当四氯化碳受热蒸发成为沉重的气体覆盖在燃烧着的物体上时，能隔绝空气而灭火，适用于扑灭油类的燃烧和电源附近的火灾，是一种常用的灭火剂。

四氯化碳在 500℃以上高温时，遇水会发生水解而生成光气，故使用时要注意空气流通，以防中毒。四氯化碳有毒，能损害肝脏，属于危险化学品。

$$CCl_4 + H_2O \xrightarrow{\text{高温}} COCl_2 + 2HCl$$

3. 四氟乙烯

四氟乙烯在常温下为无色气体，沸点–6.3℃，不溶于水，可溶于有机溶剂。在过硫酸铵引发下，可聚合成聚四氟乙烯。

$$n CF_2{=}CF_2 \xrightarrow[50℃,\ 490.5\ kPa]{(NH_4)_2S_2O_8,\ H_2O} \left[ CF_2{-}CF_2 \right]_n$$

聚四氟乙烯是一种性能优良的合成树脂，不溶于有机溶剂，也不燃烧。相对分子质量可达 50 万～200 万，有优越的耐热和耐寒性能，可在–269～250℃的温度范围内使用。415℃开始分解，HF、王水都无法溶解聚四氟乙烯，化学稳定性超过一切塑料，由它制成的塑料有“塑料王”之称，商品名为“特氟隆”。

聚四氟乙烯有极好的电绝缘性和不黏附性；无毒且有润滑作用，是一种非常有用的工程塑料。其机械加工性能良好，多用于制造精密仪器、仪表的绝缘件，还可作人造关节的部件，长期用于人体内。

4. 二氟二氯甲烷

二氟二氯甲烷是无色、无臭、无毒的不燃性气体，200℃以下对金属无腐蚀性。溶于乙醇和乙醚。化学性质稳定，沸点为–29.8℃，易压缩成液体，解除压力后立刻气化，并吸收大量的热，因此广泛用作制冷剂、气溶剂、灭火剂、发泡剂、干洗剂等。

二氟二氯甲烷的商品名为“氟利昂-12”或 $F_{12}$。氟利昂(Freon)原为杜邦公司生产的专用商品名称，但现在已经成为通用名称，它是指含有一个或两个碳原子的氟氯烷烃的总称。常用代号 $F_{×××}$来表示，其中 F 表示它是一个氟代烃，F 右下角的个位数字代表分子中的氟原子数，十位数字代表氢原子数加一，百位数字代表分子中碳原子数减一，氯原子数不必标出。一些常用氟利昂的名称、组成及代号如下：

| 组成 | $CCl_3F$ | $CCl_2F_2$ | $CClF_3$ | $CHF_3$ | $CCl_2FCClF_2$ | $CClF_2CClF_2$ |
|---|---|---|---|---|---|---|
| 名称 | 氟利昂-11 | 氟利昂-12 | 氟利昂-13 | 氟利昂-23 | 氟利昂-113 | 氟利昂-114 |
| 代号 | $F_{11}$ | $F_{12}$ | $F_{13}$ | $F_{23}$ | $F_{113}$ | $F_{114}$ |

氟利昂类气体是最常用的制冷剂，具备加压容易液化，气化热大，不燃、不爆、无臭、无毒等优良性能。利用它们不同的沸点用于不同的制冷场所，如家用冰箱用 $F_{12}$，冷库里用 $F_{13}$ 和 $F_{23}$，空调器用 $F_{114}$ 等。

有机氟氯烃的发现极大地改变了人类的生活质量，同时造成了环境污染。由于其特别的化学性能，不易分解，残留在大气中并不断上升，当它们进入高空时，受紫外线作用分解出氯自由基，氯自由基可以破坏臭氧层，一个氯自由基可以破坏十万个臭氧分子。因此，氟利昂的使用将逐渐被替代。

## 7.5 卤代烃的制法

卤代烃在自然界中存在很少，常用的卤代烃一般是用化学合成方法制备的。

### 7.5.1 烃的卤代

在光照或高温作用下，烷烃可直接与卤素发生卤代反应(参见 3.4.1)。烷烃卤代的产物一般都是混合物。由于溴代的选择性较氯代高，由烷烃卤代制备卤代烷，溴代较氯代更适用。

烯烃的 $\alpha$-H 卤代通常用于制备烯丙型卤代烃，实验室常用 *N*-溴代丁二酰亚胺(NBS)作为溴化剂制备烯丙型溴代烃。芳烃的 $\alpha$-H 卤代可用于制备苄基型卤代烃。

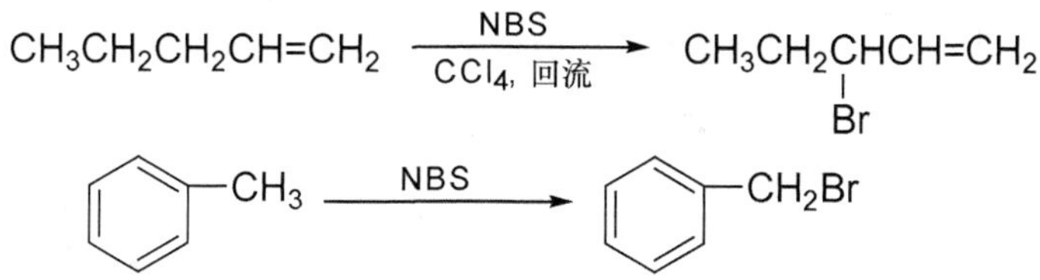


芳环上的卤代可以在苯环上引入卤素，制备卤代芳烃(参见 5.3.1)。

### 7.5.2 不饱和烃的加成

烯烃或炔烃可以与卤化氢或卤素加成，生成卤代烷烃(参见 4.4.1)或卤代烯烃(参见 4.8.2)。

### 7.5.3 由醇制备

醇分子中的羟基可被卤素原子取代而得到相应的卤代烷(参见 9.2.3)。这是制取卤代烷最常用的方法，无论在实验室或工业上都可采用。常用的试剂有 HX、$PX_3$、$PX_5$、$SOCl_2$ 等。

$$\mathrm{ROH + HX \rightleftharpoons RX + H_2O}$$

$$\mathrm{ROH + SOCl_2 \xrightarrow[\text{回流}]{\text{吡啶}} RCl + SO_2\uparrow + HCl\uparrow}$$

$$\mathrm{3ROH + PX_3 \longrightarrow 3R\text{-}X + P(OH)_3} \quad \mathrm{X = Br, I}\ \text{(Cl的反应产率低于50\%)}$$

由于红磷和卤素能很快反应产生三卤化磷，所以实际操作时常用红磷和溴(碘)反应。

## 阅读材料

### 诺贝尔化学奖与金属有机化学

1912 年的诺贝尔化学奖授予法国化学家 Victor Grignard(维克多·格利雅)，以表彰他所发明的 Grignard 试剂(卤代烃基镁)广泛应用于有机合成中的巨大贡献。

Victor Grignard 1871 年生于法国瑟堡，家庭很富有，但他不爱读书，成为“没出息的花花公子”。1892 年，在一次宴会上，他邀请一位美丽优雅的姑娘跳舞被拒绝。受此羞辱，他悔恨交加，决心抛弃恶习，奋发上进。两年后，终于考取了里昂大学化学系。经过 7 年的刻苦学习，Grignard 于 1901 年获得了博士学位，历任南希大学、里昂大学的教授。

19 世纪中期，人们就开始研究有机金属化合物。当时，有机锌试剂与醛、酮反应是合成醇的通用方法。但有机锌试剂本身存在缺点，如反应产率不高、试剂活性不足等，限制了它的进一步应用。有人提出用镁代替锌。1888 年，L. Meyer，P. Lohr 和 H. Fleck 进行有机镁的研究工作。他们将镁和卤代物在封闭的管子中加热，首次得到了二甲基镁、二乙基镁和二异丙基镁。这些化合物有很高的反应活性，在空气或二氧化碳中会立即燃烧；与水发生激烈反应得到相应的烷烃；与乙酰氯反应后再水解得到醇等。由于烷基镁化合物十分活泼，不易制备和保存，因此未能将其发展为一种合成通用方法。几年后，Grignard 的导师 P. A. Barbier 教授希望避免用繁琐的封管反应制备有机镁试剂。他尝试将镁屑与甲基庚烯酮混合，慢慢滴入碘甲烷，反应 12 h 后用冰水和稀硫酸处理，成功得到了产物，但这类反应没有规律，产率不能令人满意。Barbier 教授认为这些反应不可靠，不足以建立一个行之有效的合成通用方法，因此没有进行进一步的研究工作。在 Barbier 建议下，Grignard 继续研究这类反应。他把精力集中到分离活性中间产物——有机镁化合物上，希望能得到这些中间产物，再用它们和特定的反应物(醛、酮、酰氯等)进行反应。但这些中间产物所具有的性质令它们难以分离和保存。他在前人研究工作的基础上，尝试将烷基镁溶解于醚中，取得了成功。将镁直接置于无水乙醚中再滴加卤代烷，在室温下反应即可顺利进行。

Grignard 发表了最初的成果后，与他人合作开始进行更深入的研究。经过努力，使利用有机镁化合物合成一元羧酸、醇类和烃类化合物在操作、适用范围和产率方面均优于有机锌试剂。这样，Grignard 反应就建立起来了，有机镁试剂也被命名为 Grignard 试剂(格氏试剂)。

后来，人们探讨了格氏试剂的结构，将 Grignard 反应实现工业化。时至今日，Grignard 反应在许多药物合成中仍在广泛使用。1912 年 11 月 13 日，Grignard 因格氏反应对有机化学发展的巨大贡献而获得 Nobel 化学奖。

1973 年的诺贝尔化学奖授予了英国化学家 Geoffrey Wilkinson 和德国化学家 Wrnst Otto Fischer，以表彰他们各自独立地在称之为夹心面包式化合物的有机金属化学上的开拓性工作。

Geoffrey Wilkinson，1921 年出生在英国托德莫顿，在伦敦帝国学院获博士学位，二战期间曾到美国、加拿大工作，后回国任伦敦大学教授。他详细阐明了二茂铁等化合物特殊的化学结构，合成了几乎全部过渡金属的夹心式化合物，对金属有机化学和配位化学的发展和核磁共振用于化学结构研究起了极大的推动作用。他还发现了高活性的加氢催化剂，称为“威尔金森”催化剂。Wrnst Otto Fischer，1918 年出生于德国索尔恩，因与 Geoffrey Wilkinson 几乎同时提出二茂铁等化合物的“夹心结构”理论，分享了 1973 年的诺贝尔化学奖。

2010 年的诺贝尔化学奖授予了美国化学家 R. F. Heck，日本化学家 Ei-ichi Negishi 和 Akira Suzuki，这三名科学家因在钯催化交叉偶联反应方面的卓越研究获奖，其研究成果使人类能有效合成复杂有机物。

R. F. Heck，1931 年出生于美国的斯普林菲尔德，1954 年在美国加利福尼亚大学洛杉矶分校获得博士学位。随后，他进入瑞士苏黎世联邦工学院进行博士后阶段的学习，后又进入美国特拉华大学工作并于 1989 年退休。1972 年，Heck 报道了卤代芳烃或烯烃与乙烯基化合物在过渡金属催化下形成 C−C 键的偶联反应(Heck 反应)。

Ei-ichi Negishi，1935 年出生于中国长春，1958 年从东京大学毕业后进入帝人公司。1963 年在美国宾西法尼亚大学获得博士学位，现任美国普渡大学教授。Negishi 于 1976 年报道了卤代芳烃与金属锌化合物在钯或镍催化剂存在下的偶联反应(Negishi 偶联反应)。

Akira Suzuki，1930 年出生于日本北海道鹉川町，1959 年在北海道大学获得博士学位，此后他留校工作了一段时间。从美国普渡大学留学回国后，1973 年就任北海道大学工学系教授。1981

年，Suzuki 报道了在钯配合物催化剂作用下，芳基或烯基硼酸或硼酸酯和氯、溴或碘代芳烃或烯烃的交叉偶联反应(Suzuki 反应)。

## 习 题

7-1 写出 1-溴丁烷与下列化合物反应所得到的主要有机物。

(1) NaOH(水溶液)　(2) KOH(醇溶液)　(3) Mg，干醚

(4) (3)产物+$D_2O$　(5) NaI(丙酮溶液)　(6) $(CH_3)_2CuLi$

(7) $CH_3C{\equiv}CNa$　(8) $CH_3NH_2$　(9) $C_2H_5ONa$, $C_2H_5OH$

(10) NaCN　(11) $AgNO_3$, $C_2H_5OH$　(12) $CH_3COOAg$

7-2 把下列两组化合物：

(a) 按亲核取代反应由易到难次序排列；

(b) 按与 $AgNO_3$(醇溶液中)反应的活性由易到难次序排列；

(c) 按亲电加成(第一组)、亲电取代(第二组)反应由易到难次序排列。

(1) A. $CH_3CH{=}CHCl$　B. $CH_2{=}CHCH_2CH_2Cl$　C. $CH_2{=}CHCH_2Cl$

(2) A. 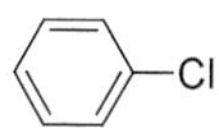　B. 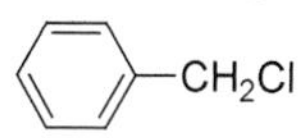　C. 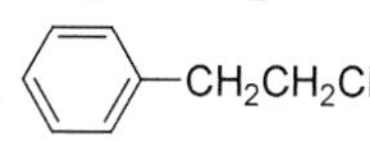

7-3 回答下列问题。

(1) $CH_3Br$ 和 $C_2H_5Br$ 在含水乙醇溶液中进行碱性水解时，若增加水的含量则反应速率明显下降，而 $(CH_3)_3CCl$ 在乙醇溶液中进行水解时，如含水量增加，则反应速率明显上升。为什么？

(2) 无论实验条件如何，新戊基卤$[(CH_3)_3CCH_2X]$的亲核取代反应速率都慢。为什么？

(3) 1-氯-2-丁烯(a)和 3-氯-1-丁烯(b)分别与浓乙醇钠的乙醇溶液反应，(a)只生成(c)，(b)只生成(d)，但分别在乙醇溶液中加热，则无论(a)还是(b)均得到(c)和(d)的混合物。为什么？

$$\underset{(a)}{CH_3CH{=}CHCH_2Cl} \xrightarrow[C_2H_5OH]{NaOC_2H_5} \underset{(c)}{CH_3CH{=}CHCH_2OC_2H_5}$$

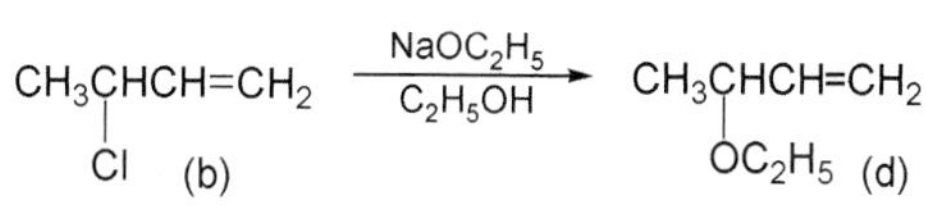

(4) 将下列亲核试剂按其在 $S_N2$ 反应中的亲核性由大到小排列，并简述理由。

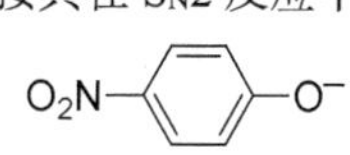　$C_2H_5O^-$　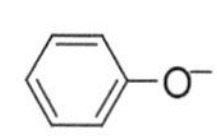

(A)　(B)　(C)

(5) 1-氯丁烷与 NaOH 生成正丁醇的反应，往往加入少量的 KI 作催化剂。试解释 KI 的催化作用。

(6) 仲卤代烷水解时，一般是按 $S_N1$ 及 $S_N2$ 两种机理进行，若使反应按 $S_N1$ 机理进行，可采取什么措施？

(7) 顺-和反-1-叔丁基-4-氯环己烷分别与热的氢氧化钠乙醇溶液反应(E2 机理)，哪一个较快？

7-4 完成下列反应。

(1) $(CH_3)_3CBr \xrightarrow[C_2H_5OH]{KCN}$ ?

(2) 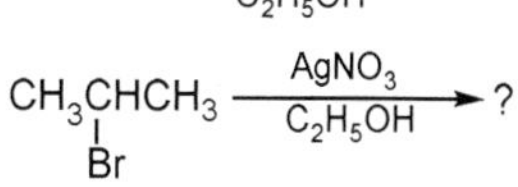

(3) $CH_3CH{=}CH_2 \xrightarrow{HBr}$ ? $\xrightarrow{NaCN}$ ?

(4) $CH_3CH{=}CH_2 \xrightarrow[\text{过氧化物}]{HBr}$ ? $\xrightarrow{NH_3}$ ?

(5) 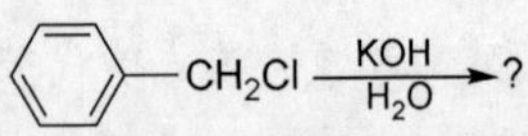

7-5 在下列每一对反应中，预测哪一个更快。为什么？

(1) (A) $(CH_3)_2CHCH_2Cl + OH^- \longrightarrow (CH_3)_2CHCH_2OH + Cl^-$

(B) $(CH_3)_2CHCH_2I + OH^- \longrightarrow (CH_3)_2CHCH_2OH + I^-$

(2) (A) $CH_3CH_2CH(CH_3)CH_2Br + CN^- \longrightarrow CH_3CH_2CH(CH_3)CH_2CN + Br^-$

(B) $CH_3CH_2CH_2CH_2CH_2Br + CN^- \longrightarrow CH_3CH_2CH_2CH_2CH_2CN + Br^-$

(3) (A) $CH_3CH{=}CHCH_2Cl + H_2O \xrightarrow{\triangle} CH_3CH{=}CHCH_2OH + HCl$

(B) $CH_2{=}CHCH_2CH_2Cl + H_2O \xrightarrow{\triangle} CH_2{=}CHCH_2CH_2OH + HCl$

(4) (A) $CH_3CH_2CH_2Br + NaSH \longrightarrow CH_3CH_2CH_2SH + NaBr$

(B) $CH_3CH_2CH_2Br + NaOH \longrightarrow CH_3CH_2CH_2OH + NaBr$

(5) (A) $CH_3CH_2I + SH^- \xrightarrow{CH_3OH} CH_3CH_2SH + I^-$

(B) $CH_3CH_2I + SH^- \xrightarrow{DMF} CH_3CH_2SH + I^-$

7-6 将下列各组化合物按照对指定试剂的反应活性从大到小排列成序。

(1) 在 2%$AgNO_3$-乙醇溶液中反应：

(A) 1-溴丁烷　　(B) 1-氯丁烷　　(C) 1-碘丁烷

(2) 在 NaI-丙酮溶液中反应：

(A) 3-溴丙烯　　(B) 溴乙烯　　(C) 1-溴乙烷　　(D) 2-溴丁烷

(3) 在 KOH-醇溶液中反应：

(A) $CH_3C(CH_3)(Br)CH_2CH_3$　　(B) $CH_3CH(CH_3)CH(Br)CH_3$　　(C) $CH_3CH(CH_3)CH_2CH_2Br$

7-7 用化学方法区别下列化合物。

(1) (A) 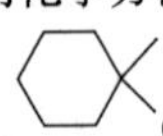　　(B) 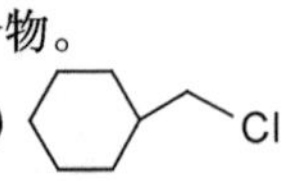　　(C) 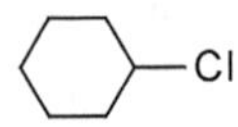

(2) 1-氯丁烷，1-碘丁烷，己烷，环己烯

(3) (A) 2-氯丙烯　　(B) 3-氯丙烯　　(C) 苄基氯　　(D) 间氯甲苯　　(E) 氯代环己烷

7-8 完成下列转化。

(1) $CH_3CH{=}CH_2 \longrightarrow CH_2(OH)CH(OH)CH_2OH$

(2) $CH_3CH_2CH_2CH_2Br \longrightarrow CH_3CH_2CH(OH)CH_3$

(3) 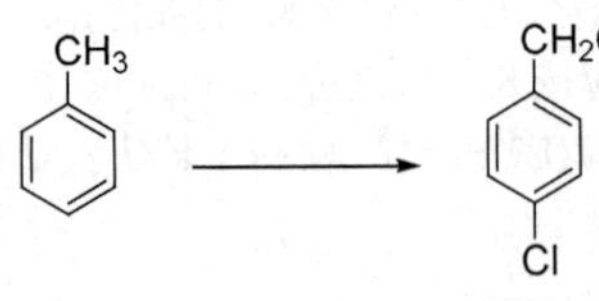

(4) 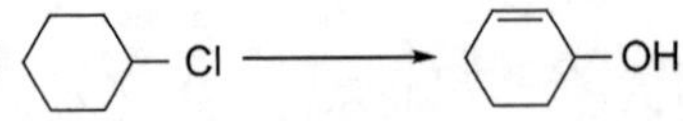

7-9 某烯烃 A 分子式为 $C_6H_{12}$，具有旋光性。加氢后生成相应的饱和烃 B。A 与 HBr 反应后生成 C($C_6H_{13}Br$)。C 亦具有旋光性。写出 A、B、C 的结构及各步反应式。

7-10 某卤代烃 $C_3H_7Br$(A)，与 KOH-醇溶液共热得到主产物 $C_3H_6$(B)，B 与 HBr 作用得到的主产物是 A 的异构体。推测 A 的结构，并写出相应的反应式。

7-11 写出 D-苹果酸(2-羟基丁二酸)和 L-苹果酸经消除反应后所得到的产物，并命名。

7-12 卤代烃与 NaOH 在水与乙醇混合物中进行反应，指出下列现象哪些属于 $S_N2$ 历程，哪些属于 $S_N1$ 历程。

(1) 产物的绝对构型完全转化。

(2) 有重排产物。

(3) 碱的浓度增加反应速率加快。

(4) 三级卤代烃速率大于二级卤代烃。

(5) 增加溶剂的含水量反应速率明显加快。

(6) 反应只有一个过渡态。

(7) 试剂的亲核性越强反应速率越快。

7-13 用下列化合物能否制备 Grignard 试剂？为什么？

(1) $HOCH_2CH_2Br$　(2) $HC\equiv CCH_2CH_2Br$　(3) $H_2C=CHCl$　(4) $CH_3CH_2CH(OCH_3)CH_2Br$

7-14 由 1-溴丙烷制备下列化合物。

(1) 异丙醇　(2) 1,1,2,2-四溴丙烷　(3) 2-溴丙烯　(4) 2-己炔　(5) 2-溴-2-碘丙烷

7-15 某化合物分子式为 $C_5H_{12}$(A)，A 在其同分异构体中熔点和沸点差距最小，A 的一氯代物只有一种 B。B 进行 $S_N1$ 或 $S_N2$ 反应都很慢，但在 $Ag^+$的作用下，可以生成 Saytzeff 烯烃 C。写出化合物 A～C 的构造式。

7-16 某烃 $C_3H_6$ (A)在低温时与氯作用生成 $C_3H_6Cl_2$ (B)，在高温时则生成 $C_3H_5Cl$ (C)。使 C 与碘化乙基镁作用得 $C_5H_{10}$ (D)，D 与 NBS 作用生成 $C_5H_9Br$ (E)。E 与氢氧化钾的乙醇溶液共热主要生成 $C_5H_8$ (F)，后者又可与丁烯二酸酐发生双烯合成得 G。试推测由 A～G 的结构式。

# 第 8 章　有机波谱基础

有机化合物的性质是由其分子结构决定的，分子结构的确定对于研究有机化合物至关重要。以前人们通过元素分析、官能团分析、化学反应、相对分子质量测定等实验手段联合操作确定化合物的结构，而这往往需要大量的样品和耗费大量的劳动，并且需要经过漫长的时间才能完成。

现代物理学的发展为有机化合物的结构解析提供了强有力的工具，把化合物分子结构与波谱性质结合起来，建立有机化合物结构解析的波谱技术，利用少量的样品就可以快速获得分析数据，从而确定化合物的结构。随着电子技术和计算机技术的快速发展，现代波谱仪器越来越普及，已成为实验室的常规仪器，有机化合物结构的波谱解析也成为化学工作者需要熟练掌握的技能之一。常用的有机波谱方法有红外光谱、紫外光谱、核磁共振谱和质谱等，统称为有机四大波谱。

## 8.1　电磁辐射与吸收光谱

光是由可见光和不可见光组成的。从经典理论来看，光是一种电磁波。按其光能由高到低，电磁辐射可分为 $\gamma$ 射线区，X 射线区，远紫外、紫外、可见光区，近红外、红外、远红外光区，微波区和射频区。

不同的电磁波，其波长或频率不同，包括了从波长只有千万分之一纳米(nm)的宇宙射线到波长用米甚至千米计的无线电波。波长、频率和能量之间存在如下关系：

$$\nu = c/\lambda$$

$$E = h\nu = hc/\lambda$$

式中，$\nu$ 为频率，单位是赫兹(Hz)；$\lambda$ 为波长，单位是厘米(cm)；$c$ 为光速($3 \times 10^{10}\ \mathrm{cm \cdot s^{-1}}$)；$E$ 为光量子能量，单位是焦耳(J)；$h$ 为 Plank(普朗克)常量($6.6242 \times 10^{-34}\ \mathrm{J \cdot s}$)。

物质分子是由原子核(质子、中子)和电子组成的。当电磁波照射物质时，物质可以吸收一部分辐射。吸收的辐射能量可以激发分子中的电子(主要是外层价电子)跃迁到较高的能级，或增加分子中原子的振动和转动能级，或者导致分子中电子自旋能级、核自旋能级的改变。

只有辐射光的能量正好等于电子的较高和较低两个能级之差($\Delta E = E' - E''$)时，辐射能才能被吸收，即分子吸收辐射能是量子化的。对某一分子来说，它只能吸收某些特定频率的辐射，因为只有这个特定频率辐射的能量才能引起分子中电子的跃迁，或引起原子的振动或转动能级、电子自旋或核自旋能级的变化。因此，一个分子对于不同波长辐射的吸收，也即对于具有不同频率，因而具有不同光量子能量辐射的吸收是不一样的。如果把某一有机化合物对不同波长辐射的吸收情况记录下来，就成为这一化合物的吸收光谱，如红外光谱、紫外光谱、核磁共振谱等。

# (一) 红 外 光 谱

红外光谱(infrared spectroscopy，简称 IR)是测定有机化合物分子结构的重要工具之一，主要用于检测物质分子中官能团的结构特征。

## 8.2 红外光谱产生的基本原理

波长在 0.75～500 μm 区域的电磁波为红外光。根据波长不同，红外光区可分为三个区域：近红外区(0.75～2.5 μm)、中红外区(2.5～25 μm)和远红外区(25～500 μm)。普通红外光谱常用中红外区，波长在 2.5～25 μm(波数 4000～400 $cm^{-1}$)。红外光谱是由于分子的振动及转动能级的跃迁而产生的，当物质吸收一定波长红外光的能量时，就发生振动及转动能级的跃迁。

分子必须同时满足以下两个条件时，才能产生红外吸收：

(1) 分子振动时，必须伴随有瞬时偶极矩的变化。一个分子有多种振动方式，只有使分子偶极矩发生变化的振动方式，才会吸收特定频率的红外辐射。

(2) 只有当照射分子的红外辐射频率与分子某种振动方式的频率相同时，分子吸收能量后从基态跃迁到较高能量的振动能级，从而在图谱上出现相应的吸收带。

红外光谱图用波长 $\lambda$(或波数 $cm^{-1}$)为横坐标，表示吸收峰的位置，用透射率($T$%)为纵坐标表示吸收峰的强度。透射率是指通过样品的光强度($I$)占原入射光强度($I_0$)的百分数。

$$T\% = \frac{I}{I_0} \times 100\%$$

$T$ 值越小，通过的红外光越少，表明在该频率处有强吸收。红外吸收强度取决于能级跃迁概率、振动形式及样品的浓度等。根据吸收峰的大小可分为：很强吸收峰(vs)、强吸收峰(s)、中等吸收峰(m)、弱吸收峰(w)等。

### 8.2.1 分子振动类型

分子中包含若干原子，这些原子通过化学键相连，原子间的连接并不是刚性的，而是如同两个球通过弹簧连接起来的柔性连接。在一定条件下它们处于平衡位置，在外力作用下它们之间可以发生伸缩或弯曲的相对运动，即化学键的振动，包括键的伸缩振动和键的弯曲振动。

伸缩振动是指成键原子沿着键轴方向做周期性的伸长或缩短，常用符号“s”或“v”表示。其特点是只有键长发生改变，而键角不变。根据两个原子的变化方向不同，可分为对称伸缩振动和不对称伸缩振动(图 8-1)。

弯曲振动是指引起键角改变的振动，但键长保持不变，常用符号“b”或“δ”表示。根据在空间的振动方向不同，可分为面内弯曲和面外弯曲(图 8-2)。

化学键伸缩振动方式可以用弹簧振动模型表达。按照经典力学理论，弹簧运动符合 Hooke(胡克)定律，其振动频率($\nu$)或波数($\bar{\nu}$)可表示为：

$$\nu = \frac{1}{2\pi}\sqrt{\frac{k(m_1 + m_2)}{m_1 \cdot m_2}} \quad 或 \quad \bar{\nu} = \frac{1}{2\pi c}\sqrt{\frac{k(m_1 + m_2)}{m_1 \cdot m_2}}$$

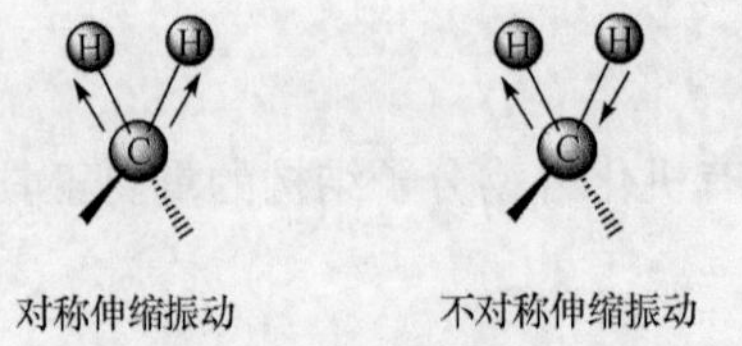


图 8-1　伸缩振动示意图

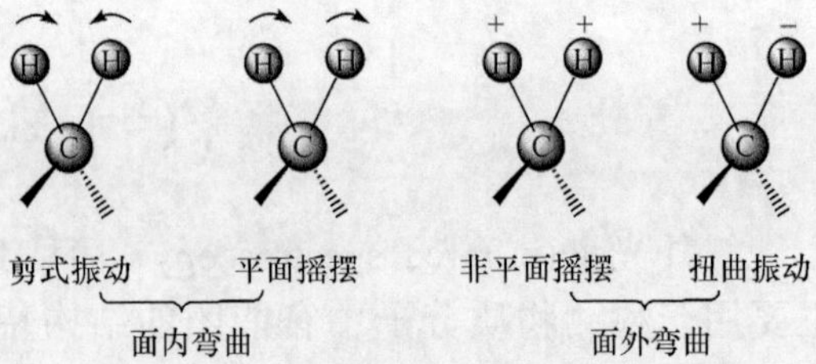


图 8-2　弯曲振动示意图

式中，$k$ 为力常数($N \cdot cm^{-1}$)，与化学键的强度有关；$m_1$ 和 $m_2$ 为成键两原子的相对质量(g)；$c$ 为光速($3 \times 10^{10}\ cm \cdot s^{-1}$)。

### 8.2.2　影响红外吸收频率的因素

(1) 化学键的振动频率或波数与力常数 $k$ 的平方根成正比，$k$ 越大，振动频率越大。而 $k$ 值与键长和键能有关，键长越短，键能越大，$k$ 值也越大。例如，碳碳单键的强度较双键和叁键小，所以其红外吸收出现在 1200～700 $cm^{-1}$，而碳碳双键和叁键的红外吸收分别在 1700～1450 $cm^{-1}$ 和 2300～2100 $cm^{-1}$。

(2) 振动频率或波数与原子的折合质量 $m_1 \cdot m_2\ /\ (m_1 + m_2)$的平方根成反比。折合质量越小，其红外吸收频率越高。当两个振动原子中有一个为氢原子时，因为氢原子的质量很小，折合质量很小，振动频率或波数比较高。例如，C—H、O—H、N—H 键的伸缩振动吸收出现在高波数区。

(3) 弯曲振动不改变键长，力常数较小，所以它们产生的吸收峰在低波数区域内。

(4) 电子效应也影响红外吸收频率。电负性不同的原子或原子团可通过诱导效应影响分子中电子云的分布以及化学键的力常数，从而影响官能团的吸收频率和吸收强度。例如，下式中随着 Y 基的电负性增大，诱导效应增大，C=O 的伸缩振动向高波数方向移动。

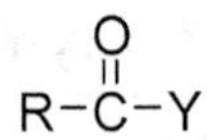

| Y基: | R' | H | OR' | Cl |
|---|---|---|---|---|
| $\nu_{C=O}/cm^{-1}$ | 1715 | 1720 | 1740 | 1800 |

由于共轭效应使共轭体系中电子云平均化，力常数减小，吸收频率移向低波数区域。例如 $CH_3CH_2CH{=}CH_2$ 分子中，C=C 的伸缩振动吸收峰在～1647 $cm^{-1}$，$CH_3COCH_3$ 分子中 C=O 伸缩振动吸收峰在～1720 $cm^{-1}$，而在 $CH_2{=}CHCOCH_3$ 分子中 C=O 吸收峰在～1685 $cm^{-1}$，C=C 吸收峰在～1623 $cm^{-1}$，都比单独存在时低。

(5) 分子生成分子内氢键或分子间氢键时，振动频率和强度也发生变化，常向低波数移动，且强度增加，峰形变宽。例如，缔合的 O—H、N—H 键均向低波数移动。

另外，对同一化合物，因物质的状态、测试条件、溶剂极性等影响，吸收峰位置有所不同。通常气态时吸收频率高于液态或固态。

## 8.3　官能团的特征吸收频率

红外光谱是研究分子中化学键偶极矩变化的振动吸收光谱。组成化合物的原子和化学键不同，或化学键的振动方式不同时，应该在不同的红外辐射波段产生吸收，在红外吸收图谱中产生各自的吸收频率区。红外光谱的波数范围为 4000～400 $cm^{-1}$，可划分为两个区。

1. 官能团区

红外吸收波数在 4000～1400 $cm^{-1}$ 范围称为官能团区，或称为特征吸收谱带区，主要分布的是官能团伸缩振动吸收峰。

红外光谱图中的许多谱带，其频率、强度和形状与分子结构密切相关。各类有机化合物含有其特定的官能团(如醇、酚含有—OH，醛、酮含有羰基)，特定的官能团具有特有的红外吸收带，这些吸收带是各类化合物的特征吸收带。

官能团区的光谱比较简单，但具有很强的特征性。在 4000～2500 $cm^{-1}$ 区域出现的吸收峰大多数是氢原子与其他原子间化学键产生的伸缩振动吸收峰(O—H, N—H, C—H 等)。在 2500～1900 $cm^{-1}$ 区域中出现叁键和累积双键的伸缩振动吸收峰。在 1900～1400 $cm^{-1}$ 区域中出现碳氧双键、碳碳双键、碳氮双键及硝基的伸缩振动吸收峰和苯环的骨架振动吸收峰。在了解并掌握这些特征吸收带的基础上，就可以根据红外光谱图，确认某些官能团的存在，判断化合物的类型。这对于红外光谱谱图的解析，推导化合物的结构很有帮助。

2. 指纹区

红外吸收波数 1400～400 $cm^{-1}$ 范围称为指纹区。C—H 键的弯曲振动以及 C—C、C—N、C—O、C—X 等化学键伸缩振动的红外吸收都在这个区域。指纹区反映了化合物结构的复杂振动方式，任何两个化合物只要它们结构上存在差异，在红外吸收光谱的这个区域里一定有不同的吸收模式。如同没有两个人的指纹完全相同一样，它们在红外光谱指纹区的吸收峰形不同。

表 8-1 列出了常见化合物的特征吸收频率。

**表 8-1　化合物的特征吸收频率**

| 化学键 | 化合物类型 | 频率范围/$cm^{-1}$ |
|---|---|---|
| C—H 伸缩振动 | —$CH_3$ | 2872，2962 (s) |
| | —$CH_2$(2°) | 2853，2926 |
| | —CH(3°) | 2890 (w) |
| | —$CH_2$ 和—CH(环) | 2990～3100 |
| | 烯烃 | 3010～3095 (m) |
| | 炔烃(RC≡CH) | 3267～3333 (s) |
| | 芳烃 | 3000～3100 |
| C=C 伸缩振动 | 烯烃 | 1620～1680 (v) |
| | $RCH=CH_2$ | 1638～1648 |
| | $R_2C=CH_2$ | 1648～1658 (m) |
| | RCH=CHR (顺) | 1626～1662 (v) |
| | RCH=CHR (反) | 1668～1678 (v) |
| | $R_2C=CHR$ | 1665～1675 (m) |
| | $R_2C=CR_2$ | 1665～1675 (w) |
| | 芳烃 | 1400～1500，1585～1600 |

续表

| 化学键 | 化合物类型 | 频率范围/cm$^{-1}$ |
|---|---|---|
| C≡C 伸缩振动 | 炔烃 | 2100～2260 (w) |
| | 对称 | 无吸收带 |
| | RC≡CH | 2100～2140 |
| | RC≡CR′ (不对称) | 2190～2260 |
| C–X 伸缩振动 | 有机氯化物 | 550～850 (s) |
| | 有机溴化物 | 515～690 (s) |
| | 有机碘化物 | 500～600 (s) |
| | 有机氟化物 | 730～1400 (s) |
| O–H 伸缩振动 | 醇、酚(气相或极稀溶液) | 3584～3650 (s) |
| | 醇、酚 | 3200～3550 (b, s) |
| C–O 伸缩振动 | 醇 | 1000～1260 (s) |
| | 脂肪醚 | 1085～1150 (s, 常在 1125 处) |
| | 芳基烷基醚 | 1020～1075，1200～1275 |
| | 乙烯基醚 | 1020～1075，1200～1225 |
| C=O 伸缩振动 | 酮 | 1680～1750 (s) |
| | 醛 | 1690～1740 (s) |
| | 羧酸 | 1710～1780 (s) |
| | 饱和脂肪酸酯 | 1715～1750 (s) |
| | 脂肪酸酐 | 1730～1790，1780～1850 |
| | 酰胺 | 1630～1690 (s) |
| N–H 伸缩振动 | 胺 | 3300～3500 (m) |
| | 胺盐 | 3030～3300 (b, s)，1709～2000 |
| C–N 伸缩振动 | 脂肪胺 | 1020～1250 (m,w) |
| | 芳胺 | 1250～1360 (s) |

## 8.4 烃类的红外光谱

### 8.4.1 烷烃

烷烃分子只有 C–C 键和 C–H 键。C–C 键在 1200～700 cm$^{-1}$ 区域内有一个很弱的吸收峰，在结构分析中用处不大。

链烷烃的 C–H 键伸缩振动在 2960～2850 cm$^{-1}$ 处有一强的吸收峰，可用于区别饱和烃和不饱和烃。C–H 弯曲振动对分子结构测定十分有用。甲基和次甲基的不对称 $\nu_{C\text{-}H}$(面内摇摆振动)在 1460 cm$^{-1}$ 附近有吸收峰，甲基的对称 $\nu_{C\text{-}H}$(剪式振动)在 1380 cm$^{-1}$ 附近有吸收峰，孤立甲基只在 1380 $cm^{-1}$ 附近出现单峰。若分子中存在异丙基或叔丁基，单峰分裂成双峰，异丙基的双峰强度相等，叔丁基的双峰强度不等，低波数的吸收峰强度大。这些吸收峰可用于判断分子中结构分支的情况。如果分子中存在四个或四个以上 $CH_2$ 成直链时，在 724～722 $cm^{-1}$ 中出现面内摇摆振动吸收，而少于四个 $CH_2$ 时吸收向高波数方向移动，如—$CH_2CH_2$—在 743～734 $cm^{-1}$ (m)出现。这些吸收峰位置可以表明分子中是否存在直链以及链的长短情况。环烷烃环上 C—H 伸缩振动吸收位置与链状烷烃类似，但如果环的形状使链发生扭曲，C—H 的吸收位置就要受到影响，如环丙烷由于键角变小，C—H 的伸缩振动吸收移向 3050 $cm^{-1}$ 区域。

例如，图 8-3 和图 8-4 分别为正己烷和环己烷的红外光谱图。在正己烷的红外光谱图中，2930～2850 $cm^{-1}$ 为甲基、亚甲基的 C—H 键伸缩振动吸收峰；1467 $cm^{-1}$、1370 $cm^{-1}$ 为甲基、亚甲基的 C—H 弯曲振动吸收峰；724 $cm^{-1}$ 附近为链烃中含 4 个以上亚甲基组成的链节时，出现的面内摇摆振动吸收峰。

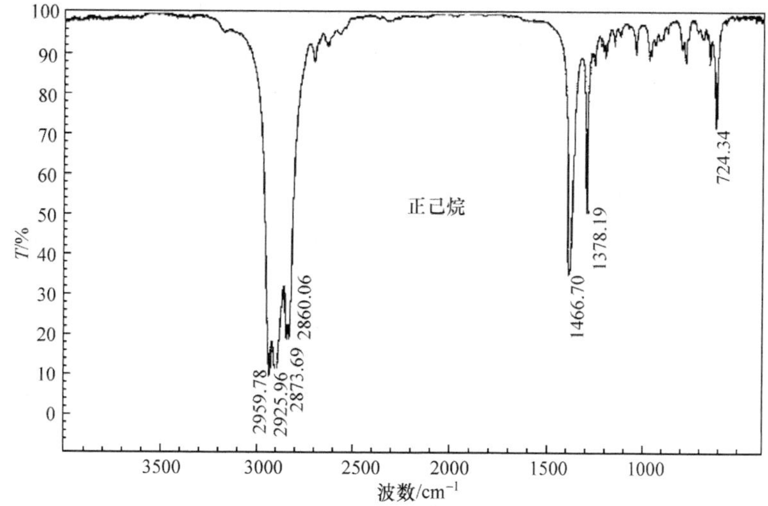


图 8-3　正己烷的红外光谱图

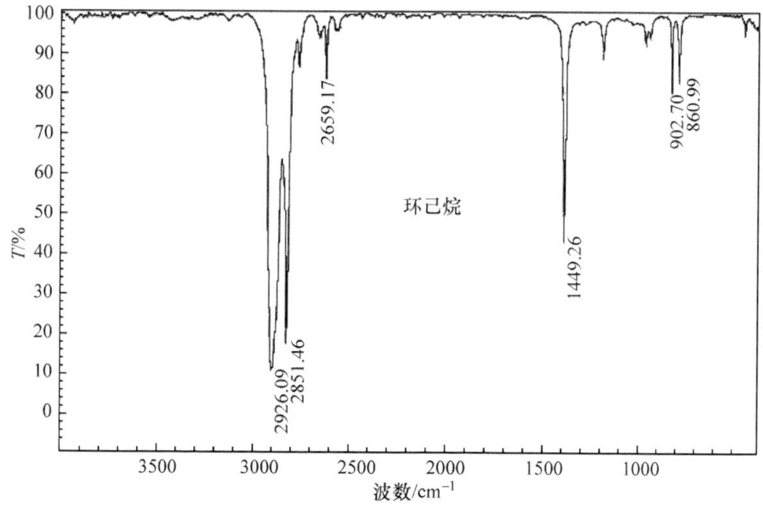


图 8-4　环己烷的红外光谱图

在环己烷的红外光谱图中，2930～2850 $cm^{-1}$ 为亚甲基的 C–H 键伸缩振动吸收峰；1449 $cm^{-1}$ 为亚甲基的 C–H 键弯曲振动吸收峰；1449 $cm^{-1}$ 以下范围有 C–C 键伸缩振动弱吸收。与正己烷的图谱比较，可发现失去了甲基的伸缩振动和弯曲振动吸收峰，也没有 720 $cm^{-1}$ 附近长链烃的特征吸收峰。

### 8.4.2 烯烃

烯烃有 C=C 伸缩振动、=C–H 伸缩振动和=C–H 面外变形振动三种特征吸收。双键伸缩振动吸收位置在 1680～1620 $cm^{-1}$，其强度和位置取决于双键碳原子上取代基的数目及性质。分子对称性越高，吸收峰越弱。如果烯烃有四个取代基，常不能看到它的吸收峰，因为对称的烯烃振动时不能改变瞬间偶极距，所以没有 C=C 相应的吸收。=C–H 伸缩振动吸收在 3100～3010 $cm^{-1}$(中)，可用于鉴定双键以及双键碳上至少有一个氢原子存在。=C–H 的面外摇摆振动吸收在 1000～800 $cm^{-1}$，对于鉴定各种类型的烯烃十分有用，因此当已经确定存在 C=C 及 C–H 的伸缩振动并需要进一步确定结构时，1000～800 $cm^{-1}$ 区域的面外摇摆振动吸收可提供有用的信息。表 8-2 列出了烯烃的特征吸收。

**表 8-2 烯烃的特征吸收**

| 烯烃类型 | =C–H 伸缩振动/$cm^{-1}$ | C=C 伸缩振动/ $cm^{-1}$ | =C–H 面外摇摆振动/ $cm^{-1}$ |
|---|---|---|---|
| 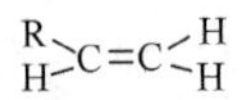 | >3000 (中) | 1645(中) | 910～905(强)<br>995～985(强) |
| 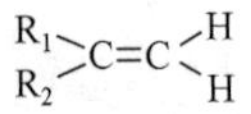 | >3000 (中) | 1653(中) | 895～885(强) |
| 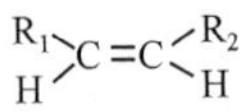 | >3000 (中) | 1650(中) | 730～650(弱且宽) |
| 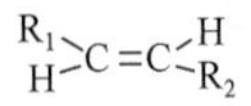 | >3000 (中) | 1675(弱) | 980～965(强) |
| 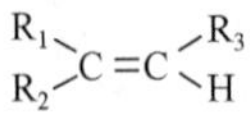 | >3000 (中) | 1680(中～弱) | 840～790(强) |
| 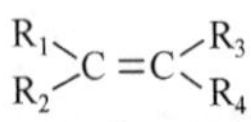 | 无 | 1670(弱或无) | |

图 8-5 为 1-己烯的红外光谱，2930～2850 $cm^{-1}$ 为甲基、亚甲基的 C–H 伸缩振动吸收；1470 $cm^{-1}$、1370 $cm^{-1}$ 处为甲基、亚甲基的 C–H 弯曲振动吸收；739 $cm^{-1}$ 附近为亚甲基组成的链节面内摇摆振动吸收峰。在 3078 $cm^{-1}$ 出现烯烃的 C–H 键伸缩振动吸收，1641 $cm^{-1}$ 处出现 C=C 的伸缩振动吸收，992 $cm^{-1}$ 和 908 $cm^{-1}$ 处为单取代烯烃双键上 C–H 面外弯曲振动吸收峰。

### 8.4.3 炔烃

炔烃碳碳叁键的力常数比碳碳双键高得多，伸缩振动吸收出现在高波数区，一元取代炔烃 RC≡CH 叁键的吸收峰在 2140～2100 $cm^{-1}$(弱)；二元取代炔烃 RC≡CR′叁键的吸收峰在 2260～2190 $cm^{-1}$；乙炔与对称二取代乙炔因是对称分子，在红外光谱中没有吸收峰。≡C–H 伸缩振动吸收在 3310～3300 $cm^{-1}$(较强)。在 700～600 $cm^{-1}$ 区域有≡C–H 弯曲振动吸收，对于结构鉴定非常有用。

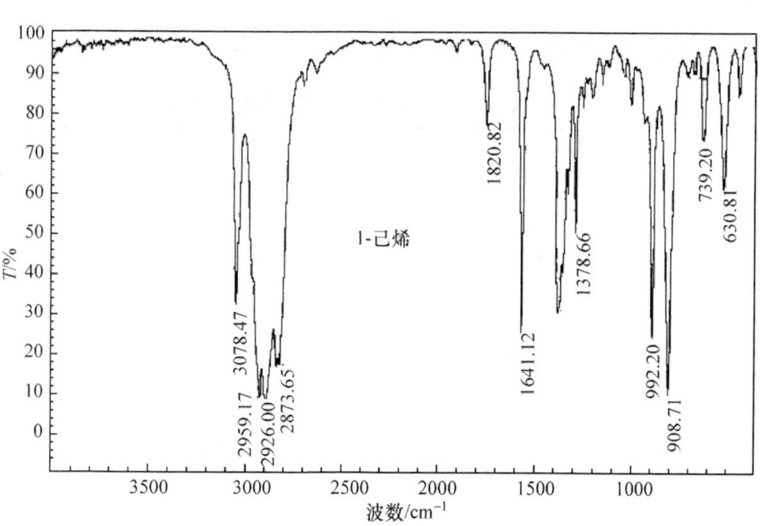


图 8-5 1-己烯的红外光谱

图 8-6 为 1-己炔的红外光谱，2930～2850 $cm^{-1}$ 范围为甲基、亚甲基的 C—H 伸缩振动吸收，1465 $cm^{-1}$、1370 $cm^{-1}$ 处为甲基、亚甲基的 C—H 弯曲振动吸收，4 个亚甲基组成的链节在 720 $cm^{-1}$ 附近出现的吸收峰与正己烷相似。在 3309 $cm^{-1}$ 出现炔烃的 C—H 伸缩振动吸收，在 2118 $cm^{-1}$ 处出现 C≡C 的伸缩振动吸收，629 $cm^{-1}$ 处出现叁键上 C—H 弯曲振动吸收峰。

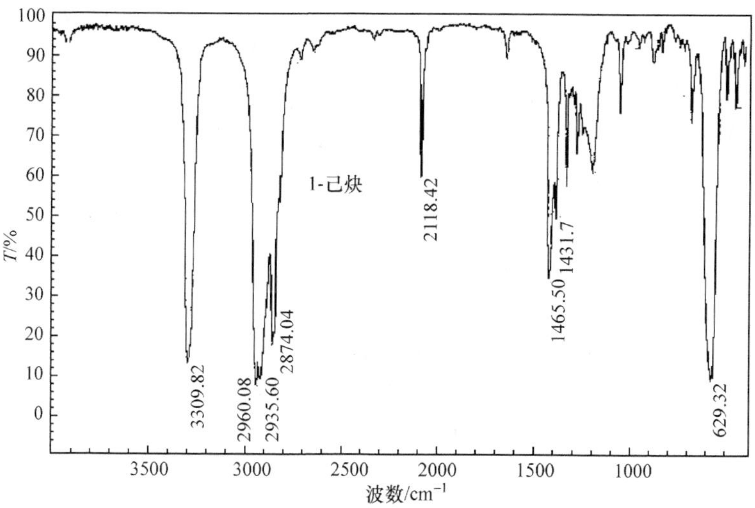


图 8-6 1-己炔的红外光谱

### 8.4.4 芳烃

芳烃的红外光谱与烯烃相似，主要有三个特征的吸收区域。苯环的骨架振动在 1600～1450 $cm^{-1}$ 范围内可看到 2～4 个由环的伸缩振动所引起的吸收峰，通常出现在 1600、1580、1500、1450 $cm^{-1}$ 附近。1450 $cm^{-1}$ 的吸收峰与烷基的 C—H 弯曲振动相近，无判断价值。苯环 C—H 伸缩振动出现在 3100～3000 $cm^{-1}$ 范围内。苯环 C—H 面外弯曲振动出现在 900～675 $cm^{-1}$ 范围内。大量的光谱数据证明，这些吸收峰的位置和个数与苯环上氢原子被取代的位置和个数有关，而与取代基的类型无关。存留在苯环上的氢原子数目越多，吸收峰的频率越低，强度越大(表 8-3)。利用这一区域的红外吸收能有效地确定苯环的取代类型。

**表 8-3　取代苯环上 C–H 的面外弯曲振动吸收**

| 取代类型 | 苯 | 单取代 | 邻位二取代 | 间位二取代 | 对位二取代 |
|---|---|---|---|---|---|
| 吸收频率/ $cm^{-1}$ | 670 (s) | 770～730 (s)<br>710～690 (s) | 770～735 (s) | 810～750 (s)<br>710～690 (m) | 838～810 (s) |

## 8.5　红外光谱解析

在解析红外光谱时，应预先了解化合物的基本信息，如化学性质、分子式等。利用分子式计算分子的不饱和度 $\Omega$：

$$\Omega = 1 + n_4 - (n_1 - n_3)/2$$

式中，$n_4$ 为化合物中四价原子数目(常为碳原子数)；$n_3$ 为化合物中三价原子数目(常为氮原子数)；$n_1$ 为化合物中一价原子数目(常为氢或卤原子数)。

若化合物的 $\Omega$ 为 0，该化合物为饱和化合物；若化合物的 $\Omega$ 为 1，该化合物可能为单环饱和化合物或含一个双键的化合物；若化合物的 $\Omega$ 为 2，该化合物可能含两个环，或两个双键，或一个叁键，或一个环和一个双键；化合物的 $\Omega$ 等于或大于 4 时，分子中常可能含有苯环。

用红外光谱获取结构信息时，要注意吸收峰携带信息的相互印证。例如在 1680 $cm^{-1}$ 处的吸收峰，配合其他的特征吸收峰，可以表达不同的结构信息：若同时在 3300 $cm^{-1}$ 处有吸收峰，1680 $cm^{-1}$ 处的吸收峰可能是酰胺化合物的羰基吸收峰；若在 3000～3100 $cm^{-1}$ 处有吸收峰，1680 $cm^{-1}$ 处的吸收峰可能是双键的吸收峰(但峰强度较小)；在 3000～3100 $cm^{-1}$ 处和 1620～1640 $cm^{-1}$ 处都有吸收峰时，1680 $cm^{-1}$ 处的吸收峰可能是共轭酮羰基的吸收峰；在 3000～3100 $cm^{-1}$、2720～2800 $cm^{-1}$ 和 1620～1640 $cm^{-1}$ 处都有吸收峰时，1680 $cm^{-1}$ 处的吸收峰可能是共轭醛羰基的吸收峰；存在 3400～2500 $cm^{-1}$ 处羧酸 O–H 的宽吸收峰，在 3000～3100 $cm^{-1}$ 处和 1620～1640 $cm^{-1}$ 处都有吸收峰时，1680 $cm^{-1}$ 处的吸收峰可能是共轭羧酸羰基的吸收峰。

需要指出的是，红外光谱不能提供化合物更多的结构信息，不能仅仅通过红外光谱确定化合物的结构，要确定化合物的整体结构，需要结合使用其他结构信息。

**【例 8.1】** 化合物 **1** 的分子式为 $C_6H_5ClO$，其红外光谱如图 8-7，试推测其可能的结构式。

**解析**　计算得化合物不饱和度 $\Omega$ 为 4，可能含苯环。谱图中 3506 $cm^{-1}$ 处的吸收峰表明分子中存在羟基，3072 $cm^{-1}$ 处的吸收峰为双键或芳环上 C–H 的伸缩振动吸收，1578 $cm^{-1}$ 和 1472 $cm^{-1}$ 处为苯环骨架振动吸收，1338 $cm^{-1}$ 和 1190 $cm^{-1}$ 处为酚的 C–O 键伸缩振动吸收，1120 $cm^{-1}$ 处为 C–Cl 键的伸缩振动吸收，743 $cm^{-1}$ 处为苯环上邻位二取代时 C–H 键面外弯曲振动吸收。由此推测化合物 **1** 可能的结构为邻氯苯酚。

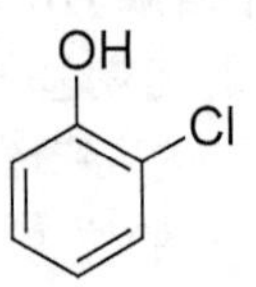

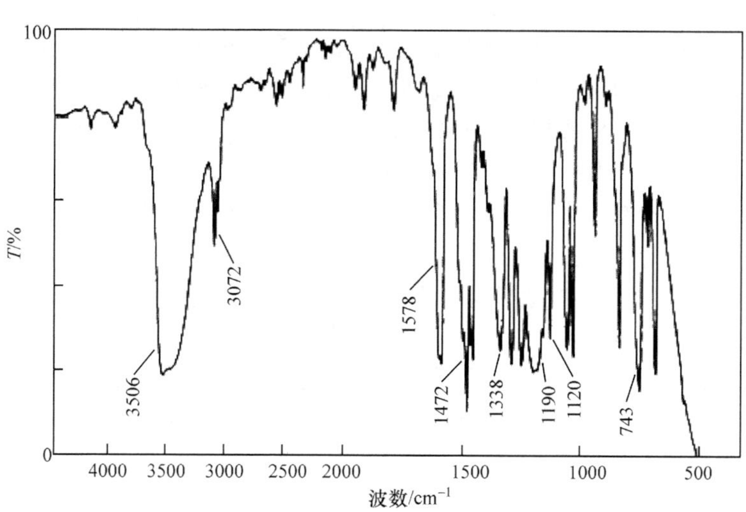


图 8-7　化合物 **1** 的红外光谱

【**例 8.2**】　化合物 **2** 分子式为 $C_4H_9NO$，其红外光谱见图 8-8，试推测该化合物结构。

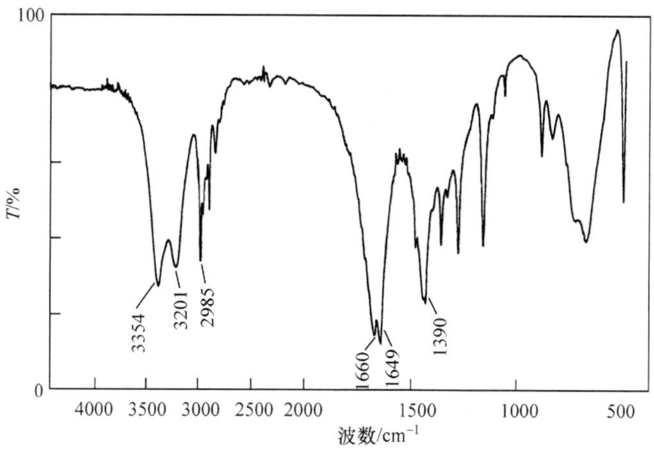


图 8-8　化合物 **2** 的红外光谱

**解析**　计算得化合物不饱和度 $\Omega$ 为 1，含 1 个不饱和键。3354 cm$^{-1}$ 和 3201 cm$^{-1}$ 处吸收峰为$-NH_2$的不对称伸缩振动和对称伸缩振动吸收，2983 cm$^{-1}$ 处为烃基 C—H 伸缩振动吸收，1660 cm$^{-1}$ 和 1649 cm$^{-1}$ 处为羰基伸缩振动和 N—H 弯曲振动吸收峰，1390 cm$^{-1}$ 处为 C—N 伸缩振动吸收峰，化合物结构可能为丁酰胺。

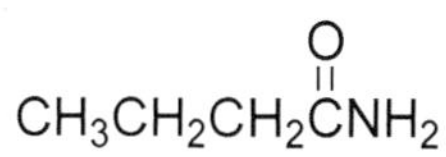

## 阅读材料

### 近红外光谱技术

在电磁波谱中，波长范围为 0.75～1000 μm、介于可见光与微波之间的电磁辐射称为红外光。根据红外辐射定律，任何物体只要温度高于 0 K，都要向周围环境发射红外辐射，只是随温度不同，辐射特性发生变化而已。通常将红外光谱分 3 个区域：近红外区(0.78～3 μm)、中红外区(3～50 μm)、远红外区(50～1000 μm)。其中，近红外光谱是粒子的电子态跃迁和分子的倍频振动产生的，主要是分子内原子的C−H、O−H、N−H等含氢基团振动光谱的倍频和合频吸收；中红外光谱是分子振动态跃迁产生的，属于分子的基频振动光谱，多用于样品的定性分析；远红外光谱是分子转动能级跃迁或晶格振动产生的，为分子的转动光谱和某些基团的振动光谱。

红外光谱分析技术作为一种有效的分析手段在20世纪30年代就得到了认可，当时红外仪器主要用于分子结构理论的研究。近红外光是指介于可见光和中红外光之间的电磁波，波长范围是700～2500 nm，近红外区的光谱吸收带是有机物质中能量较高的化学键(主要是含氢基团OH，CH，NH，SH，PH)在中红外光谱区基频吸收的倍频、合频和差频吸收带叠加而成的。由于近红外谱区光谱的严重重叠性和不连续性，物质近红外光谱中的与成分含量相关的信息很难直接提取出来并给予合理的光谱解析，而有机物在中红外谱区的吸收带较多、谱带窄、吸收强度大及有显著的特征吸收性，传统的光谱学家和化学分析家习惯于在中红外基频吸收波段进行光谱解析，所以近红外谱区在很长一段时间内是被人忽视和遗忘的谱区。

近红外光谱法(near infrared spectrum, NIRS)的应用可追溯到20世纪30年代年代，在其后的20年间，由于缺乏仪器基础，实际应用非常有限。直到20世纪60年代美国Norris博士提出相对NIR分析技术，即物质的含量与近红外区内多个不同的波长点吸收峰呈线性关系，并利用NIR漫反射技术测定了农产品中的水分、蛋白、脂肪等，才使其成为实际分析技术。1980年后，随着计算机技术的迅速发展，带动了分析仪器的数字化和化学计量学科的发展，加之近红外光谱在测样技术上所独有的不损坏样品的特点，在各方面的应用研究迅速开展。特别是1990年以后，由于近红外光在光纤中良好的传输特性，其在线分析成功地应用于各个领域。

最早期的近红外光谱仪是不能连续扫描的滤光片式，主要用作专用测定仪。随着计算机技术的发展，NIR逐渐实现了数字化，计算速度大大提高，并具有一定的纠错和自检功能。可连续扫描的光栅式近红外光谱仪的出现，进一步提高了仪器的精度，从光谱中可获取更多的信息，并且具有转换标准化校正模型的功能，使不同仪器间的校正模型可互相传递。但由于仪器中的可移动部件(光栅轴)在连续高强度运行中存在磨损的问题，从而影响光谱采集的稳定性，不太适合在线分析。现代傅里叶变换近红外光谱仪是目前近红外光谱仪器的主导产品，具有很高的波长准确性，扫描速度快，光谱分辨率高，自然杂散光不影响测试结果。随着高灵敏度、低噪声的硅光检测器和高效单色器的应用，各种性状的样品(包括固体、液体、糊状和完整样品)的在线分析将更加方便，结果将更加准确。由于几乎所有的有机化合物的一些主要结构和组成都可以在它们的近红外光谱中找到信号，而且谱图稳定，获取光谱容易，因此近红外光谱法被誉为分析的巨人。

## (二) 紫外光谱

紫外光谱(ultraviolet absorption spectroscopy)简称UV。紫外光的波长范围在100～400 nm，在200 nm以下称为远紫外区或真空紫外区，200～400 nm为近紫外区。400～800 nm为可见光区。常用的紫外光谱仪的波长范围为200～800 nm，包括近紫外区和可见光区。

### 8.6 紫外光谱产生的基本原理

与红外光相比，紫外光的波长短、频率高，因此紫外光的能量较高。分子吸收紫外光后，引起电子能级的跃迁，将价电子由基态激发到激发态，即进入反键轨道。可被激发的电子可以是 σ 电子、π 电子和未共用的孤电子对(常称为 n 电子)。分子吸收紫外光后，引起电子能级的跃迁形式主要有 $\sigma\to\sigma^*$、$\pi\to\pi^*$、$n\to\pi^*$、$n\to\sigma^*$等，这几种跃迁需要的能量不同(图 8-9)。

(1) $\sigma\to\sigma^*$跃迁所需能量最大，必须吸收较短波长的紫外光，这种波长一般在 190 nm 以下，落在远紫外区，不能为一般的紫外光谱仪所检测。饱和脂肪族化合物的分子中只存在 σ 成键电子，吸收紫外光后只能发生 $\sigma\to\sigma^*$跃迁，因此它们在紫外区是透明的，常用作测定紫外光谱的溶剂。

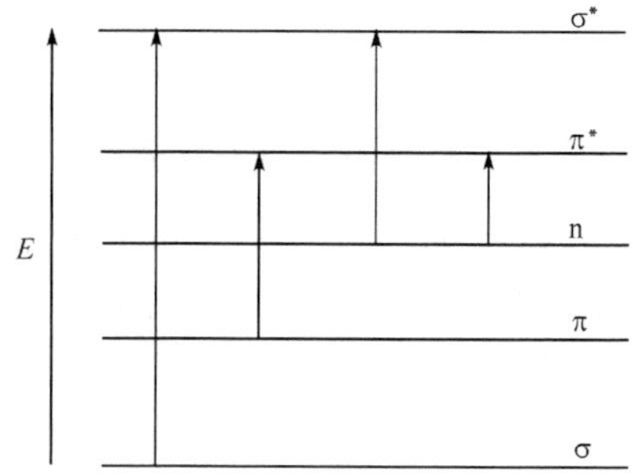

图 8-9　电子跃迁方式

(2) $n\to\sigma^*$跃迁所需能量小于 $\sigma\to\sigma^*$跃迁，这是因为未成键的 n 电子比 σ 成键的电子易于激发，因此 $n\to\sigma^*$跃迁发生在较长的波长。当分子中含有 —OH、—OR、$-NH_2$、—SH 和卤素原子时，在大于 190 nm 的波长可发生吸收。常称这些基团为助色团。

(3) $n\to\pi^*$跃迁所需能量最小，在较长的波长发生吸收。例如，丙酮在 280 nm 有 $n\to\pi^*$跃迁的吸收峰，但强度较弱。除羰基外，硝基和偶氮基均可发生 $n\to\pi^*$跃迁。

(4) $\pi\to\pi^*$跃迁所需能量比 $n\to\pi^*$大，但比 $\sigma\to\sigma^*$小，而且强度大。当分子中含有不饱和基团时能发生这种跃迁，常将这类基团称为发色团。但是只有一个发色团的化合物，它们的吸收波长常位于远紫外区，例如乙烯发生 $\pi\to\pi^*$跃迁的吸收波长为 162 nm。当分子中存在 π-π 共轭结构时，在 200 nm 以上可以看到较强的吸收带。例如，丁二烯在 217 nm 发生吸收，这是因为共轭降低了 $\pi\to\pi^*$跃迁所需的能量。

对于芳香族化合物来说也存在 $\pi\to\pi^*$跃迁。例如，苯有三个吸收峰，分别在 180 nm、200 nm 和 255 nm，前两个一般不易看到，在 255 nm 的吸收峰强度较弱。当苯环上有助色团如羟基存在时，使吸收峰移向波长较长区域(通常称红移)；当苯环上有发色团取代时，如苯乙烯可看到强的 $\pi\to\pi^*$跃迁，并移向波长较长区域(红移)。

在测量有机化合物的紫外光谱时，通常使用它们的稀溶液，常用的非极性溶剂有已烷和庚烷等烃类化合物，极性溶剂有甲醇、乙醇和水。溶剂的极性增加可使 $n\to\pi^*$跃迁移向波长较短区域(通常称蓝移)，而使 $\pi\to\pi^*$跃迁移向波长较长区域(红移)。

## 8.7　Lambert-Beer 定律与紫外光谱图的表示法

### 8.7.1　Lambert-Beer 定律

把一束单色光($I_0$)照射溶液时，一部分光($I$)通过溶液，而另一部分光被溶液吸收。这种吸收是与溶液中物质的浓度和液层的厚度成正比，称为 Lambert-Beer(朗伯-比尔)定律。用数学式表示为：

$$A = EcL = \lg\frac{I}{I_0}$$

式中，$A$ 为吸光度(吸收度)；$c$ 为溶液的物质的量浓度($mol\cdot L^{-1}$)；$L$ 为液层的厚度；$E$ 为吸收系数(消光系数)。

已知化合物的相对分子质量 $M$，则用摩尔吸光系数 $\varepsilon = EM$ 来表示吸收强度，上式可写成：

$$A = \varepsilon cL = \lg \frac{I}{I_0}$$

### 8.7.2 紫外光谱图的表示方法

应用紫外光谱仪，使紫外光依次照射一定浓度的样品溶液，分别测得消光系数 $E$ 或 $\varepsilon$。以摩尔吸光系数 $\varepsilon$ 或 $\lg \varepsilon$ 为纵坐标，以波长(单位 nm)为横坐标作图得紫外光谱吸收曲线，即紫外光谱图，如图 8-10 所示。

在一般文献中，有机物的紫外吸收光谱的数据，多报道最大吸收峰的波长位置 $\lambda_{max}$ 及摩尔吸光系数 $\varepsilon$。一般 $\varepsilon > 5000$ 为强吸收；$\varepsilon = 2000 \sim 5000$ 为中强吸收；$\varepsilon < 2000$ 为弱吸收。

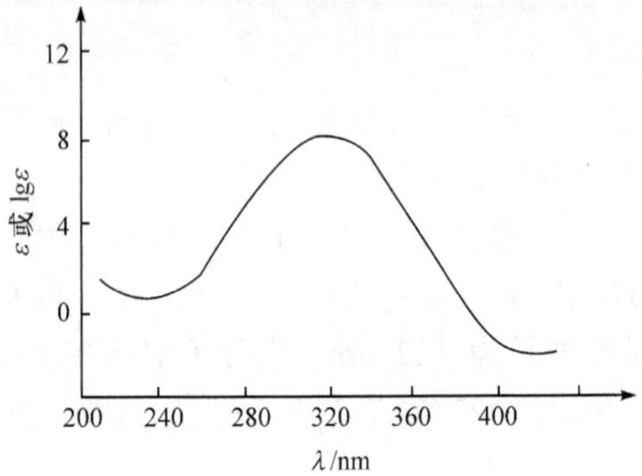


图 8-10 紫外光谱示意图

在紫外光谱图中常见到有 R、K、B 等字样，这是表示不同的吸收带，分别称为 R 吸收带、K 吸收带和 B 吸收带。R 吸收带为 $n \rightarrow \pi^*$ 跃迁引起的吸收带，其特点是吸收强度较弱，$\varepsilon_{max} < 100$，吸收峰波长一般在 270 nm 以上。K 吸收带为 $\pi \rightarrow \pi^*$ 跃迁引起的吸收带，其特点为吸收峰很强，$\varepsilon_{max} > 10000$。共轭双键数增加，$\lambda_{max}$ 向长波方向移动，$\varepsilon_{max}$ 也随之增加。B 吸收带为苯的 $\pi \rightarrow \pi^*$ 跃迁引起的特征吸收带，为一宽峰，其波长在 230～270 nm，中心在 254 nm，$\varepsilon$ 约为 204。

## 8.8 紫外光谱与有机化合物分子结构的关系

一般紫外光谱是指 200～400 nm 的近紫外区，只有 $\pi \rightarrow \pi^*$ 及 $n \rightarrow \pi^*$ 跃迁才有实际意义，即紫外光谱适用于分子中具有不饱和键，特别是共轭不饱和键的化合物。

(1) 孤立不饱和键的 $\pi \rightarrow \pi^*$ 跃迁发生在远紫外区。例如，孤立碳碳双键的最大吸收波长 $\lambda_{max} = 162(\varepsilon_{max} = 15000)$。孤立碳氧双键的 $n \rightarrow \sigma^*$ 跃迁的吸收波长 $\lambda_{max} = 190(\varepsilon_{max} = 90)$；$n \rightarrow \pi^*$ 跃迁的最大吸收波长 $\lambda_{max} = 280$，但 $\varepsilon_{max}$ 太小($\varepsilon_{max} = 1.5$)；$\pi \rightarrow \pi^*$ 跃迁有强的吸收 $\varepsilon_{max} = 1600$，但是最大吸收波长 $\lambda_{max} = 166$，在远紫外区。

(2) 形成共轭结构或共轭链增长时，吸收向长波方向移动——红移。例如，乙烯的最大吸收波长 $\lambda_{max} = 162(\varepsilon_{max} = 15000)$；1,3-丁二烯的最大吸收波长 $\lambda_{max} = 217(\varepsilon_{max} = 20900)$；己三烯的最大吸收波长 $\lambda_{max} = 258(\varepsilon_{max} = 35000)$；辛四烯的最大吸收波长 $\lambda_{max} = 296(\varepsilon_{max} = 52000)$。

(3) 在 π 键上引入助色团，能与 π 键形成 p-π 共轭体系后，吸收带红移。例如，苯的最大吸收波长 $\lambda_{max} = 255(\varepsilon_{max} = 215)$，在苯环上分别引入羟基和硝基后，苯酚和硝基苯的最大吸收波长分别为 $\lambda_{max} = 270(\varepsilon_{max} = 1450)$ 和 $\lambda_{max} = 280(\varepsilon_{max} = 1000)$。

(4) $\lambda_{max}$ 与化学结构的关系。目前虽不能精确计算紫外特征吸收峰的精确位置，但已经总结出一些经验规则用于计算化合物的紫外吸收 $\lambda_{max}$ 的位置。估算二烯烃、多烯烃和共轭烯酮

$\lambda_{max}$ 的位置可以采用 Woodward(伍德沃德)和 Fieser(费塞尔)经验规则，见表 8-4。

**表 8-4　Woodward 和 Fieser 经验规则**

| 母体 | C=C−C=C(己烷中)<br>(1) 无环二烯烃或异环二烯烃 214 nm<br>(2) 同环二烯烃 253 nm[b] | C=C−C=O 215 nm(己醇中)[a] |
|---|---|---|
| 环内双键加 | 36 | 30 |
| 环外双键加[c] | 5 | 5 |
| 延伸双键加 | 30 | 30 |
| 共轭双键上取代烷基加 | 5 | $\alpha$, 10; $\beta$, 12; $\gamma$, $\delta$,18 |
| 助色基 RCOO 加 | 0 | $\alpha$, $\beta$, $\gamma$, $\delta$, 6 |
| RO 加 | 6 | ($OCH_3$) $\alpha$, 35; $\beta$, 30; $\gamma$, 17; $\delta$, 31 |
| RS 加 | 30 | $\beta$, 35 |
| Cl 加 | 5 | $\alpha$, 15; $\beta$, 12 |
| Br 加 | 5 | $\alpha$, 25; $\beta$, 30 |
| $NR_2$ 加 | 60 | $\beta$, 95 |

a. 用其他溶剂时加校正值：己烷、环己烷加 11 nm，乙醚加 7 nm，二氧六环加 5 nm，氯仿加 1 nm。
b. (1)和(2)同时存在时，选用 253 nm 为基数。
c. 环外双键为 C=C，若为 C=O 在环外不用加。

**【例 8.3】**　应用 Woodward-Fieser 经验规则估计以下化合物的 $\lambda_{max}$。

(1) 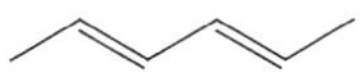

计算值：214 + 5 × 2 = 224 nm　(实验值：226 nm)

(2)

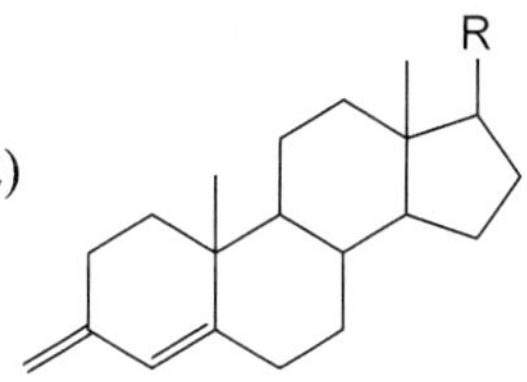


化合物包含 3 个取代基，两个环外双键。计算值：214 + 5 × 3 + 5 × 2 = 239 nm　(实验值：239 nm)

## 8.9　紫外光谱的应用

紫外光谱反映了分子中不同结构部分的特性。不同结构部分间的相互作用，主要是化合物中电子运动受紫外光作用产生的现象，谱图比较简单，提供的分子结构信息较少，需要与其他波谱技术结合来了解化合物的结构。但是，因其主要反映由不饱和键构成的共轭体系的特性，以及其他原子或基团与这种共轭体系相连时的影响，在结构鉴定中有特定作用。

1. 杂质的检验

紫外光谱灵敏度很高，容易检验出化合物中所含的微量杂质。例如，检查无醛乙醇中醛的含量，可在 270～290 nm 范围内测其吸光度，如无醛存在，则没有吸收。

2. 结构分析

根据化合物在近紫外区吸收带的位置，估计可能存在的官能团结构。如果在紫外光谱中，小于 200 nm 无吸收，可能为饱和化合物；在 200～400 nm 无吸收，大致可判定分子中无共轭双键；在 200～400 nm 有吸收，可能有苯环、共轭双键等；在 250～300 nm 有中强吸收是苯环的特征吸收带；在 260～300 nm 有强吸收，表示有 3～5 个共轭双键，如果化合物有颜色，则含 5 个以上的双键。如果化合物在 220～700 nm 范围内无吸收，表明分子中不存在共轭体系，也不含有 Br、I、S 等杂原子；在 250～360 nm 范围内有弱吸收表明可能存在羰基；300 nm 以上的强吸收表明可能存在大的共轭体系。

3. 分析确定或鉴定可能的结构

1) 鉴别单烯烃与共轭烯烃

紫罗兰 A 和紫罗兰 B 的结构非常类似，用一般的方法无法区分，但由于二者的最大吸收波长不同，可通过紫外吸收光谱将二者区别开。

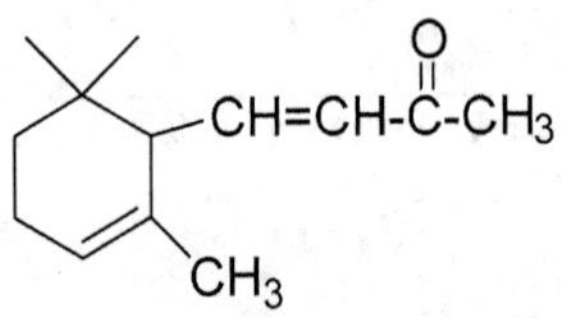

紫罗兰A

$\lambda_{max} = 227$ nm

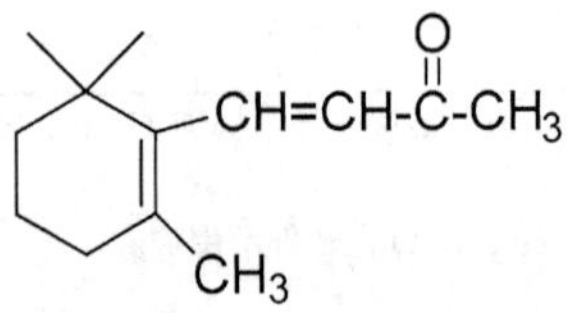

紫罗兰B

$\lambda_{max} = 299$ nm

2) 测定化合物的结构(辅助)

某化合物的分子式为 $C_4H_6O$，其构造式可能有 30 多种，如测得紫外光谱数据 $\lambda_{max} = 230$ nm ($\varepsilon_{max} > 5000$)，则可推测其结构必含有共轭体系，可把异构体范围缩小到共轭醛或共轭酮：

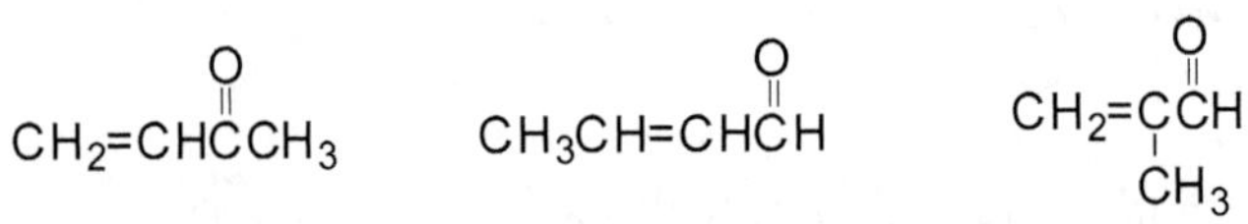

## 阅读材料

### 与紫外光谱有关的几个名词

1. 生色基与助色基

凡是能在某一段光波内产生吸收的基团，称为这一段波长的生色基(chromophore)。紫外光谱的生色基是：碳碳共轭结构、含有杂原子的共轭结构、能进行 $n \to \pi^*$ 跃迁的基团、能进行 $n \to \sigma^*$ 跃迁并在近紫外区能吸收的原子或基团。常见的生色团有烯基、炔基、羰基、羧基、硝基、偶氮、亚胺等。

具有非键电子的原子连在双键或共轭体系上，形成非键电子与 π 电子的共轭，即 p-π 共轭，使电子活动范围增大，吸收向长波方向位移，并使颜色加深。这种效应称助色效应，这种基团称为助色基(auxochrome)。例如，$-OH$、$-OR$、$-NH_2$、$-NR_2$、$-SR$、卤素等均是助色基。

2. 红移与蓝移

由于取代基或溶剂的影响，最大吸收峰向长波方向移动的现象称为红移(red shift)现象。由于取代基或溶剂的影响，最大吸收峰向短波方向移动的现象称为蓝(紫)移(blue shift)现象。波长与电子跃迁前后所占据轨道的能量差成反比，因此，能引起能量差变化的因素如共轭效应、超共轭效应、空间位阻效应及溶剂效应等都可以产生红移现象或紫移现象。

3. 紫外-可见分光光度计

紫外-可见分光光度计是利用物质的分子或离子对某一波长范围的光的吸收作用，对物质进行定性分析、定量分析及结构分析的一种仪器。它所依据的光谱是分子吸收入射光中特定波长的光而产生的吸收光谱。产生的吸收光谱本质上是物质中的分子吸收了入射光中某些特定的光能量，相应地产生了分子振动能级跃迁和电子能级跃迁的结果。但由于各物质具有各自不同的分子及其空间结构，其吸收光能量的情况也就不同，因此每种物质就有其特定的吸收光谱曲线。可以根据吸收光谱上的某些特征波长处的吸光度的高低来判别或测定该物质的含量。

根据吸收光波长区域的不同，又可分为紫外分光光度法和可见分光光度法，合称为紫外-可见分光光度法。同时，紫外-可见分光光度法的定量分析基础是朗伯-比尔定律，即物质在一定浓度的吸光度与它的吸收介质的厚度成正比。

世界上第一台紫外-可见分光光度计是在 1918 年由美国国家标准局制成的，经过这些年的发展，它的技术已经相当成熟了。每一台紫外-分光光度计都具有光源、单色器、吸收池、检测器和显示器五大结构。其中，光源是提供入射光的装置，常见的光源有钨丝灯、氢灯和氘灯等，其中氘灯的辐射强度大，稳定性好，寿命也长。单色器是将光源辐射的复合光色散成单色光的光学装置，一般由狭缝、色散元件及透镜系统组成。吸收池是用于盛放试液的装置，分别有石英比色皿和玻璃比色皿两种，但在紫外光照射下，应用石英比色皿。检测器是将光信号转化为电信号的装置，常用的检测器有光电管、光电倍增管和光电二极管阵列检测器。显示器是用来获取直接数据、图表的装置，有电表显示、图标指示和数字显示等。

## (三) 核磁共振谱

核磁共振(nuclear magnetic resonance)简称 NMR。自从 1945 年发现核磁共振现象以来，随着化合物结构和核磁共振现象的深入研究以及计算机技术和超导技术的发展，核磁共振技术已经成为有机化合物结构研究的重要波谱技术之一。

## 8.10 核磁共振产生的基本原理

目前，核磁共振现象研究较多的是核磁共振氢谱($^1H$ NMR)和核磁共振碳谱($^{13}C$ NMR)。其中，氢原子核($^1H$)的核磁共振现象应用最为广泛，因此，这里重点介绍核磁共振氢谱 $^1H$ NMR，也称质子磁共振(PMR)。

1. 核的自旋

核磁共振主要是由原子核的自旋运动引起的。不同的原子核，自旋运动的情况不同，它们可以用核的自旋量子数 $I$ 来表示。量子力学表明，当原子核的自旋量子数 $I$ 不为零时，原子核可以看作一种带电荷的自旋球体，这样的核会自旋产生核磁矩($\mu$)，而自旋量子数 $I$ 为零的原子核可以看作一种非自旋的球体，由于不能自旋，没有磁矩。通常，当原子序数和质量数任一为奇数时，原子核会自旋产生磁矩，如 $^{1}H$、$^{13}C$、$^{15}N$、$^{19}F$、$^{31}P$，它们的原子核皆为电荷分布均匀的自旋球体。

当自旋的原子核处于磁场强度为 $H_0$ 的外磁场中时，原子核的自旋磁矩受磁场的影响，除自旋外，还会绕 $H_0$ 方向运动，这种运动情况与陀螺的运动情况十分相像，称为 Lamor(拉穆尔)进动。自旋核进动的角速度 $\omega_L$ 与外磁场强度 $H_0$ 成正比，比例常数即为磁旋比 $\gamma$。式中 $\nu_0$ 是进动频率。

$$\omega_L = 2\pi\nu_0 = \gamma H_0$$

2. 核磁共振现象

宏观上，氢原子核($^{1}H$)磁矩的取向可能是各个方向，杂乱无章，如图 8-11(a)所示。但是，当这些氢原子核处于外磁场 $H_0$ 中时，会在磁场力的作用下排列整齐，形成 $m = 1/2$ 和 $m = -1/2$ 的两种取向，见图 8-11(b)。即在外磁场作用下，氢原子核发生了能级分裂，其中，$m = 1/2$ 的取向与外磁场相同，代表低能态($\alpha$ 自旋态)，$m = -1/2$ 的取向与外磁场相反，代表高能态($\beta$ 自旋态)，如图 8-11(c)所示。

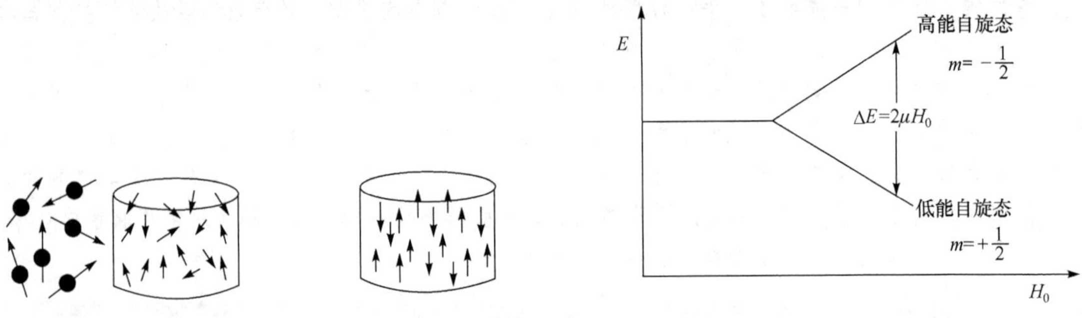


(a) $^{1}$H核的自旋磁矩　(b) 外磁场 $H_0$ 中 $^{1}$H核磁矩的两种取向　(c) 外磁场 $H_0$ 作用下，$^{1}$H自旋能级的裂分示意图

图 8-11 $^{1}$H 核的自旋

两种不同能级自旋态的能量差与外磁场 $H_0$ 的磁场感应强度成正比：

$$\Delta E = E_{-1/2} - E_{1/2} = \gamma h H_0 / 2\pi$$

一个 $\alpha$ 自旋态的氢核要从低能态跃迁到 $\beta$ 高能自旋态，必须吸收 $\Delta E$ 能量。因此，如果让处于外磁场中的自旋核接受电磁波辐射，当电磁波的能量 $E_{射}$ 等于 $\Delta E$ 时，低能态取向的核可以接受辐射能向高能态跃迁，这种现象称为核磁共振

$$\beta \text{ —— } -\frac{1}{2}$$

$$\uparrow$$

$$\alpha \text{ —— } +\frac{1}{2}$$

$$E_{射} = h\nu_{射} = \Delta E = h\nu_0$$

即电磁波辐射频率与自旋核的拉穆尔进动频率相等时，发生核磁共振现象。

$$\nu_{射} = \nu_0 = \gamma H_0/2\pi$$

## 8.11 核磁共振谱仪与核磁共振谱的表示方法

核磁共振谱仪基本结构示意图如图 8-12 所示。装有样品的玻璃管放在磁场强度很大的电磁铁的两极之间，用恒定频率的无线电波照射样品。在扫描发生器的线圈中通直流电流，产生一个微小磁场，使总磁场强度逐渐增加，当磁场强度达到一定的值 $H_0$ 时，样品中某一类型的质子发生能级跃迁，这时产生吸收，接受器就会收到信号，由记录器记录下来，得到核磁共振谱。

通常采用固定频率扫场和固定磁场扫频两种方式，使 $H_0$ 和 $\nu_{射}$ 满足式 $\nu_{射} = \nu_0 = \gamma H_0/2\pi$，从而得到共振吸收信号，记录仪绘出共振信号图(图 8-13)。

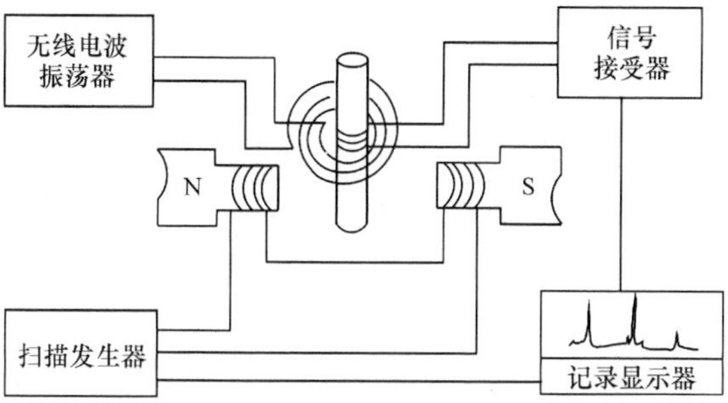


图 8-12 核磁共振谱仪基本结构示意图

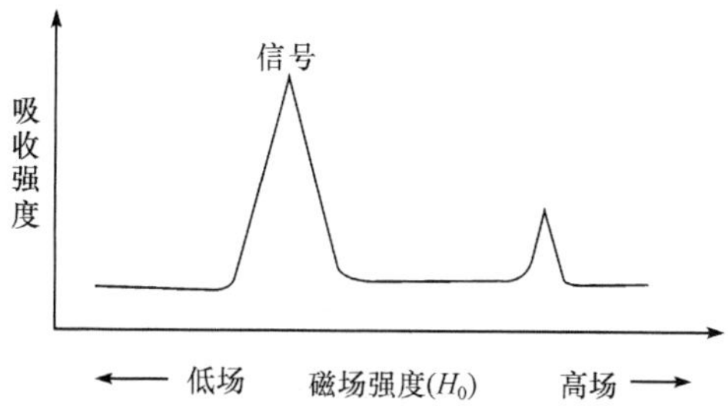


图 8-13 核磁共振谱图的表示方法

## 8.12 化 学 位 移

如果同种核产生的核磁共振现象没有差异，显然无法对化合物结构进行解析。实际上同一分子或不同分子中同种核产生的核磁共振现象是有差异的，这种差异以不同的化学位移值的方式表达出来。化学位移是化合物结构测定中重要的核磁共振参数。

### 8.12.1 屏蔽效应

根据楞次定律，原子核的核外电子在外加磁场的作用下，会感应产生与外磁场方向相反、大小与外加磁场强度成正比的感应磁场(图 8-14)。

感应磁场减弱了外磁场的强度，使原子核受到的磁场强度小于外磁场，即

$$H_{有效} = H_0 - H_{感应} = H_0 - \sigma H_0 = H_0(1-\sigma)$$

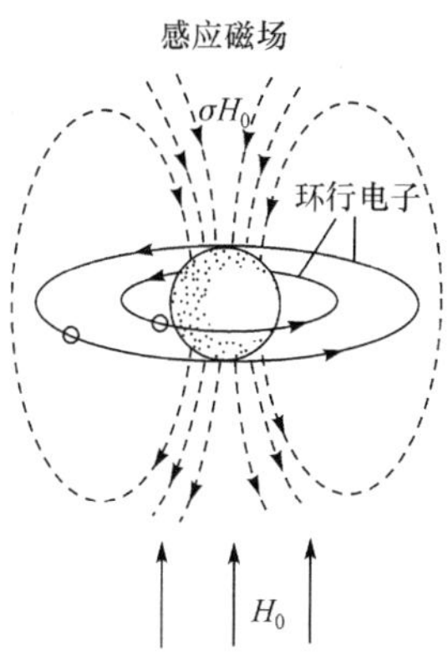


图 8-14 核外电子在外磁场 $H_0$ 影响下产生感应磁场

核外电子产生的这种作用称为屏蔽效应，$\sigma$ 称为屏蔽常数。处于不同环境的核，其周围的电子云分布不同，产生的屏蔽作用

不同，具有不同的 $\sigma$ 值，产生共振吸收的频率也不同，即发生核磁共振实际上应该满足：$\nu_{射} = \gamma H_{有效}/2\pi$。

当感应磁场和外加磁场方向相反时，原子核实际受外磁场强度 $H = H_0 - H_{感应}$，未达到跃迁能量，不能发生核磁共振。要使原子核发生核磁共振，则必须增加外磁场强度，即 $H_{共振} = H_0 + H_{感应}$。这时，原子核发生核磁共振所需外加磁场强度稍强，产生抗磁屏蔽效应(即正屏蔽效应)。这样，原子核要在较高磁场强度中才能发生核磁共振，故吸收峰发生位移，在高场出现。原子核周围的电子云密度越大，屏蔽效应也越大，要在更高的磁场强度中才能发生核磁共振，出现吸收峰。当感应磁场和外加磁场方向一致时，原子核发生核磁共振所需外加磁场强度稍弱，产生顺磁屏蔽效应(去屏蔽效应)。这时，原子核在较低磁场强度中发生核磁共振，在低场出现吸收峰。

在相同频率电磁辐射波的照射下，不同化学环境的原子核受的屏蔽效应各不相同，因此它们发生核磁共振所需的外磁场强度也各不相同，即发生了化学位移。

### 8.12.2 化学位移

质子化学位移的差别约为百万分之几，难于精确测定，实际运用中采用相对数值表示。以标准物质的共振吸收峰为零点位置，其他吸收峰的化学位移值，根据其位置与零点的距离确定，化学位移常用“$\delta$”表示。四甲基硅烷(TMS)是化学惰性的，12 个质子呈球形对称分布，是磁等性的，只有一个尖锐的共振吸收单峰，因为具有强烈的屏蔽效应，这个峰在高磁场区出现。一般有机化合物中的质子都在比它低的磁场区出现，所以规定四甲基硅烷的吸收峰位置为零点，在其左边出现的吸收峰 $\delta$ 值为正值，在其右边出现的吸收峰 $\delta$ 值为负值，绝大多数有机化合物质子的化学位移为正值，出现在 0～10 之间，零的位置是在高场，10 的位置是在低场。

$$\delta = \frac{\nu - \nu_0}{\nu_i} \times 10^6$$

式中，$\nu$ 和 $\nu_0$ 分别为样品和标准品的共振频率；$\nu_i$ 为操作仪器选用的频率。

### 8.12.3 影响化学位移的因素

化学位移取决于核外电子云密度，影响电子云密度的因素都影响化学位移，影响较大的是诱导效应和各向异性效应。

1. 诱导效应的影响

电负性大的原子或基团吸电子能力较强，降低了与之相连核上的电子云密度，也就降低了核外电子产生的感应磁场，使屏蔽作用降低，核的共振吸收向低场移动，化学位移值增大。给电子基团则增加相连核上的电子云密度，增强了核外电子产生的感应磁场，使屏蔽作用增强，核的共振吸收向高场移动，化学位移值减小。诱导效应对质子化学位移的影响具有如下特点：

(1) $\delta$ 值随着邻近原子或原子团的电负性的增加而增加。例如：

| | $CH_3$—H | $CH_3$—Br | $CH_3$—Cl | $CH_3$—$NO_2$ |
|---|---|---|---|---|
| $\delta$ | 0.23 | 2.69 | 3.06 | 4.29 |

(2) $\delta$值随着氢原子与电负性较大基团距离的增大而减小。例如：

$$CH_3-CH_2-CH_2-Cl$$

$\delta$　1.06　1.81　3.47

(3) 烷烃中 H 的 $\delta$值按伯、仲、叔次序依次增加。例如：

| | $CH_3-H$ | $RCH_2-H$ | $R_2CH-H$ | $R_3C-H$ |
|---|---|---|---|---|
| $\delta$ | 0.23 | $1.0 \pm 0.1$ | $1.3 \pm 0.1$ | $1.5 \pm 0.1$ |

2. 各向异性效应的影响

分子中某些结构部分或基团的电子云不呈球形对称分布时，在外磁场作用下，会感应产生各向异性的磁场，对其邻近不同空间位置上的核产生不同的屏蔽作用，称为各向异性效应。碳碳双键、碳碳叁键、羰基、苯环、轮烯、环状结构等都有各向异性效应。

碳碳双键受到与其平面垂直的外磁场作用时，双键上的 π 电子环电流产生感应磁场，该感应磁场在双键平面上、下方与外磁场方向相反，为屏蔽区，位于屏蔽区的核发生核磁共振需要增大外磁场的强度，吸收峰向高场移动；而在双键平面外侧，感应磁场与外磁场方向一致，为去屏蔽区，位于去屏蔽区的核发生核磁共振需要较小的外磁场强度，吸收峰向低场移动。所以连在双键上的氢，因为位于去屏蔽区，化学位移值比烷烃中氢的化学位移值大，$\delta$ = 4.5～5.9，如图 8-15 所示。

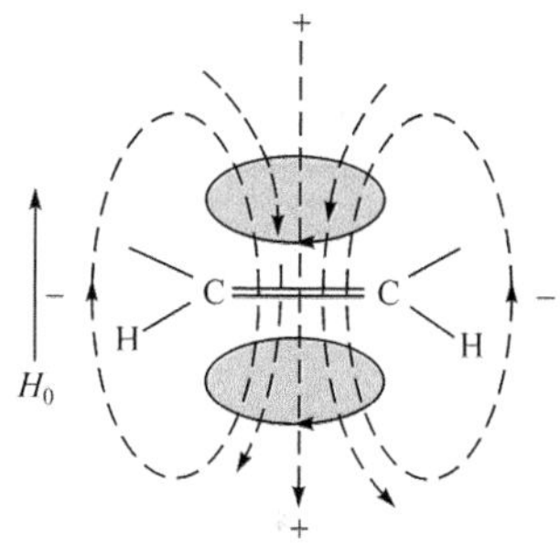


图 8-15　碳碳双键的各向异性效应

外磁场作用下，苯环上 π 电子环电流产生的感应磁场使苯环平面上下成为屏蔽区，苯环侧面为去屏蔽区，因此苯环质子有较大的化学位移值，在 7.26 左右。

轮烯有更大的环电流，外磁场作用产生的感应磁场有更强的各向异性效应，在环内的质子位于屏蔽区，$\delta$ = −2.99；在环外的质子位于去屏蔽区，$\delta$ = 9.28。

如图 8-16 所示，在外磁场作用下，围绕碳碳叁键的环电流产生感应磁场，在碳碳叁键方向形成屏蔽区，在与叁键垂直的方向形成去屏蔽区，与叁键连接的质子处于屏蔽区，化学位移在较高场，$\delta$ = 1.7～3.5。

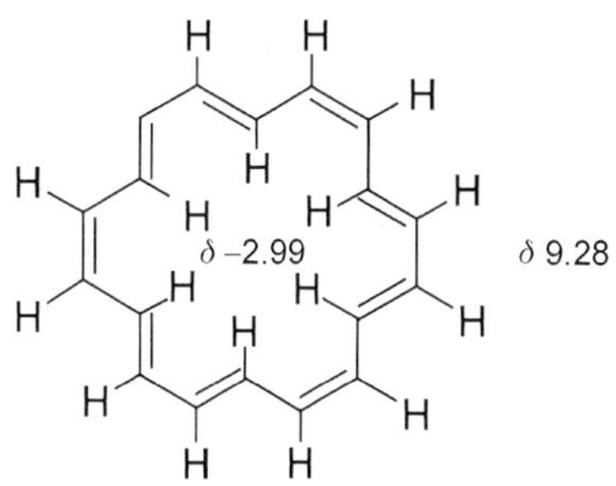


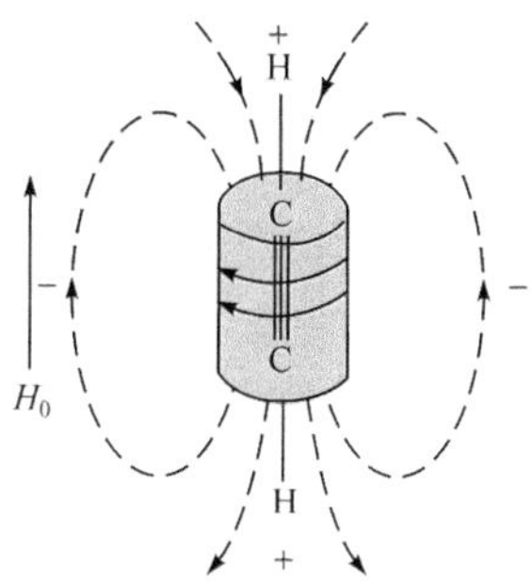


图 8-16　乙炔的各向异性效应

另外，氢键、溶剂效应、范德华效应等都对化学位移产生影响。

确定质子类型对解析化合物分子结构极为重要，表 8-5 列出不同类型质子的化学位移。

表 8-5 特征质子的化学位移

| 质子的类型 | 化学位移(δ) | 质子的类型 | 化学位移(δ) |
|---|---|---|---|
| $RCH_3$ | 0.9 | $RCH_2I$ | 3.1～3.3 |
| $R_2CH_2$ | 1.3 | $RCH_2Br$ | 3.4～3.6 |
| $R_3CH$ | 1.5 | ArOH | 4.5～7.7 (分子内缔合 10.5～16) |
| 环丙烷 | 0.22 | $RCH_2OH$ | 3.4～4 |
| $R_2C{=}CH_2$ | 4.5～5.9 | $ROCH_3$ | 3.5～4 |
| $R_2C{=}CHR$ | 5.3 | RCHO | 9～10 |
| $R_2C{=}CR{-}CH_3$ | 1.7 | $RCOCHR_2$ | 2～2.7 |
| $RC{\equiv}CH$ | 1.7～3.5 | $R_2CHCOOH$ | 2～2.6 |
| $ArCHR_2$ | 2.2～3 | $R_2CHCOOH$ | 10～12 |
| Ar–H | 6～8.5 | $R_2CHCOOR$ | 2～2.2 |
| $RCH_2F$ | 4～4.5 | $RCOOCH_3$ | 3.7～4 |
| $RCH_2Cl$ | 3.6～3.8 | $RNH_2$, $R_2NH$ | 0.5～5 (宽峰) |

## 8.13 自旋偶合与自旋裂分

在外加磁场 $H_0$ 中，磁性核的核磁矩 $\mu$ 有两种取向，顺磁场或反磁场方向。自旋的核产生顺磁场方向和反磁场方向的附加磁场 $H'$，这种附加磁场使邻近的核感受到不同的磁场强度，这种影响是相互的，即自旋偶合作用。要产生核磁共振吸收，外磁场需要降低或升高强度来抵消附加磁场的影响，所以，邻近核的核磁共振吸收谱线发生裂分，一条谱线出现在较高场，另一条谱线出现在较低场。相邻核的核自旋发生相互作用导致核磁共振谱线的裂分，这种现象称为自旋-自旋偶合或称自旋偶合，自旋偶合引起的谱线裂分称为自旋-自旋裂分或自旋裂分。谱线裂分的数目取决于邻近核的数目和自旋量子数，即

$$N = 2nI + 1$$

式中，$N$ 为谱线裂分的数目；$n$ 为邻近核的数目；$I$ 为邻近核的自旋量子数。氢原子的自旋量子数 $I$ 为 1/2，由它的自旋偶合产生的谱线裂分数目为 $n+1$。

### 8.13.1 质子自旋偶合与自旋裂分

一个氢核可能与其邻近的多个其他氢核发生自旋偶合作用。每个质子在外磁场作用下都有两种取向，因此，发生自旋偶合的氢核要受到其他氢核不同取向组合的影响，当用符号“↑”和“↓”分别代表核磁矩在外磁场中的取向时，邻近氢核的取向可以发生如下组合：

| 邻近核的数目 | 取向组合 |
|---|---|
| 1 | ↑↓ |
| 2 | ↑↑　↑↓　↓↑　↓↓ |
| 3 | ↑↑↑　↑↑↓　↑↓↑　↓↑↑　↑↓↓　↓↑↓　↓↓↑　↓↓↓ |
| …… | …… |

从取向组合中可见，有些组合产生附加磁场的效应是相同的，自旋偶合裂分的谱线位置相同，共同作用的结果是增大所裂分谱线的强度，因此，自旋偶合裂分产生的谱线数和相对强度可以表示如下：

| 邻近核的数目 | 谱线数 | 谱线相对强度比 |
|---|---|---|
| 1 | 2 | 1 : 1 |
| 2 | 3 | 1 : 2 : 1 |
| 3 | 4 | 1 : 3 : 3 : 1 |

由此得出所谓的“$n+1$”规律，即一个质子与 $n$ 个相同的其他质子发生自旋偶合作用时，其核磁共振吸收产生自旋裂分谱线的数目为 $n+1$ 条，每条谱线的强度与简并的附加磁场相关。此规律可以用二项式$(a+b)^n$展开规律表达：偶合裂分谱线的数目相当于二项式展开后的项数，谱线强度相当于各项系数的大小。根据谱线的条数，分别称为单峰(一条谱线，用 s 表示)、双峰(二条谱线，用 d 表示)、三重峰(三条谱线，用 t 表示)、四重峰(四条谱线，用 q 表示)和多重峰(大于四条谱线，用 m 表示)。

### 8.13.2 偶合常数

自旋偶合引起谱线裂分，裂分后谱线间的距离称为裂距，其值即偶合常数。偶合常数用 $^nJ$ 表示，$n$ 为偶合核相隔的化学键数目，偶合常数的单位为赫兹(Hz)。偶合常数的大小反映两核之间偶合作用的大小，与外磁场的强弱无关，在相互偶合的核之间相等。偶合常数用于识别相邻磁性核之间的关系，其大小与发生偶合核之间相隔的化学键数目有关，与分子结构相关。

影响偶合常数的主要因素是原子核的磁性和分子结构。原子核的磁性与旋磁比有关，影响不同核之间自旋偶合常数的大小，同种核之间的偶合主要考察分子结构的影响。分子结构的影响分为电子构型和几何构型两种因素，电子构型包括核周围的电子云密度和成键电子云的分布，几何构型包括键长和键角等。

1. 核间距的影响

自旋偶合核之间，化学键数目增加，核间距增大，相互在其对方产生的附加磁场减弱，偶合作用减弱，偶合常数变小。在饱和链烃中，相隔 4 个键的偶合作用就难以观察到。在取代苯中两个质子间的偶合常数随相隔键数目增加变小。例如在链状烷烃中，同碳质子偶合，也称偕位偶合，偶合常数用 $^2J$ 表示，与两键的夹角大小有关，$^2J\approx 0\sim 25$ Hz；邻位质子偶合，偶合常数用 $^3J$ 表示，$^3J\approx 7\sim 9$ Hz；相隔 4 个键以上的偶合为远程偶合，偶合常数用 $^4J$ 表示，$^4J<0.5$ Hz。苯环中的邻位质子偶合：$^3J\approx 6.0\sim 9.4$ Hz；间位质子偶合：$^4J\approx 0.8\sim 3.2$ Hz；对位质子偶合：$^5J\approx 0.2\sim 0.7$ Hz。

2. 化学键性质的影响

化学键性质不同，传递偶合作用的能力也不同，重键传递能力强于单键，通过重键偶合的核有较大偶合常数。例如，烯烃中 $^3J_{顺}\approx 6\sim 12$ Hz，$^3J_{反}\approx 12\sim 18$ Hz。

### 8.13.3 核的等价性

核的等价性包括化学等价和磁等价。化学等价是指分子中化学环境相同、化学位移相等的一组核，如果这组核与分子中其他核发生偶合，且偶合常数相同，则这组核又是磁等价的；如果偶合常数不同，这组核是磁不等价的，核的等价性与分子结构有关。

判断两个质子是否等价，可以将两个质子分别用另一基团 Z 取代，然后比较取代后形成的两个新化合物的结构，如果是相同结构或互为对映异构体，则该两个质子为等价质子，否则为不等价质子。例如，乙醇中甲基上的 3 个质子是等价质子，亚甲基上的两个质子也是等价质子；甲基与亚甲基的两组质子互为不等价质子，分子中有三种不等价质子。

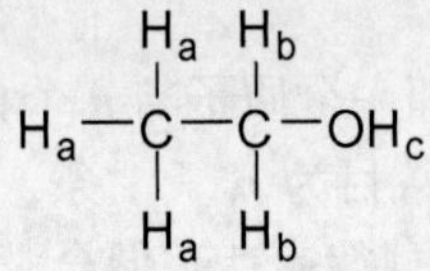

(三个 $H_a$ 等价，两个 $H_b$ 等价)

又如，异丁烯中有两种等价质子，甲基质子和亚甲基质子。

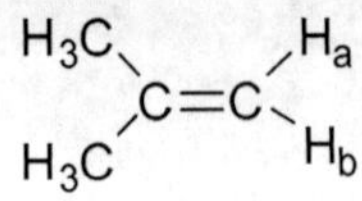

(甲基质子等价，$H_a$ 和 $H_b$ 等价)

双键连接不同基团时，会产生不等价质子。例如，在双键上的一个碳连接两个不同基团，另一个碳连接两个氢时，$H_a$ 和 $H_b$ 各自在不同基团的一侧，化学环境不同，为不等价质子。

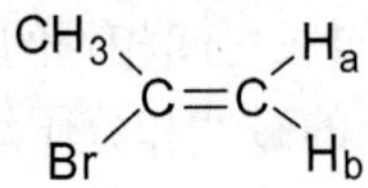

($H_a$ 和 $H_b$ 不等价，三种不等价质子)

固定在环上的亚甲基质子是不等价的。例如，以下化合物中 $H_a$ 和 $H_b$ 化学环境不同，是不等价质子。

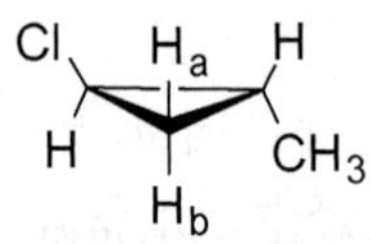

($H_a$ 和 $H_b$ 不等价，五种不等价质子)

手性碳邻位的亚甲基质子是不等价的。例如，以下结构中 $H_a$ 和 $H_b$ 化学环境不同，是不等价质子。

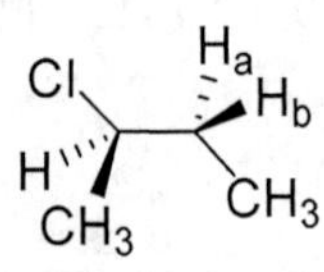

($H_a$ 和 $H_b$ 不等价，五种不等价质子)

## 8.14 峰面积与积分曲线

核磁共振谱中化学位移、偶合常数之外的另一个重要参数是吸收峰的积分面积或积分曲线。在谱图中，积分面积以数字分段打印在吸收峰下面，数字大小与产生吸收峰的质子数目成正比。因此，谱图中的峰面积相对比值即为不同类型质子数目之比。例如，乙醇中有三种氢，其谱图见图 8-17。

吸收峰的面积大小一般是用积分曲线高度法测出，是核磁共振仪上带的自动分析仪对各峰的面积进行自动积分，得到的数值用阶梯积分高度表示出来。积分曲线的画法是由低场到高场(从左到右)，从积分曲线起点到终点的总高度与分子中全部氢原子数目成比例。每一阶梯的高度表示引起该共振峰的氢原子数之比。例如，$(CH_3)_4C$ 中 12 个 H 是相同的，因而只有一个峰；$CH_3CH_2OCH_2CH_3$ 有两种 H，就有两组吸收峰，其面积比为 3∶2；$CH_3CH_2OH$ 有三种 H，就有三组吸收峰，其面积比为 3∶2∶1。

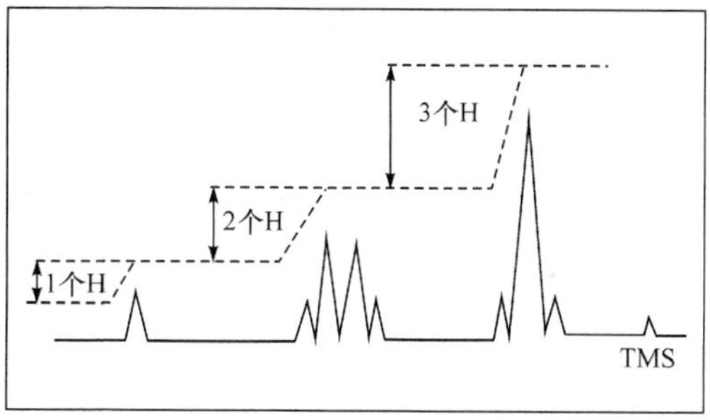

图 8-17 乙醇的核磁共振氢谱

## 8.15 ¹H NMR 谱图解析

核磁共振氢谱提供化学位移、偶合裂分峰形和偶合常数、积分面积等信息。利用这些参数与结构的关系，合理地分析，正确地导出与谱图对应的化合物结构特征即为核磁共振谱图解析。在进行谱图解析时，首先要找出谱图中的一些特征峰，这些峰与目标分子无关。常见的特征峰包括以下几种。

(1) 溶剂峰：由作核磁共振试验的氘代溶剂中残余质子引起的溶剂峰，其位置容易通过查阅溶剂峰表辨识。当溶剂中不含基准峰四甲基硅烷(TMS)时，溶剂峰亦可用来校正吸收峰的化学位移。

(2) 水峰：样品或溶剂中存在的水产生的吸收峰。水峰的化学位移受溶剂、温度、浓度、氢键的影响而在一个宽的范围内变化，可能为尖锐单峰，也可能为宽而低的峰。

(3) 杂质峰：样品不纯时，杂质产生的吸收峰叠加在样品产生的吸收峰中。杂质峰常严重影响谱图的解析。

(4) 旋转边带：为使样品在仪器中感受到均匀的磁场，样品是在旋转中测试，由此产生与旋转有关的旋转边带。其特点是在吸收峰的左右对称，旋转边带的宽度与旋转频率相关，改变转速，宽度也发生变化。

扣除以上特殊峰后，再进行核磁共振谱图解析。

核磁共振谱图解析的一般步骤为：①按照化学位移位置，把谱图中的吸收峰分为不同的组，并根据各自的化学位移值推断所代表的质子类型；②根据各组峰的积分面积或积分曲线高度，计算吸收峰所含质子的比例。若总质子数已知，或有某一吸收峰代表确定的质子数，可求出各组峰所含质子数；③根据吸收峰的峰形和偶合常数，确定各组峰之间的关系，进一步推出在分子中的相对位置，亦可以根据峰的裂分形状、数目判断与之偶合的等同质子数目；④综合以上分析结果，推断分子结构或结构片断。

**【例 8.4】** 1,1-二氯乙烷的 ¹H NMR 图如图 8-18 所示，解释吸收峰的化学位移和偶合裂分。

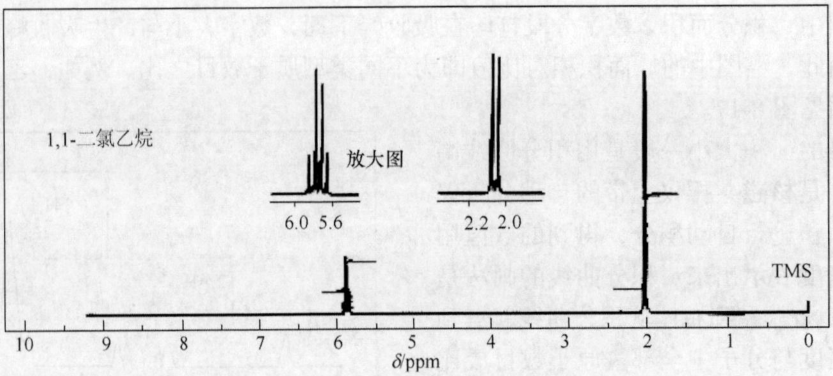


图 8-18　1,1-二氯乙烷的 [1]H NMR

**解析**　图谱中的两组共振吸收峰表明存在两种质子，积分曲线表明两组峰的质子数比为 1∶3，在 $\delta$～5.9 处的四重峰表明 1 个与邻位 3 个质子偶合的次甲基质子，$\delta$～2.1 处的二重峰表明为 3 个与邻位 1 个质子偶合的甲基质子。分子中两个氯原子连在次甲基碳上，强烈的吸电子作用使同碳上的质子受到强烈的去屏蔽作用，化学位移移向很低场，也使邻近的甲基质子向低场移动。

**【例 8.5】**　化合物分子式为 $C_4H_8O$，其 $^1H$ NMR 图如图 8-19 所示，推测化合物结构。

**解析**　根据化合物分子式，计算得该化合物不饱和度为 1，含不饱和键。谱图中三组吸收峰均出现在高场区，为饱和碳上质子的吸收峰，分子中的不饱和键可能为羰基；两组吸收峰显示了相互的偶合关系，$\delta$ 2.449 处的四重峰，表明邻位存在 3 个质子与之偶合，$\delta$ 1.058 处的三重峰表明邻位存在 2 个质子与之偶合，揭示分子中的乙基片段；$\delta$ 2.139 处的单峰为分子中另一个甲基的吸收峰，三个片段原子总数与分子式相符，连接三个片段，可知化合物可能为丁酮。

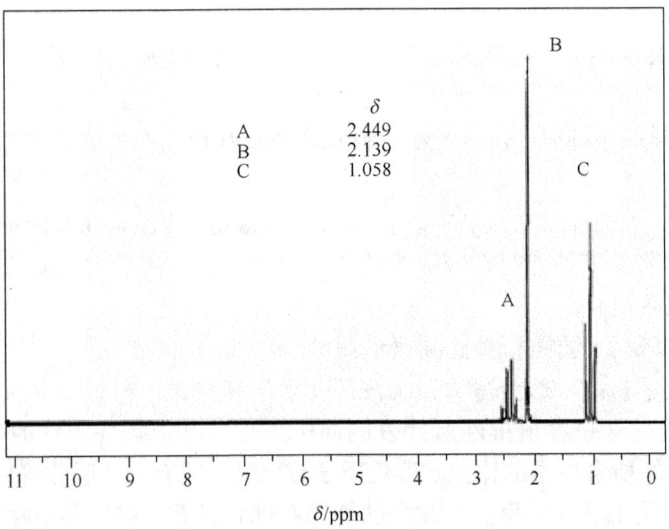


图 8-19　化合物 $C_4H_8O$ 的 $^1H$ NMR

## 8.16 $^{13}C$ 核磁共振简介

有机化合物结构测定的主要任务之一就是确定碳骨架，$^{13}C$ 的自旋量子数为 1/2，可以产生核磁共振吸收，测定化合物的 $^{13}C$ 核磁共振谱，可以直接观察到不同的碳核，了解它们与其他原子的结合情况。

有机化合物中的碳原子绝大多数与氢原子相连接，两者之间存在偶合裂分现象。除了碳原子与直接相连氢原子的强偶合，还有多键的远程偶合，这些偶合作用使谱图因信号重叠而变得很复杂。所以采用各种去偶技术来得到简化的 $^{13}C$ 谱，常用宽带去偶谱，在这种谱图中，所有的碳氢偶合都被消除，谱图中只出现不同化学位移的碳信号，信号数常与化合物组成的碳原子数对应。

碳核的化学位移也与核外电子的屏蔽作用有关，影响核外电子云密度的因素，对碳核的化学位移产生影响。

饱和碳原子的化学位移在 0～70，烯烃和芳环碳在 90～160，炔烃碳在 60～90，羰基碳在 160 以上。可见，碳原子的杂化状态与化学位移有关。

诱导效应、共轭效应、空间效应等若是减低碳原子电子云密度，去屏蔽效应导致碳原子化学位移值增大；若是增加碳原子电子云密度，屏蔽效应导致碳原子化学位移值减小。表 8-6 列出了一些碳原子的化学位移范围。

**表 8-6 一些碳原子的化学位移范围**

| 碳原子类型 | 化学位移($\delta$) | 碳原子类型 | 化学位移($\delta$) |
|---|---|---|---|
| (1°) R**C**$H_3$ | 0～30 | 酰胺–**C**ONR$_2$ | 150～180 |
| (2°) R**C**$H_2$R | 10～50 | 羧酸、酯 –**C**OO– | 160～185 |
| (3°) R**C**HR | 15～50 | 醛、酮 –**C**O– | 182～215 |
| 卤代烃与胺 –**C**X (Cl, Br; NR$_2$) | 10～65 | 醇或醚 –**C**O– | 50～90 |
| 烯 | 100～170 | 炔 –**C**≡**C**– | 60～90 |
| 芳烃 | 100～170 | 腈 –**C**≡N | 120～130 |

解析核磁共振碳谱时，首先识别溶剂峰和杂质峰，这可以从化学位移值和比较吸收峰相对强度判断识别。如果已知化合物的分子式，比较谱线数与分子式中碳原子数，两者相等表明分子无对称性；谱线数少于分子式中的碳原子数时，表明分子有一定的对称性。

按化学位移值辨别各类碳信号代表的基团，判别化合物类型。例如：

$\delta\approx 200$　　醛、酮中羰基碳原子、叠烯中季碳原子
$\delta\approx 160\sim180$　　羧酸、酯、酸酐、酰卤、酰胺中羰基碳原子
$\delta\approx 90\sim160$　　烯烃、芳烃中不饱和碳原子
$\delta\approx 70\sim100$　　炔烃中不饱和碳原子
$\delta\approx 50\sim110$　　连接一个或一个以上 O、N、F 的碳原子
$\delta< 55$　　饱和碳原子

确定碳原子的级数，计算所连接氢原子数，如少于分子式中氢原子数，二者之差为分子

中所含活泼氢数。结合其他信息，推测化合物结构。对各个信号进行指认或归属。

## 阅读材料

### 二维核磁共振谱简介

在20世纪70年代提出并实现了二维核磁共振(2D NMR)实验技术。现在发展出的各种二维核磁共振实验，已经成为有机分子结构分析的重要工具之一。

二维核磁共振是应用脉冲傅里叶(Fourier)变换的方法使核磁共振谱成为两个独立频率(或磁场)变量的函数，将化学位移、偶合常数等参数在二维平面展开，构成二维核磁共振图谱。在一维谱一个坐标轴上重叠的信号，分散到有两个独立频率轴构成的二维平面上，有利于复杂图谱的解析。利用不同的脉冲序列可以得到不同的二维核磁共振谱，其中最常用的为同核化学位移相关的 $^1H$-$^1H$ 相关($^1H$-$^1H$ COSY)谱、异核化学位移相关的 $^{13}C$-$^1H$ 相关($^{13}C$-$^1H$ COSY)谱以及 $^{13}C$-$^1H$ 远程相关谱(COLOC)，后两种现在为HMQC、HMBC实验代替。另外还有空间相关的NOESY谱。

以 $^1H$-$^1H$ COSY谱为例。在一维 $^1H$ NMR谱中，分子或分子片断构成的一个自旋体系中，相互偶合的质子是通过具有相同的偶合常数来识别的，但是在信号发生严重重叠，或者偶合常数大小不能准确区别的情况下，质子间的偶合关系常难以确定。如果采用二维同核化学位移相关的 $^1H$-$^1H$ COSY (correlation spectroscopy)谱很容易解决这个问题。

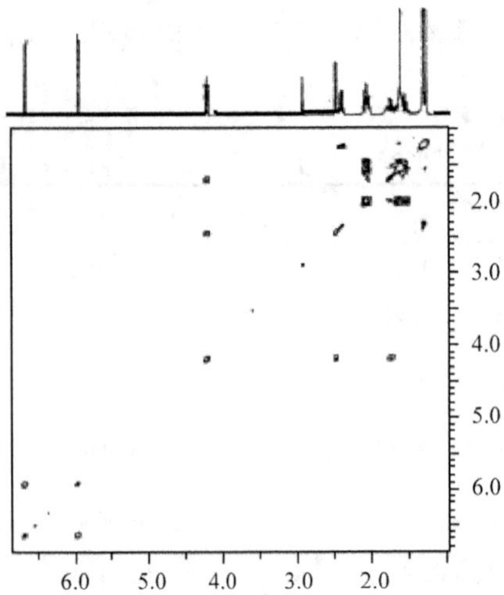


图8-20 $^1H$-$^1H$ COSY谱

$^1H$-$^1H$ COSY谱以互相垂直并且相同的两条化学位移标尺构成正方形谱图，标尺上分别为一维 $^1H$ NMR谱。在谱图中，从左下角到右上角的对角线上，显示的是一维图谱的投影，每组斑点或同心环与一维谱图中的共振吸收峰对应，称为对角线峰。在对角线两侧对称出现的峰，称为交叉峰，表明质子间的偶合关系。强的交叉峰(斑点或同心环较大)表明相邻质子间的偶合，弱的交叉峰表明远程偶合关系。通过画平行四边形或折线的方式，可以依次找出偶合质子的连接顺序，并由此构造出结构片断或整个分子结构(图8-20)。

在2D FT NMR中，横向磁化强度的演化经历 $t_1$、$t_2$ 阶段，在 $t_2$ 期间记录的FID经二次Fourier变换，就得到二维坐标都为频率的谱图。如果在 $t_1$、$t_2$ 两个阶段分别加上 $x$ 和 $y$ 方向的梯度，那么这时位于不同空间位置的核的共振频率成为 $x$ 或 $y$ 坐标的函数：

$$\omega = \gamma(B_0+G_k K) \qquad K = x、y、z$$

这样得到的二维谱的信号就是一个与样品 $x$、$y$ 位置有关的平面像。在实施Fourier成像实验过程中，$x$ 方向的梯度可以采用改变梯度幅度而保持 $t_1$ 不变的方法进行，这样在二维Fourier变换中，对 $t_1$ 的变换就变成了对 $G_x$ 的变换。样品平面中某一点核的共振频率为 $\omega$，在 $t_1$ 期间，核进动过程中所获得的相位 $\varphi = \omega_0 t_1+\gamma G_x X t_1$，这时 $G_x$ 为变量，变换的结果直接就是空间坐标 $x$ 的函数。由于梯度场的作用是梯度场面积 $G_x t_1$，所以改变 $G_x$ 或 $t_1$，得到的相位变码的效果是相同的。

# (四) 质　谱

质谱(mass spectrometry)简称 MS。红外光谱、紫外光谱和核磁共振谱分别提供了分子的官能团、分子中不饱和键和共轭情况、分子骨架的有关信息，在一些情况下已经可以确定一个化合物，但是在另外一些情况下，如分子中含杂原子时，需要确定化合物的相对分子质量和元素组成比，才能确定一个化合物的结构。质谱可提供化合物相对分子质量、分子式以及分子结构的信息。

## 8.17 基本原理

在高真空 $10^{-4}$～$10^{-6}$ Pa 条件下，用不同方式使化合物分子电离或解离成不同质荷比(质量与所带电荷之比值，以 $m/z$ 表示)的带电粒子，在电场、磁场或电与磁的组合场作用下，将它们按质荷比大小在空间或时间上产生分离，测量各种粒子的丰度，以此获得化合物的相对分子质量和其他结构信息。

产生带电粒子最普通的方式是电子轰击离子化(electron impact ionization，EI)，在离子源中使样品气化，用高能电子束(70 eV 或 $6.7\times10^3$ kJ · mol$^{-1}$)轰击气态分子，分子失去一个价电子成为带正电荷的分子离子。

$$M+e^- \longrightarrow M^+ +2e^-$$

具有较高能量的分子离子还可以断裂成各种碎片离子。将产生的碎片离子经过加速、分离、收集并记录。以质荷比($m/z$)为横坐标，以相对离子丰度为纵坐标，记录各种离子产生的信号得到质谱图(图 8-21)。

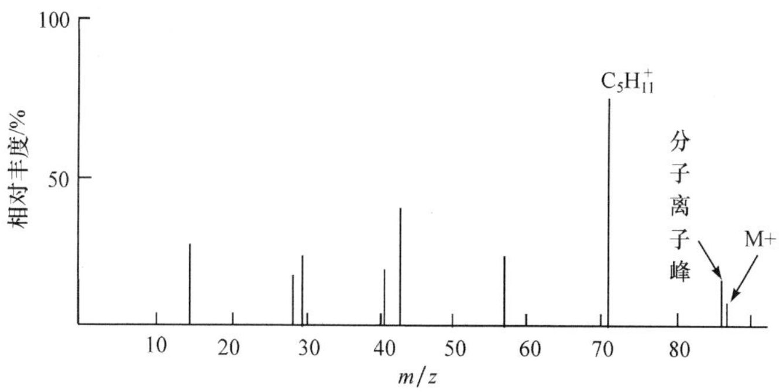


图 8-21　己烷的质谱

质荷比($m/z$)最大的峰称为分子离子峰(或母峰，记作 $M^+$)，分子离子峰的质荷比即为该化合物的相对分子质量。在质谱反应中，常常还会产生准分子离子峰，它们可能是$[M-H]^+$、$[M+H]^+$，即$[M-1]^+$或$[M+1]^+$峰。有时为了容易识别分子离子峰，在样品中加入钠和钾离子，可能产生$[M+Na]^+$、$[M+K]^+$等质谱峰。

## 8.18 质谱仪简介

质谱仪器一般由离子源、分析系统以及离子的收集和检定系统组成，如图 8-22 所示。

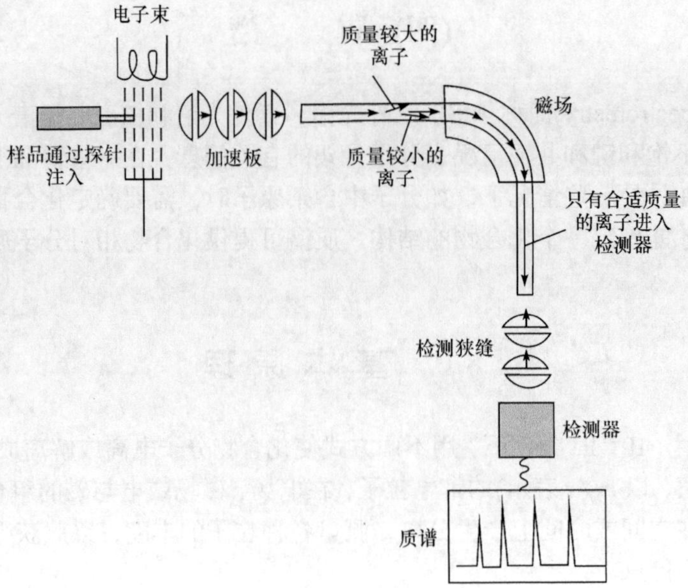


图 8-22 电子离子化质谱仪示意图

离子源：离子源的作用是使待测物的分子在离子源气化，并使气化的分子转化成正离子，使正离子加速，聚焦为离子束，然后使之通过一个孔径可变的狭缝进入分析系统。

分析系统：加速的正离子进入该系统中，在此处的可变磁场作用下，使每个离子按照一定的弯曲轨道继续前进，其行进轨道的曲率半径取决于各离子的质量和所带电荷的比值。所有质荷比值相同的离子结合在一起形成离子流，各种离子流沿着不同的曲率半径轨道先后通过另一个狭缝进入离子收集、检定系统。

离子收集、检定系统：各种不同质荷比的离子流到达该系统时会产生信号，其强度和离子束成正比，用照相或电子方法记录所产生的信号，即得到待测样的质谱。

## 8.19 质谱裂解反应

1. 分子离子

质谱分析的主要任务之一是辨认分子离子峰 $M^+$，因为分子离子是样品分子失去一个电子形成的离子(实际上为带一个正电荷的自由基)，它的质荷比值对应于样品的相对分子质量，分子离子峰具有以下特征：

(1) 为质谱图中除同位素峰外质荷比值最大的峰。

(2) 为奇电子离子，其相对分子质量应该符合氮规则：含奇数氮原子的有机化合物分子，其相对分子质量数为奇数；含偶数氮原子的有机化合物分子，其相对分子质量数为偶数。

(3) 在高质荷比区应该有分子离子通过丢失合理的中性碎片产生的碎片峰。

分子离子必须符合以上 3 个条件，但符合这 3 个条件的不一定就是分子离子。高分辨质谱得到的分子离子质荷比值为化合物的精确相对分子质量，可以由此得出化合物分子的元素组成，确定分子式。

2. 同位素离子

含有同位素的离子称为同位素离子。在质谱中，与同位素离子相对应的峰称为同位素离子峰(isotopic ion peak)。同位素一般比常见元素重，其峰都出现在相应一般峰的右侧附近。同位素峰的强度与同位素的天然丰度是相当的。有机化合物中常见同位素的天然丰度如表 8-7 所示。由表 8-7 可以看出，D、$^{15}N$、$^{17}O$ 等的天然丰度很小，相应的同位素峰也很小，可忽略不计。同位素峰对鉴定分子中含有氯、溴、硫原子很有用，因为这些元素含有较丰富的高 2 个质量单位的同位素，并在 M、M+2、M+4 处出现特征性很强的离子峰。

**表 8-7 同位素的天然丰度**

| 轻的同位素 | 天然丰度/% | 重的同位素 | 天然丰度/% |
|---|---|---|---|
| $^{1}H$ | 99.985 | $D(^{2}H)$ | 0.015 |
| $^{12}C$ | 98.891 | $^{13}C$ | 1.107 |
| $^{14}N$ | 99.64 | $^{15}N$ | 0.36 |
| $^{16}O$ | 99.759 | $^{17}O$ | 0.037 |
| | | $^{18}O$ | 0.204 |
| $^{32}S$ | 95.0 | $^{33}S$ | 0.76 |
| | | $^{34}S$ | 4.24 |
| $^{19}F$ | 100 | | |
| $^{35}Cl$ | 75.8 | $^{37}Cl$ | 24.2 |
| $^{79}Br$ | 50.537 | $^{81}Br$ | 49.463 |
| $^{127}I$ | 100 | | |

分子离子峰与相应的同位素峰的强度比可以用二项式$(A + B)^n$的展开式推算。式中，A 为常见元素的天然丰度；B 为它的同位素的天然丰度；$n$ 为该元素在分子中的个数。展开后各项的数值比为各峰的强度比。例如 $^{35}Cl$ 的天然丰度为 75.8，$^{37}Cl$ 的天然丰度为 24.2，在 $CH_3Cl$ 中，$n$=1，$(A+B)^n$=A+B，展开后的两项比值为 75.8∶24.2=3∶1，所以 M∶M+1=3∶1。

根据实验测得质谱中同位素峰的相对强度和 Beynon(贝诺)表(可查陈耀祖编《有机分析》附表 16-1，高等教育出版社，1981)，经过合理的分析可确定化合物的分子式。例如，从质谱中得知某未知物的相对分子质量为 181，M + 1 峰和 M + 2 峰与分子离子峰的相对强度分别为 14.68%和 0.97%，查 Beynon 表得知与此相近的有：

| | 分子式 | M + 1 峰丰度/% | M + 2 峰丰度/% |
|---|---|---|---|
| (1) | $C_{13}H_9O$ | 14.23 | 1.14 |
| (2) | $C_{13}H_{11}N$ | 14.61 | 0.99 |
| (3) | $C_{13}H_{25}$ | 14.45 | 0.97 |
| (4) | $C_{14}H_{13}$ | 15.34 | 1.09 |

但因(1)、(3)、(4)式均不符合氮规则，所以该化合物的分子式为 $C_{13}H_{11}N$。

3. 碎片离子

分子离子进一步断裂生成碎片离子，这些断裂遵循一定的规律。

(1) $\alpha$-裂解。由自由基引发，发生单电子转移，在$\alpha$-位断裂生成新键、新的碎片离子和新的自由基。例如：

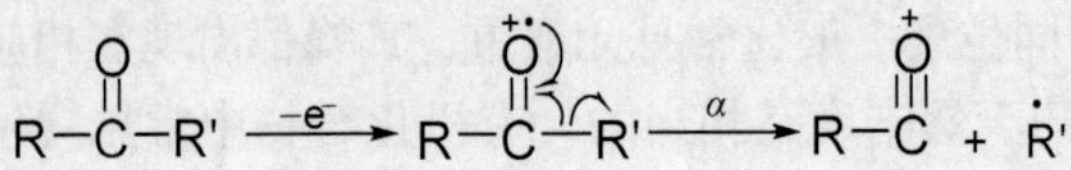

(2) $\beta$-裂解。由自由基引发，发生单电子转移，在$\beta$-位断裂生成新键、新的碎片离子和新的自由基。例如：

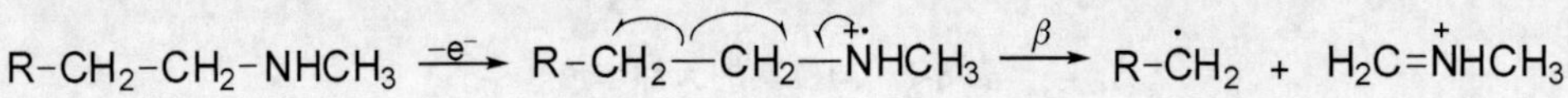

(3) $i$-裂解。由正电荷引发，发生双电子转移，在$\alpha$-位断裂生成新键、新的碎片离子和新的自由基。例如：

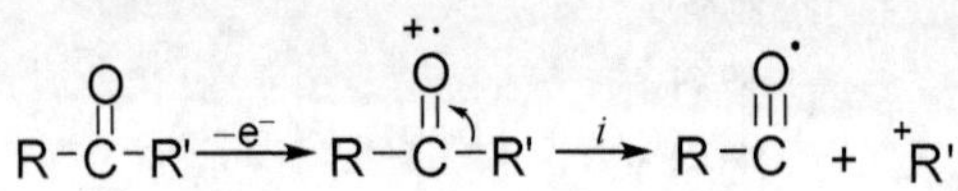

(4) $\gamma$-H 重排裂解。也称为 McLafferty (麦克拉弗梯)重排，简称麦氏重排。存在不饱和键且有$\gamma$-H 的化合物可以发生这种重排。$\gamma$-H 经过六元环过渡态转移到带正电荷的原子上，同时在$\alpha$、$\beta$-位原子间发生裂解，失去一个中性分子。例如：

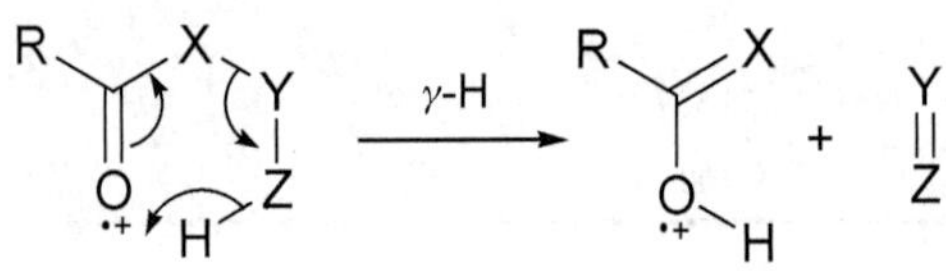

X、Y、Z 可以是碳、氧、硫等原子。

(5) 逆 Diels-Alder 重排。分子中含六元不饱和环时，产生环裂解重排，消除一个中性分子。例如：

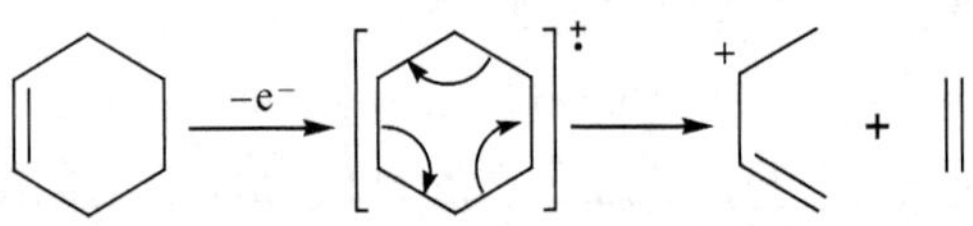

有机质谱反应是有机离子在气相发生的单分子反应，存在影响反应的一些因素。质谱反应产物包括带电荷的奇电子($OE^+$)和偶电子($EE^+$)离子、自由基和中性分子，这些产物的稳定性是影响反应方向的重要因素；经过过渡态发生的质谱反应，要求一定的立体化学，例如麦氏重排要求形成六元环过渡态，如不能满足，反应不能发生；产物离子的稳定性相近时，较活泼的键更容易断裂产生产物离子。例如：

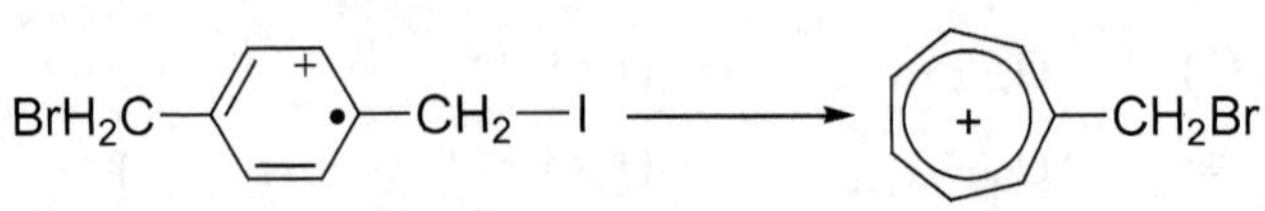

## 8.20 谱图解析

解析的主要目的是要得到尽可能多的结构信息，可以采用的一般程序如下：

(1) 确定分子离子峰，注意分子离子峰与基峰的强度比，判断分子离子的稳定性。

(2) 利用高分辨质谱或者利用同位素峰的丰度比数据，确定分子式，计算化合物不饱和度。

(3) 在高质量端合理的中性丢失(如甲基、水分子、卤素等碎片的失去)可指示化合物中存在的某些基团或结构特征。

(4) 找出主要碎片离子，分析其归属，判断与重要裂解反应关联的结构因素。

(5) 结合以上信息，推断化合物结构式，并综合红外光谱、紫外光谱、核磁共振谱数据和化学方法完善和验证化合物结构式。

**【例 8.6】** 正溴丁烷的质谱图见图 8-23，归属各碎片离子峰。

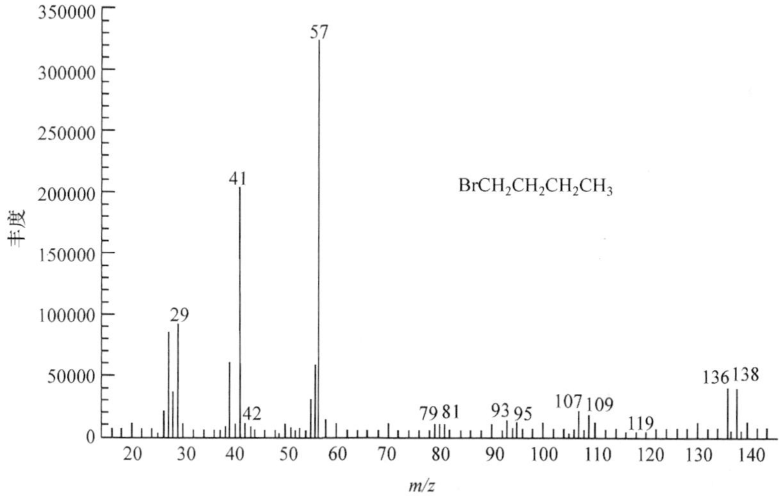


图 8-23 正溴丁烷的质谱图

**解析** 正溴丁烷分子式为 $C_4H_9Br$，相对分子质量 136。$m/z = 136$ 处为分子离子峰，$m/z = 138$ 处为同位素峰，两峰强度相近，是分子中含溴原子的特征；$m/z = 107$ 和 $m/z = 109$ 处为分子离子和同位素峰失去乙基自由基产生的碎片离子；$m/z = 93$ 和 $m/z = 95$ 处为分子离子和同位素峰失去丙基自由基产生的碎片离子；$m/z = 79$ 和 $m/z = 81$ 处为溴离子和溴同位素离子；$m/z = 57$ 处为丁基碎片离子；$m/z = 29$ 处为乙基碎片离子。

**【例 8.7】** 3-甲基-1-丁醇的质谱图见图 8-24，归属各碎片离子峰。

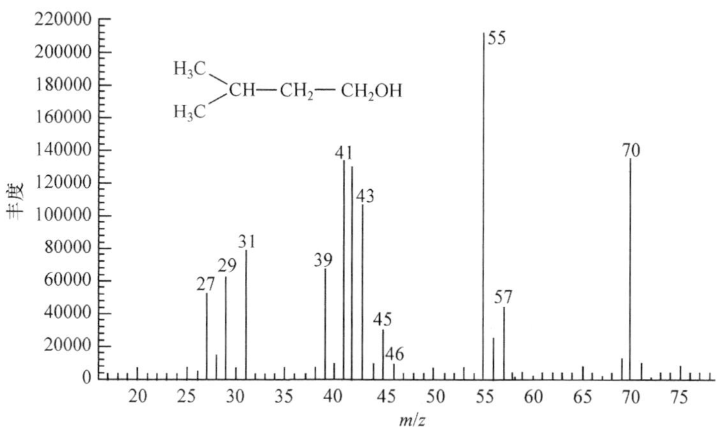


图 8-24 3-甲基-1-丁醇的质谱图

**解析** 3-甲基-1-丁醇的分子式为 $C_5H_{12}O$，相对分子质量为 88。谱图中没有分子离子峰，$m/z = 70$ 为失水峰。$m/z = 57$ 和 $m/z = 43$ 为分别异丁基和异丙基碎片离子；$m/z = 55$ 为失水后再失去甲基的碎片离子峰。

**【例 8.8】** 2-戊酮的质谱图见图 8-25，归属各碎片离子峰。

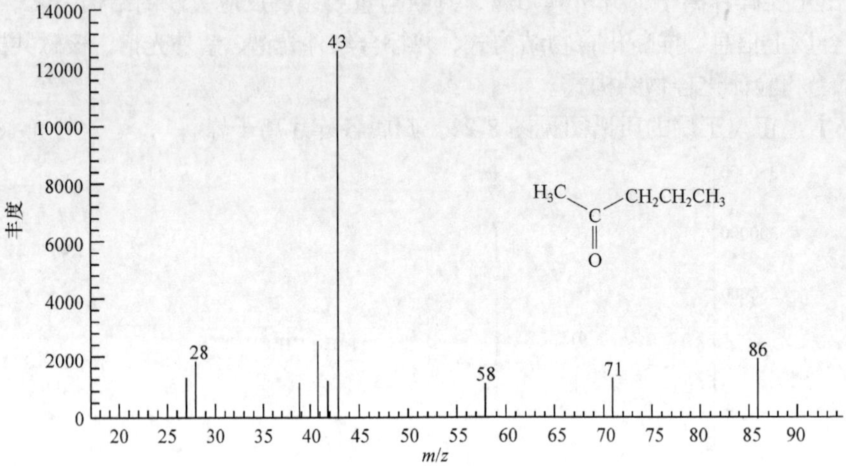


图 8-25 2-戊酮的质谱图

**解析** 2-戊酮的分子式为 $C_5H_{10}O$，相对分子质量为 86。$m/z = 86$ 为分子离子峰，$m/z = 71$ 为失去甲基的碎片离子峰，$m/z = 43$ 为 $\alpha$-裂解失去丙基或 $i$-裂解失去乙酰基的碎片离子峰，$m/z = 58$ 为麦氏重排失去乙烯的碎片离子峰。

## 阅读材料

### 质谱技术发展史简介

质谱法的原理在 20 世纪初发现，早期的质谱仪器只用于气体分析和化学元素的稳定同位素的测定。现代质谱技术的开拓者英国物理学家 J. J. Thomson 在 1913 年出版的著作中曾预言质谱法将为化学家所应用。到 20 世纪 40 年代，有机质谱法开始用于分析有机化合物，50 年代后，质谱方法用于测定有机化合物的分子结构。

20 世纪 60 年代出现了气相色谱-质谱联用仪，使质谱仪的应用领域大大扩展，开始成为有机物分析的重要仪器。计算机的应用又使质谱分析法发生了飞跃变化，使其技术更加成熟，使用更加方便。八十年代以后又出现了一些新的质谱技术，如快原子轰击电离子源、基质辅助激光解吸电离源、电喷雾电离源、大气压化学电离源，以及随之而来的比较成熟的液相色谱-质谱联用仪、感应耦合等离子体质谱仪、傅里叶变换质谱仪等。这些新的电离技术和新的质谱仪使质谱分析又取得了长足进展。

近年来质谱技术发展很快，质谱技术的应用领域也越来越广。由于质谱分析具有灵敏度高，样品用量少，分析速度快，分离和鉴定同时进行等优点，质谱技术广泛应用于化学、化工、环境、能源、医药、运动医学、刑侦科学、生命科学、材料科学等各个领域。

# 习　题

8-1 红外光谱的哪些特征振动频率可以用来区别下列各对化合物?

(1) $CH_3CH_2CH_2CH_3$ 与 $CH_3CH_2CH{=}CH_2$　　(2) $C_6H_5C{\equiv}CH$ 与 $C_6H_5CH{=}CH_2$

8-2 1-己炔的红外光谱在 2100 $cm^{-1}$ 附近有 C≡C 伸缩振动的尖锐吸收峰，但 3-己炔在这个区域没有吸收，解释原因。

8-3 两个结构对称、分子式为 $C_4H_6O$ 的异构体，它们在 $CCl_4$ 稀溶液中的红外光谱都没有 3600 $cm^{-1}$ 区域的吸收。异构体 A 在 3080 $cm^{-1}$、1620 $cm^{-1}$ 和 760 $cm^{-1}$ 附近有吸收带；异构体 B 在 2900 $cm^{-1}$ 和 1780 $cm^{-1}$ 附近有吸收带。推测 A 和 B 可能的结构。

8-4 1,2-环戊二醇的立体异构体在高度稀释的 $CCl_4$ 中在 3626 $cm^{-1}$ 附近有红外吸收带，仅一个异构体在 3572 $cm^{-1}$ 有吸收带。指出哪一个异构体有 3572 $cm^{-1}$ 处吸收带，解释原因。

8-5 水杨酸甲酯的红外吸收有：3300 $cm^{-1}$、1700 $cm^{-1}$、3050 $cm^{-1}$、1540 $cm^{-1}$、1590 $cm^{-1}$ 和 2900 $cm^{-1}$，将上述吸收峰与下列结构关联起来：(a) $CH_3$；(b) C=O；(c) 环上的 OH 基；(d) 芳香环。

8-6 下列哪种振动模式无红外吸收?

(a) $CO_2$ 的对称伸缩振动　(b) $CO_2$ 的不对称伸缩振动　(c) O=C=S 的对称伸缩振动

(d) *o*-二甲苯中 C=C 伸缩振动　(e) *p*-二甲苯中 C=C 伸缩振动　(f) *p*-溴甲苯中的 C=C 伸缩振动

8-7 含有 C=C, C≡C, C=O, C=N 重键的化合物，可能发生哪些电子跃迁?

8-8 下列两组化合物中哪些化合物的紫外吸收波长最长?

(1) a. $CH_3CH_2CH_2CH_2CH_2NH_2$　b. $CH_2{=}CHCH_2CH{=}CHNH_2$　c. $CH_3CH{=}CHCH{=}CHNH_2$

(2) a. 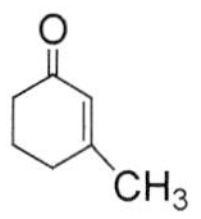　b. 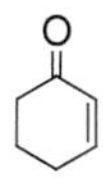　c. 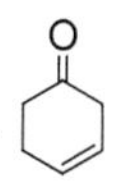

8-9 (a) 说明为什么苯可吸收 254 nm 的紫外光，而苯酚可吸收 280 nm 的紫外光；(b) 和苯相比，1,3,5-己三烯的吸收波长应位于何处?

8-10 根据下列最大的吸收波长 $\lambda_{max}$(nm)数据总结吸光分子的结构与 $\lambda_{max}$ 之间的关系。

乙烯 (170 nm)，1,3-丁二烯 (217 nm)，2,3-二甲基-1,3-丁二烯 (226 nm)，1,3-环己二烯 (256 nm)和 1,3,5-己三烯 (274 nm)

8-11 解释下列物质的最大吸收波长 $\lambda_{max}$(nm)的变化。

$$CH_3X,\ X = Cl\,(173),\ Br\,(204),\ I\,(258)$$

8-12 二苯乙烯异构体的最大吸收波长 $\lambda_{max}$: 294 nm 和 278 nm，确定异构体的立体结构。

8-13 下列化合物的 $^1H$ NMR 谱各有几组信号?

(1) $CH_3COCH_2C{\equiv}CH$　(2) $CH_3COCH_2C_6H_5$　(3) $CH_3CH_2CH_2CH_2CH_2Br$

8-14 下列各组化合物中标出的 H 的化学位移值大小顺序如何?

(1) $CH_3C\underline{H}_2CH_3$，$CH_3C\underline{H}_3$，$(CH_3)_3C\underline{H}$

(2) $C\underline{H}_3Cl$，$(C\underline{H}_3)_3P$，$(C\underline{H}_3)_4Si$，$(C\underline{H}_3)_2S$，$C\underline{H}_3F$

8-15 下列化合物中各有多少组等性质子?

(1) $CH_3CH_2OCH_2CH_3$　(2) $(CH_3)_2CHCH_2OH$　(3) $ClCH{=}CHCl$

(4) $BrCH{=}CH_2$　(5) $CH_3CHClCH_2CH_3$　(6) *p*-$CH_3CH_2C_6H_4CH_2CH_3$

(7) $Br_2CHCH_2CH_2CH_2Br$

8-16 化合物($C_4H_8O$)在 1710 $cm^{-1}$ 处有一强的红外吸收峰，核磁共振数据为：δ 1.1(三重峰，3 H)；2.0(单峰，3 H)；2.2(四重峰，2 H)。推断该化合物的构造式。

8-17 化合物 A 的分子式为 $C_{11}H_{14}O_2$，它的红外光谱在 1720 $cm^{-1}$ 处有吸收峰，核磁共振数据为：δ 1.0(二重峰，6 H)；2.0(多重峰，1 H)；4.1(二重峰，2 H)；7.8(多重峰，5 H)。试写出化合物的结构和各峰的归属。

8-18 两个化合物都有分子式 $C_5H_{10}O$，$^1H$ 和 $^{13}C$ NMR 数据如下所列。两个化合物在 1710～1740 $cm^{-1}$ 区域有强的红外吸收，解析这两个化合物的结构和谱图，画出 NMR 谱的略图。

(a) $^1H$ NMR：$\delta$ 1.55 (7 重峰，1 H), 2.10 (单峰，3 H), 1.05 (二重峰，6 H); $^{13}C$ NMR：$\delta$ 212.6, 41.5, 27.2, 17.8

(b) $^1H$ NMR：$\delta$ 2.38 (三重峰，2 H), 2.10 (单峰，3 H), 1.57 (6 重峰，2 H), 0.88 (三重峰，3 H)

$^{13}C$ NMR：$\delta$ 209.0, 45.5, 29.5, 17.0, 13.2

8-19 根据波谱数据推测结构。

(a) $C_7H_{14}O$　IR：1750 $cm^{-1}$；$^1H$NMR：$\delta$ 1.0 (s, 9 H), 2.1 (s, 3 H), 2.3 (s, 2 H)

(b) $C_6H_{10}O_2$　IR：1700 $cm^{-1}$；$^1H$NMR：$\delta$ 2.2 (s, 6 H), 2.7 (s, 4 H)

(c) $C_9H_{10}O$　IR：1700 $cm^{-1}$；$^1H$NMR：$\delta$ 2.1 (s, 3 H), 3.6 (s, 2 H), 7.2 (m, 5 H)

(d) $C_9H_9ClO$　IR：1700 $cm^{-1}$；$^1H$NMR：$\delta$ 1.2 (t, 3 H), 3.0 (q, 2 H), 7.7 (q, 4 H)

(e) $C_6H_{12}O_3$　IR：1710 $cm^{-1}$；$^1H$NMR：$\delta$ 2.1 (s, 3 H), 2.6 (d, 2 H), 3.2 (s, 6 H), 4.7 (t, 1 H)；化学反应表明分子中有醚键

(f) $C_{15}H_{14}O$　IR：1720 $cm^{-1}$；$^1H$NMR：$\delta$ 2.02 (s, 3 H), 5.08 (s, 1 H), 7.25 (m, 10 H)

8-20 分子式为 $C_7H_8O$ 的哪种化合物，其 NMR 信号为 $\delta$ = 7.3, 4.4, 3.7 ppm，相对峰面积为 7：2.9：1.4?

8-21 $CH_3OCH_2CH_2OCH_3$ 的 NMR 图谱中给出化学位移为 3.4 和 3.2 ppm，相应的峰面积比为 2：3，这些数字是否和所给结构相符?

8-22 一个戊酮的异构体，分子离子峰为 $m/z$ 86，并在 $m/z$ 71 和 $m/z$ 43 处各有一个强峰，且在 $m/z$ 58 处有峰，写出该酮的结构式。另一个戊酮在 $m/z$ 86 和 $m/z$ 71 处各有一个强峰，它的结构式是什么?

8-23 通过下列信息解析化合物 A 和 B 的结构。两个化合物有相同的分子式，都能溶于稀盐酸。A 的质谱有$[M]^+$ 149 (37.1%)，$[M+1]^+$ 150 (4.2%)。A 和 B 的其他波谱数据在下给出，通过归属特定的结构数据来推定结构，画出 NMR 谱的略图。

(a) 化合物 A 的 IR 谱在 3300～3500 $cm^{-1}$ 区域显示出两条吸收带，$^{13}C$ NMR 的质子宽带去偶谱显示出下列信号($^{13}C$ 化学位移旁括号中为 $^{13}C$ DEPT 给出信息)。

$^{13}C$NMR: $\delta$ 140 (C), 127 (C), 125 (CH), 118 (CH), 24 ($CH_2$), 13 ($CH_3$)

(b) 化合物 B 的 IR 谱在 3300～3500 $cm^{-1}$ 区域没有吸收带，$^{13}C$ NMR 的质子宽带去偶谱显示出下列信号($^{13}C$ 化学位移旁括号中为 $^{13}C$ DEPT 给出信息)。

$^{13}C$ NMR: $\delta$ 147 (C), 129 (CH), 115 (CH), 111 (CH), 44 ($CH_2$), 13 ($CH_3$)

8-24 化合物的分子式为 $C_7H_7ON$，计算它的环加双键数，推测化合物的结构式。该化合物的质谱在 $m/z$ 121, 105, 77, 51 处有较强的峰，写出产生这些离子的断裂方式。

8-25 样品甲和样品乙分别给出下列质谱数据，判断哪个样品是正丁醇，哪个样品是乙醚。

| 样品 | $M^{+\cdot}$ | 最强离子峰 |
|---|---|---|
| 甲 | 74 | $m/z$ 73，59，45，31，29，27 |
| 乙 | 74 | $m/z$ 56，43，41，31，29，27 |

8-26 某化合物含有 C、H、O 和 N 原子，质谱给出其最大 $m/z$ 值为 121，红外吸收为 700、750、1520、1680 和 3100 $cm^{-1}$，在 3440 $cm^{-1}$ 处有一双峰。试推断该化合物的合理结构。

8-27 推测基团的分子式，已知含有 C 和 H 原子且为阳离子，$m/z$ 值为下列数值：(a) 43，(b) 65，(c) 91 (假定 e = +1)。

8-28 (a) 烃类化合物的分子离子($RS^+$)的 $m/z$ 值能为奇数吗?

(b) 如果 $RS^+$只含有 C、H、O 原子，它的 $m/z$ 值既可以是奇数，也可以是偶数吗?

(c) 如果 $RS^+$只含有 C、H、N 原子，它的 $m/z$ 值既可以是奇数，也可以是偶数吗?

(d) 为什么 $m/z$ = 31 的离子不可能是 $C_2H_7^+$? 它是什么?

8-29 写出化合物 $C_{10}H_{12}O$ 的结构，其质谱图给出如下 $m/z$ 值：15、43、57、91、105 和 148。

# 第 9 章　醇　和　醚

脂肪烃分子中的氢原子或芳香烃侧链上的氢原子被羟基(–OH)取代的化合物称为醇。醚则可以看作水分子中两个氢原子同时被两个烃基取代后的化合物。

## (一) 醇

羟基是醇的官能团。醇可按羟基数目的多少，分别称为一元醇、二元醇、三元醇等，含两个以上羟基的醇总称为多元醇。例如：

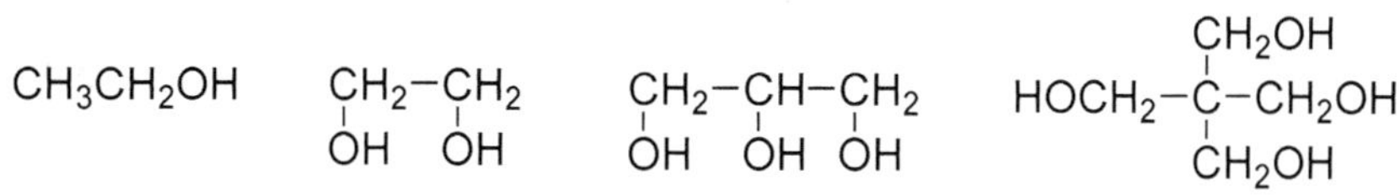

乙醇　　乙二醇　　丙三醇　　季戊四醇

对于一元醇，按羟基所连的碳原子是伯、仲或叔碳原子，分别称为伯醇(一级醇，1°醇)、仲醇(二级醇，2°醇)或叔醇(三级醇，3°醇)。醇也可按羟基所连接的烃基不同，分别称为饱和醇、不饱和醇和芳醇。

在醇分子中，O–H 键是氧原子以一个 $sp^3$ 杂化轨道与氢原子的 1s 轨道相互交盖而形成的；C–O 键是碳原子的一个 $sp^3$ 杂化轨道与氧原子的一个 $sp^3$ 杂化轨道交盖而形成。此外，氧原子还有两对未共用电子分别占据另外两个 $sp^3$ 杂化轨道。图 9-1 是甲醇分子的结构示意图。

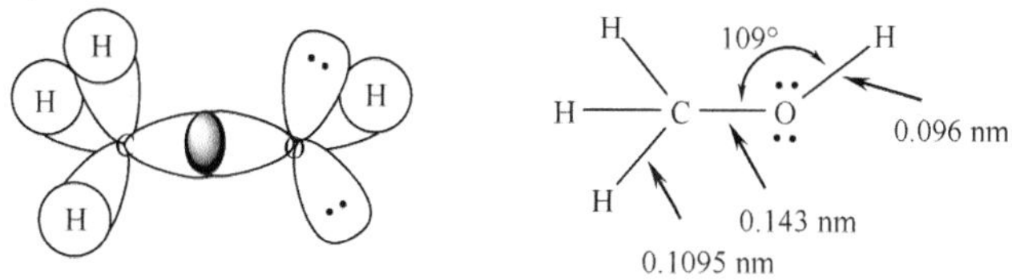


图 9-1　甲醇分子的结构示意图

本章主要讨论饱和一元醇，其通式为 $C_nH_{2n+1}OH$，多元醇的性质与一元醇类似，也作简单介绍。

## 9.1　醇的物理性质

低级醇是具有酒味的无色透明液体，$C_{12}$ 以上的直链醇为无色、无臭、无味的固体。低级直链饱和一元伯醇的沸点比相对分子质量相近的烷烃的沸点高得多。例如，甲醇(相对分子质量 32)的沸点为 64.7℃，而乙烷(相对分子质量 30)的沸点为−88.6℃，这是由于醇分子间能通过氢键缔合。甲醇、乙醇分子中的氢键键能为 25.9 kJ · mol$^{-1}$。当醇从液态变为气态时氢键完全破裂，这就必须供给破裂氢键的能量，因此醇的沸点比相应的烃高得多。

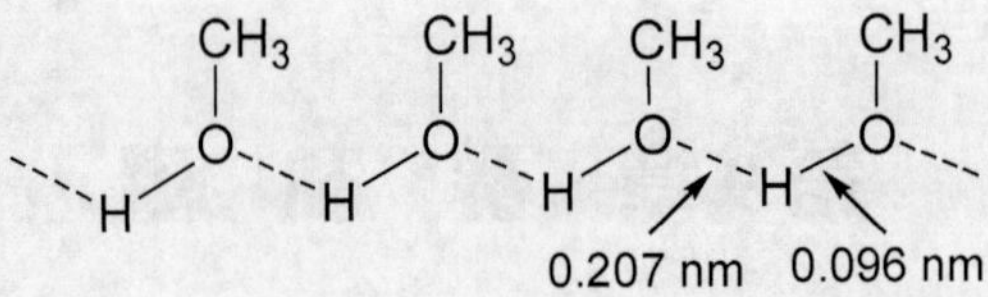


直链饱和一元醇的沸点随相对分子质量的增加而有规律地升高，每增加一个 $CH_2$ 系差，沸点升高 18～20℃。到高级醇，这种差距逐渐减小。因为随着碳链增长，羟基在整个分子中的比例逐渐减小，其相对影响也减小。在醇的异构体中，直链伯醇的沸点最高，带支链的醇沸点要低一些；支链越多，沸点越低。例如，正丁醇、异丁醇、仲丁醇和叔丁醇的沸点分别是 117.7℃、108℃、99.5℃和 82.5℃。

一元醇的相对密度小于 1，而大于相应的烷烃。多元醇和分子中含有苯环的芳醇的相对密度大于 1。除甲醇、乙醇、丙醇外，直链饱和一元醇的熔点和相对密度均随相对分子质量的增加而升高。

甲醇、乙醇和丙醇都能与水互溶。乙醇与水混溶时有热量放出，并使总体积缩小。例如，52 mL 乙醇与 48 mL 水混溶后，总体积不是 100 mL 而是 96.3 mL。自正丁醇开始，随着烃基增大，在水中的溶解度逐渐降低，癸醇以上的醇几乎不溶于水(表 9-1)。

**表 9-1　醇的物理常数**

| 构造式 | 名称 | 熔点/℃ | 沸点/℃ | 相对密度 $d_4^{20}$ | 溶解度 $\frac{}{g\cdot(100\ g\ H_2O)^{-1}}$ | 折光率 $n_D^{20}$ |
|---|---|---|---|---|---|---|
| $CH_3OH$ | 甲醇 | –97 | 64.7 | 0.792 | ∞ | 1.3288 |
| $CH_3CH_2OH$ | 乙醇 | –114 | 78.3 | 0.789 | ∞ | 1.3611 |
| $CH_3CH_2CH_2OH$ | 丙醇 | –126 | 97.2 | 0.804 | ∞ | 1.3850 |
| $(CH_3)_2CHOH$ | 异丙醇 | –88 | 82.3 | 0.786 | ∞ | 1.3776 |
| $CH_3CH_2CH_2CH_2OH$ | 丁醇 | –90 | 117.7 | 0.810 | 7.9 | 1.3993 |
| $CH_3CH(CH_3)CH_2OH$ | 异丁醇 | –108 | 108.0 | 0.802 | 10.0 | 1.3959 |
| $CH_3CH_2CH(OH)CH_3$ | 仲丁醇 | –114 | 99.5 | 0.808 | 12.5 | 1.3978 |
| $(CH_3)_3COH$ | 叔丁醇 | 25 | 82.5 | 0.789 | ∞ | 1.3878 |
| $CH_3(CH_2)_3CH_2OH$ | 正戊醇 | –78.5 | 138.0 | 0.817 | 2.4 | 1.4104 |
| $CH_3(CH_2)_4CH_2OH$ | 正己醇 | –52 | 156.5 | 0.819 | 0.6 | 1.4162($n_D^{25}$) |
| $CH_3(CH_2)_5CH_2OH$ | 正庚醇 | –34 | 176 | 0.822 | 0.2 | 1.4225～1.4250 |
| $CH_3(CH_2)_6CH_2OH$ | 正辛醇 | –15 | 195 | 0.825 | 0.05 | 1.430 |
| $CH_3(CH_2)_7CH_2OH$ | 正壬醇 | — | 212 | 0.827 | — | 1.431～1.435 |
| $CH_3(CH_2)_8CH_2OH$ | 正癸醇 | 6 | 228 | 0.829 | — | 1.4372 |
| $CH_3(CH_2)_{10}CH_2OH$ | 正十二醇 | 24 | 259 | 0.831(熔点时) | — | 1.444 |
| $CH_2$=$CHCH_2OH$ | 烯丙醇 | –129 | 97 | 0.855 | ∞ | 1.4135 |
| 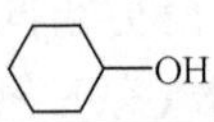 | 环己醇 | 24 | 161.5 | 0.962 | 3.6 | 1.465($n_D^{25}$) |

续表

| 构造式 | 名称 | 熔点/℃ | 沸点/℃ | 相对密度 $d_4^{20}$ | 溶解度 / $g\cdot(100\ g\ H_2O)^{-1}$ | 折光率 $n_D^{20}$ |
|---|---|---|---|---|---|---|
| 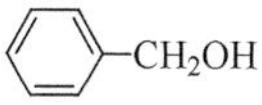 | 苯甲醇 | −15 | 205 | 1.046 | 4 | 1.5396 |
| $HOCH_2CH_2OH$ | 1,2-乙二醇 | −16 | 197 | 1.113 | ∞ | 1.430($n_D^{25}$) |
| $CH_3CHOHCH_2OH$ | 1,2-丙二醇 | | 187 | 1.040 | ∞ | 1.4293($n_D^{27}$) |
| $HOCH_2CH_2CH_2OH$ | 1,3-丙二醇 | | 215 | 1.060 | ∞ | |
| $CH_2OHCHOHCH_2OH$ | 丙三醇 | 18 | 290 | 1.261 | ∞ | |
| $C(CH_2OH)_4$ | 季戊四醇 | 260 | 276(3999.6Pa) | 1.050 (15℃) | | |

低级醇易溶于水，是因为醇分子与水分子间也有氢键生成。醇分子与水分子之间的引力可以克服醇分子间的引力以及水分子间的引力，因此，低级醇易溶于水。但自正丁醇开始，随着烃基的增大，烃基部分的范德华力增加，同时烃基对羟基有遮蔽作用，阻碍了醇羟基与水分子形成氢键。因此，在水中的溶解度逐渐降低以至不溶于水，故高级醇的溶解性质与烃类相似，不溶于水而溶于有机溶剂。芳醇由于芳环的存在，溶解度都很小。

多元醇分子中含有两个以上的羟基，可以形成更多的氢键，故分子中所含羟基越多，沸点越高，在水中的溶解度也越大。例如，乙二醇沸点为 197℃，丙三醇沸点为 290℃，它们都能与水混溶。

在醇分子中由于羟基是一个极性很强的基团，所以一般低碳醇分子的极性大，常作为质子型极性溶剂。

醇也能溶于强酸($H_2SO_4$、HCl)，这是由于它能和酸中质子结合成锌盐($RO^+H_2$)。例如正丁醇，它虽然在水中的溶解度只有 8%，但是它能和浓硫酸互相混溶。醇能溶于浓硫酸的性质在有机分析上很重要，常被用来区别醇和烷烃，因为后者不溶于强酸。

氯化钙、氯化镁等物质常用作干燥剂，除去有机化合物中的少量水分，这是由于氯化钙、氯化镁等物质都能与水形成配合物。某些低级醇与无机盐($CaCl_2$、$MgCl_2$)等也能形成醇配合物，如醇配合物 $CaCl_2\cdot 4C_2H_5OH$、$MgCl_2\cdot 6C_2H_5OH$，所以不能用这些物质来干燥醇，但可以用这些物质除去烃分子中的少量醇。

醇的波谱性质如下：

1. 红外光谱(IR)

游离羟基的伸缩振动吸收峰出现在 3650～3500 $cm^{-1}$(峰尖，峰形较强)，缔合羟基吸收峰向低波数移动，在 3500～3200 $cm^{-1}$ 会出现一强而宽的峰。除了羟基的伸缩振动外，在 1300～1000 $cm^{-1}$ 区域还出现 C–O 键的伸缩振动吸收，且伯、仲、叔醇吸收波数依次增高，$RCH_2OH$ 约为 1050 $cm^{-1}$，$R_2CHOH$ 约为 1100 $cm^{-1}$，$R_3COH$ 约为 1150 $cm^{-1}$。图 9-2 是乙醇的红外光谱图(10% $CCl_4$ 溶液)。

2. 核磁共振氢谱($^1H$ NMR)

羟基质子的化学位移值不固定。质子参与氢键，导致去屏蔽使其化学位移偏向低场。此

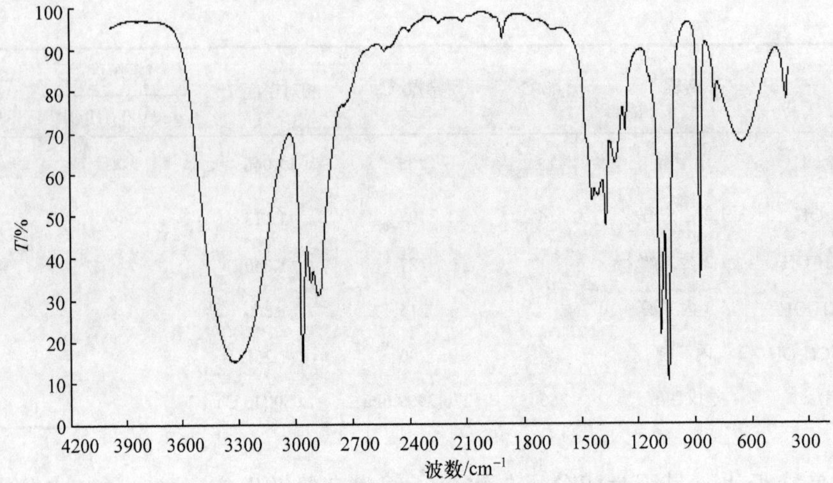


图 9-2 乙醇的红外光谱图(10% $CCl_4$溶液)

外，它又与温度、浓度、溶剂等有关，因此观测到的信号常出现在 1～5 ppm。在一般情况下，羟基质子间会发生较快的交换，在核磁共振图谱中通常出现单峰。另外，由于羟基氧的电负性较大，常使 $\alpha$-氢的共振吸收峰移向低场，其大致范围在 3.3～4 ppm。

## 9.2 醇的化学性质

醇的性质主要受羟基官能团的影响。醇羟基 O–H 键是极性共价键，性质上主要表现为酸性和分子间氢键；羟基氧原子具有孤对电子，表现为亲核性；醇分子中 C–O 为极性共价键，带部分正电荷的中心碳原子易受亲核试剂的进攻，发生亲核取代反应($S_N$)；醇分子中 $\beta$-碳原子上如果有氢原子，可发生 $\beta$-消除，脱水成烯烃。受羟基的影响，$\alpha$-氢易被氧化脱除。

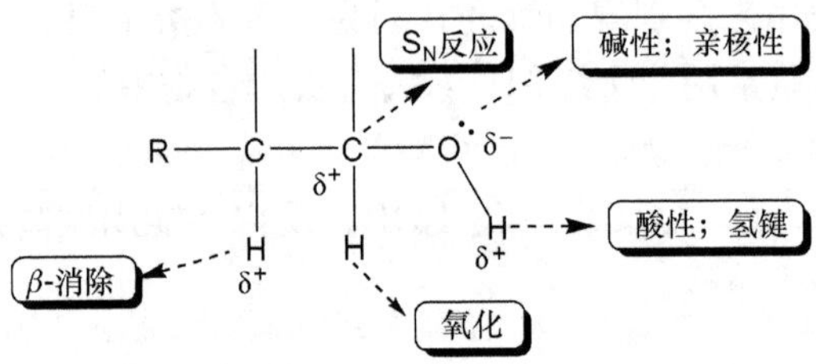


### 9.2.1 醇的酸性

在醇羟基中，由于氧的电负性大于氢的电负性，因此氧和氢的共用电子对偏向于氧，氢表现出一定的活性，醇具有弱酸性，能与活泼金属(如 Na、K、Mg、Al 等)反应，生成氢气和醇金属盐。例如：

$$CH_3CH_2OH + Na \longrightarrow \underset{\text{乙醇钠}}{CH_3CH_2ONa} + \frac{1}{2}H_2\uparrow$$

$$2\,CH_3CH_2OH + Mg \longrightarrow \underset{\text{乙醇镁}}{(CH_3CH_2O)_2Mg} + H_2\uparrow$$

$$6\,CH_3\underset{\displaystyle OH}{\underset{|}{C}}HCH_3 + 2\,Al \xrightarrow{HgCl_2\text{或}AlCl_3} 2\,\underset{\text{异丙醇铝}}{[(CH_3)_2CHO]_3Al} + 3\,H_2\uparrow$$

$$(CH_3)_3COH + K \longrightarrow (CH_3)_3COK + \frac{1}{2}H_2\uparrow$$

叔丁醇钾

在液相中，醇分子上的烷基为供电子基团，因此取代基最少的甲醇酸性最强($pK_a = 16$)，但醇的酸性比水弱($pK_a = 15.7$)，不能使石蕊变红。随着取代基数量的增加，醇的酸性逐渐下降。

$$H_2O > CH_3OH > RCH_2OH > R_2CHOH > R_3COH$$

由于醇是比水还弱的酸，醇和金属钠的作用没有水那样强烈，故在工业生产和实验室中常用乙醇破坏反应中多余的金属钠，比用水安全得多。乙醇和金属镁的作用更加缓慢，往往需要加入少量的碘作为催化剂。醇金属(alkoxide)是一类很重要的有机化合物，例如醇钠是常用的有机强碱，也可以用来制备醚。异丙醇铝$[(CH_3)_2CHO]_3Al$和叔丁醇铝$[(CH_3)_3CO]_3Al$是一种很好的催化剂和还原剂，在有机合成上都有重要的用途。

醇钠是白色粉末，易潮解变黏并且伴随剧烈放热，是一种具有烷氧基的强亲核试剂。工业上生产醇钠，为了避免使用昂贵的金属钠，常用醇和氢氧化钠反应，然后设法把水除去，使平衡有利于醇钠一方。常用的方法是通过形成共沸混合物(azeotropic mixture)将水带走转移平衡。例如，用乙醇和氢氧化钠反应制备乙醇钠：

$$C_2H_5OH + NaOH \rightleftharpoons C_2H_5ONa + H_2O$$

在乙醇和氢氧化钠作用的过程中，向体系里加一些苯，使苯、乙醇与水形成三元共沸物(沸点 64.89℃，其中苯：醇：水 = 74.1：18.5：7.4)，进行共沸蒸馏而将水带出，破坏平衡从而使反应向着有利于生成醇钠的方向进行。

### 9.2.2 醇与含氧无机酸的反应

醇与硫酸、硝酸、磷酸等无机酸反应，失去一分子水，得到的产物总称为无机酸酯。例如：

$$CH_3OH + HO\text{-}SO_2OH \rightleftharpoons CH_3OSO_2OH + H_2O$$

硫酸氢甲酯(酸性酯)

将硫酸氢甲酯加热减压蒸馏，即得硫酸二甲酯(中性酯)。

$$2\,CH_3OSO_2OH \rightleftharpoons CH_3OSO_2OCH_3 + H_2SO_4$$

硫酸和乙醇作用，也可得硫酸氢乙酯和硫酸二乙酯。硫酸二甲酯和硫酸二乙酯都是常用的烷基化试剂，因有剧毒，使用时应注意安全！高级醇的酸性硫酸酯钠盐，如$C_{12}H_{25}OSO_2ONa$是一种表面活性剂。

甘油三硝酸酯(俗称硝化甘油)是一种炸药，也可用作药物，用于血管扩张，治疗心绞痛和胆绞痛；磷酸三丁酯用作萃取剂和增塑剂等。

甘油与磷酸反应可得到甘油磷酸酯。生命体的核苷酸中有磷酸酯，它和钙离子形成的甘油磷酸钙，可在人体内调节钙磷比例，用来防治佝偻病。

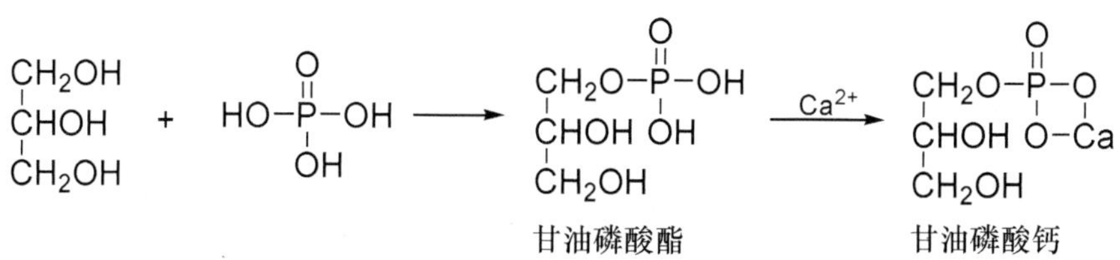

甘油磷酸酯　　甘油磷酸钙

醇与无机酸的反应历程与醇的结构有关。伯醇主要是按 $S_N2$ 机理进行；叔醇则主要是按 $S_N1$ 机理进行；对仲醇而言，两种机理都可以发生，何者为主，应看其他的反应条件(如酸的浓度及强度、反应温度、酸根负离子的亲核性等)。叔醇难以与无机酸生成相应的酯，因为在无机酸的作用下，叔醇容易通过烷氧键断裂形成较稳定的叔碳正离子而发生消除反应，生成烯烃。

醇与有机酸生成有机酸酯的反应将在 12 章详细讨论(参见 12.2)。

### 9.2.3 醇羟基的置换反应

醇分子中的碳氧键是极性共价键，受氧原子的强吸电子诱导作用影响，与氧直接相连的碳原子带部分正电荷，易受到亲核试剂的进攻，羟基被亲核试剂取代。

1. 与 HX 作用

醇与氢卤酸作用，则羟基被卤素取代而生成卤代烃和水，反应历程为亲核取代反应。这是制备卤代烃的重要方法之一。

$$\mathrm{ROH + HX \rightleftharpoons RX + H_2O}$$

这个反应是可逆的，如果反应物之一过量或使生成物之一从平衡混合物中移去，都可使反应向有利于生成卤代烃的方向进行，以提高产量。

醇羟基不是一个好的离去基团，需要在酸的催化下，羟基质子化后以水分子的形式离去。在氢卤酸中，氢碘酸酸性最强，氢溴酸其次，浓盐酸相对最弱，且卤离子的亲核能力是 $I^- > Br^- > Cl^-$，故氢卤酸的反应活性次序是：HI > HBr > HCl。

$$\mathrm{CH_3CH_2CH_2CH_2OH}\begin{cases}\xrightarrow{\mathrm{HI}} \mathrm{CH_3CH_2CH_2CH_2I} \\ \xrightarrow[\triangle]{\mathrm{HBr,H_2SO_4}} \mathrm{CH_3CH_2CH_2CH_2Br} \\ \xrightarrow[\triangle]{\mathrm{HCl,ZnCl_2}} \mathrm{CH_3CH_2CH_2CH_2Cl}\end{cases}$$

醇的性质和醇的结构也影响反应的速度，各种醇和浓盐酸在无水 $ZnCl_2$ 催化下的反应活性依次是：苄醇和烯丙醇 ⩾ 叔醇 > 仲醇 > 伯醇 > $CH_3OH$。

$$\mathrm{(CH_3)_3C{-}OH + HCl \xrightarrow[20℃,1\ min]{ZnCl_2} (CH_3)_3C{-}Cl + H_2O}$$

$$\mathrm{CH_3CH_2CH(OH)CH_3 + HCl \xrightarrow[20℃,10\ min]{ZnCl_2} CH_3CH_2CH(Cl)CH_3 + H_2O}$$

$$\mathrm{CH_3CH_2CH_2CH_2OH + HCl} \xrightarrow[\text{20℃,1 h无反应 加热才发生反应}]{\mathrm{ZnCl_2}} \mathrm{CH_3CH_2CH_2CH_2Cl + H_2O}$$

浓盐酸与无水氯化锌所配制的溶液称为 Lucas(卢卡斯)试剂，可用来鉴别伯、仲、叔醇。常温下，Lucas 试剂与叔醇反应最快且反应放热；仲醇次之，放热不明显；伯醇最慢，需加热才起反应。由于在反应中所生成的氯代烷不溶于水，因此根据呈现混浊或分层现象的快慢，可区别反应物是伯醇、仲醇或叔醇(适用于 6 个碳以下的醇)。

大多数伯醇与氢卤酸的反应是按 $S_N2$ 历程进行的。

$$RCH_2\ddot{O}H + HX \rightleftharpoons RCH_2\overset{+}{O}H_2 + X^-$$

$$X^- + RCH_2-\overset{+}{O}H_2 \longrightarrow RCH_2X + H_2O$$

烯丙型醇、苄醇、叔醇、仲醇以及空间位阻特别大的伯醇按 $S_N1$ 历程进行。有一些醇与氢卤酸反应时，常有重排产物生成，即与此有关。例如：

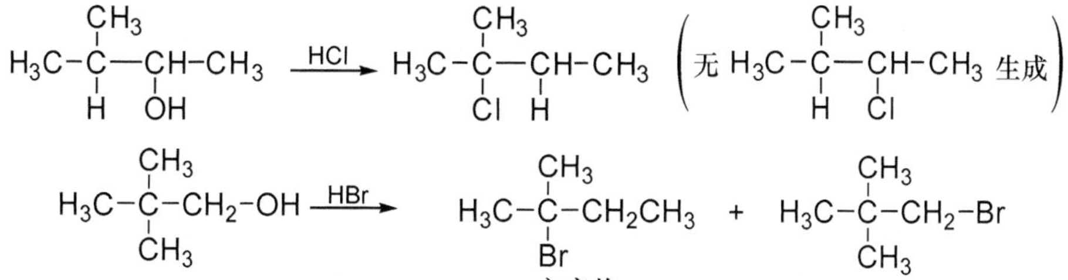


主产物

2. 与卤化磷作用

醇也可以与三碘(或溴)化磷、五氯化磷反应生成相应的卤代烷。在实际操作中，常用赤磷与溴或碘代替三卤化磷。

$$3\,ROH + PX_3 \xrightarrow{\text{或}P+X_2} 3\,RX + P(OH)_3 \qquad X = Br, I$$

$$ROH + PCl_5 \longrightarrow RCl + HCl + POCl_3$$

卤化磷与醇反应生成卤代烃，是 $S_N2$ 反应，反应中心碳原子发生构型转化，且没有重排产物，这一特征在有机合成中很有用处。不过，若使用的卤化磷是三氯化磷，由于醇和三氯化磷的反应产物比较复杂，副反应较多，常得到的是亚磷酸酯而非氯代烷，故该反应不被用来制备氯代物。用五氯化磷代替三氯化磷也有磷酸酯副产物生成，而且磷酸酯较难除去，产物氯代物的质量不易控制，也限制了应用。

3. 与亚硫酰氯作用

醇与亚硫酰氯($SOCl_2$，也称氯化亚砜)作用生成氯代烷，碳架不发生重排，且产率较高，产品较纯，副产物 $SO_2$ 与 HCl 均为气体，易于分离。一般用过量的亚硫酰氯并保持微沸反应一定时间，即可很方便地制得氯代烷。生成的酸气可用碱吸收，以避免造成环境污染。

$$ROH + SOCl_2 \xrightarrow{\triangle} RCl + SO_2\uparrow + HCl\uparrow$$

由于这一反应体系对金属设备有很强的腐蚀性，一般多用于实验室中制取卤代烷。

醇和氯化亚砜反应的机理与醇和氢卤酸反应的机理不同。醇与氯化亚砜作用首先生成氯代亚硫酸酯和氯化氢，接着氯代亚硫酸酯发生分解，在碳氧键发生异裂的同时，带有部分负电荷的氯原子位于缺电子碳的前方并与之发生分子内的亲核取代反应。当碳氯键形成时，分解反应完成并放出 $SO_2$。由于发生亲核攻击的氯原子所处方位与将要离去的 $SO_2$ 是同侧，所以在反应过程中醇的 $\alpha$-碳原子是构型保持不变。这种取代反应机理称为分子内亲核取代，记

作 $S_Ni$：

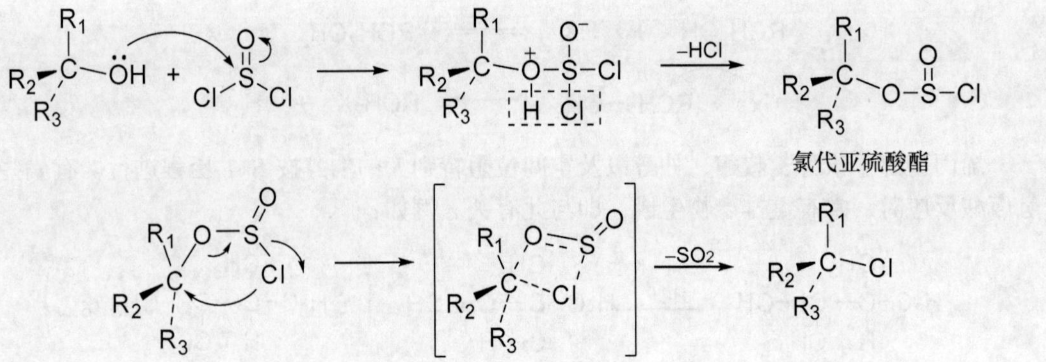


上述反应一般在乙醚溶液中进行。若用吡啶碱为溶剂，得到的是构型翻转的产物。这是由于第一步反应得到的氯代亚硫酸酯和氯化氢均能与吡啶成盐，它们都产生“自由”的氯负离子，此时氯负离子将从碳氧键的背面进攻从而使该碳原子的构型翻转。

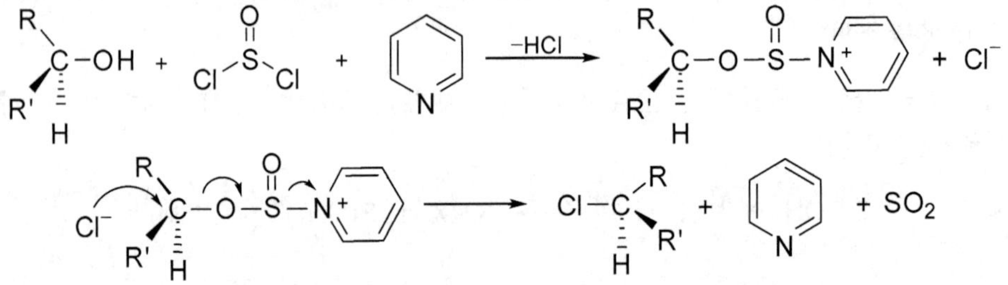


三级胺($R_3N$)也有利于氯离子的形成，和吡啶一样也可以催化该反应。因此，从光学活性的醇出发制备构型保留的氯代烷可以在乙醚溶液中进行。若想得到构型翻转的氯代烷时，可以在以吡啶为溶剂的体系中进行。亚硫酰溴由于不稳定而很难得到，故不用它制备溴代烷。

### 9.2.4 醇的脱水反应

醇的脱水反应按反应条件不同，可发生分子内脱水生成烯烃，也可以发生分子间脱水生成醚。乙醇在室温下溶于冷的浓硫酸，生成𨦡盐。如果加热，在低于 100℃时，乙醇与浓硫酸反应生成硫酸氢乙酯

$$C_2H_5OH + H_2SO_4 \underset{}{\overset{<100℃}{\rightleftharpoons}} C_2H_5OSO_3H + H_2O$$

继续加热至 140℃，乙醇便发生分子间脱水，生成乙醚

$$CH_3CH_2OH + CH_3CH_2OH \xrightarrow[140℃]{\text{浓}H_2SO_4} CH_3CH_2OCH_2CH_3 + H_2O$$

更高温度时，则发生分子内脱水而生成烯烃：

$$\underset{H\quad\quad OH}{CH_2-CH_2} \xrightarrow[170℃]{\text{浓}H_2SO_4} CH_2=CH_2 + H_2O$$

酸性催化剂除浓硫酸外，还可以是磷酸、对甲苯磺酸等，也可以使用三氟化硼和无水氯化锌等路易斯酸及硅胶、氧化铝等脱水剂。

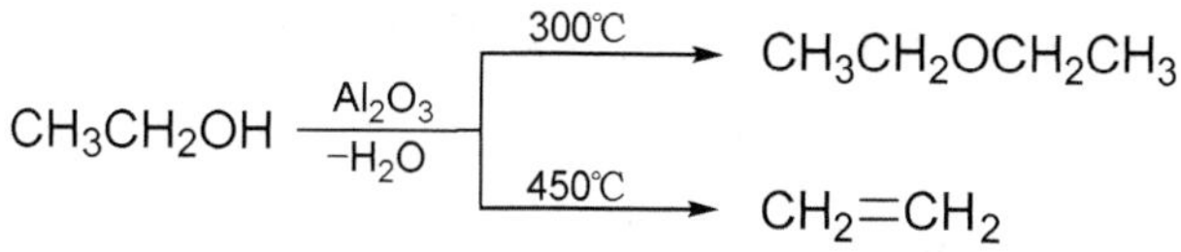

反应温度对醇脱水反应的产物有很大的影响，低温时有利于取代反应而生成醚，高温有利于消除反应，即分子内脱水生成烯烃。醇的结构对产物也有影响，发生分子内脱水反应生成烯烃的倾向是 3°醇 ＞2°醇 ＞1°醇。一般叔醇脱水生成烯烃，而不生成醚。

醇分子内脱水属于消除反应，其取向同卤代烃消除卤化氢相似，也符合查氏规则，脱去羟基和含氢较少的 $\beta$-碳上的氢，即总是生成连有较多烃基的稳定烯烃。例如：

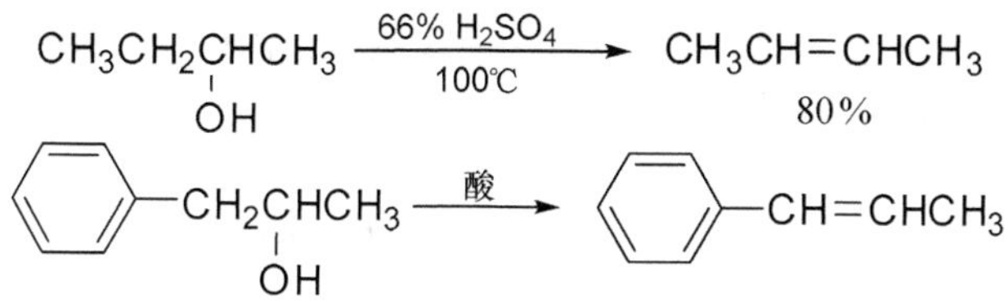

此外，不饱和醇和二元醇脱水时，也总是优先生成共轭烯烃。因为共轭体系是一个较稳定的体系。

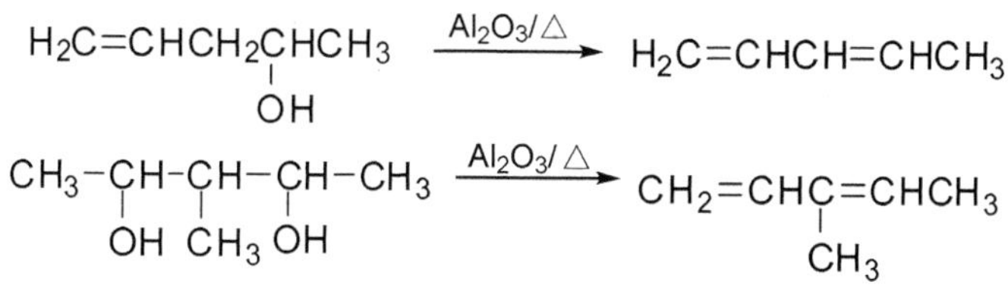

使用氧化铝时反应温度要求较高(350～450℃)，但是它有两个优点：①脱水剂(经再生后)可以重复使用，“三废”少；②反应中很少有重排现象产生。例如，正丁醇在浓 $H_2SO_4$ 脱水时，产物有 1-丁烯，也有 2-丁烯，但用氧化铝作脱水剂产物是纯的 1-丁烯。

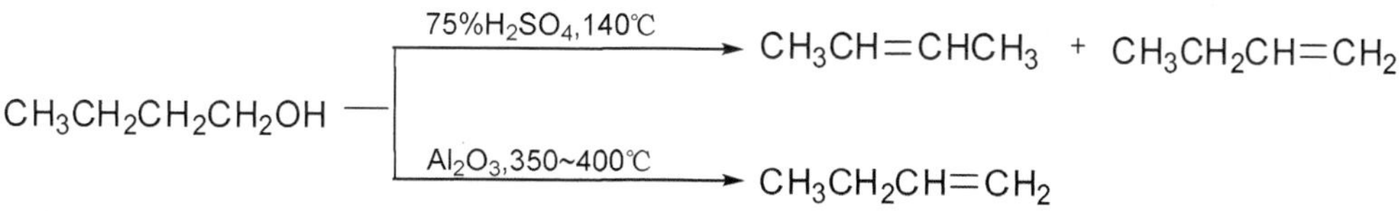

大多数醇在质子酸催化下，加热进行分子内脱水生成烯，主要按 E1 反应机理进行。因此上例用硫酸脱水时的重排现象可以用 E1 碳正离子历程来说明：

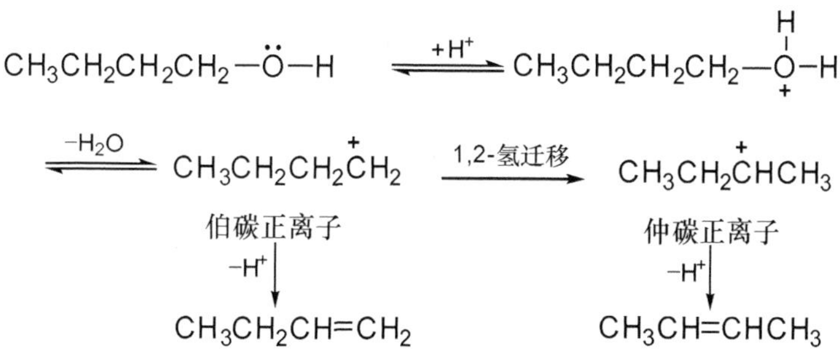

在硫酸溶液中，醇首先质子化，形成一个较好的离去基团 $H_2O$，同时产生伯碳正离子，

接着通过 1,2-氢迁移，形成一个更稳定的仲碳正离子，然后再按查氏规则脱去一个 $\beta$-氢原子。

又如：

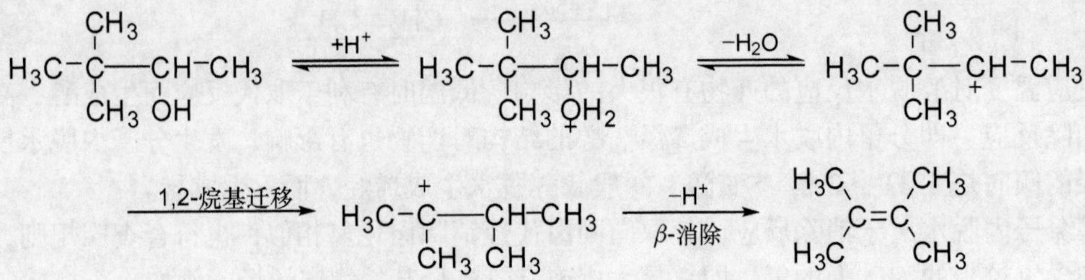

叔碳正离子(更稳定)　　　　主要产物

醇分子间脱水生成醚的反应是 $S_N$ 机理。在用醇制备单醚时，一般以伯醇为宜，这时的脱水反应是 $S_N2$ 机理。例如，正丁醚的合成：

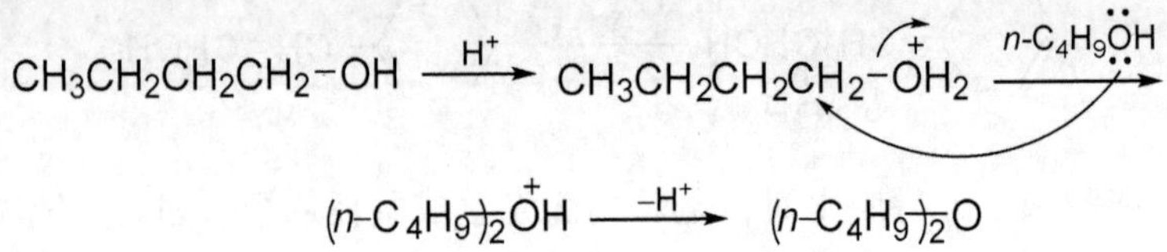

这个方法一般不用于制备低级的混合醚，因为选择性不好，产率低，分离也很困难，但可用于制备叔(仲)烷基伯烷基混合醚。例如，用甲醇及叔丁醇制备甲基叔丁基醚，可以得到较高的收率，这是因为叔丁基碳正离子容易形成，使反应按如下 $S_N1$ 机理进行：

$$(CH_3)_3COH + H^+ \longrightarrow (CH_3)_3C\overset{+}{O}H_2 \longrightarrow (CH_3)_3\overset{+}{C} + H_2O$$

$$(CH_3)_3C^+ + CH_3OH \longrightarrow (CH_3)_3C-\overset{+}{\underset{H}{O}}-CH_3 \longrightarrow (CH_3)_3C-O-CH_3 + H^+$$

又如：

$$C_6H_5CH(OH)C_6H_5 + HOCH_2CH_2Cl \xrightarrow{H_2SO_4} (C_6H_5)_2CHOCH_2CH_2Cl$$

### 9.2.5 醇的氧化与脱氢

对有机化合物来说，使有机分子中氧原子数增加或氢原子数减少的反应均为氧化反应。伯、仲、叔三种醇对于氧化剂的作用是不同的。伯醇和仲醇分子中，与醇羟基直接相连接的碳原子($\alpha$-碳原子)上连有氢原子，这些氢原子受羟基的影响，比较活泼，易被氧化。其中，伯醇氧化后的产物是醛或者酸，仲醇氧化后的产物是酮。

$$RCH_2OH \xrightarrow{[O]} \underset{醛}{RCHO} \xrightarrow{[O]} \underset{羧酸}{RCOOH}$$

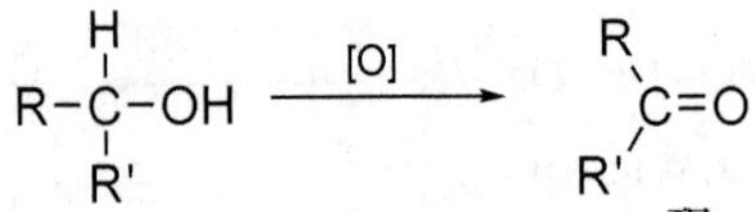

酮

叔醇分子中，和羟基相连的碳原子上没有氢原子，因此很难被中性高锰酸钾等一般氧化剂氧化，若在剧烈条件下氧化，则碳链断裂，生成小分子化合物(低级酮和羧酸的混合物)而无实用价值。

所使用氧化剂中，常见的有六价铬的衍生物，其中应用最多的是三氧化铬(简称铬酐)和重铬酸盐(重铬酸钠或重铬酸钾)。伯醇首先被氧化生成醛，但醛易被继续氧化成酸。如控制合适的氧化条件，使反应在低于醇的沸点、高于醛的沸点温度下进行，对于低沸点(<100℃)的醛，可在氧化过程中不断将其蒸出以避免被进一步氧化。但在酸性条件下，醛还能与未被氧化的醇反应生成半缩醛，后者能被迅速氧化为酯，因此重铬酸等氧化时醛的产率通常不高。

$$\underset{\text{(b.p. 97℃)}}{CH_3CH_2CH_2OH} \xrightarrow[75℃]{Na_2Cr_2O_7 + H_2SO_4,\ H_2O} \underset{\substack{\text{(b.p. 49℃)} \\ 50\%}}{CH_3CH_2CHO}$$

脂环醇氧化生成环酮，如果进一步以强氧化剂氧化，则碳碳键断裂生成含同碳数的二元羧酸。

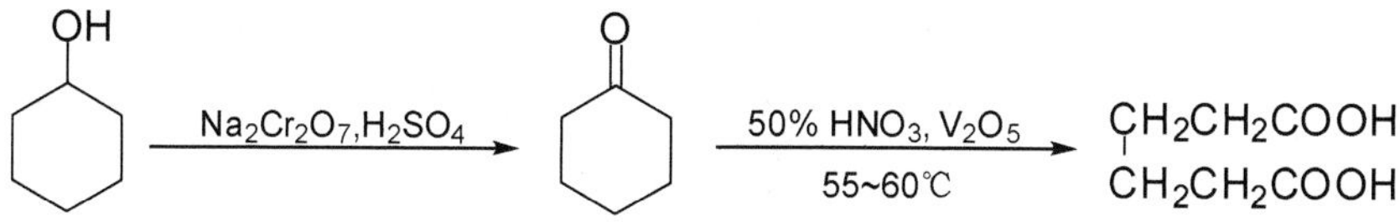

可采用一些较弱的氧化剂或氧化方法，选择性地氧化伯醇和仲醇，从而避免生成复杂氧化产物。常用的有以下一些氧化试剂和氧化方法。

(1) Sarrett 试剂。用铬酐($CrO_3$)与吡啶反应形成的铬酐 / 双吡啶配合物是吸潮性红色结晶，称 Sarrett(沙瑞特)试剂，也称为 Collins(科林)试剂。可将伯醇氧化为醛，仲醇氧化为酮，产率较高。反应一般在二氯甲烷中于室温下进行。

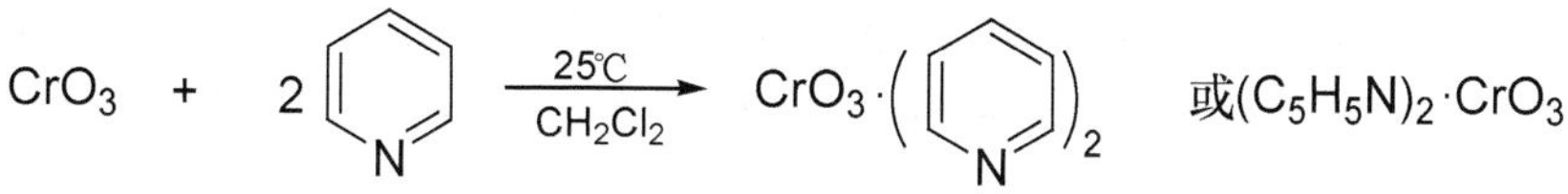

$$\underset{\substack{| \\ CH_3}}{CH_3CH_2CH(CH_2)_4CH_2OH} \xrightarrow[CH_2Cl_2,\ 69\%]{(C_5H_5N)_2 \cdot CrO_3} \underset{\substack{| \\ CH_3}}{CH_3CH_2CH(CH_2)_4CHO}$$

分子中如有双键、叁键等碳碳不饱和键时，不受氧化影响。

(2) Corey 试剂。将吡啶加入铬酐的盐酸溶液中生成一种橙黄色的晶体即为氯铬酸吡啶盐(pyridinium chloro chromate，简称 PCC)。PCC 也称作 Corey(科里)试剂，在有机溶剂中(通常用二氯甲烷)使用时是一种选择性氧化剂，它能在温和条件下以高产率将伯醇或仲醇氧化为醛或酮，而不影响分子中的碳碳不饱和键。

$$CH_3(CH_2)_4CH{=}CHCH_2OH \xrightarrow{PCC} CH_3(CH_2)_4CH{=}CHCHO \quad 95\%$$

$$CH_3(CH_2)_4C{\equiv}CCH_2OH \xrightarrow[CH_2Cl_2]{PCC} CH_3(CH_2)_4C{\equiv}CCHO \quad 84\%$$

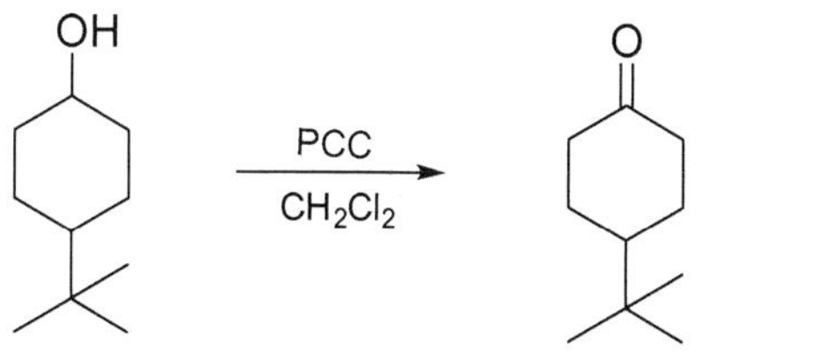

97%

(3) Jones 试剂。铬酐与稀硫酸形成的溶液称为 Jones(琼斯)试剂。Jones 试剂可将仲醇氧化为相应的酮，分子中的不饱和碳碳键同样不受影响。

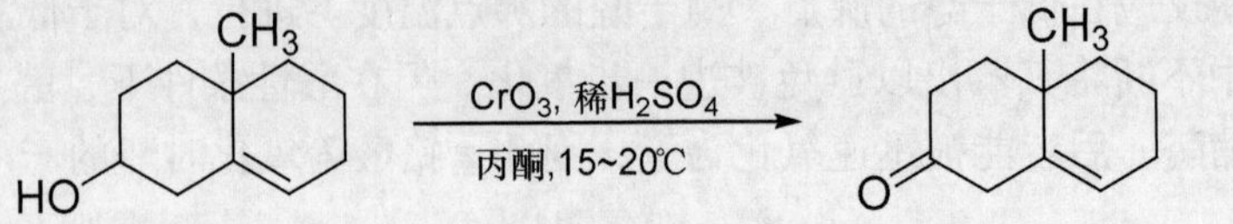

如使用过量的铬酸并反应条件剧烈，则双键也被氧化为酮或酸。

伯醇、仲醇与铬酐的硫酸溶液反应，将 $Cr^{6+}$(橙色)还原为 $Cr^{3+}$(蓝绿色)，叔醇无此反应。烯烃、炔烃也无此反应。因此可用铬酐的硫酸溶液鉴别出伯醇、仲醇。

(4) Oppenauer 氧化。另一种有选择性的氧化醇的方法称为 Oppenauer(欧芬脑尔)氧化法，即在叔丁醇铝或异丙醇铝的存在下，仲醇和丙酮(或丁酮、环己酮)一起反应，有时需要加入苯或甲苯作溶剂，醇把两个氢转移给丙酮，醇变成酮，丙酮被还原成异丙醇。该反应的特点是只在醇和酮之间发生氢原子的转移，而不涉及分子的其他部分，所以在分子中含有碳碳双键或其他对酸不稳定的基团时，利用此法较为适宜。例如：

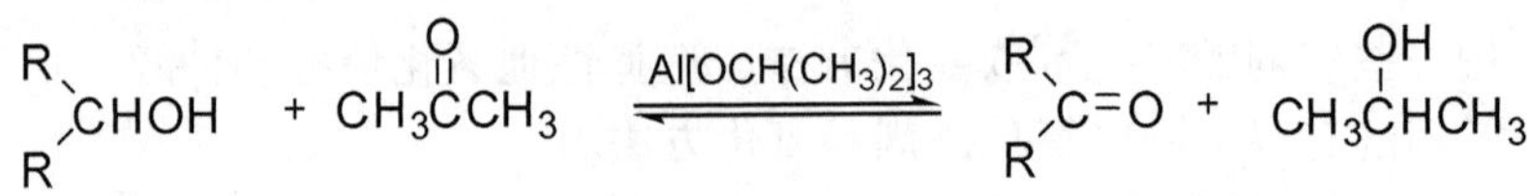

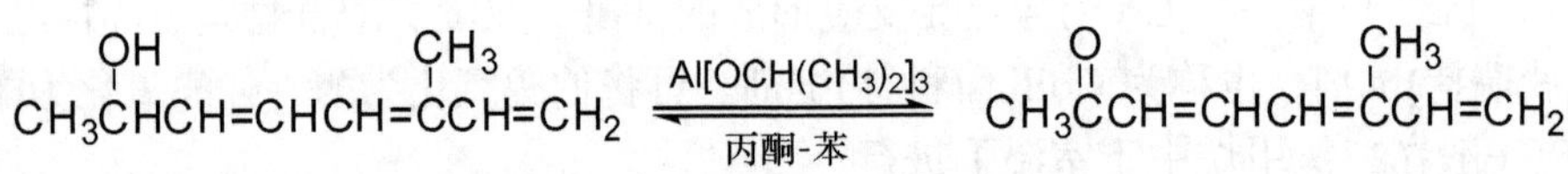

(5) Pfitzner-Moffatt 氧化。在磷酸、三氟乙酸吡啶盐等质子源存在下，二甲亚砜[$(CH_3)_2SO$, DMSO]和 *N*, *N*′-二环己基碳二亚胺(DCC)的混合物可氧化伯醇或仲醇为醛或酮，称为 Pfitzner-Moffatt(费兹纳-莫发特)氧化反应。此法反应条件温和且产率较高，氧化过程不影响分子中的不饱和键、氨基、巯基和叔碳羟基，特别适合于对一般氧化剂敏感的糖类、甾类、核苷和生物碱类分子中羟基的氧化。

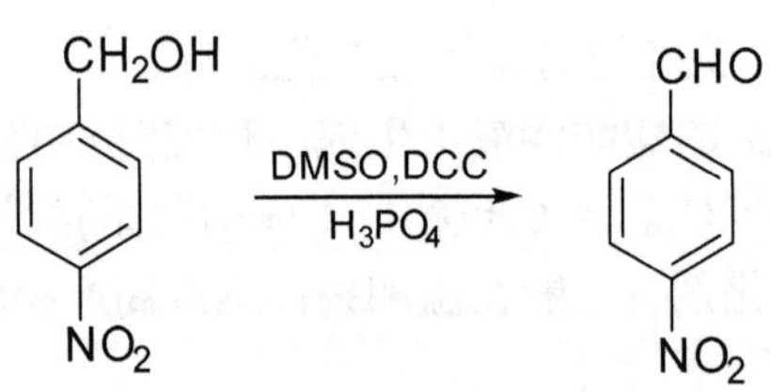

92%

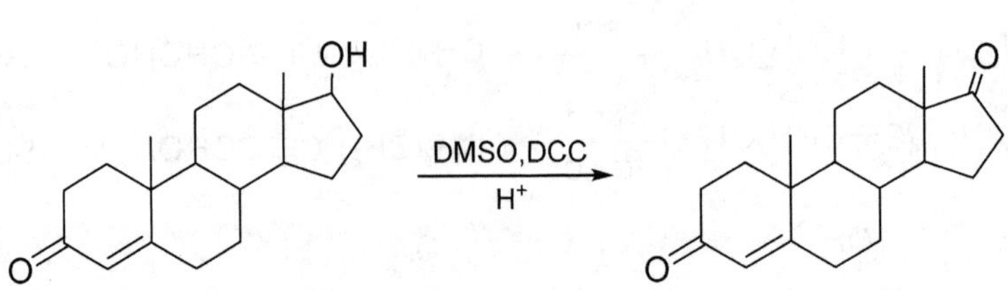

88%

伯醇和仲醇也可以通过脱氢反应而得到相应的醛、酮等产物。一般是把它们的蒸气在 300～325℃下通过铜或铜铬氧化物催化剂脱氢生成醛或酮。

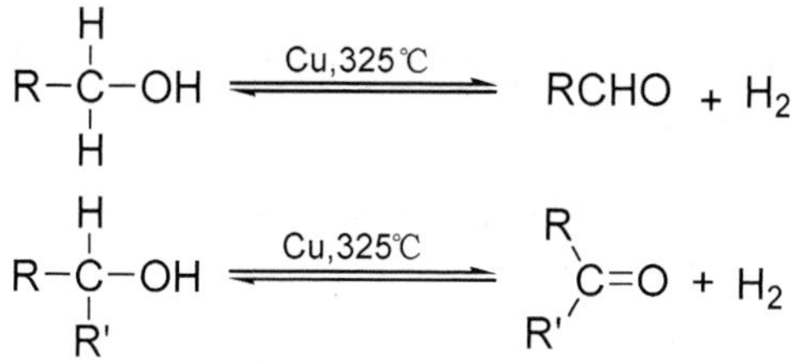

该反应的优点是产品较纯，但脱氢过程是吸热的可逆反应，反应中要消耗热量。若将醇与适量的空气或氧气通过催化剂进行氧化脱氢，则氧和氢结合生成水，反应可以进行到底。例如：

$$CH_3CH_2OH + \frac{1}{2}O_2 \xrightarrow[550℃]{Cu或Ag} CH_3CHO + H_2O$$

氧化脱氢时，氧与氢结合放出大量的热，把脱氢的吸热过程转变为放热过程，这样可以节省热量。该反应的缺点是产品复杂、分离困难。

## 9.3 邻二醇的特殊反应

多元醇中，相邻碳原子上均连有羟基的二元醇称为邻二醇。因结构特殊，邻二醇具有一些不同于一元醇的特性。

### 9.3.1 邻二醇用高碘酸或四乙酸铅氧化

高碘酸($H_5IO_6$)、偏高碘酸钾($KIO_4$)或偏高碘酸钠($NaIO_4$)的水溶液可将邻二醇的碳碳键氧化断裂，转化为相应的醛、酮：

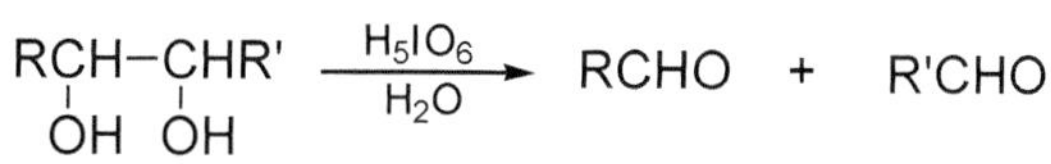

反应过程经历环状酯中间体：

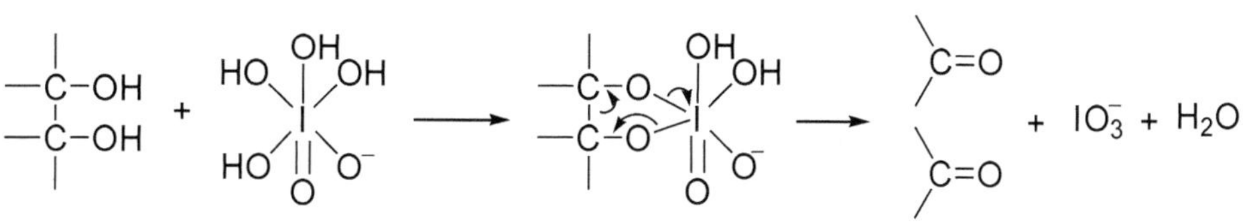

该反应能定量进行，因此，根据高碘酸的消耗量可推知多元醇中所含相邻羟基的数量，根据产物可推知原化合物的结构。多元醇若其羟基均处于相邻位置，在与一分子高碘酸反应后得到 $\alpha$-羟基醛(酮)，可进一步与高碘酸反应，其过程与邻二醇类似：

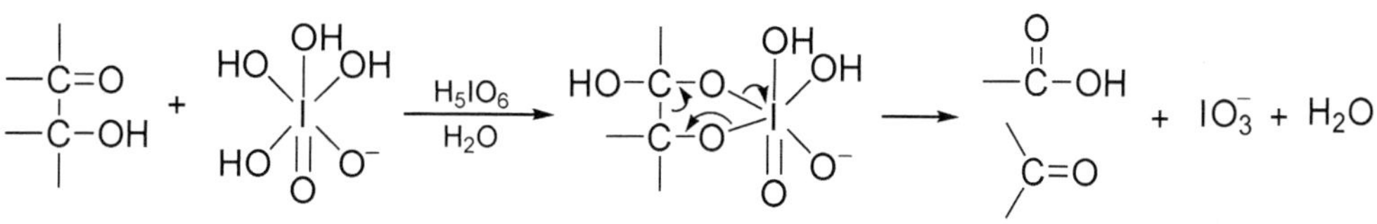

例如：

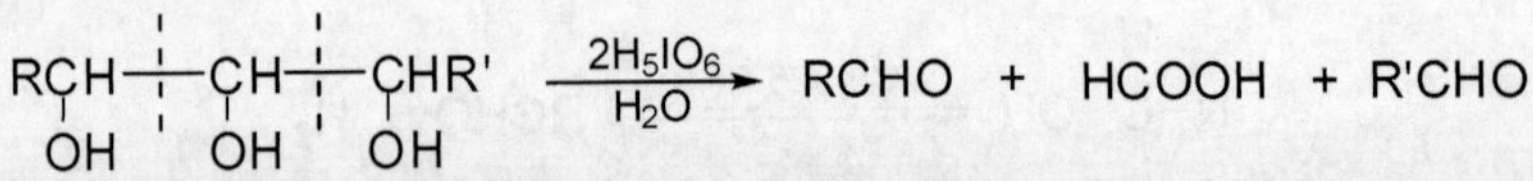

这样就可以根据消耗高碘酸的量推测多元醇相邻羟基的数量，并进一步推测出原多元醇的结构。

$$IO_3^- + AgNO_3 \longrightarrow AgIO_3\downarrow + NO_3^-$$

四乙酸铅[Pb(OAc)$_4$]也可把邻二醇氧化为相应的醛或酮，四乙酸铅被还原为二乙酸铅。反应定量进行，反应过程和反应结果与高碘酸氧化类似，用于邻二醇的定量分析。

环上的邻二醇存在顺反异构，实验结果表明，顺式邻二醇的反应速率比反式邻二醇大得多。这是由于氧化过程中须形成环状酯中间体，反式的环状酯因五元环扭曲而不易形成。

### 9.3.2 频哪醇重排

频哪醇(pinacol)是指两个羟基都连在叔碳原子上的邻二醇($\alpha$-二醇)。在酸的作用下，频哪醇发生重排，脱除一分子水，生成频哪酮。这类反应称为频哪醇重排。

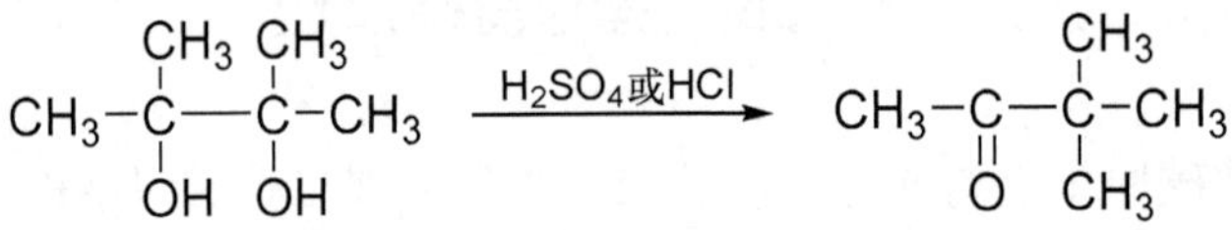

反应历程如下：

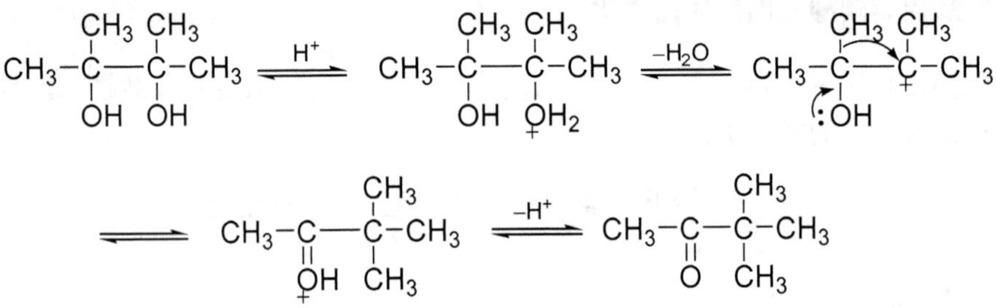

首先羟基发生质子化，随后脱水形成叔碳正离子。在邻位羟基孤对电子推动下，甲基迁移，最后脱除质子形成频哪酮。

频哪醇重排具有以下几个特点：

(1) 在不对称取代的乙二醇中，一般能形成相对较稳定碳正离子的碳上的羟基优先质子化脱水。

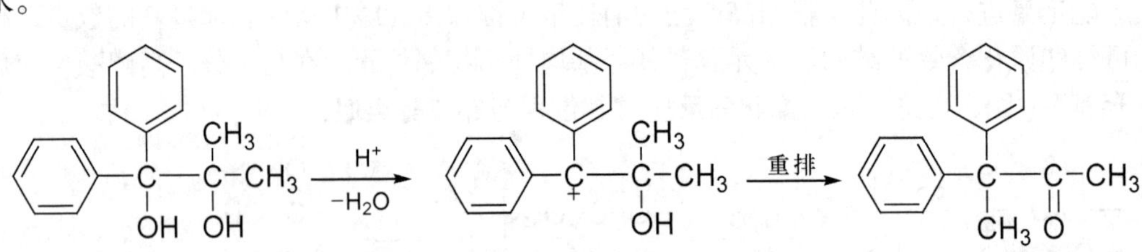


(2) 如果形成的碳正离子相邻碳上的两个基团不同，通常是供电子能力较强的基团优先迁移。重排时基团迁移的优先次序为：供电子芳基 > 苯基 > 烷基。

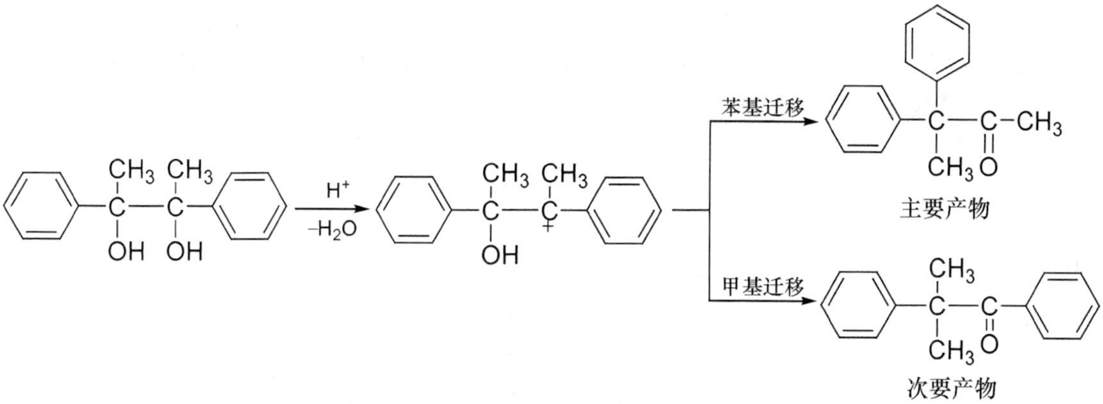

(3) 迁移过程的立体化学是反式迁移，即迁移基团与离去基团须处于反式位置。

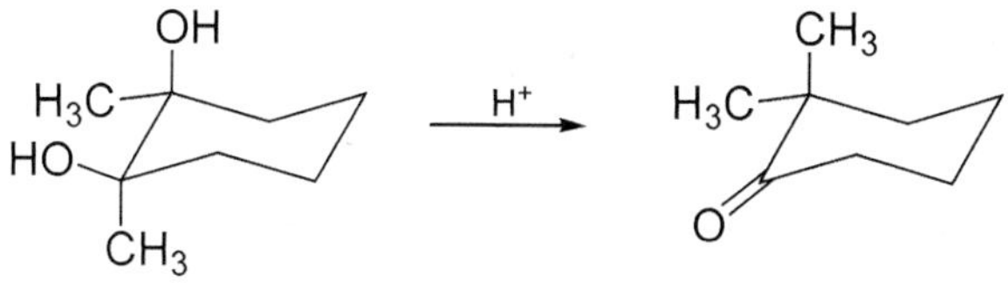

## 9.4 重要的醇

1. 甲醇

甲醇最早由木材干馏而得，故称木精。近代工业上以合成气($CO + 2H_2$)或天然气(甲烷)为原料，在高温、高压和催化剂存在下合成。

$$CO + 2H_2 \xrightarrow[30\sim32\ \text{MPa},380\sim410℃]{CuO,\ ZnO\text{-}Cr_2O_3} CH_3OH$$

$$CH_4 + \frac{1}{2}O_2 \xrightarrow[\text{通过钢管}]{10\ \text{MPa},200℃} CH_3OH$$

甲醇为无色液体，易燃，爆炸极限为6.0%～36.5%(体积)。有毒性，甲醇蒸气与眼接触可引起失明，饮用亦可致盲。

甲醇用途很广，主要用来制备甲醛以及在有机合成工业中用作甲基化试剂和溶剂，也可加入汽油或单独用作汽车或飞机的燃料。

2. 乙醇

乙醇俗称酒精。我国古代就用酒曲发酵酿酒。目前工业上用乙烯为原料来大量生产乙醇，但用发酵方法仍是工业上生产乙醇的方法之一。发酵法所用原料为含有大量淀粉的物质(如甘薯、谷物等)或制糖工业的副产物(糖蜜)。发酵是一个复杂的通过微生物进行的一种生物化学过程，大致步骤可概括如下：

$$\underset{\text{淀粉}}{(C_6H_{10}O_5)_n} \xrightarrow{\text{糖化酶}} \underset{\text{麦芽糖}}{C_{12}H_{22}O_{11}} \xrightarrow{\text{麦芽糖酶}} \underset{\text{葡萄糖}}{C_6H_{12}O_6} \xrightarrow{\text{酒酶}} C_2H_5OH + CO_2$$

$$\underset{\text{糖蜜(含蔗糖)}}{C_{12}H_{22}O_{11}} \xrightarrow{\text{转化酶}} \underset{\text{葡萄糖和果糖}}{C_6H_{12}O_6} \xrightarrow{\text{酒酶}} C_2H_5OH + CO_2$$

在发酵液中乙醇的含量为 10%～15%，分馏可以得到浓度较高的乙醇溶液，但最高只能得到 95.6%的乙醇。分馏后的残余液称为杂醇油，内含 7%正丙醇、24%异丙醇、68%异戊醇以及少量 2-甲基-1-丁醇等。杂醇油经酯化后可用作溶剂、香料等。

95.6%乙醇还含有 4.4%水分，是沸点为 78.15℃的共沸混合物，所以利用分馏法不能将 4.4%的水分除去。实验室中要制备无水乙醇(或称绝对乙醇)，可将 95.6%乙醇先与生石灰(CaO)共热，蒸馏得到 99.5%乙醇，再用镁处理除去微量水分而得 99.95%乙醇。工业上无水乙醇的制法是先在 95.6%乙醇中加入一定量苯，再进行蒸馏。先蒸出的是苯、乙醇和水的三元共沸物(沸点 64.8℃，含苯 74.1%、乙醇 18.5%、水 7.4%)，然后蒸出苯和乙醇的二元共沸物(沸点 68.25℃，含乙醇 32.41%、苯 67.59%)，最后可得完全无水乙醇(沸点 78.3℃)。绝对无水的乙醇常称为无水乙醇或称为绝对乙醇。检验乙醇中是否含有水分，可加入少量无水硫酸铜，如呈蓝色(生成 $CuSO_4 \cdot 5H_2O$)就表明有水存在。

乙醇能与 $CaCl_2$ 或 $MgCl_2$ 形成 $CaCl_2 \cdot 4C_2H_5OH$ 或 $MgCl_2 \cdot 6C_2H_5OH$ 结晶配合物，称为结晶醇。低级醇都有与氯化钙等形成配合物的性质，所以实验室中常用的干燥剂——无水氯化钙不能用来使醇脱水干燥。乙醇是重要的工业原料，也是酒类的原料，为了防止工业价廉的乙醇被用作配制酒类，常加入少量有毒、有臭味或有色物质(如甲醇、吡啶、染料)，掺有这些物质的酒精称为变性酒精。

十个碳原子以下的醇能和橙色的硝酸铈铵生成酒红色的配合物，在有机分析上可以用来鉴定醇的存在，利用此反应原理制成的仪器可检验驾驶员是否酒后驾车，非常灵敏。

$$(NH_4)_2[Ce(NO_3)_6] + 2ROH \longrightarrow Ce(NO_3)_4[ROH]_2 + 2NH_4NO_3$$

乙醇的用途极广，是各种有机合成工业的重要原料，也是常用的溶剂。70%～75%乙醇的杀菌能力最强，用作防腐、消毒剂。

乙醇易燃，其蒸气爆炸极限为 3.28%～18.95%，闪点为 14℃，使用时须注意安全。

### 3. 乙二醇

乙二醇俗称甘醇，是多元醇中最简单、工业上最重要的二元醇。它可从乙烯制备，目前工业上普遍采用由环氧乙烷水合法制备。

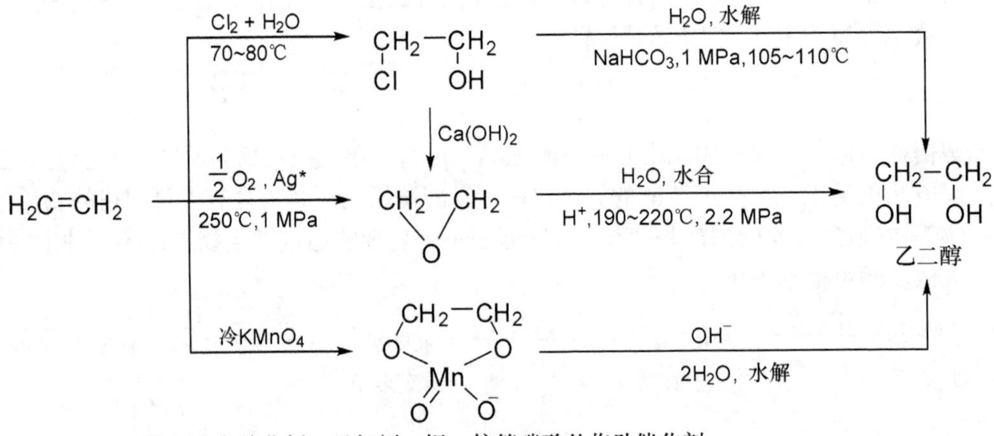


*以Ag为主催化剂，另加钙、钡、铈等碳酸盐作助催化剂

在微量 $H^+$或 $OH^-$存在下，乙二醇可与环氧乙烷作用生成一缩二乙二醇(二甘醇)和二缩三乙二醇(三甘醇)。它们分别可以看作两分子乙二醇脱去一分子水或三分子乙二醇脱去两分子水的缩合产物，如再继续与多个分子环氧乙烷作用，则生成由更多乙二醇缩合而成的高聚物，称为聚乙二醇。

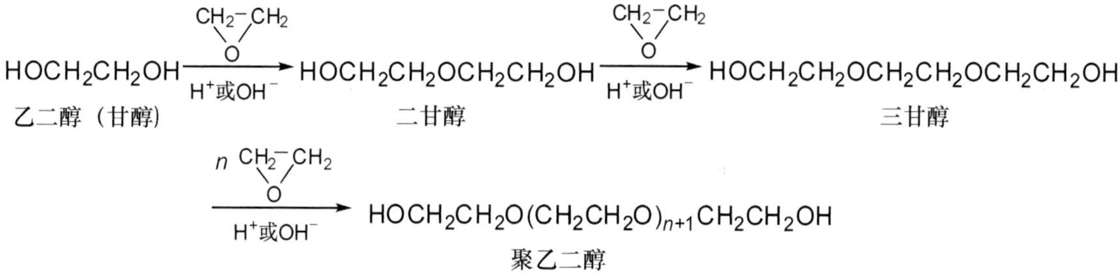


在不同的反应条件下，可以得到不同平均相对分子质量的聚乙二醇。商业上往往以不同的牌号代表一定平均相对分子质量的商品。聚乙二醇是一类非离子型表面活性剂，工业上用途很广，可以用作乳化剂、软化剂以及气体净化剂(脱硫、脱 $CO_2$)等。

乙二醇是带有甜味但有毒性的黏稠液体，因分子中含有两个羟基以氢键相互缔合，所以乙二醇的沸点和相对密度均比同碳数的一元醇高。乙二醇可与水混溶，但不溶于乙醚。含40%(体积)乙二醇的水溶液，冰点为–25℃，60%(体积)的乙二醇水溶液的冰点为–49℃，由于水溶液的冰点低，在水中的溶解度又大，因此乙二醇是很好的防冻剂。乙二醇的沸点高(197℃)，是一种高沸点溶剂。乙二醇也是合成聚酯纤维涤纶、乙二醇二硝酸酯炸药的原料。

4. 丙三醇

丙三醇俗称甘油，是一个重要的三元醇，以酯的形式广泛存在于自然界中。油脂的主要成分就是丙三醇的高级脂肪酸酯。丙三醇最早就是由油脂水解来制备。近代工业上以石油热裂气中的丙烯为原料，用氯丙烯法(氯化法)或丙烯氧化法(氧化法)制备。

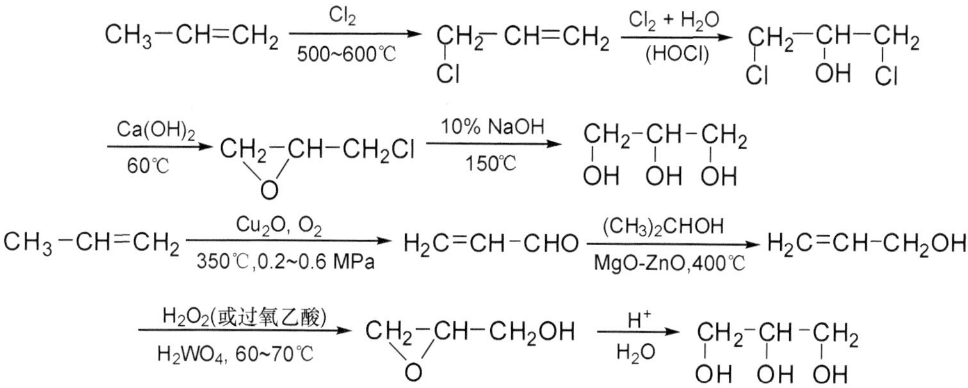

甘油是有甜味的黏稠液体，因分子中含有的三个羟基都可形成氢键，所以它的沸点比乙二醇更高。甘油与水可混溶，吸湿性强，能吸收空气中水分，不溶于乙醚、氯仿等有机溶剂，对石蕊试剂呈中性反应。甘油在工业上用途极为广泛，可用来制造甘油三硝酸酯用作炸药或医药，也可用来合成树脂，在印刷工业、化妆品工业、烟草工业中作为润湿剂。

5. 苯甲醇

苯甲醇俗称苄醇，是一种最简单的芳醇，存在于茉莉等香料油中。工业上可从苯氯甲烷在碳酸钾或碳酸钠存在下水解而得。

苯甲醇为无色液体，具有芳香味，微溶于水，易溶于乙醇、甲醇等有机溶剂。苯甲醇分子中的羟基连接在苯环侧链上，具有脂肪族醇羟基的一般性质，但因受苯环的影响而性质活泼，易发生取代反应。苯甲醇具微弱的麻醉作用，例如目前使用的青霉素稀释液就含有 2%的苄醇，可减轻注射时的疼痛。此外，苯甲醇在香料工业上也有广泛的应用。

## 9.5 醇的制法

1. 烯烃水合

在石油工业尚未兴起之前，有些醇是靠发酵的方法生产的。随着石油化工的发展，目前一些简单的醇，如乙醇、异丙醇、叔丁醇等，可用烯烃直接水合，即用相应的烯烃与水蒸气在加热、加压和催化剂存在下直接生成醇。例如：

$$H_2C{=}CH_2 + H_2O \xrightarrow[280\sim300℃,8MPa]{H_3PO_4\text{-硅藻土}} CH_3CH_2OH$$

$$CH_3CH{=}CH_2 + H_2O \xrightarrow[195℃,2MPa]{H_3PO_4\text{-硅藻土}} CH_3\underset{\substack{|\\OH}}{C}HCH_3$$

也可用烯烃间接水合，即烯烃用 98%的硫酸吸收后先生成烷基硫酸氢酯，再经水解得到醇。例如：

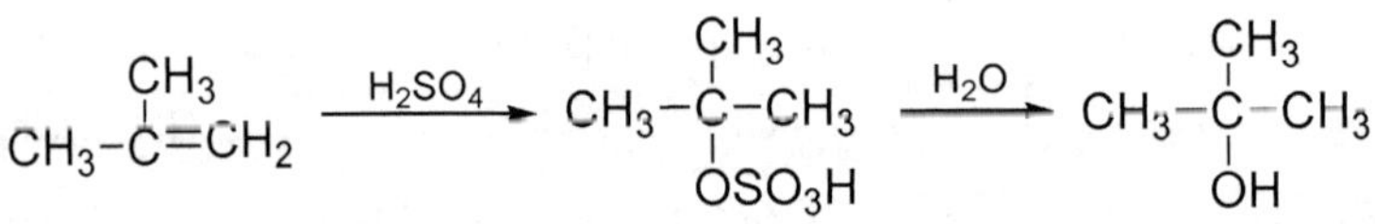

2. 硼氢化-氧化反应

烯烃与乙硼烷($B_2H_6$)通过硼氢化反应生成三烷基硼烷。产物不需分离，在碱性溶液中，用过氧化氢直接氧化就得到醇(见 4.4.1)。

$$H_2C{=}CH_2 \xrightarrow{B_2H_6} (CH_3CH_2)_3B \xrightarrow[NaOH]{H_2O_2} CH_3CH_2OH$$

硼氢化-氧化反应简单方便，产率也很高。其特点是：有高度的方向选择性，水分子在双键上总是反马氏规则加成；立体化学上为顺式加成，且无重排产物生成。所以在有机合成上有很大的应用，可以从烯烃制得用其他方法所不易制得的醇。若反应物为不对称的末端烯烃，经硼氢化-氧化反应可得到相应的伯醇，这是制备伯醇的一个很好的方法。例如：

$$CH_3CH{=}CH_2 \xrightarrow{B_2H_6} \xrightarrow[OH^-]{H_2O_2} CH_3CH_2CH_2OH$$

3. 卤代烃水解

通过卤代物的水解可以制得醇，但有很大的局限性：①有严重的副反应——产生烯烃；②在一般情况下醇比相应的卤代烃容易制得，通常是由醇来制卤代烃而不是由卤代烃来制醇，只有在相应的卤代烃容易得到时才采用这个方法。例如，用 α-氯丙烯水解制烯丙醇。α-氯丙烯很容易由丙烯高温氯化得到。

$$H_2C{=}CHCH_2{-}Cl + H_2O \xrightarrow{Na_2CO_3} H_2C{=}CHCH_2OH + HCl$$

由芳卤代烷如苯氯甲烷(苄氯)可制备苄醇，同样苄氯容易从甲苯高温氯化得到。

卤代烃在 NaOH 碱性溶液中易发生消除反应，为避免发生消除反应，可用氢氧化银代替氢氧化钠。

$$RX \xrightarrow{Ag_2O,\ H_2O} ROH + AgX\downarrow$$

4. 从格氏试剂制备

格氏试剂与醛或酮作用则发生加成反应，加成产物经水解即生成醇。

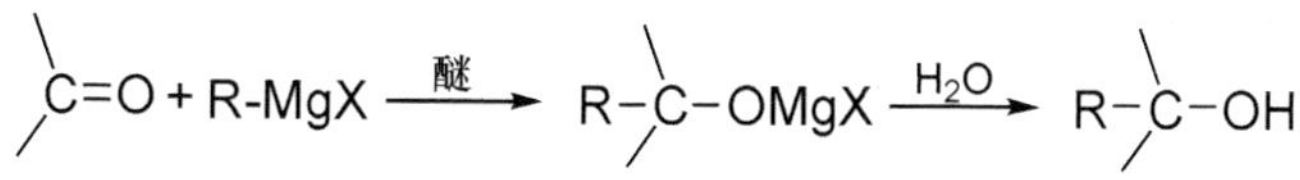

利用此反应可制备各种结构的醇。例如，从甲醛可以得到伯醇，其他醛可以得到仲醇，从酮可以得到叔醇[参见 11.3.1]。反应必须在醚(如无水乙醚或四氢呋喃)溶液中进行。

## (二) 醚

醚可视为水分子中两个氢原子都被烃基取代的产物，也可以看成是醇(或酚)分子的羟基氢被烃基取代的产物。醚的通式为：R—O—R′、Ar—O—R 或 Ar—O—Ar′。醚分子中的氧基(—O—)也称为醚键。按它所连接的烃基结构和连接方式不同，醚可以分类如下：

醚
- 饱和醚
  - 单醚(R＝R′)　如 $CH_3—O—CH_3$
  - 混合醚(R≠R′)　如 $CH_3—O—C_2H_5$
- 不饱和醚(R 为不饱和烃基)　如 $CH_3—O—CH_2CH{=}CH_2$
- 芳醚(R 或 R′至少有一个为芳基)　如 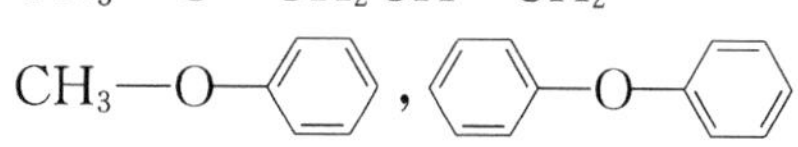
- 环醚(醚键氧原子参与成环)　如 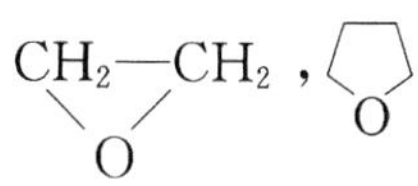
- 多元醚(分子中具有多个醚键)　如 $CH_3—O—CH_2CH_2—O—CH_3$

由于烃基的异构和官能团位置不同，还可引起醚的同分异构现象。例如，分子式为 $C_4H_{10}O$ 的醚有下列三种构造异构体：

$$CH_3OCH_2CH_2CH_3 \qquad CH_3CH_2OCH_2CH_3 \qquad CH_3OCH(CH_3)_2$$

丁醇的分子式也是 $C_4H_{10}O$，因此，相同碳原子数的醇和醚也互为构造异构体，这种异构体是属于官能团不同的构造异构体。

## 9.6 醚的物理性质

大多数醚是无色液体，只有简单的醚，如甲醚、甲乙醚和甲基乙烯基醚是气体。脂肪醚的相对密度小于1。由于醚分子间不能发生氢键缔合，醚的沸点比相同相对分子质量的醇低得多。例如，甲醚的沸点是–25℃，而乙醇的沸点是 78.3℃。

醚一般只微溶于水。有些醚在水中的溶解度与相同相对分子质量的醇相似。例如，乙醚在水中的溶解度约为 8 g · (100 g $H_2O$)$^{-1}$，与正丁醇相似，这是因为醚和醇一样能和水形成氢键。

环醚在水中的溶解度较大，如四氢呋喃(THF)、二噁烷等可与水互溶，是由于成环的氧原子裸露在外，更易和水分子形成氢键。醚能溶于有机溶剂，同时很多有机物质也能溶解于醚中，因此醚常用作溶剂。低级的醚具有高度的挥发性，易着火，使用时要注意安全。乙醚有麻醉性，在医药上曾用作全身麻醉剂。表 9-2 为常见醚的物理常数。

表 9-2 常见醚的物理常数

| 名称 | 结构式 | 沸点/℃ | 相对密度 $d_4^{20}$ |
|---|---|---|---|
| 甲醚 | $CH_3–O–CH_3$ | –25 | 0.661 |
| 甲乙醚 | $CH_3–O–CH_2CH_3$ | 8 | 0.697 |
| 乙醚 | $CH_3CH_2–O–CH_2CH_3$ | 35 | 0.714 |
| 正丙醚 | $CH_3(CH_2)_2–O–(CH_2)_2CH_3$ | 90 | 0.736 |
| 异丙醚 | $(CH_3)_2CH–O–CH(CH_3)_2$ | 68 | 0.735 |
| 正丁醚 | $CH_3(CH_2)_3–O–(CH_2)_3CH_3$ | 143 | 0.769 |
| 甲丁醚 | $CH_3–O–(CH_2)_3CH_3$ | 70 | 0.744 |
| 乙丁醚 | $CH_3CH_2–O–(CH_2)_3CH_3$ | 92 | 0.752 |
| 乙二醇二甲醚 | $CH_3–O–CH_2CH_2–O–CH_3$ | 83 | 0.863 |
| 乙烯醚 | $CH_2=CH–O–CH=CH_2$ | 35 | 0.773 |
| 四氢呋喃 | 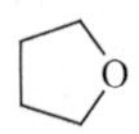 | 65 | 0.888 |
| 1,4-二氧六烷(二噁烷) | 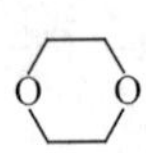 | 101 | 1.036 |
| 环氧乙烷 |  | 11 | |
| 1,2-环氧丙烷 | 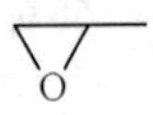 | 34 | 0.859 |

醚的红外光谱中，C–O–C 键的特征吸收峰在 1300～1050 cm$^{-1}$，吸收峰强度大，峰形宽。芳基醚和乙烯基醚的 C–O–C 吸收出现在 1275～1200 cm$^{-1}$ 范围。

醚类化合物的核磁共振氢谱主要反映在与氧原子直接相连的碳上氢原子化学位移出现在低场，在 3～4 ppm。

## 9.7 醚的化学性质

醚分子 R—O—R 键角与水分子的 H—O—H 键角(104.5°)相似，如甲醚为 110°，都很接近于 109.5°，故一般认为醚分子中氧原子的价电子也是在 $sp^3$ 杂化轨道上。

醚的氧原子与两个烷基相连，分子的极性很小，因此，醚的化学性质比较不活泼，在常温下不与金属钠作用，对碱、氧化剂和还原剂都十分稳定，但能发生下列反应。

### 9.7.1 锌盐的生成和醚键的断裂

1. 锌盐的生成

醚的氧原子上有未共用电子对，是一种路易斯碱，在常温时能溶于无机强酸(如 $H_2SO_4$、HCl 等)，形成锌盐。但醚的碱性很弱，生成的锌盐是一种弱碱和强酸所形成的盐，不稳定，遇水很快分解为原来的醚，利用这种性质，可将醚从烷烃或卤代烃等混合物中分离出来。

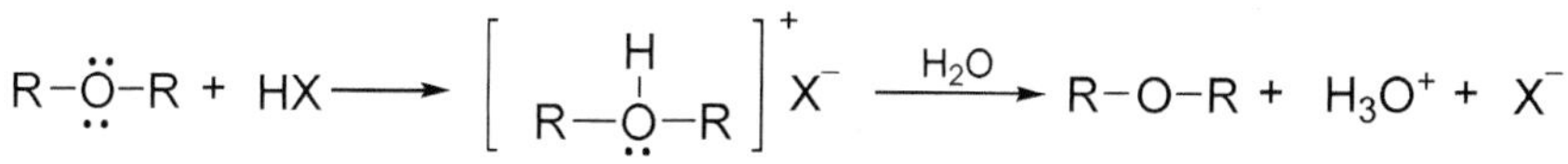

锌盐

乙醚能吸收相当量的盐酸气，形成锌盐。如果把它与有机碱如胺的乙醚溶液放在一起，即可析出胺的盐酸盐。这是制备铵盐的一种方法。

2. 醚键的断裂

醚和浓氢卤酸(常用 57%浓氢碘酸)共热，则醚键发生断裂生成碘代烷和醇。在反应中，醚先生成锌盐，碳氧键变弱，碘离子作为强亲核试剂进攻锌盐而使原来的醚键断裂。如在高温并有过量氢碘酸存在下，过量的氢碘酸又可与反应中所生成的醇作用，生成另一分子碘代烷。

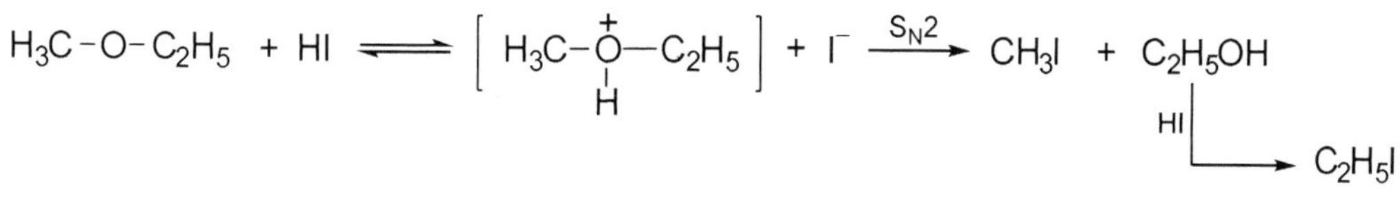

卤离子亲核能力 $I^- > Br^- > Cl^-$，氢卤酸使醚键断裂的能力为：$HI > HBr \gg HCl$，氢溴酸也可以进行上述反应，但需用浓酸和较高的反应温度。除叔烷基醚、烯丙基醚和苄基醚外，HCl 和 $H_2SO_4$ 等几乎不能使醚键断裂。

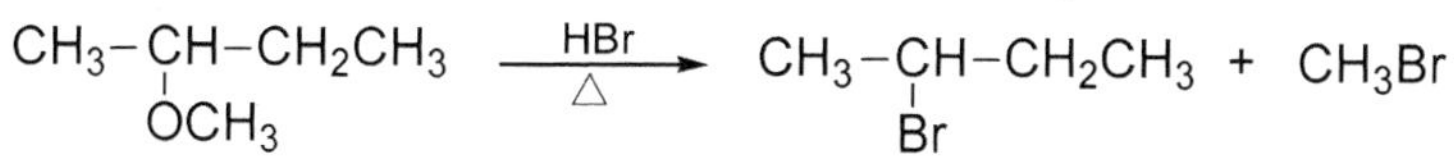

81%

环醚与酸反应，使醚环打开，生成卤代醇，酸过量时生成二卤代烷。例如：

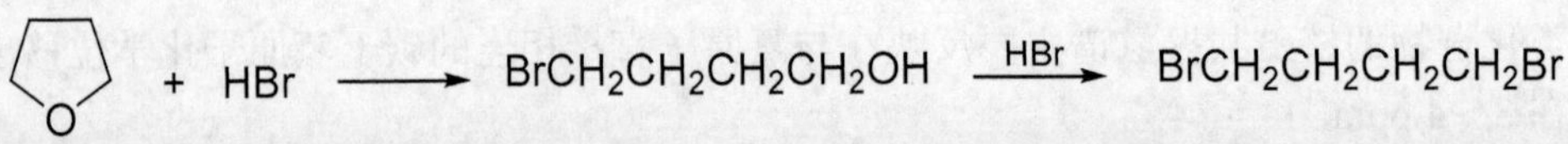

盐酸与四氢呋喃(THF)反应时，需加入无水氯化锌，在过量的酸存在下，生成1,4-二氯丁烷，该化合物是制尼龙的重要中间原料。

芳基烷基醚与氢碘酸一起加热生成碘代烷和酚，氢碘酸不能使酚变成碘代芳烃。二苯醚不被氢碘酸所分解。

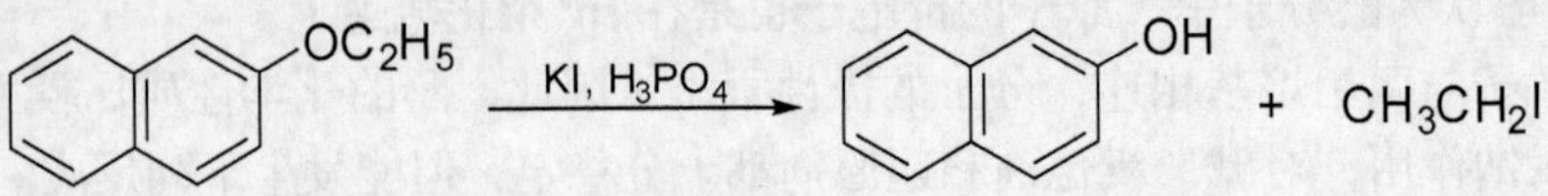

由于位阻效应，醚键的断裂往往是从含碳原子较少的烷基断裂下来与碘结合生成碘代烷。利用这个反应可使含有甲氧基的醚定量地生成碘甲烷，再将反应混合物中的碘甲烷蒸馏出来，通入硝酸银的醇溶液，由生成碘化银的含量换算测定分子中的 $CH_3O$–的含量(蔡塞尔甲氧基含量测定法)。

仲、叔烷基醚可按 $S_N1$ 历程进行反应，也可进行消除反应生成烯烃。

醚与稀硫酸在加压下加热可生成相应的醇。

$$R_2O + H_2O \xrightarrow{H_2SO_4} 2\,ROH$$

醚除与强酸生成 鎓盐外，还可与三氟化硼、三氯化铝、溴化汞、溴化镁或格利雅试剂等化合物(它们都含有缺电子的原子)作用生成配合物。

三氟化硼是一个很好的 Lewis 酸催化剂，但是其沸点很低(–101℃)，使用不便。利用醚的碱性，可以将三氟化硼溶于乙醚，形成很稳定的可以蒸馏的三氟化硼乙醚配合物，后者还可以继续与氟代烃形成三级取代 鎓盐(三乙基氧鎓四氟硼酸盐)，称为 Meerwein(麦尔外因)试剂。这些三级取代 鎓盐极易分解出烷基正离子并与亲核试剂作用，故在有机合成中较有用，是最具活性的烷基化试剂之一。

$$C_2H_5OC_2H_5 \xrightarrow{BF_3} C_2H_5\overset{+}{O}(BF_3^-)C_2H_5 \xrightarrow{C_2H_5F} C_2H_5\overset{+}{O}(C_2H_5)C_2H_5 \cdot BF_4^-$$

$$\xrightarrow{ROH} ROC_2H_5 + C_2H_5OC_2H_5 + HBF_4$$

### 9.7.2 过氧化物的生成

醚对氧化剂比较稳定，但与空气长期接触可被空气氧化生成过氧化物，称为醚的自动氧化。一般认为氧化发生在 $\alpha$-碳氢键上，先生成下列结构的氢过氧化物，然后再转变为结构更为复杂的过氧化物。例如：

$$CH_3-\overset{\alpha}{C}H(CH_3)-O-CH(CH_3)-CH_3 + O_2 \longrightarrow CH_3-\overset{\alpha}{C}(OOH)(CH_3)-O-CH(CH_3)-CH_3$$

$$CH_3CH_2OCH_2CH_3 + O_2 \longrightarrow CH_3-CH(OOH)-O-CH_2CH_3$$

生成过氧化物是一个自由基过程。

过氧化醚是爆炸性极强的高沸点化合物，不易挥发，蒸馏含有该化合物的醚时，残留液中过氧化物浓度增加，受热后分解极易爆炸。蒸馏乙醚有时发生爆炸事故就是这个原因。因此，蒸馏乙醚时切勿完全蒸完，以免过氧化物受热而爆炸。为了避免意外，在使用存放时间较长的乙醚或其他醚如四氢呋喃时，蒸馏之前应检验有无过氧化物存在。检验方法如下：

(1) 用 KI-淀粉试纸检验，如有过氧化物存在，KI 被氧化成 $I_2$ 而使淀粉试纸变为蓝紫色。

(2) 加入 $FeSO_4$ 和 KCNS 溶液，如有红色$[Fe(CNS)_6]^{3-}$络离子生成，证明有过氧化物存在。

除去过氧化物的方法如下：

(1) 加入还原剂如 $Na_2SO_3$ 或 $FeSO_4$ 后振荡，以破坏所生成的过氧化物。

(2) 贮藏醚类化合物时，可在醚中加入少许金属钠或铁屑，以避免过氧化物生成。

为了防止醚中过氧化物的产生，市售的无水乙醚中有时加入 $5 \times 10^{-8}$ g · mL$^{-1}$ 的抗氧剂二乙基氨基二硫代甲酸钠$(C_2H_5)_2NCS_2Na$。

### 9.7.3 1,2-环氧化合物的开环反应

碳链两端或碳链中间两个碳原子与氧原子形成环状结构的醚，称为环醚。例如：

四氢呋喃(THF)　1,4-二氧六环(1,4-二噁烷)　环氧乙烷(氧化乙烯)　环氧丙烷

其中五元环和六元环的环醚性质比较稳定。三元环的环醚又称环氧化合物，由于环易开裂，容易与不同试剂发生反应，是环醚中结构最简单，但在合成上有广泛应用的重要合成原料。

环氧乙烷三元环存在张力，张力能 114.1 kJ · mol$^{-1}$，化学性质很活泼，容易在酸或碱催化下与亲核试剂发生亲核取代反应而使环开裂，生成开环产物。

1. 酸催化的开环反应

在酸催化下，环氧乙烷及其衍生物容易和水、醇、氢卤酸等反应而得到各种开环产物。

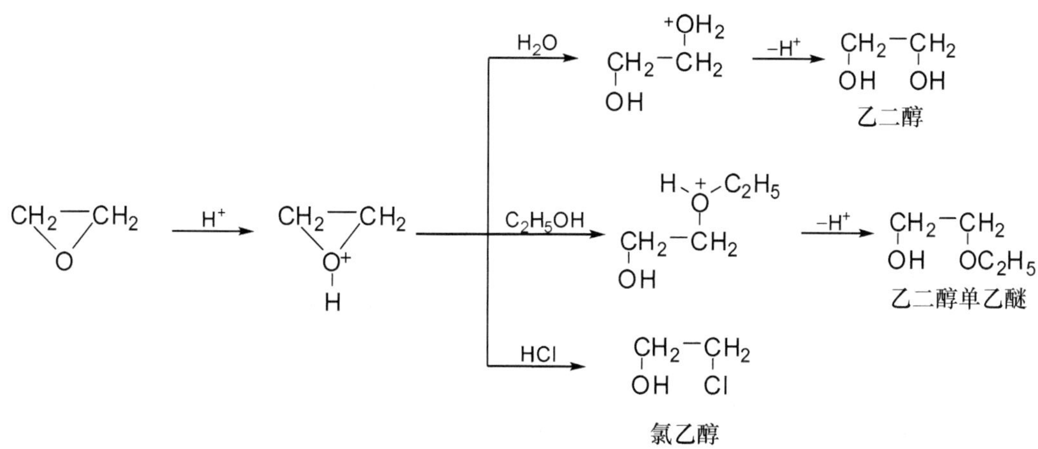


在酸性条件下，首先是质子与环上氧原子结合为鎓盐，碳氧键被削弱。亲核试剂随即从 C–O 键的碳原子的背后进攻，以 $S_N2$ 的反应机理使环开裂。

如果环氧化合物的结构不对称，如环氧丙烷，酸性条件下质子化后，由于取代基较多的环碳原子上分散了较多正电荷，容易受到亲核试剂的进攻。因此，酸催化的不对称环氧乙烷开裂反应主要发生在取代基较多的一端，取代基的供电子效应使正电荷分散而稳定。在这里，空间阻碍不是主要因素，因为此处的离去基团是一个碱性较弱的醇羟基。这个 $S_N2$ 过程带有较多的 $S_N1$ 特性。

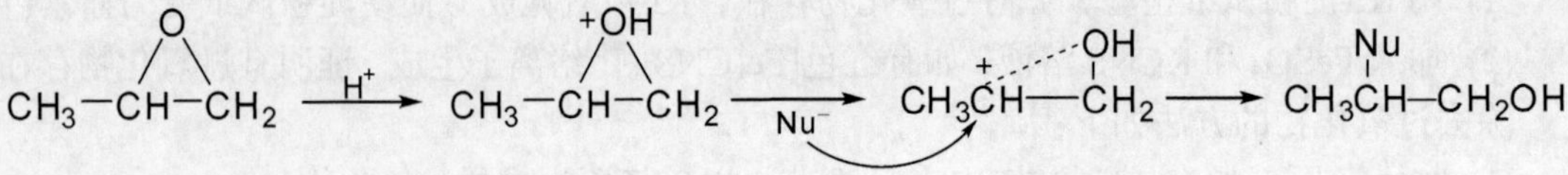

2. 碱性条件下的开环反应

在中性或碱催化下，环氧乙烷也容易发生开环反应，这些反应也是按 $S_N2$ 历程进行的亲核取代反应，在亲核试剂 $HO^-$、$RO^-$、$NH_3$、RMgX 等作用下，生成相应的开环产物。

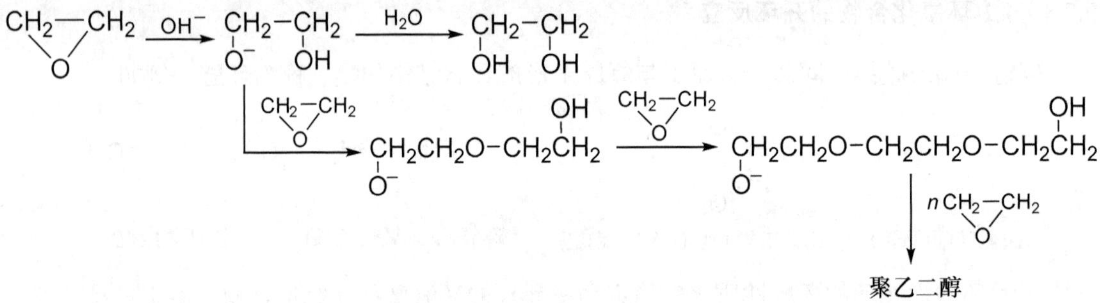

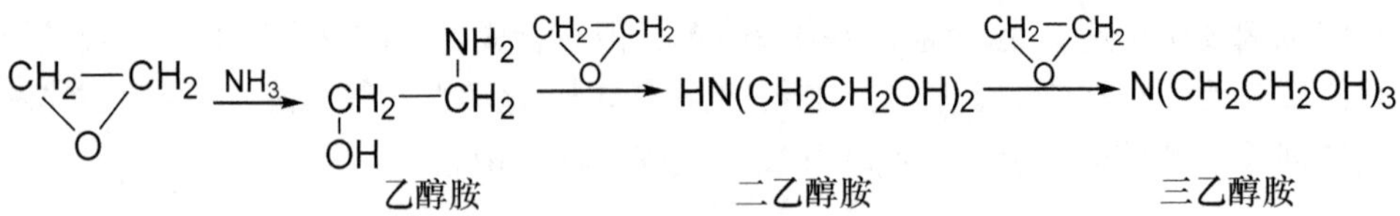

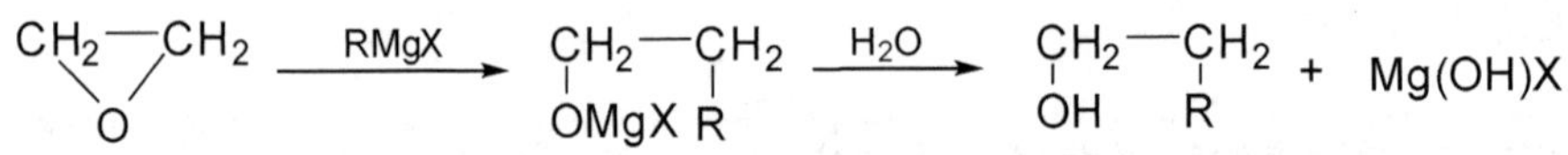

上面的产物中，乙二醇和乙二醇单乙醚是两个常用的高沸点溶剂。此外，乙二醇又常作防冻剂(把它溶于水，能使水的冰点下降)和制造合成纤维“涤纶”的原料。乙二醇单醚($ROCH_2CH_2OH$)更能溶解纤维素，故又称“溶纤剂”，是油漆的优良溶剂。乙醇胺是一种润湿剂和防锈剂。环氧乙烷与格氏试剂 RMgX 作用水解后的产物是一个增长 2 个碳的伯醇，是实验室中制备伯醇和增长碳链的方法。

一般碱催化的开环反应主要发生在取代基较少的一端，即空间位阻较小的碳原子，此时离去基团是一个碱性较强的烷氧负离子，不易离去，亲核试剂选择位阻较小的碳原子进攻，是典型的 $S_N2$ 反应，C−O 键的断裂与亲核试剂和环碳原子之间键的形成几乎同时进行。

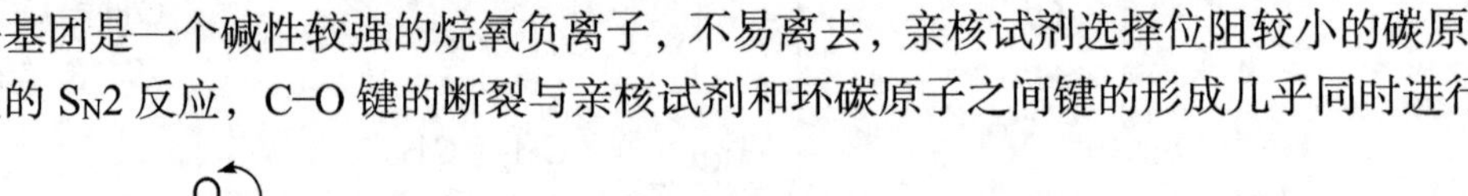

环氧化合物开环后的产物都是反式产物，具有典型的 $S_N2$ 机理特征。这是因为试剂总是

从靠近氧桥背面一侧进攻而使环开裂生成产物。整个过程与烯烃加溴时溴负离子进攻溴鎓离子相似。

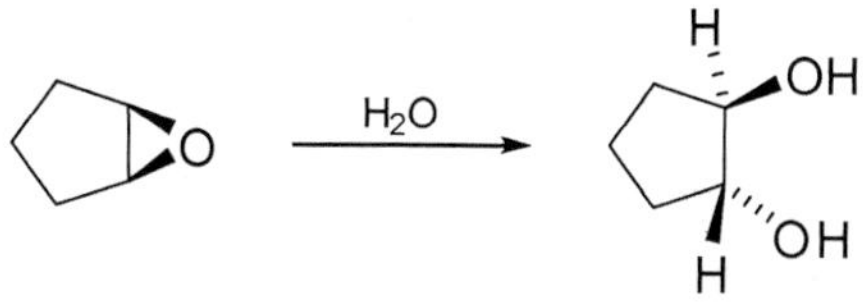

因此，从烯烃出发，用 $KMnO_4$ 氧化可以得到顺式邻二醇，而经环氧化后再水解得到的是反式邻二醇。

## 9.8 重要的醚

1. 乙醚

乙醚是最常用的醚，为无色具有香味的液体，比水轻，100 g 水中可溶解 8 g 乙醚，沸点 34.5℃，极易挥发。乙醚易燃，其蒸气与空气以一定比例混合，遇火就会猛烈爆炸，爆炸极限为 1.85%～36.5%，使用时要远离明火。乙醚极性小，性质稳定，可溶解许多有机物，是优良的有机溶剂。另外，乙醚可溶于神经组织脂肪中引起生理变化，而起到麻醉作用，早在 1850 年就被用于外科手术的全身麻醉，但大量吸入乙醚蒸气可使人失去知觉，甚至死亡。

普通实验用的乙醚常含有微量的水和乙醇，在有机合成中所使用的无水乙醚，需由普通乙醚用氯化钙处理后，再用金属钠丝处理除去所含微量的水和醇。

2. 四氢呋喃

四氢呋喃(THF)为无色液体，有乙醚气味，沸点 66℃。室温时与水及多数有机溶剂混溶。四氢呋喃易燃，遇明火或强氧化剂有引起燃烧危险。因其蒸气比空气重，所以能扩散至很远，遇火源会引着回燃。四氢呋喃在储存时很容易产生过氧化物，商用的四氢呋喃经常用 2,6-二叔丁基对甲苯酚(BHT)防止氧化。

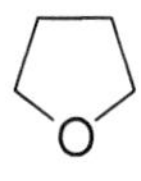

四氢呋喃是一种优良的溶剂和重要的有机合成原料，具有广泛的用途。四氢呋喃对许多有机物有良好的溶解性，广泛用作反应溶剂，有“万能溶剂”之称。作为常用溶剂，四氢呋喃已普遍用于表面涂料、保护性涂料、油墨、萃取剂和人造革的表面处理。

四氢呋喃是生产聚四亚甲基醚二醇(PTMEG)的重要原料，也是制药行业的主要溶剂。四氢呋喃用作天然和合成树脂(特别乙烯基树脂)的溶剂，也用于制丁二烯、己二腈、己二酸、己二胺等。

3. 环氧乙烷

环氧乙烷是最简单和最重要的环醚，是无色有毒气体，沸点 10.7℃，易于液化，可与水混溶，也可溶于乙醇、乙醚等有机溶剂，爆炸极限 3.6%～78%(体积)，使用时应注意安全。环氧乙烷本身也可用作杀虫剂。

工业上，环氧乙烷是乙烯在银催化下用空气氧化得到的。

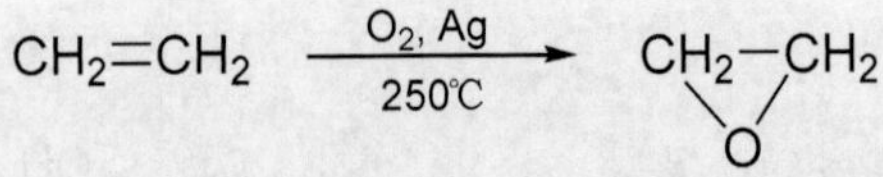

环氧乙烷是一种重要的化工原料。在工业上，环氧乙烷绝大多数(约 70%)用作生产乙二醇的原料，其方法是在加压或酸催化下与水一起加热：

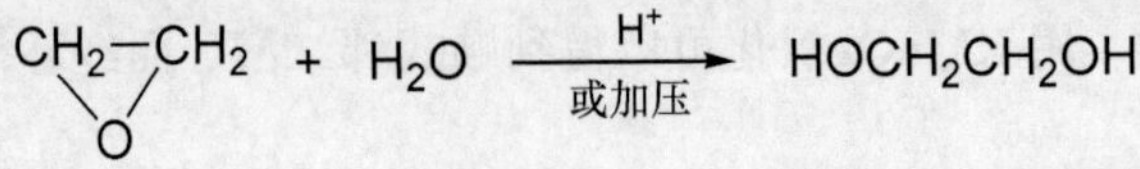

环氧乙烷在催化剂如四氯化锡及少量水存在下，聚合成聚乙二醇(或称聚环氧乙烷)。聚乙二醇是水溶性的高分子化合物。

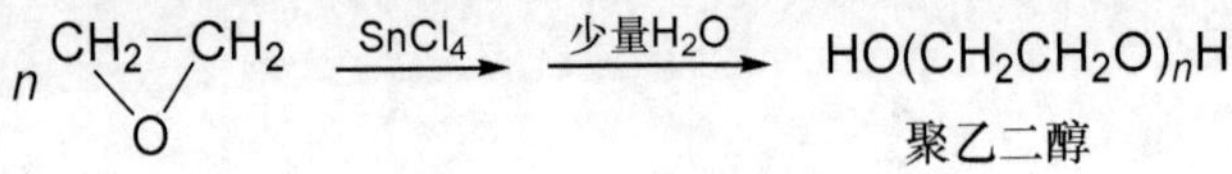

乙二醇和聚乙二醇在工业上均有重要应用(参见 9.4，9.7.3)。

如果用油溶的酚(ArOH)、醇(ROH)、羧酸(RCOOH)、酰胺($RCONH_2$)等将环氧乙烷引发开环聚合

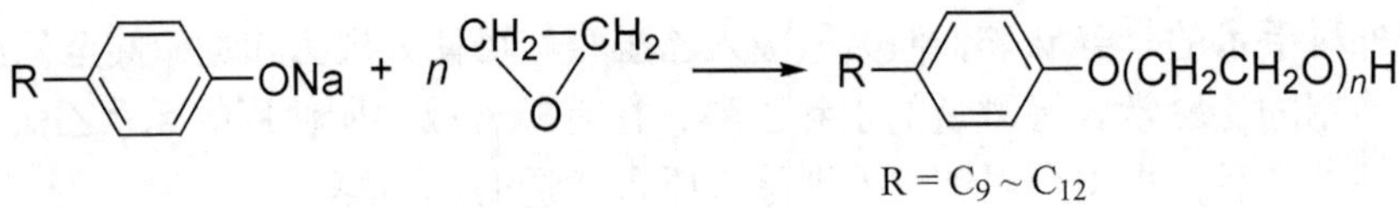

这样得到的是非离子性的表面活性剂，可用作洗涤剂、乳化剂、分散剂、溶剂、纺织工业的润湿剂、匀染剂等。

此外，环氧乙烷还可用作有机合成试剂。

4. 1,4-二氧六环

1,4-二氧六环又称二噁烷或 1,4-二氧杂环己烷，可由环氧乙烷二聚或乙二醇脱水制备。

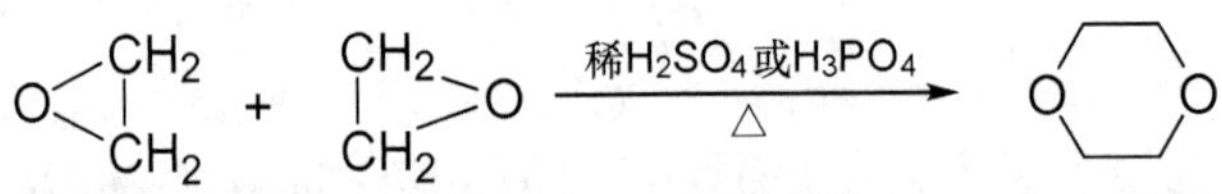

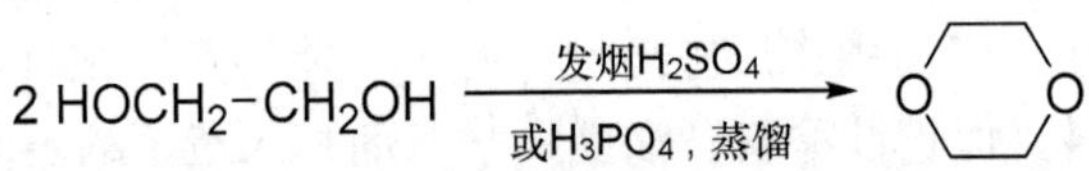

1,4-二氧六环为无色液体，能与水和多种有机溶剂混溶，性质较稳定，是优良的有机溶剂。

5. 冠醚

1962 年首次合成了多氧的大环醚，分子中具有$\left(CH_2-CH_2-O\right)_n$重复单元，由于其结构像王冠，因此称为冠醚。

冠醚主要用 Williamson(威廉姆森)合成法制备。例如，18-冠-6 和二苯并-18-冠-6 的制法如下：

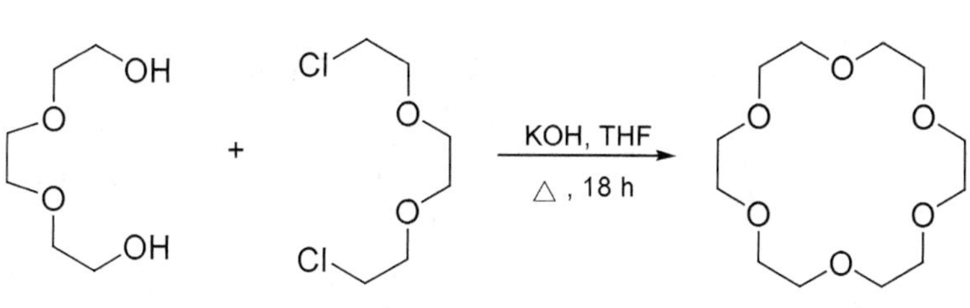

18-冠-6

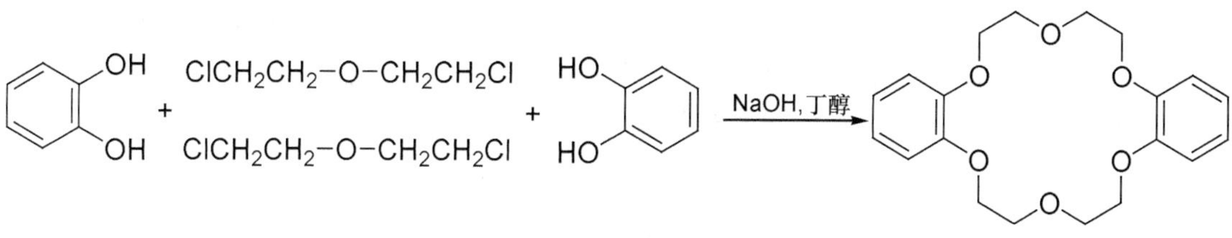

二苯并-18-冠-6

在冠醚的大环结构中有空穴，且由于氧原子上含有未共用电子对，可和金属阳离子形成配合离子。各种冠醚的空穴大小不同，因此对金属离子具有较高的配合选择性，只有和空穴大小相当的金属离子才能进入空穴。例如，18-冠-6 中的空穴直径为 0.30 nm，可以与 $KMnO_4$ 中钾离子(直径为 0.266 nm)形成稳定的配合物，而 12-冠-4、15-冠-5 能分别与 $Li^+$、$Na^+$形成稳定的配合物。

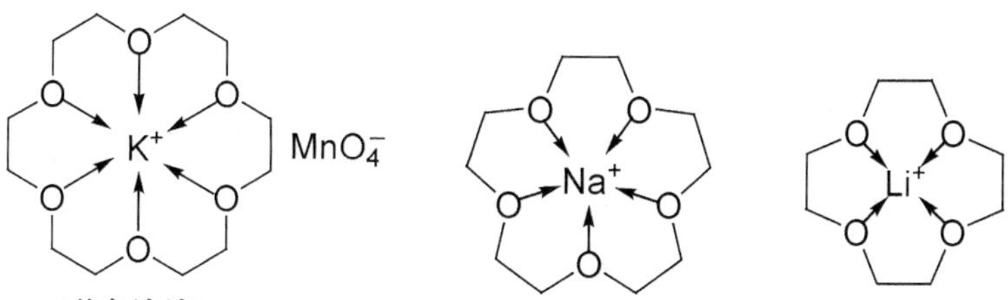

(蓝色溶液)

可以利用冠醚的这种性质分离金属阳离子，也可利用来使某些反应加速进行。例如，用高锰酸钾氧化环己烯，因高锰酸钾不溶于环己烯，反应较难进行，产率不高，但加入 18-冠-6 后，反应即迅速进行。因为冠醚与高锰酸钾形成的配合物分子中具有亲油性的亚乙基排列在环的外侧可溶于有机相(环己烯)中，促进了氧化剂的相转移作用，使反应物可和氧化剂很好地接触，反应能顺利进行。

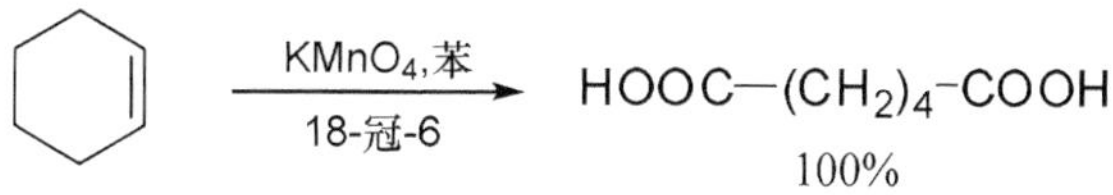

100%

大环多醚也能和固体盐中的离子配合，因此也可发生固液相催化反应。

$$KCN + RBr \longrightarrow RCN + KBr$$

固体氰化钾和卤代烷在有机溶剂中很难反应，加入 18-冠-6 后，该冠醚进入晶格中与 $K^+$ 配合同时带出 $CN^-$而溶于有机溶剂，在此情况下，$CN^-$是完全游离的自由负离子，故又称其为裸阴离子，此时没有溶剂化的影响，作为亲核试剂活性极大，可使反应顺利完成。若反应在有机相和水相两相中进行，则氰化钾可以由冠醚将其从水相带入有机相参与反应，发生相转移催化作用(phase transfer catalysis)(参见图 9-3)。冠醚的用量在 5%以下，其作用是在

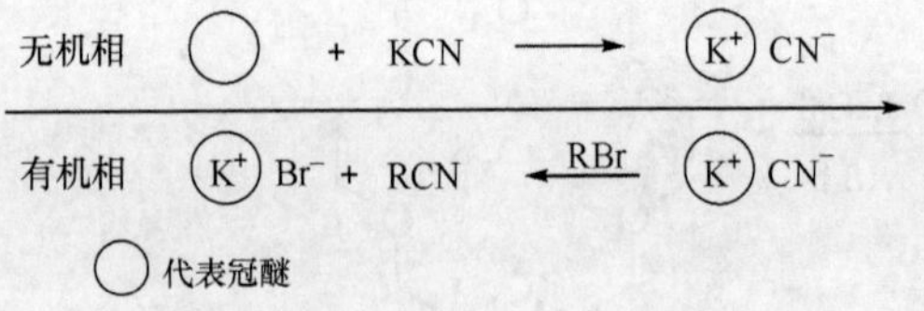


图 9-3　冠醚相转移催化反应示意图

两相之间转移负离子，因此常被用作相转移催化剂。

相转移催化反应的选择性强、产品纯度高、分离容易，也不必使用昂贵的非质子极性溶剂，因此用途非常广泛。Pedersen 和另两位化学家 C. J. Cram 及 J. M. Lehn 因在冠醚等主客体和超分子化学工作上的贡献而荣获 1987 年诺贝尔化学奖。但冠醚有毒，对皮肤和眼睛都有刺激作用，使用时要多加小心。此外，冠醚的合成较为困难，价格也较昂贵，限制了其普遍应用性。

## 9.9 醚的制备

1. 醇的脱水

不论是在工业上还是在实验室里，醇脱水都是一种制取低级单醚的常用方法。例如，工业上制取乙醚是先将乙醇和浓硫酸在 65℃以下混合，生成硫酸氢乙酯，然后加热到 125～140℃，再将过量的乙醇慢慢加到混合物中，这时就有乙醚蒸出。伯醇、仲醇脱水成醚时要注意控制温度。温度不能太高，否则会有较多的烯烃生成。醇的脱水也不能用来制叔烷基单醚，因为叔醇很容易脱水成烯。脱水催化剂除 $H_2SO_4$、$Al_2O_3$ 外，也可以用芳香族磺酸、氯化锌、氯化铝、氟化硼及硅胶等作催化剂。

此法也不能用来制备低级混合醚，因为制取混合醚时不可避免地会有其他两种单醚生成，产率不高，同时分离困难。但是也有例外，可用于制备叔(仲)烷基伯烷基混合醚，这是因为叔醇在酸性条件下易形成较稳定的叔碳正离子，继而与伯醇发生亲核取代反应生成混醚。例如，实验室中乙基叔丁基醚的合成：

$$(CH_3)_3COH + C_2H_5OH(\text{过量}) \xrightarrow[95\%]{\text{稀 } H_2SO_4} (CH_3)_3COC_2H_5$$

2. Williamson 合成法——卤代烷与醇金属作用

使用醇金属与卤代烃等亲核取代反应制备醚的方法称为 Williamson(威廉姆森)合成法。醇钠的烷氧基负离子是强亲核试剂，反应为双分子亲核取代反应($S_N2$)，可用来合成单醚或混合醚，但主要用来合成混合醚。在合成混醚时，必须注意选择适当的原料。

$$C_2H_5ONa + CH_3I \longrightarrow CH_3{-}O{-}C_2H_5$$

制备具有叔烃基的混醚时，应采用叔醇钠与伯卤代烷作用：

$$CH_3CH_2CH_2Cl + (CH_3)_3CO^-Na^+ \longrightarrow \underset{\text{正丙基叔丁基醚(85\%)}}{(CH_3)_3C{-}O{-}CH_2CH_2CH_3}$$

要避免采用叔卤代烷为原料，因为叔卤代烷在反应过程中会发生消除反应生成烯烃。例如：

$$(CH_3)_3C{-}X + NaOCH_3 \longrightarrow CH_3{-}\underset{\displaystyle CH_3}{\underset{|}{C}}{=}CH_2 + NaX + CH_3OH$$

而改用叔丁醇钠和 $CH_3I$ 作用，则可制得甲基叔丁基醚：

$$(CH_3)_3CONa \quad + \quad CH_3I \longrightarrow (CH_3)_3COCH_3 \quad + \quad NaI$$

制备具有苯基的混醚时，应采用酚钠。例如，茴香醚只能用酚钠与卤甲烷(如 $CH_3Cl$)作用而得到：

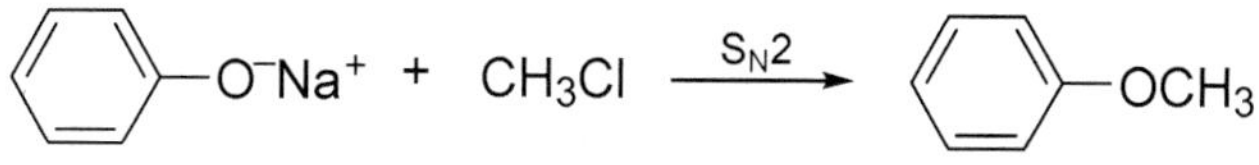


茴香醚

利用 Williamson 合成法合成醚时，若在反应中加入相转移催化剂，则反应速率和产率均有所提高。若同时采用微波辐照(MW)代替传统加热，则反应时间大为缩短，产率亦有所提高。例如，下列反应采用传统方式加热，无催化剂，反应 24 h 产率为 28%；若加入相转移催化剂溴化三甲基十六烷基铵，则产率为 80%；若用微波辐照，则仅 5 min 产率达到 85%。

$$C_2H_5OH \; + \; ClCH_2C_6H_5 \xrightarrow[\text{MW, 85\%}]{\text{NaOH, 催化剂}} C_2H_5OCH_2C_6H_5 \; + \; HCl$$

3. 环氧乙烷类化合物的制备

工业上，环氧乙烷是乙烯在银催化下用空气氧化得到的。

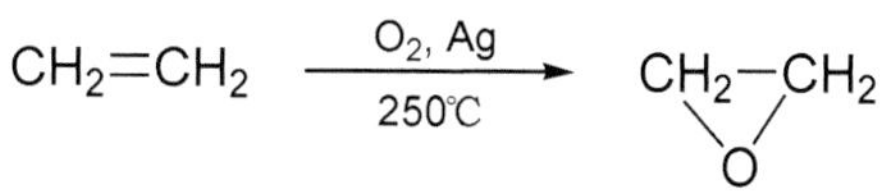


环氧乙烷衍生物一般用烯烃和过氧酸反应制得。

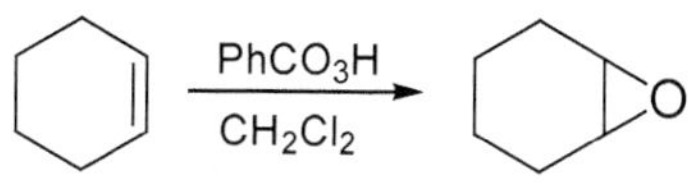


另外，α-卤代醇在弱碱 $Ca(OH)_2$ 条件下脱除卤化氢，也可制得环氧化物。反应的立体化学要求羟基和卤素处于反式。

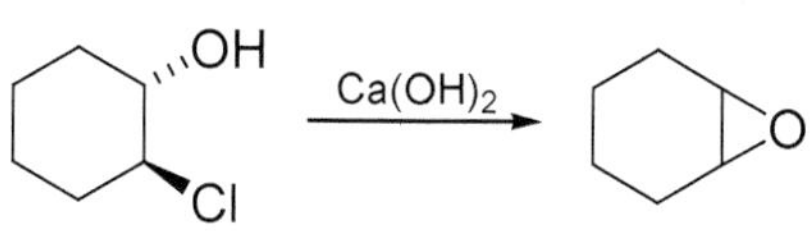


## 阅读材料

### 危险的分子——胆固醇

胆固醇是最早从动物胆石中分离出来的具有羟基的固体醇类化合物，含有 27 个碳原子($C_{27}H_{46}O$)，但只有一个氧原子，以羟基(OH)形式存在。1812 年，M. E. Chevreul 首先发现可皂化及不可皂化的两类脂肪。后来，人们从不可皂化脂肪中分离出胆固醇。至于胆固醇的化学结构，则经历了数十年漫长的时间直到 1932 年才完全确定。20 世纪 50 年代，英国牛津大学的 R. Robinson

(罗宾逊，1947 年获诺贝尔化学奖)及美国哈佛大学的 R. B. Woodward(伍德沃德，1965 年获诺贝尔化学奖)分别完成了胆固醇的全合成工作，进一步证实了胆固醇的结构。

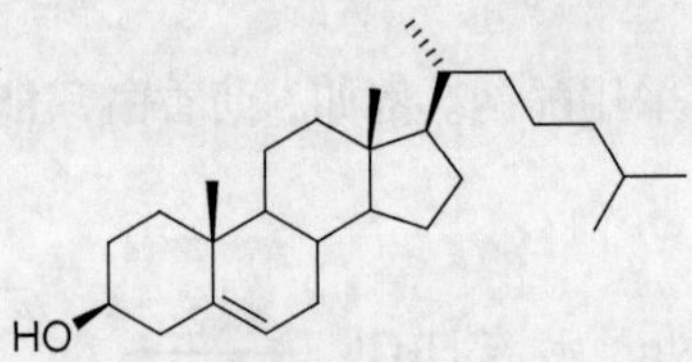

胆固醇(cholesterol)

胆固醇是人体重要的脂类物质之一，它既是细胞膜及血浆脂蛋白的重要成分，又是类固醇激素、胆汁酸及维生素 $D_3$ 等的前体，广泛存在于全身各组织中。人体胆固醇的来源靠体内合成及从食物摄取，正常人每天膳食中约含胆固醇 300～500 mg，主要来自动物内脏、蛋黄、奶油及肉类。植物性食品不含胆固醇，而含植物固醇如谷固醇、麦角固醇等。

通常，胆固醇本身并没有生理作用，但人体内分解代谢制造胆酸与激素的过程是要以胆固醇为原料的。胆固醇在体内并不被彻底氧化分解为二氧化碳和水，而是经氧化、还原转变为其他含环戊烷多氢菲母核的化合物，其中大部分进一步参与体内代谢，或被排出体外。

胆固醇主要由肝脏输出，若在动脉血管壁停滞下来，时间久、积聚多，血管便会淤塞不通。另外，胆固醇形成的酯类化合物(醇与酸脱水结合，即可成酯)在循环的血液中会有一部分积聚在动脉管壁上，由于次内皮细胞层变形，促进血小板结集，便会刺激平滑肌生长，血管通道凹凸不平及变小、硬化，终而阻塞。

胆固醇如果在胆内结晶析出，便是胆石(胆结石)。由于胆囊功能不正常，导致过度吸收胆汁中的水分与胆盐，从而使胆固醇在胆内沉积而形成胆石。胆汁中的胆盐是乳化剂，其非极性部分与胆固醇互相吸引，保持可离子化基团与水接触，间接把胆固醇溶化。这与肥皂去污的原理有点类似。

选取低脂食品便可降低胆固醇致病的威胁。但胆固醇又是人体必不可少的物质，是细胞膜的成分之一，人体内一直在制造它。胆固醇及其生物合成途径的其他产物是胎儿发育的必需成分，包括类固醇和细胞膜的合成。另外，无论雄性或雌性激素(荷尔蒙)以及一些在生理上有重要机能的分子，也要由胆固醇代谢合成而得。

## 习 题

9-1 将下列化合物按沸点由大到小排序，并说明其理由。

(1) $CH_3CH_2CH_2OH$ (2) $HOCH_2CH_2CH_2OH$ (3) $CH_3OCH_2CH_2OH$

(4) $CH_3OCH_2CH_3$ (5) $HOCH_2CH(OH)CH_2OH$

9-2 区别下列各组化合物。

(1) $CH_2{=}CHCH_2OH$, $CH_3CH_2CH_2OH$ 和 $CH_3CH_2CH_2Cl$

(2) $CH_3CH_2CH(OH)CH_3$, $CH_3CH_2CH_2CH_2OH$ 和 $(CH_3)_3COH$

9-3 解释下列现象。

(1) 乙二醇及其甲醚的沸点随相对分子质量的增加而降低。

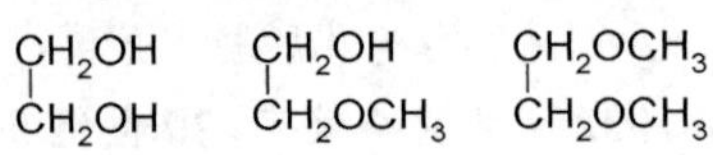

沸点 197℃ 125℃ 84℃

(2) 异丁醇与 NaBr 和 $H_2SO_4$ 反应生成异丁基溴及少量副产物叔丁基溴，而 3-甲基-2-丁醇在同样反应条件下只得到 2-甲基-2-溴丁烷。

(3) 乙基正丁基醚被等物质的量的热浓氢溴酸分解，得到溴乙烷和溴丁烷，而乙基叔丁基醚被等物质的量的冷浓氢溴酸分解，得到乙醇和叔丁基溴。

9-4 比较下列各组醇和 HBr 反应的相对速率。

(1) 苄醇、对甲基苄醇和对硝基苄醇

(2) 苄醇、$\alpha$-苯基乙醇和 $\beta$-苯基乙醇

9-5 完成下列反应式。

(1) 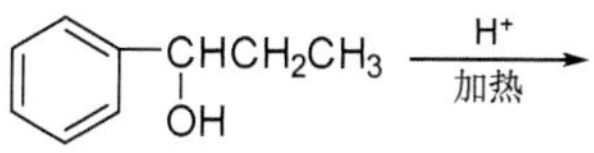

(2) 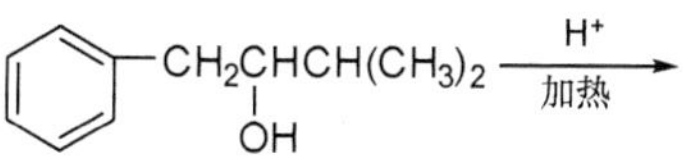

(3) 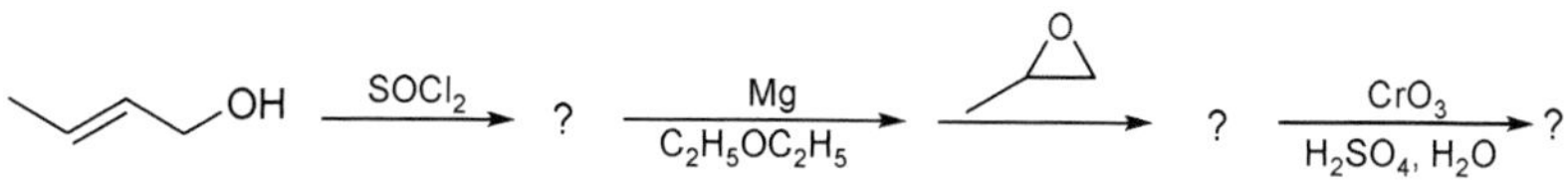

(4) 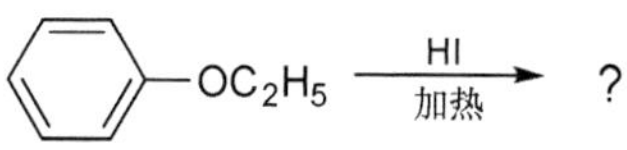

(5) 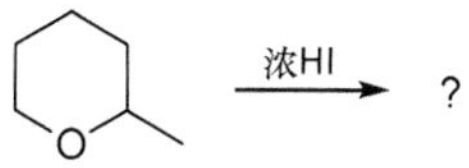

(6) 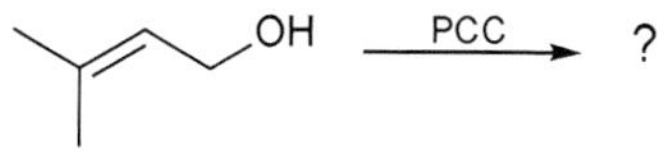

(7) 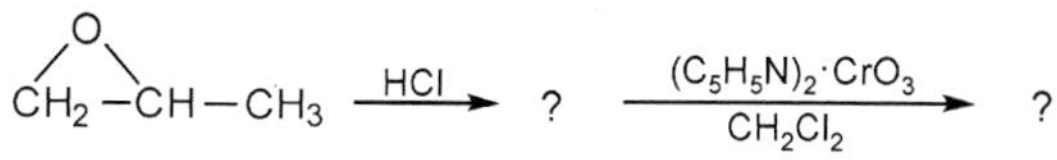

(8) 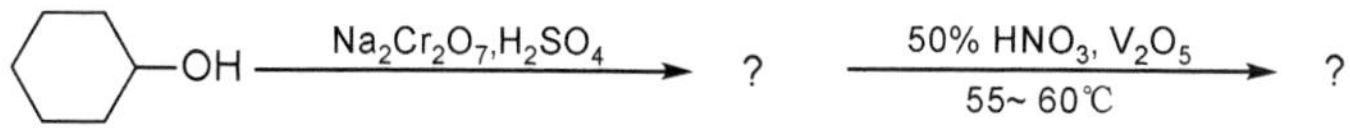

(9) $CH_3CH_2CH(CH_3)CH_2CH_2OH \xrightarrow{H^+, 加热}$

(10) $CH_3CH_2CH(CH_3)CH_2CH_2OH \xrightarrow[Br_2]{P} ? \xrightarrow[C_2H_5OH]{NaOH} ?$

(11) $CH_3CH_2C(OH)(CH_3)_2 \xrightarrow{Al_2O_3, 加热} ?$

9-6 用反应历程解释下列反应事实。

(1) $(CH_3)_3CCH(OH)CH_3 \xrightarrow{85\%\ H_3PO_4} (CH_3)_3CCH{=}CH_2 + (CH_3)_2CHC(CH_3){=}CH_2 + (CH_3)_2C{=}C(CH_3)_2$

(2) 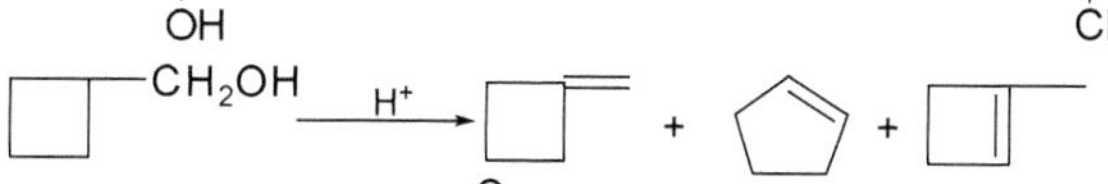

(3) 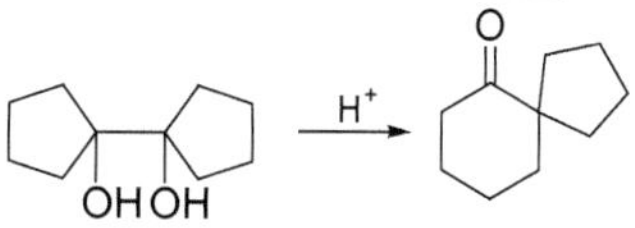

9-7 新戊醇在 $H_2SO_4$ 存在下加热可生成不饱和烃。将此不饱和烃臭氧化后，在锌粉存在下水解，就可得到一个醛和酮。试写出反应的历程及各步反应产物的构造式。

9-8 从某醇依次和 HBr、KOH (醇溶液)、$H_2SO_4$、$H_2O$、$K_2Cr_2O_7 + H_2SO_4$ 作用，可得到 2-丁酮。试推测原化合物的可能结构，并写出各步反应式。

9-9　有一化合物 A 的分子式为 $C_5H_{11}Br$，和 NaOH 水溶液共热后生成 $C_5H_{12}O$(B)。B 有对映异构体，能和钠作用放出氢气，和浓硫酸共热生成 $C_5H_{10}$(C)。C 经臭氧化和在还原剂存在下水解，则生成丙酮和乙醛。试推测 A~C 的结构，并写出各步反应式。

9-10　下列各醚和浓氢碘酸加热，可生成何种产物?

(1) 甲丁醚　(2) 2-甲氧基戊烷　(3) 2-甲基-1-甲氧基丁烷

9-11　完成下列各组化合物的反应式。

(1) 溴乙烷 + 2-丁醇钠 ⟶ ?

(2) 正氯丙烷 + 2-甲基-2-丁醇钠 ⟶ ?

(3) 2-甲基-2-氯丙烷 + 正丙醇钠 ⟶ ?

(4) 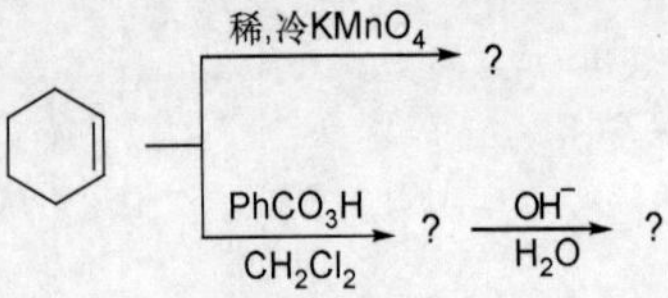


9-12　用指定原料合成下列化合物(无机试剂任用)。

(1) 乙烯 ⟶ 二乙醇胺

(2) 甲烷 ⟶ 二甲醚

(3) 丙烯 ⟶ 异丙醚

(4) 丙烯 ⟶ 2-己醇

9-13　有一化合物的分子式为 $C_{20}H_{21}O_4N$，与热的浓氢碘酸作用可产生 $CH_3I$，表明有甲氧基存在。将 4.24 mg 此化合物用氢碘酸处理，并将所生成的 $CH_3I$ 通入硝酸银的醇溶液，得到 11.62 mg 碘化银。此化合物含有几个甲氧基?

9-14　(*S*)-2-甲基-1-溴-2-丁醇用稀氢氧化钠水溶液处理转为有光学活性的环氧化物 A，A 分别用碱或酸的水溶液处理得到两个取代的邻二醇 B 和 C。写出 A、B、C 的结构式及上述各步反应机理。

# 第 10 章　酚

羟基直接连在芳环(如苯环)上的化合物称为酚。酚类化合物按分子中所含羟基数目的多少，可分为一元酚、二元酚和多元酚。一元酚的通式为 ArOH。苯酚是酚类中最简单最重要的一种。

在苯酚分子中，氧原子的价电子是以 $sp^2$ 杂化轨道参与成键的，酚羟基中氧原子的一对未共用电子所在的 p 轨道与苯环的六个碳原子的 p 轨道平行，形成 p-π 共轭体系。由于氧原子的部分电子离域而分散到整个共轭体系中，因此氧原子电子云密度降低，而苯环上电子云密度升高。

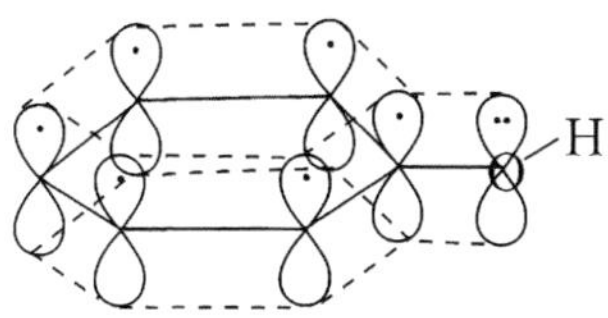

## 10.1　酚的物理性质

大多数酚为结晶固体，少数烷基酚为高沸点液体(如间甲苯酚)。其纯度对熔点影响很大，含少量水分的苯酚，熔点下降至几度，故室温呈液体。纯粹的酚类是无色的，但易被空气所氧化，常带有粉红或褐色的杂质。酚分子之间或酚与水分子之间可发生氢键缔合，因此，酚的沸点和熔点都比相对分子质量相近的烃高(如苯酚熔点 43℃，沸点 181℃；而甲苯熔点−95℃，沸点 110.6℃)。酚微溶于水，能溶于乙醇、乙醚等有机溶剂。常见酚的物理常数见表 10-1。

**表 10-1　常见酚的物理常数**

| 名称 | 构造式 | 熔点/℃ | 沸点/℃ | 溶解度 / $g\cdot(100\ g\ H_2O)^{-1}$ | $pK_a$ |
|---|---|---|---|---|---|
| 苯酚 | 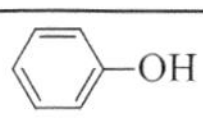 | 43 | 181 | 9.3 | 9.98 |
| 邻甲苯酚 | 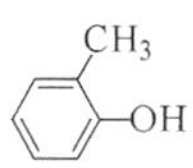 | 30 | 191 | 2.5 | 10.28 |
| 间甲苯酚 | 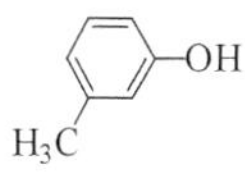 | 11 | 201 | 2.6 | 10.08 |
| 对甲苯酚 | 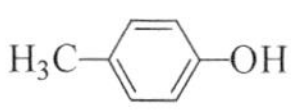 | 35.5 | 202 | 2.3 | 10.14 |
| 邻氯苯酚 | 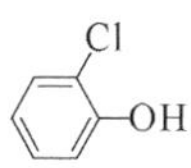 | 8 | 176 | 2.8 | 8.48 |
| 间氯苯酚 | 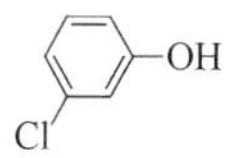 | 33 | 214 | 2.6 | 9.02 |

续表

| 名称 | 构造式 | 熔点/℃ | 沸点/℃ | 溶解度 $g\cdot(100\ g\ H_2O)^{-1}$ | $pK_a$ |
|---|---|---|---|---|---|
| 对氯苯酚 | 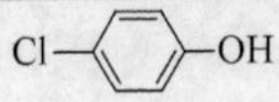 | 43 | 217 | 2.7 | 9.38 |
| 邻硝基苯酚 | 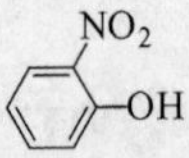 | 45 | 214 | 0.2 | 7.23 |
| 间硝基苯酚 | 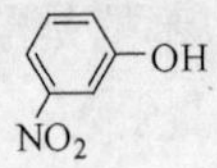 | 96 | 197.7 (分解) | 1.4 | 8.40 |
| 对硝基苯酚 | 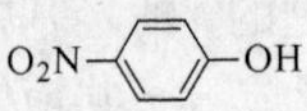 | 114 | 279 (分解) | 1.7 | 7.15 |
| 2,4-二硝基苯酚 | 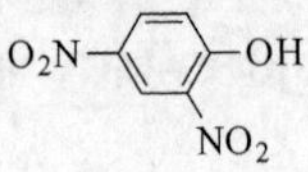 | 113 | 205 (分解) | 0.6 | 4.00 |
| 2,4,6-三硝基苯酚 | 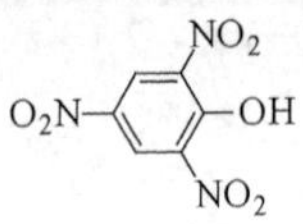 | 122 | 分解 (330℃爆炸) | 1.4 | 0.25 |
| *α*-萘酚 | 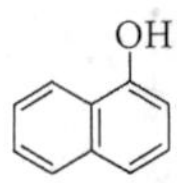 | 94 | 279 | 难 | 9.31 |
| *β*-萘酚 | 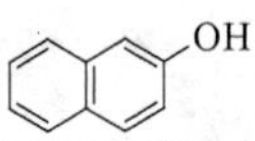 | 123 | 286 | 0.1 | 9.55 |

酚的波谱性质：

1. 红外光谱

酚的红外光谱具有羟基和芳环的特征。O−H 的伸缩振动在 3600～3200 $cm^{-1}$ 出现一强而宽的吸收带，C−O 键吸收峰较醇略高，出现在 1250～1200 $cm^{-1}$。图 10-1 是对氯苯酚的红外光谱图。

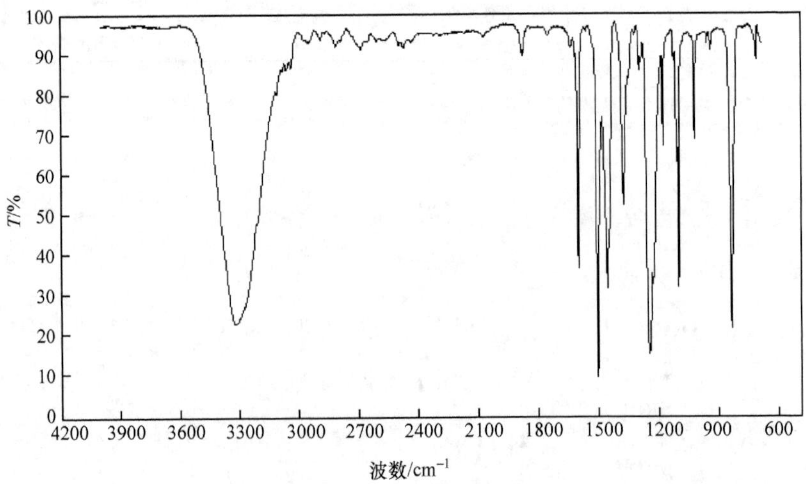


图 10-1 对氯苯酚的红外光谱图

2. 核磁共振氢谱

酚羟基质子化学位移不仅受氢键影响，而且受温度、浓度和溶剂的性质影响，常出现在 4～12 ppm。

## 10.2 酚的化学性质

酚和醇的性质有很大不同。在苯酚分子中，由于氧原子的一对未共用电子所在的 p 轨道与苯环形成 p-π 共轭体系，氧原子的部分电子离域而分散到整个共轭体系中。因此氧原子电子云密度降低，而苯环上电子云密度升高。其化学性质主要表现在：

(1) 由于氧原子上电子云密度降低，减弱了 O–H 键，有利于苯酚解离出质子而呈酸性。

(2) 由于形成 p-π 共轭效应，C–O 键加强，相比醇分子中的 C–O 键，较难断裂，因此脱水生成酚醚和酚酯相对较难。

(3) p-π 共轭效应使苯环上电子云密度升高，苯环的亲电取代反应活性增加。

(4) 由于酚的烯醇结构，具有特殊的显色反应。

### 10.2.1 酚羟基的反应

1. 酸性

由于氧原子上电子云密度降低，减弱了 O–H 键，有利于苯酚离解成为质子和苯氧负离子，且苯氧负离子上的负电荷可以更好地离域而分散到整个共轭体系而使苯氧负离子比较稳定，因此酚容易解离出质子而呈酸性。可表示如下：

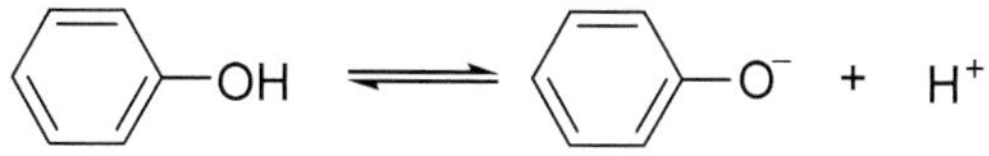

按照共振结构的写法：

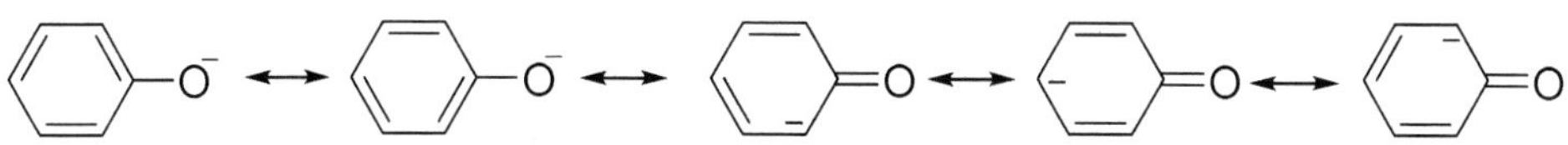

苯酚的 p$K_a$ ≈ 10，它的酸性比醇强(乙醇的 p$K_a$ = 16；环己醇的 p$K_a$ ≈ 18)。苯酚能溶解于氢氧化钠水溶液而生成酚钠

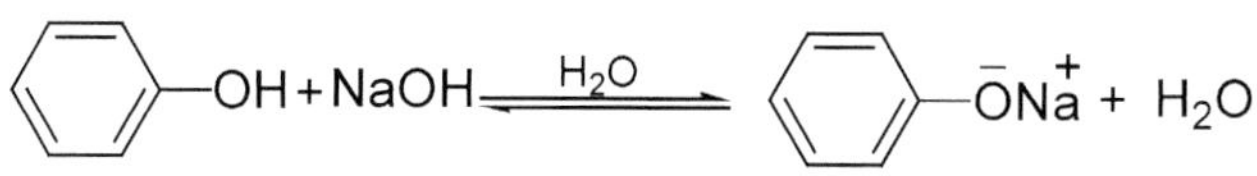

但苯酚的酸性比碳酸(p$K_a$ = 6.38)弱，所以苯酚不能与碳酸氢钠作用生成盐。通二氧化碳于酚钠水溶液中，酚即游离出来

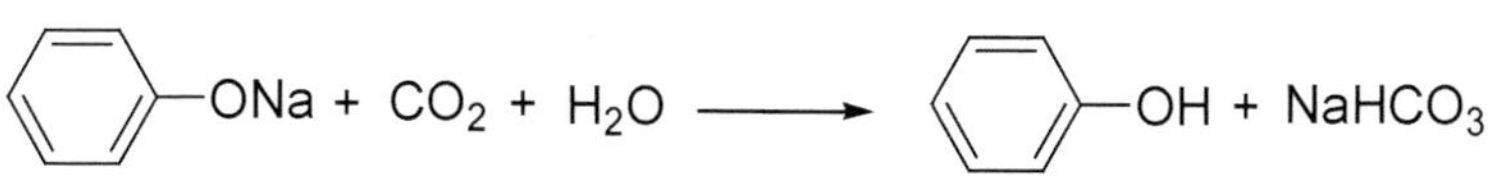

酚的这种能溶于碱，用酸又能将它从碱溶液中游离出来的性质，可用于苯酚的分离、提纯，工业上常被用来回收和处理含酚污水。

苯环上的不同取代基能影响酚的酸性。当苯环上连有供电子基团时，可使取代苯氧负离子不稳定，使取代苯酚的酸性减弱；当苯环上连有吸电子基团时，可使取代苯氧离子更稳定，使取代苯酚的酸性增强。例如，对硝基苯酚，由于$-NO_2$是一个吸电子基团，诱导效应和共轭效应都使羟基氧上的电子云更好地离域而移向苯环，可以生成更稳定的对硝基苯氧负离子，因此对硝基苯酚的酸性比苯酚的酸性强。邻、对位硝基苯酚的酸性比间硝基苯酚的酸性强。苯酚的邻、对位上硝基越多，酸性越强。

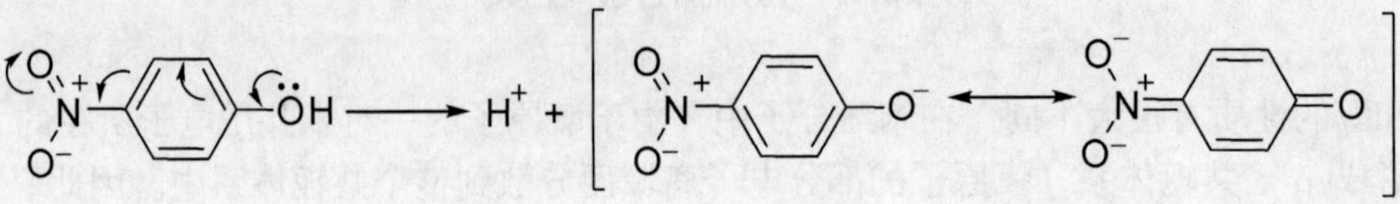

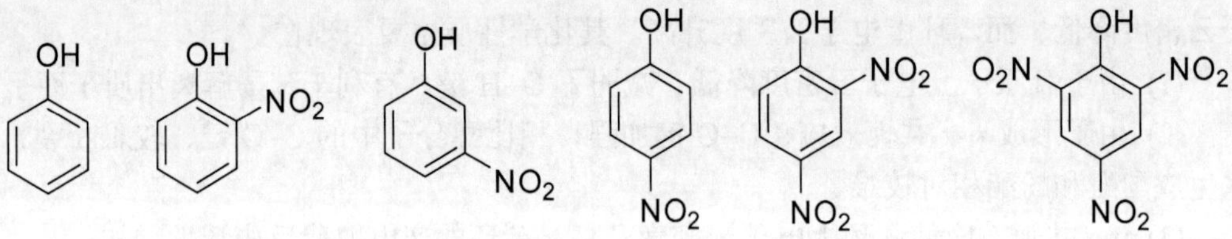

p$K_a$ 9.98 7.23 8.40 7.15 4.00 (苦味酸)0.25

一些取代苯酚的 p$K_a$ 值见表 10-2。

**表 10-2 取代苯酚的 p$K_a$** (25℃)

| 取代基 | 邻 | 间 | 对 | 取代基 | 邻 | 间 | 对 |
|---|---|---|---|---|---|---|---|
| H | 9.98 | 9.98 | 9.98 | Br | 8.42 | 8.87 | 9.26 |
| $CH_3$ | 10.29 | 10.09 | 10.26 | I | 8.46 | 8.88 | 9.20 |
| F | 8.81 | 9.28 | 9.81 | $CH_3O$ | 9.98 | 9.65 | 10.21 |
| Cl | 8.48 | 9.02 | 9.38 | $NO_2$ | 7.23 | 8.40 | 7.15 |

2. 成醚反应与 Claisen 重排

1) 酚醚的形成

酚与醇相似，也可生成醚。但因酚羟基的碳氧键比较牢固，一般不能通过酚分子间脱水来制备。例如，苯酚在 $ThO_2$ 催化下，加热到 450℃才能进行双分子脱水。通常酚醚是由酚金属与烷基化试剂(如碘甲烷或硫酸二甲酯)在弱碱性溶液中经 $S_N2$ 反应而得。

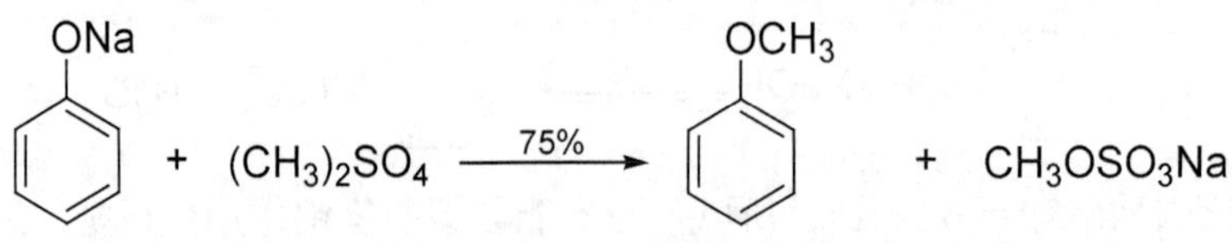

苯甲醚，俗称茴香醚

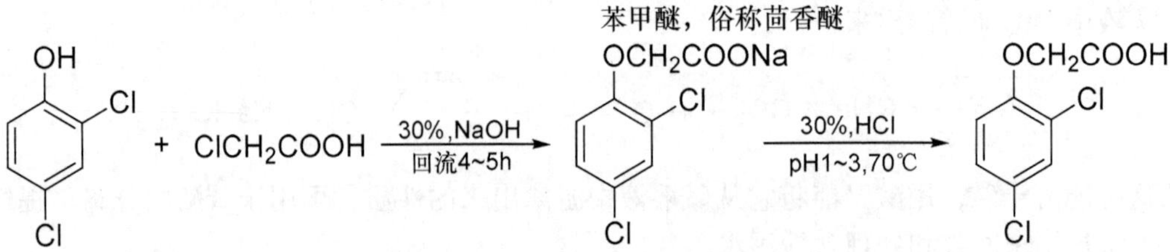

2,4-二氯苯氧乙酸又称 2,4-D(2,4-dichlorophenoxyacetic acid)，是植物生长调节剂，也是一

种除双子叶杂草的除草剂。

若采用相转移催化反应合成酚醚，不仅反应条件比较温和，且产率通常较高。例如，杀虫剂“虫满威”(carbofuran)的中间体(Ⅰ)的合成，无催化剂时产率仅为 28%，若加入相转移催化剂则产率可达 82%。

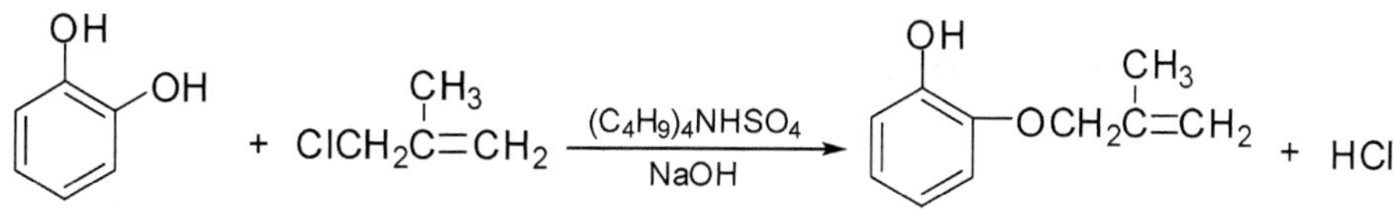

(Ⅰ)

二芳基醚可用酚钠与芳卤衍生物作用制备，但因芳环上卤原子不活泼，需在铜催化下加热制得。

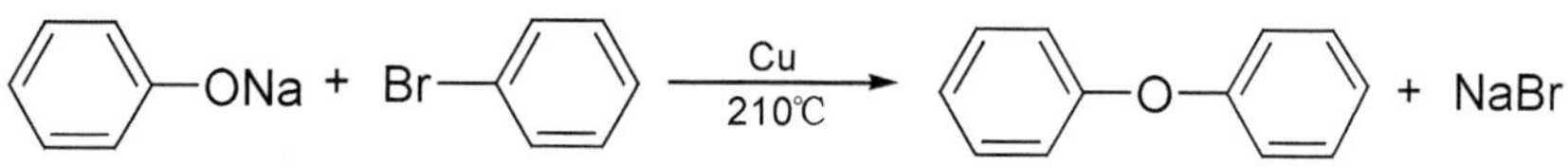

酚醚化学性质比酚稳定，不易被氧化，而且酚醚与氢碘酸作用，只发生烷氧键断裂而不发生芳氧键断裂，又能分解而得到原来的酚。

在有机合成上，常利用暂时将酚转变成醚的方法来“保护酚羟基”，以免羟基在反应中被破坏，待反应终了之后再将醚分解，恢复原来的酚羟基。

2) 苯基烯丙基醚的重排反应——Claisen 重排

苯基烯丙基醚及其类似物在加热的条件下，发生分子内重排生成邻烯丙基苯酚(或其他取代苯酚)，此反应称为 Claisen(克莱森)重排。

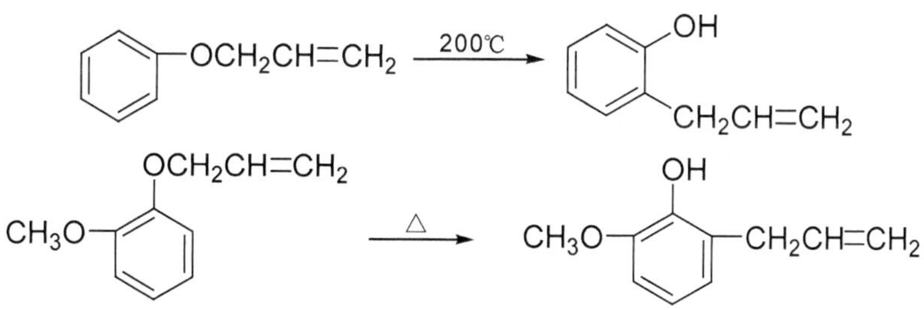

该反应与 Diels-Alder 反应类似，是一个周环反应，反应中不形成活性中间体，旧键的断裂与新键的形成是同步进行的。

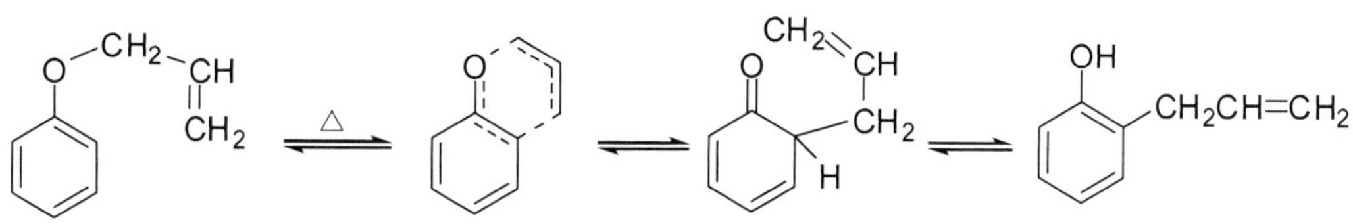

若苯基烯丙基醚的两个邻位已有取代基，则重排发生在对位。

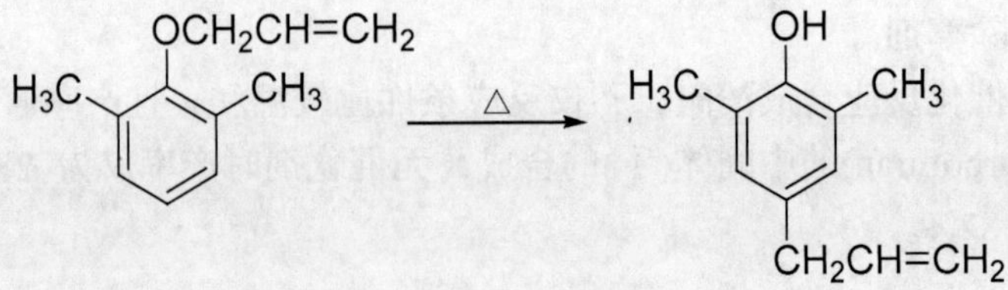

乙烯醇的烯丙基醚也发生类似的重排反应，得到醛产物：

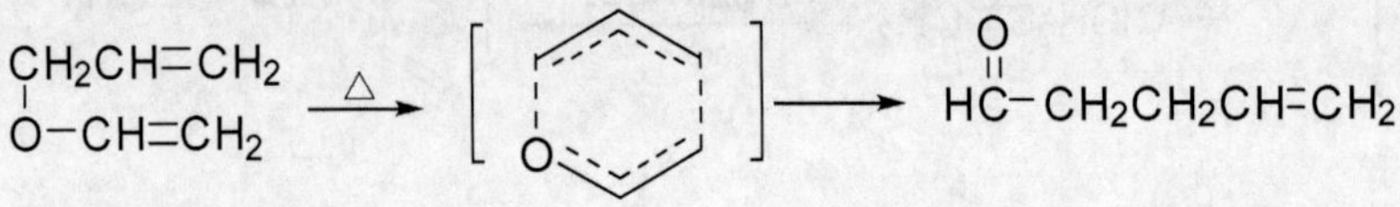

3. 成酯反应与 Fries 重排

1) 酚酯的形成

酚与羧酸发生脱水反应可形成酚酯。但由于苯酚氧上电子云参与 p-π 共轭而密度下降，酚的亲核能力减弱，故苯酚与羧酸直接酯化比较难，是一个相当缓慢的平衡反应，且需要将产生的水从反应体系中不断移出。例如：

乙酸苯酯,产率50%

因此酚酯的制备常采用酸酐或酰氯酰化的方法：

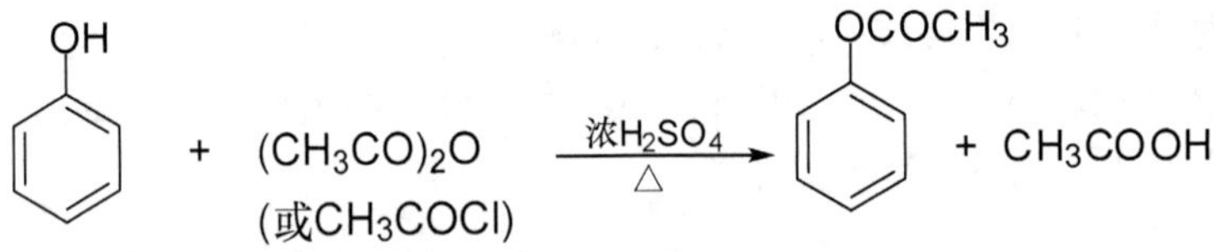

2) 酚酯的重排反应——Fries 重排

酚酯与氯化铝或氯化锌等 Lewis 酸共热，重排生成邻或对羟基酮，此反应称为 Fries(弗里斯)重排。该反应常用于制备酚酮，在较低的温度下主要得到对位异构体，而在较高的温度下主要得到邻位异构体。

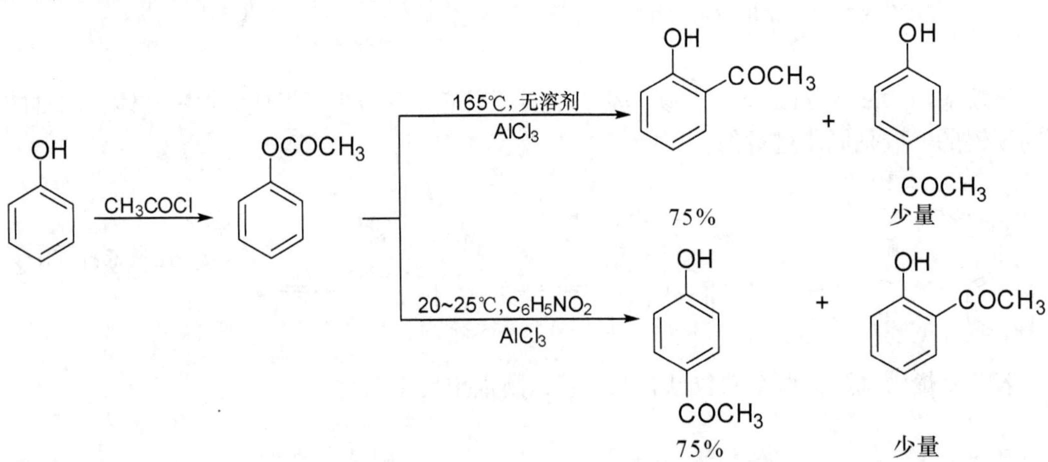

4. 与三氯化铁的显色反应

酚能与三氯化铁溶液发生显色反应，不同的酚呈现不同的颜色。苯酚显蓝紫色，邻苯二酚显深绿色，对苯二酚呈暗绿色结晶，对甲苯酚显蓝色，1,2,4-苯三酚显蓝绿色，连苯三酚显淡棕红色。

这种特殊的显色作用可用来检验酚羟基的存在。除酚类外，凡具有烯醇[ $>C=C<OH$ ]式结构的化合物与 $FeCl_3$ 也都有显色反应，一般醇没有这种显色反应。酚与三氯化铁的显色反应一般认为是生成配合物。

$$6\,ArOH + FeCl_3 \rightleftharpoons [Fe(OAr)_6]^{3-} + 6\,H^+ + 3\,Cl^-$$

### 10.2.2 芳环上的亲电取代反应

羟基是强的邻对位定位基，可使苯环活化。在酸性介质或中性非水溶液中，苯酚反应活性适中。在碱性介质中，因以苯氧负离子形式存在，苯环上的亲电取代反应极易发生。即使在中性水溶液中，由于存在以下平衡，反应性也很强：

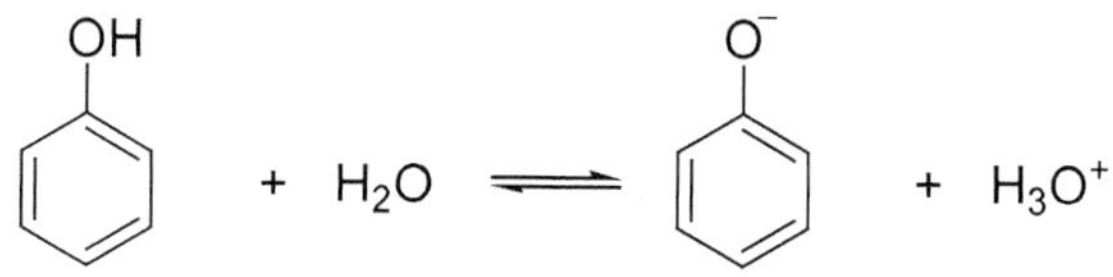

苯酚易在羟基的邻、对位发生卤化、硝化、磺化等亲电取代反应。

1. 卤化反应

酚很容易发生卤化。苯酚与溴水作用，立刻取代邻、对位的三个氢原子，生成2,4,6-三溴苯酚白色沉淀。邻、对位上有磺酸基存在时，也可同时被取代。如溴水过量，则生成黄色的四溴衍生物黄色沉淀。三溴苯酚在水中的溶解度极小，含有 10 μg · $g^{-1}$苯酚的水溶液，也能有三溴苯酚析出。这些反应常用于苯酚的定性检验和定量测定。

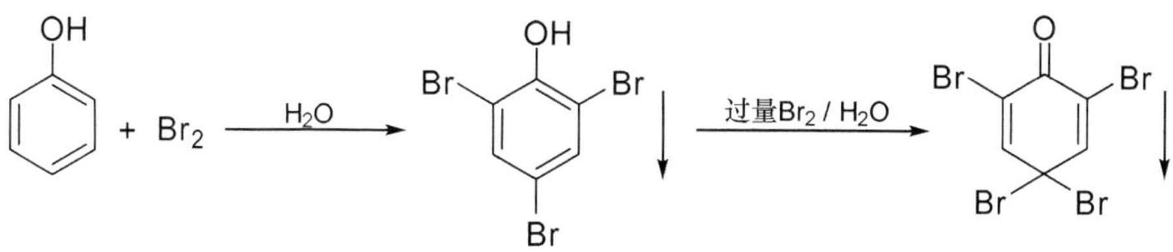

白色沉淀(~100%)　　　　黄色沉淀

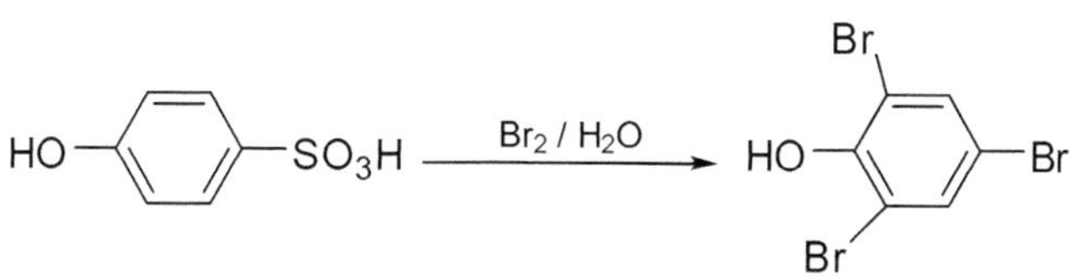

在低温下，于非极性溶剂(如 $CS_2$、$CCl_4$)中，控制溴不过量，则可生成一元取代物对溴苯酚。

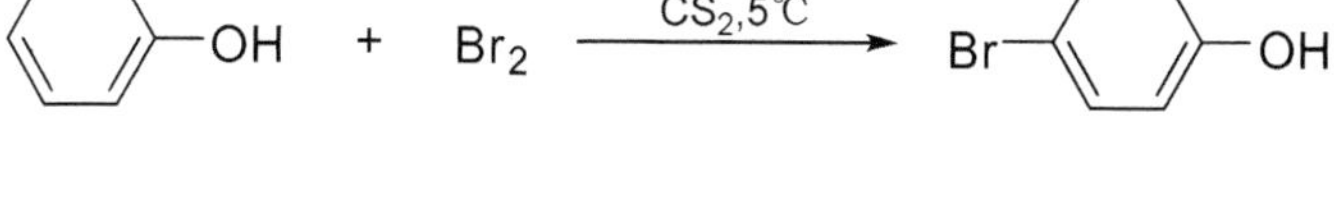

如不用溶剂，控制不同温度的氯用量，则可生成对氯苯酚、邻氯苯酚和2,4-二氯苯酚。

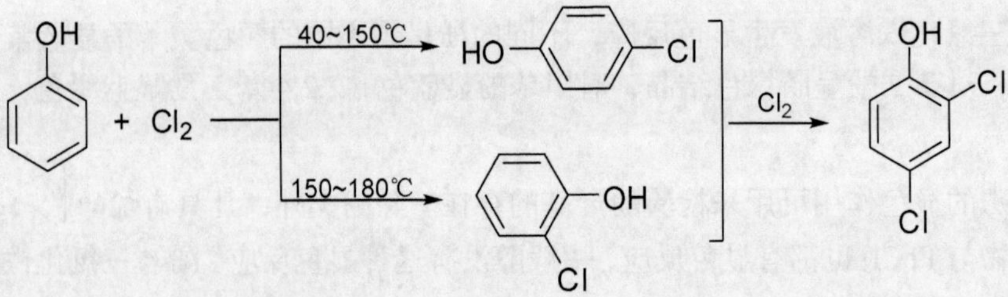

在水溶液中，特别是pH ≥ 10时，既使用不到3 mol氯，也能得到2,4,6-三氯苯酚。在三氯化铁存在下，2,4,6-三氯苯酚能进一步氯化成五氯苯酚。

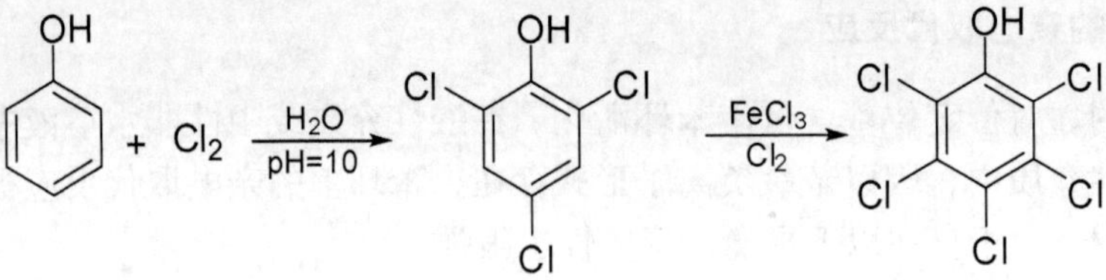

五氯苯酚是一种橡胶制品的杀菌剂，也是一种灭钉螺(防止血吸虫病)的药物。

2. 硝化反应

酚很容易硝化，与稀硝酸在室温下作用，即生成邻硝基苯酚和对硝基苯酚的混合物。如用浓硝酸进行硝化，则生成2,4-二硝基苯酚和2,4,6-三硝基苯酚(苦味酸)。但因酚羟基和苯环易被浓硝酸氧化，产量很低，一般均用间接方法制备。

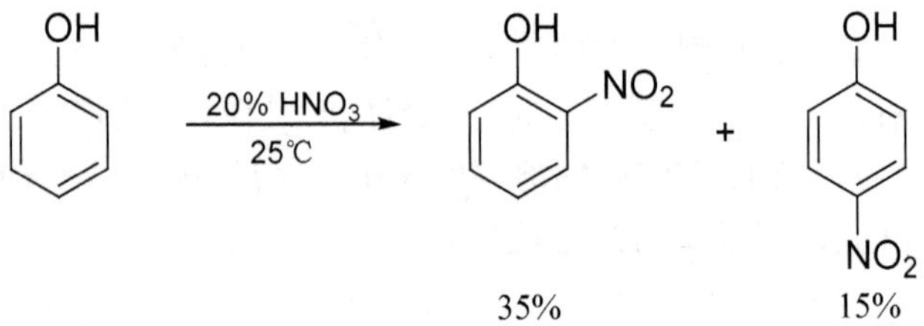

35%　　15%

邻硝基苯酚和对硝基苯酚可用水蒸气蒸馏方法分开。因邻硝基苯酚分子中的羟基和硝基处在相邻位置，能通过氢键在分子内形成六元环的螯合物，故沸点较低，能进行水蒸气蒸馏；而对硝基苯酚分子中的羟基和硝基处在对位，只能通过分子间的氢键缔合，增强了分子间作用力，不能随水蒸气蒸馏出来。

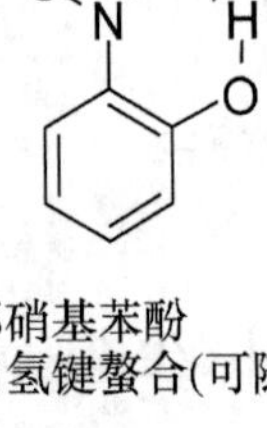

邻硝基苯酚
分子内氢键螯合(可随水蒸气挥发)

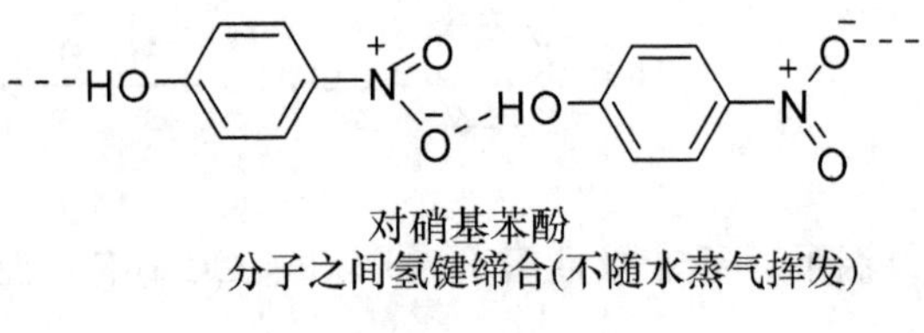

对硝基苯酚
分子之间氢键缔合(不随水蒸气挥发)

3. 亚硝基化反应

由于酚羟基的给电子共轭效应对苯环的强活化能力，苯酚在酸性条件下能与弱亲电试剂亚硝酸中的亚硝酰正离子($^+NO$)发生亚硝基化反应，主要产物是对亚硝基苯酚。可再用稀硝酸将亚硝基苯酚顺利地氧化成对硝基苯酚。

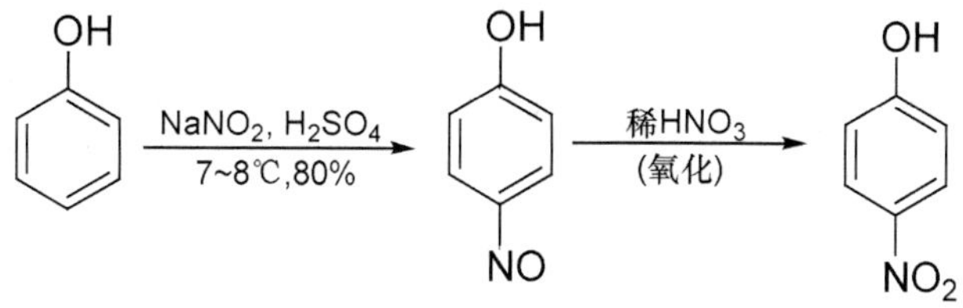

苯酚还可以在碱性溶液中与亚硝酸酯作用，发生亚硝基化反应。

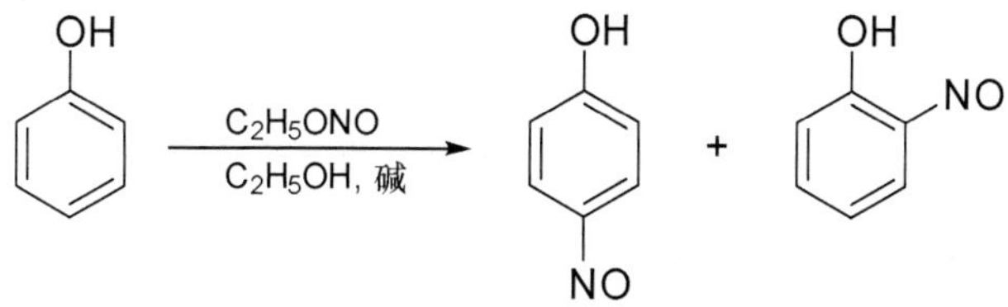

对亚硝基苯酚可用水重结晶，在热水中析出黄色针状晶体，熔点 133℃。由于它与有颜色的对苯醌单肟是互变异构体，在空气中会很快变成棕色。

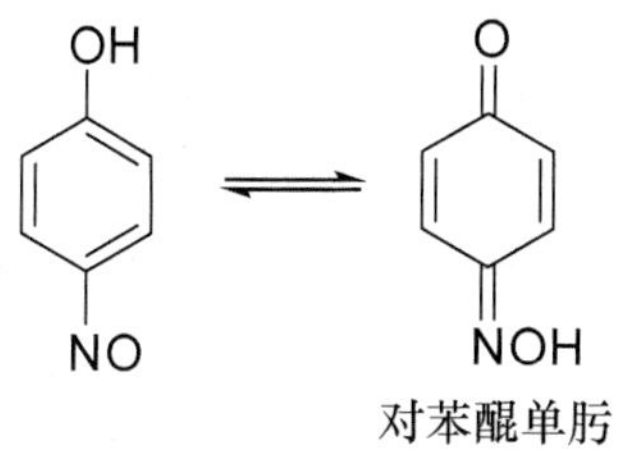

对亚硝基苯酚在浓硫酸中可与苯酚缩合，形成绿色的靛酚硫酸氢盐。此反应液用水稀释，则可变成红色，再加入氢氧化钠，又转变成深蓝色。这一系列的颜色变化反应可以用来鉴别亚硝酸盐(先与苯酚反应生成对亚硝基苯酚)和亚硝基。

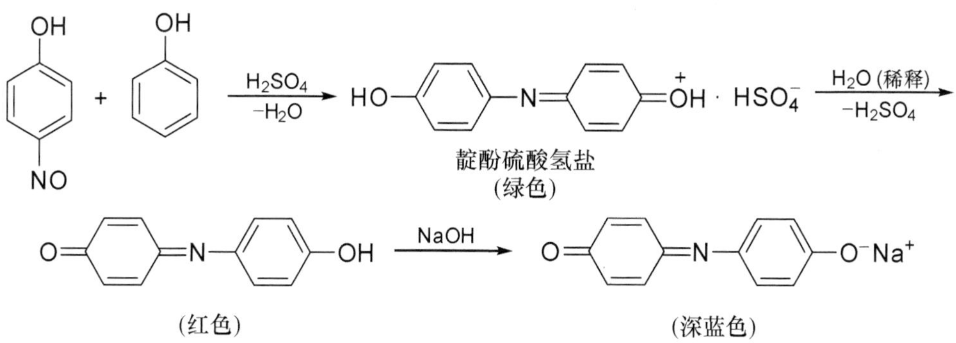

4. 磺化反应

苯酚与浓 $H_2SO_4$ 作用，即发生磺化反应而生成羟基苯磺酸。随磺化条件不同，可得不同的产物。进一步磺化可得 4-羟基-1,3-苯二磺酸。苯酚分子中引入两个磺酸基后，可使苯环钝化，不易被氧化，再与浓 $HNO_3$ 作用，两个磺酸基可同时被硝基置换而生成 2,4,6-三硝基苯酚，俗名苦味酸。

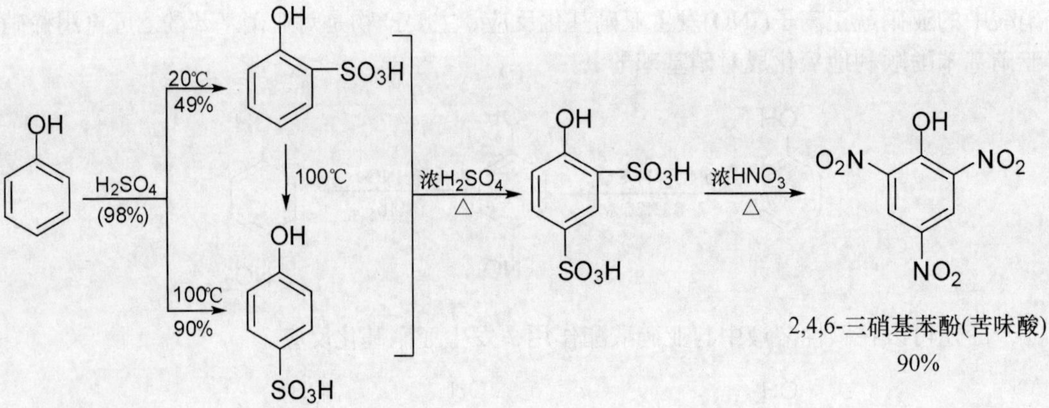

2,4,6-三硝基苯酚(苦味酸)
90%

苦味酸顾名思义是有苦味的酸，用水重结晶得黄色片状结晶，熔点 123℃，有毒，也是一种烈性炸药，受热、明火、高热或受到摩擦震动、撞击时可发生爆炸。它与有机碱反应生成难溶的盐，熔点敏锐，故在有机分析中可用以鉴别有机碱，根据熔点数据可以确定碱是什么化合物。此外，苦味酸与稠环芳烃可定量地形成带色的配合物，都是很好的结晶体，有一定的熔点，在有机分析中用于鉴定芳香烃。

5. 傅-克烷基化和酰基化反应

由于酚羟基的影响，酚比芳烃容易进行傅-克反应。但此处一般不用 $AlCl_3$ 作催化剂，因为酚羟基与 $AlCl_3$ 形成配合物使它失去催化能力而影响产率。一般酚的烷基化反应是用醇或烯烃为烷基化试剂，以浓硫酸或酸性阳离子交换树脂为催化剂。

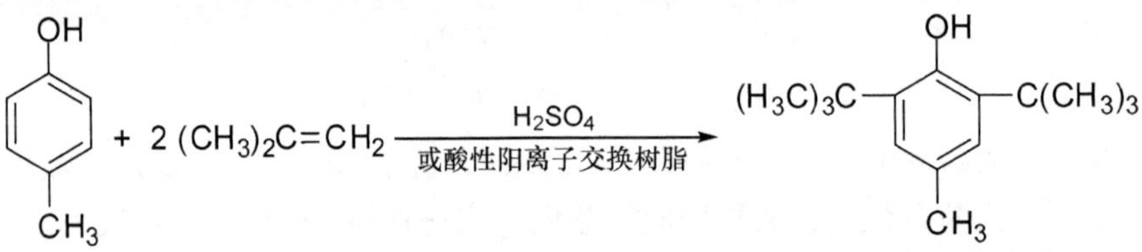

4-甲基-2,6-二叔丁基苯酚(BHT)
(简称：二四六抗氧剂)(食品防腐剂)

酚的酰基化反应也比较容易进行。例如：

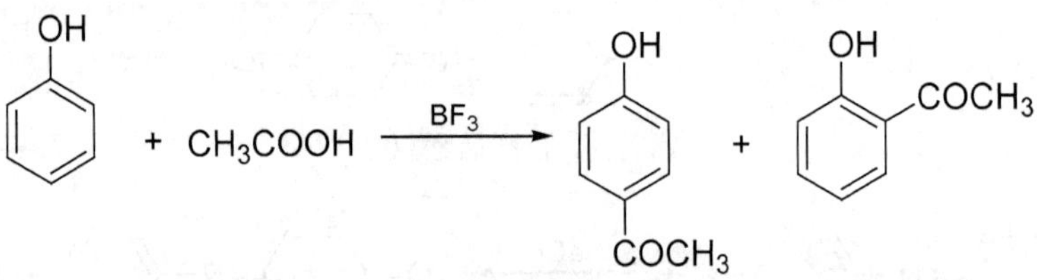

95%　　微量

苯酚与邻苯二甲酸酐在浓硫酸催化下生成酚酞：

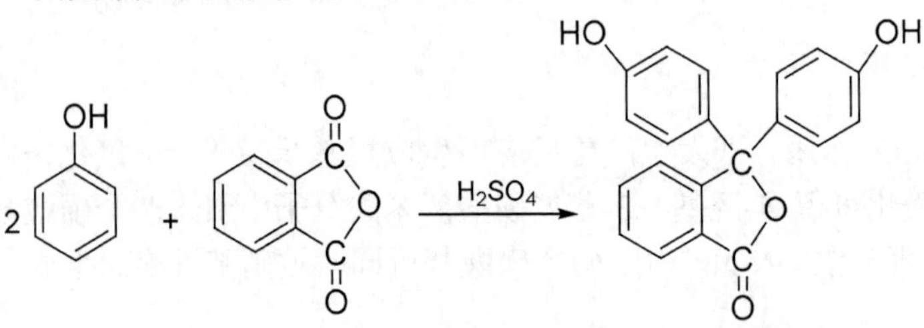

酚酞

酚酞溶液在 pH 小于 8.5 时没有颜色，在 pH 大于 9 时显红色，因此可用作指示剂。

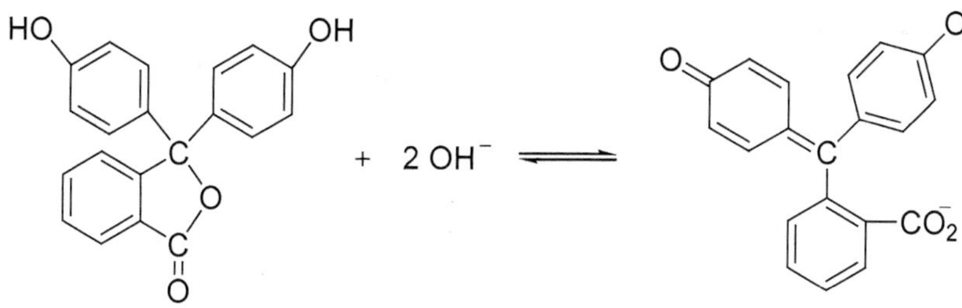

无色　　红色

### 10.2.3 酚与卡宾的反应——Reimer-Tiemann 反应

酚与氯仿在碱性溶液中加热生成邻位及对位羟基醛的反应称为 Reimer-Tiemann(瑞穆尔-悌曼)反应。

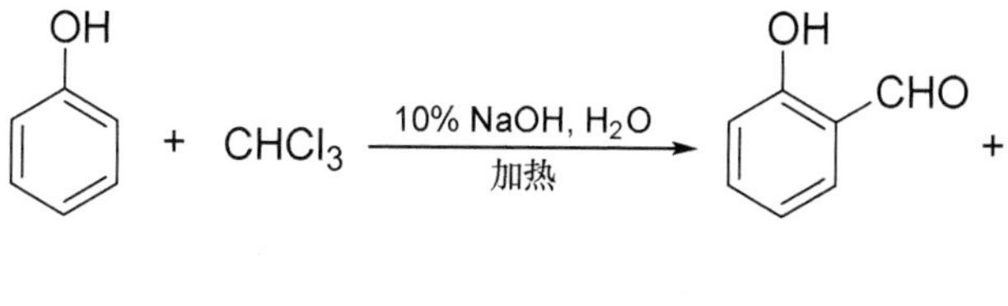

邻羟基苯甲醛(水杨醛) 20%～35%　　对羟基苯甲醛 8%～12%

常用的碱溶液是氢氧化钠、碳酸钾、碳酸钠水溶液，产物一般以邻位为主。不能在水中起反应的化合物可在吡啶中进行，此时只得邻位产物。反应历程中，首先氯仿在碱溶液中形成二氯卡宾，二氯卡宾的碳原子周围只有六个电子，是一个缺电子的亲电试剂，可与酚发生亲电取代，生成二氯甲基中间产物，碱性条件下水解得到羟基苯甲醛。

该反应产率一般不超过 50%，苯环上有吸电子基团时，对反应不利。工业上生产水杨醛(salicylic aldehyde)就是利用苯酚和氯仿通过 Reimer-Tiemann 反应进行的。

水杨醛为油状液体，沸点 196.5℃。香精油特别是从绣线菊属植物中分离出的香精油中含有水杨醛。水杨醛是制备香豆素的中间体。水杨醛不像苯甲醛那样容易自动氧化，它与三氯化铁溶液反应显深红紫色。

### 10.2.4 酚与羰基化合物的缩合反应

1. Kolbe-Schmitt 反应

苯酚在碱性条件下与二氧化碳反应，可在苯环上引入羧基，称为 Kolbe-Schmitt(科尔伯-施密特)反应。

工业上在加热加压下，由苯酚钠和二氧化碳作用可直接生成邻羟基苯甲酸：

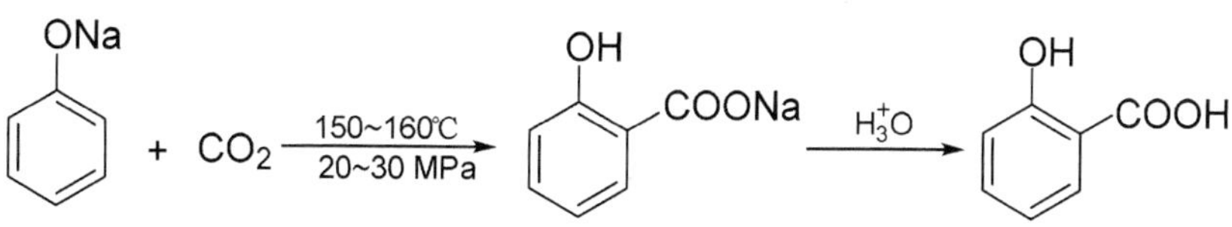

用苯酚钾与二氧化碳作用，几乎定量得到对羟基苯甲酸钾，再用无机酸酸化则得对羟基苯甲酸：

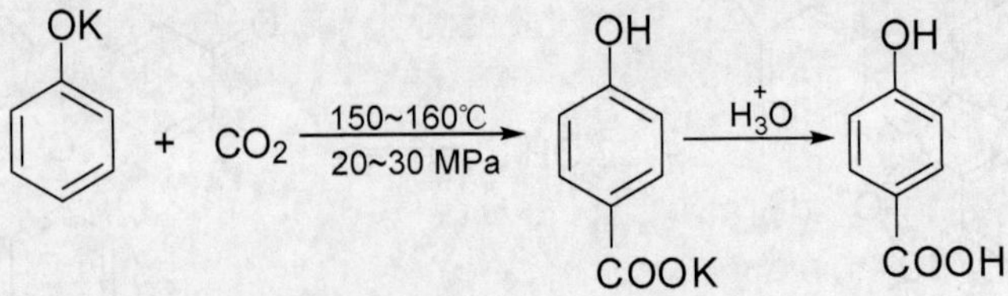


苯环上有$-NO_2$、$-CN$、$-SO_3H$等致钝基团时，不发生反应。

2. 与甲醛缩合——酚醛树脂的生成

酚的邻、对位上的氢原子特别活泼，可与羰基化合物(醛或酮)发生缩合反应。例如，苯酚和甲醛在酸或碱的作用下，按酚和醛的质量比例不同，可得到不同结构的高分子化合物。在这些反应中，不论是酸或碱的催化，都是首先生成邻或对羟甲基酚。

酸催化时，甲醛先与质子结合：

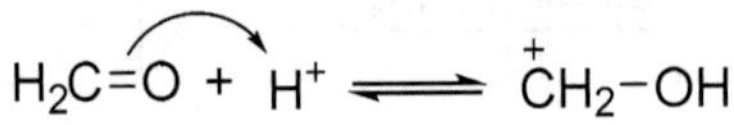


$^+CH_2OH$比甲醛具有更强的亲电性，容易对苯环发生亲电取代反应。

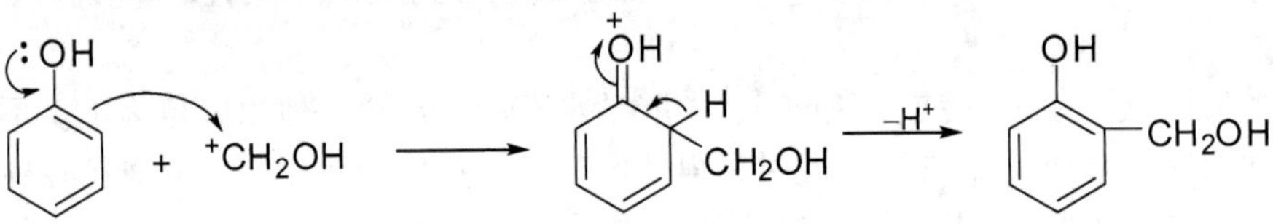


碱催化时，苯酚成为苯氧负离子，具有更强的亲核性，进攻甲醛的羰基碳，发生亲核加成反应：

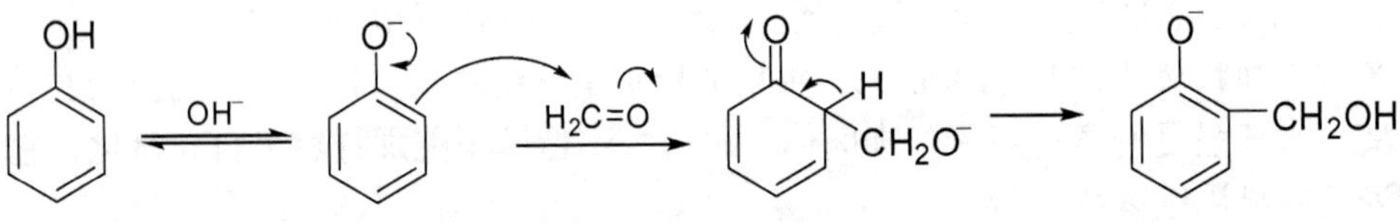


当醛过量时，生成含有羟甲基较多的2,4-二羟甲基苯酚和2,6-二羟甲基苯酚：

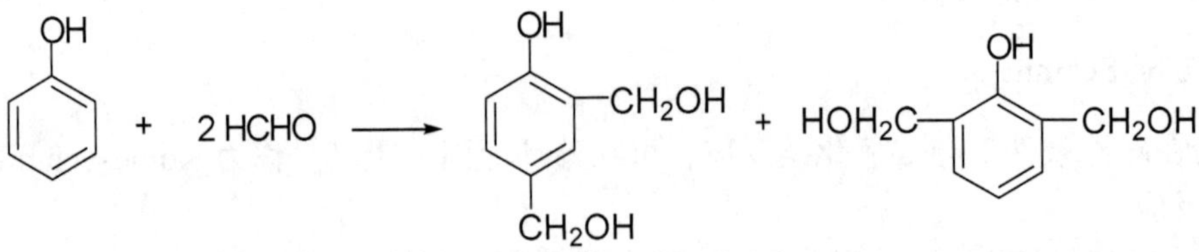


当酚过量时，可生成不含羟甲基的4,4'-二羟基二苯甲烷和2,2'-二羟基二苯甲烷：

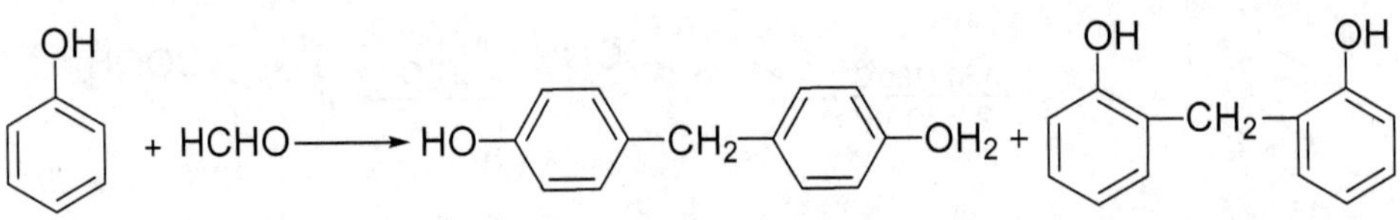

这些中间产物相互缩合并与甲醛、苯酚继续作用，就可得到线型或体型的缩聚物。这是一种树脂状的高分子物质，称为酚醛树脂。其他酚(如甲酚、二甲酚等)、醛(如乙醛、糠醛等)亦可缩聚生成相似的酚醛树脂。

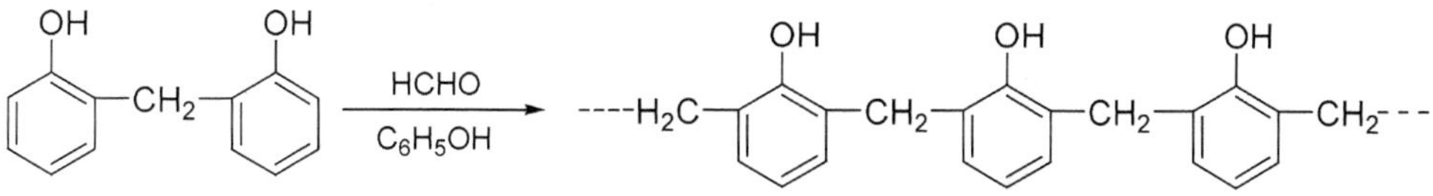

线型酚醛树脂

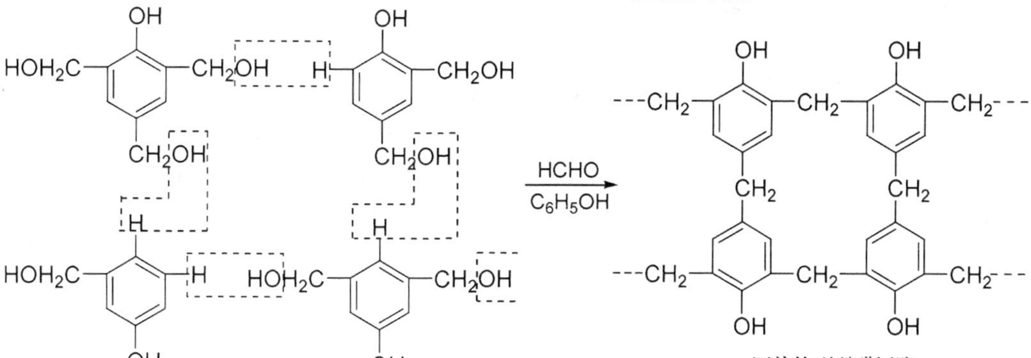

网状体型酚醛树脂

酚醛树脂的用途广泛，可用来做涂料、黏合剂及塑料等。酚醛塑料又称电木，广泛用于电绝缘器材及日用品的制造。由不同工艺制造而得的酚醛树脂，结构与性质也有所不同，适合于不同的用途。

3. 与丙酮缩合——环氧树脂的生成

苯酚与丙酮缩合可生成 2,2-(4,4'-二羟基二苯基)丙烷，简称双酚 A 或二酚基丙烷。

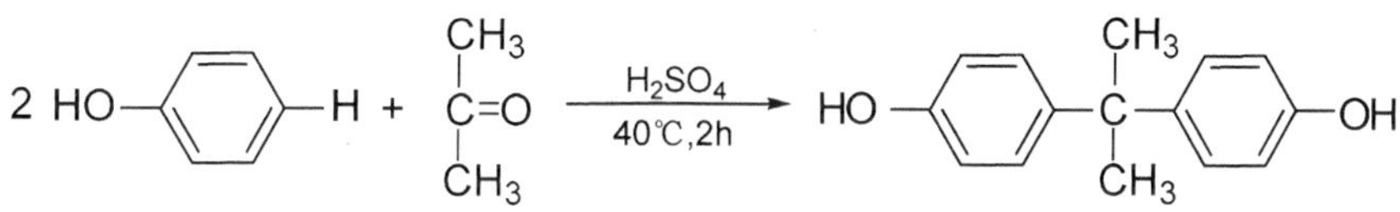

双酚 A 是制备环氧树脂的重要原料。凡是含有两个酚羟基的化合物(如双酚 A 或其他多元酚)都能与环氧氯丙烷进行一系列缩聚反应，生成一类在分子中至少含有两个以上环氧基的高分子热固性树脂，这类树脂称为环氧树脂。双酚 A 与环氧氯丙烷合成环氧树脂的过程可表示如下：

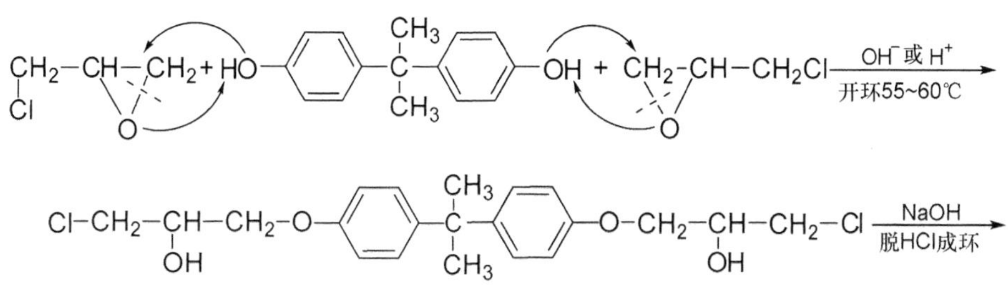

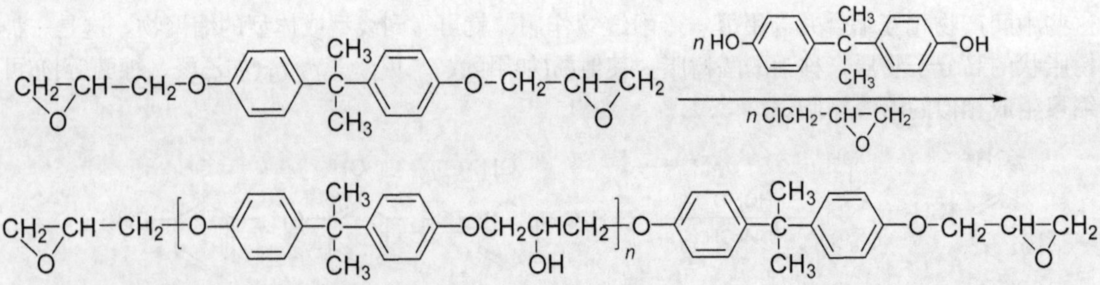

式中，$n$(聚合度)为 5～12。视用途需要可通过调节双酚 A 与环氧氯丙烷的物质的量比来控制相对分子质量大小。

线型的环氧树脂加固化剂可生成体型网状结构。常用的固化剂有胺类或羧酸酐类(如二乙烯三胺、间苯二胺、顺丁烯二酸酐、邻苯二甲酸酐、均苯四酐等)或低相对分子质量聚酰胺。固化剂的作用是使环氧树脂链端两个活泼的环氧基的环氧键打开(开环)，可使线型分子交联而形成体型结构。例如：

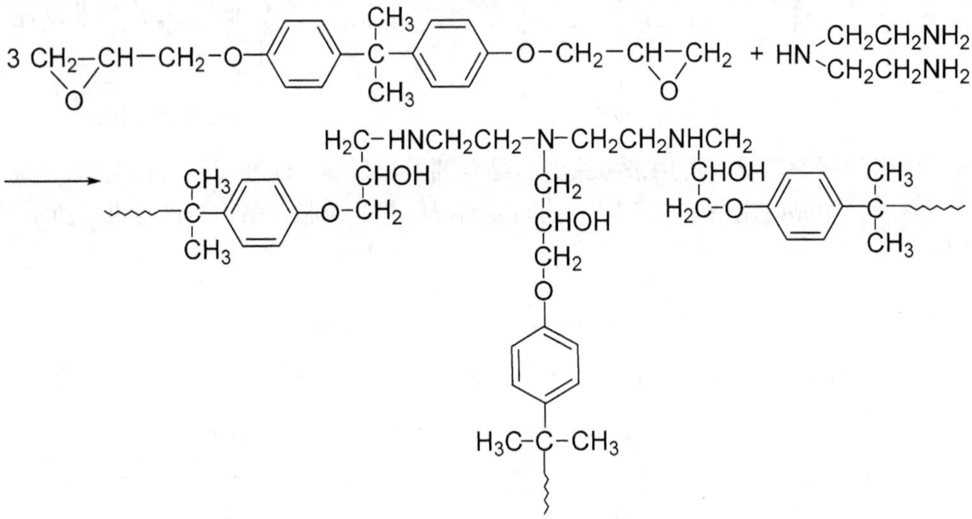

环氧树脂具有极强的黏结性，能极牢固地黏合各种材料，如金属、陶瓷、玻璃、木材等，俗称“万能胶”。

由于环氧树脂结构中有羟基(–OH)、醚键(–O–)和环氧基 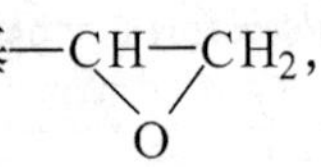，因而具有很高的黏结力，固化时没有气泡产生，固化后收缩性小，机械强度高，电绝缘性能好，耐酸、耐碱、耐盐，加入玻璃纤维为填料制成的层压制品比酚醛、不饱和聚酯的相应层压材料的强度要高，接近于钢材的强度，故又称为“玻璃钢”。

### 10.2.5 Bucherer 反应

萘酚在亚硫酸氢钠存在下与氨作用，转变成相应的萘胺的反应，称为 Bucherer (布赫尔)反应。

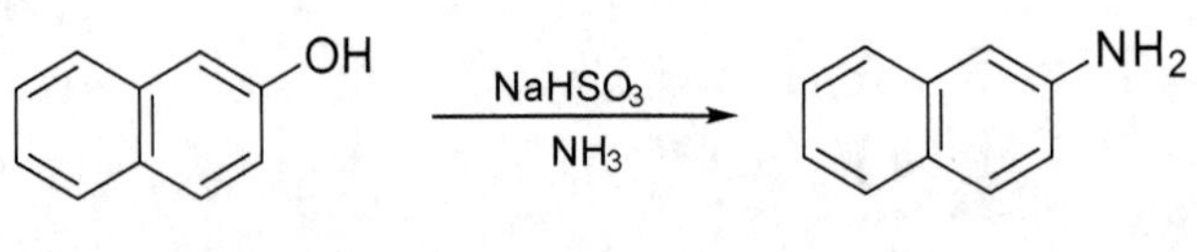

反应机理表明，反应是可逆的。如果用 α-萘酚，同样可以制得 α-萘胺，但用 α-硝基萘还原的方法制备 α-萘胺更好。α-萘胺与 β-萘胺都与酸生成稳定的盐，并均可发生重氮化反应，是制备偶氮染料的重要原料。

### 10.2.6 酚的氧化还原反应

1. 氧化

在氧化剂的作用下，酚被氧化成醌。例如：

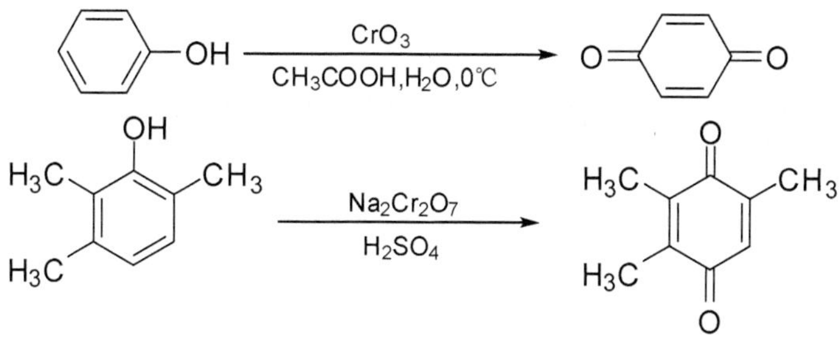


利用酚的易氧化性，邻苯二酚与对苯二酚常用作照相底片的显影剂，将氧化银还原成金属银。酚在空气中长期放置或在光的照射下，能被空气中的氧氧化，使颜色逐渐变深。

2. 还原

酚通过催化加氢，苯环被还原生成环己烷衍生物。例如：

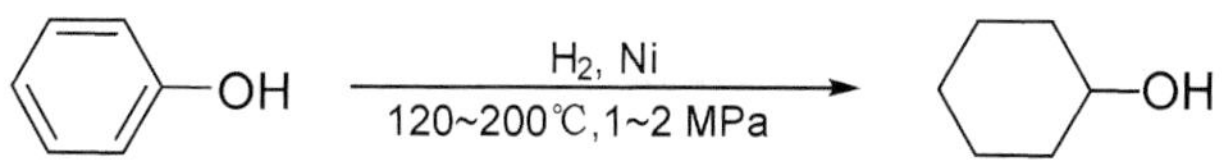


这是工业上生产环己醇的方法之一。

## 10.3 重要的酚

1. 苯酚

苯酚简称酚，俗名石炭酸，为具有特殊气味的无色结晶，暴露于光和空气中易被氧化变为粉红色渐至深褐色。苯酚微溶于冷水，在 65℃以上时可与水混溶，易溶于乙醇、乙醚等有机溶剂。酚具有腐蚀性，有毒，苯酚及其衍生物是防腐剂和消毒剂的有效成分。

在工业上，苯酚的用途很广，是有机合成的重要原料，大量用于制造酚醛树脂及其他高分子材料、药物、染料、炸药等。苯酚经催化氢化生成环己醇、环己酮等，是生产锦纶-6、锦纶-66 的中间体。

2. 甲苯酚

甲苯酚简称甲酚，有邻、间、对位三种异构体，存在于煤焦油中，沸点相近，不易分离。工业应用的往往是三种异构体未分离的粗甲酚。邻、对甲酚为无色晶体，间甲苯酚为无色或淡黄色液体，有苯酚气味，用于制备农药、染料、炸药、电木等。粗甲酚和肥皂液的混合物是医院常用消毒剂“来苏尔”(Lysol)药水。甲酚的杀菌力比苯酚大，可作木材、铁路枕木的防腐剂。

甲酚可由苯磺酸钠碱熔制备或由氯甲苯与氢氧化钠加压加热(300～320℃)制备。

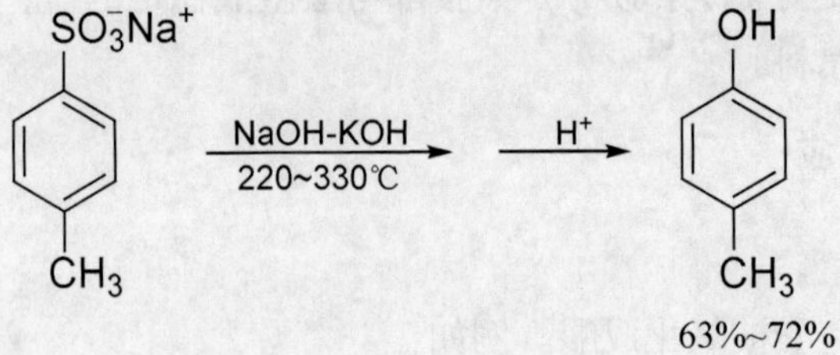

3. 对苯二酚

对苯二酚又名氢醌，是无色固体，熔点 170℃，溶于水、乙醇、乙醚。可由苯胺氧化为对苯醌，再经缓和还原剂还原而得。

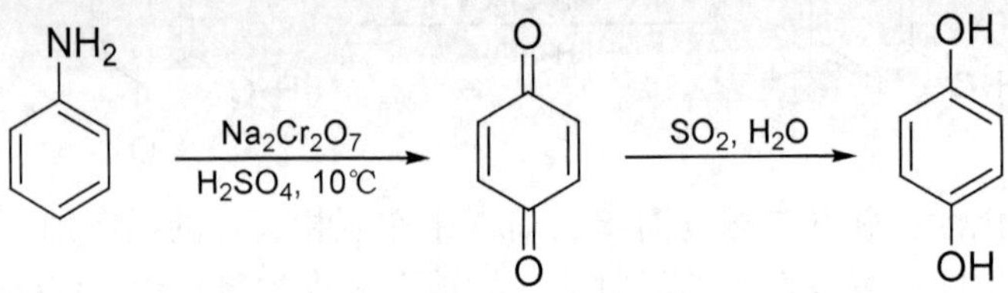

对苯二酚和对氨基酚极易氧化成醌。它是一种强还原剂，是黑白照相显影的化学基础。

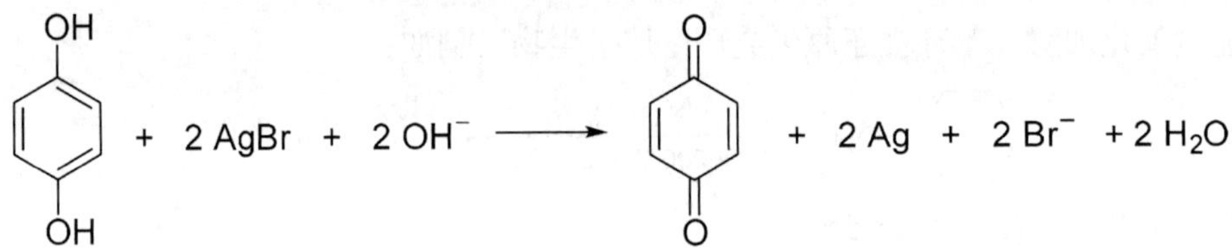

因易氧化，对苯二酚广泛用作还原剂、抗氧化剂。在塑料、橡胶、油漆等产品中往往都需要添加对苯二酚或类似物，防止产品老化变质。也可用作防止高分子单体聚合的阻聚剂。

4. 邻苯二酚

邻苯二酚俗称儿茶酚，可由干馏 3,4-二羟基苯甲酸(俗称原儿茶酸)得到：

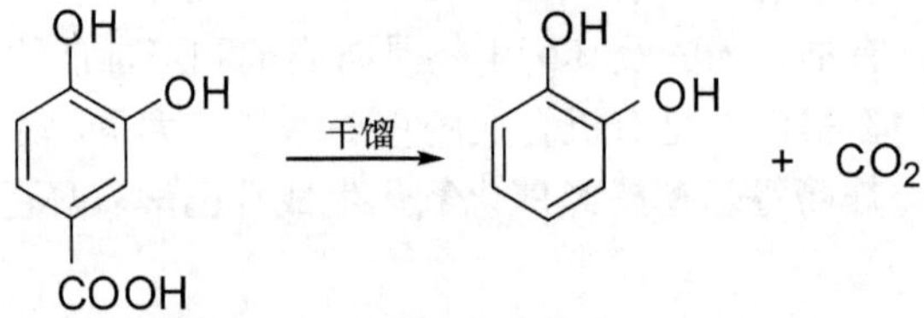

工业上采用邻氯苯酚高温高压水解、邻羟基苯磺酸钠碱熔等方法生产。

邻苯二酚的许多性质与对苯二酚相似，如可氧化成邻苯醌。可用于照相器材、染料、药物等精细化工。叔丁基邻苯二酚是橡胶和塑料中的稳定剂。

5. 萘酚

萘酚有 $\alpha$-萘酚和 $\beta$-萘酚两种异构体，其中 $\beta$-萘酚较为重要。它们都是由相应的萘磺酸钠经碱熔而得。

*α*-萘酚为针状结晶，*β*-萘酚为片状结晶，能溶于醇、醚等有机溶剂。萘酚的化学性质与苯酚相似，都呈弱酸性，与 $FeCl_3$ 发生颜色反应(*α*-萘酚呈紫色絮状沉淀，*β*-萘酚呈绿色)。萘酚易发生硝化、磺化等反应。萘酚的羟基比苯酚的羟基活泼，易生成醚和酯。萘酚广泛用于制备偶氮染料(参见 14.10.2)，是重要的染料中间体。*β*-萘酚还可用作杀菌剂、抗氧剂。

## 10.4　酚 的 制 法

从煤焦油分馏所得的酚油(180～210℃)、萘油(210～230℃)馏分中含有苯酚和甲苯酚 28%～40%，可先经碱、酸处理，再减压蒸馏而分离得到。但产量有限，已远远不能满足工业的需要，现在都用合成方法大量生产酚。

### 10.4.1　异丙苯氧化法

目前工业上大量生产苯酚的方法是以异丙苯在过氧化物或紫外线的催化下，使异丙苯被空气氧化生成氢过氧化异丙苯，后者在强酸或酸性离子交换树脂作用下分解，生成苯酚和丙酮。

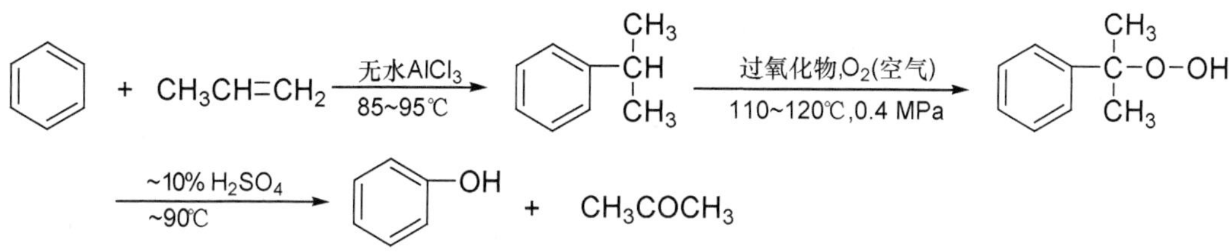


氧化反应一般在碱性条件下(pH = 8.8～10.5)和 1%乳化剂(硬脂酸钠或蓖麻酸钠)存在下进行。此方法的优点是生产 1 t 苯酚可同时获得 0.6 t 丙酮。苯酚和丙酮都是重要的工业原料，因此，这个方法在经济上是比较适用的，但设备和技术要求较高。

### 10.4.2　磺化碱熔法

将芳磺酸钠盐与氢氧化钠共熔(称为碱熔)可以得到相应的酚钠，再经酸化，即得相应的酚。

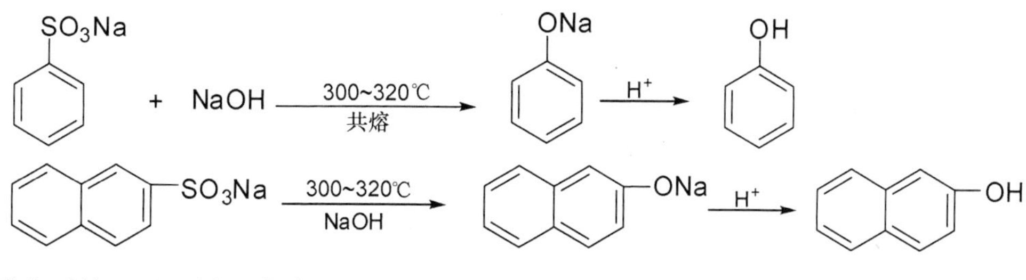


磺化碱熔法是最早用来合成苯酚的一种方法，它的优点是设备简单，产率高，产品纯度好；缺点是生产工序多，劳动强度大，较难实行自动化生产，且需消耗大量酸碱等无机化工原料，成本较高。同时因为反应在高温下进行，当环上已有—COOH、—Cl、$-NO_2$ 等基团时，则副反应更多，所以此法的应用也有一定的限制。

### 10.4.3 从芳卤衍生物制备

连在芳环上的卤素原子很不活泼，很难水解，需要高温和高压。只有当卤原子的邻位或对位有强的吸电子基时，水解反应才比较容易进行(参见 7.3.2)。例如：

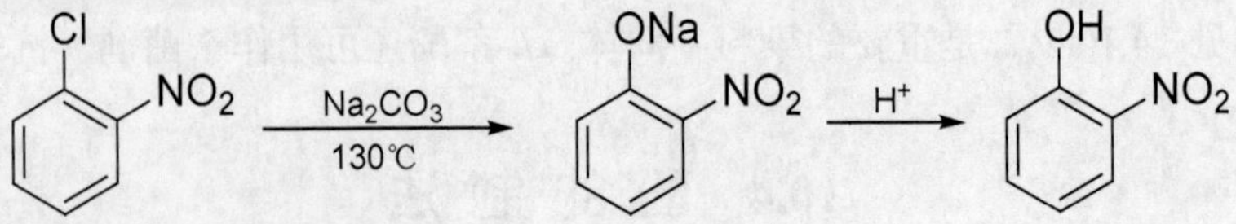


因此，由芳卤衍生物水解制酚的方法有一定的局限性。工业上常用此法生产取代苯酚。

## 阅读材料

### 抗氧化剂和维生素 E

抗氧剂(oxidation inhibitor)是一些能够抑制或者延缓高聚物和其他有机化合物在空气中热氧化的有机化合物。例如，食品容易氧化变质，可以加入少量抗氧剂以延长储存时间。塑料、合成纤维和橡胶等高分子材料容易发生热氧降解反应，加入抗氧剂可以保持高分子材料的优良性能，延长使用寿命。

有机化合物的热氧化过程是一系列的自由基链式反应。在热、光或氧的作用下，有机分子首先在最薄弱的化学键上发生断裂，生成活泼的自由基 R·和氢过氧化物。氢过氧化物 ROOH 发生分解反应，也生成烃氧自由基 RO·和羟基自由基 HO·。这些自由基可以引发一系列的自由基链式反应，最后导致有机化合物的结构和性质发生根本变化。抗氧剂的作用是消除刚刚产生的自由基，或者促使氢过氧化物的分解，阻止链式反应的进行。能消除自由基的抗氧剂有芳香胺和酚类化合物，称为主抗氧剂；能分解氢过氧化物的抗氧剂有含磷和含硫的有机化合物，称为辅助抗氧剂。

芳香胺类抗氧剂又称为橡胶防老剂，是生产数量最多的一类，主要用在橡胶制品中，这类抗氧剂价格低廉，抗氧效果显著，但由于使制品变色，限制了它们在浅色和白色制品方面的应用。重要的芳香胺类抗氧剂有：二苯胺、对苯二胺和二氢喹啉等化合物及其衍生物或聚合物。代表性的产品有 *N*-异丙基-*N'*-苯基对苯二胺。产品为灰色至紫色结晶，熔点为 70℃以上，可用在天然橡胶、丁苯橡胶、氯丁橡胶和异戊橡胶等制品中。

酚类抗氧剂主要有双酚、对苯二酚、硫代双酚、三酚以及受阻酚等。受阻酚类抗氧剂是酚抗氧剂中重要的一类，主要是一些具有空间阻碍的酚类化合物，如 2,6-二叔丁基-4-甲基苯酚。受阻酚类抗氧剂系链终止型抗氧剂的主要类型，根据分子中受阻酚官能团的数量一般分为一元受阻酚和多元受阻酚。它们的抗热氧化效果显著，不会污染制品，发展很快。这类抗氧剂的品种很多，主要用在塑料、合成纤维、乳胶、石油制品、食品、药物和化妆品中。

硫代二丙酸双酯是一类辅助抗氧剂，常与受阻酚类抗氧剂并用，效果显著。主要的产品有：双十二碳醇酯、双十四碳醇酯和双十八碳醇酯。亚磷酸酯也是辅助抗氧剂，主要的产品有：三辛酯、三癸酯、三(十二碳醇)酯和三(十六碳醇)酯等，和主抗氧剂配合使用，效果也很好。

维生素 E 是聚异戊二烯取代的 6-羟基苯骈二氢吡喃衍生物，在苯环上有一个酚羟基。早年认为它有抗不育作用，故又名生育酚。自然界中具有维生素 E 活性的物质已知有 8 种，根据甲基的数目和位置不同，分为$\alpha$、$\beta$、$\gamma$、$\delta$、$\zeta$、$\eta$等生育酚，以前4种较重要，$\alpha$-生育酚生理活性最高，在自然界分布最广。维生素E多存在于麦胚油、豆油和玉米油等植物油及人造奶油、坚果和各种谷类中，为淡黄色油状物，在无氧条件下对热稳定，易溶于油脂和大多数有机溶剂，不溶于水，但对氧极为敏感，酚羟基极易被氧化。因而它常常可保护高度不饱和脂肪酸、巯基化合物及维生素A等免受氧化，能消除细胞膜内产生的自由基，从而保持生物膜的正常结构功能，并且防止产生毒性物质。

维生素E是油脂的天然抗氧化剂，其抗氧化活性比合成的酚类抗氧剂要弱，但不产生异味，并对BHA、TBHQ、抗坏血酸棕榈酸酯等有增效作用。其抗氧效果，动物油比植物油效果大。维生素E耐高温，故适用于焙烤及油炸食品中作抗氧剂。在塑料工业中，用作聚烯烃是主抗氧剂，与各种亚磷酸酯的协同混合物对聚丙烯的稳定作用比抗氧剂1010混合物强，并具有安全、卫生、不变色、不挥发等特点，可用于食品包装材料、医用容器、降解性塑料等，是一种绿色抗氧剂。在化妆品工业中，维生素E已用于润肤霜、洗发剂、沐浴露等产品，可防止基料中的油脂氧化，增强皮肤润滑感，防止色素沉着，减少紫外线损伤，起到营养和改善皮肤性能的作用。维生素E也是常用饲料添加剂之一，它可显著提高动物繁殖力和免疫力，防治动物诸多疾病，并能防止饲料脂质氧化变质等。

维生素E具有抗衰老及增强免疫重要生理作用。有人认为人的衰老与体内自由基对机体的损害、脂质过氧化物的形成及免疫功能降低等有关。维生素E能消除体内自由基，稳定脑细胞膜，维持神经肌肉的兴奋性，并能减少脑组织内脂褐素的产生，改善皮肤弹性，延迟性腺萎缩等。研究表明，每日服用含$\beta$-胡萝卜素和维生素E的多维素，能提高免疫功能，降低感染率，改善失眠症，使人精神振作，记忆力增强。

维生素E在医学上可治疗贫血。维生素E可保护红细胞膜不饱和脂肪酸免受氧化破坏，防止红细胞破裂所造成的溶血，改善新生儿或早产儿的溶血性贫血和缺铁性贫血。

维生素E还对心、脑血管疾病具有治疗作用。血液中低密度脂蛋白水平高，发生心血管疾病的危险性增加。低密度脂蛋白的氧化作用易导致动脉硬化，同时低密度脂蛋白还能破坏巨噬细胞，死亡的巨噬细胞对它周围的正常上皮细胞释放毒素，诱发心脏疾患。研究发现每天补充适量的维生素E，低密度脂蛋白氧化敏感性明显降低，破坏巨噬细胞的能力消失，不易发生动脉壁的损害。大脑含丰富不饱和脂肪酸，耗氧量较高，对缺氧特别敏感。有些脑区富含铁质，是生成自由基和脂质过氧化作用的催化剂。氧源自由基与脑损伤和坏死等很多过程有关，细胞通过维生素E产生抗氧化防御系统，控制氧源自由基水平。但维生素E有很强的亲脂性，进入组织较慢，不能用于紧急治疗。

此外，维生素E还具有很多重要的医学应用。例如，治疗习惯性流产和先兆流产。早已发现维生素E对动物生育是必需的，但人类还没发现因缺乏维生素E而引起不育症。不过，在临床上常用维生素E制品治疗习惯性流产和先兆流产。这可能与维生素E促进垂体前叶分泌促性腺激素，调节性腺功能有关。维生素E还能维持神经肌肉的兴奋性及骨骼肌、心肌和平滑肌等的结构和功能，有益于缓解各种类型肌痉挛病人症状。维生素E作为非特异性解毒剂，还用于金属或药物中毒时的辅助治疗。

补充维生素E并非越多越好，临床上大剂量摄入维生素E常见胃肠道反应，偶见凝血时间延长。这是由于维生素E是一种脂溶性维生素，过多摄入会与维生素K产生拮抗，而影响维生素K的吸收。

## 习 题

10-1 区别化合物：苯酚，苯甲醚和苯甲醇。

10-2 分离下列各组化合物。

(1) 苯和苯酚　　(2) 环己醇中含少量苯酚

(3) 苯甲醚和对甲苯酚　　(4) $\beta$-萘酚和正辛醇

10-3 比较下列各化合物的酸性强弱，并解释之。

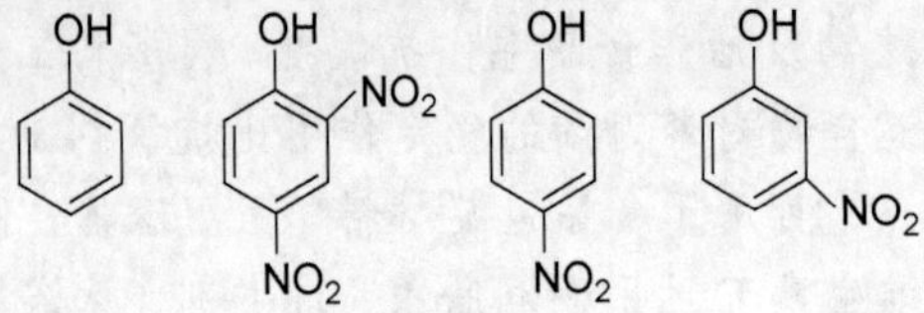

10-4 在下列化合物中，哪些能形成分子内氢键?

(1) 对硝基苯酚　　(2) 邻硝基苯酚

(3) 邻甲苯酚　　(4) 邻氟苯酚

10-5 如何证明在邻羟基苯甲醇(水杨醇)中含有一个酚羟基和一个醇羟基?

10-6 完成下列各组化合物的反应式。

(1) 苯甲醚 + HI ⟶ ? + ?　　(2) 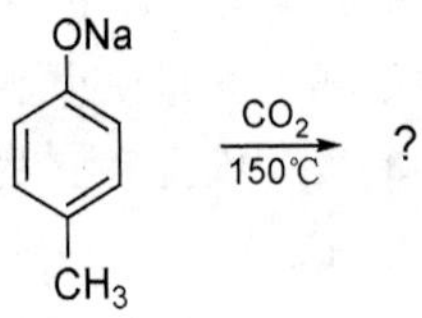

(3) 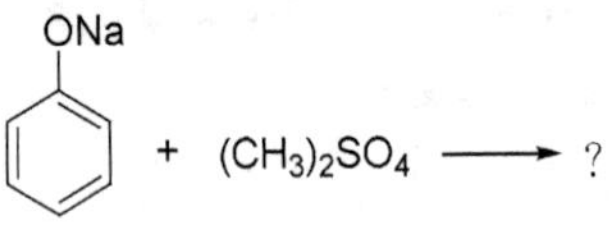　　(4) 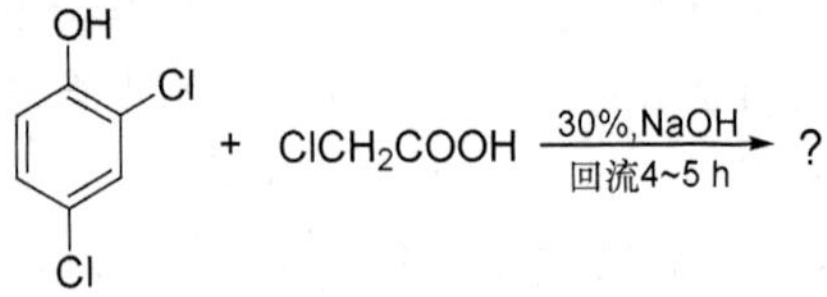

(5) 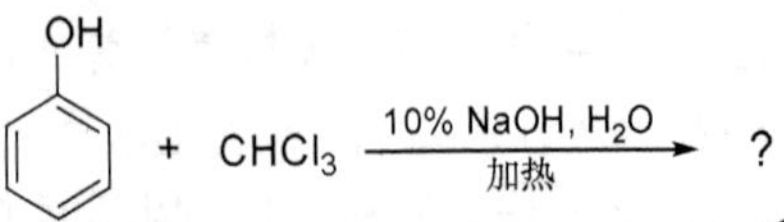　　(6) 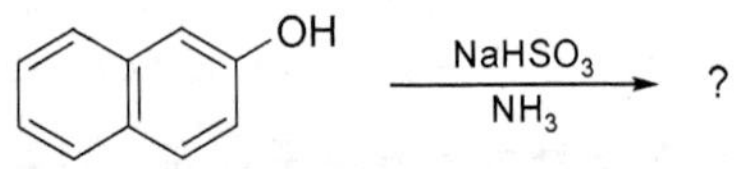

10-7 从苯和丙烯合成苯基丙三醇单醚( 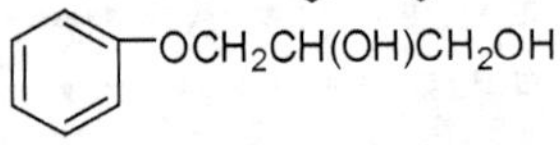 )。

10-8 完成下列转变。

(1) 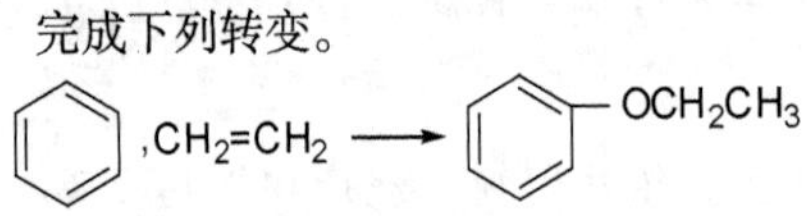　　(2) 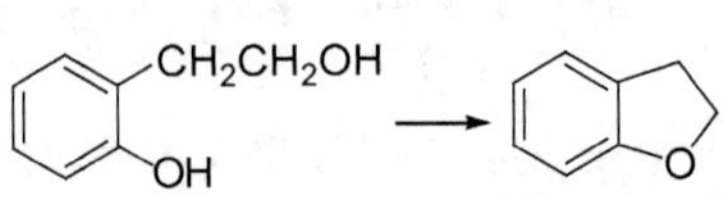

(3) 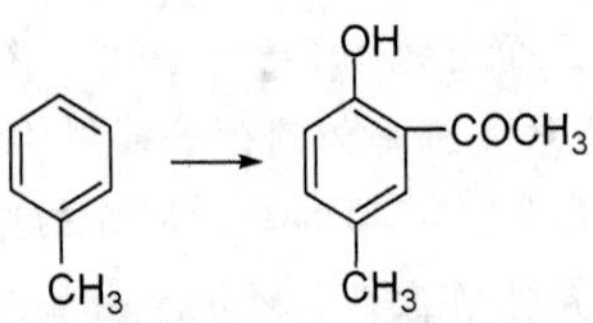　　(4) 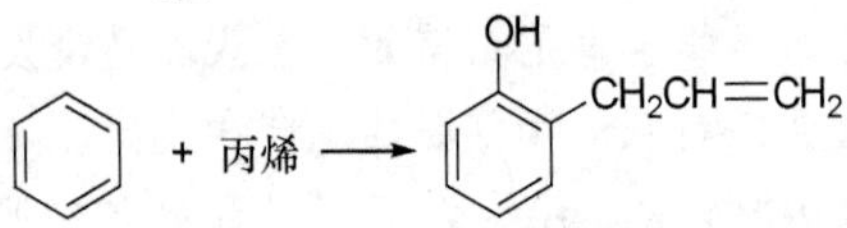

10-9 有一芳香族化合物 A，分子式为 $C_7H_8O$，不与钠发生反应，但与浓 HI 作用生成 B 和 C 两个化合物，B 能溶于 NaOH，并与 $FeCl_3$ 作用显紫色，C 能与 $AgNO_3$ 溶液作用，生成黄色碘化银。写出 A～C 的构造式。

# 第 11 章　醛　酮　醌

碳原子和氧原子以双键相连的官能团称为羰基(carbonyl group)，羰基碳原子上至少连有一个氢原子的化合物称为醛(aldehyde)，因此将−CHO 称为醛基，醛基总是位于碳链的一端。羰基碳原子上同时连有两个烃基的化合物称为酮(ketone)，酮分子中羰基必然位于碳链中间。醌是一类特殊的环状 $\alpha, \beta$-不饱和二酮。

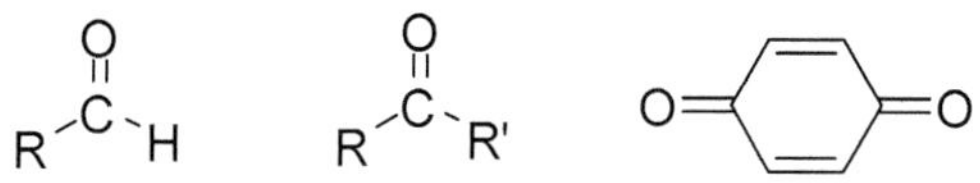

醛　　　　酮　　　　醌

可以根据与羰基相连的烃基不同分为脂肪族醛酮、芳香族醛酮和脂环族醛酮；根据烃基是否饱和分为饱和醛酮和不饱和醛酮；还可以根据分子中所含羰基数目分为一元醛酮、二元醛酮和多元醛酮。酮分子中与羰基相连的两个烃基相同的称为单酮，不相同的称为混酮。

## 11.1　羰基的结构

羰基的碳氧双键和碳碳双键类似，也是由一个 σ 键和一个 π 键组成。羰基碳原子以三个 $sp^2$ 杂化轨道与氧原子和两个其他原子形成三个 σ 键，这三个 σ 键分布在同一平面上，键角近似于 120°。碳原子还有一个没有参与杂化的 p 轨道，则与氧原子的一个 p 轨道侧面交盖形成 π 键，所以羰基具有平面三角形结构。但是由于氧原子的电负性较大，其容纳电子的能力很强，故碳氧双键是极化的，特别是其中的 π 键。因为 π 电子云容易流动，容易偏向于电负性强的氧原子周围，从而使氧原子附近电子云密度增高，碳原子附近的电子云密度降低。因此，羰基是个极性基团，氧原子带有部分负电荷，而碳原子则带有部分正电荷(图 11-1)。

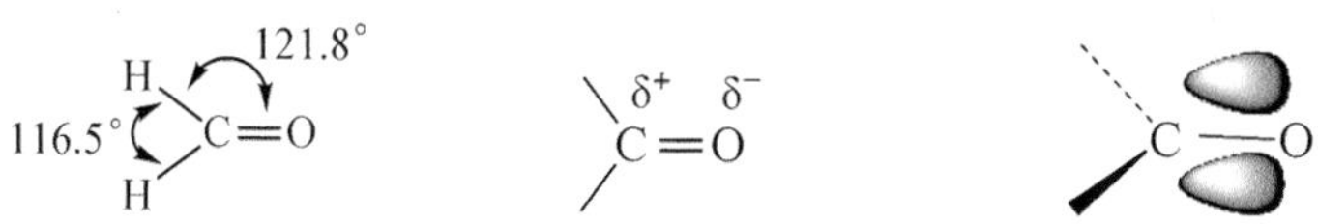


图 11-1　羰基的结构及其 π 电子云分布示意图

## 11.2　醛、酮的物理性质

室温下除甲醛是气体外，其他 12 个碳原子以下的醛、酮都是液体，更高级醛、酮是固体。低级醛带有刺鼻的气味，中级醛($C_8$～$C_{13}$)则有果香味；低级酮具有令人愉快的气味，中级酮具有类似薄荷的香味，因此含有 8～13 个碳原子的醛酮常用于香料工业。

醛、酮的沸点比相对分子质量相近的醇要低得多，这是因为醛、酮本身分子间不能形成氢键，没有缔合现象，但是由于羰基是极性基团，分子之间偶极的静电引力较大，因此醛、酮的沸点一般比相对分子质量相近的烷烃和醚都高。醛、酮分子中的羰基可以与水分子形成氢键，所以低级醛、酮能溶于水，随着分子中碳原子数的增加，其在水中的溶解度逐渐降低，六个碳原子以上的醛、酮不溶于水而溶于有机溶剂。脂肪族醛、酮的相对密度小于 1，芳香族醛、酮的相对密度大于 1。一些常见醛、酮的物理常数见表 11-1。

**表 11-1 常见醛、酮的物理常数**

| 化合物 | 熔点/℃ | 沸点/℃ | 化合物 | 熔点/℃ | 沸点/℃ |
|---|---|---|---|---|---|
| 甲醛 | −92 | −21 | 丙酮 | −95 | 56 |
| 乙醛 | −121 | 21 | 丁酮 | −86 | 80 |
| 丙醛 | −81 | 49 | 2-戊酮 | −78 | 102 |
| 正丁醛 | −99 | 76 | 3-戊酮 | −40 | 102 |
| 正戊醛 | −91 | 103 | 乙烯酮 | −151 | −56 |
| 苯甲醛 | −26 | 178 | 环己酮 | −45 | 155 |
| 2-丁烯醛 | −76.5 | 104 | 苯乙酮 | 21 | 202 |
| 2-苯乙醛 | 33 | 193 | 二苯酮 | 48 | 306 |

在红外光谱中，醛、酮分子内的羰基在 1780～1680 $cm^{-1}$ 处有一个强的羰基伸缩振动吸收峰，特征性强，对鉴别醛、酮非常有效。醛基(−CHO)上的 C−H 键在 2720 $cm^{-1}$ 附近有中等强度或弱的峰形尖锐的特征吸收峰，可鉴别醛基的存在。图 11-2 和图 11-3 分别是正辛醛和丙酮的红外光谱。

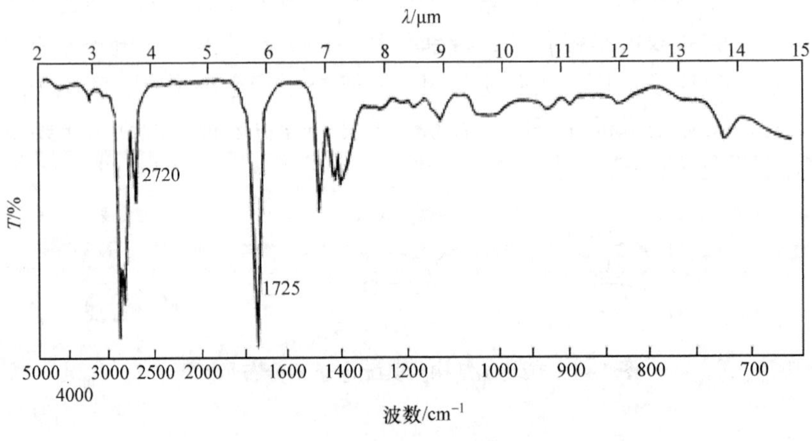


图 11-2 正辛醛的红外光谱

在 $^1$H NMR 上，羰基的吸电子作用使邻近质子周围的电子云密度减小，$\alpha$-H 的化学位移值$\delta$为 2～3。如果 $\alpha$-C 上还有其他吸电子基团，$\alpha$-H 的化学位移值将在更低场。醛基质子位于羰基 $\pi$ 电子体系形成的各向异性效应的去屏蔽区域内，且存在羰基的吸电子作用，故醛基质子的化学位移值$\delta$在 10 左右。图 11-4 和图 11-5 分别是苯甲醛和丁酮的核磁共振氢谱。

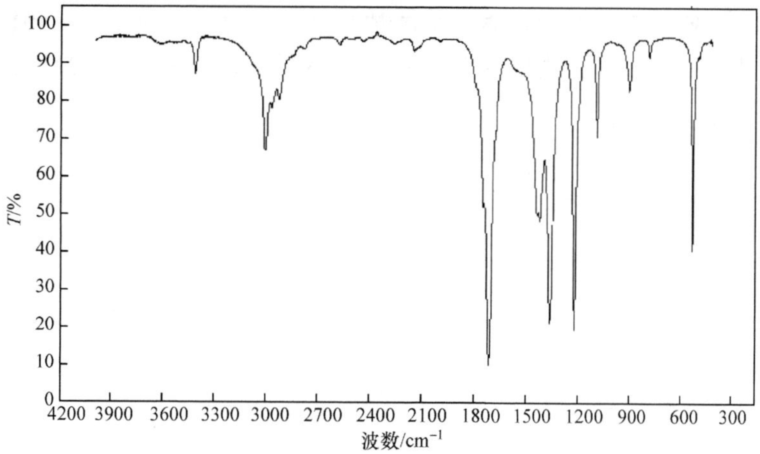


图 11-3 丙酮的红外光谱

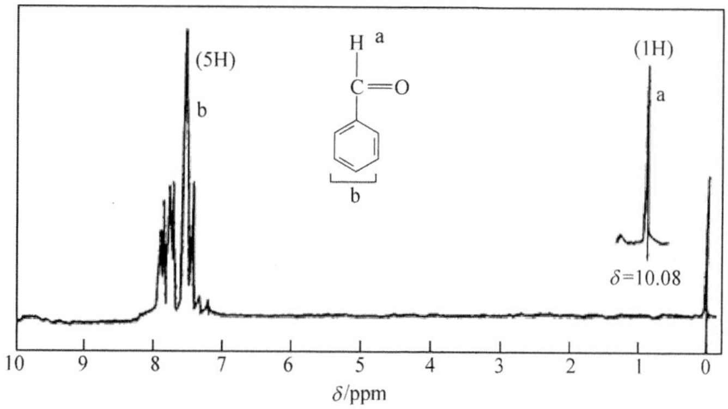


图 11-4 苯甲醛的核磁共振谱

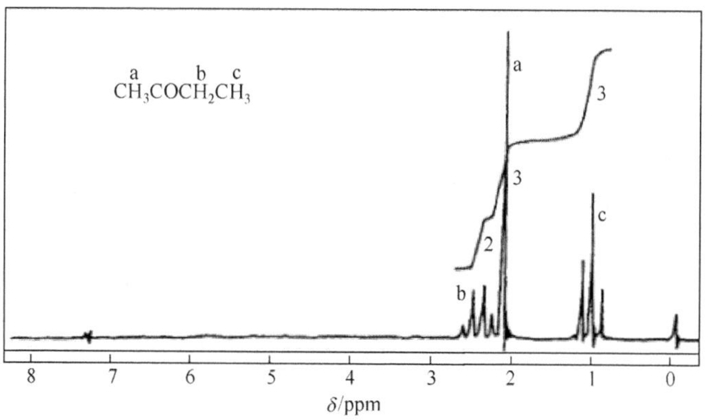


图 11-5 丁酮的核磁共振谱

## 11.3 醛、酮的化学性质

醛、酮的特征官能团羰基具有极性，氧原子带部分负电荷，碳原子带部分正电荷。带部分正电荷的碳原子作为反应的活性中心，易受亲核试剂的进攻发生亲核加成反应，这是醛、酮的特征反应。此外，受羰基的影响，与羰基直接相连的 $\alpha$ 碳原子上的氢原子($\alpha$-H)较活泼，能发生一系列反应。醛、酮还易发生氧化与还原反应。醛、酮的反应与结构关系一般描述如下：

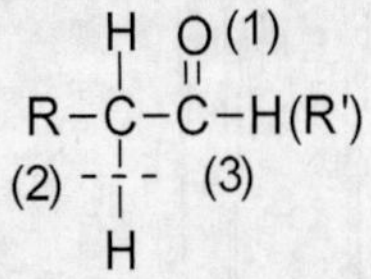

(1) 羰基的亲核加成反应
(2) $\alpha$-H的反应
(3) 醛、酮的氧化与还原反应

### 11.3.1 亲核加成反应

#### 1. 羰基亲核加成反应的历程

羰基为极性官能团，羰基碳容易受带负电荷或有未共用电子对的亲核试剂的进攻而发生加成反应。由亲核试剂进攻引起的加成反应称为亲核加成(nucleophilic addition)反应。亲核加成反应分两步进行。第一步是亲核试剂($Nu^-$)从羰基平面的上面或下面进攻缺电子的羰基碳，碳氧 π 键打开，一对 π 电子转向氧，羰基碳由 $sp^2$ 杂化转化为 $sp^3$ 杂化，由原来的平面三角构型变为四面体构型。经历该过渡态之后，生成氧负离子中间体。这一步涉及 π 键的断裂和 σ 键的形成，反应速率较慢，是决定反应速率的一步。第二步是亲电试剂($E^+$)和氧负离子结合，生成产物。

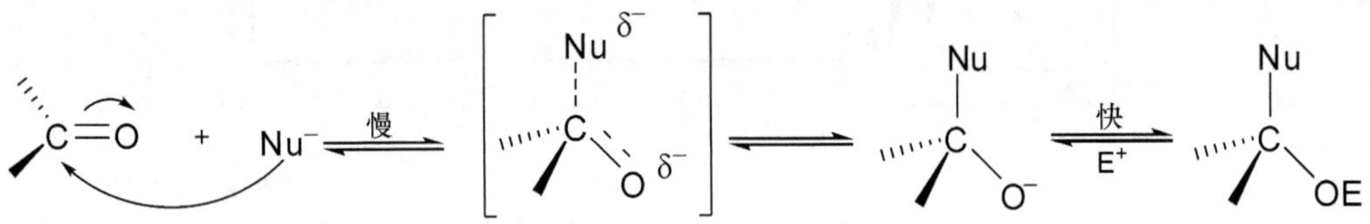

亲核加成反应的难易不仅与试剂的亲核性大小有关，也与羰基碳原子的正电荷密度以及空间效应等因素有关。当羰基碳上连有供电性的烃基时，羰基碳原子的正电荷密度降低，不利于亲核试剂的进攻，因而酮加成反应的速率较醛慢。烃基结构的立体因素对羰基活性的影响更大。在加成反应过程中，羰基碳原子由原来 $sp^2$ 杂化的平面三角形结构变成了 $sp^3$ 杂化的四面体结构。因此当碳原子上所连基团体积比较大时，不利于亲核试剂对羰基碳的进攻，同时，加成后基团之间比原来拥挤，产生立体障碍，使反应生成的氧负离子中间体不稳定，反应不易进行。在芳香族醛、酮中，羰基与芳环形成共轭体系，π 电子发生离域。由于羰基极性较大，芳环上的 π 电子向羰基离域，降低了羰基碳的正电荷密度，不利于亲核试剂的进攻，所以芳香族醛、酮的亲核加成反应活性较低。总之，醛、酮的亲核加成反应活性顺序为：

醛 > 酮；简单醛 > 复杂醛；简单酮 > 复杂酮；脂肪醛 > 芳香醛

亲核加成反应可选用的亲核试剂是多种多样的，可以是极性很强的带负电荷的碳原子、氮原子和氧原子等。下面分别结合各种具有代表性的亲核试剂讨论羰基的亲核加成反应。

#### 2. 重要的亲核加成反应

1) 与氢氰酸加成

醛和大多数酮都可以与氢氰酸加成，生成 $\alpha$-羟基腈。

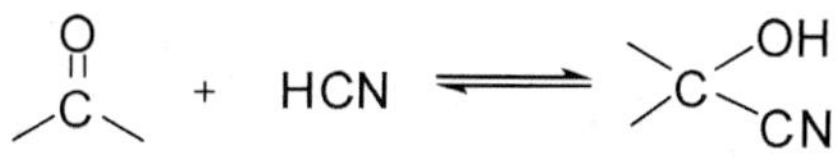

实验证明，加碱有利于该反应。例如，丙酮和氢氰酸作用，不加任何催化剂 3～4 h 内只有 50%的丙酮发生反应；当加入一滴氢氧化钠溶液，反应在 2 min 内完成。若加入酸，反应速率减慢；加入较多的酸，放置几个星期也不发生反应。因为氢氰酸是弱酸，酸或碱的存在将直接影响它的电离平衡。

$$HCN \underset{H^+}{\overset{OH^-}{\rightleftharpoons}} H^+ + CN^-$$

加入碱，平衡向右移动，$CN^-$的浓度增加；加入酸，平衡向左移动，$CN^-$的浓度降低。这些事实说明在丙酮与氰化氢的反应中起决定作用的是 $CN^-$本身的性质和浓度。

醛、酮和氢氰酸的反应是可逆的，亲核试剂是 $CN^-$。反应分两步进行，第一步是 $CN^-$进攻羰基碳，生成氧负离子中间体，这是个慢步骤，也是决定反应速率的步骤。第二步是氧负离子中间体和质子结合，形成 $\alpha$-羟基腈，这是个快步骤。

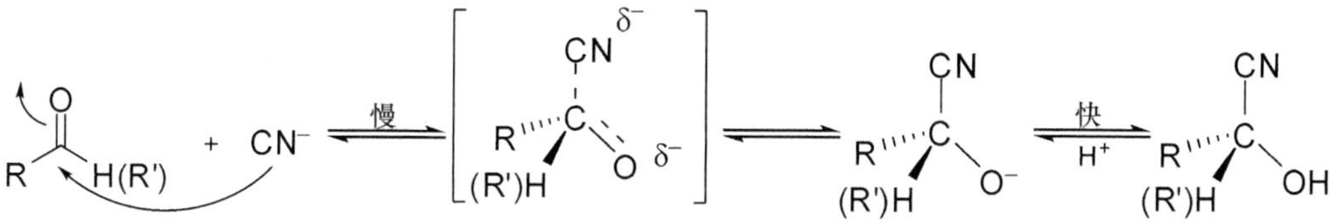

醛、酮和氢氰酸直接加成反应的产率较好，但是氢氰酸有剧毒，且挥发性大(沸点 26.5℃)，使用起来不安全。为了避免反应中直接使用氢氰酸，一般采用醛或酮与氰化钾(钠)的水溶液混合，然后加入无机酸，使氢氰酸一旦生成立即和醛或酮作用。但在加酸时应控制溶液的 pH，使之始终偏碱性(pH ≈ 8)，以利于反应的进行。

醛、酮和氢氰酸反应在有机合成中很有实用价值。它是增长碳链的一种方法，此外加成产物含有双官能团，是一类较活泼的化合物，可进一步转化为多种其他化合物。例如：

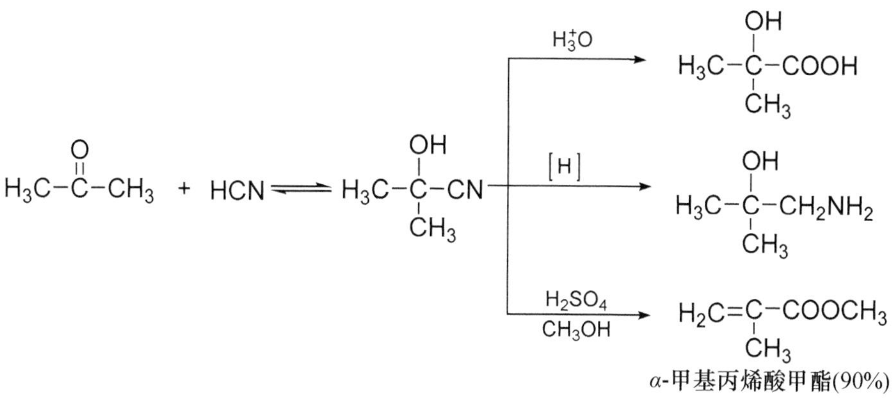

$\alpha$-甲基丙烯酸甲酯(90%)

$\alpha$-甲基丙烯酸甲酯是合成有机玻璃——聚 $\alpha$-甲基丙烯酸甲酯的单体。

2) 与有机金属化合物加成

醛、酮与格氏试剂加成，加成产物不需分离，直接酸性水解得醇。

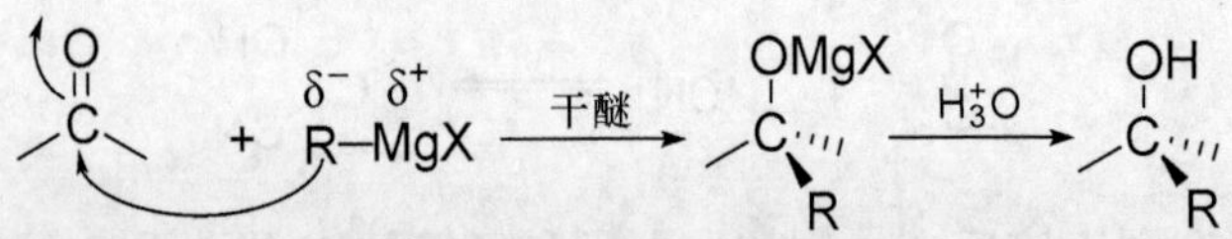

这是一种由醛、酮制备复杂醇的好方法。用甲醛和格氏试剂反应，生成伯醇；用其他醛得仲醇；用酮则得叔醇。

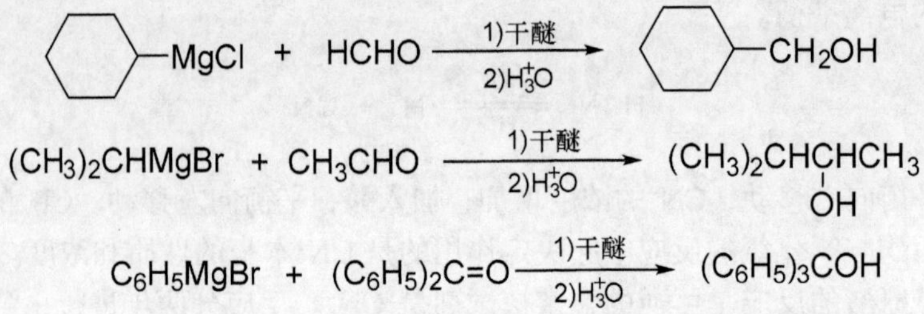

因此，只要选择适当的格氏试剂和适当的醛、酮，就可以合成具有指定结构的醇。

醛、酮除了与格氏试剂加成外，还可以与烷基锂、乙炔钠等进行加成反应。

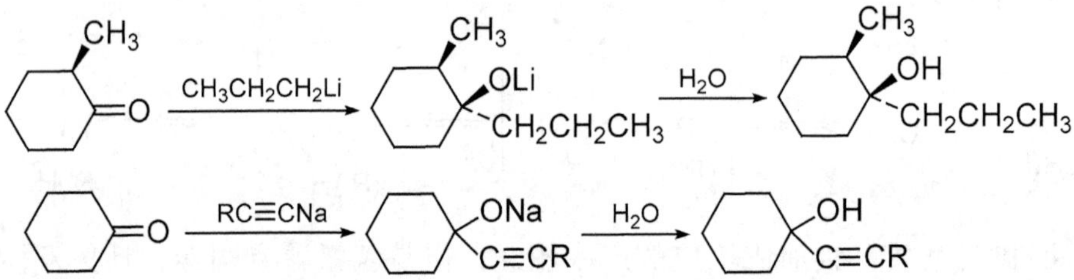

3) 与亚硫酸氢钠加成

醛、脂肪族甲基酮和八个碳以下的脂环酮都能与亚硫酸氢钠发生加成反应，生成白色的*α*-羟基磺酸钠晶体。

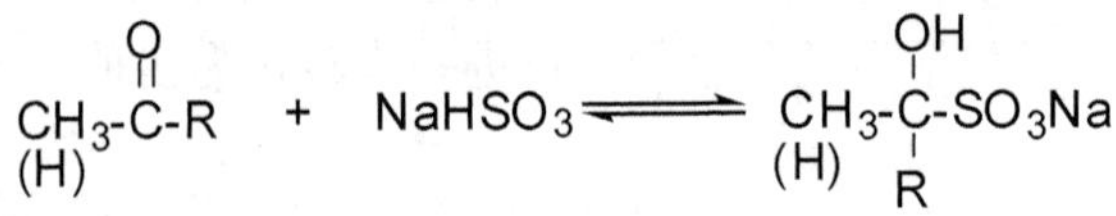

*α*-羟基磺酸钠易溶于水，不溶于醚或饱和亚硫酸氢钠溶液，所以常用该反应定性地鉴别某些醛、甲基酮。因为反应是可逆的，若向羟基磺酸钠溶液中加入酸或碱，共热后又可以得到原来的醛、酮，利用该反应还可以分离或提纯某些醛、酮。

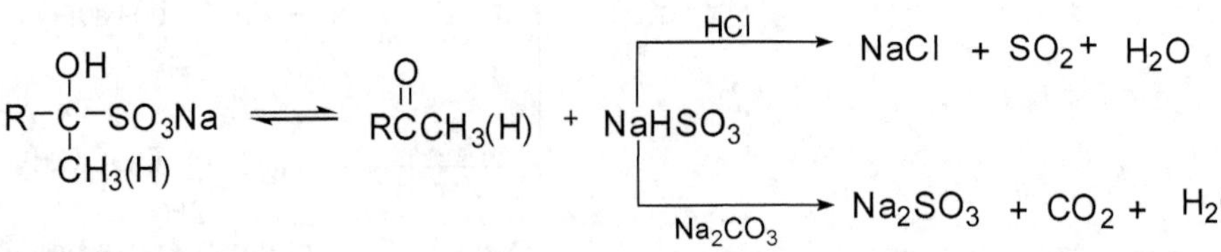

醛、酮和亚硫酸氢钠的加成与加氢氰酸的反应历程类似，亲核试剂是亚硫酸氢根离子中带有孤电子对的硫原子。

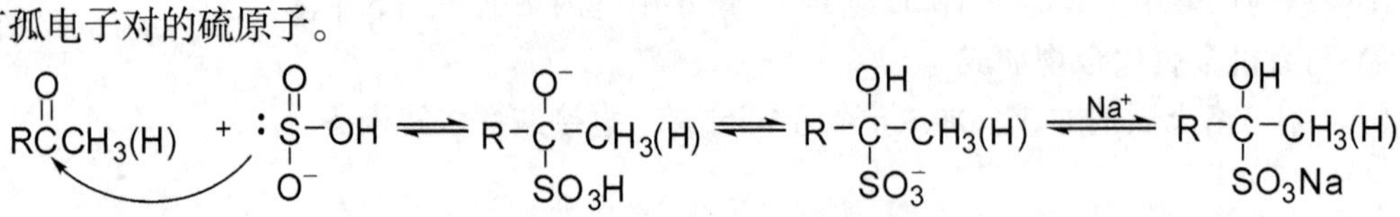

这种加成反应是可逆的，最初形成的中间体分子内含一个强酸性基团和一个强碱性基团，分子内的酸碱反应生成 α-羟基磺酸钠。

大多数醛都可以发生这种反应，但对酮的结构要求比较严格。因为亚硫酸氢根的体积比较大，羰基碳上所连烃基体积太大时，加成反应将受到空间阻碍，所以，除甲基酮和低相对分子质量的脂环酮外，其他的酮较难和亚硫酸氢钠发生加成反应。

α-羟基磺酸钠和等当量的氰化钠作用，磺酸基可以被氰基取代，生成 α-羟基腈，这是制备 α-羟基腈的好方法。其优点是避免使用剧毒的氢氰酸，而且产率也较高。例如：

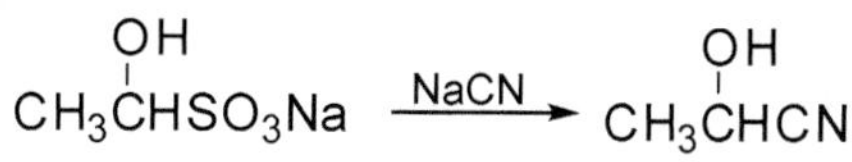

4) 与醇加成

在干燥的氯化氢或其他无水强酸催化下，醛和一分子醇加成生成半缩醛(hemiacetal)，半缩醛不稳定，进一步与另一分子醇缩合生成较稳定的缩醛(acetal)。

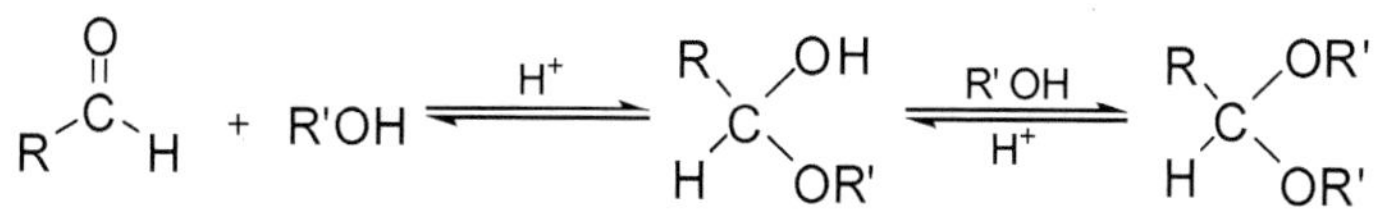

半缩醛　　　　缩醛

该反应的过程如下：

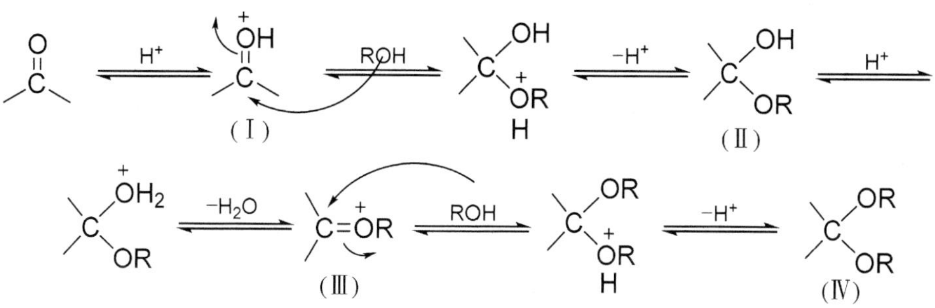

首先是羰基质子化(Ⅰ)，增加了羰基碳原子的亲电活性。然后和一分子醇发生加成，失去氢离子后，生成不稳定的半缩醛(Ⅱ)。(Ⅱ)再与氢离子结合后，如失去醇就变成原来的醛，但若失水，就变为(Ⅲ)，(Ⅲ)再与一分子醇反应，失去氢离子，最后得到缩醛(Ⅳ)。

简单的半缩醛一般不稳定，不易分离，而缩醛可以稳定存在，能够分离出来。从结构上看，缩醛是同碳二元醇的双醚，性质与醚相似，它对碱、氧化剂和还原剂都比较稳定。但是，因为缩醛化反应是可逆反应，在酸存在下缩醛可以水解成原来的醛和醇。缩醛化反应在有机合成上常用于保护醛基。在反应中为了避免醛基被氧化、被还原或被碱性试剂破坏，通常先将醛基用缩醛保护起来，然后进行所需的反应，待反应完成后再用酸将缩醛分解，重新恢复原来的醛基。例如，由丙烯醛制备 2,3-二羟基丙醛：

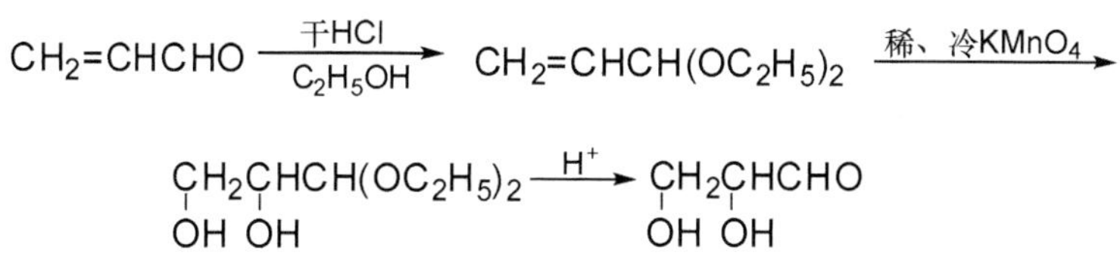

当在醛的 $\gamma$ 或 $\delta$ 碳上有羟基时，可以进行分子内的缩醛化反应，形成五元或六元的环状半缩醛，这种半缩醛可以稳定存在。例如：

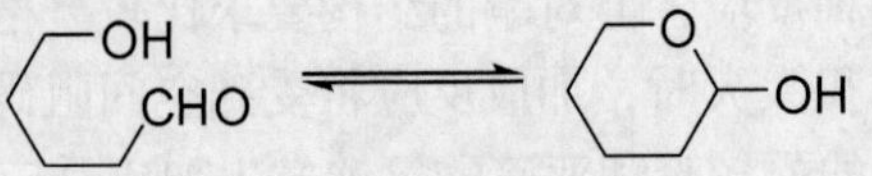

环状半缩醛在糖类化学中很重要，因为葡萄糖等糖类化合物分子中的 $\gamma$-或 $\delta$-位的羟基容易和羰基发生缩合，形成环状半缩醛(参见 18.1.1)。

在酸催化下，酮也能与醇反应生成半缩酮或缩酮，但反应较为困难。如果把反应生成的水不断除去或用特殊试剂(如 1,2-二醇、1,3-二醇等)，将有利于缩酮的生成。例如：

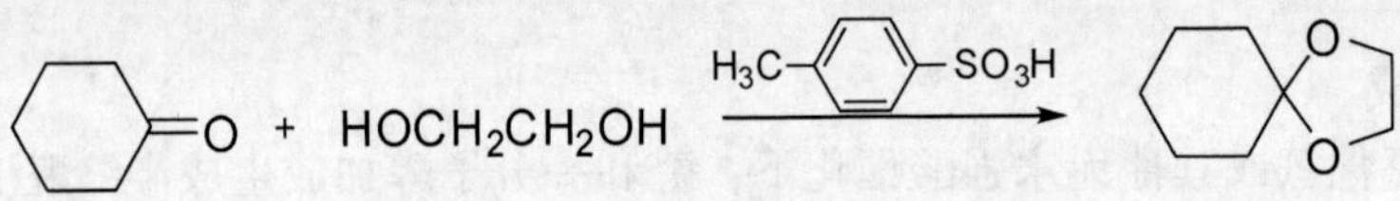

缩酮也可以被稀酸水解为原来的酮，故可利用缩酮保护酮羰基。例如：

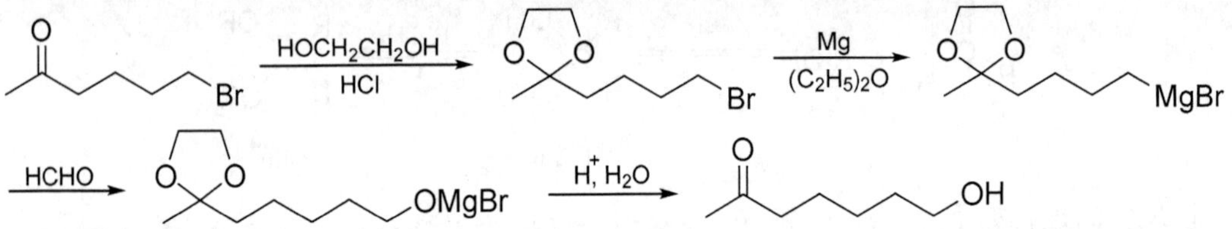

醛或酮与二元醇缩合在工业上占有很重要的位置。例如，在制造纤维“维尼纶”时就用甲醛与聚乙烯醇进行缩醛化反应。聚乙烯醇分子中包含有多个亲水的羟基，不能作为合成纤维使用。为了提高其耐水性，在酸催化下用甲醛使它部分缩醛化，便得到性能优良的合成纤维，商品名称为维尼纶(vinylon)：

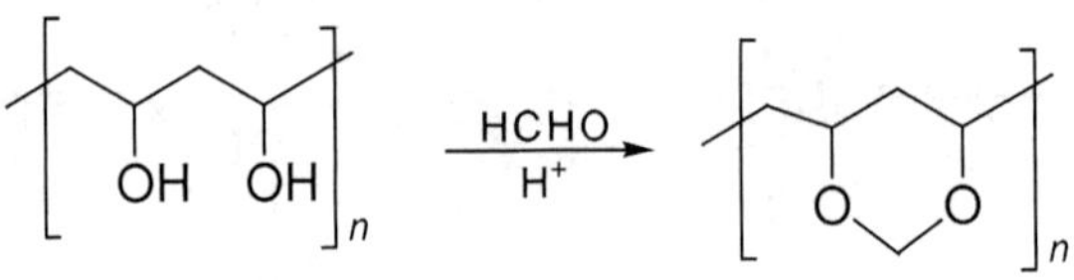

聚乙烯醇　　　　维尼纶

5) 与氨的衍生物加成

氨的衍生物可用一般式 $H_2N$-Y 表示，最常用的氨的衍生物有以下几种：羟氨($H_2NOH$)、肼($H_2NNH_2$)、苯肼(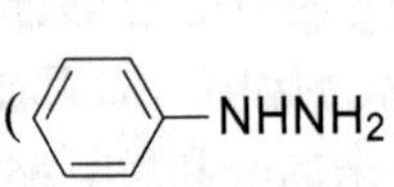)、2,4-二硝基苯肼(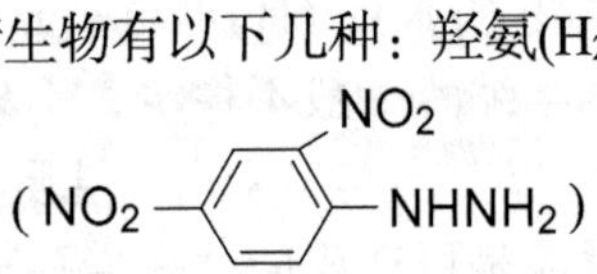)、氨基脲($NH_2-\overset{\overset{O}{\|}}{C}-NHNH_2$)等。

氨的衍生物都能和醛、酮发生亲核加成、失水，形成含有碳氮双键(C=N)的化合物，其反应可用通式表示如下：

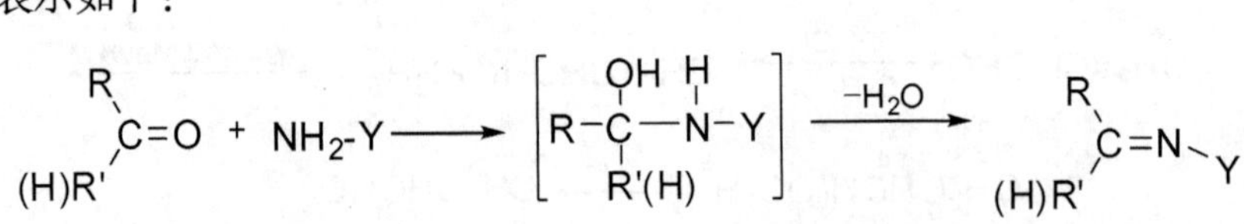

产物分别称为某醛或某酮的肟、腙、苯腙、2,4-二硝基苯腙以及缩氨脲等。例如：

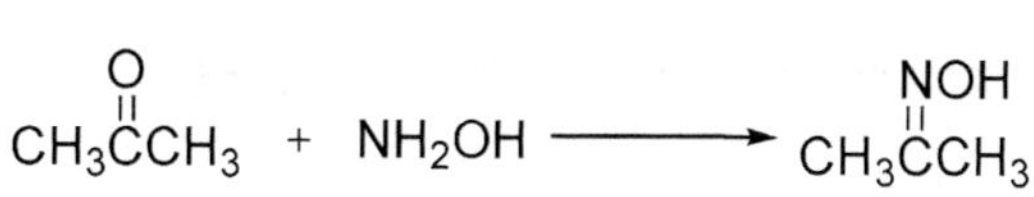

丙酮肟

$$CH_3CHO + NH_2NH_2 \longrightarrow CH_3CH{=}NNH_2$$

乙醛腙

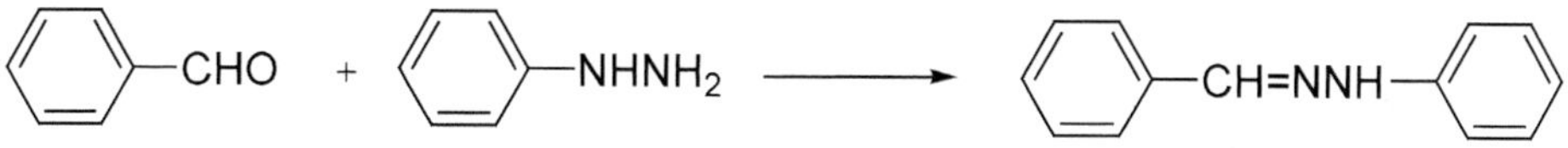

苯甲醛苯腙

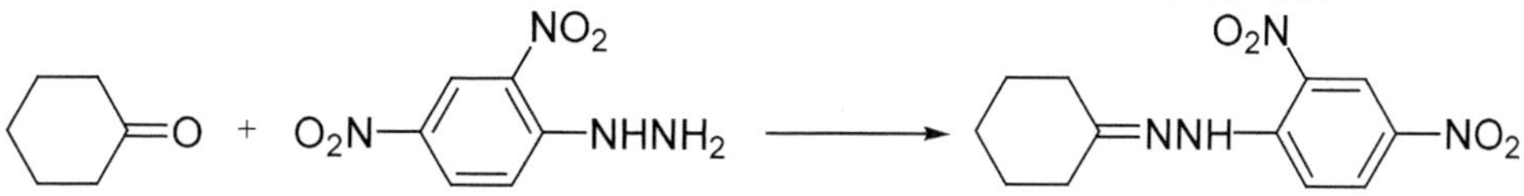

环己酮-2,4-二硝基苯腙

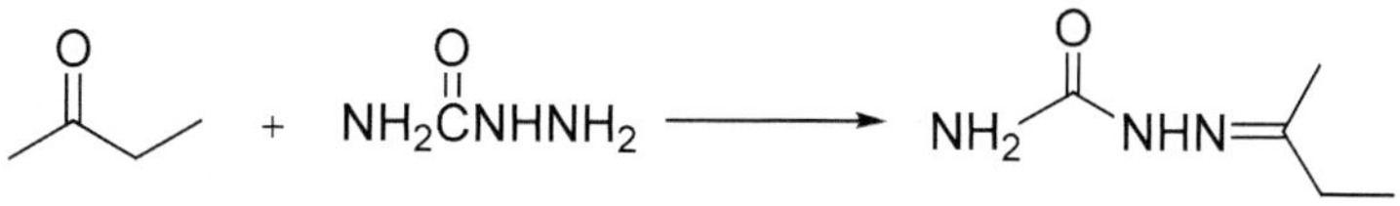

2-丁酮缩氨脲

在这些反应中所用氨的衍生物又称羰基化试剂，它们的亲核能力比 $CN^-$弱，反应常常需要酸催化。酸的作用是使羰基质子化，增加了羰基碳的亲电能力，使其有利于亲核试剂的进攻。

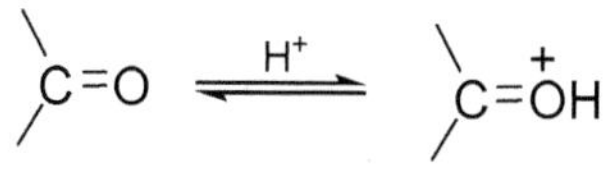

但是，反应不能用强酸催化，因为在强酸性介质中氨的衍生物也要质子化，生成铵离子。

$$NH_2{-}Y \underset{}{\overset{H^+}{\rightleftharpoons}} \overset{+}{N}H_3{-}Y$$

铵离子因缺乏未共用电子对而丧失了亲核能力，因此，常需要把反应介质调节到一个适当的 pH(pH = 4～5)，即在这个 pH 时，既能保证羰基足够的质子化，又能保证游离碱(未质子化的氨衍生物)的足够浓度。

许多醛、酮与氨的衍生物的加成缩合产物(如肟、腙、苯腙、缩氨脲等)都是很好的结晶，收率高，易于提纯，具有固定的熔点。通过与已知物的熔点核对比较，可以推断它们是由何种醛或酮所生成，用来鉴定醛和酮。肟、腙、苯腙、缩氨脲等与稀酸共热可水解生成原来的醛和酮，因此这一反应也常用来从混合物中分离和提纯醛或酮。通常相对分子质量高的醛和酮采用生成肟的方法；一般醛和酮采用生成苯腙的方法；低分子水溶性的醛和酮则采用生成2,4-二硝基苯腙的方法。这主要是根据它们的溶解度和熔点来选择。

醛、酮与氨反应，很难得到稳定的产物，个别的可以分离出来。甲醛和氨反应，首先产生不稳定的亚胺类似物($CH_2$=NH)，再很快聚合生成六亚甲基四胺，俗称乌洛托品，可被用作有机合成中的氨化试剂，也可用作酚醛树脂的固化剂及消毒剂等。

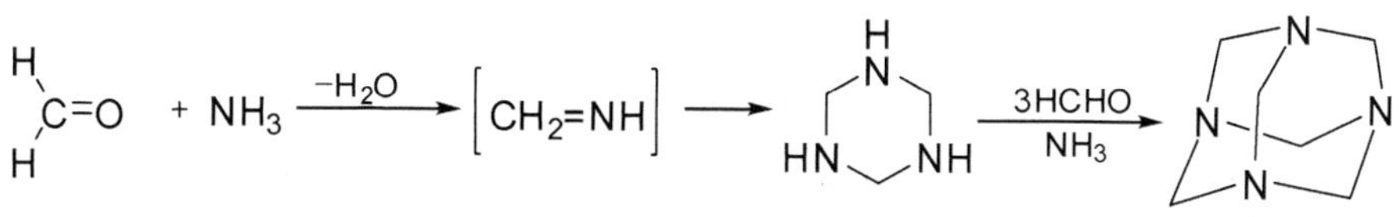

伯胺和醛、酮反应，生成的取代亚胺称为席夫(Schiff)碱。

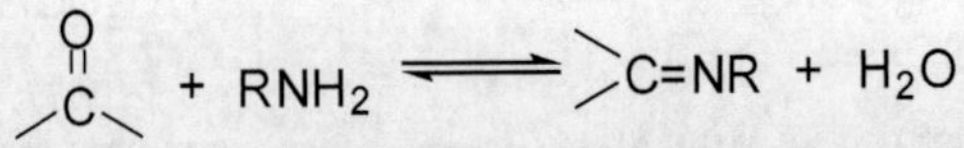

脂肪族取代亚胺一般不太稳定，而芳香族取代亚胺则是比较稳定的化合物，可以分离得到。例如：

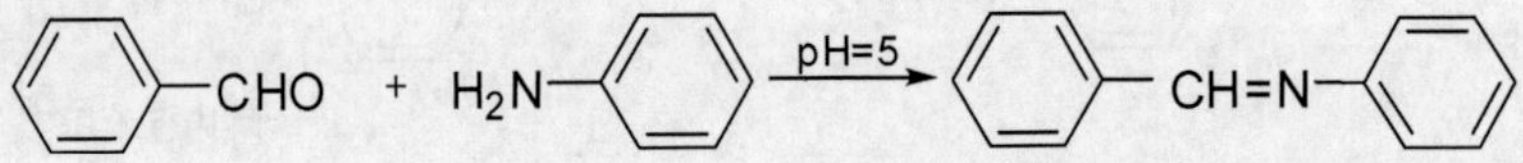

苯亚甲基苯胺(84%~87%)

仲胺和有 $\alpha$-H 的醛、酮反应，生成烯胺(enamine)。

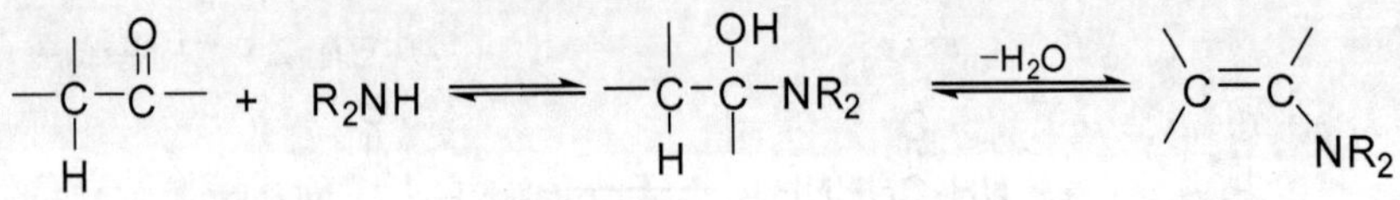

烯胺可以看作“氮烯醇式”，和烯醇类似，既可以在氮上也可以在双键碳上发生反应。利用这一反应类型可以分别在氮原子上和碳原子上引入各种基团，在有机合成上是极为重要的一种反应(参见 13.4.5)。

例如：

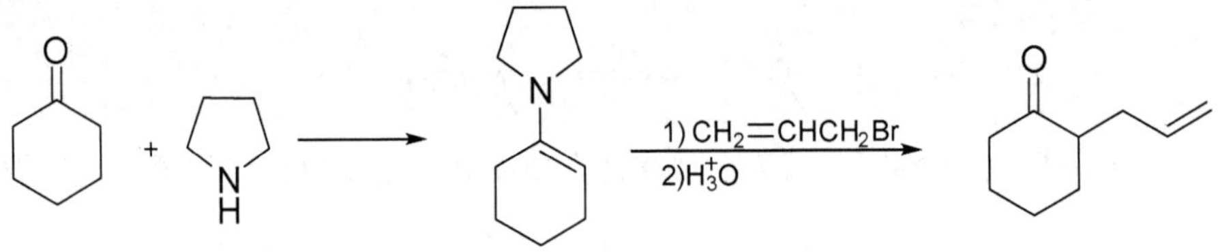

6) 肟

醛、酮与羟胺作用生成肟。下面就肟的性质做进一步介绍。

肟有 *Z*、*E* 两种构型异构体，但经常得到一种异构体。*Z* 构型一般不稳定，容易变成 *E* 构型。酮肟或醛肟在硫酸、多聚磷酸、五氧化二磷、苯磺酰氯等酸性试剂作用下发生分子内重排生成酰胺的反应称为贝克曼(Beckmann)重排。

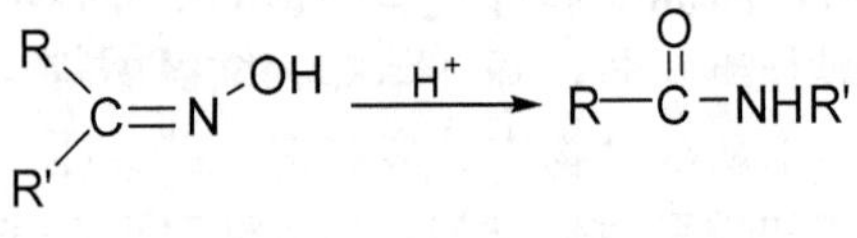

反应机理如下：

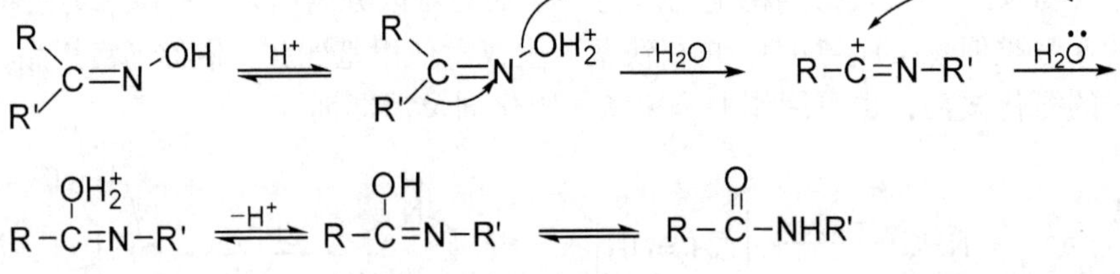

Beckmann 重排的特点：①离去基团与迁移基团处于反式，总是肟羟基反式位置的烃基迁

移到 N 原子上；②在重排的过程中，烃基的迁移与羟基的离去同时进行；③该反应是立体专一性反应，迁移基团在迁移前后构型保持不变。

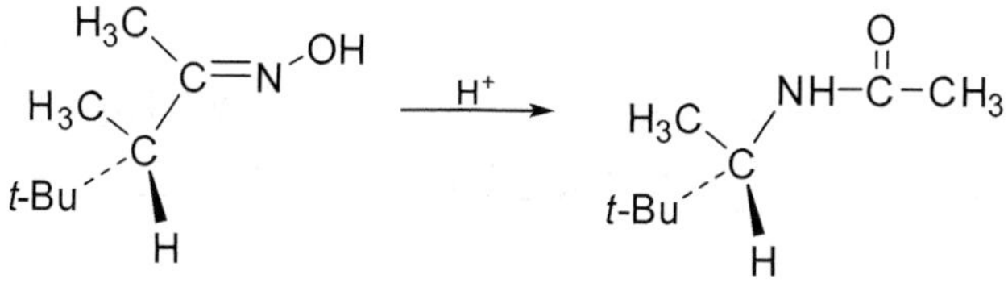

Beckmann 重排反应通常在醚溶液中进行。应用贝克曼重排可以合成一系列酰胺，尤其环己酮肟重排为己内酰胺具有重要的工业意义。

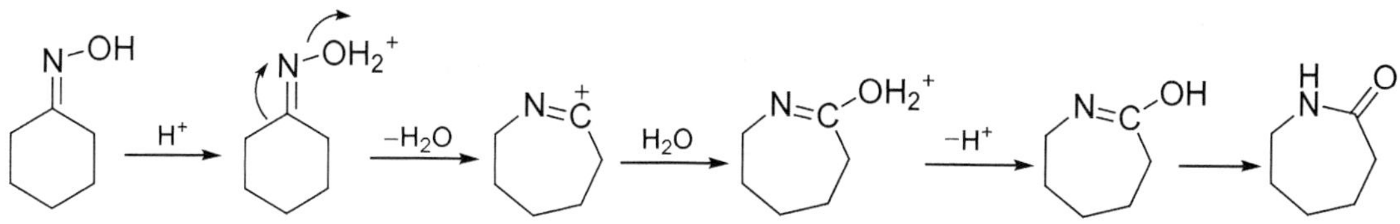

己内酰胺开环聚合可得到聚己内酰胺(尼龙-6)，后者是一种性能优良的高分子材料。

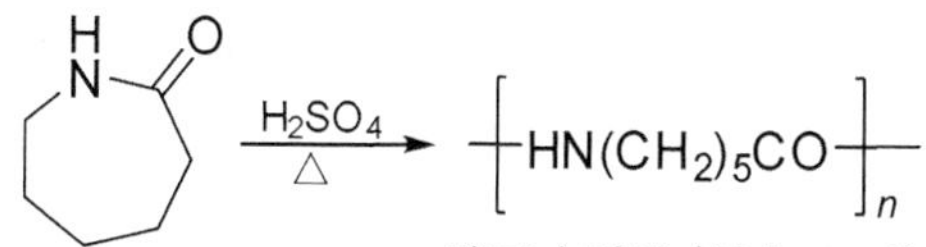

聚己内酰胺(尼龙-6，锦纶)

7) Wittig 反应

磷叶立德(phosphorus ylide)是由德国化学家 G. Wittig(维悌希)于 1953 年发现的，所以又称为 Wittig 试剂。在 Wittig 试剂中存在一个缺电子的磷原子(带正电荷)和一个富电子的碳原子(带负电荷)，这种结构的化合物称为内鎓盐，也称叶立德(ylide)。

Wittig 试剂的制备分两步：三苯基膦作为亲核试剂与卤代烷反应，生成季鏻盐，季鏻盐的 $\alpha$-H 原子显弱酸性，在强碱作用下得到磷叶立德。例如，三苯基膦和溴乙烷形成稳定的季鏻盐溴化乙基三苯基膦。溴化乙基三苯基膦在干燥的乙醚中和氮气流下，用强碱正丁基锂($n$-$C_4H_9Li$)处理即得到磷叶立德。

$$(C_6H_5)_3P + CH_3CH_2Br \longrightarrow (C_6H_5)_3\overset{+}{P}-CH_2CH_3\overset{-}{Br} \xrightarrow[\text{干醚}]{n\text{-}C_4H_9Li} (C_6H_5)_3\overset{+}{P}-\overset{-}{C}HCH_3$$

$$\text{或}\ (C_6H_5)_3P=CHCH_3$$

磷叶立德可以用通式$(C_6H_5)_3\overset{+}{P}-\overset{-}{C}R'R''$ 或 $(C_6H_5)_3P=CR'R''$表示。磷叶立德的化学性质非常活泼，对水和空气都不稳定，一般不需分离即可进行下一步反应。磷叶立德是一类很强的亲核试剂，能和醛、酮发生反应，形成烯烃。

$$\gt C=O + (C_6H_5)_3P=CR'R'' \longrightarrow \gt C=CR'R'' + (C_6H_5)_3P=O$$

反应的结果是醛、酮的羰基氧(=O)被亚甲基(=CR′R″)取代，这种反应称为 Wittig 反应。它是由醛、酮直接合成烯烃的重要方法，尤其是用其他方法不易得到的烯烃。因该反应 Wittig 于 1979 年获得诺贝尔化学奖。

例如：

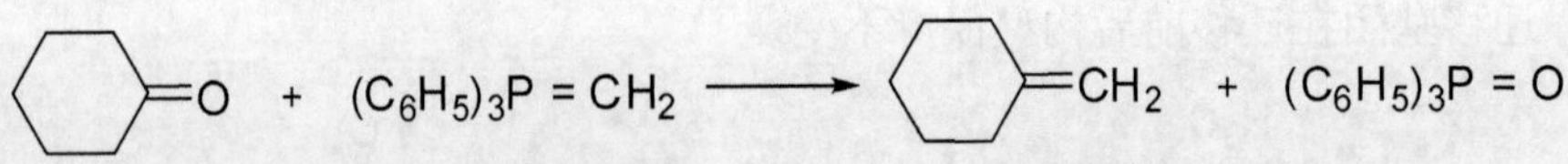

Wittig 反应的历程一般认为分两步进行。首先，Wittig 试剂对羰基进行亲核加成，形成一个新的季鏻盐，然后经过一个四元环状过渡态消除三苯氧膦，得到烯烃。

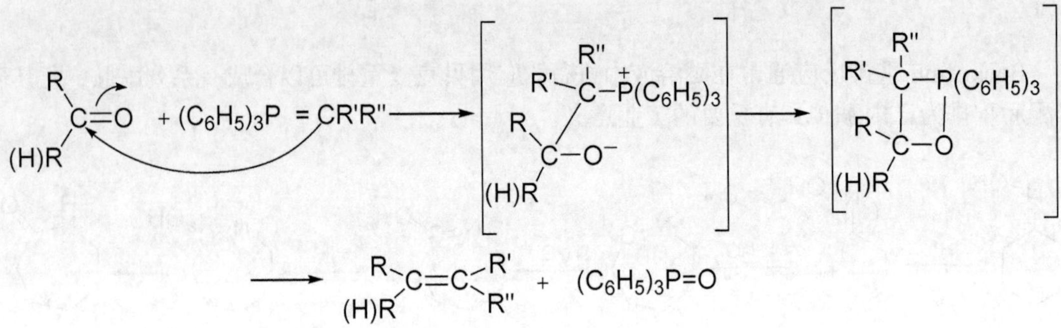

Wittig 反应的特点是烯烃中双键的位置由醛、酮中羰基的位置可以确定下来，且反应条件温和、产率较高。该反应除了用于合成普通烯烃外，还用来合成一些用其他方法难于制备的烯烃和天然产物。例如维生素 $A_1$ 乙酸酯的合成：

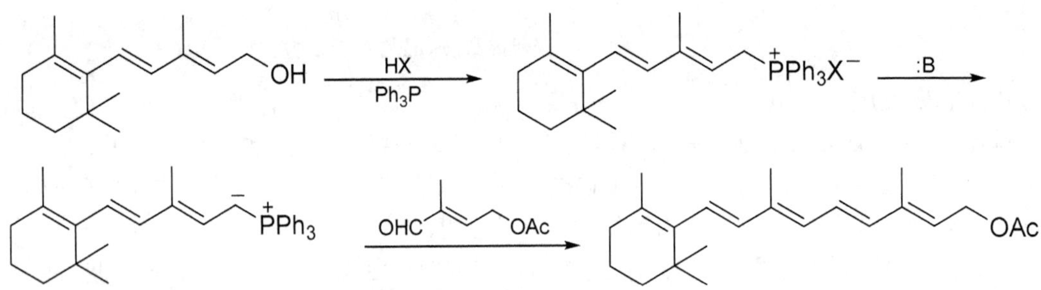

### 11.3.2 *α*-氢的反应

醛、酮分子中的 *α*-氢原子由于受极性羰基的影响而较活泼。这主要是由两种不同的电子效应所引起的：一种是羰基的吸电子诱导效应，使 *α*-碳原子上的电子云密度降低；另一种是 *α*-碳氢键与羰基的 π 键存在 σ-π 超共轭效应。二者都有利于 *α*-氢原子的解离，所以醛、酮的 *α*-氢原子具有一定的弱酸性。例如，乙烷、丙酮和乙醛的碳氢键的 $pK_a$ 分别为 50、20 和 17。

1. 酮-烯醇互变异构

醛、酮失去一个 *α*-氢原子后形成碳负离子，但由此而形成的碳负离子与烷烃失去一个氢原子所形成的碳负离子是不同的。由醛、酮失去 *α*-氢原子所形成的碳负离子，由于 p-π 共轭效应，其负电荷不完全分布在 *α*-碳上。可以用两个共振式表示如下：

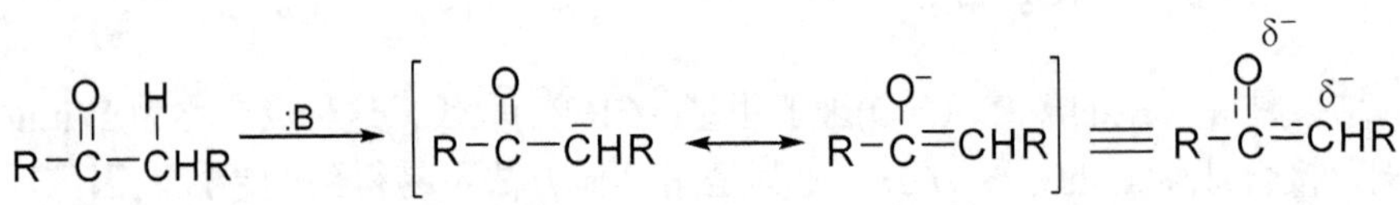

由此可见，氧原子和 *α*-碳原子都带有部分负电荷，所以当它接受一个质子时就有两种可

能：若碳原子接受质子，就形成醛或酮，称为酮式；若氧原子接受质子，就形成烯醇，称为烯醇式。负离子接受质子变成醛、酮或烯醇的转化都是可逆的。这些相互转化可表示如下：

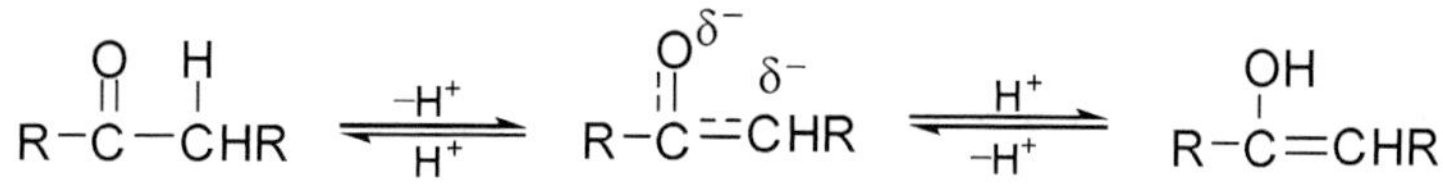

酮　　　　　　　　　　烯醇

由上式可见，酮失去 $\alpha$-氢原子所形成的负离子，与烯醇失去羟基氢所形成的负离子是同样的，所以也常把这种负离子称为烯醇负离子。

酮与相应的烯醇是构造异构体，通常它们可以相互转变。在微量酸或碱的存在下，酮和烯醇互相转变，很快就能达到动态平衡，这种能够互相转变而又同时存在的异构体称为互变异构体。酮和烯醇的这种异构现象称为酮-烯醇互变异构现象。

含有一个羰基且结构比较简单的醛、酮(如乙醛、丙酮等)的烯醇式在互变平衡混合物中含量很少。例如：

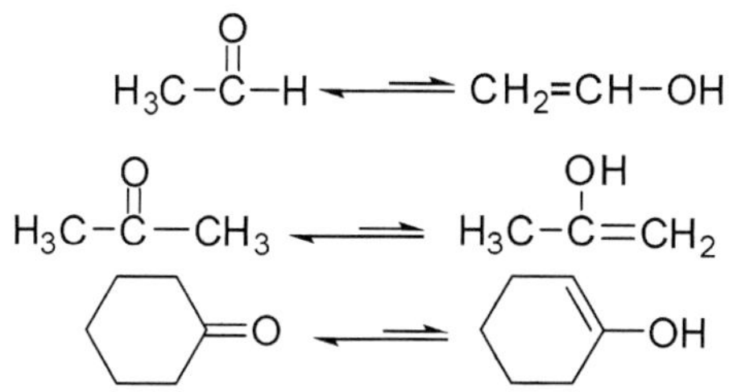

极少

$1.5\times10^{-4}$ %

1.2 %

这些醛、酮的酮式比较稳定，可以从酮式和烯醇式各键键能之和不同中看出来(酮式的总键能大于烯醇式)。对于两个羰基之间只隔一个饱和碳原子的 $\beta$-二羰基化合物来说，由于共轭效应，烯醇式的能量降低，因而稳定性增加，所以在平衡混合物中它的含量要高得多。例如：

酮式(24%)　　　　烯醇式(76%)

另外，在烯醇式中 O–H 与羰基氧之间形成了分子内氢键，也使它更加稳定。

溶剂对互变异构的影响也较大，特别是在能形成分子内氢键的互变异构体中。如 2,4-戊二酮在各种溶剂中的烯醇式含量(%)：

| $H_2O$ | $CH_3CN$ | 纯液态 | 己烷 | 气态 |
|---|---|---|---|---|
| 1.8 | 58 | 76.4 | 92 | 92 |

可以看出，在非极性溶剂中烯醇式的含量和在气相中的相同，比其自身作为溶剂(纯液态)的比例还要高，而在极性大的溶剂中烯醇式含量大为降低。这是由于极性溶剂的溶剂化效应对酮式是较为有效的。水相中，水和酮式的羰基生成分子间氢键从而代替并破坏了烯醇式中分子内的氢键。

2. 卤化和卤仿反应

在酸或碱催化作用下，醛、酮的 $\alpha$-H 原子被卤素取代的反应称为醛、酮的 $\alpha$-H 卤化。

酸催化的反应历程一般认为是：

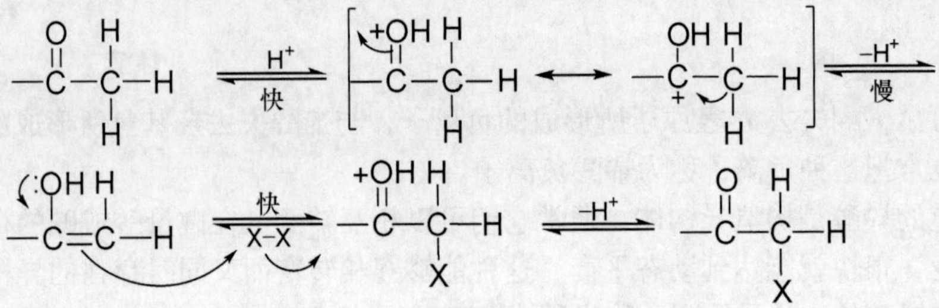

首先是羰基质子化，醛、酮失去 $\alpha$-活泼氢形成烯醇，烯醇的 $\pi$ 电子进攻卤素，再失去氧上的质子完成卤化反应。

酸催化的反应特点如下：

(1) 酸催化通常不加酸，因为只要反应一开始，就产生酸，此酸可催化反应，因此在反应还没有开始时，有一个诱导阶段，一旦有少量酸产生，反应就很快进行。

(2) 对于不对称酮，卤化反应的优先次序是：

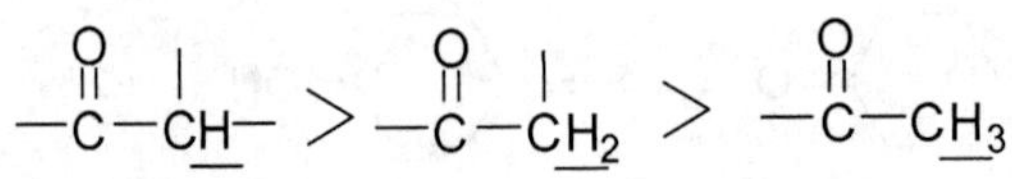

这是因为 $\alpha$-碳上取代基越多，超共轭效应越大，形成的烯醇越稳定，所以这个碳上的氢越易离去而进行卤化反应。

(3) 酸催化卤化反应可以控制在一元取代阶段。能控制的原因是生成一卤代物后，由于卤素原子的吸电子效应，降低了醛、酮的羰基质子化的活性，再进行卤代反应比较困难，所以酸催化下醛、酮的卤代反应可以停留在一卤代物阶段。例如：

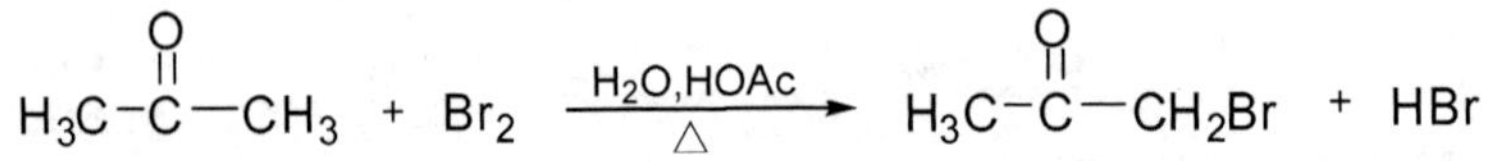

碱催化的反应历程一般认为是：

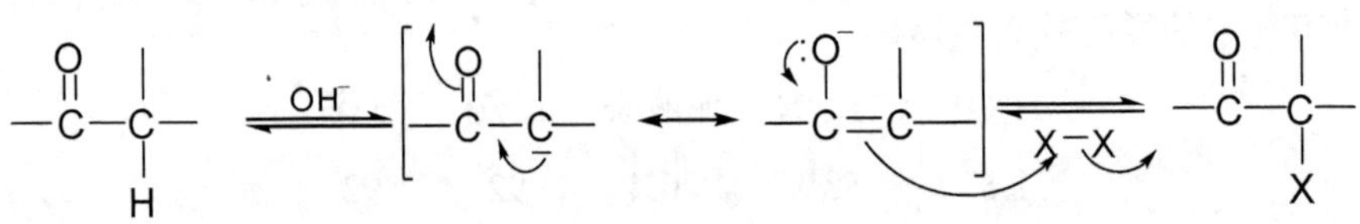

首先是碱夺取质子，形成烯醇碳负离子，然后再与卤素发生反应，得 $\alpha$-卤代酮。

碱催化时，碱的用量必须过量，因为除了催化作用外，还必须不断中和反应中产生的酸。对于不对称酮，卤化反应的优先次序是：

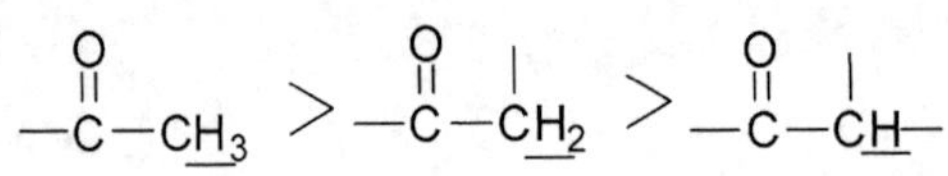

这是因为 $CH_3$ 上的氢酸性大，易被 $OH^-$夺取。当一元卤化后，由于卤素原子的吸电子效应，卤素原子所在的碳上氢的酸性更大，更易被 $OH^-$夺取而进行卤化。因此只要有一个氢被卤化，第二、第三个氢均被卤化，即反应不停留在一元取代阶段，直到这个碳上的氢完全被卤素取代为止。这样，凡是具有 $CH_3CO$–结构的醛、酮(乙醛和甲基酮)与卤素的碱溶液(亦即次卤酸盐溶液)作用时，反应总是顺利地进行到生成同碳三卤代物，并进一步分解生成三卤甲烷和羧酸盐。三卤甲烷俗称卤仿($CHX_3$)，所以这种反应又称为卤仿反应(haloform reaction)，用通式表示为：

$$RCOCH_3 + NaOH + X_2 \longrightarrow RCOONa + CHX_3$$

卤仿反应的机理如下：

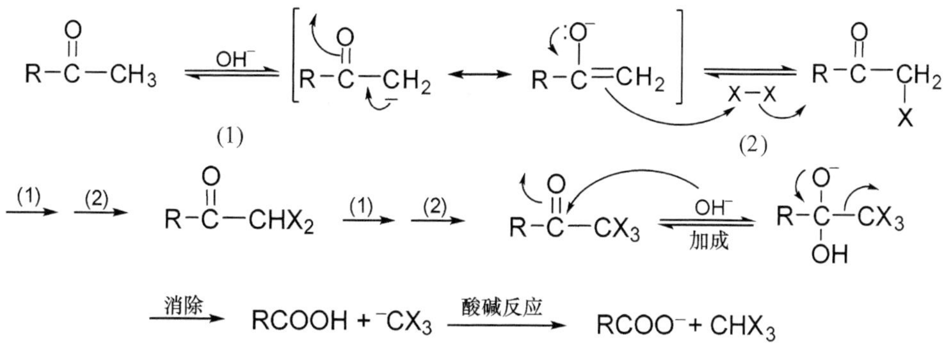

如果使用碘的氢氧化钠溶液，生成有特殊气味的黄色晶体——碘仿($CHI_3$)，因此这种反应常称为碘仿反应。

碘仿反应常用来鉴别具有 $CH_3CO$–结构的醛、酮或具有 $CH_3CH(OH)$–结构的醇。因为次碘酸钠是一种氧化剂，能把具有 $CH_3CH(OH)$– 结构的醇氧化成具有 $CH_3CO$–结构的醛、酮，然后碘代、分解，生成碘仿。例如：

$$RCH(OH)CH_3 \xrightarrow[NaOH]{I_2} RCOCH_3 \xrightarrow[NaOH]{I_2} RCOONa + CHI_3\downarrow$$

卤仿反应还可以用来制备一些其他方法不易得到的羧酸。例如：

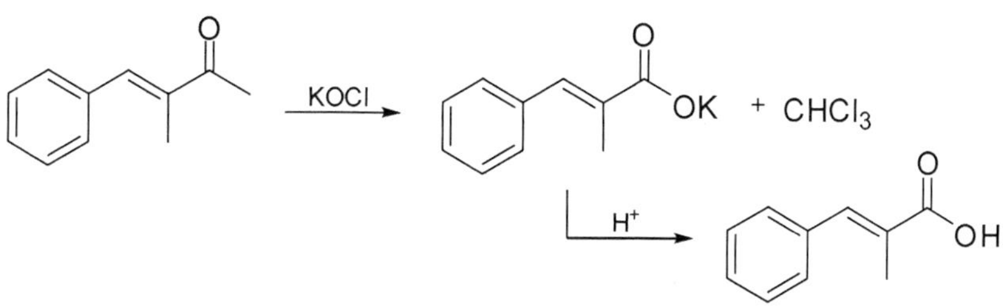

3. 羟醛缩合反应

在稀碱的催化作用下，一分子有 $\alpha$-氢的醛和另一分子醛相互作用生成 $\beta$-羟基醛的反应称为羟醛缩合或醇醛缩合反应(aldol condensation)。若 $\beta$-羟基醛分子内含有 $\alpha$-H 原子，加热或在酸作用下发生分子内脱水，生成有稳定共轭体系的 α, β-不饱和醛。

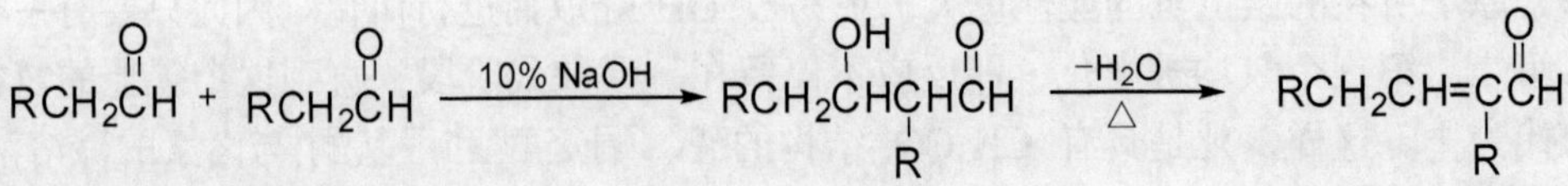

β-羟基醛　　α,β-不饱和醛

羟醛缩合反应历程如下：

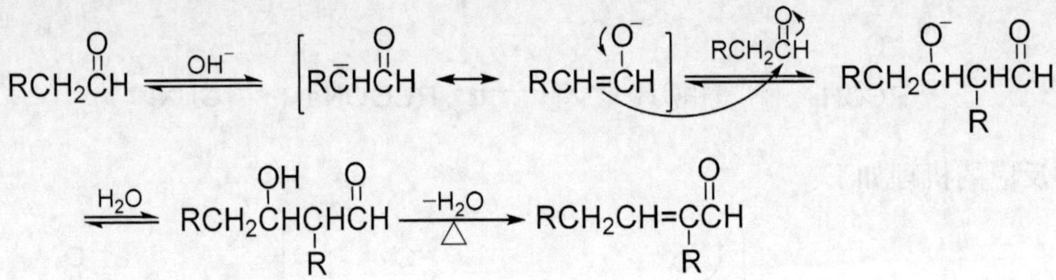

首先醛在碱作用下生成烯醇负离子。烯醇负离子作为亲核试剂和另一分子醛的羰基进行亲核加成，生成烷氧负离子。烷氧负离子夺取水分子中的质子生成 β-羟基醛，并重新释放出催化剂($OH^-$)。β-羟基醛中的 α-氢由于受羰基和羟基的双重影响，活性更高，很容易发生分子内脱水，生成具有共轭双键的 α,β-不饱和醛，使其具有更高的稳定性。

例如：

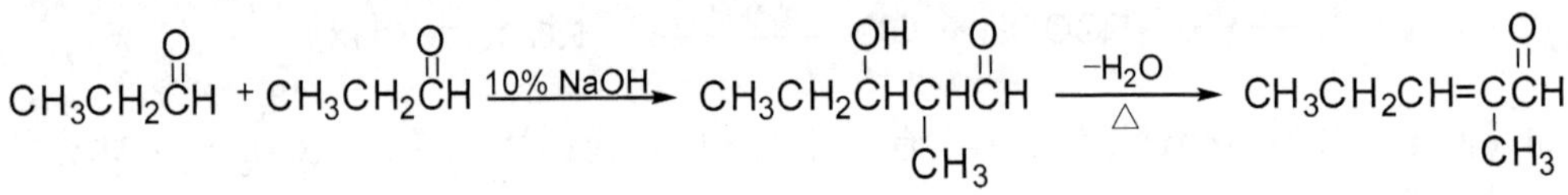

该反应是向分子中引入羟基和增长碳链的一种重要方法。

含 α-氢的酮也能发生醇酮缩合反应。例如，丙酮在碱存在下发生反应生成二丙酮醇：

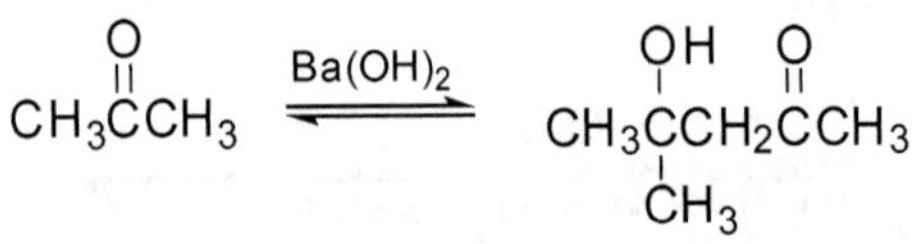

但是平衡大大地偏向反应物，二丙酮醇的产率很低。在实际制备过程中常采用索氏(Soxhlet)提取器移走生成物——二丙酮醇，使平衡向产物方向移动，产率可达 70%～80%。二丙酮醇也容易发生分子内脱水，生成 α,β-不饱和酮。

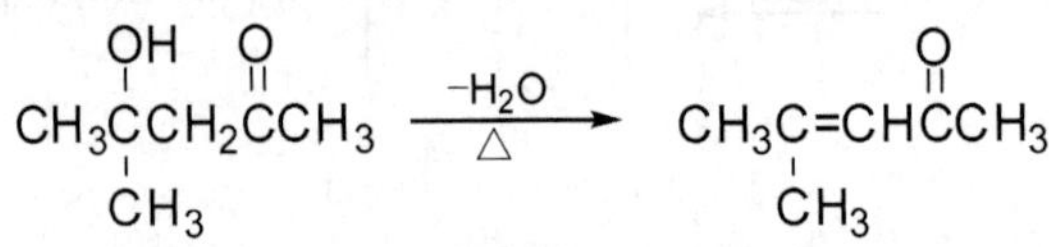

羟醛(酮)缩合反应中提供 α-氢原子的醛(酮)称为亚甲基组分，提供羰基的醛(酮)称为羰基组分。因为醛分子的羰基活性高，所以醛容易起羰基组分的作用。

若醛或酮的同一分子内既有羰基组分，又有亚甲基组分，就可以发生分子内的羟醛(酮)缩合，形成环状化合物。特别是形成五、六元环时，反应很容易进行。例如：

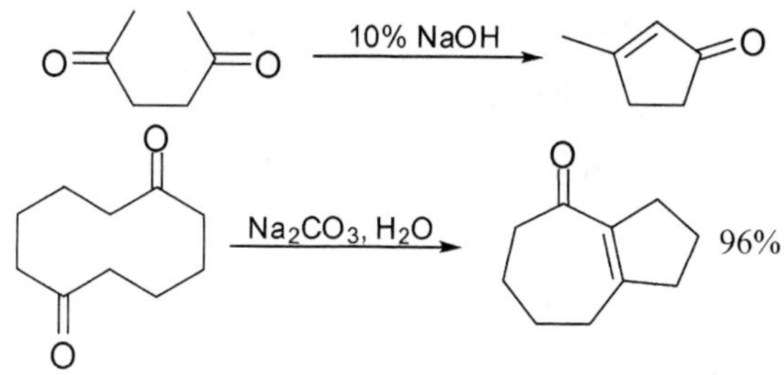

这是合成环状化合物的重要方法之一。

两种不同的含 $\alpha$-氢的醛或酮之间也能发生交叉羟醛缩合反应，可能有四种产物生成，分离比较困难，在合成上意义不大。但不含 $\alpha$-氢的醛与另外一种含有 $\alpha$-氢的醛作用，主要生成交叉羟醛缩合产物。例如，芳醛和含 $\alpha$-氢的脂肪醛、酮在稀碱溶液中发生缩合反应，失水后得到 $\alpha,\beta$-不饱和醛、酮，这个反应称为 Claisen-Schmitt(克莱森-施密特)反应。

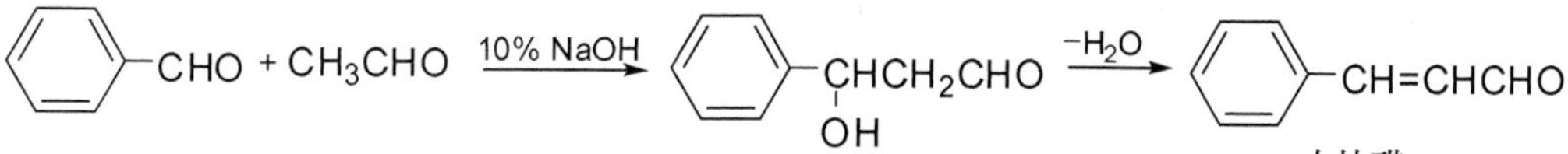

肉桂醛

下面再举几个例子说明这个反应的特点：

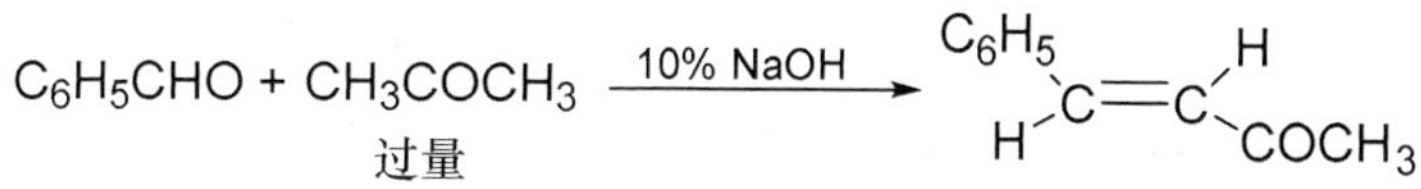

65%~78%

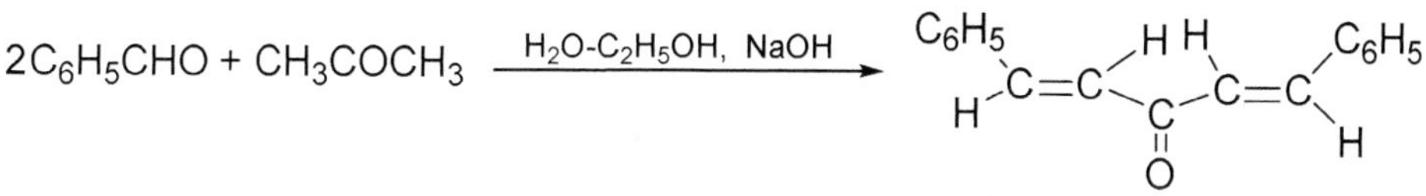

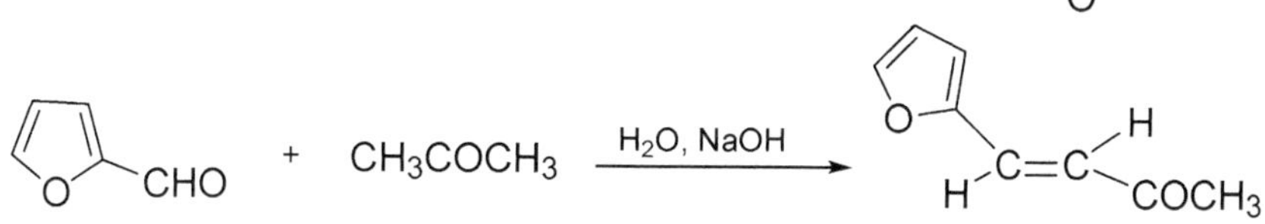

注意上面的反应产物，带羰基的大基团总是和另一大基团成反式。

4. Mannich 反应

含活泼 $\alpha$-氢的醛、酮和甲醛及胺同时缩合，活泼氢被胺甲基或取代胺甲基代替的反应称胺甲基化反应，也称为 Mannich(曼尼希)反应：

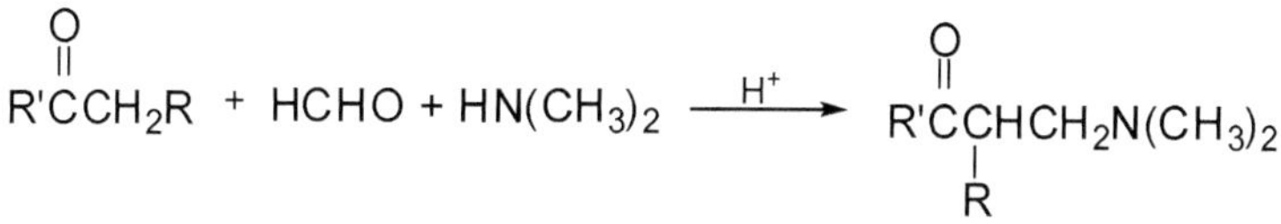

反应产物称为曼氏碱(Mannich base)。其反应机理如下：

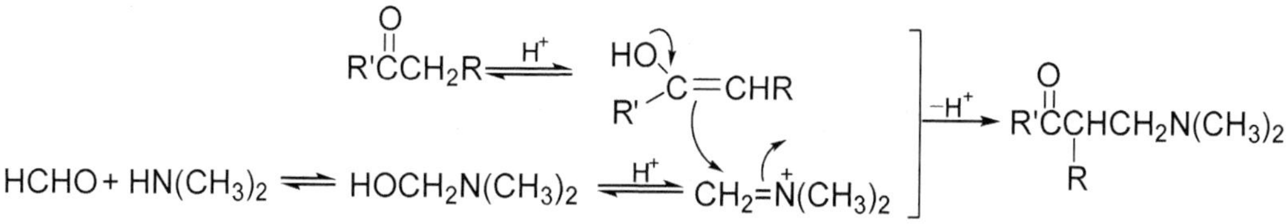

Mannich 反应一般是在水、乙酸等溶剂中于弱酸性和室温条件下进行的。反应完成后，用碱中和得到游离的 $\beta$-酮胺，它是有机合成的重要中间体。例如，$\beta$-酮胺的盐酸盐在受热时则分解成 $\alpha,\beta$-不饱和酮；而与 KCN 或 NaCN 水溶液加热可生成氰基化合物，后者经水解制得 $\gamma$-酮酸。

$$C_6H_5COCH_3 + HCHO + HN(CH_3)_2\,HCl \longrightarrow C_6H_5COCH_2CH_2N(CH_3)_2HCl$$

$$\xrightarrow{\triangle} C_6H_5COCH{=}CH_2$$

$$\xrightarrow{OH^-} C_6H_5COCH_2CH_2N(CH_3)_2 \xrightarrow{KCN} C_6H_5COCH_2CH_2CN \xrightarrow{H_3\overset{+}{O}} C_6H_5COCH_2CH_2COOH$$

Mannich 反应最常用的醛是甲醛，如甲醛的水溶液或三聚甲醛及多聚甲醛。胺一般用二级胺，如二甲胺、六氢吡啶等，如用一级胺，胺甲基化后得到二级胺，氮上还有氢，可再发生反应，因此根据需要也可以使用一级胺。这个反应应用范围很广，不但醛、酮的 $\alpha$-活泼氢可以进行此反应，羧酸、酯、腈、硝基化合物的 $\alpha$-活泼氢以及炔氢均可发生此反应。

托品酮(Tropinone)的合成是曼尼希反应的经典例子，被认为是全合成中的经典反应之一。1901 年，以环庚酮作原料，通过 14 步反应才合成目标产物，总产率仅为 0.75%。1917 年，英国化学家 R. Robinson 以丁二醛、甲胺和 3-氧代戊二酸为原料，利用了曼尼希反应，仅通过一步反应便得到了托品酮。反应的初始产率为 17%，后经改进可增至 90%。

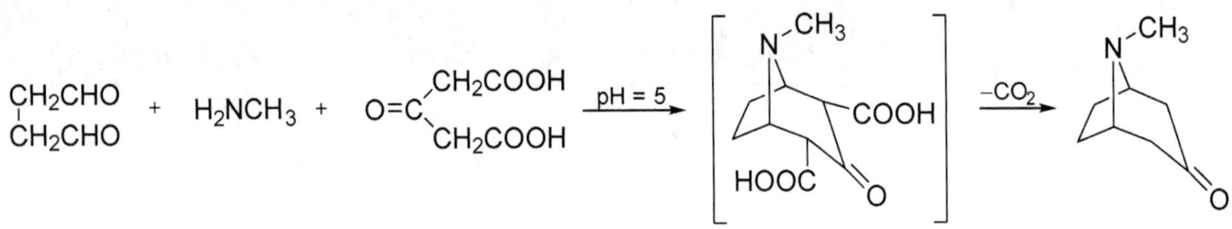


### 11.3.3 氧化与还原反应

1. 氧化反应

醛和酮在结构上的差异主要表现在醛的羰基碳上连有一个氢原子，醛很容易被氧化成羧酸，酮则不易被氧化。例如，较温和的氧化剂 Tollens(土伦)试剂(硝酸银的氨溶液)或 Fehling(费林)试剂(硫酸铜溶液和酒石酸钾钠的碱性溶液)都可以使醛氧化。

Tollens 试剂起氧化作用的是银氨络离子中的银离子。醛和 Tollens 试剂作用，醛被氧化生成羧酸，银离子被还原成金属银。若反应器皿很洁净，析出的细微银粒可以附在光滑的器壁上，形成漂亮的银镜，所以这种反应又称为银镜反应。

$$RCHO + 2Ag(NH_3)_2OH \xrightarrow{\triangle} RCOONH_4 + 2Ag\downarrow + H_2O + 3NH_3$$

Fehling 试剂起氧化作用的是二价铜离子，醛和费林试剂作用，醛被氧化成羧酸，二价铜离子被还原成砖红色的氧化亚铜沉淀。

$$RCHO + 2Cu(OH)_2 + NaOH \xrightarrow{\triangle} RCOONa + Cu_2O\downarrow + 3H_2O$$

甲醛还原能力较强，氧化亚铜可继续被甲醛还原，生成单质铜(铜镜)。

Fehling 试剂的氧化作用比 Tollens 试剂更弱，它不能氧化芳香醛。Tollens 试剂和 Fehling 试剂常用于鉴别醛、酮。

Tollens 试剂和 Fehling 试剂只氧化醛基，不会破坏分子内的碳碳双键和叁键，有较强的选择性。例如：

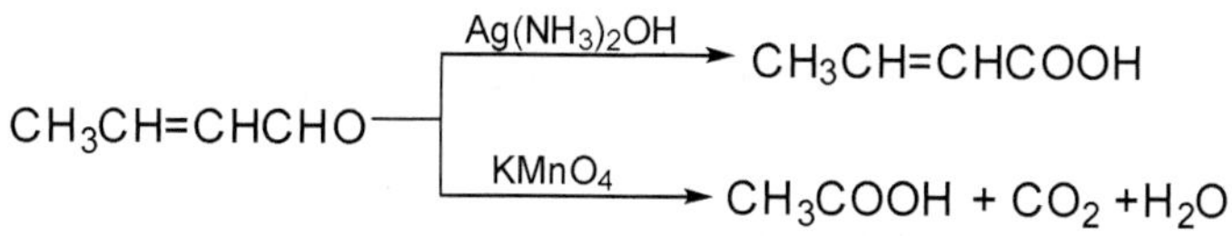


酮不能被弱氧化剂氧化。若用强氧化剂，如高锰酸钾、浓硝酸等，酮也可以被氧化，通常在 $\alpha$ 碳与羰基之间发生碳链断裂，生成较小分子的羧酸混合物，合成上没什么意义。然而对称环状酮如环己酮氧化只生成一种羧酸：

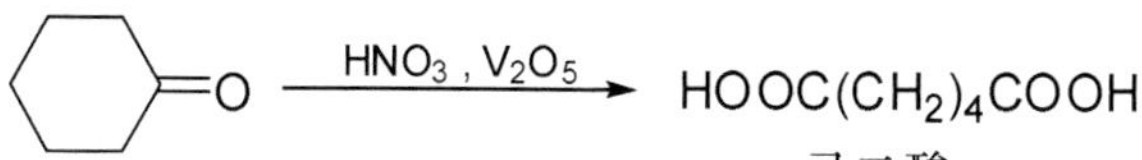


己二酸

这是工业上制备己二酸的方法。己二酸是合成纤维尼龙-66 的单体之一。

虽然酮的强氧化实用意义不大，但在过氧酸作用下，可以发生弱氧化反应，生成相应的羧酸酯，这个反应称为 Baeyer-Villiger(拜尔-维利格)反应：

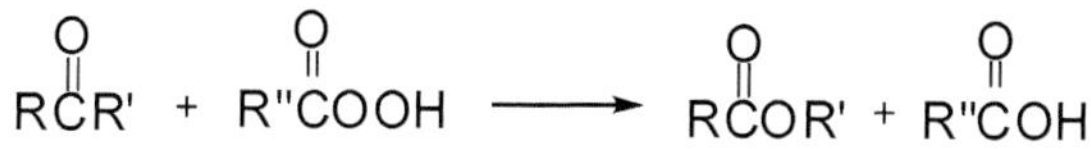

这个反应的机理为：

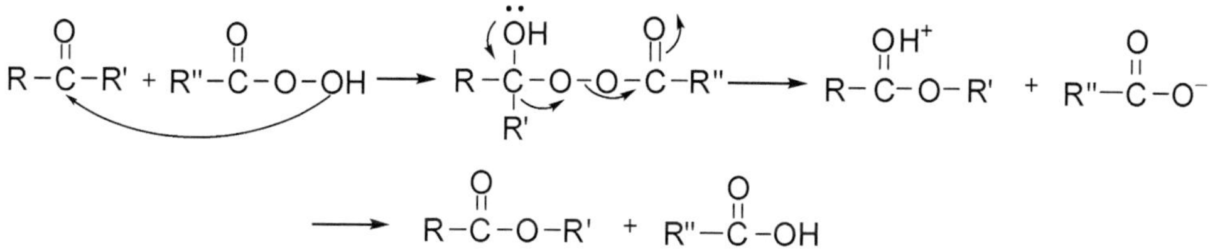

对于不对称酮，羰基两边基团的迁移有一定的选择性，一般来说，供电子性较强的基团优先迁移，常见基团的迁移顺序为：

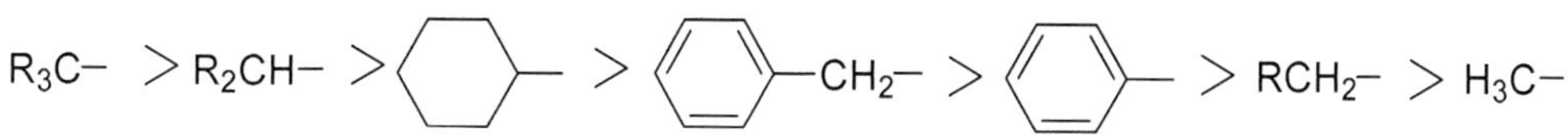


如果迁移基团为手性碳，手性碳的构型保持不变。此反应常用于由环酮合成内酯。例如：

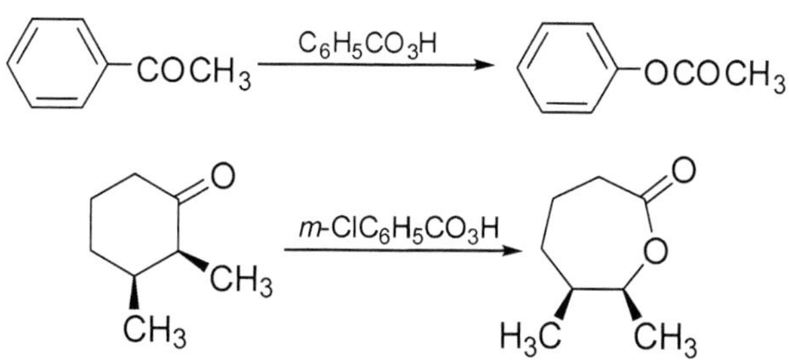

常用的过氧酸有过氧乙酸、过氧苯甲酸、间氯过氧苯甲酸和三氟过氧乙酸，其中三氟过氧乙酸是最好的氧化剂，具有反应速率快、产率高的优点。过氧乙酸不易保存，一般用乙酸和 30%过氧化氢在 40～90℃和反应物一起处理，产生的过氧乙酸立即参与反应。

2. 还原反应

在不同的条件下选用不同的试剂可以将醛、酮还原成醇或烃。

1) 催化加氢

催化加氢可将醛、酮还原为相应的伯醇、仲醇。常用的催化剂有 Ni、Pd、Pt 等。反应一般需要较高温度和压力。

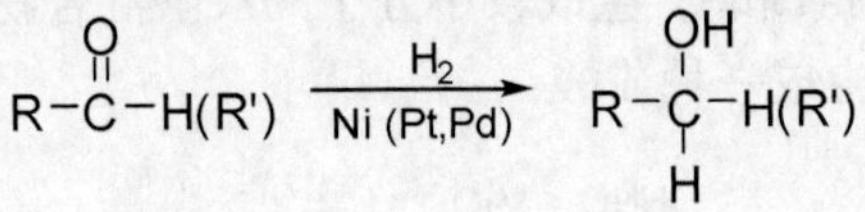

反应是在金属催化剂表面进行的，产率一般较高，后处理也比较简单。但是反应选择性较差，当分子中含有其他不饱和基团(如碳碳双键和叁键、硝基、氰基)时，也同时被还原。例如：

$$CH_3CH{=}CHCHO \xrightarrow[Ni]{H_2} CH_3CH_2CH_2CH_2OH$$

2) 用金属氢化物还原

常用的金属氢化物是硼氢化钠($NaBH_4$)和氢化铝锂($LiAlH_4$)。硼氢化钠仅能还原醛、酮，而氢化铝锂还原性更强，不仅能还原醛、酮，还能还原羧酸、酯、酰胺、腈等。氢化铝锂在水中分解，在醚中稳定，所以反应一般在醚或四氢呋喃中进行；硼氢化钠则必须在质子溶剂或锂离子存在下才能促进反应，一般用醇作溶剂。例如：

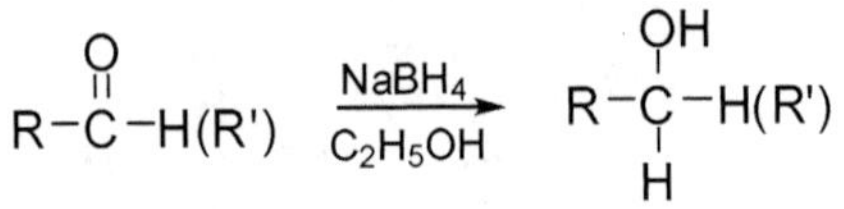

这类反应中，硼氢化钠和氢化铝锂提供负氢离子($H^-$)作为亲核试剂加到羰基碳原子上，剩余的金属基团与氧原子结合，加成产物经水解后得到相应的醇。反应机理如下：

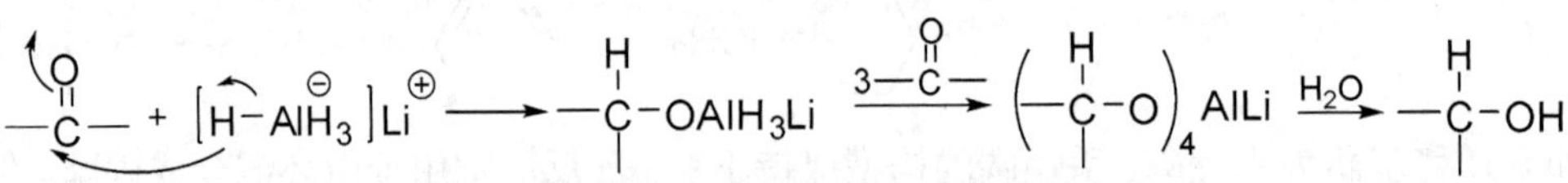

另外，硼氢化钠和氢化铝锂对极性小的碳碳双键和叁键没有影响。

$$CH_3CH{=}CHCHO \xrightarrow[C_2H_5OH]{NaBH_4} CH_3CH{=}CHCH_2OH$$

3) 用异丙醇铝还原

异丙醇铝是一个选择性很高的醛、酮还原剂，只还原醛、酮的羰基，对其他不饱和键无影响。此反应为可逆反应，因为产物丙酮的沸点(56.1℃)较低，可以从体系中蒸出，使平衡向右移动，所以可方便地得到产物。

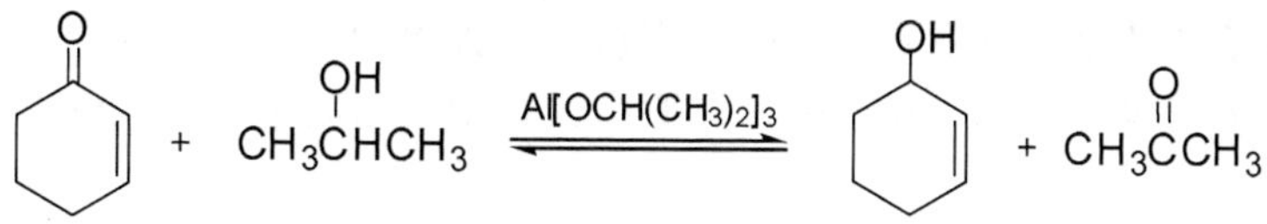

这相当于前面讨论过的 Oppenauer 醇氧化(参见 9.2.5)的逆反应，此反应称为 Meerwein-Ponndorf(米尔文-庞道夫)反应。该反应的特点是选择性较强。例如，在生产氯霉素时，只把羰基还原成二级醇，而对硝基、酰胺没有影响。

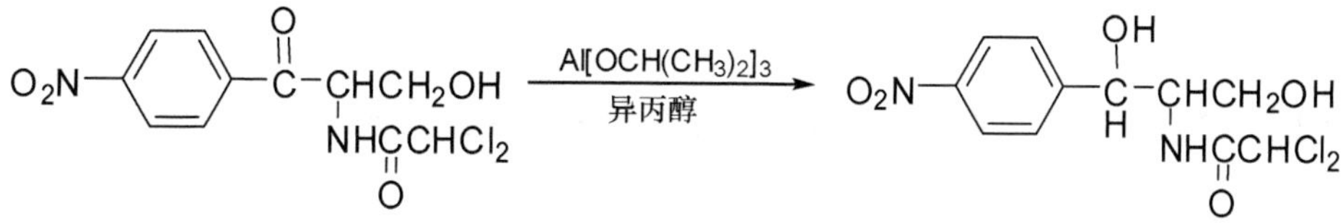

4) 用活泼金属的单分子还原和双分子还原

用活泼金属如钠、镁、铝在水或醇中反应，可以将醛还原为伯醇，将酮还原为仲醇。这是醛、酮用活泼金属的单分子还原。

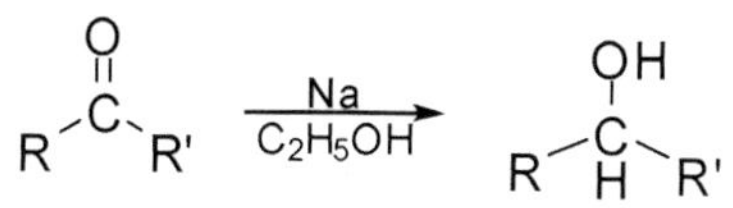

一般认为这是个自由基负离子机理：

在这个还原反应中，生成了两分子的 $NaOC_2H_5$，是一个强碱性体系，所以会有一些副反应发生(α-二醇是副产物之一)，导致还原反应的收率不高。如果是用于醛的还原，则收率更低。

在钠、铝、镁、镁汞齐的催化下，酮在非质子溶剂中发生双分子还原偶联，生成频哪醇的反应称为酮的双分子还原。

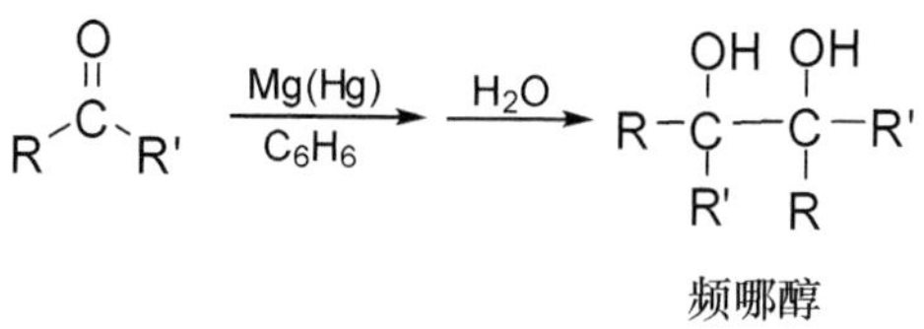

酮的双分子还原反应机理可表示如下：

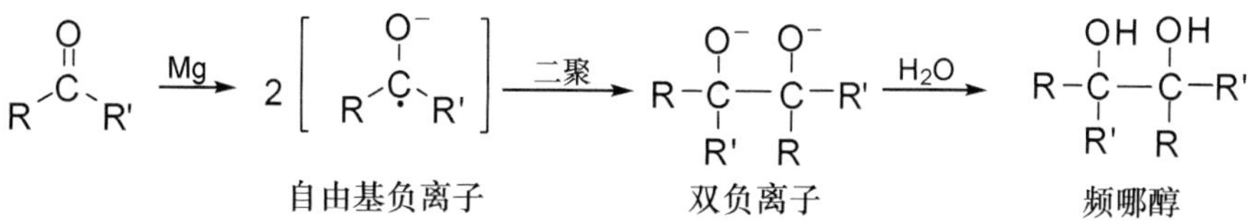

对比两种还原反应的机理可知，反应的第一步是相同的，都是金属将一个电子传递给被还原的酮，生成自由基负离子。但后面的反应过程不同，在单分子还原中，自由基负离子从

质子溶剂中夺取质子转变为自由基，自由基再从金属处得到一个电子转变为负离子，后者再从溶剂中夺取质子生成一元醇。在双分子还原中，自由基负离子二聚生成二元醇的盐，水解后得到乙二醇衍生物。

5) Clemmensen 还原法

醛、酮用锌汞齐与浓盐酸还原，羰基还原成亚甲基，这种反应称为 Clemmensen(克莱门森)还原法。

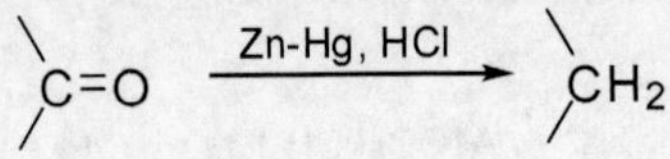

把芳烃的酰基化反应和克莱门森还原法结合起来，为合成直链烷基苯提供了好方法。例如：

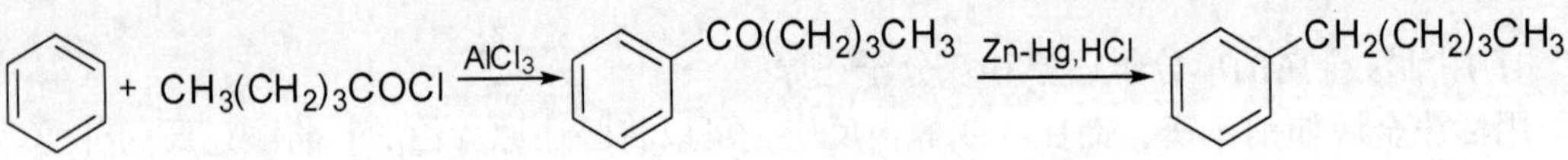

锌汞齐用锌粒与汞盐($HgCl_2$)在稀盐酸溶液中反应制得，锌可以把 $Hg^{2+}$还原为 Hg，然后 Hg 与锌在锌表面上形成锌汞齐。此法只适用于对酸稳定的化合物。

6) Wolff-Kishner-黄鸣龙还原法

醛、酮与肼反应生成腙，腙在碱性条件下受热发生分解，放出 $N_2$，并生成烃：

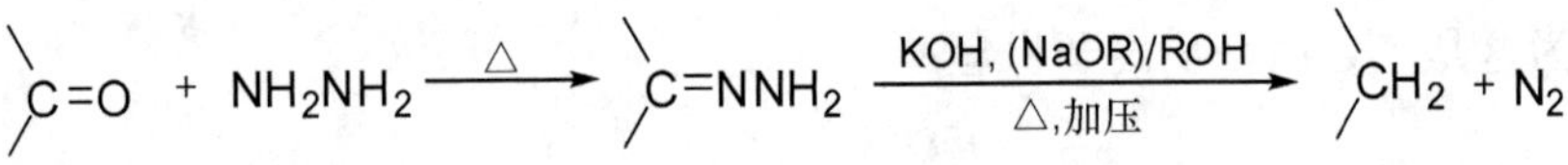

在 1911 年，俄国化学家 N. Kishner(基希纳)首先发现羰基化合物的腙类衍生物和无水粉状 KOH 在封管中加热至 160～180℃时发生分解，得到还原产物烃；1912 年德国化学家 L. Wolff(沃尔夫)也发现，采用浓度为 7%的醇钠-无水醇，在封管中进行腙的分解反应，产物也是烃，分解温度可降低到 150～160℃。这就是著名的 Wolff-Kishner 反应。我国有机化学家黄鸣龙于 1946 年对这个反应进行改进。他把酮(或醛)与 50%～85%水合肼及 KOH(或 NaOH)共混，在水溶性高沸点溶剂(如一缩二乙二醇)中，于常压下加热回流，当腙生成后，蒸出水和过量的肼，然后继续加热至 190～200℃，保持回流 1～2 h，使腙完全分解而得到烃。通过这种改进方法，反应的应用范围进一步扩大，特别是对甾酮的还原效果良好。采用水合肼和高沸点溶剂，使反应在常压进行，避免了昂贵的无水肼及使用高压设备，更适合工业生产，而且副反应少、收率高，所以现在常称为 Wolff-Kishner-黄鸣龙还原法。例如：

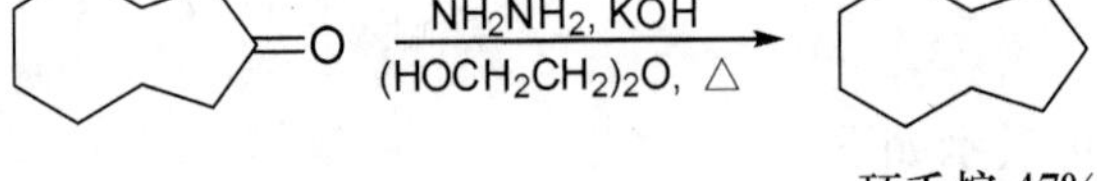

环壬烷 47%

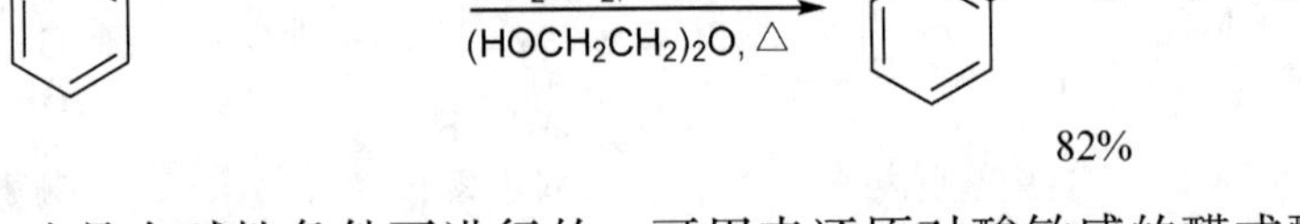

82%

这种还原方法是在碱性条件下进行的，可用来还原对酸敏感的醛或酮，因此可以和 Clemmensen 还原法互相补充。

3. 歧化反应

在浓碱作用下，不含 $\alpha$-氢的醛发生自身氧化还原反应，一分子醛被氧化为羧酸，另一分子醛被还原成醇，这种反应称为歧化反应，也称为 Cannizzaro(坎尼扎罗)反应。例如：

$$2HCHO \xrightarrow[\triangle]{40\%\ NaOH} HCOONa + CH_3OH$$

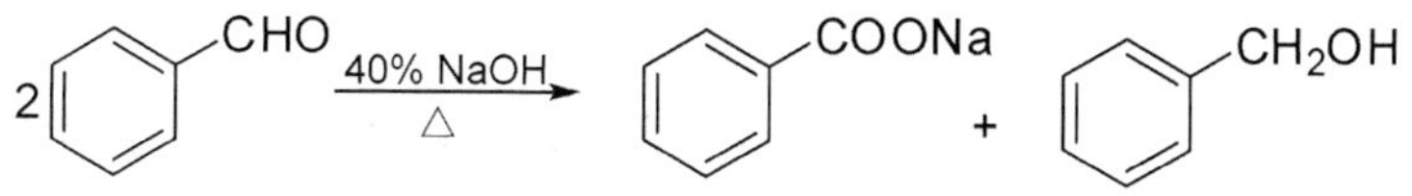

Cannizzaro 反应历程是连续两次的亲核加成，首先是 $OH^-$向羰基碳进攻，生成中间体(Ⅰ)，然后此中间体生成氢负离子与第二个醛分子进行加成。例如：

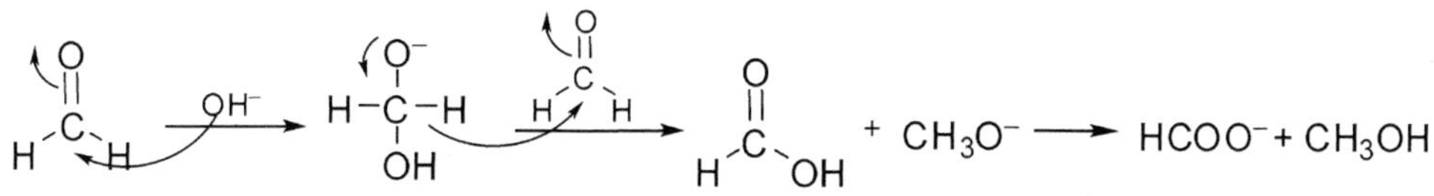

(Ⅰ)

两种不同的不含 $\alpha$-氢的醛进行交叉的 Cannizzaro 反应，产物复杂。但是，如果其中一种是甲醛，因为甲醛是醛类中还原性最强的醛，所以它总是被氧化成甲酸，另一种醛被还原成醇。这样，甲醛参与的交叉 Cannizzaro 反应是有制备意义的。例如，工业上用甲醛和乙醛制备季戊四醇就是应用交叉羟醛缩合和交叉 Cannizzaro 反应。

$$3HCHO + CH_3CHO \xrightarrow[55\sim56℃]{Ca(OH)_2} \underset{\text{三羟甲基乙醛}}{(HOCH_2)_3CCHO}$$

$$(HOCH_2)_3CCHO + HCHO \xrightarrow[55\sim56℃]{Ca(OH)_2} \underset{\text{季戊四醇}}{(HOCH_2)_4C} + HCOO^-$$

为了减少副反应，需将乙醛和碱溶液同时分别慢慢地加到甲醛溶液中，使甲醛始终过量，有利于交叉羟醛缩合产物三羟甲基乙醛的生成。季戊四醇的熔点是 261～262℃，是生产涂料、炸药和表面活性剂的原料。

### 11.3.4 $\alpha, \beta$-不饱和醛、酮

不饱和醛、酮的种类很多，其中最重要的是 $\alpha, \beta$-不饱和醛、酮，可以由羟醛缩合后失水制得(参见 11.3.2)。$\alpha, \beta$-不饱和醛、酮兼有烯烃和醛、酮的性质，既能和亲电试剂(如 $X_2$)在碳碳双键上加成，也能和亲核试剂(如 RLi)在羰基上加成。此外，由于碳碳双键和羰基共轭，它也会和共轭双烯类似有一些独特的性质。

1. $\alpha, \beta$-不饱和醛、酮的加成反应

$\alpha, \beta$-不饱和醛、酮发生加成反应时，可以发生碳碳双键上的亲电加成、碳氧双键上的亲核加成和 1, 4-共轭体系加成三种不同的反应。

一般来讲，卤素和次卤酸与 $\alpha, \beta$-不饱和醛、酮反应时，只是在碳碳双键上发生亲电加成反应。例如：

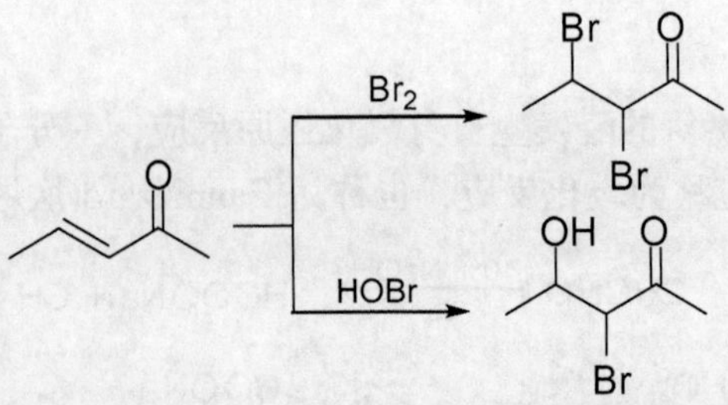

而氨和氨的衍生物、HX、$H_2SO_4$、HCN 等质子酸、$H_2O$ 或 ROH 等在酸催化下与 α, β-不饱和醛、酮的加成反应通常以 1, 4-共轭加成为主。例如：

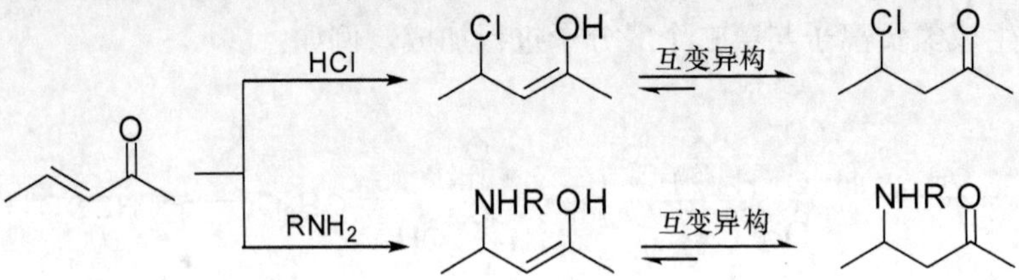

有机金属化合物与 α, β-不饱和醛、酮反应时，既可以发生 1, 2-亲核加成，也可以发生 1,4-共轭加成，到底以什么反应为主，与羰基旁的基团大小有关，也与试剂的空间位阻有关。醛羰基旁的空间位阻很小，因此它与烃基锂、格氏试剂反应时生成 1, 2-加成产物。例如：

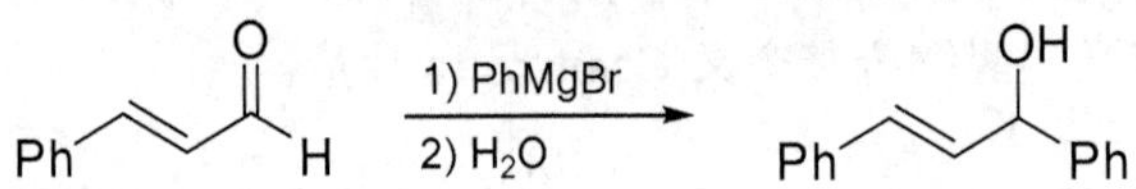

1,2-加成 100%

如果 α, β-不饱和酮的羰基和一个很大的基团如叔丁基相连，与格氏试剂反应时，则得到 1, 4-加成产物。例如：

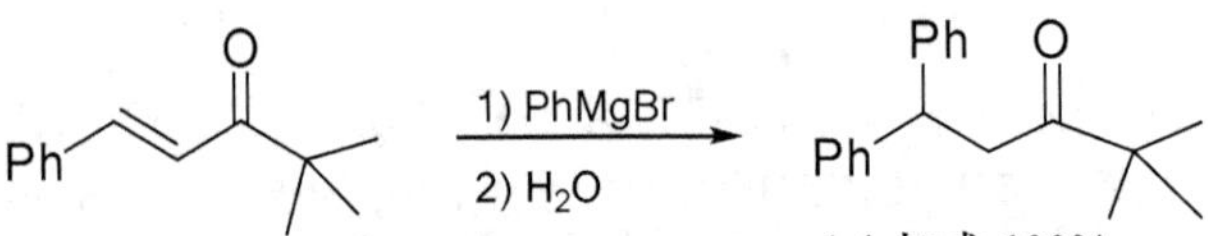

1,4-加成 100%

2. 插烯作用

在研究 2-丁烯醛(巴豆醛)的性质时，发现它的甲基非常活泼。例如，2-丁烯醛分子上甲基氢原子的性质与乙醛分子中 α-氢原子的性质类似，也可以发生羟醛缩合反应：

$$CH_3CH{=}CHCHO \xrightarrow{OH^-} \xrightarrow[\triangle]{-H_2O} CH_3CH{=}CHCH{=}CHCH{=}CHCHO$$

这可以用共轭效应来解释。在甲基和羰基之间加一个碳碳双键，碳碳双键和羰基组成共轭体系，而 π 电子的离域能力较大，所以羰基的电子效应可以通过碳碳双键传递到 γ-碳原子上，使 γ-H 得到活化。

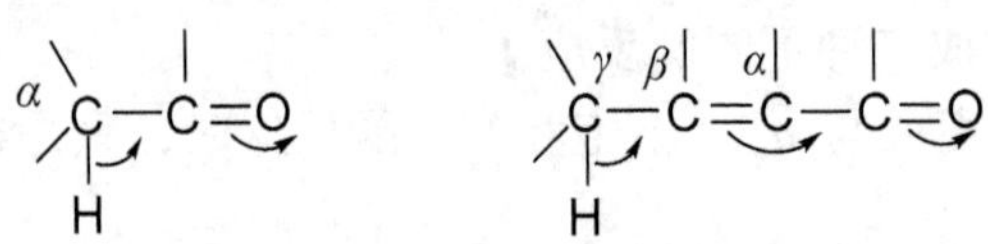

同样的，只要是一个连续不断的共轭体系，这种效应还可以传递到更远的碳上。总之，共轭不饱和醛、酮可以看作 A-B 的 A 和 B 之间插入一个或多个乙烯基(–CH=CH–)得到的化合物 A-(CH=CH)$_n$-B，而 A 和 B 仍保持着原来的相互关系，这种现象称为插烯作用，相应的化合物称为插烯体。共轭不饱和醛、酮就是含羰基的插烯体。

## 11.4 醛、酮的制备

一般通过醇、烃的氧化或羧酸衍生物的还原等方法制得醛、酮。

### 1. 醇的氧化和脱氢

伯醇和仲醇通过氧化或脱氢反应，可得到相应的醛或酮，叔醇分子中没有 $\alpha$-H，在一般条件下不被氧化。在实验室中常用的氧化剂是重铬酸钠或重铬酸钾，由仲醇制备酮，产率很高；但由伯醇制备醛时，醛很容易继续被氧化生成羧酸。因此，这个方法一般只适合于制备易挥发的低级醛类，因在反应过程中可将所生成的醛立即蒸出，使它离开反应系统以避免继续被氧化(参见 9.2.5)。

将伯醇或仲醇蒸气高温下通过催化剂(Cu、Ag、Ni 等)，则伯醇脱氢生成醛，仲醇脱氢生成酮。例如：

$$CH_3CH_2OH \xrightarrow[260\sim300℃]{Cu} CH_3CHO + H_2$$

$$CH_3CH(OH)CH_3 \xrightarrow[300℃]{Cu} CH_3COCH_3 + H_2$$

由醇脱氢得到的产品纯度较高，但因反应是吸热的，需要供给大量的热，所以工业上常在进行脱氢的同时，通过一定量的空气，使生成的氢气与氧气结合成水。氢气与氧气结合成水时放出的热量可直接供给脱氢反应，这种方法称为氧化脱氢法。

### 2. 炔烃水合和同碳二卤化物水解

在汞盐催化下，炔烃与水反应生成羰基化合物(参见 4.8.2)。乙炔水合生成乙醛，其他炔烃水合都生成酮。虽然炔烃一般都可发生水合反应，但除乙炔外，其他炔烃不易制得，所以在工业上此法主要用于生产乙醛。

在酸或碱的催化下，同碳二卤化物水解生成相应的醛或酮。例如：

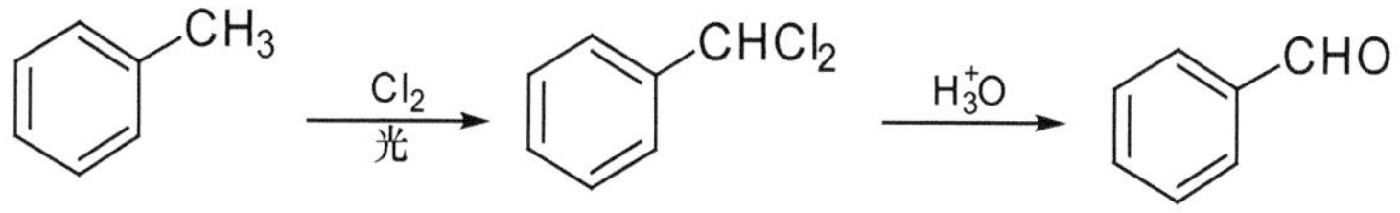


因为芳环侧链上的 $\alpha$-氢容易被卤化，故该方法主要用于制备芳香醛、酮。

### 3. 芳环酰基化反应

芳烃在无水 $AlCl_3$ 的催化下与酰卤或酸酐作用，则环上的氢原子可以被酰基取代，生成芳酮。例如：

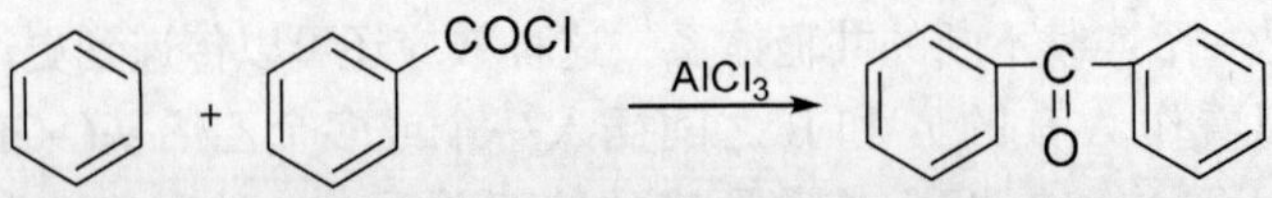

在 $AlCl_3$-$Cu_2Cl_2$ 存在下，芳烃与一氧化碳和氯化氢作用可以在芳环上引入一个甲酰基，得到相应的芳醛，这个反应称为 Gattermann-Koch(伽特曼-科赫)反应。

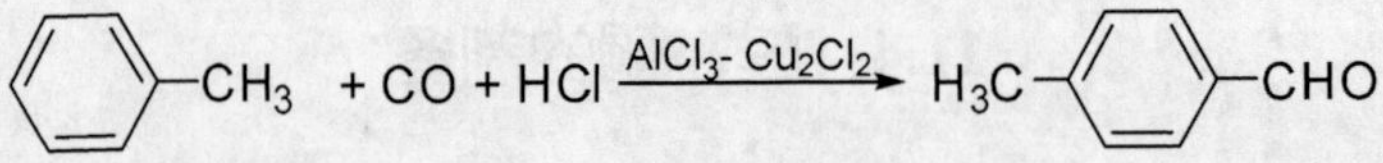

这个反应主要用于苯环、烷氧基苯环和烷基苯环的甲酰化，对于酚类和带有间位取代基的芳环不适用。

4. 羰基合成法

烯烃与一氧化碳和氢气在某些金属羰基化合物，如八羰基二钴$[Co(CO)_4]_2$的催化作用下，加热、加压，可以发生反应生成多一个碳原子的醛。这个反应称为羰基合成法。例如：

$$CH_3CH{=}CH_2 + CO + H_2 \xrightarrow[100\sim200℃,\,20\sim30\ MPa]{[Co(CO)_4]} \underset{75\%}{CH_3CH_2CH_2CHO} + \underset{25\%}{CH_3\overset{\displaystyle CH_3}{\overset{|}{C}}HCHO}$$

羰基合成的原料大多用双键在链端的末端烯烃，其产物以直链醛为主。

## 11.5 重要的醛、酮

1. 甲醛

甲醛是无色、有刺激性的气体，易溶于水。37%～40%的甲醛水溶液(内含 8%的甲醇)商业上称“福尔马林”(Formalin)。因为甲醛能使蛋白质凝固，所以常用作消毒剂和防腐剂。

甲醛是结构上比较特殊的醛。羰基直接连接两个氢原子，因此表现出特殊的化学活性。甲醛容易聚合，在不同的条件下生成三聚甲醛和多聚甲醛。它们加热到一定的温度都解聚成甲醛。高纯度的甲醛用三氟化硼作催化剂容易聚合成相对分子质量为数万至数十万的线性甲醛聚合物，称为聚甲醛。聚甲醛是一种具有优良综合性能的工程塑料，在较大的温度范围内有很好的机械强度和硬度，自润性和耐磨性也很好，可以代替金属材料制造汽车、飞机的零件、泵、轴承等。

甲醛是工业上产量很大的一种产品，可以利用甲醇的脱氢反应和甲醇的氧化反应来制备。甲醇脱氢变为甲醛是吸热反应。

$$CH_3OH \longrightarrow HCHO + H_2 \qquad \Delta H=+92\ kJ\cdot mol^{-1}$$

甲醇氧化是放热反应。

$$CH_3OH + O_2 \longrightarrow HCHO + H_2O \qquad \Delta H=-154.8\ kJ\cdot mol^{-1}$$

工业上采用以浮石为载体的银作脱氢催化剂，进行脱氢反应，同时通入空气氧化，把这两个反应结合起来，在 700℃时进行。甲醇氧化时所放出的热足以满足甲醇脱氢反应时所需的热。在生产上，开始时需要外部供给一部分热量，等反应正常后，就不需要外部供热。为了避免甲醇的进一步氧化，要使反应气体和催化剂接触的时间限制在 0.1 s 以下，反应后马上冷却下来。此外，在反应气体中还混入了水蒸气，利用它将一部分反应热带走，并防止爆炸。用此法生产甲醛，甲醇的转化率为 85%，甲醛的产率为 75%。

2. 乙醛

乙醛是无色、有刺激气味的液体，沸点 20.8℃，可溶于水、乙醇及乙醚中。在少量硫酸和干燥 HCl 存在下乙醛聚合成环状的三聚或四聚、多聚乙醛。三聚乙醛是有香味的液体，沸点 124℃，在硫酸存在下解聚成乙醛，所以三聚乙醛是储存乙醛的最方便的方法。四聚乙醛是一种不溶于水的白色固体，沸点 246℃，可用作固体无烟燃料。乙醛是有机合成的重要原料，可用来合成乙酸、丁醇、季戊四醇等产品。

长期以来乙醛是由乙炔制造的，但是由于石油工业的发展，乙烯已成为一种主要的原料。乙烯在水溶液中，在氯化铜及氯化钯的催化作用下，用空气直接氧化制备乙醛，称为 Wacker(瓦克)烯烃氧化，这是工业上生成乙醛的最好方法。

$$CH_2{=}CH_2 + O_2 \xrightarrow[H_2O]{CuCl_2\text{-}PdCl_2} CH_3CHO$$

3. 丙酮

丙酮在常温下是无色液体，沸点 56.1℃，具有香味，易溶于水、乙醇、乙醚等。丙酮是一种优良的溶剂，广泛用于油漆、合成纤维等工业。丙酮还是合成环氧树脂、有机玻璃等的原料。

以往是用淀粉或蔗糖蜜发酵制备丙酮，但这个方法很不经济。现在由石油裂解的丙烯制备，因此丙酮也是一种石油工业化学品。有两种方法可将丙烯转变为丙酮：一种方法是丙烯水合变为异丙醇，然后脱氢变为丙酮；另一种方法是通过异丙苯氧化法同时获得丙酮和苯酚。

正常人的血浆中丙酮含量极低，但当糖代谢混乱如患糖尿病时，脂肪加速分解就会产生过量的丙酮。丙酮是酮体的组成成分之一。

4. 环己酮

环己酮为无色油状液体，有丙酮的气味，沸点 155℃，微溶于水，易溶于乙醇和乙醚。它可由环己醇催化脱氢或氧化制备。工业上则从苯酚催化加氢，先制得环己醇，再经氧化而生成环己酮。近年来，将苯在气相下氢化，先生成环己烷，再经空气氧化，生成环己酮和环己醇的混合物，反应生成的环己醇经脱氢可得环己酮。

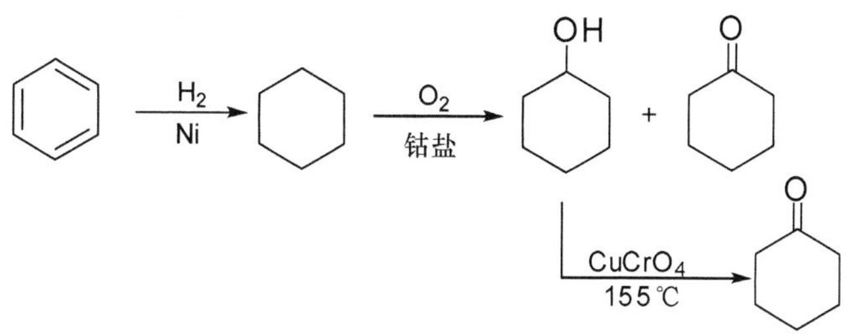

## 11.6 醌

醌是一类特殊的 $\alpha, \beta$-不饱和环状共轭二酮。醌型结构只有对位和邻位两种，不存在间位醌型结构。醌主要可分为苯醌、萘醌、蒽醌和菲醌四大类。

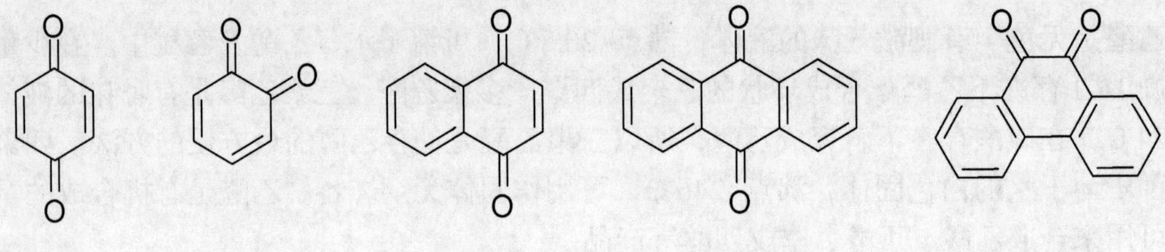

对苯醌　　邻苯醌　　1,4-萘醌　　9,10-蒽醌　　9,10-菲醌

在醌分子中，由于两个羰基共同存在于一个不饱和的共轭环上，醌类化合物的稳定性较差。醌环没有芳香性，其化学性质与 $\alpha,\beta$-不饱和酮相似。

1. 加成反应

苯醌分子中具有两个羰基和两个碳碳双键，既可以发生碳碳双键的加成，也可以发生羰基的加成和 1,4-共轭加成。例如：

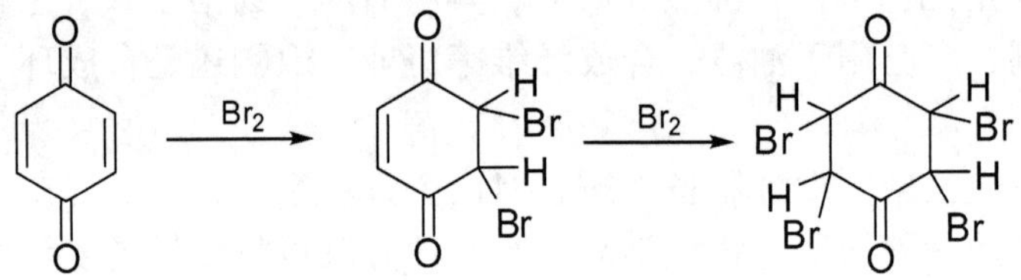

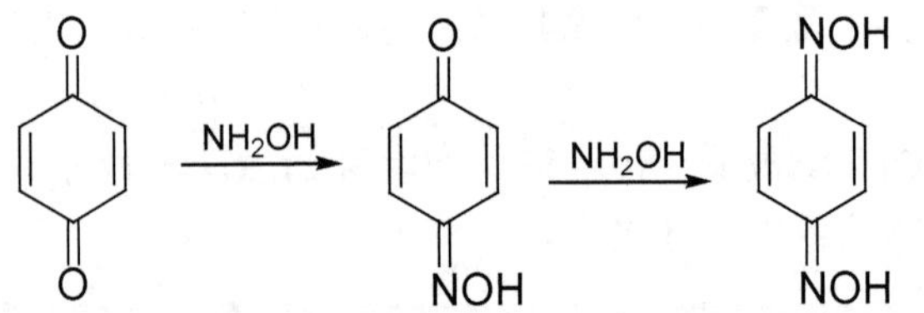

对苯醌单肟　　对苯醌双肟

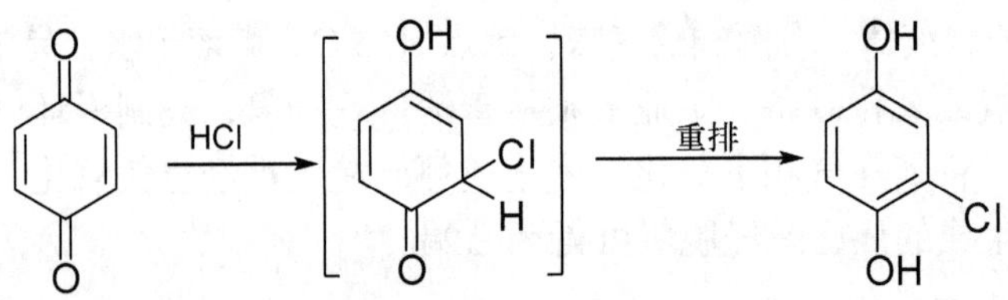

苯醌分子中的烯键因受两个羰基吸电子效应的影响，使它成为一个活化的亲双烯体，所以苯醌能和共轭双烯进行 Diels-Alder 反应。例如：

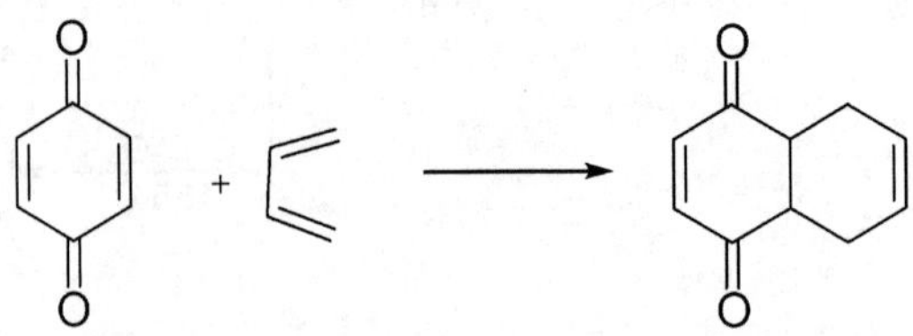

2. 氧化还原平衡

对苯醌与对苯二酚可以通过还原与氧化反应而相互转化。对苯醌的醇溶液和对苯二酚的醇溶液混合，则得到棕色溶液，并有暗绿色结晶析出。这种晶体是对苯醌与对苯二酚的分子配合物，称为对苯醌合对苯二酚，又称醌氢醌。如果在对苯二酚溶液中加入三氯化铁溶液，则溶液先呈绿色，再变棕色，最后也析出暗绿色醌氢醌晶体。这里三氯化铁的作用除了使对苯二酚显色外，还可使它氧化生成对苯醌，然后再与对苯二酚形成醌氢醌。三者达成一个氧化还原平衡。

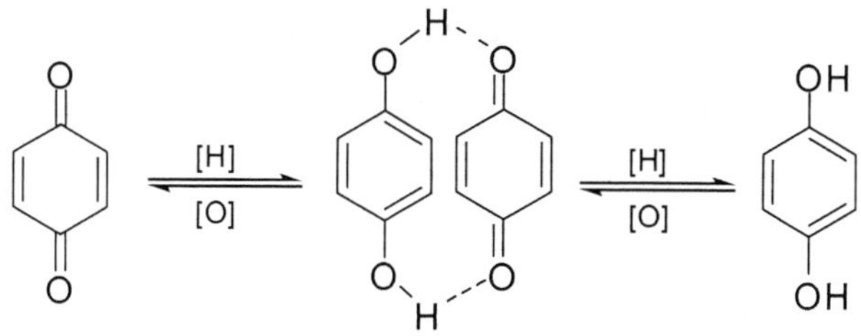


(黄色)
熔点116℃

醌氢醌(暗绿色)
熔点171℃

## 阅读材料

### 黄 鸣 龙

黄鸣龙(1898—1979)，1898 年 8 月 6 日出生于江苏省扬州市。1920 年，浙江医药专科学校毕业，即赴瑞士，在苏黎世大学学习。1922 年在德国柏林大学深造，1924 年获哲学博士学位。同年回国后，历任浙江省卫生试验所化验室主任、卫生署技正与化学科主任、浙江省立医药专科学校药科教授等职。1934 年，再度赴德国，先在柏林用了一年时间补做有机合成和分析方面的实验，并学习有关的新技术，后于 1935 年入德国维次堡大学化学研究所进修，在著名生物碱化学专家 Bruchausen 教授指导下，研究中药延胡索、细辛的有效化学成分。1938～1940 年，黄鸣龙先在德国先灵药厂研究甾体化学合成，后又在英国密得塞斯医学院生物化学研究所研究女性激素。在改造胆甾醇结构合成女性激素时，他们首先发现了甾体化合物中双烯酮-酚的移位反应。

1940 年，黄鸣龙取道英国返回祖国，在昆明中央研究院化学研究所任研究员，并在西南联合大学兼任教授。在当时科研条件极差、实验设备与化学试剂奇缺的情况下，他仍能想方设法就地取材。他从药房买回驱蛔虫药山道年，用仅有的盐酸、氢氧化钠、酒精等试剂，在频繁的空袭警报的干扰下，进行了山道年及其类似物的立体化学研究，发现了变质山道年的四个立体异构体可在酸碱作用下相互转变，并由此推断出山道年和四个变质山道年的相对构型。这一发现，为以后解决山道年及其类似物的绝对构型和全合成提供了理论依据。

1945 年，黄鸣龙应美国著名的甾体化学家 L. F. Fieser 教授的邀请去哈佛大学化学系做研究工作。一次在做 Wolff-Kishner 还原反应时，出现了意外情况，但黄鸣龙并未弃之不顾，而是继续做下去，结果得到出乎意外的好产率。于是，他仔细分析原因，又通过一系列反应，终于对羰基还原为亚甲基的方法进行了创造性的改进。现此法简称黄鸣龙还原法，在国际上已广泛采用，并被写入各国有机化学教科书中。1949～1952 年黄鸣龙在美国默克药厂从事副肾皮激素人工合成的研究。1952 年 10 月回国。

黄鸣龙回国后在军事医学科学院任化学系主任，继续从事甾体激素的合成研究和甾体植物资源的调查。1956 年，他领导的研究室转到中国科学院上海有机化学研究所。在研究工作中，黄鸣龙十分重视理论联系实际，他说："一方面，科学院应该做基础性的科研工作，不应目光短浅，忽视暂时应用价值不显著的学术性研究。但另一方面，对于国家急需的建设项目，应根据自己所长协助有关部门共同解决，不可偏废，更不应将此两者相互对立起来。"他还以甾体化学研究为例，说明联系实际还可以发现许多新的研究课题，从而促进理论的进展和科学水平的提高。1958 年，在他领导下研究以国产薯蓣皂甙元为原料，用微生物氧化加入 11$\alpha$-羟基和用氧化钙-碘-醋酸钾加入 C21-OAc 的方法，七步合成了可的松。这不仅填补了中国甾体工业的空白，而且使中国可的松的合成方法跨进了世界先进行列。有了合成可的松的工业基础，许多重要的甾体激素，如黄体酮、睾丸素、可的唑、强的松和地塞米松等，都在 60 年代初期先后生产出来。中国的甾体激素药物也从进口一跃而为出口。1959 年 10 月，醋酸可的松获国家创造发明奖。与此同时，他还亲自开课，系统地讲授甾体化学，培养出一批熟悉甾体化学的专门人才。

1964 年，黄鸣龙出席第三届全国人民代表大会，周恩来总理在政府工作报告中展示的"四化"宏图，使他受到很大鼓舞，当听到有关计划生育工作的重要性时，就联想到不久前国外文献上有关甾体激素可作为口服避孕药的研究报道，决心在计划生育科研方面做出新的贡献。考虑到这是一个多学科的综合性课题，需要组织全国范围内的大协作，黄鸣龙向国家科学技术委员会提出了组织全国范围大协作的建议。这一建议受到国家科学技术委员会领导的重视，于 1965 年成立了国家科学技术委员会计划生育专业组，黄鸣龙任副组长。该项工作进展非常迅速，不到一年时间，几种主要的甾体避孕药很快投入了生产，并陆续在全国推广使用。在口服避孕药的研究方面，黄鸣龙参考 Pincus 的工作，结合我国情况认真制订科研计划，并与有关的生产单位一起选择合成了炔诺酮、甲地孕酮和氯地孕酮等药物。

黄鸣龙数十年如一日忘我工作在科研第一线，为中国建设事业做出了重大贡献，并培养了大批科研骨干。他发表研究论文近百篇，综述和专论近 40 篇。1955 年，他当选为中国科学院数理化学部委员，并曾当选为第三届全国人民代表大会代表，第二、第三、第五届全国政协委员，荣获 1978 年全国科学大会的先进代表称号。黄鸣龙是中国药学会第十四、第十六届副理事长，中国药学会上海分会第四届名誉理事长，中国化学会理事，曾任国际《四面体》杂志顾问编辑。

## 习　题

11-1　按照沸点降低的顺序排列下列化合物。

(1) $CH_3CH_2CH_2CHO$　(2) $CH_3CH_2CH_2CH_2OH$　(3) $CH_3(CH_2)_3CH_3$

11-2　将下列化合物按其亲核加成的活性次序排列。

(1) $CH_3CHO$　$CH_3COCH_3$　$CF_3CHO$　$CH_3COCH{=}CH_2$

(2) $ClCH_2CHO$　$BrCH_2CHO$　$CH_2{=}CHCHO$　$CH_3CH_2CHO$

(3) $CH_3CHO$　$CH_3COCH_3$　$C_6H_5CHO$　$C_6H_5COC_6H_5$

(4) 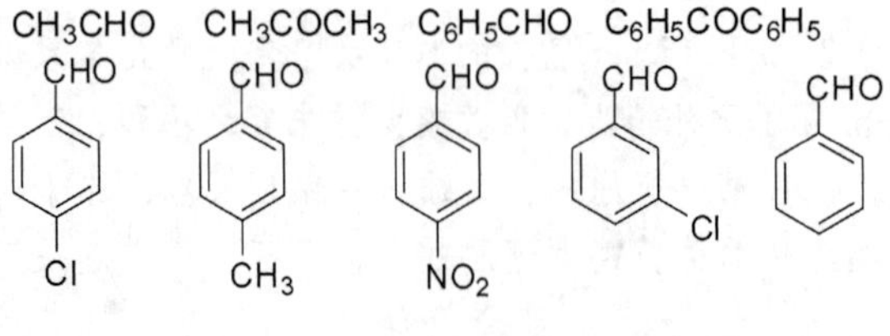

11-3 写出下列反应的主产物。

(1) 

(2) 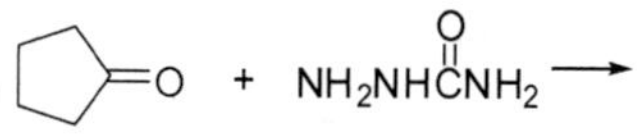

(3) 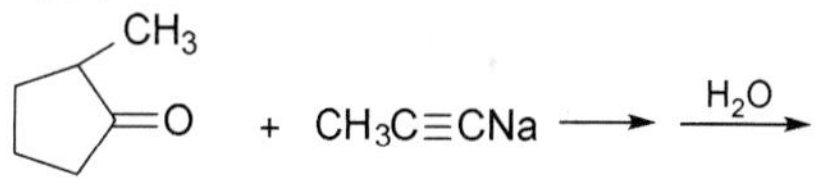

(4) 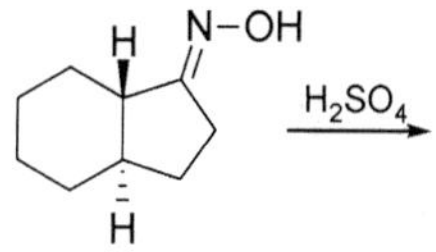

(5) 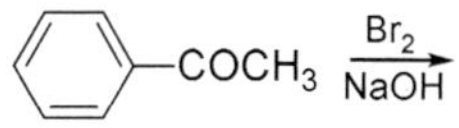

(6) 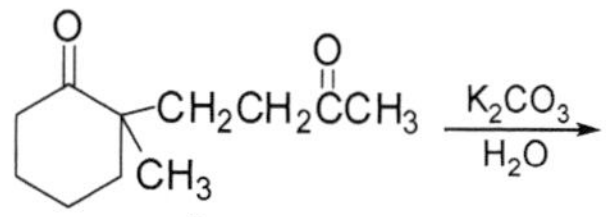

(7) 

(8) 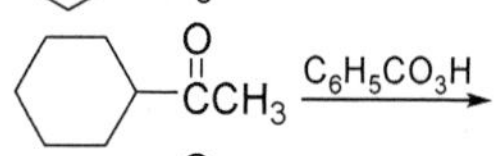

(9) 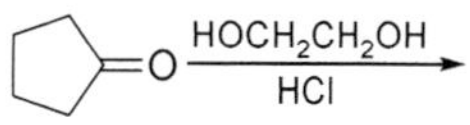

(10) 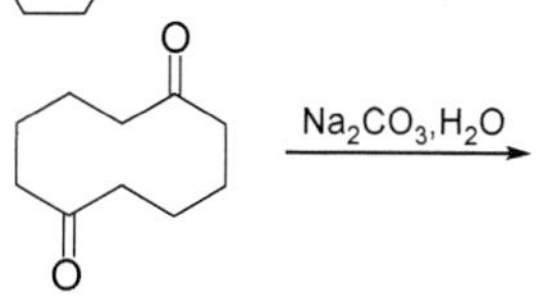

11-4 判断丙醛和苯乙酮与下列试剂有无反应，如有写出主产物。

(1) $NaBH_4$，在 $CH_3OH$ 中　(2) $C_6H_5MgBr$，然后加 $H_3^+O$　(3) $NaHSO_3$，然后加 NaCN

(4) $LiAlH_4$，然后加 $H_2O$　(5) 稀 NaOH 水溶液，然后加热　(6) $H_2$，Pt

(7) $HOCH_2CH_2OH$，HCl　(8) $I_2$+NaOH 溶液　(9) $[Ag(NH_3)_2]OH$

(10) $H_2NOH$　(11) Zn-Hg + HCl　(12) $(C_6H_5)_3P{=}CHCH_3$

(13) $H_2NNHCONH_2$　(14) $HNO_3$，$H_2SO_4$

11-5 下列化合物中哪些能发生碘仿反应？哪些能和饱和 $NaHSO_3$ 水溶液加成？并写出反应产物。

(1) $CH_3COCH_2CH_3$　(2) $CH_3CH_2CHO$　(3) $CH_3CH_2COCH_2CH_3$

(4) $CH_3CH_2OH$　(5) 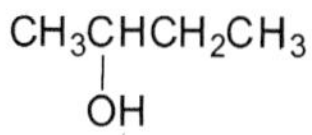　(6) 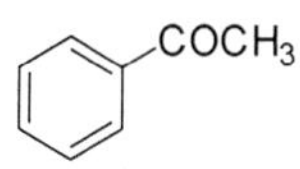

(7) 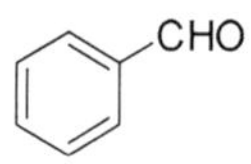　(8) 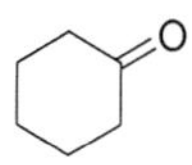

11-6 用化学方法区别下列各组化合物。

(1) 苯甲醇与苯甲醛　(2) 2-己酮与 3-己酮　(3) 丙酮与苯乙酮

(4) 2-己醇与 2-己酮　(5) 己醛与 2-己酮　(6) 甲醛、乙醛与丙酮

(7) 2-戊酮、3-戊酮与环己酮　(8) 丁酮、2-丁醇与 2-氯丁烷

(9) 对甲苯甲醛、苯乙醛、苯乙酮、对甲苯酚

11-7 利用 Wittig 试剂和必要的原料合成下列化合物。

(1) 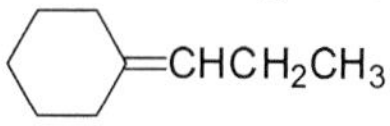　(2) $(CH_3)_2C{=}CHC_6H_5$

11-8 利用适当的醛、酮和格氏试剂合成下列化合物。

(1) 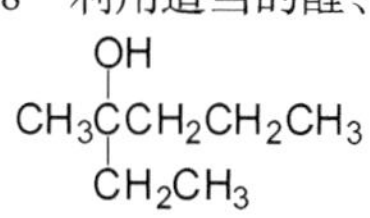　(2) $CH_3CH_2CH_2OH$　(3) 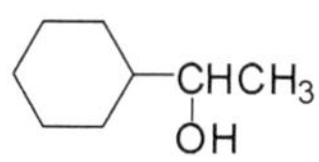

(4) 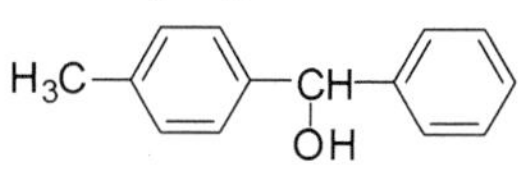

11-9 写出对甲苯甲醛在下列反应中得到的产物。

(1) 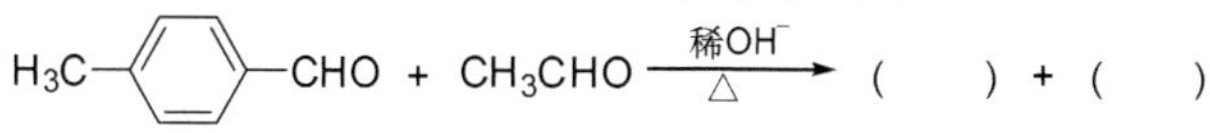

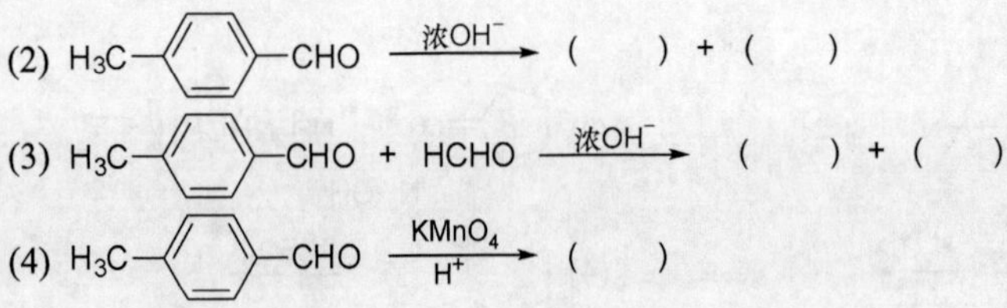

11-10 完成下列反应。

(1) $CH_3\underset{}{\overset{OH}{C}}HCH_2CH_3 \xrightarrow{(A)} CH_3\overset{O}{\overset{\|}{C}}CH_2CH_3 \xrightarrow{HCN} (B)$

(2) $CH_3CH_2CHO \xrightarrow[\triangle]{稀OH^-} (A) \xrightarrow[2)\ H_2O]{1)\ LiAlH_4} (B)$

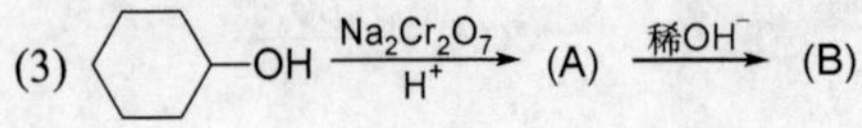

(4) $(CH_3)_2CHCHO \xrightarrow[HOAc]{Br_2} (A) \xrightarrow[干HCl]{2CH_3CH_2OH} (B) \xrightarrow[干醚]{Mg} (C) \xrightarrow[2)\ H_3^+O]{1)\ (CH_3)_2CHCHO} (D)$

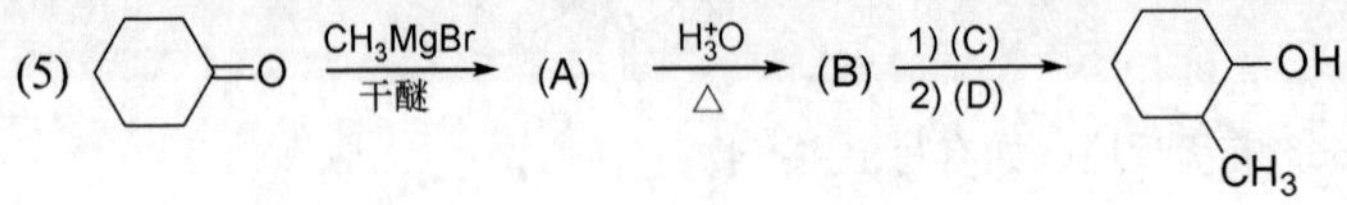

11-11 用不多于四个碳原子的醇或卤代烃及必要的无机试剂合成下列各化合物。

(1) $CH_3CH_2\overset{O}{\overset{\|}{C}}CH_2CH_3$ (2) $CH_3CH_2\overset{CH_3}{\overset{|}{C}}HCHO$ (3) $CH_3CH_2CH_2CH{=}\overset{CH_2CH_3}{\overset{|}{C}}CH_2OH$

11-12 试以乙醛为原料制备下列各化合物，所需无机试剂和必要的有机试剂任选。

(1) $CH_2{=}CHCH{=}CH_2$ (2) 2,4,6-辛三烯醛 (3) 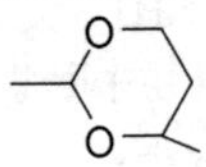

11-13 以下列化合物为主要原料合成指定的化合物。

(1) $CH_3CH{=}CH_2$ $CH{\equiv}CH$ ⟶ 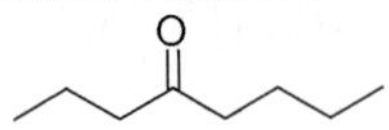

(2) $CH_3CH{=}CH_2$ $CH_3CH_2CH_2COCH_3$ ⟶ $(CH_3)_2C{=}\underset{CH_3}{\underset{|}{C}}CH_2CH_2CH_3$

(3) $CH_2{=}CH_2$ $BrCH_2CH_2CHO$ ⟶ $CH_3\underset{OH}{\underset{|}{C}}HCH_2CH_2CHO$

11-14 化合物 A($C_5H_{12}O$)有旋光性，在碱性 $KMnO_4$ 溶液作用下生成 B($C_5H_{10}O$)，无旋光性。化合物 B 与正丙基溴化镁反应，水解后得到 C，C 经拆分可得互为镜像关系的两个异构体。试推测化合物 A、B、C 的结构。

11-15 某化合物的分子式 $C_6H_{12}O$，能与羟胺作用生成肟，但不发生银镜反应，在铂催化下进行催化加氢则得到醇，此醇经去水、臭氧化、水解等反应后得到两种液体，其中之一能发生银镜反应，但不能发生碘仿反应；另一种能发生碘仿反应，而不能使 Fehling 试剂还原。试写出该化合物的构造式。

11-16 某化合物 A 的分子式为 $C_8H_{14}O$，A 可使溴水迅速褪色，可以与苯肼反应，A 被氧化生成一分子丙酮及另一化合物 B，B 具有酸性，与 NaOCl 反应生成一分子氯仿和一分子丁二酸。试写出 A、B 可能的构造式。

11-17 分子式为 $C_9H_{16}O$ 的化合物 A，经臭氧化后生成 B、C 两个化合物。B 能与羟胺作用，但不与亚硫酸氢钠的饱和溶液作用；C 能发生碘仿反应，同时生成一种结构为 $HOOCCH_2COOH$ 的羧酸。试写出 A、B、C 可能的结构式。

11-18 一种芳香醛和丙酮在碱作用下可以生成分子式为 $C_{12}H_{14}O_2$ 的化合物 A，A 经碘仿反应后生成 $C_{11}H_{12}O_3$ 的化合物 B。B 经催化加氢后生成 C。B、C 经氧化都生成分子式为 $C_9H_{10}O_3$ 的化合物 D。D 经 HBr 处理后生成邻羟基苯甲酸。试写出 A～D 的结构式。

11-19 某化合物(A)$C_4H_7ClO_2$，其核磁共振有 a、b、c 三组峰，a 在 $\delta$1.25 处有一个三重峰，b 在 3.95 处有一个单峰，c 在 4.21 处有一个四重峰。红外光谱在 1730 $cm^{-1}$ 区域有一强的吸收峰。化合物(B) $C_5H_{10}O$，其核磁共振有 a'、b'二组峰，a'在 $\delta$1.05 处有一个三重峰，b'在 2.47 处有一个四重峰，红外光谱在 1700 $cm^{-1}$ 附近有特征吸收峰。根据上述事实推测化合物 A、B 的结构简式。

11-20 化合物 A($C_9H_{10}O$)不能发生碘仿反应，其红外光谱表明在 1690 $cm^{-1}$ 处有一强吸收峰。核磁共振谱数据如下，推测 A 的结构。

$\delta$ 1.2(3H)三重峰　　$\delta$ 3.0(2H)四重峰　　$\delta$ 7.7(5H)多重峰

已知 B 为 A 的异构体，能发生碘仿反应，其红外光谱表明在 1705 $cm^{-1}$ 处有一强吸收峰。核磁共振谱数据如下，推测 B 的结构。

$\delta$ 2.0(3H)单峰　　$\delta$ 3.5(2H)单峰　　$\delta$ 7.1(5H)多重峰

# 第12章 羧酸及其衍生物

## (一) 羧 酸

分子中含有羧基(–COOH)的化合物称为羧酸(carboxylic acid)，其通式为 RCOOH。除甲酸外，羧酸可看作烃的羧基衍生物。按羧基所连的烃基种类不同，羧酸可分为脂肪族羧酸(如乙酸)、芳香族羧酸(如苯甲酸)；按烃基是否饱和，可分为饱和羧酸(如丙酸)和不饱和羧酸(如丙烯酸)；按羧酸分子中所连接羧基的数目不同，又可分为一元酸、二元酸以及多元酸。

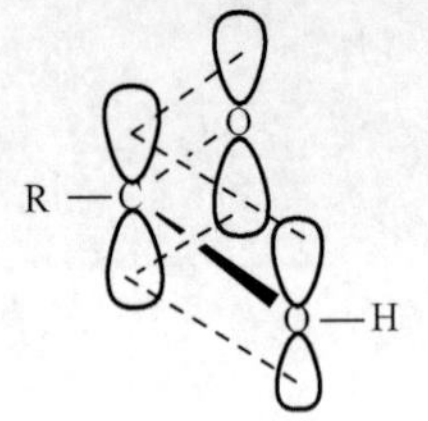

图 12-1 羧基的结构

羧基中的碳原子为 $sp^2$ 杂化，三个 $sp^2$ 杂化轨道分别与羰基氧原子、羟基氧原子和烃基碳原子(或氢原子)形成 σ 键，三个 σ 键在同一平面内，键角约为 120°。羧基碳原子上未参与杂化的 p 轨道与羰基氧原子的 p 轨道相互交盖而形成 π 键。羟基氧原子上未共用电子对 p 轨道可以与 π 键形成 p-π 共轭体系，发生电子离域。羧基的结构如图 12-1 所示。

## 12.1 羧酸的物理性质

低级脂肪酸是具有刺激性气味的液体，如甲酸、乙酸、丙酸等；中级脂肪酸是具有腐败气味的油状液体，包括丁酸至壬酸；癸酸以上的高级脂肪酸是无臭的固体。脂肪族二元羧酸和芳香族羧酸都是结晶固体。甲酸至丁酸能与水混溶。从戊酸开始随着相对分子质量增加，分子中非极性烃基增大，水溶性迅速降低。癸酸以上的羧酸不溶于水。低级的饱和二元羧酸也可溶于水，并随碳链的增长溶解度降低。芳酸的水溶性较小。

饱和一元羧酸的沸点随相对分子质量的增加而增高。羧酸的沸点比相对分子质量相同或相近的醇的沸点高。这是由于羧酸分子之间能由两个氢键互相结合形成双分子缔合二聚体。在固态和液态，羧酸主要以二聚体形式存在。

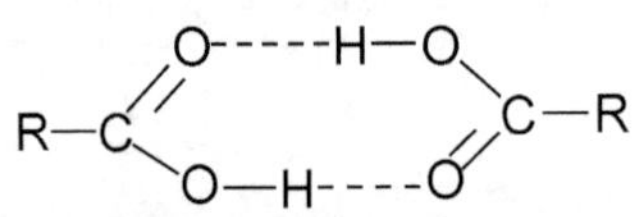

羧酸的熔点随着碳原子数的增加而呈锯齿状上升，含偶数碳原子羧酸的熔点比相邻两个奇数碳原子的羧酸的熔点高。这是因为偶数碳原子羧酸分子的对称性较高，晶体排列比较紧密。芳香族羧酸一般具有升华性，有些能随水蒸气挥发。一些羧酸的名称和物理常数见表 12-1。

羧酸分子中 C=O 的伸缩振动吸收在 1725～1700 $cm^{-1}$处出现，如果羰基与双键或苯环共轭，则使吸收向低波数位移，此时一般在 1700～1680 $cm^{-1}$范围内出现。O–H 的伸缩振动一般在 3300～2500 $cm^{-1}$范围内，峰形较宽，这是由于羧酸通常通过氢键形成二聚体。羧酸的 C–O 伸缩振动吸收在 1250 $cm^{-1}$ 区域。例如，庚酸的红外光谱如图 12-2 所示。

**表 12-1　一些羧酸的名称和物理常数**

| 化学式 | 系统名 | 俗名 | 熔点/℃ | 沸点/℃ | 溶解度/ g · (100 g $H_2O)^{-1}$ | p$K_a$ |
|---|---|---|---|---|---|---|
| HCOOH | 甲酸 | 蚁酸 | 8.4 | 100.7 | ∞ | 3.77 |
| $CH_3COOH$ | 乙酸 | 醋酸 | 16.6 | 118 | ∞ | 4.74 |
| $CH_3CH_2COOH$ | 丙酸 | 初油酸 | −21 | 141 | ∞ | 4.88 |
| $CH_3(CH_2)_2COOH$ | 丁酸 | 酪酸 | −5 | 164 | ∞ | 4.82 |
| $CH_3(CH_2)_3COOH$ | 戊酸 | 缬草酸 | −34 | 186 | 3.7 | 4.86 |
| $CH_3(CH_2)_4COOH$ | 己酸 | 羊油酸 | −3 | 205 | 1.0 | 4.85 |
| $CH_3(CH_2)_{10}COOH$ | 十二酸 | 月桂酸 | 44 | 225 | 不溶 | |
| $CH_3(CH_2)_{12}COOH$ | 十四酸 | 肉豆蔻酸 | 54 | 251* | 不溶 | |
| $CH_3(CH_2)_{14}COOH$ | 十六酸 | 棕榈酸(软脂酸) | 63 | 390 | 不溶 | |
| $CH_2{=}CHCOOH$ | 丙烯酸 | 败脂酸 | 13 | 141.6 | ∞ | 4.26 |
| $CH(CH_2)_7CH_3$ ‖ $CH(CH_2)_7COOH$ | 顺-十八碳-9-烯酸 | 油酸 | 16 | 285.6* | 不溶 | |
| $HC{=}CH(CH_2)_4COOH$ \| $CH_2CH{=}CH(CH_2)_7COOH$ | 十八碳-9,12-二烯酸 | 亚油酸 | −5 | 230 (2133 Pa) | 不溶 | |
| HOOCCOOH | 乙二酸 | 草酸 | 189.5 | 157 (升华) | 10 | p$K_{a_1}$ 1.23<br>p$K_{a_2}$ 4.19 |
| $HOOCCH_2COOH$ | 丙二酸 | 胡萝卜酸 | 135.6 | 140 (分解) | 140 | p$K_{a_1}$ 2.83<br>p$K_{a_2}$ 5.69 |
| $HOOCCH_2CH_2COOH$ | 丁二酸 | 琥珀酸 | 188 (185) | 235 (失水分解) | 6.8 | p$K_{a_1}$ 4.16<br>p$K_{a_2}$ 5.61 |
| CHCOOH ‖ CHCOOH | 顺丁烯二酸 | 马来酸 | 130.5 | 135 (分解) | 78.8 | p$K_{a_1}$ 1.83<br>p$K_{a_2}$ 6.07 |
| CH—COOH ‖ HOOC—CH | 反丁烯二酸 | 富马酸 | 286～287 | 200 (升华) | 0.70 | p$K_{a_1}$ 3.03<br>p$K_{a_2}$ 4.44 |
| $HOOC(CH_2)_4COOH$ | 己二酸 | 肥酸(凝脂酸) | 153 | 300.5(分解)265* | 2 | p$K_{a_1}$ 4.43<br>p$K_{a_2}$ 5.41 |
| 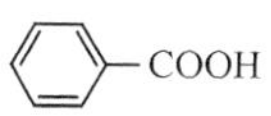 | 苯甲酸 | 安息香酸 | 122.4 | 100 (升华) 249 | 0.34 | 4.19 |
| 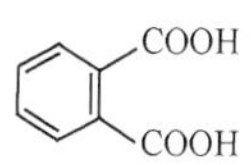 | 邻苯二甲酸 | 酞酸 | 231(速热) | | 0.70 | p$K_{a_1}$ 2.89<br>p$K_{a_2}$ 5.51 |
| 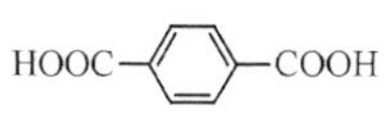 | 对苯二甲酸 | 对酞酸 | 300 (升华) | | 0.002 | p$K_{a_1}$ 3.51<br>p$K_{a_2}$ 4.82 |

*在 13332 Pa。

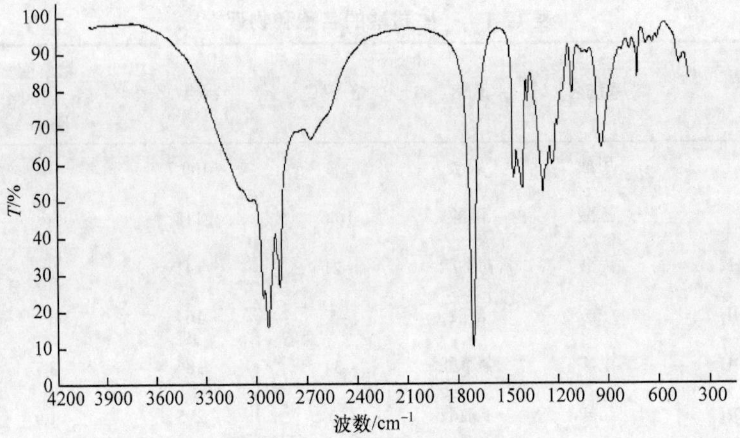


图 12-2 庚酸的红外光谱

羧酸中羧基的质子由于受到两个氧原子的吸电子诱导作用，屏蔽作用降低，化学位移出现在低场，其$\delta=10\sim13$。$\alpha$-碳原子上的质子受羧基的影响，化学位移也出现在较低场，$\delta$ 值一般大于 2。

## 12.2 羧酸的化学性质

羧酸的化学反应主要发生在羧基官能团以及受羧基影响较大的$\alpha$-碳原子上。根据羧酸分子结构中键的断裂方式不同而发生不同的反应，主要包括：羧酸的酸性、羰基的亲核加成-消除(羧酸衍生物生成)、脱羧反应以及羧基 $\alpha$-H 的取代反应等。

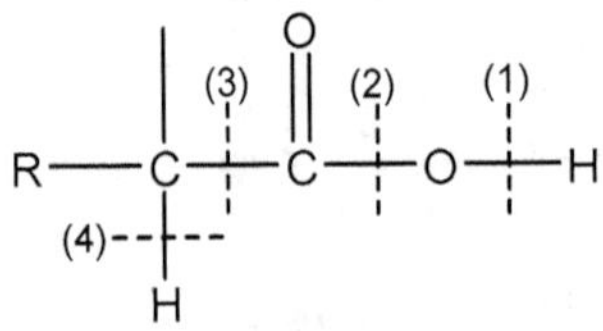

(1) 酸性
(2) 羰基的亲核加成-消除(羧酸衍生物生成)
(3) 脱羧反应
(4) $\alpha$-H的反应

### 12.2.1 酸性和成盐

1. 酸性和成盐

$$RCOOH \rightleftharpoons RCOO^- + H^+$$

在羧酸分子中，由于羟基氧上含孤电子对的 p 轨道与羰基发生了 p-π 共轭，键长平均化，氢氧键中氧原子上的电子云向共轭体系中心偏移，导致氢氧间的共享电子对更偏向于氧原子，其极性变大而有利于氢作为质子离去。同时，生成羧酸根负离子的负电荷通过 p-π 共轭可分散在两个电负性较强的氧原子上，由于负电荷得到分散，能量降低，因此羧酸根负离子比较稳定。实验已证明羧酸根负离子的结构和原来羧酸中羧基的结构有所不同，两个碳氧键是等同的，这种结构可以用下列共振结构式表示，故羧酸表现出明显的酸性。

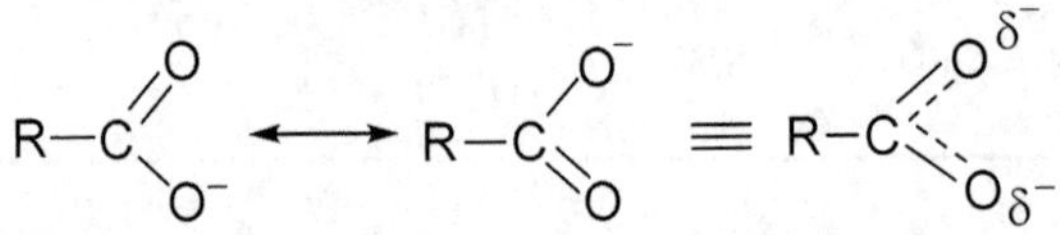

一般羧酸的 p$K_a$ 为 4～5，属于弱酸，大部分以未解离的形式存在，但比碳酸的酸性(p$K_a$ = 6.5)要强些。羧酸可与 NaOH、$Na_2CO_3$ 或 $NaHCO_3$ 溶液发生成盐反应：

$$RCOOH + NaHCO_3 \longrightarrow RCOONa + CO_2 + H_2O$$

将羧酸盐用无机酸酸化，又可转为原来的羧酸。羧酸的钾盐、钠盐、铵盐可溶于水，除高级羧酸盐外，一般均不溶于有机溶剂，因此常利用这些特性从混合物中分离、提纯或鉴别羧酸。

苯酚(p$K_a$ = 10)不能和碳酸氢钠发生反应，因此可利用这个性质来分离或鉴别酚和羧酸。

2. 影响酸性的因素

不同结构的羧酸其酸性强弱不同。表 12-2 列出了部分羧酸及卤代羧酸的 p$K_a$ 值。影响羧酸酸性强弱的因素很多，包括电子效应、邻位效应、溶剂和温度等因素，其中最重要的因素是电子效应。电子效应包括诱导效应和共轭效应。

**表 12-2 部分羧酸和卤代羧酸的 p$K_a$ 值**

| 羧酸 | 构造式 | p$K_a$ | 卤代乙酸 | 构造式 | p$K_a$ |
|---|---|---|---|---|---|
| 甲酸 | HCOOH | 3.77 | 氯乙酸 | $ClCH_2COOH$ | 2.86 |
| 乙酸 | $CH_3COOH$ | 4.74 | 二氯乙酸 | $Cl_2CHCOOH$ | 1.26 |
| 丁酸 | $CH_3CH_2CH_2COOH$ | 4.82 | 三氯乙酸 | $Cl_3CCOOH$ | 0.64 |
| α-氯代丁酸 | $CH_3CH_2CHClCOOH$ | 2.84 | 氟乙酸 | $FCH_2COOH$ | 2.66 |
| β-氯代丁酸 | $CH_3CHClCH_2COOH$ | 4.06 | 溴乙酸 | $BrCH_2COOH$ | 2.86 |
| γ-氯代丁酸 | $ClCH_2CH_2CH_2COOH$ | 4.52 | 碘乙酸 | $ICH_2COOH$ | 3.12 |

1) 诱导效应的影响

从表 12-2 中的数据可以看出：羧酸分子烃基上的氢原子被氯原子取代后，其酸性增强。氯乙酸的酸性(p$K_a$ = 2.86)比乙酸(p$K_a$ = 4.74)酸性强，这是因为氯原子的电负性较大，具有吸电子诱导效应，使羟基氧原子上的电子云向氯原子方向偏移，有利于质子的解离，并使羧酸根负离子稳定，使酸性增强。羧酸分子中引入的取代原子电负性越强，吸电子诱导效应越强，酸性也就越强。所以氟乙酸的酸性比氯乙酸的酸性要强。

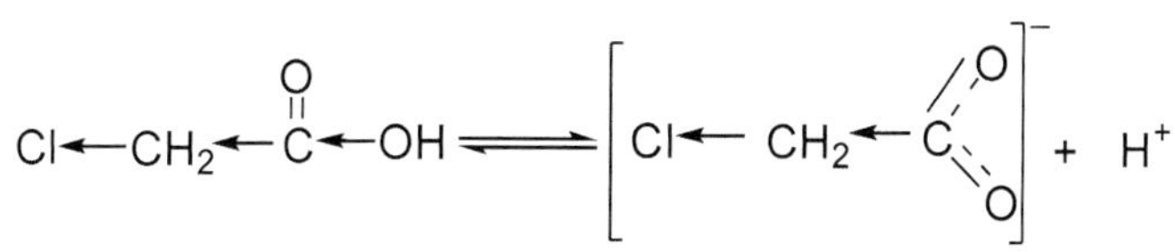

另外，从表 12-2 还可以看出：羧酸分子中引入氯原子的数目越多，吸电子诱导效应越强，酸性也越强，这是由于诱导效应具有加和性。所以三氯乙酸的酸性要远比氯乙酸的酸性强。诱导效应是沿着 σ 键由近及远传递的一种电子效应，氯原子距羧基的位置越近，对羧基的影响越大，酸性越强；随着传递距离的增加，氯原子的影响逐渐减弱，一般超过三个原子后影响就不明显了。所以 α-氯代丁酸的酸性要比 γ-氯代丁酸的酸性强。

羧酸分子中引入供电子基团后，供电子诱导效应使酸性减弱。因为烷基具有供电子性，乙酸、丙酸等脂肪酸的酸性比甲酸弱。

2) 共轭效应的影响

共轭效应的本质是共轭体系中的电子离域。当共轭体系上的取代基能使体系的电子云密度降低，则这些基团有吸电子共轭效应，如$-NO_2$、$-CN$、$-COOH$、$-SO_3H$ 等。反之，当共轭体系上的取代基能使体系的电子云密度增高，则这些基团有给电子共轭效应，如$-NHR$、$-OH$、$-OR$ 等。共轭效应的一个显著特点是不受距离的影响，可通过共轭体系交替地传到另一端。

表 12-3 列出了取代苯甲酸($Y-C_6H_4-COOH$)的 p$K_a$ 值。从表 12-3 中可看出，取代苯甲酸的酸性不但与取代基的种类有关，还与取代基的位置有关。

**表 12-3 取代苯甲酸($Y-C_6H_4-COOH$)的 p$K_a$ 值(25℃)**

| Y | *o*- | *m*- | *p*- | Y | *o*- | *m*- | *p*- |
|---|---|---|---|---|---|---|---|
| $CH_3$ | 3.91 | 4.27 | 4.38 | CN | 3.14 | 3.64 | 3.55 |
| $C_2H_5$ | 3.79 | 4.27 | 4.35 | $CF_3$ | – | 3.77 | 3.66 |
| F | 3.27 | 3.86 | 4.14 | OH | 2.98 | 4.08 | 4.57 |
| Cl | 2.92 | 3.83 | 3.97 | $OCH_3$ | 4.09 | 4.09 | 4.47 |
| Br | 2.85 | 3.81 | 3.97 | $C_6H_5$ | 3.46 | 4.14 | 4.21 |
| I | 2.86 | 3.85 | 4.02 | $NO_2$ | 2.21 | 3.49 | 3.42 |

芳环上的取代基对于羧基的影响和在饱和碳链中诱导效应的影响是完全不同的。如苯环上连有一个硝基，由于苯环 π 电子与硝基上氮氧双键 π 电子发生共轭作用，电子云向电负性很强的氧原子转移，因此硝基在苯环上除吸电子诱导效应外，还有吸电子的共轭效应。共轭效应使硝基的邻位与对位碳原子电子云密度降低，带有正电性。按照共振论的写法，硝基苯由下列极限结构叠加组成：

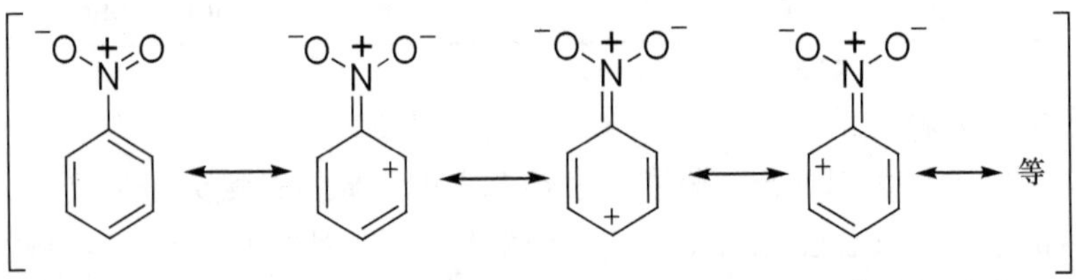

共振杂化体在邻、对位电子云密度较小，邻、对位具有吸电子能力，所以邻、对硝基苯甲酸的酸性要大于间硝基苯甲酸。

当卤素、羟基、烷氧基等取代基处在羧基对位时，这些基团上的孤电子对 p 轨道可以与苯环 π 键发生 p-π 共轭。例如，对烷氧基苯甲酸具有如下共振结构式：

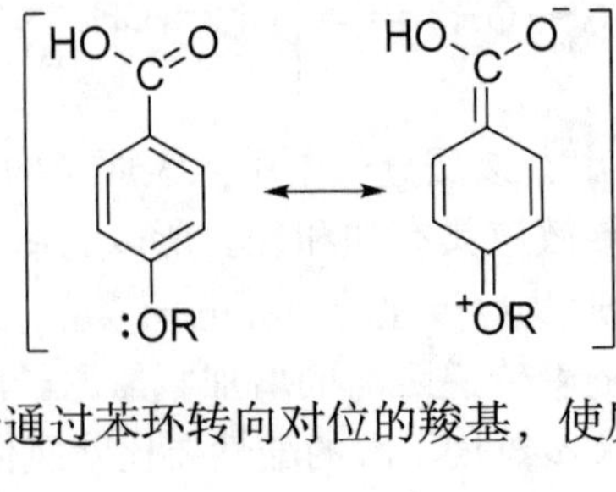

对位烷氧基上的 p 电子云通过苯环转向对位的羧基，使质子不易离去，因此酸性较间位取代的苯甲酸低。

另外，从表 12-3 中还可看出，邻位取代苯甲酸的酸性，无论取代基是给电子基还是吸电子基，酸性均较间位和对位的强。邻位取代基对取代苯甲酸的酸性影响，除了有基团的电子效应外，还有基团的场效应(field effect)、立体效应(steric effect)、氢键的形成等因素，总称为邻位效应(ortho effect)。例如，邻位的$-CH_3$、$-C_2H_5$由于空间拥挤，取代基破坏了羧基与苯环的共平面性，苯环对羧基的供电子共轭效应减弱甚至消失，使其酸性接近甲酸，这种立体效应使其酸性比间位或对位取代苯甲酸强。另外，具有强吸电子作用的邻位取代基(如$-NO_2$)，由于它可在空间上对羧酸根施加空间诱导作用(统称场效应)，使羧酸根上的负电荷通过空间场直接分散到邻位的吸电子基团上，结果使羧酸根的稳定性增加，酸性比其间位和对位异构体的强。有的邻位取代苯甲酸，如邻羟基苯甲酸(水杨酸)，由于羧酸根负离子与相邻的羟基可以通过形成氢键而使其稳定性增强，所以邻羟基苯甲酸的酸性也比其间位和对位异构体都强。

此外，烷基与苯环相连时，有给电子的诱导效应和超共轭效应，使间位和对位烷基苯甲酸的酸性比苯甲酸略低。邻位烷基苯甲酸由于邻位效应其酸性比对位烷基苯甲酸的高。

### 12.2.2 羟基的取代反应——羧酸衍生物的生成

羧酸分子中羧基上的羟基可以被烷氧基、卤素、酰氧基及氨基等取代，分别生成酯、酰卤、酸酐和酰胺等羧酸衍生物。

1. 酯的生成

醇和酸在无机酸的作用下失去水生成的产物称为酯，该反应称为酯化反应(esterification)。例如：

$$CH_3COOH + C_2H_5OH \xrightleftharpoons{H^+} CH_3COOC_2H_5 + H_2O$$

常用的催化剂有硫酸、氯化氢和对甲苯磺酸以及酸性树脂等。这个反应是可逆反应，当反应进行到一定程度时，达到平衡。为了使反应尽可能完全，常可加入带水剂如苯或环己烷等通过共沸法把生成的水从反应体系中移除，或将生成的酯及时蒸出，促使反应向右进行；也可以使酸或醇过量，以改变反应平衡时反应物与产物的组成。

在酯化反应中，羧基参与反应有两种可能的断裂方式：一种是羧基的酰氧键断裂，羧基提供羟基生成水；另一种是醇的烷氧键断裂，醇提供羟基生成水。通过示踪原子的实验表明，大多数酯化反应是按照第一种方式脱水的。例如，用含 $^{18}O$ 的醇与羧酸反应，结果发现生成的酯含有 $^{18}O$。

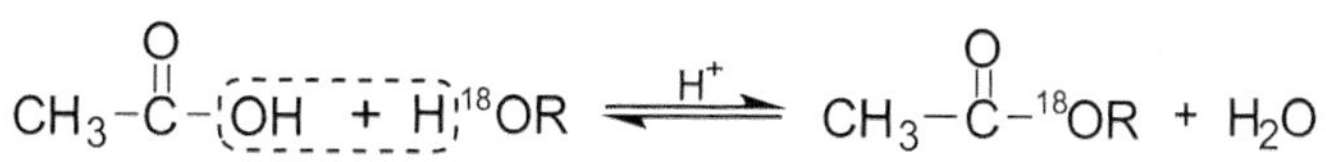

根据以上证据，可以认为一般的酯化反应是由羧酸提供羟基。酯化反应的反应机理如下：

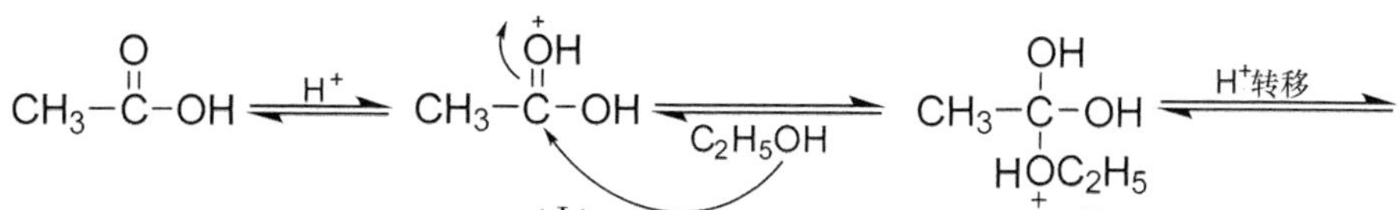

(Ⅰ) (Ⅱ)

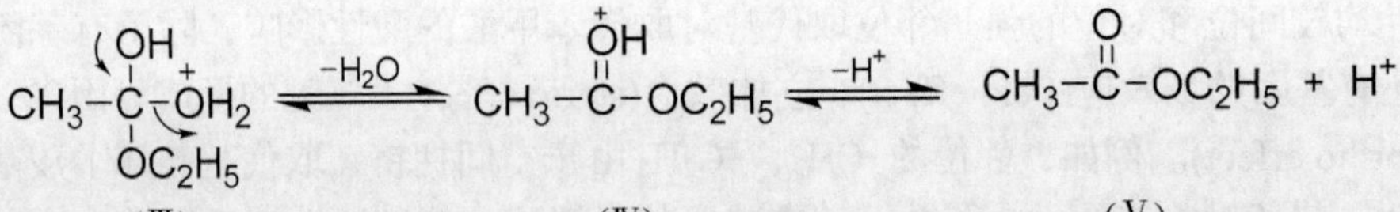

（Ⅲ）　　（Ⅳ）　　（Ⅴ）

上述反应中，羧酸分子中的羰基首先结合质子(Ⅰ)，增加了羰基碳的正电荷密度，有利于亲核试剂 ROH 对羰基的亲核进攻，形成一个四面体中间体(Ⅱ)，然后质子转移(Ⅲ)，消除水生成中间体(Ⅳ)，再消除质子形成酯(Ⅴ)。这个反应过程是一个加成-消除历程。在反应过程中，第二步亲核试剂 ROH 对羰基的亲核进攻反应速率较慢，决定整个酯化反应的反应速率。这是由于羧基中心碳原子是 $sp^2$ 杂化，而中间体(Ⅱ)结构中的碳原子为 $sp^3$ 杂化，中心碳原子空间拥挤程度增大，体系能量升高，反应活化能升高，使反应速率较慢。生成中间体(Ⅳ)减轻了中心碳原子的拥挤程度，故反应速率较快。

酯化反应快慢取决于中间体(Ⅱ)的稳定性。羧酸的 R 基和醇中的 R′基团体积过大，使中间体结构中基团空间拥挤程度增大，能量升高，不稳定，反应活化能增大，反应较难进行。所以当 R 和 R′基团体积增大时，反应速率减慢。总体上讲，羧酸与一级醇、二级醇酯化时，绝大多数属于上述反应机理，并且酸的反应活性为：$HCOOH > CH_3COOH > RCH_2COOH > R_2CHCOOH > R_3CCOOH$；醇的反应活性为：$CH_3OH > RCH_2OH > R_2CHOH$。

叔醇由于取代基体积过大，很难按上述成酯反应历程进行，而是在酸性条件下脱水生成碳正离子，然后和羧基反应生成酯。酯化反应则按下列历程进行：

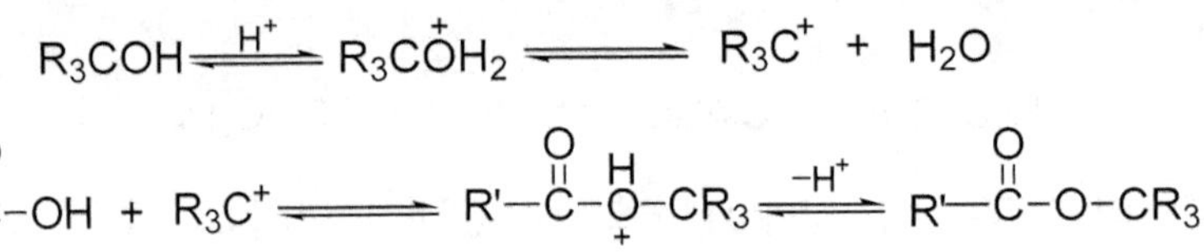

由于叔碳正离子易消除成烯，叔醇酯化反应产率很低。

2. 酰氯的生成

羧酸与三氯化磷、五氯化磷或亚硫酰氯反应，可生成酰氯。

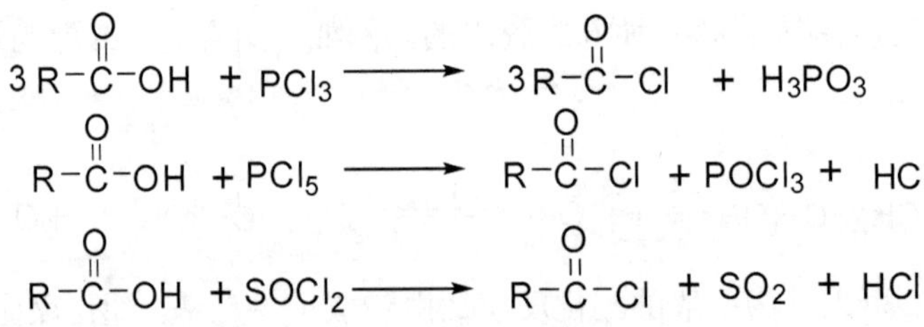

酰氯非常活泼，极易水解，所含无机杂质不能水洗除去，只能用蒸馏方法分离。在选择酰化剂时，要注意产物与副产物的沸点差距，差距较大有利于产物的分离提纯。

亚硫酰氯(b.p. 79℃)在实验室中常用来制备酰氯，反应条件温和，室温或回流条件下即可反应。通常用过量的亚硫酰氯作为溶剂，由于生成的 HCl 和 $SO_2$ 可从反应体系中逸出，所以反应的转化率很高，有时产物不需提纯即可使用。

酰溴和酰碘较活泼，易水解，不易储存，酰氟难以制备。因此，酰卤中最常用的是酰氯。

3. 酸酐的生成

在五氧化二磷的作用下，两分子羧酸(甲酸除外)可脱去一分子水生成酸酐。

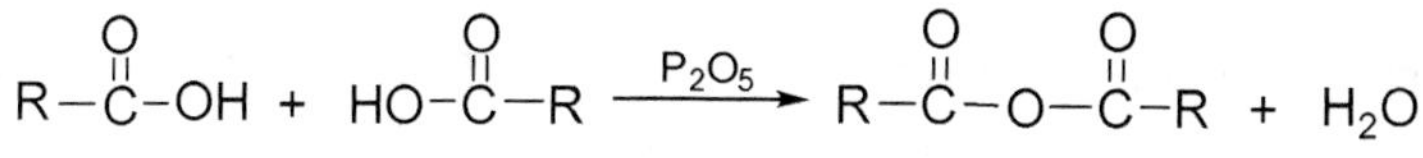

除用 $P_2O_5$ 外，还可以用乙酸酐作为脱水剂制取其他的酸酐。此法适用于制备沸点比乙酸高的酸酐，因为这是一个可逆反应，反应过程中把乙酸蒸出，有利于正反应进行。

有些二元酸，如丁二酸、戊二酸等，只需加热，分子内就可脱水形成五元环或六元环的酸酐，而不必使用脱水剂，这是由于五、六元环稳定，容易形成。

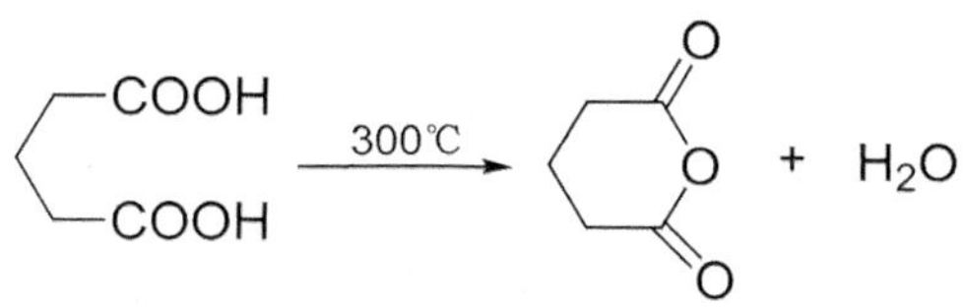

混合酸酐可由酰卤与干燥的羧酸盐作用得到，这也是实验室制备混合酸酐常用的一种方法。

工业上，乙酸酐是通过乙酸与乙烯酮反应来制备的。

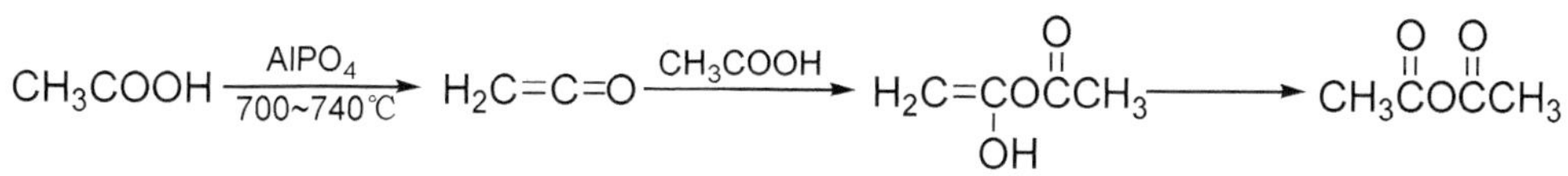

4. 酰胺的生成

羧酸与氨(胺)或碳酸铵反应生成铵盐，铵盐加热后部分脱水得到酰胺。

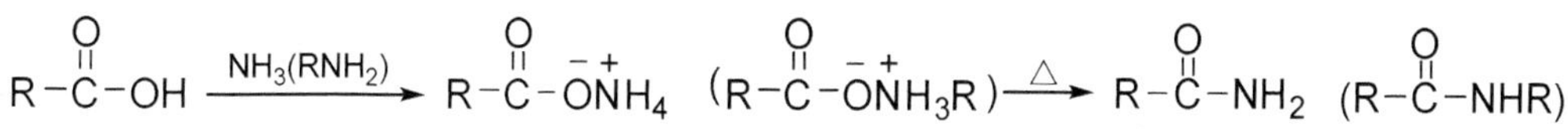

例如苯胺与乙酸作用，得到乙酰苯胺。

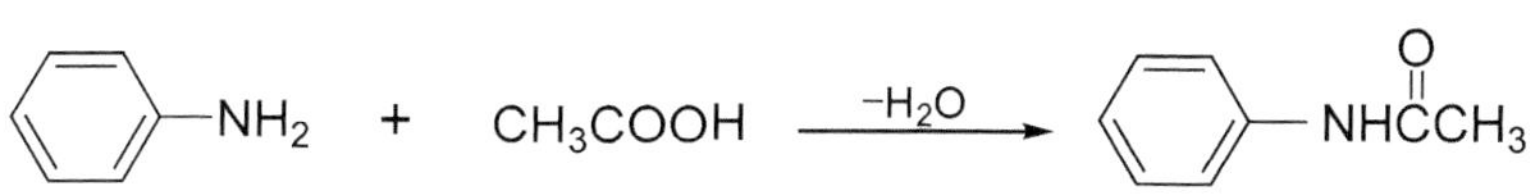

### 12.2.3　还原反应

羧酸在一般条件下不易被化学还原剂如硼氢化钠等所还原，只能被强还原剂如氢化铝锂($LiAlH_4$)或在高温(300～400℃)高压(20～30 MPa)下，用铜、锌、亚铬酸镍等催化剂催化加氢还原为伯醇。

$$RCOOH + LiAlH_4 \xrightarrow[2)H_3O^+]{1)C_2H_5OC_2H_5} RCH_2OH$$

$$RCOOH + H_2 \xrightarrow[300\sim400℃,20\sim30\ MPa]{Cu} RCH_2OH$$

用氢化铝锂直接还原羧酸，不但产率高，而且还原不饱和羧酸时，对碳碳不饱和键没有影响，但由于其价格昂贵，在工业上还不能广泛应用。除直接还原外，也可以将羧酸先酯化后，再将酯还原成醇要容易得多。

### 12.2.4 脱羧反应

羧酸或其盐类加热时，能够失去羧基放出 $CO_2$ 的反应称为脱羧反应。例如，羧酸的无水碱金属盐与碱石灰(NaOH+CaO)共热，则从羧基中脱去 $CO_2$ 生成烃：

$$CH_3COOH \xrightarrow[\triangle]{NaOH+CaO} CH_4 + CO_2$$

此反应是实验室制取甲烷的方法。这类反应因副产物很多，不易分离，一般不用来制备烷烃。

如果羧酸的 $\alpha$-碳上连有吸电子基团如硝基、卤素、羰基、氰基等，由于诱导效应，羧基变得不稳定，容易进行脱羧反应。特别是 $\beta$-羰基酸很容易进行脱羧反应，该反应是通过六中心过渡态进行的。

$$CH_3\overset{O}{\overset{\|}{C}}CH_2COOH \xrightarrow{\triangle} CH_3\overset{O}{\overset{\|}{C}}CH_3 + CO_2$$

$$HOOCCH_2COOH \xrightarrow{\triangle} CH_3COOH + CO_2$$

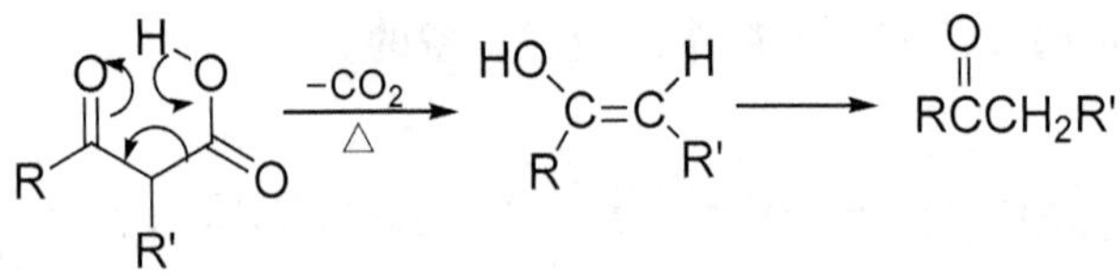

### 12.2.5 $\alpha$-氢的取代反应

由于羧基是一个吸电子基，$\alpha$-碳上的氢具有一定的活性，但由于羧基中的羰基与羟基发生了 p-π共轭，与醛酮中的羰基相比，羧基的吸电子能力较小，所以 $\alpha$-碳上氢的活性比醛酮中 $\alpha$-碳上氢的活性要低，取代反应较醛酮慢，需要在催化剂的作用下才能进行。羧酸 $\alpha$-卤代反应称为 Hell-Volhard-Zelinsky(海尔-福尔哈德-泽林斯基)反应。该反应是在催化量的三氯化磷或三溴化磷的作用下，卤素取代羧酸的 $\alpha$-H。控制卤素的用量，可以得到一元或多元卤代酸。

$$RCH_2COOH + Br_2 \xrightarrow{PBr_3} R\underset{Br}{\underset{|}{C}}HCOOH + HBr$$

三卤化磷的催化作用是让羧酸先形成酰卤，由于酰卤的 $\alpha$-氢比羧酸的 $\alpha$-氢活泼，从而更容易形成烯醇式，加快了卤化反应。在反应时，常用少量红磷代替三卤化磷，因为红磷与卤素相遇生成卤化磷可催化反应。反应机理如下：

$$P + Br_2 \longrightarrow PBr_3$$

$$3\,RCH_2COOH + PBr_3 \longrightarrow 3\,RCH_2COBr + P(OH)_3$$

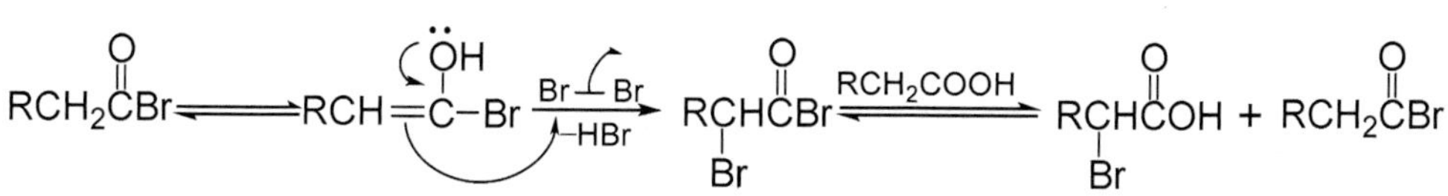

$\alpha$-卤代酸是制备其他 $\alpha$-取代酸的母体。例如，$\alpha$-溴代酸可以制备 $\alpha$-羟基酸、$\alpha$-氨基酸、$\alpha,\beta$-不饱和酸以及 $\alpha$-氰基酸等。

## 12.3 羧酸的制法

### 1. 烃的氧化

羧酸具有较高的氧化态，许多有机化合物如烃、醇、醛等均可被氧化生成羧酸。烷烃的氧化产物比较复杂，一般在实验室不用于制备羧酸。在工业上高级烷烃在锰盐催化下加热，用空气或氧气氧化，可制得脂肪酸的混合物，分子中含 12～18 个碳的脂肪酸可用作表面活性剂和制造肥皂的原料。

烯烃和炔烃的氧化也常用来制备羧酸，常用的氧化剂有高锰酸钾、铬酸等。一般来说，端基烯、对称烯烃和环状烯烃氧化后得到的产物较单一。

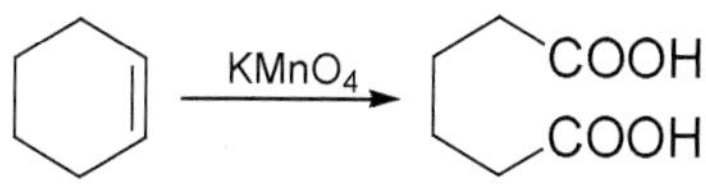

芳烃的侧链氧化是合成芳香族羧酸的常用方法，高锰酸钾、重铬酸钾以及硝酸均为常用的氧化剂，工业上大都是利用空气氧化法来制备。但要求侧链的 $\alpha$-碳上有氢原子，如果是叔碳原子，则很难氧化。而且，不管侧链多长，只要苯环的 $\alpha$-碳上有氢原子，氧化的最终结果都生成苯甲酸。

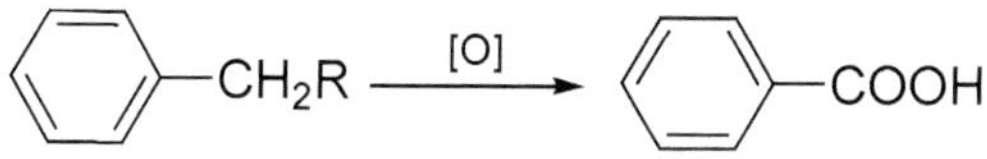

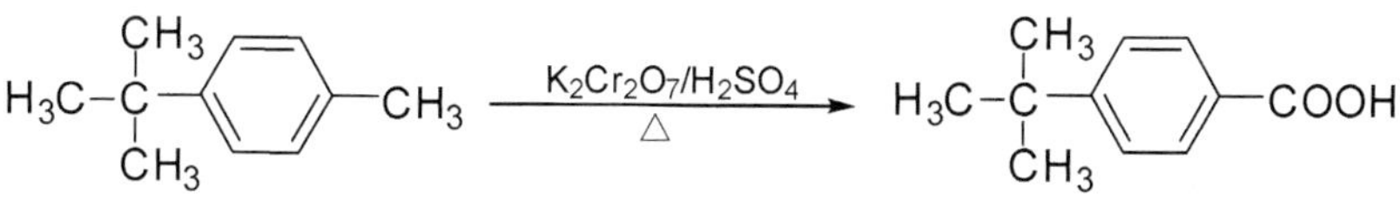

### 2. 伯醇或醛的氧化

伯醇或醛氧化可生成相应的羧酸，这是制备羧酸最普遍的方法。伯醇氧化先生成醛，醛进一步氧化生成羧酸。常用的氧化剂有重铬酸钾-硫酸、三氧化铬-冰醋酸、高锰酸钾、硝酸等。工业上常用氧气或空气与催化剂一起进行催化氧化。由此法所制得的羧酸的碳原子数与原来的伯醇或醛的碳原子数相等。

$$\mathrm{RCH_2OH} \xrightarrow{[\mathrm{O}]} \mathrm{RCHO} \xrightarrow{[\mathrm{O}]} \mathrm{RCOOH}$$

不饱和醇或醛也可以氧化生成相应的羧酸，但须选用适当的氧化剂，如湿润的氧化银或 $[Ag(NH_3)_2]^+$(Tollens 试剂)等，以免影响不饱和键。例如：

$$\mathrm{CH_3CH{=}CHCHO} \xrightarrow{\mathrm{AgNO_3,NH_3}} \mathrm{CH_3CH{=}CHCOOH}$$

3. 由水解反应制备

1) 腈的水解

腈在碱或酸催化下可水解生成羧酸。腈由卤代烷与氰化钠反应制得，所得羧酸比相应卤代烷多一个碳原子。但此法不适用于仲卤代烃和叔卤代烃，这是因为 NaCN 和 KCN 碱性较强，易使仲卤代烃或叔卤代烃脱去卤化氢而成烯烃。

$$\mathrm{RCN} \xrightarrow[\mathrm{H_2O}]{\mathrm{NaOH}} \mathrm{RCOONa} \xrightarrow{\mathrm{H^+}} \mathrm{RCOOH}$$

$$\mathrm{(CH_3)_2CHCH_2CH_2Cl} \xrightarrow{\mathrm{NaCN}} \mathrm{(CH_3)_2CHCH_2CH_2CN} \xrightarrow{75\%\ \mathrm{H_2SO_4}} \mathrm{(CH_3)_2CHCH_2CH_2COOH}$$

2) 多卤代烷的水解

多卤代烷水解可得羧酸。工业上也可用甲苯氯化得苯三氯甲烷，再水解可得苯甲酸。

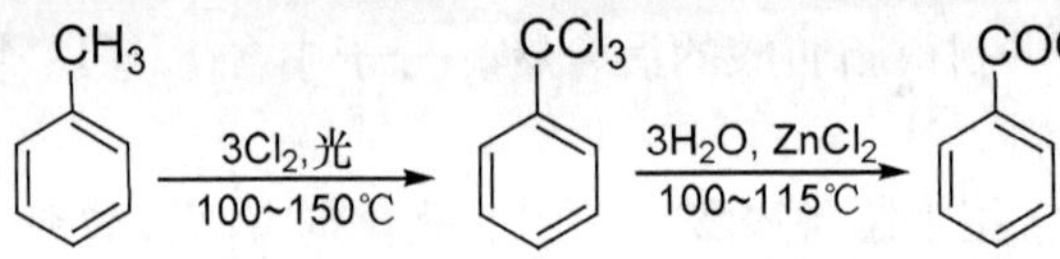

4. 通过格氏试剂制备

将格氏试剂倒在干冰(固体 $CO_2$)上，或将 $CO_2$ 在低温下通入格氏试剂的干醚溶液中，待 $CO_2$ 不再被吸收后，把所得的混合物水解，便得到羧酸。此法合成的羧酸也比原来制备格氏试剂的烃基多一个碳原子。

$$\mathrm{RMgX} + \mathrm{CO_2} \xrightarrow[\text{低温}]{\mathrm{C_2H_5OC_2H_5}} \mathrm{R\overset{O}{\overset{\|}{C}}OMgX} \xrightarrow{\mathrm{H_3^+O}} \mathrm{RCOOH}$$

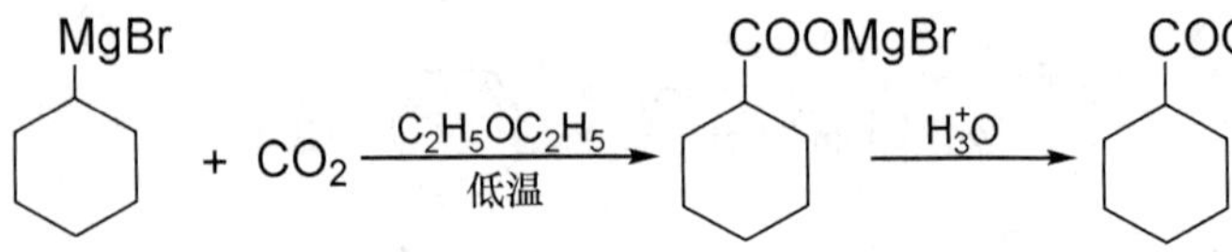

5. 酚酸的合成

工业上在加热加压下，由苯酚钠和二氧化碳作用可直接生成邻羟基苯甲酸：

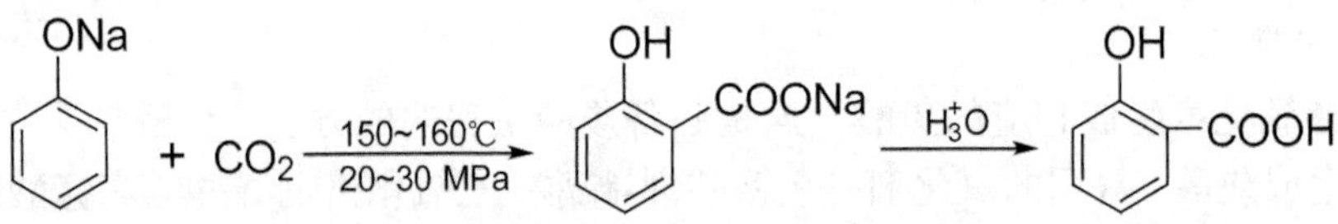

用苯酚钾与二氧化碳作用，几乎定量得到对羟基苯甲酸钾，再用无机酸酸化则得对羟基苯甲酸：

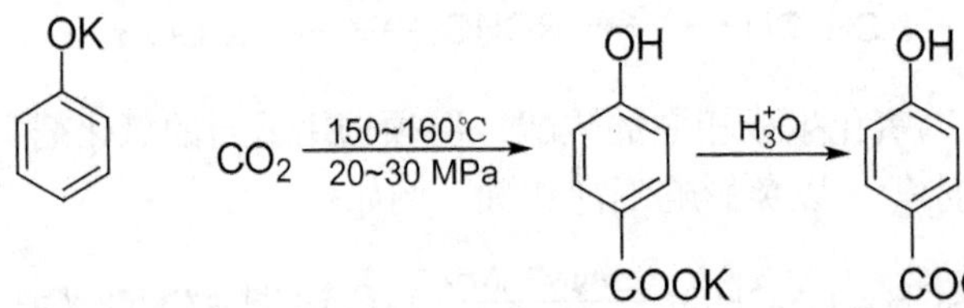

此反应称为 Kolbe-Schmitt(科尔伯-施密特)反应(参见 10.2.4)。

## 12.4　二 元 羧 酸

分子中含有两个羧基的化合物称为二元羧酸。脂肪族二元羧酸广泛存在于自然界，最简单的二元羧酸是乙二酸(俗称草酸)，存在于许多植物中，如菠菜等。丁二酸存在于琥珀、化石等中，戊二酸和己二酸存在于甜菜中。二元羧酸除具有一元酸的通性外，由于两个羧基之间的相互影响，二元羧酸还具有一些特殊的性质。

### 12.4.1　酸性

二元羧酸分子中含有两个羧基，有两个可解离的氢，它们是分步解离的：

$$\mathrm{HOOC(CH_2)_{\mathit{n}}COOH} \xrightleftharpoons{K_{a_1}} \mathrm{HOOC(CH_2)_{\mathit{n}}COO^-} + \mathrm{H^+}$$

$$\mathrm{HOOC(CH_2)_{\mathit{n}}COO^-} \xrightleftharpoons{K_{a_2}} \mathrm{^-OOC(CH_2)_{\mathit{n}}COO^-} + \mathrm{H^+}$$

因此，二元酸有两个解离常数 $K_{a_1}$ 和 $K_{a_2}$，且 $K_{a_1}$ 比 $K_{a_2}$ 大得多，这是由于羧基有强的吸电子效应，两个羧基之间相互影响，且距离越近，影响越大。例如，草酸的 $pK_{a_1}$ 值为 1.27，丙二酸的 $pK_{a_1}$ 值为 2.85，而丁二酸以上的 $pK_{a_1}$ 值相差较小，但均较乙酸的酸性强。当第一个羧基解离成为羧酸根负离子后，它所带的负电荷对第二个羧基具有强的供电子能力和场效应，使第二个羧基的氢原子较不容易解离，所以二元酸的 $pK_{a_2}$ 总是大于 $pK_{a_1}$ (见表 12-1)。

### 12.4.2　二元羟酸的受热反应

各种二元羟酸受热后，由于两个羧基的位置不同，而发生不同的化学反应，有的脱去一分子水，有的脱去羧基，有的同时脱去水和羧基。草酸和丙二酸加热脱去 $CO_2$，生成甲酸和乙酸，丁二酸和戊二酸加热脱水生成环状酸酐；己二酸和庚二酸加热失去水和 $CO_2$，生成环戊酮和环己酮；庚二酸以上的二元羟酸，在高温时发生分子间的失水作用，形成高分子的聚酐。

$$\mathrm{HOOCCOOH} \xrightarrow{160\sim180℃} \mathrm{HCOOH} + \mathrm{CO_2}$$

$$\mathrm{HOOCCH_2COOH} \xrightarrow{140\sim160℃} \mathrm{CH_3COOH} + \mathrm{CO_2}$$

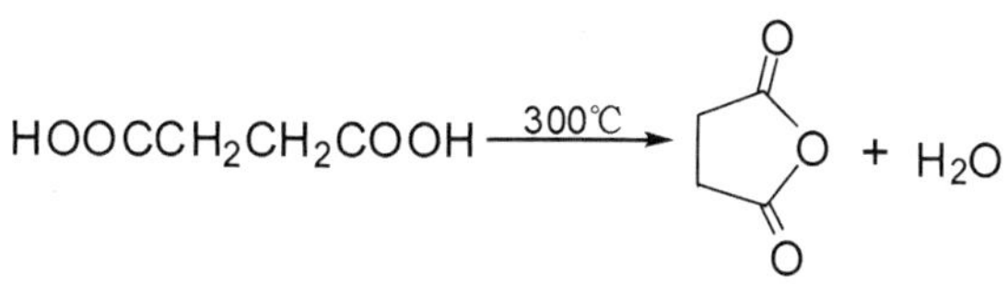

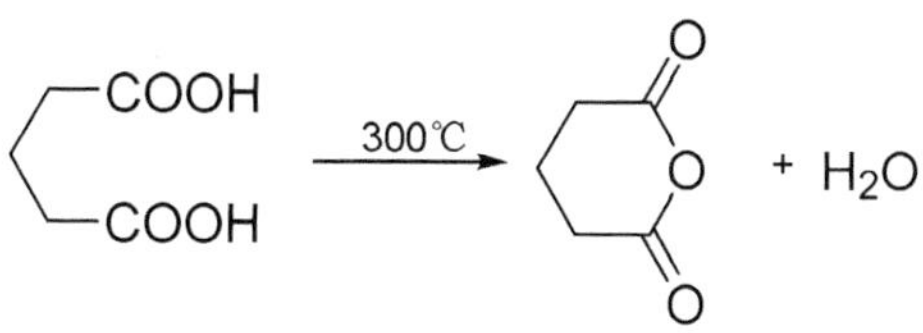

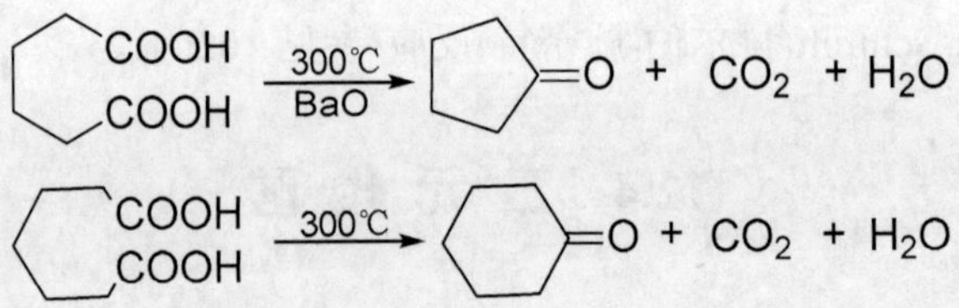

根据以上反应可以发现，在成环时总是倾向于形成张力较小的五元或六元环。另外，烃基上有取代基的二元酸，热分解时不受影响。芳香二元酸也能进行上述反应：

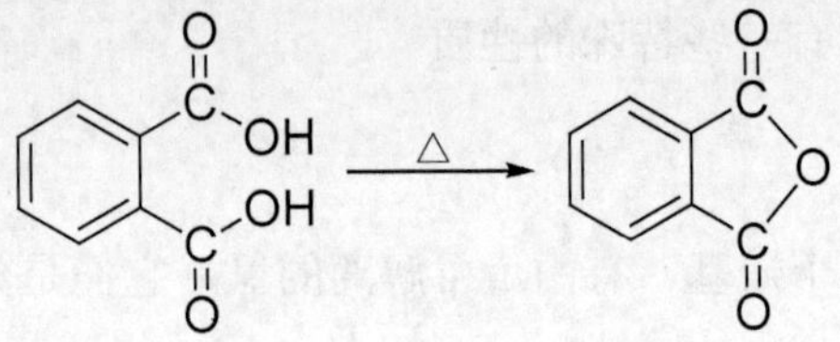

多元酸与多元醇之间发生缩聚反应，生成大分子化合物聚酯，可以是饱和的，也可以是不饱和的聚酯，聚酯是重要的高分子材料。

二元羧酸的二铵盐在受热时发生分子内的脱水、脱氨反应，生成五元或六元环状酰亚胺。例如：

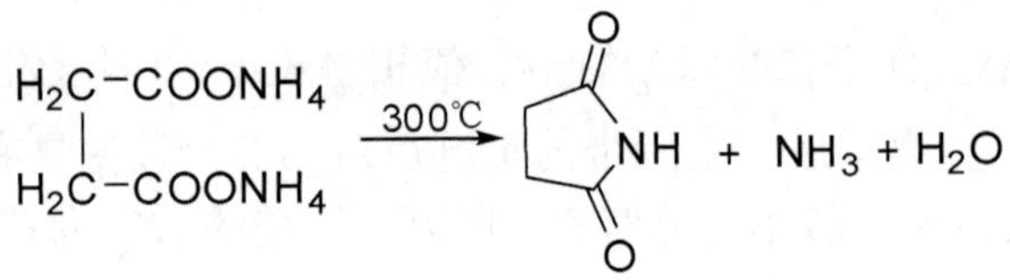

## 12.5 羟基酸

羟基酸是指分子中同时具有羟基和羧基的化合物。根据羟基在烃基的位置不同，可分为 *α*-羟基酸、*β*-羟基酸、*γ*-羟基酸等。通常把羟基连在碳链末端的称为 *ω*-羟基酸。羟基连在饱和碳链上的羟基酸又称为醇酸。芳酸的芳环上直接连有羟基的酸称为酚酸。

### 12.5.1 羟基酸的性质

羟基酸一般为结晶固体或黏稠液体。由于羟基酸分子中含有羟基和羧基，这两个基团都能分别与水形成氢键，所以羟基酸在水中的溶解度比一般的羧酸大，低级的羟基酸可以与水混溶。羟基酸的熔点比相应的羧酸高。羟基酸兼有羟基和羧基的特性，并由于羟基和羧基的相互影响而具有一些特殊的性质。

1. 酸性

在羟基酸分子中，羟基是吸电子基团，它对羧基有吸电子诱导效应，使羟基酸的酸性较相应的脂肪羧酸强。但羟基不如卤代酸中卤素的吸电子诱导效应大，所以比相应的卤代羧酸的酸性要弱。羟基距羧基距离越远，对酸性影响越小。表 12-4 列出了部分羧酸和羟基酸的 p$K_a$ 值。

表 12-4　部分羧酸和羟基酸的 $pK_a$ 值

| 构造式 | $pK_a$ | 构造式 | $pK_a$ |
|---|---|---|---|
| $CH_3COOH$ | 4.76 | 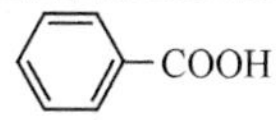 | 4.19 |
| $HOCH_2COOH$ | 3.85 | 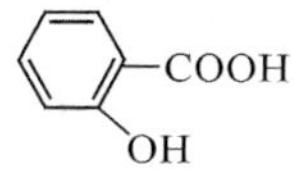 | 2.98 |
| $CH_3CH_2COOH$ | 4.88 | 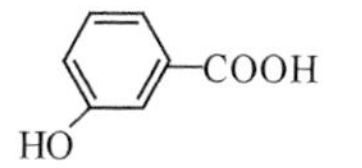 | 4.07 |
| $CH_3CH(OH)COOH$ | 3.68 | 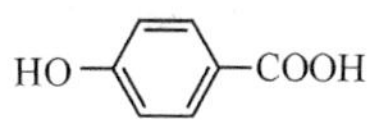 | 4.58 |
| $HOCH_2CH_2COOH$ | 4.51 | | |

连接在芳环上的羟基因共轭和诱导的双重作用(方向相反)，而使对羟基苯甲酸的酸性降低。其中邻羟基苯甲酸(水杨酸)的酸性较强，是因为电离后可形成分子内氢键，使羧酸根负离子得到稳定，从而有利于羧酸解离。

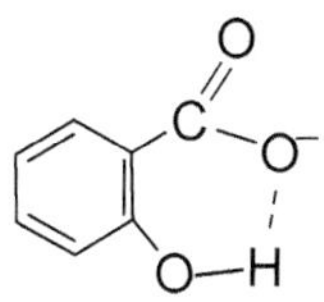

2. 脱水反应

羟基酸受热或与脱水剂共热时，可发生脱水反应。根据羟基和羧基的相对位置不同，脱水反应的产物也不同。

$\alpha$-羟基酸受热时，两分子间的羟基与羧基相互酯化脱水而生成交酯。$\beta$-羟基酸受热时，发生分子内脱水而生成 $\alpha,\beta$-不饱和酸。

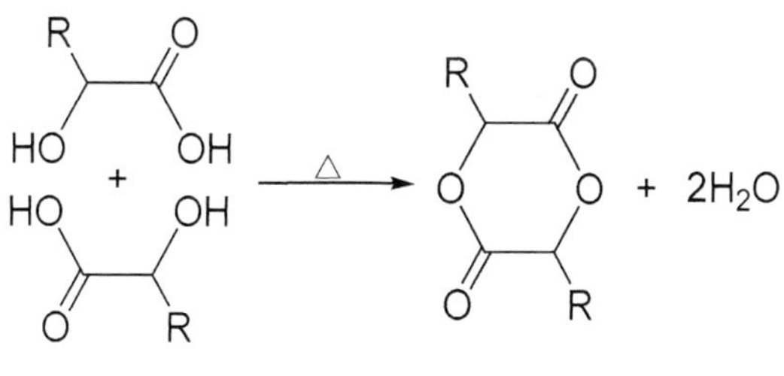

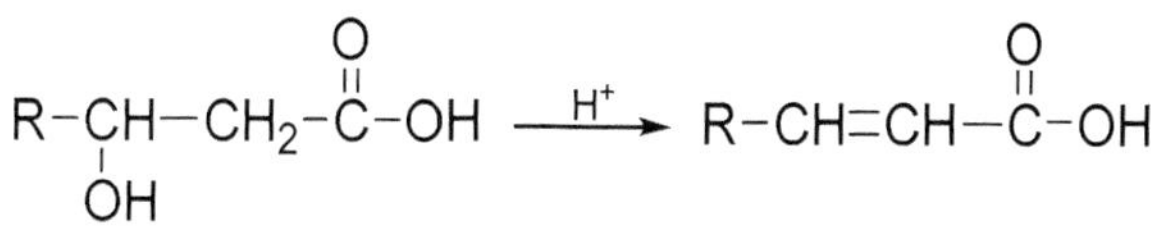

$\gamma$-和 $\delta$-羟基酸很容易脱水生成五元环和六元环的内酯。

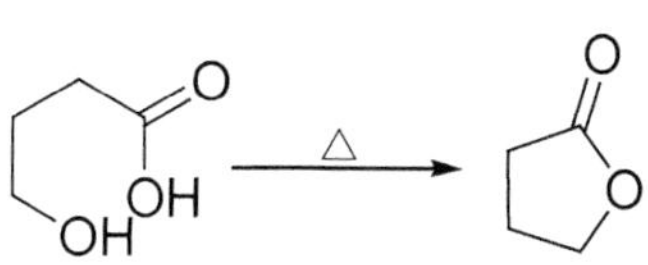

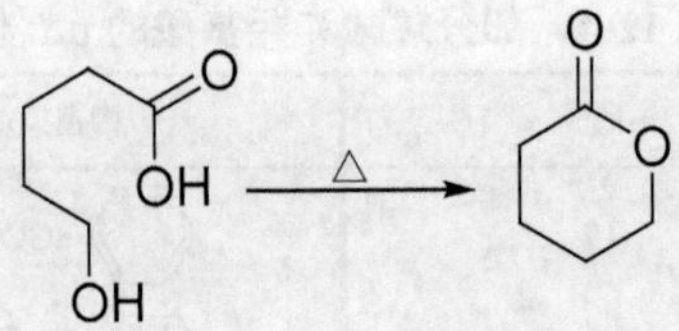

当羟基与羧基相隔四个以上亚甲基时，分子内脱水生成大环内酯比较困难，发生的主要是分子间的脱水反应，生成聚酯。

$$n\mathrm{HO(CH_2)}_m\overset{\overset{\displaystyle O}{\|}}{\mathrm{C}}\mathrm{OH} \longrightarrow \left[\mathrm{O(CH_2)}_m\overset{\overset{\displaystyle O}{\|}}{\mathrm{C}}\right]_n$$

3. 分解脱羧反应

*α*-羟基酸与稀硫酸或酸性高锰酸钾共热，则羧基和 *α*-碳原子之间的键断裂，分解脱羧生成醛、酮或羧酸。

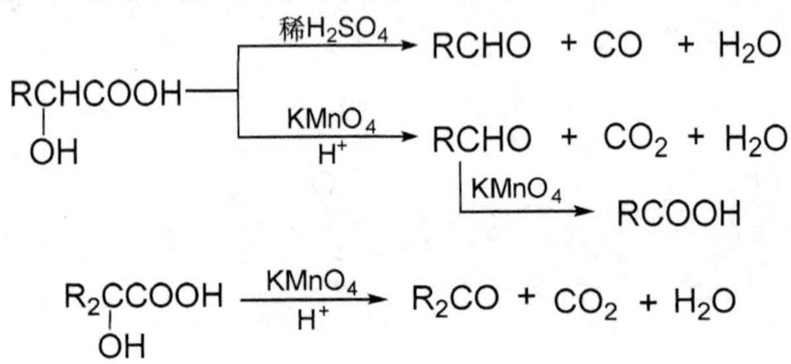

此反应可用来从高级羧酸经 *α*-溴代水解再通过上述反应合成少一个碳的醛或酮。

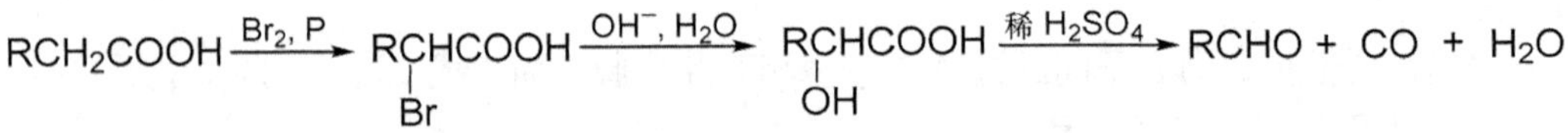

*β*-羟基酸用碱性高锰酸钾氧化先生成 *β*-酮酸，后者分解生成少一个碳原子的酮。

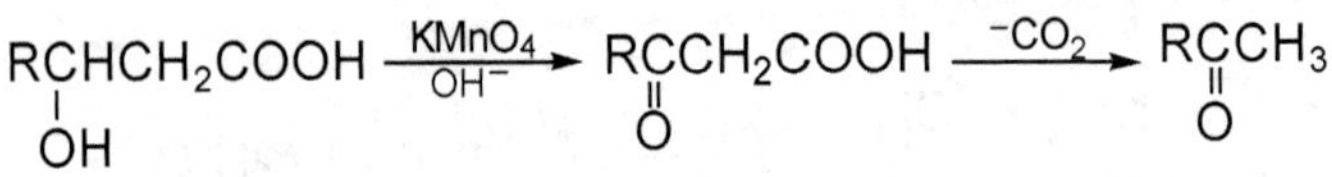

### 12.5.2 羟基酸的制法

羟基酸的制备可在含有羟基的化合物中引入羧基，也可以在羧酸分子中引入羟基而制得。

1. 羟基腈水解

羟基腈水解后即得到羟基酸。*α*-羟基腈可从羰基化合物与氢氰酸加成反应制得：

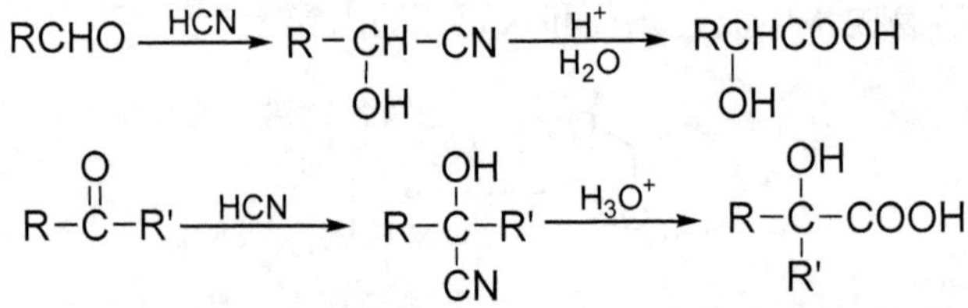

$\beta$-羟基腈可由烯烃与次氯酸加成后，再与氰化钾作用而得。

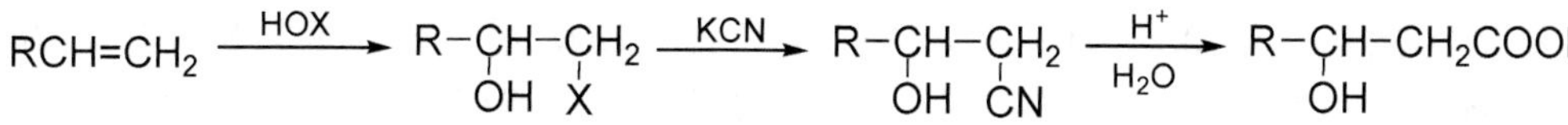

2. 卤代酸水解

羧酸的 $\alpha$-H 被卤代后，再水解生成 $\alpha$-羟基酸，产率很高。此方法不适用于制备 $\beta$-羟基酸，因为生成的 $\beta$-羟基酸可以在反应条件下继续脱水生成 $\alpha, \beta$-不饱和酸。

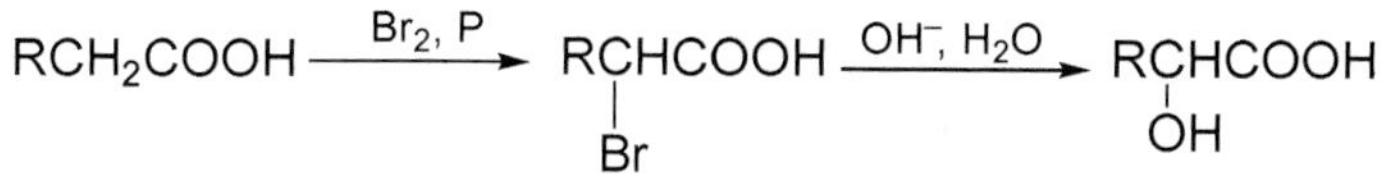

3. Reformatsky 反应

$\alpha$-溴代酸酯和锌粉作用生成有机锌化合物，再与醛或酮在惰性溶剂(如醚、苯等)中发生亲核加成后水解，生成 $\beta$-羟基酸酯，酯水解得到 $\beta$-羟基酸。这个反应称为 Reformatsky (瑞福马斯基)反应。

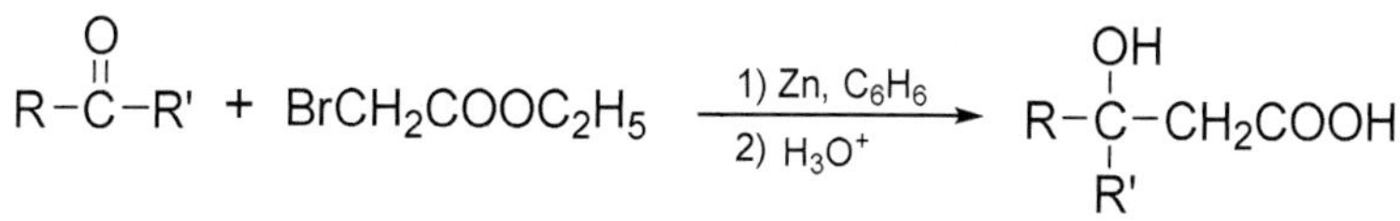

脂肪族或芳香族醛、酮都可发生这一反应，但空间位阻太大时，与有机锌化合物发生反应可能较困难。这个反应不能用镁代替锌，因有机镁试剂太活泼，可与酯基中的羰基发生反应。有机锌试剂比较稳定，只与醛、酮中的羰基反应，而不与酯基发生反应。

## 12.6　常见的羧酸

1. 甲酸

甲酸俗称蚁酸，最初是从蚂蚁中提取得到。在自然界甲酸还存在于蜂、蜈蚣和荨麻、松树针叶等动植物体中。工业上利用一氧化碳和氢氧化钠作用制备甲酸。

$$\mathrm{CO + NaOH \xrightarrow[0.6\sim1MPa]{210℃} HCOONa \xrightarrow{H_2SO_4} HCOOH}$$

甲酸是具有刺激性气味的无色液体，沸点 100.7℃，能与水、乙醇、乙醚混溶。甲酸在饱和一元酸中酸性最强。甲酸结构比较特殊，它的羧基直接与氢原子相连，可以看作甲酸的分子中既含有羧基又含有醛基。甲酸与它的同系物不同，既具有羧酸的通性，也具有醛的某些性质。例如，甲酸有显著的酸性($\mathrm{p}K_a$=3.77)，又具有还原性，能与 Fehling 试剂作用生成铜镜，与 Tollens 试剂作用生成银镜，也易被一般氧化剂氧化生成二氧化碳和水。

$$\mathrm{HCOOH \xrightarrow{[O]} CO_2 + H_2O}$$

甲酸可作纺织工业中的媒染剂，医药中的消毒剂，塑料中的缩合剂，橡胶的凝固剂，还可用作还原剂等。

2. 乙酸

乙酸俗称醋酸。利用粮食发酵法制得的食醋约含 3%的乙酸，这是人类最早制取乙酸的方法，至今仍用于酿醋工业。工业上制取乙酸的主要方法有甲醇羰基化法和乙醛空气氧化法。

$$CH_3OH + CO \xrightarrow[I_2]{Rh} CH_3COOH$$

$$CH_3CHO + \frac{1}{2}O_2 \xrightarrow[65\sim70℃,\ 0.2\sim0.3\ MPa]{(CH_3COO)_2Mn} CH_3COOH$$

纯乙酸是具有强烈刺激性气味的无色液体，沸点 118℃，熔点 16.6℃，低于熔点时无水乙酸凝固成冰状晶体，故无水乙酸也称冰醋酸。

乙酸是重要的有机合成原料，可用于合成乙酐和醋酸乙烯酯(合成维尼纶的单体)等。乙酸是染料、香料、医药等工业不可缺少的原料。在食品工业中乙酸可用作调味剂。

3. 丙烯酸

丙烯酸($CH_2$=CHCOOH)是最简单的不饱和酸，为无色液体，沸点 141.6℃，熔点 13℃，具有刺鼻的酸味，能与水混溶。

丙烯酸兼有羧酸和烯烃的性质，双键容易发生氧化和聚合反应。丙烯酸聚合时，控制反应条件，可以得到不同相对分子质量的聚丙烯酸。按相对分子质量的不同，它们的性质和用途也不一样，在工业上可用作阻垢剂、絮凝剂、分散剂、涂料黏合剂、吸水树脂等。

4. 苯甲酸

苯甲酸俗称安息香酸，在自然界存在于安息香胶、洋水仙、桂皮内。苯甲酸是最简单的芳香族羧酸，白色晶体，能升华，微溶于水，易溶于乙醇或乙醚。由于苯环的影响，苯甲酸的酸性比脂肪族一元羧酸强(甲酸除外)。苯甲酸和苯甲酸钠是目前国内外广泛使用的食品防腐剂。苯甲酸是有机合成的重要原料，用以制备香料、染料和药物等，还可以代替安息香酯作定香剂。

5. 乙二酸

乙二酸俗称草酸，通常以钾盐和钙盐的形式存在于多种植物体内。工业上通常采用将甲酸钠迅速加热至 360～400℃制得草酸钠，再用硫酸酸化制得草酸。

草酸是无色晶体，熔点为 189.5℃。通常草酸含有 2 分子结晶水 $H_2C_2O_4 \cdot 2H_2O$。草酸溶于水和乙醇，不溶于乙醚。由于草酸的两个羧基直接相连，羧基的强吸电子作用使草酸的酸性比其他的二元羧酸强，草酸容易脱羧。

草酸容易被氧化，在酸性条件下，高锰酸钾可以定量地把草酸氧化成二氧化碳和水。在定量分析中常用草酸为基准物标定高锰酸钾溶液。

$$5H_2C_2O_4 + 2KMnO_4 + 3H_2SO_4 = K_2SO_4 + 2MnSO_4 + 10CO_2\uparrow + 8H_2O$$

草酸能与许多金属离子形成配合物，可用于除去铁锈和蓝墨水的痕迹。草酸还可用作漂白剂和媒染剂。

6. 邻苯二甲酸

邻苯二甲酸为白色结晶固体，迅速加热至 231℃时熔融分解，失去一分子水而生成邻苯二甲酸酐(白色针状晶体，熔点为 131℃，易升华)。

邻苯二甲酸可由邻二甲苯(或邻二烷基苯)氧化，或由萘氧化制备。

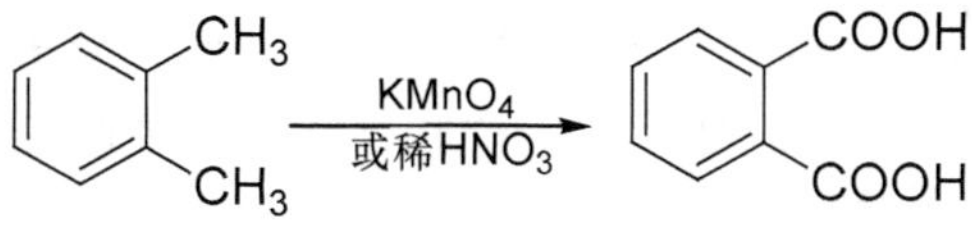

邻苯二甲酸及其酸酐可用于制备染料、树脂、合成纤维、药物和增塑剂等。例如，邻苯二甲酸二甲酯可作驱蚊剂，邻苯二甲酸二丁酯和邻苯二甲酸二辛酯都是塑料工业应用较广的增塑剂。

7. 酒石酸

酒石酸(2, 3-二羟基丁二酸)来自葡萄糖酿酒时所产生的酒石(酸性酒石酸钾)而得名。它广泛存在于植物果实中。酒石酸也可用合成方法制取。例如，将顺或反丁烯二酸用高锰酸钾碱性溶液氧化，都能得到酒石酸。

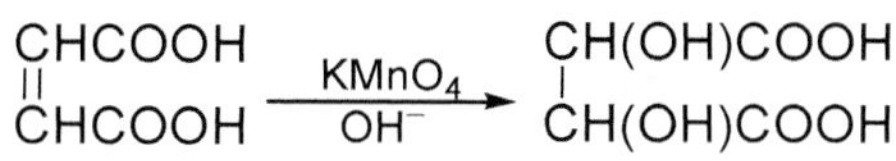

酒石酸

从不同原料或不同方法所得到的酒石酸，熔点也可能不同，可能具有不同的旋光性。这是由于酒石酸分子含有手性碳原子。酒石酸也是最早研究立体化学的化合物之一。酒石酸是透明棱形晶体，溶于水、乙醇和乙醚。它的盐类在工业上可用作媒染剂、鞣剂等。

## (二) 羧酸衍生物

羧酸分子中羧基上的羟基被其他原子或原子团取代后的产物称为羧酸衍生物。根据取代基团的不同，羧酸衍生物可分为酰卤、酸酐、酯、酰胺。另外，由于腈水解可得羧酸，且可通过羧酸经酰胺脱水得到，因此常把腈也作为羧酸衍生物。

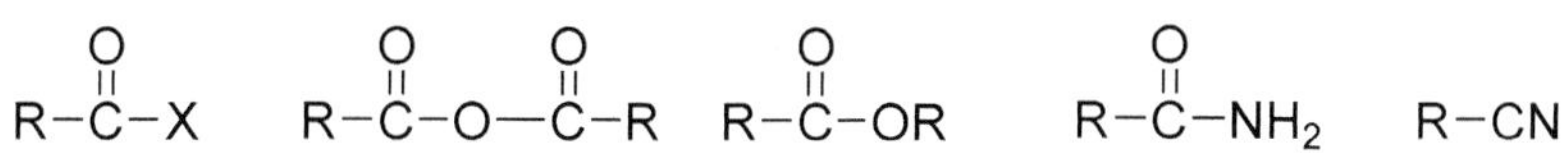

酰卤　酸酐　酯　酰胺　腈

除腈以外，羧酸衍生物和羧酸的结构类似，酰基碳原子为 $sp^2$ 杂化，平面结构。与羧酸一样，与酰基相连的杂原子上都有孤对电子，可与羰基的π 键形成 p-π 共轭体系。腈的氰基中氮原子和碳原子均为 sp 杂化，为线型结构。

# 12.7　羧酸衍生物的物理性质

低级酰卤和酸酐都是有刺激性气味的无色液体，高级的为白色固体。低级酯是有香味的液体，如乙酸异戊酯有香蕉香味，苯甲酸甲酯有茉莉香味，正戊酸异戊酯有苹果香味，故许多低级酯可用作香料。高级酯为蜡状固体。

酰卤、酸酐和酯都无法形成分子间氢键，分子间不能缔合。酰卤的沸点比相应的羧酸低，酸酐的沸点比其相对分子质量相当的羧酸低，但比相应羧酸的沸点高(如乙酸酐的沸点为139.6℃，与其相对分子质量相当的戊酸的沸点为186℃，乙酸的沸点为118℃)；酯的沸点比相应的酸或醇都要低，而与相同碳数的醛、酮差不多。酰胺分子中氨基上的氢原子可以形成氢键，因此酰胺的熔点和沸点较高。除甲酰胺外，其余酰胺均为结晶固体。*N*-取代酰胺或*N*, *N*-二取代酰胺分子中氨基上的氢被取代，使氢键缔合作用减弱或无氢键生成，使其熔、沸点降低。

酰卤和酸酐不溶于水，且遇水分解，特别是低级酰卤，遇水剧烈分解。低级酯微溶于水，易溶于有机溶剂。低级酰胺可溶于水，例如，*N*, *N*-二甲基甲酰胺(DMF)能与水和多数有机溶剂及无机溶剂互溶，是一种良好的非质子极性溶剂。*N*, *N*-二甲基乙酰胺(DMAC)比DMF稳定，也是一种优良溶剂。低级腈可与水互溶，如乙腈。常见羧酸衍生物的物理常数见表12-5。

**表12-5 常见羧酸衍生物的物理常数**

| 类别 | 名称 | 构造式 | 沸点/℃ | 熔点/℃ | 相对密度 $d_4^{20}$ |
|---|---|---|---|---|---|
| 酰卤 | 乙酰氯 | $CH_3COCl$ | 51 | –112 | 1.104 |
| | 丙酰氯 | $CH_3CH_2COCl$ | 80 | –94 | 1.065 |
| | 丁酰氯 | $CH_3CH_2CH_2COCl$ | 102 | –89 | 1.028 |
| | 苯甲酰氯 | $C_6H_5COCl$ | 197 | –1 | 1.212 |
| 酯 | 甲酸甲酯 | $HCOOCH_3$ | 32 | –99.8 | –0.974 |
| | 乙酸乙酯 | $CH_3COOC_2H_5$ | 77 | –84 | 0.901 |
| | 乙酸丁酯 | $CH_3COO(CH_2)_3CH_3$ | 126 | –77 | 0.882 |
| | 乙酸戊酯 | $CH_3COO(CH_2)_4CH_3$ | 147.6 | –70.8 | 0.879 |
| | 乙酸异戊酯 | $CH_3COO(CH_2)_2CH(CH_3)_2$ | 142 | –78 | 0.876 |
| | 丙二酸二乙酯 | $CH_2(COOC_2H_5)_2$ | 199 | –50 | 1.055 |
| | 甲基丙烯酸甲酯 | $H_2C=\underset{CH_3}{\underset{\vert}{C}}COOCH_3$ | 100 | | 0.936 |
| | 苯甲酸乙酯 | $C_6H_5COOC_2H_5$ | 213 | –32.7 | 1.051/15℃ |
| | 苯甲酸苄酯 | $C_6H_5COOCH_2C_6H_5$ | 324 | 18.8 | 1.114/18℃ |
| | 邻苯二甲酸二甲酯 | $C_6H_4(COOCH_3)_2$ | 282 | | 1.1905 |
| | 邻苯二甲酸二丁酯 | $C_6H_4[COO(CH_2)_3CH_3]_2$ | 340 | | 1.045 |
| 酸酐 | 乙酸酐 | $(CH_3CO)_2O$ | 139.6 | –73 | 1.082 |
| | 苯甲酸酐 | $(C_6H_5CO)_2O$ | 360 | 42 | 1.199 |
| | 邻苯二甲酸酐 | 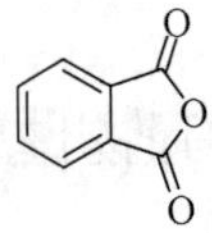 | 284 | 131 | 1.527 |

续表

| 类别 | 名称 | 构造式 | 沸点/℃ | 熔点/℃ | 相对密度 $d_4^{20}$ |
|---|---|---|---|---|---|
| 酰胺 | 甲酰胺 | $HCONH_2$ | 200 分解 | 3 | 1.139 |
| | 乙酰胺 | $CH_3CONH_2$ | 221 | 82 | 1.159 |
| | 丙酰胺 | $CH_3CH_2CONH_2$ | 213 | 80 | 1.042 |
| | 丁酰胺 | $CH_3CH_2CH_2CONH_2$ | 216 | 116 | 1.032 |
| | 戊酰胺 | $CH_3(CH_2)_3CONH_2$ | 232 | 106 | 1.023 |
| | 苯甲酰胺 | $C_6H_5CONH_2$ | 290 | 130 | 1.341 |
| | 乙酰苯胺 | $CH_3CONHC_6H_5$ | 305 | 114 | 1.21/4℃ |
| | *N*, *N*-二甲基甲酰胺 | $HCON(CH_3)_2$ | 153 | –61 | 0.944/22.4℃ |
| | *N*, *N*-二甲基乙酰胺 | $CH_3CON(CH_3)_2$ | 165 | | 0.937/25℃ |
| 腈 | 乙腈 | $CH_3CN$ | 81.6 | –45.7 | 0.7857 |
| | 苯甲腈 | $C_6H_5CN$ | 190.7 | –12.7 | 1.010 |

羧酸衍生物的红外光谱

酯中的 C=O 伸缩振动吸收接近 1735 cm$^{-1}$区域，为强吸收。当酯中的 C=O 与不饱和基团共轭时，其吸收移向低波数方向，在～1720 cm$^{-1}$区域，另外，在 1300～1050 cm$^{-1}$区域有两个 C–O 伸缩振动吸收，其中波数较高的吸收峰比较特征，可用于酯的鉴定。图 12-3 为苯甲酸乙酯的红外光谱图。

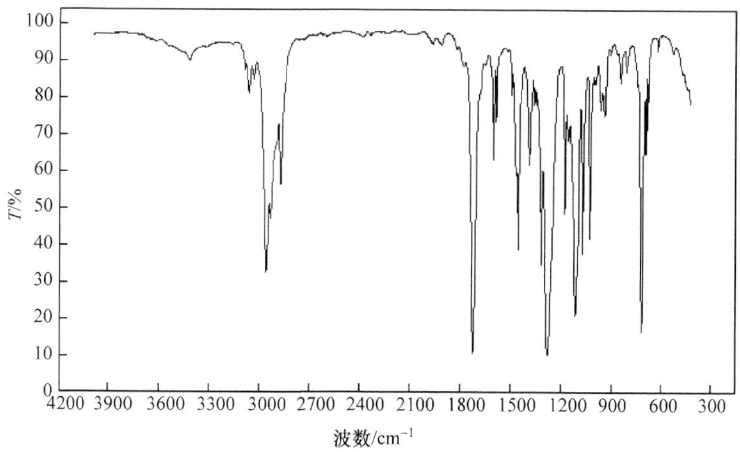


图 12-3　苯甲酸乙酯的红外光谱图

脂肪酰卤 C=O 的伸缩振动吸收在 1800 cm$^{-1}$左右。芳香酰卤在 1785～1765 cm$^{-1}$区域有两个强的吸收峰：波数较高的是 C=O 伸缩振动吸收，在 1785～1765 cm$^{-1}$(强)；较低的是芳环与 C=O 之间的 C–C 伸缩振动吸收(～875 cm$^{-1}$)的弱倍频峰，在 1750～1735 cm$^{-1}$ 区域。

酸酐在 1860～1800 $cm^{-1}$(强)和 1800～1750 $cm^{-1}$(强)区域有反对称、对称的两个 C=O 伸缩振动吸收峰，这两个峰往往相隔 60 $cm^{-1}$左右。对于线型酸酐，高频峰较强于低频峰，而环状酸酐则反之。酸酐 C–O 的伸缩振动吸收在 1310～1045 $cm^{-1}$(强)。

一级酰胺 $RCONH_2$ 的 C=O 伸缩振动吸收在～1690 $cm^{-1}$(强)区域，缔合体在～1650 $cm^{-1}$区。N–H 伸缩振动有两个吸收峰，在～3520 $cm^{-1}$ 和～3400 $cm^{-1}$。二级酰胺 RCONHR′中游离的 C=O 的伸缩振动在～1680 $cm^{-1}$(强)区域吸收，缔合体在～1650 $cm^{-1}$(强)区域。三级酰胺 RCONR′R″ 的 C=O 的伸缩振动在～1650 $cm^{-1}$(强)区域。图 12-4 为乙酰胺的红外光谱图。

腈中碳氮叁键的伸缩振动在 2260～2210 $cm^{-1}$ 处有特征吸收。

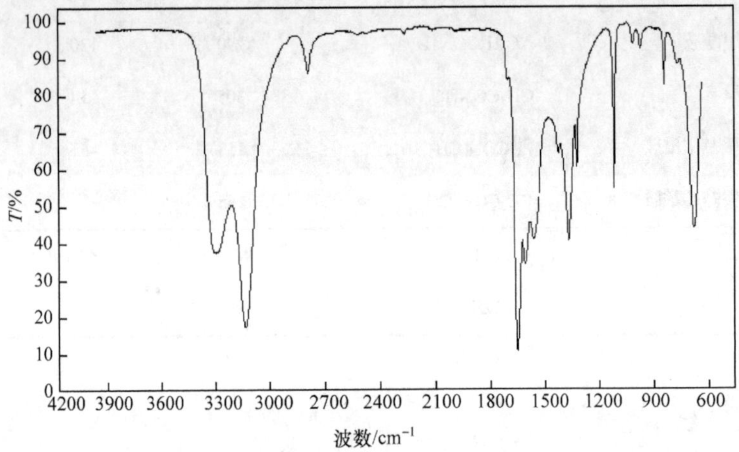


图 12-4　乙酰胺的红外光谱图

在羧酸衍生物中，羰基$\alpha$-位的质子的化学位移$\delta$=2～3。酯中与氧相连的烷基碳上质子的化学位移$\delta$=3.5～4。酰胺中氮上质子的化学位移$\delta$=5～10。

## 12.8　羧酸衍生物的化学性质

### 12.8.1　亲核取代反应

羧酸衍生物中都含有羰基，所以它们都可以与亲核试剂发生加成反应，生成一个具有四面体结构的带负电荷的中间体，这个中间体产物不稳定，接着消去一个基团，生成新的产物，是一个加成-消除反应。亲核试剂不同，生成的产物也不同。

1. 水解、醇解和氨解

当亲核试剂为 $H_2O$、ROH 或 $NH_3(RNH_2)$时，羧酸衍生物分子中–X、–OOCR、OR'或–$NH_2$ 被–OH、–OR 或–$NH_2$ 取代，生成相应的羧酸、酯或酰胺等产物。这些反应分别称为水解、醇解和氨解。

1) 水解反应

酰氯、酸酐、酯和酰胺都可与水发生亲核取代反应生成相应的羧酸：

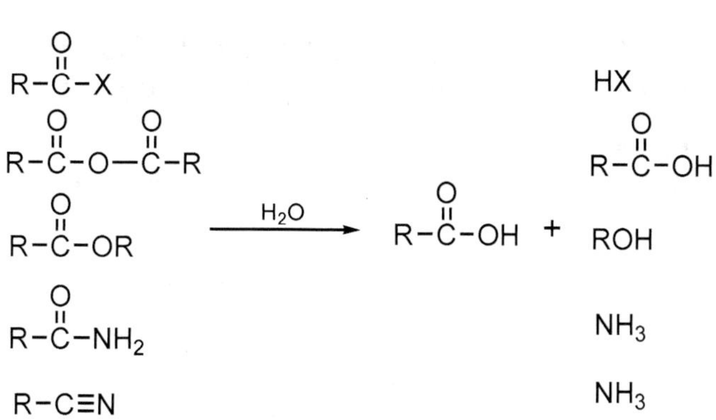

在上述反应中，酰卤的水解最快，但由于酰卤是由羧酸制备的，因此这个反应主要是保存酰卤时的副反应。酸酐不溶于水，在室温下水解很慢，加热或加入酸碱可催化这个反应。酯的水解是羧酸和醇生成酯的逆反应，因此最后也要达到平衡。

酯的水解较困难，酸或碱可催化该反应，一般用碱催化效果更好，因为产生的羧酸与碱反应成盐，可促使平衡反应进行完全，反应完成后，酸化可得羧酸。酯在碱性条件下的水解常称为皂化反应。肥皂就是利用此反应制取的。

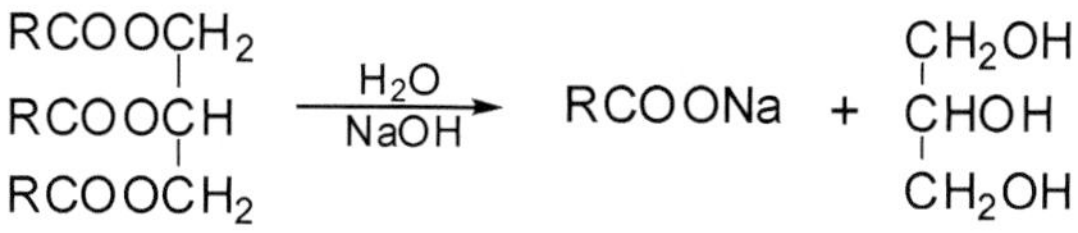

酰胺的水解比酯还要困难，需强酸或强碱且较长时间的加热回流。酸催化时，不仅可使羰基质子化，也可与反应中生成的胺或氨成铵盐，使反应向右进行。

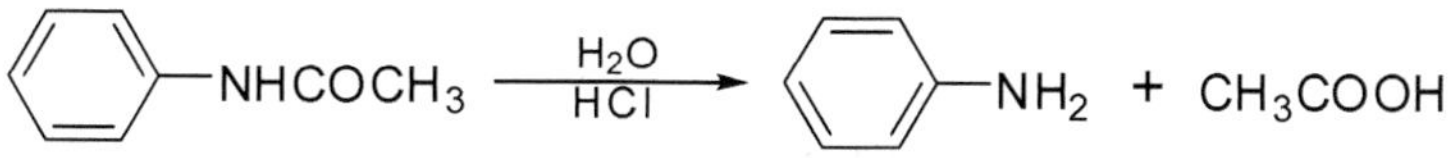

腈水解第一步先生成酰胺，酰胺继续水解生成羧酸。腈的水解也需酸或碱催化。

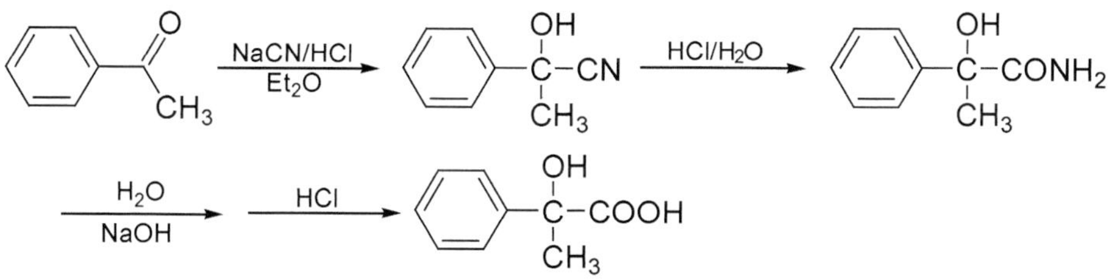

2) 醇解反应

酰氯、酸酐、酯、酰胺和腈都可与醇作用，通过亲核取代(加成-消除)反应生成酯。

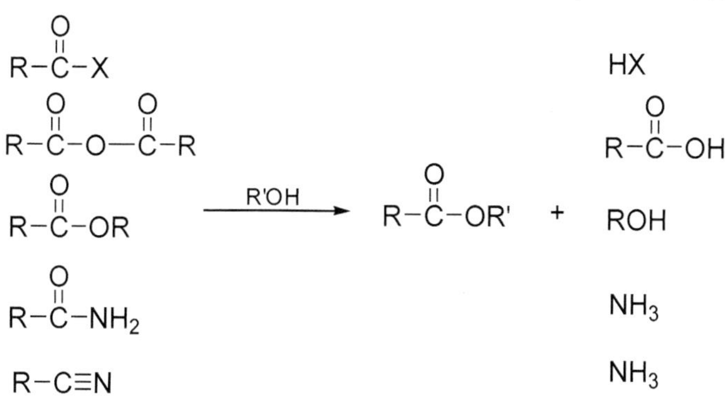

酰卤和醇反应是合成酯的常用方法之一。羧酸经过酰氯再与醇反应生成酯，比直接通过羧酸与醇反应制备酯的效果要好。酰氯和醇反应制备酯通常要在体系中加入缚酸剂如三乙胺或吡啶来吸收生成的氯化氢。

酸酐与醇反应较容易进行，常用于酯的合成。在用乙酰化保护羟基的时候，常用乙酸酐和醇或酚反应来进行。

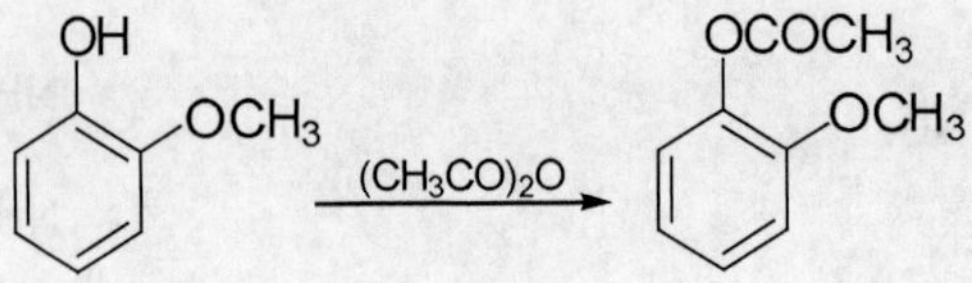

酯与醇的反应称为酯交换反应。这是一个可逆反应，为使反应向右进行，可使用过量的醇，同时将反应生成的醇蒸除，该反应常用于由低沸点的醇和酯制备高沸点的醇和酯，在工业生产上常有应用。例如，在工业上涤纶的合成：

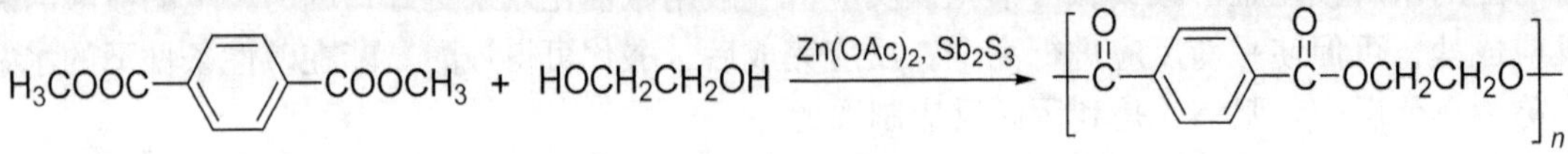

酰胺的醇解是可逆的，需用过量的醇才能生成酯并放出氨。酸或碱对反应有催化作用。腈在酸性条件下用醇处理，可得到羧酸酯。

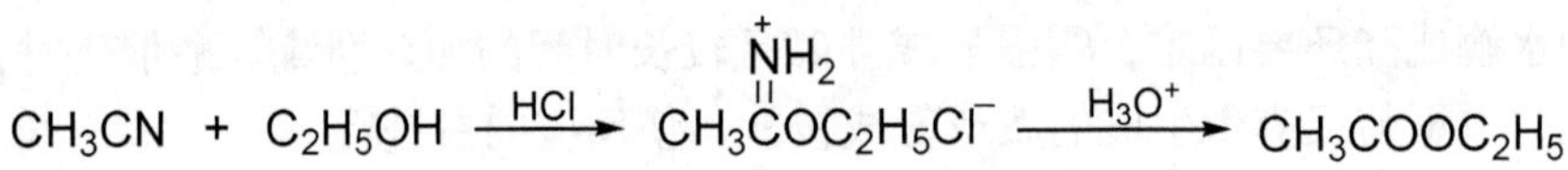

3) 氨解反应

酰氯、酸酐和酯都可与氨作用生成酰胺。

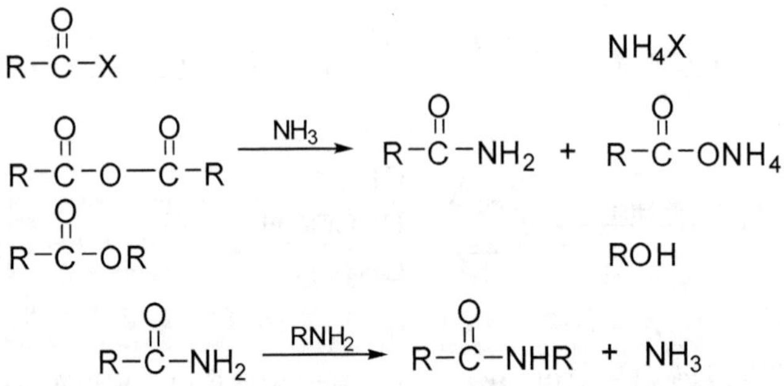

酰氯或酸酐与氨(或胺)反应是制备酰胺常用的方法。酰氯与氨(或胺)的反应常在碱性条件下进行，碱可以是有机碱如吡啶和三乙胺等。环状酸酐与氨(或胺)在高温下加热，可得到酰亚胺。酰胺与胺的作用是可逆反应，需胺过量才可得到 *N*-烷基酰胺，因此反应实际意义不大。

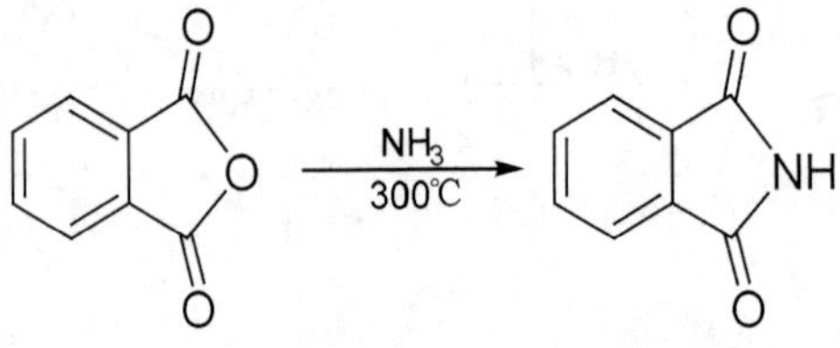

2. 亲核加成-消除反应历程

羧酸衍生物的亲核取代反应实际分两步进行，第一步是羰基碳上发生亲核加成，生成一个带负电的中间体，它的中心碳原子为 $sp^3$ 杂化，为四面体结构。第二步是中间体消除一个离去基团，由此形成的产物就是另一种羧酸衍生物或羧酸。因此羧酸衍生物的亲核取代反应又称为羰基的亲核加成-消除反应。

总的反应历程可以用下式表示：

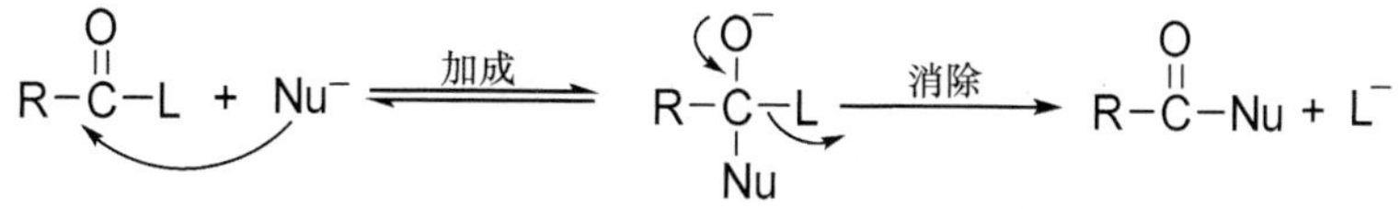


平面结构　　　　　　四面体结构　　　　平面结构

$Nu^-$：进攻的亲核试剂，即 $H_2O$、ROH、$NH_3$、$RNH_2$ 或 $R_2NH$ 等。

$L^-$：离去基团，即 X、–OOCR、–OR、$-NH_2$、–NHR 或$-NR_2$。

总的反应速率和两步反应的速率都有关系，但第一步更为重要。酰基中羰基碳原子是 $sp^2$ 杂化，三个 σ 键是平面形分布。羰基碳上如果连有吸电子基团，将增加羰基碳的正电性，有利于亲核试剂的进攻；反之，如果连有供电子基团，将不利于亲核试剂的进攻。亲核加成生成的中间体，其碳原子为 $sp^3$ 杂化，即四面体结构。如果原来羰基碳原子上连接的基团过于庞大，在四面体结构中就显得过于拥挤而不利于反应进行。上述电子效应和空间效应都将对第一步的反应速率有所影响。第二步反应是否进行，取决于离去基团 $L^-$的碱性，碱性越弱，越易离去。羧酸衍生物各离去基团离去的难易次序为：

$$Cl^- > RCOO^- > RO^- > NH_2^-$$

因此羧酸衍生物的反应活性顺序为：

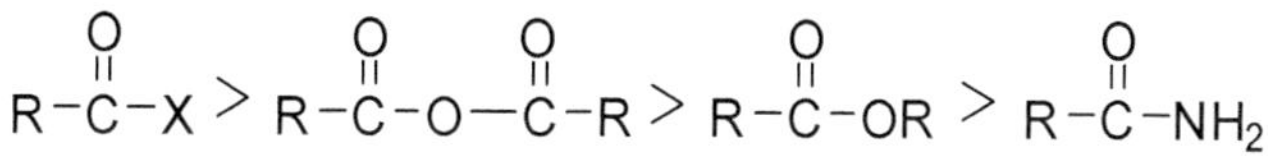

羧酸衍生物在酸性或碱性溶液中，由于酸或碱的催化作用，比在中性溶液中更容易水解。酸催化作用第一步是酰基氧原子质子化，使羰基碳原子更易遭受亲核试剂的进攻，即使弱的亲核试剂也可以与其发生作用。

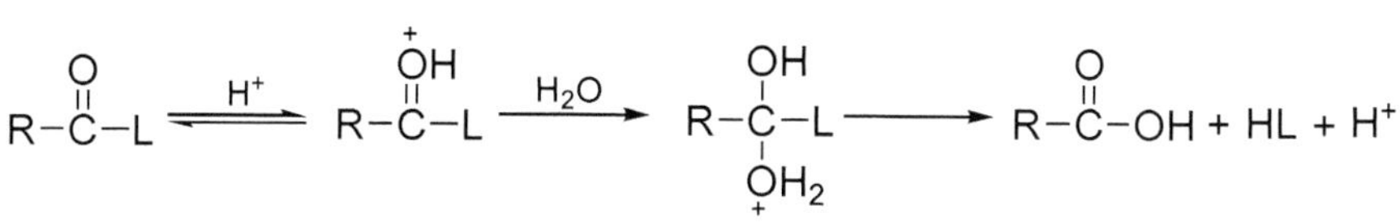

碱催化时，碱性溶液提供的氢氧根离子是一种强的亲核试剂，容易攻击羰基碳原子。

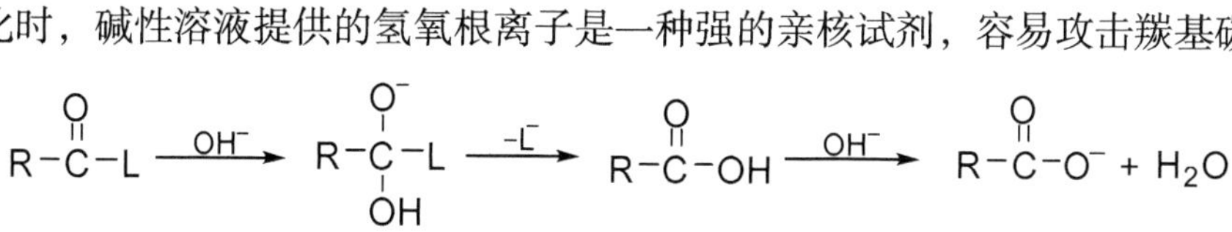

### 12.8.2　与有机金属化合物反应

1. 与二烷基铜锂反应

二烷基铜锂活性较低，在羧酸衍生物中只有酰卤与其反应较好，可用于制备酮。例如，

6-羰基壬酰氯与3摩尔比的二甲基铜锂反应，可得2, 7-癸二酮。

$$CH_3CH_2CH_2CO(CH_2)_4COCl \xrightarrow{(CH_3)_2CuLi} CH_3CH_2CH_2CO(CH_2)_4COCH_3$$

2. 与格氏试剂的反应

格氏试剂与酰氯、酸酐、酯和腈都能发生亲核加成反应。反应过程中，先生成酮，酮随即与格氏试剂继续反应，生成有两个相同取代基的醇。

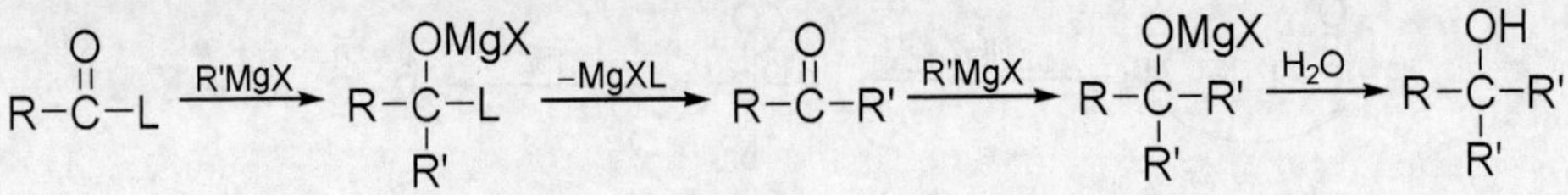

酰卤与格氏试剂反应可停留在生成酮的阶段，但要求反应温度较低，且需控制格氏试剂的用量。酯和酸酐与格氏试剂反应往往不能停留在生成酮的阶段，最终得到醇。除甲酸酯和格氏试剂反应得到仲醇外，其他酯与格氏试剂反应得到叔醇。例如：

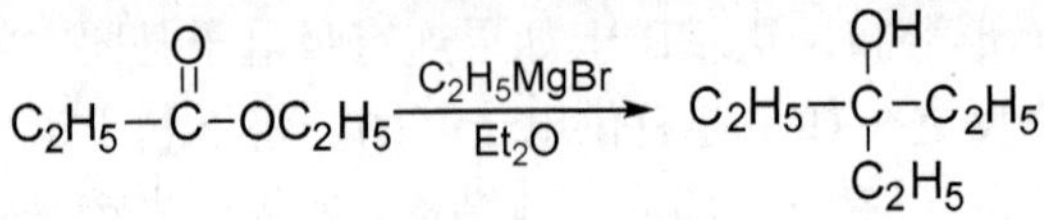

$$HCOOC_2H_5 + C_2H_5MgBr \longrightarrow (C_2H_5)_2CHOH$$

腈与格氏试剂反应是合成酮最简便的方法之一，因为格氏试剂不与中间体亚胺加成，副反应较少。例如，乙腈与苯基溴化镁在苯中反应，继而水解得到68%产率的苯乙酮。

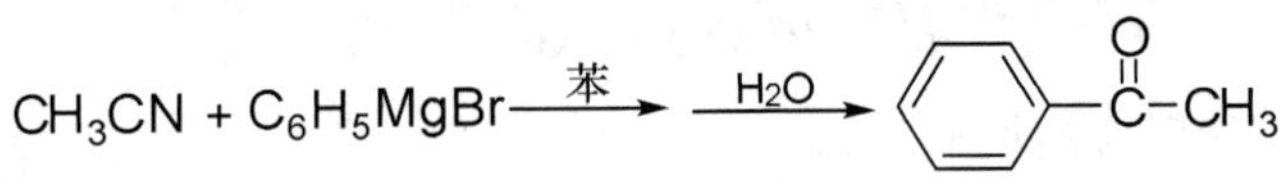

### 12.8.3 还原反应

羧酸衍生物都可以被还原，常用的还原方法有催化加氢还原和氢化铝锂还原。酰氯、酸酐和酯的还原产物均为伯醇，酰胺和腈的还原产物为胺。

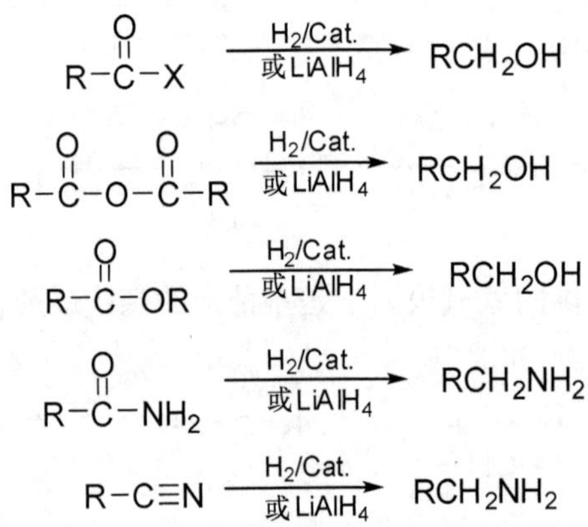

酰氯催化氢化时，若使用部分中毒的催化剂，可使反应终止在醛的阶段。一般在钯催化剂中加入少量的硫-喹啉，使催化剂部分中毒，降低其还原活性，反应在较低温度下进行，以避免进一步被还原。该反应是制备醛的一种方法，也称为Rosenmund(罗森门德)还原法。

$$RCOCl + H_2 \xrightarrow[\text{硫-喹啉}]{Pd\text{-}BaSO_4} RCHO$$

还可以用金属钠和醇作还原剂，将酯还原为醇，所用的醇一般为乙醇或正丁醇。该还原剂对碳碳不饱和键无影响，可用于从油脂制备高级不饱和脂肪醇。例如：

$$CH_3(CH_2)_7CH{=}CH(CH_2)_7COOC_4H_9 \xrightarrow[C_4H_9OH]{Na} CH_3(CH_2)_7CH{=}CH(CH_2)_7CH_2OH$$

酰胺和腈不容易被还原，用催化氢化还原，需在高温高压下进行。使用强还原剂 $LiAlH_4$ 可将其还原成胺。

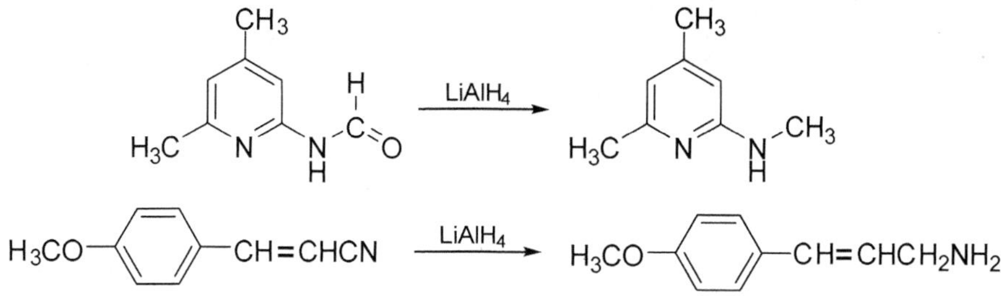

### 12.8.4 酰胺的特殊反应

1. 酸碱性

酰胺分子中氮原子的未共用电子对与羰基存在 p-π 共轭效应，使氮原子上的电子云密度降低，减弱了它接受质子的能力，因此酰胺近于中性。

2. 脱水反应

酰胺在强脱水剂作用下或高温加热，发生分子内脱水生成腈，常用的脱水剂有五氧化二磷和亚硫酰氯。这个反应有时被用于制备有机腈。

$$R\overset{O}{\overset{\|}{C}}NH_2 \xrightarrow{P_2O_5} RCN + H_2O$$

3. Hoffmann 降级反应

酰胺与氯或溴的碱溶液作用，脱去羰基生成伯胺，在反应中碳链减少一个碳原子，故称为酰胺降级反应，也称 Hoffmann(霍夫曼)降级反应(或降解反应、重排反应)。

$$RCONH_2 + NaOBr + NaOH \longrightarrow RNH_2 + Na_2CO_3 + NaBr + H_2O$$

反应历程一般认为如下：

$$R\overset{O}{\overset{\|}{C}}NH_2 \xrightarrow[OH^-]{Br_2} R\overset{O}{\overset{\|}{C}}\underset{H}{\underset{|}{N}}{-}Br \xrightarrow[-HBr]{OH^-} \left[R{-}\overset{O}{\overset{\|}{C}}{-}\ddot{N}{:}\right] \xrightarrow{\text{重排}} R{-}N{=}C{=}O$$

$$\xrightarrow{H_2O} \left[R{-}NH{-}\overset{O}{\overset{\|}{C}}{-}OH\right] \xrightarrow[H_2O]{NaOH} RNH_2 + NaHCO_3$$

反应中首先是酰胺与溴的碱溶液作用，生成 *N*-溴代酰胺。*N*-溴代酰胺在碱的作用下脱去 HBr，生成类似碳烯的活性中间体氮烯，氮烯分子中氮的周围只有 6 个价电子，不稳定，易发生重排生成异氰酸酯。异氰酸酯非常活泼，遇水后立即分解，得到伯胺，同时生成碳酸氢钠。

## 12.9 重要的羧酸衍生物

### 1. 乙酸酐

乙酸酐简称乙酐，又名醋酐，是具有刺激性气味的无色液体，沸点 139.6℃，微溶于水，易溶于有机溶剂。工业上用乙酸钴-乙酸铜作催化剂，在 2.5～5 MPa、45～50℃时用氧气将乙醛氧化生成过氧乙酸，后者与乙醛作用则生成乙酐。

$$CH_3\overset{O}{\overset{\|}{C}}H + O_2 \xrightarrow{\text{催化剂}} CH_3\overset{O}{\overset{\|}{C}}-OOH \xrightarrow{CH_3CHO} (CH_3CO)_2O$$

在生产乙酐的同时会生成乙酸，为防止乙酐水解，生产过程中应保持较低的温度。由乙酸与乙烯酮加成也是工业生产方法之一。

### 2. 顺丁烯二酸酐

顺丁烯二酸酐又称马来酸酐，是无色结晶固体，熔点 60℃，工业上主要由苯催化氧化制得：

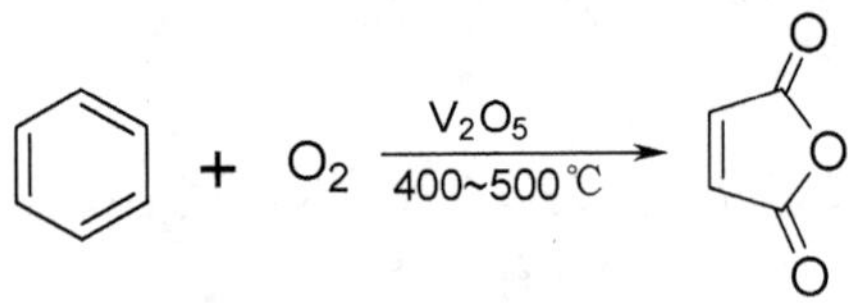


顺丁烯二酸酐在工业上有广泛的用途，如与乙二醇缩合生成不饱和醇酸聚酯，这种不饱和聚酯常用来制造各种涂料和以玻璃纤维为填料的增强塑料(俗称玻璃钢)。马来酸酐可以均聚或与其他乙烯基单体共聚形成不同相对分子质量的聚合物，用于水处理剂或织物整理剂等。

### 3. 乙酸乙烯酯及其聚合物

乙酸乙烯酯可以看作乙酸与乙烯醇所生成的酯。工业上可由乙炔与乙酸在醋酸锌催化下制得：

$$CH_3COOH + HC\equiv CH \xrightarrow[210\sim250℃]{(CH_3COO)_2Zn} CH_3COOCH=CH_2$$

由于石油化工的迅速发展，以乙烯为原料与乙酸蒸气在 160～200℃、0.5～1 MPa 下，通过以钯为主体的催化剂进行氧化，可直接合成乙酸乙烯酯。这种合成方法比乙炔法耗电少，成本低，较为优越。

$$CH_3COOH + CH_2=CH_2 + O_2 \xrightarrow[0.5\sim1\ MPa]{Pd,160\sim200℃} CH_3COOCH=CH_2 + H_2O$$

乙酸乙烯酯为无色液体，沸点 75℃，在引发剂作用下能聚合成高分子的聚乙酸乙烯酯。

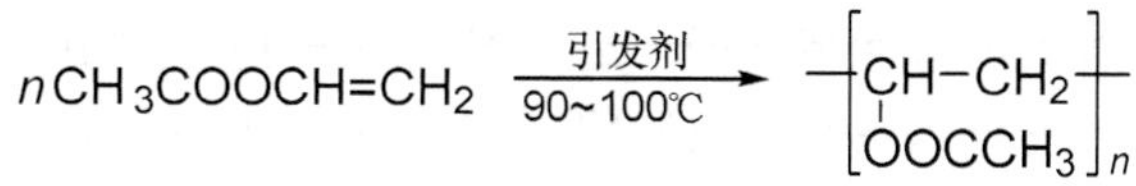

聚乙酸乙烯酯常用于制造涂料及胶粘剂。在酸或碱的存在下，可以水解生成聚乙烯醇(简称 PVA)。

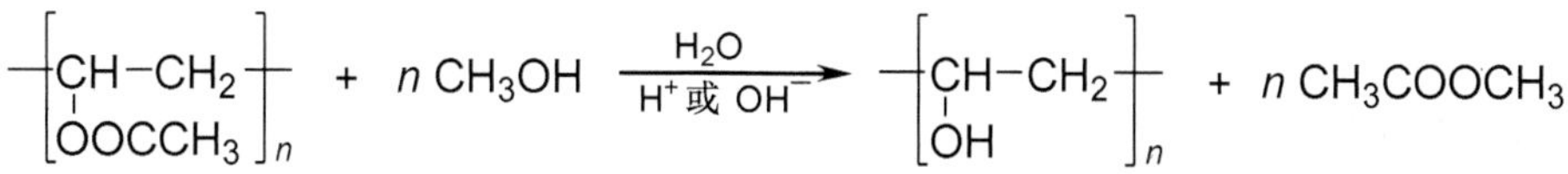

乙烯醇很不稳定，不能单独存在，所以聚乙烯醇只能间接由乙酸乙烯酯水解制备。聚乙烯醇分子中含有很多羟基，可溶于水而不溶于有机溶剂，可用作涂料和胶粘剂。它与甲醛作用生成聚乙烯醇缩甲醛，再经过一些化学处理成为“维尼纶”纤维，为我国大量生产的合成纤维之一。

4. *α*-甲基丙烯酸甲酯及其聚合物

*α*-甲基丙烯酸甲酯是以丙酮为原料，先与氢氰酸发生亲核加成生成丙酮氰醇，然后和浓硫酸及甲醇共热，同时进行水解、脱水及酯化而得。

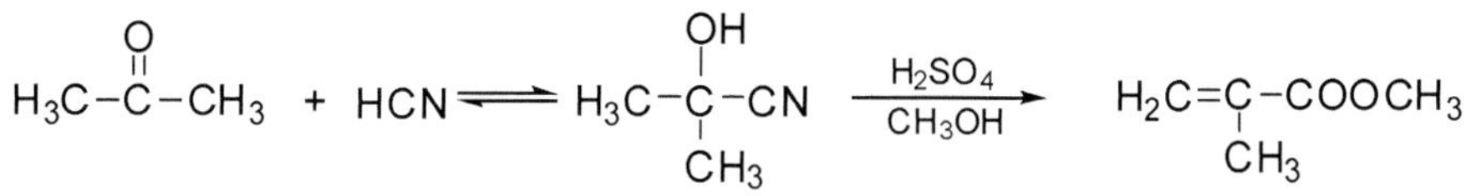

*α*-甲基丙烯酸甲酯(90%)

*α*-甲基丙烯酸甲酯在引发剂作用下，容易聚合生成无色透明的聚合物——聚甲基丙烯酸甲酯(俗称有机玻璃)。它可透过紫外光，机械强度大，是制造仪表、仪器的良好材料。

5. 丙烯酰胺及其聚合物

丙烯酰胺(简称 AM)为无色透明片状晶体，熔点为 84～85℃，沸点为 125℃。在阴暗处较稳定，在加热或受紫外光照射易聚合，水溶液中一般加对苯二酚、叔丁基邻苯二酚等阻聚剂，可使其稳定。

工业上可用丙烯腈水合法制得，按所用催化剂不同，可以分为硫酸水合法、催化水合法和以生物酶催化的生化法。

$$CH_2{=}CHCN + H_2O \xrightarrow[100℃]{H_2SO_4} CH_2{=}CHCONH_2$$

$$CH_2{=}CHCN + H_2O \xrightarrow[90\sim130℃]{\text{骨架铜催化剂}} CH_2{=}CHCONH_2$$

$$CH_2{=}CHCN + H_2O \xrightarrow[\text{常温}]{\text{含酶菌体}} CH_2{=}CHCONH_2$$

丙烯酰胺在引发剂作用下可以聚合生成聚丙烯酰胺(简称 PAM)。

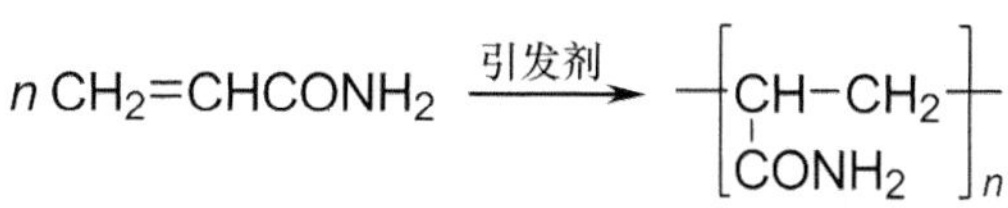

聚丙烯酰胺是一种线型水溶性高分子，是水溶性高分子化合物中应用最为广泛的品种之一。聚丙烯酰胺及其衍生物可以用作有效的絮凝剂、增稠剂、纸张增强剂以及液体的减阻剂等，广泛应用于水处理、造纸、石油、煤炭、冶矿、地质、轻纺、建筑等工业部门。

## 12.10 油 脂

### 12.10.1 油脂的来源、组成

油脂(fats and oils)是油和脂肪的合称。习惯上把常温下为液体的称为油，如菜籽油、花生油、豆油和桐油；常温下为固体或半固体的称为脂肪，如牛油、猪油等。油脂广泛存在于动植物体内，植物油脂大部分存在于植物的果实、种子和胚胎中，而花、叶、根、茎部位含量较少。脂肪存在于高等动物的脂肪中。油脂是三大营养物质之一，在生物体内的主要功能是供给能量，在机体内完全氧化时，1 g 油脂放出的热量(38.9 kJ)比 1 g 糖和 1 g 蛋白质放出的热能(糖 17.6 kJ，蛋白质 16.7 kJ)的总和还要多。

天然油脂因来源不同其组成也不完全相同，但其主要成分是一分子甘油和三分子高级脂肪酸所形成的酯类化合物。其通式可表示为：

$$\begin{array}{l} CH_2-OOCR_1 \\ | \\ CH\ -OOCR_2 \\ | \\ CH_2-OOCR_3 \end{array}$$

如果三分子高级脂肪酸相同($R_1 = R_2 = R_3$)，则为简单甘油酯；如果为不同的脂肪酸($R_1$、$R_2$、$R_3$不完全相同)，则为混合甘油酯。天然油脂大多数为混合甘油酯，其中油中含不饱和酸的甘油酯较多，而脂中含饱和脂肪酸的甘油酯较多。组成油脂的高级脂肪酸种类很多，目前已经发现的有五十多种。其中绝大多数是含有偶数碳原子的饱和或不饱和的直接高级脂肪酸，带有支链、取代基和环状的脂肪酸及奇数碳原子的脂肪酸极少(表 12-6 和表 12-7)。

**表 12-6 油脂中常见的饱和脂肪酸**

| 俗名 | 系统命名 | 结构式 | 熔点/℃ | 分布 |
|---|---|---|---|---|
| 羊蜡酸 | 癸酸 | $CH_3(CH_2)_8COOH$ | 32 | 椰子油、奶油 |
| 月桂酸 | 十二碳酸 | $CH_3(CH_2)_{10}COOH$ | 44 | 鲸蜡、椰子油 |
| 肉豆蔻酸 | 十四碳酸 | $CH_3(CH_2)_{12}COOH$ | 58 | 肉豆蔻酯 |
| 软脂酸 | 十六碳酸 | $CH_3(CH_2)_{14}COOH$ | 63 | 动植物油脂 |
| 硬脂酸 | 十八碳酸 | $CH_3(CH_2)_{16}COOH$ | 71.2 | 动植物油脂 |
| 花生酸 | 二十碳酸 | $CH_3(CH_2)_{18}COOH$ | 77 | 花生油 |

**表 12-7 油脂中常见的不饱和脂肪酸**

| 俗名 | 系统命名 | 熔点/℃ | 分布 |
|---|---|---|---|
| 棕榈油酸 | (9*Z*)-十六碳烯酸 | 0.5 | 椰子油、奶油 |
| 油酸 | (9*Z*)-十八碳烯酸 | 13.4 | 动植物油 |

续表

| 俗名 | 系统命名 | 熔点/℃ | 分布 |
|---|---|---|---|
| 亚油酸 | (9*Z*, 12*Z*)-十八碳二烯酸 | −5 | 植物油 |
| 亚麻酸 | (9*Z*, 12*Z*, 15*Z*)-十八碳三烯酸 | −11.3 | 亚麻仁油 |
| 蓖麻醇酸 | 12-羟基-9*Z*-十六碳烯酸 | 5.5 | 蓖麻油 |
| 花生四烯酸 | (5*Z*, 8*Z*, 11*Z*, 14*Z*)-二十碳四烯酸 | −49 | 卵磷脂 |

在组成油脂的各种饱和酸中，以软脂酸分布最广，绝大部分油脂中均含有软脂酸。硬脂酸则在动物脂肪中含量较高。低于十二个碳原子与高于十八个碳原子的饱和酸的含量和分布较少。在组成油脂的各种不饱和脂肪酸中，最常见的是含有十六个和十八个碳原子的烯酸，如棕榈酸、油酸、亚油酸和亚麻酸。这些不饱和酸的第一个双键大都在 $C_9$ 和 $C_{10}$ 之间，而且几乎所有的双键都是顺式的。亚油酸和亚麻酸不能在人体中合成，但在生理过程中起着极为重要的作用。如果人体缺乏这两种物质，会导致脂质代谢紊乱，血脂升高，动脉硬化，进而引发脑血管疾病等。

### 12.10.2　油脂的物理性质

由于天然油脂是混合物，因此它们均无固定的熔点和沸点。一般而言，不饱和脂肪酸的含量较高或者低碳数脂肪酸的含量较高时，这样的油脂在室温下为液体。例如，棉籽油的甘油酯中不饱和脂肪酸含量约占 75%，其在常温下为液体；而在牛油的甘油酯中，饱和脂肪酸的含量达到 60%～70%，因而其在室温下呈半固态。

由于不饱和脂肪酸都为顺式构型，其碳链不能像饱和脂肪酸那样呈现规则的锯齿状，而是弯曲成一定的角度，因此羧酸的链与链之间不能紧密接触，分子间的作用力小，油的熔点较脂肪低。

脂肪和油在乙醚、石油醚、氯仿、苯等溶剂中有很好的溶解性，而在质子性溶剂中溶解性很差。油脂的相对密度为 0.9～0.95。

### 12.10.3　油脂的化学性质

组成油脂的脂肪酸中不同程度地含有碳碳不饱和键，因此，油脂兼有酯和不饱和烃的性质。

1. 水解反应

在催化剂存在下，油脂在较高温度和压力下可以水解成脂肪酸和甘油，这是一个可逆反应。

$$C_3H_5(OOCR)_3 + H_2O \underset{\text{加热,加压}}{\overset{\text{Cat.}}{\rightleftharpoons}} C_3H_5(OH)_3 + 3\,RCOOH$$

在酸和解脂酶存在下，油脂的水解反应很容易发生。在常温下，酸和解脂酶就可催化油脂部分水解。这是油脂在贮藏过程中发生酸败现象的主要原因之一。

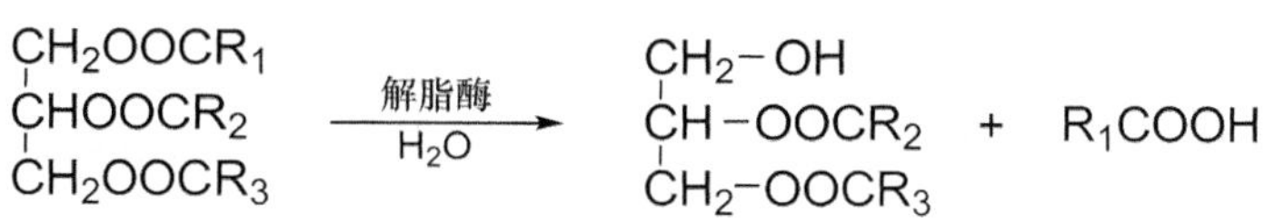

精制的油脂中，含水分很少，非脂肪复合物(含解脂酶)含量也极低，因而可长期存放。

油脂在碱性条件下发生彻底水解，生成甘油和脂肪酸盐(用于制肥皂)，称为皂化反应。例如油脂与氢氧化钠溶液共热水解，生成甘油和高级脂肪酸的钠盐(肥皂)。皂化反应是不可逆过程，因为产物之一是脂肪酸的盐。

$$\begin{array}{l} CH_2OOCR \\ | \\ CHOOCR \\ | \\ CH_2OOCR \end{array} \xrightarrow[H_2O]{NaOH} \begin{array}{l} CH_2-OH \\ | \\ CH-OH \\ | \\ CH_2-OH \end{array} + 3\,RCOONa$$

油脂皂化反应是分步进行的，三个脂肪酸逐步水解下来，反应的速率取决于碱的浓度、温度和油脂的结构等。由于各种油脂的成分不同，组成油脂的各种脂肪酸的相对分子质量不同，所以相同质量的各种油脂皂化时所需碱的量也不相同。使 1g 油脂完全皂化所需要的氢氧化钾的质量(毫克数)称为皂化值。根据油脂的皂化值可以计算油脂的平均相对分子质量。油脂的平均相对分子质量越大，单位质量油脂的物质的量越小，其皂化值也越小。工业上利用皂化值可以计算皂化反应时的投料比。常见油脂的皂化值见表 12-8。

**表 12-8　一些油脂的名称及皂化值、碘值**

| 分类 | 油脂名称 | 皂化值 | 碘值 |
|---|---|---|---|
| 脂肪 | 椰子油 | 250～260 | 8～10 |
| | 棕榈油 | 196～210 | 48～58 |
| | 奶油 | 216～235 | 26～45 |
| | 猪油 | 193～200 | 46～66 |
| | 牛油 | 190～200 | 31～47 |
| 不干性油 | 蓖麻油 | 176～187 | 81～90 |
| | 橄榄油 | 185～200 | 74～94 |
| | 花生油 | 185～195 | 83～93 |
| 半干性油 | 棉籽油 | 191～196 | 103～115 |
| | 鲸脂油 | 188～194 | 110～150 |
| 干性油 | 大豆油 | 189～194 | 124～136 |
| | 亚麻油 | 189～196 | 170～204 |
| | 桐油 | 189～195 | 160～170 |

天然油脂除主要含有高级脂肪酸甘油酯外，通常还含有一些非酯类化合物。这些非酯类化合物在皂化时与碱不反应。油脂皂化时，其中不能与碱作用的物质称为不皂化物。不皂化物包括一些高级醇、烃类、碳水化合物、有机色素、维生素等。天然油脂中不皂化物含量通常在1%以下。在制皂工业中，油脂中不皂化物的含量直接影响到肥皂的质量，不皂化物含量越多，制得的肥皂质量越差。但油脂用于食用时，其中的不皂化物常含有重要的营养成分，是有益的组成。

2. 酯交换反应

油脂的酯交换属醇解反应，在工业上用于制备高级脂肪酸甲酯、乙酯等。利用这一反应不但可以得到高纯度的高级脂肪酸酯，还可进一步制得高碳脂肪醇、脂肪胺、季铵盐、酰胺等重要的化工原料。

$$\begin{array}{l}CH_2OOCR_1\\ |\\ CHOOCR_2\\ |\\ CH_2OOCR_3\end{array} + CH_3OH \xrightarrow{\text{催化剂}} \begin{array}{l}CH_2-OH\\ |\\ CH-OH\\ |\\ CH_2-OH\end{array} + \begin{array}{l}R_1COOCH_3\\ R_2COOCH_3\\ R_3COOCH_3\end{array}$$

油脂的酯交换反应要求油脂必须是纯净的，尤其是含水量和酸值都应当相当低，否则该反应不能进行或酯交换不彻底。

3. 加成反应与碘值

在镍的催化作用、适当温度和压力下，油脂中脂肪酸碳链上的不饱和键与氢气可发生加成反应，称为油脂的氢化，产物称为氢化油或“硬化油”。油脂的氢化可以通过调节氢气的通入量和反应时间来控制氢化程度，制取具有不同理化指标的氢化油。氢化程度的不同，所得加氢油脂的饱和度不同，熔点范围也不同。例如，熔点为 56℃左右的工业硬化油用于制皂，可以取代资源有限的牛、羊油脂；完全硬化的油脂则用于制备饱和脂肪酸；选择氢化制得的硬化油可用于配制起酥油、人造奶油、黄油等。油脂氢化后减少了分子中的不饱和键，可明显提高油脂的抗氧化性和耐热性，延长贮存期。例如，油脂中的亚油酸或亚麻酸氢化成油酸后，对氧的稳定性可提高 5～10 倍。油脂的彻底氢化也可直接得到 $\alpha$-高碳醇及甘油：

$$\begin{array}{l}CH_2OOCR_1\\ |\\ CHOOCR_2\\ |\\ CH_2OOCR_3\end{array} + H_2 \xrightarrow[\substack{260\sim280℃\\ 20\ MPa}]{CuO\text{-}CrO} \begin{array}{l}CH_2-OH\\ |\\ CH-OH\\ |\\ CH_2-OH\end{array} + \begin{array}{l}R_1CH_2OH\\ R_2CH_2OH\\ R_3CH_2OH\end{array}$$

油脂也可以与卤素发生加成反应。通常油脂的不饱和程度用碘值表示，100 g 油脂所能吸收碘的质量(克数)称为碘值。碘值越大，表示油脂的不饱和程度越大。在油脂氢化过程中，可用测定碘值的大小检测氢化程度。常见油脂的碘值见表 12-8。

4. 氧化反应与酸值

油脂在贮存期间可被空气氧化成过氧化物、醛、酮、羧酸等，并产生厌恶的酸臭味，通常称为油脂的氧化酸败。通常我们所说的油脂变酪就是指油脂酸败。油脂酸败是个复杂的化学过程。光、热、催化剂、水分等因素影响酸败程度，其中温度是决定油脂氧化时生成何种产物的主要因素。氧化酸败在有催化剂的作用下(如金属离子的存在)能迅速进行，也可被脂肪氧化酶所催化；在无催化剂时，也可自动发生，这是一个自由基氧化过程。因此储存油脂时，应将其放入避光、干燥的密闭容器中，在阴凉处存放。通常动物油脂比植物油脂容易酸败。这是因为动物油脂中常含有较多的脂肪氧化酶，而植物油脂中常含有具有抗氧化作用的酚类物质。例如，芝麻油(香油)中含有芝麻酚，一般不易变质。

油脂在空气中发生水解和氧化反应，都会生成游离的脂肪酸。油脂中游离酸越多，油脂的酸败程度就越厉害。通常用酸值表示油脂的酸败程度。酸值是指中和 1 g 油脂所需氢氧化钾的质量(毫克数)。酸值是油脂质量分析中的一个重要指标，也是衡量油脂水解程度和检验脂肪酸的一个理化指标。

5. 油脂的干性

将含有不饱和酸甘油酯的油脂涂成薄膜，暴露于空气中，就会发生变稠或变成坚韧的薄膜，这种现象称为油脂的干燥。例如，桐油刷在木制品的表面上，就逐渐形成一层干硬、带有光泽且具有一定弹性的薄膜。具备这种特殊性质的油脂称为干性油。干性油在空气中可变成硬化膜这一特点可能与分子中存在着共轭双键有关。油脂分子中含有共轭双键的数目越多，干性就越强。干性油形成硬膜的过程很复杂，主要原因是被空气中的氧所氧化，并进一步发生聚合反应生成高分子化合物，形成固态薄膜。此膜覆盖在物体表面可以保护物体不受磨损和免受空气氧的腐蚀。

有些油脂分子中含有双键，但不成共轭体系，这类油脂在空气中也能成膜，但结膜速度慢且不牢固，这种油脂称为半干性油，如棉籽油。亚麻油的干性化不是很好，但当把它与氧化铅一起加热后，就可大大提高其干化性能，其原因是在处理过程中，除了有双键的氧化作用外，还有一部分双键发生了移位，形成了共轭体系而利于干化性能的提高。有的油脂在经过上述处理后也不具备干化性能，则称为不干性油，如猪油、花生油等。由碘值可以判断油脂的属性，碘值大于 130 属于干性油，碘值在 100～130 属半干性油，碘值小于 100 属不干性油。

## 阅读材料

### 花生四烯酸

花生四烯酸(arachidonic acid，简称 AA)是全顺式-5,8,11,14-二十碳四烯酸，化学式为 $CH_3(CH_2)_4(CH{=}CH\text{-}CH_2)_4(CH_2)_2COOH$，为高级不饱和脂肪酸。广泛分布于动物界，也能在甘油磷脂类中找到。人体内可由亚油酸合成。花生四烯酸是一种人体重要的多不饱和脂肪酸，在维持机体细胞膜的结构与功能方面具有重要的作用。它不仅作为一种极为重要的结构脂类广泛存在于哺乳动物的组织(特别是神经组织)器官中，而且还是人体前列腺素合成的重要前体物质，具有广泛的生物活性和重要的营养作用，已经在保健食品、化妆品和医药等领域得到广泛应用。

花生四烯酸主要以磷脂的形式存在于机体各个组织的细胞膜上，决定着细胞膜的一些重要生物活性。由于花生四烯酸是许多二十碳衍生物如前列腺素 $E_2$、前列环素、血栓烷 $A_2$ 和白三烯等物质的前体，因此其具有很多重要的保健功能，如益智健脑、提高视敏度、酯化胆固醇、抑制血小板凝集、增加血管弹性、降低血液黏度、调节血细胞功能、调节血脂和血糖、保护皮肤等。作为人乳汁的天然成分，AA 对婴儿的神经及其生理的发育必不可少，对婴幼儿的生长发育以及大脑和视网膜的功能完善具有特别重要的意义，被认为是人类早期发育的必需营养素。

AA 在化妆品中也有广泛的应用。AA 在功能上与$\gamma$-亚麻酸相似，但其护肤效果比$\gamma$-亚麻酸更好；AA 可以取代或部分取代$\gamma$-亚麻酸生产高档护肤化妆品；AA 还具有营养毛囊、促进毛发再生的功能，因此还可以用于开发护发产品，可预防和治疗脱发。

## 习　题

12-1　比较下列各组化合物的酸性强弱。

(1) 醋酸，丙二酸，草酸，苯酚和甲酸　　(2) $CH_3COOH$，$F_3CCOOH$，$ClCH_2COOH$ 和 $C_2H_5OH$

(3) 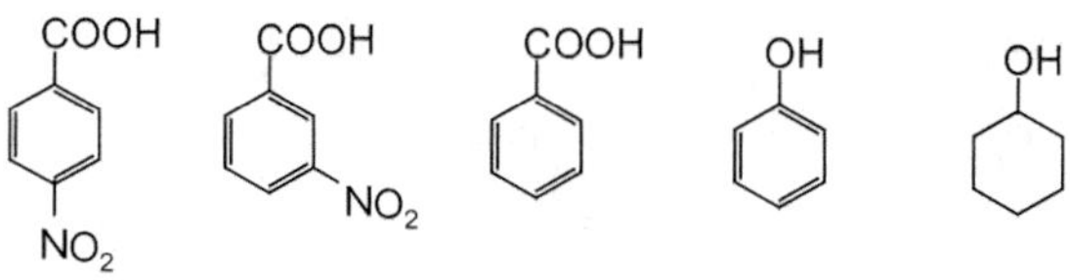

12-2　用化学方法区别下列各组化合物。

(1) 乙醇，乙醛，乙酸　(2) 甲酸，乙酸，丙二酸　(3) 草酸，马来酸，丁二酸

12-3　比较下列反应进行时的反应速率并解释之。

(1) $C_2H_5CO_2H \xrightarrow{LiAlH_4} C_2H_5CH_2OH$

(2) $C_2H_5CO_2C_2H_5 \xrightarrow{LiAlH_4} C_2H_5CH_2OH + C_2H_5OH$

(3) $C_2H_5COCl \xrightarrow{LiAlH_4} C_2H_5CH_2OH$

(4) $C_2H_5CONH_2 \xrightarrow{LiAlH_4} C_2H_5CH_2NH_2$

12-4　完成下列反应。

(1) 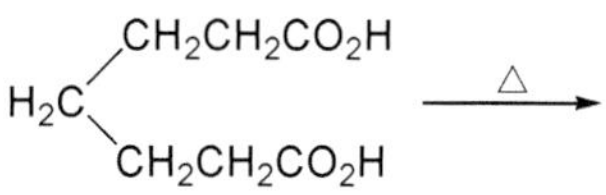

(2) $HOOCCH_2(CH_2)_2CH_2COOH \xrightarrow{\triangle}$

(3) 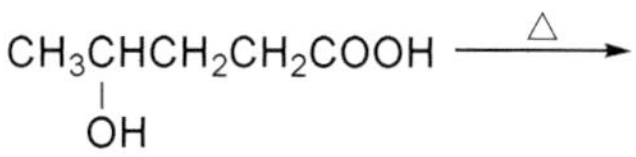

(4) $HOOCCH_2CH_2CO_2C_2H_5 \xrightarrow[C_2H_5OH]{Na}$

(5) 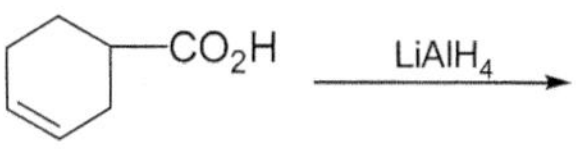

(6) 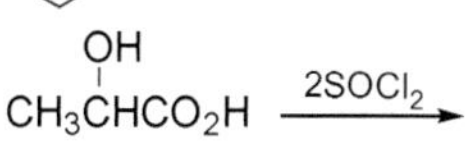

(7) 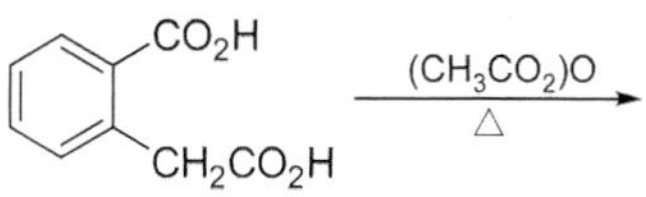

(8) 

(9) 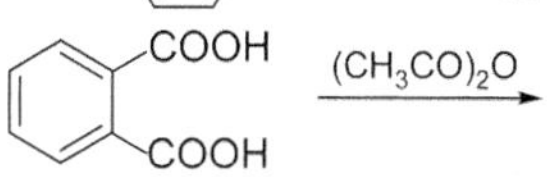

(10) 

(11) 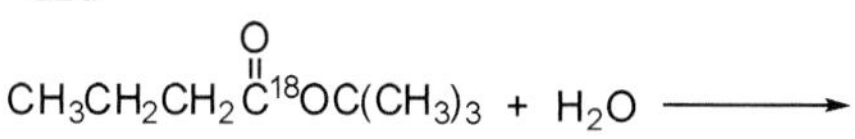

(12) 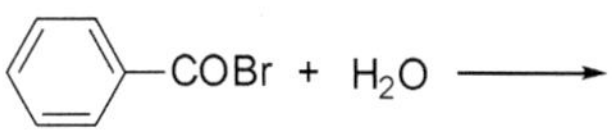

12-5　按要求排序。

(1) 排列下列化合物酸性大小的顺序。

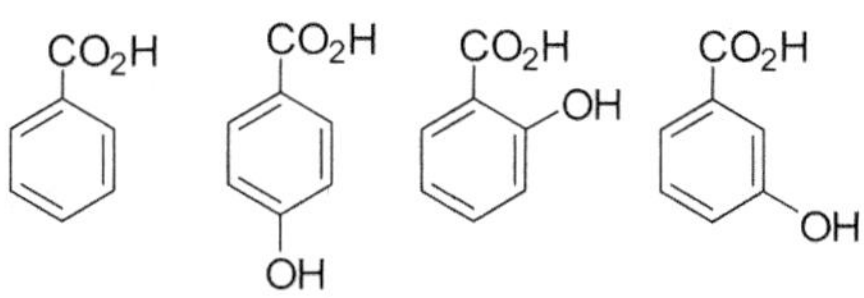

(2) 排列下列化合物碱性水解反应速率的次序。

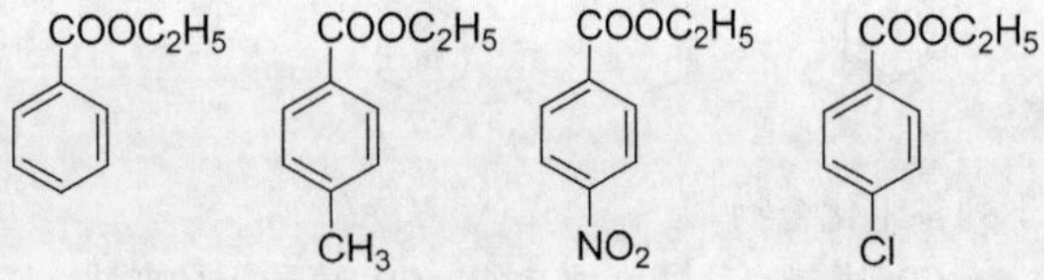

(3) 下列化合物α-H 的活性按酸性从强到弱顺序排列。

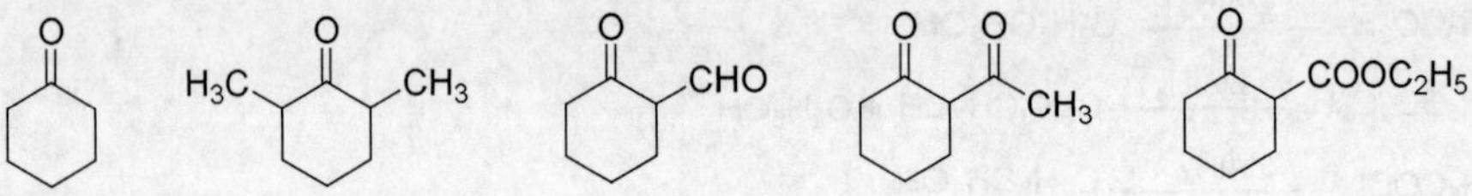

12-6 完成下列转变。

(1) 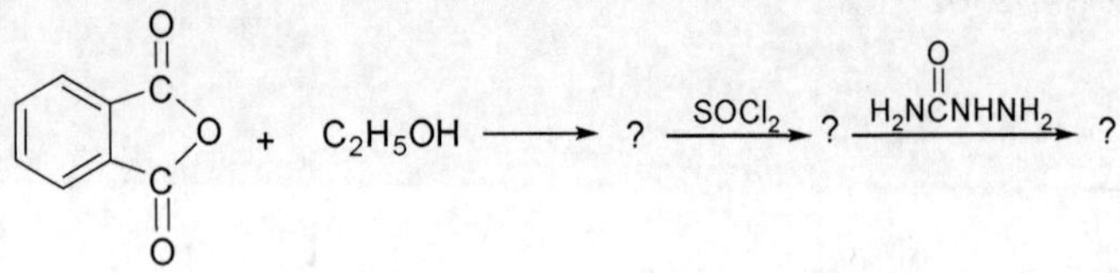

(2) $CH_3CO_2H \xrightarrow[P]{Cl_2} ? \xrightarrow{Na_2CO_3} ? \xrightarrow{NaCN} ? \xrightarrow[H_2SO_4]{2C_2H_5OH} ?$

(3) $2CH_3CHO \xrightarrow[\triangle]{OH^-} ? \xrightarrow{NaBH_4} ? \xrightarrow{PBr_3} ? \xrightarrow[\text{乙醚}]{Mg} ? \xrightarrow[2)H_3^+O]{1)CO_2} ?$

(4) 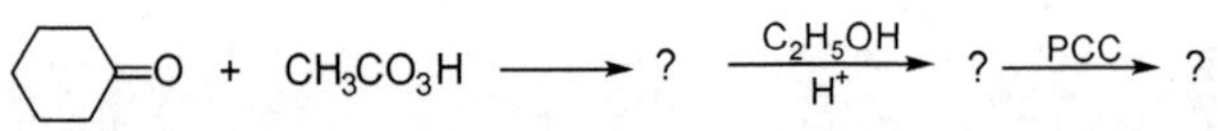

(5) 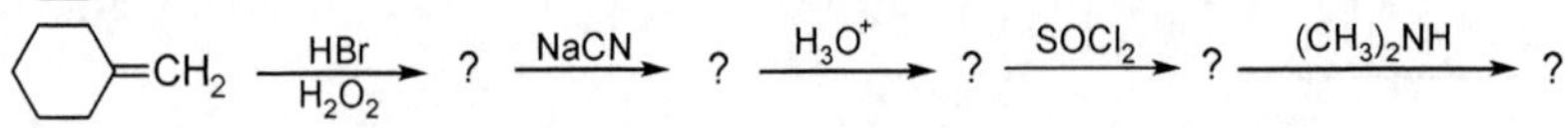

(6) $CH_3CH_2MgBr \xrightarrow[\text{无水醚}]{CH_3CHO} \xrightarrow{H_3O^+} ? \xrightarrow{HBr} ? \xrightarrow[\text{无水醚}]{Mg} \xrightarrow{CO_2} \xrightarrow{H_3O^+} ?$

$\xrightarrow{SOCl_2} ? \xrightarrow{NH_3} ? \xrightarrow{P_2O_5} ?$

12-7 推断题。

(1) 化合物 A($C_{10}H_{22}O_2$)与碱不作用；在稀酸中可水解生成 B($C_4H_8O$)和 C ($C_3H_8O$)；C 与金属钠作用可放出气体，但 C 无碘仿反应；B 能进行银镜反应，B 与重铬酸钾在硫酸存在下反应生成化合物 D。D 与 $Cl_2$/P 作用后再水解得到化合物 E；E 在稀硫酸中加热得到化合物 F($C_3H_6O$)；F 的同分异构体 G 可由化合物 C 氧化得到。写出 A～G 的结构式。

(2) 一羧酸衍生物 A 的化学式为 $C_5H_6O_3$，它能与乙醇作用得到两个异构体的化合物 B 和 C；B 和 C 分别用 $SOCl_2$ 作用后再加入乙醇，都得到同一化合物 D。试推测 A～D 的结构。

12-8 由指定的原料合成下列化合物(无机试剂可任选)。

(1) 乙炔→丙烯酸甲酯　(2) 异丙醇→α-甲基丙酸　(3) 丁酸→乙基丙二酸

(4) 乙烯→β-羟基丙酸　(5) 对甲氧基苯乙酮和乙醇→β-甲基-β-羟基对甲氧基苯丙酸乙酯

12-9 由指定原料合成下列化合物。

(1) 由四个碳以下化合物合成 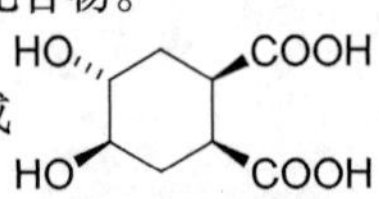

(2) 由己二酸及苯甲腈合成 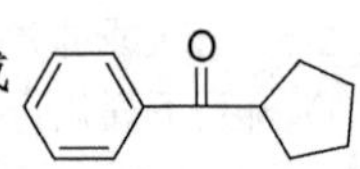

(3) 以甲苯为原料合成 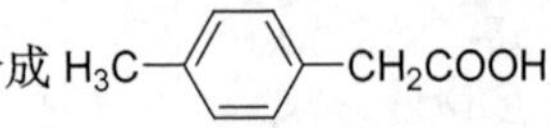

(4) 以异丙醇为原料合成 2, 2-二甲基丁酸

12-10 化合物 A 的分子式为 $C_4H_6O_2$，它不溶于 NaOH 溶液，和 $Na_2CO_3$ 没有作用，可使溴水褪色。它有类似乙酸乙酯的香味。A 和 NaOH 溶液共热后变成 $CH_3CO_2Na$ 和 $CH_3CHO$。另一化合物 B 的分子式与 A 同。它和 A 一样，不溶于 NaOH，和 $Na_2CO_3$ 没有作用，可使溴水褪色，香味和 A 类似。但 B 和 NaOH 水溶液共热后生成醇和一个羧酸钠盐，该钠盐用 $H_2SO_4$ 中和后蒸馏出的有机物可使溴水褪色。A 和 B 各为何物?

# 第 13 章　β-二羰基化合物

分子中含有两个羰基官能团的化合物称为二羰基化合物，其中两个羰基间隔一个亚甲基的化合物称为β-二羰基化合物(β-dicarbonyl compound)，也称 1,3-二羰基化合物。这两个羰基可以是酮羰基，也可以是酯羰基。例如：

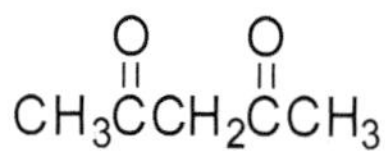
2,4-戊二酮

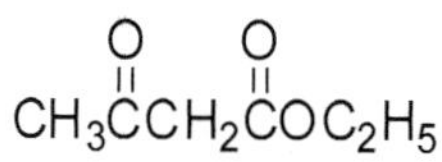
乙酰乙酸乙酯

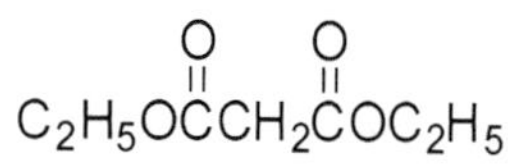
丙二酸二乙酯

β-二羰基化合物中的亚甲基受两个羰基吸电子作用的影响，亚甲基上的氢原子酸性增强，变得很活泼。因此 β-二羰基化合物属于活泼亚甲基化合物。

## 13.1　β-二羰基化合物的酸性

β-二羰基化合物上的 α-氢原子有较强的酸性，$pK_a$ 为 9～13，比一般的酯或酮的 α-氢的酸性强得多。例如，丙二酸二乙酯的 $pK_a$ 为 13，乙酰乙酸乙酯的 $pK_a$ 为 11，而丙酮的 $pK_a$ 为 20。这主要是由于β-二羰基化合物能发生酮-烯醇互变异构，形成比较稳定的烯醇式异构体。

β-二羰基化合物能形成稳定烯醇式结构主要有以下三个方面的因素：①亚甲基上氢的酸性较强，有利于质子的转移；②烯醇式中形成了共轭双键结构，体系能量较低；③在烯醇式中存在分子内六元环氢键，有利于烯醇式的稳定。室温下，酮式和烯醇式以一种动态平衡存在，浓度、温度和溶剂对平衡均有影响。一般来讲，浓度低，在非质子性溶剂中有利于烯醇式的存在。例如：

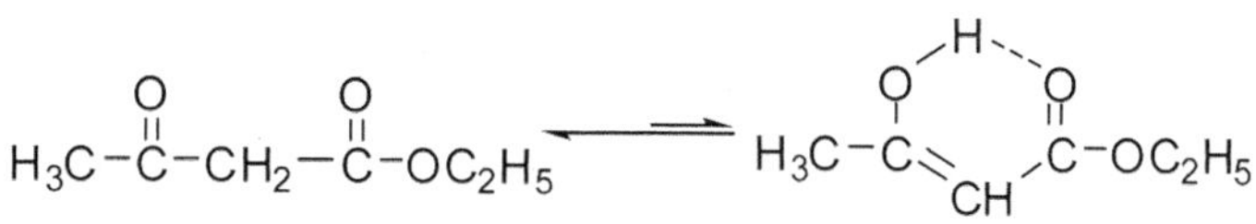

| | | |
|---|---|---|
| 纯液体 | 92.5% | 7.5% |
| 水 | 90% | 10% |
| 环己烷 | 51% | 49% |

在碱作用下，β-二羰基化合物可生成稳定的负离子。负电荷不仅存在于碳原子上，还可以通过烯醇式共轭体系离域到两个羰基氧上，形成烯醇负离子。

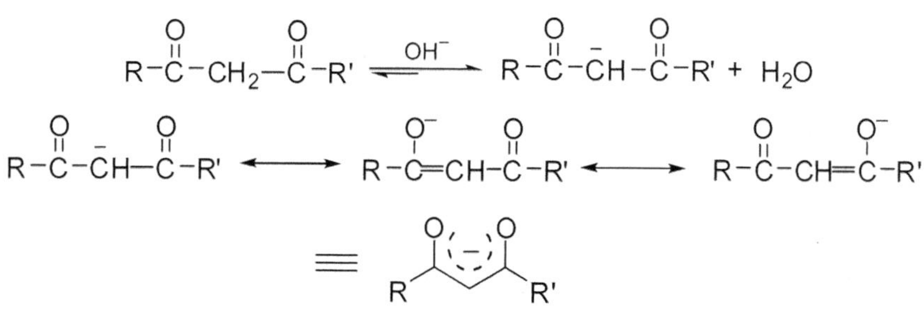

由于碳负离子的亲核性大于氧负离子的亲核性，当 $\beta$-二羰基化合物在碱性条件下与亲电试剂发生反应时，主要是在活泼亚甲基上发生反应，所以这种负离子也常称为碳负离子。

## 13.2 $\beta$-二羰基化合物的制备

### 13.2.1 Claisen 酯缩合反应

与醛酮相似，酯的 $\alpha$-氢由于受羰基的影响，比较活泼，在碱性试剂催化下可以发生缩合反应生成 $\beta$-酮酸酯，这个反应称为 Claisen(克莱森)酯缩合反应。

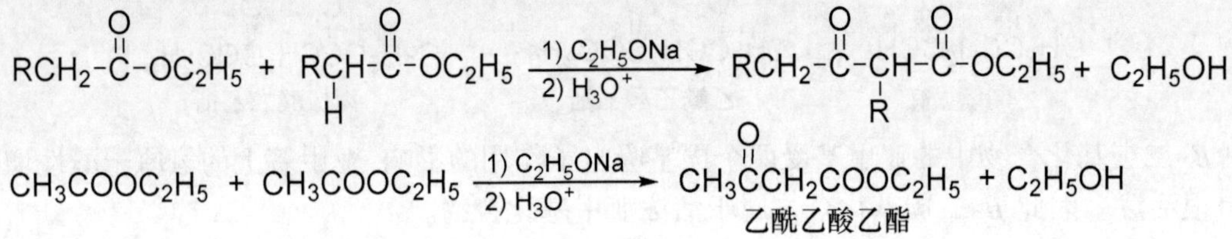

该缩合反应的历程是一个亲核加成-消除的反应过程。例如，生成乙酰乙酸乙酯的反应过程如下：

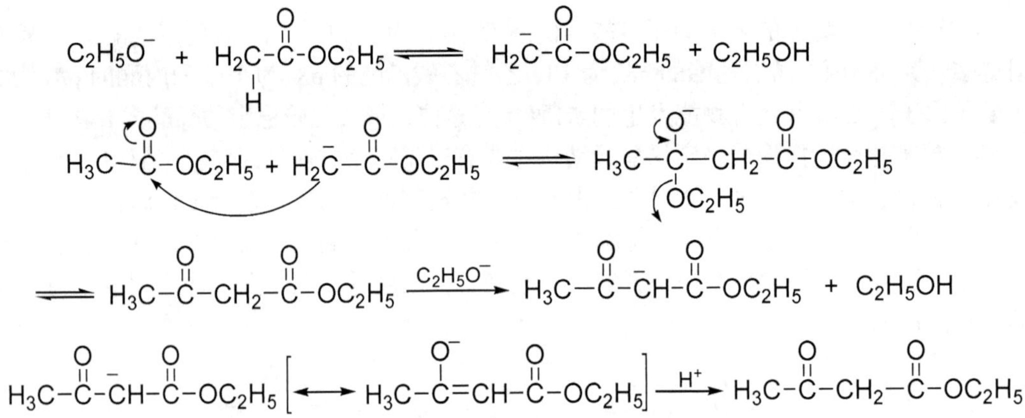

在这个反应历程中，前三步都是可逆平衡反应，生成的乙酰乙酸乙酯是一个较强的酸，可以与乙醇钠作用，生成稳定的负离子，促使第四步反应几乎单向进行。最后将反应物酸化中和，使负离子生成乙酰乙酸乙酯。

乙酰乙酸乙酯的工业制法是由双乙烯酮与乙醇反应来制备的。双乙烯酮是个内酯，在酸催化作用下与乙醇反应，首先生成一个烯醇式中间体，然后经重排制得乙酰乙酸乙酯。

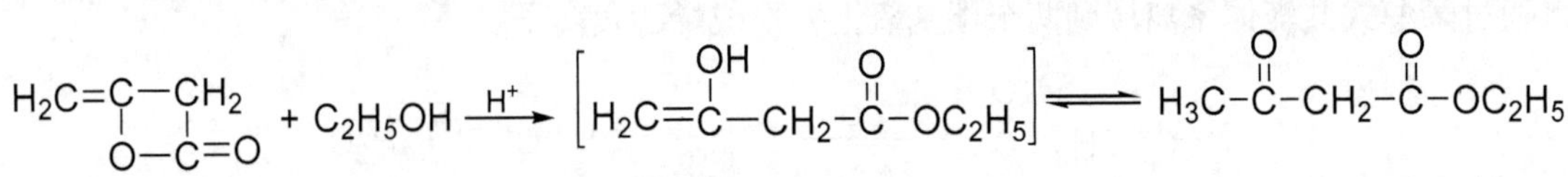

Claisen 酯缩合除了可以由相同酯进行缩合反应外，也可由不同的酯进行缩合。但如果两个酯都具有 $\alpha$-氢原子，在进行反应时，理论上可得到四种酯缩合产物，在合成上没有应用价值。如果其中有一个酯没有 $\alpha$-氢原子，控制条件进行缩合，则可较好地得到单一缩合产物。常用的不含 $\alpha$-氢原子的酯有甲酸酯、草酸酯、碳酸酯以及苯甲酸酯等。

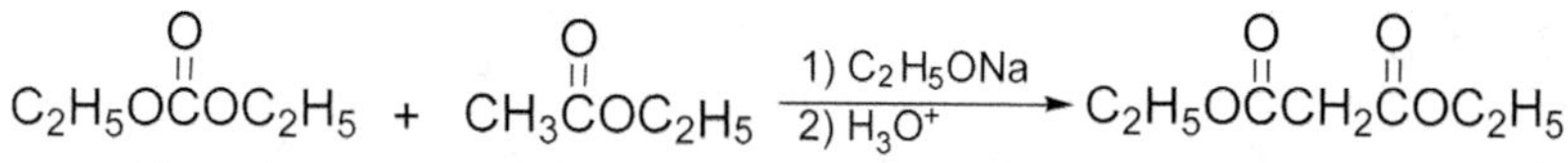

碳酸二乙酯

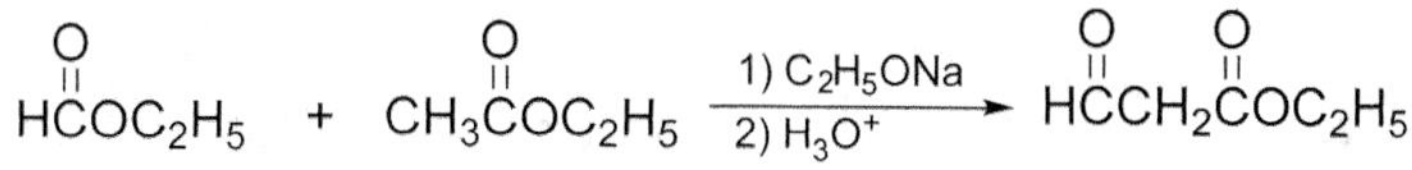

甲酸乙酯

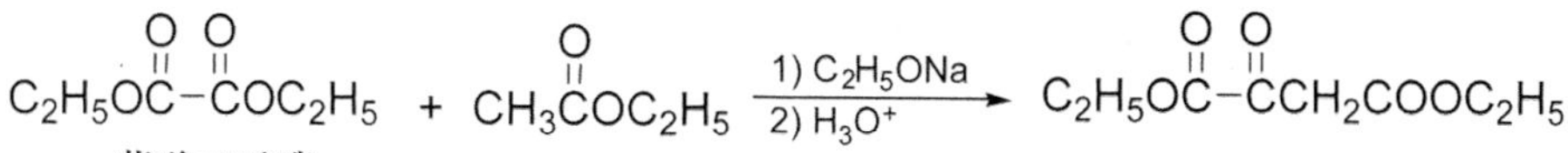

草酸二乙酯

酯缩合反应可以在分子内发生，生成五元环和六元环$\beta$-二羰基化合物，这个反应称为Dieckmann(狄克曼)缩合反应。

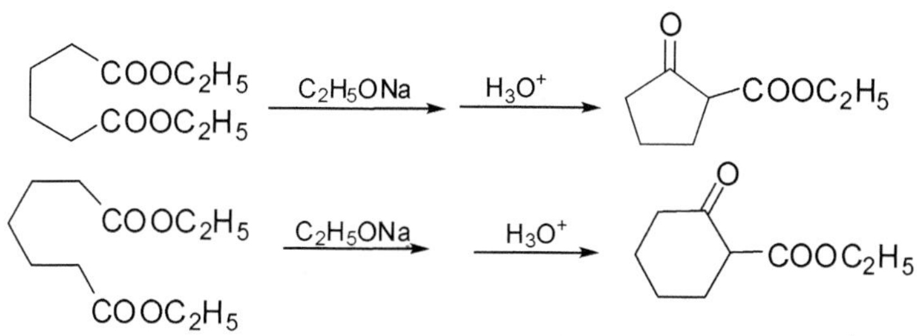

上述两个产物在酸性溶液中水解时，最初生成的$\beta$-羰基酸不稳定容易脱羧，所以最后产物是环戊酮和环己酮。

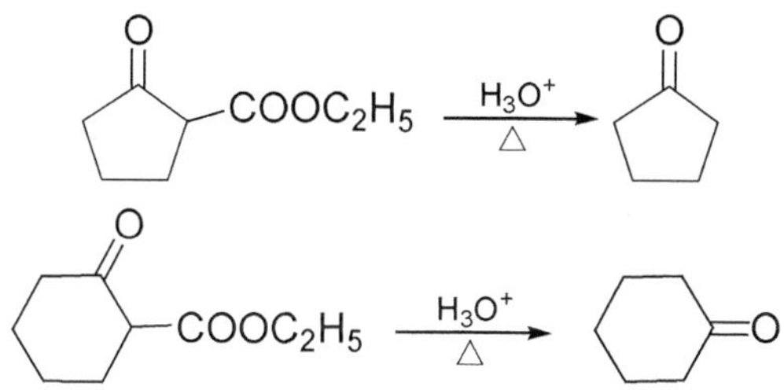

### 13.2.2　酮酯缩合反应

具有 $\alpha$-氢原子的酮除了可以和酮或醛发生羟醛缩合反应外，也可以和酯进行缩合，称为酮酯缩合反应——广义的 Claisen 酯缩合反应。进行缩合反应时，由于酮的 $\alpha$-氢较酯的 $\alpha$-氢活性高，且生成的碳负离子具有较强的亲核能力，所以一般是酮生成碳负离子，然后进攻酯羰基得到缩合产物。

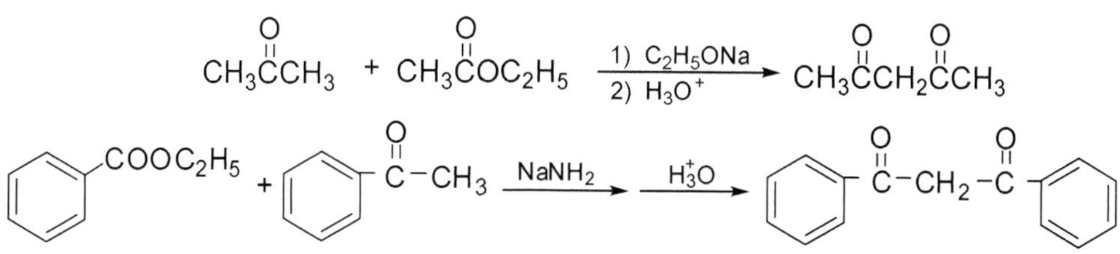

### 13.2.3 丙二酸酯的制备

工业上制备丙二酸二乙酯通常用乙酸为原料，通过 $\alpha$-卤代酸与 NaCN 反应后水解酯化反应制取：

$$CH_3COOH \xrightarrow[P]{Cl_2} ClCH_2COOH \xrightarrow{NaOH} ClCH_2COONa \xrightarrow{KCN} NCCH_2COONa$$

$$\xrightarrow[H_2SO_4]{C_2H_5OH} C_2H_5OOCCH_2COOC_2H_5$$

## 13.3 $\beta$-二羰基化合物在有机合成中的应用

$\beta$-二羰基化合物除了具有羰基化合物的通性外，它们还具有自己独特的反应，在有机合成上有多方面的应用。这类化合物中比较重要的有乙酰乙酸乙酯和丙二酸二乙酯。

### 13.3.1 乙酰乙酸乙酯在有机合成中的应用

乙酰乙酸乙酯俗称“三乙”，是无色具有水果香味的液体，沸点 180.4℃，在沸点时有分解现象，制备时一般用减压蒸馏的方法提纯。在通常条件下，乙酰乙酸乙酯是以酮式和烯醇式两种结构以动态平衡而同时存在的互变异构体，酮式约含 92.5%，烯醇式约为 7.5%。在不同溶剂和不同的温度、浓度等条件下，酮式和烯醇式的含量也有所变化。在常态下，乙酰乙酸乙酯可以表现出烯醇式和酮式两方面的特征反应，能与羰基试剂(如羟氨、苯肼等)发生反应，也能与金属钠作用放出氢气，可以使溴的四氯化碳溶液褪色，还能与三氯化铁作用显紫色等。由于它的特殊结构，还可发生以下反应。

1. 酮式分解与酸式分解

乙酰乙酸乙酯在稀碱(5% NaOH)或稀酸中加热，首先发生酯的水解反应，生成乙酰乙酸。乙酰乙酸不稳定，加热容易脱羧生成酮，所以称为酮式分解。

$$CH_3\overset{O}{\overset{\|}{C}}CH_2\overset{O}{\overset{\|}{C}}OC_2H_5 \xrightarrow{稀NaOH} CH_3\overset{O}{\overset{\|}{C}}CH_2\overset{O}{\overset{\|}{C}}ONa \xrightarrow{H^+} CH_3\overset{O}{\overset{\|}{C}}CH_2\overset{O}{\overset{\|}{C}}OH \xrightarrow{\triangle} CH_3\overset{O}{\overset{\|}{C}}CH_3 + CO_2$$

乙酰乙酸乙酯在浓碱(40% NaOH)中加热，$\alpha$-碳和$\beta$-碳之间的键断裂，生成两分子乙酸盐，酸化后得到乙酸，称为酸式分解。

$$CH_3\overset{O}{\overset{\|}{C}}CH_2\overset{O}{\overset{\|}{C}}OC_2H_5 \xrightarrow[-C_2H_5OH]{浓NaOH} 2\,CH_3COONa \xrightarrow{H^+} 2\,CH_3COOH$$

酸式分解实际上是 Claisen 酯缩合反应的逆反应。

2. 乙酰乙酸乙酯在有机合成上的应用

乙酰乙酸乙酯亚甲基上的氢具有酸性，在碱的作用下产生碳负离子，可以和卤代烃或酰卤等发生亲核取代反应。

1) 烃基化

乙酰乙酸乙酯在醇钠等碱的作用下与卤代烃反应，结果是在亚甲基上引入了一个烃基，生成取代乙酰乙酸乙酯。

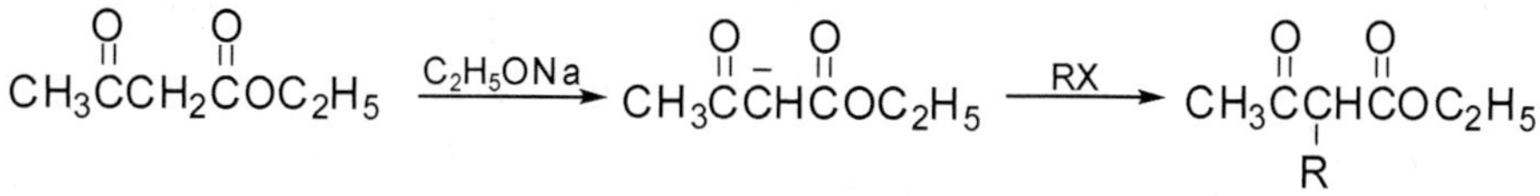

烃基取代的乙酰乙酸乙酯分子中还有一个活泼氢，可重复上述反应，进行二次烃基化，得到二烃基乙酰乙酸乙酯。

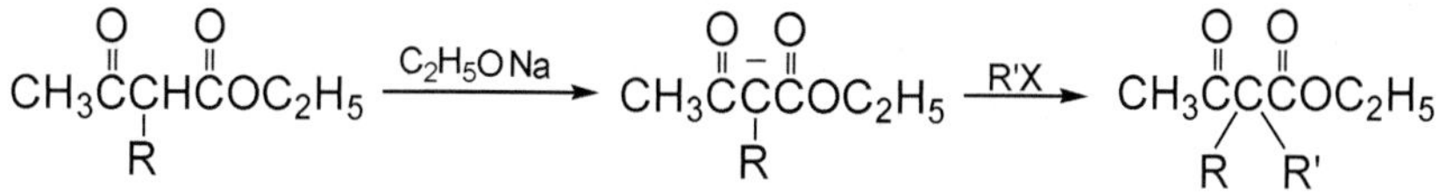

烃基取代乙酰乙酸乙酯也可以发生酮式分解或酸式分解。

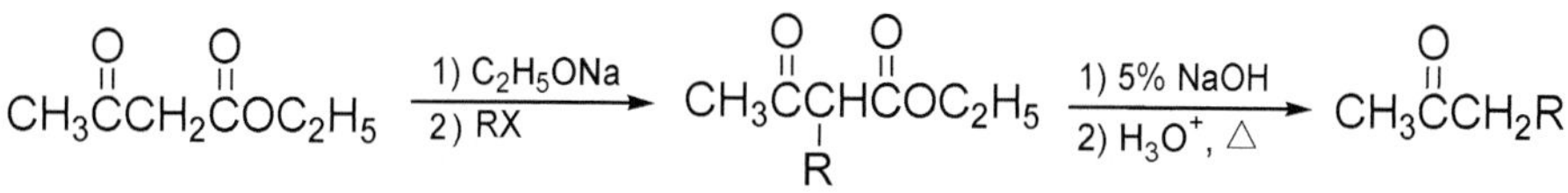

因此，利用乙酰乙酸乙酯活泼亚甲基上烃基或酰基取代物，通过酮式或酸式分解，可以合成甲基酮、二酮、一元羧酸和酮酸等一系列化合物。例如合成甲基酮：

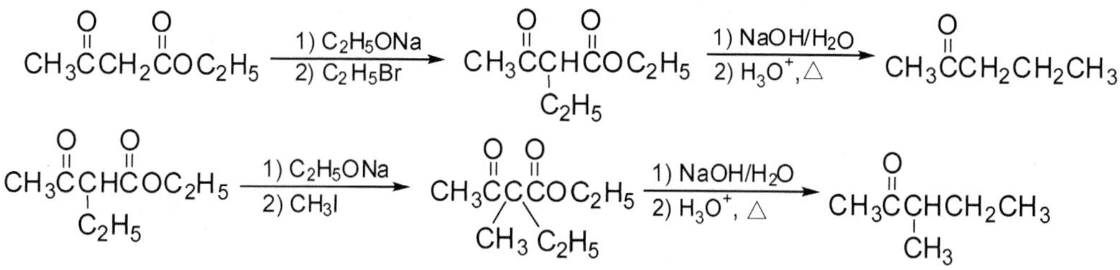

如果卤代烷为二卤代烷，根据乙酰乙酸乙酯和二卤代烷的物质的量配比以及两个卤素原子之间碳链的长度，可以合成环烷基取代的酮或二酮类化合物。

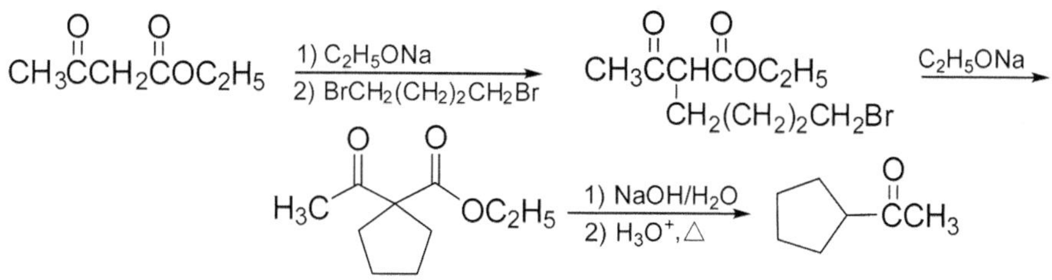

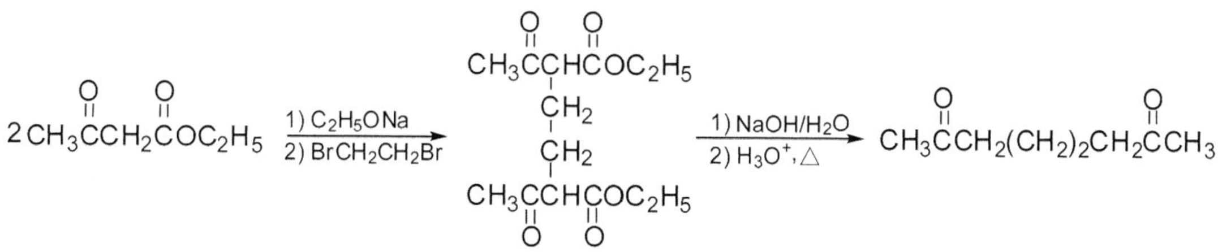

乙酰乙酸乙酯还可与α-卤代酸酯发生反应，生成γ-酮酸。

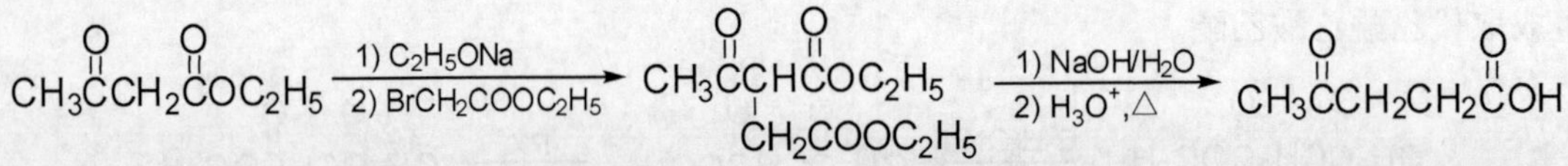

在乙酰乙酸乙酯合成法中使用的卤代烃，一般要求采用伯或仲卤代烃，叔卤代烷在碱性条件下易发生消除反应生成烯烃，使反应产率降低。乙烯型的卤代烃($CH_2$=CHX)和卤代芳烃(Ar–X)，由于卤原子活性较低，不易发生反应。同时，卤代烃分子中不能含有羧基和酚羟基等酸性基团，因其会分解乙酰乙酸乙酯的钠盐，使反应难以进行。另外，当使用乙酰乙酸乙酯合成二烷基取代丙酮时，第二次烷基化难度较大，因此应该先引入体积较大、活性较低的烃基，后引入体积较小、活性较高的烃基。

2) 酰基化

乙酰乙酸乙酯与碱作用形成的碳负离子还可与酰氯等试剂反应，生成 $\alpha$-酰基取代的产物，然后经酮式分解，得到 $\beta$-二酮。

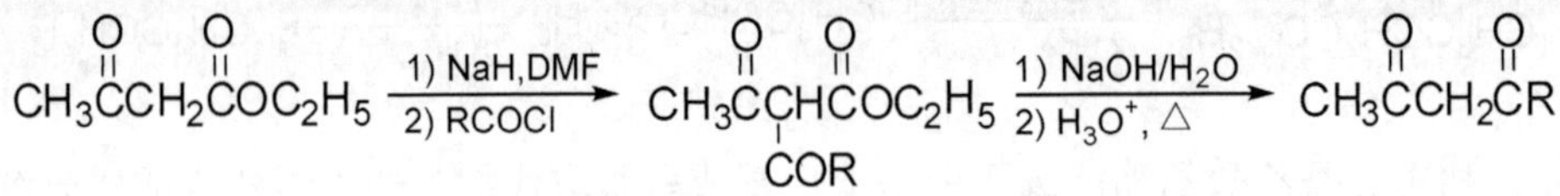

进行此类反应时，不宜用醇钠为碱，以免生成的醇和酰氯反应生成酯，而烷氧负离子又被生成的酸中和。一般常用氢化钠代替醇钠，用非质子极性溶剂 DMF、DMSO 等代替乙醇。

### 13.3.2 丙二酸二乙酯在有机合成中的应用

丙二酸二乙酯分子能与强碱性的醇钠作用形成钠盐。生成的碳负离子是一个强亲核试剂，与卤代烃(伯或仲)反应时，可发生亲核取代生成一烃基或二烃基取代丙二酸二乙酯。水解后得到相应的烃基取代丙二酸，在加热下脱羧生成相应的烃基取代乙酸。

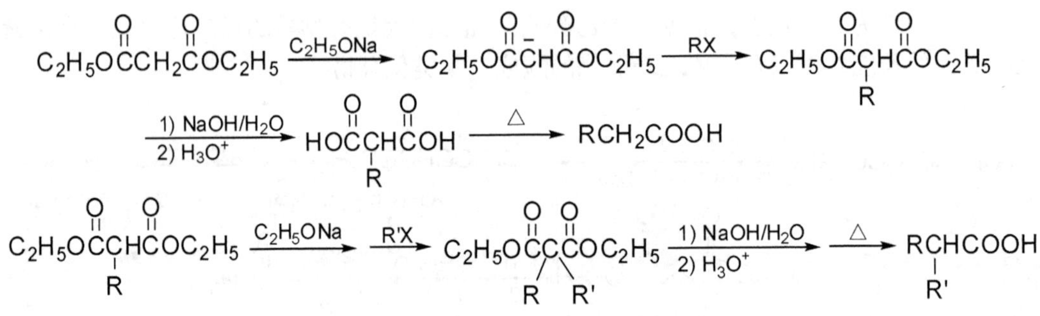

例如：

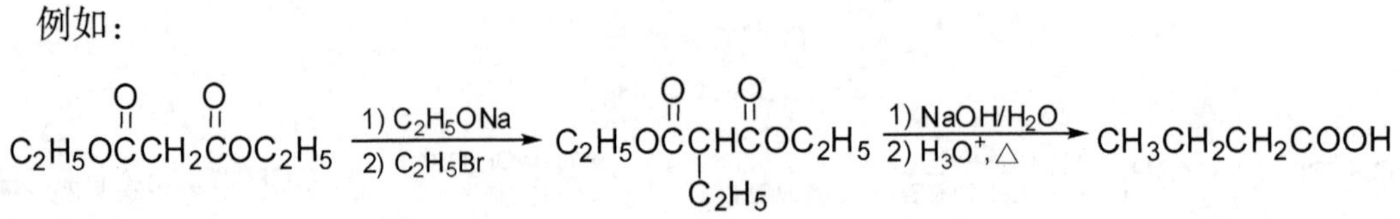

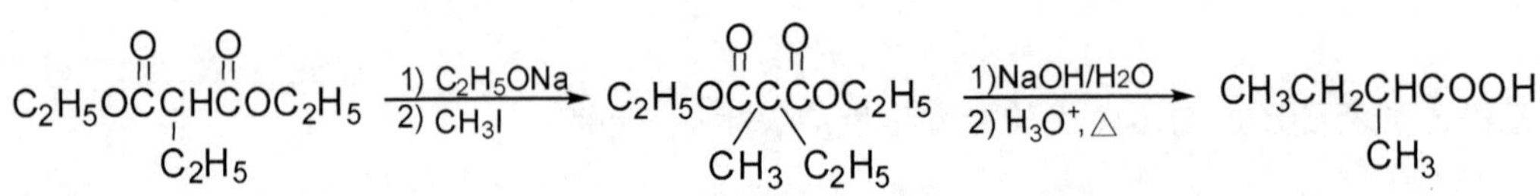

如果采用二卤代烷，且控制丙二酸二乙酯与二卤代烷的物质的量比不少于 2∶1 时，可得到二元羧酸。

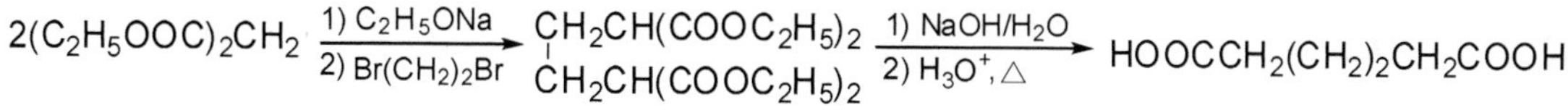

控制丙二酸二乙酯与二卤代烷的物质的量比不超过 1∶1，且二卤代烷碳链长度大于 2 时，可得到环烷基羧酸。例如：

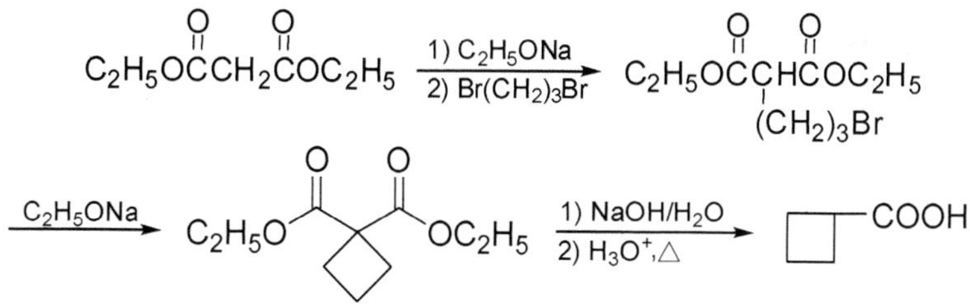

可以通过丙二酸二乙酯与溴代乙酸乙酯反应来制备 1, 4-丁二酸。例如：

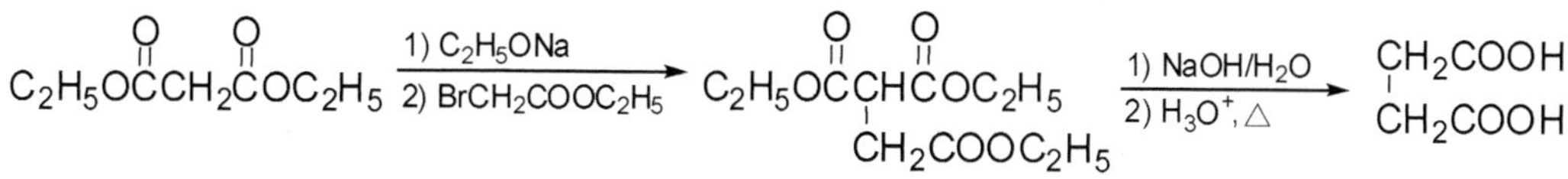

1,4-丁二酸还可以通过碘偶联两分子的丙二酸二乙酯来制备。碘的作用是先对丙二酸二乙酯活泼亚甲基进行碘代，然后被另一分子丙二酸二乙酯负离子亲核取代。

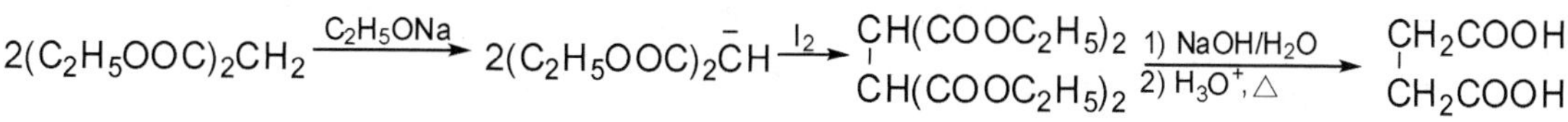

与乙酰乙酸乙酯合成法类似，丙二酸二乙酯合成法中常用伯卤代烷或仲卤代烷，叔卤代烷在碱性条件下易发生消除反应生成烯烃，使反应产率降低。乙烯型的卤代烃($CH_2$=CHX)和卤代芳烃(Ar–X)，由于卤原子活性较低，不易发生反应。同时，卤代烃分子中不能含有羧基和酚羟基等酸性基团。当需要引入两个不同的烃基时，一般是先引入体积较大、活性较低的烃基，后引入体积小、活性高的烃基。

## 13.4 其他碳负离子的反应

与$\beta$-二羰基化合物类似，只要在亚甲基上连有两个吸电子基团，亚甲基上的氢原子就具有一定的酸性，可以在碱的作用下形成稳定的碳负离子，与亲电试剂发生反应，这类化合物统称为活泼亚甲基化合物，如 $CH_3COCH_2COCH_3$、$NCCH_2CN$、$CH_3COCH_2CN$、$O_2NCH_2CN$、$CH_2(NO_2)_2$ 等。

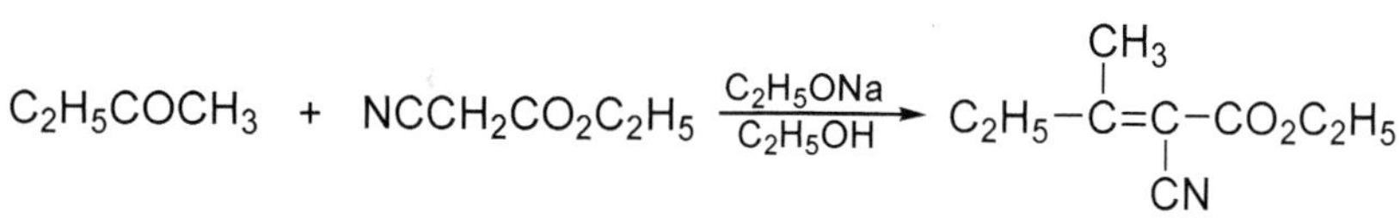

除了活泼亚甲基化合物外，一些化合物也可在碱的作用下，生成相对稳定的碳负离子，发生与活泼亚甲基负离子类似的反应，这类反应统一称为碳负离子的反应。碳负离子反应是有机

合成中非常重要的一类反应。

下面列举一些比较常用的关于碳负离子的反应。

### 13.4.1 Perkin 反应

Perkin(珀金)反应是指芳香醛与酸酐在碱性催化剂(酸酐相应的羧酸盐)催化下进行亲核加成，然后失去一分子羧酸，得到$\beta$-芳基-$\alpha,\beta$-不饱和酸，该反应的一般通式为：

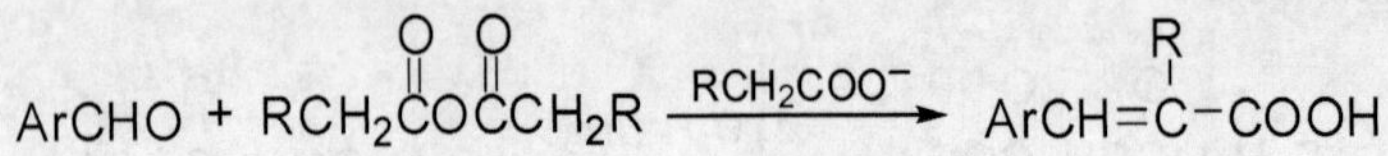

例如：

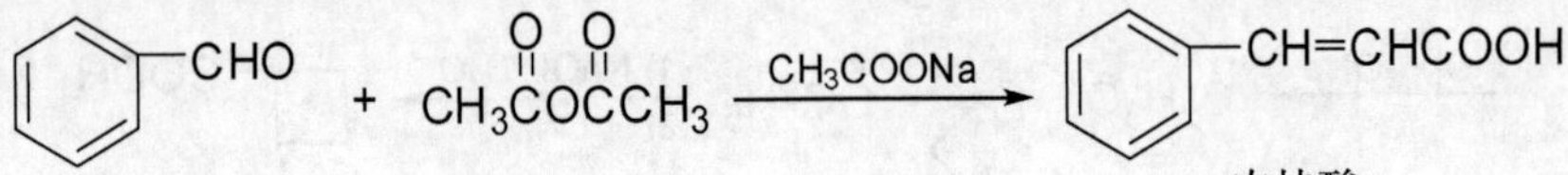

肉桂酸

香豆素是重要的香料，它是利用水杨醛与乙酸酐在乙酸钠的作用下一步反应得到的：

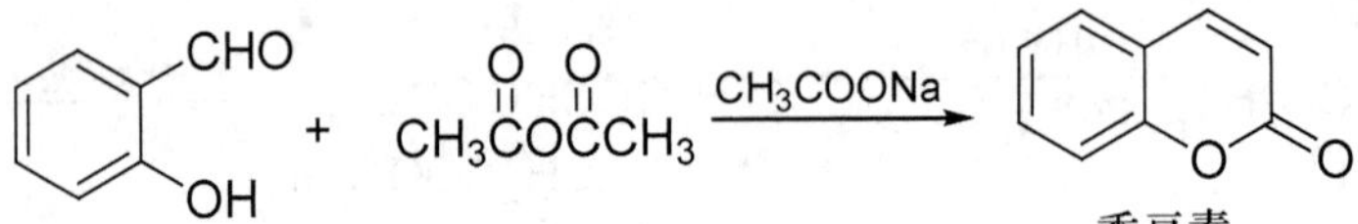

香豆素

### 13.4.2 Knoevenagel 缩合反应

活泼亚甲基化合物与醛、酮在弱碱(一般用吡啶、六氢吡啶等胺类化合物)催化下，加成生成$\alpha,\beta$-不饱和羰基化合物的反应称为 Knoevenagel(克脑文盖尔)缩合反应。

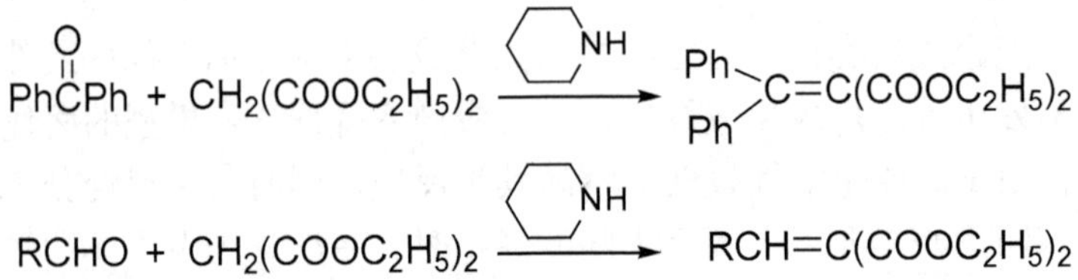

该反应一般在苯或甲苯中进行，同时将反应生成的水分离出去，反应温度低时产率较高。由于使用弱碱，避免了醛、酮自身缩合等副反应，因此除芳香醛外，酮及脂肪醛均能进行反应。

### 13.4.3 安息香缩合反应

苯甲醛或其他的芳醛在氰离子的催化作用下，可缩合生成安息香(或称苯偶姻、二苯乙醇酮)，这类反应称为安息香缩合。

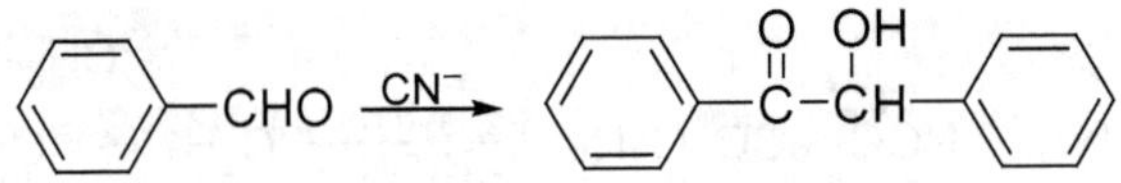

安息香

其反应历程如下：

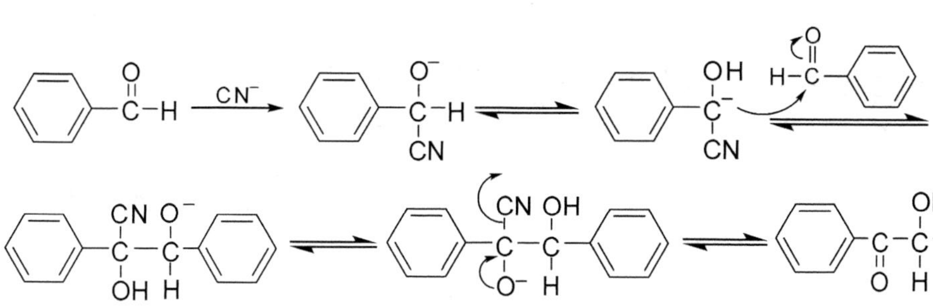

### 13.4.4 Michael 加成反应

具有$\alpha$-H 的羰基化合物在碱催化下与$\alpha, \beta$-不饱和羰基化合物($\alpha, \beta$-不饱和醛、酮、酯、腈或硝基化合物等)可以进行 1,4-共轭加成反应，生成 1,5-二羰基化合物，这个反应称为 Michael(迈克尔)加成反应。根据不同羰基化合物的$\alpha$-H 酸性不同，可选用 NaOH、$C_2H_5ONa$、NaH、吡啶或季铵碱等作催化剂。例如：

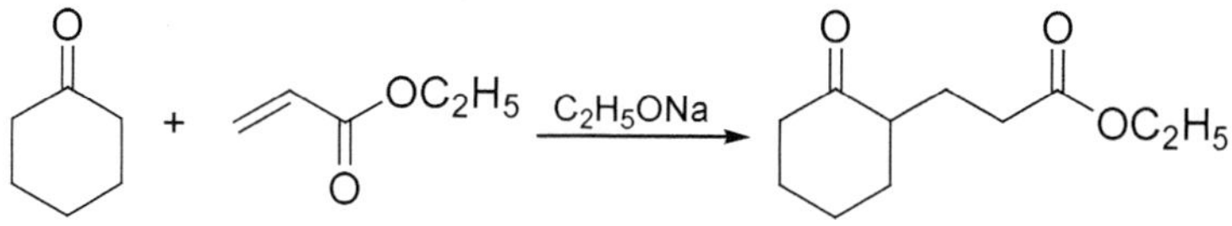

Michael 加成反应历程如下：

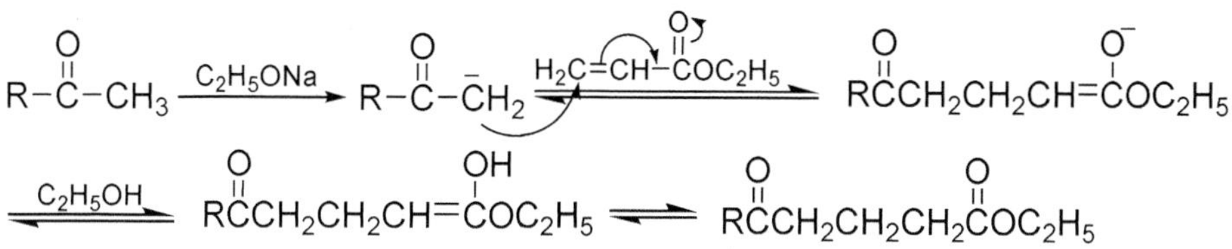

如果使用$\alpha, \beta$-不饱和醛、酮进行 Michael 加成反应，产物为 1,5-二酮。在碱性条件下，1,5-二酮可以发生分子内羟醛缩合反应成环。Michael 加成反应与羟醛缩合联用，合成环状化合物，这种合环反应称为 Robinson(罗宾逊)缩合。

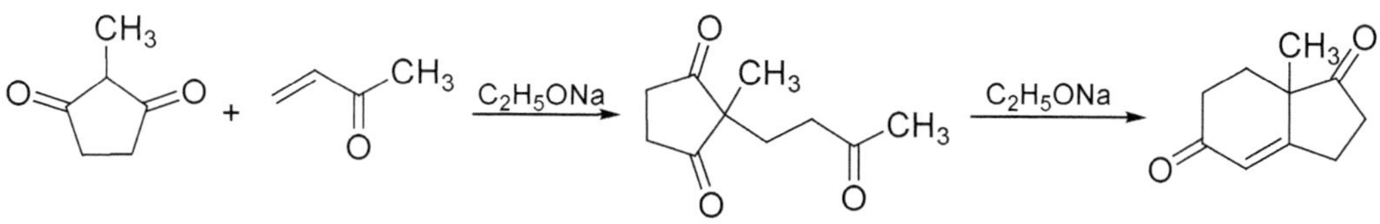

活泼亚甲基化合物和$\alpha, \beta$-不饱和羰基化合物的共轭加成产物经水解加热脱羧，最后得到 1,5-二羰基化合物。

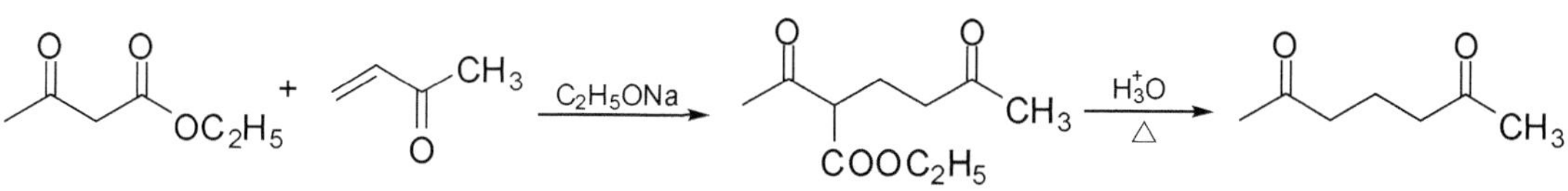

Michael 加成反应是制备 1, 5-二羰基化合物的重要方法。此外，该反应在有机合成上还有其他广泛用途。例如：

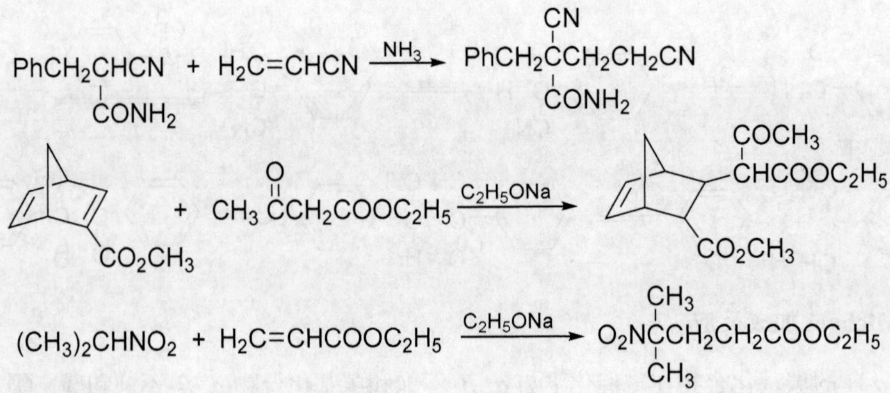

### 13.4.5 烯胺的反应

酮和仲胺在酸性催化剂的作用下加热，发生缩合反应，生成取代的烯基胺或称为烯胺。常用的仲胺有四氢吡咯、吗啉、六氢吡啶等。

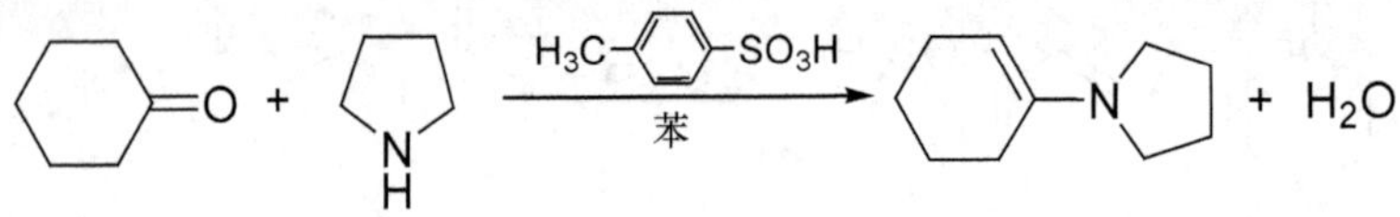

烯胺的结构与烯醇类似，由于氮上孤对电子与双键共轭离域，双键电子云密度升高，可以作为亲核试剂与酰氯、卤代烃等发生反应，也可与 $\alpha, \beta$-不饱和羰基化合物发生 Michael 加成。产物水解后脱除铵盐，生成 $\alpha$-取代酮。

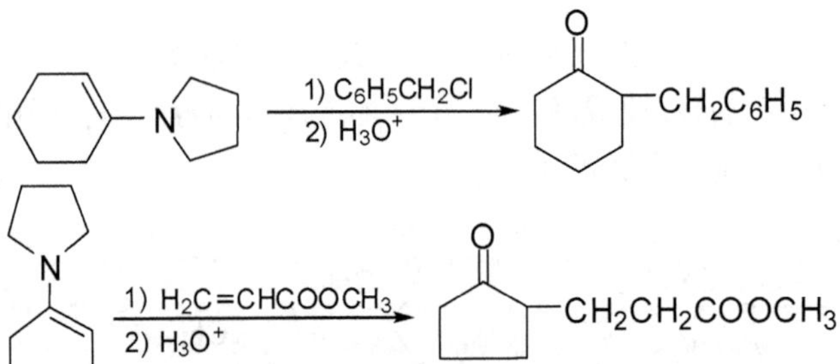

用酮直接进行烷基化反应，常有羟醛缩合反应及多烷基化等副反应发生，若用烯胺进行烷基化，可避免这些缺点。

## 阅读材料

### William Henry Perkin

William Henry Perkin(珀金，1838—1907)，英国合成染料发明者。1838 年 3 月 12 日生于伦敦，1907 年 7 月 14 日卒于萨德伯里。他 15 岁进入皇家化学学院，为著名化学家 A.W. Hoffmann(霍夫曼)的学生，两年后成为其助教。1856 年 8 月 26 日，他在自家简陋的化学实验室，用重铬酸钾处理苯胺(含有甲苯胺)企图合成奎宁时，得到一种紫色的沉淀，发现能染丝，当时认为具有优良的染色效果。同年，申请并获得专利权，取名苯胺紫。1857 年，他在哈罗建立了世界上第一家生产苯胺紫的合成染料工厂。之后，又合成了甘氨酸、酒石酸等。1868 年，他由水杨醛合成香豆素，这是世界上第一个合成香料，1869 年开辟了由蒽合成茜素的工艺。在有机合成化学中，他发现的芳香醛和脂肪酸酐在碱存在下缩合成不饱和酸类的反应被称为 Perkin 反应。他为解释有机化合物的结构，从 1884 年开始，长期从事物质旋光性的研究。1906 年，英国女王为了表彰他在有机合成化学方面的功绩授予他爵位。

## 习　题

13-1　下列羧酸酯中，哪些能进行缩合反应？并写出缩合产物。

(1) 甲酸乙酯　(2) 乙酸丁酯　(3) 丙酸乙酯

(4) 苯甲酸乙酯　(5) 三甲基乙酸乙酯

13-2　以乙酰乙酸乙酯为原料合成下列化合物。

(1) 3-甲基-2-丁酮　(2) 2-己醇　(3) 2,4-戊二酮

(4) 2,5-己二酮

13-3　用丙二酸二乙酯法合成下列化合物。

(1) $CH_3CH_2CH(CH_3)COOH$　(2) 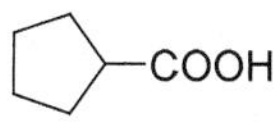　(3) $HOOCCH_2CH_2CH_2COOH$

(4) 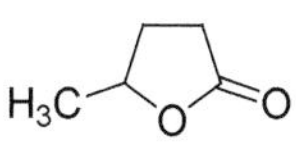

13-4　写出下列反应的机理。

(1) 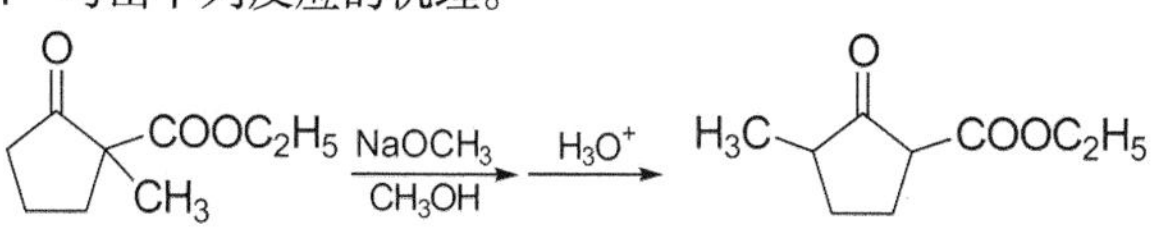

(2) 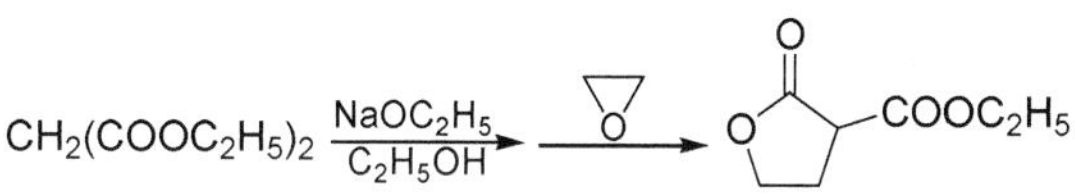

(3) 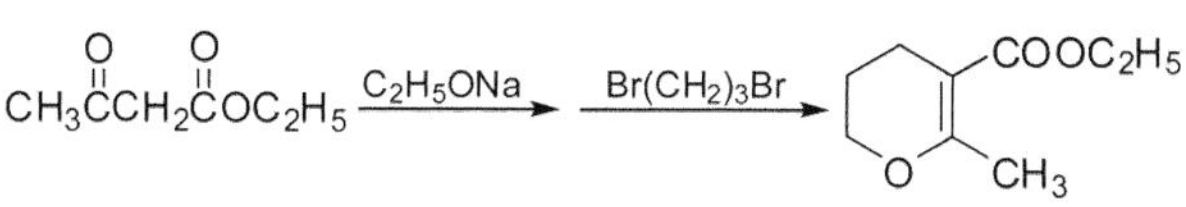

(4) 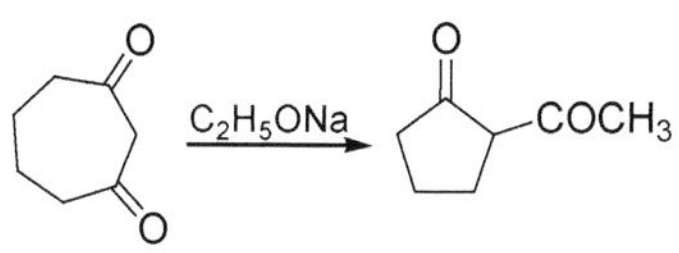

(5) 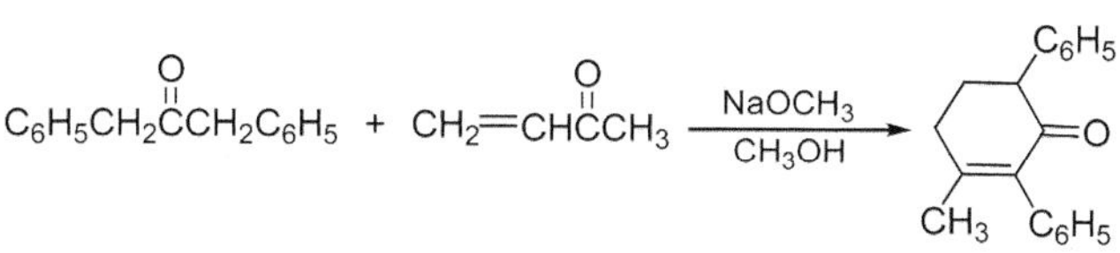

13-5　完成下列反应。

(1) $CH_2(COOC_2H_5)_2 \xrightarrow{NaOC_2H_5} \xrightarrow{H_2C=CHCH_2Br} ? \xrightarrow[2)\ H_3O^+\ 3)\ \triangle]{1)\ NaOH/H_2O} ? \xrightarrow{KMnO_4} ?$

(2) 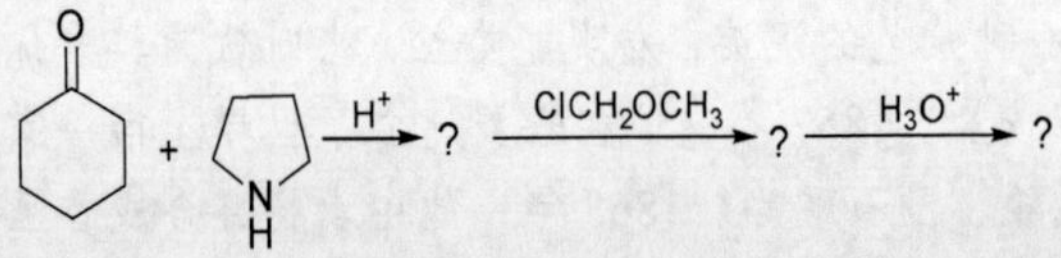

(3) $$CH_3COCH_2COOC_2H_5 \xrightarrow{C_2H_5ONa} \xrightarrow{H_2C=CHCO_2C_2H_5} ? \xrightarrow[2)\ H_3O^+]{1)\ NaOH/H_2O} ? \xrightarrow[H^+]{C_2H_5OH} ?$$

$$\xrightarrow[-C_2H_5OH]{C_2H_5ONa} ? \xrightarrow{H_2C=CHCOCH_3} ? \xrightarrow[-H_2O]{C_2H_5ONa} ?$$

(4) 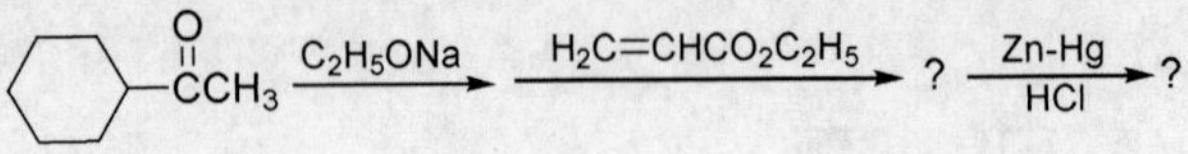

(5) 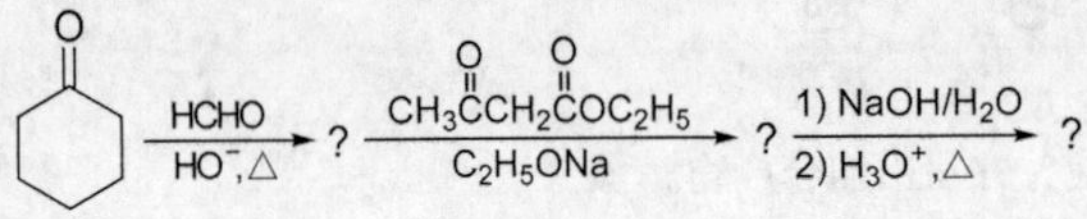

(6) 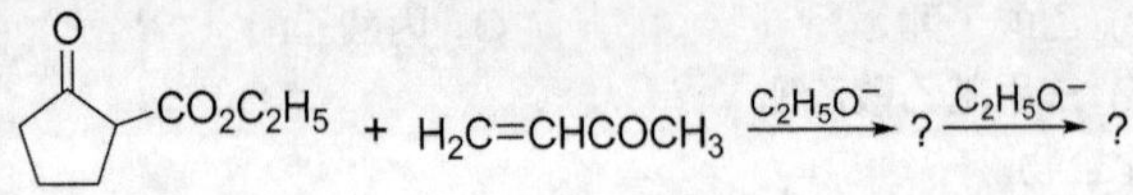

13-6 化合物A($C_{10}H_{16}$)用$OsO_4$氧化得到饱和化合物B($C_{10}H_{18}O_2$);B用高碘酸氧化得到一个酮C($C_5H_8O$)。B用20%的$H_2SO_4$共热得到另一个酮D($C_{10}H_{16}O$);D在冰醋酸中与$Br_2$反应生成化合物E($C_{10}H_{15}OBr$)。E脱去溴化氢得到化合物F($C_{10}H_{14}O$);F与溴代丁二酰亚胺作用转变为化合物G($C_{10}H_{13}OBr$);G脱去溴化氢得到H($C_{10}H_{12}O$)。在温和条件下用铬酸处理H得到产物I($C_8H_{10}O_5$),缓慢加热I,脱去一分子$CO_2$后生成J($C_7H_{10}O_3$)。J有银镜反应,J的银镜反应产物酸化后得到化合物K;K再加热脱羧生成环戊酸。用臭氧处理化合物H,在锌粉存在下水解,没有得到甲醛。试写出化合物A～K的结构式。

# 第 14 章　含氮化合物

分子中含有氮元素的有机化合物统称为含氮化合物(nitrogenous compound)。含氮化合物在自然界中广泛存在，构成生命的基本物质——氨基酸和蛋白质就是重要的含氮有机化合物。正如可以将醇、酚、醚看作水的衍生物一样，许多含氮有机化合物也可看作某些无机含氮化合物的衍生物(表 14-1)，它们的结构特征是含有碳氮键(C−N、C=N、C≡N)，有的还含有 N−N、N=N、N≡N、N−O、N=O 等价键。

**表 14-1　一些含氮的无机物和有机物**

| 无机含氮化合物 | | 相应的有机含氮化合物 | |
|---|---|---|---|
| 化合物 | 结构式 | 化合物 | 结构式 |
| 氨 | $NH_3$ | 胺 | $RNH_2$, $R_2NH$, $R_3N$ |
| 氢氧化铵 | $NH_4OH$ | 季铵碱 | $R_4N^+OH^-$ |
| 铵盐 | $NH_4Cl$ | 季铵盐 | $R_4N^+Cl^-$ |
| 联氨(肼) | $H_2NNH_2$ | 肼，苯肼 | $RNHNH_2$，$ArNHNH_2$ |
| 硝酸 | $HNO_3$ | 硝基化合物 | $R-NO_2$, $Ar-NO_2$ |
| 亚硝酸 | $HNO_2$ | 亚硝基化合物 | R−NO, Ar−NO |

除以上列举的化合物以外，还有许多其他的含氮有机物，如偶氮化合物(Ar−N=N−Ar)、重氮化合物($Ar-N_2^+Cl^-$)、叠氮化合物($RN_3$)、亚胺(RCH=NH)、腈(RCN)、异氰酸酯(R−O−CN)等。

本章主要讨论硝基化合物、胺、重氮和偶氮化合物。

## (一) 硝基化合物

烃分子中的氢原子被硝基($NO_2$)取代后的生成物称为硝基化合物(nitro compound)。一元硝基化合物的通式是 $RNO_2$ 或 $ArNO_2$。

根据分子中所含烃基不同，硝基化合物可分为脂肪族、芳香族及脂环族硝基化合物；根据硝基相连接的碳原子不同，可分为伯、仲、叔(1°，2°，3°)硝基化合物；根据硝基的数目可分为一硝基和多硝基化合物。例如：

$CH_3NO_2$　硝基甲烷

$CH_3CH_2NO_2$　硝基乙烷

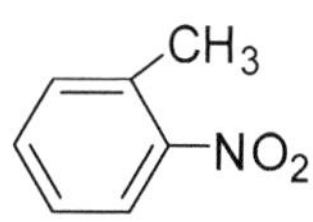

邻硝基甲苯

氮原子的电子层结构为 $1s^22s^22p^3$，其价电子层具有五个电子，而这一价电子层最多可容纳八个电子，因此，按照经典价键理论，硝基化合物的结构通常表示如下：

在上述结构式中，氮原子与一个氧原子以共价双键相结合，而与另一个氧原子以配价键相结合。由此看来，这两种不同的氮氧键的键长应该是不同的。但电子衍射法实验证明：在硝基中两个氮氧键的键长都是 0.121 nm。可见硝基中的两个氮氧键既不是一般的氮氧单键，也不是一般的氮氧双键，而是等同的。这是因为硝基中氮原子采取 $sp^2$ 杂化，未参与杂化的 p 轨道和两个氧原子的 p 轨道平行且相互重叠，由此形成的共轭体系中发生了电子的离域，使得两个氮氧键趋于平均化，硝基的负电荷平均分配在两个氧原子上。

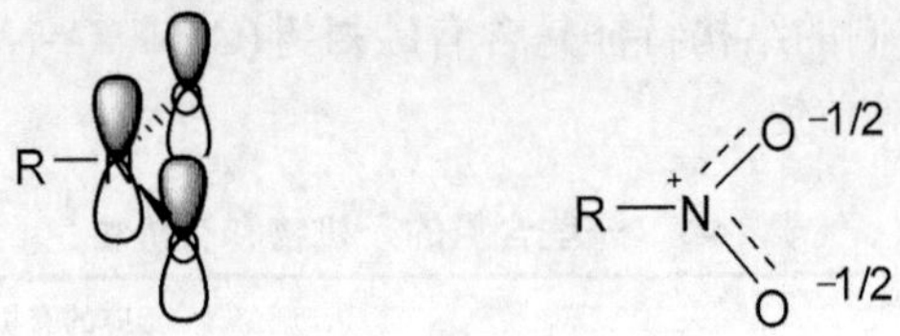

为方便起见，一般仍用 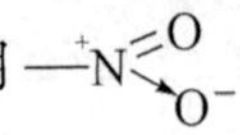 表示硝基的结构。

由于键的平均化，硝基中的氧原子是等同的，写成共振式：

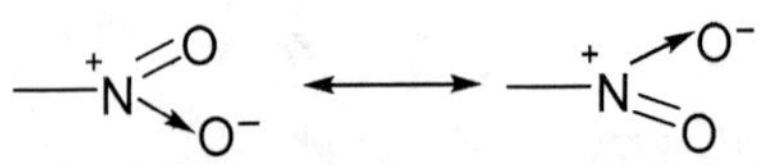

## 14.1 硝基化合物的物理性质

硝基是强极性基团，所以硝基化合物的沸点比较高，除某些一硝基化合物为高沸点液体外，多硝基化合物多为结晶固体，且多带有黄色，不溶于水，易溶于有机溶剂，相对密度大于 1。叔丁基苯的某些多硝基化合物有类似天然麝香的气味，可用于化妆品作为定香剂。芳香硝基化合物能使血红蛋白变性而引起中毒，较多地吸入它们的蒸气或粉尘，或者长期与皮肤接触都能引起中毒。所以，上述含多硝基的人造麝香已被限制使用。部分硝基化合物的物理常数见表 14-2。

**表 14-2 硝基化合物的物理常数**

| 名称 | 结构式 | 熔点/℃ | 沸点/℃ | 相对密度 $d_4^{20}$ | 折光率 $n_D^{20}$ |
|---|---|---|---|---|---|
| 硝基甲烷 | $CH_3NO_2$ | −28.5 | $101.5^{765mm}$ | 1.1381 | 1.381 |
| 硝基乙烷 | $CH_3CH_2NO_2$ | −50 | $114.8^{761mm}$ | 1.0448 | $1.3901^{24.3}$ |
| 硝基苯 | $C_6H_5NO_2$ | 5.6～5.7 | 210.9 | 1.205 | 1.5499 |
| 1,3,5-三硝基苯 | 1,3,5-$C_6H_3(NO_2)_3$ | 122 | >122 分解 | 1.688 | |
| 邻硝基甲苯 | *o*-$CH_3C_6H_4NO_2$ | −4 | 222 | 1.1429 | 1.5474 |
| 2,4,6-三硝基甲苯 | 2,4,6-$CH_3C_6H_2(NO_2)_3$ | 81 | 280 爆炸 | 1.654 | |

硝酸酯和芳香多硝基化合物都有爆炸性，常用作炸药，如甘油三硝酸酯、2,4,6-三硝基甲

苯(TNT)和 1,3,5-三硝基苯(TNB)等。

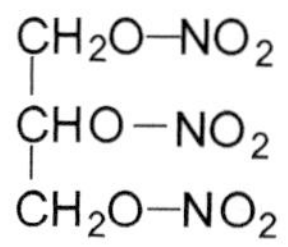

甘油三硝酸酯

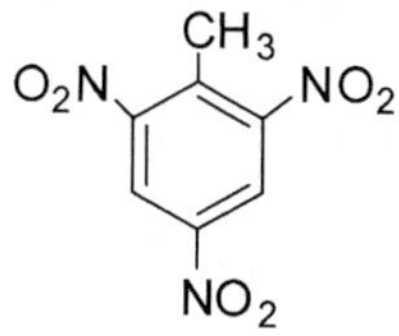

2,4,6-三硝基甲苯

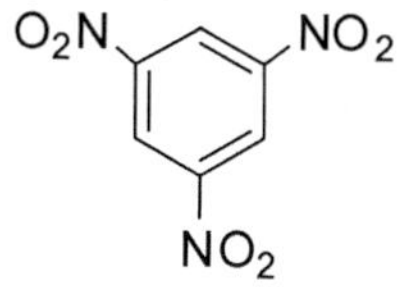

1,3,5-三硝基苯

硝基的红外光谱有很强的吸收峰，脂肪族伯硝基化合物和仲硝基化合物 N—O 伸缩振动在 1565～1545 $cm^{-1}$和 1385～1360 $cm^{-1}$；叔硝基化合物在 1545～1530 $cm^{-1}$和 1360～1340 $cm^{-1}$。芳香族硝基化合物 N—O 伸缩振动在 1550～1510 $cm^{-1}$和 1365～1335 $cm^{-1}$。C—N 键的伸缩振动吸收峰出现在 870 $cm^{-1}$附近。

## 14.2　硝基化合物的化学性质

### 14.2.1　硝基化合物的酸性

由于硝基的吸电子诱导效应，脂肪族硝基化合物中的$\alpha$-氢原子很活泼，与羰基化合物可以形成烯醇式异构体相似，硝基化合物可以形成酸式异构体。

硝基式　　　　酸式

所以，含有$\alpha$-氢原子的硝基化合物(如 $RCH_2NO_2$、$R_2CHNO_2$ 等)有弱酸性，可以和碱反应生成盐而溶于碱溶液中。

$$RCH_2NO_2 + NaOH \longrightarrow [RCHNO_2]^- Na^+ + H_2O$$

含有$\alpha$-氢的硝基化合物在碱的作用下可以得到较稳定的碳负离子，所以含有$\alpha$-氢原子的活泼硝基化合物能和羰基化合物发生羟醛缩合及 Claisen 缩合等反应。硝基连在叔碳上时，因为没有$\alpha$-H，不能与羰基化合物反应。

$$C_6H_5CHO + CH_3NO_2 \xrightarrow{OH^-} \xrightarrow[\triangle]{-H_2O} C_6H_5CH{=}CHNO_2$$

$$C_6H_5COOC_2H_5 + CH_3NO_2 \xrightarrow{C_2H_5O^-} C_6H_5COCH_2NO_2 + C_2H_5OH$$

### 14.2.2　还原反应

硝基易被还原，特别是芳香硝基化合物的还原反应有很大的实用意义。不同的反应条件下可以得到一系列不同的还原产物。在酸性介质中以铁粉还原硝基苯产物为苯胺，这是工业上制备苯胺的方法。

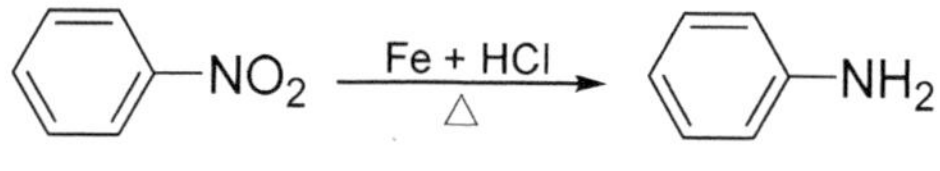

氯化亚锡加盐酸也是重要的还原剂，它只还原芳环上的硝基，而不影响其他基团。

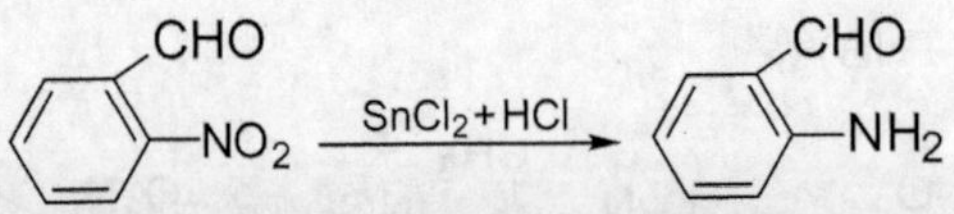

硝基苯在中性介质中发生单分子还原，可以生成羟基苯胺。

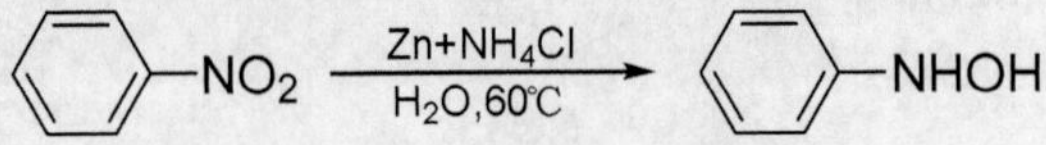

硝基苯在碱性介质中发生双分子还原，生成氢化偶氮苯。

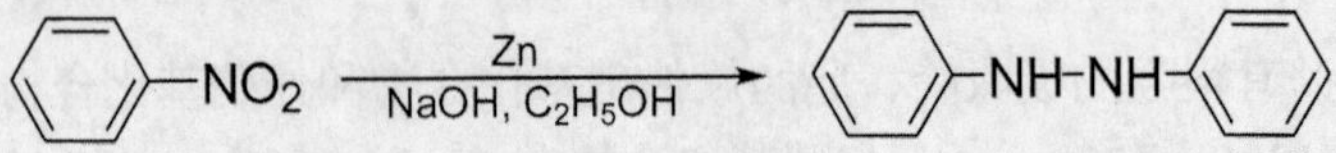

钠或铵的硫化物、硫氢化物或多硫化物，如硫化钠、硫化铵、硫氢化钠、硫氢化铵等，在适当的条件下，可以选择性地将多硝基化合物中的一个硝基还原成氨基，而另一个保持不变，称为部分还原。例如：

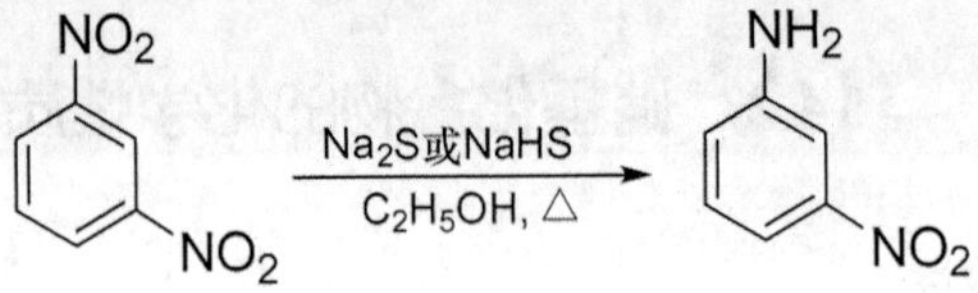

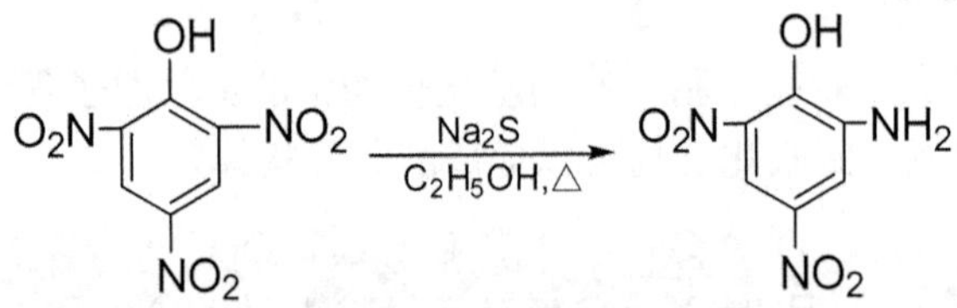

现代化工生产中，硝基化合物的还原一般采用催化加氢的方法。常用的催化剂有 Cu、Ni 或 Pt 等。其显著的特点是不仅可连续化生产，催化剂可回收再利用，产品收率高、附加值高，而且不会像用铁和盐酸还原那样产生大量的废水和废渣($Fe_3O_4$)，对环境造成的污染。例如：

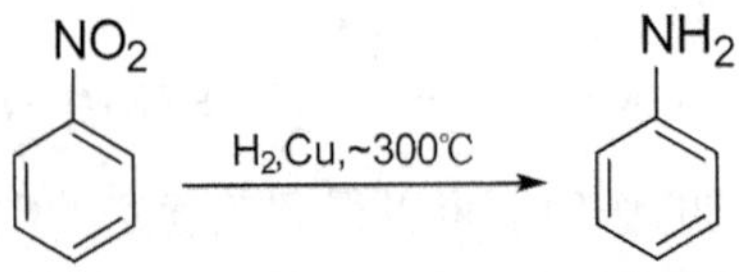

硝基苯在中性或碱性介质中还原，选用不同的还原剂可得到各种不同的中间产物，这些中间产物又在一定条件下相互转化。现将有关反应概括如下：

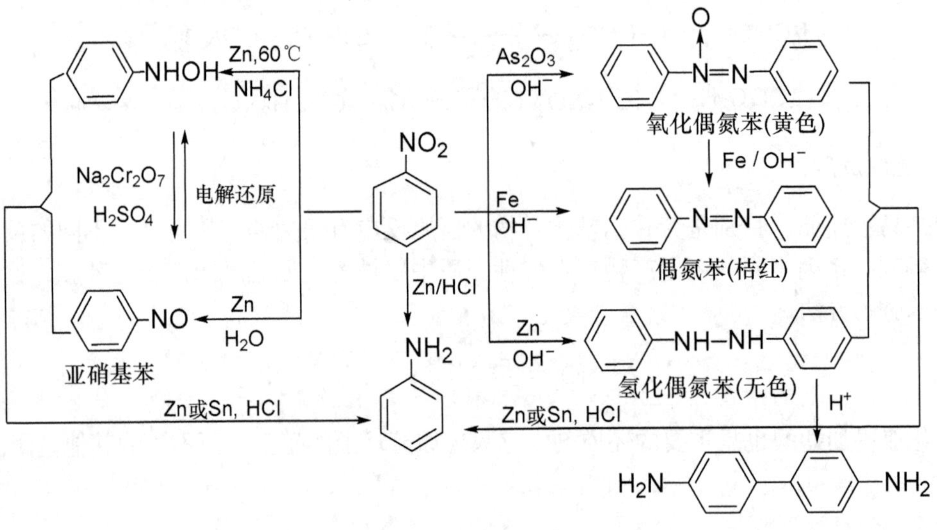

## 14.3 硝基化合物的制备

1. 芳烃的硝化

在芳香烃一章已介绍过(参见5.3.1)，用浓硝酸和浓硫酸的混合物作用于芳烃，可得到带有硝基的芳香族化合物，这是制取芳香族硝基化合物的最简便的方法。

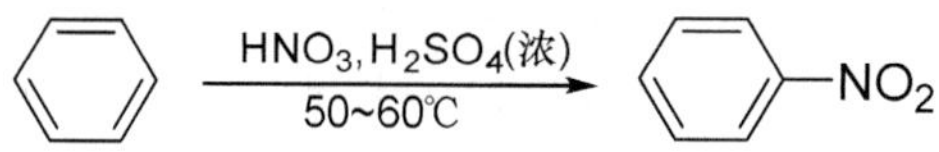

2. 亚硝酸盐的烃基化

脂肪族硝基化合物也可以用无机亚硝酸盐和卤代烃进行亲核取代反应制取，得到硝基化合物和烷基亚硝酸酯的混合物。亚硝酸的锂、钠、钾、银盐都可以使用，卤代烷可用溴代烷或碘代烷。

$$CH_3CH_2CH_2I + AgNO_2 \longrightarrow \underset{83\%}{CH_3CH_2CH_2NO_2} + \underset{11\%}{CH_3CH_2CH_2ONO}$$

$$CH_3CH_2Br + NaNO_2 \longrightarrow \underset{60\%}{CH_3CH_2NO_2} + \underset{30\%}{CH_3CH_2ONO}$$

3. 烷烃的硝化

脂肪族硝基化合物可以通过烷烃的直接硝化(气相硝化)制取：

$$CH_3CH_2CH_3 + HONO_2 \xrightarrow{400℃} CH_3CH_2CH_2NO_2 + CH_3CHNO_2CH_3 + CH_3CH_2NO_2 + CH_3NO_2$$

# (二) 胺

胺是指氨分子中的氢原子被烃基取代的一系列衍生物。胺类广泛存在于生物体内，具有极重要的生理作用。例如，许多药物都含有胺的官能团——氨基。蛋白质、核酸、许多激素和生物碱等都含有氨基，它们是胺的复杂衍生物。

氨分子中的一个、两个或三个氢原子被烃基取代后的生成物，分别称为伯胺(一级胺或1°胺)、仲胺(二级胺或2°胺)或叔胺(三级胺或3°胺)。

| $NH_3$ | $RNH_2$ | $R_2NH$ | $R_3N$ |
|---|---|---|---|
| 氨 | 伯胺 | 仲胺 | 叔胺 |

值得注意的是：伯、仲、叔胺与前面讲过的伯、仲、叔醇的含义是不同的。前者由氮原子所连烃基的数目而定，后者则是对羟基所连碳原子的类型而言。例如叔丁醇和叔丁胺，在它们的分子中虽然都具有叔丁基，但前者是叔醇，而后者却是伯胺。

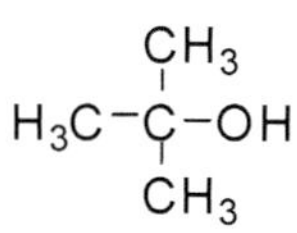

叔醇

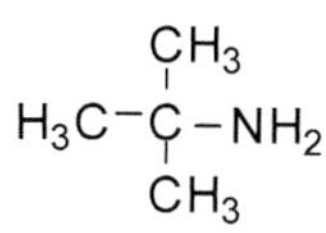

伯胺

按照氨基中氮原子所连的烃基不同可分为脂肪胺和芳香胺，与脂肪烃基相连的称为脂肪胺，与芳环直接相连的称为芳胺。按照分子中所含氨基的数目分为一元胺、二元胺或多元胺。

铵盐或氢氧化铵中的四个氢原子被四个烃基取代而生成的化合物称为季铵盐或季铵碱。但如果 $NH_4^+$中的四个氢没有完全被烃基所取代，则不称为季铵类化合物，而称为胺的盐或胺的碱。

| $(CH_3)_4N^+Cl^-$ | $(CH_3)_4N^+OH^-$ | $CH_3NH_2 \cdot HCl$ |
|---|---|---|
| 氯化四甲基铵(季铵盐) | 氢氧化四甲铵(季铵碱) | 甲胺盐酸盐(胺盐) |

## 14.4 胺的结构

胺与氨相似，分子的空间结构呈三角锥形状。氮原子采取不等性 $sp^3$ 杂化方式，氮原子的外层 5 个电子分布在 4 个 $sp^3$ 不等性杂化轨道上，其中三个 $sp^3$ 杂化轨道各含有一个电子，每个轨道与一个氢原子的 s 轨道重叠或与一个碳原子的 $sp^3$ 杂化轨道重叠形成三个 σ 键，第四个 $sp^3$ 杂化轨道含有一对电子，处在三角锥的顶点，整个分子具有棱锥体结构。

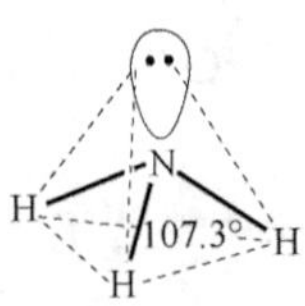

氨的结构

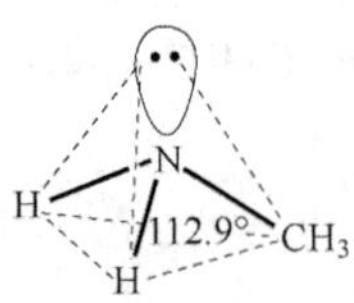

甲胺的结构

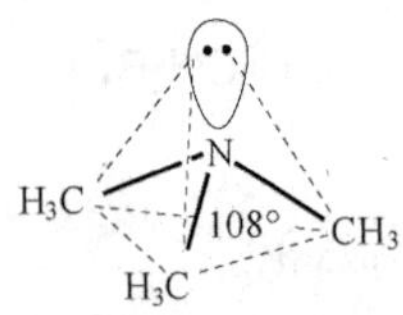

三甲胺的结构

苯胺的−$NH_2$仍然是三角锥的结构，但是 H−N−H 键角较大，为 113.9°，H−N−H 平面与苯环平面的夹角为 39.4°。

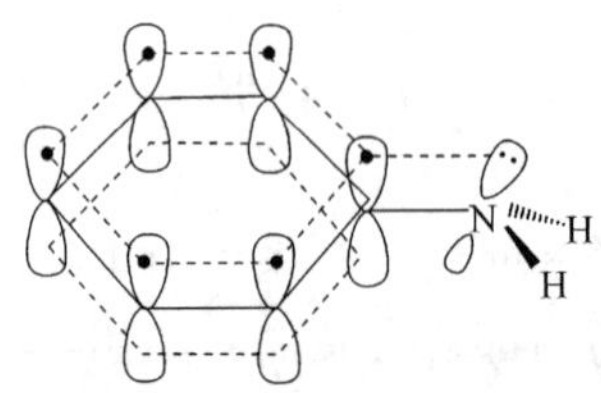


如果把胺分子的未共用电子对看成是一个附加的取代基，那么，对氮上连有的三个不同原子或原子团来说应该具有旋光性。例如，甲乙胺分子在氮原子上连接了四个不同的取代基——甲基、乙基、氢原子和 $sp^3$ 杂化轨道内的未共用电子对，该分子是手性分子，理论上应该有一对对映体存在，互为镜像关系：

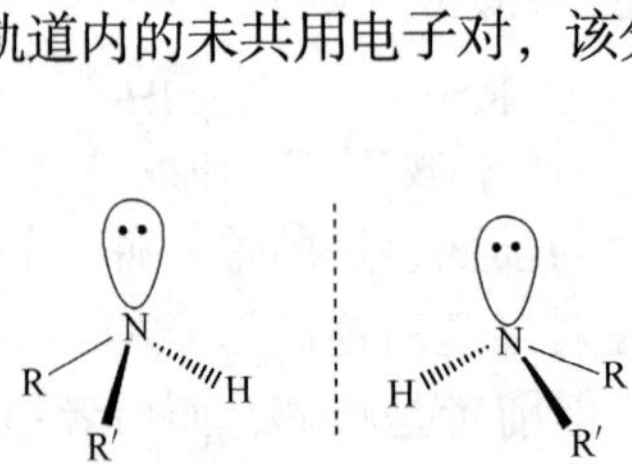


然而至今还没能分离出类似甲乙胺分子的两个对映体。这是因为对于那些烃基较小(或者说因为胺分子中氮上的孤对电子体积太小，尚起不到一个基团的作用)的胺来说，两个异构体之间的势能差较小(一般只有 25.1 kJ · mol$^{-1}$)，在室温下，分子的热运动足以克服势能差使构型发生翻转而迅速地相互转变，所以它们的对映异构体通常不能分离出来。

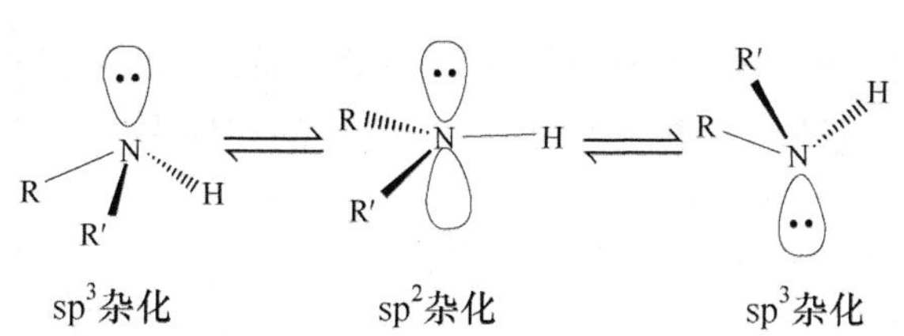

如果在氮原子上连接的基团能阻止这种转化，对映体就能分离开。例如在季铵盐中，四个烃基以共价键与氮原子相连，氮的四个 $sp^3$ 轨道全部用来成键，所以季铵盐的结构是四面体结构，氮原子上连有四个不同基团的季铵盐不易发生上述对映体之间的转化，能分离得到两种对映体。例如：

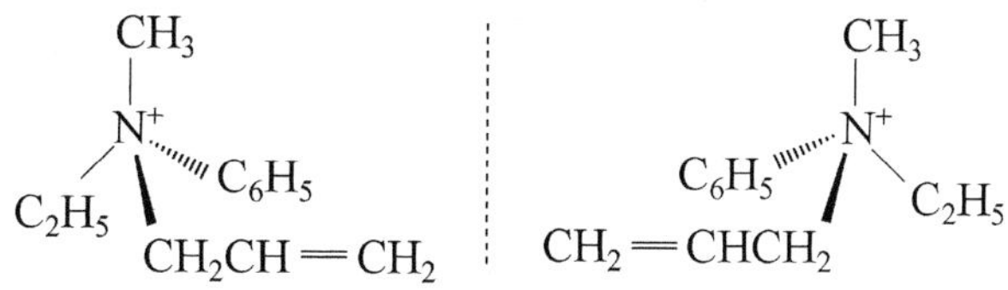

## 14.5　胺的物理性质

胺是极性化合物，分子间能形成氢键，其沸点比相应相对分子质量的烃、醚等要高。氮原子的电负性比氧原子的小，胺分子间的氢键比醇分子间的氢键弱，故其沸点比相应相对分子质量的醇低。叔胺分子中不存在氢键，其沸点比相对分子质量相近的伯、仲胺的低。

胺在水中的溶解度比相应的醇大。由于胺分子与水分子间产生氢键缔合的能力大于胺分子间的缔合，所以低级胺都易溶于水。六个碳原子以上的胺溶解度降低。

胺类化合物都有难闻的气味，低级胺具有氨味，高级胺有鱼腥味。有机胺一般具有毒性，容易通过皮肤渗入体内，所以使用时应特别小心。部分胺的物理常数列于表 14-3。

**表 14-3　部分胺的物理常数**

| 名称 | 熔点/℃ | 沸点/℃ | 名称 | 熔点/℃ | 沸点/℃ |
|---|---|---|---|---|---|
| 甲胺 | −92 | −7.5 | 仲丁胺 | −104 | 63 |
| 二甲胺 | −96 | 7.5 | 叔丁胺 | −67 | 46 |
| 三甲胺 | −117 | 3 | 环己胺 | 18 | 134 |
| 乙胺 | −80 | 17 | 乙二胺 | 8 | 117 |
| 二乙胺 | −39 | 55 | 己二胺 | 39 | 196 |
| 三乙胺 | −115 | 89 | 苄胺 | 10 | 185 |
| 正丁胺 | −50 | 78 | 苯胺 | −6 | 184 |
| 异丁胺 | −85 | 68 | *N*-甲基苯胺 | −57 | 196 |
| *α*-萘胺 | 50 | 301 | *β*-萘胺 | 111～113 | 306 |

脂肪族和芳香族伯胺的 N—H 伸缩振动在 3500～3400 $cm^{-1}$区域有两个吸收峰，两峰间隔约为 100 $cm^{-1}$，这是由于 $NH_2$ 中的两个 N—H 键的对称伸缩和不对称伸缩振动所引起的，强度是中到弱；缔合氨基的 N—H 伸缩振动向低波数方向移动，但由于 NH…N 氢键比 OH…O 氢键弱，因此移动不大，一般不超过 100 $cm^{-1}$，其吸收峰也不如缔合的 O—H 吸收峰强。仲胺在该

区域只有一个吸收峰。脂肪仲胺此峰的吸收强度通常很弱，芳仲胺则要强得多，且峰形尖锐。叔胺因没有 N−H 键，故无该伸缩振动吸收峰。二乙胺的红外光谱图见图 14-1。

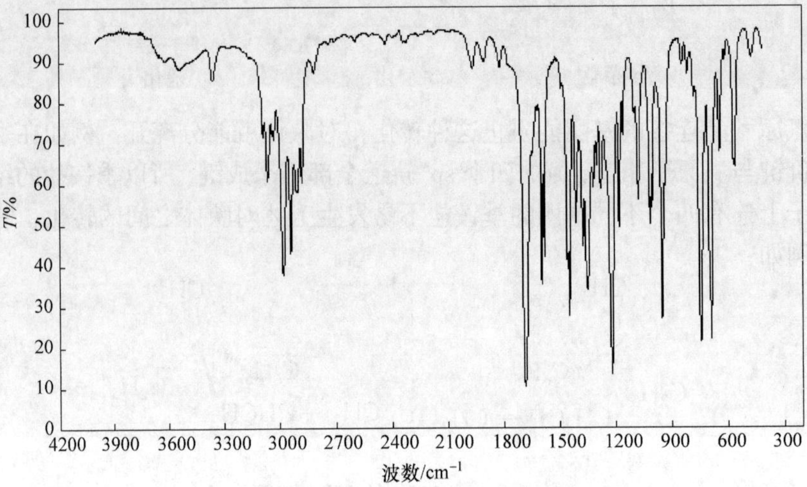


图 14-1　二乙胺的红外光谱图

在胺分子中，氨基的$\alpha$-碳上质子的化学位移在 $\delta$ =2.2～2.8，$\beta$ 碳上质子在 $\delta$ =1.1～1.7。N−H 上的质子受样品纯度、所用溶剂、测量时溶液的浓度和温度的影响，化学位移变化较大，在 $\delta$=0.6～3，通常不被邻近质子裂分，一般不容易鉴定。

## 14.6　胺的化学性质

### 14.6.1　碱性和成盐

胺和氨相似，胺分子中氮原子有未共用电子对，能接受质子，具有碱性，能和酸成盐，胺的碱性比水强但比氢氧化钠弱。

$$NH_3 + H_2O \rightleftharpoons [NH_4]^+ + OH^-$$

$$RNH_2 + H_2O \rightleftharpoons [RNH_3]^+ + OH^-$$

$$K_b = \frac{[RNH_3^+][OH^-]}{RNH_2} \qquad pK_b = -\lg K_b$$

胺的碱性可用弱碱的电离常数 $K_b$ 或其负对数 p$K_b$ 表示，$K_b$ 越大或 p$K_b$ 越小，则碱性越强；$K_b$ 越小或 p$K_b$ 越大，则碱性越弱。某些胺的 p$K_b$ 值列于表 14-4。

表 14-4　部分胺的 p$K_b$ 值

| 胺 | $NH_3$ | $CH_3NH_2$ | $(CH_3)_2NH$ | $(CH_3)_3N$ | $CH_3CH_2NH_2$ | $(CH_3CH_2)_2NH$ |
|---|---|---|---|---|---|---|
| p$K_b$(25℃) | 4.76 | 3.38 | 3.27 | 4.21 | 3.36 | 3.06 |
| 胺 | $(CH_3CH_2)_3N$ | $C_6H_5NH_2$ | $(C_6H_5)_2NH$ | $(C_6H_5)_3N$ | $C_6H_5NHCH_3$ | $C_6H_5N(CH_3)_2$ |
| p$K_b$(25℃) | 3.25 | 9.40 | 13.8 | 15.0 | 9.60 | 9.62 |

1. 脂肪胺的碱性

胺的碱性强弱和氮原子上的电子云密度有关。氮原子上电子云密度越大，接受 $H^+$的能力越强，碱性也就越强。在伯胺($RNH_2$)分子中，由于烷基是供电子基团，可使氮原子上的电子云密度增加，因此 $RNH_2$ 接受 $H^+$的能力比 $NH_3$ 强，也就是说碱性比 $NH_3$ 强。同理，仲胺($R_2NH$)的碱性应比伯胺强，叔胺比仲胺更强。这在气体状态时是正确的。

但在溶液中受溶剂的影响，其碱性强弱次序发生了改变，叔胺的碱性有所降低。例如：

| | $CH_3NH_2$ | $(CH_3)_2NH$ | $(CH_3)_3N$ |
|---|---|---|---|
| $pK_b$ | 3.38 | 3.27 | 4.21 |
| | $CH_3CH_2NH_2$ | $(CH_3CH_2)_2NH$ | $(CH_3CH_2)_3N$ |
| $pK_b$ | 3.36 | 3.06 | 3.25 |

其主要原因是随着烷基数目的增加，虽然增加了氮原子上的电子云密度，但同时也占据氮原子外围更多的空间，使质子难以与氮原子接近，因此碱性降低。另外，脂肪胺在水中的碱性还与水的溶剂化作用有关，如果氮原子上的氢原子越多，则与水形成氢键的机会越多，溶剂化程度也就越大，铵正离子越稳定，碱性越强。所以，在溶液中叔胺由于空间因素和溶剂化的双重原因而碱性下降。因此在水溶液中，脂肪胺一般以仲胺的碱性最强，环状仲胺由于 N 上的孤电子对暴露在外，位阻小，因此碱性更强。伯、仲和叔胺的碱性都比氨强。

2. 芳香族胺的碱性

芳胺的碱性比脂肪胺要弱得多，主要是因为氮原子上的未共用电子对与芳环形成共轭而离域到苯环上，结果使氮原子上的电子密度降低，接受质子的能力亦随之降低，因此，苯胺的碱性($pK_b = 9.40$)不仅比脂肪胺弱得多，而且比氨($pK_b = 4.76$)也弱得多。

苯环上的其他取代基也会对苯胺的碱性产生影响。原则上，供电子取代基将使相应的苯胺衍生物的碱性增强；吸电子基团将使苯环缺电子，并使芳胺共轭酸铵盐正离子变得不稳定，碱性减弱。当苯环上有OH, OR, $O\overset{O}{\overset{\|}{C}}R$, $NH_2$, NHR, $NH\overset{O}{\overset{\|}{C}}R$等基团时，这些基团既有吸电子诱导效应，也有供电子共轭效应。由于供电子共轭效应大于吸电子诱导效应，总的结果是供电子。因供电子共轭效应通过共轭体系交替传递，能使邻、对位电子云密度增高，因此这些基团在邻、对位时使苯胺的碱性增强。但间位主要是吸电子诱导效应，所以取代基在间位时会使苯胺的碱性减弱。在邻位时，由于取代基与氨基间的空间位阻及形成氢键等，也会对碱性有不同程度的影响。某些取代苯胺的 $pK_b$ 值如表 14-5 所示。

**表 14-5 部分取代苯胺的 $pK_b$ 值**

| 取代基 | $pK_b$ | | |
|---|---|---|---|
| | 邻 | 间 | 对 |
| H | 9.40 | 9.40 | 9.40 |
| OH | 9.28 | 9.83 | 8.50 |
| $OCH_3$ | 9.48 | 9.77 | 8.66 |
| $CH_3$ | 9.56 | 9.28 | 8.90 |
| $NO_2$ | 14.26 | 11.53 | 13.00 |
| Cl | 11.35 | 10.48 | 10.02 |

如果苯环上有吸电子取代基如铵离子、硝基、磺酸基、羧基、卤素等，这类基团有的带正电荷，有强吸电子能力；有的具有双键，不但有吸电子的诱导效应，而且有吸电子的共轭效应，结果使氨基氮原子上孤电子对通过苯环 π 电子体系传向取代基而使碱性减弱。当取代基处于邻、对位时，这种影响较为明显。处于邻位时，两基团距离较近，有明显的吸电子诱导效应，同时由于空间位阻及形成氢键等，在邻位时碱性降低更为明显。

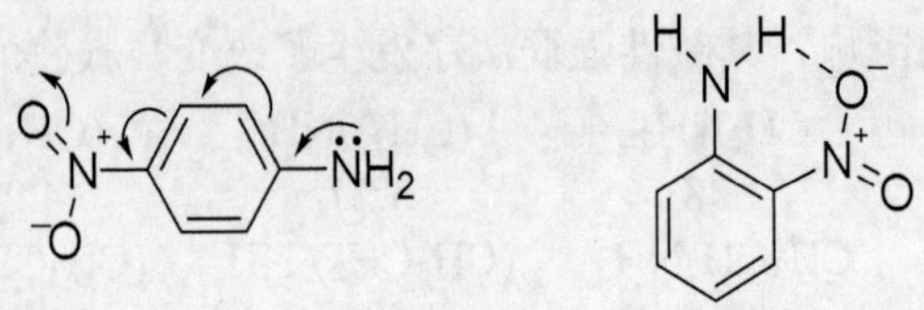

总之，胺的碱性强弱是电子效应、空间效应和溶剂化效应共同作用的结果，在水溶液中胺的碱性强弱一般顺序如下：

脂肪仲胺 > 脂肪伯胺、脂肪叔胺 > 氨 > 芳伯胺 > 芳仲胺 > 芳叔胺

季铵碱是强碱，其碱性类似于 NaOH 和 KOH，因此季铵碱的碱性要比胺类化合物的碱性强得多。季铵碱易潮解，能溶于水，可用作 $CO_2$ 的吸收剂。

3. 胺与酸的成盐反应

胺可以和强酸如盐酸、硫酸等作用形成盐。例如：

$$RNH_2 + HCl \rightleftharpoons RNH_3^+Cl^-$$

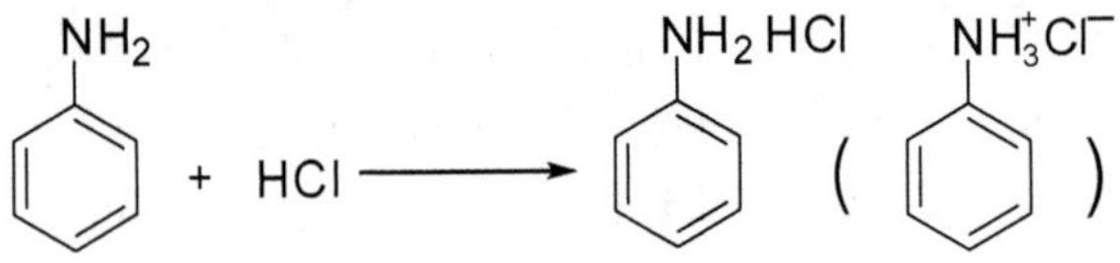

苯胺盐酸盐　　氯化苯铵

铵盐都易溶于水而不溶于非极性溶剂如醚、烃等有机溶剂中。另外，因为胺是弱碱，所以胺和强酸生成的铵盐，当用较强的碱处理时，胺就会游离出来，利用这一性质可以分离或提纯胺类化合物。

### 14.6.2 胺的烷基化和酰基化反应

1. 烷基化

胺和氨一样是亲核试剂，可与卤代烃、醇等烃基化试剂作用，氨基上的氢原子被烃基取代。伯胺与卤代烷作用，则可生成仲胺、叔胺和季铵盐。

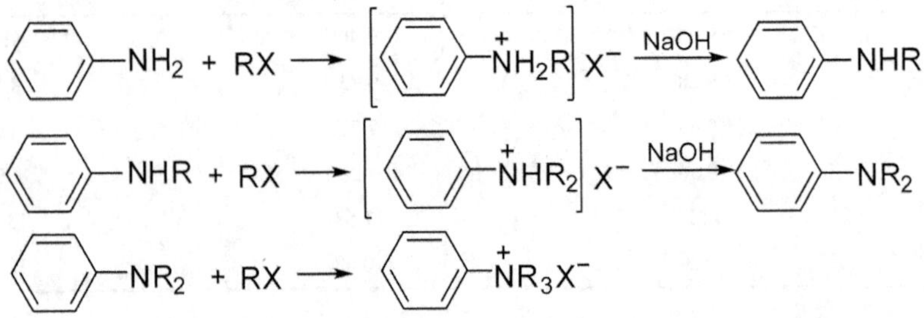

氨或胺的烷基化，往往得到伯、仲、叔胺和季铵盐的混合物。此法常用于工业上生产胺类。

2. 酰基化

酰氯或酸酐可以发生氨解生成酰胺。伯胺、仲胺能与酰卤、酸酐等酰基化试剂进行酰基化反应，氨基上的氢原子被酰基取代，生成酰胺。叔胺氮原子上没有氢原子，不能生成酰胺。

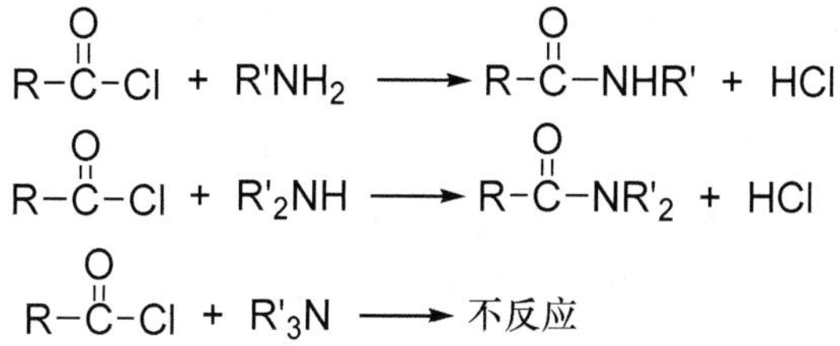


由于酰胺是具有一定熔点的固体物质，可以用酰基化反应，根据熔点的测定来鉴定胺。酰胺在强酸或强碱的水溶液中加热很容易水解得到原来的胺。芳胺容易被氧化，而它的酰化物不像芳胺那样容易被氧化，所以在有机合成上常先把芳胺酰基化变成酰胺，把氨基保护起来，然后进行其他反应，反应后再把酰胺水解变回原来的胺。例如：

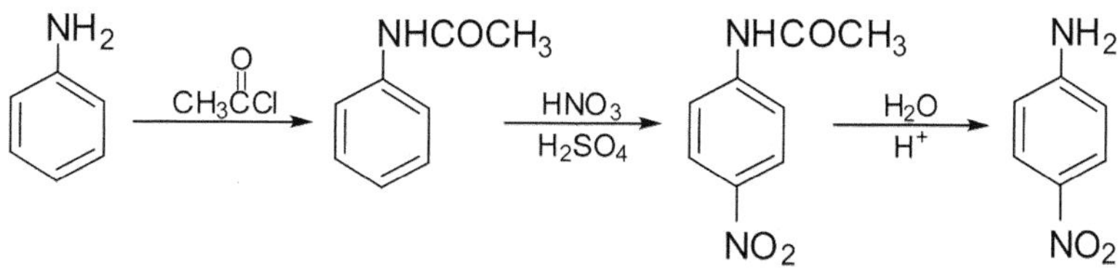

引入永久性的酰基是合成许多药物时常用的反应。例如对羟基乙酰苯胺，又称扑热息痛(paracetamol)，是一种解热镇痛药物，它的制备即经过乙酰化反应。

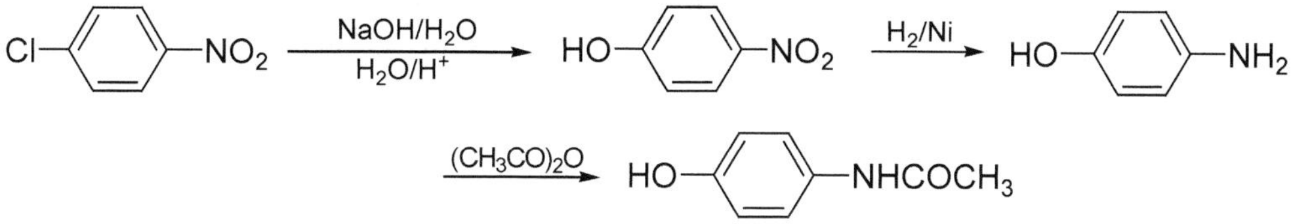

3. 与苯磺酰氯反应(Hinsberg 反应)

伯胺和仲胺可以和苯磺酰氯或对甲苯磺酰氯发生磺酰化反应，生成苯磺酰胺。伯胺磺酰化后，因氨基上的氢原子受磺酰基吸电子效应的影响呈弱酸性，所以能溶于碱溶液中变为盐；仲胺所生成的苯磺酰胺上没有氢原子，不能与碱生成盐，而析出固体；叔胺与苯磺酰氯不能发生磺酰化反应。因此，常用苯磺酰氯来鉴别或分离伯、仲、叔胺的混合物，这就是著名的Hinsberg(兴斯堡)反应。

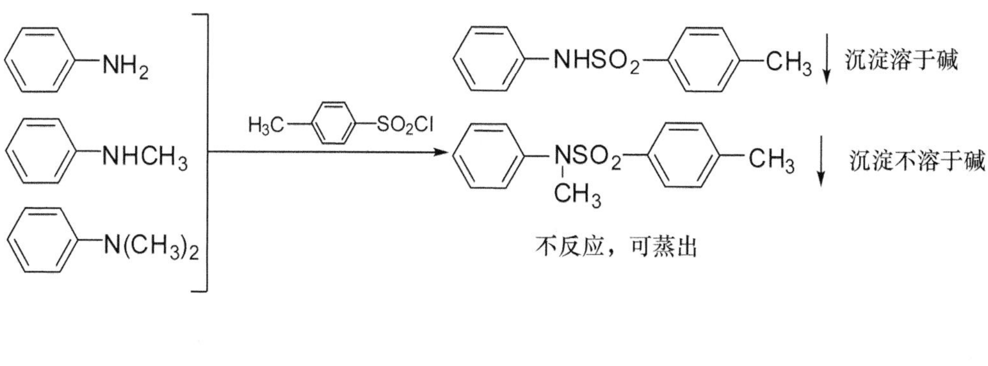

将三种胺磺酰化的混合物蒸馏，未反应的叔胺可被蒸出，余下的液体加碱、过滤，使不溶于碱的仲胺的苯磺酰胺滤出，滤液经酸化后沉淀出伯胺的苯磺酰胺，将苯磺酰胺与强酸共沸水解，这样就可以把三种胺分离开来。

### 14.6.3 胺与亚硝酸反应

亚硝酸与伯、仲、叔胺的反应各不相同，由于亚硝酸易分解且有毒，反应常用亚硝酸钠和硫酸或盐酸来代替。

脂肪族伯胺与亚硝酸作用，生成很不稳定的重氮化合物，在低温下就会分解，定量放出氮气。利用这个反应可以定量测定样品中氨基(–$NH_2$)的含量。分解生成的碳正离子可以进一步重排生成烯烃、醇或卤代烃等，产物成分复杂，无合成价值。

$$RNH_2 + NaNO_2 + HCl \longrightarrow N_2\uparrow + \text{醇、烯烃和卤代烃的混合物}$$

芳香族伯胺与亚硝酸在低温下反应可以生成较稳定的重氮化合物。一般芳香族重氮盐在低温下比较稳定，温度升高则也可分解而定量放出氮气，同时得到酚。

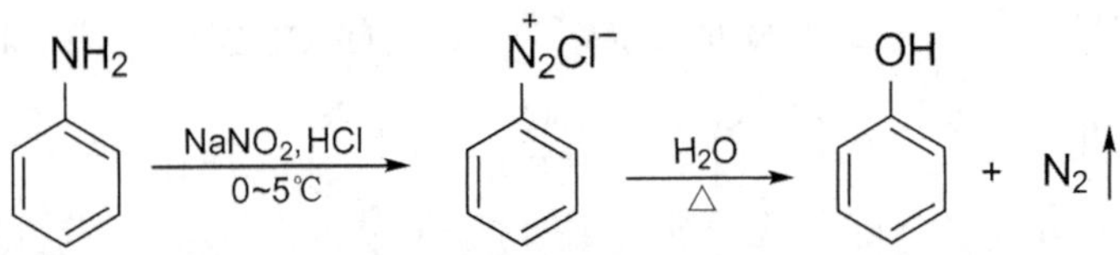

脂肪族或芳香族仲胺与亚硝酸作用，都得到黄色油状或固体的 *N*-亚硝基胺类化合物。例如：

$$R_2NH + NaNO_2 + HCl \longrightarrow R_2NN{=}O + H_2O$$

*N*-亚硝基胺

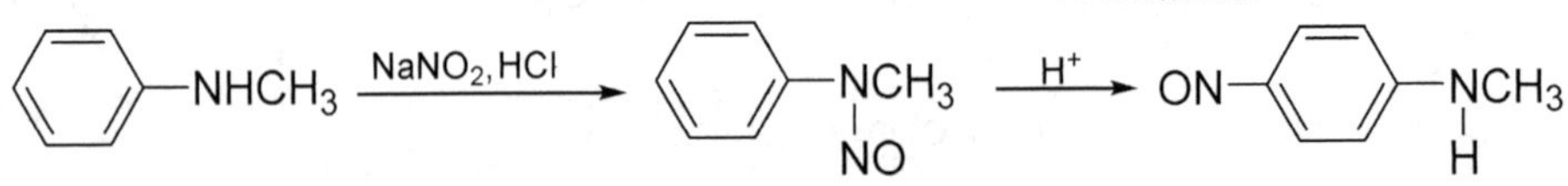

*N*-亚硝基-*N*-甲基苯胺（黄色油状）　　对亚硝基-*N*-甲基苯胺（蓝绿色）

*N*-亚硝基胺类化合物与稀酸共热则分解为原来的胺，因此可以利用这个反应来分离或提纯仲胺。芳香族仲胺生成的 *N*-亚硝基化合物在强酸中会发生重排，亚硝基转移到芳环氨基的对位上。*N*-亚硝基胺类化合物都具有较强的致癌作用。罐头食品及腌肉常加少量亚硝酸钠作防腐剂并保持肉的鲜红颜色。亚硝酸钠在胃酸的作用下可以产生亚硝酸，从而可能引起机体内氨基亚硝化而产生致癌的亚硝胺。

脂肪叔胺因氮上无氢，因此在氮上不能发生亚硝化作用。脂肪叔胺与亚硝酸反应只能生成不稳定的亚硝酸盐。

$$R_3N + NaNO_2 + HCl \longrightarrow R_3N \cdot HNO_2$$

芳香族叔胺与亚硝酸反应，可以在芳环上发生亚硝基取代反应。反应首先在对位发生，如果对位已被占据，则反应在邻位发生。

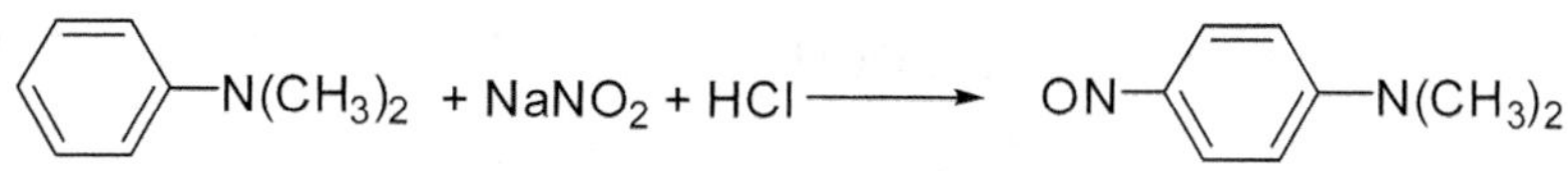


*N,N*-二甲基苯胺　　　　对亚硝基-*N,N*-二甲基苯胺

芳香亚硝基化合物是绿色结晶，可用来鉴别芳香族叔胺。

由于三种胺与亚硝酸的反应不同，因此也可以通过与亚硝酸的反应来鉴别这三种胺，但不如磺酰化反应明显。

### 14.6.4　芳胺芳环上的亲电取代反应

氨基($-NH_2$、$-NHR$、$-NR_2$)是邻、对位定位基，有活化苯环的作用，有利于苯环上的亲电取代反应。

1. 卤化

芳胺与氯或溴很容易发生取代反应。例如，向苯胺的水溶液中滴加溴水，立即生成白色沉淀的取代物，此反应定量完成，可用于苯胺的定性和定量分析。

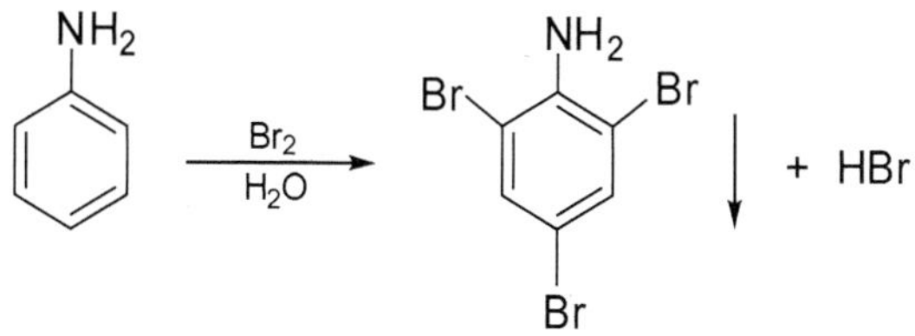


为了得到一取代物，可采用乙酰化保护氨基的方法。因为氨基和乙酰氨基虽都是第一类定位基，但后者的定位效应比较弱。

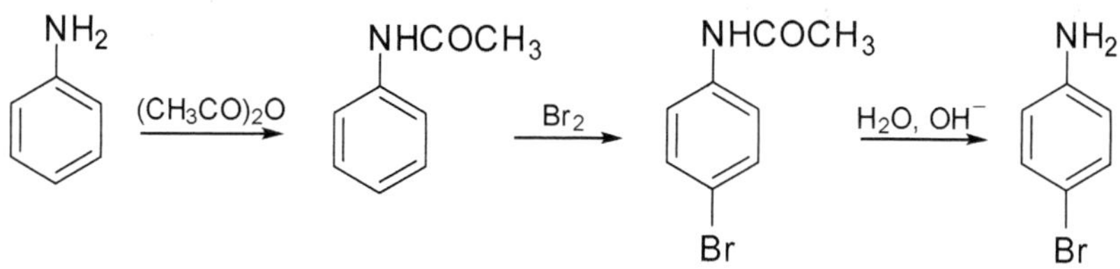


2. 硝化

苯胺易氧化，如果直接进行硝化，常有氧化反应发生。为避免芳胺被氧化，可将苯胺溶于浓硫酸中，使之先生成盐，然后再硝化，其硝化产物主要是间位取代物。

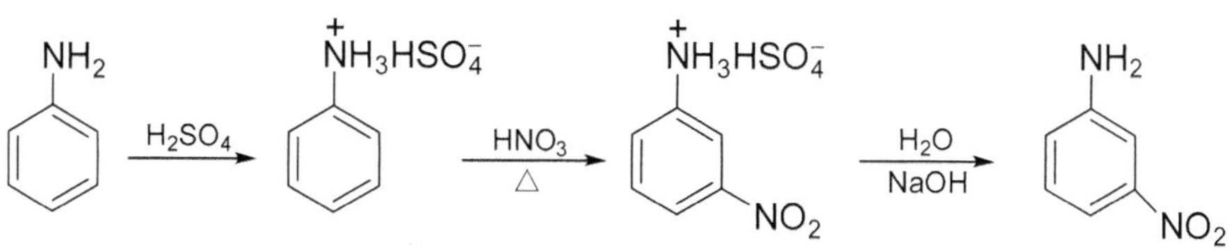


若制备邻、对位取代物，可采用乙酰化反应，将氨基保护起来，再依次硝化、水解，可得到以对位为主的硝化产物。若制备邻位硝基化合物，则需酰基化后的芳胺先行磺化，再依次硝化、水解。例如：

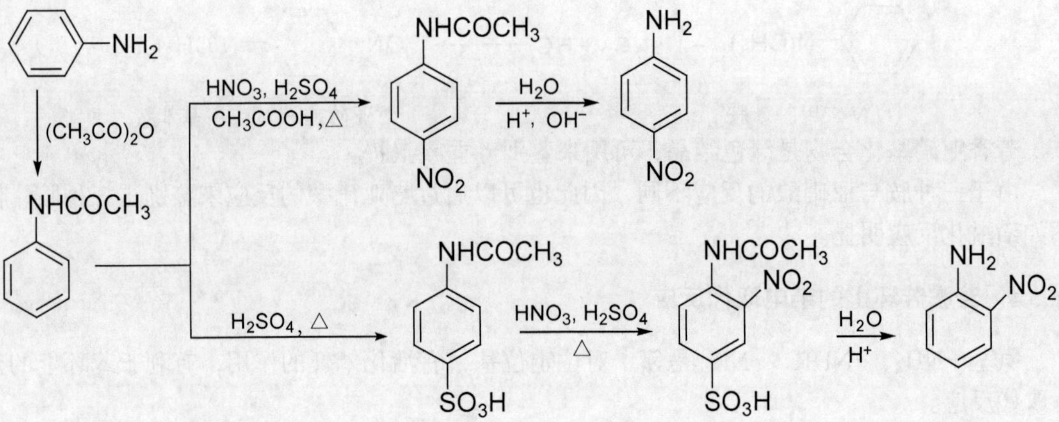

3. 磺化

芳胺也能发生磺化反应。将苯胺和浓硫酸混合，首先生成苯胺硫酸盐，然后在 180～190℃烘焙，放入冷水可得到对氨基苯磺酸的晶体。在对氨基苯磺酸分子中同时具有碱性氨基和酸性磺酸基，故可在分子内成盐，该盐称为内盐。

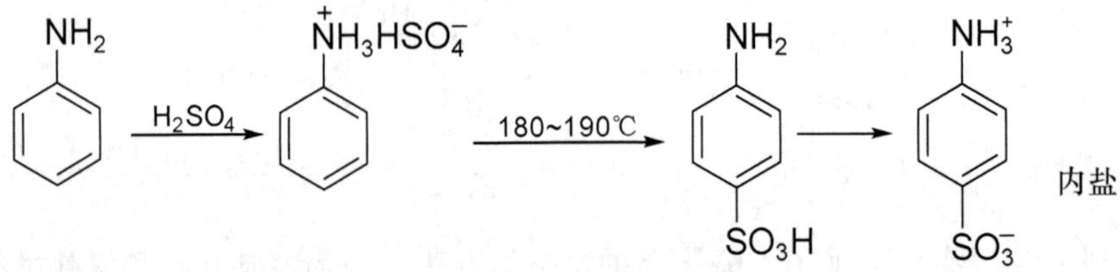


对氨基苯磺酸为白色晶体，在 280～300℃分解。微溶于冷水，易溶于沸水，可溶于氢氧化钠和碳酸钠溶液，是重要的染料中间体和常用的农药(敌锈酸)。

**14.6.5 胺的氧化和 Cope 消除**

无论是脂肪族胺还是芳香族胺均容易被氧化。脂肪族伯胺的氧化产物很复杂，以至于无实际意义，仲胺用过氧化氢氧化可生成羟胺，但通常产率甚低；叔胺用过氧化氢或过氧酸氧化，则生成氧化胺。例如：

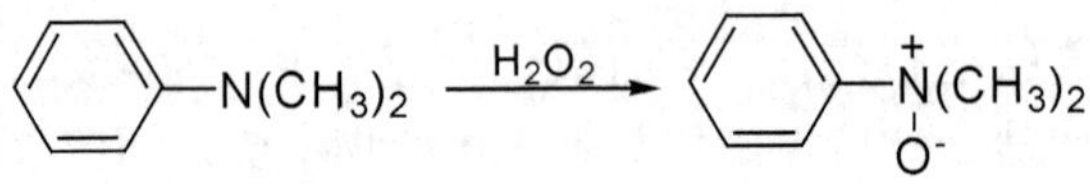


氧化胺具有四面体结构，氮在四面体中心，三个取代基和氧原子在四面体的四个顶点。与季铵盐相似，当氮原子上连接的三个烃基不同时，则存在对映异构现象。例如，下面这一对具有相反旋光性的对映体已经拆分得到。

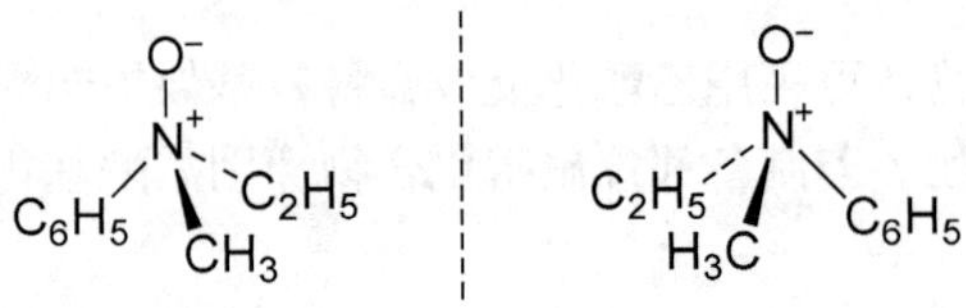

氧化胺的偶极矩较大，熔点高，不溶于乙醚、苯，易溶于水。

若氧化胺的$\beta$-碳上有氢，当加热到150～200℃时会发生热分解，得到烯烃和羟胺。

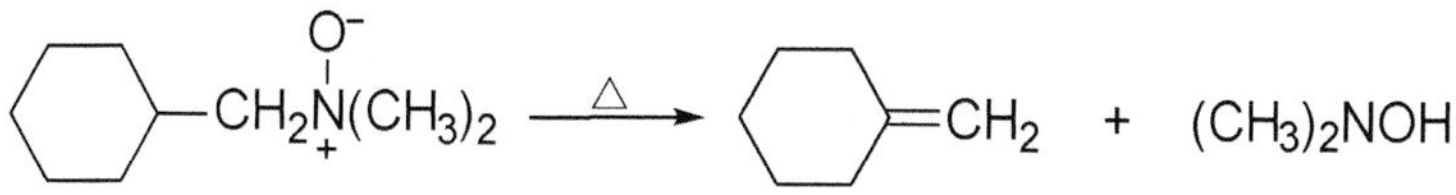

这个反应称为Cope(库帕)消除反应，可用于烯烃的合成以及在分子中除氮。当氧化胺上存在两个或两个以上可被消除的$\beta$-氢时，得到混合物，但以Hoffmann消除产物为主(参见14.7.2)。

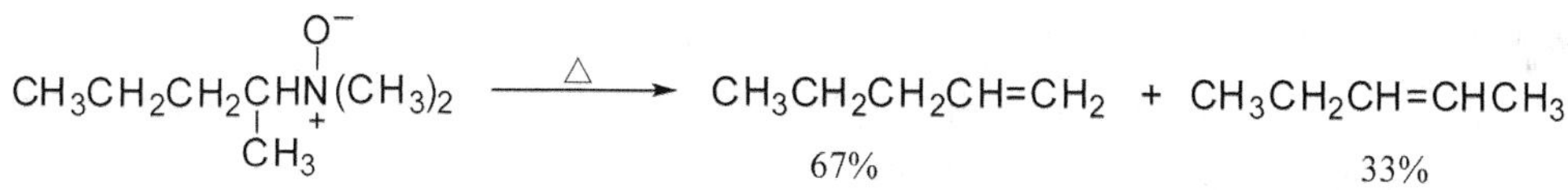

叔胺氧化和氧化胺的热消除可以在同一体系中完成，如以二甲亚砜或四氢呋喃为溶剂，在室温下就可以完成反应。此反应条件温和、副反应少，反应过程中没有重排反应发生，因此得到的不是重排后的烯烃，可用于制备很多烯烃。

芳伯胺很容易被氧化，在贮藏中就会逐渐被空气中的氧所氧化，由无色透明的液体逐渐变为黄色、浅棕色以至红棕色。苯胺的氧化反应极为复杂，其氧化产物因所用氧化剂和反应条件不同而异。例如苯胺用二氧化锰和硫酸或重铬酸盐氧化，其主要产物为苯醌。这是生产苯醌的主要方法。

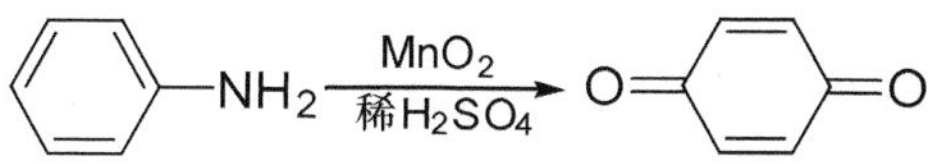

苯胺遇漂白粉即得到紫色的、含醌式结构的化合物，可用来检验苯胺存在。

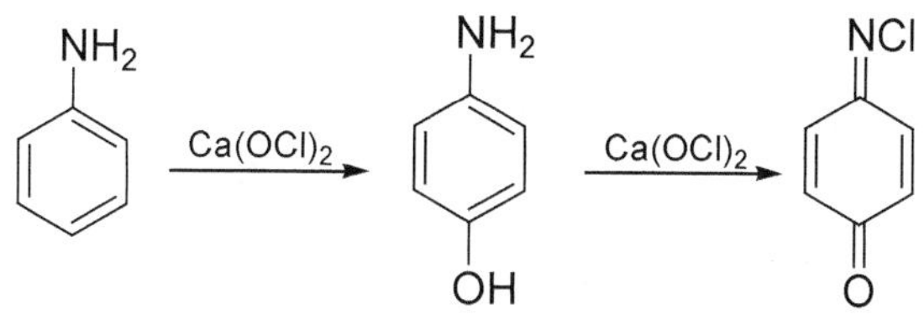

由于芳胺容易被氧化，要想氧化芳胺环上的其他官能团而不损害氨基，就必须先将氨基“保护”起来，其方法是先进行酰基化反应，待其他反应完成后，再将酰基水解掉。例如：

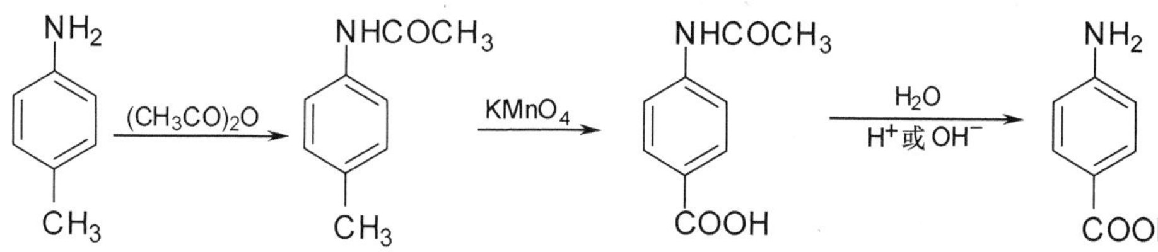

苯环上含吸电子基的芳胺较为稳定，如对硝基苯胺、对氨基苯磺酸等。芳胺的盐也较难氧化，所以往往将芳胺成盐后贮存。

## 14.7 季铵盐和季铵碱

### 14.7.1 季铵盐

叔胺与卤代烃、硫酸酯、磺酸酯等烃基化试剂反应生成季铵盐。

$$R_3N \xrightarrow{RX} R_4N^+X^-$$

季铵盐是结晶状固体，属于离子型化合物，具有盐的性质，能溶于水，熔点高。通常根据季铵盐分子中烃基和酸根的名称，将其称为“某化某基铵”，如$(CH_3)_4N^+Br^-$溴化四甲基铵。季铵盐分子中氮的四个 $sp^3$ 杂化轨道均已成键，与不对称碳原子一样，含不对称氮原子的季铵盐也有对映异构现象，且对映体之间不能转化，故季铵盐有光学活性。

含有长碳链的季铵盐可作为相转移催化剂(phase transfer catalyst，简称 PTC)使用。相转移催化剂能使分别处于互不相溶的两种试剂(液液、液固、气液等两相体系)中的物质快速发生反应，如溴化三甲基十二烷基铵、氯化甲基三正辛基铵、氯化四正丁基铵、氯化三乙基苄基铵等。因为季铵盐在有机相和水相中都有一定的溶解性，它可使某一负离子从液相(如水相)转移到另一相(如有机相)中促使反应发生。例如，一氯辛烷(油相)与氰化钠的水溶液(水相)放在一起煮沸两星期也不发生反应，加入少量季铵盐催化剂$[CH_3(CH_2)_{11}N^+(CH_3)_3]Br^-$，反应在 2 h 内即可完成：

$$CH_3(CH_2)_7Cl \quad + \quad NaCN \xrightarrow[105℃,2\ h]{[CH_3(CH_2)_{11}N^+(CH_3)_3]Br^-} CH_3(CH_2)_7CN \quad + \quad NaCl$$

90%

相转移催化过程可示意如下，其中 $Q^+$、$X^-$、$R^+$分别表示季铵离子、卤离子和辛基。

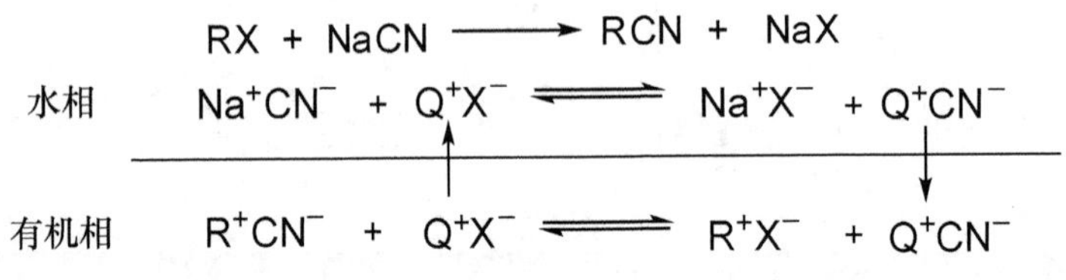


首先季铵盐在水相中和 $CN^-$形成离子对 $Q^+CN^-$，$Q^+CN^-$将 $CN^-$转移到有机相，而且在有机相中 $CN^-$的反应活性比它在水相中强，立即和一氯辛烷发生反应生成壬腈$[CH_3(CH_2)_7CN]$，同时催化剂得以再生，因此只需用少量的相转移催化剂。

相转移催化具有反应条件温和，操作简便，可缩短反应时间，反应收率较高，且可避免使用价昂的试剂或溶剂等优点。无论在实验室或工业上都有很高的实用价值。例如：

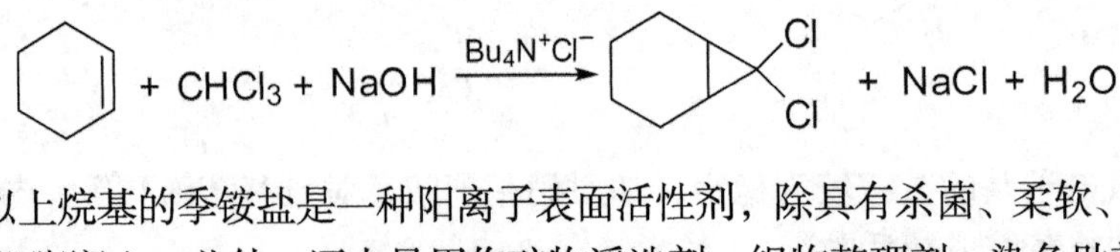


具有 $C_{12}$ 以上烷基的季铵盐是一种阳离子表面活性剂，除具有杀菌、柔软、乳化等功能外，还用于制备有机膨润土。此外，还大量用作矿物浮选剂、织物整理剂、染色助剂等。例如，溴化二甲基苄基十二烷基铵是具有去污能力的表面活性剂，也是杀菌特别强的消毒剂，商品名“新洁尔灭”。

### 14.7.2 季铵碱

季铵盐与强碱作用得到含季铵碱的平衡混合物。

$$R_4N^+X^- + KOH \rightleftharpoons R_4N^+OH^- + KX$$

季铵盐和强碱的醇溶液进行反应，则由于碱金属的卤化物不溶于醇，可使反应进行到底制得季铵碱。如果用湿的氧化银代替氢氧化钾，反应亦可顺利完成。

$$(CH_3)_4N^+I^- + AgOH \rightleftharpoons (CH_3)_4N^+OH^- + AgI\downarrow$$

季铵碱是强碱，其碱的强度与氢氧化钠或氢氧化钾相当，具有强碱的一般性质，如能吸收空气中的二氧化碳，易潮解，易溶于水等。

季铵碱加热时很容易分解，其分解产物为叔胺和另一化合物。当季铵碱分子中没有 $\beta$-H 时，加热时生成叔胺和醇。例如，氢氧化四甲基铵受热分解时生成三甲胺和甲醇。

$$(CH_3)_4N^+OH^- \xrightarrow{\triangle} (CH_3)_3N + CH_3OH$$

当季铵碱的烃基上含有 $\beta$-H 时，加热则分解生成叔胺和烯烃，该反应称为 Hoffmann 消除反应。例如：

$$(CH_3CH_2)_3\overset{+}{N}CH_2CH_3OH^- \xrightarrow{\triangle} (CH_3CH_2)_3N + CH_2{=}CH_2 + H_2O$$

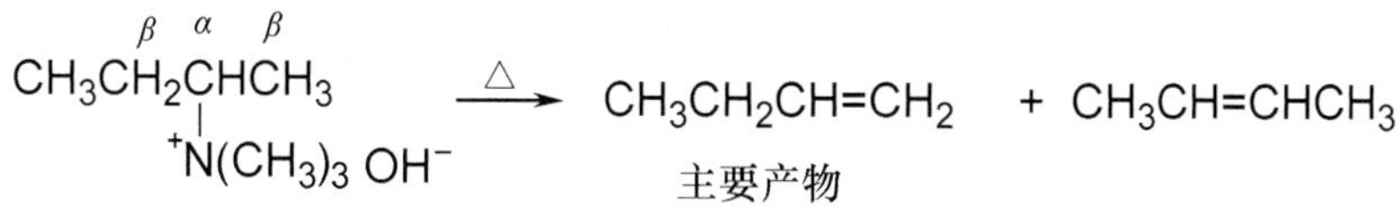

实验数据表明，当季铵碱上有两种 $\beta$-位的氢时，消除就有两种可能，主要被消除的是酸性较强的氢，也就是 $\beta$-碳上取代基较少的 $\beta$-氢。Hoffmann 在总结了大量实验事实后，提出了一个经验规则，称为 Hoffmann 消除规则：在季铵碱的消除反应中，较少烷基取代的 $\beta$-碳上的氢优先被消除，即 $\beta$-碳上氢的反应活性 $CH_3>RCH_2>R_2CH$。

如果 $\beta$-碳原子上有吸电子基团，特别像苯基、乙烯基、羰基等有吸电子共轭效应的基团存在时，则它们 $\beta$-氢的酸性增大，容易接受碱的进攻，生成不符合 Hoffmann 取向规则的消除反应产物。

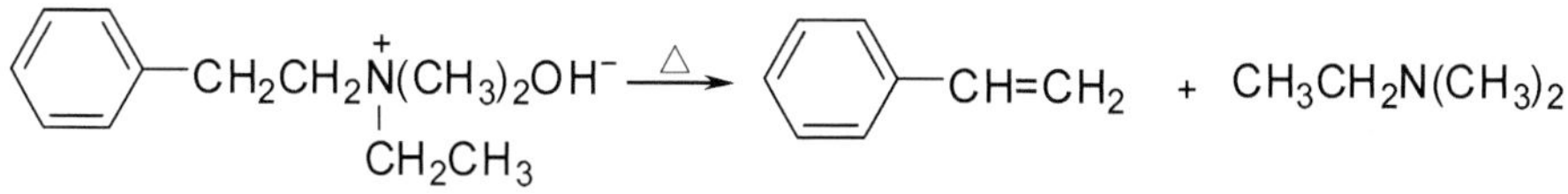

由于季铵碱消除生成烯烃具有一定的取向，通过测定烯烃结构可以推测原来胺的结构。其方法是先由过量的碘甲烷与胺作用生成季铵盐，继而用湿的氧化银处理转变为季铵碱，再进行加热分解。根据反应过程中消耗碘甲烷的物质的量和生成烯烃的结构，便可推测出原来胺的结构，这个过程称为彻底甲基化反应。

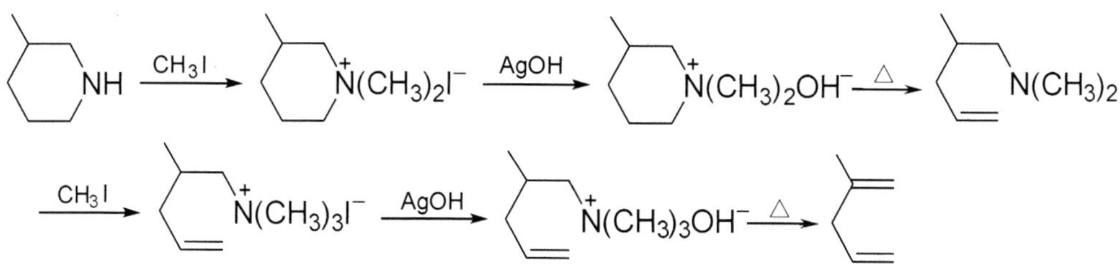

某些低碳链季铵碱具有生理活性。例如，氯化胆碱$[(CH_3)_3NCH_2CH_2OH]^+Cl^-$具有促进碳水化合物和蛋白质的新陈代谢作用，除被用作治疗脂肪肝和肝硬化的药物外，还被大量用作饲料添加剂。乙酰胆碱$[(CH_3)_3NCH_2CH_2OOCCH_3]^+OH^-$对动物神经有调节保护作用。矮壮素$[(CH_3)_3NCH_2CH_2Cl]^+Cl^-$是一植物生长调节剂，能抑制农作物细胞伸长，但不抑制细胞分裂，从而使植株变矮，杆茎变粗，叶色变绿，具有提高农作物耐旱、耐盐碱和抗倒伏的能力。

## 14.8 胺的制备

胺在自然界中广泛存在，从天然产物中提取得到的许多复杂的胺类可被用作药物。人工制备胺的方法主要有以下几种。

1. 氨的烃基化

在一定条件下，将卤代烃与氨溶液共热，卤代烃与氨发生亲核取代反应，此反应一般很难停留在一取代阶段，通常最后的产物是伯、仲、叔胺的混合物，甚至还会生成季铵盐(参见7.2.1)。

2. 硝基化合物的还原

在金属 Ni、Pt、Pd 等催化剂存在下，硝基还原为氨基，一般可得到较为满意产率的伯胺。

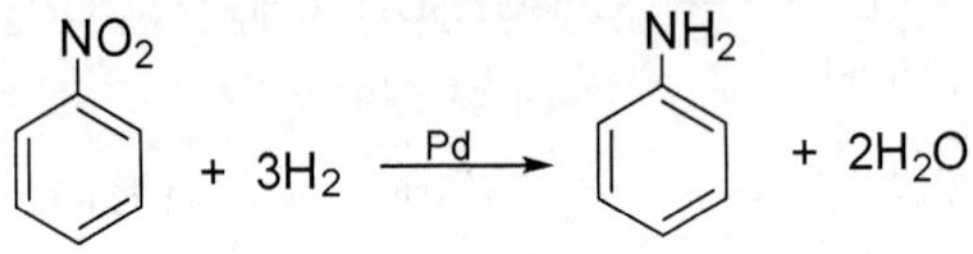

化学还原法在生产上造成环境污染，在工业上将趋向淘汰。催化氢化在实验室制备上难度较大，不易实现操作，故化学还原法较适用于实验室制备(参见 14.2.2)。

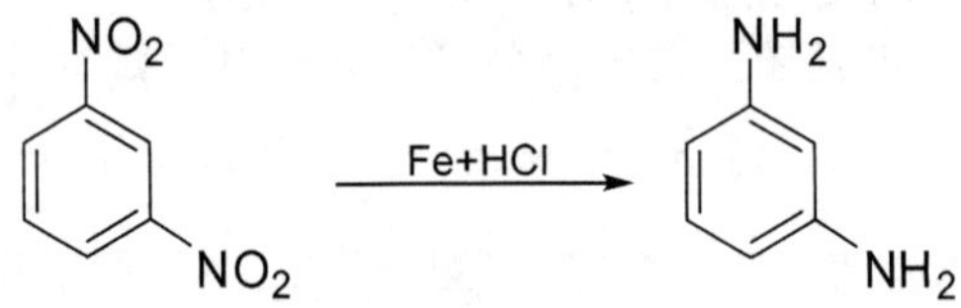

3. 酰胺及含碳氮重键化合物的还原

在结构中含有碳氮重键的化合物，如腈(RCN)、肟(RCH=N–OH)、酰胺($RCONH_2$)，均可用催化氢化法或化学还原法将其还原成胺，一般收率也比较满意。

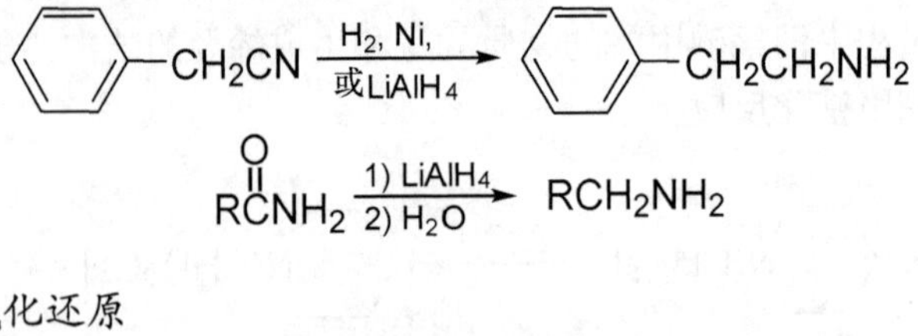

4. 羰基化合物氨化还原

醛、酮和氨作用生成亚胺，亚胺催化氢化得到胺。该反应看起来是两步反应，实际上还原胺化反应一步进行，操作方便，收率较高。

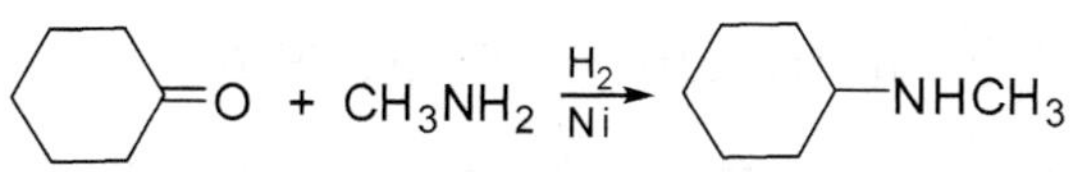

5. Gabriel 合成法

利用氨的烷基化反应制备脂肪族伯胺时，往往有仲、叔胺生成。Gabriel(盖布瑞尔)提供了一种由卤代烃制备高纯脂肪伯胺的好方法。该方法是采用邻苯二甲酰亚胺的钾盐和卤代烃反应，生成的 *N*-取代亚胺水解可获得高收率的脂肪伯胺。多数情况下适用于实验室的制备。

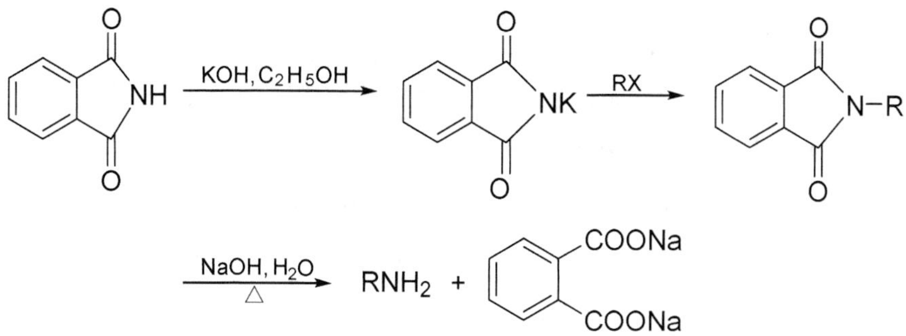

6. 酰胺的 Hoffmann 降解反应

酰胺在次卤酸钠作用下失去羰基，生成比原来的酰胺少一个碳原子的伯胺。这个反应须在过量碱存在下进行，一般收率都相当好(参见 12.8.4)。

$$RCONH_2 + NaOX + 2NaOH \longrightarrow RNH_2 + Na_2CO_3 + NaX + H_2O$$

## 14.9 重要的胺

1. 苯胺

苯胺($C_6H_5NH_2$)存在于煤焦油中，是无色油状液体，熔点−6℃，沸点 184℃，相对密度 1.0217，具有特殊气味，易溶于有机溶剂，易于被氧化，在贮存过程中就逐渐被空气中的氧所氧化，使得颜色变深。苯胺有毒，可以通过皮肤或吸入蒸气使人中毒。当空气中苯胺浓度达到百万分之一时，几小时后就会出现中毒症状。苯胺是重要的有机合成原料，可作为制备染料、橡胶促进剂、磺胺类药物的中间体。

2. 乙二胺

乙二胺($H_2NCH_2CH_2NH_2$)为无色透明液体，溶于水和醇，具有扩展血管的作用。它是制备药物、乳化剂和杀虫剂的原料。乙二胺的戊酸盐是治疗动脉硬化的药物。

乙二胺与氯乙酸作用生成乙二胺四乙酸，简称 EDTA。EDTA 是重要的分析试剂和螯合剂，还可用于分离、提纯放射性物质和治疗某些放射性疾病。

$$H_2NCH_2CH_2NH_2 + ClCH_2COOH \longrightarrow (HOOCH_2C)_2NCH_2CH_2N(CH_2COOH)_2$$

3. 甲胺($CH_3NH_2$)、二甲胺[$(CH_3)_2NH$]、三甲胺[$(CH_3)_3N$]

三种胺在常温下都是气体，在水中溶解度很大，常用的是它们的水溶液或盐酸盐(固体)。它们都是重要的有机合成原料，可作为制备药物、染料、离子树脂、农药等的原料。由三甲胺和1,2-二氯乙烷生成的矮壮素([$(CH_3)_3N^+CH_2CH_2Cl]Cl^-$，CCC)是一种植物生长调节剂。

## 14.10 重氮和偶氮化合物

重氮和偶氮化合物含有相同的官能团–N=N–。若官能团的一端与烃基相连，另一端与其他原子(非碳原子，$CN^-$除外)或基团相连的化合物，称为重氮化合物。例如，氯化重氮苯(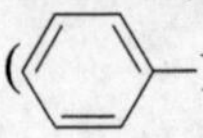—$N_2^+Cl^-$，或称为重氮苯盐酸盐)。

该官能团的两端都分别与烃基相连的化合物则称为偶氮化合物。例如：

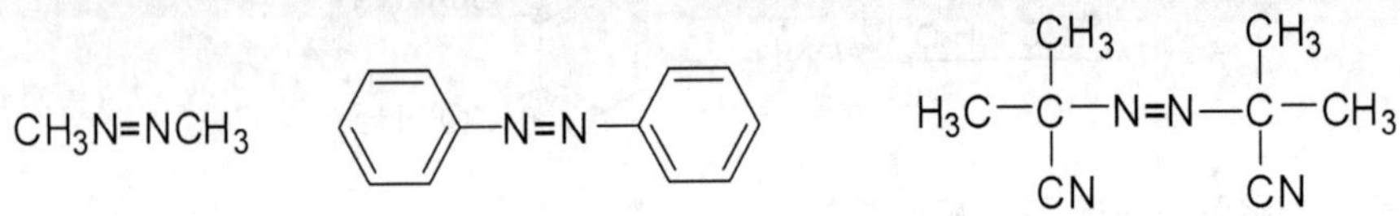

偶氮甲烷　　偶氮苯　　偶氮二异丁腈

### 14.10.1 重氮化反应

前已述及，芳香族伯胺在低温下与亚硝酸反应可以生成重氮化合物，这个反应称为重氮化反应(参见14.6.3)。一般芳香族重氮化合物在0℃左右的酸性水溶液中可以在较短时间保存，温度升高则逐渐分解放出氮气。干燥的重氮化合物遇热或撞击容易爆炸。

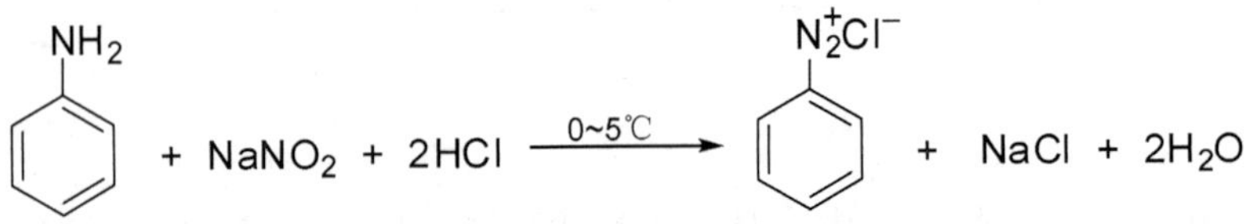

若以硫酸代替盐酸，则得到重氮苯硫酸盐(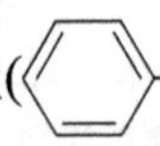—$N_2^+HSO_4^-$)。

重氮盐的性质与铵盐相似，溶于水而不溶于有机溶剂，其水溶液能导电。重氮盐在水溶液中解离成$ArN_2^+$正离子和 $X^-$负离子。芳胺的重氮盐可以在低温下较稳定存在，这在有机合成中特别是在染料工业中具有重要用途。

### 14.10.2 重氮盐的化学性质

重氮盐的化学性质很活泼，能发生许多反应，一般可以分为两类。一类是与重氮基直接相连的芳环碳原子受到亲核试剂的进攻，重氮基被取代，放出氮气；另一类是通过重氮基与其他化合物发生偶联反应，生成有色的偶氮化合物——偶氮染料。

1. 重氮基被取代的反应(放氮反应)

1) 被羟基取代

将重氮盐的酸性水溶液加热可以发生水解生成酚并放出氮气。

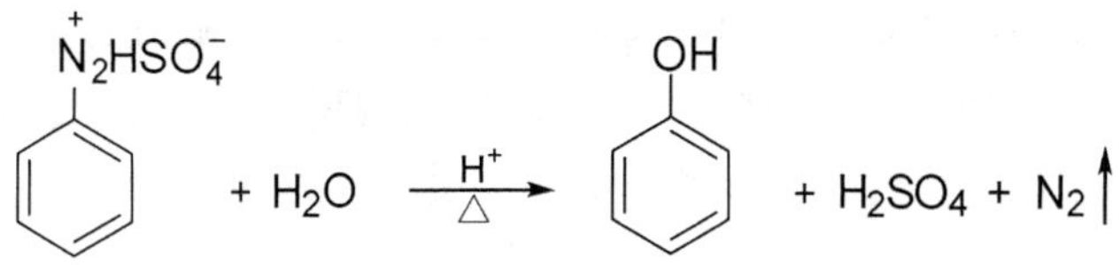

在有机合成中通常通过重氮盐使氨基转化成羟基，制备某些不能用芳磺酸盐碱熔法制备的酚类。例如，间溴苯酚就不宜用间溴苯磺酸钠碱熔制取，因为溴原子在碱熔时也会被水解掉。因此，可用间溴苯胺经重氮化、水解来制备间溴苯酚。

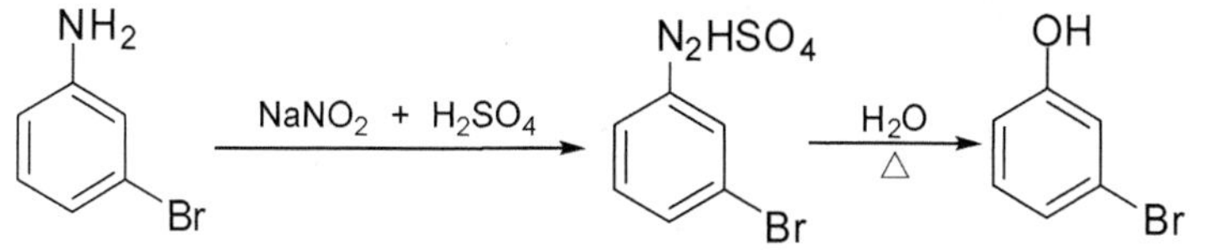

重氮盐被羟基取代的反应是按 $S_N1$ 历程进行的。首先，重氮正离子失去氮($N_2$)，生成苯基正离子，苯基正离子能量较高，很活泼，一旦生成即与水反应生成酚。同时，苯基正离子也与溶液中其他的亲核试剂结合。

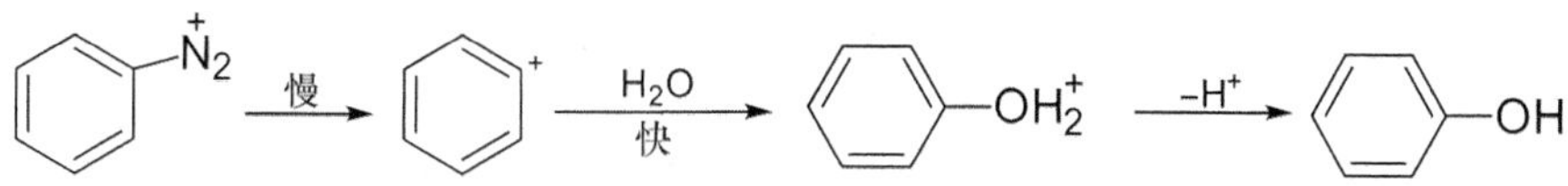

在用重氮盐制备酚时，通常用芳香族重氮苯硫酸盐，在强酸性的热硫酸溶液(40%～50%)中进行。这是因为：①若采用重氮苯盐酸盐在盐酸溶液中进行，则由于体系的 $Cl^-$ 作为亲核试剂也能与苯基正离子反应，生成副产物氯苯；②水解反应中已生成的酚易与尚未反应的重氮盐发生偶联反应。强酸性的硫酸溶液不仅可使偶联反应减少到最低程度，而且可提高分解反应速率，使水解进行得更加迅速、彻底。

2) 被卤素取代

在氯化重氮苯的水溶液中加入碘化钾加热，生成碘苯并放出氮气。

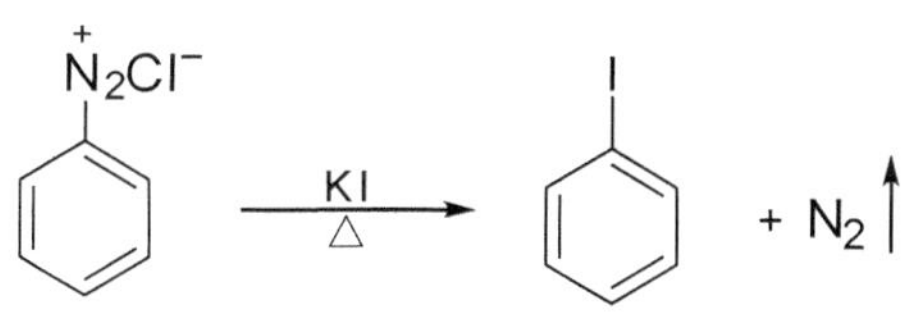

该反应属于 $S_N1$ 历程，氯离子和溴离子的亲核能力比碘离子弱，因此氯化钾和溴化钾较难进行上述反应，要使反应进行必须使用催化剂。用氯化亚铜或溴化亚铜作催化剂，使重氮盐与相应的氢卤酸共热，分别生成芳基氯或芳基溴的反应称为 Sandmeyer(桑德迈尔)反应。如果用铜粉和盐酸或氢溴酸代替氯化亚铜或溴化亚铜也可制得芳基氯或芳基溴，这个反应称为 Gattermann(伽特曼)反应。

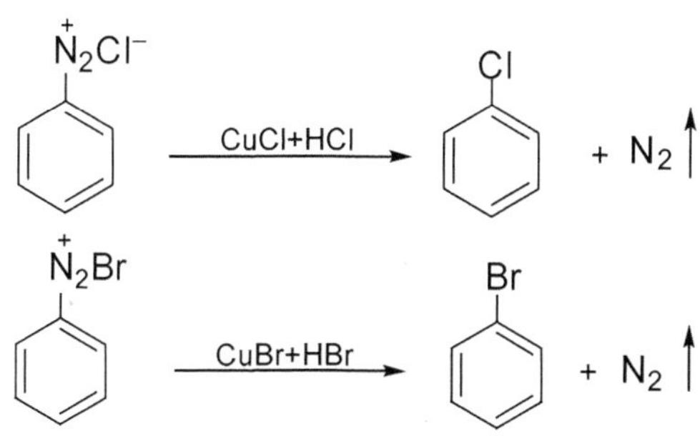

芳香族氟化物也可由此法制备，但需首先将重氮盐转变为氟硼酸重氮盐。方法是将氟硼酸(硼酸溶于氢氟酸中)加到重氮盐溶液中，使生成氟硼酸重氮盐沉淀，经分离并干燥后再小心加热，即逐渐分解而制得相应的芳香族氟化物。该反应称为 Schiemann (希曼)反应。

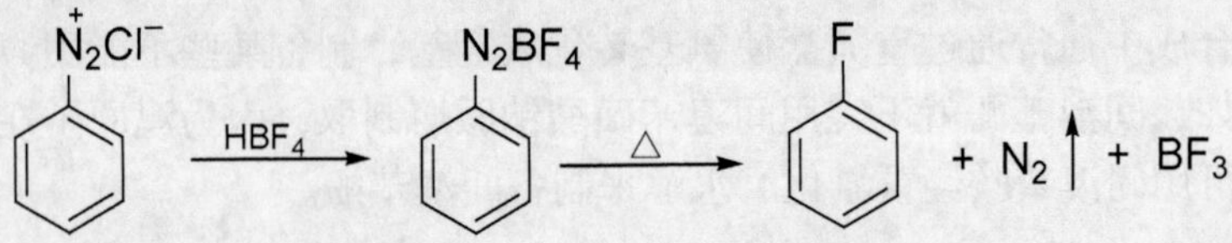

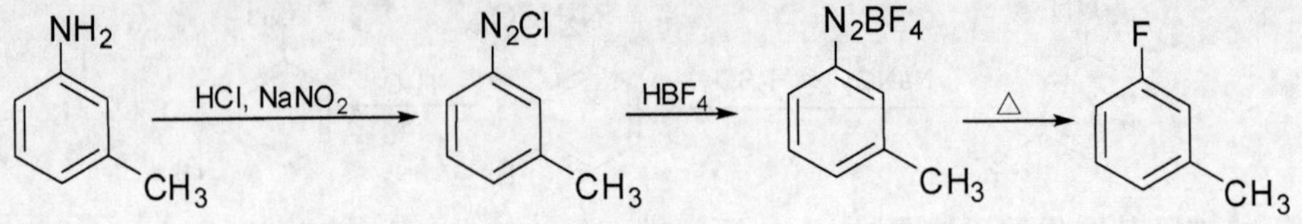

利用上述反应可以合成一些通过亲电取代反应难以制备的芳香族卤化物，如间二溴苯、间溴苯胺等。

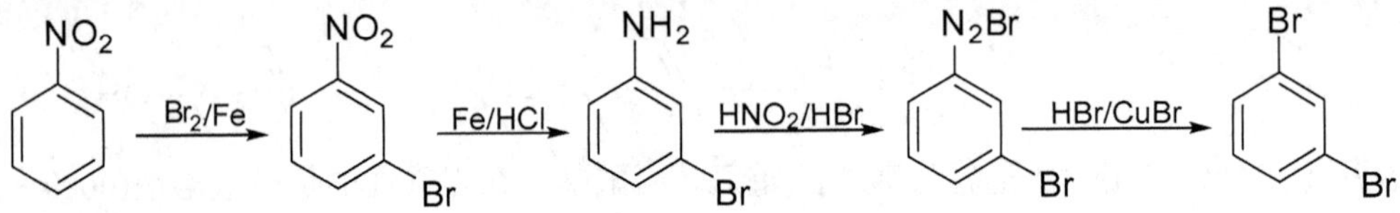

3) 被氰基取代

重氮盐与氰化亚铜的氰化钾水溶液作用(Sandmeyer 反应)或在铜粉存在下与氰化钾水溶液作用(Gattermann 反应)，则重氮基可被氰基取代，生成芳氰。例如：

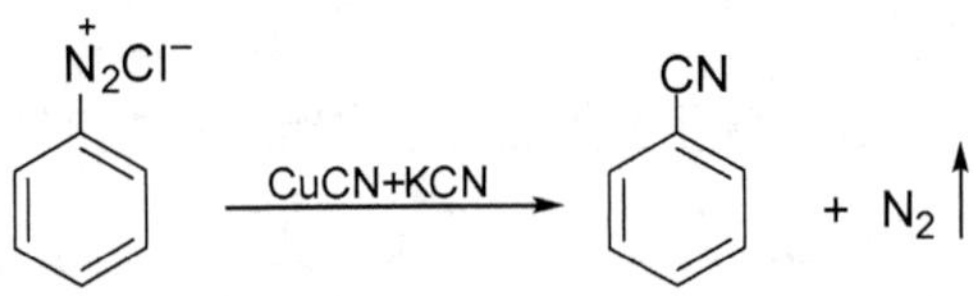

生成的苯腈上的氰基容易水解为羧基，因此可以用这个反应从苯胺合成芳香族羧酸。例如：

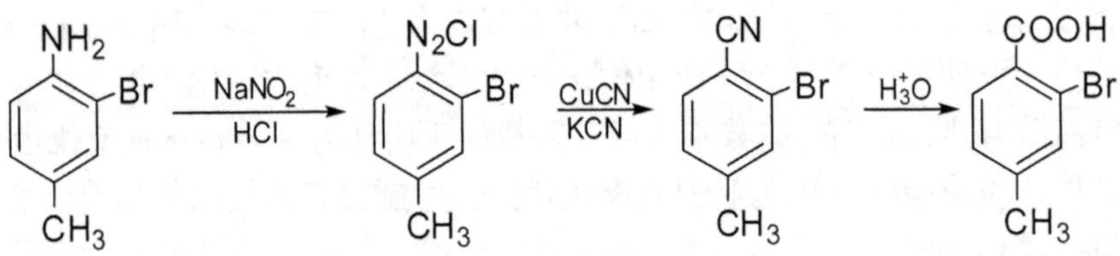

4) 被氢原子取代

重氮盐在某些还原剂的作用下，能发生重氮基被氢原子取代的反应，由于重氮基来自氨基，故可用此反应去除氨基，又称去氨基反应。最常用的还原剂有乙醇和次磷酸，反应在水溶液中进行。用乙醇作还原剂时，会有副产物芳基乙基醚产生，为了避免或减少醚的生成，可在反应体系中加入少量锌粉或其他还原剂。

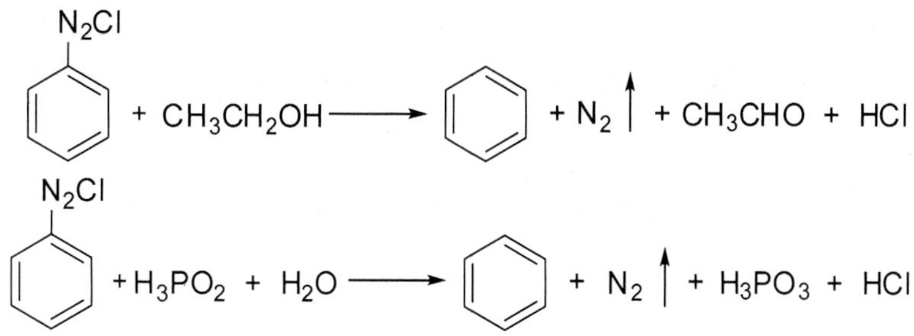

该反应在合成上可作为去掉氨基或硝基的方法。利用这一性质，首先在苯环上引入氨基，再借助氨基的定位效应，引入其他基团进入苯环的某个位置，最后将氨基去掉，从而可得到用其他方法不易或不能直接取代得到的某些化合物。

**【例 14-1】**　由苯合成 1,3,5-三溴苯。

**分析**　溴是邻、对位定位基，由苯直接溴代不可能得到该化合物。但是，若先在苯环上引入氨基，利用氨基的邻、对位定位作用，合成 2,4,6-三溴苯胺，最后利用重氮化反应除去氨基得到 1,3,5-三溴苯。

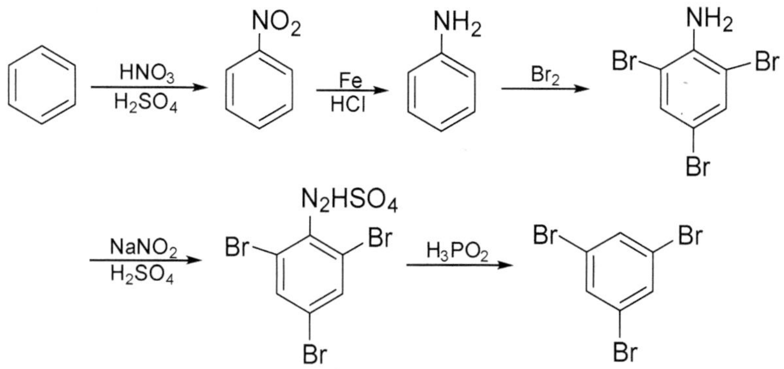

**【例 14-2】**　由甲苯合成间溴甲苯。

**分析**　甲基是邻、对位定位基，若由甲苯直接溴代，则得到主要产物为邻溴甲苯和对溴甲苯。若先在甲基的对位引入氨基，氨基的定位能力比甲基大，故可在氨基的邻位(甲基的间位)引入溴，最后利用重氮化反应除去氨基。由于氨基易被氧化，且氨基为强的活化基，易在苯环上引入多个取代基，因此在溴化之前先用氨基的酰基化反应将氨基保护。

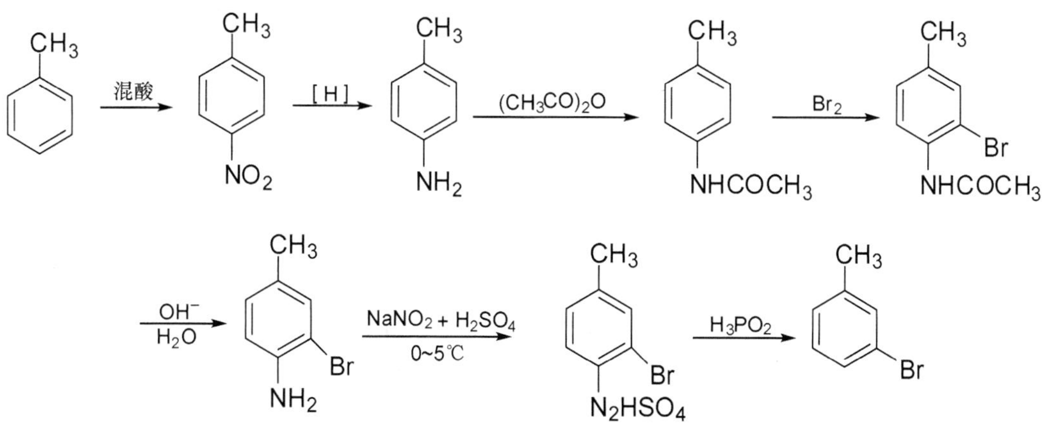

5) 被硝基取代

将氟硼酸盐悬浮在亚硝酸盐的水溶液中，然后用铜粉处理，则重氮基可以被硝基取代。

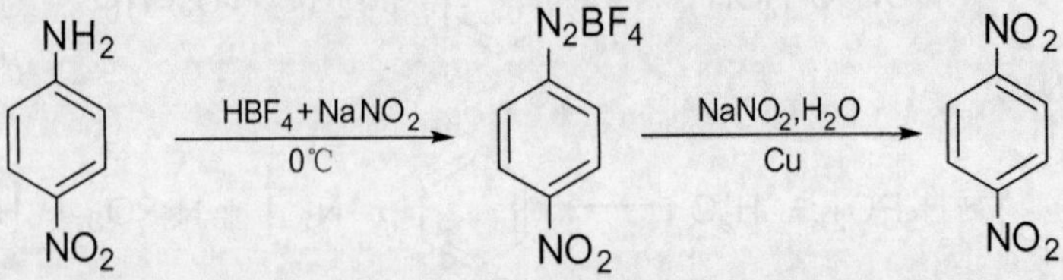

对硝基苯胺可以从对硝基氯苯合成，因此，利用该反应可以合成不能直接用硝化反应制得的一些结构特殊的硝基化合物。

上述放氮反应一般也适用于萘及其衍生物。

2. 重氮基的还原反应

重氮盐在氯化亚锡和盐酸或亚硫酸盐等较弱的还原剂作用下，可发生保留氮原子的反应还原为肼。

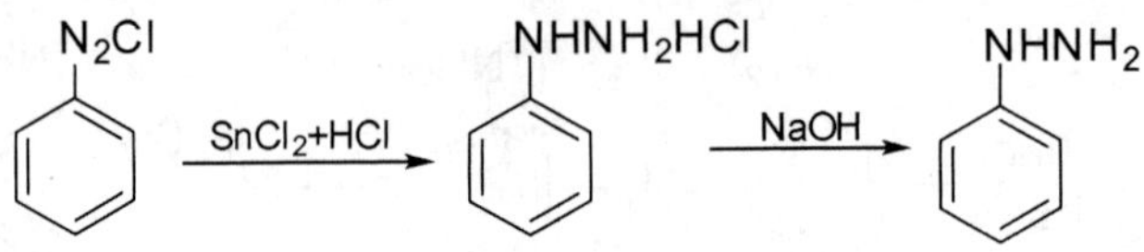

苯肼盐酸盐

如果用较强的还原剂(如锌和盐酸)，则生成苯胺和氨。

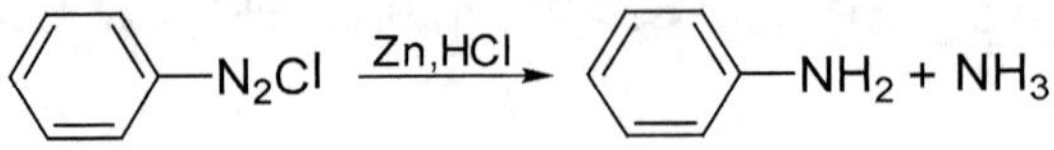

3. 偶联反应

重氮盐正离子可以作为亲电试剂与酚或芳叔胺等活泼的芳香族化合物进行芳环上的亲电取代反应，生成偶氮化合物，通常把这种反应称为偶联反应(coupling reaction)。

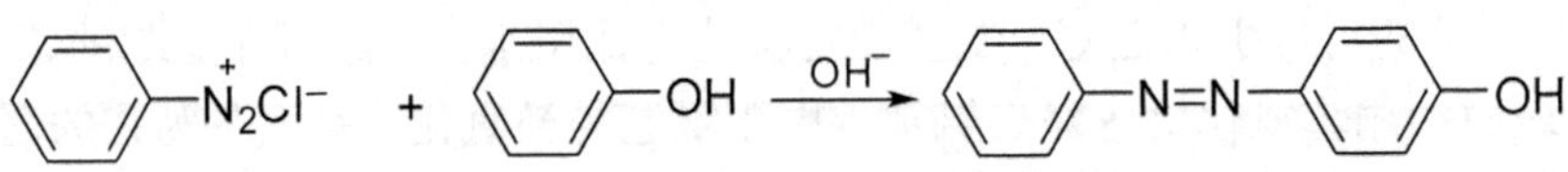

对羟基偶氮苯(橙色)

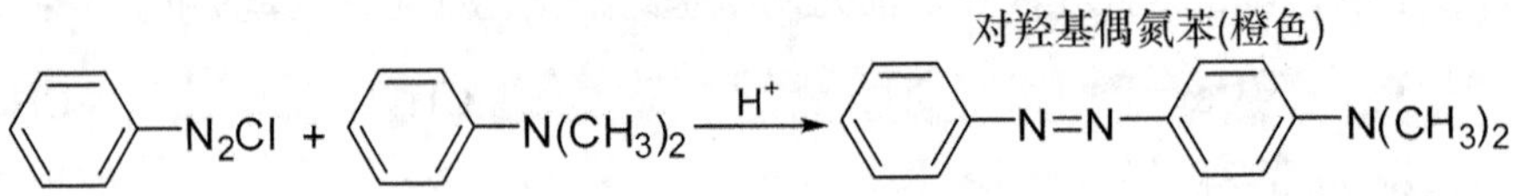

对-*N*,*N*-二甲氨基偶氮苯(黄色)

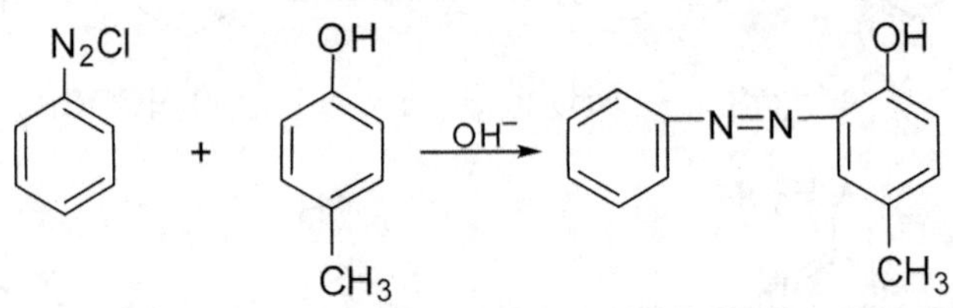

5-甲基-2-羟基偶氮苯

参加偶联反应的重氮盐称为重氮组分，与其偶联的酚、芳胺则称为偶联组分。在偶联反应中，反应符合芳环上的亲电取代定位规律，一般发生在羟基或氨基的邻、对位；又由于空间效应(亲电试剂 $ArN_2^+$的体积较大)一般发生在羟基或氨基的对位，当对位被占时才发生在邻位，但不会发生在间位。

重氮盐与萘酚或萘胺偶联时，反应发生在羟基或氨基的同环。对于$\alpha$-萘酚或$\alpha$-萘胺，偶联反应在 4-位上进行，若 4-位有取代基，则在 2-位上进行；对于$\beta$-萘酚或$\beta$-萘胺，偶联反应在 1-位上进行，若 1-位被占据，则不发生反应。用箭头表示偶联位置如下：

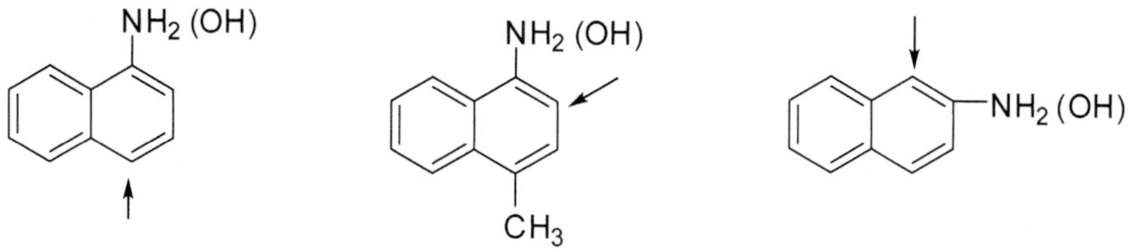

对于重氮组分来说，在重氮基的邻、对位有吸电子基团时，反应活性增强，如 2,4,6-三硝基苯重氮盐甚至可以和 1,3,5-三甲苯偶联；2,4-二硝基苯重氮盐则可以和苯甲醚偶联。相反，环上具有给电子基团的重氮盐，则偶联能力很弱，如 2,4-二甲基苯胺的重氮盐必须在相当浓的溶液中方可偶联。

重氮盐与酚的偶联反应一般是在弱碱性溶液中进行(pH=8～10)，因为在碱性溶液中酚成为酚氧负离子，更易于发生亲电取代反应，有利于偶联反应的进行。但如果溶液碱性太强(pH>10)，则对反应不利，因为在强碱性条件下重氮盐会与碱作用，生成不能进行偶联反应的重氮酸或重氮酸根负离子。如果溶液酸性太强，则酚质子化，钝化芳环也不发生偶联反应。

$$Ar\overset{+}{N}\equiv NCl^- \xrightleftharpoons{OH^-} [Ar\overset{+}{N}\equiv NOH^-] \rightleftharpoons \underset{\text{重氮酸}}{ArN{=}NOH} \xrightleftharpoons{OH^-} \underset{\text{重氮酸根负离子}}{ArN{=}NO^-}$$

重氮盐与芳胺的偶联反应一般在 pH=5～7 的溶液中进行。如果反应体系酸性太强，氨基将转变为铵正离子，它们是强的吸电子基团，使苯环电子云密度降低，不利于偶联反应的发生；当 pH>9 时，影响了重氮盐活性。

对同时具有氨基和酚羟基的化合物进行偶联时，偶联反应的 pH 会决定偶联的位置。例如，染料中间体 H 酸在 pH=5～7 时优先发生氨基邻位偶联，而当 pH=8～10 时，则偶联优先发生在羟基邻位：

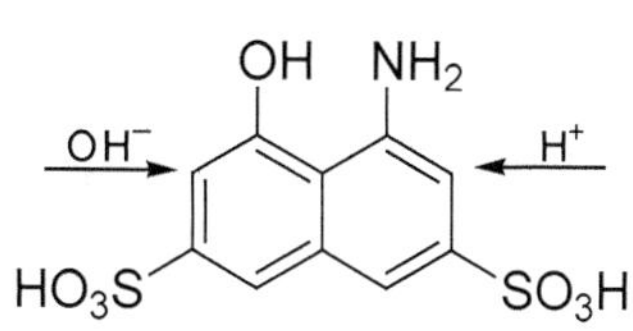

偶联反应是制备有色化合物的重要反应。重要的偶联组分有：酚类(苯酚、萘酚及其衍生物)，芳香胺(苯胺、萘胺及其衍生物)，氨基萘酚磺酸类(H 酸、J 酸、R 酸、SS 酸等)，活泼的亚甲基化合物(乙酰乙酰苯胺、吡唑啉酮)等。

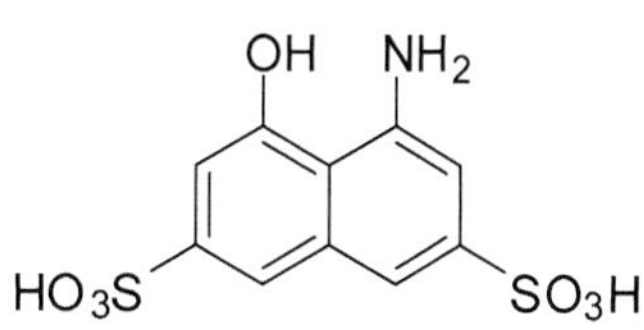

H酸

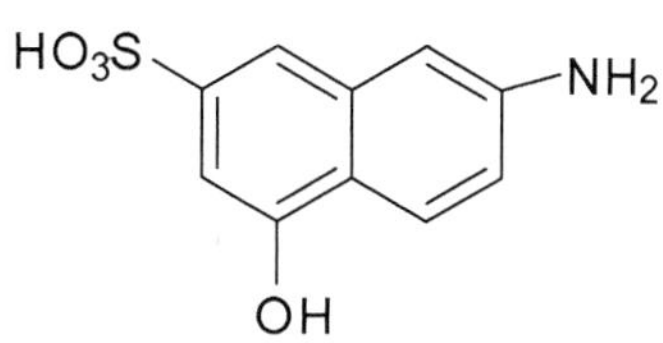

J酸

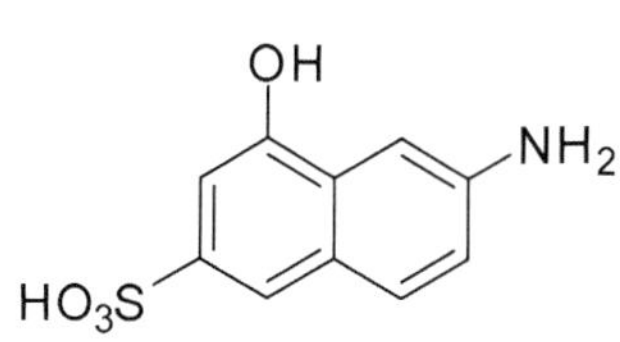

R酸

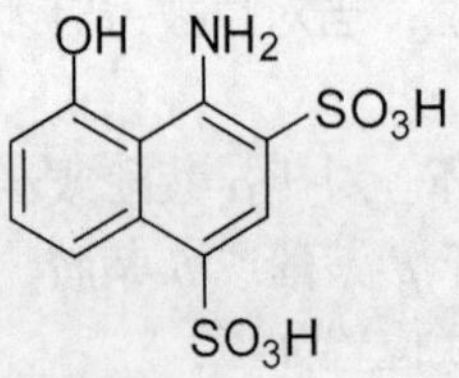

SS酸

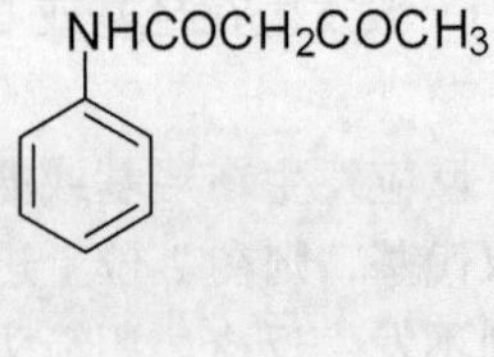

乙酰乙酰苯胺

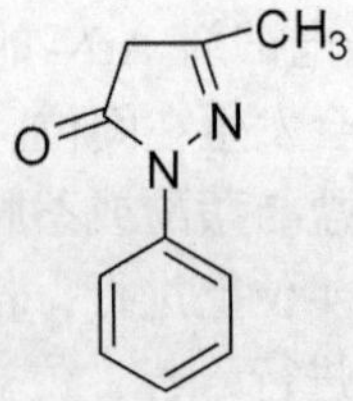

苯基吡唑啉酮

### 14.10.3 偶氮化合物和偶氮染料

不同的偶氮化合物会有不同的颜色，而且这类结构的化合物涵盖了黄、橙、红、紫、蓝、绿、棕和黑全套色谱。有的可用作指示剂，有的可用作染料，称为偶氮染料。

偶氮染料是分子内含有一个或几个偶氮基(−N=N−)的合成染料，在所有染料品种中偶氮化合物要占半数以上。例如，用于聚酯纤维染色的分散黄 RGFL 和用于羊毛染色的酸性黑 10B，其结构如下：

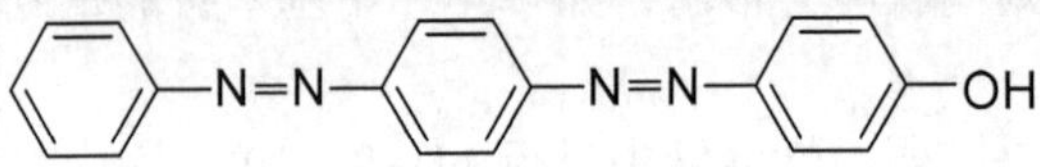

分散黄RGFL

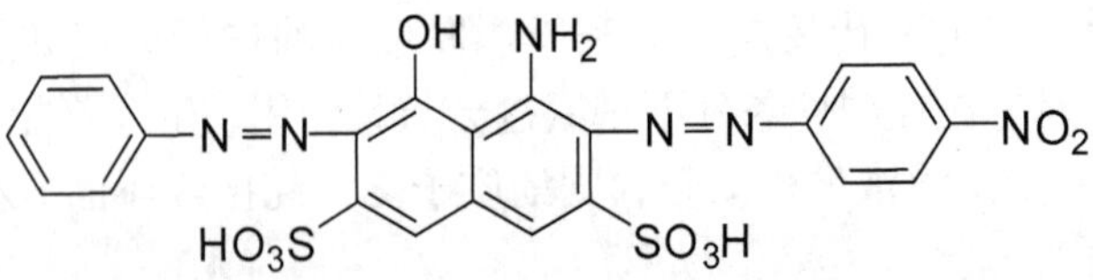

酸性黑10B

染料除用于纺织品、纸张、皮革、胶片、食品等的染色外，还具有杀菌作用，也可使细菌着色，用于染制切片。另外，分析化学中用的指示剂也属于染料，它在不同的 pH 介质中，由于结构的变化而发生颜色的改变。例如，甲基橙是一种常用酸碱指示剂，在 pH=4.4 以上显黄色，在 pH=3.1 以下显红色，处于 3.1～4.4 之间则显两者的混合色——橙色。颜色的变化主要是由于在不同 pH 条件下其共轭结构发生了变化：

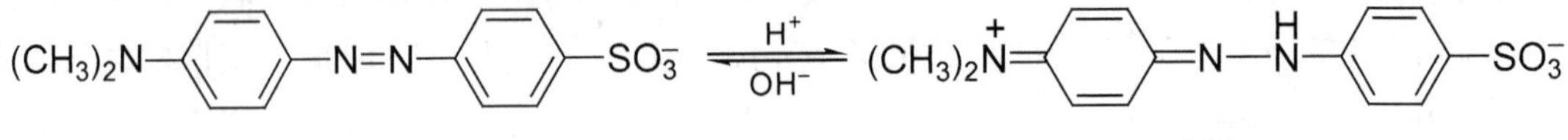

黄色　　　　红色

刚果红(congored)也是一种常用的指示剂，是由联苯胺重氮盐与 4-氨基萘磺酸偶合而成，

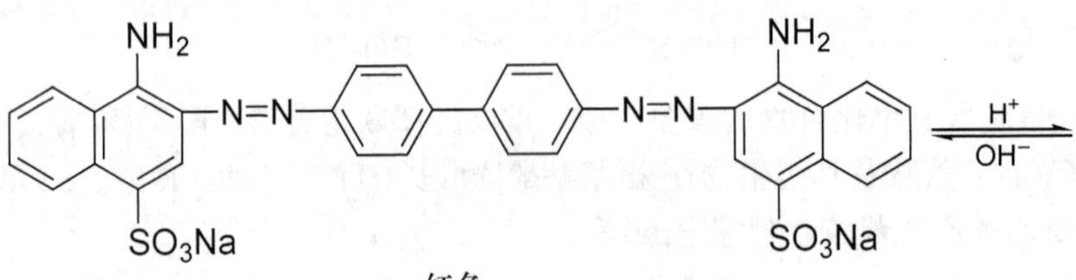

红色

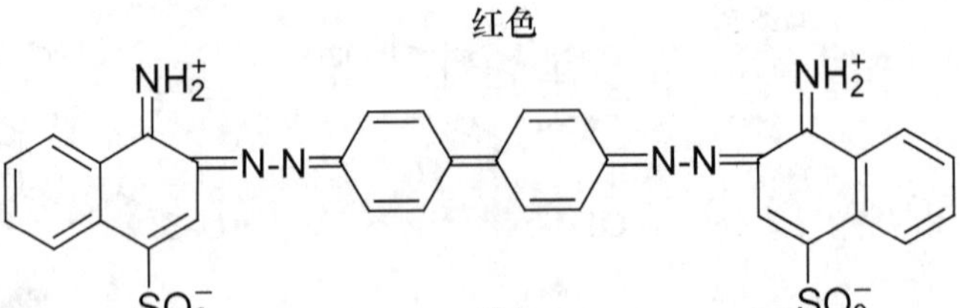

蓝色

又称直接朱红或直接大红 4B。在弱酸性、中性或碱性介质中均以磺酸钠形式存在，呈红色；在强酸性(pH<3)时以具有邻醌结构的磺酸内盐形式存在，显蓝色。

## 阅读材料

### 物质颜色与结构的关系

太阳光是由不同波长的射线组成的连续光谱(白色光)，人眼能见到光的波长在 400～800 nm，称为可见光。不同的物质可以吸收不同波长的光，如果物质吸收的是波长在可见光区域以外的光，那么这些物质就是无色的；如果物质吸收可见光区域内某些波长的光，那么这些物质就是有色的，而它的颜色就是白色光中未被吸收而被反射的光的颜色，即吸收光的互补色。所谓互补色是指按适当的强度比例混合后能组成白光的两种有色光。各种物质的颜色(反射光)与吸收光颜色的互补关系列于表 14-6。

**表 14-6　物质的颜色(反射光)与吸收光颜色的互补关系**

| 物质吸收的光 | | 反射的光(物质颜色) |
|---|---|---|
| 波长/nm | 颜色 | |
| 400～450 | 紫 | 黄绿 |
| 450～480 | 蓝 | 黄 |
| 480～490 | 青蓝 | 橙 |
| 490～500 | 青 | 红 |
| 500～560 | 绿 | 紫红 |
| 560～580 | 黄绿 | 紫 |
| 580～610 | 黄 | 蓝 |
| 610～650 | 橙 | 青蓝 |
| 650～760 | 红 | 青 |

有机物分子中可以造成分子在紫外及可见光(200～800 nm)区域内有吸收的基团即称为生色基(或发色基)。例如：

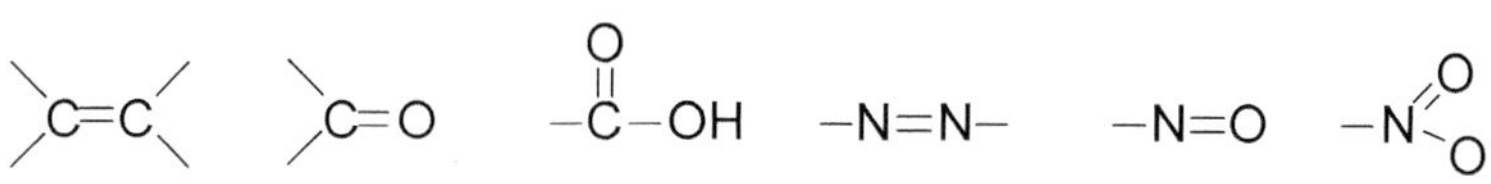

如果分子中只含有一个上述生色基，由于其吸收波长大多在 200～400 nm，所以仍显无色。但若有两个或两个以上的生色基共轭时，可以导致吸收波长向长波方向移动。共轭体系越长，则该物质吸收峰所对应的波长就越长，导致了颜色的加深。例如联苯胺是无色的，当氧化成醌型结构时，增加了其共轭体系，吸收波长红移到可见光区而显蓝色。

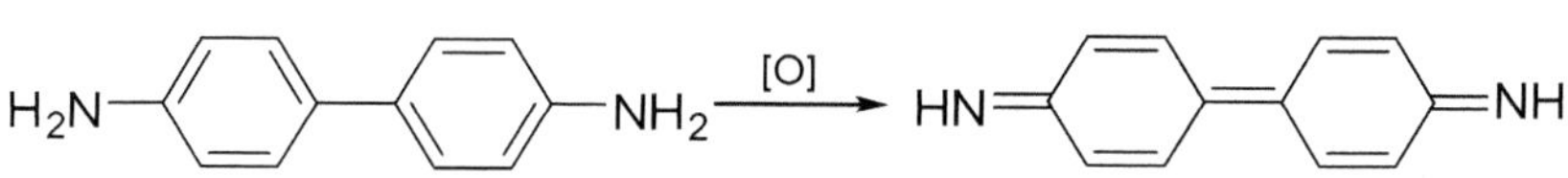

无色　　　　　　蓝色

有些基团如$-OH$、$-OR$、$-NH_2$、$-NHR$、$-Cl$、$-Br$ 等本身的吸收波长在远紫外区，但若把它们引入共轭体系或生色基上，这些基团上未共用的电子对参与共轭，提高了整个分子中 π 电子的流动性，促使化合物吸收波长向长波方向移动，也加深了化合物的颜色。这些基团称为助色基。能使分子对光的吸收波长向长波方向移动的现象称为红移现象，或红移效应。例如苯是无色的，但在苯环上引入亚硝基时，亚硝基苯就变为绿色。

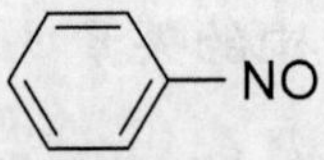 亚硝基苯(黄绿色)

自从 1856 年 Perkin 发现了马尾紫(Mauve，或苯胺紫)以来，现代合成染(颜)料工业经历了 150 多年，此间人们合成了几百万种不同颜色的化合物，并随着时间的推移，约有 15000 个染(颜)料实现了工业规模的生产。将这些有色化合物按照基本结构进行分类，可分为：偶氮型(分子中含有 Ar–N=N–Ar′)、蒽醌型(分子中含有 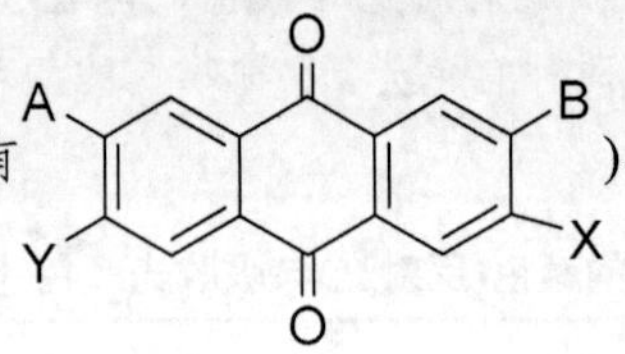)、醌亚胺型((HN)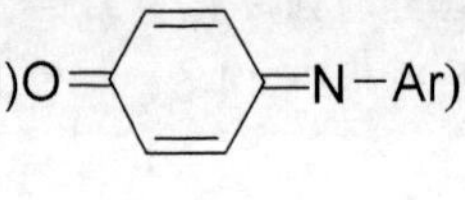)、芳甲烷型(分子中含有二芳基或三芳基甲烷结构)、杂环型、酞菁型、硫化及稠环酮类等，其中偶氮型染料或颜料是品种最多、产量最大的一类。它的特点是合成方法简便、化合物的结构变化多样、摩尔吸光系数较高且具有中等到高级的耐光和耐湿处理牢度。

五光十色的染料和颜料扮靓了色彩斑斓的世界，颜色与我们的生活息息相关。天然纤维、化学纤维、塑料、橡胶、食品、药品、化妆品、油墨、涂料、竹、木、藤、草、金属、皮革、陶瓷、搪瓷、玻璃、水泥、建材、纸、墨、蜡等文化用品的着色，需要我们合成数以万计的不同色泽的染(颜)料，以满足不同领域、不同层次的要求。目前，染(颜)料合成技术已由传统型向高技术的功能染料、符合 Eco-Tex Standard 的绿色环保型染(颜)料的开发转化，使染(颜)料的应用涉足高科技领域。

## 习　题

14-1　命名下列化合物。

(1) $CH_3CH_2CH_2N(CH_3)_2$　(2) $NH_2CH_2(CH_2)_2CH_2NH_2$　(3) $(CH_3)_4\overset{+}{N}Br^-$

(4) $(CH_3)_2\overset{+}{N}H_2Cl^-$　(5) $H\overset{O}{\overset{\|}{C}}NHCH_3$　(6) $NH_2-\overset{O}{\overset{\|}{C}}-NH-\overset{O}{\overset{\|}{C}}-NH_2$

(7) 　(8) 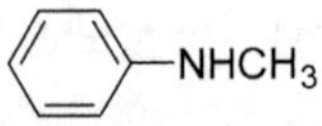

14-2　将下列化合物按沸点从高到低次序排列：丙醇、丙胺、甲乙醚、甲乙胺。

14-3　将下列化合物按碱性强弱排列。

(1) 苯胺、对甲基苯胺、对氨基苯甲醛

(2) $NH_3$、$CH_3NH_2$、$CH_3CONH_2$、$NH_2CONH_2$、$(CH_3)_4NOH$

(3) $CH_3CH_2NHCH_2CH_3$、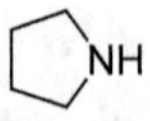、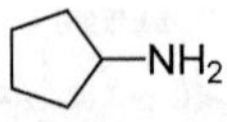

(4) $CH_3CONH_2$、$CH_3NH_2$、$NH_3$ 和 $C_6H_5NH_2$

(5) 对甲苯胺、苄胺、2,4-二硝基苯胺和对硝基苯胺

(6) 苯胺、甲胺、三苯胺

(7) 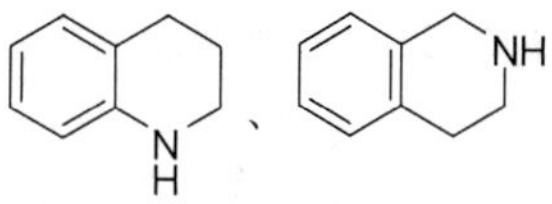

14-4　完成下列反应。

(1) $CH_3CH_2CN \xrightarrow{H^+,\ H_2O} (\quad) \xrightarrow{SOCl_2} (\quad) \xrightarrow{(CH_3CH_2CH_2)_2NH} (\quad) \xrightarrow{LiAlH_4} \xrightarrow{H_2O} (\quad)$

(2) 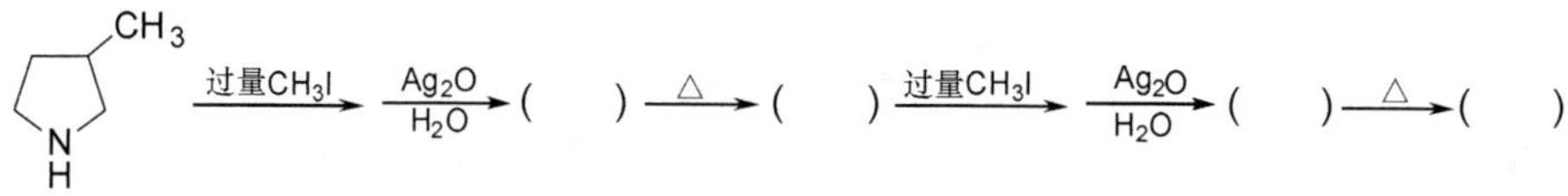

(3) 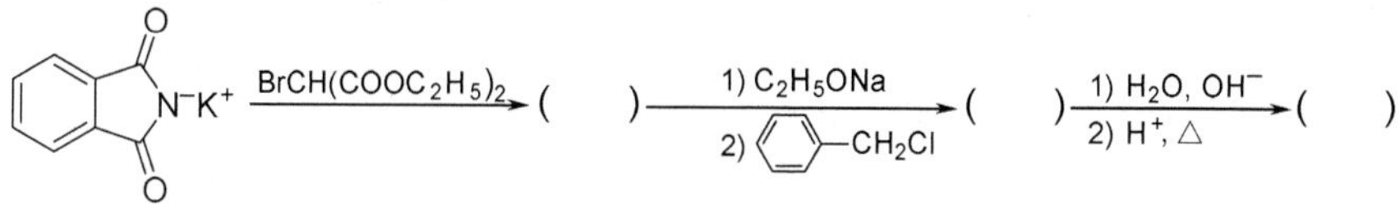

(4) 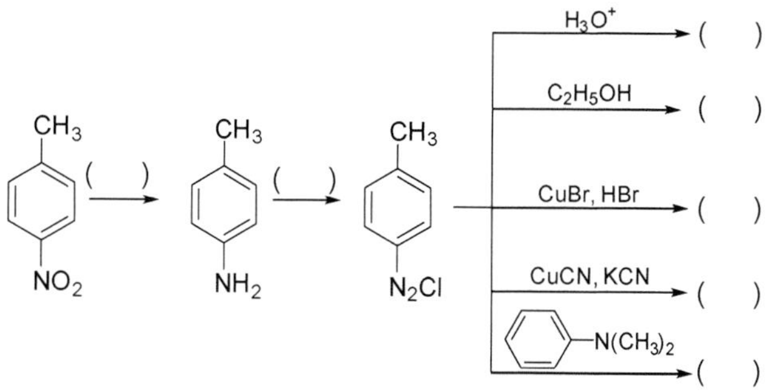

14-5　从苯胺制取对硝基苯胺，一般通过下述途径。

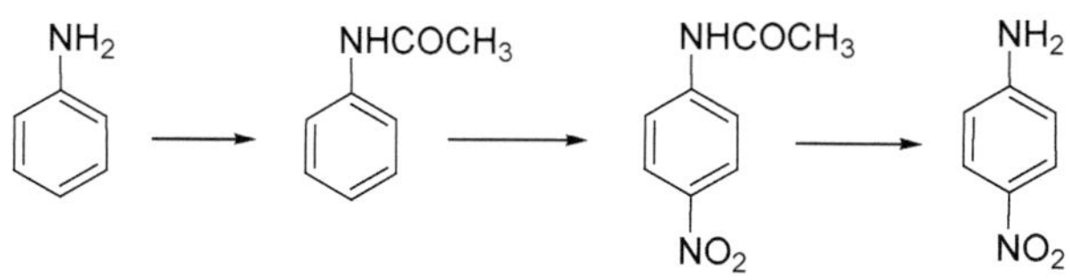

(1) 写出各步反应所有的试剂和反应条件。

(2) 为什么不通过苯胺直接硝化制取？

14-6　完成下列转变。

(1) 由苯合成 1,3,5-三溴苯　　(2) 由乙醇合成甲胺　　(3) 乙醇合成乙胺

(4) 由乙醇合成丙胺　　(5) 由苄醇合成苯酚　　(6) 由甲苯合成苄胺

14-7　以苯或甲苯为原料，合成下列化合物。

(1) 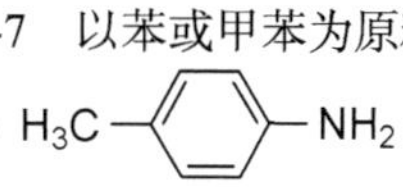　(2) 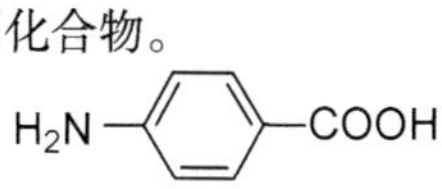　(3) 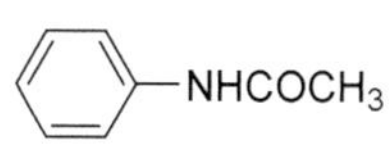

(4) 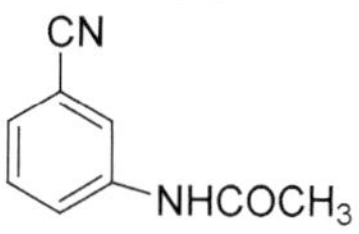　(5) 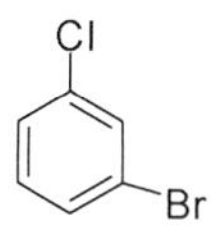　(6) 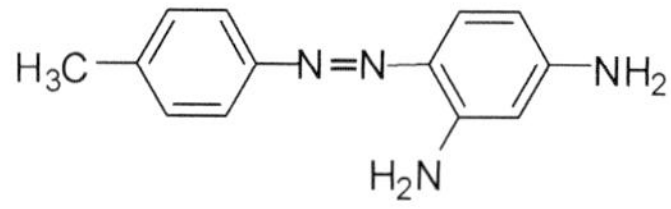

14-8　用化学方法区别下列各组化合物。

(1) 硝基苯、苯胺、*N*-甲基苯胺、苯酚　　(2) 乙醇、乙醛、乙酸和乙胺

(3) 邻甲苯胺、*N*-甲基苯胺和 *N*, *N*-二甲基苯胺　　(4) 正己醇、正己胺和 2-己酮

(5) 苯胺、苯酚和环己醇

14-9　用化学方法分离下列各组化合物。

(1) 苯酚、苯胺和对氨基苯甲酸

(2) 对甲苯酚、对二甲苯、对甲苯胺、对甲基苯甲酸

14-10　含丙胺的样品 0.4 g，用亚硝酸处理可得 149.3 $cm^3$ 氮气(标准状况)。计算样品中丙胺的百分含量。

14-11 某有机化合物的分子式为$C_3H_7ON$，加入NaOH煮沸，放出某种气体。将此气体通入盐酸溶液后，可得一含氯量为52.6%的盐。这个化合物是什么？写出有关反应式。

14-12 化合物A的分子式为$C_6H_{15}N$，能溶于稀盐酸，与亚硝酸在室温下作用放出氮气得到B。B能进行碘仿反应，B和浓硫酸共热得C。C能使溴水褪色，用高锰酸钾氧化C，得到乙酸和2-甲基丙酸。推测A、B、C的结构式。

14-13 化合物 A($C_7H_{15}N$)用碘烷处理生成水溶性的盐 B($C_8H_{18}IN$)。用湿的氧化银处理后加热，生成($C_8H_{17}N$)。C 再用碘甲烷处理，随后同氧化银-水悬浮液共热，生成三甲胺和 D($C_6H_{10}$)。D 经催化氢化生成E($C_6H_{14}$)。E的核磁共振谱显示七重峰和二重峰两组峰，它们的强度之比1∶6。写出A～E的结构式。

14-14 某碱性化合物 A($C_4H_9N$)经臭氧化再水解，得到的产物中有一种是甲醛。A 经催化加氢得B($C_4H_{11}N$)。B也可由戊酰胺和溴的氢氧化钠溶液反应得到。A和过量的碘甲烷作用，能生成盐C($C_7H_{14}IN$)。该盐和湿的氧化银反应并加热分解得到D($C_4H_6$)。D和丁炔二酸二甲酯加热反应得E($C_{10}H_{12}O_4$)。E在钯存在下脱氢生成邻苯二甲酸二甲酯。试推测A～E的结构，并写出各步反应式。

# 第 15 章　杂环化合物

杂环化合物是指在环的骨架中含有一个或多个杂原子的环状化合物。杂原子是指除碳原子以外的其他原子，包括氧、硫、氮、硅、磷和硒等，其中最常见的为氮、氧和硫。根据是否具有芳香性，杂环化合物可分为两大类。

第一类为脂肪族杂环化合物。这类化合物不具有芳香性，容易开环生成链状化合物，由于这类化合物具有脂肪族化合物的性质，通常将它们归并到相应的脂肪族化合物中。例如：

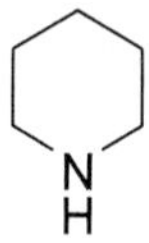
哌啶

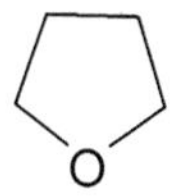
四氢呋喃

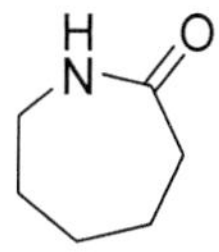
己内酰胺

第二类为芳香族杂环化合物。这类化合物具有芳香性，结构稳定，是合成药物、染料以及材料的重要组成部分，在理论研究和实际应用中具有重要的意义。本章主要讨论这类具有芳香性的杂环化合物。

杂环化合物的种类繁多，数目庞大，可根据环的大小、杂原子的种类以及稠杂方式进行分类。按环的大小，可分为三元杂环、四元杂环、五元杂环、六元杂环以及更大的杂环，其中最重要的是五元杂环和六元杂环；按杂环中杂原子数目，分为含一个杂原子的杂环以及含有两个或两个以上杂原子的杂环；按环的数目以及环的稠合形式，分为单杂环和稠杂环。

## 15.1　杂环化合物的命名

杂环化合物的命名通常是英文的音译名，单环化合物均有固定的名称。如果环上有取代基，命名时以杂环为母体，将杂环上的原子编号，一般从杂原子开始编，当环中含有不同的杂原子时，按 O、S、N 先后顺序进行编号。含有两个或两个以上相同杂原子的单杂环，编号从连有取代基(或氢原子)的杂原子开始，并使另外一个杂原子的编号最小。

含一个杂原子的五元杂环主要包括呋喃、噻吩和吡咯。含有两个杂原子的五元杂环中，最重要的是其中一个杂原子为氮原子的化合物，这类化合物称为唑(azole)，另外一个杂原子为氧原子的称为噁唑，为硫原子的称为噻唑，为氮原子的称为咪唑或吡唑。此外，在命名时还要标出环中两个杂原子的位置，即为 1,2-位或 1,3-位取代。

呋喃
furan

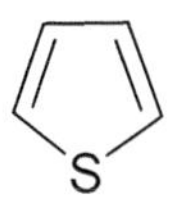
噻吩
thiophene

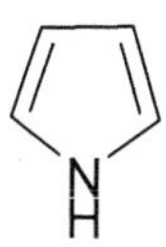
吡咯
pyrrole

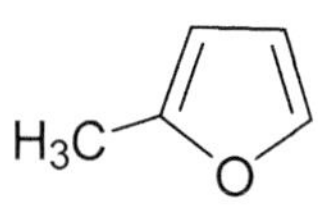
2-甲基呋喃
2-methylfuran

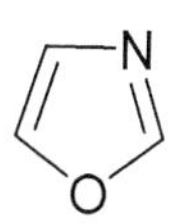
1,3-噁唑
1,3-oxazole

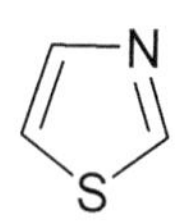
1,3-噻唑
1,3-thiazole

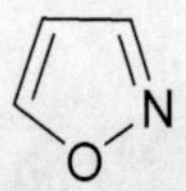

1,2-噁唑
isoxazole

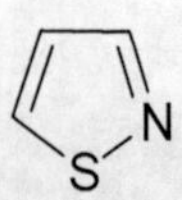

1,2-噻唑
isothiazole

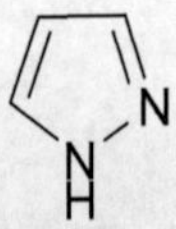

吡唑
pyrazole

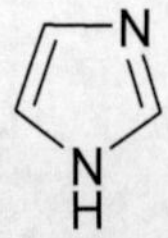

咪唑
imidazole

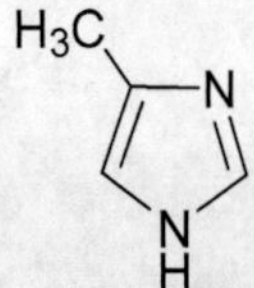

4-甲基咪唑
4-methylimidazole

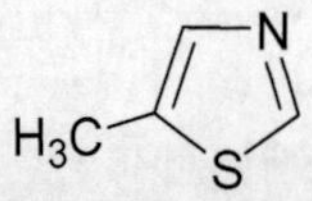

5-甲基噻唑
5-methylthiazole

含一个杂原子的六元杂环主要是吡啶及其衍生物。含两个杂原子的六元杂环主要是指哒嗪(两个氮为邻位)、嘧啶(两个氮为间位)和吡嗪(两个氮为对位)。

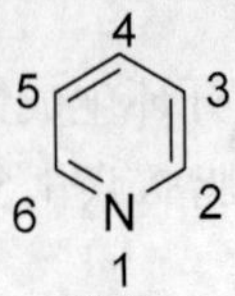

吡啶
pyridine

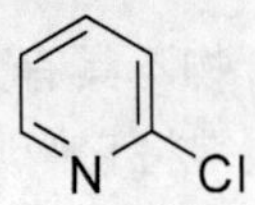

2-氯吡啶
2-chloropyridine

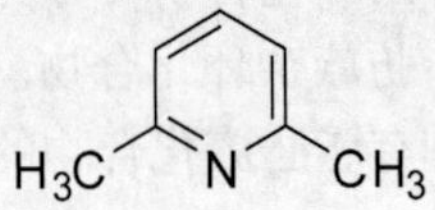

2,6-二甲基吡啶
2,6-dimethylpyridine

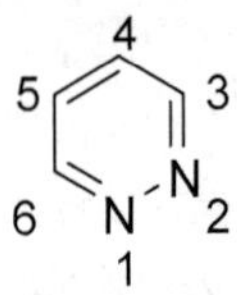

哒嗪
pyridazine

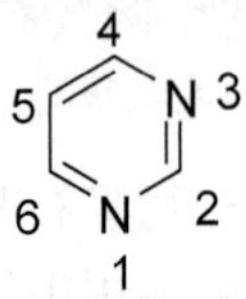

嘧啶
pyrimidine

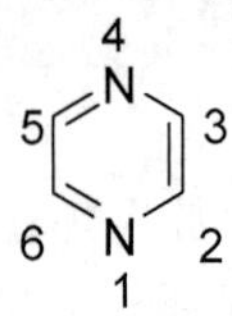

吡嗪
pyrazine

## 15.2 五元杂环化合物

### 15.2.1 呋喃、噻吩和吡咯的结构与芳香性

呋喃、噻吩和吡咯是最重要的五元杂环化合物。研究表明，这三个化合物均为平面结构，成环的五个原子都是 $sp^2$ 杂化，环上的四个碳原子各有一个未参与杂化的 p 轨道，每个 p 轨道中有一个电子。另外，在杂原子的 p 轨道中存在一对电子。这五个 p 轨道垂直于环所在的平面，并且互相交盖形成闭合的环状共轭体系。在这个体系中共有 6 个 $\pi$ 电子，符合 Hückel $4n+2$ 规则，所以它们都具有芳香性。

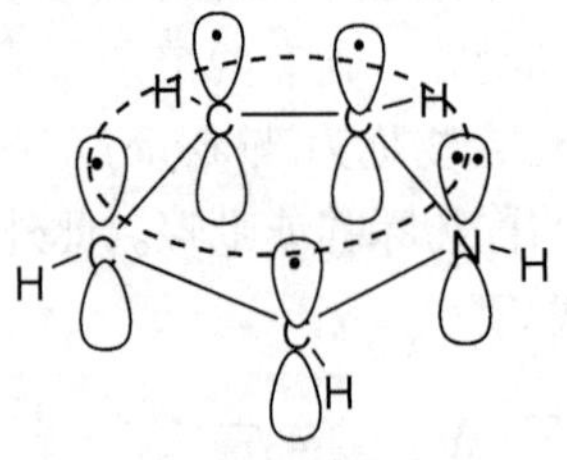

吡咯的结构

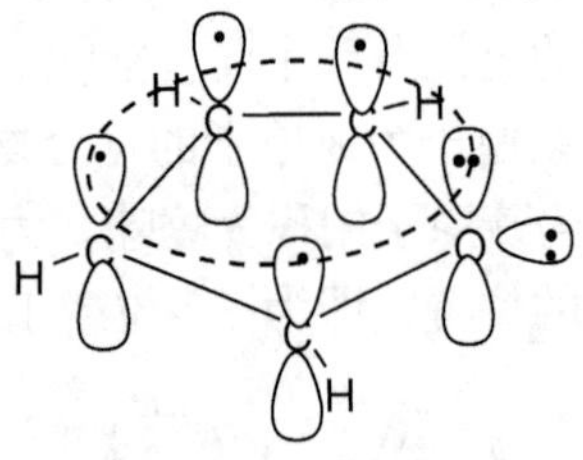

呋喃的结构

呋喃、噻吩和吡咯与芳香性苯类似，也具有以下特点：①键长平均化；②由于环状共轭体系所产生的环电流效应而导致氢的化学位移位于低场；③稳定性高。

在呋喃、噻吩和吡咯分子中，碳碳单键的键长为 0.143 nm 左右，较乙烷 C–C 键长(0.154 nm)

短。碳碳双键的键长为 0.137 nm 左右，较乙烯 C=C 的键长(0.134 nm)长。这说明这些杂环的键长在一定程度上发生了平均化。

在核磁共振氢谱中，呋喃、噻吩、吡咯环上氢的核磁共振信号都出现在低场，其化学位移值如下：

呋喃 $\alpha$-H $\delta = 7.42$ $\beta$-H $\delta = 6.37$

噻吩 $\alpha$-H $\delta = 7.30$ $\beta$-H $\delta = 7.10$

吡咯 $\alpha$-H $\delta = 6.68$ $\beta$-H $\delta = 6.22$

这些质子的化学位移均位于芳香化合物区域，表明这些氢都受到环电流效应的影响，也表明它们都具有芳香性。

虽然三个化合物均具有芳香性，但芳香性均比苯的低，这体现在以下几个方面：①单双键键长并未实现完全平均化；②环上氢的化学位移不完全相同；③离域能比苯的离域能小。呋喃、吡咯和噻吩的离域能分别为 67 $kJ \cdot mol^{-1}$、88 $kJ \cdot mol^{-1}$和 115 $kJ \cdot mol^{-1}$，比苯的离域能(150.5 $kJ \cdot mol^{-1}$)低，但比大多数共轭二烯烃的离域能(12～28 $kJ \cdot mol^{-1}$)要大得多，主要是由于杂原子的电负性与碳的电负性不同。在苯环中，六个碳原子的电负性完全相同，形成环状共轭体系时，实现了 π 电子完全平均化，键长也实现了平均化，分子的稳定性高，芳香性强。而在这三个杂环化合物中，杂原子电负性大于碳的电负性，在形成环状共轭体系时，无法实现 π 电子完全平均化。三个化合物相比，杂原子电负性越小，其控制电子能力越差，杂原子上孤电子对在整个环上的离域趋势越大，则环上 π 电子的平均化程度越高。S(2.5)、N(3.0)、O(3.5)的电负性依次增大，其杂原子上的孤电子对在环上的离域依次减小，π 电子平均化程度减小，所以噻吩、吡咯和呋喃的芳香性依次减小。

### 15.2.2 呋喃、噻吩和吡咯的性质

呋喃存在于少数精油和松木焦油中，熔点−85.6℃，沸点 31.4℃，微溶于水，溶于有机溶剂。它与浸有盐酸的松木片反应，呈现绿色，这是鉴定呋喃的一种方法，称为松片反应。噻吩存在于煤焦油和页岩油中，无色液体，熔点−38.2℃，沸点 84.2℃，溶于乙醇、乙醚、丙酮、苯等。由煤焦油分馏得到的粗苯和粗萘中，含有少量的噻吩。吡咯存在于煤焦油和骨焦油中，是无色液体，有弱的苯胺气味，沸点 131℃。吡咯蒸气或其醇溶液能使浸过盐酸的松木片呈现红色。

由于呋喃、噻吩、吡咯都具有芳香性，因此容易进行亲电取代反应，而相对较难进行加成反应。

1. 亲电取代反应

在呋喃、噻吩和吡咯中，由于每个杂原子提供一对电子参与共轭，形成了给电子的共轭效应，使环上 π 电子云密度比苯环大，所以亲电取代反应比苯容易进行。根据 N、S 和 O 电负性以及给电子能力的不同，其反应活泼性也不同。吡咯最活泼，其次是呋喃，噻吩较不活泼，但仍比苯活泼得多。反应活性总体和苯胺或苯酚的活性相当。但由于这三个化合物的稳定性较苯差，特别是呋喃，遇酸或氧化剂容易开环，因此进行亲电取代反应时，需采用温和的反应试剂和反应条件。

呋喃、噻吩和吡咯的亲电取代反应都主要发生在 $\alpha$-位，主要是由于亲电试剂进攻 $\alpha$-位生

成的中间体要比进攻$\beta$-位生成的中间体稳定。当亲电试剂进攻 $\alpha$-位时，形成的碳正离子为烯丙型碳正离子，比较稳定。而进攻$\beta$-位时，不会生成烯丙型碳正离子中间体。另外，进行$\alpha$-位取代时，生成的碳正离子中间体的共振式多，正电荷分散范围大，中间体的能量低，所以反应容易进行。

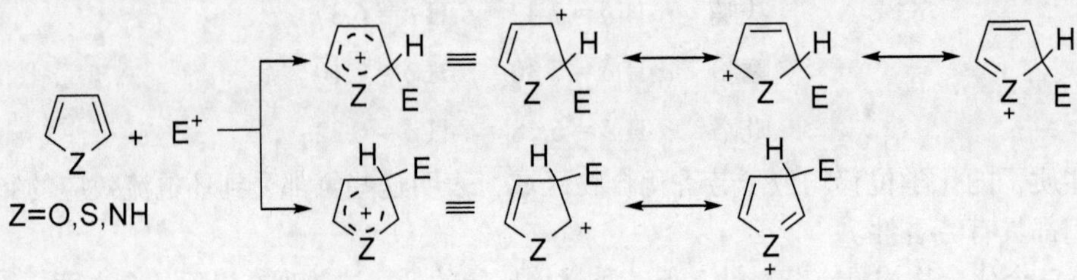

1) 硝化

呋喃和吡咯很容易被氧化，甚至也能被空气氧化，因而不能用混酸或硝酸硝化，需要用比较温和的硝化试剂。通常用发烟硝酸和乙酸酐作为硝化试剂，硝化时，真正参与反应的是二者生成的硝酸乙酰酯。反应通常需在低温下进行。

$$(CH_3CO)_2O + HNO_3 \longrightarrow CH_3COONO_2 + CH_3COOH$$

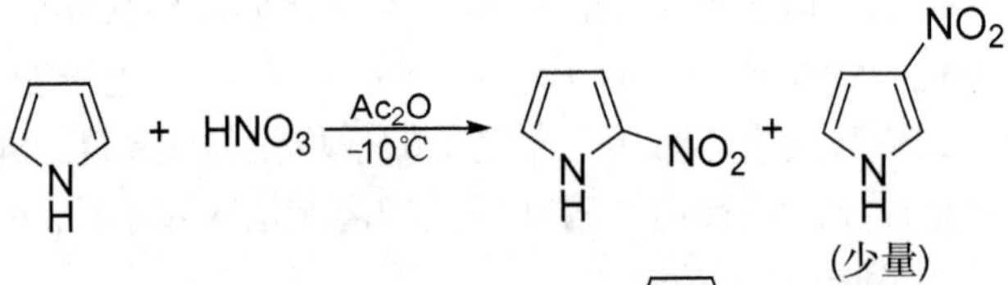

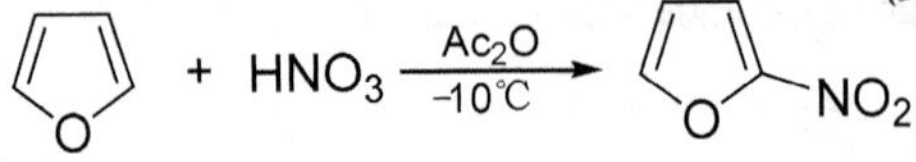

当呋喃连有吸电子基团时，环的稳定性增加，可以用混酸或其他的硝化试剂进行硝化。而对于吡咯环，即使环上有羧基、酯基、醛基或氰基等吸电子基，同样也容易被氧化，硝化时，常用的硝化剂仍为发烟硝酸-醋酸酐。

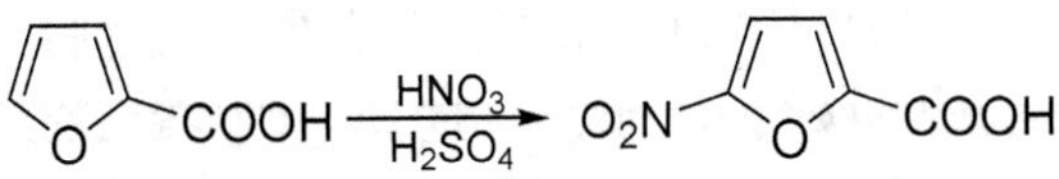

噻吩比较稳定，可以用一般的硝化方法进行硝化，如在低温下用 $HNO_3$-HOAc 硝化噻吩，主要得 2-硝基噻吩。

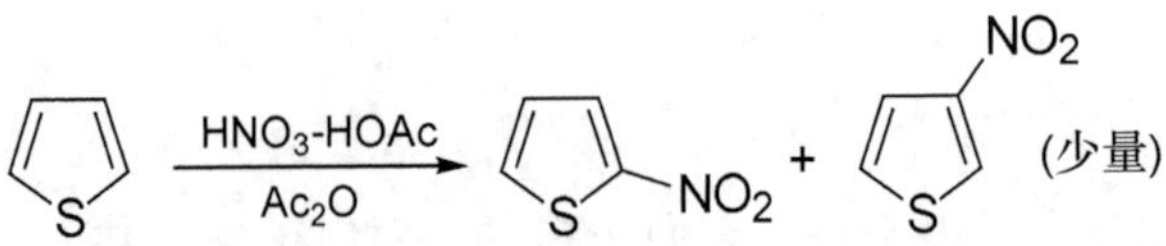

2) 卤化

呋喃在室温下与氯或溴反应剧烈生成多卤代产物，但与碘不反应。控制条件如低温、溶剂稀释等，可得到一卤代物。噻吩的卤代在室温下就容易发生，但与呋喃相比，噻吩进行氯化和溴化反应相对较温和，与不活泼的碘则需用氧化汞作为催化剂。吡咯及其同系物十分容易卤化，用单质卤素进行反应时容易得到多卤代物，而且由于氯和溴有较强的氧化性，卤代反应时常得到氧化产物。吡咯在碱性介质中与碘作用可生成四碘代吡咯。四碘代吡咯常用来代替碘仿作伤口消毒剂，其毒性较碘仿小。

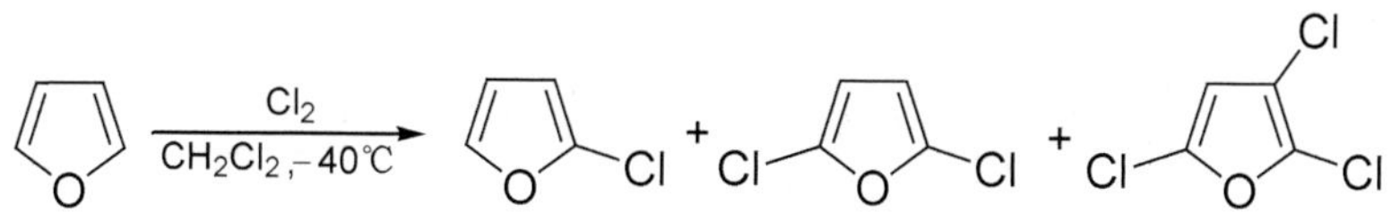

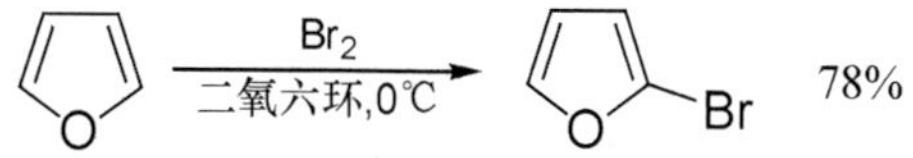

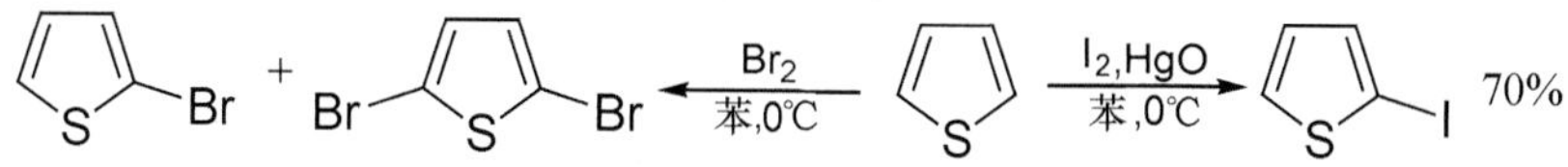

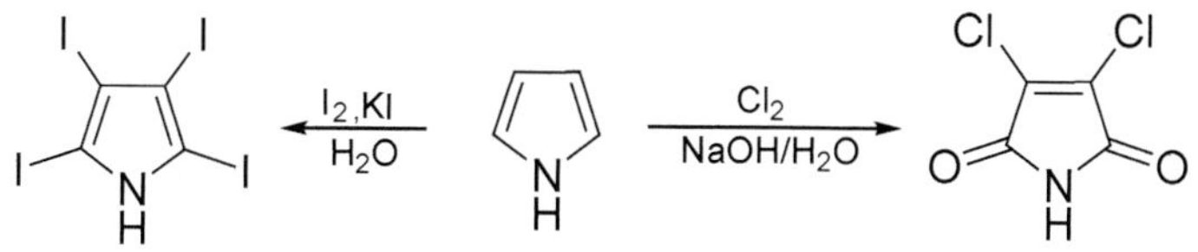

3) 磺化

吡咯和呋喃不能直接用硫酸磺化，但用吡啶与三氧化硫的络合物进行磺化，可得到磺化产物。反应首先得到的是吡啶的磺酸盐，经酸化后得到游离的磺酸。

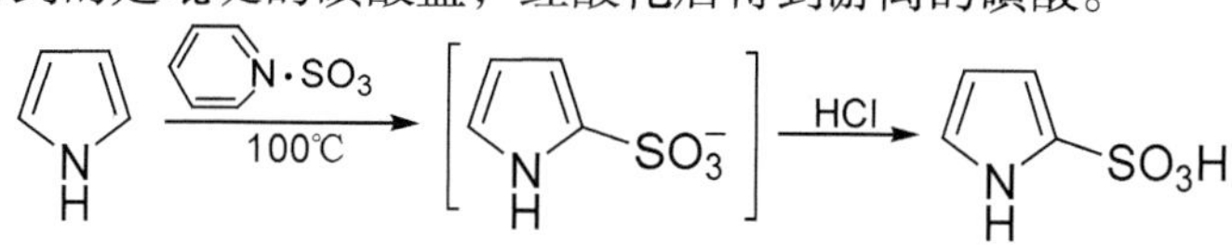

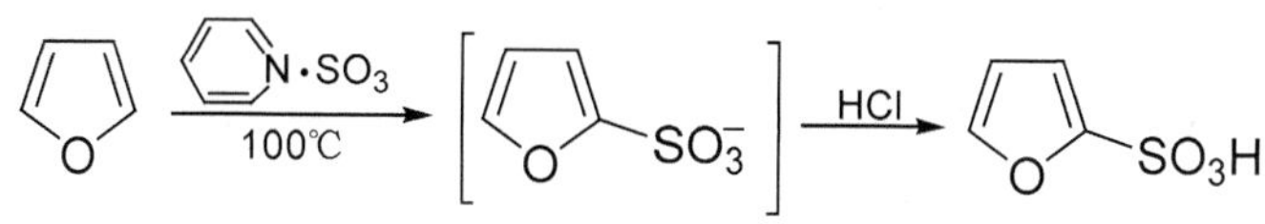

当吡咯或呋喃环上连有吸电子基团时，可以用一般的磺化方法磺化。

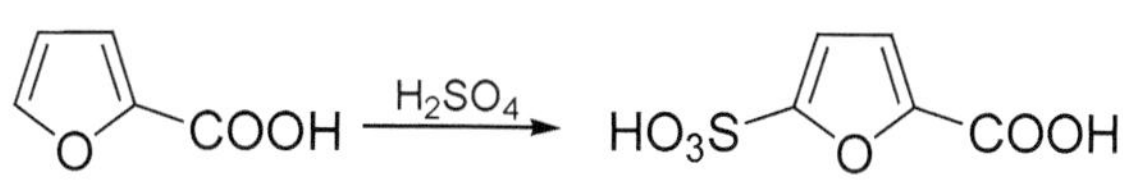

噻吩在室温下可与浓硫酸迅速反应，生成 2-噻吩磺酸，生成的噻吩磺酸用过热的水蒸气处理，磺酸基可被水解除去。从煤焦油中分离出来的苯通常含有少量的噻吩，将其在室温下反复用硫酸提取，由于噻吩比苯容易磺化，但苯在此条件下不能发生反应，生成的 2-噻吩磺酸溶于浓硫酸内，可以与苯分离，然后水解除去磺酸基得到噻吩，分离出来的苯即为无噻吩苯。

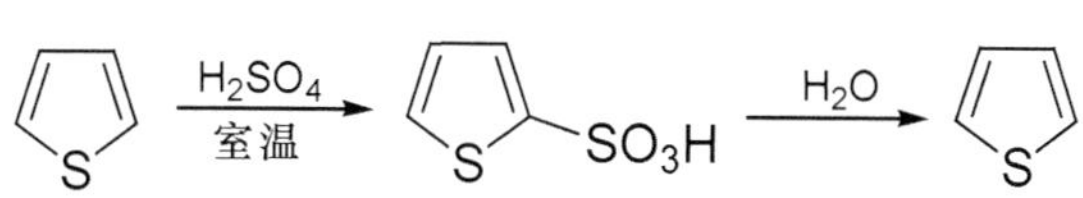

4) 烷基化和酰基化

吡咯进行烷基化反应时，常得到多烷基化产物和聚合物，因此用途不大。带有吸电子基的吡咯环在进行烷基化时，反应较平稳，主要得到 C-烷基化产物。吡咯的酰基化很容易进行，酰氯和酸酐在无催化剂条件下也容易与吡咯反应。在 Lewis 酸催化下，吡咯的酰基化主要发生在$\alpha$-位；在三乙胺等碱性环境中，则主要得到 *N*-酰基化产物。这主要是由于在碱性条件下，生成吡咯负离子，酰基化试剂优先与其反应。$\alpha$-位带有两个吸电子基的吡咯，酰基化反应发生在$\beta$-位。

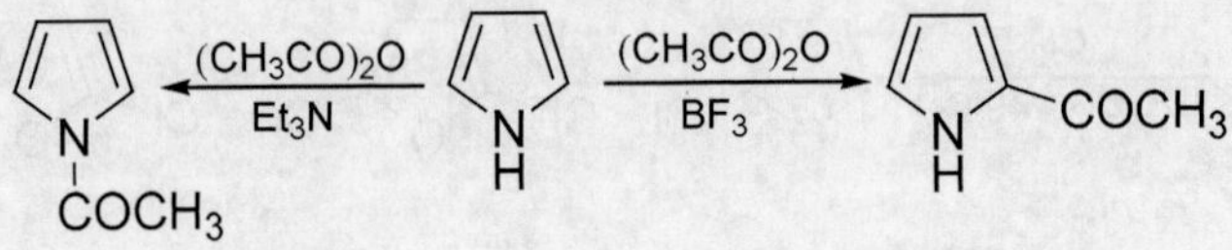

呋喃的直接烷基化反应较难控制，产物复杂。当呋喃环上有吸电子基时，可通过正常的傅-克反应使呋喃环烷基化。呋喃的傅-克酰基化反应较顺利。常用的酰基化试剂为酸酐，催化剂常用 $AlCl_3$、$SnCl_4$、$BF_3$ 等。

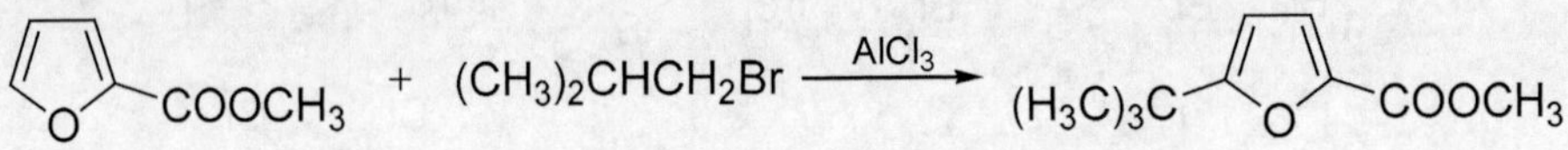

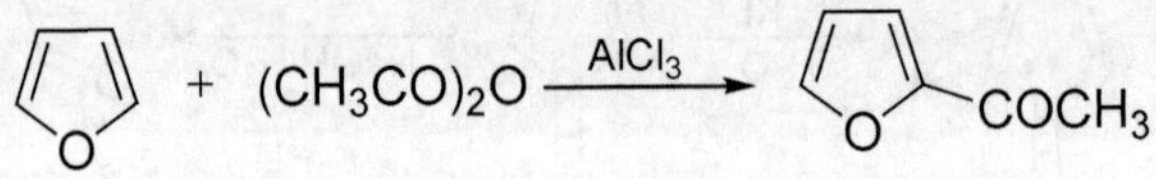

噻吩的傅-克烷基化反应常得到多烷基化反应产物，既有$\alpha$-位产物也有$\beta$-位产物，并且常生成聚合物。噻吩的傅-克酰基化反应容易进行，且容易控制。常用的酰基化试剂为酸酐，催化剂常用 $H_3PO_4$、$AlCl_3$、$SnCl_4$、$BF_3$ 等，产物中$\alpha$-位产物占绝对优势。

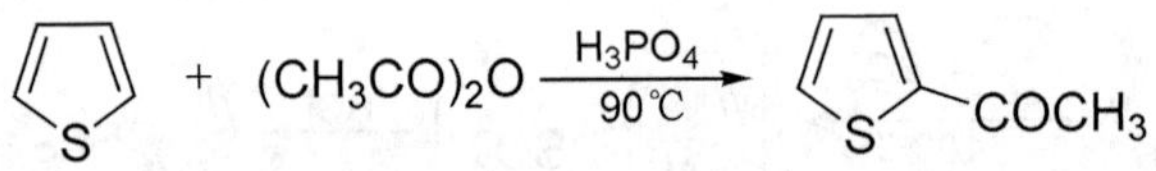

5) 与醛酮的反应

由于呋喃、噻吩和吡咯都是富电子环，与苯酚类似，可与醛酮发生反应。当它们与甲醛反应时，生成类似于酚醛树脂的聚合物。当与其他醛或酮反应时，得到正常的缩合产物。两个$\alpha$-位都无取代基的吡咯环与酮或醛反应，生成原卟啉环。

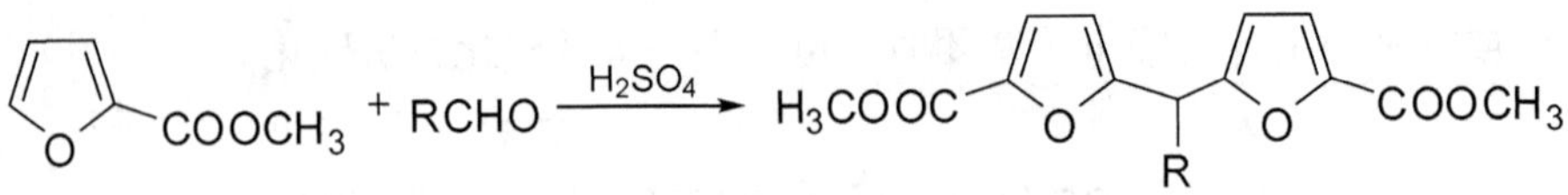

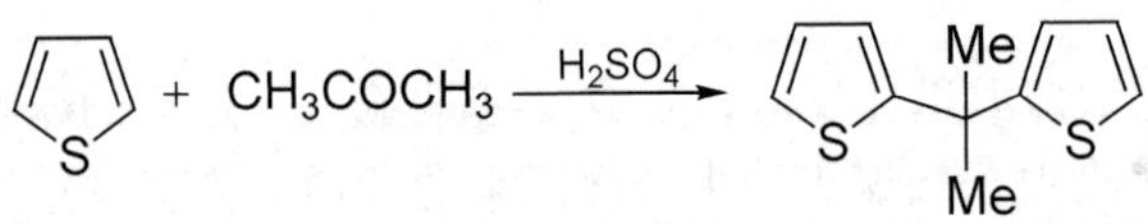

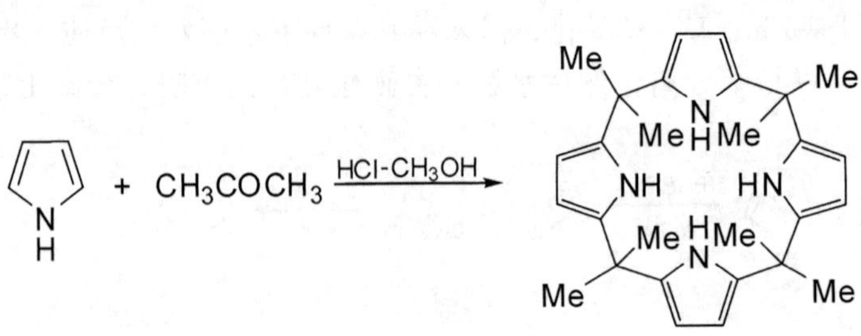

原卟啉

2. 催化加氢反应

呋喃、噻吩、吡咯均可进行催化加氢反应，失去芳香性而得到饱和的杂环化合物。呋喃与吡咯可用一般的催化加氢催化剂如钯等，加氢产物分别为四氢呋喃和四氢吡咯。

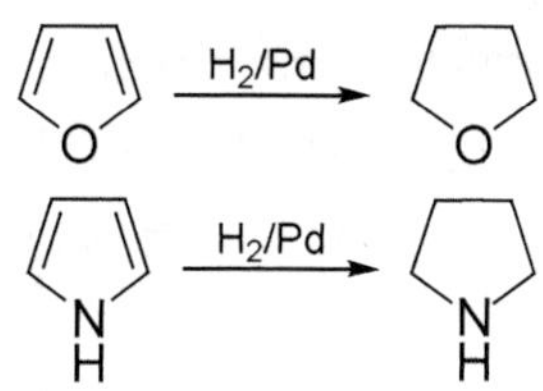

四氢吡咯又称为吡咯烷，具有脂肪族仲胺的性质，可用于制备药物、杀菌剂等。四氢呋喃具有醚的性质，有乙醚的气味，沸点 65.5℃，是优良的溶剂，也是有机合成的原料，常用于制取己二酸、己二胺、丁二烯等。

噻吩分子中含有硫原子，能使催化剂中毒失去催化能力，因而需使用特殊催化剂。噻吩经氢化后可得四氢噻吩。四氢噻吩具有硫醚的性质，经氧化生成环丁砜。环丁砜沸点 287℃，熔点 28℃，是一种重要的溶剂。

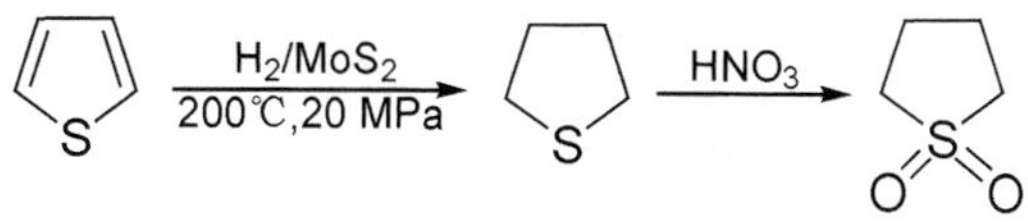

3. 呋喃和吡咯的特殊反应

呋喃的离域能较小，环的稳定性较低，具有共轭双烯的性质，一定程度上类似 1,3-环戊二烯，可以与亲双烯体(如顺丁烯二酸酐等)发生 Diels-Alder 反应。噻吩、吡咯不具备二烯的性质。

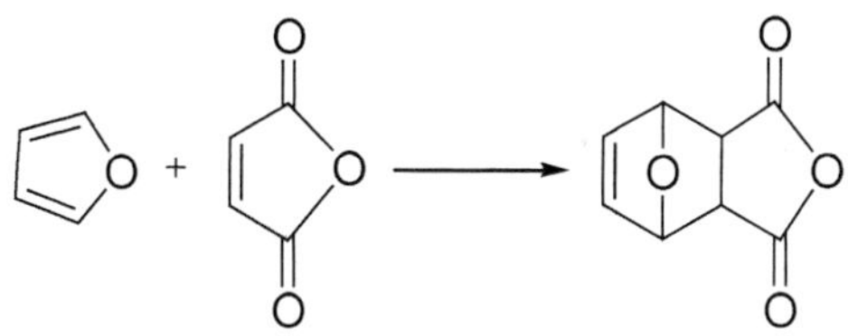

呋喃在稀酸中能水解开环得到 1,4-二羰基化合物，是合成呋喃的逆反应。

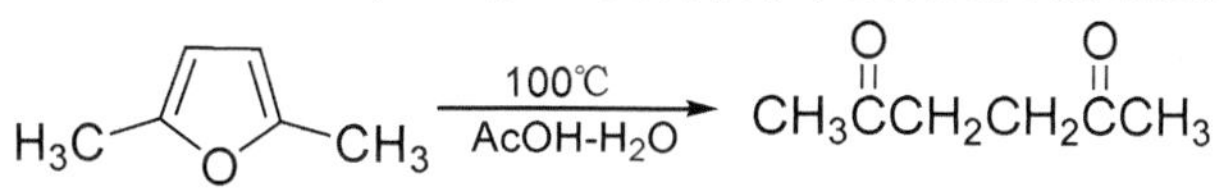

由于吡咯氮原子的未共用电子对参与了杂环的共轭体系并呈现给电子的共轭效应，氮原子上的电子云密度降低，减弱了吸引质子的能力，故碱性极弱，比苯胺的碱性还要弱得多。相反，吡咯具有弱酸性，其酸性比醇强而比酚弱，当与固体氢氧化钾或氢氧化钠共热时生成钾盐或钠盐。

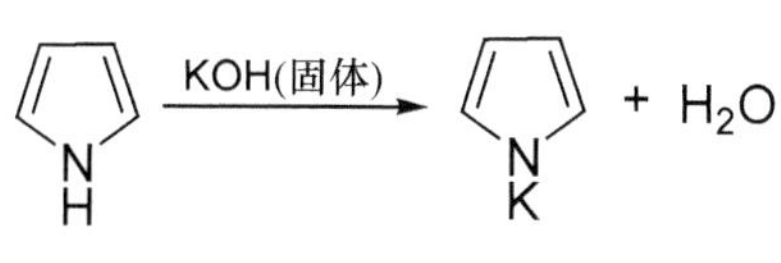

### 15.2.3 糠醛

糠醛(furaldehyde)是一种重要的呋喃衍生物，学名 $\alpha$-呋喃甲醛，结构式为 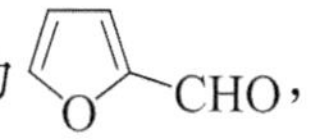，因最初是由米糠与稀酸共热制备而得名糠醛。除米糠外，其他农副产品如麦秆、玉米芯、棉籽

壳、甘蔗渣、高粱秆、花生壳等也都可用来制取糠醛。

糠醛为无色液体，沸点 162℃，熔点–36.5℃，相对密度 $d_4^{20}$ =1.160，可溶于水。在空气中，尤其在酸性或铁离子催化下逐渐被氧化变成棕褐色，为防止氧化，可加入少量氢醌作为抗氧剂。

糠醛具有一般醛基的性质，可以发生银镜反应，也可被氧化或还原。糠醛是不含 α-H 的醛，其化学性质与甲醛或苯甲醛相似，可发生安息香反应、Perkin 缩合反应和 Cannizzaro 反应等。

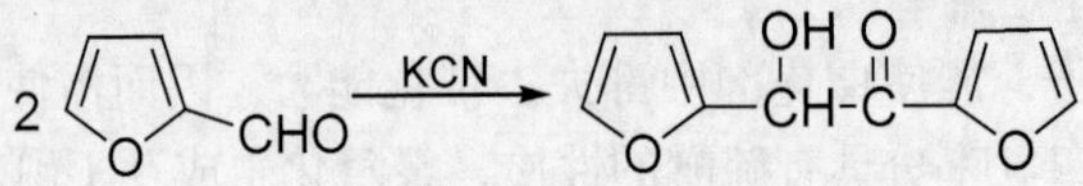

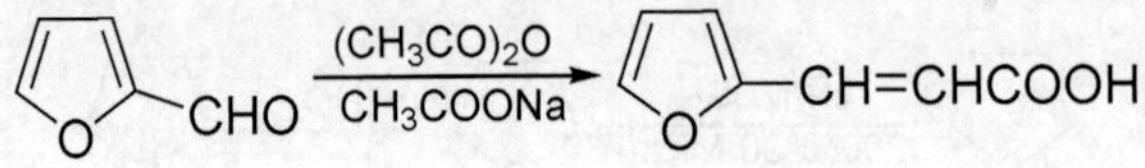

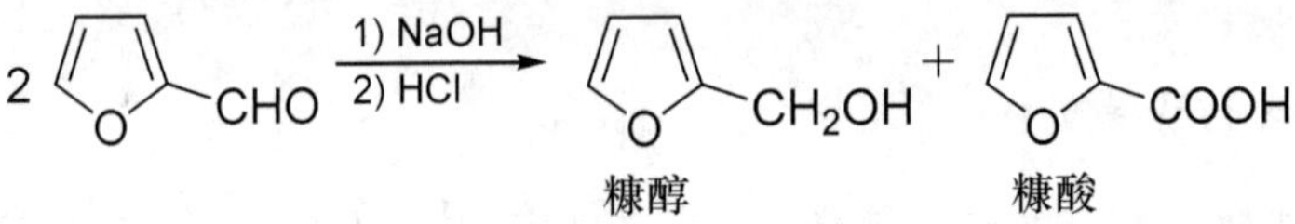

糠醇为无色液体，沸点 170℃，是一种优良的溶剂，是制备糠醇树脂(用作防腐蚀涂料及制玻璃钢)的原料；糠酸为白色结晶，熔点 133℃，可作为防腐剂及制造增塑剂的原料。糠醛还可与苯酚缩合生成类似电木的酚糠醛树脂。

### 15.2.4 含有两个杂原子的五元杂环体系

凡是含两个或两个以上杂原子，且其中一个为氮原子的五元杂环化合物都称为“唑”。常见的有咪唑、吡唑、噁唑和噻唑。

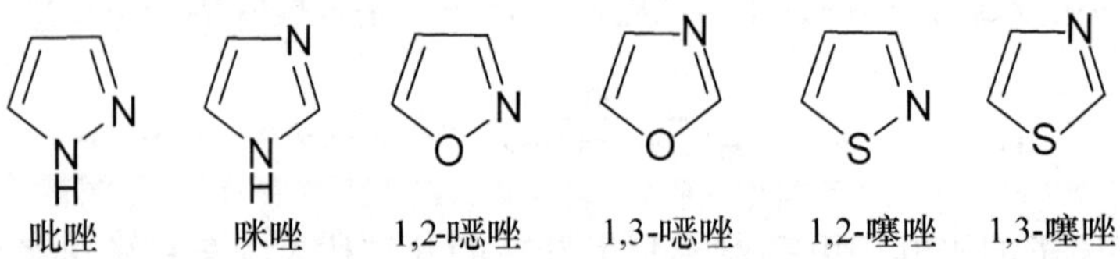

唑可以看作在呋喃、噻吩和吡咯环上 2-位或 3-位的 CH 换成氮原子，这个氮原子用 $sp^2$ 杂化轨道成键，未杂化的 p 轨道中有一个电子占据，并参与共轭，属 6π 电子芳香体系，另一对电子则处于 $sp^2$ 杂化轨道中，不参与共轭，可与质子结合而显示不同程度的碱性。但由于氮为 $sp^2$ 杂化，故碱性较脂肪胺($sp^3$ 杂化)弱。

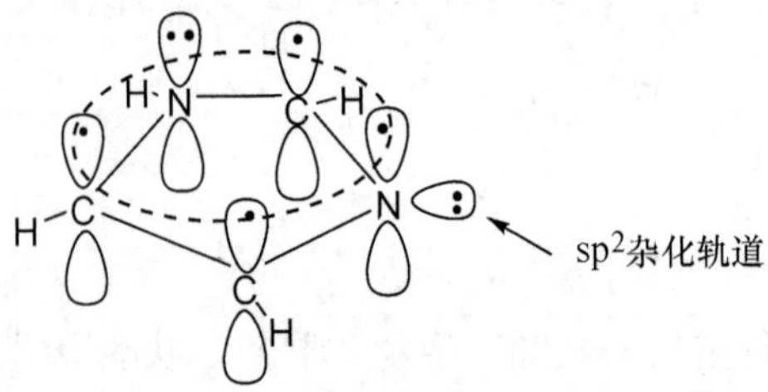

咪唑的结构

噁唑的碱性比咪唑弱，这是因为在噁唑中氧原子具有两种电子效应，即相对强的吸电子诱导效应与相对较弱的给电子共轭效应，其结果是噁唑碱性相对较弱；而在咪唑中，氮的吸电子诱导效应相对较弱，而给电子共轭效应相对较强，故其碱性相对较强。

咪唑和酸反应容易成盐。咪唑的盐酸盐、草酸盐、硝酸盐等都是结晶固体，常用这个性质来分离提纯咪唑及其衍生物。

唑可以发生亲电取代反应，但由于氮的电负性较碳的电负性大，因此与呋喃、吡咯和噻吩相比，反应的活性较低。其中，咪唑的活性较噁唑高。

1,2-唑的亲电取代反应发生在 C-4 位上，而 1,3-唑在 C-4 和 C-5 位发生，这可以从中间体正离子的稳定性来分析。以 1,2-唑为例：

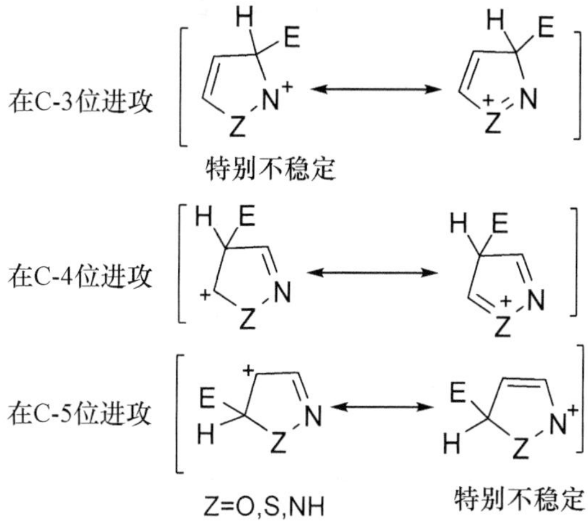


亲电试剂在进攻 C-4 时，所生成的中间体没有特别不稳定的极限式(电负性大的氮原子带正电荷)，因此生成的中间体较稳定，过渡态能量较低。为了方便记忆这类反应，可理解为在吸电子的氮原子间位上反应，即 C-4 位上。类似的，对于 1,3-唑，亲电试剂在进攻 C-4 和 C-5 位时，也没有特别不稳定的极限式。

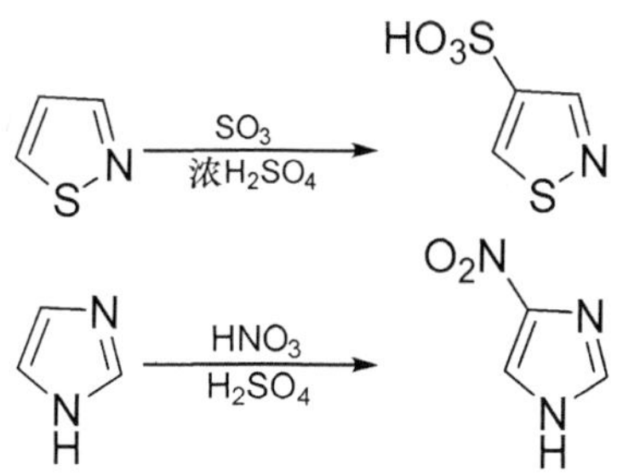


唑的氮上可以烷基化，生成盐，这种盐类常用来制备离子液体。咪唑与酸酐等反应得 *N*-酰基咪唑。

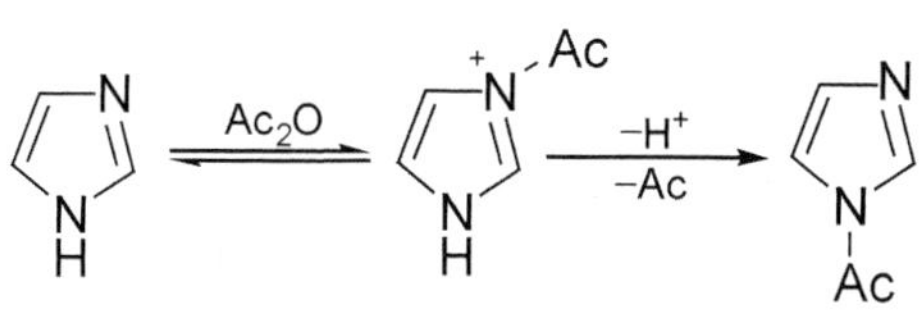

唑类衍生物在生理上以及医药和农药中有着广泛的应用。吡唑中最重要的衍生物是吡唑酮类衍生物，其在药物上有广泛的应用，如目前仍在应用的安替比林。咪唑的一个重要衍生物是组氨酸，这是组成蛋白质必需的一种氨基酸。

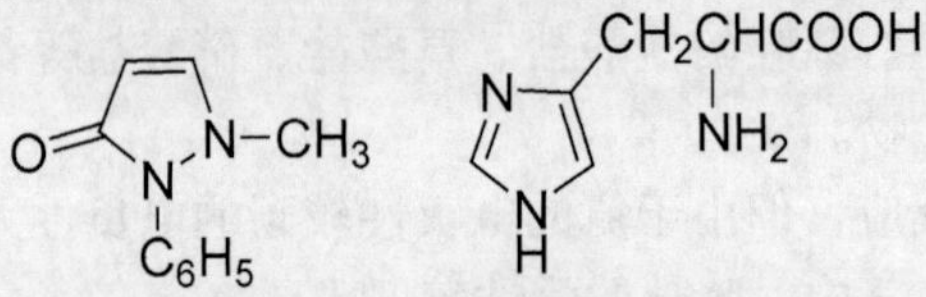

安替比林　　组氨酸

## 15.3 六元杂环化合物

六元杂环化合物中最重要的物质之一是吡啶，存在于煤焦油、骨焦油和页岩油中。吡啶是无色有恶臭的液体，沸点 115.5℃，熔点－42℃，相对密度 $d_4^{20}$ =0.9819，能与水及很多有机溶剂混溶。

### 15.3.1 吡啶的结构

吡啶环上的五个碳原子和一个氮原子均以 $sp^2$ 杂化轨道成键，六个成环原子共平面；环上每个原子还有一个 p 轨道，它们组成包括六个原子在内的 $\pi$ 分子轨道——一个闭合的共轭体系。其中环上每个原子提供一个电子，共有 6 个 $\pi$ 电子，符合 Hückel $4n+2$ 规则，所以吡啶具有芳香性。氮原子上还有一对未共用电子对占据 $sp^2$ 杂化轨道，未参与成键，可以与质子结合，具有碱性。

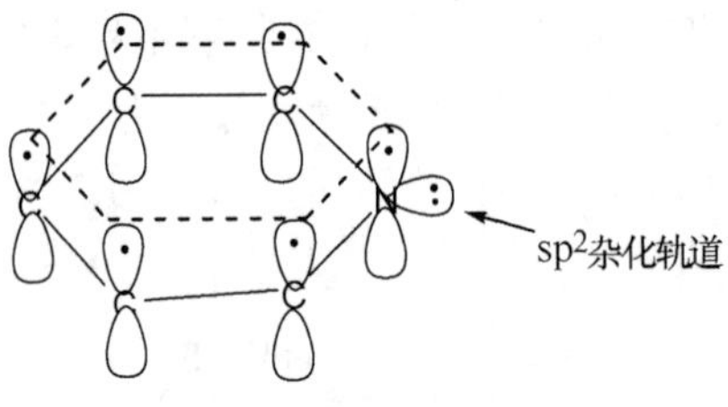


吡啶的偶极矩比六氢吡啶大，是因为吡啶环上氮原子的吸电子诱导效应和吸电子共轭效应共存，且方向一致，而六氢吡啶环上只有氮原子的吸电子诱导效应。吡啶的核磁共振谱中，环上氢的化学位移 $\delta$ 值移向低场，$\alpha$-H $\delta$=8.50，$\beta$-H $\delta$=6.98，$\gamma$-H $\delta$=7.36，其中 $\alpha$-H 的 $\delta$ 值最大，这是由氮原子的吸电子诱导效应引起的。

### 15.3.2 吡啶的性质

1. 吡啶的碱性

吡啶环上的氮原子上有一对未共用电子占据 $sp^2$ 杂化轨道，未参与环上的共轭体系，因此它能接受质子或亲电试剂的进攻生成吡啶盐。吡啶分子中存在共轭体系，致使环上电子云密度趋向平均化，所以它的碱性($pK_b$=8.8)比脂肪胺及氨弱得多，但其氮原子上有一对未共用电子对，环上的电子云也偏向于氮原子，因而它的碱性又比苯胺的碱性($pK_b$=9.5)强。

吡啶可与无机酸生成盐，例如：

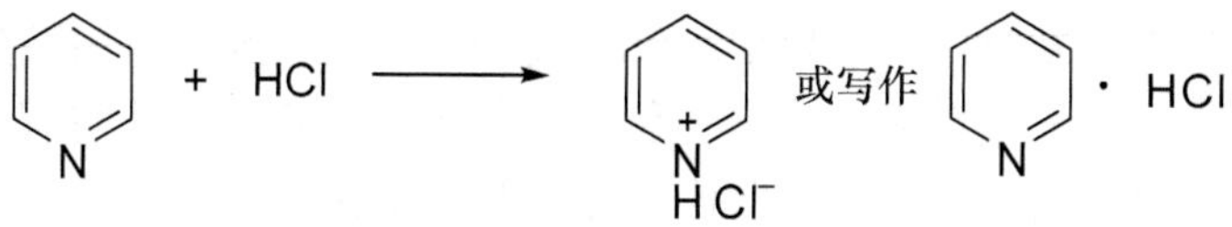


吡啶盐酸盐

因此常用吡啶吸收反应中生成的酸，工业上常称为缚酸剂。

吡啶与三氧化硫作用，生成 *N*-磺酸吡啶，可作为缓和的磺化试剂。

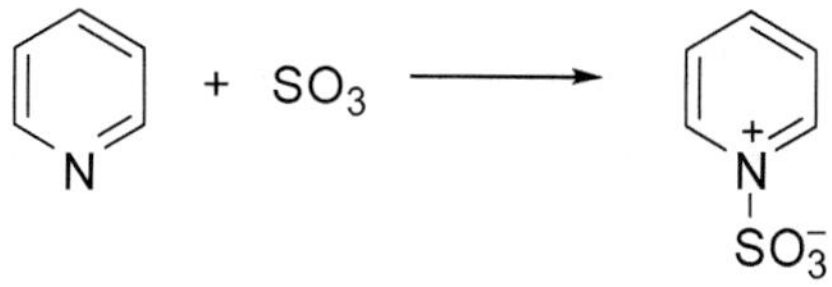


2. 亲电取代反应

吡啶可以发生亲电取代反应。由于吡啶环上氮原子的吸电子诱导效应和吸电子共轭效应，环上的电子云密度降低，所以其亲电取代反应活性低于苯，而与硝基苯类似；另一方面，由于反应在强的亲电试剂如 $Br^+$、$^+NO_2$ 中进行，易生成吡啶盐，如果再发生亲电进攻，则形成双正离子，能量更高，因此反应极为不利。硝化、磺化等反应只能在极强的条件下进行，而且产率很低，当环上有给电子基团时，能增进吡啶环的反应活性。吡啶环不能发生傅-克反应。

吡啶的亲电取代反应都发生在 $\beta$-位，$\alpha$-位和 $\gamma$-位都不易发生反应，这是由于 $\beta$-取代生成的碳正离子中间体较稳定。亲电试剂进攻 $\beta$-位比 $\alpha$-位形成的中间体稳定，因为后者有六电子氮，同六电子碳相比，由于氮的电负性较大，正电荷分布在氮原子上不稳定，所以含六电子氮的极限结构是不稳定的。

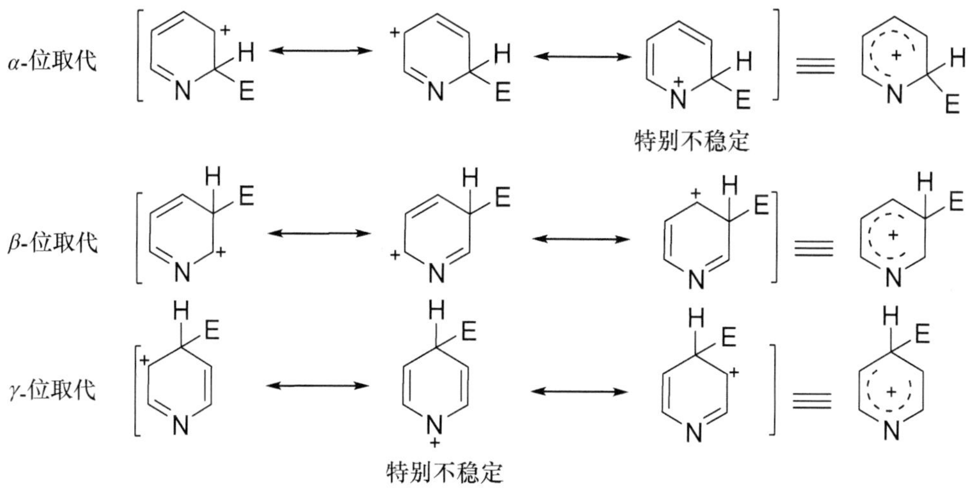


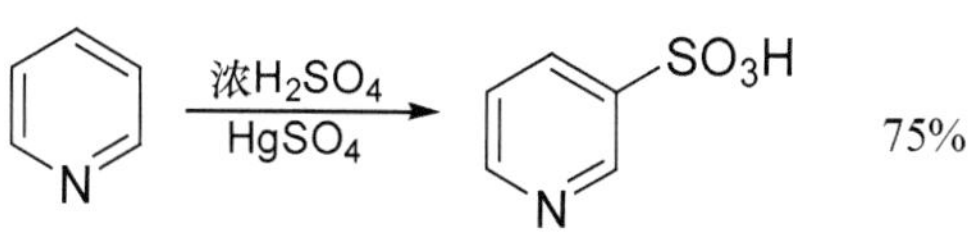


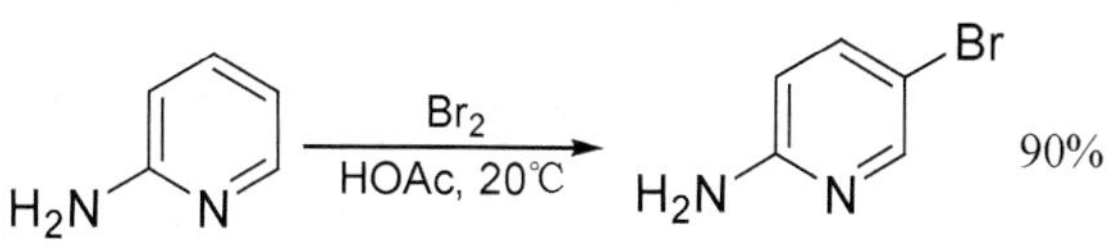

吡啶环上已有的取代基对进一步发生取代反应也具有定位效应。如果在 α-位或 γ-位有邻对位定位基，则进一步的取代反应发生在 β-位上；当 β-位上有给电子取代基，且其给电子效应超过了吡啶环的吸电子效应时，亲电取代反应主要发生在 α-位上。

3. 亲核取代反应

吡啶环不容易发生亲电取代反应，却容易发生亲核取代反应。这是由于吡啶 α-位和 γ-位的电子云密度较低，因此相对于五元芳杂环化合物和苯来说，吡啶较易接受亲核试剂的进攻而发生亲核取代反应，取代基主要进入 α-位。比较常见的亲核取代反应为烷基化、芳基化和氨化反应。当 α-位有好的离去基团如$-Cl$、$-Br$ 和$-NO_2$ 等时，也可与胺、水或烷氧化物等发生亲核取代反应。

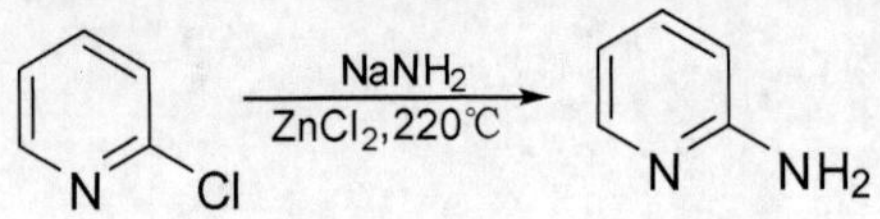

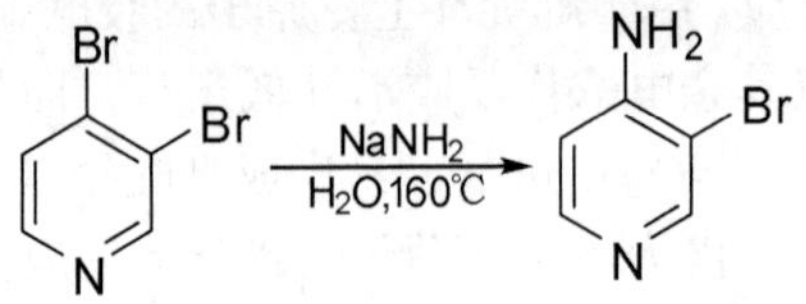

4. 氧化反应

吡啶不易被氧化剂氧化。例如，铬酸或硝酸都不能使吡啶氧化，当吡啶带有烷基或芳基时，总是侧链先氧化生成相应的吡啶甲酸。

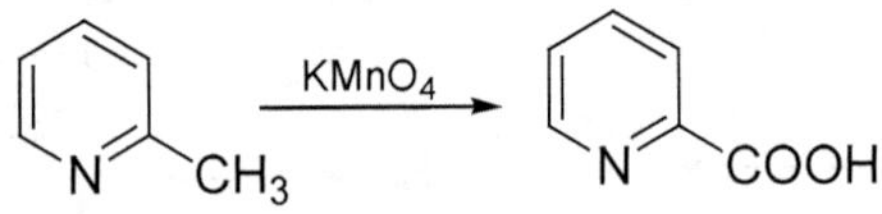

吡啶及其衍生物与过氧酸或过氧化氢反应可得 N-氧化吡啶，N-氧化吡啶比吡啶容易进行亲电取代反应，反应可在 α-位或 γ-位发生，但主要发生在 γ-位。

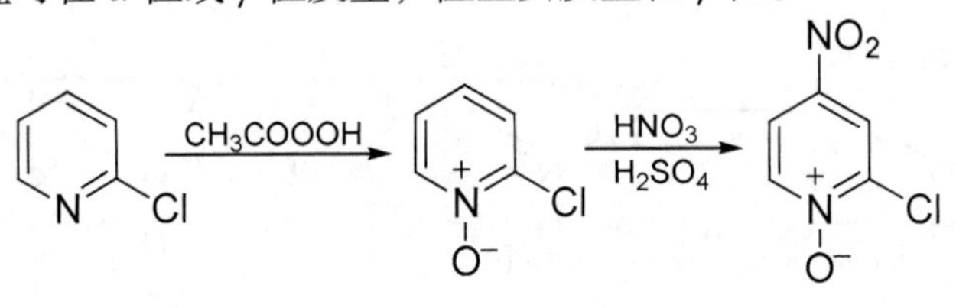

5. 还原反应

吡啶可通过催化加氢或用乙醇-钠还原而成为六氢吡啶。

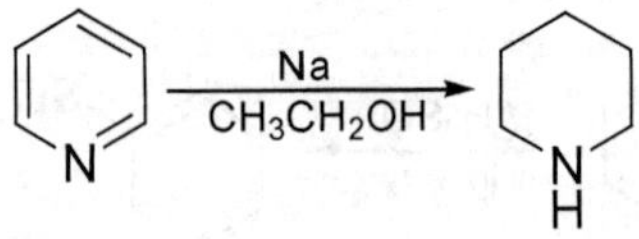

六氢吡啶又称为哌啶(piperidine)，为无色有氨臭的液体，沸点 106℃，熔点−7℃，易溶于水、乙醇和乙醚。其碱性比吡啶强，化学性质与脂肪族仲胺相似，可作为有机碱性催化剂、溶剂、环氧树脂固化剂和有机合成原料。例如，由氯甲烷和哌啶作用制得的氯化 N,N-

二甲基哌啶是一种植物生长调节剂。

6. 侧链烷基的反应

烷基吡啶环 $\alpha$-位和 $\gamma$-位侧链的 $\alpha$-H 有一定的酸性，其酸性与甲基酮的 $\alpha$-H 相似，比苯环侧链的 $\alpha$-H 更活泼，因而可以和强碱反应，生成负离子，也可以与醛、酮或卤代烃等反应合成多种化合物。

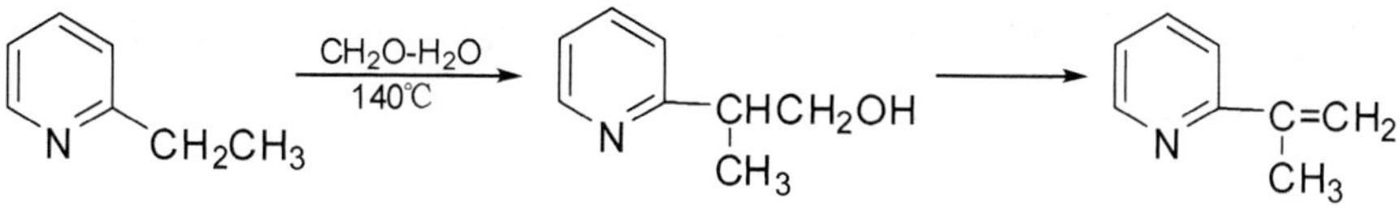


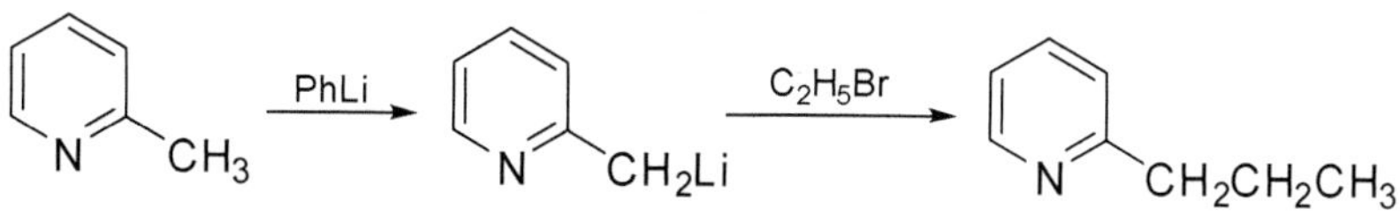


吡啶环的 $\alpha$-位和 $\gamma$-位侧链如有双键与其共轭，由于受吡啶环缺电子的影响，易与亲核试剂发生加成反应。

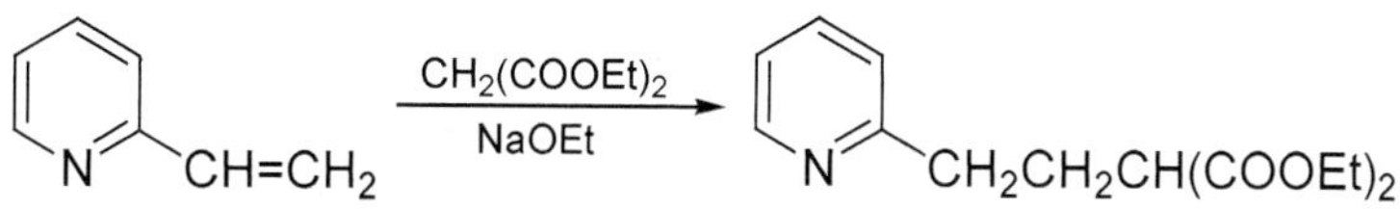


### 15.3.3　二嗪和三嗪类化合物

含有两个氮原子的六元杂环体系称为二嗪，根据两个氮原子的相对位置，存在三种异构体：哒嗪、嘧啶和吡嗪。其中，最重要的是嘧啶。

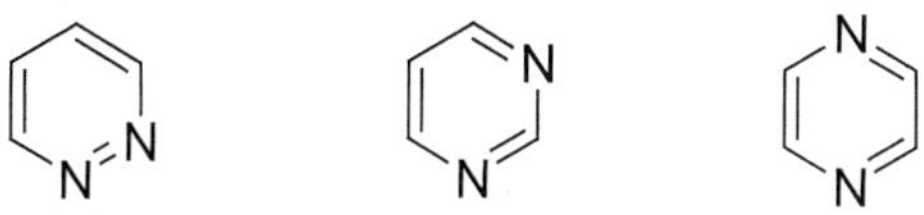

哒嗪　　嘧啶　　吡嗪

1. 二嗪环的反应

二嗪的碱性比吡啶的碱性弱，当一个氮原子质子化后，第二个氮原子很难再质子化。二嗪由于环上有两个氮原子，与吡啶相比，更不易发生亲电取代发应，硝化、磺化等都很难进行，但可发生卤代反应。和吡啶环一样，二嗪环可以与亲核试剂发生反应，反应位置主要是在氮原子的邻位。对于嘧啶环，主要是发生在 2-位、4-位或 6-位。这是由于环中两个氮原子的吸电子作用与吡啶相似，环上碳原子的电子云密度有所降低，尤其是这三个位置降低更多，因此这三个位置较易发生亲核取代。

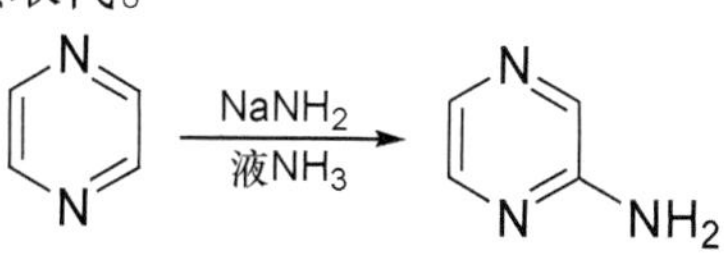


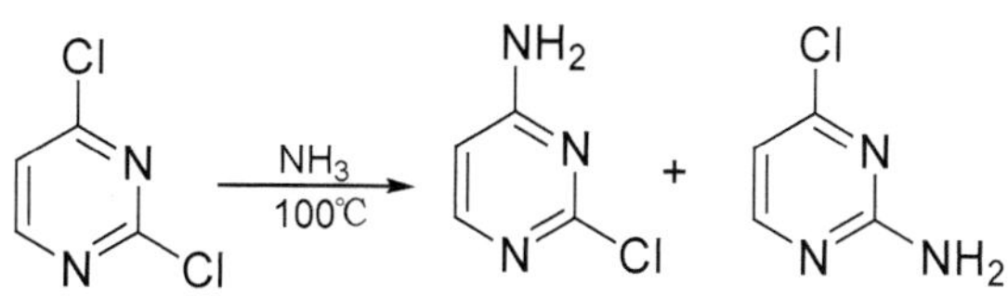

和吡啶环一样，二嗪环对氧化剂稳定，不易被氧化，当侧链带有烷基或芳基时，总是侧链先氧化生成相应的酸。除 5-烷基嘧啶外，所有烷基二嗪侧链的 $\alpha$-H 均很活泼，和吡啶烷基侧链 $\alpha$-H 类似，可以发生缩合、烷基化等反应。

2. 嘧啶及其衍生物

嘧啶本身在自然界中并不存在，但它的衍生物在自然界中分布很广，在生理及医药上都占有重要的地位。例如，磺胺嘧啶(sulfadiazine, SD)，对葡萄球菌和链球菌有特殊的效力，因此可用来治疗肺炎、脑炎等。

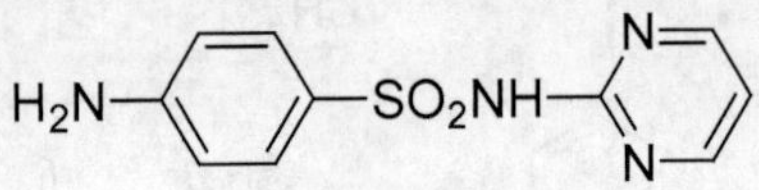

磺胺嘧啶(SD)

核酸水解可以得到生理上有重要作用的尿嘧啶、胞嘧啶和胸腺嘧啶。实际上它们以烯醇式和酮式互变异构存在。

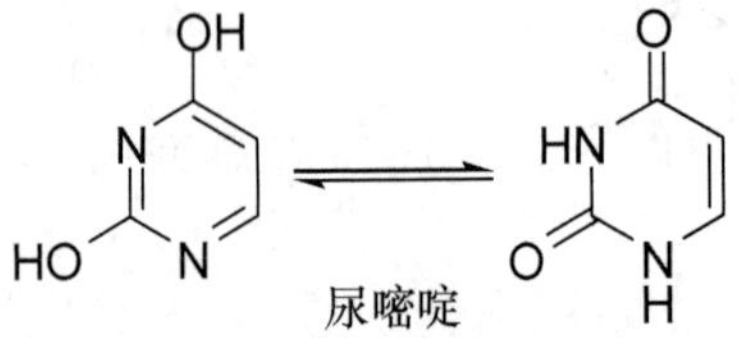

尿嘧啶

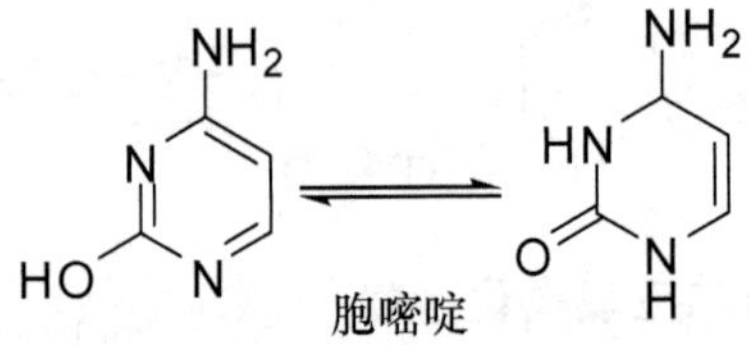

胞嘧啶

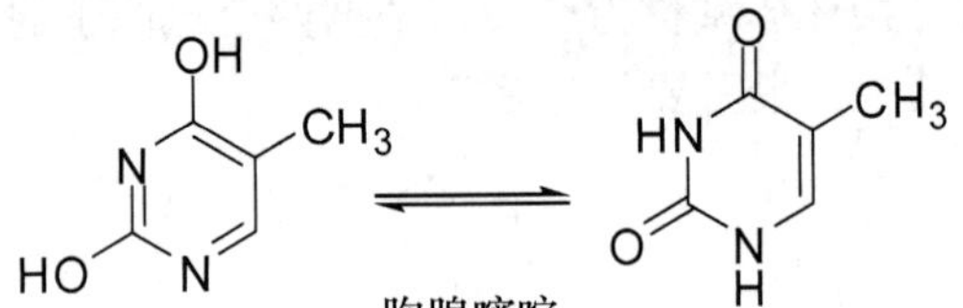

胸腺嘧啶

3. 均三嗪及其衍生物

含有三个氮原子的六元单杂环体系称为三嗪，三个氮原子处在间位的称为均三嗪。均三嗪本身在自然界中并不存在，它的衍生物却在自然界中广泛存在，其中比较重要的有三聚氯氰(2,4,6-三氯均三嗪)和三聚氰胺(2,4,6-三氨基均三嗪)两种。

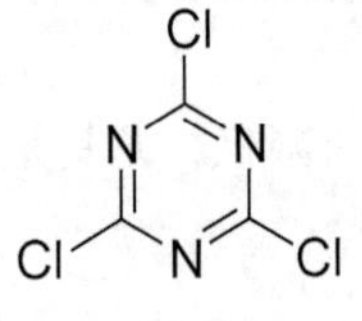

三聚氯氰

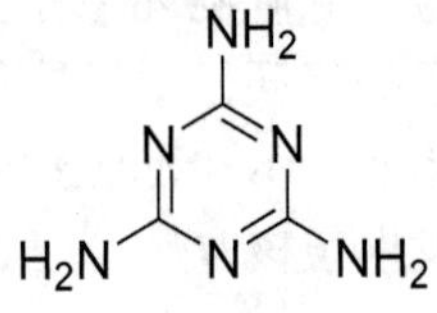

三聚氰胺

三聚氯氰是制备活性染料和农药的一种中间体，在染料工业和农药工业中具有重要地位。三聚氯氰分子中的三嗪环是芳香共轭体系，由于三个氮原子的吸电子作用，三个氯原子非常活泼(相当于具有酰氯结构)，容易被亲核试剂所取代，但活泼程度不同。第一个氯原子在 0℃、第二个在 20～25℃、第三个在 90～100℃发生反应。例如，胺类与三聚氯氰反应，随着反应温度的升高，三个氯原子依次被取代。

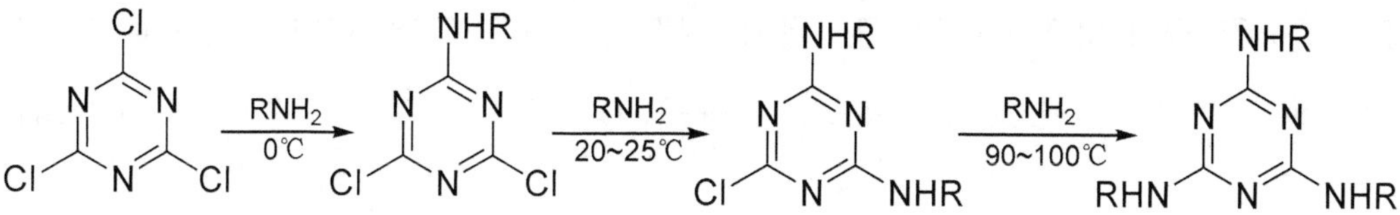

## 15.4　稠杂环化合物

稠杂环化合物的种类繁多，最典型的有两类：苯并稠杂环和杂环与杂环稠合。苯并稠杂环包括苯并五元稠杂环和苯并六元稠杂环。苯并五元稠杂环包括苯并呋喃、苯并吡咯和苯并噻吩，其中较重要的是苯并吡咯，又称为吲哚。苯并六元杂环中比较重要是喹啉和异喹啉。由杂环形成的稠杂环中比较重要的是由嘧啶环和咪唑环稠合而成的嘌呤。

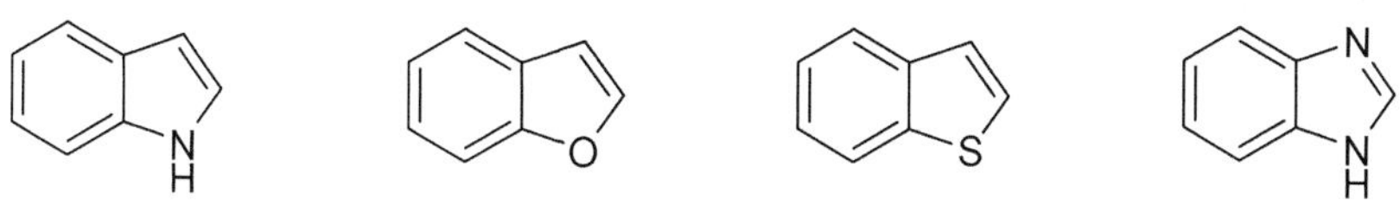

苯并吡咯(吲哚) indolent　苯并呋喃 benzofuran　苯并噻吩 benzothiophene　苯并咪唑 benzoimidazole

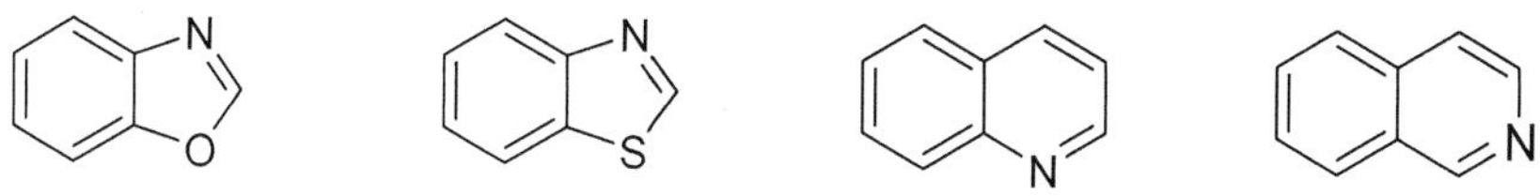

苯并 噁唑 benzoxazole　苯并噻唑 benzothiazole　喹啉 quinoline　异喹啉 isoquinoline

1. 吲哚

吲哚为片状晶体，熔点 52.5℃，沸点 254℃，相对密度 $d_4^{20}$ =1.22。不纯的吲哚具有强烈的粪臭味，但纯吲哚或高度稀释的溶液有香味，可以作为香料使用。吲哚及其衍生物在自然界中分布很广，常存在于动、植物中，如素馨花香精及蛋白质的腐败产物中都有含量。

吲哚是弱碱，可以质子化。吲哚的质子化主要发生在$\beta$-位。质子化后的吲哚容易进一步发生反应。

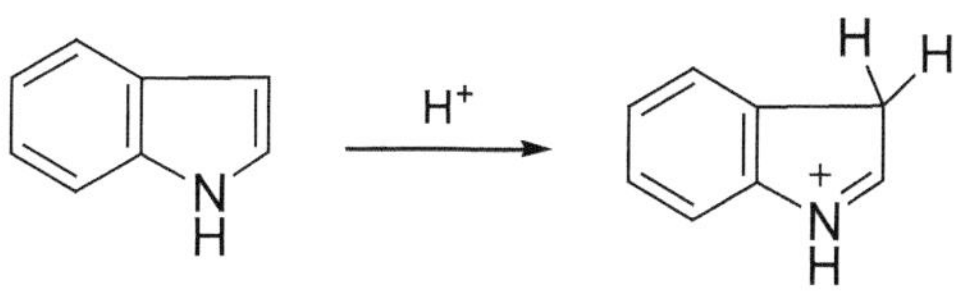

吲哚的分子结构中包含吡咯环，它的性质与吡咯相似，可以与亲电试剂发生反应，反应发生在电子云密度较大的吡咯环上，反应通常发生在 3-位上。

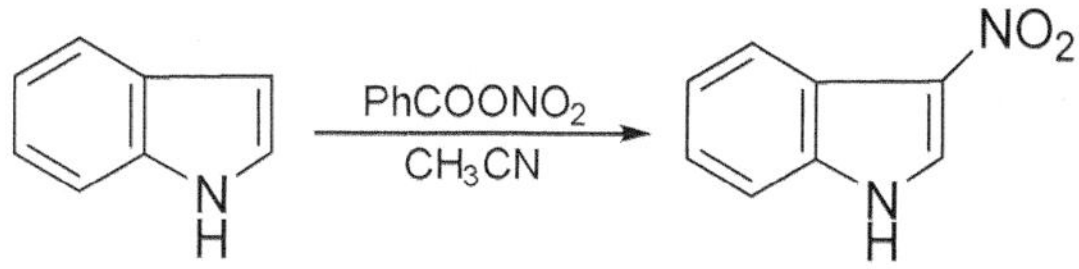

许多天然化合物中都含有吲哚环，如蛋白质中的色氨酸，生物碱中的马钱子碱，裸头

草碱。许多吲哚衍生物具有生物活性，此外，吲哚衍生物在染料和医药中也有重要作用。

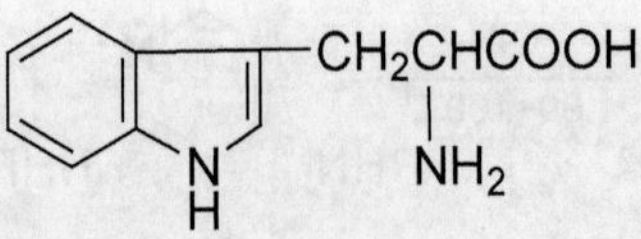

D,L-色氨酸

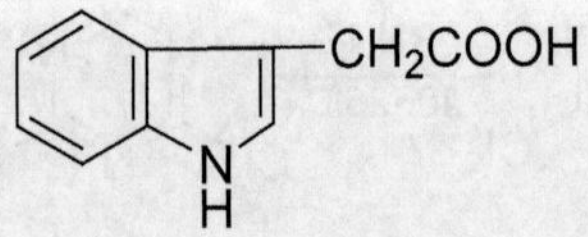

吲哚乙酸

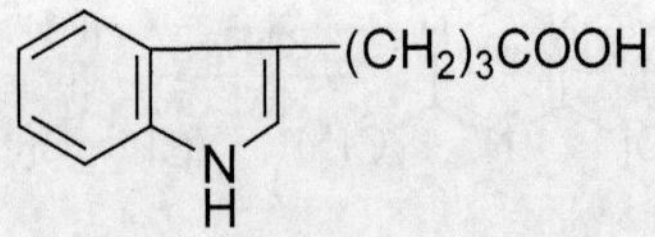

吲哚丁酸

色氨酸是动物体内不能合成而又必需的 8 种氨基酸之一。合成的色氨酸是外消旋体，动物体水解得到是 L-色氨酸，与色氨酸较接近的化合物有许多生理活性。吲哚乙酸和吲哚丁酸是植物生长调节剂，在低浓度下，可促进植物扦插生根。吲哚染料最初由木兰属植物中来，这种植物含有 $\beta$-羟基吲哚。其以葡萄糖苷的形式存在于木兰属植物茎中俗称靛素。靛素在水溶液中受到酶的作用即水解成 $\beta$-羟基吲哚。$\beta$-羟基吲哚为黄色结晶固体，熔点 85℃，能发生互变异构，与酮式异构体同时存在：

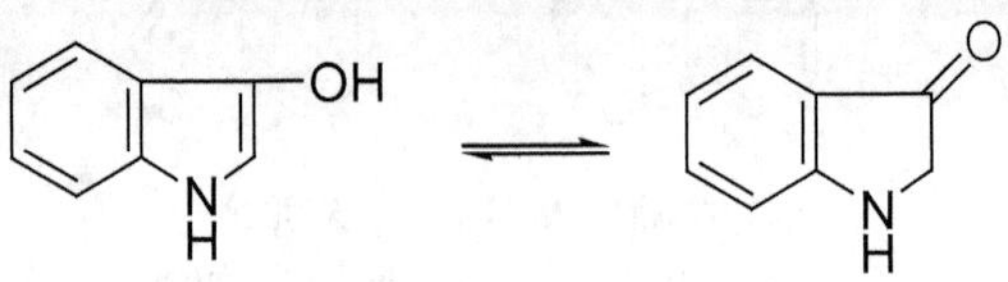

2. 喹啉

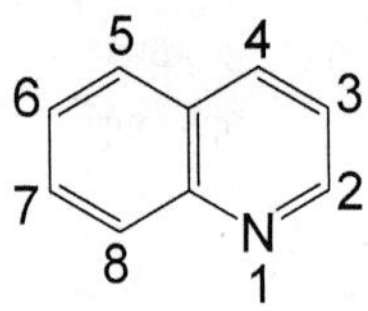

喹啉,quinoline

喹啉是具有恶臭的无色液体，在空气中放置逐渐变成黄色，熔点−15.6℃，沸点 238℃，相对密度 $d_4^{20}$ 1.095，折光率 $n_D^{20}$ 1.6268，难溶于水，易溶于有机溶剂。

喹啉存在于煤焦油、页岩油和骨焦油中。喹啉的合成方法有很多种，比较常见的是以含苯环的物质为原料，通过反应构筑吡啶环来合成喹啉及其衍生物。Skraup(斯克洛普)合成法是喹啉及取代喹啉最通用的合成法。该方法是用苯胺、甘油、浓硫酸、硝基苯共热反应得到喹啉。在反应中，甘油在热的浓硫酸作用下脱水生成丙烯醛，然后和苯胺发生 1,4-亲核加成生成 $\beta$-苯氨基丙醛，在酸催化下烯醇式脱水生成二氢喹啉，二氢喹啉被硝基苯氧化生成喹啉，硝基苯被还原为苯胺。反应实际上是一步完成的，反应式表示如下：

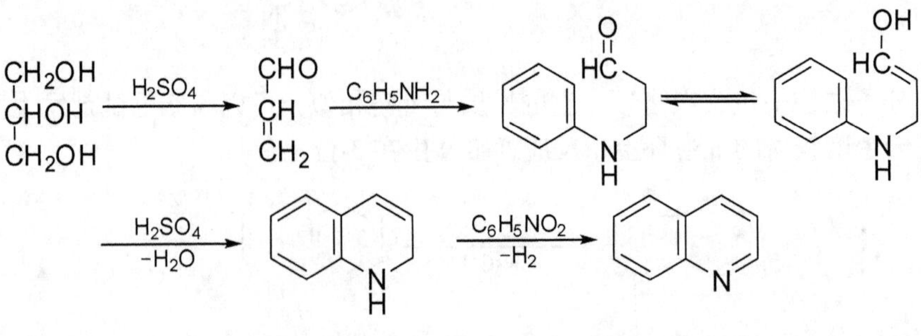

用其他芳胺或不饱和醛、酮代替苯胺和甘油，可以制备各种喹啉衍生物。间位取代芳胺

在进行反应时可能有两种产物：5-取代喹啉和 7-取代喹啉。吸电子取代基以 5-取代喹啉为主，供电子取代基以 7-取代喹啉为主。

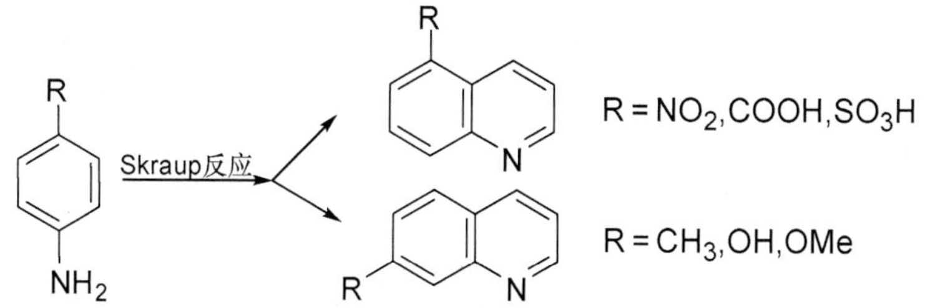


喹啉是弱碱，能与酸作用成盐，与路易斯酸等形成分子复合物。也可与卤代烷作用形成季铵盐，但反应比吡啶慢。相比之下，环上的亲电取代反应和亲核取代反应都比吡啶容易。

喹啉环在进行亲电取代反应时，如果反应体系的酸度较大，由于吡啶环被质子化，试剂主要进攻苯环上的 5-位或 8-位，且反应速率比吡啶快。

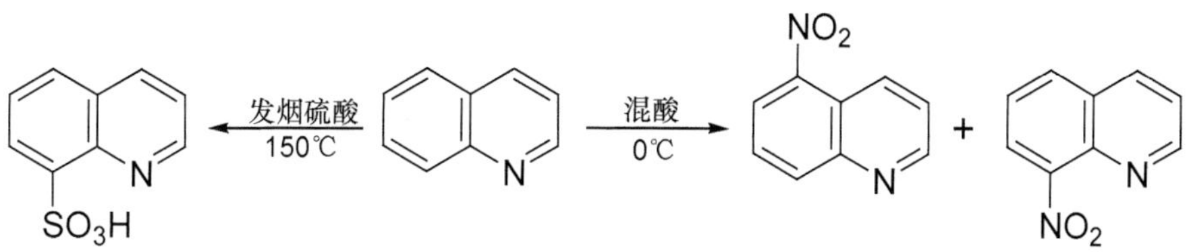


喹啉环与亲核试剂反应，如与氨基钠、氨基钡等反应时，以 2-取代产物为主，如 2-位已有取代基，则发生在 4-位。2-和 4-卤代的喹啉与亲核试剂的反应也特别容易。

喹啉不易被氧化，高锰酸钾可氧化喹啉为吡啶羧酸。和吡啶类似，过氧酸或双氧水可将喹啉氧化为 *N*-氧化喹啉。

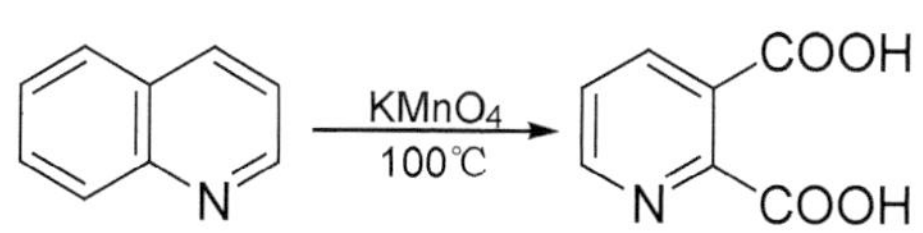


喹啉 2-和 4-位的烷基侧链性质活泼，容易和亲电试剂发生作用，也容易被氧化生成醛基。

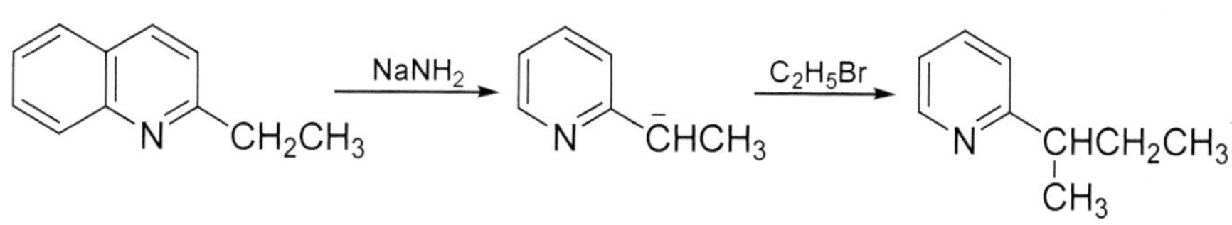


许多天然和合成产物中都含有喹啉环，这些物质在生产和生活中起着十分重要的作用。例如，喹啉类染料是一些含大共轭体系的喹啉盐类化合物，这类染料在照相技术中起重要作用(如喹啉蓝等)。抗疟药奎宁(又名金鸡纳碱)、氯喹啉等物质中均含有喹啉环。8-羟基喹啉不仅是优良的配体，与许多金属离子形成溶解度极小的螯合物，同时是许多药物的中间体，如治疗阿米巴痢疾的 chinofon 等。

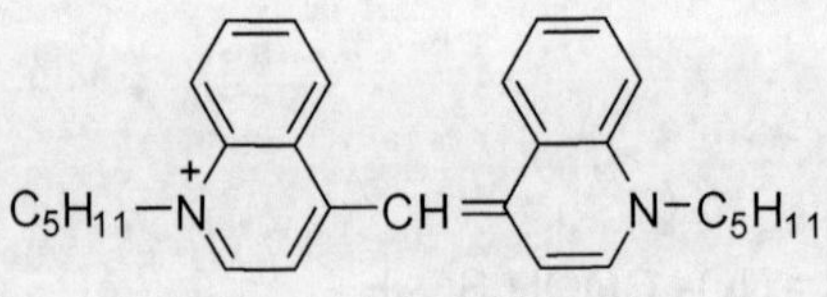
喹啉蓝

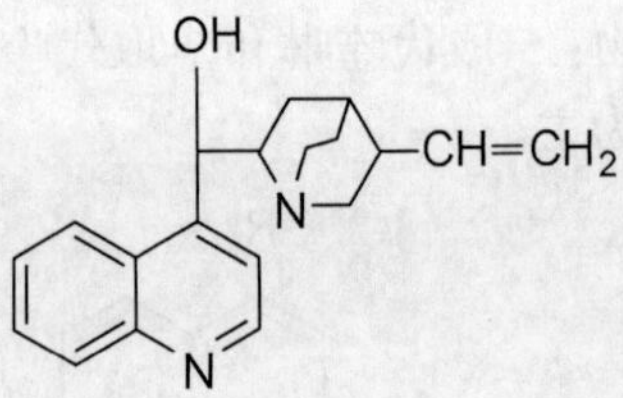
奎宁

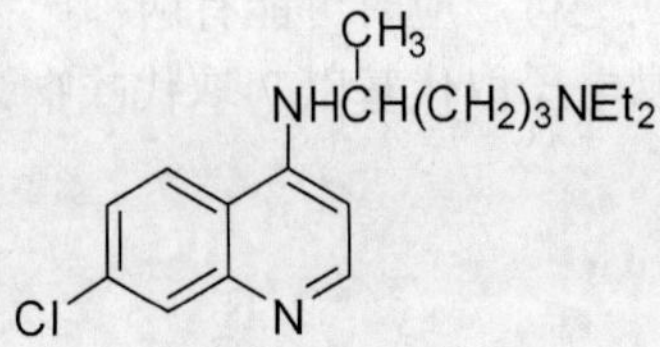
氯喹啉

3. 异喹啉

异喹啉是喹啉的同分异构体，也存在于煤焦油和骨油中。从煤焦油得到的粗喹啉中异喹啉约占 1%，两者可利用碱性的不同而分开。异喹啉的碱性(p$K_b$=8.6)比喹啉(p$K_b$=9.1)强。工业上常利用喹啉的酸性硫酸盐溶于乙醇，而异喹啉的酸性硫酸盐则不溶的性质来进行分离。异喹啉是一个具有香味的低熔点(24℃)结晶，沸点 243℃，微溶于水，易溶于有机溶剂，能随水蒸气挥发。

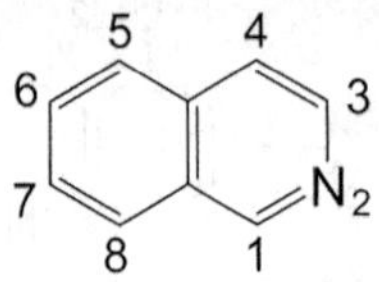
异喹啉,isoquinoline

异喹啉的化学性质与喹啉类似，可以发生亲电取代、亲核取代及氧化反应等，反应产物也符合一般的反应规律。

异喹啉衍生物广泛存在于自然界中，已知的异喹啉生物碱有 600 多种，是已知的生物碱中最大的一类。这些生物碱根据其化学结构可分为四类：罂粟碱型、小檗碱型、阿扑吗啡型和吗啡型。典型化合物包括罂粟碱、小檗碱和吗啡碱。这些生物碱大都具有良好的生理活性，在医药上具有十分重要的用途。

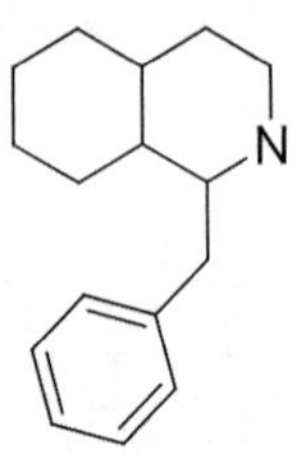
罂粟碱型

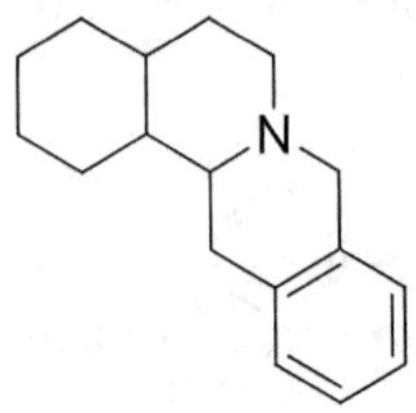
小檗碱型

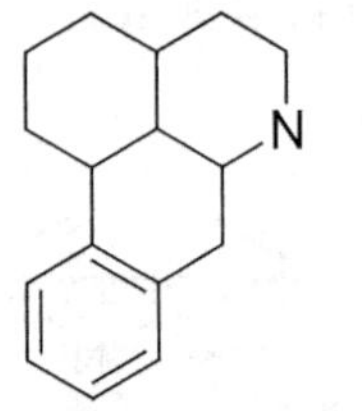
阿扑吗啡型

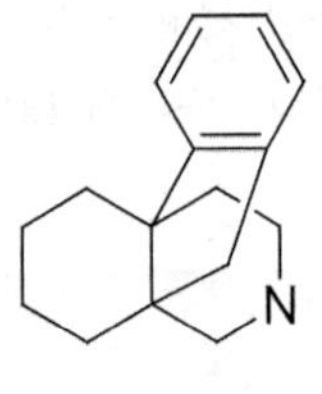
吗啡型

4. 嘌呤

稠杂环化合物中比较重要的是嘌呤(purine)环系。嘌呤环是由嘧啶和咪唑稠合而成，是两个互变异构体形成的平衡体系，平衡主要在 9*H*-嘌呤一边。

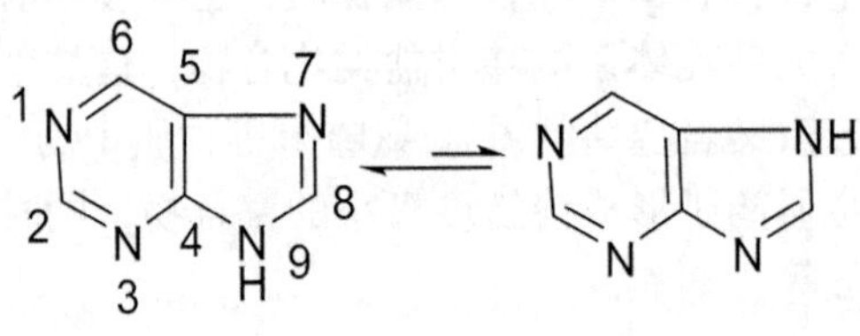
9*H*-嘌呤　　7*H*-嘌呤

嘌呤为无色晶体，熔点 216～217℃，易溶于水和醇。嘌呤既具有弱酸性，又具有弱碱性，碱性 $pK_a$=2.3，酸性 $pK_a$=8.9，可与酸或碱成盐。

嘌呤本身并不存在于自然界中，但它的羟基和氨基衍生物(常称为嘌呤碱)在自然界分布很广。例如，腺嘌呤(adenine，用 A 表示)和鸟嘌呤(guanine，用 G 表示)存在于核酸中。其中，嘌呤的羟基衍生物可与酮式互变。

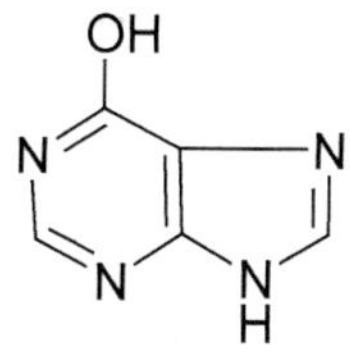
腺嘌呤

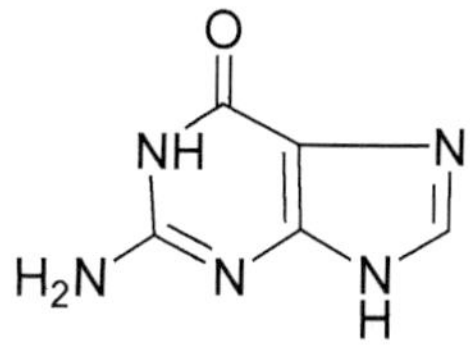
鸟嘌呤

尿酸和咖啡碱也是常见的嘌呤衍生物。尿酸是人体和高等动物核酸的代谢产物，存在于尿中。咖啡碱存在于茶叶和咖啡内，对人体有兴奋、利尿等功用，是常用退热药 APC 的成分之一。

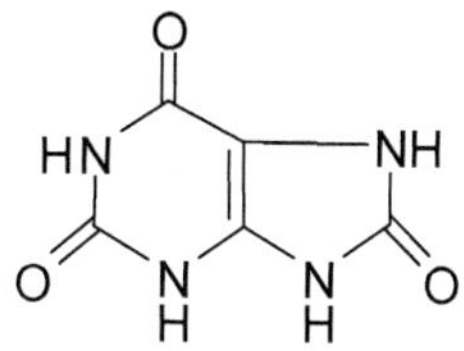
尿酸

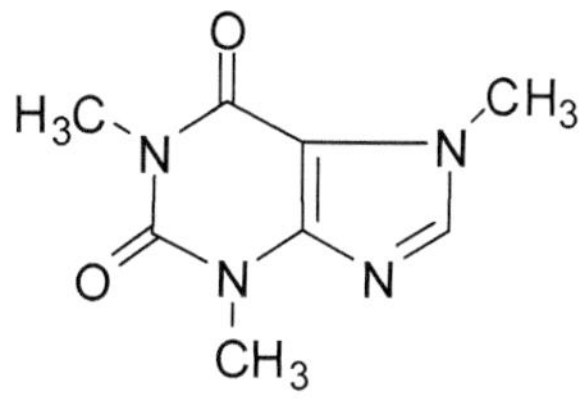
咖啡碱

## 阅读材料

### 三 聚 氰 胺

三聚氰胺俗称密胺，IUPAC 命名为“1,3,5-三氨基-2,4,6-三嗪”，是一种三嗪类含氮杂环有机化合物，被用作化工原料。它是白色单斜晶体，几乎无味，微溶于水(3.1 $g \cdot L^{-1}$，常温)，可溶于甲醇、甲醛、乙酸、热乙二醇、甘油、吡啶等，具毒性，不可用于食品加工或食品添加物。三聚氰胺是制造三聚氰胺-甲醛树脂(密胺塑料)的原料。该树脂有时也俗称三聚氰胺，常用于制造日用器皿、装饰贴面板、织物整理剂等。在我国，日常生活中三聚氰胺-甲醛树脂最常见的应用是被称为“美耐皿(又称密胺碗)”的塑料碗碟。这类器皿的物理性质非常类似陶瓷，坚硬不变形但又不像陶瓷那样易碎，常标有“不可以在微波炉中使用”的警示，因为三聚氰胺-甲醛树脂受热后有可能散发毒性。

2008 年我国婴幼儿奶粉污染事件中，三聚氰胺被一些不法之徒当作蛋白精添加到奶粉中，这是利用了现有标准和检测方法的漏洞。奶粉检测通常只检测蛋白质的含量，根据蛋白质的化学性质有几种检测方法，各有优缺点。食品工业上普遍采用、被定为国家标准的是凯氏定氮法。这是 19 世纪后期丹麦人约翰·凯达尔发明的方法，原理很简单：蛋白质含有氮元素，用强酸处理样品，让蛋白质中的氮元素释放出来，测定氮的含量，就可以算出蛋白质的含量。所以凯氏定氮法实际上测的不是蛋白质含量，而是通过测氮含量来推算蛋白质含量，显然，如果样品中还有其他化合物含有氮，这个方法就不准确了。由于三聚氰胺(含氮量 66%)与蛋白质(平均含氮量 16%)相比含有更高比例的氮原子，添加在食品中以造成食品蛋白质含量较高的假象，从而造成严重的食物安全事故。

三聚氰胺中常混有少量的三聚氰酸，在摄入人体后，由于胃酸的作用，三聚氰胺和三聚氰酸相互解离并被分别通过小肠吸收进入血液循环并最终进入肾脏。在肾细胞中两者再次结合沉积从而形成肾结石，堵塞肾小管，最终造成肾衰竭。由于三聚氰胺结石微溶于水，对于成年人，由于经常喝水使得结石不容易形成。但对于哺乳期的婴儿，由于喝水很少并且相比成年人肾脏狭小，从而更容易形成结石。

## 习　题

15-1　完成下列反应。

(1) 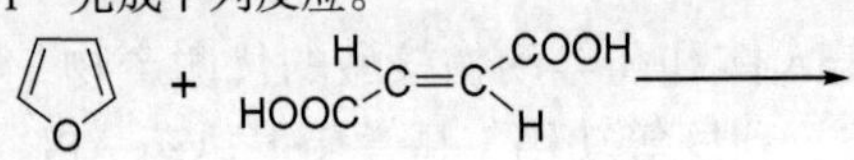

(2) 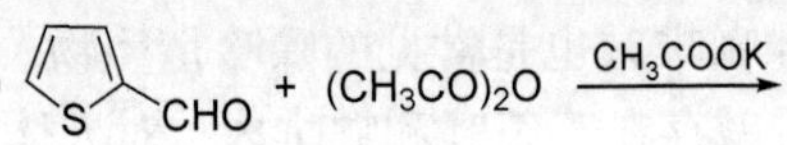

(3) 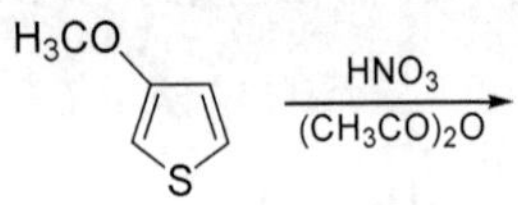

(4) 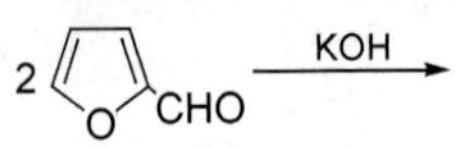

(5) 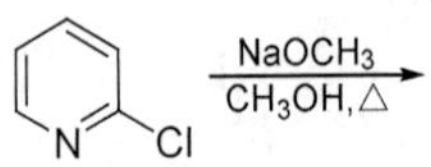

(6) 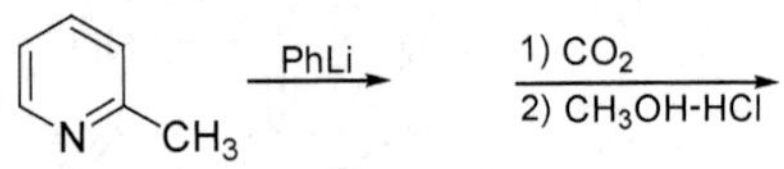

15-2　用适当方法除去下列化合物中的杂质。

(1) 苯中混有少量噻吩

(2) 甲苯中混有少量吡啶

15-3　合成题。

(1) 以呋喃为原料合成己二胺

(2) 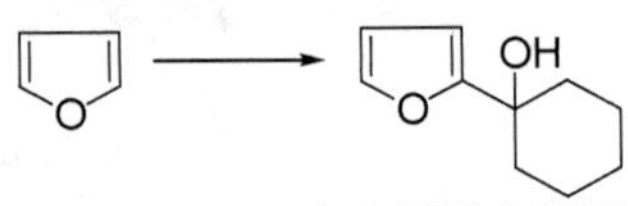

(3) 以甲苯为原料合成 6-甲基喹啉

(4) 以吡啶为原料合成$(CH_3)_2NCH_2CH_2CH_2CH{=}CH_2$

15-4　推断题。

(1) 含氧杂环化合物 A，它与强酸水溶液加热，反应得到化合物 B($C_6H_{10}O_2$)。B 与苯肼呈正反应，与 Tollens、Fehling 试剂呈负反应。B 的 IR 谱在 1715 $cm^{-1}$ 有强吸收，$^1$H NMR 在$\delta$2.6 及 2.8 有两个单峰，这两个单峰面积之比为 2∶3。写出 A 和 B 的结构。

(2) 某化合物 A($C_6H_8O$)与稀硫酸作用生成 B($C_6H_{10}O_2$)，B 与 NaOI 作用后酸化生成 C($C_4H_6O_4$)，C 加热生成丁酸酐。推断 A～C 的结构。

# 第 16 章　周 环 反 应

前面各章节重点讨论了自由基型反应机理和离子型反应机理，在这两种机理中，化学键通过均裂或异裂生成稳定的或不稳定的中间体。除此以外，有机化学反应还存在一种无中间体生成的协同反应机理。协同反应是一种只经过一个过渡态而一步完成的多中心反应，在反应过程中新键的生成和旧键的断裂同时发生，因此无中间体生成。如果协同反应经历一个环状过渡态，生成了环状化合物，则该反应又称为周环反应(pericyclic reaction)。因此，周环反应是协同反应中的一种，而协同反应不一定是周环反应，二者不可混淆。例如，卤代烃亲核取代反应中的 $S_N2$ 机理和消除反应的 E2 机理都属于协同反应，而不属于周环反应。

周环反应具有如下特点：

(1) 反应过程中，化学键的断裂和形成是相互协调地同时发生于过渡状态结构中，为多中心的一步反应。

(2) 反应过程中没有自由基或离子等活性中间体生成。

(3) 反应不受溶剂极性的影响，不需要酸碱催化剂和化学试剂的引发。

(4) 反应条件一般只需要加热或光照。

(5) 反应具有高度的立体化学专一性，一定立体构型的反应物在一定条件下反应只能得到特定构型的产物。

## 16.1　周环反应类型

按照反应的特点，周环反应主要分为三类：电环化反应(electrocyclic reaction)、环加成反应(cycloaddition reaction)和 σ 键迁移反应(sigmatropic reaction)。

### 16.1.1　电环化反应

开链的共轭多烯烃在加热或光照条件下成环的反应及其逆反应称为电环化反应。例如：

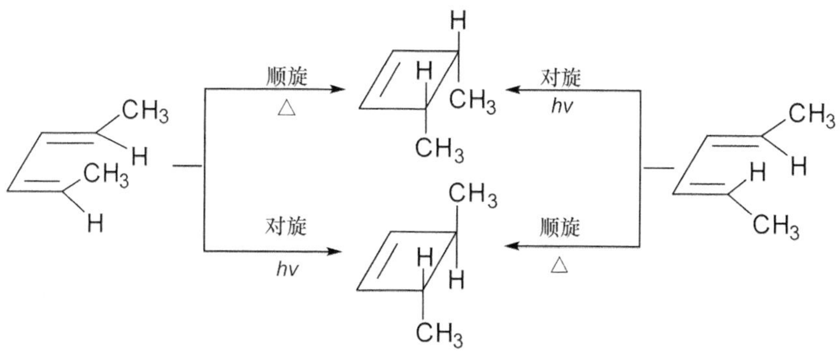


电环化反应是分子内的周环反应，具有高度的立体专一性。立体化学与共轭体系中的 π 电子数目和反应条件(加热或光照)有关。

### 16.1.2 环加成反应

环加成反应是含 π 电子体系在加热或光照条件下的成环反应。根据两反应物所含有的 π 电子数，环加成反应可分为[2 + 2]和[4 + 2]等类型。[4 + 2]环加成反应又称为双烯合成反应(参见 4.12.2)。

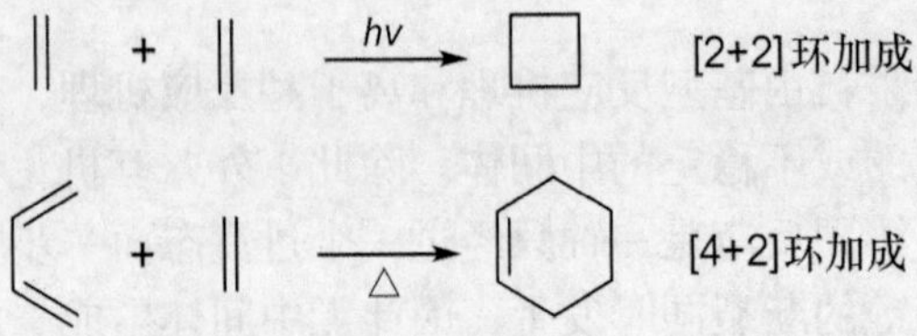


[2 + 2]与[4 + 2]型环加成反应所需要的条件不同，前者在光照条件下进行，后者在加热条件下进行。环加成反应也是可逆的，且反应具有立体专一性。例如：

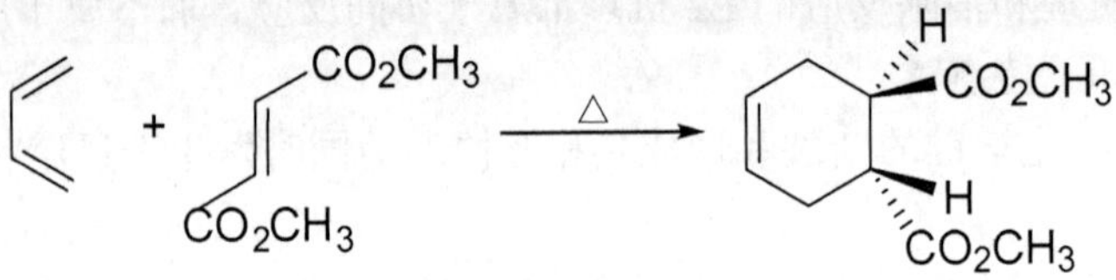


### 16.1.3 σ 键迁移反应

在共轭多烯的一端烯丙位上碳原子的 σ 键迁移到共轭多烯的另一端，同时共轭多烯中的 π 键重新分配的反应称为 σ 迁移反应或 σ 移位反应，又称为 σ 迁移重排。根据 σ 键断裂和成键的位置，称为[*i*, *j*] σ 迁移反应，其中 *i*，*j* 分别代表反应中迁移起点和终点原子的编号。常见有[1, 3]、[1, 5]、[3, 3]等迁移反应类型。

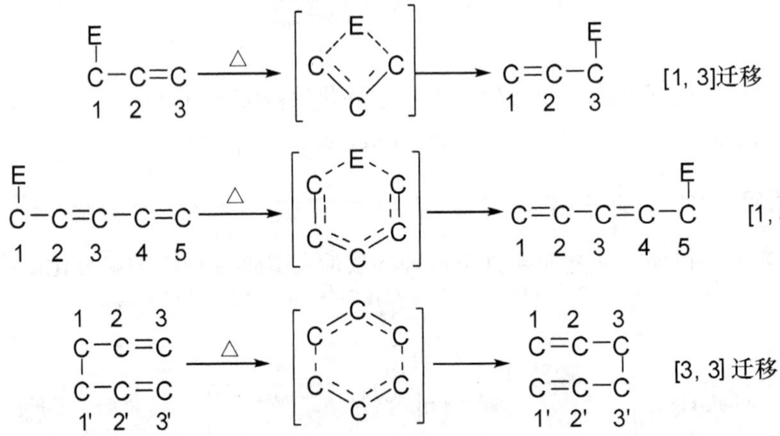


Claisen(克莱森)重排是[3, 3] σ 迁移的重要例子(参见 10.2.1)。例如：

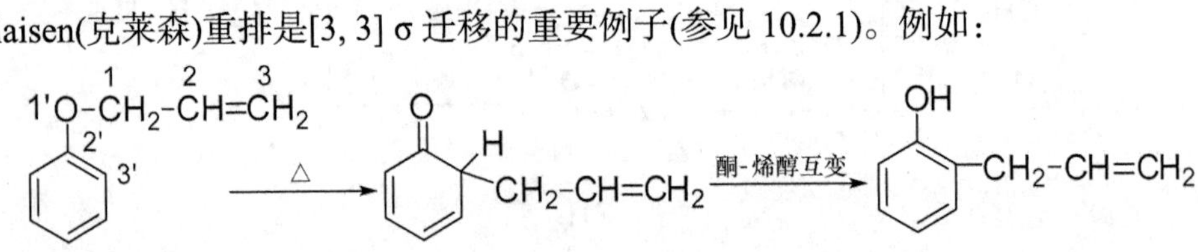


1,5-二烯类化合物在受热条件下发生[3, 3]σ 迁移的反应称为 Cope (库帕)重排。Cope 重排和其他周环反应的特点一样，也具有高度的立体选择性。

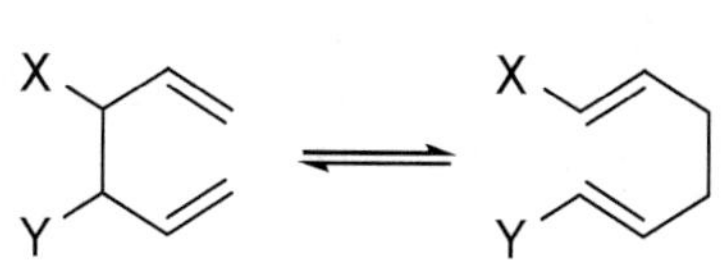


(X,Y= H, R, Ar, CN, COR等)

该反应为可逆反应，反应平衡是受反应物与产物的相对稳定性控制。若 X、Y 与重排产物中双键共轭，则可增加产物的稳定性，这不仅降低了重排的反应温度，也提高了重排产物的收率。

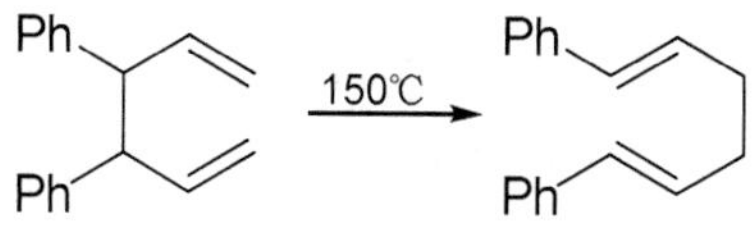


100%

## 16.2 周环反应理论解释

周环反应的机理是基于日本化学家 K. Fukui(福井谦一)提出的分子前线轨道学说以及美国化学家 R. B. Woodward(伍德沃德)和 R. Hoffmann(霍夫曼)提出的分子轨道对称守恒原理，这两项工作是近代有机化学理论研究的重大成果之一。为此，轨道对称守恒原理创始人之一 R. Hoffmann 和前线轨道理论的创始人 K. Fukui 共同获得了 1981 年的 Nobel 化学奖。

### 16.2.1 分子轨道理论简介

原子中电子的各种排布和运动状态称为原子轨道，用波函数(状态函数)$\varphi$表示。当原子互相结合成键构成分子时，分子轨道理论认为，原子轨道$\varphi$重新组合，形成分子轨道，用波函数 $\psi$ 表示，它描述分子中电子的各种运动状态。分子轨道理论中目前最广泛应用的是原子轨道线性组合法。这种方法假定分子轨道也有不同能级，每一轨道也只能容纳两个自旋相反的电子，电子也是首先占据能量最低的轨道，按能量的增高，依次排上去。按照分子轨道理论，原子轨道的数目与形成的分子轨道数目是相等的。例如，两个原子轨道组成两个分子轨道，其中一个分子轨道是由两个原子轨道的波函数相加组成(相位相同)，另一个分子轨道是由两个原子轨道波函数相减组成(相位相反)：

$$\psi_1 = \varphi_1 + \varphi_2 \qquad \psi_2 = \varphi_1 - \varphi_2$$

分子轨道 $\psi_1$ 在两个原子核间的电子云密度很大，这种轨道称为成键轨道；相反，分子轨道 $\psi_2$ 在核间的电子云密度很小，这种轨道称为反键轨道。如果两个原子所形成的键是 σ 键，成键轨道用 σ 表示，反键轨道用 σ*表示，π 键则分别用 π 和 π*表示。其中，成键轨道的能量较两个原子轨道的能量低，反键轨道的能量较两个原子轨道的能量高。根据 Pauli 原理及能量最低原理，分子中的电子排布时，应首先占据能量较低的成键轨道且自旋方向相反，而反键轨道是空的，图 16-1 为两个原子轨道组成分子轨道示意图。

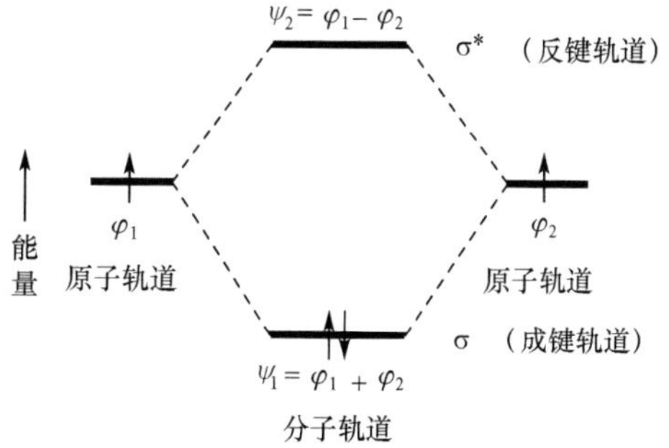


图 16-1 两个原子轨道组成分子轨道示意图

因此，原子相互结合成键构成分子时，电子从原子轨道进入成键的分子轨道，形成化学键，从而使体系的能量降低，形成稳定分子。能量降低越多，形成的分子越稳定。原子轨道组成分子轨道还必须具备能量相近、电子云最大重叠以及对称性相同三个条件。

### 16.2.2 前线轨道理论与分子轨道对称守恒原理

原子之间发生化学反应，起关键作用的是价电子。与原子价电子的概念相类似，分子前线轨道学说认为：化合物分子在化学反应中，分子轨道也要重新组合，这种组合主要发生在分子“价电子”所处的轨道上，即发生在分子前线轨道上。前线轨道是指分子中电子已占据的能量最高轨道(称为最高占有轨道，用 HOMO 表示)和电子未占据的能量最低轨道(称为最低未占有轨道，用 LUMO 表示)，分子的“价电子”就是前线电子。有的共轭体系中含有奇数个电子，或者处于激发态的分子，其已占有电子的能级最高的轨道中只有一个电子，这样的轨道称为单占轨道，用 SOMO 表示，单占轨道既是 HOMO，又是 LUMO。在周环反应中，π 键的 HOMO 和 LUMO 对反应行为起决定性作用。周环反应的条件是加热或光照，加热反应只与基态有关，在反应中起关键作用的是 HOMO；而光照反应与激发态有关，在光的作用下，往往有 π 电子从 HOMO 被激发进入 LUMO，从而使基态的 LUMO 变成了激发态的 HOMO，因此在光照反应中起关键作用的是基态的 LUMO。

分子轨道对称守恒原理认为，反应的成键过程是分子轨道的重新组合过程，反应过程中分子轨道的对称性必须是守恒的。也就是说，反应物分子轨道的对称性必须与产物分子轨道的对称性保持一致，这样反应才容易进行，称为对称性允许。反之，如不能保持一致，或取得一致有困难时，反应就不能或难以进行，称为对称性禁阻。

分子轨道对称守恒原理有三种理论解释：前线轨道理论；能级相关理论；芳香过渡态理论(Hückel-Möbius, 休克尔-莫比乌斯结构理论)。分子轨道对称守恒原理运用前线轨道理论和能级相关理论来分析周环反应，总结出了周环反应的立体选择规则，并应用这些规则来判别周环反应能否进行，以及反应的立体化学进程。芳香过渡态理论从另一个角度来分析协同反应进程，最后在判断反应进行的方式及立体化学选择规则方面也基本得到了一致的结论。前面所讨论的电环化反应及环加成反应的立体专一性和反应条件的确定要用分子轨道对称守恒理论加以解释。

### 16.2.3 电环化反应

1. $4n\pi$ 电子体系

根据分子轨道理论可知，分子轨道是原子轨道的线型组合，有几个原子轨道就组合成几个分子轨道。例如，1,3-丁二烯分子中共有 4 个 π 电子，则可形成 4 个分子轨道 $\psi_1$、$\psi_2$、$\psi_3$、$\psi_4$，如图 16-2 所示。其中 $\psi_1$ 和 $\psi_2$ 为成键轨道，$\psi_3$ 和 $\psi_4$ 为反键轨道。当 1,3-丁二烯处于基态时，分子轨道 $\psi_1$ 和 $\psi_2$ 各有两个电子，因 $E_2 > E_1$，所以 $\psi_2$ 为 HOMO 轨道。$\psi_3$ 和 $\psi_4$ 是空轨道，而 $E_3 < E_4$，所以 $\psi_3$ 是 LUMO 轨道。在光照下，丁二烯分子中的 π 电子可以吸收光能从基态时的 HOMO 轨道 $\psi_2$ 跃迁到 LUMO 轨道 $\psi_3$，使丁二烯分子处于激发态。此时，基态的 LUMO 轨道 $\psi_3$ 成为激发态 1,3-丁二烯分子的 HOMO，而未被激发的丁二烯分子的 $\psi_3$ 仍是 LUMO 轨道。因此，1,3-丁二烯分子的 $\psi_2$ 和 $\psi_3$ 都为前线轨道，基态时前线轨道 HOMO 为 $\psi_2$，LUMO 为 $\psi_3$。

在电环化反应中，起决定作用的分子轨道是共轭多烯的 HOMO。为使共轭多烯两端碳原子的 p 轨道顺利地旋转关环，参与反应的共轭多烯分子 π 键 HOMO 轨道中两端 p 轨道的相位相同与否是反应的关键，即电环化反应的立体选择性主要取决于 HOMO 的对称性。研究表明，共轭多烯分子中 π 键轨道序号为奇数时，如 $\psi_1$、$\psi_3$、$\psi_5$、$\psi_7$ 等，该轨道中两端的 p 轨道相位相同；π 键轨道序号为偶数时，如 $\psi_2$、$\psi_4$、$\psi_6$、$\psi_8$ 等，该轨道中两端的 p 轨道相位相反。

1,3-丁二烯在电环化生成环丁烯时，要求 $C_1$–$C_2$ 和 $C_3$–$C_4$ 沿着各自的键轴旋转，使 $C_1$ 和 $C_4$ 的轨道相互交盖生成一个新的 σ 键。旋转的方式有两种：一种是向同一方向旋转，称为顺旋；另一种是向相反方向旋转，称为对旋。反应过程是顺旋还是对旋，取决于参与反应前线轨道的对称性，即取决于分子是基态还是激发态时的 HOMO 轨道的对称性。

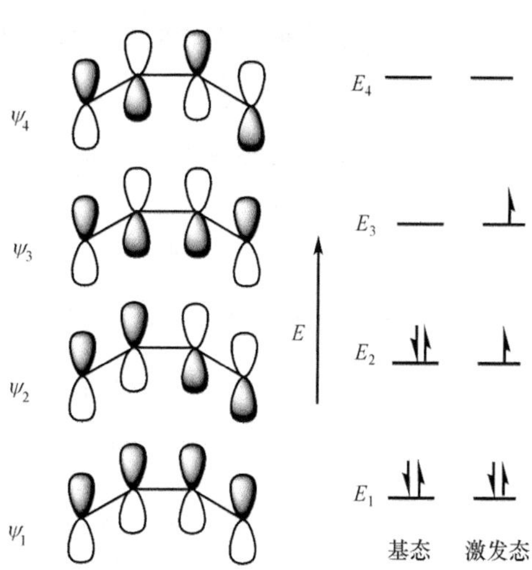


图 16-2 1,3-丁二烯的 π 键轨道及相位图

1,3-丁二烯在加热(基态)环化时，起反应的前线轨道是 $\psi_2$，两端 p 轨道的相位相反。如下图所示，只有顺旋才能使两端 p 轨道的对称性保持一致，即可以交盖形成 σ 键；相反，对旋不能使两端 p 轨道的对称性保持一致，不能形成 σ 键。所以 1,3-丁二烯在加热环化时，顺旋允许，对旋禁阻。

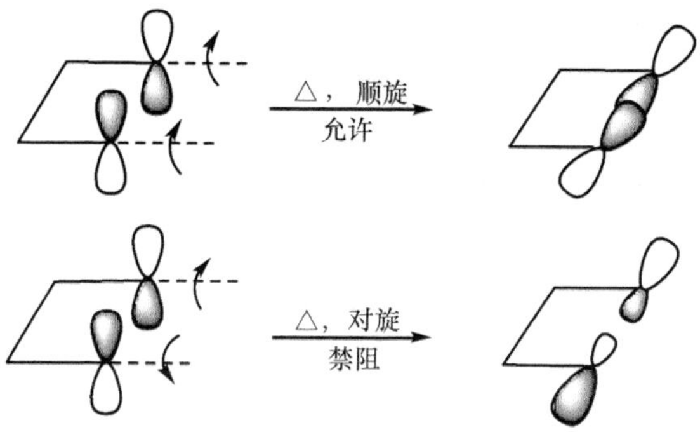


1,3-丁二烯在光照(激发态)环化时，起反应的前线轨道是 $\psi_3$，两端 p 轨道的相位相同。如下图所示，只有对旋才能使两端 p 轨道的对称性保持一致，即可以交盖形成 σ 键；相反，顺旋不能使两端 p 轨道的对称性保持一致，不能形成 σ 键。所以 1,3-丁二烯在光照环化时，对旋允许，顺旋禁阻。

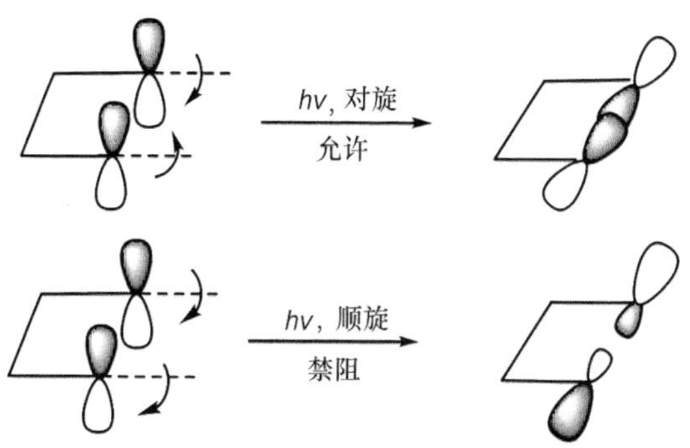


其他含 $4n\pi$ 电子的共轭多烯烃的电环化反应规律与 1,3-丁二烯基本相同。在加热环化时，

顺旋允许，对旋禁阻；在光照环化时，对旋允许，顺旋禁阻。例如：

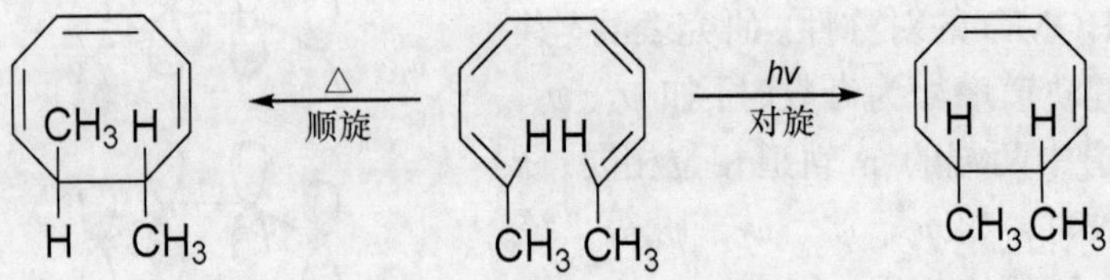


2. (4n + 2) π 电子体系

以己三烯为例进行讨论，处理方式同 1,3-丁二烯。己三烯的电环化反应方式恰好与 1,3-丁二烯相反，这也是由前线轨道的对称性决定的。己三烯的 π 键轨道及相位图如图 16-3 所示。

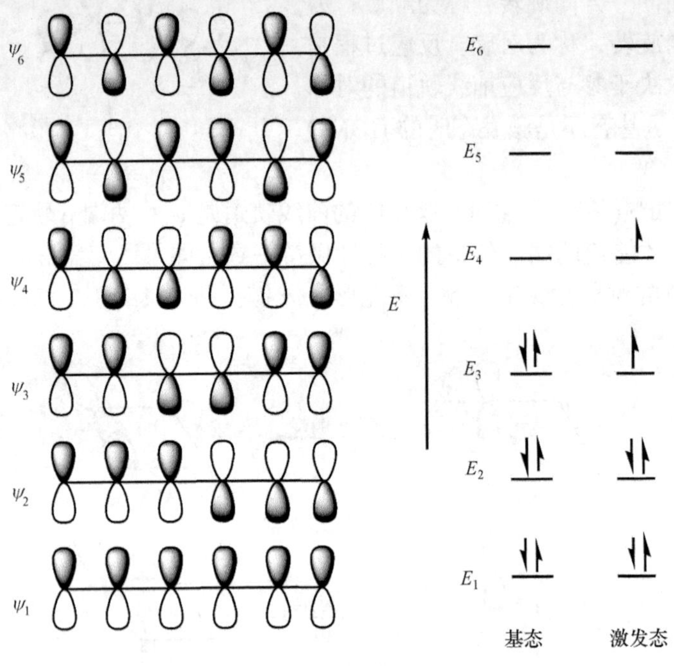


图 16-3 己三烯的 π 键轨道及相位图

己三烯在加热(基态)环化时，起反应的前线轨道是 $\psi_3$，两端 p 轨道的相位相同，此时对旋允许，顺旋禁阻；在光照(激发态)环化时，起反应的前线轨道是 $\psi_4$，两端 p 轨道的相位相反，此时顺旋允许，对旋禁阻。

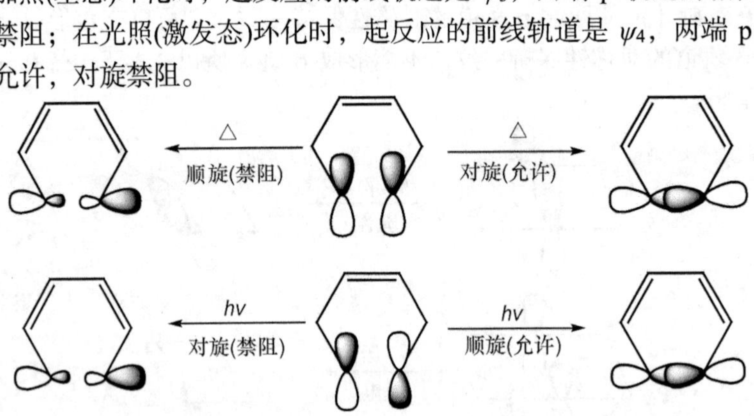


其他含(4n+2)π 电子的共轭多烯烃的电环化反应规律与己三烯基本相同。在加热环化时，对旋允许，顺旋禁阻；在光照环化时，顺旋允许，对旋禁阻。例如：

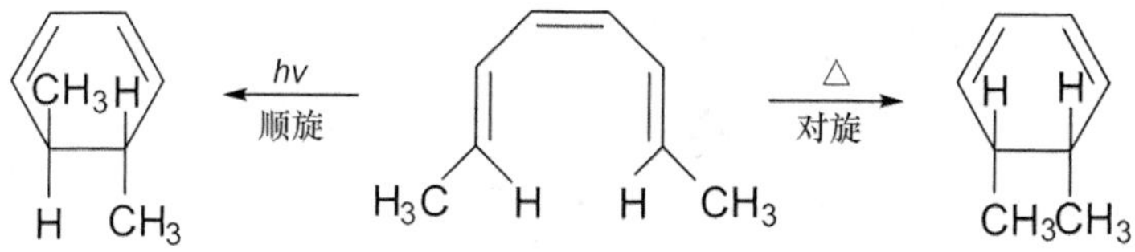


综上所述，电环化反应由分子前线轨道的对称性决定，这主要与共轭体系的 π 电子数目有关，其反应规律总结见表 16-1。

**表 16-1 电环化反应规律**

| 共轭体系 π 电子数 | 旋转方式 | 热反应 | 光反应 |
|---|---|---|---|
| $4n$ | 顺旋 | 允许 | 禁阻 |
| | 对旋 | 禁阻 | 允许 |
| $4n+2$ | 顺旋 | 禁阻 | 允许 |
| | 对旋 | 允许 | 禁阻 |

### 16.2.4 环加成反应

环加成反应是分子间的加成环化反应。从分子轨道的观点分析，每个反应物分子的HOMO中已充满电子，因此与另一分子的轨道交盖成键时，要求另一轨道必须是空的，而且能量最好与 HOMO 比较接近。所以，能量最低的空轨道 LUMO 最匹配。根据分子轨道对称守恒原理，环加成反应能否进行，主要取决于一反应物分子的 HOMO 轨道与另一反应物分子的 LUMO 轨道的对称性是否匹配，如果两者的对称性是匹配的，环加成反应允许，反之则禁阻。

1. [2 + 2]环加成

以乙烯的二聚反应为例进行讨论。乙烯的 π 键轨道及相位图如图 16-4 所示。

在加热条件下，一分子乙烯的 HOMO 为 $\psi_1$ 轨道，另一分子乙烯的 LUMO 为 $\psi_2$ 轨道，显然它们的相位不同，相互接近时，轨道对称性禁阻。光照条件下，一个处于激发态的乙烯分子的 HOMO 为 $\psi_2$，另一个处于基态的乙烯分子的 LUMO 也是 $\psi_2$，它们的位相相同，轨道对称性允许。

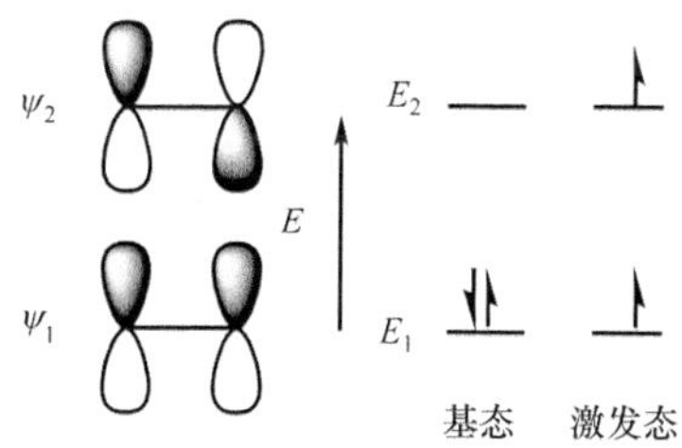


图 16-4 乙烯的 π 键轨道及相位图

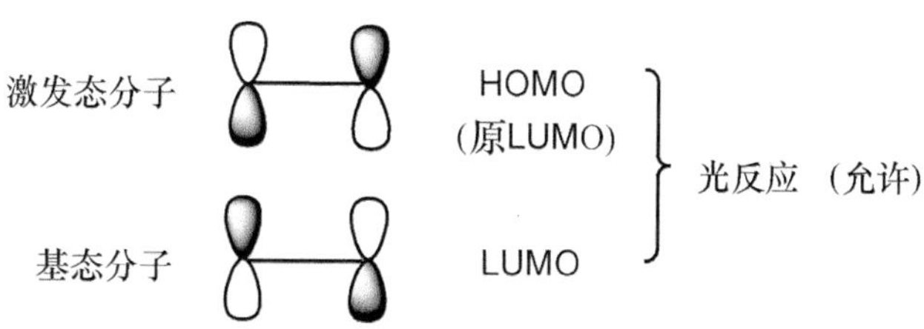


其他烯烃的轨道对称性与乙烯相同，因此[2 + 2]环加成反应，热反应禁阻，光反应允许。

同时反应还受到 π 键极性方向的影响。例如：

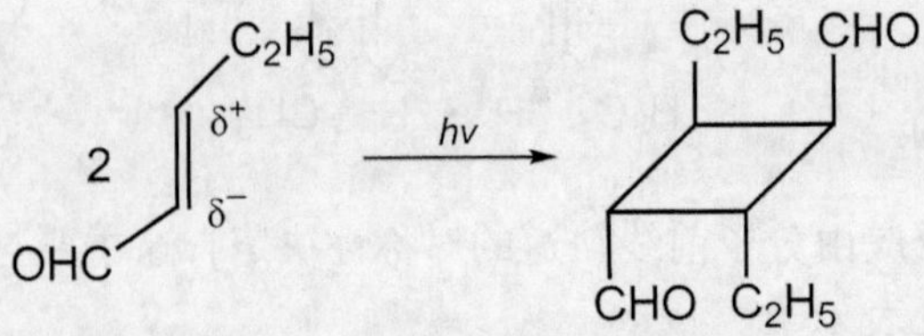


2. [4 + 2]环加成

以 1,3-丁二烯和乙烯的环加成反应为例进行讨论。1,3-丁二烯和乙烯的 π 键轨道及相位图分别见图 16-2 和图 16-4。

在加热条件下，1,3-丁二烯的 HOMO($\psi_2$)与乙烯的 LUMO($\psi_2$)作用或乙烯的 HOMO($\psi_1$)与 1,3-丁二烯的 LUMO($\psi_3$)作用都是对称性允许的，相互接近时，可以交盖形成 σ 键。一般认为，前者作用占优势，因其在能量上是有利的。

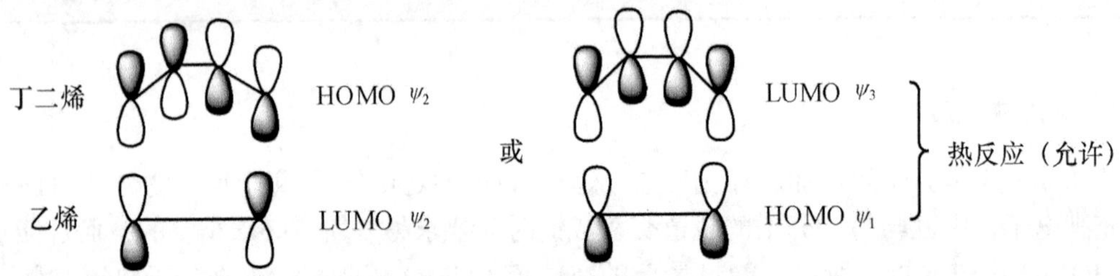


光照条件下，1,3-丁二烯的 HOMO 由 $\psi_2$ 变成了 $\psi_3$，乙烯的 HOMO 由 $\psi_1$ 变成了 $\psi_2$，这样 1,3-丁二烯的 HOMO($\psi_3$)与乙烯的 LUMO($\psi_2$)作用或乙烯的 HOMO($\psi_2$)与 1,3-丁二烯的 LUMO($\psi_3$)作用都是对称性禁阻的，相互接近时，不能交盖形成 σ 键。

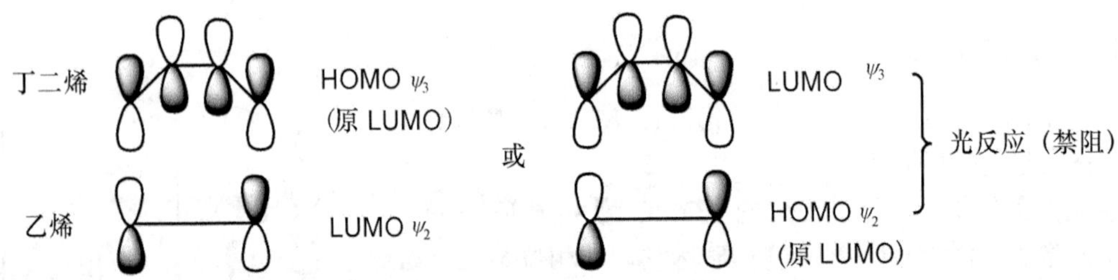


因此，[4 + 2]环加成反应，热反应允许，光反应禁阻。

综上所述，[2 + 2]环加成反应在光照条件下进行，[4+2]环加成反应在加热条件下进行。

### 16.2.5 σ 键迁移反应

对于[1, *j*]σ 迁移反应，前线轨道假定发生迁移的 σ 键发生均裂，产生一个氢原子(或碳自由基)和一个奇数碳共轭体系自由基，把[1, *j*]σ 迁移看作一个氢原子(或一个碳自由基)在一个奇数碳共轭体系自由基上移动来完成的。σ 迁移反应是沿着共轭体系进行的。如果迁移后，新形成的 σ 键在 π 体系的同侧形成新键，称为同面迁移，反之，则称为异面迁移。反应的立体选择性(同面迁移或异面迁移)完全取决于奇数碳共轭体系在基态或激发态时，其单占电子前线轨道的对称性。

例如，在氢[1, 3]σ 迁移中，丙烯的侧链氢原子迁移到另一端，同时 π 键移位的过程可以看作氢原子在烯丙基自由基 HOMO 轨道中移动。烯丙基自由基的分子轨道如图 16-5 所示，其前线轨道在基态时是单占轨道 $\psi_2$，在激发态时是 $\psi_3$。

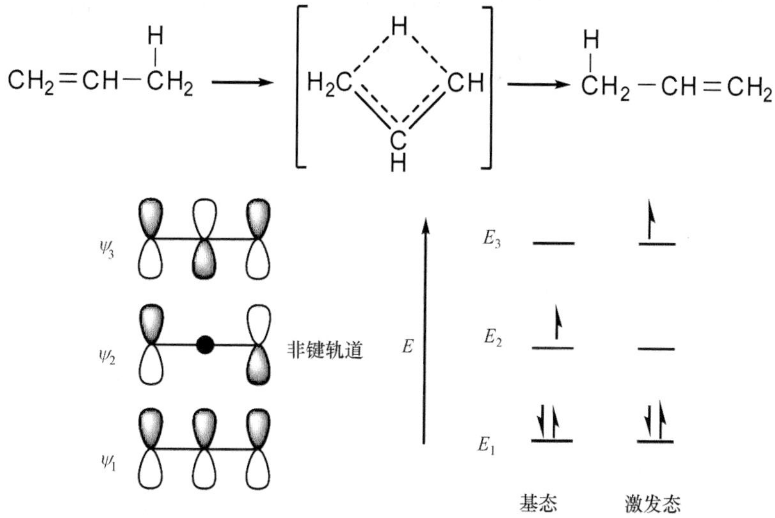


图 16-5 烯丙基自由基的 π 键轨道及相位图

由图 16-5 看出，烯丙基自由基前线轨道 $\psi_2$ 两端 p 轨道相位并不相同。因此，[1, 3]σ 迁移反应发生同面迁移是禁阻的，异面迁移是允许的。在激发态时，氢[1, 3]σ 同面迁移是允许的，见图 16-6。

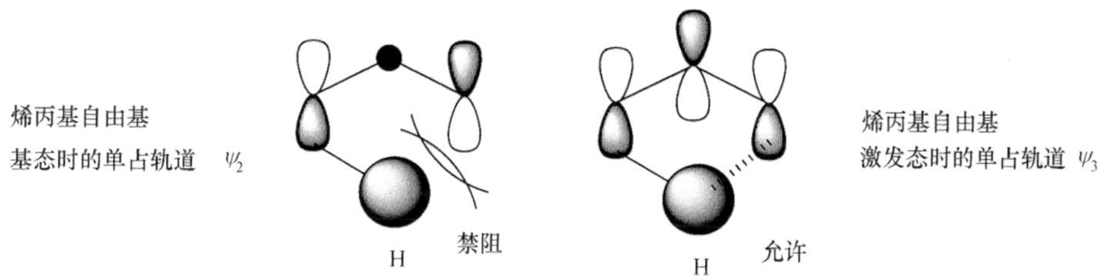


图 16-6 氢[1, 3]σ 迁移立体选择性

事实上，基态下氢[1, 3]异面迁移也很难实现，因为碳链太短，柔性太小，氢原子的球形 1s 轨道成键困难。所以，基态下氢[1, 3] σ 迁移是禁阻的，而氢[1, 5] σ 迁移是允许的。碳原子参与的[1,3]迁移与氢不同。由于碳原子的 2p 轨道是哑铃型的，所以不管是[1, 3]还是[1, 5]迁移，都是对称性允许的，不同的是[1, 5]迁移时发生迁移的碳原子构型保持不变，而在[1, 3]迁移时发生迁移的碳原子的构型要变化。

Cope 重排和 Claisen 重排都是[3, 3] σ 迁移重排，所不同的是，在 Claisen 重排中是从氧迁移到碳，而在 Cope 重排中是从碳迁移到碳。

前线轨道理论是这样来处理[*i*, *j*] σ 迁移反应的：

(1) 让发生迁移的 σ 键均裂，产生两个奇数碳共轭体系自由基，[*i*, *j*]σ 迁移可以看作这两个奇数碳共轭体系的相互作用完成的。

(2) 在[*i*, *j*]σ 迁移反应中，起决定作用的分子轨道是这两个奇数碳共轭体系的含单电子的前线轨道。

(3) 在 σ 迁移反应中，新 σ 键形成时必须发生同相位重叠。

例如，1,5-二烯类化合物的[3, 3] σ 迁移反应，可以看作它们是通过两个烯丙基自由基体系的相互作用完成的。按照前线轨道理论，两个烯丙基自由基在基态下的 HOMO 都是 $\psi_2$，见图 16-5。其两端碳原子的 p 轨道相位是不同的，可以发生交盖而进行同面迁移，见图 16-7。

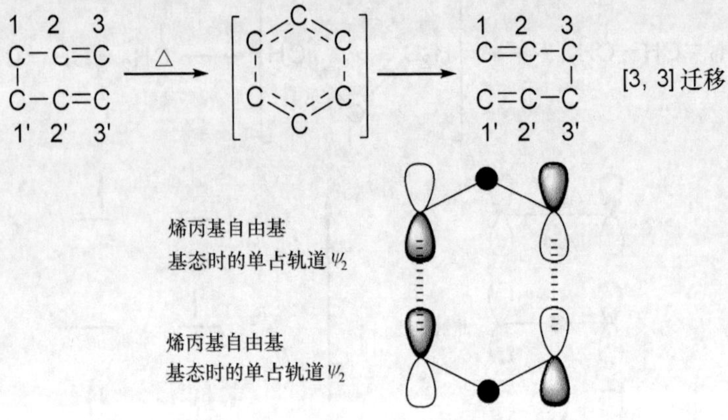


图 16-7　1,5-二烯[3, 3]σ 同面迁移

由图 16-7 看出，对于[3,3] 迁移反应来说，基态时，同面-同面迁移是对称性允许的。

## 阅读材料

### 福 井 谦 一

福井谦一(K. Fukui，1918 年 10 月 4 日—1998 年 1 月 9 日)，日本理论化学家，美国科学院外籍院士，欧洲艺术科学文学院院士，日本政府文化勋章获得者。福井由于在 1951 年提出直观化的前线轨道理论而获得 1981 年 Nobel 化学奖，他是第一位获得 Nobel 化学奖的日籍科学家。

### 一、生平简介

1918 年 10 月 4 日，福井出生于日本奈良县井户野町的一个职员家庭，他的父亲毕业于东京商科大学，供职于一家英国公司。家境富裕的福井自幼便受到良好的教育，不仅学习过《论语》等传统典籍，同时受到欧美文化和先进科学技术的熏陶。中学时代的福井谦一先后就读于大阪府立今宫初级中学和旧制大阪高中，他的数学与德语成绩优异，但是这位日后的理论化学家却对中学化学非常不感兴趣。在进入大学的升学考试中，福井受到家族亲戚京都帝国大学工业化学系教授喜多源逸的影响，选择了自己最不喜欢的化学作为终身的专业。

1938 年福井考入京都大学工业化学系，进入大学的福井没有放弃自己对数学的兴趣，选修了大量数学和理论物理方面的课程，在这一时期打下了坚实的数理基础。1941 年福井大学毕业，进入京都大学燃料化学系儿玉信次郎教授的实验室攻读硕士学位。儿玉信次郎早年留学德国，返回日本时带回了大量欧洲的书籍资料，当时的欧洲量子理论正处于空前的发展之中，福井谦一通过这些珍贵的书籍接触到了当时理论科学研究前沿。1943 年任京都大学讲师，1948 年福井获得了博士学位。毕业后的福井留在京都大学燃料化学系，在一间条件简陋的研究室中从事理论研究。1951 年起任京都大学物理化学教授。同年，福井谦一发表了前线轨道理论的第一篇论文《芳香碳氢化合物中反应性的分子轨道研究》，奠定了福井理论的基础。福井初期的工作并不为人们所认可，他的同事和上司认为福井不专心从事应用化学的研究，而是希望提出全新的化学基础理论，并且希望将当时还不为化学界所接受的量子力学引入到化学领域中，是不切实际和狂妄的。日本学术界对福井的理论也并不重视，直到1960年，欧美学术界开始大量引用福井的论文之后，日本人才开始重新审视福井理论的价值。由于福井在前线轨道理论方面开创性的工作，京都大学逐渐形成了一个以他为核心的理论化学研究团队，福井学派也成为量子化学领域一个重要的学派。

1981年，福井谦一与提出分子轨道对称性守恒原理的美国科学家霍夫曼分享了诺贝尔化学奖。同年，他又获得了美国科学院外籍院士、欧洲艺术科学文学院院士、日本政府文化勋章、英国皇家学会会员等一系列荣誉。1982年福井从京都大学退休，被京都工艺纤维大学(京都技术学院)聘为校长，同时担任福井基础化学研究所所长、京都基础化学研究院理事等职。

## 二、学科贡献

福井谦一在长期从事量子化学理论并对有机化合物的研究中，总结出著名的前线轨道理论。他指出化合物分子的许多性质主要由最高占据分子轨道和最低未占据分子轨道所决定的。凡是处于前线轨道的电子，可优先配对，这对选择有机合成反应路线起决定性作用。1951年福并谦一提出这一理论时，并未引起人们的注意。1959年Woodward和Hoffmann首先肯定这一理论的价值，并用它来研究周环反应的立体化学选择定则，进一步把它发展成为分子轨道对称守恒原理。这些发现不仅解释了以前化学反应中的一些不能解释的现象，而且能预测许多化学反应是否能进行。维生素$B_{12}$的合成就是在前线轨道理论和分子轨道对称守恒原理指导下的成功例子。

### 1. 前线轨道理论

前线轨道理论是福井谦一赖以成名的理论，这一理论将分子周围分布的电子云根据能量细分为不同能级的分子轨道，福井认为有电子排布的、能量最高的分子轨道(最高占据轨道 HOMO)和没有被电子占据的、能量最低的分子轨道(最低未占轨道 LUMO)是决定一个体系发生化学反应的关键，其他能量的分子轨道对于化学反应虽然有影响但是影响很小，可以暂时忽略。HOMO 和 LUMO 便是所谓前线轨道。

福井提出，通过计算参与反应的各粒子的分子轨道，获得前线轨道的能量、波函数相位、重叠程度等信息，便可以相当满意地解释各种化学反应行为，对于一些经典理论无法解释的行为，应用前线轨道理论也可以给出令人满意的解释。前线轨道理论简单、直观、有效，因而在化学反应、生物大分子反应过程、催化机理等理论研究方面有着广泛的应用。

### 2. 内禀反应坐标法

过渡态理论认为，化学反应的过程就是体系从势能面上的一个最低点经过某一特定途径，滑动到另一个最低点的过程，研究体系滑动在势能面上留下的轨迹，是化学反应动力学的一项任务。福井提出的内禀反应坐标法可以阐明体系在反应途径上每一处所受到的作用力与核位移之间的关系。

### 3. 量子化学直观化

无论是前线轨道理论还是内禀反应坐标法，都是将复杂、抽象的量子化学公式转化为简单直观的近似理论，福井谦一所有的工作都是围绕量子化学直观化这一目标进行的。通过他提出的理论，传统的化学家可以不经过抽象的公式推导和计算，直接使用量子化学的理论指导实验，为他们打开了理论化学神秘的大门。为此福井专门编写了《图解量子化学》一书，这部书是非理论化学专业工作者了解量子化学的经典读物。

## 习 题

16-1 完成下列反应。

(1) 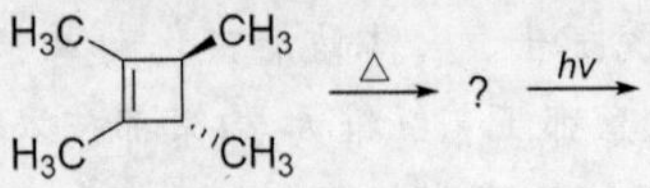

(2) 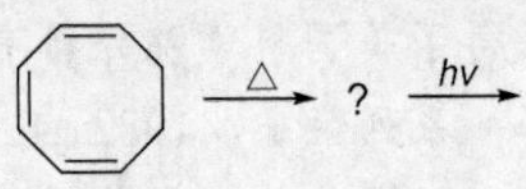

(3) 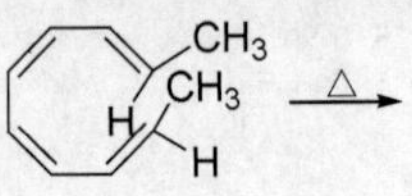

(4) 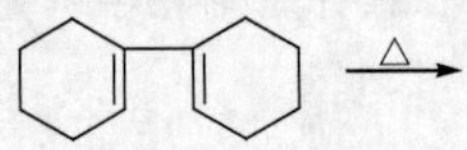

(5) 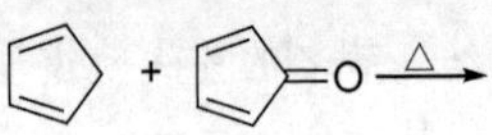

(6) 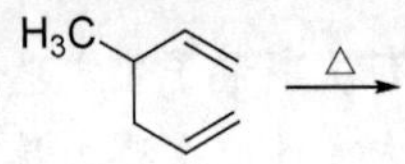

(7) 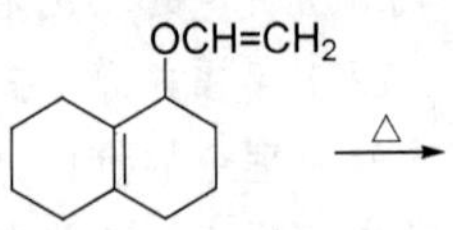

16-2 指出下列反应过程所需的条件。

(1) 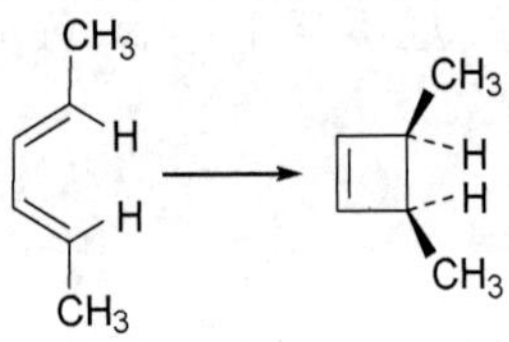

(2) 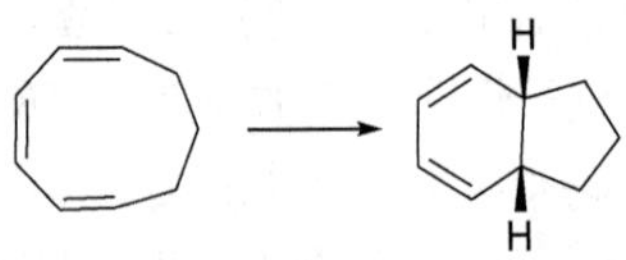

(3) 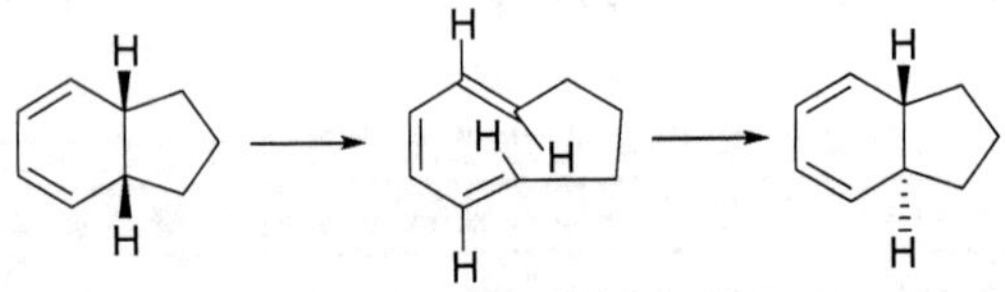

(4) 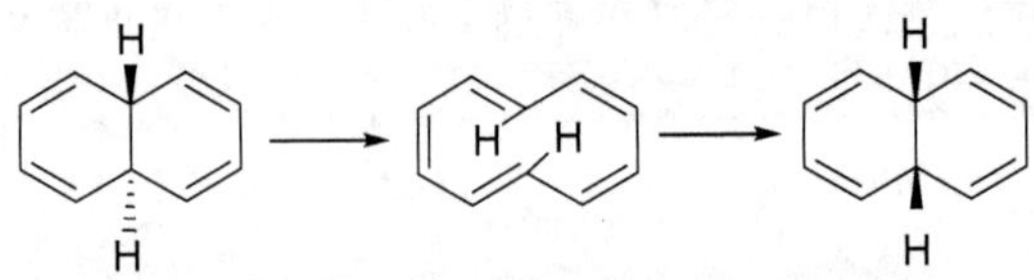

16-3 设计合理的反应条件和过程，以获得指定产物。

(1) 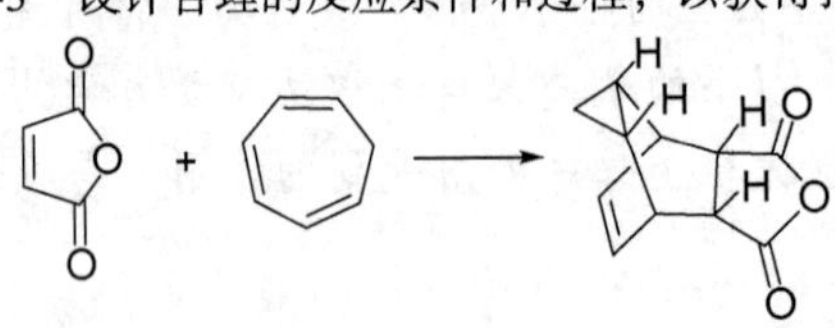

(2) 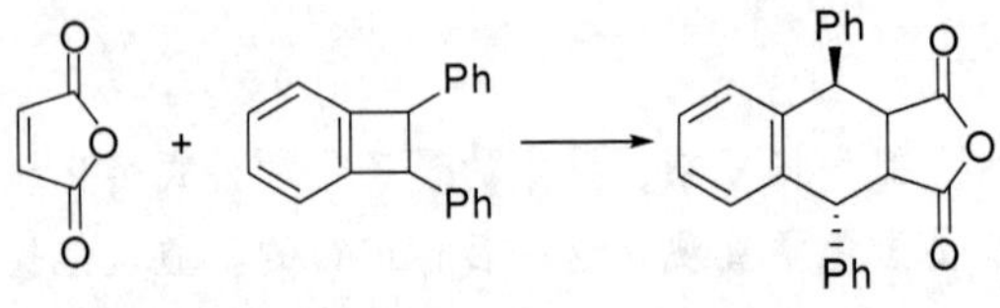

16-4 苯肼与醛、酮在酸催化下加热重排消除一分子氨，得到 2-或 3-取代的吲哚的反应称 Fischer 吲哚合成法：

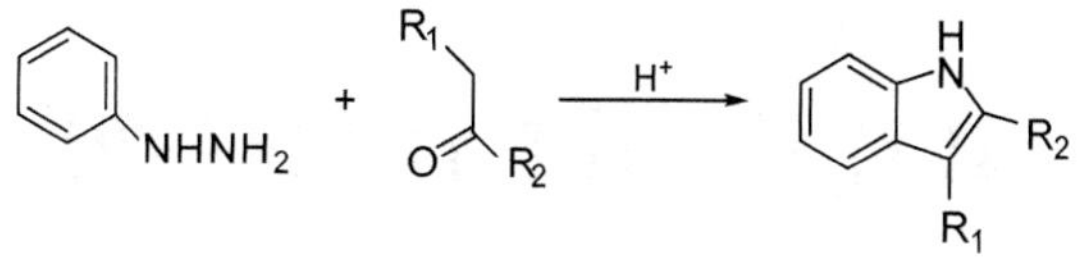

试解释其反应机理。

# 第 17 章　元素有机化合物

元素有机化合物是指除碳、氢、氧、氮以外的元素(主要包括 B、Si、P、S 等原子)与碳原子直接结合成键的有机化合物。元素有机化合物具有独特的反应性质，其中很多反应都具有很好的化学选择性、区域选择性和立体选择性(参见 20.1.4)。元素有机化合物在有机合成中占有重要的地位，H. C. Brown(布朗)和 G. Wittig(魏蒂希)因在有机硼和有机膦化学方面的研究工作共获 1979 年 Nobel 化学奖。近年来，元素有机化合物的研究发展迅速，已发展了许多新的合成试剂，同时建立了许多反应条件温和、产率高、环境友好的有机合成新方法，并且这些方法广泛应用于天然产物、药物分子和功能材料的合成。元素有机化合物内容丰富、性能各异，本章主要简单介绍有机硼、有机硅、有机膦和有机硫试剂及其参与的反应。

## 17.1　有机硼试剂

硼原子的电子层结构是 $1s^2 2s^2 2p^1$，在价电子层中能提供成键的电子是 $2s^1 2p_x^1 2p_y^1$，故硼与碳一般形成三价化合物。由于存在空的 p 轨道，三价硼化合物缺电子、具有很强的接受电子的能力，这种亲电性使其容易接受 Lewis 碱的孤对电子而形成加合物。有机硼试剂是有机合成中重要的中间体，能发生多种化学反应，且许多反应具有高度的立体选择性，利用有机硼试剂可以合成烷烃、烯烃、醇、醛、酮等多种化合物。

### 17.1.1　硼氢化试剂

有机化学中，把至少含有一个硼氢键的化合物包括甲硼烷($BH_3$)、一取代甲硼烷($RBH_2$)和二取代甲硼烷($R_2BH$)等称为硼氢化试剂。甲硼烷不稳定，生成后立即变为二聚体乙硼烷($B_2H_6$)。乙硼烷能与四氢呋喃、乙醚等醚类化合物作用生成甲硼烷的配合物。市售试剂即为甲硼烷与四氢呋喃的配合物 $BH_3 \cdot THF$。乙硼烷为无色有毒气体，在空气中能自燃，遇水迅速分解，可在反应物的存在下现场制备，也可制成甲硼烷配合物溶液备用。乙硼烷可由硼氢化钠与硫酸、盐酸、乙酸或 Lewis 酸等反应制得。

$$2NaBH_4 + 2CH_3COOH \longrightarrow B_2H_6 + 2H_2 + 2CH_3COONa$$

$$3NaBH_4 + 4BF_3 \longrightarrow 2B_2H_6 + 3NaBF_4$$

除甲硼烷外，二(1,2-二甲基丙基)硼烷($Sia_2BH$，俗称二仲异戊基硼烷)、1,1,2-三甲基丙基硼烷($ThexBH_2$，俗称叔己基硼烷)和 9-硼杂双环[3.3.1]壬烷(9-BBN)是有机合成中特别有用的硼氢化试剂。这些试剂的反应活性低于甲硼烷，但因空间位阻效应，反应的选择性优于甲硼烷，是常用的选择性硼氢化试剂。这三种硼氢化试剂的结构式及简化式列于表 17-1。

**表 17-1　$Sia_2BH$、$ThexBH_2$ 和 9-BBN 的结构式及简化式**

| 硼氢化试剂 | 结构式 | 简化式 |
|---|---|---|
| $Sia_2BH$ | 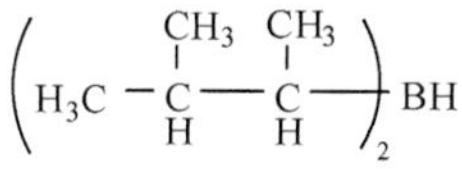 | 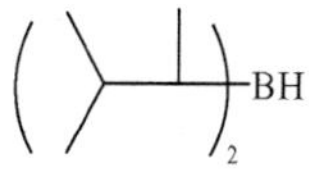 |
| $ThexBH_2$ | 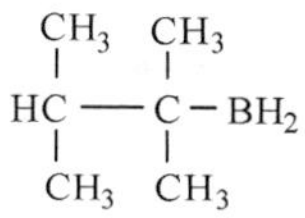 | 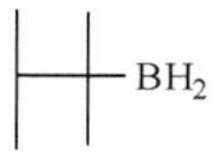 |
| 9-BBN |  | 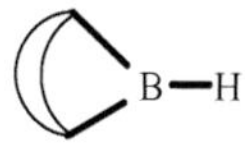 |

### 17.1.2　有机硼试剂的制备

1. 硼氢化法

硼氢化试剂与烯烃(或炔烃)加成，生成有机硼化合物的反应称为硼氢化反应。硼氢化反应是制备有机硼化合物的重要方法(参见 4.4.1)。

2. 由有机金属化合物制备

格氏试剂与三氟化硼或三氯化硼反应，生成有机硼化合物。

$$BX_3 + 3RMgX' \longrightarrow R_3B + 3MgXX'$$

$$X=F,Cl \qquad X'=\text{卤素}$$

卤代硼烷、一烃基和二烃基硼烷与有机金属化合物作用可得到硼氢化反应不能得到的有机硼化物。

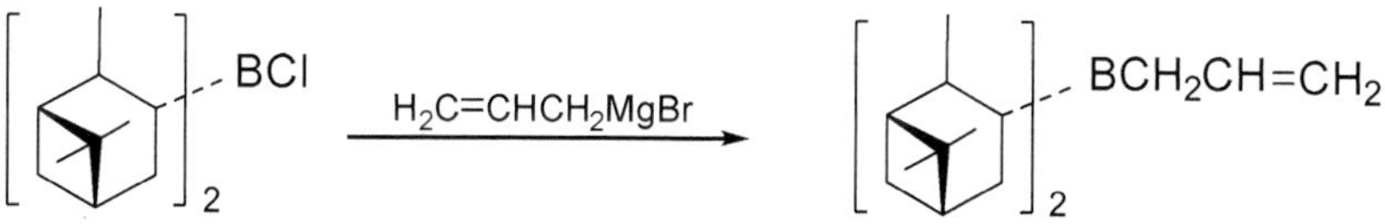


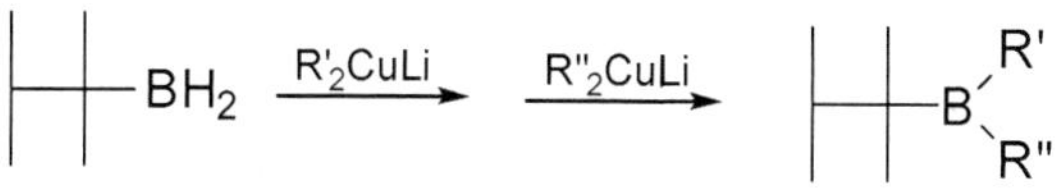


此外，有机硼化物还可以直接从三氟化硼、金属镁与相应的卤代烃反应制备。

$$3RX + BF_3 + Mg \longrightarrow R_3B + 3MgXF$$

### 17.1.3　有机硼试剂的反应

1. 烃基化反应

在叔丁醇钾存在下，三烃基硼烷与 $\alpha$-溴代酮反应，生成 $\alpha$-烃基取代酮。

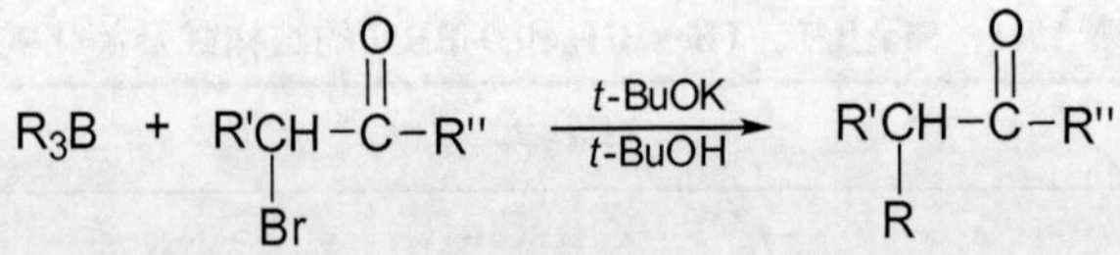

反应历程为：在叔丁醇钾作用下，$\alpha$-溴代酮失去质子生成碳负离子，烃基硼烷对碳负离子亲电进攻生成加合物。加合物中硼原子带负电荷，促使与硼相连的烃基向相邻的碳原子发生迁移，同时溴离子离去，最后经质子水解生成 $\alpha$-烃基取代酮。

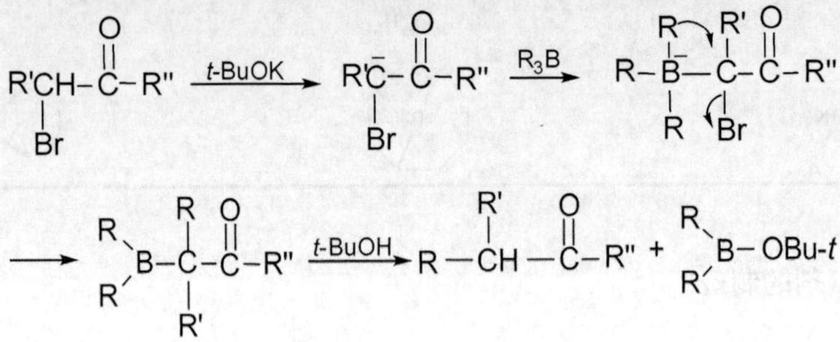

2. 由炔烃的硼氢化反应制备烯烃

炔烃的硼氢化反应生成烯基硼烷。烯基硼烷是合成烯烃的重要中间体，可用于合成 *Z*-、*E*-、*E*,*E*-共轭和 *Z*,*E*-共轭等不同结构的烯烃。反应的关键步骤为烯基自硼原子向碳原子的迁移，烯基迁移后构型保持不变，因此反应具有很高的立体选择性。

二烃基硼烷与末端炔烃反应生成烯基硼烷，再经碘的碱性溶液处理生成 *Z*-烯烃。

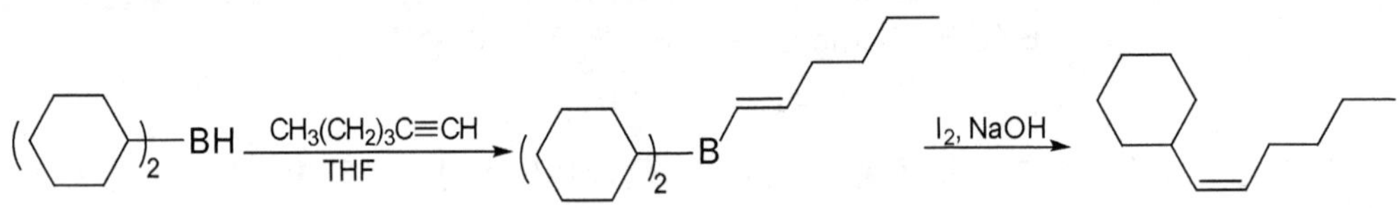

75%

反应历程包括以下步骤：硼氢化生成反式烯基硼烷，碘分子与双键作用生成三元环碘鎓离子，氢氧负离子与缺电子硼原子加合，烷基由硼向碳迁移及碘鎓离子开环，氢氧负离子与 $\beta$-碘代有机硼的硼原子加合，最后发生反式的脱硼碘反应。

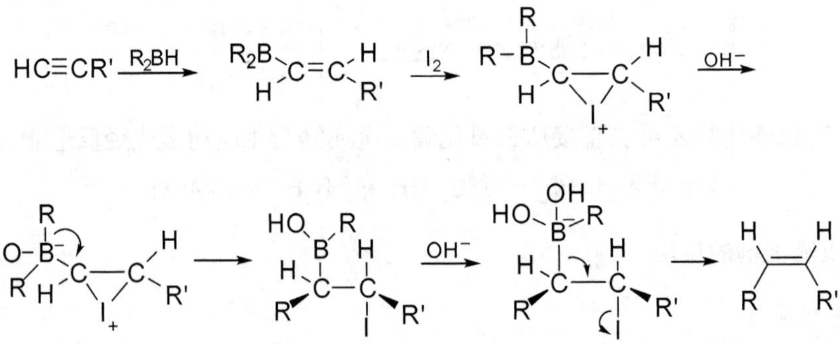

## 17.2 有机硅试剂

有机硅试剂不仅可以作为保护基使用，而且是很好的有机合成中间体和反应试剂。硅原子与碳原子同族，均为四价，外层电子构型为 $3s^23p^2$。由于硅的原子半径比碳大，且有 3d 空轨道，可以接受其他原子的 p 电子起到吸电子的作用，因此硅有稳定 $\alpha$-碳负离子的作用。同时由于碳硅键和 $\beta$-碳上空的 p 轨道有超共轭效应，硅也有稳定 $\beta$-碳正离子的作用。由于硅原子在成键时具有的这些特点，许多有机硅化合物均具有多种反应性能，已广泛应用于有机合成中。

### 17.2.1 有机硅试剂的制备

1. 烯醇硅醚的制备

烯醇硅醚是烯醇醚中氧原子上的基团被硅取代形成的一类化合物。烯醇硅醚可以看作烯醇的稳定形式，具有较高的热稳定性，是有机合成中广泛应用的重要中间体。烯醇硅醚还可以作为醛、酮的保护基使用。烯醇硅醚一般由含硅-卤键的化合物(如氯硅烷)与醛、酮在碱性条件下反应而得到。

用非亲核性的强碱如二异丙基氨基锂(LDA)，与酮作用生成相应的烯醇负离子，再用$(CH_3)_3SiCl$(TMSCl)捕获，可以制得烯醇硅醚。对于不对称的酮，如果用强碱(LDA)则得到动力学控制的产物，如果用弱碱($Et_3N$)则得到热力学控制的产物。

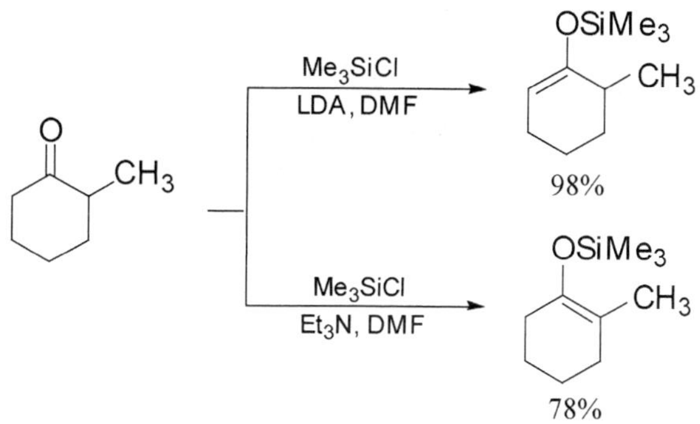


2. 硅叶立德的制备

硅叶立德通常用四烃基硅烷在强碱(如 $n$-BuLi)的作用下制备得到，也可以用烷基氯硅烷和金属(如 Mg)直接作用得到。

$$R_3SiCH_2Ph \xrightarrow{n\text{-BuLi}} R_3Si\overset{-}{C}HPh\overset{+}{Li}$$

$$Me_3SiCH_2Cl \xrightarrow{Mg} Me_3SiCH_2MgCl$$

### 17.2.2 有机硅试剂的反应

1. 烯醇硅醚的反应

1) 烃基化反应

在四氯化钛存在下，烯醇硅醚可以和卤代烃解离出的碳正离子反应，区域专一性地生成

α-烷基酮。在四丁基氟化铵(TBAF)存在下，苄基卤化物、烯丙基卤化物等也可以与烯醇硅醚发生类似反应。

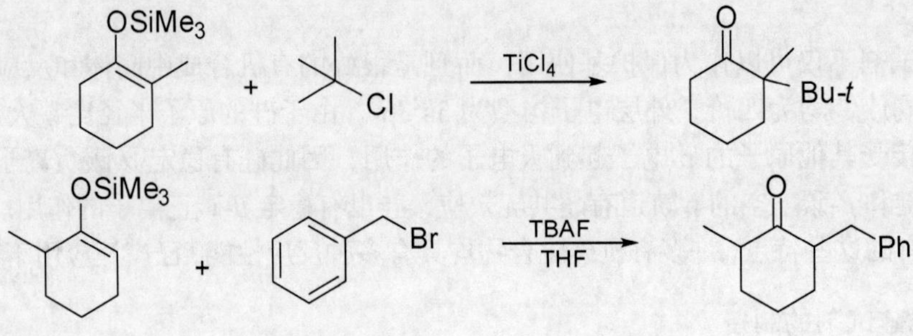

2) Diels-Alder 反应

烯醇硅醚可作为双烯体与亲双烯体发生 Diels-Alder 反应。利用此反应可制备并环化合物，形成天然产物的骨架结构。例如，1-甲氧基-3-(三甲基硅氧基)-1,3-丁二烯(Danishefsky's 二烯体)与对苯醌反应可得到四氢萘酮骨架。

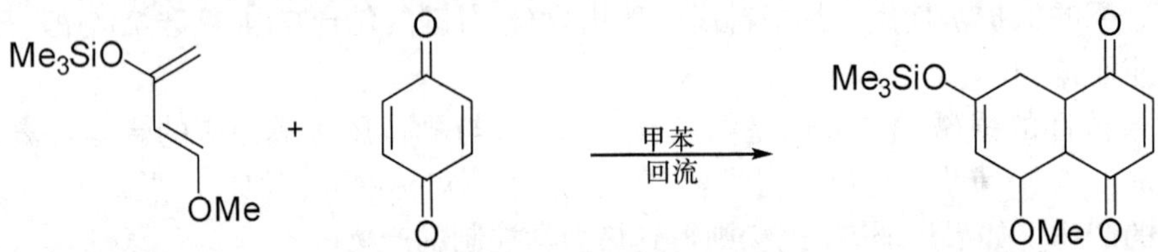

3) Mukaiyama 羟醛缩合反应

1973 年，Mukaiyama(向山)首次报道了在四氯化钛等路易斯酸的存在下，羰基化合物形成的烯醇硅醚与醛或酮反应得到 β-羟基醛或酮，该方法避免了交叉缩合的众多副产物的产生。由于烯醇硅醚亲核性不够强，不能直接与酮反应，因此需要加入 Lewis 酸以活化羰基。反应的过程可能是四氯化钛首先与烯醇硅醚作用生成三氯钛基烯醇醚，后者再与醛或酮反应，水解得到羟醛缩合产物。

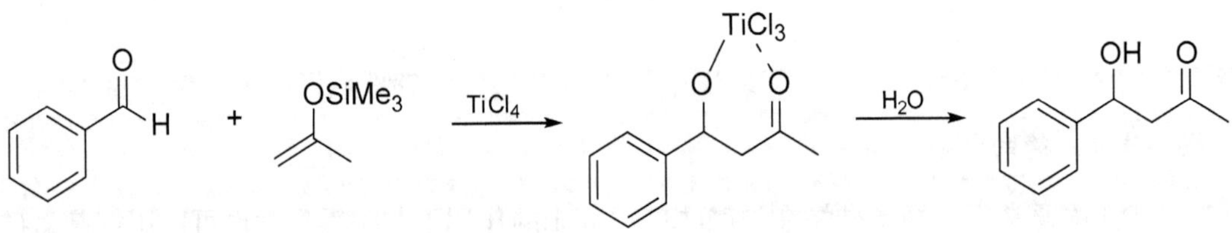

4) Michael 加成反应

烯醇硅醚可以和多种 α,β-不饱和羰基化合物发生 Michael 加成反应，该反应条件温和，可用于制备 1,5-二羰基化合物。

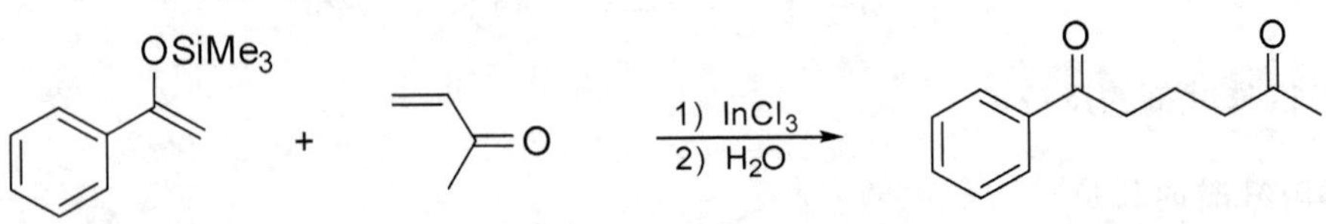

2. 硅叶立德的反应

硅叶立德是合成烯烃的一种非常重要的试剂。1968 年 Peterson(彼得逊)首次报道了硅叶立德与醛、酮反应生成烯烃，故此反应被称为 Peterson 反应。反应历程为硅叶立德的碳负离子先与醛、酮亲核加成生成 β-羟基硅烷的金属盐，然后经过 β-消除生成烯烃。β-消除的驱动力来自硅-氧键的生成。

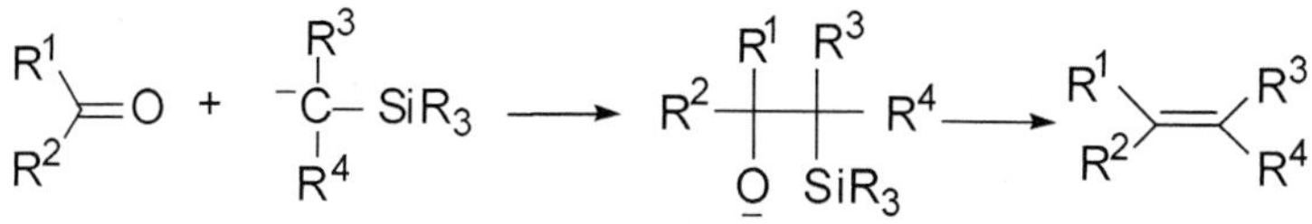

Peterson 反应主要用来合成烯烃，尤其是端基烯烃。由于硅叶立德通常比相应的膦酸酯碳负离子更加活泼，因此 Peterson 反应的条件比 Wittig 反应要温和，且副产物 $(Me_3Si)_2O$ 易挥发除去，反应后处理更加方便。

95%

## 17.3　有机磷试剂

有机膦试剂最重要的反应是 Wittig 反应(参见 11.3.1)。磷叶立德(ylide)是碳负离子内鎓盐，其结构可以用两种方式表示：

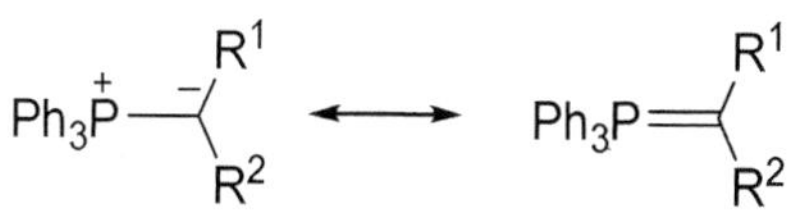

ylid (离子型)　　　　ylen (共价型)

### 17.3.1　磷叶立德的制备及分类

磷叶立德的制备方法很多，最常用的磷叶立德(Wittig 试剂)是三苯基磷叶立德，是由三苯基膦与卤代烃作用，首先生成季鏻盐，后者再用强碱(如 $C_4H_9Li$、PhLi 等)处理而得。

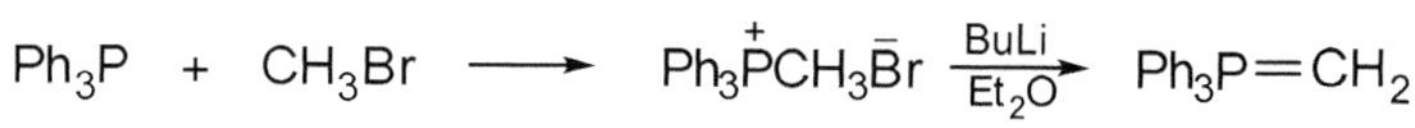

制备磷叶立德时需注意以下几点：①卤代烃分子中 α-碳必须连有氢原子；②碱的选择必须依据卤代烃分子中 α-碳所连接的基团对碳负离子的稳定作用而定，如能稳定碳负离子，则用弱碱即可，否则就必须使用强碱；③磷叶立德对水和空气不稳定，因此必须现制现用。

若用 $Ph_3P{=}CHR$ 表示磷叶立德，按反应活性可将其分为三类：

(1) 稳定型，R 为吸电子基，如羧基、酯基、酰基、腈基等。

(2) 活泼型，R 为推电子基，如烷基、环烷基等。

(3) 半稳定型，R 为吸电子基，如芳基、烯基、炔基等。

### 17.3.2　磷叶立德的反应

1. 与醛、酮的反应

磷叶立德与醛、酮发生亲核加成反应，使羰基所在位置烯基化。

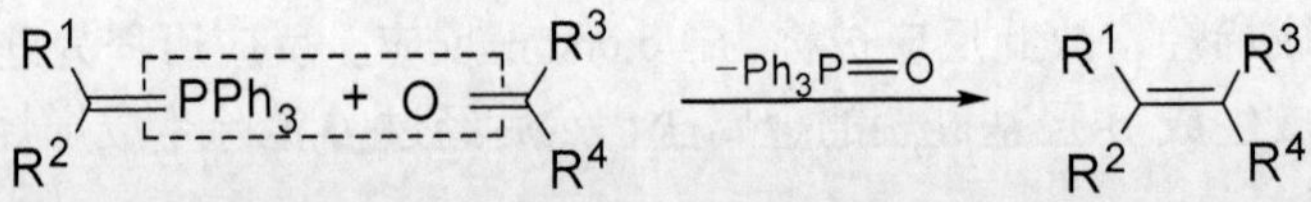

羰基化合物可以是脂肪族或芳香族醛或酮，羰基组分可以含有双键、叁键、羟基、烷氧基、卤素、酯基等。Wittig 试剂也可以带有双键、叁键等官能团而不受影响。例如：

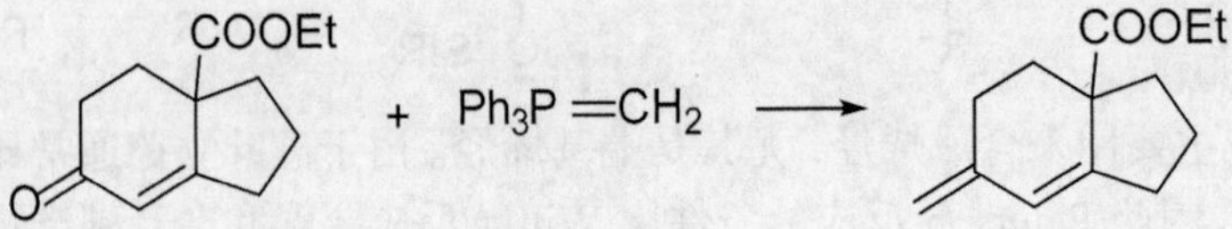

若以 $\alpha$-卤代醚为原料，其磷叶立德与醛、酮反应得到相应的乙烯基醚，后者水解得到多一个碳原子的醛。

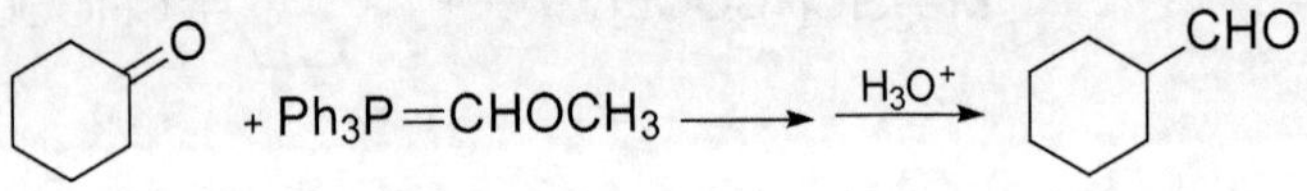

2. 与酰氯的反应

磷叶立德与酰氯反应生成酰基磷叶立德。

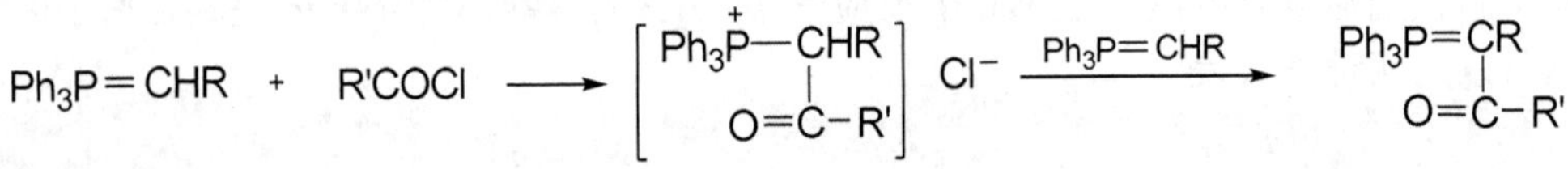

酰基磷叶立德是有机合成的重要中间体，用热水水解或锌-乙酸还原裂解可得到酮，进行高温裂解可得到炔。

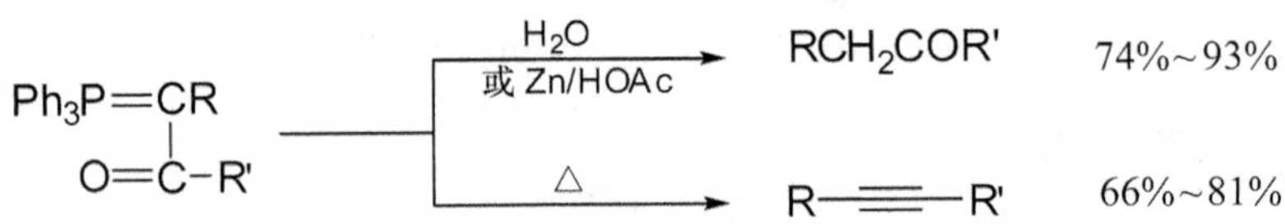

若 R 为芳基，还原反应产率较高。若 R 为烷基，则水解反应产率较高。

脂肪族酰氯在碱的作用下易脱去 $\alpha$-氢生成烯酮，利用这一特点，可以合成累积二烯烃。这一方法已应用于昆虫信息素的合成。

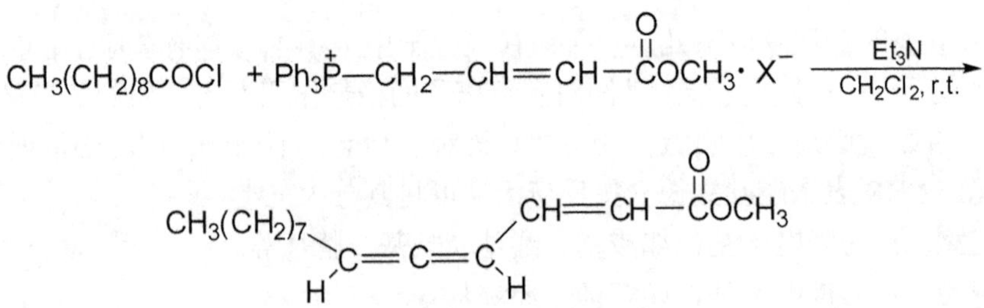

## 17.4 有机硫试剂

硫与氧同族，具有相似的外层电子构型，但硫原子的半径较大，价电子离核较远，极化度较大，电负性较小，因此硫的亲核性比氧强。与氧不同的是，硫原子具有 3d 空轨道，可以参与成键，因而硫能形成 4 价和 6 价的高价化合物。如甲硫醚氧化可得到二甲基亚砜，继续氧化可得到二甲基砜。硫的 d 轨道还可以参与相邻碳原子上负电荷的分散，易形成 $\alpha$-碳负离子和硫叶立德。有机硫化合物具有多种反应性能，是有机合成中非常重要的中间体。

### 17.4.1　有机硫试剂的制备

1. 硫叶立德的制备

最常见的硫叶立德是硫叶立德(sulfonium ylide)和亚砜叶立德(sulfoxonium ylide)。硫叶立德最常用的制备方法是采用硫盐与强碱反应，而硫盐通常由硫醚通过烷基化反应得到。

$$Me_2S + MeI \longrightarrow Me_3\overset{+}{S}\;\overset{-}{I} \xrightarrow[DMSO]{NaH} Me_2\overset{+}{S}-\overset{-}{C}H_2$$

亚砜叶立德可以用类似的方法制备，由于硫氧双键分散负电荷的能力较强，故亚砜叶立德比硫叶立德更加稳定。

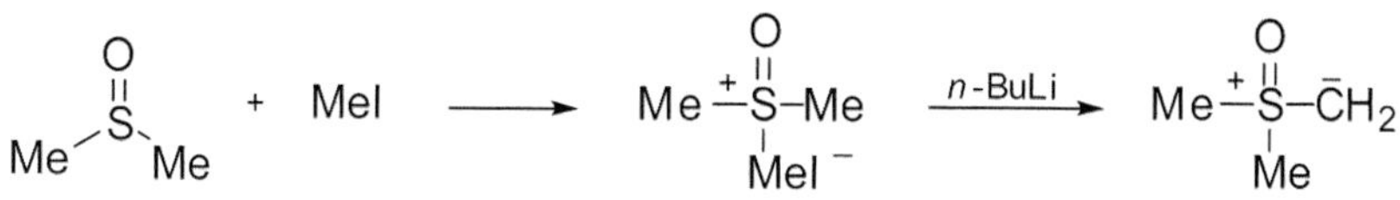

2. 硫代缩醛的制备

硫代缩醛在有机合成中的应用很广泛，可以由醛和 1,3-丙二硫醇在酸的作用下反应得到。

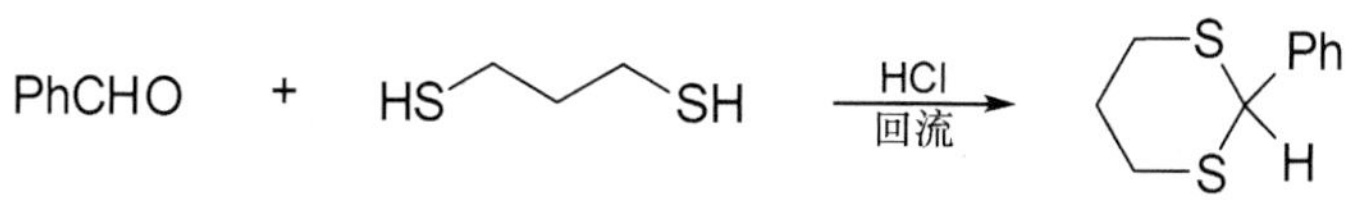

### 17.4.2　有机硫试剂的反应

1. 硫叶立德的反应

硫叶立德和磷叶立德一样可以与醛、酮发生亲核加成反应，但反应的产物不同，前者生成的产物是环氧化物，而不是烯烃。例如，二甲基硫亚甲基叶立德与苯甲醛反应生成 2-苯基环氧乙烷。反应按如下途径进行，首先硫叶立德的亲核性碳原子进攻苯甲醛中亲电性的羰基碳原子，由于硫对氧原子的亲和力不如磷，因此反应通过另一种更有利的方式进行，即氧负离子直接进攻与硫相连的碳原子，同时二甲硫醚离去，生成环氧化物。

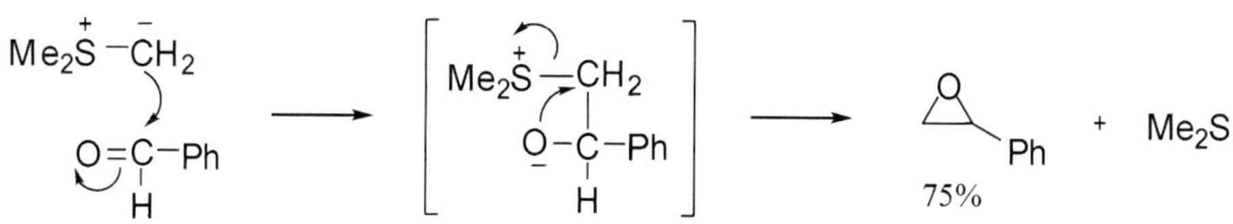

环酮也可以发生类似的反应，得到螺环环氧化物。

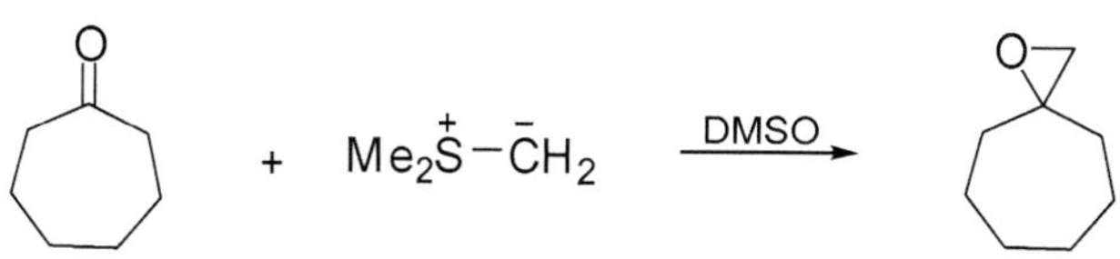

硫叶立德与 $\alpha,\beta$-不饱和醛酮反应生成 $\alpha,\beta$-不饱和环氧化物。

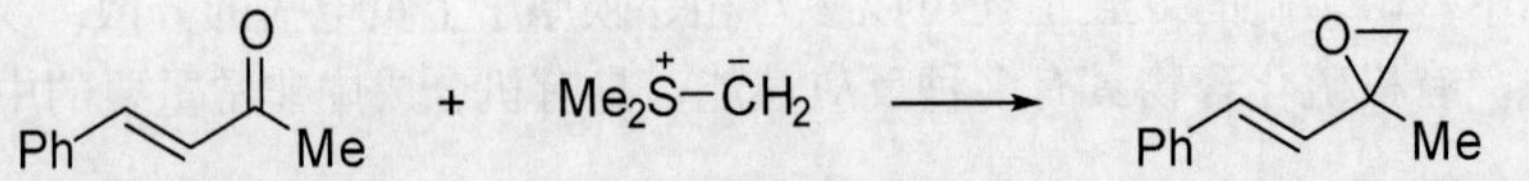

另外，硫叶立德能发生多种重排反应，可以形成碳碳键。例如，烯丙基硫盐生成的叶立德可以发生如下所示的[2,3]-σ 重排反应：

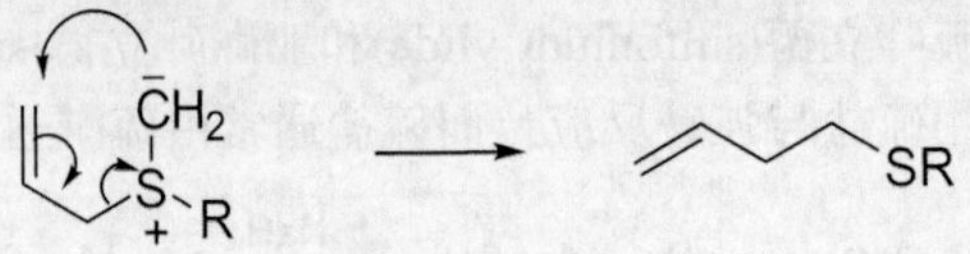

亚砜叶立德与 $\alpha,\beta$-不饱和醛酮的反应不同于硫叶立德，反应选择性地发生在碳碳双键上，得到环丙烷产物。

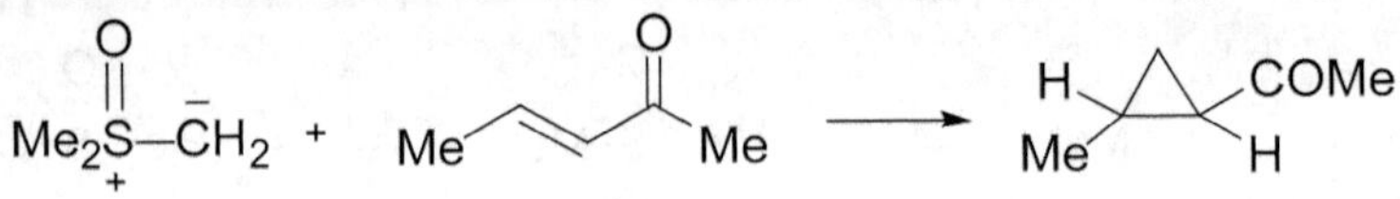

2. 硫醚的反应

由于硫有稳定 $\alpha$-碳负离子的作用，因此与硫相连的 $\alpha$-碳原子在碱性条件下可以形成 $\alpha$-碳负离子，它可以与亲电试剂作用形成碳碳键。

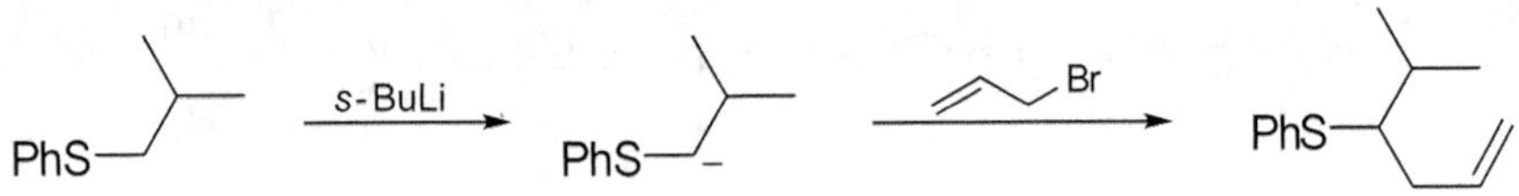

对于位阻较大的酮合成末端烯烃时，用苯硫基甲基锂要比 Wittig 试剂更加方便。先将生成的 $\beta$-羟基苯基硫醚的羟基转化为酰基衍生物，然后再用 $Li/NH_3$ 还原消除得到烯烃。

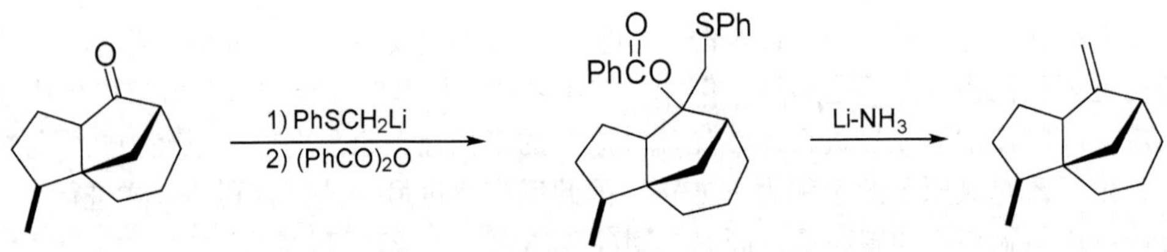

3. 硫代缩醛的反应

硫代缩醛分子中的亚甲基处于两个硫原子之间，由于两个硫原子的稳定作用，其形成的碳负离子在低温下具有一定的稳定性。硫代缩醛可以与羰基化合物等多种不同的亲电试剂发生反应，反应的产物在汞离子等重金属离子的存在下水解可以重新生成羰基化合物。因此硫代缩醛 $\alpha$-碳负离子实际上是一种隐蔽的酰基负离子。硫代缩醛是有机合成中常用的极性反转(umpolung)试剂，即反应中原来带正电荷的羰基碳原子转变为带负电性的碳原子。

硫代缩醛 $\alpha$-碳负离子与卤代烷反应，在汞离子存在下水解后可以得到酮，此反应提供了一种将醛转化为酮的方法。

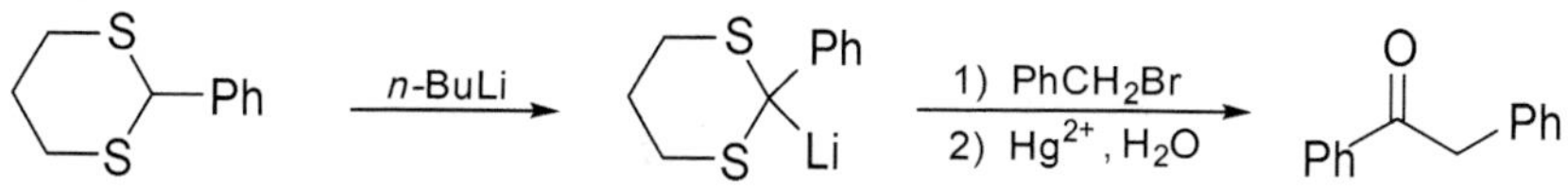

# 习　题

17-1　写出下列化合物的结构式。

(1) $Sia_2BH$　　(2) $ThexBH_2$　　(3) 9-BBN　　(4) TMSCl

17-2　写出下列反应的产物。

(1) 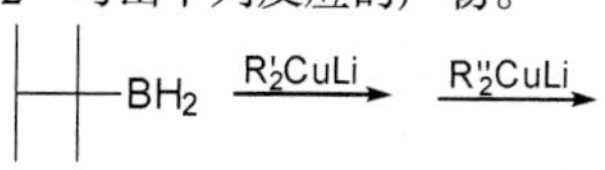

(2) 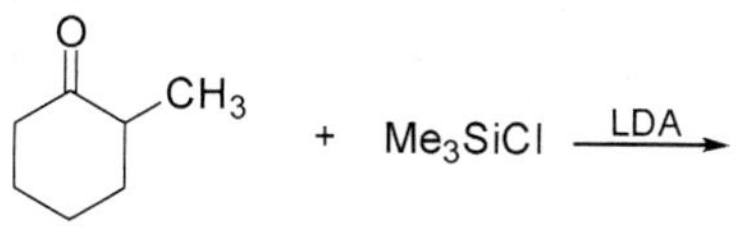

(3) 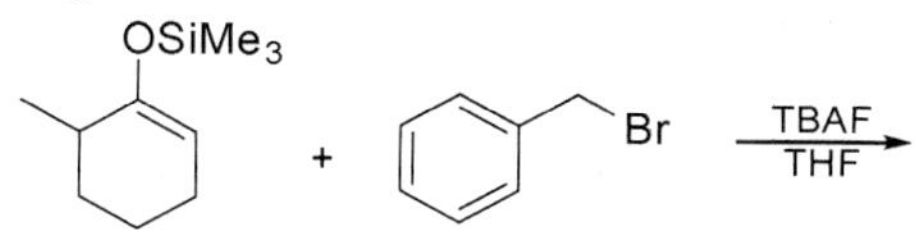

(4) 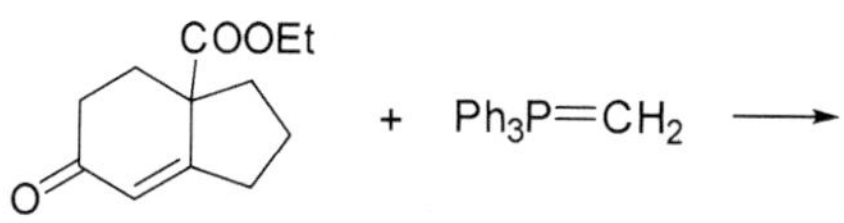

(5) 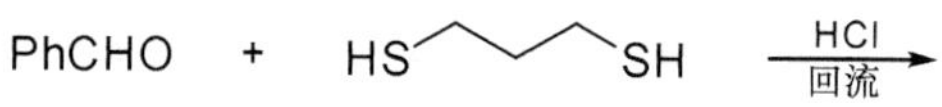

(6) 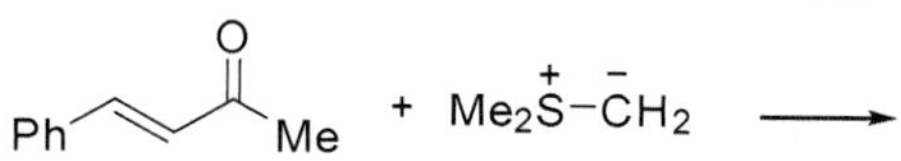

17-3　完成下列反应。

(1) 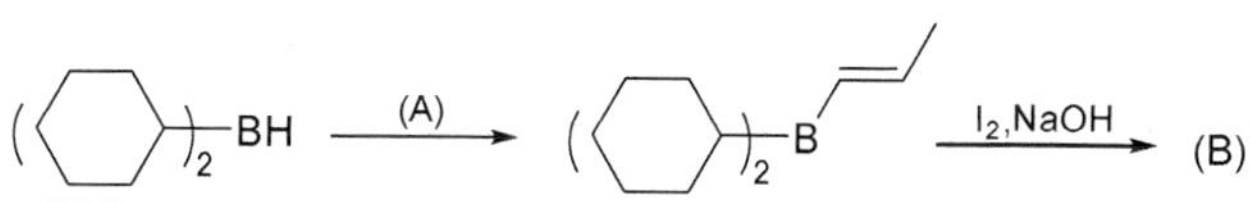

(2) 

(3) $Ph_3P + (CH_3)_2CHBr \longrightarrow$ (A) $\xrightarrow{n\text{-BuLi}}$ (B) $\xrightarrow{CH_3CH_2\overset{O}{\overset{\|}{C}}CH_3}$ (C)

(4) 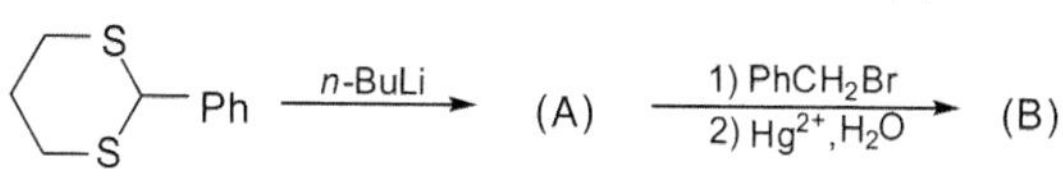

17-4　写出下列反应的机理。

(1) 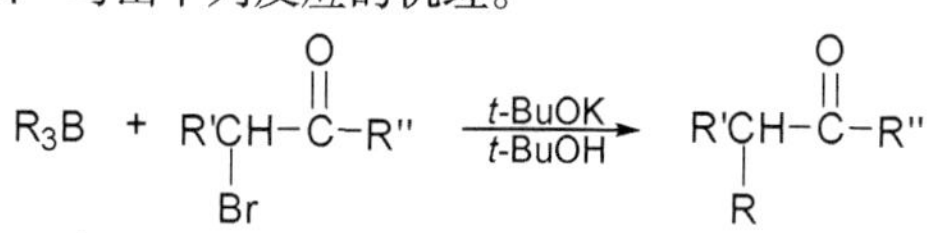

(2) 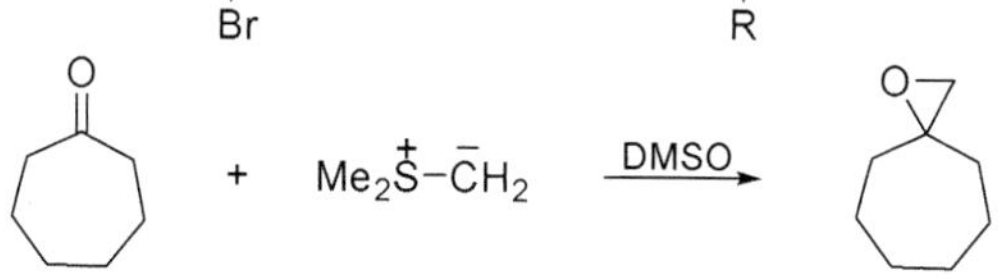

# 第 18 章　碳水化合物

碳水化合物(carbohydrate)又称糖(saccharide)，是自然界存在最多而又重要的一类有机化合物。长期以来，人们一直认为糖只是一种能量物质(如葡萄糖、动物体内的糖原、植物体内的淀粉等)或结构物质(如纤维素、几丁质、果胶等)。20 世纪 50 年代后，随着人们对糖和糖复合物的分离、纯化以及结构鉴定技术的进步，人们才逐渐认识到糖的结构比核酸和蛋白质的结构复杂得多。越来越多的事实证明，糖复合物中的寡糖是体内重要的信息分子，在分子识别中起着举足轻重的作用。“糖与核酸、蛋白质并列为生命体中最重要的 3 种大分子”的概念已经被越来越多的人所接受。

早在 18 世纪，人们就发现葡萄糖、果糖等单糖的分子是由碳、氢、氧三种元素组成，而且实验式符合 $C_n(H_2O)_m$，这种组成就好像是碳和水结合形成的化合物，故将它们称为碳水化合物。但是后来发现这一名称既不确切，也不符合事实：如醋酸 $C_2H_4O_2$、乳酸 $C_3H_6O_3$ 虽然符合 $C_n(H_2O)_m$ 通式，却不是碳水化合物；而脱氧核糖 $C_5H_{10}O_4$、鼠李糖 $C_6H_{12}O_5$，虽然不符合 $C_n(H_2O)_m$ 通式，性质却与碳水化合物相同。因此，碳水化合物这一名称已失去原有的含义，但因沿用已久，现仍在使用。现在根据化学结构的特点把碳水化合物看作多羟基醛或多羟基酮以及能水解生成多羟基醛或多羟基酮的一类有机化合物。根据其分子水解反应的情况，可分为单糖、低聚糖和多糖三类。

(1) 单糖(monosaccharide)是最简单的碳水化合物，是不能再水解的多羟基醛或多羟基酮，如葡萄糖、果糖等。

(2) 低聚糖(oligosaccharide)也称为寡糖，水解后生成 2～10 个单糖分子，其中重要的是水解后生成两分子单糖的二糖，如麦芽糖、蔗糖等。

(3) 多糖(polysaccharide)是水解后能生成多个单糖的一类高分子化合物，如淀粉、纤维素等。

单糖是组成低聚糖和多糖的基本单位，所以研究单糖的结构和性质是研究碳水化合物的基础。

## 18.1　单　　糖

单糖是组成糖类及其衍生物的基本单元。根据分子中所含碳原子的数目分为丙糖、丁糖、戊糖及己糖等。含有醛基的单糖称为醛糖(aldose)，含有酮基的单糖称为酮糖(ketose)。自然界中所发现的单糖主要是五碳糖和六碳糖，食物中的单糖主要为葡糖糖、果糖和半乳糖。

单糖中最重要的、和人们关系最密切的是葡萄糖。现以葡萄糖为例，讨论单糖的结构及性质。

### 18.1.1　单糖的结构

1. 单糖的开链结构和构型

单糖的开链结构常用 Fischer 投影式来表示。Fischer 投影式规定：糖中的羰基必须位于投影式的上端，碳原子的编号从靠近羰基的一端开始。单糖的构型常用 D/L 标记法来标记。以甘油醛为参照标准，将单糖分子编号最大的不对称碳原子的构型与甘油醛作比较而命名分子构型。因此，Fischer 式中编号最大的不对称碳原子上—OH 向右的为 D 型，向左的为 L 型。

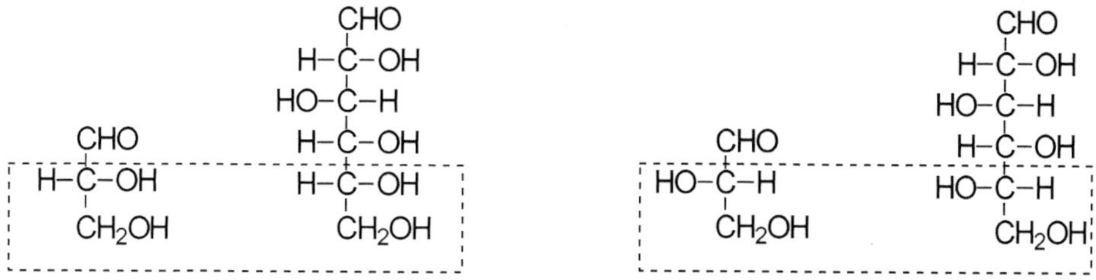

D型　　　　　　　　　　L型

各种单糖构型之间的联系可由甘油醛逐步增长碳链的方法建立。例如，从 D-(+)-甘油醛出发，经与 HCN 加成，即可增加一个碳原子。$CN^-$可以从羰基所处平面的两侧进攻羰基碳原子，从而得到两个构型相反的手性碳原子，将两种产物水解、还原，得到两种丁醛糖。二者互为非对映异构体。由于甘油醛的手性碳原子在整个转变过程中没有变化，因此这两种丁醛糖仍属于 D 型。自然界中广泛存在的单糖均为 D 型糖。

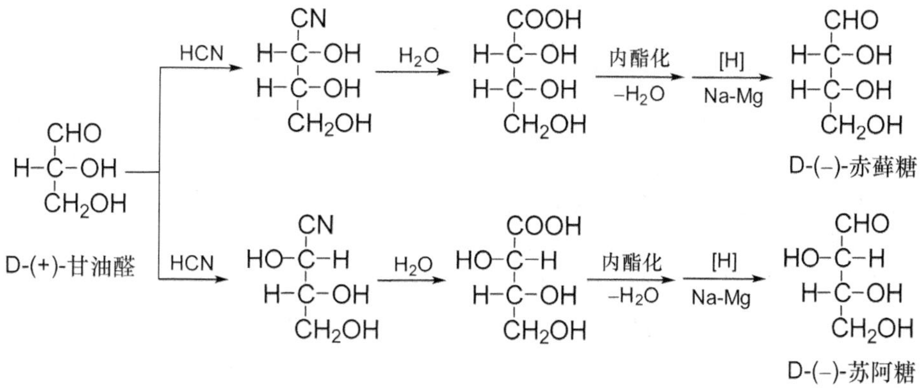


除二羟基丙酮(丙酮糖)外，所有的单糖都含有手性碳原子，故都具有一定的立体构型和旋光异构现象。其旋光异构体的数目可以用公式 $2^n$($n$ 为手性碳原子的数目)计算。例如，己醛糖分子中有四个手性碳原子，则其旋光异构体的数目为 $2^4 = 16$ 个，天然葡萄糖是其中的一个。图 18-1 为 D 系列己醛糖。

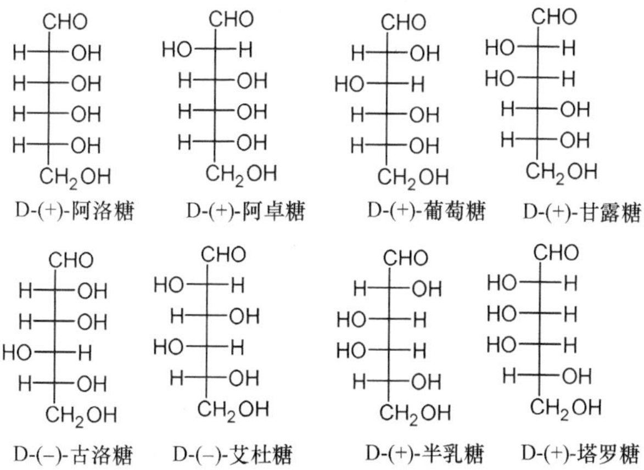


图 18-1　D 系列己醛糖

酮糖比同碳数的醛糖少一个手性碳原子，所以旋光异构体的数目比相应的醛糖少。例如，戊酮糖有四个旋光异构体，己酮糖有八个旋光异构体，果糖是其中的一个，其开链式结构为：

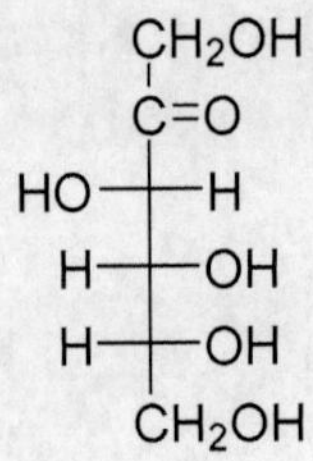

D-(−)-果糖

2. 单糖的环状结构和变旋光现象

葡萄糖的开链结构是根据性质推断出来的，但此结构对它的另一些性质和现象则不能给出合理解释：①在红外光谱中找不到醛基的特征峰；②虽然能与 HCN 反应，但不能与 $NaHSO_3$ 饱和溶液反应；③葡萄糖与乙醇反应时，仅与 1 mol 乙醇而不是 2 mol 乙醇生成缩醛；④D-(+)-葡萄糖有两种异构体，一种从乙醇中结晶出来，熔点为 146℃，比旋光度为+ 112°；另一种从吡啶中结晶出来，熔点为 150℃，比旋光度为+19°。两者溶于水后，它们的比旋光度都逐渐地改变为+52.7°，这种现象称为变旋光现象(mutarotation)。

葡萄糖的开链结构无法合理解释以上特殊性质。现代物理和化学方法证明，结晶状态的葡萄糖是以环状结构存在的。葡萄糖环状结构的形成是利用醇和醛可以形成半缩醛的反应原理。葡萄糖的开链结构式中既含有醛基又含有羟基，因此，分子内可以发生类似醛与醇的反应，形成环状半缩醛结构。

实验证明，葡萄糖分子中的五个羟基，一般是 C5 上的羟基优先与醛基形成六元环状的半缩醛。葡萄糖从开链结构变成环状半缩醛结构时，原醛基碳原子成为手性碳，存在两种旋光异构体，一个称为 $\alpha$-D-(+)-葡萄糖，另一个称为 $\beta$-D-(+)-葡萄糖。这两种环状异构体通过开链结构相互转变，组成一个动态平衡体系。

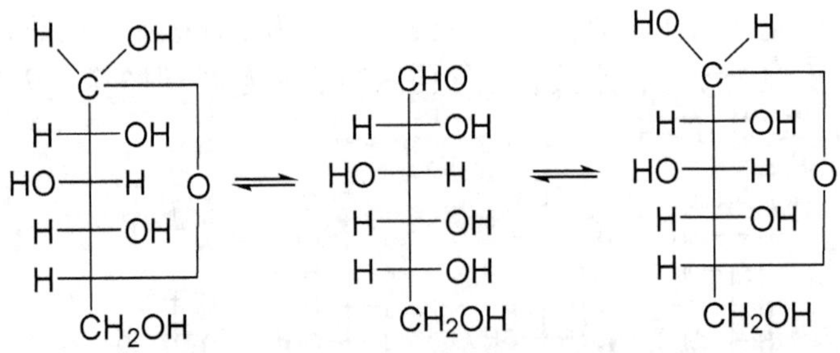

$\alpha$-D-(+)-葡萄糖　　D-(+)-葡萄糖　　$\beta$-D-(+)-葡萄糖

环状结构和开链结构之间的互变是产生变旋光现象的原因，具有环状结构的其他单糖都有变旋光作用。

3. 环状结构的哈武斯式

葡萄糖的环状结构使许多实验现象得到了合理的解释，但环状结构的 Fischer 投影式仍不能很好地反映出分子中各原子或原子团的空间位置关系。20 世纪 30 年代，哈武斯(Haworth)提出把直立的 Fischer 投影式改写为平面的环状结构式，称为哈武斯式。将 Fischer 投影式改为哈武斯式的方法如下：

首先将碳链竖直放置(Ⅰ)，然后将羟甲基一端从左面向后弯成类似六边形(Ⅱ)，为了有利于形成环状半缩醛，将 C5 按箭头所示绕 C4－C5 键轴旋转 120°(Ⅲ)。此时，若 C5 上羟基的氧原子从羰基所在平面的上方(A)与羰基碳连接成环，则 C1 上新生成的半缩醛羟基处于所在环平面的下方(Ⅳ)，即生成 $\alpha$-D-(+)-葡萄糖；反之，若 C5 上羟基的氧原子从羰基所在平面的下方(B)与羰基碳连接成环，则 C1 上新生成的半缩醛羟基处于所在环平面的上方(Ⅴ)，即生成 $\beta$-D-(+)-葡萄糖。

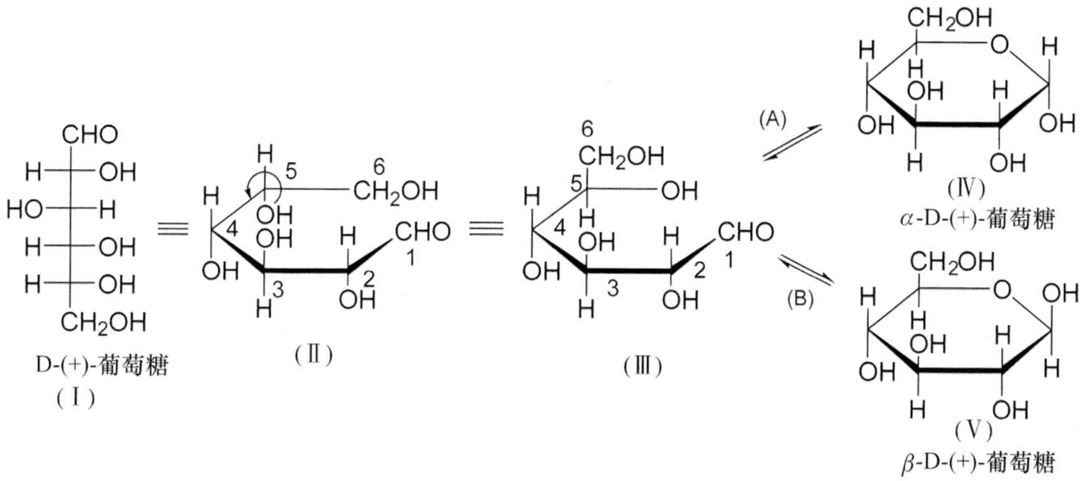


从上面的转变过程可以看出，葡萄糖的醛基转变为半缩醛后，原来没有手性的醛基碳变成了手性碳。这个碳原子称为苷原子，也称为异头碳(anomeric carbon atom)。该手性碳的两种构型分别用 $\alpha$、$\beta$ 表示，并规定：在 Fischer 投影式中，C1–OH 与原 C5(六碳糖)或 C4(五碳糖)的羟基处于顺式的为 $\alpha$-构型，反式的为 $\beta$-构型。而在哈武斯式中只看 C1–OH 与 C5(或 C4)上取代的羟甲基的关系，在同侧的为 $\beta$-构型，异侧的为 $\alpha$-构型。

由于成环以形成五元和六元环最为稳定，哈武斯把这种含有一个氧原子的五和六元环的单糖与呋喃和吡喃比较，并看成是这两个杂环化合物的衍生物，分别称为呋喃糖和吡喃糖。$\alpha$-D-吡喃葡萄糖和 $\beta$-D-吡喃葡萄糖是一对差向异构体，在糖化学中这样的差向异构体称为正位异构体或异头物(半缩醛的碳称为异头碳)。有时在半缩醛异头碳的构型不清楚的情况下，环形糖的结构式可用下面两种方式表示。

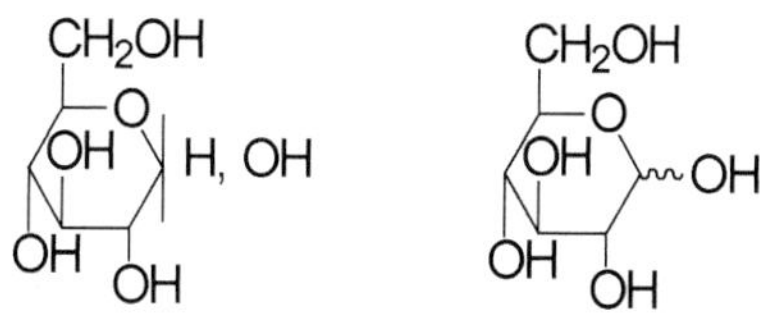

果糖是酮糖的一个典型代表，其分子具有氧环结构，也有变旋光现象。果糖的 $\alpha$-型和 $\beta$-型也都是六元环的，称为 D-(–)-吡喃果糖。但当它形成糖苷时，常变成五元环的衍生物。因此，果糖在溶液中可能有五种构型，即酮式、六元环的 $\alpha$-型和 $\beta$-型、五元环的 $\alpha$-型和 $\beta$-型。

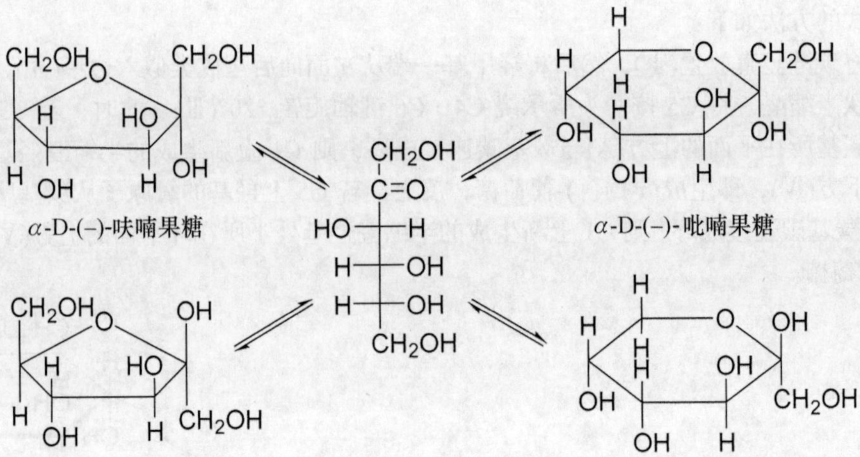

α-D-(−)-呋喃果糖　α-D-(−)-吡喃果糖

β-D-(−)-呋喃果糖　β-D-(−)-吡喃果糖

4. 单糖的构象

近代 X 射线衍射等分析技术对单糖的结构研究表明，以六元环形式存在的糖，如葡萄糖、半乳糖等，分子中成环的碳原子和氧原子不在同一个平面内，其构象类似于环己烷，同时椅式构象占绝对优势。在六碳吡喃醛糖中第 6 位都是$-CH_2OH$，它作为较大基团连在 e 键上，为稳定构象。例如，α-和 β-吡喃葡萄糖的稳定构象可用下式表示：

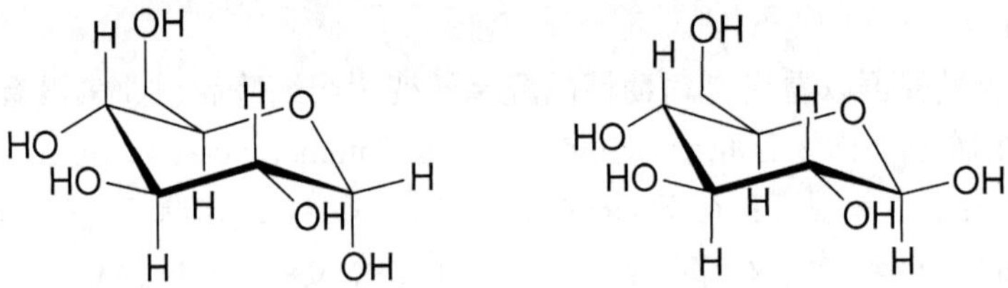

α-D-(+)-吡喃葡萄糖　β-D-(+)-吡喃葡萄糖

在 β-D-葡萄糖中，半缩醛羟基处于 e 键上，而在 α-D-葡萄糖中，半缩醛羟基处于 a 键上，所以 β-D-葡萄糖比 α-D-葡萄糖稳定。在 D-葡萄糖变旋混合物中，β-构型所占比例(64%)大于 α-构型。另外，在所有己醛糖的构象中，β-D-葡萄糖是唯一的所有大基团都处于 e 键上的糖，这可能就是葡萄糖在自然界中存在最多的原因之一。

### 18.1.2 单糖的物理性质

单糖都是无色晶体，易溶于水，可溶于乙醇，难溶于乙醚、丙酮、苯等有机溶剂，但能溶解于吡啶。在色层分析中常以吡啶作溶剂提取糖，因无机盐不溶于吡啶，可避免无机离子干扰色层分析。除丙酮糖外，所有的单糖都具有旋光性，并且溶于水后存在变旋光现象。由于糖分子间的氢键较多，因此单糖的熔点、沸点都很高。

### 18.1.3 单糖的化学性质

糖是一种多官能团化合物，各官能团均可发生相应官能团的典型反应。单糖分子中有多个羟基，具有醇的一般性质，例如，能发生酯化、氧化、成醚和分子内脱水等反应。单糖主要以环状结构形式存在，但在水溶液中，环状结构和链状结构达成平衡。因此，除可以发生环状结构中羟基的特征反应外，也具有链状结构中醛(酮)基的性质。下面主要介绍一些与糖的分离和结构测定密切相关的化学反应。

1. 氧化反应

单糖分子中有醛(酮)、伯醇、仲醇和邻二醇等结构特征，氧化条件不同其产物亦不同。

在弱酸性条件下，溴水能将醛糖氧化为糖酸。酮糖不发生此反应，可用来区分醛糖和酮糖。

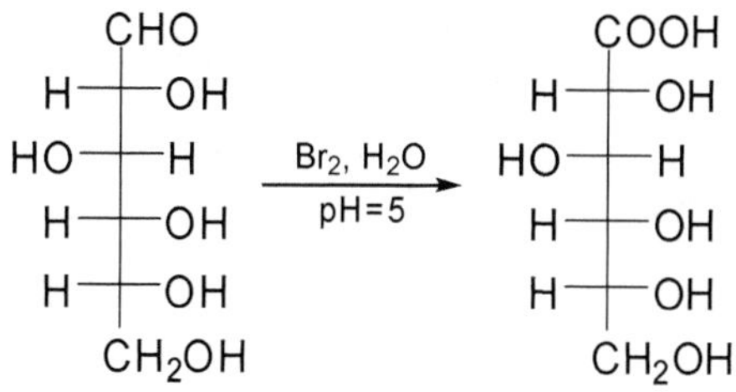

D-葡萄糖　　　　D-葡萄糖酸

稀硝酸的氧化性比溴水强，能将醛基—CHO 和端基—$CH_2OH$ 全部氧化为羧基，生成二元羧酸。

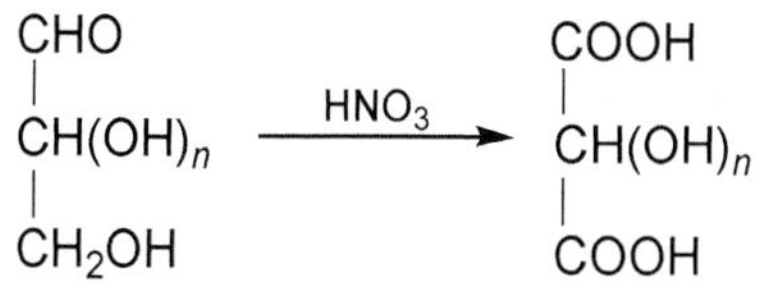

醛糖　　　　糖二酸

Tollens 试剂和 Fehling 试剂均为弱氧化剂，醛糖和酮糖都能被这两种氧化剂氧化，前者生成银镜，后者生成氧化亚铜的砖红色沉淀，同时糖分子中的醛基被氧化为羧基，成为糖酸。例如：

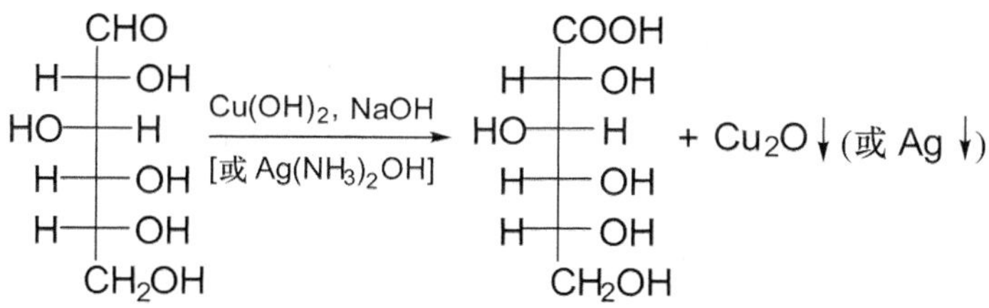

酮糖也可被 Tollens 试剂和 Fehling 试剂氧化，这是 $\alpha$-羟基酮的特有反应。原因是在碱存在下，酮糖可异构成醛糖。例如：

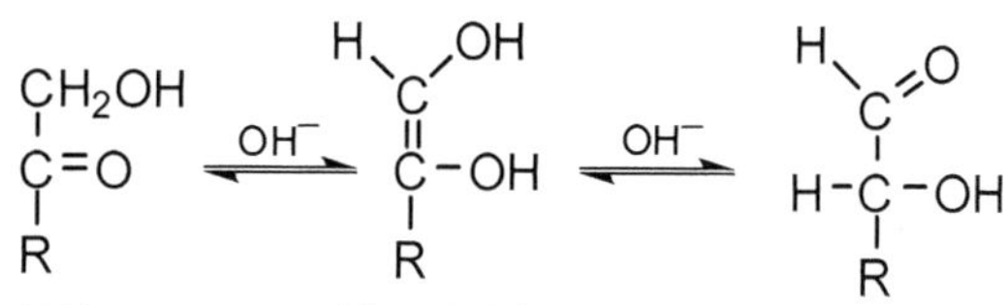

酮糖　　　　烯二醇中间体　　　　醛糖

能被 Tollens 试剂和 Fehling 试剂等弱氧化剂氧化的糖都称为还原性糖，不能被氧化的糖称为非还原性糖。

高碘酸能使邻二醇、$\alpha$-羟基醛(酮)之间的碳碳键断裂，发生氧化反应，这一转化机理通过环状高碘酸酯进行，分解后产生两个羰基(见 9.3.1)。

大多数糖含有多组邻二醇，用高碘酸氧化会产生复杂的混合物。若使用足量氧化剂，可使糖链完全降解为一碳化合物，这是一种曾经用来阐明糖结构的技术。例如，用 5 mol 的高碘酸处理葡萄糖，就会生成 5 mol 的甲酸和 1 mol 的甲醛。其异构体果糖同样的降解，消耗等量的氧化剂，但产物是 3 mol 的甲酸、2 mol 的甲醛和 1mol 的二氧化碳。

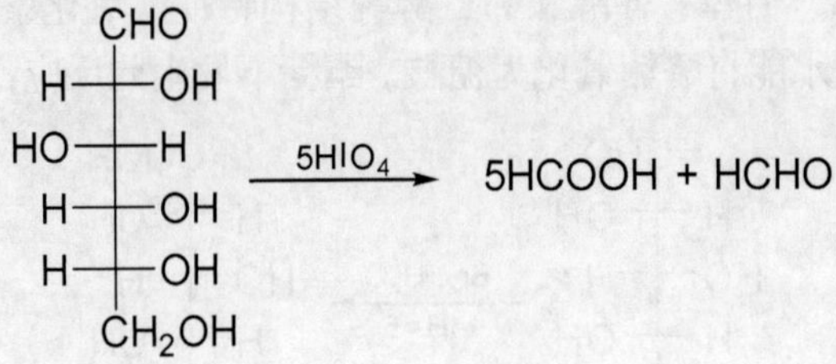

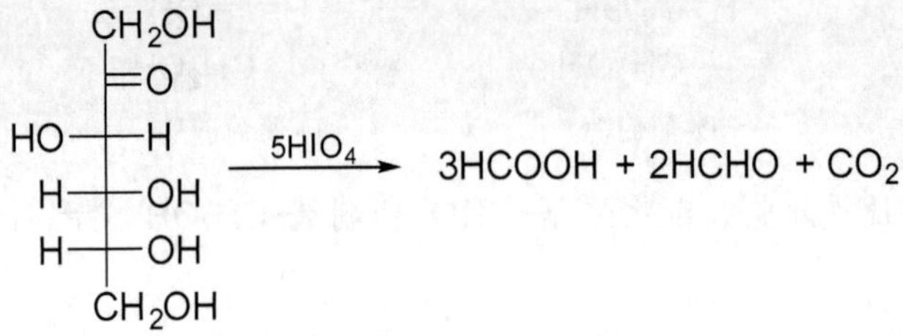

研究发现，糖中每个 C−C 键的断裂消耗 1 mol 高碘酸，每个醛基或仲醇单元生成 1 mol 的甲酸；伯羟基生成甲醛，酮糖的羰基生成 $CO_2$。所消耗高碘酸的量揭示糖分子的大小，产物的比例是羟基和羰基官能团的数目和排列等重要线索。

电解氧化法能将醛糖氧化为糖酸，然后生成钙盐。

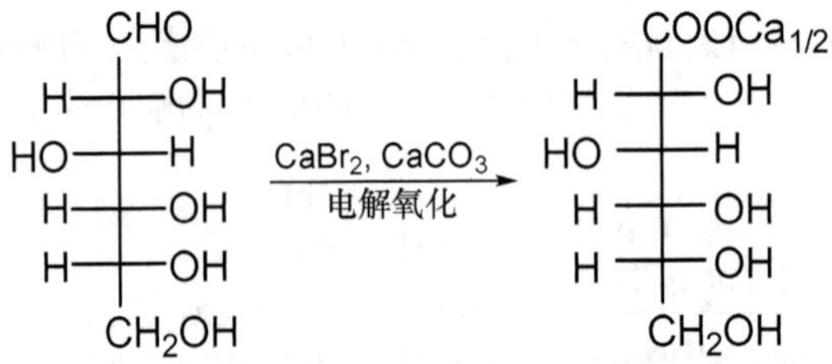

D-葡萄糖　　　　D-葡萄糖酸钙(俗名钙片)

2. 还原反应

醛糖及酮糖用硼氢化钠(或催化氢化)还原可以得到糖醇。例如，D-葡萄糖经还原后生成 D-葡萄糖醇(glucitol)，又称山梨糖醇(sorbitol)。D-甘露糖还原后生成 D-甘露糖醇。这一还原反应常用于单糖的气相分析中处理单糖样品。

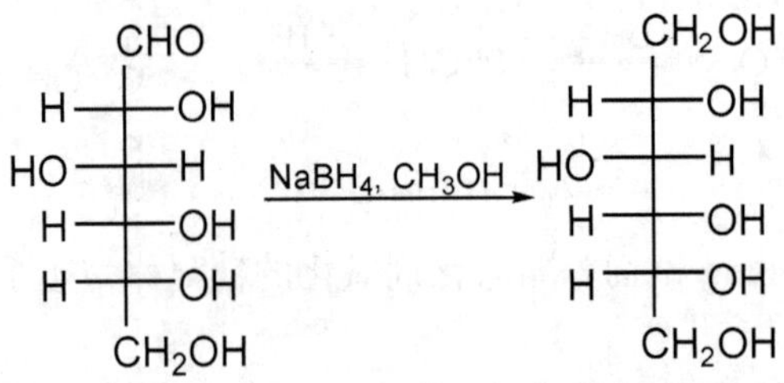

D-葡萄糖　　　　D-葡萄糖醇(山梨醇)

山梨醇和甘露醇广泛存在于植物体内。李、桃、苹果、梨等果实中都含有大量的山梨醇；而甘露醇则主要存在于甘露蜜、柿子、胡萝卜、葱等植物中。山梨醇是一种适合糖尿病人吃的甜味剂。

### 3. 糖脎的生成

醛糖或酮糖可与苯肼发生反应，生成糖苯腙。若苯肼过量，则进一步反应生成糖脎。

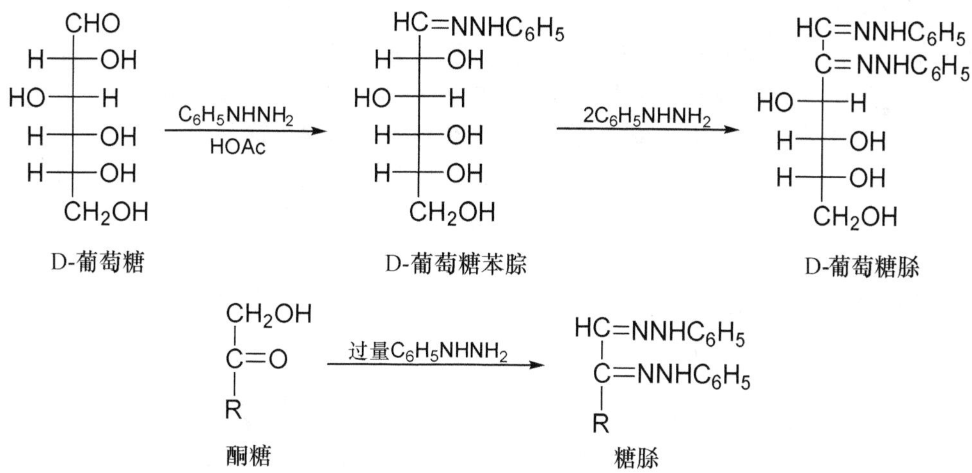


生成糖脎的反应发生在 C1 和 C2 上，不涉及其他碳原子，因此，只是 C1 和 C2 不同的糖将生成相同的糖脎。也就是说，凡能生成相同脎的己糖，C3、C4、C5 的构型是相同的。

### 4. 羟基的反应

1) 形成糖苷

单糖环状结构中半缩醛羟基较分子内其他羟基活泼，在酸催化下可与醇或酚等含羟基的化合物脱水形成缩醛型物质，这种物质称为糖苷(glycoside)。其中糖部分称为糖基，非糖部分称为配基，也称为苷元。例如，$\alpha$-和 $\beta$-D-吡喃葡萄糖的混合物，在氯化氢催化下与甲醇反应，脱去一分子水，生成 $\alpha$-和 $\beta$-D-甲基吡喃葡萄糖苷的混合物。

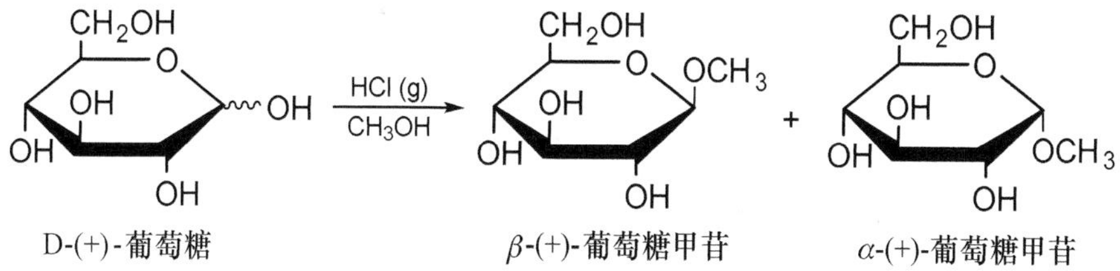


苷元上形成苷键以连接糖的原子称为苷键原子，也称为苷原子。根据苷原子的不同，苷类可以分为氧苷、硫苷、氮苷和碳苷。自然界中存在许多糖苷化合物，大多数是根据其来源命名的。

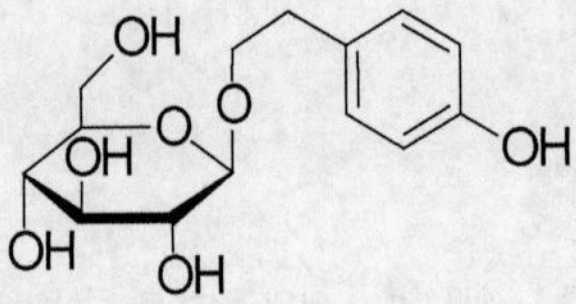

红景天苷

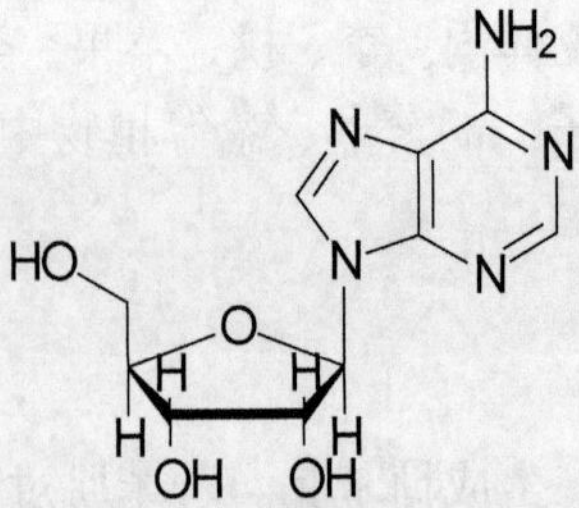

腺苷

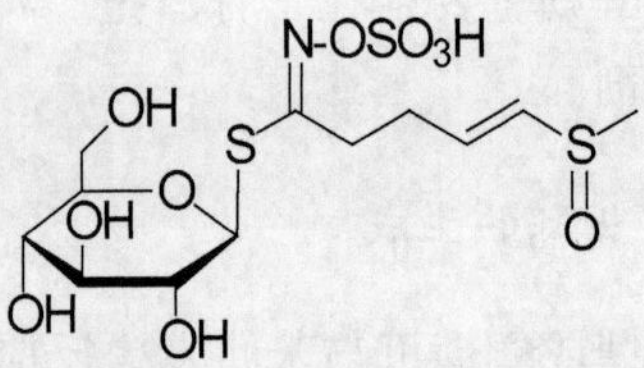

萝卜苷

糖苷分子中没有半缩醛羟基，所以糖苷不具有变旋光现象，不与 Fehling 试剂和 Tollens 试剂反应，也不发生成脎反应。糖苷在酸、酶或氧化剂作用下可以发生裂解，生成原来的糖和羟基化合物。其中酶催化水解反应具有反应条件温和、专属性高等优点。例如，麦芽糖酶只水解 $\alpha$-D-葡萄糖苷键，纤维素酶只水解 $\beta$-D-葡萄糖苷键，杏仁苷酶只水解 $\beta$-六碳醛糖苷键。苷键的裂解对于了解苷元及糖的连接方式、苷键的构型等具有重要作用。

2) 甲基化反应

甲基葡萄糖苷与甲基化试剂(如硫酸二甲酯或碘甲烷)作用，可以使分子中所有的羟基全部甲基化，反应过程按照 $S_N2$ 机理进行。

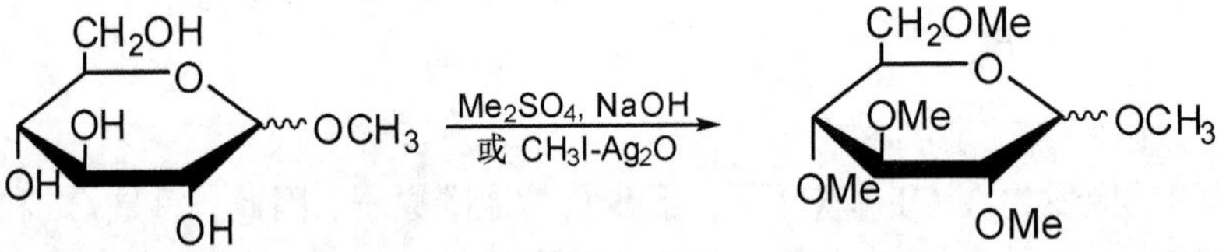

上述五个甲氧基的性质是不同的，苷羟基上的甲基是缩醛，所以用稀酸水解可以除去甲基，还原为醇羟基，而其余的甲基是醚，不能还原为羟基。

3) 酯化反应

单糖环状结构中所有的羟基都可以酯化。例如，葡萄糖在氯化锌/乙酸酐或乙酸钠/乙酸酐作用下生成五乙酸酯。五乙酸酯已无半缩醛羟基，因此也无还原性。

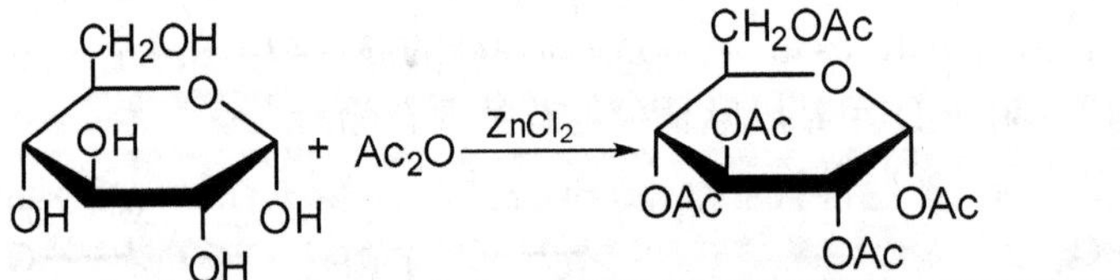

1, 2, 3, 4, 6-五乙酰基-$\alpha$-吡喃葡萄糖

糖的磷酸酯是生命现象中一类十分重要的糖类衍生物，它们是人体内许多代谢过程的中间产物。典型代表是 1-磷酸吡喃葡萄糖及 6-磷酸吡喃葡萄糖。

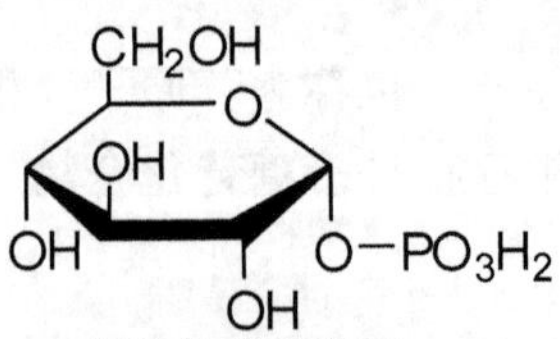

1-磷酸吡喃葡萄糖

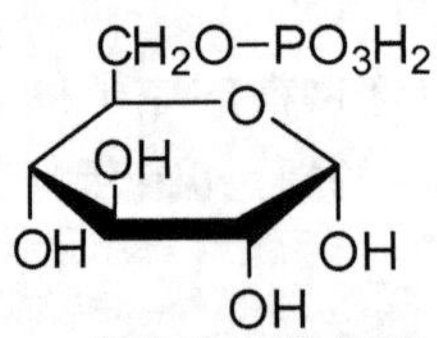

6-磷酸吡喃葡萄糖

## 18.2 低 聚 糖

由 2～9 个单糖单元通过苷键结合而成的直链或支链聚糖称为低聚糖(oligosaccharides)。按含单糖的个数可将其分为二糖、三糖、四糖等，其中最重要的是二糖(disaccharide)。常见的二糖有蔗糖、麦芽糖、纤维二糖等。

### 18.2.1 蔗糖

蔗糖(sucrose，*α*-D-吡喃葡萄糖苷基-*β*-D-呋喃果糖)通常称为餐桌糖，是少数几种以原有的形式被消费的天然化学品之一。蔗糖广泛存在于植物的液汁、种子、叶、茎和果实中，其中以甜菜和甘蔗中含量最为丰富。蔗糖的分子式为 $C_{12}H_{22}O_{11}$，易溶于水，微溶于醇，在 160～180℃分解。其结构为：

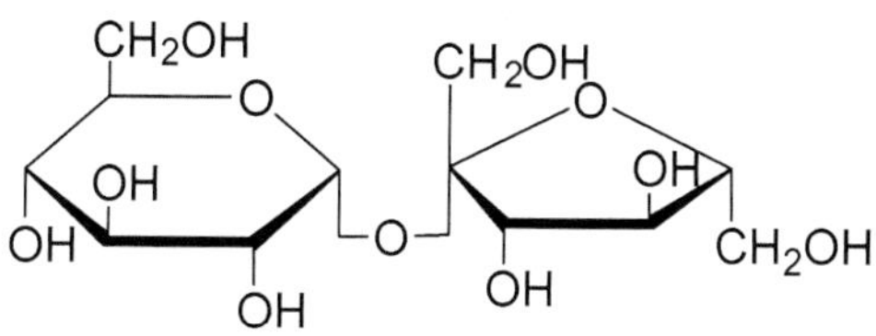

哈武斯式

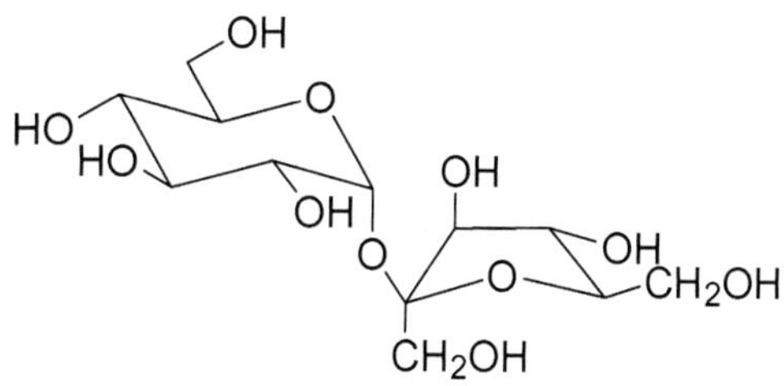

构象式

从上面结构式可以看出，蔗糖分子是由一分子 *α*-D-吡喃葡萄糖的半缩醛羟基和一分子 *β*-D-呋喃果糖的半缩酮羟基失水而成的。分子中无苷羟基存在，不能互变异构形成链状或产生游离醛基，所以无还原性，称为非还原糖。它不能与 Tollens 试剂、Fehling 试剂反应，没有变旋现象，也不能成脎，但易水解，水解产物是葡萄糖和果糖。

蔗糖是右旋的，水解后生成的 D-葡萄糖和 D-果糖的混合物则是左旋的。水解造成旋光方向发生了改变，因此一般把蔗糖的水解产物称为转化糖。

$$C_{12}H_{22}O_{11} + H_2O \xrightarrow{\text{转化酶}} C_6H_{12}O_6 + C_6H_{12}O_6$$

蔗糖　　　　D-(+)-葡萄糖　　D-(−)-果糖

$[\alpha]_D^{20} = +66^\circ$　　　　$[\alpha]_D^{20} = +52.5^\circ$　　$[\alpha]_D^{20} = -92.4^\circ$

转化糖　$[\alpha]_D^{20} = -20^\circ$

### 18.2.2 麦芽糖

麦芽糖[maltoser，4-*O*-(*α*-D-吡喃葡萄糖基)-D-吡喃葡萄糖]大量存在于发芽的谷粒，特别是在麦芽中。因为麦芽中含有淀粉糖化酶，淀粉部分水解成麦芽糖，故得其名。麦芽糖可以制成结晶体，用作甜味剂，但甜味只达到蔗糖的三分之一。麦芽糖是一种廉价的营养食品，容易被人体消化和吸收。含一分子水的结晶麦芽糖 102～103℃熔融并分解。易溶于水，微溶于乙醇。结构式如下：

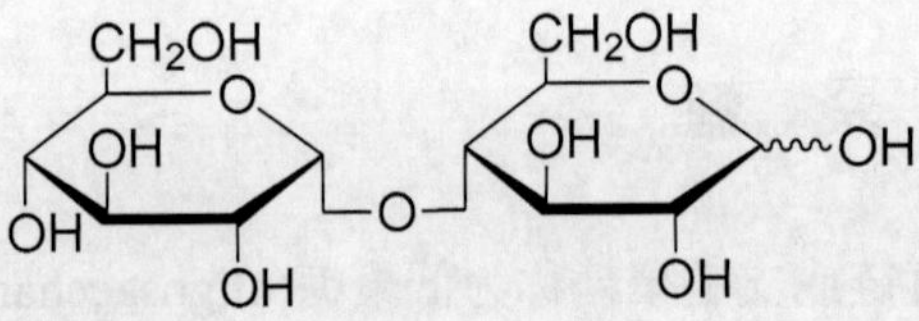

哈武斯式

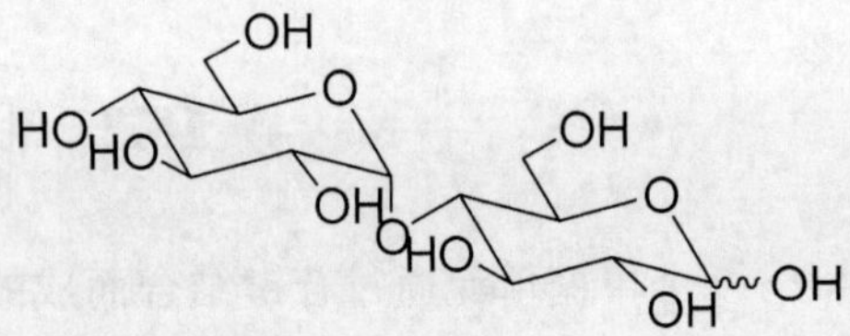

构象式

实验表明，麦芽糖是通过一个 $\alpha$-1,4-葡萄糖苷键将两个葡萄糖单元连接在一起，即麦芽糖是由一分子葡萄糖的苷羟基与另一分子葡萄糖 $C_4$ 上的羟基脱水而成的。麦芽糖具有半缩醛羟基，故有 $\alpha$ 和 $\beta$ 两种异构体处于动态平衡中，属于还原性二糖。化学反应与单糖类似，可被 Fehling 试剂、Tollens 试剂、$Br_2/H_2O$、$HNO_3$ 等氧化，可以形成脎，具有变旋光现象等。

### 18.2.3 纤维二糖

纤维二糖[cellobiose, 4-*O*-($\beta$-D-吡喃葡萄糖基)-D-吡喃葡萄糖]可由纤维素部分水解得到。它是一种白色晶体，熔点 225℃，可溶于水，具有右旋性。其结构式如下：

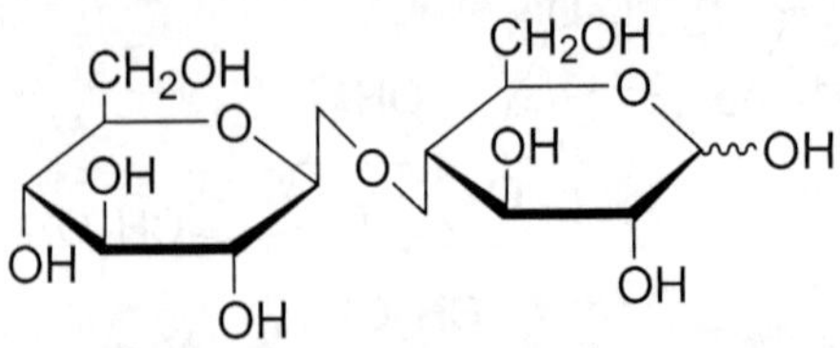

哈武斯式

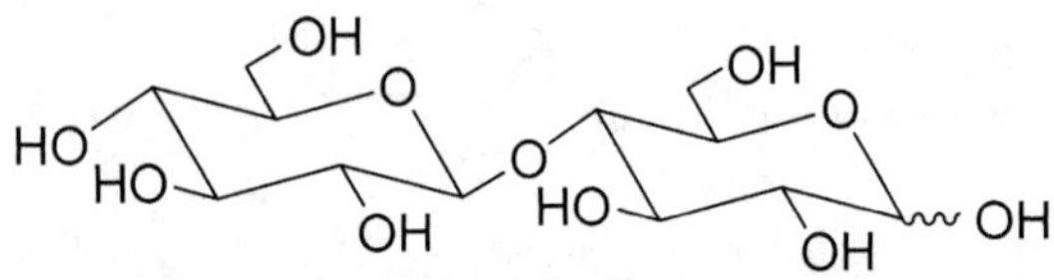

构象式

由结构可知，纤维二糖是由一分子葡萄糖通过 $\beta$-苷羟基与另一分子葡萄糖的醇羟基以 $\beta$-1,4-苷键结合而成。其化学性质与麦芽糖很相似，分子中含有苷羟基，有变旋现象，也是还原性二糖，可以被 Fehling 试剂、Tollens 试剂氧化，可以形成脎。纤维二糖不能被麦芽糖酶水解，可以被 $\beta$-葡萄糖苷酶(俗称苦杏仁酶)水解。

## 18.3 多　　糖

多糖(polysaccharides)是由 10 个以上单糖通过糖苷键连接而成的。通常多糖由几百个至上千个单糖聚合而成，其性质已完全不同于单糖，一般不溶于水，即使溶于水，也只能形成胶体溶液。另外，多糖都无甜味，且还原性消失。

按照多糖在生物体内的功能可将其分为两类：一类是动植物的支撑组织，该类成分不溶于水，分子呈直链型，如植物中的纤维素、甲壳类动物的甲壳素等；另一类为动植物储存养分的营养性多糖，可溶于水呈胶体溶液，如淀粉、肝糖原等，多数为支链糖型分子。多糖按其组成可分为两类：一类为均多糖，由同种单糖构成，如淀粉和纤维素等；另一类为杂多糖，由两种或两种以上单糖构成，如果胶质和黏多糖等。

### 18.3.1 淀粉

植物内的多糖相当多，其中最重要的是淀粉(starch)。淀粉主要存在于植物的叶、根和种子中，呈颗粒状。颗粒状淀粉不溶于水，只有经过加热，颗粒破裂后淀粉才能与水混合成胶态悬浮液。淀粉是由许多 $\alpha$-1,4-苷键及 $\alpha$-1,6-苷键连接而成的多糖。根据缩合的葡萄糖数目、苷键的形式和成链形状的差别，淀粉又可分为直链淀粉和支链淀粉。直链淀粉和支链淀粉在结构及性质上有一定的区别，它们在淀粉中所占的比例随植物的品种而异。通常所说的淀粉是这两种淀粉的混合物。

直链淀粉在淀粉中占 20%～30%。它的分子结构是以 D-葡萄糖为结构单位，通过 $\alpha$-1,4-苷键相连接的长链。

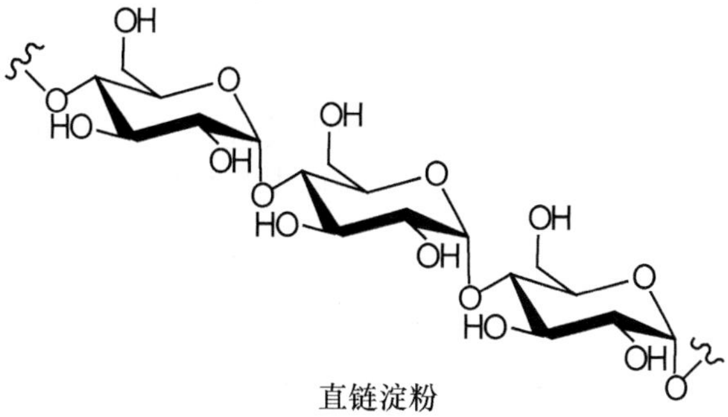

直链淀粉

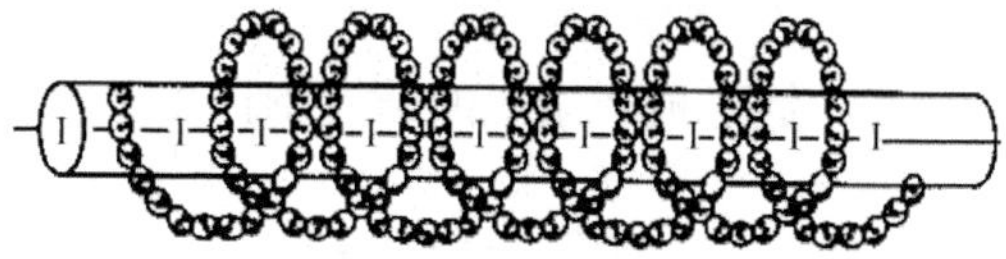

图 18-2　直链淀粉与碘形成的包合物

直链淀粉的相对分子质量为 30000～50000，也有大于 2000000 的，随其来源不同而异。直链淀粉在中性溶液中的构象为无规则线团，若溶液中有能与其络合的物质(如碘)，则分子排列成螺旋状，每一圈约有六个葡萄糖单位。直链淀粉遇碘显蓝色，就是因为碘分子嵌入直链淀粉的螺旋空隙中(图 18-2)，依靠范德华力使碘分子与淀粉松弛地结合起来所致。

支链淀粉是一种不溶性淀粉，在淀粉中的含量为 70%～90%。支链淀粉也是由葡萄糖组成的，但葡萄糖的连接方式与直链淀粉有所不同，它们的区别在于支链淀粉的支链性，每隔 20～30 个葡萄糖单元就会出现一个支化点，并通过 $\alpha$-1,6-糖苷键与主链相连。图 18-3 是支链淀粉的部分结构图和整体结构示意图。

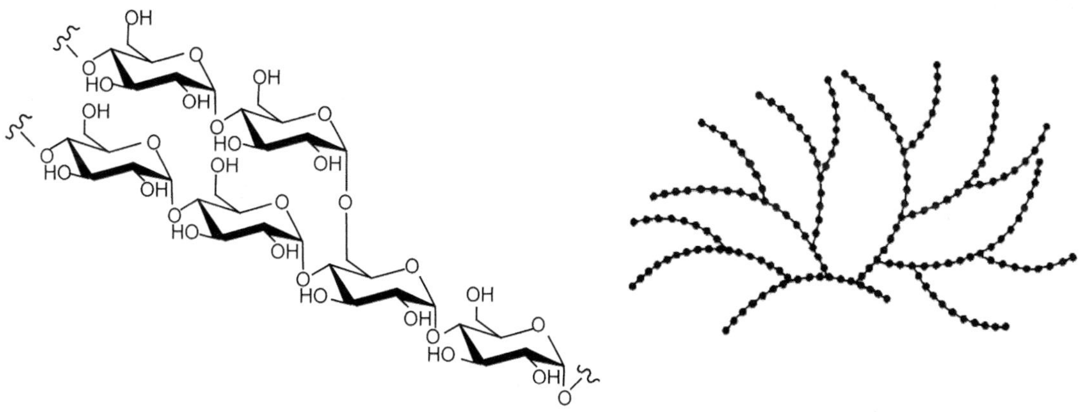

(a)　(b)

图 18-3　支链淀粉部分结构图(a)和整体结构示意图(b)

每一个原点代表一个葡萄糖单位

### 18.3.2　纤维素

纤维素(cellulose)是地球上最丰富的多糖化合物，广泛存在于植物如树干、竹竿、草秆、甘蔗渣中。纤维素为植物细胞壁的主要成分，对植物体有支持和保护作用。纤维素为白色固体，具有强的韧性。不溶于水、稀酸或稀碱，但能溶于浓硫酸，也能溶于二硫化碳及氢氧化钠溶液中成为黏液，将其通过细孔喷到酸中即得人造丝。

纤维素分子是由成千上万个 $\beta$-D-葡萄糖通过 $\beta$-1,4-糖苷键连接而成的线性分子，用酸水解的最终产物是 D-葡萄糖，其分子结构表示如下：

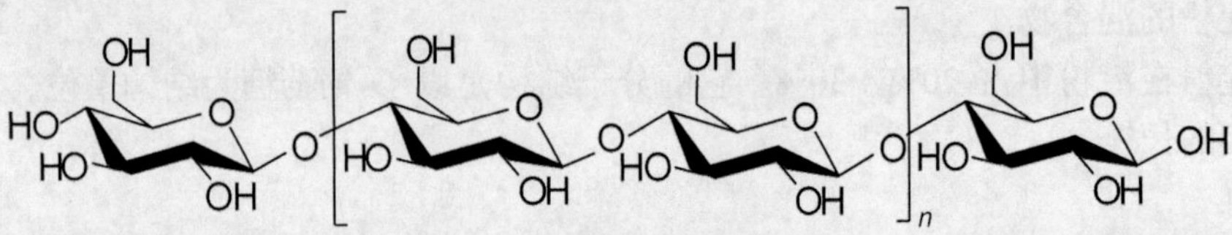

纤维素　$n\approx3000$

纤维素和直链淀粉一样，是没有分支的链状分子，是扁平、伸展的螺条形(锯齿形)，再由100～200 条这样彼此平行的螺条形分子链通过氢键紧密地结合在一起形成纤维束，几个纤维束绞在一起形成绳索状的结构(图 18-4)。

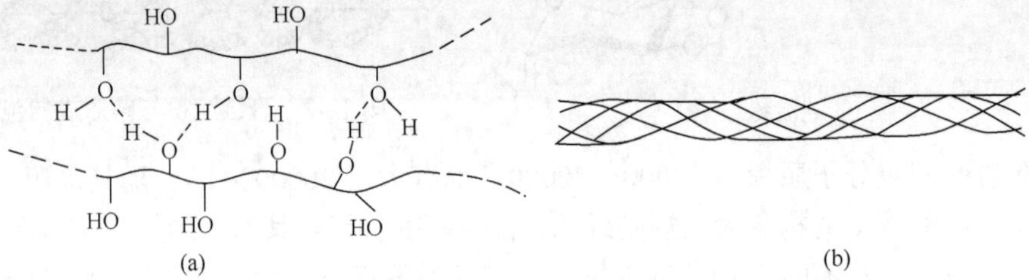

图 18-4　两个纤维素分子间形成氢键的情况(a)和纤维素胶束示意图(b)

由于淀粉酶只能水解 $\alpha$-1,4-糖苷键，而不能水解 $\beta$-1,4-糖苷键，因此，人类只能消化淀粉而不能消化纤维素。食草动物的消化道中存在一些微生物，这些微生物可以分泌水解 $\beta$-1,4-糖苷键的酶，所以动物可以汲取纤维素中的营养。

### 18.3.3　甲壳素

甲壳素(chitin)也称甲壳质，又称几丁质，分布于虾、蟹及多种昆虫的硬壳，真菌的细胞壁和植物的细胞壁中，是唯一带正电性动物纤维，也是这些动物的保护物质，是世界上仅次于纤维素的第二大类天然高分子化合物。

甲壳素是一种含氮的均多糖，其结构单元为 2-乙酰氨基-$\beta$-D-葡萄糖，它们彼此以 $\beta$-1,4-糖苷键相连：

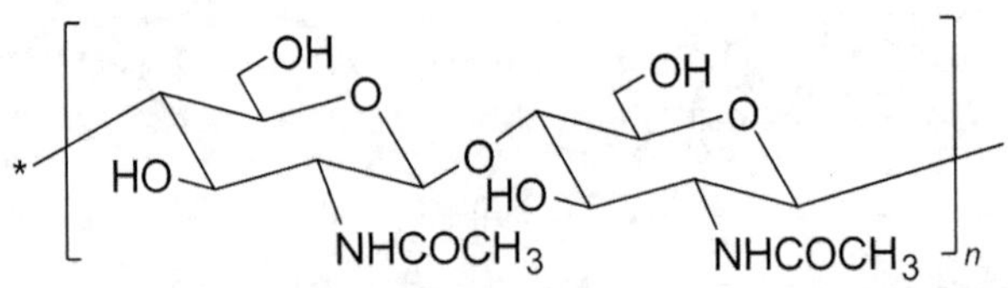

甲壳素与纤维素相似，其分子也是一伸展的直链，但链与链间氢键的数目多于纤维素，所以甲壳素相对更为坚硬。甲壳素应用范围很广泛，在工业上可作布料、衣物、染料、纸张和水处理剂等；在农业上可作杀虫剂、植物抗病毒剂；渔业上作养鱼饲料；化妆品行业作美容剂、毛发保护剂、保湿剂等；医疗用品上可作隐形眼镜、人工皮肤、缝合线、人工透析膜和人工血管等。此外，甲壳素可螯合重金属离子，作为体内重金属离子的排泄剂。

甲壳素不溶于水、稀酸和有机溶剂，但能溶解在 98%～100%的甲酸中。它的化学性质稳定，但能被强碱破坏，浓的强酸能够使其水解，水解的最终产物是 2-氨基葡萄糖和乙酸。

甲壳素脱乙酰基后生成的物质称为壳聚糖(chitosan)。壳聚糖及其衍生物具有抗微生物、增强免疫、调节血脂、抑制肿瘤等药理活性。另外，壳聚糖有很好的吸附性、成膜性和通透性、吸湿性和保湿性，无毒，具有良好的生物相容性和可降解性，因此它在医药领域具有十分广泛的用途。

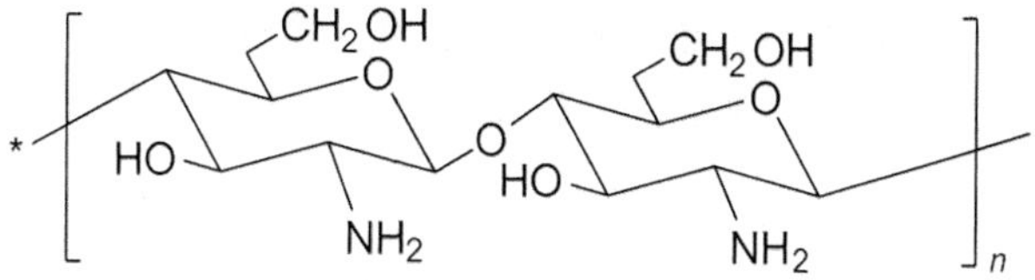


### 18.3.4　海藻酸

海藻酸是一种水溶性多糖，通常从褐藻类物质中分离得到，如海带、岩衣藻、巨藻等。从红海藻和一些细菌(如定氮菌类)、几种假单胞菌物种也可以得到海藻酸。

海藻酸链是由$\beta$-D-甘露糖醛酸(M)和$\alpha$-L-古洛糖醛酸(G)单独组成的均聚物或者是两种分子团交替连接组成的(图 18-5)。M 段起到延长链的作用，同时 G 段使链弯曲。两个 G 段以肩并肩的排布方式提供了一个钻石形状的空穴，这个空穴具有理想的尺寸，能够结合阳离子。藻类品种、部位、产地、收获时间的差异会使获得的生物大分子具有不同的单体组成和分子团排布方式。

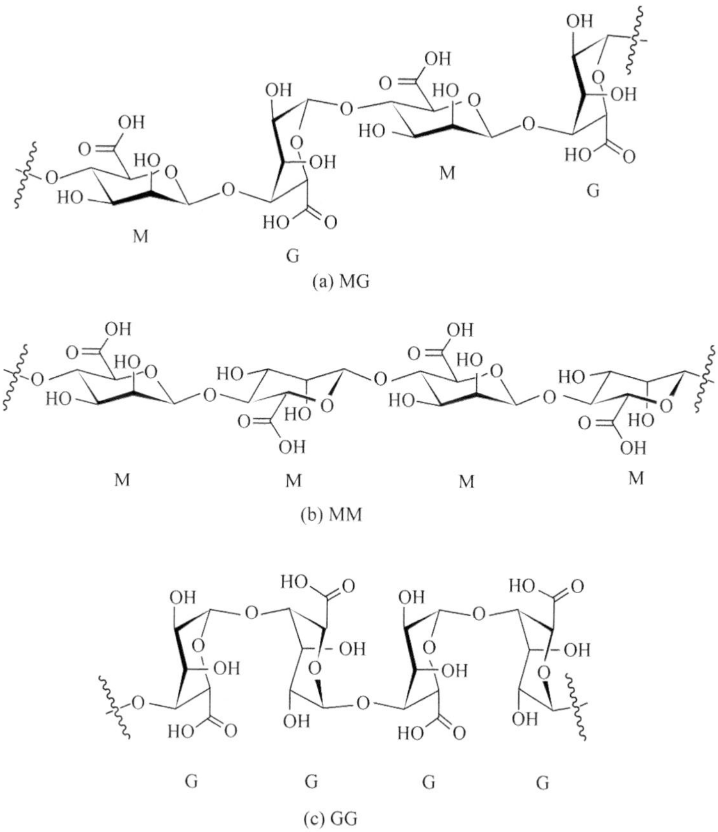


图 18-5　不同嵌段的海藻酸结构式

M 为$\beta$-D-甘露糖醛酸，G 为$\alpha$-L-古洛糖醛酸

从海草中得到的海藻酸混有各种海水中存在的阳离子盐，如 $Ca^{2+}$、$Mg^{2+}$、$Sr^{2+}$、$Ba^{2+}$等。其 M 段和 G 段比例为 0.45～3.33，细菌产生的海藻酸钠在化学组成上可以含有一个乙酰基，

也可以使甘露糖醛酸的残留量达到 100%。

海藻酸 M 段和 G 段残基的 $pK_a$ 值分别为 3.38 和 3.65。通过构成糖醛酸残基上羰基作用，海藻酸的 $pK_a$ 范围是 3.3～4.4，这个值随着混合物中存在的盐和海藻酸的类型而变化。海藻酸链的组成，M、G 排列次序和相对分子质量决定了聚合物的理化性质，如黏度、结合阳离子的能力、凝胶化性质、水溶性、机械强度、溶胀能力、生物黏附性等。

## 阅读材料

### 细胞表面的碳水化合物调节细胞识别过程

为了多细胞生物能够行使功能，各种细胞必须能够识别其他细胞和各种化学物质，并与之专一地相互作用。这种专一性的相互作用称为细胞识别过程，识别过程的物质基础是存在于细胞表面的碳水化合物。这些碳水化合物要么与包埋在细胞壁中的脂类连接，要么与包埋在细胞壁中的蛋白质连接，形成糖蛋白或糖脂。糖蛋白和糖脂的寡糖侧链所含糖基的数量少于 15，但由于可通过共价键形成支链，所以排列方式却是多种多样。葡萄糖基脑苷脂是糖脂中最简单的一个，位于细胞表面的极性碳水化合物“头”与两个包埋在细胞膜中的非极性的“尾”相连。不同的碳水化合物“头”表现出不同的功能。例如，霍乱菌毒素专一性地与一种称为 GMI 五糖的糖脂结合。该五糖存在于负责水分吸收的肠道细胞表面，与毒素结合后阻断了这一功能并造成严重的腹泻。

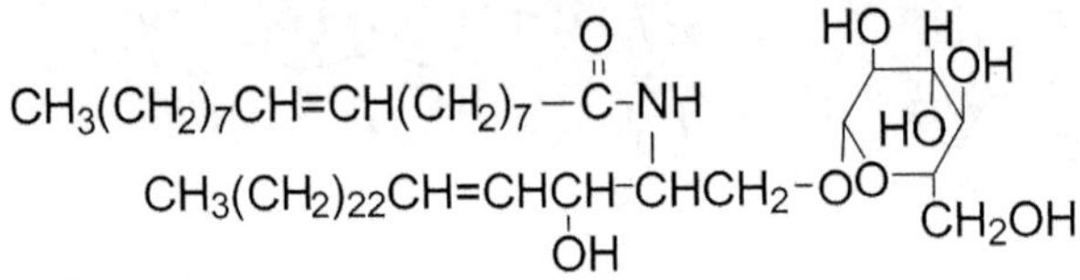


葡萄糖基脑苷脂

具有不同组成和结构的糖蛋白、糖脂和蛋白聚糖等糖复合物宛如天线，在细胞间传递着生物信号，它们与身体的多方面重要功能密切相关，如免疫功能、细胞的分化与恶变及血型与凝血。

众所周知，血型在输血、组织和器官的移植以及法医鉴定中是必需的。人类的主要血型是 ABO 血型。这种血型是 1900 年 Landsteiner 发现的。这一发现在第一次世界大战期间对抢救伤员做出了重大贡献。Landsteiner 因发现 ABO 血型而获得 1930 年诺贝尔生理学或医学奖。血型为 A 和 B 型的人，他们的红血球表面分别具有 A 和 B 型抗原，其血清中则分别存在着抗 B 和抗 A 的抗体。而 O 型血的人红血球表面不存在 A 型和 B 型抗原，但是具有 H 血型物质(或 H 抗原)，是 A 和 B 两种抗原的前体，在他们的血清中同时存在着抗 A 和抗 B 两种抗体。

经过许多免疫学家包括 Landsteiner 和 Watkins 等半个多世纪的研究，1960 年 Witkins 确定了 ABO(H)的抗原决定簇是糖类，并测定了有关糖类的结构。H 抗原的前体是糖脂或糖蛋白质中糖链非还原末端的二糖——半乳糖-*N*-乙酰氨基葡萄糖(Gal-N-GlcNAc)。这两个糖基的连接方式不同：$\beta 1\rightarrow 3$ 连接而成的 *N*-乙酰新乳糖是 1 型的基础；$\beta 1\rightarrow 4$ 连接而成的 *N*-乙酰乳糖则衍生出 2 型血型物质。在这两个二糖外侧的半乳糖上再连接有 $\alpha 1\rightarrow 2$ 岩藻糖(Fuc)，就产生了 H1 和 H2 抗原。在 H 抗原上进一步接上 *N*-乙酰氨基半乳糖(1)或半乳糖(2)之后，则 H 抗原就转变成为 A 抗原或 B 抗原，分别为 A 型血和 B 型血；而末端为 *N*-乙酰氨基半乳糖和半乳糖的混合型，则为 AB 型血；O 型血则两种糖基都不存在。可见，H 抗原、A 抗原或 B 抗原是由于末端不同糖基的种类及其连接顺序和方式所造成的，仅仅一个糖基的差异就改变了血型。例如，在 H 抗原及其前体二糖的 *N*-

乙酰氨基葡萄糖上再接有 Fuc，则产生另一类型的血型，即 Lewis 血型。在 1 型前体接上 $\alpha$1→4Fuc 就产生 Lea 抗原。在 2 型前体接上$\alpha$1→3Fuc 就产生 $Le^x$ 抗原。在 H1 抗原接上$\alpha$1→4Fuc 就形成 Leb 抗原。在 H2 抗原接上$\alpha$1→3Fuc 就变成了 $Le^y$ 抗原。以糖链为基础的抗原系统还有很多，这里不一一列举了。

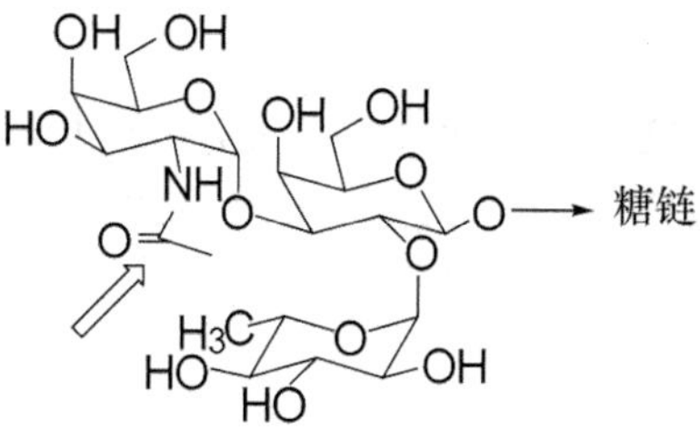


1

A型血决定簇

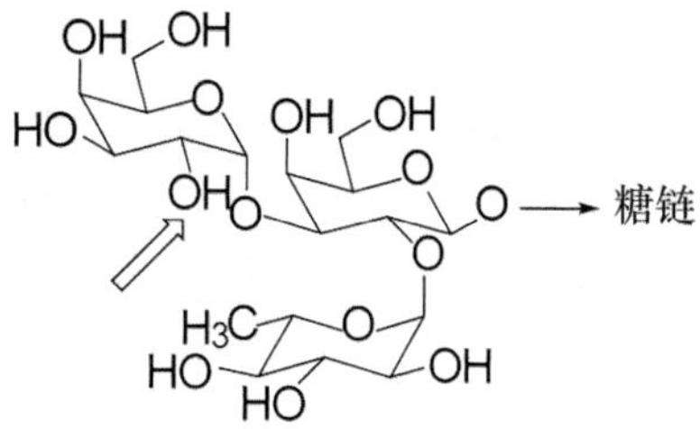


2

B型血决定簇

# 习　题

18-1　(1) 写出 $\beta$-D-呋喃型半乳糖的 Haworth 式。

(2) 写出下列糖较稳定的构象式：

(A) $\beta$-D-吡喃甘露糖　　(B) $\alpha$-D-吡喃半乳糖　　(C) $\alpha$-L-吡喃葡萄糖

18-2　写出高碘酸氧化 D-果糖生成的产物。

18-3　怎样证明 D-葡萄糖、D-甘露糖、D-果糖这三种糖的 C3、C4 和 C5 具有相同的构型？

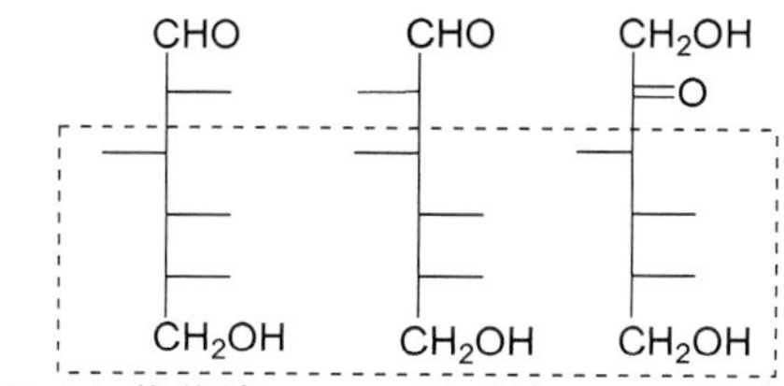


D-(+)-葡萄糖　D-(+)-甘露糖　D-(−)-果糖

18-4　根据下列单糖和单糖衍生物的结构，写出 Haworth 式并命名，说明这些糖有无还原性，能否发生水解反应。

(1) 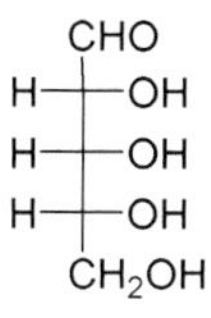


(2) 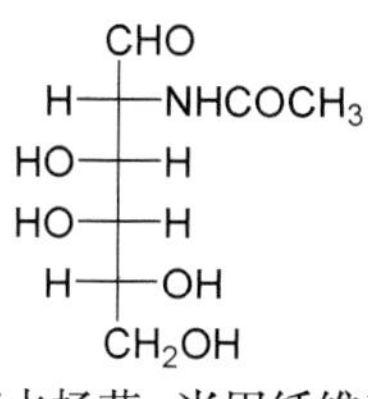


18-5　柳树皮中存在一种糖苷称为糖水杨苷，当用纤维素酶水解时得 D-葡萄糖和水杨醇(邻羟基苯甲醇)。水杨苷用硫酸二甲酯和氢氧化钠处理得五甲基水杨苷，五甲基水杨苷经酸催化水解得 2,3,4,6-四氧甲基-D-葡萄糖和邻甲氧基甲酚。写出水杨苷的结构式。

18-6　一己醛糖用温热的 $HNO_3$ 氧化，得到无光学活性的化合物。此己醛糖应有怎样的结构？

18-7　用简单的化学方法鉴别下列各组化合物。

(1) 葡萄糖和蔗糖　　(2) 麦芽糖和蔗糖　　(3) 淀粉和蔗糖

18-8　写出 D-半乳糖与下列试剂反应的主要产物。

(1) $Br_2/H_2O$　　(2) 稀硝酸　　(3) $CH_3OH$，HCl (气)

(4) $NaBH_4$　　(5) 苯肼(过量)

# 第 19 章　氨基酸、蛋白质和核酸

蛋白质和核酸都是天然高分子化合物，是生命物质的基础。生命活动的基本特征就是蛋白质的不断自我更新。蛋白质是一切活细胞的组成物质，也是酶、抗体和许多激素中的主要物质。所有蛋白质都是由 $\alpha$-氨基酸构成的，下面首先研究 $\alpha$-氨基酸的化学。

## 19.1 氨 基 酸

氨基酸(amino acid)是含有氨基和羧基的一类有机化合物的通称，是生物功能大分子蛋白质的基本组成单位，是构成动物营养所需蛋白质的基本物质。

### 19.1.1 氨基酸的结构、分类和命名

氨基酸分子中含有一个碱性氨基和一个酸性羧基，氨基一般连在 $\alpha$-碳上，称为 $\alpha$-氨基酸。组成蛋白质的氨基酸(天然氨基酸)都是 $\alpha$-氨基酸。天然的不同 $\alpha$-氨基酸只是 R 基不同。目前已知的氨基酸已超过 100 种以上，但在生物体内作为合成蛋白质的原料只有 20 种。由蛋白质水解得到的 $\alpha$-氨基酸的俗名以及简写式见表 19-1。

表 19-1　常见的 $\alpha$-氨基酸

| 名称 | 符号 | 字母代号 | 汉文代号 | 结构式 | 等电点 pI |
|---|---|---|---|---|---|
| 中性氨基酸 | | | | | |
| 甘氨酸(glycine) | Gly | G | 甘 | $H_2C-COOH$<br>$\vert$<br>$NH_2$ | 5.97 |
| 丙氨酸(alanine) | Ala | A | 丙 | $H_3C-CH-COOH$<br>$\vert$<br>$NH_2$ | 6.00 |
| *缬氨酸(valine) | Val | V | 缬 | $(CH_3)_2CHCHCOOH$<br>$\vert$<br>$NH_2$ | 5.96 |
| *亮氨酸(leucine) | Leu | L | 亮 | $(CH_3)_2CHCH_2CHCOOH$<br>$\vert$<br>$NH_2$ | 5.98 |
| *异亮氨酸(isoleucine) | Ile | I | 异亮 | $CH_3CH_2CH-CHCOOH$<br>$\vert\quad\vert$<br>$CH_3\quad NH_2$ | 6.02 |
| *苯丙氨酸(phenylalanine) | Phe | F | 苯丙 | $C_6H_5CH_2CHCOOH$<br>$\vert$<br>$NH_2$ | 5.48 |
| 丝氨酸(serine) | Ser | S | 丝 | $HOCH_2CHCOOH$<br>$\vert$<br>$NH_2$ | 5.68 |
| *苏氨酸(threonine) | Thr | T | 苏 | $CH_3CH-CHCOOH$<br>$\vert\quad\vert$<br>$OH\quad NH_2$ | 5.60 |

续表

| 名称 | 符号 | 字母代号 | 汉文代号 | 结构式 | 等电点 pI |
|---|---|---|---|---|---|
| 酪氨酸(tyrosine) | Tyr | Y | 酪 | 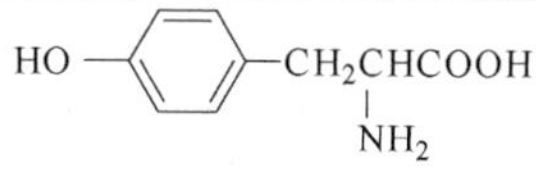 | 5.66 |
| 半胱氨酸(cysteine) | Cys | C | 半胱 | $HSCH_2CH(NH_2)COOH$ | 5.07 |
| *蛋氨酸(methionine) | Met | M | 蛋 | $CH_3SCH_2CH_2CH(NH_2)COOH$ | 5.74 |
| *色氨酸(tryptophan) | Trp | W | 色 | 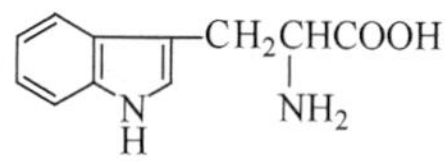 | 5.89 |
| 脯氨酸(proline) | Pro | P | 脯 | 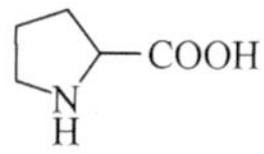 | 6.30 |
| 谷氨酰胺(glutarnine) | Gln | Q | 谷-$NH_2$ | $NH_2C(=O)CH_2CH_2CH(NH_2)COOH$ | 5.65 |
| 天冬酰胺(asparagine) | Asn | N | 天冬-酰胺 | $NH_2C(=O)CH_2CH(NH_2)COOH$ | 5.41 |
| 酸性氨基酸 | | | | | |
| 天冬氨酸(aspartic acid) | Asp | D | 天冬 | $HOOCCH_2CH(NH_2)COOH$ | 2.77 |
| 谷氨酸(glutamic acid) | Glu | E | 谷 | $HOOCCH_2CH_2CH(NH_2)COOH$ | 3.22 |
| 碱性氨基酸 | | | | | |
| 精氨酸(arginine) | Arg | R | 精 | $NH_2C(=NH)NH(CH_2)_3CH(NH_2)COOH$ | 10.76 |
| *赖氨酸(lysine) | Lys | K | 赖 | $H_2NCH_2(CH_2)_3CH(NH_2)COOH$ | 9.74 |
| 组氨酸(histidine) | His | H | 组 | 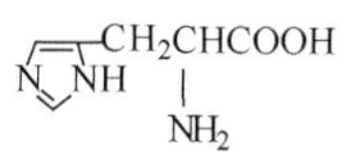 | 7.59 |

表 19-1 中带*号的 8 种氨基酸称为人体必需氨基酸。所谓必需氨基酸是指那些构成蛋白质、但不能为人体所合成、必须经过食物摄取的氨基酸。此外，人体合成精氨酸、组氨酸的能力不能够满足自身的需要，需要从食物中摄取一部分，称为半必需氨基酸。其余的 10 种氨基酸人体能够自己制造，称为非必需氨基酸。氨基酸的平衡和适量的供应是人体健康的基本前提，任何一种氨基酸供应缺乏，都会影响免疫系统和其他正常功能的发挥，使人处于亚健康状态，容易遭受疾病的侵袭。

在 $\alpha$-氨基酸中，根据分子所含氨基和羧基的数目分为中性、碱性和酸性氨基酸。分子中氨基和羧基数目相等的为中性氨基酸；氨基数目小于羧基的为酸性氨基酸；氨基数目多于羧基的为碱性氨基酸。按烃基类型可将 $\alpha$-氨基酸分为脂肪族氨基酸、芳香族氨基酸及杂环氨基酸。

与羟基酸类似，氨基酸的系统命名法是将氨基作为酸的取代基命名。但天然氨基酸根据其来源或性质多用俗名。例如，胱氨酸是因它最先来自尿结石，甘氨酸是由于它具有甜味而得名。例如：

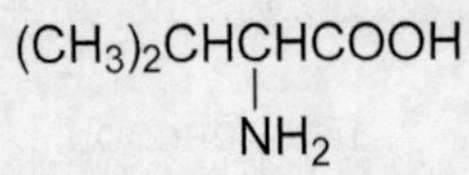

缬氨酸（$\beta$-甲基-$\alpha$-氨基丁酸）

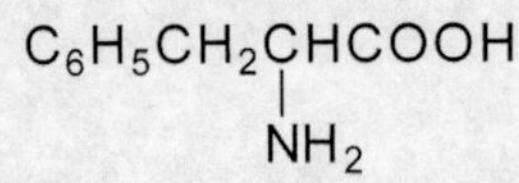

苯丙氨酸（$\beta$-苯基-$\alpha$-氨基丙酸）

$\alpha$-氨基酸一般用 Fischer 投影式表示，将羧基写在竖线的上方，R 基写在竖线的下方，氨基和氢写在横线的两侧，它们的相对构型可用 D/L 标记。$\alpha$-氨基在右边的是 D 型氨基酸，在左边的为 L 型氨基酸，天然的氨基酸都属于 L 型。例如：

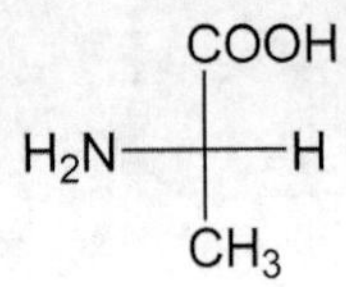

L-丙氨酸

### 19.1.2 氨基酸的化学性质

氨基酸分子中有氨基($-NH_2$)和羧基($-COOH$)两种官能团，除具有胺和羧酸的通性和特征反应外，还应具有氨基与羧基的综合反应，构成氨基酸的特征反应。

1. 氨基酸的两性和等电点

氨基酸分子中的氨基呈碱性，而羧基呈酸性，因而氨基酸既能与酸反应，也能与碱反应，是一个两性化合物。

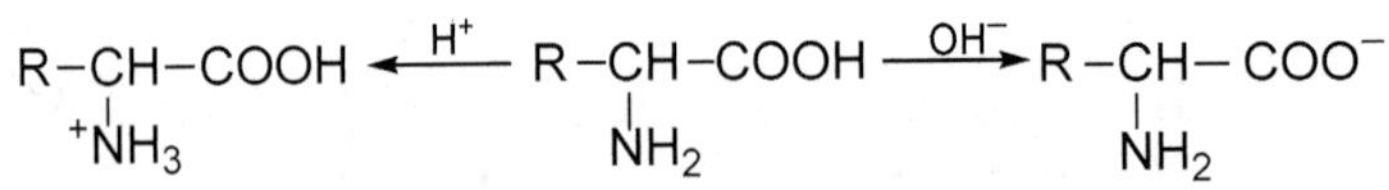

氨基酸在一般情况下不以游离的羧基或氨基存在，而是两性电离，在固态或水溶液中形成内盐，亦称两性离子或偶极离子。

氨基酸的某些物理性质表明，它们是以偶极离子形式存在的，分子中没有游离的$-NH_2$或$-COOH$。例如，氨基酸一般在 200℃以下不熔化，具有很高的熔点(实际上是分解点)。氨基酸可溶于水，而不溶于苯、醚等有机溶剂，这些都是由偶极离子结构所导致的特性。在氨基酸的红外图谱中，没有典型的羧基($-COOH$)伸缩振动吸收峰(1675～1700 $cm^{-1}$)，而只有$-COO^-$负离子的伸缩振动吸收峰(1650～1545 $cm^{-1}$)。

氨基酸在溶液中的存在形式与溶液的 pH 有关。在低 pH 时，正离子占优势；在高 pH 时，负离子占优势。pH 在 4～8 时，大部分氨基酸主要以偶极离子形式存在。在某 pH 条件下，氨基酸所带正、负电荷相等即净电荷为零时，此时的 pH 称为等电点(isoelectric point，简写为 pI)。不同氨基酸由于结构的不同，等电点也不同(表 19-1)。等电点是氨基酸的特定常数，一般中性氨基酸的等电点 pH = 5.0～6.3，酸性氨基酸的等电点 pH = 2.8～3.2，碱性氨基酸的等电点

pH = 7.6～10.8。达到等电点时，氨基酸在溶液中以两性离子形式存在。

2. 氨基酸中氨基的反应

氨基酸分子中的氨基具有典型的氨基性质，能酰基化成酰胺。

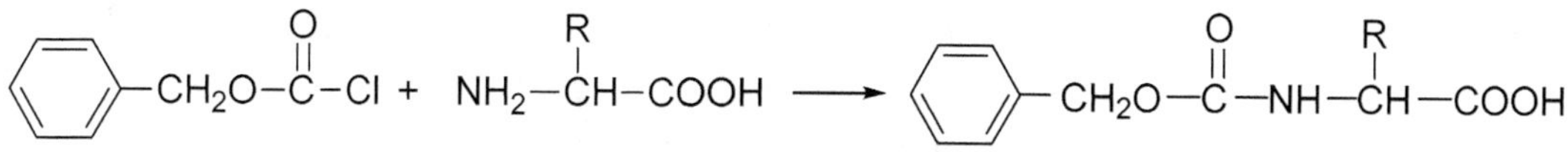

乙酰氯、醋酸酐、苯甲酰氯、邻苯二甲酸酐等都可用作酰化剂。

氨基酸与 RX 作用，烃基化生成 *N*-烃基氨基酸。

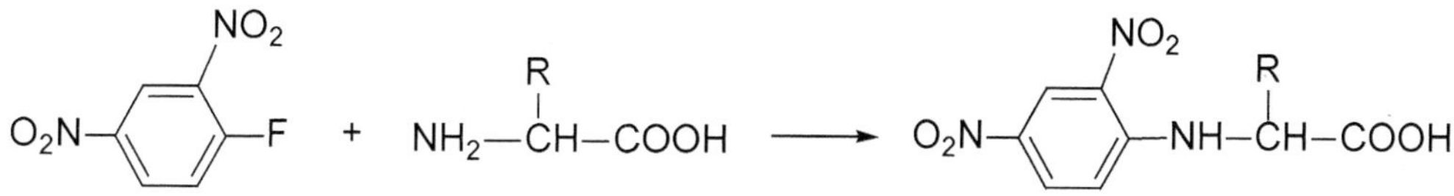

氟代二硝基苯在多肽结构分析中用作测定 N 端的试剂。

氨基酸分子中的氨基可以与亚硝酸作用，生成羟基酸和水，并放出氮气。

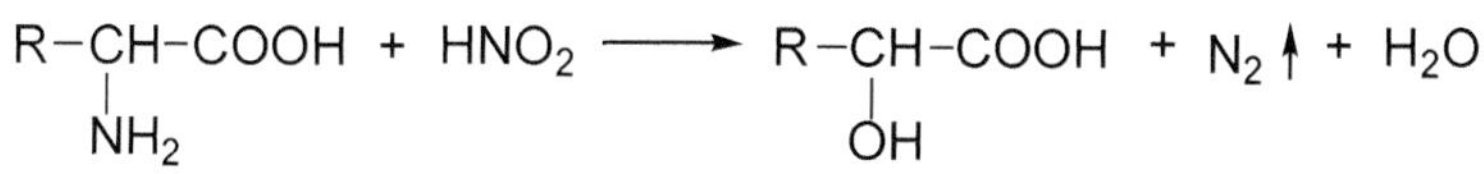

反应是定量完成的，通过测定放出的氮气量，可计算分子中的氨基含量。此法称为 Van Slyke(范斯来克)氨基测定法。

氨基酸分子中的氨基能与甲醛作用生成羟甲基衍生物。

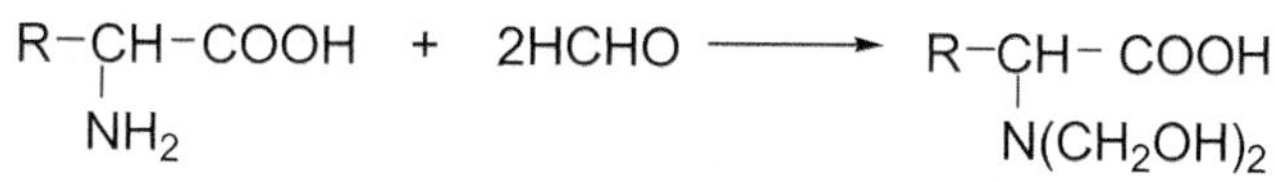

氨基作为亲核试剂与甲醛中的羰基加成，生成 *N*, *N*-二羟甲基氨基酸。由于羟基是吸电子基团，氮原子上的电子云密度降低，削弱了接受质子的能力，使氨基的碱性降低，这样就可以用碱滴定氨基酸的羧基，从而测定氨基酸的含量，这种方法称为氨基酸的甲醛滴定法。该方法在氨基酸的定量测定中得到广泛的应用，也可用于测定蛋白质水解或合成的程度。

3. 氨基酸中羧基的反应

$\alpha$-氨基酸分子中的羧基具有典型羧基的性质，能够与醇、羧酸或胺类化合物反应形成酯、酸酐或酰胺。

氨基酸在无水乙醇中通入干燥的氯化氢，然后加热回流；或在缩合剂存在下，与醇在室温下反应，可生成氨基酸酯，该反应在肽的合成中可用来保护羧基。

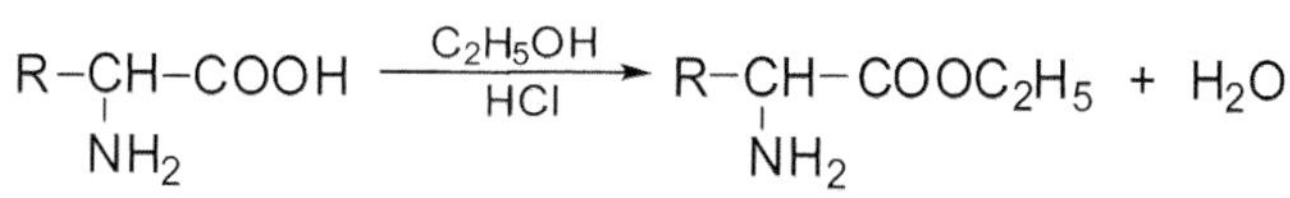

$\alpha$-氨基酸乙酯

在醇溶液中 $\alpha$-氨基酸乙酯与氨反应，生成氨基酸酰胺。动植物体内的天冬酰胺和谷氨酰胺就是按此反应方式生成的。

$$\underset{\displaystyle NH_2}{R-CH}-COOC_2H_5 \xrightarrow[乙醇]{NH_3} \underset{\displaystyle NH_2}{R-CH}-CONH_2 + C_2H_5OH$$

4. 与水合茚三酮反应

α-氨基酸与水合茚三酮在弱酸性溶液中共热，会发生氧化、脱氨、脱羧等一系列复杂反应，最后生成蓝紫色物质，此显色反应称为茚三酮反应。此反应可用于 α-氨基酸的定性和定量分析，在氨基酸的纸层析和薄层层析时，水合茚三酮是显色剂。

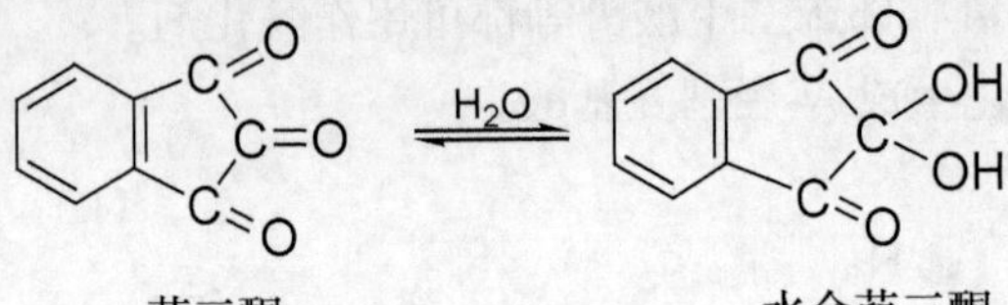


茚三酮　　　　水合茚三酮

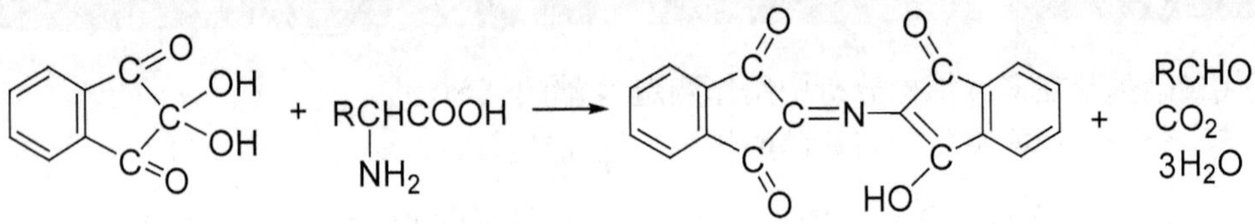


蓝紫色

脯氨酸分子中没有游离氨基，它与水合茚三酮反应得不到蓝紫色物质，而是呈现橙黄色。

### 19.1.3 重要的氨基酸

1. 谷氨酸

谷氨酸是一种酸性氨基酸，化学名称为 α-氨基戊二酸，为无色晶体，有鲜味，微溶于水，溶于盐酸溶液，等电点 3.22。它大量存在于谷类蛋白质中，动物脑中含量也较多。L-谷氨酸是蛋白质的主要构成成分，它既是蛋白质或肽的结构氨基酸之一，又是游离氨基酸。谷氨酸在生物体内蛋白质代谢过程中占重要地位，参与动物、植物和微生物中的许多重要化学反应。医学上谷氨酸主要用于治疗肝性昏迷，还用于改善儿童智力发育。食品工业上，味精是常用的增鲜剂，其主要成分是谷氨酸钠盐。过去生产味精主要用小麦面筋(谷蛋白)水解法进行，现改用微生物发酵法来进行大规模生产。

2. 蛋氨酸

蛋氨酸是构成蛋白质的基本单位之一，是必需氨基酸中唯一含有硫的氨基酸，它参与体内甲基的转移及磷的代谢和肾上腺素、胆碱和肌酸的合成，是合成蛋白质和胱氨酸的原料，是甲基供体。一般只有 L 型氨基酸能被人体利用，但是 D 型蛋氨酸却能在体内转化为 L 型为人体所用。蛋氨酸与生物体内各种含硫化合物的代谢密切相关。当缺乏蛋氨酸时，会引起食欲减退、生长减缓或体重不增加、肾脏肿大和肝脏铁堆积等现象，最后导致肝坏死或纤维化。

蛋氨酸还可利用其所带的甲基，对有毒物或药物进行甲基化而起到解毒的作用。因此，蛋氨酸可用于防治慢性或急性肝炎、肝硬化等肝脏疾病，也可用于缓解砷、三氯甲烷、四氯化碳、苯、吡啶和喹啉等有害物质的毒性反应。

3. 赖氨酸

赖氨酸为碱性必需氨基酸。在合成蛋白质的各种氨基酸中，L-赖氨酸是最重要的一种，少了它，其他氨基酸就受到限制或得不到利用，科学家称它为人体第一必需氨基酸。近年来，科学家还发现，L-赖氨酸是控制人体生长的重要物质抑长素(somatotation)中最重要的也是最必需的成分，对人的中枢神经和周围神经系统都起着重要作用。人体不能自身合成 L-赖氨酸，必须从食物中吸取，由于谷物食品中的赖氨酸含量甚低，且在加工过程中易被破坏而缺乏，故称为第一限制性氨基酸。

食物中添加少量的赖氨酸，可以刺激胃蛋白酶与胃酸的分泌，提高胃液分泌功效，起到增进食欲、促进幼儿生长与发育的作用。赖氨酸还能提高钙的吸收及其在体内的积累，加速骨骼生长。如果缺乏赖氨酸，会造成胃液分泌不足而出现厌食、营养性贫血，致使中枢神经受阻、发育不良。

赖氨酸在医药上还可作为利尿剂的辅助药物，治疗因血中氯化物减少而引起的铅中毒现象，还可与酸性药物(如水杨酸等)生成盐以减轻不良反应，与蛋氨酸合用则可抑制重症高血压病。长期服用赖氨酸可拮抗另一个氨基酸——精氨酸，而精氨酸能促进疱疹病毒的生长。因此，补充赖氨酸能加速疱疹感染的康复并抑制其复发。

### 19.1.4 氨基酸的制法

氨基酸的制取主要有三条途径：有机合成、蛋白质水解和发酵法。蛋白质水解制备氨基酸是最直接也是最古老的一种方法。例如，由毛发水解制备胱氨酸。微生物发酵法最显著的优点是由该法生产的氨基酸都是具有生物活性的 L 型氨基酸。例如，由微生物发酵糖类制谷氨酸(味精)。但利用这些方法通常较难得到单一纯品，而合成法则可得到单一物质。合成法制备 $\alpha$-氨基酸主要有以下几种。

1. Strecker 合成法

醛与氨及氰氢酸反应，可以得到 $\alpha$-氨基腈，水解后转化为 $\alpha$-氨基酸。此合成法称为 Strecker 合成法。

$$C_6H_5CH_2CHO \xrightarrow[NH_3]{HCN} C_6H_5CH_2\underset{\displaystyle NH_2}{\underset{|}{C}}HCN \xrightarrow[2)\ H_3O^+]{1)\ NaOH,\ H_2O} C_6H_5CH_2\underset{\displaystyle NH_2}{\underset{|}{C}}HCOOH$$

用氯化铵和氰化钾的水溶液与醛、酮反应，也可以得到同样的产物，这样可以避免使用氢氰酸或氰化氨。

2. 由 $\alpha$-卤代酸的氨解制备

$\alpha$-卤代酸和过量的氨作用，可以生成 $\alpha$-氨基酸。例如：

$$R-\underset{\displaystyle X}{\underset{|}{C}}H-COOH + NH_3 \longrightarrow R-\underset{\displaystyle NH_2}{\underset{|}{C}}H-COOH + HX$$

其中，$\alpha$-卤代酸可由羧酸在红磷作用下 $\alpha$-位卤代制得。但此法有副产物仲胺和叔胺生成，不易纯化，因此常用 Gabrial 法代替。

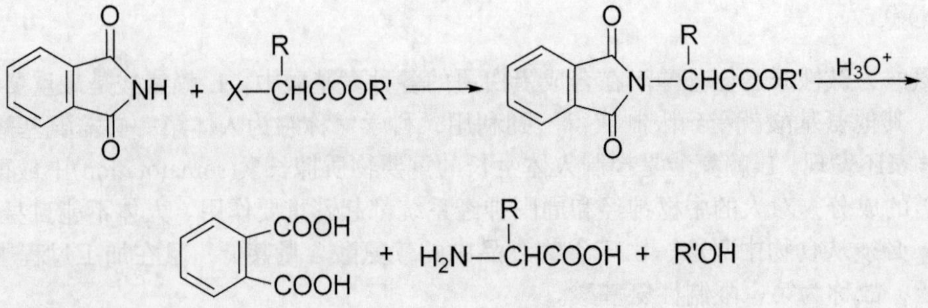

3. 丙二酸酯合成法

丙二酸酯是合成氨基酸的重要原料。首先是从丙二酸酯合成 *N*-丙二酸酯邻苯二甲酰亚胺，然后烷基化、水解，再脱羧即可得到 $\alpha$-氨基酸。

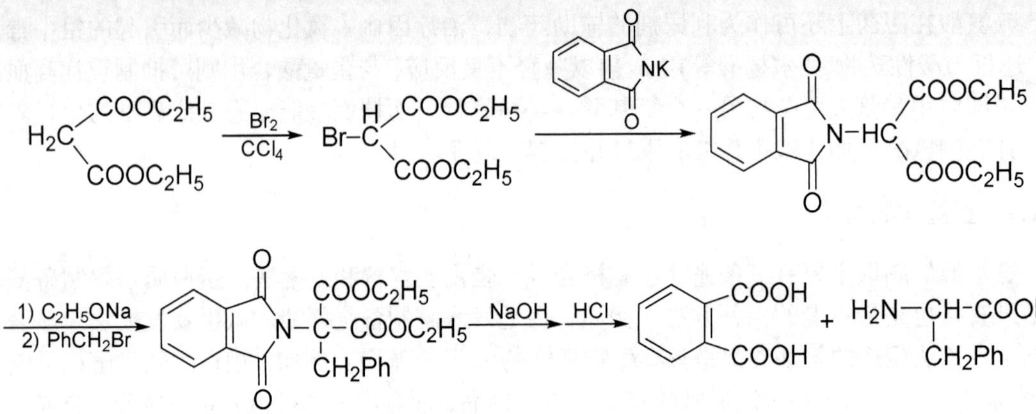

由上述合成方法制得的氨基酸都是外消旋体，拆分后才能得到 D-和 L-氨基酸。近年来，氨基酸的不对称合成发展很快，特别是不对称催化反应，可立体选择性地合成所需氨基酸。

## 19.2 多　肽

### 19.2.1 多肽的分类和命名

一分子氨基酸中的羧基与另一分子氨基酸中的氨基脱水而形成的酰胺称为肽，其形成的酰胺键称为肽键。根据肽分子中的 $\alpha$-氨基酸的数目，分别把它们称为二肽、三肽、四肽以至多肽(polypeptide)。例如，由两个氨基酸首尾相接，失去一分子水而缩合成的酰胺称为二肽。一般十肽以下的称为寡肽或低聚肽(oligopeptide)，十一肽以上的称为多肽(polypeptide)，一般把含 100 个以上氨基酸的多肽(有时是含 50 个以上)称为蛋白质。

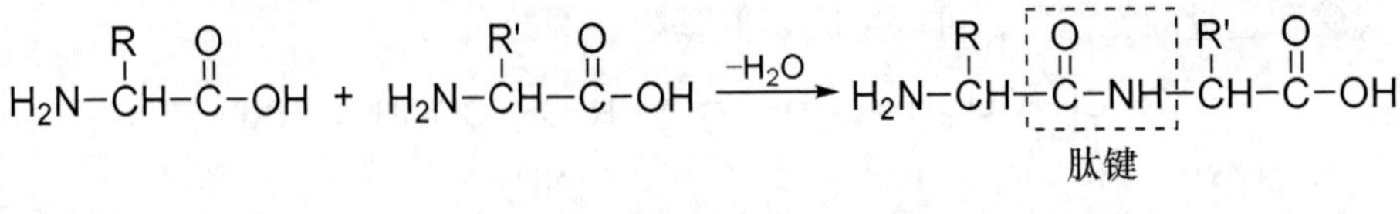

在肽链中，有氨基的一端称为 N 端；有羧基的一端称为 C 端。在写多肽结构时，通常把 N 端写在左边，C 端写在右边。

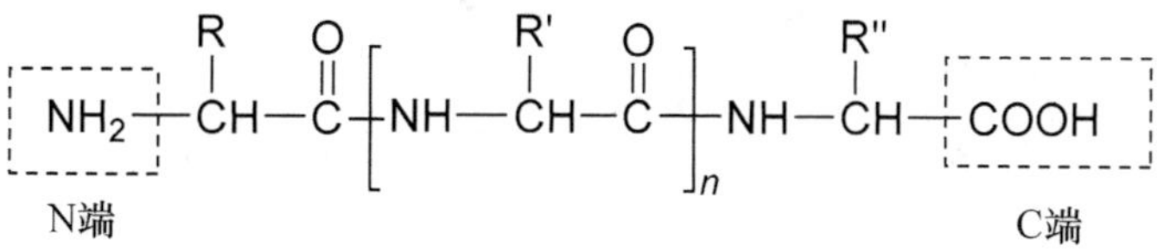

多肽的命名以含 C 端的氨基酸为母体，把肽链中其他氨基酸名称中的“酸”字改为“酰”字，由 N 端开始，依次称为某氨酰某氨酸，也可用简写来表示。例如：

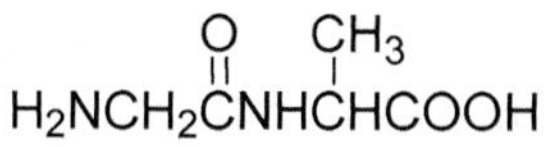

甘氨酰丙氨酸,简称甘-丙 (Gly - Ala)

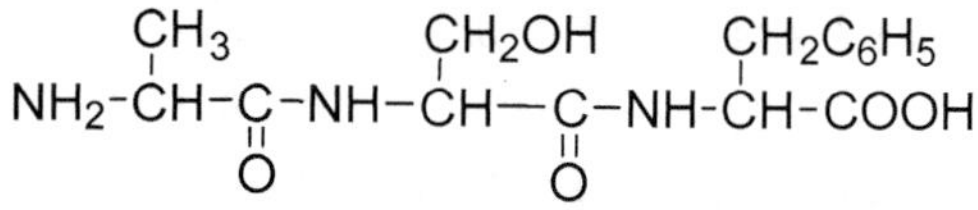

丙氨酰丝氨酰苯丙氨酸,简称丙-丝-苯丙 (Ala-Ser- Phe)

### 19.2.2　多肽的结构测定

由氨基酸组成的多肽数目庞大，情况十分复杂。由甘氨酸、缬氨酸、亮氨酸三种氨基酸就可组成六种三肽。假定 100 个氨基酸聚合成线形分子，可能具有 20100 种多肽。因此多肽的结构测定相对较复杂。多肽结构的测定主要包括：了解某一多肽是由哪些氨基酸组成的；各种氨基酸的相对比例；确定各氨基酸的排列顺序。多肽结构测定大体分三步。

1. 测定实验式

将多肽在酸性溶液中彻底水解，去除非氨基酸物质后，用色谱法、电泳法、离子交换层析等分离技术确定有哪些氨基酸及它们的相对含量，然后计算出各种氨基酸的相对数目，求出实验式。现代方法是将水解后的氨基酸混合液用氨基酸分析仪进行分离和测定。

2. 确定分子式

用化学或物理方法(如渗透压和光散射测量、超离心时的性质和 X 射线衍射法等)测定其相对分子质量，从而确定分子式。

3. 末端残基分析法——测定多肽中氨基酸的结合顺序

(1) N 端氨基酸的分析：测定 N 端有两种方法，其一是用 2,4-二硝基氟苯(又称 Sanger 试剂)作标记化合物与多肽反应，彻底水解后，只有 N 端的氨基酸带有二硝基苯(DNP)标记，由于带有 DNP 标记的化合物都是黄色的，通过色谱层析法比较比移值($R_f$)即可知道 N 端为何种氨基酸。

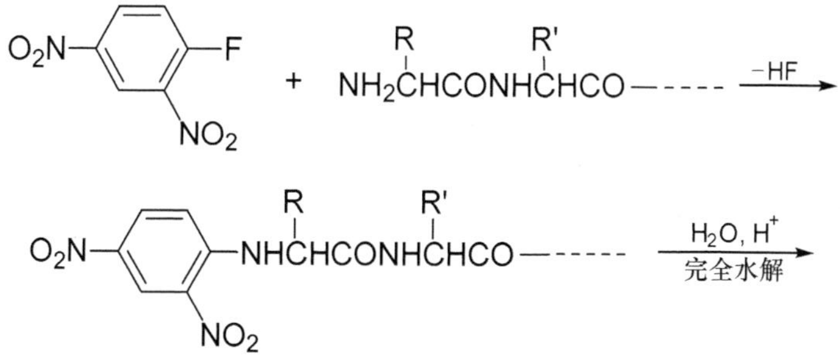

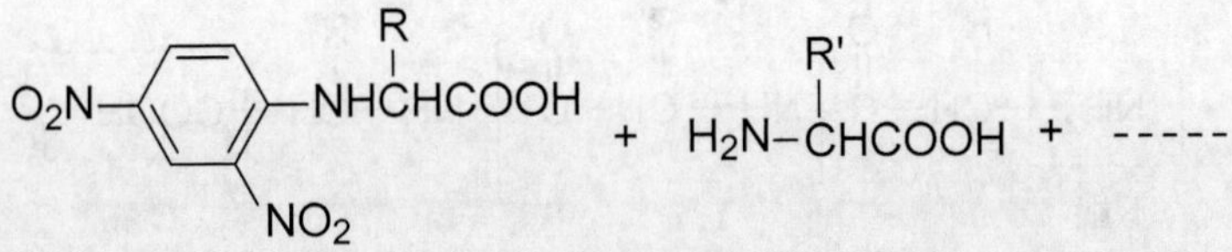

该方法的缺点是水解过程中整个肽链都会被破坏，因此，在同一个肽链上只能做一次 N 端分析。

N 端氨基酸分析还可用异硫氰酸苯酯作标记化合物与多肽 N 端的氨基反应，生成苯基硫脲衍生物。再于无水条件下用酸处理，N 端氨基酸以苯乙内酰硫脲(PTH)衍生物形式从肽链中分离出来，通过气-液分配色谱法就可确定 N 端氨基酸。该方法的优点是除多肽 N 端的氨基酸外，其余的多肽链会保留下来，这样就可以不断地测定 N 端。这种方法称为 Edman(埃德曼)降解。此法原理已被现代氨基酸自动分析仪所采用。

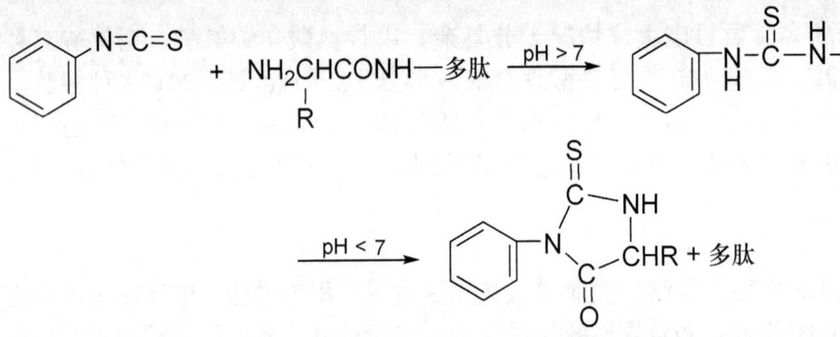

PTH衍生物

(2) C 端氨基酸的分析：可以利用肼解法。多肽与无水肼在 100℃反应 5～10 h 后，除 C 端氨基酸外，所有氨基酸都转变为氨基酸的酰肼，C 端氨基酸则以游离氨基酸放出。即与肼反应后仍具有游离羧基的氨基酸就是多肽 C 端的氨基酸。

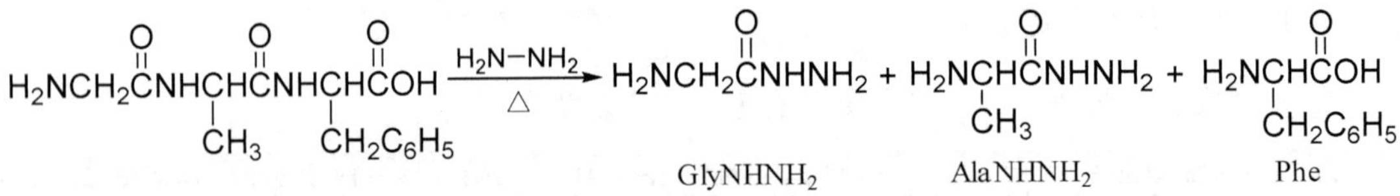

C 端的测定还常利用酶催化法，在羧肽酶催化下，多肽链中只有 C 端的氨基酸能逐个断裂下来，对水解下来的氨基酸进行鉴定，就可以确定 C 端的氨基酸。

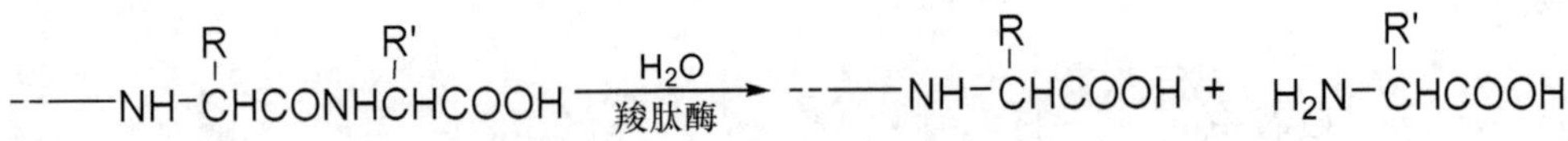

理论上，末端分析法可以反复进行，但事实上，当被测肽链较长时，水解过程中仍会对分析产生干扰。因此，末端分析法通常只适合于分析相对分子质量较小的多肽。对于很长的肽链，可以利用某些蛋白酶对一定类型的肽键水解具有选择性催化作用的性质，使多肽分解成若干较短的肽链，然后再用端基分析法确定较短肽链中氨基酸的排列顺序，最后推出原来多肽分子中各种氨基酸的排列顺序。常用的部分水解法的蛋白酶有：胰蛋白酶(只水解羰基属于赖氨酸、精氨酸的肽键)，糜蛋白酶(水解羰基属于苯丙氨酸、酪氨酸、色氨酸的肽键)，胃蛋白酶(水解羰基属于酪氨酸、色氨酸、苯丙氨酸、亮氨酸的肽键)等。

### 19.2.3 多肽的合成

多肽的合成是指将具有旋光性的氨基酸按一定的顺序通过酰胺键连接起来，形成具有与天然产物相同生理活性的化合物。通过多肽合成可以验证新的多肽结构；设计新的多肽，用于研究结构与功能的关系；为多肽生物合成反应机制提供重要信息；建立模型酶以及合成新的多肽药物等。

氨基酸中既有氨基又有羧基，因此两种不同的氨基酸接肽时可能产生 4 种产物。多种氨基酸接肽时产物更加复杂。因此，为了使接肽按预定方式进行，多肽合成必须解决氨基保护、羧基保护、侧链保护，并选择合适的活化方式进行接肽，最后在不影响生成的肽键的条件下，脱去保护基。

1. 氨基的保护

常用的氨基保护基可分为烷氧羰基、酰基和烷基三类。其中烷氧羰基保护基可防止消旋化，因此应用广泛。目前普遍使用的烷氧羰基保护基是苄氧羰基(Cbz 或 Z)、9-芴基甲氧羰基(Fmoc)和叔丁氧羰基(Boc)。

$$C_6H_5CH_2OCOCl + H_3\overset{+}{N}\underset{\displaystyle R}{C}HCO_2^- \xrightarrow[2)\ H_3O^+]{1)\ NaOH/H_2O} C_6H_5CH_2O\overset{\displaystyle O}{\overset{\|}{C}}NH\underset{\displaystyle R}{C}HCO_2H$$

Z 基团可用钯黑(2%～5% 钯炭)催化氢化法脱除。Boc 基团不能用催化氢化法脱除，但易于酸解脱除。它可以和 Z 基团搭配使用，有选择性地脱除。Fmoc 基团的特点是对酸稳定，可被碱脱除。因此，尤其适合于合成含有 Trp、Met、Cys 等对酸不稳定的多肽。此外，Fmoc 基团有特征性紫外吸收，易于监测反应的进行，为使用仪器自动化合成多肽带来许多方便。

$$C_6H_5CH_2O\overset{\displaystyle O}{\overset{\|}{C}}-NH\underset{\displaystyle R}{C}HCONHCH_2CO_2C_2H_5 \xrightarrow{H_2/Pd} \underset{100\%}{NH_2\underset{\displaystyle R}{C}HCONHCH_2CO_2C_2H_5} + C_6H_5CH_3 + CO_2$$

2. 羧基的保护

与氨基保护基相比，羧基保护基种类较少，一般以盐或酯的形式存在。盐是对羧基的临时保护，常用的有钾盐、钠盐、三乙胺盐和三丁胺盐等。常用的酯类有甲酯、乙酯、苄酯和叔丁酯。叔丁酯是近年来最常用的羧基保护基，可用酸在温和条件下脱除。

侧链的保护需视实际情况而定。

3. 肽键的合成

将该保护的基团保护起来后，就可以合成肽键。但将两个相应的氨基被保护和羧基被保护的氨基酸放在一起，并不自动地生成肽键。要形成肽键，常采用将羧基活化和使用较强的脱水剂。活化羧基的办法可以是将羧基制成酰氯，再与氨基作用形成肽键。但是，由于在反应过程中容易引起氨基酸的消旋化，实际应用价值不大。也可以将羧基制成与碳酸酯的混合酐，例如：

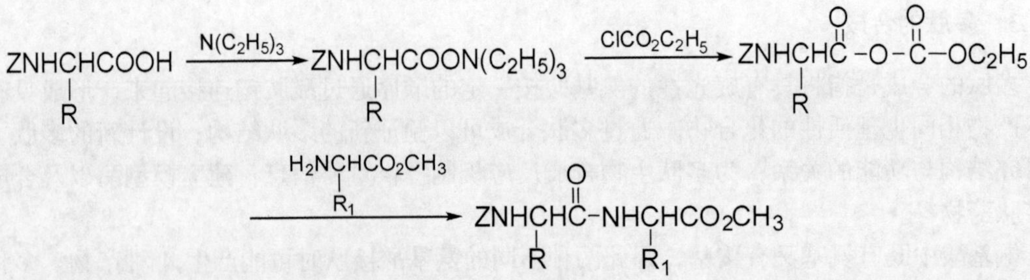

也可以制成对硝基苯酯等活泼酯，例如：

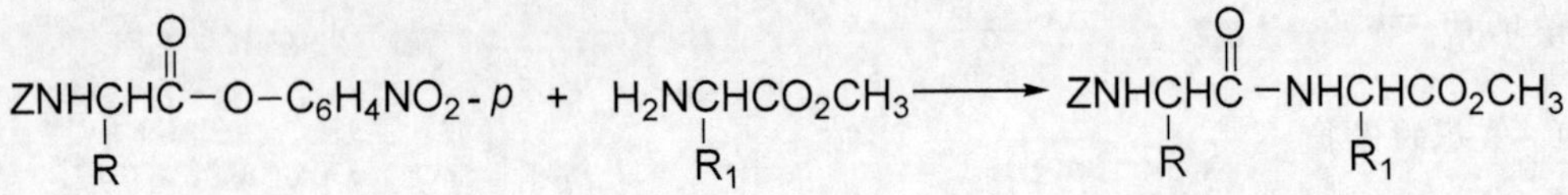

二环己基碳二亚胺(DCC)是一种普遍使用的缩合剂，使氨基和羧基形成酰胺键完成接肽，反应条件温和。反应中产生的二环己基脲(DCU)不溶于大多数有机溶剂，容易与产物分离。此法的优点是消旋化可能性很小。

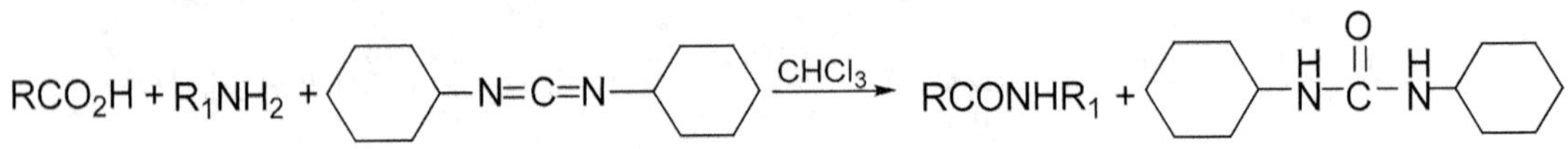

DCC　　二肽　　DCU

合成二肽后，脱去其中氨基或羧基的保护基，再继续合成。合成长链多肽时，往往分成几段合成，各段合成后，再将各段连接起来，最后脱去保护基，完成合成。

合成多肽是项很繁琐的工作，为提高合成工作的效率，20 世纪 70 年代美国化学家 R. B. Merrifield(梅里菲尔德)发明了一种快速、定量、能连续合成多肽的方法——固相合成技术，由此他获得 1984 年 Nobel 化学奖。此法的基本过程是：将目标多肽的 C 端羧基以共价键形式与一个不溶性的高分子树脂相连，然后以这个氨基酸的氨基作为起点，与另一分子氨基酸的羧基作用(用 DCC 作偶联剂)形成肽键。不断重复这一过程，即可以得到目标多肽产物。合成反应完成后，去除保护基，将肽链与树脂分离，即得到目标产物。固相合成方法的优点是可以用过量的试剂提高反应产率，使偶联反应更有效，多余的试剂、副产物、溶剂容易洗涤除去，只有产物在树脂上，省去了重结晶和层析的分离操作，操作相对较为简单并可实现自动化，缩短合成时间。固相多肽合成的方法已经应用于自动化的仪器操作上，使合成速度大大加快，过去需要几年时间才能完成的工作在仪器上进行只要十几天就可以完成。

固相合成只适合合成一条肽链，要合成众多的肽链需花费很长时间。组合合成技术的发展解决了上述问题。组合化学是一项新型化学技术，在一个反应器内使用相同的反应条件，在短时间内合成数目庞大的多肽类物质，经过高效生物活性筛选，从中发现一批具有活性的多肽药物前体。

## 19.3 蛋 白 质

蛋白质(protein)是生物体的基本组成成分。人体内蛋白质的含量很多，约占人体固体成分的 45%，它的分布很广，几乎所有的器官组织都含蛋白质，生物的结构和性状都与蛋白质有关。蛋白质还参与基因表达的调节，以及细胞中氧化还原、电子传递、神经传递乃至学习和记忆等多种生命活动过程。在细胞和生物体内各种生物化学反应中起催化作用的酶主要也是蛋白质。许多重要的激素，如胰岛素和胸腺激素等也都是蛋白质。此外，多种蛋白质，如植物种子(豆、花生、小麦等)中的蛋白质和动物蛋白、奶酪等都是供生物营养生长之用的蛋白质。有些蛋白质如蛇毒、蜂毒等是动物攻防的武器。

### 19.3.1 蛋白质的分子组成及分类

#### 1. 蛋白质的分子组成

蛋白质主要由 C、H、O、N、S 等元素组成，有些还含有 P、Fe、I、Zn、Mo 等元素。一般干燥蛋白质的元素含量为 C 50%～55%、H 6%～7%、O 19%～24%、N 13%～19%，除此之外还有 S 0%～4%。各种蛋白质的含氮量很接近，平均为 16%。由于体内组织的主要含氮物是蛋白质，因此，只要测定生物样品中的氮含量，就可以推算出蛋白质大致含量。

蛋白质在无机酸中水解为 $\alpha$-氨基酸的混合物，有的还同时生成一些其他物质，如脂肪、糖、色素、含磷化合物、含铁化合物等。所以，蛋白质是由多个 $\alpha$-氨基酸分子间失水形成酰胺键–CONH–而组成的链状高分子化合物，相对分子质量很大，通常在 10000 以上，有的达几万、几十万，个别的甚至上千万。例如，烟草斑纹病毒的核蛋白的相对分子质量已超过二千万，腺病毒的核蛋白的相对分子质量还更大。

#### 2. 蛋白质的分类

根据蛋白质的形状分为：①纤维蛋白质，如丝蛋白、角蛋白等；②球状蛋白质，如蛋清蛋白、酪蛋白、血红蛋白、$\gamma$-球蛋白(感冒抗体)等。

根据组成分为：①单纯蛋白质——其水解最终产物是 $\alpha$-氨基酸；②结合蛋白质——其水解最终产物是 $\alpha$-氨基酸和非氨基酸物质(辅基)，辅基为糖时称为糖蛋白，辅基为核酸时称为核蛋白，辅基为血红素时称为血红素蛋白等。

根据蛋白质的功能分为：①活性蛋白，按生理作用不同又可分为酶、激素、抗体、收缩蛋白、运输蛋白等；②非活性蛋白，担任生物的保护或支持作用的蛋白，但本身不具有生物活性的物质，如贮存蛋白(卵清蛋白、酪蛋白等)、结构蛋白(角蛋白、弹性蛋白胶原)等。

### 19.3.2 蛋白质的结构

蛋白质是高分子化合物，结构非常复杂，有多肽链内氨基酸的种类和排列顺序问题(构造)，有一条肽链本身或几条肽链之间的空间作用问题(构型和构象)。通常把蛋白质的结构层次分为四级，这种分法是高分子化合物的研究方法。

#### 1. 一级结构

蛋白质的一级结构是指蛋白质分子中氨基酸的排列顺序，主要化学键是肽键和二硫键。一级结构是蛋白质空间结构和特异生物学功能的基础。氨基酸排列顺序的差别意味着从多肽链骨架伸出的侧链 R 基团的性质和顺序对于每一种蛋白质是特异的——因为 R 基团大小不同，所带电荷数目不同，对水的亲和力不相同，所以蛋白质的空间构象也不同。

对某一蛋白质，若结构顺序发生改变，则可引起疾病或死亡。例如，血红蛋白是由两条

α-肽链(各为 141 肽)和两条 β-肽链(各为 146 肽)共四条肽链(共 574 肽)组成的。在 β-链中，N-6 为谷氨酸，若换为缬氨酸，则造成红血球附聚，即由球状变成镰刀状，若得了这种病(镰刀形贫血症)不到十年就会死亡。同样已经发现，在血红蛋白的一条 β-链上的 146 个氨基酸中，人与马有 26 处不同，与猪有 26 处不同，而与大猩猩只有 1 处不同。这个例子反映出生物体系中某些蛋白质的一级结构上的差别和物种进化也大有关系。

2. 二级结构

二级结构是指多肽链借助于氢键沿一维方向排列成具有周期性的结构的构象，是多肽链局部的空间结构(构象)，主要有 α-螺旋、β-折叠、β-转角等几种形式，它们是构成蛋白质高级结构的基本要素。

1) α-螺旋

α-螺旋(α-helix)是蛋白质中最常见最典型含量的二级结构元件，其结构如图 19-1 所示。α-螺旋一般为右手螺旋，每个螺旋周期包含 3.6 个氨基酸残基，残基侧链伸向外侧，同一肽链上的每个残基的酰胺氢原子和位于它后面的第 4 个残基上的羰基氧原子之间形成氢键。这种氢键大致与螺旋轴平行。一条多肽链呈 α-螺旋构象的推动力就是所有肽键上的酰胺氢和羰基氧之间形成的链内氢键。影响 α-螺旋形成的主要因素是氨基酸侧链的大小、形状及所带电荷等性质。

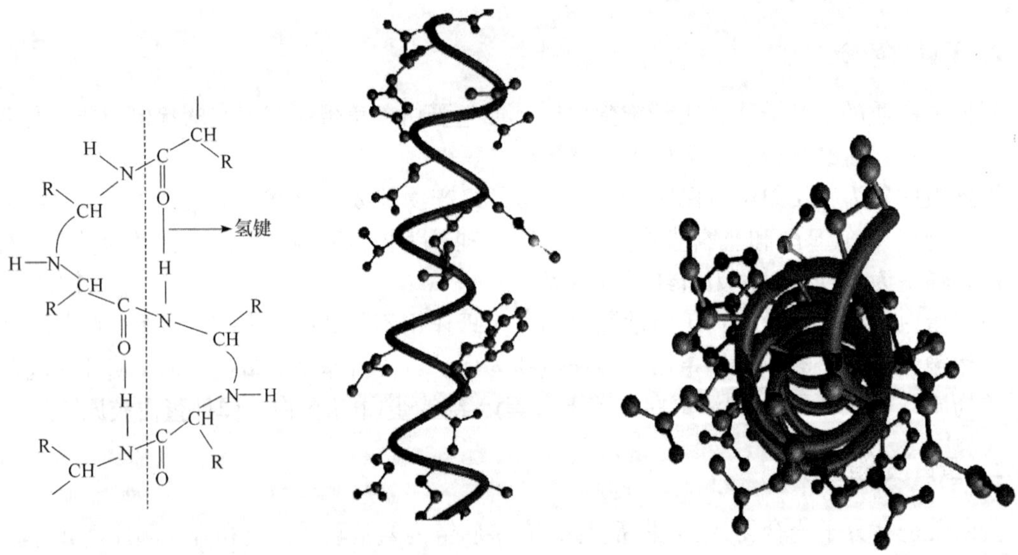


图 19-1 α-螺旋结构示意图

2) β-折叠

β-折叠(β-sheet)是一种比较伸展、呈锯齿状的肽链结构。两段以上的 β-折叠结构平行排布并以氢键相连，所形成的结构称为 β-片层或 β-折叠层。β-片层可分顺向平行(肽链的走向相同，即 N、C 端的方向一致)和逆向平行(两肽段走向相反)，结构如图 19-2 所示。需要注意的是，在折叠片上的侧链都垂直于折叠片的平面，并交替的从平面上下两侧伸出。平行折叠片比反平行折叠片更规则，且一般是大结构，而反平行折叠片可以少到仅由两个 β-片层组成。

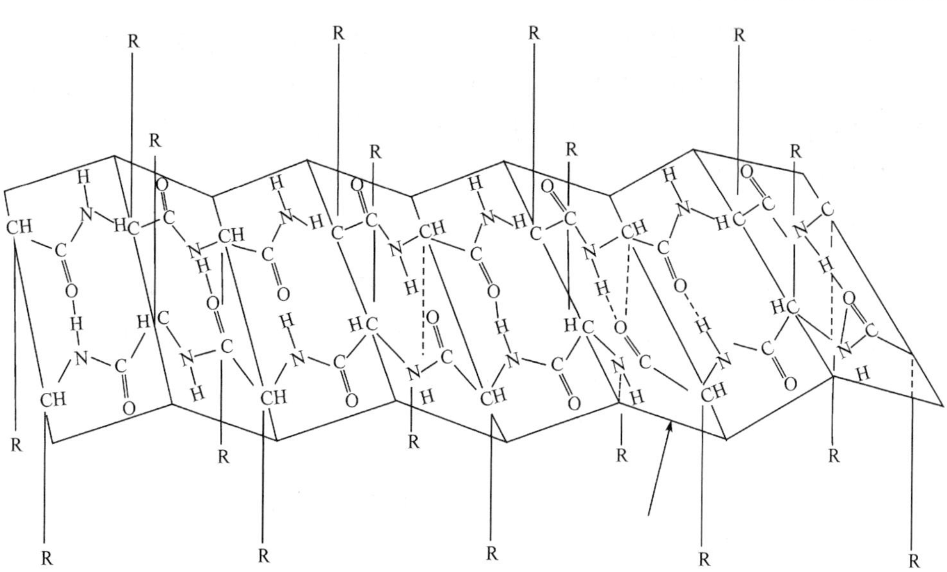

图 19-2 反平行 $\beta$-折叠

3. 三级结构

蛋白质分子很少以简单的 $\alpha$-螺旋或 $\beta$-折叠型结构存在，而是在二级结构的基础上，进一步卷曲折叠，构成特定构象的紧凑结构，称为三级结构。维持三级结构的力主要是氨基酸侧链间的相互作用，如二硫键、氢键、正负离子间的静电引力等，这些力总称副键。蛋白质的三级结构使其能够较为紧凑地束缚在一起，形成一个不规则的近似球形的结构。不同蛋白质的三级结构不同，现在已经有近百个蛋白质的三级结构被鉴定。图 19-3 是肌红蛋白分子的三级结构。

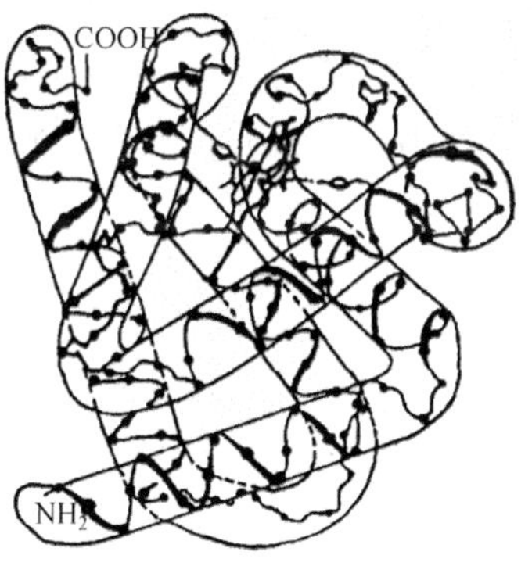


图 19-3 肌红蛋白三级结构示意图

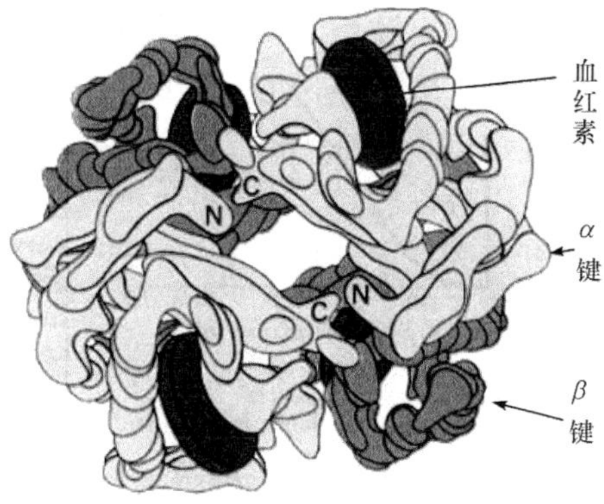


图 19-4 血红蛋白的四级结构图

4. 四级结构

大分子蛋白质常由多条多肽链组成，每条多肽链各具独立的三级结构。蛋白质的四级结构是指几个各具独立三级结构之多肽链的相互结集、以特定的方式接触、排列形成更高层次的大分子蛋白质的空间构象。在蛋白质四级结构中，每个各具独立三级结构的多肽链称为亚基。组成蛋白质的亚基数多为偶数，其几个亚基的结构可以相同，也可以不同。例如，红细胞内的血红蛋白(图 19-4)是由 4 个亚基聚合而成的，4 个亚基两两相同，即含两个 $\alpha$ 亚基和两

个 $\beta$ 亚基。在一定条件下，这种蛋白质分子可以解聚成单个亚基，亚基在聚合或解聚时对某些蛋白质具有调节活性的作用。1962 年，J. C. Kendrew 和 M. F. Perutz 因对血红蛋白、球蛋白和纤维蛋白等的结构研究取得出色成果，荣获 Nobel 化学奖。

蛋白质的生理活性是由二级、三级、四级结构决定的。

### 19.3.3 蛋白质的性质

蛋白质的基本组成单位是氨基酸，因此它和氨基酸有部分相似的物理、化学性质，但由于其结构复杂，相对分子质量很大，分子带有很多极性基团并彼此间相互作用着，某些基团还带有电荷，所以它们表现出一系列物理和化学特性。

1. 两性和等电点

蛋白质和氨基酸一样是两性电解质。调节溶液的酸碱度达到一定的离子浓度时，蛋白质分子所带的正电荷和负电荷相等，蛋白质的净电荷为零，在电场内该蛋白质分子既不向阴极移动，也不向阳极移动，这时溶液的 pH 称为该蛋白质的等电点(pI)。当溶液的 pH 低于蛋白质等电点时，即在 $H^+$较多的条件下，蛋白质分子带正电荷成为阳离子，当溶液的 pH 大于等电点时，即在 $OH^-$较多的条件下，蛋白质分子带负电荷成为阴离子。蛋白质两性电离可以用下式表示：

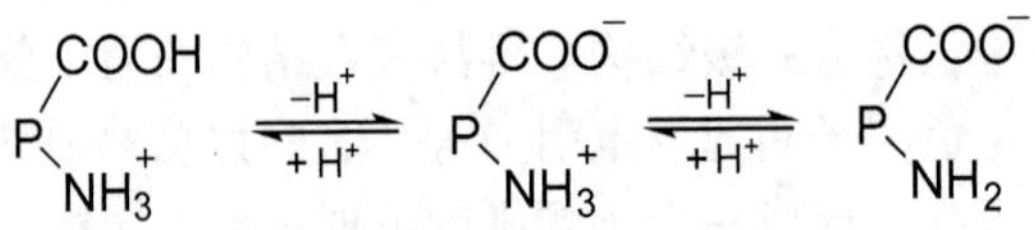

P =Protein (蛋白质)

| 正离子 | 偶极离子 | 负离子 |
|---|---|---|
| pH< pI | pH= pI | pH>pI |

与氨基酸相似，在等电点时蛋白质的溶解度最小，因此通过调节溶液的 pH 至等电点时，就可使蛋白质从溶液中沉淀析出。在同一 pH 的溶液中，不同蛋白质分子的大小和所带电荷的性质、数量也不相同，故在电场中移动的速度也不一样，利用这种性质发展出来的电泳分析方法就可以将各种蛋白质分离分析。

2. 胶体性质与沉淀作用

蛋白质分子表面含有很多亲水基团，如氨基、羧基、羟基、巯基、酰胺基等，能与水分子形成水化层，把蛋白质分子颗粒分隔开来。此外，蛋白质在一定 pH 溶液中都带有相同电荷，因而使颗粒相互排斥。水化层的外围，还可被带相反电荷的离子所包围形成双电层，这些因素都是防止蛋白质颗粒互相聚沉，促使蛋白质成为稳定胶体溶液的因素。蛋白质溶液具有胶体溶液的典型性质，如丁达尔现象、布朗运动等。由于胶体溶液中的蛋白质不能通过半透膜，因此可以应用透析法将非蛋白的小分子杂质除去。

蛋白质胶体溶液的稳定性与它的相对分子质量大小、所带的电荷和水化作用有关。改变溶液的条件，将影响蛋白质的溶解性质，在适当的条件下，蛋白质能够从溶液中沉淀出来。

蛋白质的沉淀分为可逆沉淀和不可逆沉淀。其中可逆沉淀称为盐析，在沉淀过程中，结构和性质都没有发生变化，在适当的条件下，可以重新溶解形成溶液，所以这种沉淀又称为非变性沉淀。一般是在温和条件下，通过改变溶液的 pH 或电荷状况，使蛋白质从胶体溶液中沉淀分离。可逆沉淀是分离和纯化蛋白质的基本方法，如等电点沉淀法、盐析法和有机溶剂沉淀法等。不可逆沉淀是指产生的蛋白质沉淀不可能再重新溶解于水，由于沉淀过程破坏了蛋白质胶体溶液的稳定性，而且也破坏了蛋白质的结构和性质，所以又称为变性沉淀。

### 3. 变性作用和水解

蛋白质在某些物理和化学因素作用下其特定的空间构象被改变，从而导致其理化性质的改变和生物活性的丧失，这种现象称为蛋白质变性(denaturation)。变性蛋白质和天然蛋白质最明显的区别是溶解度降低，同时蛋白质的黏度增加，结晶性破坏，生物活性丧失，易被蛋白酶分解。例如，鸡蛋煮熟就是一个典型的变性过程。

引起蛋白质变性的原因可分为物理和化学因素两类。物理因素可以是加热、加压、脱水、搅拌、振荡、紫外线照射、超声波的作用等；化学因素有强酸、强碱、尿素、重金属盐、十二烷基磺酸钠(SDS)等。在临床医学上，变性因素常被应用于消毒及灭菌。反之，注意防止蛋白质变性就能有效地保存蛋白质制剂。变性并非是不可逆的变化，当变性程度较轻时，如去除变性因素，有的蛋白质仍能恢复或部分恢复其原来的构象及功能，变性的可逆变化称为复性。

### 4. 蛋白质及氨基酸的显色反应

蛋白质所含有的某些氨基酸具有特殊结构，可以与某些试剂反应，生成有色物质。

1) 双缩脲反应

尿素被加热至 180℃左右时，两分子尿素缩合放出一分子氨而形成双缩脲。双缩脲在碱性条件下可与 $Cu^{2+}$结合生成复杂的紫红色化合物。此反应称为双缩脲反应。

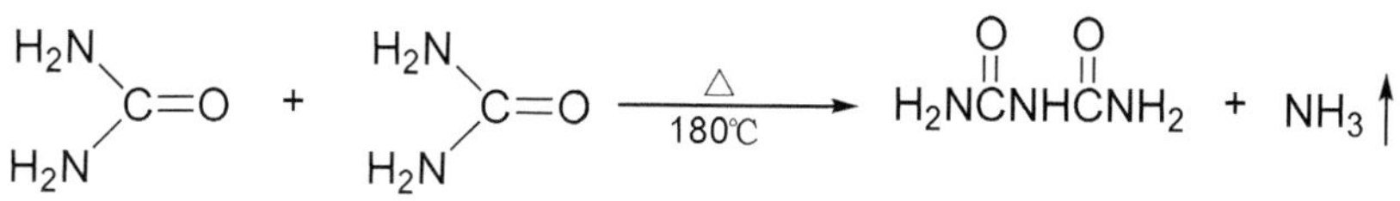


蛋白质与 $CuSO_4$ 的碱性溶液反应也出现同样的颜色反应，因此称蛋白质的这个反应也为双缩脲反应。蛋白质的双缩脲反应是由分子中的肽键结构引起的，肽键结构越多颜色越深。紫色反应产物可能是铜离子($Cu^{2+}$)与 4 个肽键上的氮原子形成配位复合物。

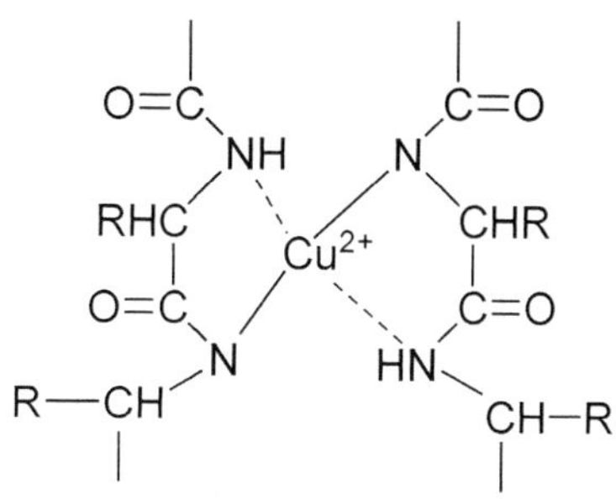


2) 茚三酮反应

蛋白质、多肽和各种氨基酸具有茚三酮反应。除无 α-氨基的脯氨酸和羟脯氨酸呈黄色外，其他氨基酸生成紫红色、最终为蓝色的化合物。该反应现已广泛地用于氨基酸定量测定。

3) 黄色反应

凡是含有苯基的化合物都可与浓硝酸反应产生黄色化合物。芳香族氨基酸及含有酪氨酸和色氨酸的蛋白质分子具有此反应。苯丙氨酸很难反应，需加少量浓硫酸才有黄色反应。

## 19.4 核 酸

核酸是由许多核苷酸聚合而成的生物大分子化合物，为生命的最基本物质之一。最早由米歇尔于 1868 年在脓细胞中发现和分离出来。核酸广泛存在于动物和植物细胞、微生物和生物体内。核酸常与蛋白质结合形成核蛋白。不同的核酸，其化学组成、核苷酸排列顺序等不同。根据化学组成不同，核酸可分为核糖核酸(简称 RNA)和脱氧核糖核酸(简称 DNA)。核酸是控制生物遗传和支配蛋白质合成的模型。没有核酸，就没有蛋白质。核酸是生命最根本的物质基础。

### 19.4.1 核酸的元素组成和构成

核酸是生物体内的高分子化合物，包括 DNA 和 RNA 两大类。

1. 元素组成

组成核酸的元素有 C、H、O、N、P 等，与蛋白质比较，其组成上有两个特点：一是核酸一般不含元素 S，二是核酸中 P 元素的含量较多并且恒定，占 9%～10%。因此，核酸定量测定的经典方法是以测定 P 含量来代表核酸量。

2. 核酸的构成

核酸经水解可得到很多核苷酸，因此核苷酸是核酸的基本单位。核酸是由很多单核苷酸聚合形成的多聚核苷酸。核苷酸可被水解产生核苷和磷酸，核苷还可再进一步水解，产生戊糖和含氮碱基。

核酸(nucleic acid) ⟶ 核苷酸(nucleotide) ⟶ { 磷酸；核苷(nucleoside) ⟶ { 戊糖 (pentose)；碱基 (base) } }

1) 核糖和脱氧核糖

核酸中的戊糖分为核糖及脱氧核糖，所以核酸也分为核糖核酸(ribonucleic acid，RNA)和脱氧核糖核酸(deoxy ribonucleic acid，DNA)两大类。

2) 碱基

核苷酸中的碱基均为含氮杂环化合物，它们分别属于嘌呤衍生物和嘧啶衍生物。核苷酸中的嘌呤碱(purine)主要是鸟嘌呤(guanine，G)和腺嘌呤(adenine，A)，嘧啶碱(pyrimidine)主要是胞嘧啶(cytosine，C)、尿嘧啶(uracil，U)和胸腺嘧啶(thymine，T)。DNA 和 RNA 都含有鸟嘌呤(G)、腺嘌呤(A)和胞嘧啶(C)；胸腺嘧啶(T)一般而言只存在于 DNA 中，不存在于 RNA 中；而尿嘧啶(U)只存在于 RNA 中，不存在于 DNA 中。它们的化学结构如下所示。

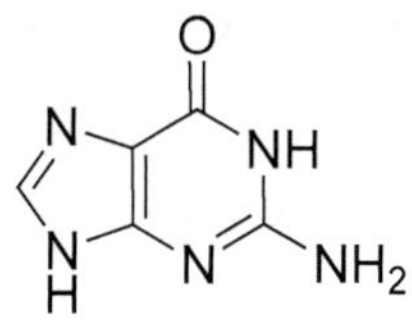
G

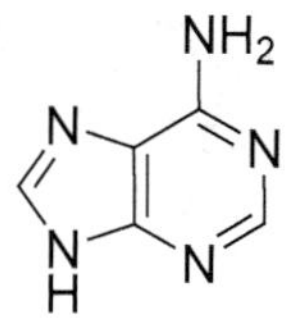
A

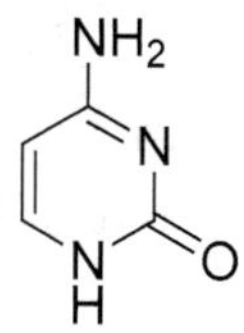
C

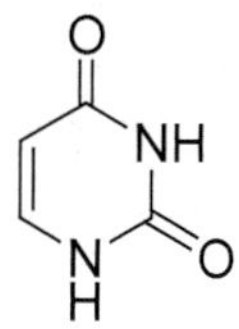
U

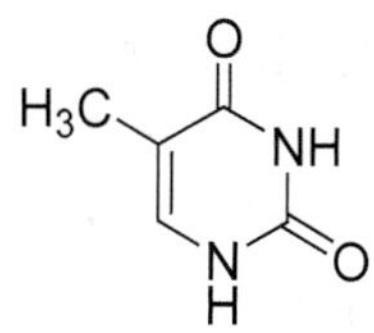
T

3) 核苷和核苷酸

核苷是一种糖苷，由戊糖和碱基缩合而成。戊糖与碱基之间以糖苷键相连接。戊糖分子中的 1'-位 C 原子的羟基与嘧啶碱的 1-位 N 原子或与嘌呤碱的 9 位 N 原子上的氢缩去水后相连接。所以，戊糖与碱基间的连接是 N–C 键，一般称之为 N-糖苷键。用 X 射线衍射法已证明，核苷中的碱基与糖环平面互相垂直。

核苷中戊糖的 3'-或 5'-位的羟基被磷酸酯化，形成核苷酸。因此，核苷酸是核苷的磷酸酯。在生物体内游离存在的大多是 5'-核苷酸。DNA 分子中是含有 A、G、C、T 四种碱基的脱氧核糖核苷酸；RNA 分子中则是含有 A、G、C、U 四种碱基的核糖核苷酸。

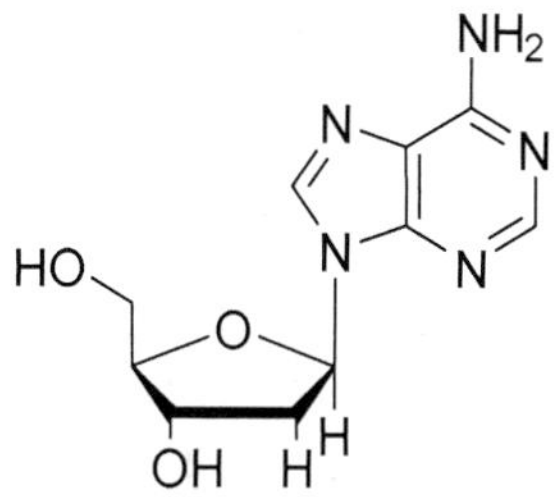
腺嘌呤脱氧核苷

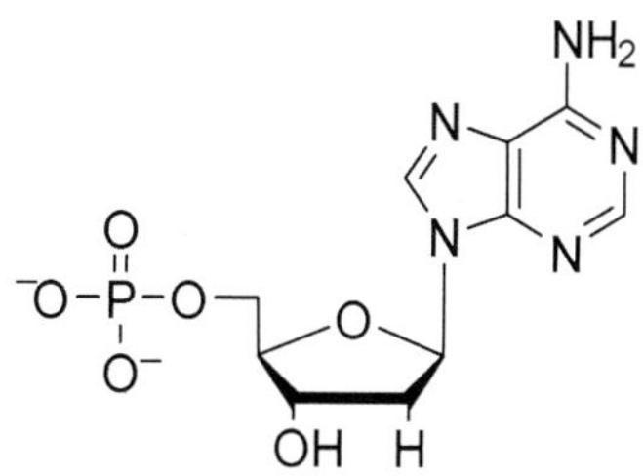
5'-腺嘌呤脱氧核苷酸

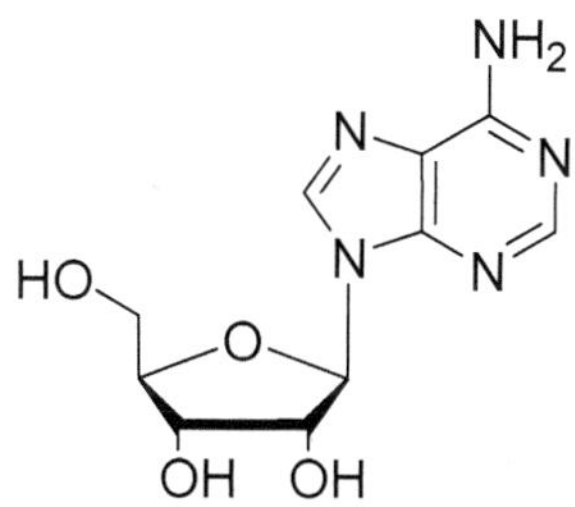
腺嘌呤核苷

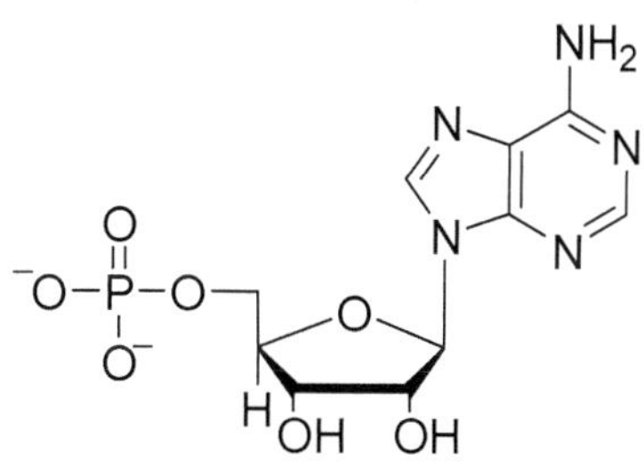
5'- 腺嘌呤核苷酸

### 19.4.2　DNA 的结构特点

1. DNA 的一级结构

DNA 是由许多脱氧核糖核苷酸通过磷酸二酯键连接的多聚核苷酸。DNA 分子中脱氧核糖核苷酸的排列顺序，称为 DNA 的一级结构。它是形成二级结构和三级结构的基础。

2. DNA 的二级结构

DNA 的二级结构是一个双螺旋结构，其结构模型于 1953 年由美国的 Watson 和英国的 Crick 两位科学家共同提出，从本质上揭示了生物遗传性状得以世代相传的分子奥秘。其基本内容如下：

(1) 主干链反向平行：DNA 分子是一个由两条平行的脱氧多核苷酸链围绕同一个中心轴盘曲形成的右手螺旋结构，两条链行走方向相反，一条链为 5′→3′走向，另一条链为 3′→5′走向。磷酸基和脱氧核糖基构成链的骨架，位于双螺旋的外侧；碱基位于双螺旋的内侧。碱基平面与中轴垂直。

(2) 侧链碱基互补配对：两条脱氧多核苷酸链通过碱基之间的氢键连接在一起。碱基之间有严格的配对规律：A 与 T 配对，其间形成两个氢键；G 与 C 配对，其间形成三个氢键。这种配对规律，称为碱基互补配对原则(图 19-5)。每一碱基对的两个碱基称为互补碱基，同一DNA 分子的两条脱氧多核苷酸链称为互补链。

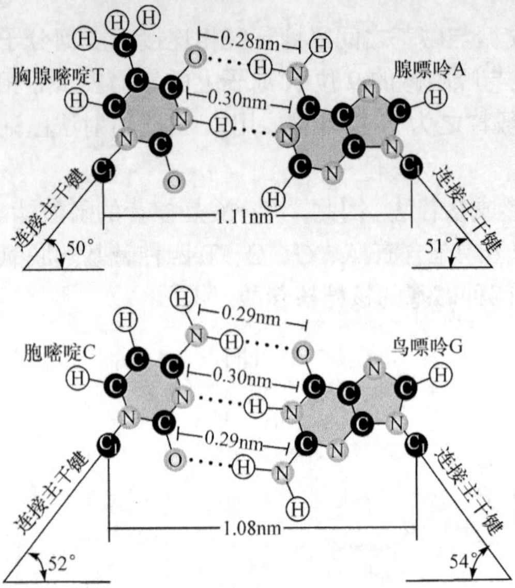


图 19-5 碱基互补配对

(3) 双螺旋立体结构：DNA 双螺旋的直径为 2 nm，一圈螺旋含 10 个碱基对，每一碱基平面间的轴向距离为 0.34 nm，故每一螺旋的螺距为 3.4 nm，每个碱基的旋转角度为 36°(图 19-6)。维持 DNA 结构稳定的力量主要是碱基对之间的堆积力，碱基对之间的氢键也起着重要作用。

DNA 的双螺旋结构是二级结构，而细胞中的双螺旋的扭曲与再螺旋化，构成了 DNA 的三级结构。超螺旋(superhelix)是 DNA 三级结构的一种形式。DNA 与蛋白质形成复合物构成了 DNA 的四级结构。

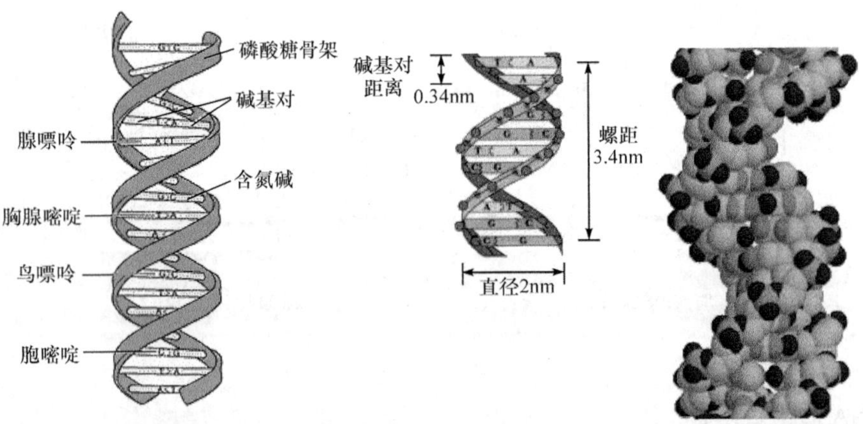


图 19-6 双螺旋立体结构

### 19.4.3 RNA 的结构特点

RNA 是核糖核苷酸的多聚体，其中的核苷酸是以 3′,5′-磷酸二酯键相连接，分子中不同的核糖核苷酸排列顺序是 RNA 的一级结构。RNA 与 DNA 的区别在于：①RNA 分子中所含的戊糖是核糖，而 DNA 中的是 2′-脱氧核糖，因此，它们形成的核苷与核苷酸有区别；②RNA 分子中所含的嘧啶碱与 DNA 分子中有区别；③天然 RNA 是以单股链的形式存在，而 DNA

分子常以双股螺旋的形式存在。④由于 RNA 分子常以单股的形式存在，因此分子中的鸟嘌呤的含量不一定和胞嘧啶的含量相等，腺嘌呤的含量也不一定和尿嘧啶的含量相等；⑤RNA 分子除含四种核糖苷酸以外，还陆续发现了许多修饰成分，其中包括碱基的修饰成分和核糖的修饰成分以及由它们所构成的核苷或核苷酸。

绝大部分 RNA 分子都是线状单链，但是 RNA 分子的某些区域可自身回折进行碱基互补配对，形成局部双螺旋。在 RNA 局部双螺旋中 A 与 U 配对、G 与 C 配对，除此以外，还存在非标准配对，如 G 与 U 配对。RNA 分子中互补区呈双螺旋结构，而非互补区则膨胀形成凸出(bulge)或者环(loop)，这种短的双螺旋区域和环称为发夹结构(hairpin)。发夹结构是 RNA 中最普通的二级结构形式，二级结构进一步折叠形成三级结构，RNA 只有在具有三级结构时才能成为有活性的分子。RNA 也能与蛋白质形成核蛋白复合物，RNA 的四级结构是 RNA 与蛋白质的相互作用。

### 19.4.4 DNA 和 RNA 的生物功能

核酸的主要功能是控制遗传。DNA 和 RNA 各有分工。

DNA 是决定遗传的物质基础，它携带全部遗传密码。DNA 所携带的全部遗传信息都记载在 DNA 所包含的全部核苷酸的排列顺序中。DNA 能决定遗传是因为它在细胞内可以复制和原来相同的 DNA。合成时双螺旋 DNA 可分开成两个单股，每一个单股作为一个模板，按“互补原则”将核苷酸聚合，再形成两个新股，这样就得到两个双股的 DNA 分子，在每一个双股中，一股是新合成的，一股是原来的。碱的排列顺序和原来的 DNA 中的双螺旋的排列顺序完全相同。四种核苷酸在 DNA 分子的排列方式近乎无穷。这就是生物多样性的原因。

RNA 的作用是传递遗传物质，合成具有特异生命功能的蛋白质。RNA 有三种主要类型：信使 RNA(简写 mRNA)、核糖体 RNA(简写 rRNA)、转移 RNA(简写 tRNA)。mRNA 的作用是传递遗传信息。mRNA 分子中的核苷酸排序取决于 DNA，形成后进入细胞质中。mRNA 分子链中每三个按序排列的碱基代表一个遗传密码，这些遗传密码决定每个氨基酸在肽链中的位置，是蛋白质合成的模板。rRNA 是一种小的球状颗粒体，存在于细胞质内。待 mRNA 进入细胞质后，它开始翻译 mRNA 上的遗传密码信息，指示 tRNA 将符合要求的氨基酸运送到特定的位置，在酶的催化作用下合成具有特异功能的蛋白质。

## 阅读材料

#### 牛胰岛素的结构及人工合成

胰岛素是一种蛋白质，它的相对分子质量接近 6000。胰岛素的分子具有蛋白质所特有的结构特征，被公认为典型的蛋白质。胰岛素分子由 A、B 两条链组成，A 链有 21 个氨基酸，两条链通过两个二硫键连在一起。胰岛素分子还具有空间结构，也就是说它的肽链能有规律地在空间折叠起来，具有空间结构的胰岛素分子还可以整齐地排列起来形成肉眼可见的结晶体。

早在 1948 年，英国生物化学家桑格就选择了这种相对分子质量小，但具有蛋白质全部结构特征的牛胰岛素作为实验的典型材料进行研究。1955 年桑格宣布破译出由 17 种 51 个氨基酸组成的两条多肽链牛胰岛素的全部结构，测定出的牛胰岛素分子的一级结构。这是人类第一次确定一种重要蛋白质分子的全部结构。桑格也因此荣获 1958 年 Nobel 化学奖。

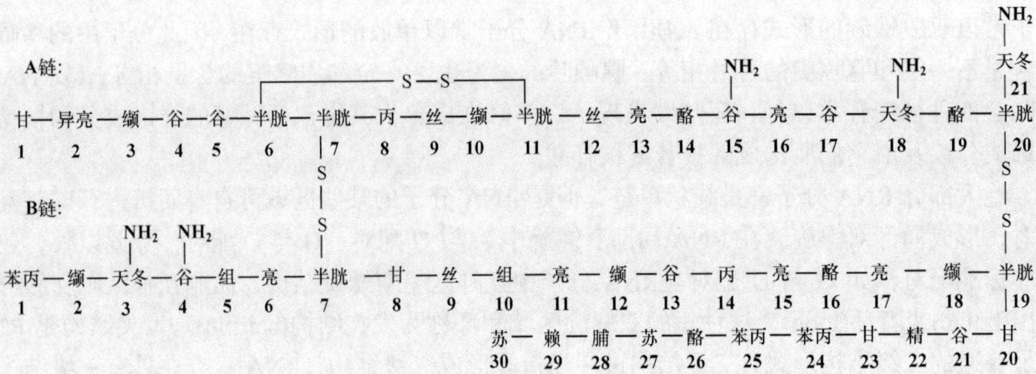


从1958年开始，中国科学院上海生物化学研究所、中国科学院上海有机化学研究所和北京大学生物系三个单位联合，以钮经义为首，由龚岳亭、邹承鲁、杜雨花、季爱雪、邢其毅、汪猷、徐杰诚等人共同组成一个协作组，在前人对胰岛素结构和肽链合成方法研究的基础上，开始探索用化学方法合成胰岛素。经过周密研究，他们确立了合成牛胰岛素的程序。合成工作是分三步完成的：第一步，先把天然胰岛素拆成两条链，再把它们重新合成为胰岛素，并于1959年突破了这一难题，重新合成的胰岛素是同原来活力相同、形状一样的结晶。第二步，在合成了胰岛素的两条链后，用人工合成的B链同天然的A链相连接。这种牛胰岛素的半合成在1964年获得成功。第三步，把经过考验的半合成的A链与B链相结合。在1965年9月17日完成了结晶牛胰岛素的全合成。经过严格鉴定，它的结构、生物活力、物理、化学性质、结晶形状都和天然的牛胰岛素完全一样。这是世界上第一个人工合成的蛋白质，为人类认识生命、揭开生命奥秘迈出了可喜的一大步。这项成果获1982年中国自然科学奖一等奖(图19-7和图19-8)。

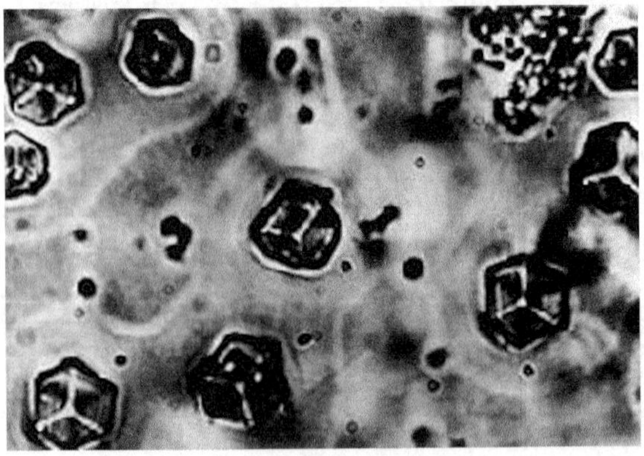

图19-7　晶体胰岛素(放大)

图19-8　牛胰岛素晶体结构

中国科学院上海有机化学研究所实物模型

蛋白质是生命的重要物质基础。人工合成牛胰岛素的成功，标志着人类在探索生命奥秘的征途中向前跨进了重要的一步，开始了用人工合成方法来研究蛋白质结构与功能的新阶段，还推动了我国胰岛素分子空间结构的研究和胰岛素作用原理的研究，使胰岛素研究形成了具有我国特色的体系，并培养了一批优秀的蛋白质和多肽的研究人才。在这项工作完成以后，我国的科学工作者继续改进合成方法，并合成了许多有实际应用价值的多肽激素，同时进行了更大蛋白质分子的人工合成。人工合成胰岛素的成功为我国蛋白质的基础研究和实际应用开辟了广阔的前景。

# 习 题

19-1 完成下列反应式。

(1) 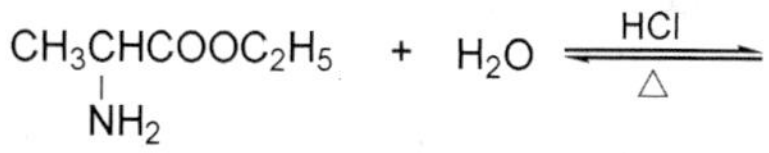

(2) 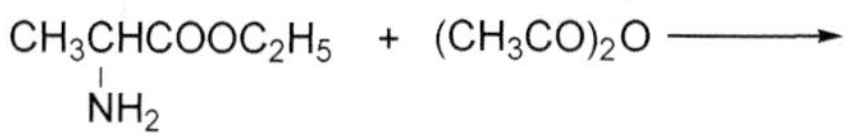

(3) 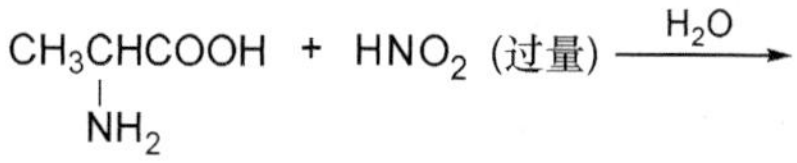

(4) 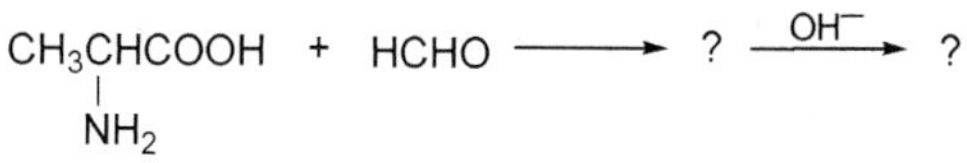

(5) 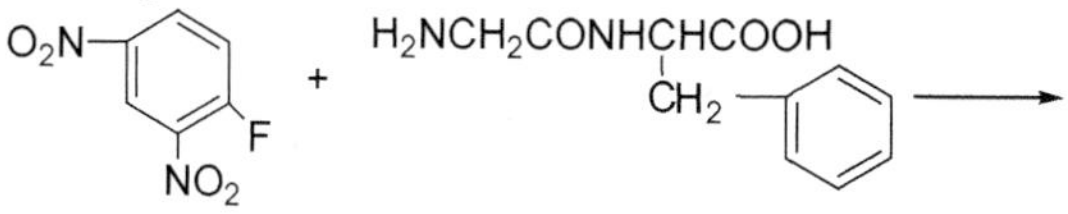

(6) 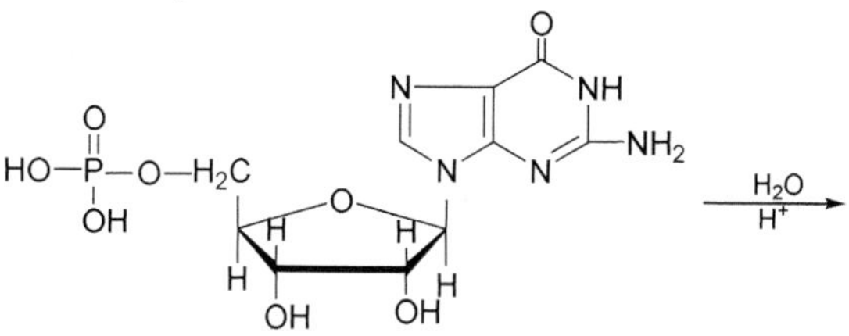

19-2 写出下列氨基酸按如下次序相结合所形成的多肽的结构式。

丙 · 缬 · 苯丙 · 甘 · 亮

19-3 *α*-氨基酸的酯化反应比简单的酸慢得多，这是为什么？如何才能加速反应？

19-4 将赖氨酸、天冬氨酸溶于蒸馏水中，然后通入电流，预测氨基酸的迁移方向。

19-5 以邻苯二甲酰亚胺和丙二酸酯为原料合成谷氨酸。

19-6 写出下列合成的反应式。

(1) 乙酰氨基丙二酸酯 ⟶ 苯丙氨酸

(2) 丙二酸酯 ⟶ 缬氨酸

(3) 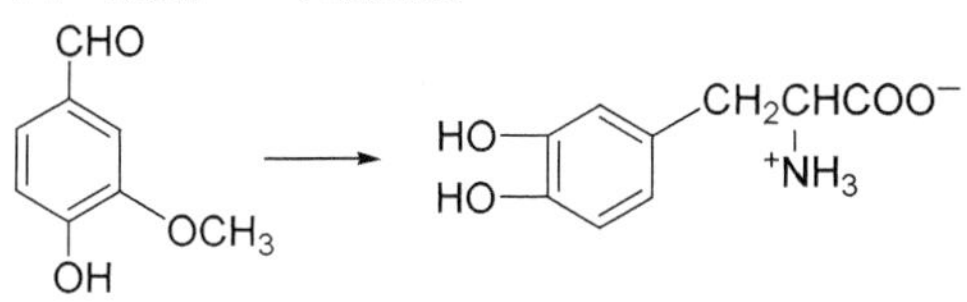

19-7 化合物 A 的分子式为 $C_5H_{10}O_3N_2$，具有旋光性，它既能与酸反应又能与碱反应，且能与茚三酮水溶液反应。A 与 $HNO_2$ 反应放出 $N_2$，并能得到化合物 B，B 经水解得到化合物 C 及甘氨酸。C 可发生碘仿反应，并生成化合物 D，D 可被 $KMnO_4$ 酸性溶液氧化生成二氧化碳和水。

(1) 写出 A～D 的结构式及反应式。

(2) 写出 A 的两种构型，并用 *R*/*S*(或 D/L)标出其构型。

# 第 20 章　有机合成与反应机理

所谓有机合成就是从简单易得的原料(单质、简单无机物或简单有机物)，通过一步或多步化学反应制备出比较复杂的目标分子的过程。

有机合成是有机化学的重要组成部分，几乎渗入化学、医药、石油工业的各个方面，促进了人类文明进步和健康发展，已经成为当代化学研究的主流之一。利用有机合成可以制造天然化合物，可以确切地确定天然化合物的结构，可以辅助生物学的研究以解开自然界的奥秘；利用有机合成更可以制造非天然的，但预期会有特殊性能的新化合物。

事实上，有机合成就是应用基本且易得的原料与试剂，加上人类的智慧与技术来创造更复杂、更奇特的化合物。正如 1965 年 Nobel 奖获得者，也是有机合成的先师 Woodward 教授所说：“在有机合成中充满着兴奋、冒险、挑战和艺术。”逻辑性的归纳和演绎在有机合成中，特别是在路线设计中显得非常重要，甚至可以运用计算机程序来辅助合成路线的设计。化学家们已完全能够根据社会生活和理论研究的需要向自己提出越来越多的合成目标，而且常在完成这些合成的同时发现新的反应，完善新的实验方法或者证实一些理论问题。

## 20.1　有机合成设计

有机合成设计就是在合成一个化合物之前，研究、设计最佳的合成路线，是有机合成成败的关键。有机合成并没有一个严格的公式可以遵循，但任何有机合成都可以用以下几个标准来衡量：①反应步骤越简单、越少越好，最好能一步完成；②原料易得，便宜；③反应经典，可靠，条件温和，能在室温或接近室温下完成最理想；④产物易分离提纯，收率高，如果是多步合成，最好能在同一介质中连续进行，不需要分出中间体。

### 20.1.1　有机合成设计基础

1. 如何进行有机合成设计

1) 利用原料和中间体

德国著名化学家 Hoffmann(霍夫曼)利用英国人 Perkin(珀金)发现的人工合成染料的方法，把德国原来认为的煤化工产物废物煤焦油转化合成了种种高价产品，从而大大促进了德国有机化学工业的发展，德国的经济也因此获得诸多帮助。这是利用原料和中间体获取精细化工产品的早期例子。某些丰富可再生生物资源或生产中未被充分利用的副产物常是有机合成化学家感兴趣的研究课题，即如何利用它们作为原料合成出更高价值的产品。例如，我国是世界上松脂产量最多的国家，但绝大部分松节油和松香只作为初级原料使用和出口，深加工产品不多。$\alpha$-蒎烯是我国松节油的主要成分，利用它作原料进行一些化学转化，可以合成芳樟醇、高质量龙脑、光学活性樟脑、二氢月桂烯醇系列产品和新檀香系列产品。

2) 利用新反应

当一些重要的新反应发现后，人们自然会联想到如何利用这些新反应开展一些有意义的精细化工产品的合成。例如 Wittig 反应发现后，迅速成为合成碳碳双键的重要方法，在天然产物(维生素 A、前列腺素、昆虫信息素、香料等)的合成中得到了广泛应用。我国化学家黄耀曾等发现砷叶立德合成共轭的醛、酮、酰胺时条件温和，产率好，于是进而设计合成了一些多烯型的天然产物。例如：

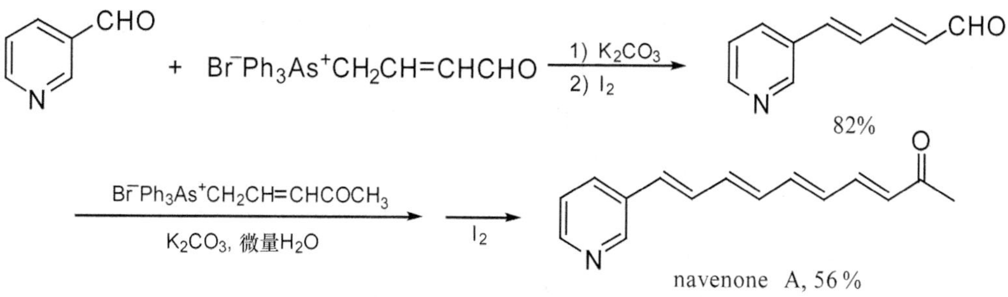


从这些例子中可以清楚地看出，从对一个反应的深入研究开始，可以设计完成许多有机化合物的合成，关键在于如何将这类新反应组织到一个合成路线的关键反应中去。

3) 特定目标分子的合成

这是有机合成中最常遇到的问题。有机合成中最常见的是已知特定目标物的结构、性能及应用等信息，需要设计其合成方案，并要求应用化学反应作工具，寻找合适的起始原料。分析目标分子的结构，目标分子中的官能团是解决合成问题的关键。对于大多数的官能团来说，总有一个或几个好的方法把一个键打开，得出新化合物的结构，而由这个新化合物可制备出目标分子(target molecule，缩写 T.M.)。这种设计方法可表示为：目标分子 ⟹ 中间体 ⟹ 起始原料。

在上述三种有机合成设计方法中，无论采用哪一种方法，最终还是要归结到一个特定的目标分子。因此以目标分子为出发点的合成原则在这三种方法中都是要参照的。

2. 确定最优合成路线

通过对目标分子的剖析，往往会得到几条合成路线，因此，必须进一步筛选，以保证设计出既合理又适用的合成路线。在筛选时，应考虑以下因素：

(1) 选择最有希望成功的路线。主要应考虑：①尽量使用经典反应。如果非常规反应过多，失败的机会也会增多。②尽量选用稳定的中间体。中间体的稳定性常与合成的成败关系很大。一个好的中间体应该稳定，且易纯化。如果一系列反应中有几个不稳定的中间体，或相继有两个不稳定的中间体，合成就很难达到预期目标。③关键反应越早出现越好。即决定整个合成成败的反应应尽早完成。如果关键反应在整个合成路线的后面，一旦失败，就前功尽弃。

(2) 经济核算。它包括反应步骤少，原料便宜易得，产率高，反应条件温和，节省能源等方面的因素。

(3) 采用收敛式路线。假设一个按线型方式(Ⅰ)进行的十步合成，若每步产率为 90%，总产率也只有 34%。若按收敛(Ⅱ)路线合成，总产率将上升至 53%。这种分支的战略称为收敛法。特别是对关键性中间体，更应采取收敛法。这样分头进行原料合成，不会造成全局浪费，更易成功。

A → B → C → D → E → F → G → H → I → J → T.M. (Ⅰ)

A → B → C → D → E
F → G → H → I → J } → K → T.M. (Ⅱ)

### 20.1.2 基本碳骨架的建立

有机化学中最重要的反应是碳碳键、碳杂原子键的形成(或断裂)反应。利用相关反应搭起目标分子(T.M.)的完整骨架是合成的关键。这些反应主要有五类。

(1) 通过亲核、亲电试剂建立碳骨架的反应。这是有机合成最常用到的反应，主要包括亲电加成反应(详见第 4 章)、亲电取代反应(第 5 章)、亲核加成反应(第 11 章)、亲核取代反应(第 7 章)。

(2) 通过氧化还原反应。常用的还原剂或还原方法有：① 催化氢化[Ni、Pd、Pt、Lindlar 催化剂]；② 金属还原[Na, Li, K/液氨、镁/汞、锌/汞]；③ 金属氢化物[$NaBH_4$、$LiAlH_4$]；④ 其他还原剂[异丙醇铝、肼]等。常用的氧化剂或氧化方法有：① 强氧化剂[酸性 $KMnO_4$、$K_2Cr_2O_7$、浓硝酸、$O_2/V_2O_5$]；② 弱氧化剂[稀冷中性 $KMnO_4$、铬酐系列($CrO_3$/吡啶、$CrO_3$/稀硫酸、PCC)、二甲亚砜、Tollens 试剂、Fehling 试剂]；③ 其他氧化剂[臭氧、过氧酸、空气、高碘酸、催化脱氢]。例如：

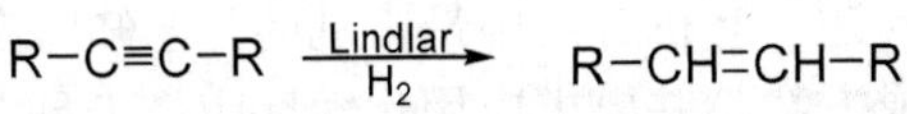

(加氢还原)

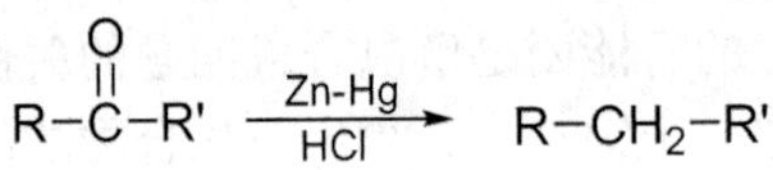

(Clemmenson还原)

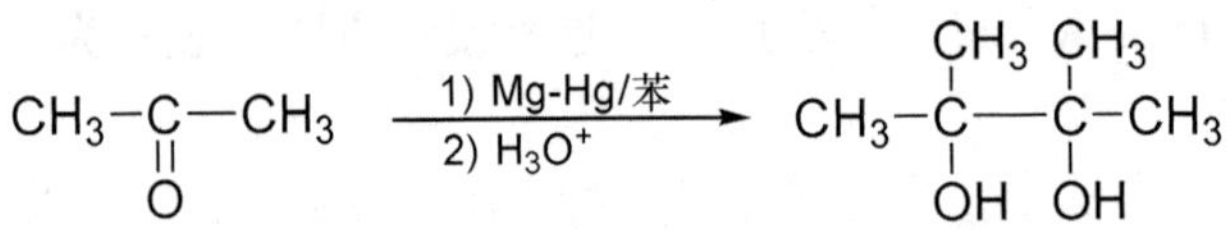

(金属还原)

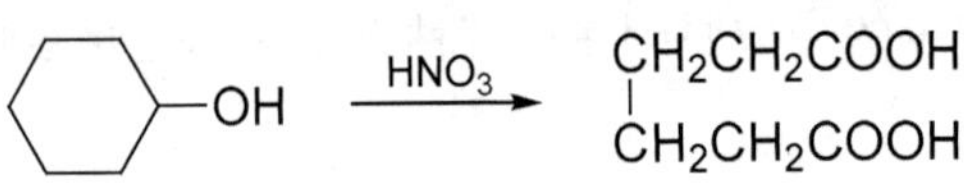

(氧化反应)

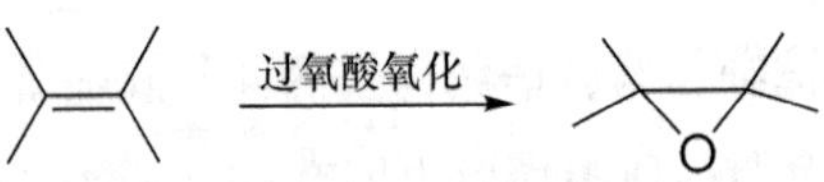

(氧化反应)

(3) 通过周环反应。例如：

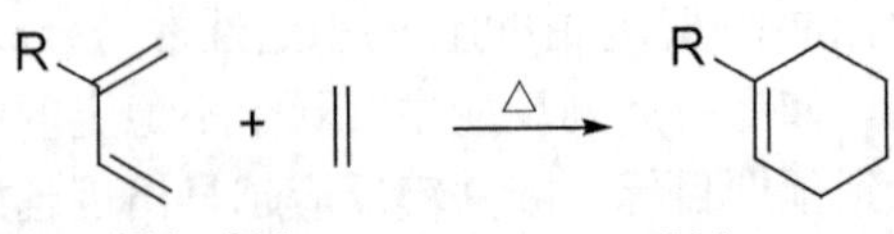
(Diels-Alder反应)

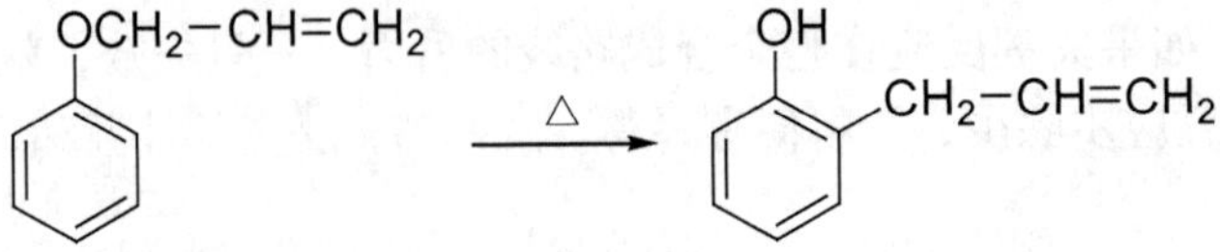
(Claisen重排)

(4) 通过重排反应。例如：

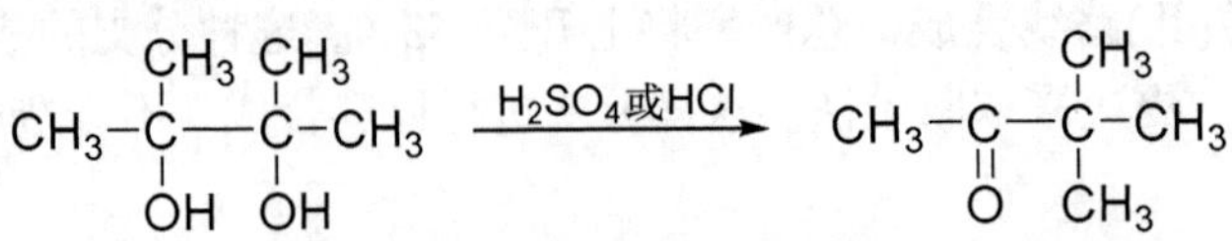

(频哪醇重排)

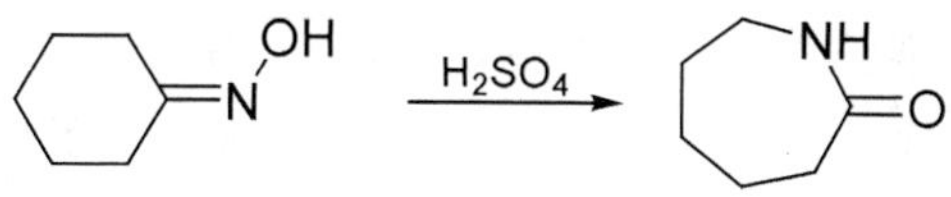

(Beckmann重排)

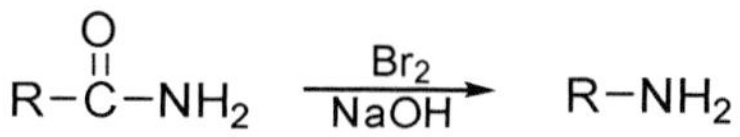

(Hoffmann重排)

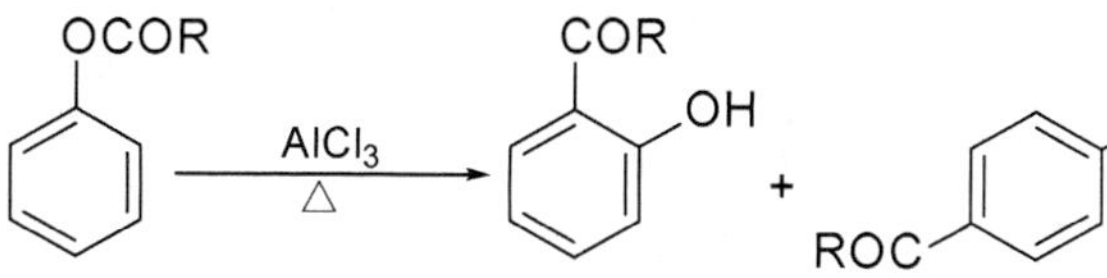

(Fries重排)

(5) 通过自由基(或卡宾)反应。例如：

$$CH_2{=}CH-CH_3 \xrightarrow[hv]{NBS} CH_2{=}CH-CH_2Br$$ (自由基取代)

$$R-CH{=}CH_2 \xrightarrow[\text{过氧化物}]{HBr} R-CH_2-CH_2Br$$ (自由基加成)

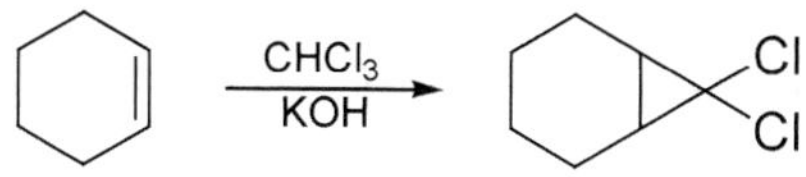

(卡宾加成)

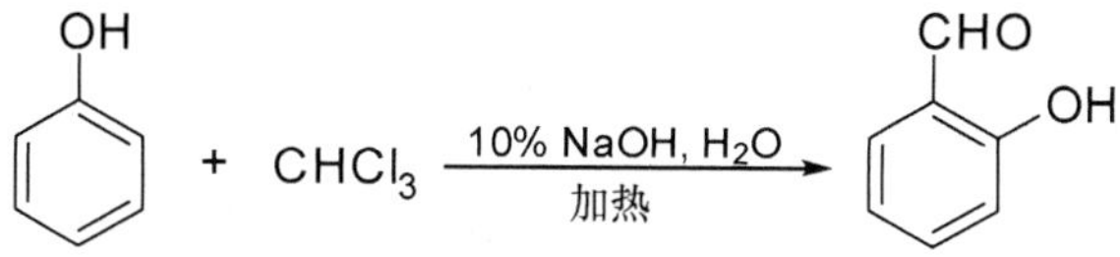

(Reimer-Tiemann反应)

### 20.1.3　控制单元的应用

在合成中为了做到有效地控制反应进行，常采用引入控制单元(control elements)的办法，实现预期的合成目的。根据引入基团所起的作用不同，可分为三类：导向基、封闭基、保护基。选用控制单元要注意：①有一定的稳定性，能经受尽可能多的试剂作用；②引入和除去反应简单，产率高，其他基团不受影响。

1. 导向基

当分子中有两个以上的反应部位，且没有选择性或选择性不大，甚至希望起作用的恰巧是活性较小的基团时，为了使反应能在指定位置进行，往往用引入导向基的办法解决。例如由苯合成 1,3,5-三溴苯，可以利用 $NH_2$ 的导向作用合成(参见 14.10.2)。

2. 封闭基

在合成中，有时需引入基团去封闭某些位置或给以空间位阻来控制反应发生在预定位置上，这些引入的基团称为封闭基。例如，由间苯二酚合成 2-硝基-1,3 苯二酚就需引入封闭基 $-SO_3H$ 才能合成。

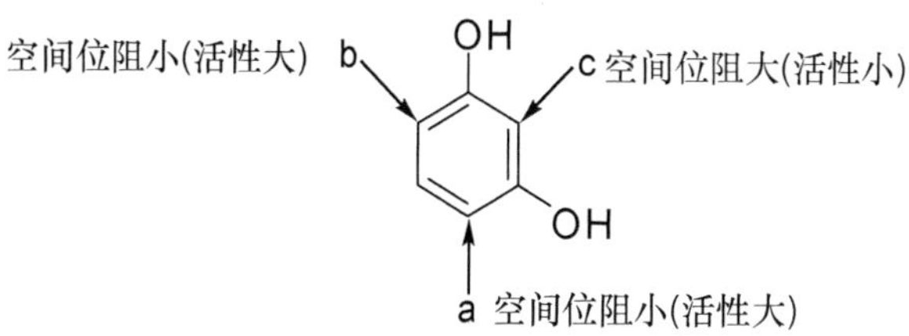

在间苯二酚分子中，由于空间位阻的关系，c 处的活性比 a、b 处小，所以欲在 c 处加上一个硝基，必须在 a、b 处引入$-SO_3H$，将这两处封闭，再硝化，硝基只能进入 c 位，最后将磺酸基除去。

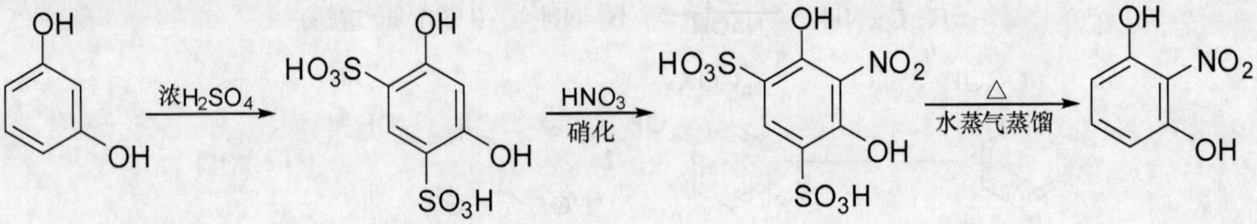

3. 保护基

在有机合成中，常碰到反应物中有几个反应活性类似的官能团，要使试剂只进攻某一官能团是有困难的。为了排除反应中的干扰，可使用高选择性的试剂，该种试剂只与指定的官能团发生反应。例如：

$$H_2C{=}CHCH_2CHO \xrightarrow{Ag^+(NH_3)_2} H_2C{=}CHCH_2COOH$$

$$H_2C{=}CHCH_2\overset{\overset{O}{\|}}{C}CH_3 \xrightarrow{NaBH_4} H_2C{=}CHCH_2\overset{\overset{OH}{|}}{C}HCH_3$$

但这种试剂目前还很少，所以最常用的办法是把不希望发生反应的基团保护起来，待反应结束后，再除去。能否巧妙地设计和使用保护基，往往是合成工作成败的关键之一。例如，欲实现下述转化

$$CH_3\overset{\overset{O}{\|}}{C}CH_2\underset{\underset{CH_3}{|}}{\overset{\overset{CH_3}{|}}{C}}CH_2Br \longrightarrow CH_3\overset{\overset{O}{\|}}{C}CH_2\underset{\underset{CH_3}{|}}{\overset{\overset{CH_3}{|}}{C}}CH_2COOH$$

分析：产物是比原料多一个碳原子的羧酸，可认为是由格氏试剂与 $CO_2$ 加成的产物。由于原料分子中含有羰基，会与格氏试剂发生反应。为了使合成工作顺利进行，必须先将羰基保护起来，使之不与格氏试剂反应。缩酮或缩醛是保护羰基的好方法，易形成，易除去，且与多种化学试剂不发生反应。

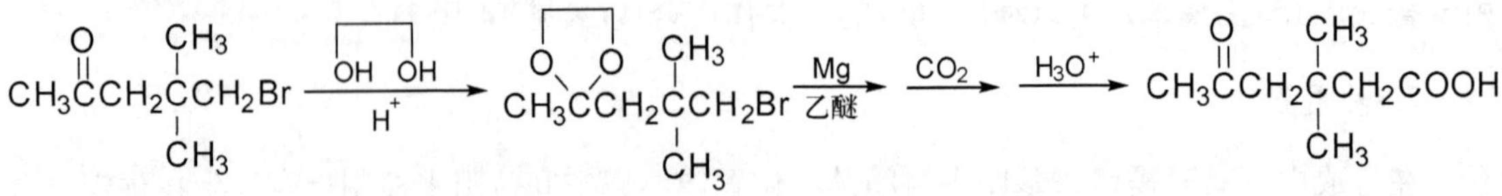

下面简要介绍一些常见官能团的保护方法。

1) 保护羰基

羰基通常用形成缩醛或缩酮来保护，所形成的缩醛(酮)在中性或碱性条件下稳定，不与一般的还原剂、氧化剂作用(如 RMgX、$LiAlH_4$、$CrO_3$ 等)。

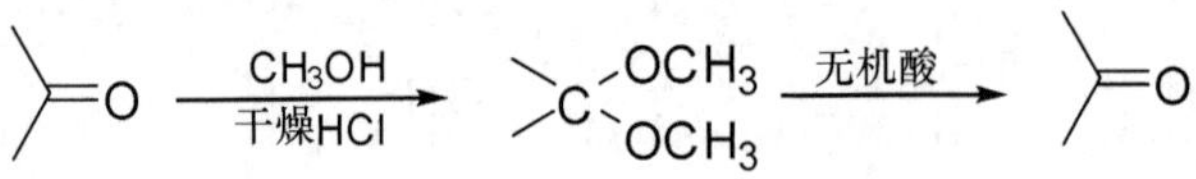

2) 羟基的保护

(1) 成醚。羟基成醚后在中性或碱性条件下的稳定性与缩醛(酮)类似，耐碱、氧化、还原。

$$-OH \xrightarrow[\text{吡啶}]{Ph_3CCl} -OCPh_3 \xrightarrow{HOAc} -OH$$

(2) 成酯。酯基对亲电试剂和氧化剂稳定。

$$ROH \xrightarrow{CH_3COCl} ROOCCH_3 \xrightarrow{\text{碱}} ROH$$

(3) 成缩醛(酮)。保护二醇，对碱、还原剂和氧化剂稳定。

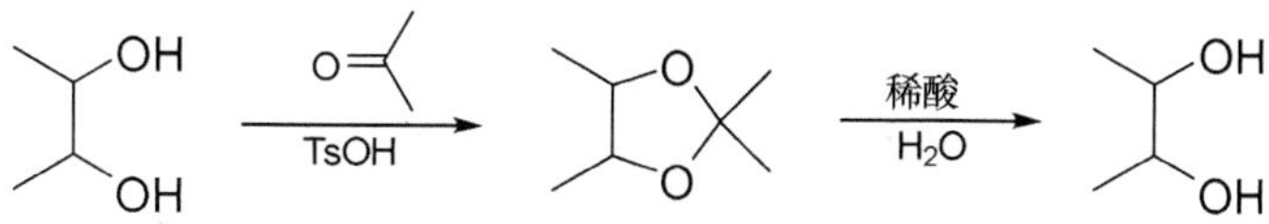

3) 氨(胺)基的保护

(1) 成盐。形成铵盐以保护氨(胺)基不被氧化。

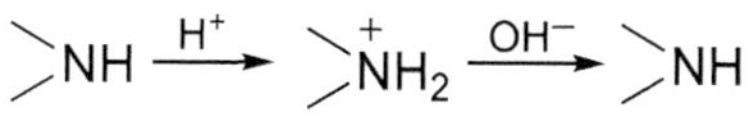

(2) 转变成苄胺或取代苄胺。对酸(酰卤、磺酰卤等)和碱(如 RMgX 等)稳定。

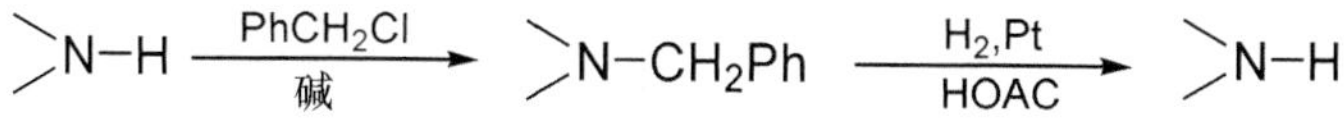

(3) 转变成酰胺、磺酰胺或酰亚胺。对氧化剂、烷基化试剂稳定，还可阻止叔胺的形成。

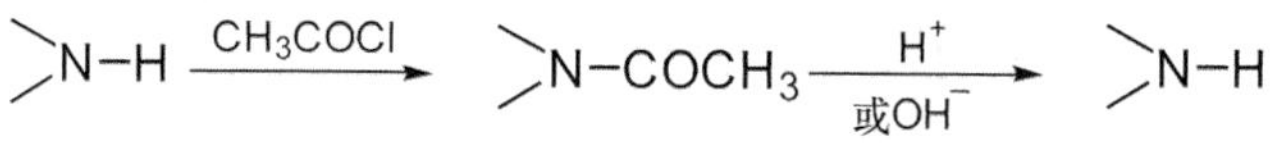

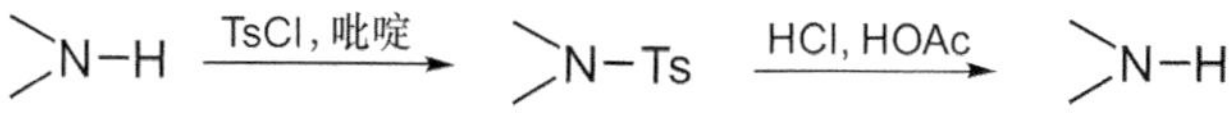

4) 羧基的保护

通常转化成酯来保护，使羧酸的羟基不被亲电试剂(如酰卤)进攻。

$$-COOH \xrightarrow[\text{R=Me 或 Et}]{ROH,\ H^+} \begin{cases} -COOMe \\ -COOEt \end{cases} \xrightarrow[H_2O]{NaOH} -COOH$$

5) 双键的保护

利用双烯合成反应的可逆性保护双键。例如：

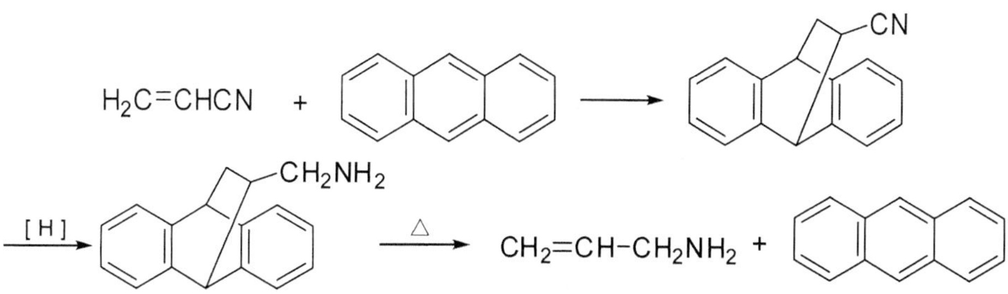

需要指出的是，控制单元的引入与除去必然增加合成步骤，导致总产率降低。同时，若

分子中有相似反应性的基团时，要保护某一基团也有困难。因此，不仅需注意探求高选择性的保护基，更应以极大的兴趣去从事发展高选择性反应试剂的研究。

### 20.1.4 反应选择性的利用

很多有机合成反应都存在选择性。在合成路线设计的时候，要充分注意反应过程和中间产物的选择性控制和利用。选择性很好的反应以产生唯一的目标物为最佳结果，可避免分离化合物的困扰。合成反应的选择性大致分为化学选择性(chemoselectivity)、区域选择性(regioselectivity)和立体选择性(stereoselectivity)三种。

1. 化学选择性

不同的化学试剂或不同的官能团具有不同的化学反应活性。如果所使用的某种试剂对一个有多种官能团的分子进行反应时，只对其中一个官能团作用，这种特定的选择性就是化学选择性。例如，$NaBH_4$只对醛(酮)羰基还原，而不作用于酯基，$LiAlH_4$则同时将醛(酮)羰基和酯基还原：

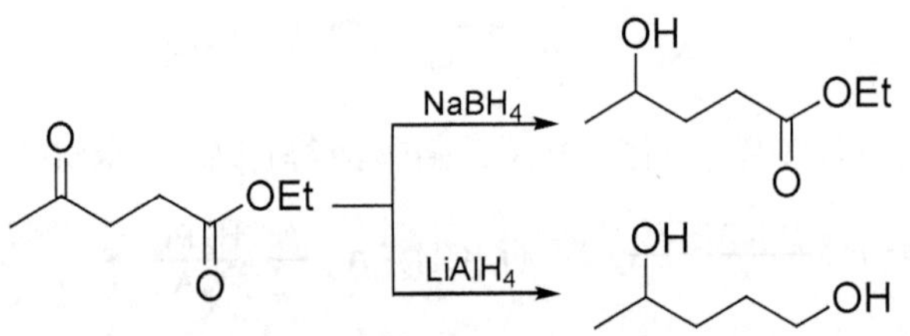


又如，双键和叁键、酮基和醛基以及卤代烃(RCl、RBr、RI)等之间的化学选择性差异，都是有机合成过程要加以注意仔细利用的因素。

2. 区域选择性

试剂对分子中同一官能团体系的不同部位(或不同位置的相同官能团)进行反应时的选择性，称为有机合成中的区域选择性。

共轭羰基的1,2-加成或1,4-加成是区域选择性反应代表性的例子。例如，丁基锂对查尔酮加成时，主要采取1,2-加成的方式，得到醇，而在CuI催化下，则进行1,4-加成生成酮。

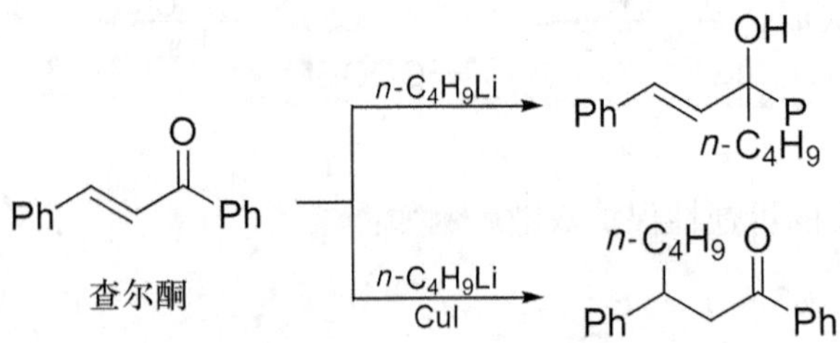


其他如羰基两侧的 $\alpha$-位、烯键的两个碳原子、环氧化合物的两个环碳原子等在反应中表现的选择性，都属于区域选择性的范畴。

3. 立体选择性

凡是在反应中，某种立体异构体的生成量超过(通常是大大超过)另外其他可能的立体异构体，这个反应就叫立体选择性反应，主要包括顺反异构选择性和对映面的选择性。

通常，催化加氢反应都是顺式加成，比如炔烃在 Lindlar 催化剂下加氢，得到顺式烯烃，而炔烃用钠的液氨溶液还原却得到了反式烯烃。

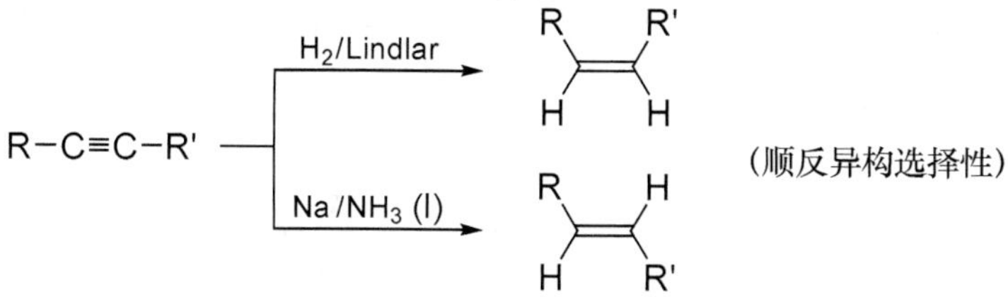

又如，3-羟基环己烯用过氧酸氧化为环氧化合物，由于邻位羟基氧原子的氢键控制作用，得到高度非对映选择性的氧化产物：

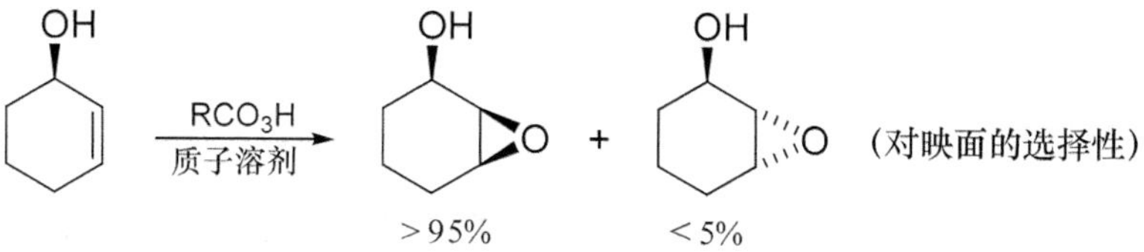

### 20.1.5 立体化学的控制

有些目标产物对反应产物的立体化学有要求，主要包括双键的顺反异构、环上官能团的顺反异构和构象异构、手性中心的构型等。要合成特定构型的目标分子，必须对反应的立体选择性进行合理的控制来达到目的。在有机合成中能进行立体化学控制的主要反应有：

(1) $S_N2$ 亲核取代，使分子构型转化。

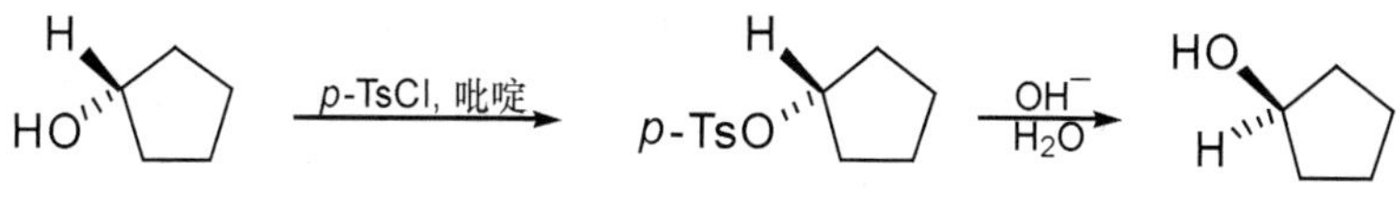

(2) 炔烃的选择性氢化还原。

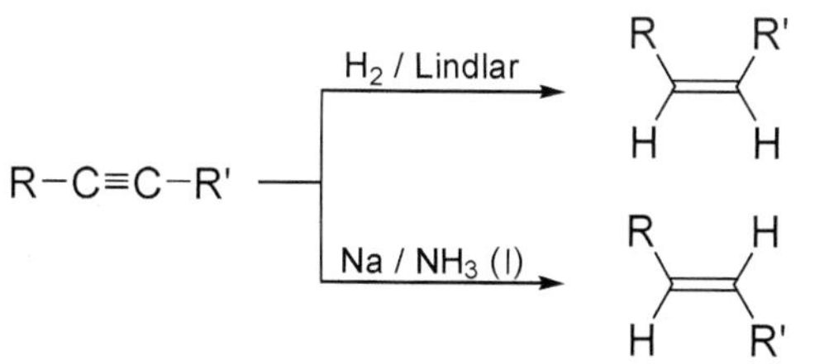

(3) 烯烃的 $KMnO_4$(中性或弱碱性)或 $OsO_4$ 氧化，得顺式邻二醇。

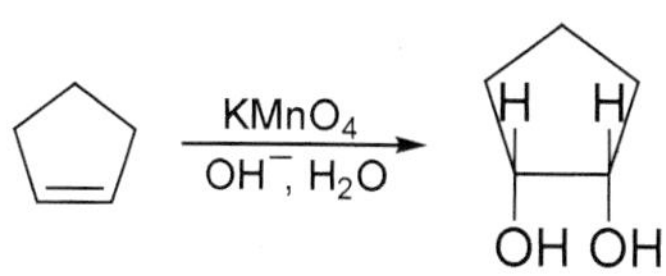

(4) 环氧化合物的反式开环。

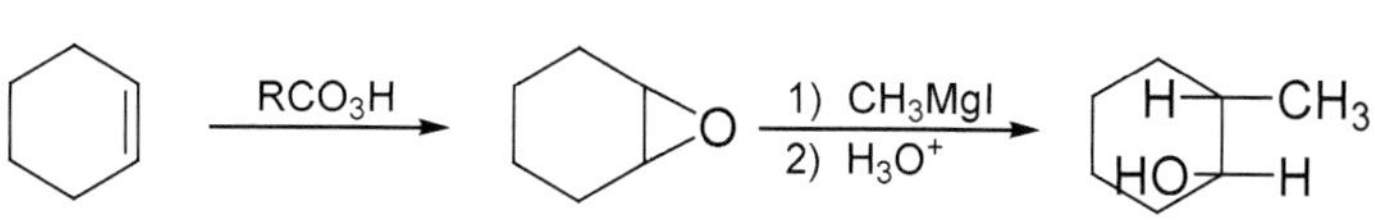

(5) 烯烃的反式加成。

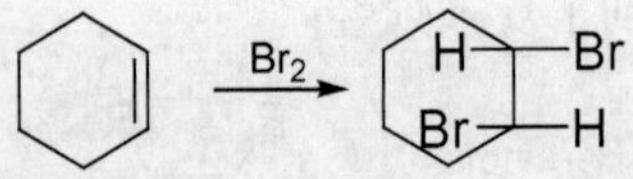

(6) 卤代烷的 E2 消除(反式共平面)。

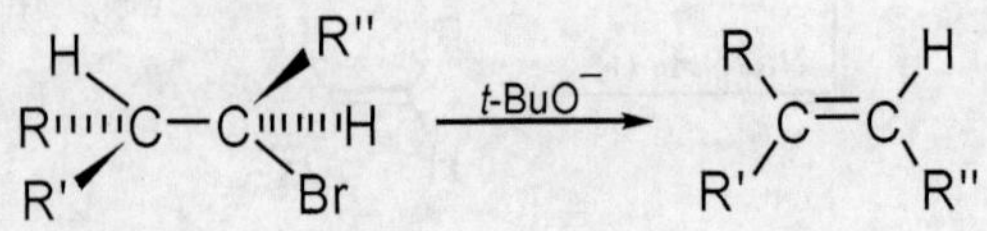

(7) 硼氢化反应，得到顺式反马加成产物。

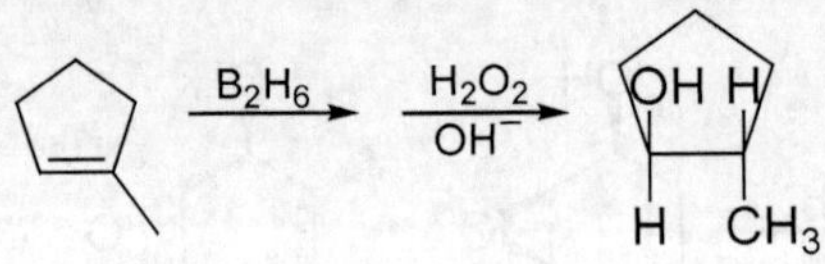

此外，还可适当利用氢键、邻基参与以及模板效应等电子效应和空间效应，构筑立体选择性产物。当然，在缺乏实现好的立体选择性合成方法时，就只能从异构体混合物中分离所需的产物。

### 20.1.6 运用逆合成法的有机合成设计

目前，有机合成路线设计多采用逆合成法(反向合成法)。该方法是 E. J. Corey 在 1964 年创立的，其特点是先剖析目标分子的结构，从目标分子开始，逆推至中间物，逐步倒推到原料，并要考虑如何简便的从原料开始(经过哪些反应)合成出目标分子。在逆合成分析的过程中，反复利用实际化学反应的逆过程来实现各种官能团的转换、产生或消去，或是实现键的断裂或形成，从而得出目标化合物前体。这个方法归纳起来，主要包括三个步骤：切断目标分子，审查切断的合理性，选择最优合成路线。

1. 几个术语

切断：将目标分子在适当的位置切断，在欲切断的化学键上画一条细长曲线“⌠”表示切割线。切断是一个假想过程。

合成子(synthon)：是切断化学键后得到的具有相对稳定性的分子碎片，通常不是真实物质，而是相对稳定的离子或自由基。

合成等价物(synthetic equivalents)：能起到合成子作用的相应的真实化合物。

化学反应逆推过程：“⟹”逆推符号。

2. 官能团的转换、引入和消除

(1) 官能团的转换。将一个官能团转换成另一个官能团称为官能团转换(functional group interconversion，缩写为 FGI)。例如：

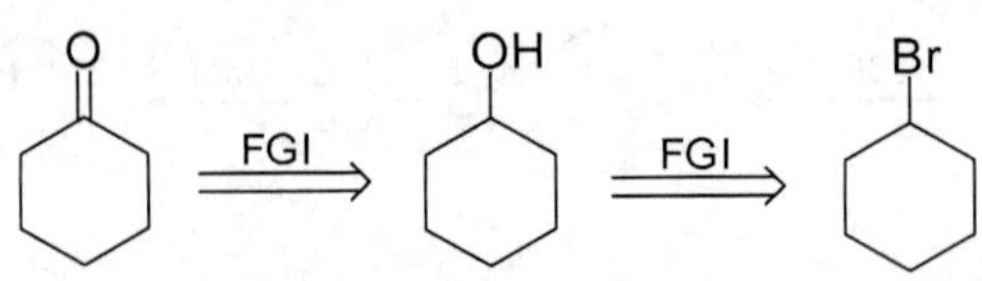

(2) 官能团的引入。在分子中添加一个官能团称为官能团的引入(functional group addition，缩写为 FGA)。例如：

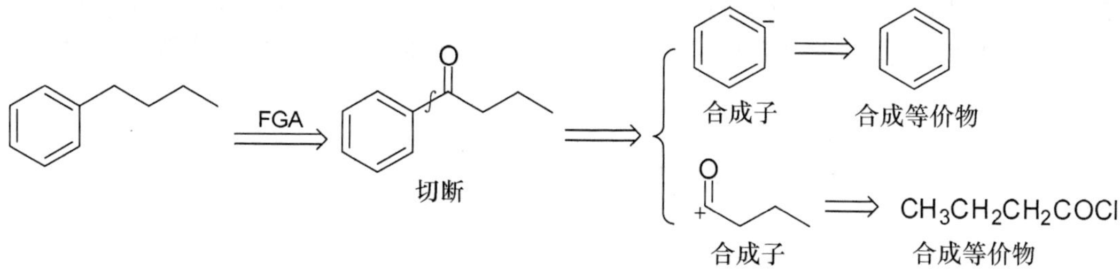


(3) 官能团的消除。将一个官能团从分子中除去称为官能团消除(functional group removal，缩写为 FGR)。例如：

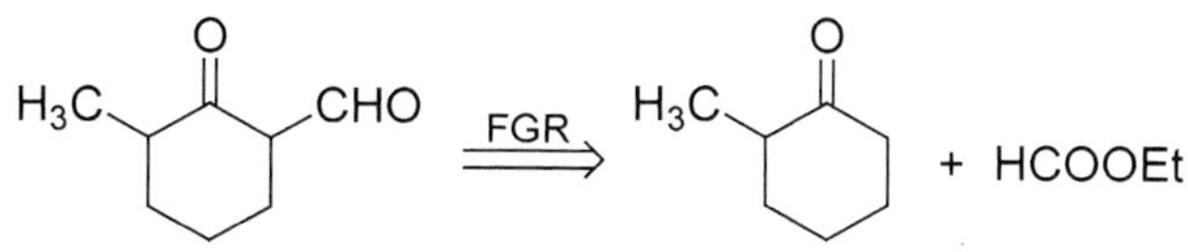


3. 化学键的切断原则

1) 切断后碎片应具有相对稳定性

通常，离子型碎片的稳定性可根据一些有机化学理论常识来判断，如电荷分布原子的电负性差异、电子效应的影响等。当然，最关键的是能找到该碎片(合成子)的合成等价物，否则就无法实现目标化合物的成功合成。其次，逆分析过程中的每一个逆推过程，都应该是“可逆”的，即必须能找到有效反应实现该逆推步骤。例如，合成叔丁醇(目标化合物 1，T.M. 1)，可能有的切断方式及离子型碎片如下：

T.M. 1

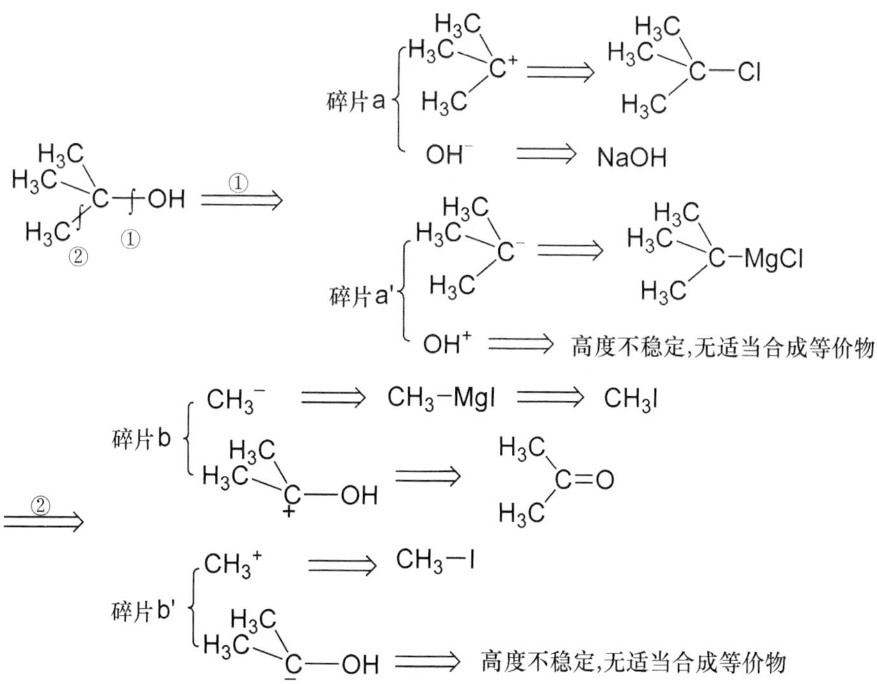

上式切断①中，碎片 a 具有一定的稳定性，而碎片 a'中的 $OH^+$稳定性差，无法找到适当合成等价物，其相对应的路线①a'不可行。同理，切断②碎片 b'不可行。这样，就得到了两条路线合成叔丁醇，即①a 和②b。分析两条合成路线，①a 中叔丁基氯与 NaOH 发生反应时，原料叔丁基氯极易消除成烯，严重影响了产率。因此，最终合理有效的合成设计路线为②b。

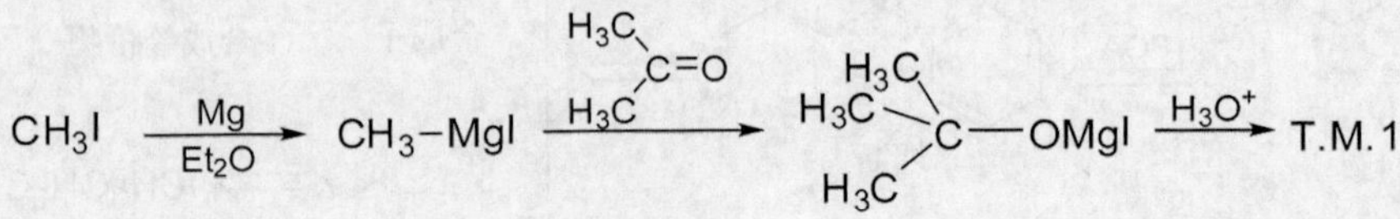


2) 最大程度简化或寻找分子的对称切断点

例如，合成目标分子 T.M. 2

T.M. 2

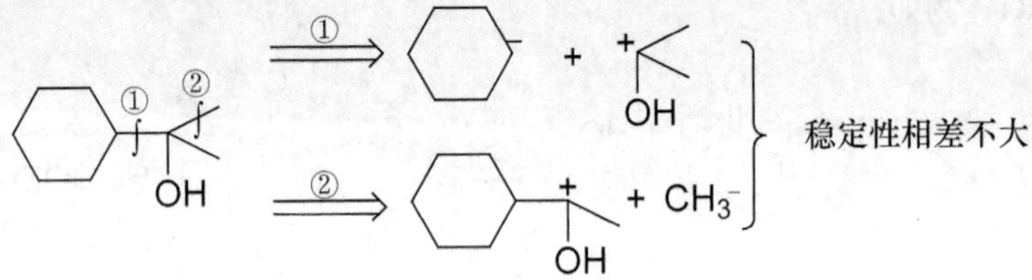


两种切断方式后，均给出较稳定的合成子，且都能找到相应的合成等价物：

路线①

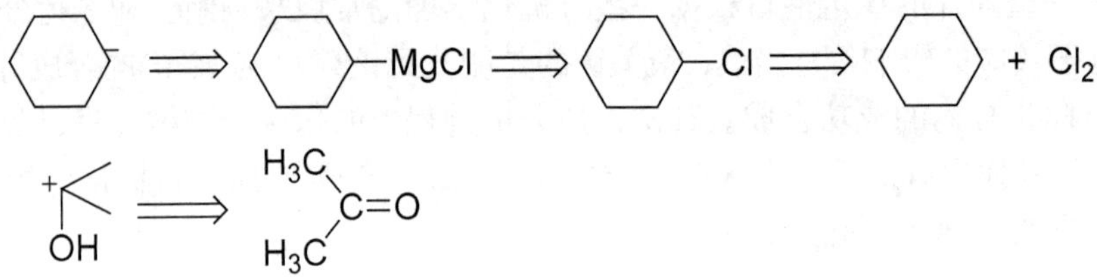


路线②

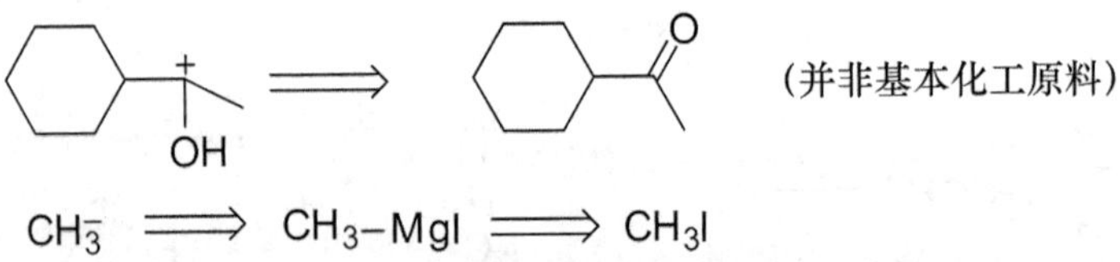


在设计路线②中，合成等价物环己基甲基酮结构仍然较复杂，不易合成。故路线②简化程度不够，不宜采用。此处路线①合理有效：

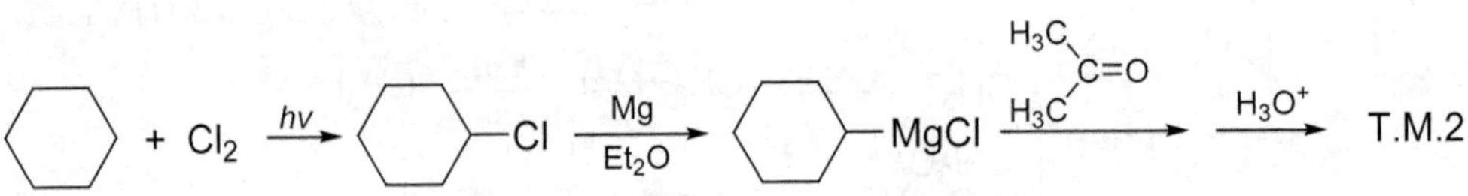


另外，如果目标分子具有对称结构，通过合理寻找对称切断点，也可以简化合成路线，如 T.M. 3：

T.M. 3

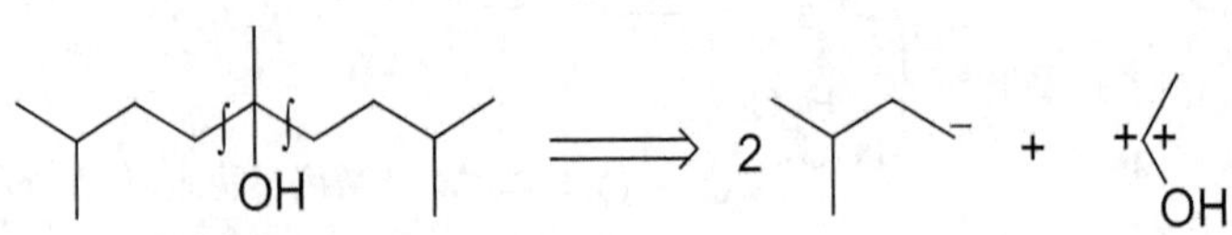


对称切断

合成子 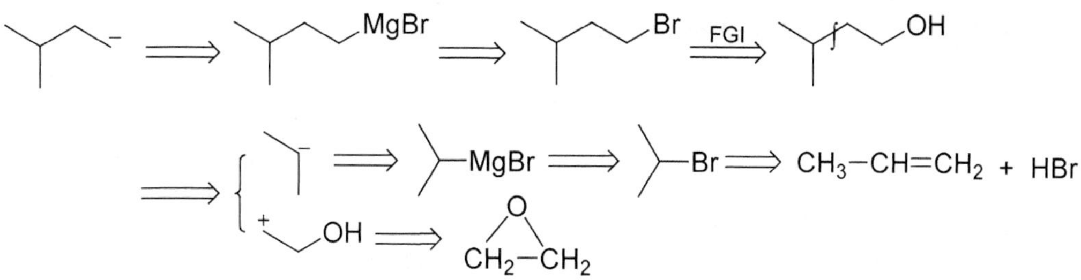

合成子 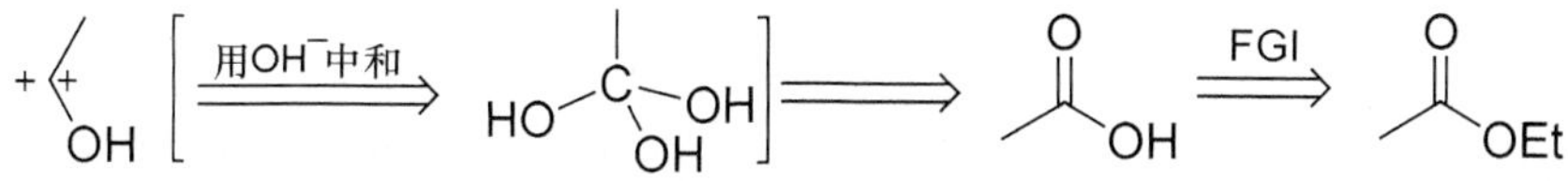

则该目标化合物 T.M. 3 合成过程如下：

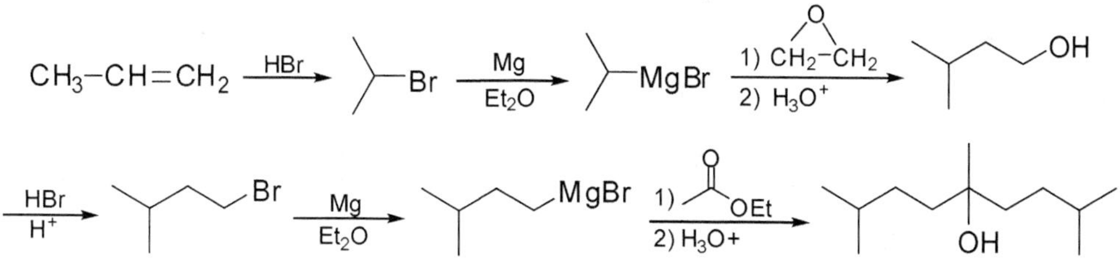

3) 给出易得的原料

在上面 T.M. 2 的逆合成分析中，考虑切断方式②，其中，合成子 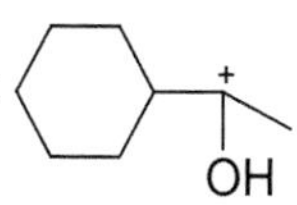 的合成等价物是 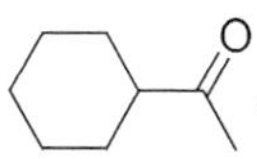，并非基本化工原料，不易制得，因此该合成路线不宜采用。

4) 化学键切断前的预处理

有些目标分子看上去不易找到合适的切断点，这时候可能就要对其进行一些预处理，常见的预处理方法有：①先进行官能团转换再切断；②先增加官能团再切断；③先增加保护基再切断；④先增加导向基再切断。当然，所有的切断和预处理都必须保证过程“可逆”。例如，如下目标分子 T.M. 4，由于苯环在进行傅-克烷基化反应时易得到重排产物，因此直接切断比较困难，这时就需要对目标分子先进行一些预处理：

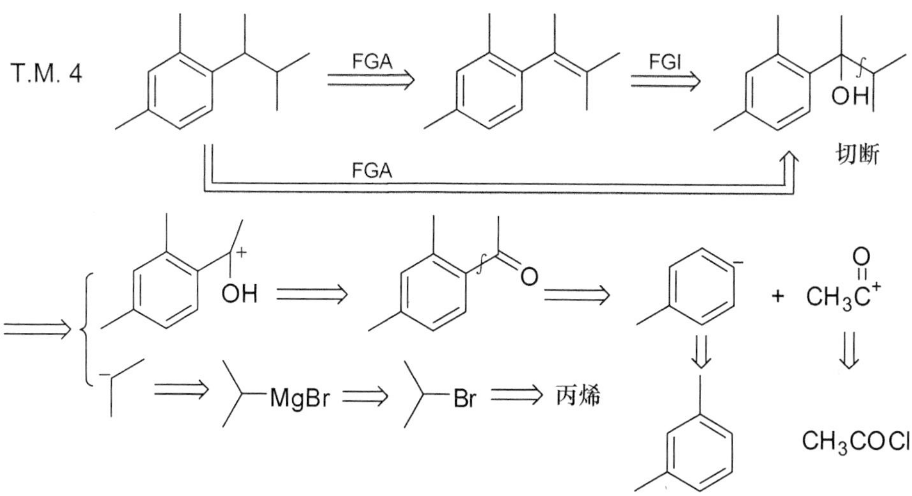

这样就设计了一条合理的合成路线：

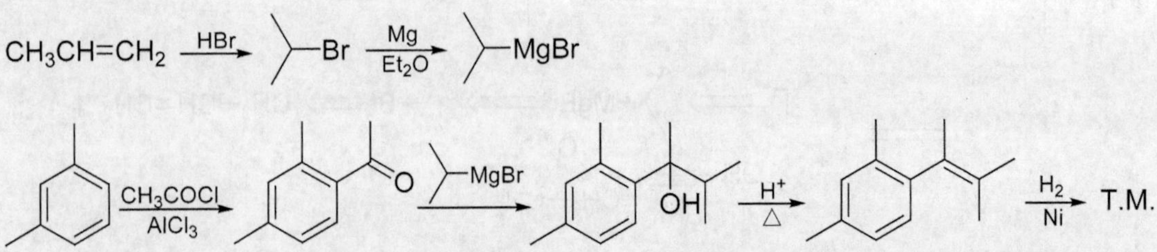

总之，目标分子在切断前，必须首先对其结构特征进行合理细致的分析、处理，然后寻找适当的位置对目标分子进行切断，逐步分解简化，直至拟定出合理可行的合成路线。

通过以上对逆合成分析的介绍，不难看出，拟订的合成路线是否合理、简化，关键是切断的方式和位置是否恰当，切断后能否找到适当的合成等价物。要做到这一点，除了熟练掌握有机化学的各类反应外，还要常加练习，这样才能在对目标分子进行分析时做到融会贯通，得心应手。表 20-1 列举了一些常见合成子及其对应的合成等价物。

**表 20-1 常见合成子及其对应的合成等价物**

| 分类 | 合成子 | 合成等价物 |
| --- | --- | --- |
| 亲核合成子 | $R^-$ | RMgX, RLi, $R_2CuLi$, RCu, $R_2Cd$ |
| | $RC{\equiv}C^-$ | $RC{\equiv}CNa$, $RC{\equiv}CMgX$, $RC{\equiv}CLi$, $RC{\equiv}CCu$ |
| | $R\bar{C}HCHO$ | $RCH_2CHO$, $RCH_2CH{=}NR$ |
| | $R\bar{C}H\overset{O}{\overset{\|}{C}}R'$ | $RCH_2\overset{O}{\overset{\|}{C}}R'$, $RCH(COR')(CO_2R'')$ |
| | $R\bar{C}HCOOR'$ | $RCH_2COOR'$, $R{-}CH(CO_2R')_2$, $R\overset{ZnBr}{\overset{\|}{C}}HCOOR'$ |
| | $CH_3\overset{O}{\overset{\|}{C}}{}^-$ | $H_2C{=}C(OEt)Li$, $HC{\equiv}CM$(M=Li,Na,Cu等) |
| | $\bar{C}HO$ | 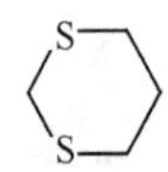 |
| | $R\overset{O}{\overset{\|}{C}}{}^-$ | 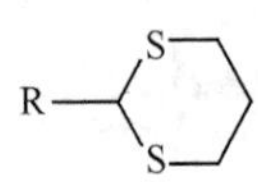 |
| 亲电合成子 | $R^+$ | RX (Cl, Br, I), $R{-}OSO_2OR'$ |
| | $Ar^+$ | ArX (Cl, Br, I), $ArN_2^+X^-$ |
| | $RCH{=}CH^+$ | $RCH{=}CHBr$, $RCH{=}CHI$ |
| | $R\overset{O}{\overset{\|}{C}}{}^+$ | $R\overset{O}{\overset{\|}{C}}X$(Cl,Br), $(R\overset{O}{\overset{\|}{C}})_2O$, $R\overset{O}{\overset{\|}{C}}{-}NR'_2$, RCN |
| | $H\overset{O}{\overset{\|}{C}}{}^+$ | $HCONR_2$, $CH(OEt)_3$ |
| | $^+COOH$ | $CO_2$ |
| | $^+CH_2OH$ | HCHO, $(CH_2O)_n$ |

续表

| 分类 | 合成子 | 合成等价物 |
|---|---|---|
| 亲电合成子 | $R\overset{+}{C}HOH$ | RCHO |
| | $^{+}COOEt$ | $CO(OEt)_2$ |
| | $\overset{+}{C}H_2CH_2OH$ |  |
| | $\overset{+}{C}H_2CH_2\overset{O}{\overset{\|\|}{C}}R$ | $CH_2{=}CH{-}\overset{O}{\overset{\|\|}{C}}R$ |
| | $\overset{+}{C}H_2CH_2\overset{O}{\overset{\|\|}{C}}OR$ | $CH_2{=}CH{-}\overset{O}{\overset{\|\|}{C}}OR$ |
| | $^{+}CH_2CH_2CN$ | $CH_2{=}CHCN$ |
| | $CH_3\overset{O}{\overset{\|\|}{C}}CH_2^{+}$ | $HC{\equiv}C{-}CH_2Br$ |

4. 逆合成分析示例

【例 20-1】 合成 T.M. 5 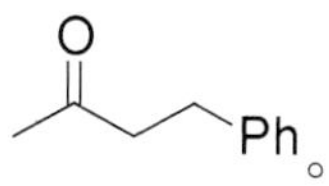。

**分析**

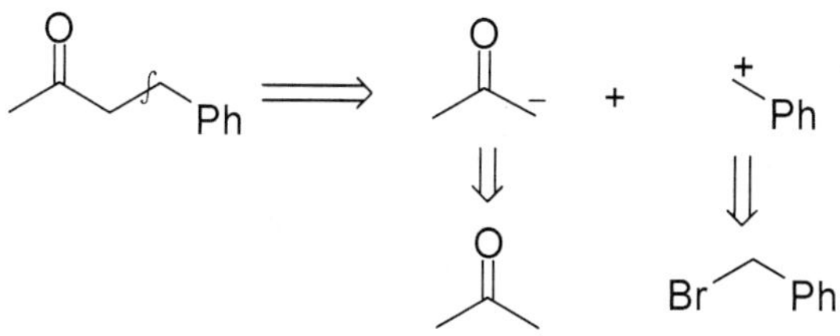

由于丙酮自身易羟醛缩合，且与卤代烃偶联活性低，从而使产物复杂化。另外，丙酮羰基两旁的 $\alpha$-氢活性相当，产物还可以继续进行反应。因此，此处如果用丙酮作为原料来合成目标化合物，达不到预期目的。这时，可引入一个酰基，用乙酰乙酸乙酯代替丙酮，使羰基两旁的 $\alpha$-氢活性有较大的差别，从而使反应在指定的位置进行。反应完后，再除去酯基。完整的逆合成分析路线如下

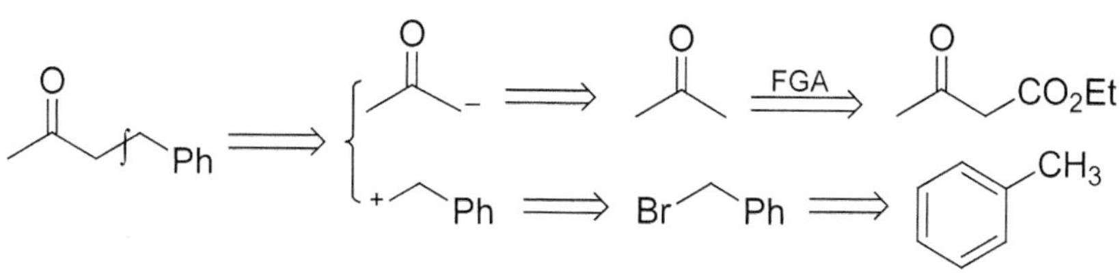

合成：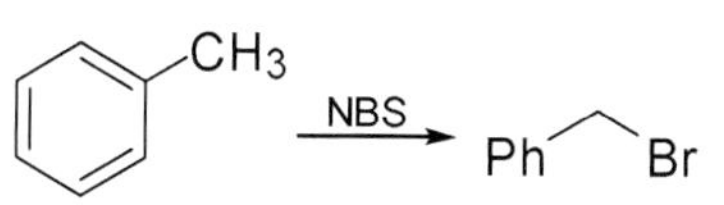

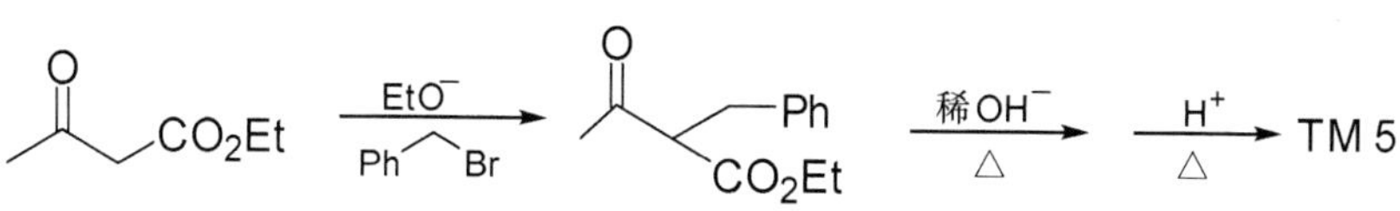

【例 20-2】 合成 T.M. 6 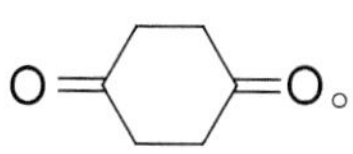。

**分析** 该分子看上去直接切断有一定的难度，但如果在 a、b 两处分别加上致活基——酯基，情况就不同了。

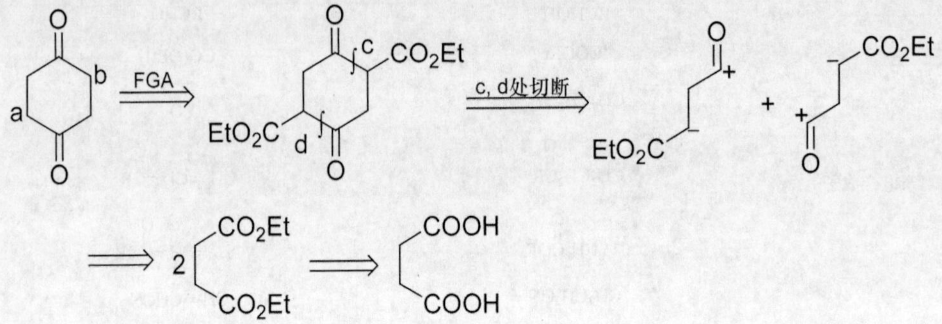

合成：

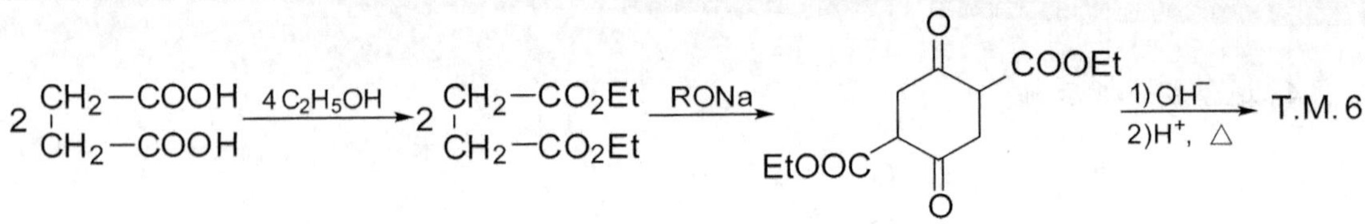

【**例 20-3**】 合成 T.M. 7 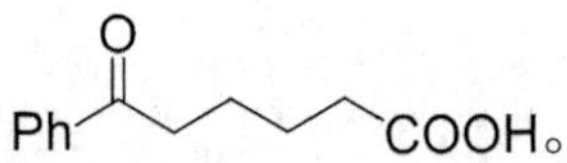。

**分析** 这是一个 1,6-二羰基化合物。根据前面所学的知识(参见 4.4.2)，环己烯氧化可以生成 1,6-二羰基化合物。因此，欲合成出 T.M. 7，首先应合成其前体——1-苯基环己烯。1-苯基环己烯的逆合成分析并不复杂，很容易就可得到下述两条路线：

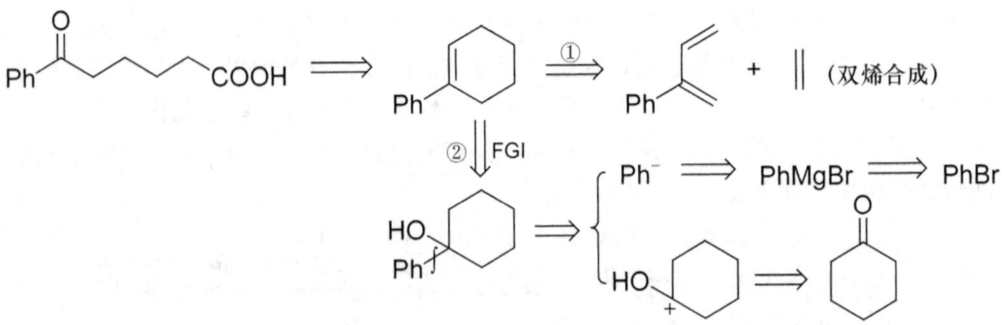

通常，使用双烯合成反应来合成环己烯类化合物很方便。但此处路线①的合成子 2-苯基-1,3-丁二烯较难合成，因此选择路线②。

合成：

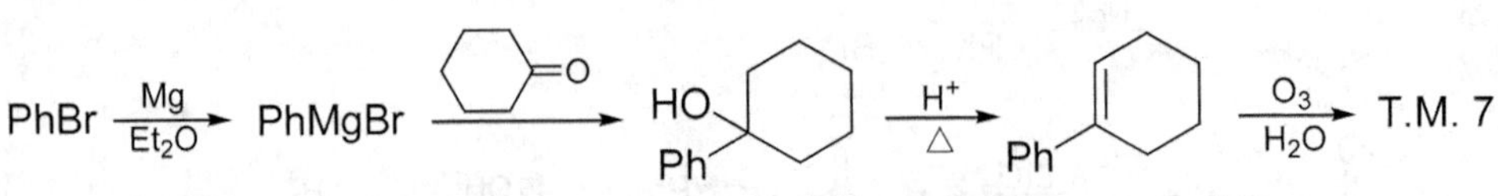

【**例 20-4**】 T.M. 8 盐酸普鲁卡因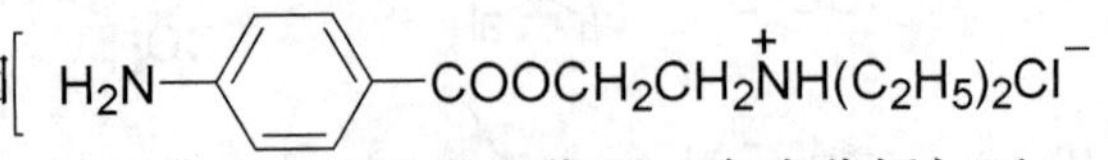的合成。

盐酸普鲁卡因是一种局部麻醉药，最近发现它有抗衰老作用。合成分析如下：

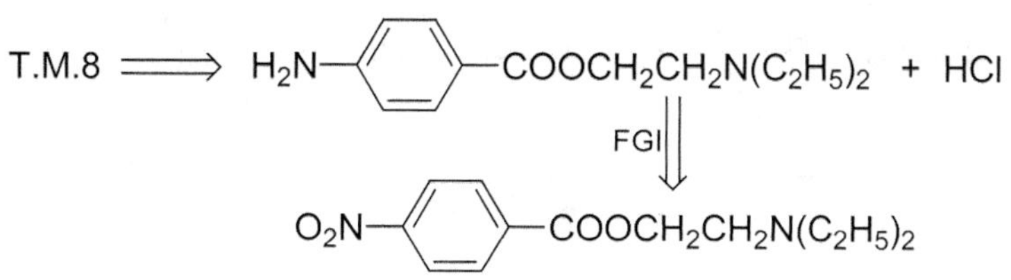

从 a 处切断

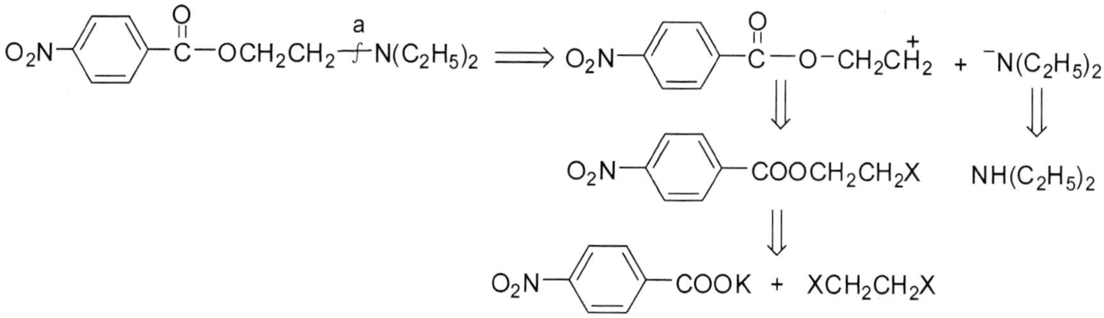

若 X = Cl 时，反应需在加压下才能完成，对设备要求高，未被采用。当 X = Br 时，反应可在常压进行，曾一度被用于生产。

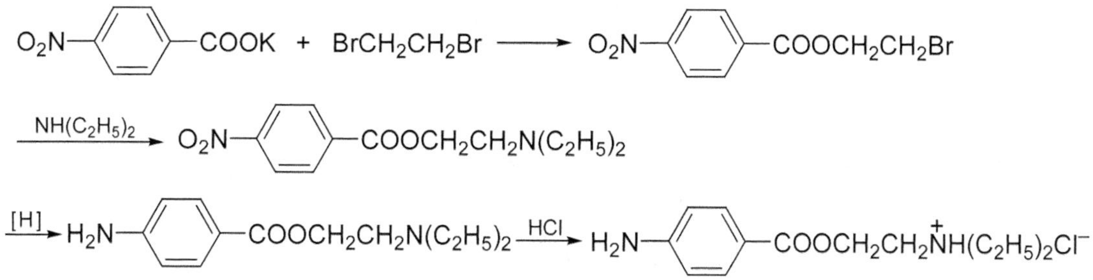

但有以下缺点：①对硝基苯甲酸钾在浓缩至干时易结成硬块，不易干燥，很难粉碎，给生产带来很多困难；②二溴乙烷较贵，而且为避免副反应还需过量，不经济。

从 b 处切断，得合成子 A 和 B，A 有Ⅰ、Ⅱ两个等价物。B 再切断得氯乙醇和二乙胺两个合成等价物。

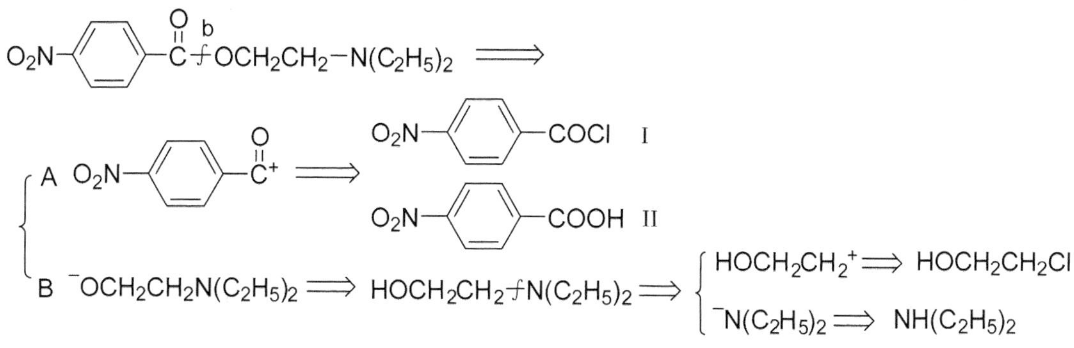

B 的等价物二乙胺基乙醇，在工业上用 98%以上的氯乙醇与二乙胺作用制备，反应在常压下进行，原料易得，收率也较高。合成子 A 的等价物Ⅰ有毒性和腐蚀性，给生产带来许多困难，故不宜采用。现采用Ⅱ直接酯化法。用沸点较高的二甲苯带走反应中生成的水。合成路线如下：

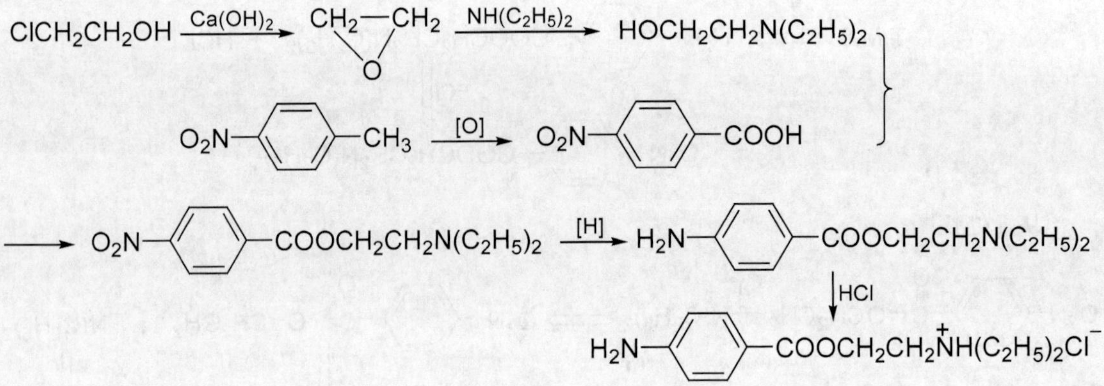

## 20.2 绿色有机合成

### 20.2.1 绿色化学基本概念

1. 绿色化学及其基本原理

进入21世纪后，社会的可持续发展涉及生态、环境、资源、经济等方面的问题，越来越受到人们的关注。正如美国化学会会长 Breslow 教授所言：“化学在改善人类生活方面是最有成效的科学之一，在人类多姿多彩的生活中，化学可以说无处不在。”然而，不可否认的是，不少化学工业，特别是精细化学工业生产中产生废物的排放和一些化学品的滥用，给整个生态环境造成了严重的不良影响。由于环保问题日益突出及人们对高质量生活水准的需求，化学对整个生态环境的破坏越来越让人不能容忍。因此，人类既要为了开创高质量生活发展化学工业，但又不能让它的生产过程和产品使用过程破坏环境，影响健康，造成今后治理的更大困难，贻害子孙后代。化学家和企业家面临着最大挑战，要为社会创造新的、安全的化学——绿色化学。

绿色化学又称环境无害化学、环境友好化学、清洁化学。绿色化学时代的到来对合成化学提出了新的要求。绿色化学的目标要求任何一个化学活动，包括使用的化学原料、化学和化工过程以及最终的产品，对人类的健康和环境都是友好的。绿色化学的研究成果对解决环境问题，对于化工生产的持续发展有着重要意义。

绿色化学的基本原理有以下几个方面。

(1) 防止污染的产生优于治理产生的污染。

(2) 原子经济性反应。

(3) 应尽量采用毒性小的化学合成路线。

(4) 化学产品的设计，必须使保留其具有高效的功能，同时也要尽量减小其毒性。

(5) 应尽可能避免使用溶剂、分离试剂等辅助物质，如果不可避免，也要选用无害无毒的。

(6) 应考虑到能源消耗对环境和经济的影响，应设法降低能耗，最好采用在常温常压下的合成方法。

(7) 原料应是可再生的，而不是耗竭的。

(8) 应尽量避免不必要的衍生化步骤，如限制性基团，保护/去保护作用等。

(9) 应尽量采用高选择性催化剂优于使用化学计量性试剂。

(10) 化学品在完成其使用功能后，不应永存于环境中，而应能降解为无害的物质。

(11) 进一步发展分析方法，以便在有害物质生成前能够进行即时的在线跟踪及控制。

(12) 在化学转换过程中，所选用的物质和物质的形态应尽可能地降低发生化学事故的可能性。

这 12 条原则目前为国际化学界所公认，反映了近年来在绿色化学领域中所开展的多方面的研究工作，同时指明了绿色化学未来的发展方向。绿色化学是当今国际化学学科研究的前沿，吸收了当代化学、物理、生物、材料、信息等学科的最新理论和技术，是具有明确的社会需要和科学目标的新型交叉学科。从科学观点来看，要求化学家从一个崭新的角度来审视传统的化学研究和化工过程，是化学科学基础内容的更新；从环境观点看，是从源头上消除污染物料；从经济观点看，合理利用资源和能源，降低生产成本。

绿色化学的核心内容主要包括“原子经济性”反应和“高选择性、高效反应”。此外，发展和应用那些对人类和环境无毒无害的试剂、溶剂及其他化学品，也是绿色化学的重要内容。绿色化学品应具备两个特征：①产品本身必须不会引起健康问题和环境污染，包括不会对野生生物、有益昆虫或植物造成损害；②当产品被使用完后，应该能够再循环，或宜于在环境中降解为无害物质。

2. 原子经济性反应

1991 年，美国 Stanford 大学的著名化学家 B. M. Trost 首先提出“原子经济性”的观点来评估化学反应的效率，他认为高效的有机合成应最大限度的利用原料分子的每一个原子，使它结合到目标分子中，不产生副产物或废物，实现废弃物的“零排放”。原子经济性可以用原子利用率来衡量：

$$\text{原子利用率}(\%)=\frac{\text{预期产物的相对分子质量}}{\text{反应物的相对原子质量总和}}\times 100\%$$

随后，Sheldon 提出 $E$-因子，即生产每千克产品所产生的废弃物的量，来衡量化工流程的排废量。Sheldon 根据 $E$-因子大小对化工过程进行划分。表 20-2 列出了不同化工生产过程中废弃物排放情况。

**表 20-2 不同化工生产过程中废弃物排放情况**

| 化工行业 | 产品吨位/t | $E$-因子 | 废弃物排放量/t |
|---|---|---|---|
| 石油精炼 | $10^6$～$10^8$ | 约 0.1 | $10^5$～$10^7$ |
| 基本化工 | $10^4$～$10^6$ | <1～5 | $10^4$～$10^6$ |
| 精细化学品 | $10^2$～$10^4$ | 5～50 | $10^2$～$10^5$ |
| 制药 | 10～$10^3$ | 25～100 | $10^2$～$10^5$ |

从表 20-2 可以看出，精细化学品和制药工艺的 $E$-因子较大，产生的废弃物更为严重，参与化学反应的原子有效率较低。这些行业一般反应步骤多，废弃物多。例如制药工业中平均每生产 1 t 产品，产生甚至高达 25～100 t 废弃物，因此，减少合成步骤和无机盐的形成，即开发无盐生产工艺，可减少废弃物的排放。这就向化学工作者提出了一个问题，如何更有效地利用原料分子中的原子，使反应实现废弃物“零排放”或尽可能少的排放废弃物。

理想的“原子经济性”反应应该是有100%的反应物转化到最终产物中，而没有副产物生成。显然，“原子经济性”的观念应是绿色化学的基本原理之一。原子经济性的反应有两个显著的优点：①最大限度地利用了原料；②最大限度地减少了废弃物的生成，减少了环境的污染。因此原子经济性反应适应了社会的需要，是合成反应的发展方向。

传统的有机合成化学比较重视反应产物的收率，而忽视了副产物或废弃物的生成。例如，Wittig反应在1979年获得了Nobel化学奖。反应过程可表达为：

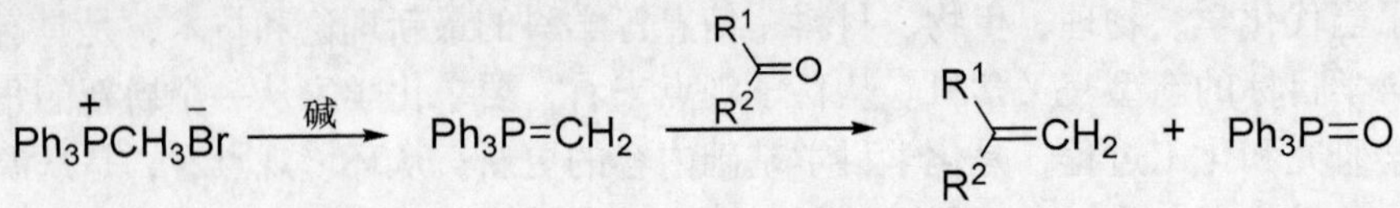

该反应的收率可达 80%以上，但是溴化甲基三苯基膦分子中仅有亚甲基被利用到产物中，即357份质量中仅有14份质量被利用，却产生了278份质量的“废弃物”氧化三苯基膦，“原子经济性”很差。

近年来，“原子经济性反应”的观点越来越引起学术界和企业界的重视。探索开发原子经济性反应已成为绿色化学研究的热点之一。目前真正属于高“原子经济性反应”的有机合成反应还不多，因此不断寻找新的反应途径来提高合成反应过程的原子利用率，或对传统的化学反应过程不断提高化学反应的选择性，仍是十分重要的手段。

### 3. 高选择性高效催化剂

在传统的合成反应中，80%以上必须在催化剂存在下才能实现。绿色化学追求的是高选择性高效的化学反应、极少的副产物、努力实现零排放。相对于化学计量反应，高选择性高效的催化反应更符合绿色化学的要求，更应引起人们的重视。这种催化剂目前研究较多的有如下几种。

1) 不对称催化剂

在不对称合成中，催化不对称合成是最有效的方法。在手性催化剂的作用下，同一原料化合物分子可以产生多种手性化合物分子，它们的结构和原料化合物完全不同。一个高效的手性催化剂可以产生上百万个手性分子，达到甚至超过了酶催化的水平。高效实现不对称合成的关键是如何得到好的手性催化剂。

2) 分子筛、固体酸碱催化剂

许多合成反应中，最常用的催化剂是无机酸或碱，一般是液相酸碱。液相催化剂价廉，催化效率高，但对设备腐蚀严重，环境污染严重，副反应多，后处理困难。为了克服传统酸碱催化带来的危害，研究和开发环境友好的新型绿色催化剂自然就成为目前最前沿的研究热点之一。比较成功的有各种新型分子筛催化剂，相转移催化剂，其催化能力均优于传统的酸碱催化剂，对环境友好。目前，这类催化剂正越来越多地被应用于有机合成中。

3) 生物催化

生物催化是利用酶或者微生物催化剂实现化学转化的过程。生物催化有明显特点：①广泛反应的可能性；②高区域和立体选择性；③单步反应，避免了保护去保护步骤；④反应条件温和，适宜于复杂分子；⑤酶催化剂固定化后可重复使用。

4) 水相稳定的三氟磺酸稀土Lewis酸

三氟磺酸稀土化合物一方面具有强的Lewis酸的性质，另一方面与其他过渡金属Lewis

酸又有明显的不同：它们对水稳定，在水溶液中不水解。通常，一般的过渡金属 Lewis 酸在参与反应中需要化学计算量，而三氟磺酸稀土 Lewis 酸在反应中通常仅需要催化量。它们在有机反应中已被广泛应用作催化剂，可参与众多合成反应，并在绿色有机合成中日益发挥作用。

4. 无毒无害溶剂

在传统的有机合成反应中，有机溶剂是最常用的反应介质。但有机溶剂常常有毒，难以回收，又使之成为对环境有害的因素。因此选择对环境友好的“洁净”的反应介质是绿色化学研究的重要组成部分。目前，除一些选用毒性小的溶剂代替毒性大的溶剂(如用甲苯代替苯)作为反应介质例子外，主要有下面几种无毒无害的溶剂，甚至无溶剂的固态反应。

1) 固态反应(无溶剂反应)

即在无溶剂作用的环境中进行的反应。固态反应有时可比溶液反应更为有效和达到更好的选择性。例如沉香醇可在研磨中通过机械力作用完成，也可在超声波或微波促进下完成。无溶剂的液态反应可以在熔融状态或常态下完成。

2) 水相反应

由于大多数有机化合物在水中的溶解度差，且有许多试剂在水中会分解，因此一般不用水作反应介质。但水是自然界中最丰富的溶剂，无毒、无污染、价廉。水相的反应有许多优点，如操作简便、安全，没有介质的易燃易爆等问题。在有机合成中，还可以省略许多诸如官能团的保护，去保护等合成步骤，因此是理想的绿色溶剂。

3) 超临界流体作为反应介质

“超临界流体”是指物质的温度和压力分别处在其临界温度和临界压力之上的一种特殊状态的流体，是一种气液不分的混沌态物质，不但具有液体的高密度、强溶解性和高传热系数，而且具有气体的低黏度和高扩散性能，并且这些性质随温度和压力变化而发生显著的突变。由于这些特殊性质，超临界流体在萃取、色谱分离、重结晶以及合成反应等方面表现出特有的优越性，并在实际中获得应用。目前，最为引人注目的是超临界二氧化碳，超临界和近临界水的应用。这三种物质都是无毒、不燃、化学惰性，来源广泛，其临界压力和温度适中，临界状态容易实现。

4) 离子液体作为反应溶剂

离子液体是指在室温或低温下为液体的含有机阳离子的盐，由含氮、磷等有机阳离子和大的无机阴离子组成。离子液体对有机化合物、金属有机化合物和无机化合物均有很好的溶解性能，无可测蒸气压，无味、不燃，易与产物分离，易回收，可循环使用，因而被认为是一类绿色溶剂。

### 20.2.2 绿色有机合成设计

许多有机合成反应需要在高温、高压、绝对无水、高度真空、超低温、有毒和严重腐蚀等苛刻条件下进行。这些反应除设计特殊反应设备与装置、材料外，还会产生较多的废水、废气、废渣，引起环境污染。防止环境污染，采取洁净的绿色有机合成是今后有机合成的发展方向和必然趋势。因此，在选择有机合成路线时，应尽量选用：

(1) 不需特殊要求的反应条件且与环境相容性好的合成路线。

(2) 原子经济性反应。

(3) 高效、高选择性、环境友好的催化反应。

(4) 开发可再生资源为原料的合成路线。

(5) 避免使用有毒或危险的试剂、溶剂，所用溶剂应能尽量回收利用。

目标化合物的合成，尤其是复杂分子的合成受多方面因素的影响。其中，合成设计是整个工作的基础。因此，合成路线必须精心设计，认真筛选，从整体上进行认真细致的评价、优选。

例如，傅氏酰基化反应合成药物中间体对氯二苯甲酮，用无毒的 Envirocats 系列催化剂中的异相催化剂 Envirocat EPZG 代替传统的 $AlCl_3$ 催化剂，用量减少为原来的 1/10，废弃物 HCl 的排放量减少 3/4，而产率达 70%，并且只产生极少量的邻位产物：

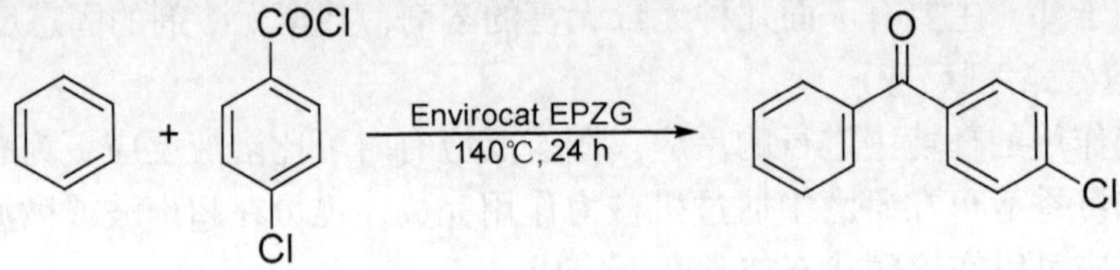


又如，把 $AlCl_3$ 负载于蒙脱土上构成的负载型催化剂 $K_{10}$-$AlCl_3$，用于芳香化合物的烷基化，不但具有与 $AlCl_3$ 同样的催化活性，而且其单烷基化选择性高于 $AlCl_3$ 及其他常用催化剂。吸附 $ZnCl_2$ 的蒙脱土已成为一种常用的 Friedel-Crafts 催化剂，并构成了一种新的工业催化剂的基础。

近年来，各种新型分子筛催化剂在有机合成中得到越来越广泛地应用。例如在合成醇类化合物中，采用 ZMS-5 分子筛，在三氟乙酸存在下，能将环己烯转变为环己醇和乙酸环己酯。

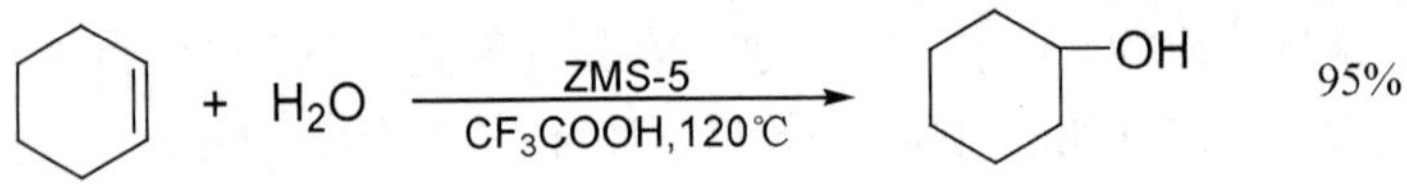


新型分子筛催化剂在合成醛类化合中也有重要应用：

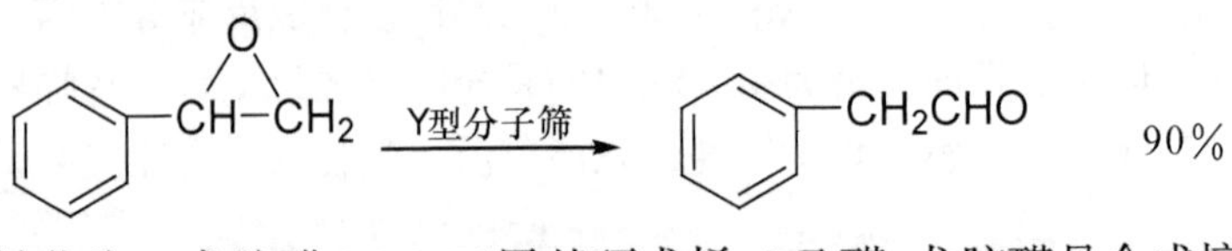


*α*-环氧蒎烷转化为 *α*-龙脑醛 2,3,3-三甲基环戊烯-4-乙醛。龙脑醛是合成檀香系列香料的重要中间体。

线性烷基苯(LAB)是生产表面活性剂的重要原料。工业上所指的线性烷基苯是指由 $C_{10}$～$C_{14}$ 直链烯烃与苯烷基化所得的各种烷基苯的混合物。目前线性烷基苯的生产仍主要采用 HF 为催化剂。该工艺的主要问题是：HF 具有强烈的腐蚀性和毒性，严重腐蚀设备，对操作人员的健康构成潜在的威胁；且庞大的中和系统产生大量的废水和 $CaF_2$ 废渣，污染环境。

为了克服 HF 烷基化工艺的缺陷，美国环球油品(UOP)公司成功开发了固体酸 LAB 生产新工艺。与 HF 工艺比较，新工艺具有极为明显的优势，完全省去了 HF 工艺中的混合系统、再回收系统，因而过程大大简化。新工艺采用的固体酸催化剂无毒、无腐蚀、能反复再生，且产品具有更强的乳化和生物降解能力。因此固体酸 LAB 工艺的开发成功，具有生产过程绿色化和产品绿色化双重意义。

水相合成的一个重要进展是应用于有机金属类反应，特别是有机铟试剂参与的水相形成 C−C 键反应以及在天然产物合成中的应用。例如，金属铟引发的烯丙基氯与醛或酮的烯丙基化反应，该反应在室温和水相中进行，产率很好。

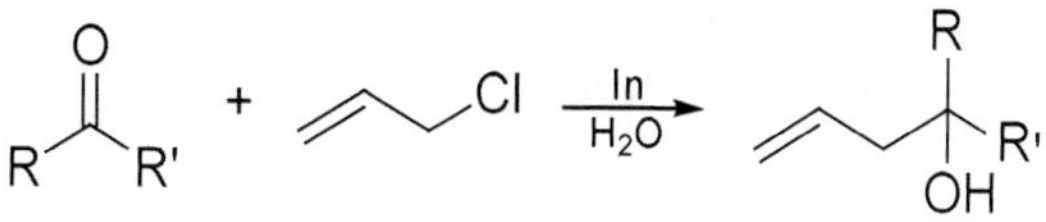


目前，人们已经发现了许多能够或基本能够达到绿色合成要求的有机反应，但还远远不够，绿色合成仍然主要以实验室研究为主。自然界能够高效地制造大量复杂化合物，而从不必担心对生态、环境、资源等造成任何不良影响。对有机化学家而言，开发新的，具有普遍意义的，可以广泛地用于各种不同目标分子的合成方法，是有机合成发展的重要任务。

## 20.3　EPM 推测反应机理

近代有机化学中，要求用弯箭头表示电子对的转移，用来描述反应中化学键的断裂和生成，以此来说明反应历程的方法称为电子推动法，简称 EPM(electron pushing method)。在某些现行的教科书中，要求学生记忆的有机反应很多，但并没有强调这些反应为什么会发生，又是怎样发生的，尤其是遇到教科书以外的关于推测反应机理的问题时，更是束手无策。而利用 EPM，不仅能解释一般的有机反应，还能对新反应的来龙去脉进行正确的推理。

EPM 的优点是通过弯箭头的标示，区别亲电、亲核中心，指明反应中旧键的断裂和新键的形成，解释反应基团的迁移和重排。用 EPM 书写反应机理，不仅能对反应中电子转移的位置进行正确描述，而且可以将一个机理复杂的反应变得简单、直观、易懂。

### 20.3.1　运用 EPM 的基本原则

在利用 EPM 推测反应机理时，要求对于有机化学的基本反应历程要相当熟悉。根据反应物和试剂的结构，能准确找出它们的正负电性中心，这是应用电子推动法的基础。书写反应历程应注意以下几点：

(1) 合理的电子推动箭头是从电子云密度高的区域指向电子云密度低的区域。

**【例 20-5】**

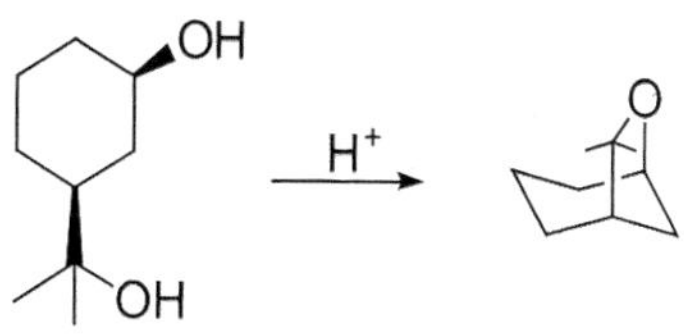


反应历程：

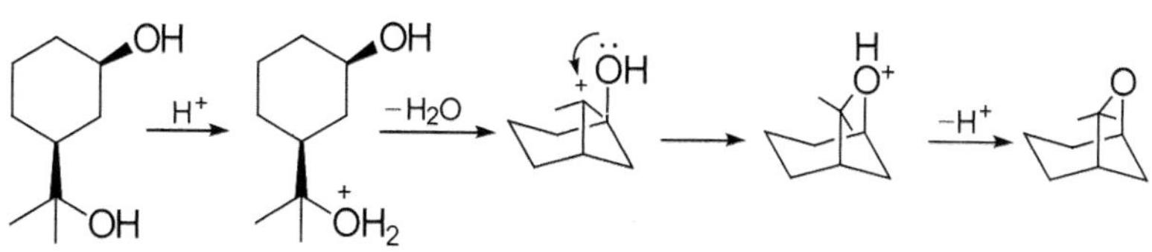

反应首先是从叔碳的羟基和$H^+$作用生成锌盐后脱水生成碳正离子开始，原因是叔碳正离子比仲碳正离子稳定，接着电子云密度高的羟基上的电子流向缺电子的碳正离子，形成碳氧键得到桥环骨架，最后脱去质子得产物。

(2) 在酸性条件下，不应该出现碳负离子，也不能用$OH^-$或$RO^-$等作进攻试剂。在酸性环境中，羰基一般先质子化，使羰基碳带有更高的电正性，继而容易被亲核试剂进攻。而作为离去基团的−OH或−OR，则先要质子化，生成锌盐后再离去。

【例 20-6】 酸性条件下的羟醛缩合反应。

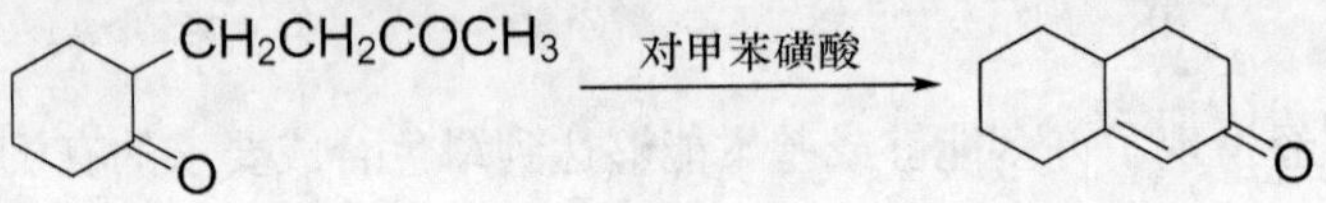


反应历程：

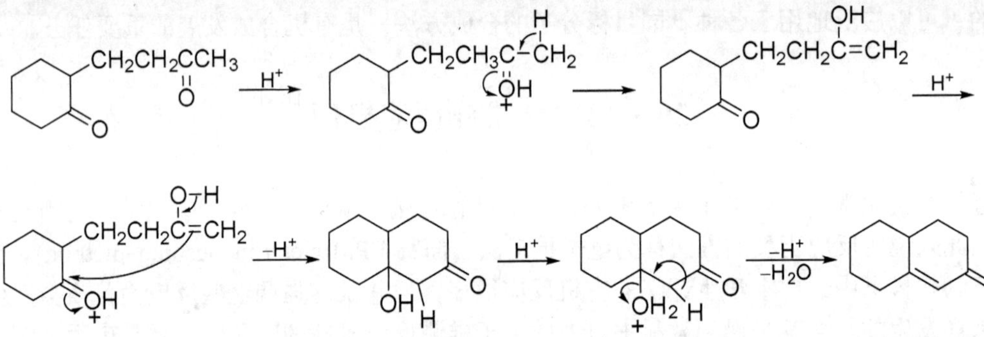

羰基质子化后，互变为烯醇式，进攻分子内另一质子化的羰基，脱水后得到产物。

(3) 在碱性条件下，不应该出现碳正离子，也不能用$H^+$或其他正离子作进攻试剂。在碱性环境中，羰基直接被亲核试剂进攻，而作为离去基团的− OR，在强碱中可以直接以− RO 的形式离去。

【例 20-7】

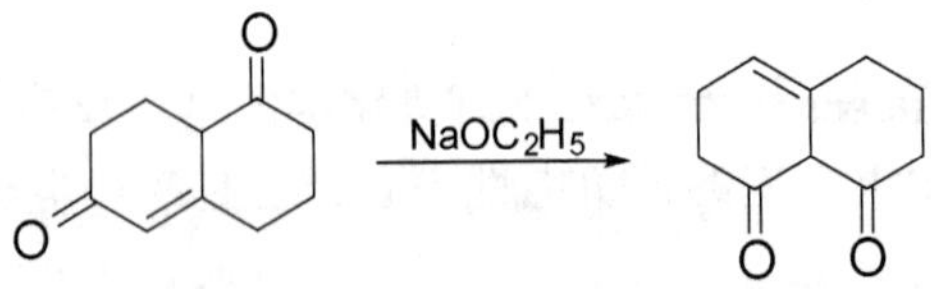


反应历程：

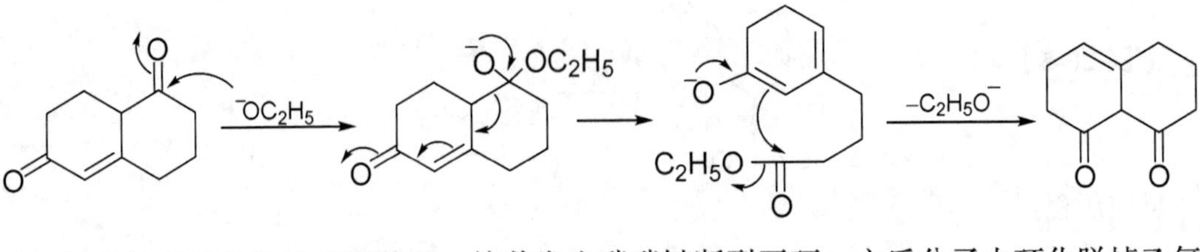

乙氧基负离子首先进攻酮羰基，接着发生碳碳键断裂开环，之后分子内环化脱掉乙氧基得到产物。

(4) 对于重排反应，首先寻找何处产生正或负电性反应中心(缺电子基或富电子基)，然后由邻近的基团向反应中心迁移从而完成重排。

【例 20-8】

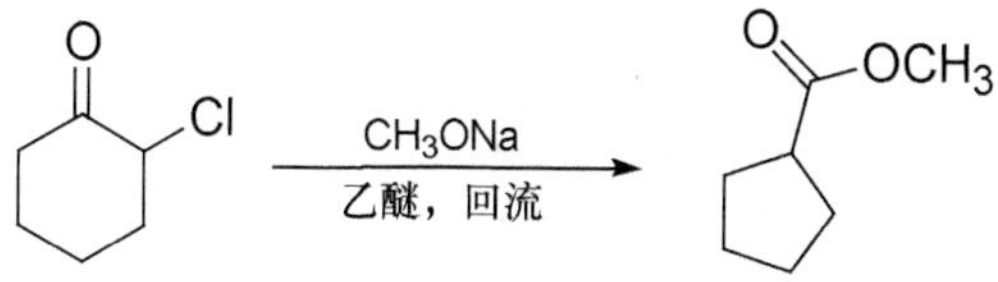

反应历程：

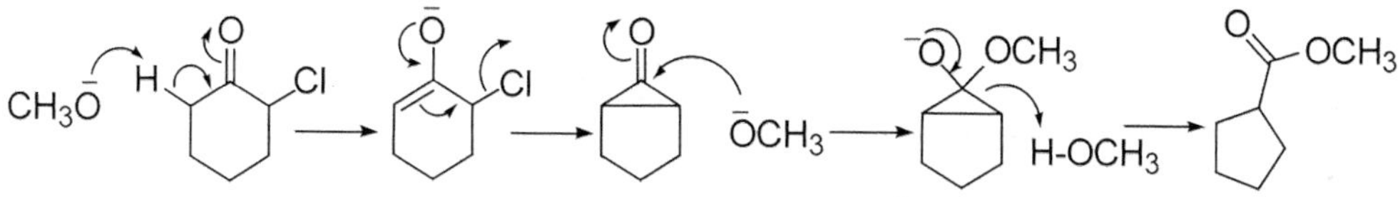

该反应为 Favorskii(法沃斯基)重排。环己酮在碱的作用下脱掉一个 $\alpha$-氢形成烯醇负离子，接着发生分子内 $S_N2$ 反应得到环丙酮，继而甲氧负离子对羰基进行亲核加成，最后环丙烷开环生成产物。在该反应中甲醇钠既是碱又是亲核试剂。

(5) 从能量学的观点考虑，五元环、六元环比较稳定，因此，如果分子中正负反应中心的位置恰好能满足五元环或六元环的过渡态，则反应很易发生。在邻基参与迁移的过程中，形成三元环过渡态也是可能的。

【例 20-9】

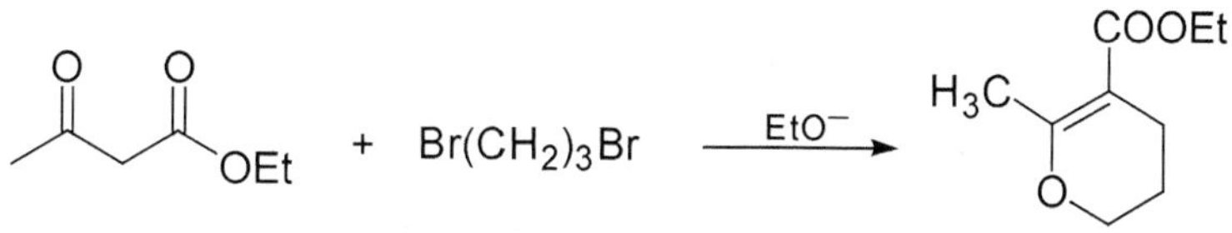

反应历程：

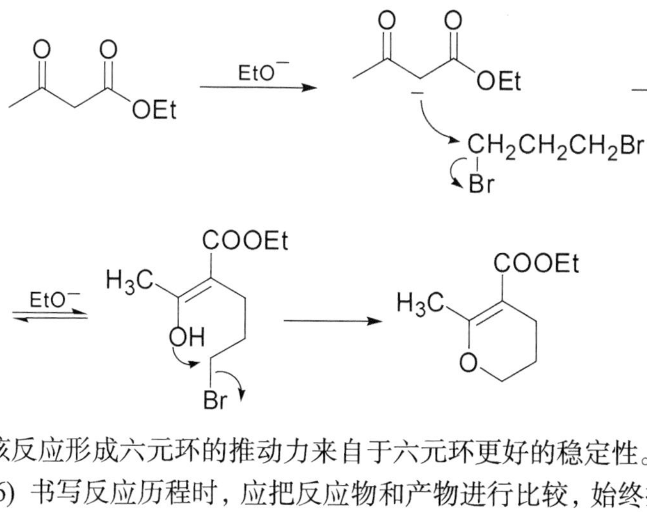

该反应形成六元环的推动力来自于六元环更好的稳定性。

(6) 书写反应历程时，应把反应物和产物进行比较，始终把握住反应物向产物过渡的每一步骤，逐步向产物靠拢。除反应物以外，还应注意溶剂、催化剂对反应物的影响，并且应首先寻找合理的正负电性反应中心，从而完成电子的推动。

【例 20-10】

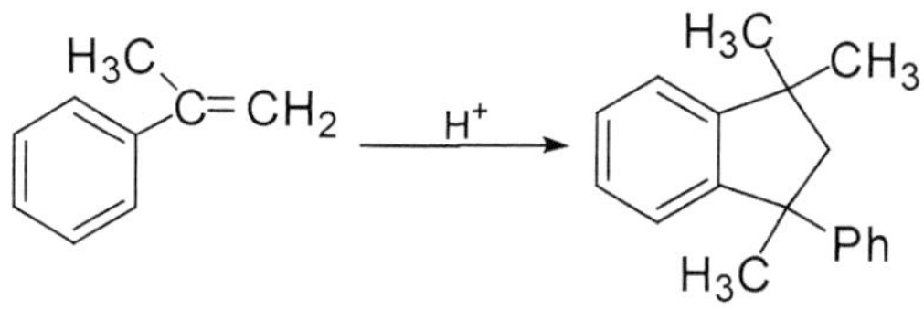

反应历程：

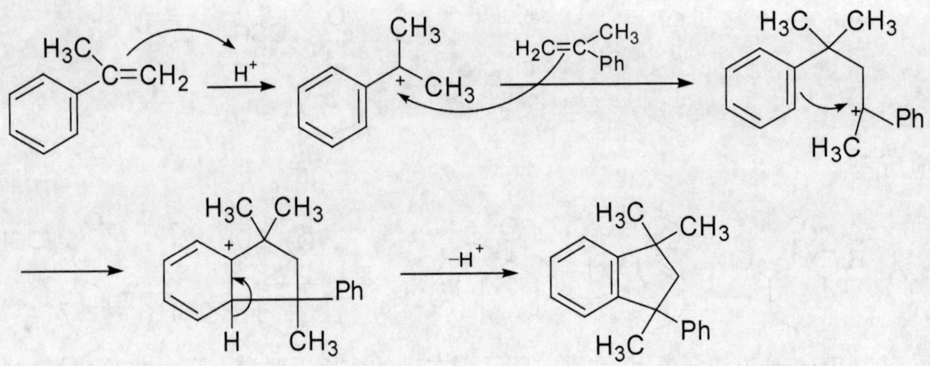

烯烃在酸性条件下首先质子化得到叔碳正离子，另一分子烯烃作为富电子中心进攻该正离子，形成碳碳键的同时产生一个新的叔碳正离子，最后富电子的苯环分子内捕获该正离子，得到产物。

### 20.3.2 EPM 在周环反应中的应用

Diels-Alder 反应是一类重要的周环反应，通过双烯体和亲双烯体的[4+2]环加成制备环己烯衍生物(参见 4.12.2)。该反应具有很好的立体选择性，可以根据原料的结构预测产物的结构，而运用 EPM 法可以很好地解释反应的选择性。

例 20-11 中反应 1 生成的是邻位取代的产物，注意箭头是从电子云密度高的原子指向电子云密度低的原子；根据此规则，反应 2 得到的主要产物是对位取代的环已烯。

**【例 20-11】**

反应 1：

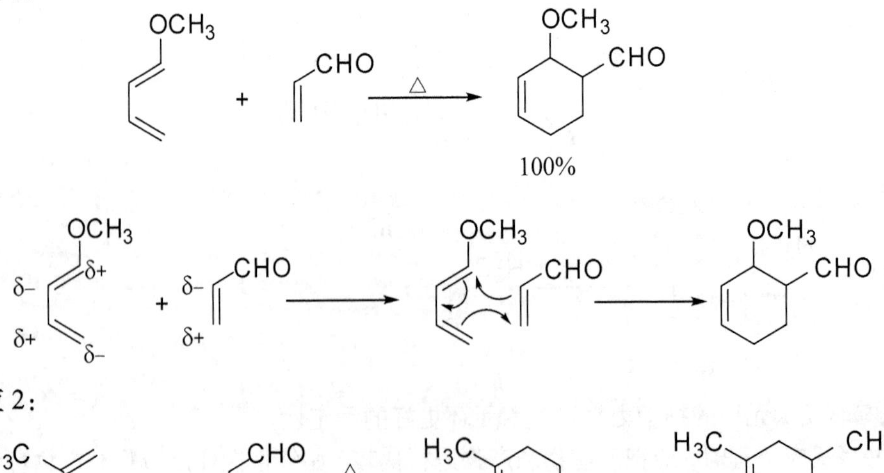

反应 2：

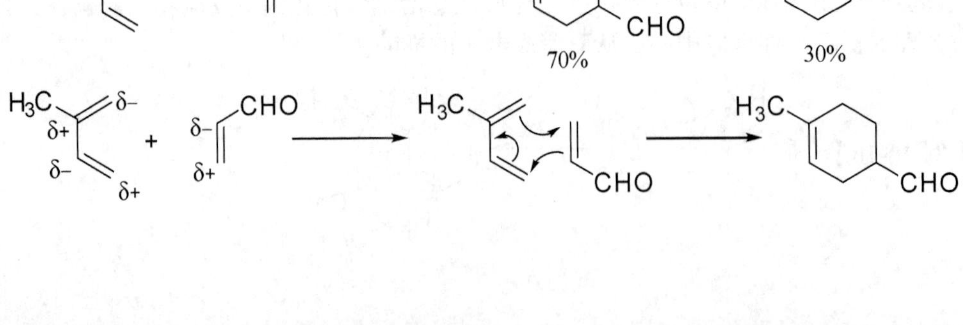

### 20.3.3　EPM 在杂环合成反应中的应用

杂环化合物用途十分广阔，表现出多样的生物活性，广泛应用于医药、农药、染料、高分子材料和生命科学领域，许多抗肿瘤药物、杀菌剂、杀虫剂、除草剂都含有杂环骨架，如噻二唑、均三唑、喹诺酮等等。杂环化合物的合成已成为当代有机合成领域的热点之一。

鉴于杂环化合物应用上的价值，在合成杂环化合物时，不免会遇到一些反应机理的研究和描述。利用 EPM 法可以推测反应的机理，解释反应的现象，预测体系的产物，改进反应的条件，提高收率以及设计新的反应。

例如，羧酸分别和氨基硫脲，硫代对称二氨基脲反应时，产物为噻二唑和均三唑，怎样解释这一反应过程呢？

【例 20-12】

反应 1：

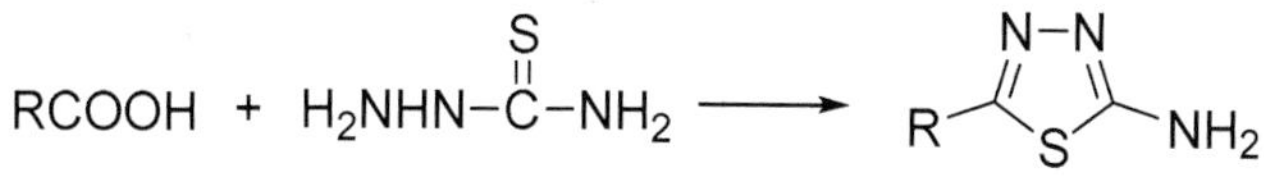

反应 2：

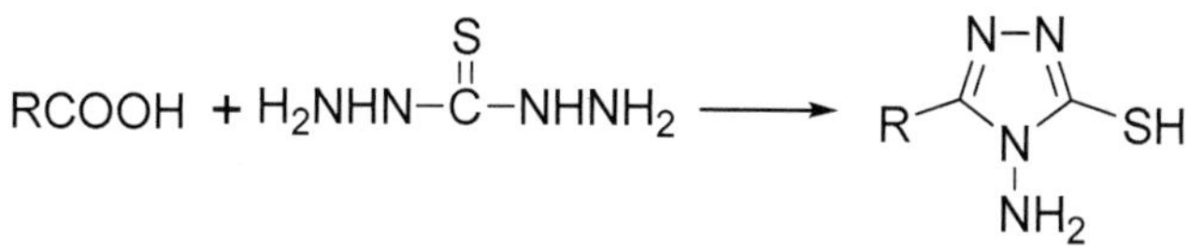

反应 1 的过程为硫原子进攻质子化的羰基成环，接着脱去水和质子得到产物噻二唑。

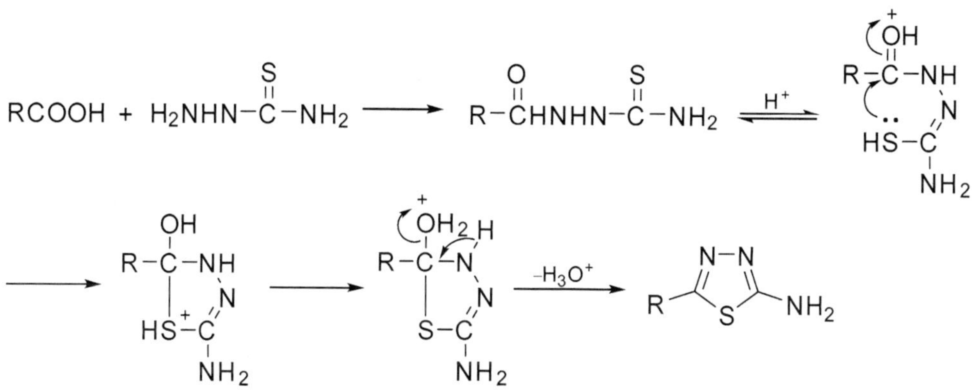

反应 2 是氮原子进攻质子化的羰基成环，脱去水和质子后继而发生互变异构得到产物均三唑。

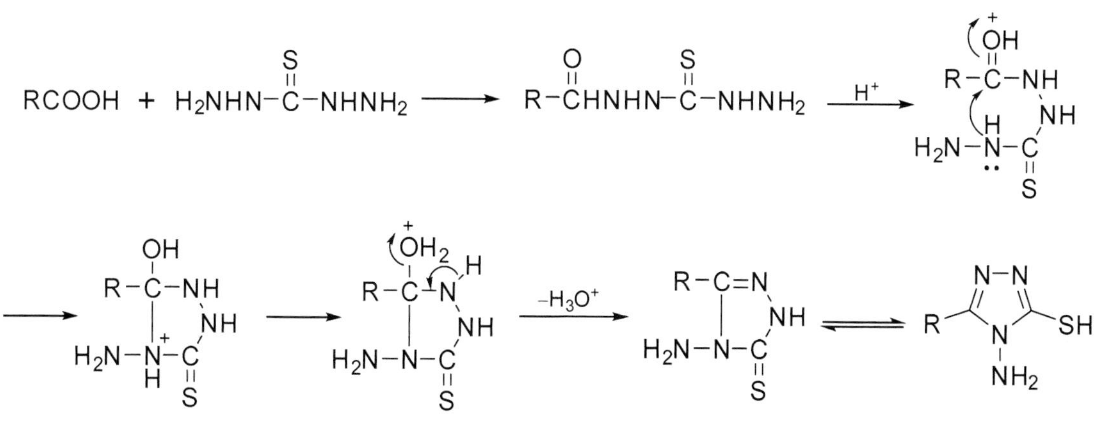

### 20.3.4 EPM在多组分反应中的应用

三个或更多的简单原料以“一锅煮”的反应方式形成一个包含所有组分主要结构片段的新化合物的过程被称为多组分反应(multicomponent reaction, MCR)。由于多组分反应具有原料便宜易得、操作方便、后处理简单、反应更具会聚性、容易引进分子的复杂性和多样性、符合原子经济性、副产物少、容易实现工业化生产等优点，目前成为有机化学研究的一个热点领域。

多组分反应包含一系列串联反应的过程，其机理往往较复杂，不易直接描述，运用EPM法可以将复杂的反应机理变得简单易懂，对学习多组分反应来讲至关重要。

【例 20-13】

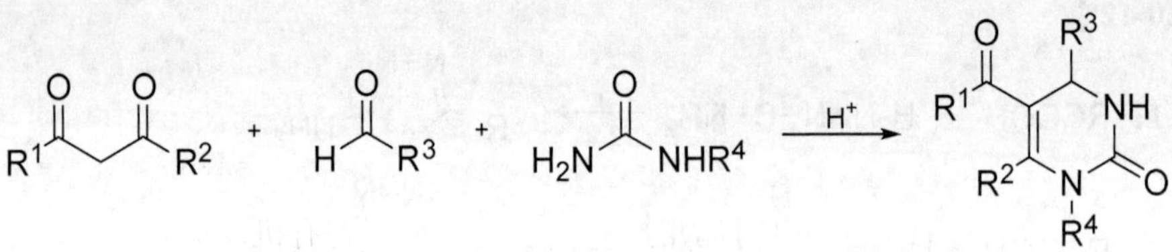

反应历程：

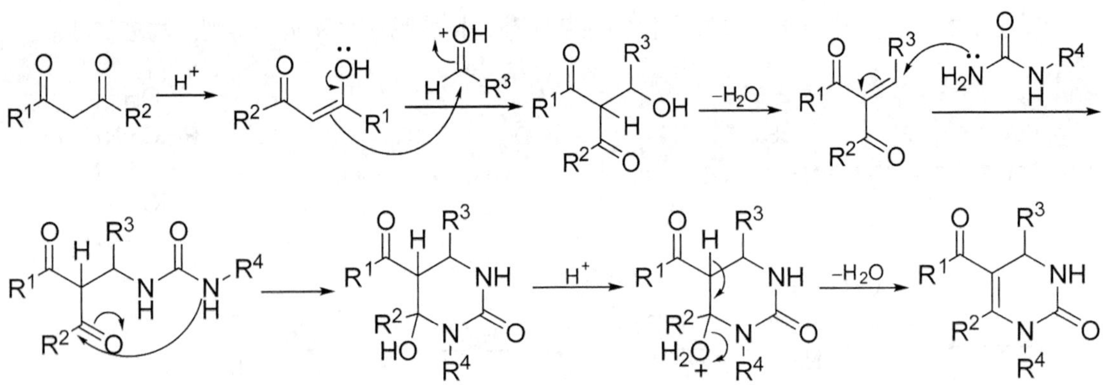

Biginelli(比吉内利)反应是用1,3-二羰基化合物、醛和脲在酸性条件下反应得到3,4-二氢嘧啶酮。反应的机理如上所示，1,3-二羰基化合物首先与芳醛发生羟醛缩合反应，然后脲对缩合中间体进行亲核加成，接着发生分子内的环化，最后脱去一分子水得到产物。

【例 20-14】

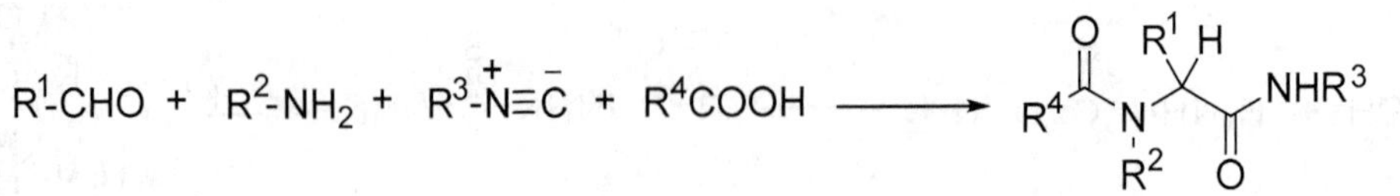

反应历程：

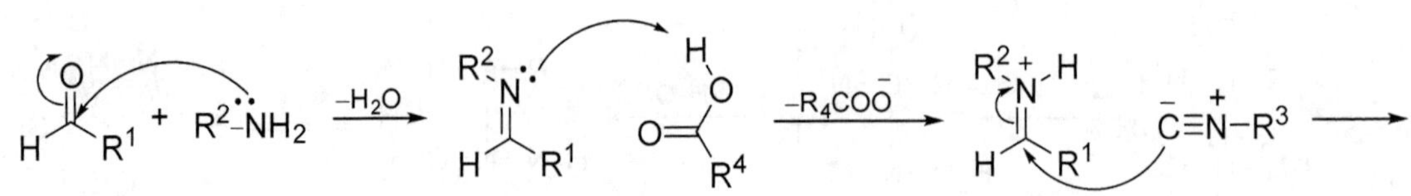

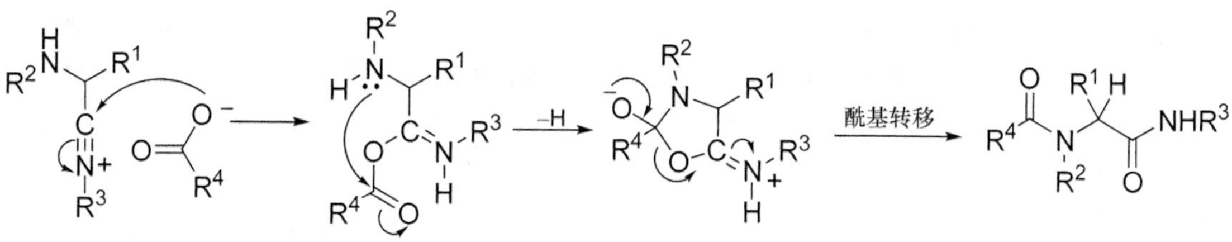


Ugi(乌吉)反应是一个四组分反应，由德国化学家 Ugi 于 1959 年首先报道，用醛、胺、异腈和羧酸反应生成 α-酰氨基酰胺。该反应虽然看上去很复杂，但用 EPM 可以很清楚地推导出反应的机理。首先醛与胺缩合脱水得到中间体亚胺，接着被羧酸质子化为亚胺正离子，异腈的负电荷中心对亚胺正离子进行亲核加成，然后羧酸负离子进攻该中间体的异腈碳原子，最后通过分子内的先环化后开环的过程发生酰基转移，得到 Ugi 产物。

必须指出，EPM 主要适用于推导反应机理，故由 EPM 推测的机理有可能符合真实机理，也有可能不符合真实机理，正确与否最终还需经实验验证。所以必须认识 EPM 的局限性。但 EPM 作为一种推测反应机理的方法也有其自身的应用价值。例如，可以预测新体系的产物，改进反应条件，设计新的反应。因此，EPM 仍不失为一种理解有机反应是如何从反应物向产物过渡的成功方法。在有机反应中，只有比较少的基本反应类型，复杂的转变通常也不过是这些基本类型的连续，而利用 EPM 恰恰能够更清楚、更直接地描述出这种过程。

## 阅读材料

### 现代有机合成艺术大师——R. B. Woodward

Robert Burns Woodward(伍德沃德)，美国有机化学家。1917 年 4 月 10 日生于美国马萨诸塞州波士顿。从小喜读书，善思考，学习成绩优异。1933 夏，只有 16 岁的 Woodward 以优异的成绩考入美国著名的大学麻省理工学院。在全班学生中，他是年龄最小的一个，素有“神童”之称。学校为了培养他，为他一人单独安排了许多课程。他聪颖过人，只用了 3 年时间就学完了大学的全部课程，并以出色的成绩获得了学士学位。随后，Woodward 直接攻取博士学位，只用了一年的时间，学完了博士生的所有课程。1937 年，Woodward 通过论文答辩获博士学位，时年仅 20 岁。从学士到博士，Woodward 只用了一年，这在他同龄人中是最快的。毕业后，Woodward 在哈佛大学执教，1950 年被聘为教授，终生在该校任教。他教学极为严谨，且很吸引人，特别重视化学演示实验，着重训练学生的实验技巧。他培养的学生中许多人成了化学界的知名人士，其中包括获得 1981 年 Nobel 化学奖的美国化学家 R. Hoffmann(霍夫曼)。Woodward 在化学上的出色成就使他名扬全球。1963 年，瑞士人集资办了一所化学研究所，此研究所就以 Woodward 的名字命名，并聘请他担任了第一任所长。

Woodward 一生主要从事天然有机化合物生物碱和甾族化合物结构与合成的研究。1940～1942 年间，先后发表多篇论文，形象地描述了紫外光谱和分子结构之间的关系。证实了揭示物质结构，利用物理方法比化学方法更有利，并由此引出了 Woodward 准则。1945～1947 年间，Woodward 测定了青霉素、土霉素、士的宁等 12 种天然有机化合物的结构。Woodward 还善于从实践中总结并提高理论，在大量合成研究过程中，他观察到分子轨道对称性，而且对反应的难易和产物的构型起决定作用。由此，他于 1965 年与量子化学专家 R. Hoffmann 合作提出了分子轨道对称性守恒原理，通常称为 Woodward-Hoffmann 规则。

Woodward 是 20 世纪在有机合成化学实验和理论上取得划时代成果的罕见的有机化学家，他以极其精巧的技术，于 1944～1975 年间合成了番木鳖碱、青霉素、奎宁、胆固醇、肾上腺皮质激素、马钱子碱、可的松、利血平、叶绿素、羊毛甾醇、维生素 B 等 20 余种复杂有机化合物，并用于生产。据不完全统计，他合成的各种极难合成的复杂有机化合物达 24 种以上，被称为“现代有机合成之父”。

Woodward 还探明了金霉素、土霉素、河豚素等复杂有机物的结构与功能；探索了核酸与蛋白质的合成问题；发现了以他的名字命名的 Woodward 有机反应和 Woodward 有机试剂。他在有机化学合成、结构分析、理论阐述等多个领域都有独到的见解和杰出的贡献。他还独立地提出二茂铁的夹心结构，这一结构与英国化学家 G. Wilkinsen(威尔金森)和 E. O. Fischer(费歇尔)的研究结果完全一致。

Woodward 谦虚和善，不计名利，善于与人合作，一旦出了成果，在发表论文时总喜欢把合作者的名字署在前边，他自己有时干脆不署名。对他的这一高尚品质，学术界和他合作过的人都众口称赞。Woodward 对化学教育尽心竭力，他一生共培养研究生、进修生 500 多人，他的学生已遍布世界各地。Woodward 在总结他的工作时说：“之所以能取得一些成绩，是因为有幸和世界上众多能干又热心的化学家合作。”

Woodward 一生对科学技术的发展做出了巨大贡献，同时也获得了很多崇高的荣誉：1965 年由于他在天然有机化合物结构和合成方面的研究成果，而获得 Nobel 化学奖；他是英国皇家学会会员，并于 1959 年获得了英国皇家学会的大卫勋章；他也是美国科学院院士，并在 1964 年获得美国国家科学勋章；1970 年他还获得了日本朝日勋章等。

在有机合成过程中，Woodward 以惊人的毅力夜以继日地工作。例如在合成番木鳖碱、奎宁碱等复杂物质时，需要长时间的守护和观察、记录。那时，Woodward 每天只睡 4 个小时，其他时间均在实验室工作。1979 年 6 月 8 日，Woodward 积劳成疾，因心脏病突然发作，在美国马萨诸塞州与世长辞，终年 62 岁。他在辞世前还面对他的学生和助手，念念不忘许多需要进一步研究的复杂有机物的合成工作。他逝世以后，人们经常以各种方式悼念这位有机化学巨星。

**R. B. Woodward 全合成维生素 $B_{12}$**

维生素 $B_{12}$(氰钴胺, cobalamin)分子式 $C_{63}H_{88}CoN_{14}O_{14}P$，是一种含钴的水溶性维生素，为深红色结晶或结晶粉末，结构如图 20-1 所示。维生素 $B_{12}$ 具有广泛的生理作用，参与体内甲基转换及叶酸代谢，促进神经髓鞘中脂蛋白的形成，保持中枢神经和外周有髓鞘神经纤维的功能完整，参与广泛的蛋白质及脂肪代谢等。维生素 $B_{12}$ 最早由 Costle 于 1925 年发现。1949 年，美国施贵宝公司、礼莱公司、普强公司和雅培公司开始进行工业化生产，并将产品投放市场。

1957 年，英国晶体学家 D. M. C. Hodgkin(霍奇金)用 X 射线方法确定了维生素 $B_{12}$ 的结构，并因此于 1964 年获 Nobel 化学奖。同年，Woodward 用 55 步合成了叶绿素。1965 年，Woodward 因在有机合成方面的杰出贡献获 Nobel 化学奖，随即与 Albert Eschenmoser 合作，开始人工合成维生素 $B_{12}$。他组织了 14 个国家的 110 名学生和博士后，协同攻关，探索维生素 $B_{12}$ 的人工合成问题。在此之前，这种极为重要的药物只能从动物的内脏中经人工提炼，所以价格极为昂贵，且供不应求。维生素 $B_{12}$ 的结构极为复杂，Woodward 经研究发现，它有 181 个原子，在空间呈魔毡状分布，性质极为脆弱，受强酸、强碱、高温的作用都会分解，这就给人工合成造成极大的困难。Woodward 设计了一个拼接式合成方案，即先合成维生素 $B_{12}$ 的各个局部，然后再把它们对接起来。这种方法后来成为合成所有有机大分子普遍采用的方法。

在合成维生素 $B_{12}$ 过程中，不仅存在一个创立新的合成技术的问题，还遇到一个传统化学理论不能解释的有机理论问题。为此，Woodward 参照日本化学家福井谦一提出的“边界电子论”，与他的学生兼助手 R. Hoffmann 一起，提出了分子轨道对称守恒原理。这一理论用对称性简单直观地解释了许多有机化学过程，如电环合反应过程、环加成反应过程、σ 键迁移过程等。该原理指出，反应物分子外层轨道对称一致时，反应就易进行，称为“对称性允许”；反应物分子外层轨道对称性不一致时，反应就不易进行，称为“对称性禁阻”。分子轨道理论的创立使 R. Hoffmann 和福井谦一共同获得了 1981 年 Nobel 化学奖。因为当时 Woodward 已去世 2 年，而 Nobel 奖又不授给已去世的科学家，所以学术界认为如果 Woodward 还健在，他必是获奖人之一。那样，他将成为少数两次获得 Nobel 奖的科学家之一。

Woodward 合成维生素 $B_{12}$ 时，共做了近千个复杂的有机合成实验，历时 11 年，终于在他谢世前几年完成了复杂的维生素 $B_{12}$ 的合成工作。维生素 $B_{12}$ 的合成涉及上百步的反应和繁重的设计与分析，被视为有机合成的里程碑，但由于合成工艺复杂、成本高，而未能推上生产，工业上仍用链霉菌培养液发酵生产。

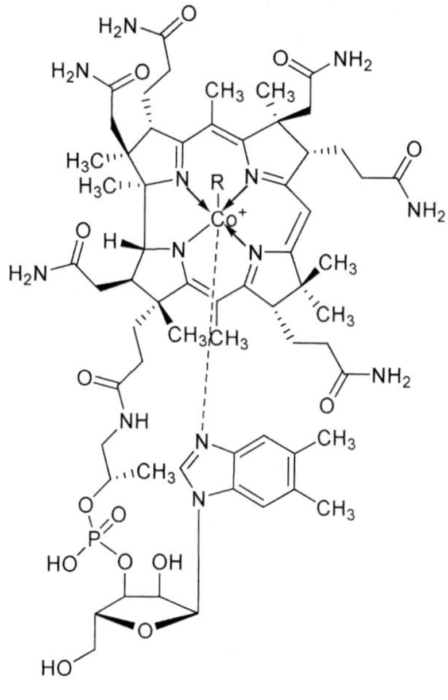

图 20-1 维生素 $B_{12}$ 的结构

# 习 题

20-1 试列举几种通过一步反应增加碳链一倍的常用方法。

20-2 有机合成中常见的碳负离子缩合反应有哪些？请至少列出 5 种，并各列一反应式为例。

20-3 用简单方法完成下列转化。

(1) 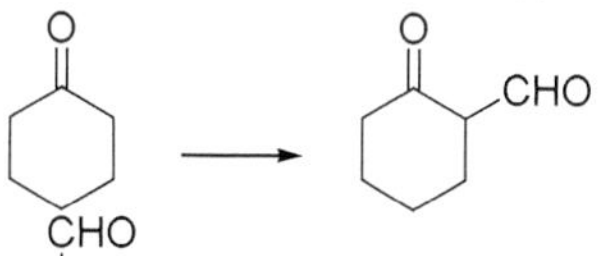

(2) 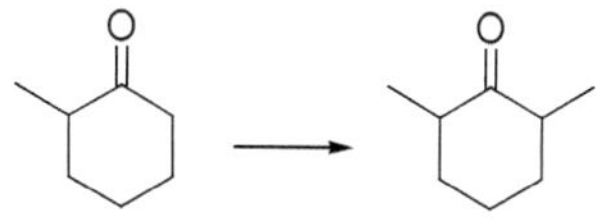

(3) 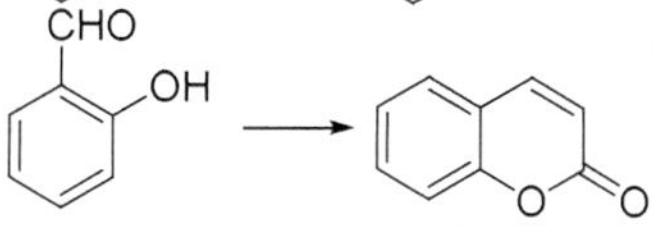

香豆素

(4) 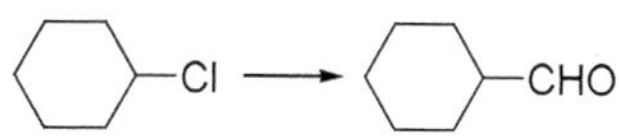

20-4 合成下列化合物，并写出逆合成分析过程。

(1) 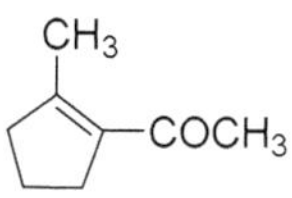

(2) 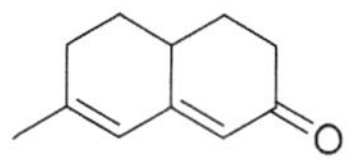

(3) 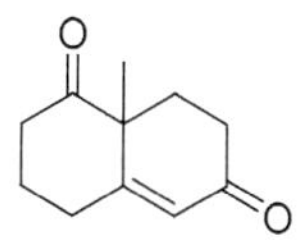

(4) 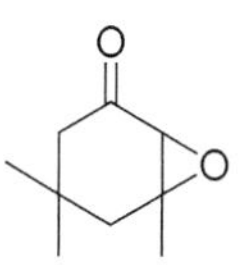

(5) 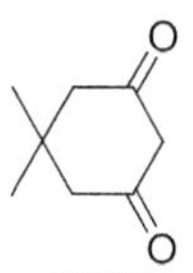

双甲酮

(6) 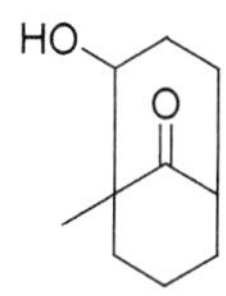

20-5 消炎止痛药布洛芬(Brufen)的结构为 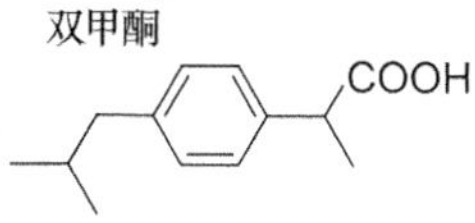，试合成之。

20-6 马尿酸Ph–C(=O)–NHCH$_2$COOH在有机合成中有其独特的合成地位，其主要合成方法学可表述如下：马尿酸首先在脱水剂作用下生成五元环内酯中间体A，然后A可与各种芳醛反应得到内酯B，B经水解等反应最终得到所要合成的目标化合物。

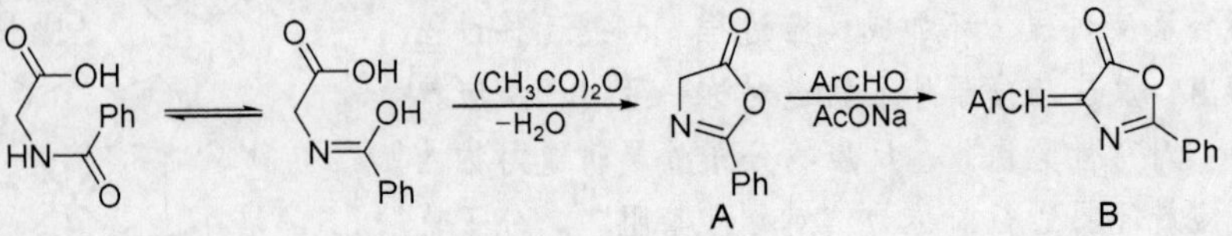

试问在此方法中，A 可认为是哪一类化合物的前体？为什么？化合物 B 经催化加氢还原为

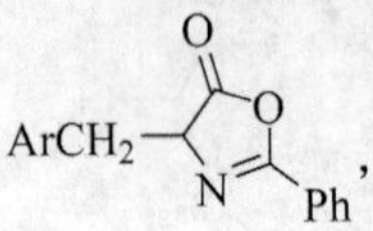

，则A还可作为哪一类化合物的前体？为什么？

20-7 维生素A$_1$的全合成如下。

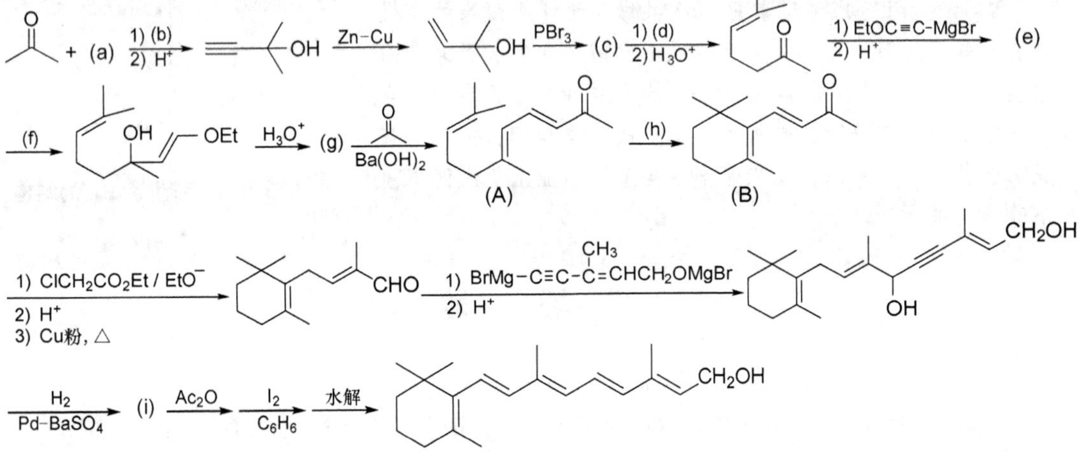

维生素A$_1$

(1) 写出 a → i 各试剂或中间体。

(2) 写出由 A 生成 B 的反应历程。

20-8 用 EPM 推测下列反应机理。

(1) 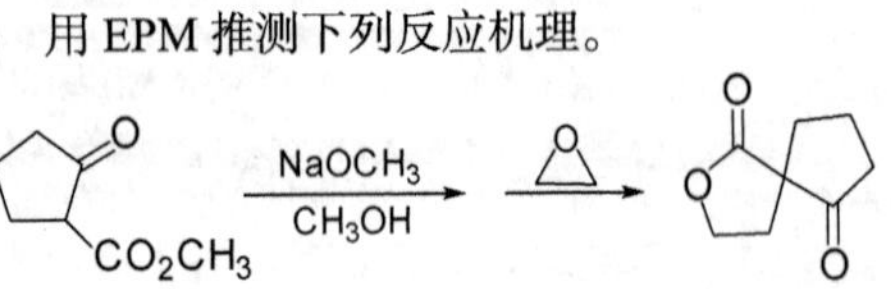

(2) 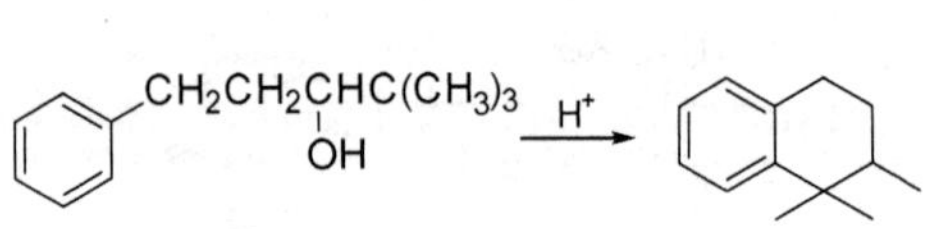

(3) 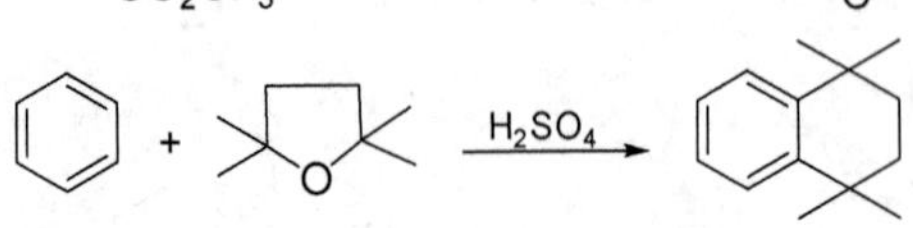

## 参考文献

李艳梅，赵圣印，王兰英. 2014. 有机化学. 2 版. 北京：科学出版社
李瀛，王清廉，薛吉军. 2013. 有机化学简明教程. 北京：科学出版社
王兴明，康明. 2015. 有机化学. 2 版. 北京：科学出版社
邢其毅，裴伟伟，徐瑞秋，等. 2005. 基础有机化学. 3 版. 北京：高等教育出版社
章烨，张荣华. 2011. 有机化学. 2 版. 北京：科学出版社
中国化学会，有机化合物命名审定委员会. 2017. 有机化合物命名原则. 北京：科学出版社
Graham Solomons T W, Fryhle C B. 2004. Organic Chemistry(第 8 版，英文影印版). 北京：化学工业出版社